中国近海二甲基硫化物的生物地球化学

杨桂朋 等 著

科 学 出 版 社

北 京

内 容 简 介

本书系统研究了中国近海（渤海、黄海、东海、南海）海水中二甲基硫（DMS）、二甲基巯基丙酸内盐（DMSP）和二甲基亚砜（DMSO）的浓度分布、时空变化、海-气通量以及与海区内生态环境因子的关系，并就近海污染大气中DMS的氧化产物甲磺酸对气溶胶中非海盐硫酸盐的贡献比例进行了估算，为定量评估中国近海DMS释放对全球海洋释放总量的区域性贡献提供了第一手调查数据；研究了不同种类海洋微藻在不同生理阶段及不同控制条件下对DMS、DMSP、DMSO释放规律的影响，探讨了控制二甲基硫化物生产的主要环境因子；测定了不同营养盐浓度和N/P比结构、海水酸化、沙尘输入条件下二甲基硫化物的生物生产与微生物消耗速率；探讨了海水中DMS光化学氧化过程与机制；阐明了中国近海二甲基硫化物的源-汇过程与主控因素，初步构建了中国近海二甲基硫化物的生物地球化学循环模型。

本书可供海洋科研机构的科研人员以及高等院校海洋科学专业、大气科学专业师生阅读参考。

审图号：GS（2022）1148号

图书在版编目（CIP）数据

中国近海二甲基硫化物的生物地球化学 / 杨桂朋等著. —北京：科学出版社, 2022.11

ISBN 978-7-03-073707-6

Ⅰ. ①中… Ⅱ. ①杨… Ⅲ. ①近海-有机硫化合物-生物地球化学-研究-中国 Ⅳ. ①P734.5

中国版本图书馆CIP数据核字（2022）第210207号

责任编辑：郭允允 李 洁 / 责任校对：郝甜甜
责任印制：吴兆东 / 封面设计：无极书装

科学出版社 出版
北京东黄城根北街16号
邮政编码：100717
http://www.sciencep.com

北京中科印刷有限公司印刷
科学出版社发行 各地新华书店经销
*
2022年11月第 一 版 开本：787×1092 1/16
2022年11月第一次印刷 印张：30 1/2
字数：720 000

定价：328.00元

作者简介

杨桂朋，海洋化学博士，教授、博士生导师，教育部“长江学者”特聘教授，国家杰出青年科学基金获得者。先后担任中国海洋大学海洋化学理论与工程技术教育部重点实验室主任，化学化工学院院长，海洋化学研究所所长；国家重点研发计划项目首席科学家，“新世纪百千万人才工程”国家级人选，山东省“泰山学者”，海洋国家实验室“鳌山人才”卓越科学家，全国优秀科技工作者，享受国务院政府特殊津贴；国家级教学团队（海洋化学课程）负责人，国际一流期刊 *Marine Pollution Bulletin* 主编，国际知名期刊 *Marine Chemistry*、*Continental Shelf Research*、*Journal of Oceanology and Limnology* 副主编，*Journal of Ocean University of China* 编委，《海洋与湖沼》《中国海洋大学学报》《盐湖研究》编委，国际 SCOR 海洋微表层工作组成员，中国海洋湖沼学会常务理事、海洋化学分会副理事长，山东化学化工学会副理事长，中国上层海洋－低层大气研究（SOLAS）委员会委员。2000 ～ 2002 年，日本北海道大学地球环境科学学院访问学者、日本学术振兴会（JSPS）特别研究员。2003 ～ 2004 年，加拿大拉瓦尔（Laval）大学访问教授、加拿大 SOLAS 研究项目特聘研究员。

杨桂朋教授一直致力于海洋生源活性气体生物地球化学过程及气候效应的研究工作，取得了一系列具有国际前沿水平的创新性成果。在国内率先开展并系统构建了海水二甲基硫（DMS）、一氧化碳（CO）、挥发性卤代烃（VHCs）等活性气体海－气一体化观测模式，实现了我国陆架边缘海活性气体跨时空、多要素、全方位的综合研究；建立了中国东部近海生源二甲基硫化物在主要海洋界面上的迁移转化模型；厘清了海水中二甲基硫化物的主要源－汇过程；定量评估了中国近海大气中 DMS 氧化产物对气溶胶中非海盐硫酸盐（nss-SO_4^{2-}）的贡献比例。这些创新性成果为应对全球气候变化、参与气候变化领域的国际谈判和国际行动提供了基础数据。主持国家重点研发计划项目，国家杰出青年科学基金，国家自然科学基金重点、国际合作、面上项目，省部级重大和重点项目等 20 多项。已发表学术论文 530 篇，其中在国际高水平期刊上发表 SCI 论文 260 余篇。以第一完成人获教育部自然科学奖一等奖、国家海洋局海洋创新成果奖一等奖、山东省自然科学奖二等奖、山东省省级教学成果奖一等奖等省部级科研和教学奖励 7 项，各种荣誉称号 20 余项。在海洋活性气体的生物地球化学及气候效应、海洋界面化学、海洋有机化学、海洋光化学等研究领域成绩突出，已进入国际环境科学和海洋科学研究领域顶尖（前 1%）科学家行列，在国际同行中有重要影响。

前　言

硫循环是全球最重要的物质循环之一，对全球气候和环境变化产生重要的影响。全球硫循环主要由两个过程驱动：一是生物控制的生物地球化学过程，硫酸盐被陆地、海洋中的生物体吸收通过生化反应生成一系列挥发性、还原性的硫化物，如二甲基硫（DMS）、羰基硫（COS）、硫化氢（H_2S）、甲硫醇（CH_3SH）等；另一过程是这些还原性硫化物在大气中发生化学氧化生成硫酸盐（或其他含硫氧化物），最终以干湿沉降的方式返回陆地和海洋。其中海洋覆盖面积占到全球面积的 71%，对全球硫的排放有重要贡献。DMS 被公认为在海洋排放的硫化物中占有绝对的优势地位。据估计，全球每年约有 15 ～ 33 Tg S 以 DMS 的形式由海洋释放到大气中，其占大气 DMS 来源的 90% 以上，约占全球每年硫释放总量的 15% 和天然硫排放总量的 60%。研究 DMS 的重要性不仅在于它是海洋释放量最大的辐射活性气体，对全球硫收支平衡有重要贡献，更重要的在于 DMS 排放与气候变化之间可能存在的负反馈过程。海洋释放到大气中的 DMS 会被迅速氧化生成 SO_2 和甲磺酸（MSA）等，并进一步氧化形成硫酸盐气溶胶，这些气溶胶颗粒增加了云凝结核（CCN）的数量，提高了云层对光照的反射率，使全球热量收入减少，对 CO_2 等温室气体引起的温室效应有一定的减缓、抵消作用。据估算，如果 DMS 海 - 气通量变化一倍，全球的平均温度将会变化几度。此外，DMS 在大气中的氧化产物大都具有较强的酸性，将对天然沉降物的酸度产生重要影响。因此，有关海洋 DMS 排放及其大气氧化产物的辐射效应对气候产生的影响已引起人们的广泛关注，并已成为当今国际科学界的研究热点。许多国际性重大研究计划，如海岸带陆海相互作用（LOICZ）、上层海洋与低层大气研究（SOLAS）、海洋生物地球化学与生态系统整合研究（IMBER）等都将有关 DMS 的生物地球化学作为重要研究内容之一。

近岸和陆架海域约占全球海域面积的 8%，但对全球海洋初级生产力的贡献却高达 25%。在初级生产力高的海域中 DMS 的浓度也较高，特别是近岸、陆架海区，而且它们对全球 DMS 海 - 气通量也有很大贡献。近 20 年来，随着中国（尤其是沿海地区）经济的快速发展，人类活动对近海环境的干扰加剧，富营养化水平不断提高，海洋生态系统受到严重干扰；另外中国近海海域还接纳了大量东亚沙尘，相当于整个北太平洋大气沙尘沉降总量的 14%，从而有可能提高海洋初级生产力。同时，近海大气污染物大量增加，出现以二次污染为主、大气氧化性增强的特征。这些问题有可能会加速中国近海活性气体 DMS 的生产、释放及其在大气中的氧化，从而加剧对区域乃至全球气候的影响。针对这些特殊的环境问题开展控制我国近海生源硫的生成、分布以及迁移转化的研究，有助于从特殊的现象找出新的规律、识别重要的生物地球化学过程。它不仅可以拓展我国海洋硫循环方面的研究内容，而且对于定量评价我国近海生源活性气体 DMS 的释放与区域和全球气候变化之间的反馈效应具有重要的科学意义。尽管二甲基硫化物的生物地球化学过程得到了国内外学者的广泛关注，然而以此为核心的专著却鲜有出版。为此，在国家重点研发计划项目"中国东部陆架海域生源活性气体的生物地球化学过程及气候效应"（No. 2016YFA0601300）、国家杰出青年科学基金项目"海洋化学"（No. 40525017）、国家自然科学基金重点项目"中国东海和黄海中生源硫的生产、分布、迁移转化与环境效应"（No. 41030858）、国家自然科学基金重大国际合作项目"海洋酸化对河口近岸生态系和生源活性气体生物地球化学过程的影响"（No. 41320104008）等项目的支撑下，集成团队多年研究成果，撰写本书，旨在全面系统总结我国近海二甲基硫化物的生物地球化学过程。本书共分为 9 章，第 1 章和第 2 章系统介绍目前国内外关于海洋中二甲基硫化物的分析方法及迁移转化过程的研究进展，第 3 ～ 5 章详细阐述中国渤海、黄海、东海及南海生源硫的分布、通量及其生物地球化学过程，第 6 章介绍实验室不同海洋微藻生产二甲基硫化物的研究结果，第 7 章阐述环境变化包括富营养化和海洋酸化对生源硫化物生产释放的影响，第 8 章介绍海水中二甲基硫的光化学氧化过程与机制，第 9 章阐述二甲基硫在大气中的迁移转化及其环境和气候效应。本书在总结中国近海生源硫分布与通量的基础上，结合不同二甲基硫化物的生产与消费过程，阐述生源硫循环与海洋微藻和微生物代谢的相互关联，并通过实验室模拟、中尺度围隔及船基培养实验深入探究近海环境演变下二甲基硫化物的迁移转化过程，解析环境条件变化对海洋硫循环的影响。同时，二甲基硫化物作为连接海洋碳循环和硫循环的"枢纽"，本书所展示内容也可以为研究海洋硫循环和碳循环的耦合关系提供理论支撑。

本书是国家重点研发计划项目、国家杰出青年科学基金项目、国家自然科学基金重点项目、国家自然科学基金重大国际合作项目的部分研究成果，是作者潜心研究海洋中二甲基硫化物 20 多年工作的结晶。第 1 章，国内外研究进展，由杨桂朋、鉴珊、张婧、张升辉等著；第 2 章，二甲基硫化物的分析方法，由翟星、鉴珊、杨桂朋等著；第 3 章，黄渤海生源硫的分布、通量及其影响因素，由杨剑、杨桂朋、谭丹丹、张岩等著；第 4 章，中国黄东海生源硫化物的生物地球化学过程，由杨桂朋、高旭旭、鉴珊、翟星、马乾耀、杨竣齐、于海潮等著；第 5 章，中国南海生源硫化物的生物地球化学，由张洪海、杨桂朋、吴瑾巍、翟星、宋雨辰、景伟文、康志强、杨洁等著；第 6 章，不同营养盐浓度和酸化条件下海洋微藻生产二甲基硫化物的实验研究，由李培峰、杨桂朋、厉丞烜、朱蓉、王鑫等著；第 7 章，环境变化对生源硫化物生产释放的影响，由张升辉、张婧、杨桂朋、朱蓉、高楠、鉴珊、孙婧等著；第 8 章，海水中二甲基硫的光化学氧化过程与机制，由张婧、杨桂朋、李江萍、宋娇娇、徐锋、刘欣伟等著；第 9 章，二甲基硫在大气中的迁移转化及其环境和气候效应，由杨桂朋、张岩、薛磊、宿鲁平、何玉辉、张广卷等著。全书由杨桂朋统稿整理完成。

本书在准备过程中，科学出版社的郭允允女士对书稿进行了编辑工作，并提出了很多宝贵的修改意见和建议；在全书清样校对过程中，李江萍做了大量工作；在本书出版过程中，张婧、杨志腾给予了大力支持。在此一并表示衷心的感谢！

需要指出的是，本书各个章节由不同的作者协作完成，并且从本书规划至出版，各章节作者已尽力完成相互校阅，仍难免存在笔法与格式方面的不协调、不统一、不全面等问题。为此，敬请读者在参阅时多加留意，若发现瑕疵或疏漏，请予以指正（可将意见发至 gpyang@mail.ouc.edu.cn），若有再版，便于勘误和提高。

杨桂朋

2022 年 6 月 16 日

目 录

第 1 章
国内外研究进展

硫循环是除碳循环、氮循环以外的第三大物质循环。硫的氧化状态跨度很大：从 -2 价态的硫化物到 +6 价态的硫酸盐。硫化物和硫酸盐都是常见的化合物，硫也以单质状态在自然界存在。硫是生物体必需的元素，多种氨基酸、蛋白质中常含有硫元素，脱氧核糖核酸（DNA）中也发现了起修饰作用的硫的存在（Zhou et al.，2005；Liang et al.，2007）。硫循环包括硫在海洋圈、生物圈、岩石圈、海底沉积物圈及大气圈中的循环，其中海洋硫循环是最重要的研究内容。硫循环每年通过陆地和海洋向大气输送大量含硫物质（图 1-1），简单来说，全球硫循环主要由两个过程组成：①陆地及海洋中的生物将无机硫同化为有机硫，进而形成一系列还原性、挥发性的含硫小分子并释放到大气；②大气中还原性以及人为排放的含硫化合物被氧化为硫酸盐、亚硫酸盐等产物，并通过干湿沉降等作用重新回到陆地及海洋。

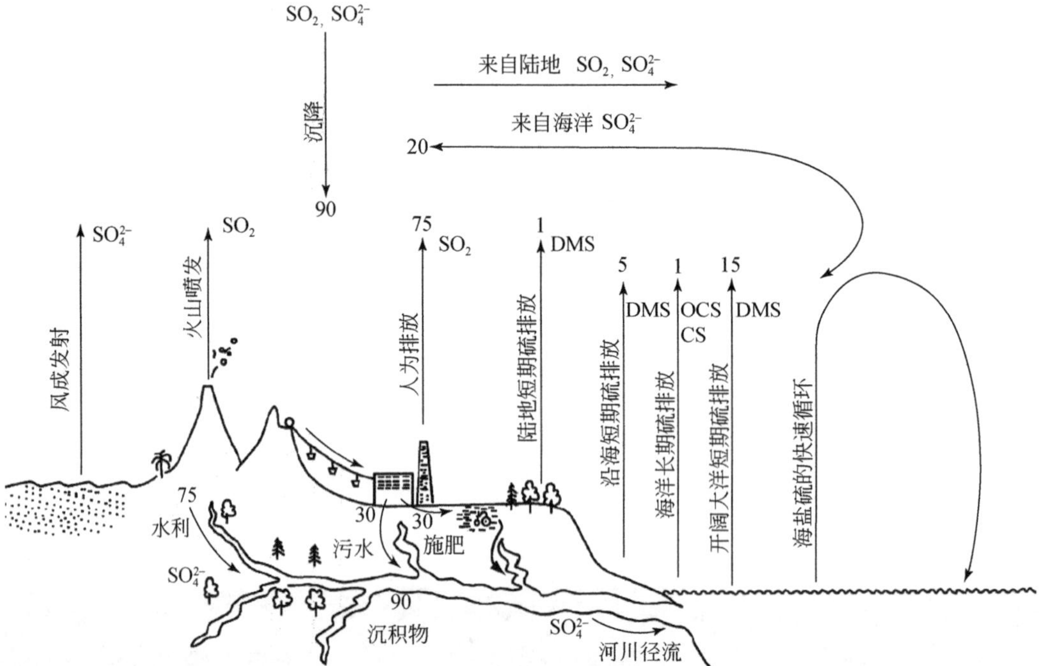

图 1-1　全球硫循环与其中关键过程的通量（单位：Tg S）示意图（Brimblecombe，2013）

硫化氢（H_2S）曾被认为是全球硫循环连接海洋和大气的主要物质。直到 Lovelock 等（1972）首次提出全球硫循环中由海洋到大气和陆地的过程主要是以二甲基硫（dimethylsulfide，DMS）的形式进行输送的，DMS 承担了每年从海洋向大气输送数亿吨硫的职责。自此，DMS 才逐渐作为研究的热点进入人们的视线。DMS 是全球硫循环过程中非常重要的一环，据估计，全球每年约有 15 ～ 33 Tg S 以 DMS 的形式由海洋释放到大气中（Brimblecombe，2013；Lana et al.，2011），其占大气 DMS 来源的 90% 以上（Kettle and Andreae，2000），约占全球每年硫释放总量的 15% 和天然硫排放总量的 60%（Kettle et al.，1999）。

DMS 不仅与其在硫循环中的关键作用有关，在全球气候方面也发挥着重要作用，因为它可能作为一种“反温室气体”，具有与气候变化之间的负反馈调节能力（Quinn et al.，2017；Charlson et al.，1987）。表层海水中 DMS 的浓度直接决定海水向大气释放的 DMS 通量（Liss and Merlivat，1986），从而直接或间接地影响全球气候调节。而海水中 DMS 的浓度，是与其来源和去除途径相关联的多个过程共同作用的结果（Simó et al.，2002）。这些过程共同组成上层海水中的硫的生物地球化学循环（图 1-2）。参与海水中硫循环的关键物质除 DMS 外，还有其前体物质二甲基巯基丙酸内盐（dimethylsulfoniopropionate，DMSP）、其氧化产物二甲基亚砜（dimethylsulfoxide，DMSO），以及 DMSP 的降解产物甲硫醇（methanethiol，MeSH）等。这些二甲基硫化物在海水中的循环过程也同样对 DMS 的生物地球化学循环过程产生影响。近年来，在对海洋硫循环的研究过程中仍有新物质、新过程不断被发现，这为海洋二甲基硫化物的生物地球化学循环过程开辟了新的途径（Thume et al.，2018）。

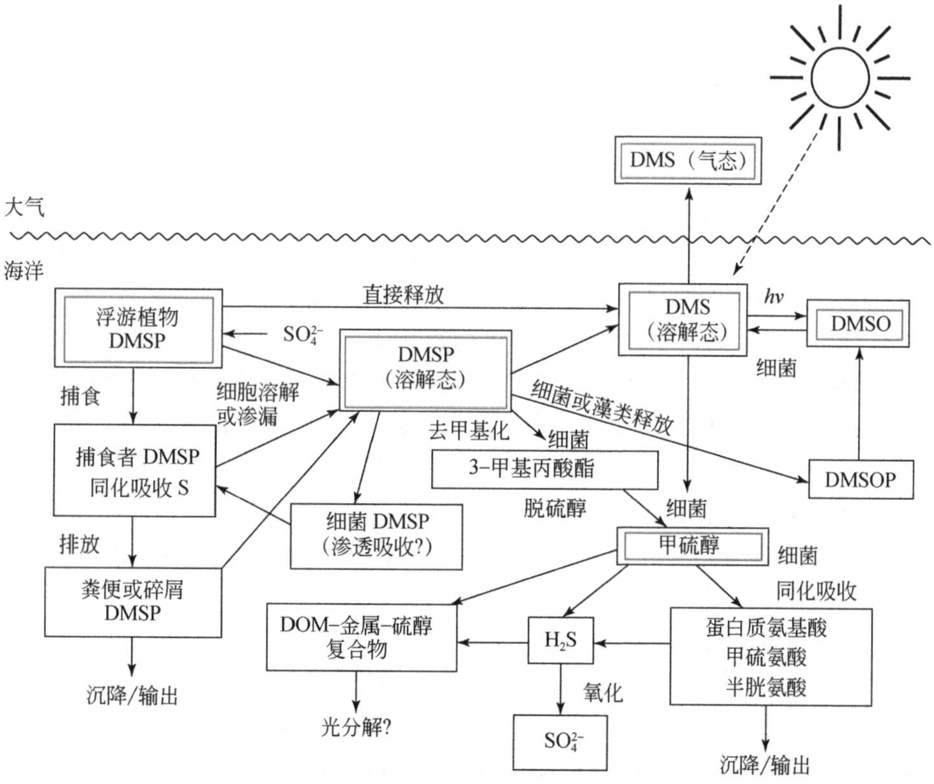

图 1-2　上层海水中的硫的生物地球化学循环示意图（Kiene et al.，2000）

随着人类文明的不断进步和工业的发展，大量化石燃料的燃烧已经影响了全球硫循环中陆地向大气输送的环节，并导致酸雨问题的产生。而海水富营养化、全球变暖导致的海水温度上升、海洋酸化等海洋环境问题也在影响着海洋中的硫循环过程。在时间和空间的尺度上广泛地掌握生源含硫化合物的浓度分布与关键过程，对评价二甲基硫化物的气候调节的作用，以及了解人类活动在这一过程中的影响情况具有重要意义。

1.1　海洋中二甲基硫化物的来源

1.1.1　海洋中 DMSP 的来源

DMSP 是在海洋真光层中广泛存在的含硫有机化合物，DMSP 是 DMS 的一种前体物质，主要来源于浮游植物生产。许多微型和大型的藻类细胞中都含有 DMSP，其 DMSP 的含量存在一定的种间差异性（Matrai and Keller，1994）。在常见的海洋微型藻类中，绿胞藻纲（Chloromonadophyceae）、绿藻纲（Chlorophyceae）、隐藻纲（Cryptophyceae）、裸藻纲（Euglenophyceae）、蓝藻纲（Cyanophyceae）、蓝细菌（Cyanobacteria）中的 DMSP 含量通常较少。DMSP 的主要生产者是甲藻、定鞭金藻和金藻。甲藻纲中的原甲藻属（*Prorocentrum*）和前沟藻属（*Amphidinium*）、金藻纲中的棕鞭藻属（*Ochromonas*）、定鞭金藻纲（Prymnesiophyceae）中的棕囊藻属（*Phaeocystis*）的 DMSP 含量很高，最大浓度可达 0.2 ～ 0.4 μmol/cell；硅藻（*Melosira nummuloides* 除外）中 DMSP 的含量较少（Keller and Korjeff-Bellows，1996）。

DMSP 是一种两性离子化合物，同时带有正电荷和负电荷，不易穿过细胞膜，因此在能够产生 DMSP 的生物细胞内常常会积聚大量 DMSP，形成 DMSP 在细胞内外的浓度差。溶解在细胞质中的 DMSP 由于不能穿过细胞膜，被称为颗粒态 DMSP（particulate DMSP，DMSPp）；而细胞外的 DMSP 为溶解态 DMSP（dissolved DMSP，DMSPd）。健康生长中的浮游植物释放到细胞外的 DMSPd 很少，但衰老的细胞或者受到压力、被病毒攻击、感染的细胞对 DMSPd 有显著贡献（Hill et al.，1998；Malin et al.，1998）。DMSP 是一种不稳定的化合物，并且是同时含有碳和硫的良好营养物质，其一旦被释放，则可以迅速被海洋微生物吸收利用。

海洋环境中，含有 DMSP 的各种植物均通过同化硫酸盐还原作用获得硫。所谓同化硫酸盐还原是指海洋植物吸收海水中的硫酸盐，通过一系列生化还原反应，合成含硫氨基酸，含硫氨基酸再经过一系列的变化得到 DMSP 的一个耗能过程（Stefels，2000）（图 1-3）。首先，海水中的硫酸盐主动运输进入植物细胞，在细胞质中被吸收，后在叶绿体中与腺苷三磷酸（adenosine-triphosphate，ATP）结合，被 ATP 硫酸化酶（sulfurylase）催化形成腺苷 -5′- 磷酸硫酸（adenosine-5′-phosphosulphate，APS）。APS 中携带的被激活的磺基在 APS 巯基转移酶的作用下，转移给巯基载体谷胱甘肽（glutathione，GSH），生成硫代谷胱甘肽（GS-SO_3^-），并被还原生成游离态 SO_3^{2-}。同时 APS 在 ATP 分解形成腺苷二磷酸（adenosine-diphosphate，ADP）时释放出的能量的激发下可以形成 3′- 磷酸腺苷 -5′- 磷酰硫酸（3′- phosphate-5′-phosphosulphate，PAPS）。PAPS 中的磺基可经类似途径生成游离态 SO_3^{2-}，GSH 在其中既是载体又是还原剂。经由 APS 形成游离态 SO_3^{2-} 的途径普遍存在于高等植物、藻类中，而经由 PAPS 形成游离态 SO_3^{2-} 的途径主要存在于细菌、酵母及某些蓝细菌中。生成的游离态 SO_3^{2-}在硫代磺酸盐还原酶（thiosulfonate reductase）的催化作用下，被还原态的铁氧化还原蛋白（fd）提供的 6 个电子（有时由吡啶核苷酸提供电子）还原成 S^{2-}，S^{2-} 与 O- 乙酰丝氨酸化合形成半胱氨酸（cysteine）和乙酸盐。硫酸盐还原成硫化物的反应发生在叶绿体内，生成半胱氨酸所需的酶也能在细胞质和线粒体中发现。除作为 GSH 的前体物质外，半胱氨酸还有两个重要的代谢途径：一种是合成蛋白质，另一种是其巯基转移给 O- 磷酸高丝氨酸，产生高半胱氨酸（homocysteine），高半胱氨酸经甲基化反应形成甲硫氨酸（蛋氨酸，methionine）。蛋氨酸是海洋藻类细胞和海洋高等植物中 DMSP 的前体物质。

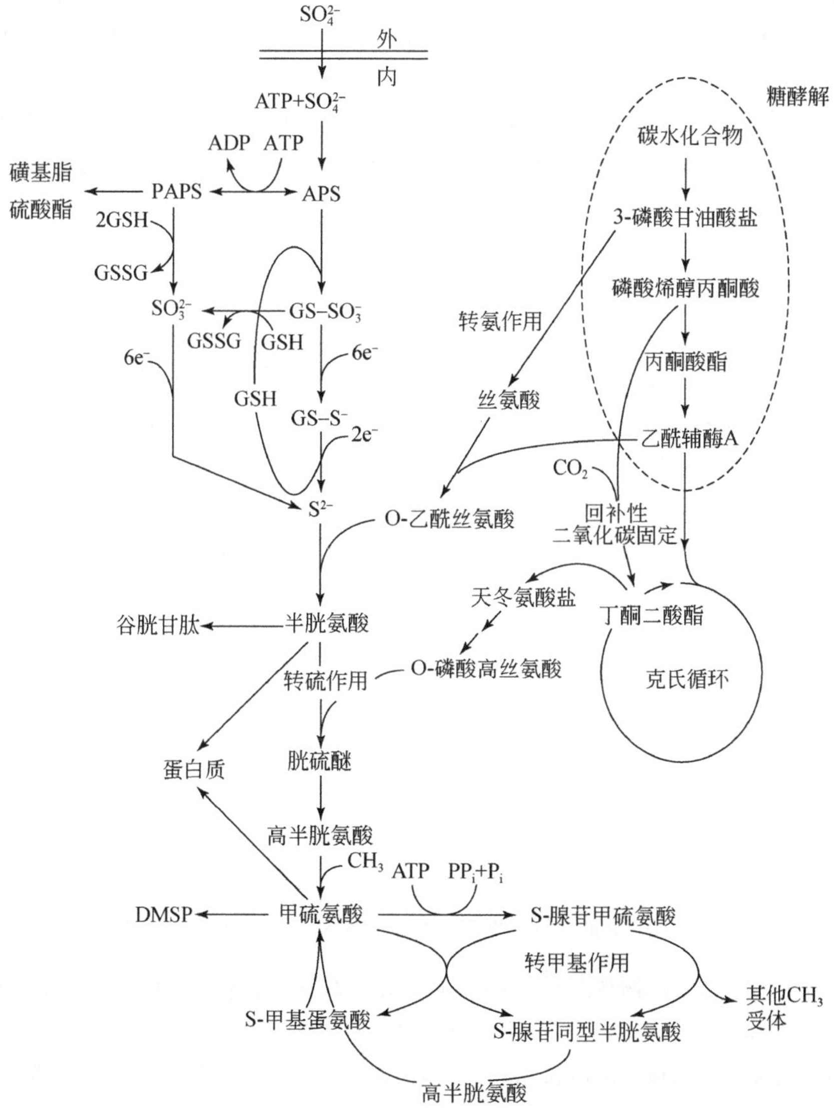

图 1-3　同化硫酸盐还原作用和 DMSP 生物合成的示意图（Stefels，2000）

海洋藻类和海洋高等植物中的蛋氨酸反应生成DMSP的过程中存在不同的转化途径。其中最被广泛接受的观点来自Gage等（1997）的研究（图1-4），他们采用同位素示踪法对肠浒苔（*Enteromorpha intestinalis*）细胞内的DMSP合成过程进行了研究，发现蛋氨酸首先经过转氨（transamination）作用生成MTOB（4-methylthio-2-oxobutyrate），然后MTOB被还原成MTHB（4-methylthio-2-hydroxybutyrate）。S-腺苷甲硫氨酸（S-adenosyl-methionine，S-AdoMet）经甲基化反应生成S-腺苷高半胱氨酸（S-adenosyl-homocysteine，S-AdoHcy）时所释放出的甲基与MTHB化合生成DMSHB（4-dimethylsulfonio-2-hydroxybutyrate）。DMSHB经氧化脱羧反应生成DMSP。此反应过程中，由甲硫氨酸生成MTOB，再由MTOB转化成MTHB的反应是可逆的，由MTHB生成DMSHB的反应是特征反应，DMSHB是DMSP合成的中间体。同时，在其他3种释放DMS的藻类（*Emiliania huxleyi*、*Melosira nummuloides* 和 *Tetraselmis* sp.）中检测到中间产物DMSHB，因此他们认为不同的海洋藻类中DMSP的合成过程是相同的。DMSP的这种合成机制很好地解释了水体中氮缺乏时藻细胞中DMSP含量提高的事实（Kirst，1996）。此过程广泛存在于海洋低等植物中。

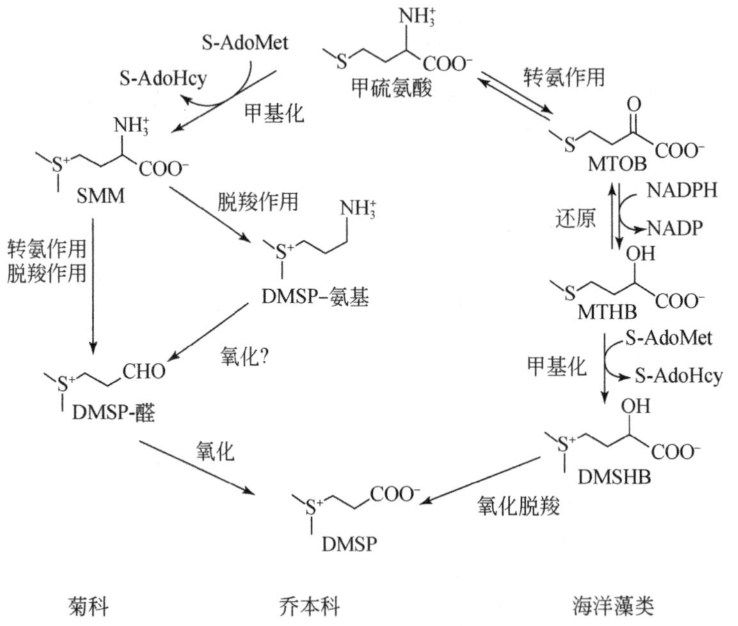

图1-4　由蛋氨酸到DMSP的三种生物合成途径示意图（Gage et al.，1997；Kirst，1996）

而含DMSP较多的植物孪花菊（*Wollastonia biflora*）（菊科）中的DMSP合成途径与上述不同。在 *Wollastonia biflora* 中，第一步反应是甲硫氨酸上的S甲基化，生成S-甲基-甲硫氨酸（SMM，S-methylmethionine），该甲基化反应中的甲基来源于S-腺苷甲硫氨酸（S-AdoMet）发生甲基化反应生成S-腺苷高半胱氨酸（S-AdoHcy）时所释放出的甲基。SMM经转氨、脱羧反应生成醛化DMSP后再被氧化为DMSP。在很多高等植物中，酶能抑制甲硫氨酸的甲基化反应和醛化DMSP的氧化过程。

其他转化途径发现于互花米草（*Spartina alterniflora*）中，第一步反应也是先生成 SMM，而第二步可经脱羧反应生成氨基化 DMSP 后被氧化为醛化 DMSP，醛化 DMSP 再次被氧化为 DMSP。该反应过程中，氨基化 DMSP 是海草（如 *S. alterniflora*）合成 DMSP 的特定产物（Kiene et al.，2000）。

DMSP 在生物体内有重要的生理功能，它在调节细胞渗透压方面的作用已被广泛认可（Gröne and Kirst，1992）。DMSP 的分子结构与甜菜碱（glycine betaine，GBT）相似，而 GBT 是自然系统中最著名和分布最广的渗透保护剂之一（Galinski，1995）。自身不产生 DMSP 的浮游细菌中也检测到 DMSP 的存在，这些细菌极可能在不利的渗透条件下吸收 DMSPd 以保护细胞（Kiene et al.，2000）。在极地海域，DMSP 还可以作为细胞的低温保护剂（Kirst et al.，1991）。此外，DMSP 还可以作为抗氧化剂，消除可引起细胞损伤的自由基，如强烈太阳辐射产生的自由基等（Deschaseaux et al.，2014；Sunda et al.，2002）。藻类中 DMSP 在裂解酶的作用下的裂解可能是一种有效的化学防御措施，可以抵御浮游动物捕食（van Alstyne et al.，2001；Wolfe et al.，1997）。DMSP 还可以帮助细胞维持能量平衡，当营养元素（如氮和铁）供应有限时，植物细胞倾向产生 DMSP，将细胞内的半胱氨酸和甲硫氨酸控制在较低的水平，从而减少植物对氮的依赖，并且不会使同化硫酸盐过程停滞（Stefels，2000）。也有一些证据表明，DMSP 具有作为甲基供体和作为磷脂酰磺酰胆碱前体物质的功能（Kates and Volcani，1996）。此外，DMSP 也是海洋食物链中浮游植物和浮游细菌重要的碳源与硫源，DMSP 在微生物中的吸收利用具有热力学和动力学上的能量优势，对浮游生物的新陈代谢起着重要的作用（Kiene et al.，2000）。

1.1.2　海洋中 DMS 的来源

通常认为，DMSP 是海水 DMS 的最主要的来源。Haas （1935）首次报道了海洋红藻可以释放 DMS。十几年后，Challenger 和 Simpson （1948）发现了从藻类细胞中提取出的 DMSP 是海水中 DMS 的前体物质。Dacey 和 Wakeham （1986）首次证明了海洋藻类细胞内的 DMSP 能够释放到细胞外，并且无论是细胞内还是细胞外的 DMSP 都可以转化为 DMS。DMSP 降解的途径主要包括两种：一种是甲基化作用，DMSP 在酶的作用下经过去甲基化等反应最终分解为 CH_3SH，其反应过程如下：

$$(CH_3)_2\,S^{+}CH_2CH_2COO^{-} \xrightarrow{\text{去甲基化}} CH_3\,SCH_2CH_2COO^{-} \xrightarrow{\text{脱硫醇}} CH_3SH$$

另一种是在 DMSP 裂解酶的作用下生成 DMS 和丙烯酸盐，该反应是一个典型的碱诱导下的 β- 消除反应，其反应方程如下：

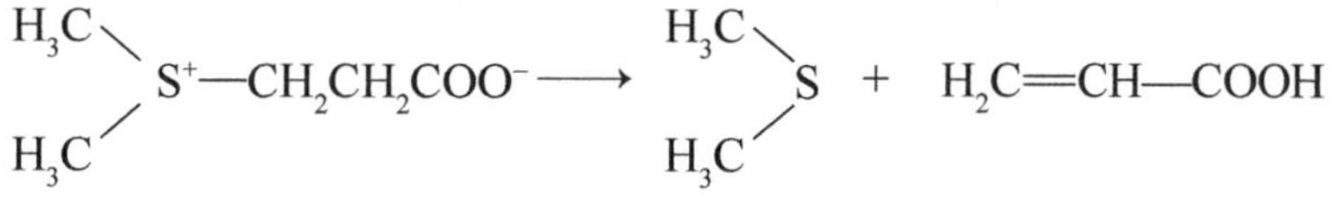

以上两种反应途径都生成丙烯酸盐，只有第二种反应生成 DMS，而研究表明，在这两种去除途径中，第一种途径是其降解的主要途径，第二种途径所占比例较小，通常占到 5% ～ 10%（Kiene and Linn，2000；Ledyard and Dacey，1996）。这主要是因为 MeSH 比 DMS 具有更高的活性，容易被微生物吸收利用来完成蛋白质的合成。

1.1.3 海洋中 DMSO 的来源

DMSO 是一种极性非质子化合物，能够与水混溶，并且也能溶于乙醇、丙醇、苯和氯仿等大多数有机物，被誉为“万能溶剂”。海洋中的 DMSO 是 DMS 的一个重要氧化产物，海水中 DMSO 的浓度往往超过 DMS 的浓度（Lee et al.，1999），因此 DMSO 在海洋硫循环中发挥极为重要的作用。相比于 DMS，DMSO 由于缺乏光化学去除途径（Toole and Siegel，2004）、微生物消耗速度缓慢（Tyssebotn et al.，2017）、生物产生量大（del Valle et al.，2007）等，在海水中具有较高的浓度。

DMS 的微生物消费和光氧化都是海水 DMSO 的重要来源。^{35}S-DMS 示踪实验的结果表明，表层海水中 DMS 的微生物消费的主要产物是 DMSO。同时，DMSO 也是 DMS 发生光氧化的重要产物之一，但 DMS 光氧化生产 DMSO 的比例在不同海域、不同光敏剂及不同辐射波长的作用下有所不同。在河口（96%）、陆架海（25%）、极地水（39%）和开阔大洋（14%），DMS 光氧化产生 DMSO 的比例存在明显差异（Uher et al.，2017；Toole and Siegel，2004；Kieber et al.，1996）。

此外，海水中的 DMSO 能够由浮游植物直接产生、释放（Lee et al.，1999）。生物直接合成 DMSO 主要有两种途径：一是羟基与 DMSP、SMM 或 DMSHB 反应，羟基可以使其碳链断裂并生成 DMSO；二是细胞内的 DMS 被羟基氧化，从而生成 DMSO。从合成途径可以看出，DMSO 的合成过程能够清除羟基，从而起到抗氧化的作用。此外，DMSO 可以在细胞膜上自由扩散（Liu et al.，1997），且具有吸水作用，因此其作为细胞的防冷冻剂，可以避免细胞被冻伤。

最近发现的二甲基亚砜丙酸盐（DMSOP）是海水中 DMSO 的另一个重要来源。Thume 等（2018）将 $^{13}C_2$-DMSOP 添加到粪产碱菌（*A. faecalis*）群落中后，在 24h 内检测到 $^{13}C_2$ 标记度大于 99% 的 DMSO，表明 DMSOP 是该细菌中 DMSO 的唯一来源。该研究中，所有被测细菌［硫杆菌（*Sulfiobacter* sp.）、玫瑰杆菌（*Ruegeria pomeroyi*）、*A. faecalis* 和中度嗜盐菌（*Halomonas* sp.）］均能够以不同的效率将 DMSOP 转化为 DMSO。由于 DMSOP 与 DMSP 结构类似，通过类比 DMSP 裂解酶的作用，他们推测 DMSOP 转化为 DMSO 的过程很可能也是在某种裂解酶的作用下完成的。并且 DMSOP 在碱性条件下也会分解生成 DMSO，这与 DMSP 在碱性条件下生成 DMS 一致（Dacey and Blough，1987）。DMSOP 作为 DMSO 的重要来源，可以作为海洋中 DMSO 含量比 DMS 高的一个原因。

1.2　海洋中二甲基硫化物的迁移转化及归宿

1.2.1　DMSP 的生物消耗与代谢

DMSP 生物消费速率是用来评价 DMSP 生物周转的重要参数。目前，DMSPd 生物消费速率主要采用抑制剂法和 ^{35}S-DMSPd 示踪法。Kiene 和 Service （1993）发现海水样品中 500nmol/L GBT 能够部分地抑制 DMSPd 的降解，GBT 是一种 DMSP 的结构类似物。而 Kiene 和 Gerard （1995）的研究发现，与其他 DMSP 结构类似物 [如胆碱（choline）、二甲基甘氨酸（dimethylglycine）、肉碱（carnitine）、脯氨酸] 和非鎓类化合物（non-onium compounds）（如葡萄糖、氨基乙酸）相比，GBT 是更有效的 DMSPd 降解抑制剂。1 ～ 50 mmol/L GBT 能够在短时间内抑制 DMSPd 的降解，也明显地抑制 DMSP 降解的酶活性和甲基化途径（Kiene and Service，1993）。

DMSPd 微生物降解过程中，细胞外部的 DMSPd 通过跨膜输送（transmembrane transport）转移到细胞内酶或去甲基酶（demethylating enzyme）的位置，然后在相应酶的作用下进行分解。在跨膜输送过程中，GBT 是 DMSP 的一种有效的竞争物质，进而阻碍 DMSP 通过细胞膜进入细胞内部，妨碍了 DMSP 降解。GBT 并不直接抑制 DMSP 降解酶。Souza 和 Yoch （1995）的研究表明，类似于产碱杆菌属（*Alcaligenes*）的沿岸细菌中纯化的 DMSP 裂解酶不能被 GBT 抑制，也不能被二甲基甘氨酸、蛋氨酸、二甲基乙酸噻亭（dimethylsulfonioacetate）、硫代甲基蛋氨酸（S-methylmethionine）或其他低分子量化合物抑制。另外，Perroud 和 Le Rudulier （1985）的研究发现 GBT 向大肠杆菌（*Escherichia coli*）细胞内的输送能够被 GBT 的结构类似物抑制，包括二甲基甘氨酸、脯氨酸和 *p*- 丙氨酸甜菜碱（*p*-alanine betaine），而这些物质均能抑制海水中 DMSP 的降解。这样，DMSP 输送体系可能会识别 GBT。这也在对肠杆菌科（Enterobacteriaceae）的研究中被发现（Chambers et al.，1987）。DMSP 和 GBT 是天然的微生物生长所需的碳源，GBT 还可充当氮源，这种输送机制对海洋微生物来说是十分有用的。

另一种测定 DMSPd 周转速率的方法是基于添加无干扰的痕量 ^{35}S-DMSPd （Kiene and Linn，2000），定量得到 DMSPd 降解速率常数（k_{DMSPd}）。此速率常数与初始 DMSPd 浓度的乘积即为 DMSPd 周转速率。早期，DMSPd 降解的研究中还采取了添加高浓度外源性 DMSPd 的方法来监测 DMSP 的降解趋势。基于这些方法的研究表明，沿岸和远洋海域中，DMSPd 周转速率在 0.3 ～ 1348 nmol/（L • d）变化（表 1-1）。这些研究发现，DMSPd 提供了细菌生长所需的 3% ～ 15% 的碳源和高于 100% 的硫源，且其中大部分 DMS 的生产还用来平衡 DMS 的损失。值得注意的是，这些研究结果中所有 DMSPd 周转速率的估算均基于大体积过滤方法所得到的 DMSPd 浓度，这种过滤方法会造成相当量的 DMSPp 释放到水体中，使实测 DMSPd 值过高而偏离了真实值（Kiene and Slezak，2006）。Kiene 和 Slezak（2006）提出的小体积重力过滤（small volume gravity drip filtration，SVDF）方法能有效地降低过滤过程中的人为误差，在同一海域用此方法测定的 DMSPd 值明显低于之前的测定值。

表 1-1 不同海域表层海水中 DMSPd 浓度、周转速率和甲基化占 DMSP 周转的比例

参考文献	研究海域	DMSPd 浓度 /(nmol/L)	DMSPd 周转速率 /[nmol/(L • d)]	甲基化占 DMSP 周转的比例 /%	方法
Kiene and Gerard，1995	墨西哥湾沿岸	2.5 ～ 4	4 ～ 28	ND	GBT 抑制剂法
Kiene，1996	墨西哥湾沿岸	0.1 ～ 11	2 ～ 122	34 ～ 88	外源性 DMSPd 的动力学降解（添加 DMSPd 的浓度为本底值的 10 ～ 50 倍）
Ledyard and Dacey，1996	马尾藻海	2 ～ 11	1.4 ～ 16.8	79 ～ 89	内源性和外源性的 DMSPd 的动力学降解（添加 DMSPd 的浓度为本底值的 2 ～ 3 倍）
Duyl et al.，1998	马萨诸塞州葡萄园湾	2 ～ 12	2.4 ～ 38.4	36 ～ 100	添加 DMDS，测定 DMSP 和 DMS 的净变化
	瓦登海	1 ～ 35	12 ～ 1348	51 ～ 100	
Kiene and Linn，2000	墨西哥湾中营养陆架	1 ～ 10	8.9 ～ 129	＞ 70	^{35}S-DMSP 示踪法
	墨西哥湾寡营养海域	0.2 ～ 2.6	0.3 ～ 9.9	＞ 70	

注：ND 表示未检测到，下同。

由于 DMSP 可通过脱甲基作用产生巯基丙酸甲酯（MMPA），最终生成 MeSH，DMSP 甲基化过程对 MeSH 产生具有主要的控制作用。MeSH 是 DMSPd 降解的主要的初始挥发性硫产物（图 1-5）（Linn，2000）。此过程发生在一些不能进行最初的 DMSP 去甲基作用的海洋微生物体内。MMPA 产生 MeSH 的过程是一个类似于酶降解的过程，其中碳链产物是丙烯酸酯，丙酸盐（propionate）则可能是丙烯酸酯的还原性降解产物。海水中，海洋细菌将 MeSH 直接合并到蛋氨酸中，随即进入蛋白质（Kiene et al.，1999），这样 DMSP 和 MeSH 中的硫被快速地分配至相对稳定的颗粒相（particulate phase）中。甲基化途径能够为微生物生长提供活性甲基基团（active methyl group）和碳源，还原性硫易于被同化至硫氨基酸（sulfur amino acid），或者以化学无机自营养（chemolithoautotrophic）等方式被氧化。MeSH 具有高度活性，能够被快速清除，可被捕集到 DMSP 降解细胞进行降解和同化。一些 DMSP 产生的 MeSH 通过胱硫醚 -γ- 合成酶（cystathionin e-gamma-synthetase）合并至重要的蛋白质氨基酸——蛋氨酸的甲硫基 CH_3S（Kiene et al.，1999）。整个 CH_3S 基团被同化为蛋氨酸，可以降低细胞内还原性硫到硫化物和蛋氨酸生物合成中硫的甲基化过程中的能量消耗。蛋氨酸合成后多余的 MeSH 通过甲基碳和一部分硫的氧化来制造能量（Suylen et al.，1987）。MeSH 产生的硫化物能用于半胱氨酸和高半胱氨酸的生物合成。这样，DMSP 的甲基化能提供甲基基团来进行细菌体内的生物合成和能量制造。相比之下，DMSP 酶降解途径产生少量活性 DMS，细胞由于扩散而可能丧失大部分还原性硫和甲基基团。少量能使 DMSP 降解产生 DMS 的好氧性细菌也能够消耗 DMS（González et al.，1999），而且海水中 DMS 的降解速度远远慢于 DMSP，DMS 中硫的同化速度也非常慢。

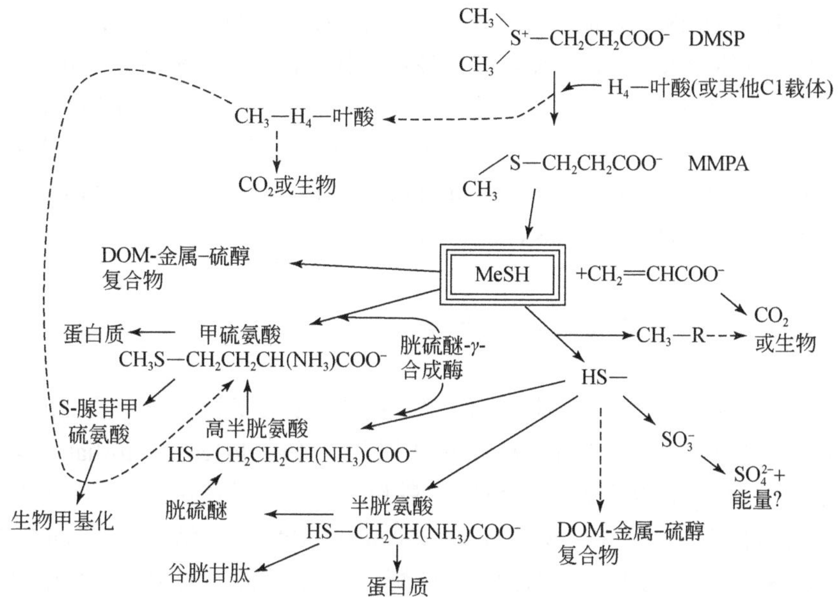

图 1-5　海水水体中和细菌体内 DMSP 脱甲基途径及其潜在对碳与硫代谢的影响（Kiene et al.，2000）

虚线箭头代表推测或研究甚少的途径；DOM：溶解有机物

DMSPd 中硫的主要降解途径和最终产物所占的比例不同（图 1-6）。75% 的 DMSPd 经甲基化产生 MeSH，而 MeSH 在沿岸和陆架海域与大洋的降解存在差异。对于沿岸和陆架海域，约 60% 的 MeSH 被快速同化至微粒中（主要是细菌内的蛋白质）；相比之下，大洋中只有 16% 的 MeSH 同化至相似的微粒中。未同化的 MeSH（沿岸和陆架海域约 40%，大洋约 84%）被转化为溶解态非挥发性硫（dissolved non-volatile sulfur，DNVS），其中硫酸盐约占一半。平均来说，只有 10% DMSP 会降解为 DMS。其中大部分 DMS 会以挥发性组分的形式存在，但这部分周转速率较慢（0.25 ～ 2d^{-1}），90% 的硫降解为 DNVS，10% 会进入颗粒中，但通过海 - 气扩散进入海洋的组分所占的比例还未确定。还

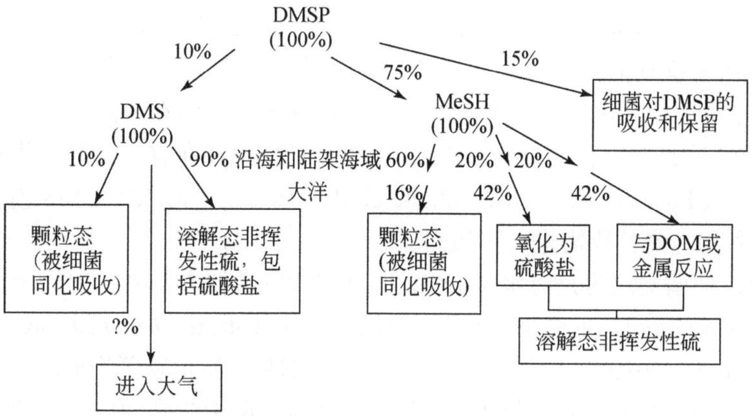

图 1-6　海水中溶解态的 DMSP 中硫的降解途径和归宿（Linn，2000）

有 15% 自然循环的 DMSPd 长时间（＞ 12 ～ 24 h）保留在细菌细胞内，但这部分硫的归宿还是未知的。具体看来，DMSP-S 降解为各种产物的比例具有地域和时间上的差异性。海水表层温度会影响 DMSPd 浓度、细菌群落结构和生物量，从而对 DMSPd 各种降解方式的比例有所影响。此外，光化学反应可通过引起直接的硫代谢氧化而改变 DMSP-S 的归宿（Kieber et al.，1996；Brimblecombe and Shooter，1986），或通过抑制细菌的生产和活性来影响其对 DMSP-S 的吸收（Aas et al.，1996）。

1.2.2　DMS 的生物消耗与代谢

目前，虽然生物生产对于控制表层海水中的 DMS 浓度起着极为重要的作用，但关于此过程的重要参与者——细菌的种系间从属关系（phylogenetic affiliation）的研究非常有限，只局限于分离的单种细菌的研究。最初，选择菌丝体微生物和硫杆菌对好氧性细菌 DMS 氧化过程进行研究（Suylen and Kuenen，1986），结果确定 DMS 单加氧酶（monooxygenase）是参与 DMS 代谢的一种酶，该过程能产生 MeSH 和甲醛。对海洋中 *Thiobacilli* 的研究发现，DMS 好氧氧化的另一种机制是甲基转移体系（methyl transfer system），其产生 MeSH。这两种途径产生的 MeSH 被进一步转化为 H_2S（Visscher and Taylor，1993）。DMS 能被 DMS 脱氢酶（DMS dehydrogenase）简单氧化为 DMSO（Hanlon et al.，1994）。基于好氧菌和厌氧菌隔离群，最初假设远洋 DMS 消费者是甲基营养菌（methylotrophic bacteria）。对这些单种菌的进一步研究表明，DMS 消费者可进行各种各样的消耗代谢，说明 DMS 消费是途径复杂、涉及较广的过程（Bentley and Chasteen，2004）。可利用 DMS 的细菌属于专性甲基营养菌（obligatedmethylotrophs）（Bentley and Chasteen，2004；Hoeft et al.，2000），而且是泛化种（generalist）。例如，此细菌能依赖除 DMS 外的各种碳源（如葡萄糖、DMSP）进行生长（González et al.，1999；Visscher and Taylor，1993），此细菌能从 DMS 光氧化产生的无机硫化物中获取能量（Fuse et al.，2000）。此外，DMS 能被氨氧化剂氧化为 DMSO（Juliette et al.，1993）。对沿岸海域和大洋海水中的 DMS 富集的研究表明，依赖 μmol/L 级 DMS 生长的细菌非常可能是噬甲基菌（*Methylophage*）（Vila-Costa et al.，2006）。但目前还未能确定这种在富集研究中确定的细菌种类在未扰动的海水体系中是否具有代表性和重要性。在这种方法中，有机物以 DMS 为碳源并从其氧化过程中吸取能量以加速其生长；但在自然体系中，细菌调节的 DMS 代谢转化可能是辅助代谢过程，DMS 的酶解氧化途径在有机物的吸收利用过程中并不存在能量优势（Fuse et al.，1998；Juliette et al.，1993）。海水中 DMS 消费对海洋细菌来说是否具有种属选择性仍需进一步研究。

一般来说，细菌被认为是海水中 DMS 生物转化的重要参与者，但无菌培养研究发现赫氏艾密里藻（*Emiliania huxleyi*）和塔玛亚历山大藻（*Alexandrium tamarense*）也能降解 DMS（Wolfe et al.，2010）。因此，浮游植物（特别是浮游植物藻华期间）也可能是沿岸和远洋表层海水中参与 DMS 消费的一个群体。目前，由于受到细菌和浮游植物分离方法的限制，浮游植物消耗和转化 DMS 的研究还处于空白阶段。此外，普遍存在的海洋古生菌（Archaea）最近也被发现（Karner et al.，2001；DeLong，1992），但它们对 DMS 生物地球化学的影响的研究尚处于空白。

生物 DMS 消费（BDMSC）速率普遍采用化学抑制剂（chemical inhibitor）法来测定。化学抑制剂法是利用天然海水直接测定 DMS 净生物生产速率 K_1（即总生产速率减去消费速率），通过在天然海水中加抑制剂测定 DMS 总生物生产速率 K_2，总生产速率减去净生产速率即为生物消费速率。此方法中普遍使用的抑制剂为 DMDS、氯仿（chloroform）、丁基甲基醚（methyl-butyl-ether, MBE）。有关抑制作用的机理目前还没有统一的认识（Wolfe and Kiene，1993）。其机理可能包括以下几方面：①抑制剂产生对生物新陈代谢有毒的物质，从而阻止生物消费；②抑制剂作为一种优先消费物质与 DMS 竞争，达到抑制目的；③抑制剂在生物体内转化为其他物质，作为生物消费物质与 DMS 竞争；④加入的抑制剂可能转化成其他有效的抑制剂来抑制生物消费。在 DMS 消费过程中可能几种消费种类同时存在，而且以不同的途径进行。因此，给定一种抑制剂不可能同时对所有的消费者产生同样的抑制效果，且各抑制剂的抑制能力差别较大。

化学抑制剂法的准确性高度依赖于气相色谱法测定的 DMS 浓度的准确度，进而受到低浓度 DMS 检测的限制（Simó and Pedrós-Alió，1999）。所有这些抑制剂都存在一定内在固有的问题。氯仿会高估生物 DMS 消费速率（2 倍左右），其可能诱使 DMSPp 释放而转变成溶解态（Simó et al.，2000；Wolfe and Kiene，1993），而且上述假设的被 DMS 单加氧酶催化的好氧性 DMS 氧化则不能被氯仿抑制。另外，MBE 确实能抑制单加氧酶途径，却不能抑制转甲基酶（methyltransferase）途径，因此 MBE 可能不会 100% 抑制天然水体中的 DMS 消费，水体中各种各样的代谢途径是非常重要的（Visscher and Taylor，1993）。DMDS 是目前广为使用的 DMS 消费的抑制剂，其抑制率达到 80% ～ 90%。最近，添加痕量放射性 ^{35}S-DMS 的示踪法是一种新型的生物 DMS 消费速率的测定方法（Linn，2000）。这种方法不需要添加任何抑制剂，就能降低人为误差；通过增加 ^{35}S-DMS 含量，提高噪声比的信号而不影响本体 DMS 浓度，进而可以提高分析的精密度。在一定的体系中，生物 DMS 消费能够仅在几天内完成本体 DMS 的周转，某些情况下只需一天，随海域和环境条件的变化，DMS 生产与消费速率会发生很大变化，有时相差一个数量级。这说明海水中 DMS 库是动态的，而且生物 DMS 消费对控制表层海水中的 DMS 浓度是非常重要的，进而影响 DMS 海－气通量。

目前，关于生源 DMS 中的硫和碳的代谢归宿的研究十分有限。一些研究表明，溶解态非挥发性化合物是 DMS-S 新陈代谢产物的一个重要组分（Zubkov et al.，2004；Zubkov et al.，2002），但是，到目前为止，只确定了硫酸盐这个具体的含硫产物。Linn（2000）通过对有限个样品分析发现，硫酸盐占 DMS 降解的非挥发性产物的 80% 左右；但是硫酸盐是否总是一个主要产物，或者 DMSO、二甲基砜（$DMSO_2$）也可能作为其产物，这些还需要进一步研究。DMS 在酶作用下被光养细菌氧化为 DMSO（Visscher and van Gemerden，1991；Zeyer et al.，1987），但由于方法限制，自然好氧体系中 DMS 生物消耗产生的 DMSO 还未被定量测定。目前，测定 DMS 和 DMSO 的气相色谱方法的灵敏度不足以测出 DMSO 浓度的微小变化，而且 DMSO 能潜在地从浮游植物细胞中释放，从而可能掩盖 DMS 的微生物生产所获得的 DMSO。

海水中 DMSP 能够提供 50% ～ 100% 的细菌生长所需的硫，相比之下，DMS 看似只是浮游细菌的一个微小硫源（Zubkov et al., 2002; Kiene and Linn, 2000）。Zubkov 等（2002）发现，在北海的颗石藻（Coccolithophore）藻华期间，转化的 DMS-S 约有 2% 被浮游细菌同化，仅能满足浮游细菌 1% ～ 3% 的硫需求。Kiene 和 Linn （2000）发现，沿岸水域中约有 10% 的 DMS-S 被合并到颗粒物中，远洋水域中的 DMSP-S 合并到蛋白质的比例低于沿岸水域。

1.2.3 DMS 的光氧化和海 - 气交换

DMS 的光氧化过程是海洋中 DMS 去除的重要途径之一，该过程对 DMS 迁移转化的贡献率为 7% ～ 40% （Behrenfeld et al., 1996; Martin et al., 1994）。该过程在 DMS 的生物地球化学循环过程中扮演着重要的角色，值得人们对其进一步深入研究。在不同海洋环境中，受各种不同海洋环境因素的共同影响，DMS 的光氧化过程也不尽相同。海水中存在的一些化学氧化剂等都对 DMS 的氧化过程有影响（Turner et al., 1996）。此外，Vallina 和 Simo （2007）在 *Science* 上的一篇报道指出，太阳辐射强度对表层海水中的 DMS 浓度具有较大的影响；Deal 等（2005）研究分析了白令海中的 DMS 光氧化反应过程，提出了 DMS 氧化速率的波长依赖性，其结果表明在 290nm 波长的光照射下光反应的量子产率具有最大值，而在 400nm 处其量子产率最小；光辐射强度随着深度的增加不断衰减，使不同深度水层中的光照强度及光谱特征存在较大差异，呈递减趋势，从而导致不同深度的海水中 DMS 光氧化速率随深度的逐渐增加而减小（Toole et al., 2003）。因此，DMS 光氧化过程主要发生在光辐射较强且光谱较全的浅水层。光照强度和光谱组成是 DMS 光氧化过程的主要影响因素，决定了 DMS 氧化产物的种类及氧化效率。

Mcdiarmid （1974）的研究表明，DMS 对波长 260nm 以上的光没有明显的吸收，但是当光敏剂存在时这一现象会发生改变。Kieber 等（1996）的实验结果表明，DMS 光氧化反应在不同的波长下反应速率不同，存在一定的波长依赖性，他们认为 DMS 可以在 380 ～ 460nm 发生一定的光氧化反应，在 260nm 以下 DMS 对紫外光具有较好的吸收作用而使光氧化反应比较明显，然而在可见光波段却并没有观察到 DMS 的光氧化现象。同时，他们还发现在 280 ～ 350nm 波段和 380 ～ 460nm 波段均可以发生有效的 DMS 光氧化反应，并且在光合有效辐射（PAR）范围内氧化反应达到峰值，且在调查海域中有 14% 的 DMS 转化为主要氧化产物 DMSO。一些学者发现，DMS 的光氧化产物并不一定总是 DMSO，说明海水介质对光的选择性吸收导致了氧化过程还存在另外一条途径。Hatton （2002）对北海的研究发现，在紫外光和可见光的波段下，DMS 均可发生氧化，但是氧化产物会有所不同，现场培养结果表明只有 37% 的 DMS 转化为 DMSO，进一步证明可能存在另外一条氧化途径。

由此可以看出，在强紫外光辐射下，DMS 能够快速发生反应，并且光照强度对光氧化速率起到促进作用。在不同光照波段下，DMS 进行光氧化的程度会有所不同，尽管 UVB 波段可能存在另一条光氧化路径，但是 DMSO 依然是最主要的氧化产物。受到海域环境及海洋介质对光辐射吸收程度的影响，DMS 在相同波段内发生的光氧化比例也不尽相同。然而，光照在 DMS 光氧化反应中是一个重要的影响因素，无论是光照辐射度还是光照波长，都会对 DMS 的氧化速率和氧化产物有直接的影响。

在海洋环境里，天然光敏剂在发生反应时有两条优势反应途径，通常它们会选择其中一条反应机制来发生反应，具体反应历程（德斯马和道森，1992）如下：

第一种：PS（光敏剂）+ $hv \longrightarrow$ PS^*（激发态）

PS^*（激发态）+ DMS $\longrightarrow$ 产物

第二种：PS（光敏剂）+ $hv \longrightarrow$ PS^*（激发态）

PS^*（激发态）+ $O_2 \longrightarrow$ PS（光敏剂）+$^1O_2\Delta g$（第一激发单线态氧）

$^1O_2\Delta g$+DMS $\longrightarrow$ 产物

由两种反应历程可以看出，DMS 浓度较低时，DMS 与光敏剂之间的双分子反应会选择第二条途径。水溶液中存在很多光氧化剂，DMS 很容易与水溶液中的 •OH 发生反应（Bouillon and Miller，2005），光致 •OH 被转化为二溴化物自由基（dibromide radical，$\cdot Br_2^-$）（Mopper and Kieber，2002）。

通过实验室紫外－可见光源模拟照射，光敏剂蒽醌（AQ）存在时 DMS 的光氧化历程（杨桂朋等，1997）为

$$AQ+hv \longrightarrow AQ^*\text{（激发态）}$$

$$AQ^*\text{（激发态）} \longrightarrow AQ^+ + e^-_{H_2O}$$

$$O_2 + e^-_{H_2O} \longrightarrow \cdot O_2^-$$

$$\cdot O_2^- + (CH_3)_2S \longrightarrow (CH_3)_2S{=}O$$

芳香族化合物光致电离作用生成水合电子（$e^-_{H_2O}$），捕获水中的溶解氧（dissolved oxygen，DO），生成中间产物超氧阴离子自由基（$\cdot O_2^-$），最终生成氧化产物 DMSO（Cooper and Zika，1983；Swallow，1969）。在甲板自然光条件下，DMS 光氧化速率比人工模拟照射要快，呈指数下降趋势。DMS 浓度决定了光氧化过程所遵循的动力学方程式，当 DMS 浓度小于 50nmol/L 时，遵循一级反应动力学公式 [$\ln(C_t/C_0)=-kt$]，DMS 的光氧化是光强的一级反应动力学（Kieber et al.，2007）。

海洋表层水体的 DMS 光氧化速率与太阳光照、DMS 浓度、溶解有机物、海水 pH 和水温等多种因素有直接的关系。海水中的 DMS 光氧化是一个次级光化学过程，这个过程中所需要的有色溶解有机物（CDOM）、游离自由基和活性氧自由基都需要通过光来激发活化（Mopper and Kieber，2002）。对于表层海水而言，能够透过表层水体的光照辐射强度和光谱对 DMS 的光氧化有显著影响，说明 DMS 的光氧化过程具有波长依赖性，但对波长的依赖性也不是绝对的，由于不同海域不同站位的海水介质不同，所存在的光敏剂的种类和含量也不尽相同，这导致不同海区 DMS 光氧化对波长的依赖性有所差别。Bouillon 和 Miller（2005）对自然海水中 DMS 的光氧化过程进行了研究，结果表明 DMS 的光氧

化速率受海水 pH 的影响。DMS 的光氧化过程涉及一些自由基的参与，而自由基的生成与断裂过程又有离子参与，如 NO_3^-、Br^-、HCO_3^- 及 CO_3^{2-} 等离子，这些有离子参与的反应都是受海水 pH 影响的过程，因而 pH 会间接影响 DMS 的光氧化过程。在实验中，随着海水 pH 的降低，DMS 的光氧化过程逐渐增强，在 pH = 6 的海水中 DMS 的氧化速率大于 pH = 8 和 pH = 10 条件下的氧化速率，这说明海水 pH 的变化也是影响 DMS 氧化速率的一个重要因素。

准确估算全球海域中 DMS 的海－气通量可为评价 DMS 在全球硫循环中发挥的作用提供重要的科学依据。目前通用的 DMS 海－气通量估算方法有以下两种：一种是滞膜模型（Liss et al.，1997）；另一种是质量平衡光化学模型（Saltzman and Cooper，1989）。其中，滞膜模型应用更为广泛。滞膜模型是通过表层海水与海面附近大气之间的 DMS 浓度梯度以及由经验公式计算得到的气体传输速率来估算通量的方法。由菲克（Fick）第一定律可以得出 DMS 的海－气通量的计算公式为

$$F_{DMS}=K\ (C_w-C_g/H)\ =K\Delta C=KC_w$$

式中，K 为 DMS 的海－气传输速率；C_w 和 C_g 分别为 DMS 在海水和大气中的浓度（nmol/L）；H 为亨利常数；C_g/H 的值远小于 C_w，因此可以忽略。

海－气传输速率（K）为施密特数（Sc）和风速（U）的函数，可以通过经验公式得到，如表 1-2 所示。采用不同的公式计算的滞膜模型中 K 的结果存在很大差异，其中，W92 公式和 LM86 公式分别代表计算结果的高值和低值，使用 N2000 公式得到的 K 值大多介于两者之间，计算结果更为合理准确。因此，本书采用 Nightingale 等（2000）提出的海－气传输速率计算公式（N2000 公式），具体计算公式为

$$K=(0.222U^2+0.333U)(Sc/660)^{-1/2}$$

$$Sc(t)=2674.0-147.12t+3.726t^2-0.038t^3$$

式中，U 为风速（m/s）；$Sc(t)$ 为 DMS 在温度为 t 时的施密特数；t 为海水温度（℃）。按照以上公式可以求得 K，然后计算得到 DMS 的海－气通量。

表 1-2　海－气传输速率 K 的计算公式

参考文献	计算公式	风速 U/（m/s）
Liss and Merlivat，1986（LM86）	$K=0.17U(Sc/600)^{-2/3}$ $K=(2.85U-9.56)(Sc/600)^{-1/2}$ $K=(5.9U-49.3)(Sc/600)^{-1/2}$	$0<U\leqslant 3.6$ $3.6<U\leqslant 13$ $U>13$
Wanninkhof，1992（W92）	$K=0.31U^2(Sc/600)^{-1/2}$ $K=0.39U^2(Sc/600)^{-1/2}$	短期风速 长期风速
Nightingale et al.，2000（N2000）	$K=(0.22U^2+0.33U)(Sc/600)^{-1/2}$	
Wanninkhof，2014（W2014）	$K=0.251<U^2>(Sc/660)^{-1/2}$	$3<U<15$

1.3　海洋中二甲基硫化物的现场观测特征认识

1.3.1　海水中 DMS、DMSP、DMSO 的时空分布

海洋 DMS 对全球硫循环以及气候变化有着重要意义，且必须依靠表层海水 DMS 的浓度数据来计算 DMS 的海－气通量，近几十年全世界的学者对海水中 DMS 的浓度分布进行了大量调查，取得了相当可观的数据。全球表层海水 DMS 数据库（https://saga.pmel.noaa.gov/dms/）已有超过 5×10^4 个 DMS 数据（图 1-7），在海洋活性气体中仅次于 CO_2 的数据总量。

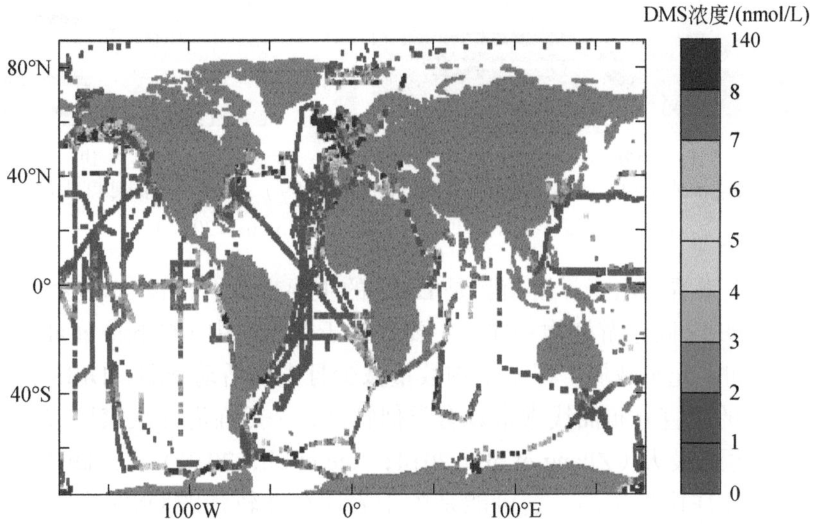

图 1-7　全球表层海水 DMS 的浓度分布

资料来源：https://saga.pmel.noaa.gov/dms

从全球海域来看，表层海水 DMS 浓度的变化范围为 0.03 ～ 139.5nmol/L，横跨 4 个数量级，平均值为 4.23nmol/L，中位数为 2.09nmol/L，存在非常明显的水平区域分布差异。DMS 在表层海水中的浓度总体表现出中高纬度海域浓度较高，低纬度海域浓度较低。生产力水平不同的海域对应的 DMS 浓度也存在较大差异：在生产力高的海域（如近岸、上升流区、陆架区）DMS 浓度往往较高，在生产力低的海域相应的 DMS 浓度也较低。Kettle 等（1999）通过模型和当时已有的 1 万多个 DMS 调查数据推演出全球表层海水 DMS 的年平均浓度分布，DMS 的浓度高值出现在近岸和上升流区，南大洋和北冰洋部分海域也有较高的 DMS 年平均浓度［图 1-8（a）］。Dani 和 Loreto （2017）通过几个航次的调查发现，表层海水 DMS 的浓度与纬度关系密切［图 1-8（b）］，表现为高纬度地区有较高的 DMS 浓度，而低纬度以及赤道地区 DMS 浓度较低。他们通过比较不同纬度浮游植物群落组成的差异性发现，DMS 浓度的纬度差异很可能是由不同温度下不同的浮游植物优势种导致的。

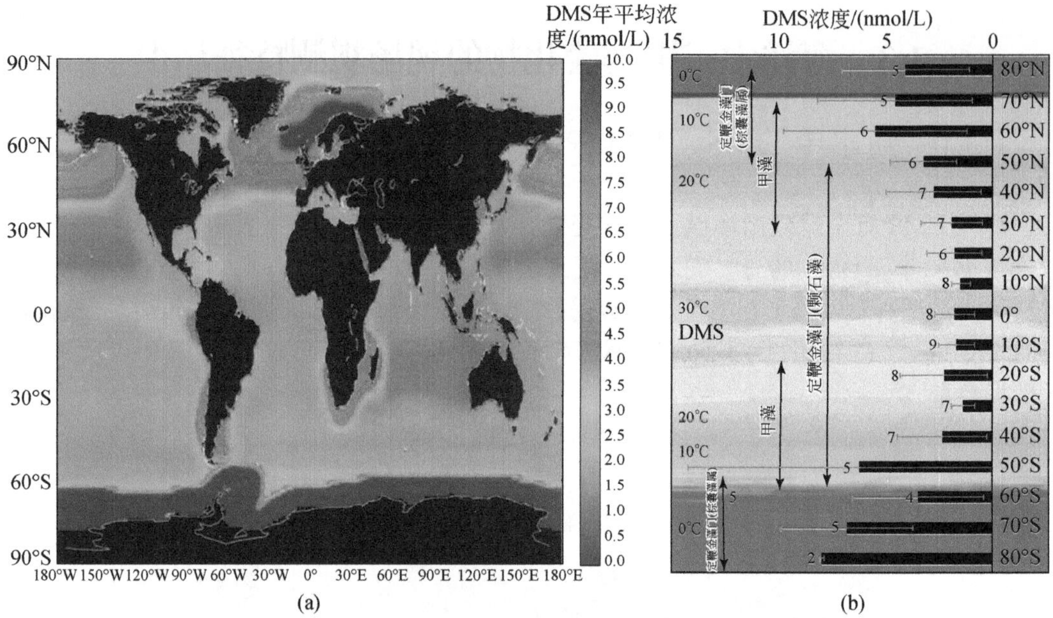

图 1-8　（a）全球表层海水 DMS 年平均浓度（Kettle et al.，1999）；（b）不同纬度表层海水中 DMS 的浓度和主要浮游植物种群（Dani and Loreto，2017）

从垂直分布上来看，由于浮游植物是 DMS 的主要来源，并且 DMS 在海水中的周转时间较短，因此 DMS 同浮游植物一样，主要存在于真光层中（Gabric et al.，2008）。随着海水深度的增加，光照减弱，浮游生物数量减少且生物活动减弱，DMS 浓度也会相应减小。DMS 浓度的垂直分布曲线常常具有类似特征，一般在海洋次表层或表层以下几十米处 DMS 浓度达到最大（Zhang et al.，2014；Lee et al.，2010）。开阔大洋 DMS 浓度最大值所在深度往往比近岸高，这可能是由于表层存在较强的 DMS 光氧化和海 - 气扩散，且大洋海域海水浊度较近岸低，真光层深度也较大。虽然 DMS 浓度的垂直分布极大程度上受浮游植物影响，但 DMS 浓度与代表浮游植物生物量的叶绿素 *a*（Chl-*a*）的垂直分布曲线往往并不完全同步，这是因为不同藻类的 DMS 的生产能力相差很大（Dani and Loreto，2017；Matrai and Keller，1994）。从时间尺度上来说，由于海洋浮游植物和微生物存在季节性变化，海洋环境因素，如光照、水温等因素，也存在着季节性变化，因此 DMS 浓度的水平分布情况受季节变化影响显著（Turner et al.，1996），一般表现为春、夏季浓度较高，秋季较低，冬季达到最低。其中处于温带地区的海域随季节的变化最为明显，春、夏季 DMS 平均浓度甚至可以达到秋、冬季的 3 ～ 5 倍，而热带海域由于终年温度较为恒定，其 DMS 浓度季节性变化也较为不明显。

海水 DMS 浓度是 DMS 生产释放与迁移转化这几个不同过程相互作用的结果，与整个海洋的浮游生物食物网密切相关（Simó，2001）。影响海水中 DMS 浓度的因素有很多，简单来说，其主要受生物和环境两方面因素的影响。生物因素主要指浮游植物的生物量及其种类，此外，还包括海洋浮游动物、浮游细菌、DMSP 裂解酶等的丰度与活性；环境因素包括温度、光照强度、盐度、营养盐浓度和 pH 等。环境因素通常是通过影响生物因素来影响 DMS 浓度。这些因素对 DMS 不同的来源与去除过程产生不同程度的影响，进而影响 DMS 在海水中的浓度。由于 DMS 主要来源于 DMSP 的裂解，而 DMSP 主要由浮游植物产生，因此，在这些因素中浮游植物生物量是目前已知的控制海水 DMS 浓度的最主要和最直接的影响因素之一。目前已有很多研究表明 DMS 与 Chl-*a* 之间存在较强的正相关关系（Kameyama et al.，2013；Yang and Tsunogai，2005；Locarnini et al.，1998），但是也有很多研究发现 DMS 和 Chl-*a* 并没有明显的相关性（Uher et al.，2000；Watanabe et al.，1995），这种差异的产生主要是由于全球海域范围内的浮游植物种类千差万别，甚至不同海域的浮游植物是完全不同的，而不同藻种的 DMSP 生产能力相差甚远。对于相同的 DMSP 生产能力和浓度水平，DMSP 裂解酶活性体现了 DMSP 向 DMS 转化的速率。Steinke 等（2002）报道了北大西洋藻华（优势藻为甲藻和颗石藻）期间，DMSP 裂解酶的活性为 0.17 ～ 2.37 nmol DMS/（L • min），而 Bell 等（2007）的调查发现，大西洋南部的 DMSP 裂解酶活性范围为 0 ～ 0.98 nmol DMS/（L • min）。这种 DMSP 裂解酶活性的差异也在很大程度上影响了 DMS 浓度的分布。此外，DMS 的生物消费速率、光氧化速率及海 - 气扩散速率也是影响 DMS 浓度的重要因素。

大气中的 DMS 超过 95% 来源于海洋 DMS 的释放（Kettle and Andreae，2000），由于不同季节、不同海域中的 DMS 浓度表现出巨大的差异性，且 DMS 在大气中活泼的化学性质和较快的周转速率，大气中 DMS 浓度的分布也存在较大差异，其浓度通常比海水低 2 ～ 3 个数量级。Maroulis 和 Bandy（1977）于 1975 年首次测定了大气中 DMS 的浓度，在大西洋美国西北沿岸的两个观测点测得夏季大气中 DMS 的混合体积比分别为 30ppt①和 58ppt。Andreae 等（1985）在五个不同的海域（赤道太平洋、塔斯马尼亚格林角、巴哈马、北大西洋和马尾藻海）对大气中的 DMS 浓度进行了超过 900 次观测，测得 DMS 浓度为 70 ～ 300ppt，平均浓度约为 107ppt。在夏季对 40°N 处横跨太平洋的断面的调查发现，大气中的 DMS 浓度变化很大，平均值为 130ppt（Watanabe et al.，1995），并且与海水 DMS 浓度有很好的相关性（$R^2 = 0.86$）。Inomata 等（2006）测得冬季西北太平洋、东印度洋与南大洋上方大气中的 DMS 浓度范围为 0 ～ 700ppt。Park 等（2018）于 2010 年、2014 年和 2015 年在北极偏远海区对大气中的 DMS 浓度进行全年观测，发现从 2010 年 5 月至 2015 年 5 月，DMS 浓度增加了 100 ～ 450ppt，而在 9 月至次年 4 月 DMS 浓度都基本低于检测限（1.5ppt）。

DMSO 的浓度最早由 Andreae（1980）测定并报道，从 DMSO 在全球表层海水的浓度分布数据（表 1-3）可以看出，DMSO 在全球的浓度分布具有一定的时空差异，且相对于 DMS 的浓度来讲，同一海域中 DMSO 的浓度高出 1 ～ 2 个数量级。水平分布上，溶解态 DMSO（DMSOd）浓度呈现出明显的空间分布差异，一般高值区常出现在近岸水体，如加拉帕戈斯西部岛屿的近岸富营养海水中 DMSO 的浓度高达 138.3nmol/L（Hatton et al.，1998），在太平洋和北冰洋近岸海域中 DMSOd 浓度最高值均高于 100nmol/L（Bouillon et al.，2002；Hatton et al.，1998），在地中海沿岸海域 DMSOd 浓度最高值也达到了 61.6nmol/L（Simó et al.，1997）。DMSOd 浓度最低值出

① $1ppt=10^{-12}$。

现在加拿大魁北克的沙格奈河峡湾中，该处 DMSOd 浓度基本不能被检测出（Lee et al.，1999），其主要原因是峡湾内水体有限的透光层深度（6 m）对 DMS 的光氧化造成了一定阻碍。颗粒态 DMSO（DMSOp）浓度的分布与浮游植物的分布有较大关联，Simó 等（1998）报道北海中的 DMSOp 浓度范围为 2.7～16nmol/L，且大部分 DMSOp 是由小型浮游植物产生的。较高的 DMSOp 浓度出现在魁北克沙格奈河峡湾（Lee et al.，1999）和巴芬湾（Bouillon et al.，2002）冰藻中，较低值出现在地中海、黑海、马尔马拉海（Besiktepe et al.，2004；Simó et al.，2000）等海域。

表 1-3　DMSO 在全球表层海水中的水平分布

海域	DMSOd /(nmol/L)	DMSOp /(nmol/L)	参考文献
太平洋沿海及外海	2.7～138.3	—	Hatton et al.，1998
太平洋外海	3～5	—	Bates et al.，1994
北大西洋	3.8～26	2.8～33	Simó et al.，1998，2000
北海	2.3～25	2.7～16	
阿拉伯海	0.56～185.9		Hatton et al.，1999
北极峡湾	< 0.016	0.016～110	Lee et al.，1999
北极沿海	23.9～106	ND～16.9	Bouillon et al.，2002
	—	1.35～102	
南极沿海	0.9～6	—	Gibson et al.，1990
	0.6～43.7	—	Valle et al.，2009
地中海沿海及外海	0.07～61.6	—	Simó et al.，1997
地中海	3.0～4.9	16	Simó et al.，2000
	—	0.8～2.3	
黑海	—	0.9～7.5	Besiktepe et al.，2004
马尔马拉海	—	6.2	

垂直分布中，DMSO 在整个水体中都可以被检测到，而 DMS 和 DMSP 通常只存在于真光层以上。在真光层及以上，DMSO 浓度范围一般处于 DMS 浓度和 DMSP 浓度之间（Galí and Simó，2010），而在真光层以下，DMSO 浓度占据了整个二甲基硫化物的主导地位。在太平洋近赤道海域和阿拉伯海水深 1500～4000m 处 DMSO 浓度均高于 1.5nmol/L（Hatton et al.，1999，1998）。

DMSO 的分布还表现出明显的季节性变化，在新西兰近岸海域，由于冬季生物量的减少、细菌活动能力的降低，以及白天日光辐射时间变短，DMSOd 浓度在冬季呈现了最低值（Lee and de Mora，1996）。在地中海西北部的近岸水体中，DMSOp 浓度在夏季高达 11nmol/L，而在秋冬季则只有 1～2nmol/L（Simó and Vila-Costa，2006）。

1.3.2　海水中 DMS、DMSP、DMSO 的影响因素

DMSP 在藻细胞中的含量与藻的种类有直接的关系，虽然许多微型和大型藻类细胞中都含有 DMSP，但不同类群或物种的 DMSP 含量有很大的差异（Matrai and Keller，1994）。定鞭金藻、甲藻等细胞内的 DMSP 含量较高，因此这些藻类处于优势地位的海域中 DMSP 的生物生产也高。硅藻细胞的 DMSP 含量较低，一般认为硅藻对 DMSP 的贡献率也较低。不同浮游植物物种生产 DMSP 的能力为：硅藻＜甲藻＜棕囊藻＜颗石藻（Liss et al.，1994）。值得注意的是，在极地海冰中大量存在的极地硅藻却是 DMSP 的高产物种，其产量甚至与定鞭金藻纲的棕囊藻相当（Matrai and Vernet，1997）。几乎所有淡水种类和大部分的藻青菌中 DMSP 含量很少或几乎为 0（Ackman et al.，1966）。大藻中绿藻纲的石莼（*Ulva*）、浒苔（*Enteromorpha*）、松藻（*Codium*）、红藻纲的多管藻（*Polysiphonia*）的 DMSP 含量较高，而褐藻的 DMSP 含量则很低。另外有研究表明，海区内 DMS/DMSP 浓度除与优势藻类别有直接关系外，还受到海洋环境因素（温度、盐度、光照等）以及化学因素（营养盐、微量元素 Fe）等方面的影响。

1. 温度

水温的变化会影响海藻和细菌的生理状态，从而影响 DMSP 的产量。Gieskes（2002）对颗石藻的研究发现，随着温度的提高，单位体积的藻细胞内 DMSP 浓度明显降低。而在极地大藻的培养实验中观察到海水温度下降，DMSP 浓度升高（Sheets and Rhodes，1996），以此来保护大藻组织中的酶，DMSP 对细胞表现出一定的抗寒保护作用。

2. 盐度

DMSP 可以起到调节渗透压的作用，这决定了藻细胞内 DMSP 的含量与盐度有很大关系。对一些藻类的研究结果表明，细胞内 DMSP 的浓度随培养基盐度的增加而增加（Souza et al.，1996；Vairavamurthy et al.，1985），而在盐度下降时，DMSP 会被释放到体外。van Alstyne 等（2003）研究了盐度对人工海水培养的大型绿藻石莼（*Ulva fenestrate*）的 DMSP 产量的影响。4 周后，最高盐度海水培养的石莼中的 DMSP 含量最高，与标准人工海水中的 DMSP 含量相比，平均含量增加了 23%；而低盐度海水培养的石莼中 DMSP 平均含量降低了 12%。DMSP 虽然对细胞渗透压有一定的调节作用，但是只有在长期培养后才表现出浓度随盐度变化而变化，不如其他渗透压调节剂那样能对环境做出快速的反应，因此认为 DMSP 并不是一种严格意义上的渗透压调节剂（Stefels and van Leeuwe，1998）。

野外调查的结果也表明浮游植物对 DMSP 的释放受到水体盐度变化的影响。Iverson 等（1989）对北美特拉华（Delaware）海湾和奥克洛科尼（Ochlockonee）海湾的研究表明，DMS 和 DMSPp 的浓度与盐度变化有显著的正相关关系。Cerqueira 和 Pio （1999）在葡萄

牙的米拉运河（Canal de Mira）河口湾区域研究中发现，冬季DMS浓度与海水盐度呈显著正相关，但是夏季在盐度较低的区域也出现了较高的DMS浓度。

3. 光照

硫酸盐的同化还原是一个消耗还原剂和能量的过程，还原过程伴随细胞的新陈代谢，因此光的刺激作用与硫酸盐的还原过程相关（Cuhel and Lean，1987）。尽管微型藻类在黑暗条件下吸收外部硫酸盐是常见的现象（Bates，1981），但是目前几乎没有证据表明海藻中的DMSP能在黑暗中生成（Stefels，2000）。研究发现浮游植物中DMSP的合成主要在白天进行，细胞内的DMSP和光合作用示踪物^{14}C呈显著正相关。然而，Keller等（1989）将不同的光强作用于包括颗石藻在内的四种藻类，结果发现单位藻细胞内DMSP含量并无显著变化。另外，紫外光辐射对细胞DMSP的合成也有比较复杂的影响，研究表明紫外光辐射对DMSP的合成和分解具有明显的波段效应（杨和福，1998）。

4. 营养盐

营养盐对藻类生长有直接的影响。充足的营养盐有利于浮游植物生长旺盛，从而生产更多的DMSP/DMS。在营养盐因素中，一种对DMSP有特殊作用的营养要素是氮。如前所述，某些藻类在氮源缺乏时无法合成含氮的有机调节剂（如脯氨酸、GBT），因而大量合成DMSP作为渗透压调节物质。这就很好地解释了在营养缺乏、生产力水平较低的马尾藻海区中海水DMSP含量却很高的结果（Andreae，1990）。Keller等（1999）也以试验证实，高氮盐供应会使赫氏艾密里藻（*Emiliania huxleyi*）细胞生长速度加快，但体内DMSP含量下降，对强壮前沟藻（*Amphidinium carterae*）的研究结果却正好相反。也有学者认为自然海区内DMSP与氮盐的关系是一种两段式的相关关系（焦念志等，1999），在氮盐浓度低于某一阈值时为正相关，高于此阈值时为负相关。理由是限制氮盐时，氮盐可通过控制浮游植物生物量来控制海水中的DMSP浓度，表现为DMSP与氮盐之间呈正相关；当环境中氮盐比较充足时，藻细胞对DMSP作为渗透压调节物质的需求随氮盐浓度升高而下降，就表现为负相关。该阈值会随海区、季节及浮游植物种类等条件不同而变化。

5. 微量元素 Fe

微量营养元素Fe对海洋中浮游植物DMS/DMSP生产过程的影响也是研究的热点。在全球约20%的海域N、P浓度较高，初级生产力却很低，如赤道附近海域和亚北极东北部海域（Behrenfeld et al.，1996），这种区域被称为高营养盐低叶绿素（high nutrient low chlorophyll，HNLC）海域。Martin等（1994）认为这些区域内Fe缺乏导致初级生产力较低，进一步限制了DMS的释放。Turner等（1996）在加拉帕戈斯群岛（Galapagos）附近1300km^{2}处的海域进行Fe施肥试验，发现海水中DMS浓度提高了3.5倍。因此人们开始探讨向海水补加 Fe 提高浮游生物对 CO_2 的消耗和 DMS 的产出，进而降低全球温室效应的可行性（Behrenfeld et al.，1996；Coale et al.，1996）。然而，近年来 Levasseur 等（2006）质疑了这一计划的可行性，他们在东北太平洋亚北极区 $1000km^2$ 海域进行连续加 Fe 试验发现，尽管在加 Fe 初期引起的微型浮游植物藻华中 DMS 生产有短期的增长，但在此后出现的硅藻赤潮中，由于细菌等微生物对 DMS 的消耗作用，海水中 DMS 浓度反而比初始时更低。因此关于微量元素 Fe 对海区内浮游生物生产 DMS 的影响，值得人们进一步研究。

海水中的 DMSO 主要来源于生物生产和 DMS 的光氧化与细菌氧化等过程，可降解为 DMS（Zinder and Brock，1978）或作为碳源降解为硫酸盐（Suylen et al.，1987；de Bont et al.，1981），其在细胞内发挥与 DMSP 相似的生理功能。海水中 DMSO 浓度也受温度、盐度、光照、光敏剂等环境因素和浮游植物与细菌群落结构、丰度等生物因素的影响。另外，由于 DMSO 在工业、农业和制药业中被广泛地作为润滑剂、溶剂、稳定剂及防腐剂使用（Simó et al.，1998），工业和生活废水的排放可能是近岸海域出现高浓度 DMSO 的主要原因，陆源输入是表层海水中 DMSOd 的一个重要来源和影响因素。

1.3.3　全球变化对二甲基硫化物的影响

随着经济的快速发展，人为排放的 CO_2 不断增加，对海洋环境和全球气候造成了严重影响。在全球气候变化的背景下，海洋环境中多种环境因子在不断变化，海洋酸化是气候变化给海洋带来的一个最显著的变化特征。海洋酸化是否加速海洋活性气体 DMS 的释放及其在大气中的转化，从而加剧对区域和全球气候效应的影响，目前尚不清楚。关于海洋酸化对二甲基硫化物生物地球化学循环影响的研究已受到国内外众多学者的广泛关注。海洋酸化对二甲基硫化物循环系统的影响主要体现在两方面。首先，海洋酸化会对生态系统产生较大的影响，从而间接改变二甲基硫化物在海水中的生产释放。海洋酸化会使得海水 $CaCO_3$ 的饱和度下降，进而对海洋钙化生物的钙化作用有较大的影响（Langer et al.，2009），如给颗石藻、浮游软体动物等的钙化作用和生存带来严重制约（Gao et al.，2009；Elderfield，2002）。海水中 CO_2 浓度升高也会促进海洋植物的光合作用，增加海域的初级生产力，改变生物群落多样性、群落结构及生态功能等。进一步来讲，海水酸化会逐渐引起生物及群落多样性、群落的结构和生态功能等发生变化，之后对生源活性气体（如 DMS）的生物地球化学循环等一些重要的生态过程产生影响。其次，酸化状态下，二甲基硫化物之间的转化过程（如光氧化过程）也会发生改变（Bouillon and Miller，2005），各个形态的二甲基硫化物所占比例也可能发生改变。近年来国际上在海洋酸化对二甲基硫化物的生物地球化学循环影响的研究方面也取得了一定的成果（Hopkins et al.，2010），但由于不同学者的研究结果不尽相同，其影响作用的正、负效应尚没有定论。

1.4　DMS 的气候与环境效应

1.4.1　大气中 DMS 的氧化迁移

大气中 DMS 的氧化迁移过程受 DMS 海－气通量、大气中氧化物质（如 · OH、· NO_3 等自由基）浓度、研究海域海洋边界层的高度、研究海域大气的性质等多重因素影响。DMS 的氧化产物包括 DMSO、甲磺酸（MSA）、$DMSO_2$、SO_2、HSO_3^-，其中 HSO_3^- 为其主要产物。关于 DMS 在大气中的氧化机理和研究现状见 9.1 节内容。

1.4.2　DMS 对气候和酸雨形成的影响

硫循环与气候变化之间存在联系最早是由 Shaw（1983）提出的。Shaw（1979）发现南极气溶胶具有高硫酸盐含量，但却没有人为的硫输入，因此提出全球气候变化不仅仅与碳循环相关，硫循环在调节全球气候中也有着重要贡献（Shaw, 1983）。几年之后，Charlson 等（1987）提出 DMS 的释放与气候变化之间也许存在着一定的负反馈调节机制，这一推测由四位作者姓氏（Charlson、Lovelock、Andreae 和 Warren）的首字母命名，被称为 CLAW 假说。CLAW 假说认为，DMS 进入大气后对全球温室效应起到缓解作用（图 1-9，详情见第 9 章内容），尤其在受人类活动影响较小的开阔大洋，海洋边界层中的大部分云凝结核（cloud condensation nuclei，CCN）都源自 DMS 的氧化。海洋浮游植物在气候变化到任一极端（过冷或过热）时，都会通过改变其 DMS 的排放量来做出响应，从而通过调节海洋上方层状云的反射率来减少或增加对海洋表面的太阳能输入，从而驱动系统回到常态。

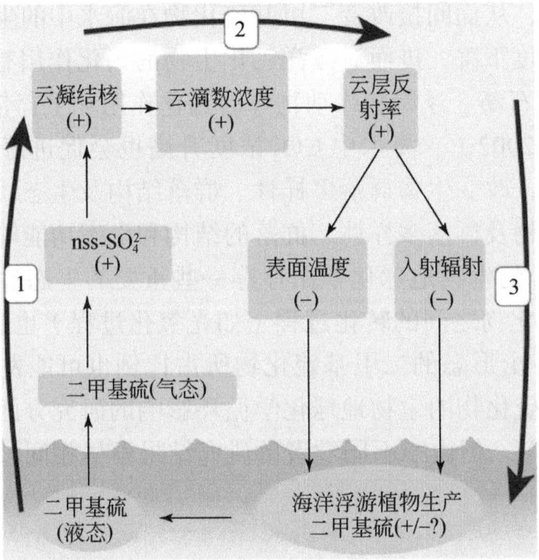

图 1-9　CLAW 假说示意图（Charlson et al.，1987；Quinn and Bates，2011）

CLAW 假说一经提出便引起了科学界的广泛关注，CLAW 假说认为大气圈和生物圈是紧密耦合的，它提出了一个全球尺度的动态的自稳定系统，其中海洋表层生物作用与海洋上空的云耦合在一起，来对抗气候的变化（Halloran et al.，2010；Ayers and Cainey，2007）。目前距 CLAW 假说提出已有三十余年，其中涉及的多个过程已经被证实。最典型的就是在塔斯马尼亚西北部的格林角，与 CLAW 假说有关的所有主要含硫化合物都存在季节性循环。Ayers 等（1991）报道了大气 DMS 及其主要氧化产物 MSA 和 nss-SO_4^{2-}季节循环的一致性，Gillett 等（1993）也证实了这一结果。CCN 数量和模拟云物理性质（云滴浓度和平均云滴有效半径）也显示出与 DMS 具有相同的季节性周期（Boers et al., 1994）。Ayers 和 Gillett（2000）也进一步证明了这一结论，为 DMS 排放、气溶胶粒子化学、CCN 和云滴浓度之间的联系提供了有力证据。

然而也不乏学者对 CLAW 假说的质疑。Woodhouse 等（2010）通过建立模型计算认为 DMS 释放通量对 CNN 数量的贡献是十分有限的，如果 DMS 的总释放量增加 1%，由此导致的 CCN 数量增加不到 0.2%。张洪海和杨桂朋（2010）通过计算海洋释放 DMS 对 nss-SO_4^{2-}的贡献，得出北黄海大气 nss-SO_4^{2-}主要来源于人为排放的结论。而 Quinn 和 Bates（2011）也认为海洋上方大气中的 CCN 除了来源于 DMS 的氧化，还有相当一部分来自通过海洋泡沫破裂过程进入大气所形成的海洋泡沫气溶胶（sea spray aerosol，SSA），包括海盐颗粒及有机质颗粒（海洋生物碎屑）形成的气溶胶，并估计由海盐颗粒形成的 CCN 占海洋大气中 CCN 总量的 60% 左右（图 1-10）。因此，Quinn 和 Bates （2011）认为 CLAW 假说过高地估计了 DMS 对全球气候调节的作用。政府间气候变化专门委员会（IPCC）报告也指出，通过 DMS 途径进行的气候反馈可能较弱。

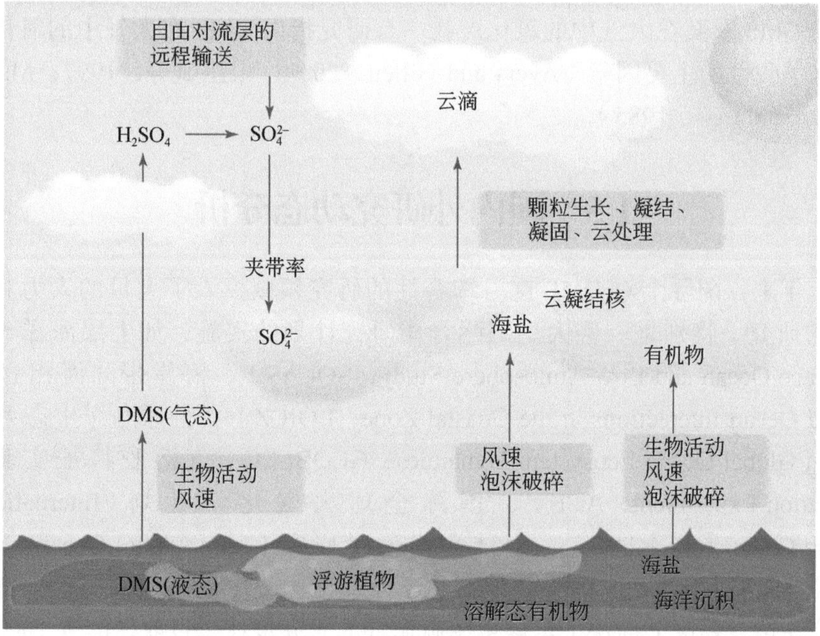

图 1-10　海洋边界层 CCN 的主要来源和产生机制（Quinn and Bates，2011）

虽然 CLAW 假说受到了一定程度的怀疑，但是近年来的研究又重新对 DMS 的气候效应进行了评估，发现 DMS 仍然是开阔大洋上方气溶胶的主要来源。Vallina 等（2006）就南大洋生源硫和海盐对 CCN 的相对贡献分别进行了估算，发现在夏季 DMS 是 CCN 的重要来源。Vallina 和 Simo（2007）使用遥感观测，发现全球海洋表层海水中的 DMS 浓度与太阳辐射量之间有很强的相关关系，表明 DMS 释放量与太阳辐射之间的负反馈调节作用。Quinn 等（2017）的最新研究也表明，SSA 对 CCN 的贡献十分有限，从全球范围来看（70°S ～ 80°N），仅有不到 30% 的 CCN 来源于 SSA，而由 DMS 氧化产物形成的 nss-SO_4^{2-} 气溶胶才是 CCN 最主要的组成部分。

随着人类活动的影响日益显著，大气中人为输入的 SO_2 及形成 SO_4^{2-} 的量正逐年增加，因此一些学者认为 DMS 对环境的影响正变得越来越不明显。通过模拟实验发现，由 SO_4^{2-} 气溶胶引起的间接辐射对总的 SO_4^{2-} 浓度和云层水滴的数量有更好的响应，而对 DMS 通量的空间分布并没有明显的响应。Woodhouse 等（2010）分别就南北半球海洋排放的 DMS 对 nss-SO_4^{2-} 的贡献进行了评估，发现南半球 DMS 平均每年对 nss-SO_4^{2-} 的贡献达到 43%，而北半球仅为 9%，这是由于北半球受到的人为污染明显高于南半球，人为活动产生的 nss-SO_4^{2-} 在大气中占据主导地位。这一结果表明 DMS 对环境的影响存在明显的地域差异，在不受人为活动影响的遥远海域，其对环境的影响仍然十分显著。要准确地评价 DMS 生成的 nss-SO_4^{2-} 气溶胶对环境的影响就必须模拟它们的地区分布，但大气中硫化物的生成与去除途径均十分复杂，仍然没有被完全认知，因此仍需要进行大量的研究。

DMS 在大气中的氧化产物都具有一定的酸性，因此 DMS 释放的增多及其氧化产物的生成都会提高大气的酸性，对酸雨的形成起到一定的推动作用，进而对全球环境产生影响。特别是在遥远的大洋海域，由于其远离人为活动的影响，大气中的酸性物质主要来源于海洋释放的 DMS 及其在大气中的氧化产物。有研究指出 DMS 在大气中的氧化产物是远洋区域降水呈酸性的主要因素（Ayers and Gillett，2000；张正斌等，1997；Malin et al.，1994；Turner and Liss，1985）。

1.5　国内外研究动态分析

近几十年来，国际上对 DMS 这一综合性的研究领域投入了大量的人力和物力，开展了深入的研究。特别是一些大型国际合作研究计划的实施，如上层海洋－低层大气研究（Surface Ocean and Low Atmosphere Study，SOLAS）、海岸带陆海相互作用研究计划（Land Ocean Interactions in the Coastal Zone，LOICZ）、全球海洋生态系统动力学研究计划（Global Ocean Ecosystem Dynamics，GLOBLEC）气溶胶特征实验（Aerosol Characterization Experiment，ACE）、国际全球大气化学计划（International Global Atmospheric Chemistry，IGAC）、全球海洋通量研究（Joint Global Ocean Flux Study，JGOFS）等都将有关于 DMS 的生物地球化学及其在大气中的环境效应作为核心研究内容之一，这在很大程度上加快了全球生源硫循环的研究步伐。目前，已有 1000 多篇有关 DMS 研究的文献报道，内容覆盖二甲基硫化物的时空分布、海－气通量、生物生产、迁移转化及影响因素等方面。

自从 Charlson 等（1987）提出 DMS 具有调节全球气候功能的 CLAW 假说以后，DMS 迅速成为全球气候变化研究的热点，虽然 Quinn 和 Bates （2011）认为 CLAW 假说过高地估计了 DMS 对 CCN 的贡献，并直接对大气中 CNN 的组成进行分析后发现海洋表层的有机颗粒物（包括浮游植物、细菌、病毒、较大的生物碎片和有机碎屑）、直径小于 300 nm 的海盐颗粒和 DMS 在大气中氧化产生的 nss-SO_4^{2-}均为大气中 CNN 的重要来源，但是，人们对 DMS 在大气中发挥的作用依然非常关注。另外，随着 DMSP 降解基因的陆续发现，DMSP 也成为海洋生物学家竞相研究的对象。目前围绕 DMS 已从生物学、生物化学、生态学、海洋化学、大气化学和环境化学等多个领域对 DMS 与 DMSP 展开研究，并在多个领域取得了重大的研究进展。例如，DMS 是热带大气潜在的关键硫源，但潮汐暴露期间珊瑚释放的 DMS 没有得到很好的量化，Hopkins 等（2016）对印度－太平洋珊瑚暴露区进行了实验，发现大气 DMS 的浓度增加与海域珊瑚暴露在空气中有关，暴露的珊瑚礁排放的 DMS 可能与其他海洋 DMS 的排放量相当，可能是热带海洋大气硫的一个重要来源。Owen 等（2021）通过水声调查和原位 DMS 测量来证明浮游动物生物量与空气及海水中 DMS 的浓度在空间上是相关的，并通过模拟实验发现浮游动物捕食者跟随 DMS 浓度梯度进入较高的生物量区域而不是随机游动，进一步解释了 DMS 浓度梯度出现的条件、规模以及捕食者如何利用 DMS 浓度梯度，对于预测未来海洋条件下 DMS 浓度变化对捕食者觅食过程的影响至关重要。Galí 等（2019）利用遥感算法推算了 1998 ～ 2016 年 70°N 以北的夏季无冰水域的 DMS 排放的平均增长率增加，这一趋势主要是由海冰范围的减少解释的，与独立的大气测量结果一致，表明 DMS 氧化产物 MSA 的增加趋势。DMS 的排放量显示出实质性的年际变化和非单调的多年趋势，反映了物理强迫、冰退模式和浮游植物生产力之间的相互作用。作者通过提供关键限制条件，评估了在海冰消退和低层云量增加的背景下，海洋硫排放的增加，以及由此产生的气溶胶－云相互作用与北极变暖的关系。Hayashida 等（2020）也对极地进行了研究，野外观测表明，在春季和夏季，海洋排放的 DMS 可能在北极气溶胶和云层的产生方面发挥主导作用，从而调节地表辐照度。DMS 不仅在水柱中产生，而且在各种海冰生境中也产生。北极海冰的持续衰退预计会增加 DMS 的排放量，但这种增加的幅度非常不确定。他们利用区域海冰－海洋物理－生物地球化学模型研究了底冰和海面 DMS 浓度与通量的时空变化。模型结果表明，自 21 世纪初以来，观测到的北极海冰范围的加速下降与 5 ～ 8 月泛北极海表面 DMS 平均浓度和 DMS 海－气通量的上升趋势有关。Spiese 等（2016）利用核磁共振波谱学评估了 DMS 在细胞膜上的通透性，发现 DMS 具有较高的细胞膜通透性，生物相可以控制进入溶解相的 DMS 通量，DMS 的渗透性限制了 DMS 在细胞内的浓度及其细胞功能，这对评估该化合物在海洋水域中的作用非常重要。

全球气候变化、海洋变暖、海洋酸化等的影响正在对海洋生态系统产生不利影响。随着人们对海洋环境问题的关注和认识，人们对 DMS 应对海洋环境变化的响应的研究也逐渐重视。Hopkins 等（2020）选取了易受全球变化影响的极地区域进行了研究，对北冰洋和南大洋不同地点进行的七次夏季船上微观实验发现短期海洋酸化对浮游生物群落 DMS

的净产生没有显著影响，DMS 对酸化的反应存在明显的区域差异，他们推测温带和极地水域 DMS 反应的差异反映了碳酸盐化学的自然变异性，每个区域的相应群落可能已经适应了这种变异性。该研究表明，产生 DMS 的过程对酸化的反应方式可能在区域上是不同的，在预测未来 DMS 的排放及其对地球气候的影响时应该考虑到这一点。Jackson 等（2020）探究了二甲基硫化物在珊瑚生态生理中的作用及其对气候的潜在影响，指出 DMS 不仅直接参与珊瑚的应激反应，减轻氧化应激，而且可能产生一种"海洋恒温器"，通过改变气溶胶和云的性质来抑制海面温度。Vogt 等（2008）在近岸海域对自然海水进行三组不同二氧化碳分压（p_{CO_2}）条件（350ppm①、700ppm、1050ppm）的酸化培养，结果并未发现 DMS 的释放量有任何明显差异。而 Kim 等（2010）的研究结果表明，900ppm CO_2 条件下浮游植物生产释放 DMS 的量高于 300ppm CO_2 条件下 DMS 的产量，并且酸化和升温的耦合作用也有利于 DMS 的生产释放。Six 等（2013）和 Schwinger 等（2017）通过地球系统模型预测海洋酸化会使未来海洋 DMS 的排放量降低。关于酸化影响的正、负效应研究结果不尽相同，还未有统一定论。

相对于国际方面，我国的 DMS 研究起步较晚，始于 20 世纪 90 年代，目前主要集中于现场调查和实验室培养两方面。在现场调查方面，作者研究团队对中国近海中 DMS 和 DMSP 的水平分布、垂直分布、海－气通量以及与海区内温度、盐度、Chl-*a*、初级生产力和营养盐等生物因素和环境因子的关系进行了全面调查研究（Yang et al.，2011，2012），分析了部分海区微表层中 DMS 和 DMSP 的浓度分布情况（Yang et al.，2008；Zhang et al.，2008；Yang et al.，2006）。例如，在黄渤海海域二甲基硫化物的调查研究中，分析了二甲基硫化物的时空分布，发现 DMS 浓度、DMSPp 浓度均与 Chl-*a* 浓度存在显著相关性，说明浮游植物生物量在控制研究海域 DMS 和 DMSP 的分布中发挥着重要作用，通过测定 DMS 的生物生产、消耗率和 DMSPd 的降解率发现夏季 DMS 的平均生物产量和消耗率明显高于秋季，DMSPd 降解速率差异不明显（Yang et al.，2014）。李立等（2013）研究了驱动海洋 DMS 产生的微生物类群，总结了 6 个与 DMS 产生相关的功能基因（*dddD*、*dddL*、*dddP*、*dddQ*、*dddY*、*dddW*），介绍了它们编码的蛋白质功能及活性特征，对产生 DMS 的微生物、相关功能基因时空分布等的研究动态进行了分析。陈立奇等（2013）开展了 DMS 的冰－气交换过程及其控制因素的研究，探究了极地区域 DMS 的生物地球化学过程，对南大洋表层海水 DMS 的分布特征及南大洋 DMS 海－气输送通量进行了分析，并探讨了南大洋 DMS 海－气交换过程的控制因素。Jian 等（2018）对东海海域进行了 DMS 的时空分布特征和迁移转化规律研究，对二甲基硫化物的浓度分布、季节性变化、影响因素、微生物消耗、光氧化和海－气通量等进行了深入分析，发现 DMS、DMSP 和 DMSO 的浓度分布受浮游植物和细菌群落的影响较大，较大的微型浮游植物（5 ～ 20μm）和小型浮游植物（＞ 20μm）是 DMSPp、DMSOp 的主要贡献者，微生物消耗对表层海水 DMS 去除的贡献相对其他去除途径较大，DMS 的光氧化过程受海水 pH 的影响。Tan 等（2017）选择盐度梯度较大的长江口及邻近海域进行了研究，发现该

① 1ppm=10^{-6}。

海域 DMS 浓度、DMSP 浓度与盐度并未表现出相关性，但与 Chl-*a* 显著相关。DMSP 和 DMS 的垂直分布具有相似的变化规律，与丙烯酸表现出不同的变异模式。Yu 等（2019）还通过野外和室内试验研究了桡足类中华哲水蚤对胶州湾 DMS/DMSP 生成的影响，分析了海湾桡足类丰度与 DMS 浓度和 DMSP 浓度的关系。在实验室中研究了不同条件（即藻类饲料、食物浓度和盐度）下中华哲水蚤摄食对 DMS/DMSP 产生的影响。野外现场试验数据表明，胶州湾桡足类对 DMS/DMSP 产量无明显影响。室内试验数据则表现出明显相关关系，表明 DMSP 主要通过桡足类摄食从浮游植物转移到桡足类机体、粪球及海水。Qu 等（2020）采用基因演算法对生物地球化学 DMS 模型的关键参数进行了标定，发现当 CO_2 分压增加至当前的 4 倍时（2100 年以后），区域平均海表温度增加 12% ～ 17%，风速增加 1.2 m/s，云量增加 4.8%，混合层深度减少 48 m，Chl-*a* 年增加 6.3%，DMS 年平均通量增加 25.2%。当 CO_2 分压增加至当前的 4 倍时 DMS 通量普遍增加，表明亚南极区域气候受 DMS 通量变化的影响，在夏季和秋季可能出现降温效应。

综上所述，尽管国内外已从不同角度对海洋二甲基硫化物进行了大量研究，并取得了一定的研究成果，然而对近海生态系统变化对 DMS 的释放及气候变化的影响的认识还十分匮乏。人类活动已引起近海环境的剧烈变动，如碳、氮、硫、磷等生源元素的径流输送与大气沉降，改变了近海生物赖以生存的物理场和化学场，影响海洋生物的时空分布，造成生物的种间竞争、群落结构和生物特性发生变化，进而使近海生态系统的结构和功能发生改变。近海海域是大气中 DMS 的重要释放源，影响区域及全球的大气硫收支平衡。在受到物理、化学环境和生态系统变化的影响后，近海 DMS 的海－气交换通量可能发生很大变化，从而对区域乃至全球气候造成影响。从全球变化、国际前沿和海洋科学自身发展的角度来看，大量的基础研究工作亟待深化与加强，许多科学问题的研究仍处于空白或没有得到很好的解决。需要解决的问题主要包括：①人类活动引起的近海生态环境变化如何影响 DMS 的释放？②控制海洋二甲基硫化物源－汇格局的主要过程与机制是什么？③如何降低 DMS 海－气通量计算的不确定性？④ DMS 在大气中的迁移转化过程及其气候和环境效应是什么？这些问题仍有待进行深入研究。中国陆架海是呈现这种变化的全球典型区域之一，特别是近些年来我国近海富营养化、大气沙尘尘降、严重大气污染造成大气氧化性强等特点日益凸显。这些问题是否加速海洋 DMS 的释放及其在大气中的转化，从而加剧对区域和全球气候效应的影响，目前尚不清楚。因此，针对这些特殊的环境问题开展控制海洋中 DMS 的生成与消耗的生物地球化学过程研究，有助于从特殊的现象找出新的规律、识别重要的过程，对定量建立海洋中 DMS 与区域和全球气候之间的反馈效应极其重要。这不仅有利于提高对 DMS 生物地球化学循环过程的认识，而且有利于从碳、氮、硫循环耦合的角度认识海洋生源活性气体释放在区域和全球中对气候变化的作用。

参考文献

陈立奇，张麋鸣，汪建君 . 2013. 南大洋二甲基硫海－气交换过程研究进展 . 地球科学进展，28（9）：1015-1024.

德斯马 E K，道森 R. 1992. 海洋有机化学 . 纪明侯，钱佐国，译 . 北京：海洋出版社 .

焦念志，柳承璋，陈念红 . 1999. 东海二甲基硫丙酸的分布及其制约因素的初步研究 . 海洋与湖沼，30（5）：

525-531.

李立，汪鹏，彭梦珺，等 . 2013. 海洋二甲基硫产生菌及其功能基因研究进展 . 华中农业大学学报，32（5）：20-28.

杨桂朋，张正斌，刘心同，等 . 1997. 二甲基硫光化学氧化反应的动力学研究 . 青岛海洋大学学报，27（2）：225-232.

杨和福 . 1998. 紫外辐射对南极棕囊藻细胞 DMSP 合成和 DMS 释放率的影响 . 海洋学报，20（5）：101-108.

张洪海，杨桂朋 . 2010. 胶州湾及青岛近海微表层与次表层中二甲基硫（DMS）与二甲巯基丙酸（DMSP）的浓度分布 . 海洋与湖沼，41（5）：683-691.

张正斌，杨桂朋，刘莲生 . 1997. 物质海 - 气通量计算的新建议 . 科学通报，42（9）：943-947.

Aas P，Lyons M M，Pledger R J，et al. 1996. Inhibition of bacterial activities by solar radiation in nearshore waters and the Gulf of Mexico. Aquatic Microbial Ecology，11（3）：229-238.

Ackman R G，Tocher C S，Mclachlan J. 1966. Occurrence of dimethyl-β-propiothetin in marine phytoplankton. Journal of the Fisheries Research Board of Canada，23（3）：357-364.

Andreae M O. 1980. Determination of trace quantities of dimethylsulfoxide in aqueous solutions. Analytical Chemistry，52（1）：150-153.

Andreae M O. 1990. Ocean-atmosphere interactions in the global biogeochemical sulfur cycle. Marine Chemistry，30：1-29.

Andreae M O，Ferek R J，Bermond F，et al. 1985. Dimethyl sulfide in the marine atmosphere. Journal of Geophysical Research：Atmospheres，90（D7）：12891-12900.

Ayers G P，Cainey J M. 2007. The CLAW hypothesis：a review of the major developments. Environmental Chemistry，4（6）：366-374.

Ayers G P，Gillett R W. 2000. DMS and its oxidation products in the remote marine atmosphere：implications for climate and atmospheric chemistry. Journal of Sea Research，43（3-4）：275-286.

Ayers G P，Ivey J P，Gillett R W. 1991. Coherence between seasonal cycles of dimethyl sulphide，methanesulphonate and sulphate in marine air. Nature，349（6308）：404-406.

Bates S S. 1981. Determination of the physiological state of marine phytoplankton by use of radiosulfate incorporation. Journal of Experimental Marine Biology and Ecology，51（2-3）：219-239.

Bates T S，Kiene R P，Wolfe G V，et al. 1994. The cycling of sulfur in surface seawater of the northeast Pacific. Journal of Geophysical Research：Atmospheres，99（C4）：7835-7844.

Behrenfeld M J，Bale A J，Kolber Z S，et al. 1996. Confirmation of iron limitation of phytoplankton photosynthesis in the equatorial Pacific Ocean. Nature，371（6493）：145-149.

Bell T G，Malin G，Kim Y N，et al. 2007. Spatial variability in DMSP-lyase activity along an Atlantic meridional transect. Aquatic Sciences，69（3）：320-329.

Bentley R，Chasteen T G. 2004. Environmental VOSCs-formation and degradation of dimethyl sulfide，methanethiol and related materials. Chemosphere，55（3）：291-317.

Besiktepe S，Tang K W，Vila M，et al. 2004. Dimethylated sulfur compounds in seawater，seston and mesozooplankton in the seas around Turkey. Deep Sea Research Part Ⅰ：Oceanographic Research Papers，51（9）：1179-1197.

Boers R，Ayers G P，Gras J L. 1994. Coherence between seasonal variation in satellite-derived cloud optical depth and boundary layer CCN concentrations at a mid-latitude Southern Hemisphere station. Tellus B，46（2）：123-131.

Bouillon R C, Lee P A, de Mora S J, et al. 2002. Vernal distribution of dimethylsulphide, dimethylsulphoniopropionate, and dimethylsulphoxide in the North Water in 1998. Deep Sea Research Part Ⅱ: Topical Studies in Oceanography, 49（22-23）: 5171-5189.

Bouillon R C, Miller W L. 2005. Photodegradation of dimethyl sulfide（DMS）in natural waters: laboratory assessment of the nitrate-photolysis-induced DMS oxidation. Environmental Science & Technology, 39（24）: 9471-9477.

Brimblecombe P, Shooter D. 1986. Photo-oxidation of dimethylsulphide in aqueous solution. Marine Chemistry, 19（4）: 343-353.

Brimblecombe P. 2013. The global sulfur cycle//Holland H D, Turekian K K. Treatise on Geochemistry. 2nd ed. Amsterdam: Elsevier Inc.: 559-591.

Cerqueira M A, Pio C A. 1999. Production and release of dimethylsulphide from an estuary in Portugal. Atmospheric Environment, 33（20）: 3355-3366.

Challenger F, Simpson M I. 1948. Studies on biological methylation. Part Ⅻ. A precursor of the dimethyl sulphide evolved by *Polysiphonia fastigiata*; dimethyl-2-carboxyethylsulphonium hydroxide and its salts. Journal of the Chemical Society（Resumed）, 320: 1591-1597.

Chambers S T, Kunin C M, Miller D, et al. 1987. Dimethylthetin can substitute for glycine betaine as an osmoprotectant molecule for *Escherichia coli*. Journal of Bacteriology, 169（10）: 4845-4847.

Charlson R J, Lovelock J E, Andreae M O, et al. 1987. Oceanic phytoplankton, atmospheric sulphur, cloud albedo and climate. Nature, 326（6114）: 655-661.

Coale K H, Johnson K S, Fitzwater S E, et al. 1996. A massive phytoplankton bloom induced by an ecosystem-scale iron fertilization experiment in the equatorial Pacific Ocean. Nature, 383（6600）: 495-501.

Cooper W J, Zika R G. 1983. Photochemical formation of hydrogen peroxide in surface and ground waters exposed to sunlight. Science, 220（4598）: 711-712.

Cuhel R L, Lean D R S. 1987. Influence of light intensity, light quality, temperature, and daylength on uptake and assimilation of carbon dioxide and sulfate by lake plankton. Canadian Journal of Fisheries and Aquatic Sciences, 44（12）: 2118-2132.

Dacey J W H, Blough N V. 1987. Hydroxide decomposition of dimethylsulfoniopropionate to form dimethylsulfide. Geophysical Research Letters, 14（12）: 1246-1249.

Dacey J W H, Wakeham S G. 1986. Oceanic dimethylsulfide: production during zooplankton grazing on phytoplankton. Science, 233（4770）: 1314-1316.

Dani K G S, Loreto F. 2017. Trade-off between dimethyl sulfide and isoprene emissions from marine phytoplankton. Trends in Plant Science, 22（5）: 361-372.

de Bont J A M, van Dijken J P, Harder W. 1981. Dimethyl sulphoxide and dimethyl sulphide as a carbon, sulphur and energy source for growth of *Hyphomicrobium* S. Microbiology, 127（2）: 315-323.

Deal C J, Kieber D J, Toole D A, et al. 2005. Dimethylsulfide photolysis rates and apparent quantum yields in Bering Sea seawater. Continental Shelf Research, 25（15）: 1825-1835.

del Valle D A, Kieber D J, Bisgrove J, et al. 2007. Light-stimulated production of dissolved DMSO by a particle-associated process in the Ross Sea, Antarctica. Limnology and Oceanography, 52（6）: 2456-2466.

DeLong E F. 1992. Archaea in coastal marine environments. Proceedings of the National Academy of Sciences, 89（12）: 5685-5689.

Deschaseaux E S M, Jones G B, Deseo M A, et al. 2014. Effects of environmental factors on dimethylated sulfur compounds and their potential role in the antioxidant system of the coral holobiont. Limnology and Oceanography, 59 (3): 758-768.

Duyl F C V, Gieskes W W C, Kop A J, et al. 1998. Biological control of short-term variation in the concentration of DMSP and DMS during a *Phaeocystis* spring bloom. Journal of Sea Research, 40 (3-4): 221-231.

Elderfield H. 2002. Carbonate mysteries. Science, 296 (5573): 1618-1621.

Fuse H, Ohta M, Takimura O, et al. 1998. Oxidation of trichloroethylene and dimethyl sulfide by a marine methylomicrobium strain containing soluble methane monooxygenase. Bioscience, Biotechnology, and Biochemistry, 62 (10): 1925-1931.

Fuse H, Takimura O, Murakami K, et al. 2000. Utilization of dimethyl sulfide as a sulfur source with the aid of light by *Marinobacterium* sp. strain DMS-S1. Applied and Environmental Microbiology, 66 (12): 5527-5532.

Gabric A J, Matrai P A, Kiene R P, et al. 2008. Factors determining the vertical profile of dimethylsulfide in the Sargasso Sea during summer. Deep Sea Research Part Ⅱ: Topical Studies in Oceanography, 55(10-13): 1505-1518.

Gage D A, Rhodes D, Nolte K D, et al. 1997. A new route for synthesis of dimethylsulphoniopropionate in marine algae. Nature, 387 (6636): 891-894.

Galí M, Devred E, Babin M, et al. 2019. Decadal increase in Arctic dimethylsulfide emission. Proceedings of the National Academy of Sciences, 116 (39): 19311-19317.

Galí M, Simó R. 2010. Occurrence and cycling of dimethylated sulfur compounds in the Arctic during summer receding of the ice edge. Marine Chemistry, 122 (1-4): 105-117.

Galinski E A. 1995. Osmoadaptation in bacteria. Advances in Microbial Physiology, 37: 273-328.

Gao K, Ruan Z, Villafañe V E, et al. 2009. Ocean acidification exacerbates the effect of UV radiation on the calcifying phytoplankter *Emiliania huxleyi*. Limnology and Oceanography, 54 (6): 1855-1862.

Gibson J A E, Garrick R C, Burton H R, et al. 1990. Dimethylsulfide and the alga *Phaeocystis pouchetii* in antarctic coastal waters. Marine Biology, 104 (2): 339-346.

Gieskes W W C. 2002. Temperature, light, and the dimethylsulfoniopropionate (DMSP) content of *Emiliania huxleyi* (Prymnesiophyceae). Journal of Sea Research, 48 (1): 17-27.

Gillett R W, Ayers G P, Ivey J P, et al. 1993. Measurement of dimethyl sulfide, sulfur dioxide, methane sulfonic acid and non sea salt sulfate at the Cape Grim baseline station//Restelli G, Angeletti G. Dimethylsulphide: Oceans, Atmosphere and Climate. Dordrecht: Kluwer Academic Publishers: 117-128.

González J M, Kiene R P, Moran M A. 1999. Transformation of sulfur compounds by an abundant lineage of marine bacteria in the α-subclass of the class *Proteobacteria*. Applied and Environmental Microbiology, 65 (9): 3810-3819.

Gröne T, Kirst G O. 1992. The effect of nitrogen deficiency, methionine and inhibitors of methionine metabolism on the DMSP contents of *Tetraselmis subcordiformis* (Stein). Marine Biology, 112 (3): 497-503.

Haas P. 1935. The liberation of methyl sulfide by seaweed. Biochemical Journal, 29 (6): 1297-1299.

Halloran P R, Bell T G, Totterdell I J. 2010. Can we trust empirical marine DMS parameterisations within projections of future climate? Biogeosciences, 7 (5): 1645-1656.

Hanlon S P, Holt R A, Moore G R, et al. 1994. Isolation and characterization of a strain of *Rhodobacter sulfidophilus*: a bacterium which grows autotrophically with dimethylsulphide as electron donor. Microbiology, 140 (8): 1953-1958.

Hatton A D, Malin G, Liss P S. 1999. Distribution of biogenic sulphur compounds during and just after the southwest monsoon in the Arabian Sea. Deep Sea Research Part Ⅱ: Topical Studies in Oceanography, 46 (3-4): 617-632.

Hatton A D, Turner S M, Malin G, et al. 1998. Dimethylsulphoxide and other biogenic sulphur compounds in the Galapagos Plume. Deep Sea Research Part Ⅱ: Topical Studies in Oceanography, 45 (6): 1043-1053.

Hatton A D. 2002. Influence of photochemistry on the marine biogeochemical cycle of dimethylsulphide in the northern North Sea. Deep Sea Research Part Ⅱ: Topical Studies in Oceanography, 49 (15): 3039-3052.

Hayashida H, Carnat G, Galí M, et al. 2020. Spatiotemporal variability in modeled bottom ice and sea surface dimethylsulfide concentrations and fluxes in the arctic during 1979-2015. Global Biogeochemical Cycles, 34 (10): e2019GB006456.

Hill R W, White B A, Cottrell M T, et al. 1998. Virus-mediated total release of dimethylsulfoniopropionate from marine phytoplankton: a potential climate process. Aquatic Microbial Ecology, 14 (1): 1-6.

Hoeft S E, Rogers D R, Visscher P T. 2000. Metabolism of methyl bromide and dimethyl sulfide by marine bacteria isolated from coastal and open waters. Aquatic Microbial Ecology, 21 (3): 221-230.

Hopkins F E, Bell T G, Yang M, et al. 2016. Air exposure of coral is a significant source of dimethylsulfide (DMS) to the atmosphere. Scientific Reports, 6: 36031.

Hopkins F E, Nightingale P D, Stephens J A, et al. 2020. A meta-analysis of microcosm experiments shows that dimethyl sulfide (DMS) production in polar waters is insensitive to ocean acidification. Biogeosciences, 17 (1): 163-186.

Hopkins F E, Turner S M, Nightingale P D, et al. 2010. Ocean acidification and marine trace gas emissions. Proceedings of the National Academy of Sciences, 107 (2): 760-765.

Inomata Y, Hayashi M, Osada K, et al. 2006. Spatial distributions of volatile sulfur compounds in surface seawater and overlying atmosphere in the northwestern Pacific Ocean, eastern Indian Ocean, and Southern Ocean. Global Biogeochemical Cycles, 20 (2): GB2022.

Iverson R L, Nearhoof F L, Andreae M O. 1989. Production of dimethylsulfonium propionate and dimethylsulfide by phytoplankton in estuarine and coastal waters. Limnology and Oceanography, 34 (1): 53-67.

Jackson R L, Gabric A J, Cropp R, et al. 2020. Dimethylsulfide (DMS), marine biogenic aerosols and the ecophysiology of coral reefs. Biogeosciences, 17 (8): 2181-2204.

Jian S, Zhang H H, Zhang J, et al. 2018. Spatiotemporal distribution characteristics and environmental control factors of biogenic dimethylated sulfur compounds in the East China Sea during spring and autumn. Limnology and Oceanography, 63 (S1): S280-S298.

Juliette L Y, Hyman M R, Arp D J. 1993. Inhibition of ammonia oxidation in nitrosomonas europaea by sulfur compounds: thioethers are oxidized to sulfoxides by ammonia monooxygenase. Applied and Environmental Microbiology, 59 (11): 3718-3727.

Kameyama S, Tanimoto H, Inomata S, et al. 2013. Strong relationship between dimethyl sulfide and net community production in the western subarctic Pacific. Geophysical Research Letters, 40 (15): 3986-3990.

Karner M B, Delong E F, Karl D M. 2001. Archaeal dominance in the mesopelagic zone of the Pacific Ocean. Nature, 409 (6819): 507-510.

Kates M, Volcani B E. 1996. Biosynthetic Pathways for Phosphatidylsulfocholine, the Sulfonium Analogue of Phosphatidylcholine, in Diatoms. Boston: Springer.

Keller M D, Bellows W K, Guillard R R L. 1989. Dimethyl sulfide production in marine phytoplankton//Saltzman E S, Cooper W J. Biogenic Sulfur in the Environment. New York: American Chemical Society: 167-182.

Keller M D, Kiene R P, Matrai P A, et al. 1999. Production of glycine betaine and dimethylsulfoniopropionate in marine phytoplankton. Ⅱ. N-limited chemostat cultures. Marine Biology, 135 (2): 249-257.

Keller M D, Korjeff-Bellows W. 1996. Physiological aspects of the production of dimeyhtlsulfoniopropionate (DMSP) by marine phytoplankton//Kiene R P, Visscher P T, Keller M D, et al. Biological and Environmental Chemistry of DMSP and Related Sulfonium Compounds. Boston: Springer: 131-142.

Kettle A J, Andreae M O, Amouroux D, et al. 1999. A global database of sea surface dimethylsulfide (DMS) measurements and a procedure to predict sea surface DMS as a function of latitude, longitude, and month. Global Biogeochemical Cycles, 13 (2): 399-444.

Kettle A J, Andreae M O. 2000. Flux of dimethylsulfide from the oceans: a comparison of updated data sets and flux models. Journal of Geophysical Research: Atmospheres, 105 (D22): 26793-26808.

Kieber D J, Jiao J, Kiene R P, et al. 1996. Impact of dimethylsulfide photochemistry on methyl sulfur cycling in the equatorial Pacific Ocean. Journal of Geophysical Research: Oceans, 101 (C2): 3715-3722.

Kieber D J, Toole D A, Jankowski J J, et al. 2007. Chemical "light meters" for photochemical and photobiological studies. Aquatic Sciences, 69 (3): 360-376.

Kiene R P. 1996. Turnover of dissolved DMSP in estuarine and shelf waters of the northern Gulf of Mexico//Kiene R P, Visscher P T, Keller M D, et al. Biological and Environmental Chemistry of DMSP and Related Sulfonium Compounds. Boston: Springer: 337-349.

Kiene R P, Gerard G. 1995. Evaluation of glycine betaine as an inhibitor of dissolved dimethylsulfoniopropionate degradation in coastal waters. Marine Ecology Progress Series, 128 (1-3): 121-131.

Kiene R P, Linn L J, Bruton J A. 2000. New and important roles for DMSP in marine microbial communities. Journal of Sea Research, 43 (3-4): 209-224.

Kiene R P, Linn L J, González J, et al. 1999. Dimethylsulfoniopropionate and methanethiol are important precursors of methionine and protein-sulfur in marine bacterioplankton. Applied and Environmental Microbiology, 65 (10): 4549-4558.

Kiene R P, Linn L J. 2000. Distribution and turnover of dissolved DMSP and its relationship with bacterial production and dimethylsulfide in the Gulf of Mexico. Limnology and Oceanography, 45 (4): 849-861.

Kiene R P, Service S K. 1993. The influence of glycine betaine on dimethyl sulfide and dimethylsulfoniopropionate concentrations in seawater//Oremland R S. Biogeochemistry of Global Change. Boston: Springer: 654-671.

Kiene R P, Slezak D. 2006. Low dissolved DMSP concentrations in seawater revealed by small-volume gravity filtration and dialysis sampling. Limnology and Oceanography: Methods, 4 (4): 80-95.

Kim J M, Lee K, Yang E J, et al. 2010. Enhanced production of oceanic dimethylsulfide resulting from CO_2-induced grazing activity in a high CO_2 world. Environmental Science & Technology, 44 (21): 8140-8143.

Kirst G O. 1996. Osmotic adjustment in phytoplankton and macroalgae//Kiene R P, Visscher P T, Keller M D, et al. Biological and Environmental Chemistry of DMSP and Related Sulfonium Compounds. Boston: Springer: 121-129.

Kirst G O, Thiel C, Wolff H, et al. 1991. Dimethylsulfoniopropionate (DMSP) in icealgae and its possible biological role. Marine Chemistry，35（1-4）：381-388.

Lana A，Bell T G，Simó R，et al. 2011. An updated climatology of surface dimethlysulfide concentrations and emission fluxes in the global ocean. Global Biogeochemical Cycles，25（1）：GB1004.

Langer G，Nehrke G，Probert I，et al. 2009. Strain-specific responses of *Emiliania huxleyi* to changing seawater carbonate chemistry. Biogeosciences，6：2637-2646.

Ledyard K M，Dacey J W H. 1996. Microbial cycling of DMSP and DMS in coastal and oligotrophic seawater. Limnology and Oceanography，41（1）：33-40.

Lee G，Park J，Jang Y，et al. 2010. Vertical variability of seawater DMS in the South Pacific Ocean and its implication for atmospheric and surface seawater DMS. Chemosphere，78（8）：1063-1070.

Lee P A，de Mora S J. 1996. DMSP，DMS and DMSO concentrations and temporal trends in marine surface waters at Leigh，New Zealand//Kiene R P，Visscher P T，Keller M D，et al. Biological and Environmental Chemistry of DMSP and Related Sulfonium Compounds. Boston：Springer：391-404.

Lee P A，de Mora S J，Levasseur M. 1999. A review of dimethylsulfoxide in aquatic environments. Atmosphere-Ocean，37（4）：439-456.

Levasseur M，Scarratt M G，Michaud S，et al. 2006. DMSP and DMS dynamics during a mesoscale iron fertilization experiment in the Northeast Pacific-Part Ⅰ：temporal and vertical distributions. Deep Sea Research Part Ⅱ：Topical Studies in Oceanography，53（20-22）：2353-2369.

Liang J，Wang Z，He X，et al. 2007. DNA modification by sulfur：analysis of the sequence recognition specificity surrounding the modification sites. Nucleic Acids Research，35（9）：2944-2954.

Linn L J. 2000. The fate of dissolved dimethylsulfoniopropionate（DMSP）in seawater：tracer studies using ^{35}S-DMSP. Geochimica et Cosmochimica Acta，64（16）：2797-2810.

Liss P S，Hatton A D，Malin G，et al. 1997. Marine sulphur emissions. Philosophical Transactions of the Royal Society of London Series B：Biological Sciences，352（1350）：159-169.

Liss P S，Malin G，Turner S M，et al. 1994. Dimethyl sulfide and *Phaeocystis*：a review. Journal of Marine Systems，5（1）：41-53.

Liss P S，Merlivat L. 1986. Air-sea gas exchange rates：introduction and synthesis//Buat-Ménard. The Role of Air-Sea Exchange in Geochemical Cycling. New York：Springer：113-127.

Liu J，Zieger M A J，Lakey J R T，et al. 1997. Water and DMSO permeability at 22℃，5℃，and −3℃ for human pancreatic islet cells. Transplantation Proceedings，29（4）：1987.

Locarnini S J P，Turner S M，Liss P S. 1998. The distribution of dimethylsulfide，DMS，and dimethylsulfoniopropionate，DSMP，in waters off the Western Coast of Ireland. Continental Shelf Research，18（12）：1455-1473.

Lovelock J E，Maggs R J，Rasmussen R A. 1972. Atmospheric dimethyl sulphide and the natural sulphur cycle. Nature，237（5356）：452-453.

Malin G，Liss P S，Turner S M. 1994. Dimethyl sulphide：production and atmospheric consequences//Green J C，Leadbeater B S C. The Haptophyte Algae. Oxford：Clarendon Press.

Malin G，Wilson W H，Bratbak G，et al. 1998. Elevated production of dimethylsulfide resulting from viral infection of cultures of *Phaeocystis pouchetii*. Limnology and Oceanography，43（6）：1389-1393.

Maroulis P J，Bandy A R. 1977. Estimate of the contribution of biologically produced dimethyl sulfide to the global sulfur cycle. Science，196（4290）：647-648.

Martin J H，Coale K H，Johnson K S，et al. 1994. Testing the iron hypothesis in ecosystems of the equatorial Pacific Ocean. Nature，371（6493）：123-129.

Matrai P A, Keller M D. 1994. Total organic sulfur and dimethylsulfoniopropionate in marine phytoplankton: intracellular variations. Marine Biology, 119 (1): 61-68.

Matrai P A, Vernet M. 1997. Dynamics of the vernal bloom in the marginal ice zone of the Barents Sea: dimethyl sulfide and dimethylsulfoniopropionate budgets. Journal of Geophysical Research: Oceans, 102 (C10): 22965-22979.

Mcdiarmid R. 1974. Assignments of Rydberg and valence transitions in the electronic absorption spectrum of dimethyl sulfide. The Journal of Chemical Physics, 61 (1): 274-281.

Mopper K, Kieber D J. 2002. Photochemistry and the cycling of carbon, sulfer, nitrogen and phosphorus. Biogeochemistry of Marine Dissolved Organic Matter, 455-507.

Nightingale P D, Malin G, Law C S, et al. 2000. In situ evaluation of air-sea gas exchange parameterizations using novel conservative and volatile tracers. Global Biogeochemical Cycles, 14 (1): 373-387.

Owen K, Saeki K, Warren J D, et al. 2021. Natural dimethyl sulfide gradients would lead marine predators to higher prey biomass. Communications Biology, 4 (1): 1-8.

Park K T, Lee K, Kim T W, et al. 2018. Atmospheric DMS in the Arctic Ocean and its relation to phytoplankton biomass. Global Biogeochemical Cycles, 32 (3): 351-359.

Perroud B, Le Rudulier D. 1985. Glycine betaine transport in *Escherichia coli*: osmotic modulation. Journal of Bacteriology, 161 (1): 393-401.

Qu B, Gabric A J, Jiang L, et al. 2020. Comparison between early and late 21stC phytoplankton biomass and dimethylsulfide flux in the subantarctic Southern Ocean. Journal of Ocean University of China, 19 (1): 151-160.

Quinn P K, Bates T S. 2011. The case against climate regulation via oceanic phytoplankton sulphur emissions. Nature, 480 (7375): 51-56.

Quinn P K, Coffman D J, Johnson J E, et al. 2017. Small fraction of marine cloud condensation nuclei made up of sea spray aerosol. Nature Geoscience, 10 (9): 674-679.

Saltzman E S, Cooper D J. 1989. Dimethyl sulfide and hydrogen sulfide in marine air. ACS Symposium Series, 393: 330-351.

Schwinger J, Tjiputra J, Goris N, et al. 2017. Amplification of global warming through pH dependence of DMS production simulated with a fully coupled Earth system model. Biogeosciences, 14 (15): 3633-3648.

Shaw G E. 1979. Considerations on the origin and properties of the Antarctic aerosol. Reviews of Geophysics, 17 (8): 1983-1998.

Shaw G E. 1983. Bio-controlled thermostasis involving the sulfur cycle. Climatic Change, 5 (3): 297-303.

Sheets E B, Rhodes D. 1996. Determination of DMSP and other onium compounds in *Tetraselmis subcordiformis* by plasma desorption mass spectrometry//Kiene R P, Visscher P T, Keller M D, et al. Biological and Environmental Chemistry of DMSP and Related Sulfonium Compounds. Boston: Springer: 55-63.

Simó R. 2001. Production of atmospheric sulfur by oceanic plankton: biogeochemical, ecological and evolutionary links. Trends in Ecology and Evolution, 16 (6): 287-294.

Simó R, Archer S D, Pedrós-Alió C, et al. 2002. Coupled dynamics of dimethylsulfoniopropionate and dimethylsulfide cycling and the microbial food web in surface waters of the North Atlantic. Limnology and Oceanography, 47 (1): 53-61.

Simó R, Grimalt J O, Albaigés J. 1997. Dissolved dimethylsulphide, dimethylsulphoniopropionate and dimethylsulphoxide in western Mediterranean waters. Deep Sea Research Part Ⅱ: Topical Studies in Oceanography，44（3-4）：929-950.

Simó R，Hatton A D，Malin G，et al. 1998. Particulate dimethyl sulphoxide in seawater：production by microplankton. Marine Ecology Progress Series，167：291-296.

Simó R，Pedrós-Alió C. 1999. Role of vertical mixing in controlling the oceanic production of dimethyl sulphide. Nature，402（6760）：396-399.

Simó R，Pedrós-Alió C，Malin G，et al. 2000. Biological turnover of DMS，DMSP and DMSO in contrasting open-sea waters. Marine Ecology Progress Series，203（1438）：1-11.

Simó R，Vila-Costa M. 2006. Ubiquity of algal dimethylsulfoxide in the surface ocean：geographic and temporal distribution patterns. Marine Chemistry，100（1-2）：136-146.

Six K D，Kloster S，Ilyina T，et al. 2013. Global warming amplified by reduced sulphur fluxes as a result of ocean acidification. Nature Climate Change，3（11）：975-978.

Souza M P，Chen Y P，Yoch D C. 1996. Dimethylsulfoniopropionate lyase from the marine macroalga *Ulva curvata*：purification and characterization of the enzyme. Planta，199（3）：433-438.

Souza M P D，Yoch D C. 1995. Purification and characterization of dimethylsulfoniopropionate lyase from an alcaligenes-like dimethyl sulfide-producing marine isolate. Applied and Environmental Microbiology，61（1）：21-26.

Spiese C E，Le T，Zimmer R L，et al. 2016. Dimethylsulfide membrane permeability，cellular concentrations and implications for physiological functions in marine algae. Journal of Plankton Research，38（1）：41-54.

Stefels J. 2000. Physiological aspects of the production and conversion of DMSP in marine algae and higher plants. Journal of Sea Research，43（3-4）：183-197.

Stefels J，van Leeuwe M A. 1998. Effects of iron and light stress on the biochemical composition of Antarctic *Phaeocystis* sp.（Prymnesiophyceae）. I. Intracellular DMSP concentrations. Journal of Phycology，34（3）：486-495.

Steinke M，Malin G，Archer S D，et al. 2002. DMS production in a coccolithophorid bloom：evidence for the importance of dinoflagellate DMSP lyases. Aquatic Microbial Ecology，26（3）：259-270.

Sunda W，Kieber D J，Kiene R P，et al. 2002. An antioxidant function for DMSP and DMS in marine algae. Nature，418（6895）：317-320.

Suylen G M H，Kuenen J G. 1986. Chemostat enrichment and isolation of *Hyphomicrobium* EG. Antonie van Leeuwenhoek，52（4）：281-293.

Suylen G M H，Large P J，Van Dijken J P，et al. 1987. Methyl mercaptan oxidase，a key enzyme in the metabolism of methylated sulphur compounds by *Hyphomicrobium* EG. Microbiology，133（11）：2989-2997.

Swallow A J. 1969. Hydrated electrons in seawater. Nature，222：369-370.

Tan T T，Wu X，Liu C Y，et al. 2017. Distributions of dimethylsulfide and its related compounds in the Yangtze（Changjiang）River Estuary and its adjacent waters in early summer. Continental Shelf Research，146：89-101.

Thume K，Gebser B，Chen L，et al. 2018. The metabolite dimethylsulfoxonium propionate extends the marine organosulfur cycle. Nature，563（7731）：412-415.

Toole D A，Kieber D J，Kiene R P，et al. 2003. Photolysis and the dimethylsulfide（DMS）summer paradox in the Sargasso Sea. Limnology and Oceanography，48（3）：1088-1100.

Toole D A，Siegel D A. 2004. Light-driven cycling of dimethylsulfide（DMS）in the Sargasso Sea：closing the loop. Geophysical Research Letters，31（9）：111-142.

Turner S M, Liss P S. 1985. Measurements of various sulphur gases in a coastal marine environment. Journal of Atmospheric Chemistry, 2（3）: 223-232.

Turner S M, Nightingale P D, Spokes L J, et al. 1996. Increased dimethyl sulfide concentrations in sea water from in situ iron enrichment. Nature, 383（6600）: 513-517.

Tyssebotn I M B, Kinsey J D, Kieber D J, et al. 2017. Concentrations, biological uptake, and respiration of dissolved acrylate and dimethylsulfoxide in the northern Gulf of Mexico. Limnology and Oceanography, 62（3）: 1198-1218.

Uher G, Pillans J J, Hatton A D, et al. 2017. Photochemical oxidation of dimethylsulphide to dimethylsulphoxide in estuarine and coastal waters. Chemosphere, 186: 805-816.

Uher G, Schebeske G, Barlow R G, et al. 2000. Distribution and air-sea gas exchange of dimethyl sulphide at the European western continental margin. Marine Chemistry, 69（3-4）: 277-300.

Vairavamurthy A, Andreae M O, Iverson R L. 1985. Biosynthesis of dimethylsulfide and dimethylpropiothetin by *Hymenomonas carterae* in relation to sulfur source and salinity variations. Limnology and Oceanography, 30（1）: 59-70.

Valle D A D, Kieber D J, Toole D A, et al. 2009. Dissolved DMSO production via biological and photochemical oxidation of dissolved DMS in the Ross Sea, Antarctica. Deep Sea Research Part Ⅰ: Oceanographic Research Papers, 56（2）: 166-177.

Vallina S M, Simó R. 2007. Strong relationship between DMS and the solar radiation dose over the global surface ocean. Science, 315（5811）: 506-508.

Vallina S M, Simó R, Gassó S. 2006. What controls CCN seasonality in the Southern Ocean? A statistical analysis based on satellite-derived chlorophyll and CCN and model-estimated OH radical and rainfall. Global Biogeochemical Cycles, 20（1）: GB1014.

van Alstyne K L, Pelletreau K N, Rosario K. 2003. The effects of salinity on dimethylsulfoniopropionate production in the green alga *Ulva fenestrata* Postels et Ruprecht（Chlorophyta）. Botanica Marina, 46（4）: 350-356.

van Alstyne K L, Wolfe G V, Freidenburg T L, et al. 2001. Activated defense systems in marine macroalgae: evidence for an ecological role for DMSP cleavage. Marine Ecology Progress Series, 213: 53-65.

Vila-Costa M, Simó R, Harada H, et al. 2006. Dimethylsulfoniopropionate uptake by marine phytoplankton. Science, 314（5799）: 652-654.

Visscher P T, van Gemerden H. 1991. Production and consumption of dimethylsulfoniopropionate in marine microbial mats. Applied and Environmental Microbiology, 57（11）: 3237-3242.

Visscher P T, Taylor B F. 1993. A new mechanism for the aerobic catabolism of dimethyl sulfide. Applied and Environmental Microbiology, 59（11）: 3784-3789.

Vogt M, Steinke M, Turner S, et al. 2008. Dynamics of dimethylsulphoniopropionate and dimethylsulphide under different CO_2 concentrations during a mesocosm experiment. Biogeosciences, 5（2）: 407-419.

Wanninkhof R. 1992. Relationship between wind speed and gas exchange over the ocean. Journal of Geophysical Research: Oceans, 97（C5）: 7373-7382.

Wanninkhof R. 2014. Relationship between wind speed and gas exchange over the ocean revisited. Limnology and Oceanography: Methods, 12（6）: 351-362.

Watanabe S, Yamamoto H, Tsunogai S. 1995. Relation between the concentrations of DMS in surface seawater and air in the temperate North Pacific region. Journal of Atmospheric Chemistry, 22（3）: 271-283.

Wingenter O W, Haase K B, Zeigler M, et al. 2007. Unexpected consequences of increasing CO_2 and ocean acidity on marine production of DMS and CH_2ClI: potential climate impacts. Geophysical Research Letters, 34 (5): 223-224.

Wolfe G V, Kiene R P. 1993. Effects of methylated, organic, and inorganic substrates on microbial consumption of dimethyl sulfide in estuarine waters. Applied and Environmental Microbiology, 59 (8): 2723-2726.

Wolfe G V, Steinke M, Kirst G O. 1997. Grazing-activated chemical defence in a unicellular marine alga. Nature, 387 (6636): 894-897.

Wolfe G V, Strom S L, Holmes J L, et al. 2010. Dimethylsulfoniopropionate cleavage by marine phytoplankton in response to mechanical, chemical, or dark stress. Journal of Phycology, 38 (5): 948-960.

Woodhouse M T, Carslaw K S, Mann G W, et al. 2010. Low sensitivity of cloud condensation nuclei to changes in the sea-air flux of dimethyl-sulphide. Atmospheric Chemistry and Physics, 10 (16): 7545-7559.

Yang G P, Jing W W, Kang Z Q, et al. 2008. Spatial variations of dimethylsulfide and dimethylsulfoniopropionate in the surface microlayer and in the subsurface waters of the South China Sea during springtime. Marine Environmental Research, 65 (1): 85-97.

Yang G P, Jing W W, Li L, et al. 2006. Distribution of dimethylsulfide and dimethylsulfoniopropionate in the surface microlayer and subsurface water of the Yellow Sea, China during spring. Journal of Marine Systems, 62 (1-2): 22-34.

Yang G P, Song Y Z, Zhang H H, et al. 2014. Seasonal variation and biogeochemical cycling of dimethylsulfide (DMS) and dimethylsulfoniopropionate (DMSP) in the Yellow Sea and Bohai Sea. Journal of Geophysical Research: Oceans, 119 (12): 8897-8915.

Yang G P, Tsunogai S. 2005. Biogeochemistry of dimethylsulfide (DMS) and dimethylsulfoniopropionate (DMSP) in the surface microlayer of the western North Pacific. Deep Sea Research Part Ⅰ: Oceanographic Research Papers, 52 (4): 553-567.

Yang G P, Zhang H H, Zhou L M, et al. 2011. Temporal and spatial variations of dimethylsulfide (DMS) and dimethylsulfoniopropionate (DMSP) in the East China Sea and the Yellow Sea. Continental Shelf Research, 31 (13): 1325-1335.

Yang G P, Zhuang G C, Zhang H H, et al. 2012. Distribution of dimethylsulfide and dimethylsulfoniopropionate in the Yellow Sea and the East China Sea during spring: spatio-temporal variability and controlling factors. Marine Chemistry, 138-139: 21-31.

Yu J, Tian J Y, Zhang Z Y, et al. 2019. Role of *Calanus sinicus* (Copepoda, Calanoida) on dimethylsulfide production in Jiaozhou Bay. Journal of Geophysical Research: Biogeosciences, 124 (8): 2481-2498.

Zeyer J, Eicher P, Wakeham S G, et al. 1987. Oxidation of dimethyl sulfide to dimethyl sulfoxide by phototrophic purple bacteria. Applied and Environmental Microbiology, 53 (9): 2026-2032.

Zhang H H, Yang G P, Zhu T. 2008. Distribution and cycling of dimethylsulfide (DMS) and dimethylsulfoniopropionate (DMSP) in the sea-surface microlayer of the Yellow Sea, China, in spring. Continental Shelf Research, 28 (17): 2417-2427.

Zhang S H, Yang G P, Zhang H H, et al. 2014. Spatial variation of biogenic sulfur in the south Yellow Sea and the East China Sea during summer and its contribution to atmospheric sulfate aerosol. Science of the Total Environment, 488-489: 157-167.

Zhou X F, He X Y, Liang J D, et al. 2005. A novel DNA modification by sulphur. Molecular Microbiology, 57(5): 1428-1438.

Zinder S H, Brock T D. 1978. Dimethyl sulphoxide reduction by micro-organisms. Microbiology, 105 (2):

335-342.

Zubkov M V，Fuchs B M，Archer S D，et al. 2002. Rapid turnover of dissolved DMS and DMSP by defined bacterioplankton communities in the stratified euphotic zone of the North Sea. Deep Sea Research Part Ⅱ：Topical Studies in Oceanography，49（15）：3017-3038.

Zubkov M，Linn L J，Amann R，et al. 2004. Temporal patterns of biological dimethylsulfide（DMS）consumption during laboratory-induced phytoplankton bloom cycles. Marine Ecology Progress Series，271：77-86.

第 2 章
二甲基硫化物的分析方法

DMS 是一种易挥发的弱极性的小分子含硫化合物，分子量为 62.1，沸点为 37.3°C。海水中 DMS 和 DMSP 的浓度一般都在 nmol/L 数量级，属于痕量分析的范畴，难以用化学方法直接测定。另外，DMS 具有吸附特性，能够发生光氧化、金属催化氧化反应，具有较高的反应活性，并且海水样品基质复杂，DMS 浓度范围变化比较大，这些都给测定造成了一定的困难。因此，DMS 需要预浓缩富集后才可配套使用气相色谱（GC）完成测定。对于海水中 DMS 的分析测定，国内外已进行了大量的研究。自 20 世纪 60 年代以来，气相色谱和火焰光度检测器（FPD）或质谱检测器（MSD）的联用技术被用来测定气态硫化物，从而使海水、大气中 DMS 浓度的准确测定成为现实。

气相色谱和硫选择性检测器联用技术主要包括：①气相色谱火焰光度检测器（GC-FPD）法；②气相色谱脉冲火焰光度检测器（GC-PFPD）法，该方法是在第一种方法的基础上发展起来的；③气相色谱原子发射光谱检测器（GC-AED）法；④气相色谱硫化学发光检测器（GC-SCD）法。GC-FPD 法使用相对较早，是最为普遍和经典的方法，也是目前应用比较广泛的方法。此方法是由 Brody 和 Chaney （1966）首先建立的，其特点是检测限低、灵敏度和准确度高。PFPD 是在 FPD 的基础上发展而来的（Kim，2005；Kim et al.，2006）。PFPD 是通过形成周期性的脉冲式燃烧，使一些分子产生特征的发射光谱及发射延迟。与传统 FPD 相比，PFPD 具有灵敏度高、选择性好、没有烃类猝灭效应等优点。AED 是近年来飞速发展起来的多元素检测器，可根据元素的特征原子发射光谱进行定性和定量分析（Swan，2000；Gerbersmann et al.，1995）。SCD 是一种专门对硫响应的检测器，将色谱柱中流出的硫化物氧化成具有化学发光性质的物质进行检测，能对各种硫化物产生线性响应，没有明显的猝灭效应和干扰，灵敏度非常高，选择性也很好。利用 GC-MS 测定海水中的 DMS 是 20 世纪 90 年代发展起来的（Blomquist et al.，1993；Thornton et al.，1990），它是在气相色谱检测的基础上改用氘代的 d_6-DMS 作内标，然后通过气质联用来提高检测的准确度和精密度。Ridgeway 等（1991）最先应用同位素气相色谱 / 质谱技术测定了海水中的 DMS。它的前处理方法同吹扫–冷阱捕集方法基本相同。不同之处是其应用了完全氘代的 d_6-DMS 作为内标，并通过色–质联机来测定海水中的 DMS，使测定结果的准确度大大提高，精密度（$<2\%$）好于以往的任何方法，其在海水分析中的应用有着广阔的前景。然而，由于其应用了价格昂贵的 d_6-DMS 内标和色–质联机技术，它的推广应用受到了很大限制（Martínez et al.，2002）。本书采用吹扫–冷阱捕集的方法对海水中的 DMS 进行预富集（Andreae and Barnard，1980），并使用配备 FPD 的气相色谱仪进行分析测定（Brody and Chaney，1966）；采用三级冷阱技术对大气 DMS 进行预富集，后使用气相色谱仪配备 MSD 测定其浓度。对于海水中 DMSP 和 DMSO 的分析，均采用将其定量转化为 DMS 的方式，利用上述描述的方法测定其浓度。

2.1　分析方法综述

2.1.1　分析原理

FPD 对含磷、含硫的化合物具有高选择性和高灵敏度。FPD 对有机磷、有机硫的响应值与碳氢化合物的响应值之比可达 10^4，非常有利于痕量磷、硫的分析。利用 GC-FPD 法测硫的基本原理是：含硫有机物在富氢焰中燃烧，在适当的温度下能生成激发态的分子（S_2^*），当其回到基态时发射 350 ～ 430nm 的特征分子光谱，借助相应的滤光片（硫滤光片）使 394nm（或 384nm）最大波长光通过，经光电倍增管接收转化成电信号，经放大器放大后记录大小（即峰高或峰面积）。硫化物在火焰中燃烧反应的机理主要是：在富氢火焰中 H_2 在高温下分解：

$$H_2 \longrightarrow 2H$$

含硫化合物（RS）首先被氧化成 SO_2，然后被还原为 S 原子：

$$RS+2O_2 \longrightarrow SO_2+CO_2$$

$$SO_2+4H \longrightarrow S+2H_2O$$

硫原子在 390°C 左右被激发生成 S_2^*，在返回基态时产生 350 ～ 430nm 的光谱：

$$2S \longrightarrow S_2^*$$

$$S_2^* \longrightarrow S_2+h\nu$$

从以上反应式可知，硫化物浓度与发光强度（峰面积）存在对应关系。可见特征光的强度与 S_2 含量成正比，因而与含有一个 S 的有机物（如 DMS、MeSH）浓度的平方成正比，即峰面积的平方根与 DMS 的浓度具有线性关系。

2.1.2　预处理方法

由于海水中 DMS 浓度太低，加上海水成分的复杂性，即使采用 GC-FPD 法也无法实现 DMS 的直接进样测定。因此，DMS 样品一般都是经过预浓缩处理后采用以上色谱方法进行测定的。文献报道的 DMS 预处理方式有多种，概括起来主要有液 - 液萃取法、顶空分析法、吹扫 - 冷阱捕集法、分子筛吸附法、固相微萃取法等。下面简单描述这些预处理方法的原理。

1. 液 – 液萃取法

此法最早用于 DMS 分析，是由 Nguyen 等（1978）建立的。他们以有机溶剂 CCl_4 为萃取剂，分批从 15L 海水中萃取 DMS，再用 $HgCl_2$ 水溶液进行反萃取，使之形成 Hg^{2+}-DMS（$3HgCl_2$-2DMS）络合物，该络合物能在 4°C 以下稳定 6 个月，然后在实验室用 6 mol/L HCl 将 DMS 释放出来，并在 −35°C 下溶解至异丙醇中，最后采用 GC-FPD 法分析，检出限为 5×10^{-11}g DMS。

国内学者 Yang 等（1996）在上述方法的基础上将萃取方法做了改进。通过对使用的玻璃仪器进行硅烷化处理，减少了海水样品接触玻璃器皿时造成的吸附损失，提高了回收率和重现性。现场萃取时，每升海水用 30mL CCl_4 萃取两次，合并萃取液，用一定体积的 5% $HgCl_2$ 溶液（与 CCl_4 的体积比一般不超过 1 ∶ 3）进行反萃取。分析时，在上述溶液中加入一定量的正己烷，再加入一定量的浓盐酸释放 DMS，DMS 在低温下重新溶解在正己烷中，最后采用 GC-FPD 检测。低温条件下的多次萃取大大提高了萃取效率，减少了所用海水的体积。在实验室的释放过程中，改用顶空瓶装置，操作更加方便，回收率也有较大提高。该方法目前使用得比较少，主要是因为该方法操作复杂、烦琐、费时，需要样品量大，萃取溶剂一般有毒或对环境有一定的污染，而且不适于现场测定。

2. 顶空分析法

顶空分析法的理论依据是在一定条件下气相和凝聚相（液相或固相）之间存在着分配平衡，通过样品基质上方的气体成分来测定组分在样品中的含量，即在一定温度、一定体积的密闭系统中使水样与顶空气体组分达到平衡后测定顶空气体样品，然后根据实验条件下 DMS 的气 - 液分配系数计算样品中 DMS 的含量。Rasmussen （1974）首先应用气 - 液平衡技术测定了水体中的 DMS。后来许多学者用顶空分析法测定了水溶液中的有机硫化物，并对有机硫化物的气 - 液分配系数及影响分析结果的精密度和准确度的若干因素进行了研究（Steinke et al.，2000；Przyjazny et al.，1983）。国内王永华和焦念志（1996）将顶部以聚四氟乙烯膜衬垫封闭的 50mL 玻璃注射器改制成可变相比气 - 液平衡器，用顶空法测定了海水中 DMS 的浓度，方法是在海水中加入 20% NaCl，相比控制在 0.5℃、40℃恒温时所得结果是：检出浓度为 20ng S/L，回收率为 106%，相对标准差（RSD）为 5%。该方法快速简单，且成本较低。其缺点是检出限太高，应用具有很大的局限性。

3. 吹扫 - 冷阱捕集法

此法属于动态顶空法，最早是由 Andreae 和 Barnard （1980）建立起来的。与静态顶空不同，动态顶空不是分析处于平衡状态的顶空样品，而是将惰性气体氦气或氮气作为吹扫气，以 100mL/min 的速度通入一定体积的海水中鼓泡，在持续的气流吹扫下，样品中的 DMS 被吹扫出来，经 K_2CO_3 干燥后进入液氮制冷（冷阱）的气相色谱填充柱（填料为 50～200 目的活性炭和 4Å 分子筛），DMS 随即保留在色谱柱上，吹扫 - 冷阱捕集 20min 后，移去冷阱装置，选择合适的柱温，DMS 经分离后进入 FPD 检测。方法检测限为 0.03ng S，回收率为 97.7%，RSD 为 6.2%。

此后许多学者将上述方法进行了改进，Bates 等（1987）将浓缩管与色谱分离柱分开，即在色谱分离柱之前另增加一根预浓缩管，使得该法更加方便准确。Leck 和 Bagander（1988）利用氮气将 50～200mL 海水样品中的 DMS 等硫化物吹出富集于浸在液氮中的“U”形浓缩管中，随后密闭采样管并置于便携式冰箱中保存，在实验室中对样品进行测量。采样管可在冰箱内放置 2 周，DMS 等硫化物无明显变化。方法精密度好于 5%，检出限为每 200mL 样品 0.4ng S。国内杨桂朋等（2007）、焦念志等（1999）、胡敏（1993）在参考国外此种方法测定海水 DMS 的基础上，建立了 DMS 的吹扫 - 冷阱捕集方法。精确度和准确度与国外同种方法相当。这种方法测定海水 DMS 快速准确、操作简单、需样品体积少、检测限低，而且此方法可用于现场直接测定，是目前国际上使用最广泛的海水中的 DMS 的分析方法。本书也通过建立的吹扫 - 冷阱捕集法测定所有的海水、大气 DMS 样品。

4. 分子筛吸附法

挥发性硫化物易吸附在金属、固体吸附剂（活性炭、石墨化炭黑、多孔聚合物、分子筛等）的表面上，因此可以利用固体吸附剂吸附硫化物进行分析测定。分子筛吸附法见于早期大气中 DMS 的采集。Steudler 和 Kijowski（1984）采用 60 ～ 80 目的 5Å 分子筛吸附富集 DMS 等大气硫化物，采样流量为 40 ～ 100mL/min，采样时间为 0.5 ～ 2h。采集完毕后，将不锈钢采样管密闭，并置于 -25℃保存。分析时用热脱法将硫化物送入 GC-FPD 进行检测。DMS 检出限为 14.8pg S，回收率为 76.3% ～ 77.5%。此后，Deprez 等（1986）将分子筛预富集技术应用于湖水和海水中 DMS 等有机硫化物的测定。其方法是用氦气将海水中的 DMS 等还原性硫化物吹出，逸出气体经 K_2CO_3 干燥后进入装有分子筛的不锈钢吸附阱中进行吸附预浓缩。30min 后，将不锈钢吸附阱快速加热到 180℃，使吸附在分子筛上的硫化物脱附，再用 GC-FPD 进行测定，DMS 的检出限为 10ng/L。该方法的优点是可以常温吸附，适于海上调查，但由于是在常温下吸附，其回收率会比吹扫 - 冷阱捕集法低，而且分子筛吸附法测定海水中的 DMS 检出限不够低，因此对 DMS 含量比较低的大洋等海域有一定的应用局限。

5. 固相微萃取法

固相萃取（SPE）是利用固体吸附剂将液体样品中的目标化合物吸附，与样品的基体和干扰化合物分离，然后再用洗脱液洗脱或加热解吸附，达到分离和富集目标化合物的目的。而固相微萃取（SPME）是 20 世纪 90 年代在 SPE 的基础上发展起来的一种新型、快速、灵敏及无溶剂的萃取分离技术。SPME 是将萃取纤维浸入液态样品或样品上方的气态顶空中，通过萃取头表面的高分子涂层对样品中的有机物进行选择性萃取和富集。与液 - 液萃取和固相萃取相比，其具有操作时间短、样品量小、无需萃取溶剂、重现性好等优点。SPME 与顶空（HS）法相结合的顶空 HSSPME 法，一方面继承了顶空技术操作简单、不受样品基底干扰的特点，另一方面又能在取样的同时进行富集，大大提高了顶空分析的灵敏度。金晓英等（2004）、陈猛等（2002）利用 HSSPME 法测定了海水中的 DMS 浓度。他们使用适合吸附低沸点、低分子量物质的 75μm 的碳分子筛 / 聚二甲基硅氧烷（CAR/PDMS）萃取纤维分析海水中的 DMS，取得了较好的效果。该方法选择将试样与饱和 NaCl 溶液按 1 ∶ 1 混合，在磁力搅拌下萃取 30min 进行测定，需样体积小，灵敏度高，操作简单，不需要过滤富集和有机溶剂萃取，检出限为 10ng S/L，RSD 为 3.95%。SPME 是一项极具吸引力的样品前处理技术，但商品化纤维种类较少，而且容易破碎，在很大程度上限制了该技术的应用范围。

2.2　海水中 DMS、DMSP 与 DMSO 的分析方法

2.2.1　仪器与试剂

本研究所用仪器及使用范围见表 2-1，所用试剂见表 2-2。

表 2-1　海水含硫化合物分析所用仪器设备

仪器	型号 / 尺寸	生产厂家
GC-FPD	7890A	Agilent Technologies，美国
毛细管色谱柱	CP7529（30m × 0.32mm × 5μm）	Agilent Technologies，美国
氢气发生器	QL-200	北京赛克赛斯氢能源有限公司
空气发生器	SGK-2LB	北京东方精华苑科技有限公司
不锈钢六通阀	—	Valco Instruments，美国
Nafion 干燥器	—	Perma Pure，美国
Telflon 管	1/16in①	上海安谱科学仪器有限公司

① 1in=2.54cm。

表 2-2　海水含硫化合物分析所用试剂

试剂	生产厂家
DMS 标准品（> 99%）	Sigma-Aldrich，美国
DMSO 标准品（> 99.9%）	Sigma-Aldrich，美国
高纯氮气，高纯氢气	青岛天源气体制造有限公司
液氮	青岛天源气体制造有限公司
$TiCl_3$（20%，质量分数）	Acros Organics，英国
无水乙醇（色谱纯）	Tedia，美国

2.2.2　海水样品的采集与保存

除特殊说明外，海水样品使用装配有温盐深仪（CTD）的 12L Niskin 采水器采集。DMS 具有挥发性，采样时应第一个分装。采样瓶为 250mL 棕色玻璃瓶，每次使用前需经酸浸泡并以高纯水彻底润洗。采样时，使用半透明硅胶管连接至采水器出口，另一端接有玻璃管。先用适量海水润洗采样瓶及瓶塞 3 次，然后将玻璃管插入采样瓶底部，采样过程中应完全避免产生气泡与涡流。可以适当用手捏住硅胶管以控制采样流速，避免涡流的产生。当海水样品完全注满采样瓶，并溢出采样瓶体积约 2 倍时，缓慢地将采水管提起，其间应保持一直有海水注入。采样完成后立即塞上瓶塞，置于海水中避光保存，保持温度恒定，并尽快测定。

分析完 DMS 剩余的水样用于 DMSP 和 DMSO 的分析。对于总 DMSP（DMSPt）样品，使用移液枪量取 10mL 海水样品，转移至事先添加了 120μL 50% H_2SO_4 的 15mL 离心管中，缓慢颠倒几次以混合均匀。由于 DMSP 在健康的浮游植物细胞内外的浓度差异很大，且藻细胞对压力十分敏感，抽滤及大体积重力过滤都很可能导致大量浮游植物细胞的破裂，引起 DMSP 的释放，从而高估了 DMSPd 的含量。因此，对于 DMSPd 样品，采用 Kiene 和 Slezak （2006）提出的小体积（≤ 30mL）重力过滤法进行过滤。简单来说，将约 30mL 海水样品缓缓倒入置有 47mm GF/F 滤膜（Whatman，美国）的聚砜磁吸滤器（Pall Gelman，美国）中，使其在重力作用下过滤，收集前将 3.5mL 滤液转移至含有 40μL 50% H_2SO_4 的 15mL 离心管中，缓慢颠倒使其混合均匀。DMSPp 的浓度即为 DMSPt 与 DMSPd 的浓度差。

DMSOt、DMSOd 和 DMSOp 样品的过滤方式与 DMSP 一致，唯一不同处在于 DMSOt 和 DMSOd 样品的保存是向离心管中分别加入 60μL 和 20μL 25% HCl 而非 H_2SO_4。这是由于 H_2SO_4 具有一定程度的氧化性，其可能会对之后 DMSO 还原成 DMS 的反应有一定影响。DMSPt、DMSPd、DMSOt 和 DMSOd 样品置于 4°C 以下避光保存，并在返回陆地实验室后尽快测定。

2.2.3　海水样品的分析

1. 海水 DMS 分析方法

海水 DMS 的测定主要分为吹扫 - 冷阱捕集、加热解析及 GC-FPD 分离检测三个阶段（Kiene and Service，1991），所使用的装置如图 2-1 所示。其基本原理是利用氮气将海水样品中的挥发性组分（含 DMS）吹出，经干燥后，进入捕集管中，以低于其凝固点的温度将其捕集。捕集完全后，通过切换六通阀的状态改变气路连接，将捕集管置于接近沸腾

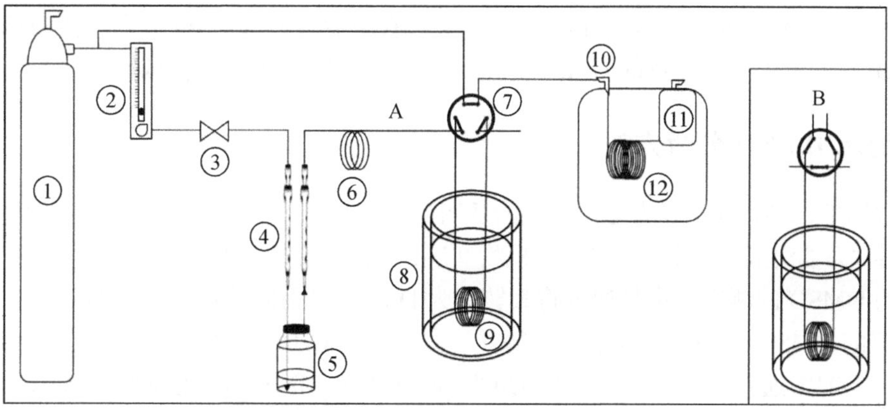

图 2-1　海水 DMS 分析装置图［改自 Kiene 和 Service （1991）］

A：捕集状态，B：进样状态；①氮气，②气体流量计，③阀门，④ 1mL 注射器，⑤ 10mL 西林瓶，⑥全氟磺酸膜（Nafion）反吹干燥器，⑦六通阀，⑧ 1/16in Teflon 管，⑨液氮杯，⑩ GC 进样口，⑪ FPD，⑫色谱柱

的热水中，捕集管中的 DMS 重新气化，随载气进入 GC-FPD 进行分离与检测（杨桂朋等，2007）。具体的操作流程如下。

（1）将六通阀打到捕集状态（状态 A），并将 Teflon 捕集管放入盛有液氮的保温杯中。用 5mL 玻璃注射器从样品瓶中缓慢量取一定体积海水样品，将含有 GF/F 膜的过滤器连接到注射器，准确地将 2mL 海水样品注入 10mL 干燥的西林瓶中（若样品浓度过低，则可加大吹扫体积）。西林瓶提前用附有聚四氟乙烯衬层的丁基橡胶塞及铝盖密封。操作须缓慢，避免产生涡流，避免压力过大使海水中的藻细胞破裂。将注有海水样品的西林瓶连接至气路作为吹扫室，同时打开吹扫气及反吹气（均为高纯 N_2），以 80mL/min 的流速吹扫 3.5min。

（2）吹扫结束后，将六通阀调节至进样位置（状态 B）。将捕集管立即放入盛有热水的保温杯中，使解析出的 DMS 随载气进入 GC-FPD。

（3）在进样状态开始时，立刻启动 GC 工作站记录数据。对于 Agilent 7890A 气相色谱仪，进样口温度为 160°C，载气流速为 1mL/min，柱箱温度为 70°C，检测器温度为 200°C。

使用液态 DMS 标准溶液绘制标准曲线，采用外标法标定：用无水乙醇配制 DMS 标准储备液，再逐级稀释；将天然海水中的 DMS 吹扫除尽，用 DMS 标准储备液和天然海水配制一系列已知浓度的 DMS 标准溶液；根据标准溶液浓度及 DMS 峰面积绘制标准曲线。

2. 海水 DMSP 分析方法

简单来说，海水 DMSP 分析方法是将 DMSP 在 pH ≥ 13 的强碱条件下以 1 ∶ 1 的比例转化为 DMS（Dacey and Blough，1987），再进行测定。反应方程式如下：

$$(CH_3)_2S^+CH_2COO^- \xrightarrow{pH \geq 13} (CH_3)_2S^+ + CH_2{=}CHCOO^- + H^+$$

只是不同研究者的反应条件略有不同。Kiene（1992）将附有藻细胞的玻璃纤维膜置于 14mL 顶空瓶中，加入 2mL 的 5mol/L 的 NaOH 溶液，25°C 条件下反应 6h。而 Simó 等（1996）采用固体 NaOH 将水样 pH 调节至 13，在室温避光反应 6h 以上，使 DMSP 完全转化为 DMS。再用上述提及的 DMS 的分析流程进行相应 DMSP 的定量。

3. 海水 DMSO 分析方法

在常温下，DMSO 一般为无色无味的透明液体，极易与水混溶，具有较高的热稳定性，作为一种“万能溶剂”，可以与多种有机物互溶，因此样品中的 DMSO 难以直接提取测定。海水中的 DMSO 的测定，也是通过将其转化为 DMS，进而间接进行测定的。

常用的 DMSO 还原剂有 $CrCl_2$、$SnCl_2$、$TiCl_3$、$NaBH_4$ 及 DMSO 还原酶等。Kiene 和 Gerard（1994）通过对比实验发现，$CrCl_2$ 和 $SnCl_2$ 对 DMSO 的还原率都较低，分别为 50% 和 40%。Hatton 等（1994）使用 DMSO 还原酶作为还原剂，虽然该方法的精密度和准确度都很高，并且其他化合物不对其产生干扰，但还原酶的制作、储存及处理都比较困难。另外，也有研究使用 GC-MS 利用同位素稀释技术测定 DMSO，使得准确度和精密度大大提高，但不适用于现场测定。传统上常用 $NaBH_4$ 还原法进行 DMSO 的还原，但该方法测定时间较长，需样量大，易高估样品中 DMSO 的含量。本研究在 Kiene 和 Gerard（1994）的研究基础上，经过长期的条件摸索与方法调试，建立了 DMSO 的 $TiCl_3$ 还原法。该方法中 $TiCl_3$ 具备选择性还原 DMSO 的能力，海水中固有的 DMSP 并不会对样品的测定结果产生干扰，同时 $TiCl_3$ 还原率高，可达到 75% ～ 100%，需样量少，仅 1mL 海水样品即可达到测定要求，且精密度和准确度都较高。$TiCl_3$ 还原 DMSO 的反应方程式为

$$DMSO+2TiCl_3+2HCl \xrightarrow{\triangle} DMS+2TiCl_4+H_2O$$

若过度加热或反应时间过长，则会生成白色的二氧化钛（TiO_2）：

$$TiCl_4+2H_2O \longrightarrow TiO_2+4HCl$$

虽然实验表明 TiO_2 的生成与存在并不会影响 DMSO 的还原，但 TiO_2 会紧紧吸附在反应瓶内壁，难以除去，应注意避免 TiO_2 生成。

DMSO 的测定步骤如下：首先量取 1mL 海水样品，注入洁净的带有丁基橡胶塞（内侧封有 Teflon 膜）的铝塑盖密封的 10mL 样品瓶中，用高纯氮气吹扫 10min 除去样品中原有的 DMS。随后向除去 DMS 的样品中加入 200μL 20% 的 $TiCl_3$ 溶液，密封后将其置于 55℃恒温水浴中反应 1h。反应完全后取出样品避光冷却至室温后，测定其中新产生的 DMS 含量，吹扫时间为 5min。$TiCl_3$ 还原 DMSO 的反应溶液具有强酸性，其中含有的 HCl 可能在吹扫 - 冷阱捕集过程中损坏六通阀，并进一步对最终的色谱峰产生干扰，因此在 Nafion 干燥器与捕集管之间增加放置了装有 K_2CO_3 粉末的聚四氟乙烯管，用来消除 HCl 的影响。由于 DMSO 到 DMS 的还原率无法准确达到 100%，因此该方法需要使用 DMSO 的标准品进行标定。

本研究采用测定海水生源含硫化合物的方法，在进样量为 2mL 时，Agilent 7890A 对 DMS 的检出限为 0.3nmol/L（由噪声峰面积的 3 倍计算得出），测定浓度较低的样品时可以通过增加进样量的方式降低检出限。本方法的精密度均低于 5%。

2.3　大气 DMS 及气溶胶的分析方法

2.3.1　大气样品采集与保存

1. 大气 DMS 样品

大气样品使用 2.5L 气体采集罐（Restek，美国）进行采集。采集罐内壁具有硅烷涂层，该方法是目前较为主流的分析大气痕量气体所使用的采集方式（Li et al.，2018；Brown et al.，2015；Yokouchi et al.，1999）。采集之前，使用自动清洗仪清洗气体采集罐至少 3 次，并抽真空（≤ 0.2mm 汞柱）。为了避免船体自身排放的尾气污染，应在到站之前船体仍在开动时进行采集，且应在上风向顶层甲板采集（距海平面约 10m）。采样时，打开罐体上的球形阀即可完成大气样品的采集。DMS 在气体采集罐中可稳定存放 2 周以上而不引起浓度超过 5% 的变化（Khan et al.，2012）。

2. 气溶胶样品

为评价 DMS 海－气释放对气溶胶中 nss-SO_4^{2-} 的贡献比例及其环境效应，本书对大气气溶胶总悬浮颗粒物（TSP）中含硫化合物及其相关离子的含量及理化特征进行了分析监测。大气气溶胶样品采用 Whatman 41 号滤膜（Whatman，英国），使用 TSP 大流量大气采样器（KB-1000 型，青岛金仕达电子科技有限公司）进行采集。采样器置于船体顶部甲板（距海平面约 10m），采集前将干燥过的空白滤膜装入采样器滤膜夹中，安装完毕后开机采集，且只在船航行过程中开启采样器进行采集以防止船体排放污染。每张样品滤膜累计采样时间约 24h，采样过程中同时记录气温、气压、风速等气象条件。采样结束后，打开采样器顶盖，取出滤膜夹，用塑料镊子夹取滤膜外缘，从滤膜夹上取下样品滤膜，对折滤膜（收集面向里），如果采集的样品在滤膜上的位置不居中，就以采集到的样品的痕线为准对折。然后放入洁净干燥的聚乙烯塑料袋中，冷冻保存（–20°C）留待分析。在操作过程中应使用洁净的不锈钢镊子和一次性塑料手套以防玷污样品。

2.3.2　大气 DMS 的分析

在陆地实验室，将采样罐与预浓缩仪对接之后，利用微型提取泵抽取一定体积的大气样品，然后送入大气预浓缩仪进行处理。大气 DMS 的测定步骤分为预浓缩和 GC-MS 分离检测两步。预浓缩仪是一个三级冷阱捕集系统，目的在于去除水汽和 CO_2 等杂质气体。主要分析流程如下：预浓缩仪在进样之初，首先会将整个系统升温清洗一遍，然后利用液氮喷嘴将冷阱单元 1（玻璃珠冷阱）冷却至 –170℃，再开启微型泵定量抽取 300mL 样品进入冷阱单元 1 进行第一步预浓缩处理。空气样品中所有的挥发性有机化合物都将被捕获在冷阱单元 1 中，而氧气和氮气通过冷阱单元 1 去除。待捕集完成后，冷阱单元 2（Tenax 冷阱）已经提前做好冷却准备，温度降至 –50℃，然后调整气路，并使冷阱单元 1 缓慢加热到 30°C（此条件可以达到去除水汽的目的）完成挥发性气体的解析，而后完成目标气体在冷阱单元 2 上的捕集。在冷阱单元 2，吸附剂在此温度条件下无法捕集 CO_2 和 N_2，进而达到去除更多干扰气体的目的。同理，在冷阱单元 3（无任何填充冷阱）提前降温（–175℃）的前提下，改变气路并对冷阱单元 2 进行升温处理（升至 200℃），将冷阱单元 2 的吸附气体完全解析，并在冷阱单元 3 进行捕集处理。为了获得更好的解析效果和质谱峰形，冷阱单元 3 的加热解析方式与前两种的电加热方式不同，采取的方式是气浴加热，瞬间完成冷阱单元 3 的加热解析任务（加热至 200°C）。最后，将瞬时解析的所有目标气体由高纯氦气送入 GC-MS 系统进行分离检测。此时所有三级冷阱分别被加热以发挥清洗的作用。

在使用 GC-MS 进行分离检测时，载气为高纯氦气，流速为 2.0mL/min，进样口温度为 200°C，分流比为 10 ∶ 1。柱箱采取程序升温方式：起始温度为 55°C，并在此温度下保持 3min，然后以 10°C/min 的速率升至 100°C，再以 15°C/min 的速率升至 150°C 并保持 3min。在此程序下，DMS 峰可以与大气中其他挥发性含硫化合物（如羰基硫、二硫化碳等）完全分开。MSD 的离子源为电子轰击离子源（EI），电压为 70eV，离子源接口温度为 230°C。通过选择离子扫描模式（SIM）对质荷比为 62 的离子碎片进行扫描，以定量分析 DMS 浓度。大气 DMS 的检出限为 3ppt，精密度低于 5%。

2.3.3　气溶胶样品的处理与分析

（1）样品滤膜的裁剪：剪取 Whatman 41 样品膜对角的两个 1/8（总共占样品膜采样面积的 1/4）对滤膜进行处理（图 2-2），可以减小样品负载的不均匀性引入的误差。

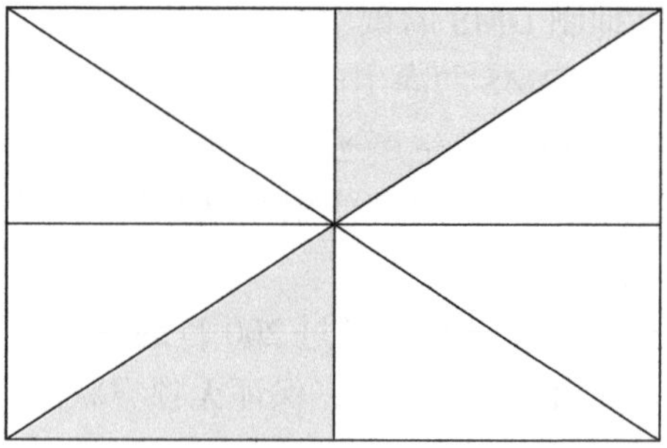

图 2-2　气溶胶样品滤膜的裁剪方式

（2）样品滤膜中水溶性离子的萃取：将截取的样品滤膜放置于 15mL 离心管中，加入 10mL 超纯水（Milli-Q System，Millipore 公司），于冰水浴中超声波振荡 40min。样品滤膜浸提液用 0.45μm 一次性过滤头（水系，德国 Membrana 公司）过滤，准备分析测定。同时取空白滤膜，按相同步骤制备空白样品溶液。

（3）水溶性离子的测定：样品提取液中水溶性离子采用美国戴安 ICS-1000 离子色谱（配备自动再生抑制器，恒温电导检测器，阴离子测定使用 KOH 淋洗液自动发生器）进行测定，用 Chromeleon 软件进行色谱数据分析处理。离子色谱具体的工作参数见表 2-3。

表 2-3　ICS-1000 离子色谱测定阴、阳离子的参数设置

工作参数	阴离子（SO_4^{2-}、NO_3^- 等）	甲磺酸离子（$CH_3SO_3^-$）	阳离子（NH_4^+、Na^+、K^+ 等）
色谱柱	AS11-HC		CS12A
抑制器	ASRS		CSRS
抑制电流 /mA	112		70
淋洗液流速 /（mL/min）	1.4		1.0
淋洗液浓度 /（mmol/L）	KOH：15	KOH：5	MSA：20
检测器	DS6 电导检测器		
进样体积 /μL	25		

2.4　DMS 生产与消费速率及 DMSPd 降解速率的测定

2.4.1　DMS 生产与消费速率的测定

1. 抑制剂法

利用抑制剂法测定 DMS 的生物消费速率是通过两组对照实验完成的。向其中一组天然海水样品中添加抑制剂以抑制 DMS 的微生物消费，测得 DMS 的总生产速率；另一组为对照组，不做任何处理，测得 DMS 的净生产速率。两组的速率差即为 DMS 的消费速率。因此抑制剂法可以同时获得 DMS 的总生产速率、净生产速率和消费速率。由于 $CHCl_3$ 能有效地抑制 C_1 化合物的代谢，因此本研究使用 $CHCl_3$ 作为抑制剂以抑制细菌对 DMS 的代谢（Kiene and Bates，1990）。

具体实验步骤为：采样后立即将水样经过 200 目的尼龙筛绢过滤，并转移至容量为 1L 的生物培养袋中（Thermo Fisher，美国），保证无顶空状态；向实验组加入 $CHCl_3$（最终浓度：500μmol/L），对照组不做任何处理；将培养袋密封，置于黑暗的培养箱中，以避免任何光反应，并使用船载压载水作为循环水，使其保持在原位温度，培养 10h。同时进行 3 组平行培养，分别在第 0h、第 2h、第 4h、第 6h、第 8h 和第 10h，从培养袋的采样管出口处采集 2mL 样品于西林瓶中，立即按照 2.2.3 节所描述的方法，分别测定实验组和对照组的 DMS 浓度。在整个培养过程中，培养袋始终保持无顶空状态。

DMS 的微生物消费过程符合一级反应动力学（Wolfe et al.，1999），DMS 的生物消费速率 R_{bio}[nmol/（L·d）] 为速率常数（k_{bio}，h^{-1}）乘以初始 DMS 浓度。t 时刻 DMS 的生物消费速率常数（$k_{\text{bio},t}$，h^{-1}）按下式计算：

$$k_{\text{bio},t}=\frac{\left|\ln\left(\frac{[\text{DMS}]_t}{[\text{DMS}]}\right)\right|}{t}$$

式中，$[\text{DMS}]_t$ 为 t 时刻的 DMS 浓度增量；[DMS] 为初始 DMS 浓度。因此，DMS 的生物消费速率常数为不同时间点浓度比值的自然对数的绝对值对时间的斜率。

2. ^{35}S-DMS 示踪法

将不影响原有 DMS 浓度水平的 ^{35}S-DMS 添加至海水样品中，在黑暗处培养，通过测定不同时间点生物消费减少的 ^{35}S-DMS 的量随时间的变化，即可得到 DMS 的微生物消费速率。利用同位素示踪法可以得到非常准确的 DMS 消费速率。

具体步骤：采样后，立即从每个采样瓶中，用移液枪取出 7mL 样品，将其转移到 10mL 西林瓶，并用含有聚四氟乙烯涂层的丁基橡胶塞密封。将 ^{35}S-DMS（用 NaOH 水解 ^{35}S-DMSP 产生）使用微量注射器通过橡胶塞注入小瓶中（最终放射性强度约为

1000dpm[①]/mL），轻微摇晃，使其分布均匀，并立刻开始计时。在黑暗条件、原位温度下培养 5h。在不同时间点（第 0h、第 1h、第 3h 和第 5h），将 0.5mL 样品转移到含有 4mL 闪烁液（MP Biomedicals，美国）的 5mL 液闪瓶中，用 Tri-Carb 3110 液体闪烁仪（PerkinElmer，美国）测定总放射性衰变强度（A_{total}），然后将西林瓶中的剩余样品用 N_2 吹扫 15min，以去除未反应的 ^{35}S-DMS。吹扫结束后，将 0.5mL 样品转移到含有 4mL 闪烁液的液闪瓶中，测定剩余的非挥发性含硫化合物的放射性强度（A_{NVS}，dpm）。

由于 DMS 的生物消费符合一级反应，计算未被生物消费的 ^{35}S-DMS 占总添加 ^{35}S-DMS 的比例，其自然对数的绝对值对时间作图的斜率即为 DMS 的生物消费速率常数（k_{bio}，h^{-1}）。由于通过多次实验发现，所做图线通常在前 8h 内具有良好的线性关系（$R^2 > 0.99$），因此可以简化实验，通过两点法确定斜率，k_{bio} 可通过下式进行计算：

$$k_{bio}=\frac{\left|\ln\left(1-\frac{A_{NVS}}{A_{total}}\right)\right|}{T}$$

式中，T 为总培养时间，本研究中培养总时间均为 5h。前 5h 内 DMS 的生物消费的平均速率 R_{bio}[nmol/（L·d）] 为速率常数 k_{bio} 乘以初始 DMS 浓度：

$$R_{bio}=k_{bio}[DMS]$$

2.4.2　DMSPd 降解速率的测定

1. 抑制剂法

通过抑制剂法测定 DMSPd 的降解速率 [D_{DMSP}，nmol/（L·d）]，类似 DMS 消费速率的测定，通过两组对照实验完成：向其中一组天然海水样品中添加抑制剂以抑制 DMSPd 的降解，另一组不做任何处理，两组的速率差即为 DMSPd 的降解速率。GBT 具有与 DMSP 类似的结构，通常可以代替 DMSP 被微生物利用，因此可以作为竞争性抑制剂来抑制 DMSPd 的消费（Kiene et al.，1998；Kiene and Gerard，1995）。

类似 DMS 消费速率测定的操作，DMSPd 的降解速率测定的具体步骤为：采样并过滤后，立即将水样转移至容量为 1L 的生物培养袋中（Thermo Fisher，美国），保证无顶空状态；向实验组加入 GBT 至 5μmol/L，对照组不做任何处理；将培养袋密封，并置于黑暗的培养箱中，以避免任何光反应，并使用船载压载水作为循环水，使其保持在原位温度，培养 10h。同时进行 3 组平行培养。分别在第 0h、第 2h、第 4h、第 6h、第 8h 和第 10h 时，从培养袋的采样管出口处采集 30mL 样品并立即按照 2.2.2 节中描述的小体积（≤ 30mL）重力过滤法进行过滤，并按照 2.2.3 节中描述的 DMSP 的分析方法测定 DMSPd 的浓度。培养袋始终保持无顶空状态。实验组和对照组中 DMSPd 的浓度增量对时间的图线斜率，分别为 DMSPd 的总生产速率和净生产速率，而斜率差即为 DMSPd 的降解速率（Kiene and Gerard，1995）。

① dpm：disintegration per minute，是放射性衰变强度单位。

2. ^{35}S-DMSP 示踪法

利用 ^{35}S-DMSP 示踪法，向海水中添加不影响原有 DMSPd 浓度的 ^{35}S-DMSP，通过分离 DMSP 降解产物，测定剩余 DMSP 的放射性强度，则可得到 DMSP 降解速率。

具体步骤为：使用经酸浸泡过并润洗干净的水桶采集表层水，润洗 120mL 玻璃培养瓶并将水样转移至其中，采样过程应动作轻缓。将玻璃培养瓶置于装有原位海水的保温箱中，保持原位温度。同时向 3 个平行玻璃培养瓶中加入一定量的 ^{35}S-DMSP 储备液，至最终放射性衰变强度约为 1000dpm/mL，缓慢摇匀，置于水浴中培养。加入 ^{35}S-DMSP 时立即开始计时。每个特定时间分别从 3 个平行玻璃培养瓶中量取 4mL 水样并抽滤（0.2μm 尼龙滤膜），润洗滤膜 3 次，滤液置于 50mL 离心管中，用 N_2 吹扫滤液以除去挥发性组分，然后转移至 60mL 气体采样瓶中，用超纯水润洗放置滤液的离心管，并全部转移至气体采样瓶中。捕集器中放入折叠的 GF/F 滤膜，向滤膜添加 200μL H_2O_2（3%），塞紧瓶盖。用微量注射器穿过瓶塞加入 200μL NaOH 溶液（5mol/L）至瓶底部，置于振荡器上振荡 24h。振荡完成后，滤膜放入液闪瓶，加入 4mL 闪烁液，测定放射性衰变强度。测得的放射性衰变强度对时间的图线斜率为 DMSPd 的降解速率。

2.5　结　　论

本章参考国内外文献，在实验室原有的海水 DMS 分析测试系统的基础上，整合建立了一整套的有关海水中的 DMS、DMSP 和 DMSO，大气中的 DMS，气溶胶中的 MSA 和 nss-SO_4^{2-}等一系列有关含硫化合物的分析检测方法，并且完善和优化了各类样品采集及分析中的质量控制。方法的精密度和准确度与国内外同类方法相当，为各种硫化物的分析测定工作奠定了坚实的研究基础。

参考文献

陈猛，李和阳，袁东星，等 . 2002. 微波辅助 - 顶空固相微萃取 - 气相色谱 - 脉冲火焰光度法测定海水中二甲基硫和藻体中二甲基巯基丙酸 . 环境化学，21（2）：183-188.

胡敏 . 1993. 二甲基硫测定方法及其海气通量的研究 . 北京：北京大学 .

焦念志，柳承璋，陈念红 . 1999. 东海二甲基硫丙酸的分布及其制约因素的初步研究 . 海洋与湖沼，30：525-531.

金晓英，袁东星，陈猛 . 2004. 海水样品中二甲基硫的气相色谱测定 . 厦门大学学报（自然科学版），43（2）：221-224.

王永华，焦念志 . 1996. 顶空气相色谱法测定海水二甲基硫和浮游植物细胞二甲基硫丙酸的研究 . 海洋与湖沼，27（1）：46-50.

杨桂朋，康志强，景伟文，等 . 2007. 海水中痕量 DMS 和 DMSP 的分析方法的研究 . 海洋与湖沼，38：322-328.

Andreae M O，Barnard W R. 1980. Determination of trace quantities of dimethyl sulfide in aqueous solutions. Analytical Chemistry，52：150-153.

Bates T S，Cline J D，Gammon R H，et al. 1987. Regional and seasonal variations in the flux of oceanic dimethylsulfide to the atmosphere. Journal of Geophysical Research：Oceans，92：2930-2938.

Blomquist B W，Bandy A R，Thornton D C，et al. 1993. Grab sampling for the determination of sulfur dioxide and dimethyl sulfide in air by isotope dilution gas chromatography/mass spectrometry. Journal of Atmospheric Chemistry，16（1）：23-30.

Brody S S，Chaney J E. 1966. Flame photometry detector with improved specificity to sulfur and phosphorus：US，US3489498 A.

Brown A S，van der Veen A M H，Arrhenius K，et al. 2015. Sampling of gaseous sulfur-containing compounds at low concentrations with a review of best-practice methods for biogas and natural gas applications. TrAC Trends in Analytical Chemistry，64：42-52.

Dacey J W H，Blough N V. 1987. Hydroxide decomposition of dimethylsulfoniopropionate to form dimethylsulfide. Geophysical Research Letters，14（12）：1246-1249.

Deprez P P，Franzmann P D，Burton H R. 1986. Determination of reduced sulfur gases in Antarctic lakes and seawater by gas chromatography after solid adsorbent preconcentration. Journal of Chromatography A，362：9-21.

Gerbersmann C，Lobinski R，Adams F C. 1995. Determination of volatile sulfur compounds in water samples，beer and coffee with purge and trap gas chromatography-microwave-induced plasma atomic emission spectrometry. Analytica Chimica Acta，316：93-104.

Hatton A D，Malin G，McEwan A G，et al. 1994. Determination of dimethyl sulfoxide in aqueous solution by an enzyme-linked method. Analytical Chemistry，66：4093-4096.

Khan M A H，Whelan M E，Rhew R C. 2012. Analysis of low concentration reduced sulfur compounds（RSCs）in air：storage issues and measurement by gas chromatography with sulfur chemiluminescence detection. Talanta，88：581-586.

Kiene R P. 1992. Dynamics of dimethyl sulfide and dimethylsulfoniopropionate in oceanic water samples. Marine Chemistry，37：29-52.

Kiene R P，Bates T S. 1990. Biological removal of dimethyl sulphide from sea water. Nature，345（6277）：702-705.

Kiene R P，Gerard G. 1994. Determination of trace levels of dimethylsulfoxide（DMSO）in seawater and rainwater. Marine Chemistry，47（1）：1-12.

Kiene R P, Gerard G. 1995. Evaluation of glycine betaine as an inhibitor of dissolved dimethylsulfoniopropionate degradation in coastal waters. Marine Ecology Progress Series，128：121-131.

Kiene R P，Service S K. 1991. Decomposition of dissolved DMSP and DMS in estuarine waters：dependence on temperature and substrate concentration. Marine Ecology Progress Series，76（1）：1-11.

Kiene R P，Slezak D. 2006. Low dissolved DMSP concentrations in seawater revealed by small-volume gravity filtration and dialysis sampling. Limnology Oceanography：Methods，4（4）：80-95.

Kiene R P，Williams L P H，Walker J E. 1998. Seawater microorganisms have a high affinity glycine betaine uptake system which also recognizes dimethylsulfoniopropionate. Aquatic Microbial Ecology，15（1）：39-51.

Kim K H. 2005. Performance characterization of the GC/PFPD for H_2S，CH_3SH，DMS and DMDS in air. Atmospheric Environment，39：2235-2242.

Kim K H，Choi G H，Choi Y J，et al. 2006. The effects of sampling materials selection in the collection of reduced sulfur compounds in air. Talanta，68（5）：1713-1719.

Leck C, Bagander L E. 1988. Determination of reduced sulfur compounds in aqueous solutions using gas chromatography flame photometric detection. Analytical Chemistry, 60（17）: 1680-1683.

Li J L, Zhai X, Zhang H H, et al. 2018. Temporal variations in the distribution and sea-to-air flux of marine isoprene in the East China Sea. Atmospheric Environment, 187: 131-143.

Martínez E, Lacorte S, Llobet I, et al. 2002. Multicomponent analysis of volatile organic compounds in water by automated purge and trap coupled to gas chromatography-mass spectrometry. Journal of Chromatography A, 959: 181-190.

Nguyen B C, Gaudry A, Bonsang B, et al. 1978. Reevaluation of the role of dimethyl sulfide in the sulphur budget. Nature, 275: 637-639.

Przyjazny A, Janicki W, Chrzanowski W. 1983. Headspace gas chromatographic determination of distribution coefficients of selected organosulphur compounds and their dependence on some parameters. Journal of Chromatography A, 208: 249-260.

Rasmussen R A. 1974. Emission of biogenic hydrogen sulfide. Tellus, 26（1-2）: 254-260.

Ridgeway Jr R G, Bandy A R, Thornton D C. 1991. Determination of aqueous dimethyl sulfide using isotope dilution gas chromatography/mass spectrometry. Marine Chemistry, 33: 321-334.

Simó R, Grimalt J O, Albaigés J. 1996. Sequential method for the field determination of nanomolar concentrations of dimethyl sulfoxide in natural waters. Analytical Chemistry, 68: 1493-1498.

Steinke M, Malin G, Turner S M, et al. 2000. Determinations of dimethylsulphoniopropionate（DMSP）lyase activity using headspace analysis of dimethylsulphide（DMS）. Journal of Sea Research, 43: 233-244.

Steudler P A, Kijowski W. 1984. Determination of reduced sulfur gases in air by solid adsorbent preconcentration and gas chromatography. Analytical Chemistry, 56: 1432-1436.

Swan H B. 2000. Determination of existing and potential dimethyl sulphide in red wines by gas chromatography atomic emission spectroscopy. Journal of Food Composition and Analysis, 13: 207-217.

Thornton D C, Bandy A R, Ridgeway R G, et al. 1990. Determination of part-per-trillion levels of atmospheric dimethyl sulfide by isotope dilution gas chromatography/mass spectrometry. Journal of Atmospheric Chemistry, 11（4）: 299-308.

Wolfe G V, Levasseur M, Cantin G, et al. 1999. Microbial consumption and production of dimethyl sulfide（DMS）in the Labrador Sea. Aquatic Microbial Ecology, 18（2）: 197-205.

Yang G P, Zhang Z B, Liu L S, et al. 1996. Study on the analysis and distribution of dimethyl sulfide in the East China Sea. Chinese Journal of Oceanology and Limnology, 14（2）: 141-147.

Yokouchi Y, Li H J, Machida T, et al. 1999. Isoprene in the marine boundary layer（southeast Asian Sea, eastern Indian Ocean, and Southern Ocean）: comparison with dimethyl sulfide and bromoform. Journal of Geophysical Research: Atmospheres, 104（D7）: 8067-8076.

第3章 黄渤海生源硫的分布、通量及其影响因素

黄海、渤海（并称黄渤海）二者相连，总面积为 4.57×10^5km^2，是西北太平洋陆架边缘海的一部分。渤海是一个半封闭的内海，它位于中国大陆东部的最北部分。渤海东面以渤海海峡与黄海相连通，西、南、北三面环陆。渤海总面积较小，约为 7.7×10^4km^2，包括辽东湾、渤海湾、莱州湾和渤海中央海盆。渤海的平均气温为 10.7℃左右，盐度为 30 左右。渤海的水文条件主要受近岸河流输入和渤海环流的影响。超过 40 条的近岸河流输入渤海，其中黄河、海河、辽河和滦河是该海域四条主要的淡水河流（Ning et al.，2010），年径流总量约为 8.88×10^{10}m^3。巨大的流量为渤海注入大量的营养物质，对渤海的生态环境有重要影响。渤海的水体稳定性有明显的季节性特征（陈义中，2007）。夏季水体出现明显层化现象，而冬季整个水体混合较均匀。

黄海是一个位于中国东部陆架上的半封闭的浅海。其被威海成山角与朝鲜长山串之间的连线分为南黄海和北黄海。南黄海面积为 3.09×10^5km^2，平均水深为 46m，其与东海相连并且交换充分；北黄海相对封闭，面积为 7.13×10^4km^2，平均水深为 38m，其西北部与渤海相连①。黄海的环流主要由南下的黄海沿岸流和黄海暖流组成。黄海暖流是黄海环流的重要组成部分，是通过对马暖流的一部分绕过济州岛西侧进入黄海形成的（Yuan et al.，2008）。由于它是黄海唯一一支输运外海高盐水的海流，故黄海暖流对黄海的整个环流体系、水团分布、水交换及黄海的海洋环境起着至关重要的作用。一般认为黄海暖流于 12 月初步形成，2 月最强，而春季则迅速减弱至夏季消失，因此它是冬季黄海最显著的水文现象。黄海冷水团则是夏季黄海最重要的水文特征，它是以低温为主要特征的季节性水团，形成于冬季垂向混合水。夏半年，上层水因增温降盐而层化，下层水仍保持其低温（6～12℃）和高盐度（31.6～33.0）特性，因而形成冷水团。7～8 月，冷水团范围达到最大，9 月以后，随垂直混合逐渐加强而消失（陈义中，2007）。黄海冷水团的存在对海水化学要素、营养盐和浮游生物等的垂直分布与运输有着重要影响（Pu et al.，2004；Zhang et al.，2002；Diao and Shen，1985）。此外，长江冲淡水作为黄海最主要的淡水源，对黄海的生态环境，尤其在夏季，有显著影响。一般认为每年 6～8 月受到台湾暖流水的挤压、苏北沿岸流的牵引及东南季风等的影响，长江冲淡水流向转向东北，其向北可影响苏北沿岸海域，巨大的水量对海水的冲淡作用显著（陈义中，2007；崔茂常，1984）。同时，其为受影响海域带来大量的营养盐而显著影响浮游生物的生长。黄海和渤海周围是人口与经济高度发达的地区。由于人类工业生产的影响，黄海和渤海的富营养化程度日益明显，从而导致该海域较高的初级生产力。因此，赤潮现象频发使黄海和渤海的生态系统遭到一定程度的破坏。过去几十年，有关 DMS 和 DMSP 的调查已在黄海展开。Yang 等（2006）和 Zhang 等（2008）报道了春季黄海表层与微表层的 DMS 和 DMSP 的分布；张洪海（2009）调查了北黄海 DMS 的分布。本章对春、夏、秋、冬四个季节的大面调查获得的数据包括黄海和渤海的大部分地区，通过本研究希望能够认识以下几方面问题：① DMS、DMSP 和 DMSO 在黄海与渤海的时空分布特征（包括水平、垂直）；②通过对叶绿素、营养盐及温盐等生物、化学和环境因素的同步调查，对影响黄渤海 DMS 和 DMSP 浓度分布的主要控制因素进行分析；③通过对不同季节 DMS 的生物生产速率与消费速率的研究，分析 DMS 的生物生

① https://ocean.ckcest.cn/web/index_new.view。

产与消费的控制因素；④估算黄渤海向大气释放的 DMS 的通量并初步估算其对全球 DMS 海－气通量的区域性贡献。

作者团队分别于 2010 年 4 月和 2018 年 3 月（春季）、2011 年 6 月和 2018 年 7 月（夏季）、2010 年 9 月（秋季）及 2009 年 12 月和 2017 年 12 月（冬季）乘“东方红 2 号”调查船对黄海和渤海进行了调查，调查海区及站位如图 3-1 所示。其中 2010 年 4 月和 2018 年 3 月春季航次分别设置 61 个和 75 个站位；2011 年 6 月和 2018 年 7 月夏季航次共设置 58 个站位；2010 年 9 月秋季航次共设置 67 个大面站位；2009 年 12 月和 2017 年 12 月冬季航次设置大面站位分别为 52 个和 75 个。各航次中，在所设大面站位采集表层海水，用于研究 DMS 和 DMSP 水平分布及其季节性变化特征；在夏季和冬季航次的 35°N 断面采集

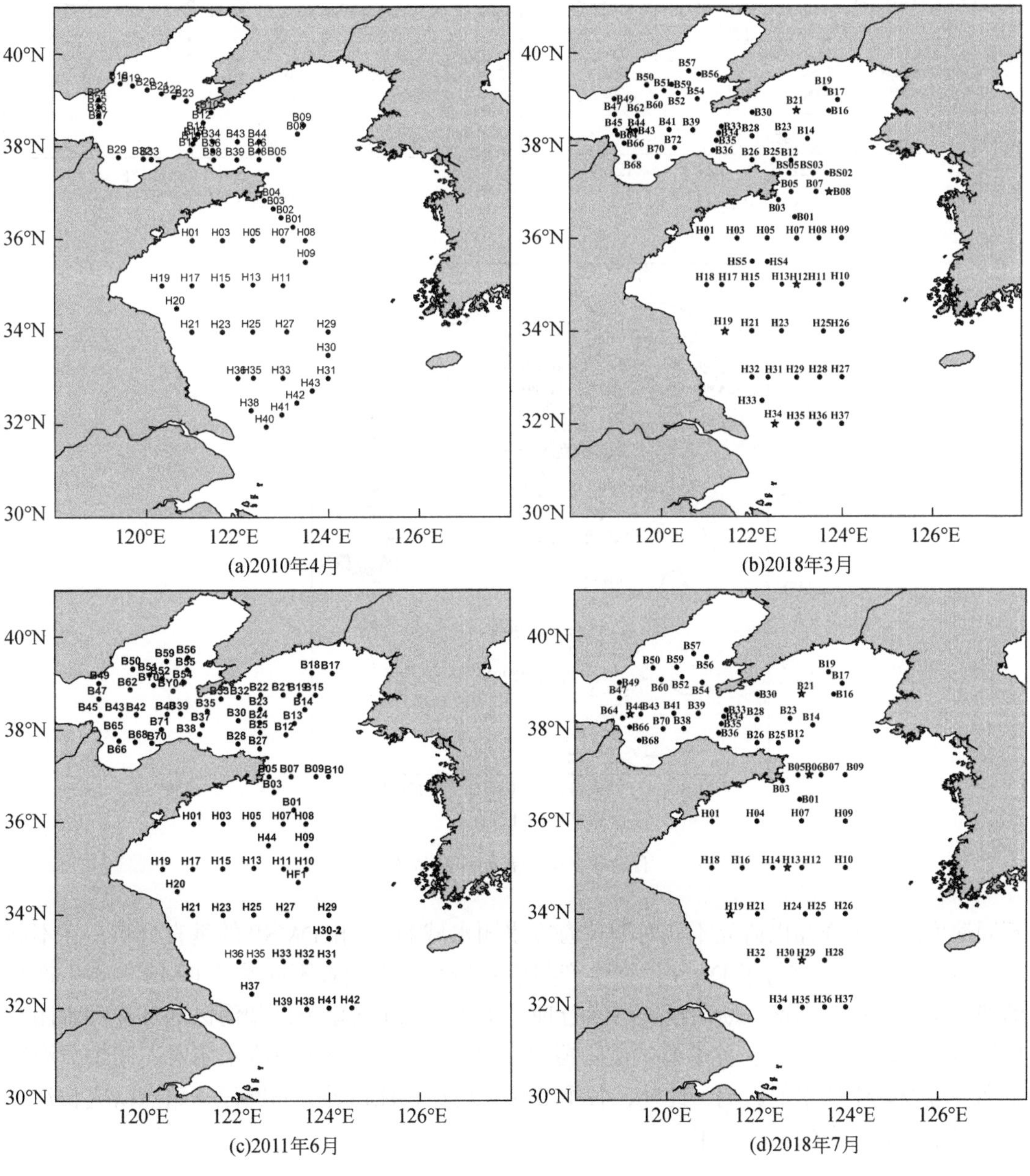

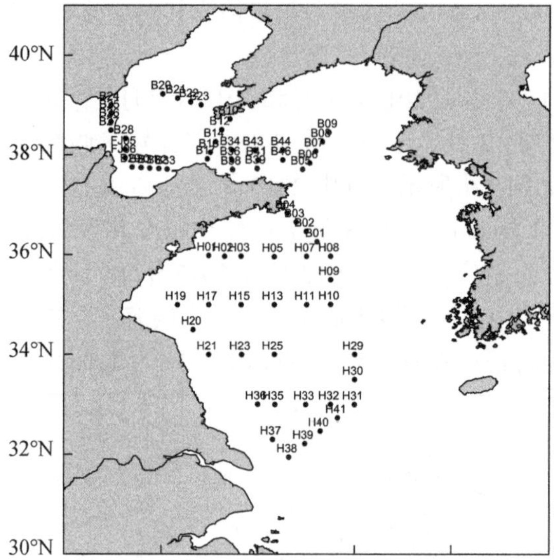

(e)2010年9月

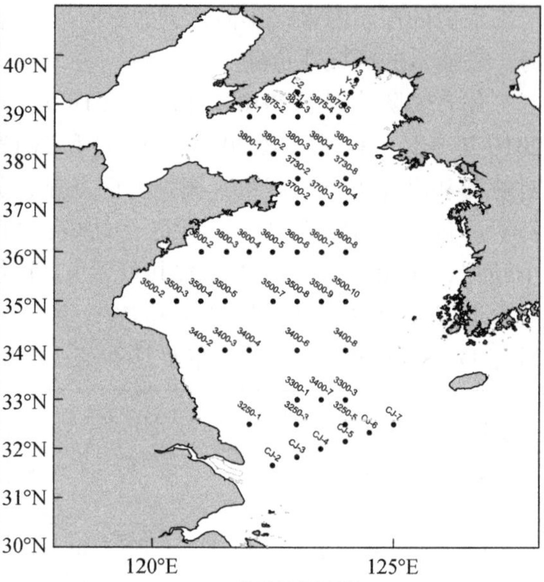

(f)2009年12月

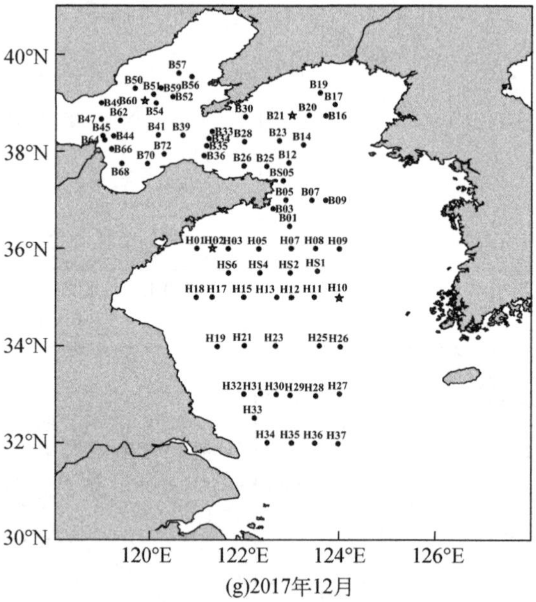

(g)2017年12月

图 3-1　黄渤海调查站位图

不同深度的海水样品以研究不同时期黄海冷水团水域 DMS 和 DMSP 的垂直分布；在不同季节航次的调查中进行了 DMS 生物生产与消费研究，以调查不同季节 DMS 生物生产与消费速率及其控制因素。断面设置科学合理，主要考虑了黄渤海陆架海区的环流和水团及地域生态环境分布特征。各季节站位均覆盖 35°N 断面以研究黄海冷水团对不同季节海区生态环境及化学要素的影响，此外，各季节航次均在长江口外分布断面，重点研究长江冲淡水对东海和黄海的影响作用。

3.1　黄渤海 DMS 和 DMSP 浓度的时空分布特征

3.1.1　春季黄渤海 DMS 和 DMSP 浓度的水平分布特征

1. 春季 4 月黄渤海 DMS 和 DMSP 浓度的水平分布特征

春季 4 月黄渤海表层海水温度和盐度的变化范围分别为 3.60 ～ 11.20℃和 30.08 ～ 33.77，平均值分别为 7.63℃和 32.14，其表层海水分布如图 3-2 所示。渤海、北黄海表层温度南高北低，岸边的增温作用明显（鲍献文等，2009），整个调查海区的温度分布较为均匀，山东半岛沿岸较高。如图 3-2 所示，春季北黄海盐度在整个调查海域分布较为均匀，

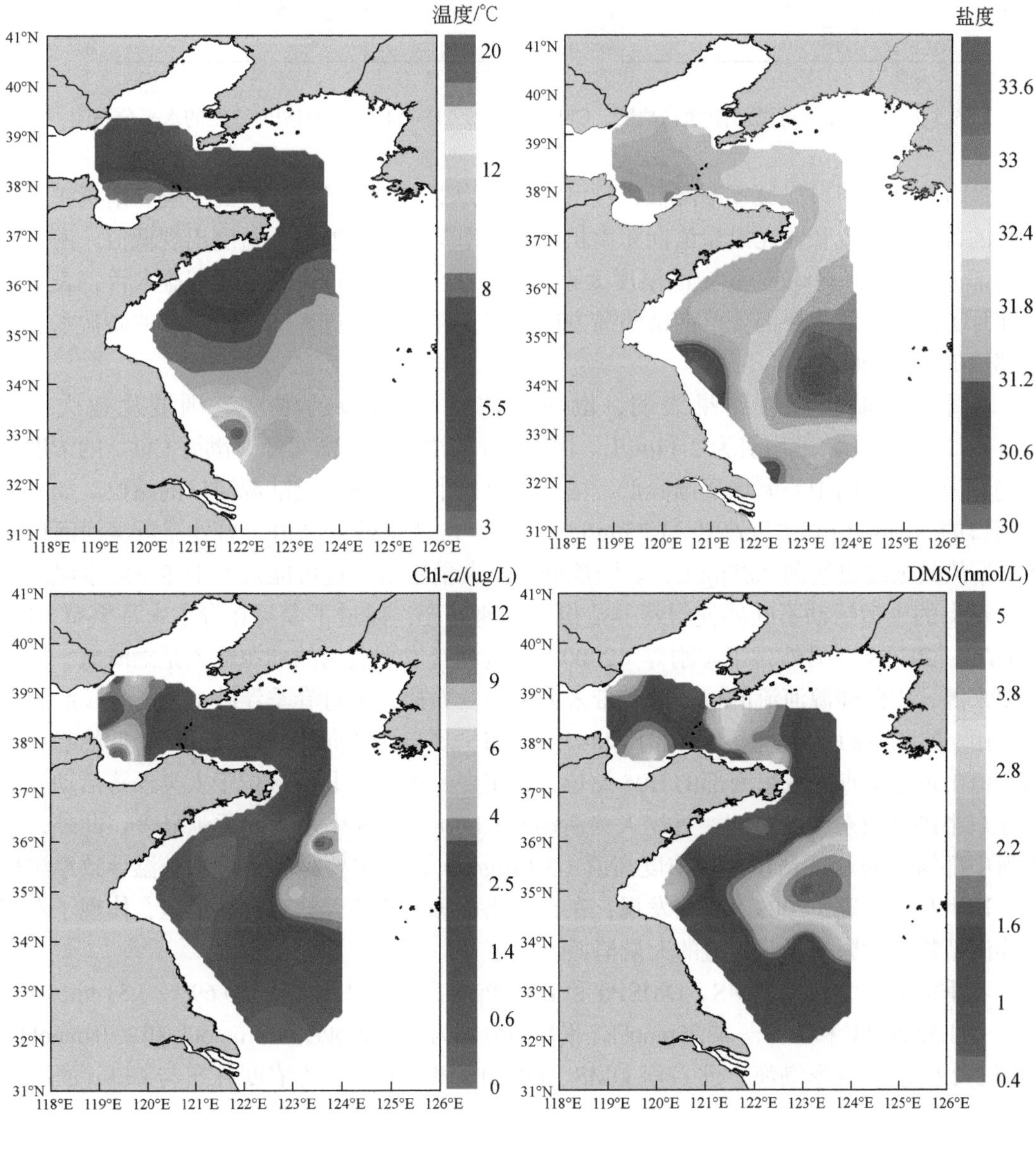

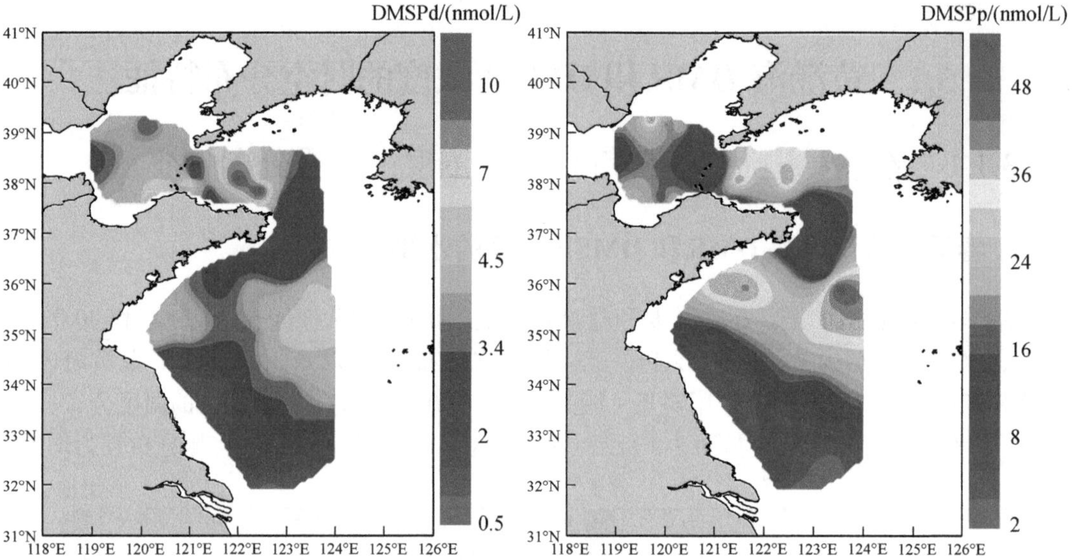

图 3-2 春季 4 月黄渤海温度，盐度，Chl-*a*、DMS、DMSPd 和 DMSPp 浓度的水平分布图

在渤海自北向黄河口海域逐渐降低，这可能是因为受到黄河径流入海的影响。南黄海低温低盐的鲁南沿岸流和苏北沿岸流向东南扩展导致南黄海近岸温度与盐度出现低值。南黄海东南部海域存在一个较为稳定的温度大于 10℃、盐度高于 33.0 的高温高盐水舌，表明春季 4 月黄海暖流的主要部分已向济州岛方向退缩，并与先前进入南黄海中部的高盐水分离（邹娥梅等，2000）。

春季 4 月航次调查结果表明，渤海和北黄海 Chl-*a* 的浓度范围变化较大，为 0.48 ～ 11.73μg/L，平均值为 2.34μg/L。由 Chl-*a* 的浓度分布图可知，渤海 Chl-*a* 的浓度分布趋势为由近岸向中心海域逐渐降低，浓度高值集中分布在靠近陆源河口的站位，如靠近黄河口的 B29 站位其浓度高达 11.73μg/L，这是本次调查的最高值，另外靠近滦河河口的 B19 站位其浓度也达到 7.88μg/L，表明该处藻类大量繁殖。这可能是由于冬季海水温度很低，藻类的生命活动不旺盛使得营养盐得以迅速补充，促进了藻类在春季大量繁殖（Liu and Yin，2010）。另外，于志刚等（2000）通过调查发现黄河的陆源输入是渤海氮、硅的主要来源，因此陆源河流的输入为其带来大量的营养盐，也对春季浮游植物的生长起到促进作用。如图 3-2 所示，春季北黄海 Chl-*a* 的分布呈现自西北向东南海域逐渐降低的趋势。最低值出现在调查海域东南部的 B05 站位，这主要是由于西北海域位于人类经济活动发达的辽东半岛和山东半岛之间，近岸人为活动对 Chl-*a* 和初级生产力的贡献显著。此外，北黄海中部海域的 B08 站位出现浓度高值（3.14μg/L），这主要是春季海水升温导致浮游植物迅速生长。臧璐（2009）调查发现，在春季北黄海中部营养盐存在低值区，体现了春华期浮游植物大量繁殖对营养盐的大量消耗。

春季渤海、北黄海 DMS、DMSPd 和 DMSPp 的浓度范围分别为 0.69 ～ 3.51nmol/L、2.31 ～ 11.32nmol/L 和 7.16 ～ 43.32nmol/L，平均值分别为 1.85nmol/L、4.81nmol/L 和 20.04nmol/L。如图 3-2 所示，春季渤海、北黄海 DMS、DMSPd 和 DMSPp 的浓度分布与 Chl-*a* 的浓度

分布趋势相同，在渤海 DMS 和 DMSP 浓度也由近岸向中心海域逐渐降低，高值集中分布在靠近陆源河口的站位，其 DMS、DMSPd 和 DMSPp 浓度的最高值分别出现在靠近滦河河口的 B24、B19 和 B18 站位，这可能与该海区春季浮游植物生物量较高有关。在北黄海 DMS、DMSPd 和 DMSPp 浓度分布大致呈现自西向东逐渐降低的趋势，最高值均出现在辽东半岛与山东半岛之间的海域中西部，而在北黄海外海海域其浓度较低，其中，DMSPd 与 DMSPp 浓度的最低值均出现在调查海域东南部 Chl-*a* 浓度最低的 B05 站位。这种分布趋势可能是西北部山东半岛与辽东半岛之间的水域受人类活动影响导致浮游植物生物量较高。

南黄海 Chl-*a* 的浓度范围较大，为 0.18 ～ 11.52μg/L，平均值为 1.41μg/L，如图 3-2 所示，南黄海 Chl-*a* 的浓度分布呈现远海高近岸低的趋势，高值区集中在南黄海中部外海的南黄海冷水团水域，H08 站位出现最高值，高达 11.52μg/L。Chl-*a* 浓度的低值区出现在南黄海近岸水域及长江口周围水域，最低值出现在苏北沿岸的 H21 站位。4 月南黄海 DMS、DMSPd 和 DMSPp 的浓度范围分别为 0.48 ～ 4.92nmol/L、0.68 ～ 6.75nmol/L 和 2.82 ～ 52.33nmol/L，平均值分别为 1.69nmol/L、3.18nmol/L 和 15.81nmol/L。Yang 等（2006）在对 2005 年 3 月南黄海的调查中发现表层 DMS 的浓度范围为 1.20 ～ 4.54nmol/L，平均值为 2.31nmol/L。该调查结果与本航次结果相近，但是本航次 DMSPd 和 DMSPp 浓度的平均值却比其高出大约 2 倍。春季南黄海硅藻藻华一般在 3 月开始并于 5 月进入尾声（Fu et al.，2012），这可能是由于春季南黄海藻华的影响。由于 4 月南黄海冷水团水域藻华的影响，DMS 和 DMSP 浓度均在该区域出现高值区，其中 DMSPp 浓度的最高值出现在 Chl-*a* 浓度最高值的 H08 站位。DMS 和 DMSPd 浓度的最高值也出现在该区域的 H11 站位。与 Chl-*a* 的分布趋势相近，DMS、DMSPd 和 DMSPp 浓度的低值区出现在南黄海南部（34°N 以南）的苏北近岸及长江口附近水域，其最低值分别出现在 H40、H40 和 H42 站位，这可能是由于近岸水深较浅，水体混合均匀，水域的垂直湍流扩散较强，水体的稳定性较差使得藻类不易在表层水体聚积，使得该海域浮游植物密度较低，从而影响 DMS 和 DMSP 的生产（胡好国等，2004）。一些学者在其他海域研究得到相同的结论，Hashihama 等（2008）通过研究发现人为水体较弱的层化会阻碍硅藻的生长。另外，苏北沿岸近岸水深较浅，水体浊度较高、透明度较低，使得浮游植物的生长受到光照限制（胡好国等，2004），从而导致该海域 DMS 和 DMSP 浓度出现低值区。

2. 春季 3 月黄渤海 DMS、DMSP 及 DMSO 浓度的水平分布

春季 3 月黄渤海 Chl-*a*、DMS、DMSP 及 DMSO 浓度的水平分布如图 3-3 所示。春季该海域表层海水温度和盐度的变化范围分别为 3.39 ～ 11.94℃和 29.91 ～ 33.84，平均值分别为（6.67±2.22）℃和 32.42±0.48。从图 3-3 中可以看出，表层温度整体呈现南高北低的变化趋势，盐度在北黄海分布较为均匀，渤海受到黄河等陆源输入的影响，盐度自黄河口向外海逐渐增大。南黄海东南部海域存在一个较为稳定的高温高盐水舌（温度大于 10℃，盐度大于 33.0），表明此时南黄海仍然受到残余黄海暖流的影响。

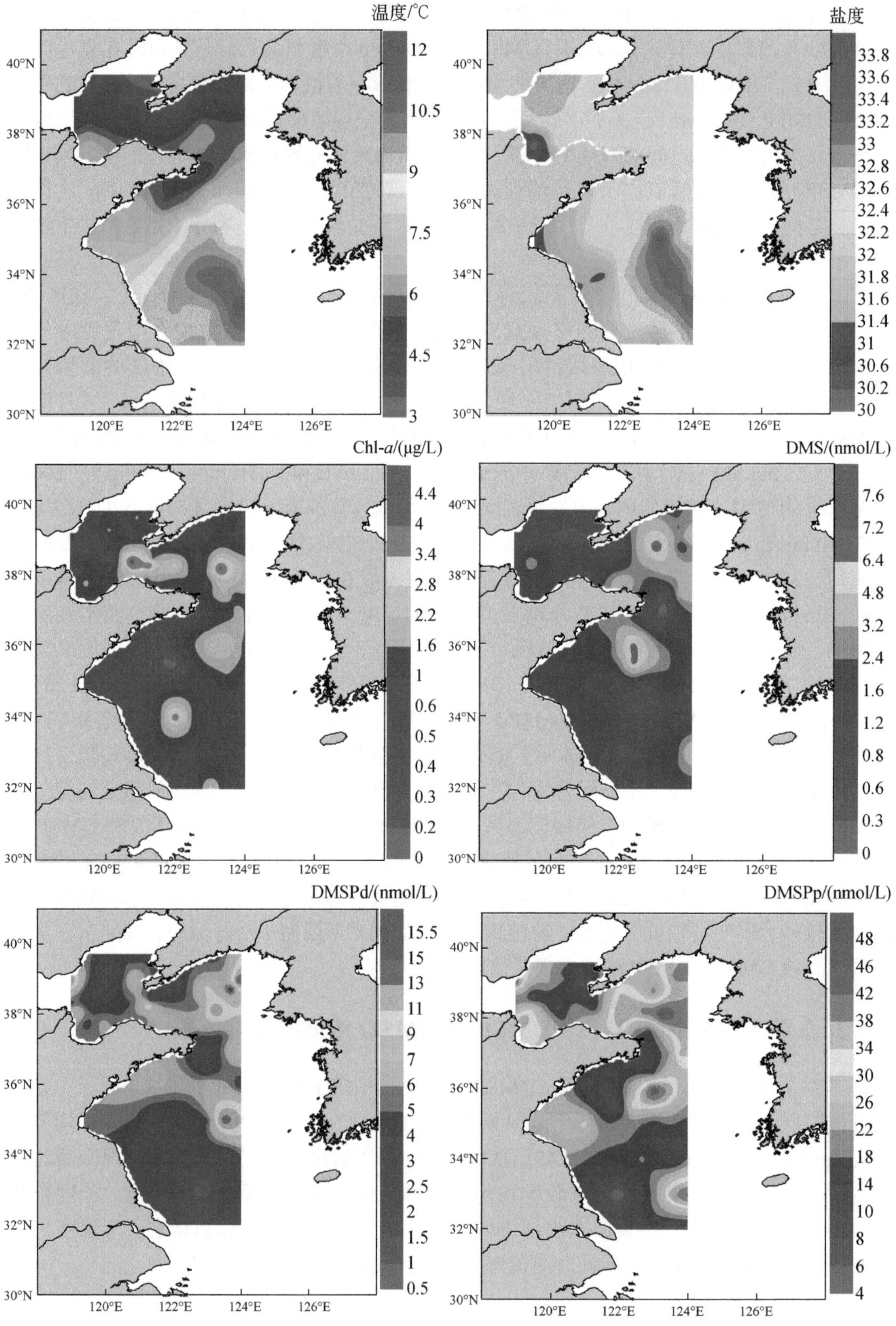
温度/℃
12
10.5
9
7.5
6
4.5
3
盐度
33.8
33.6
33.4
33.2
33
32.8
32.6
32.4
32.2
32
31.8
31.6
31.4
31
30.6
30.2
30
Chl-*a*/(μg/L)
4.4
4
3.4
2.8
2.2
1.6
1
0.6
0.5
0.4
0.3
0.2
0
DMS/(nmol/L)
7.6
7.2
6.4
4.8
3.2
2.4
1.6
1.2
0.8
0.6
0.3
0
DMSPd/(nmol/L)
15.5
15
13
11
9
7
6
5
4
3
2.5
2
1.5
1
0.5
DMSPp/(nmol/L)
48
46
42
38
34
30
26
22
18
14
10
8
6
4
40°N
38°N
36°N
34°N
32°N
30°N
120°E
122°E
124°E
126°E

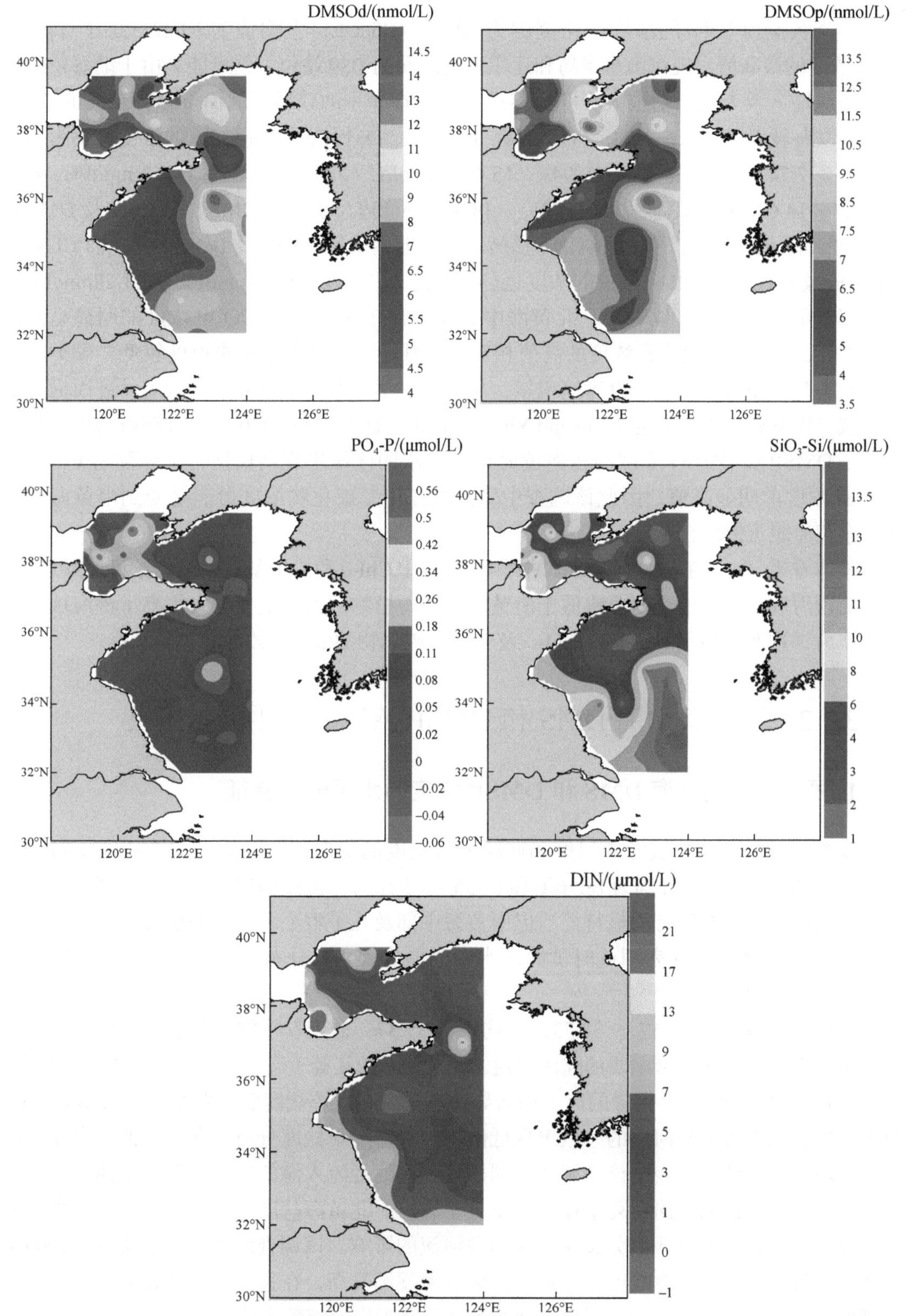

图 3-3　春季 3 月黄渤海表层海水中温度，盐度，Chl-*a*、DMS、DMSPd、DMSPp、DMSOd、DMSOp 和营养盐浓度的水平分布图

DIN 表示溶解态无机氮

春季黄渤海 Chl-*a* 的浓度变化范围为 0.17 ～ 4.45μg/L，平均值为（1.22 ±0.97）μg/L。Chl-*a* 浓度的最高值出现在山东半岛和辽东半岛之间的 B39 站位，这可能是由于渤海较为丰富的陆源输入及人类活动很大程度上促进了藻类在春季的繁殖，因而贡献了较高的 Chl-*a* 浓度。该海域表层海水中 DMS、DMSPd、DMSPp、DMSOd 及 DMSOp 的浓度分别为 1.72（0.41 ～ 7.74）nmol/L、5.65（0.94 ～ 15.47）nmol/L、22.56（4.06 ～ 48.8）nmol/L、8.10（3.72 ～ 14.68）nmol/L 及 7.64（4.25 ～ 14.42）nmol/L。其中，DMS、DMSPd 及 DMSPp 浓度的最高值分别出现在北黄海鸭绿江口附近的 B21、B17 及 B14 站位，而 Chl-*a*、DMSOd 及 DMSOp 在 B14 站位的浓度也分别高达 4.37μg/L、10.41nmol/L 及 11.28nmol/L。从营养盐的水平分布可以看出，北黄海中部海域存在 SiO_3-Si 和 PO_4-P 浓度的明显高值，这与 Chl-*a* 及二甲基硫化物浓度的高值相对应，其原因也是冬季海水温度较低，藻类的生命活动不旺盛使得营养盐得以迅速积累，从而促进了藻类在春季的大量繁殖，进而提高了该海域二甲基硫化物的浓度（Liu and Yin，2010）。此外，与 2010 年 4 月调查结果一致，DMS、DMSP 和 DMSO 浓度均在南黄海东部冷水团区域出现高值区，并伴随着 Chl-*a* 及 SiO_3-Si 浓度的明显高值，因此该调查中较高的二甲基硫化物浓度可能是受到南黄海藻华及残余黄海暖流的综合影响。

整体看来，春季南黄海受到藻华的影响，海水中 Chl-*a* 和二甲基硫化物的浓度明显增大，其在北黄海和渤海中的浓度要略低于南黄海，浮游植物的大幅生长大大提高了该海域的初级生产力，进而提高了南黄海中 Chl-*a* 及二甲基硫化物的浓度（Zhang，1996）。

3.1.2 夏季黄渤海 DMS 和 DMSP 浓度的水平分布特征

1. 夏季 6 月黄渤海 DMS 和 DMSP 浓度的水平分布特征

夏季 6 月黄渤海表层海水温度和底层海水温度的变化范围分别为 11.30 ～ 21.74℃和 3.84 ～ 21.58℃，平均值分别为 18.16℃和 11.56℃。表层海水温度明显高于底层温度。由图 3-4 可知，表层温度分布没有明显特征，但南黄海中部及几乎整个北黄海底层海水温度均出现低值（小于 10℃），这表明此时黄海冷水团已形成，并且分布范围相当广。冷水团为夏季黄海最典型的水文现象。

盐度变化范围为 29.57 ～ 32.73，平均值为 31.37，低于春季航次的盐度平均值。这主要是由于夏季黄渤海沿岸主要的陆源河流（如黄河、长江等）流量为一年中最大（刘晓彤，2011；陈义中，2007），大量的淡水输入导致黄渤海在夏季盐度低于春季。如图 3-4 所示，夏季盐度在靠近近岸与河口的海域出现低值区。渤海夏季盐度分布与春季相似，自北向黄河口海域逐渐降低，这表明该海域盐度同样受到黄河径流入海的影响，但其整体盐度较春季进一步降低，说明黄河在夏季径流量要大于春季。北黄海盐度自山东半岛和辽东半岛向外海逐渐升高，说明其盐度分布受两岸陆源河流的影响。该调查结果与鲍献文等（2009）的调查结果一致。南黄海盐度分布自近岸向外海逐渐升高，在长江口及苏北沿岸地区出现盐度低值，表明该水域盐度受到长江冲淡水和苏北近岸河流输入的影响。

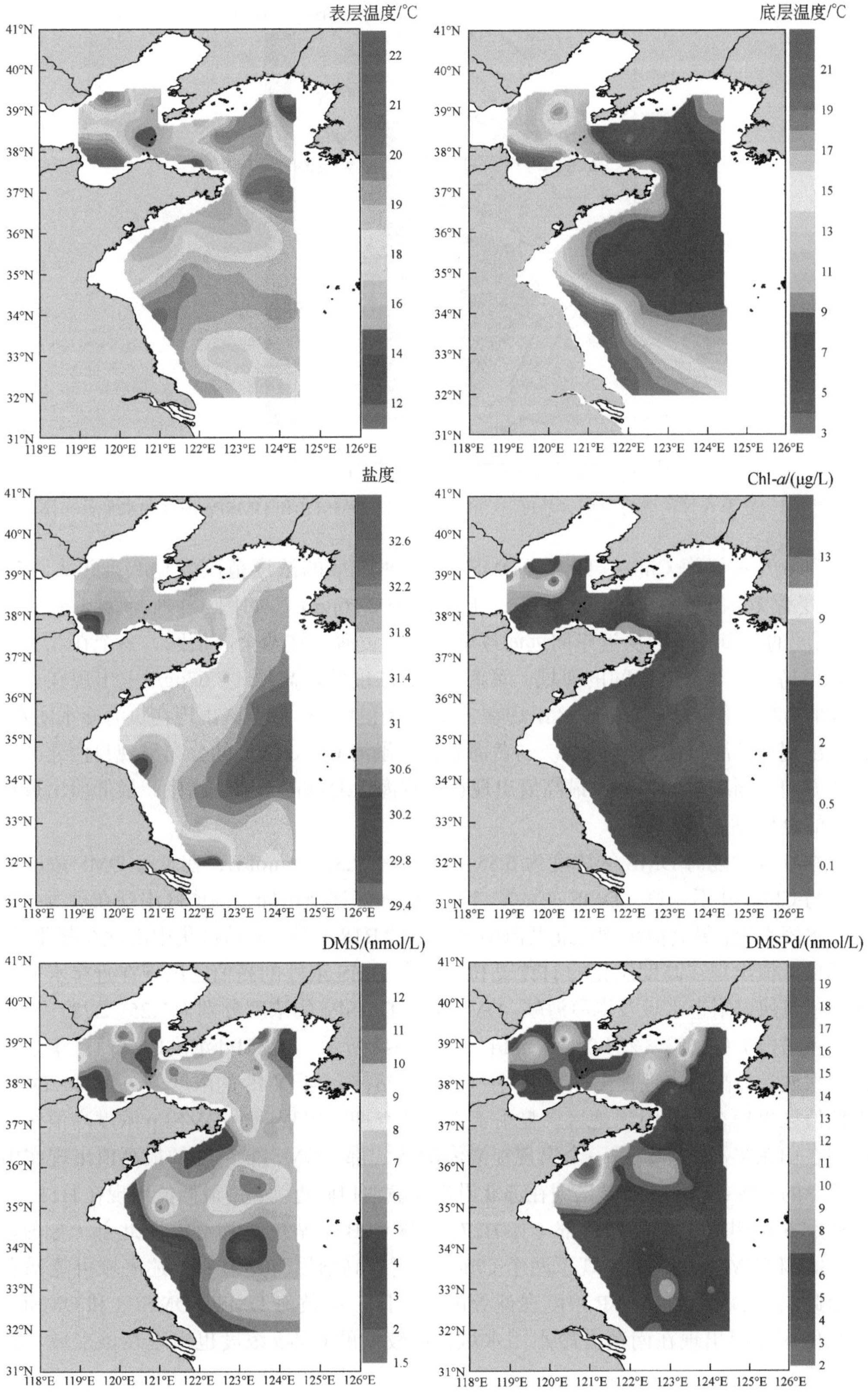
表层温度/℃
底层温度/℃
盐度
Chl-a/(μg/L)
DMS/(nmol/L)
DMSPd/(nmol/L)
118°E 119°E 120°E 121°E 122°E 123°E 124°E 125°E 126°E
31°N 32°N 33°N 34°N 35°N 36°N 37°N 38°N 39°N 40°N 41°N

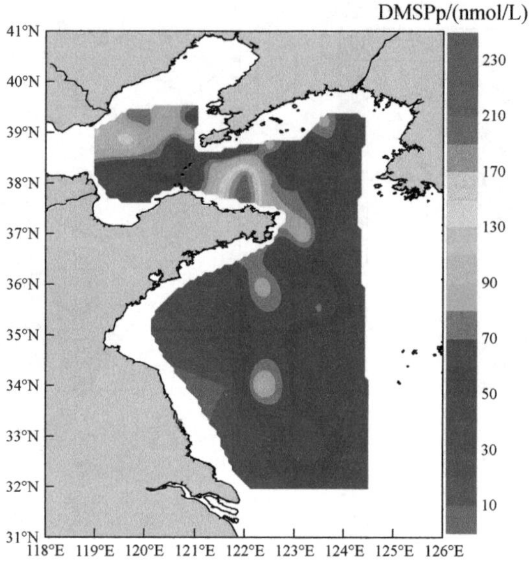

图 3-4　夏季 6 月黄渤海温度，盐度，Chl-*a*、DMS、DMSPd 和 DMSPp 浓度的水平分布图

夏季 6 月黄渤海 Chl-*a*、DMS、DMSPd 和 DMSPp 的浓度范围变化幅度很大。Chl-*a* 的浓度变化范围为 0.09 ～ 15.78μg/L，平均值为 2.16μg/L。如图 3-4 所示，基本上黄海 Chl-*a* 浓度的分布趋势为从近岸向远海逐渐降低。黄海存在两个高值区，一个在北黄海西部山东半岛与辽东半岛之间的海域，黄海 Chl-*a* 浓度的最高值（7.67μg/L）出现在靠近山东半岛的 B27 站位，另一个高值区出现在 34°N 以南的海域。低值区出现在黄海冷水团水域，最低值出现在该海域的 H27 站位。与黄海相比，渤海 Chl-*a* 浓度的分布呈现自西北部向渤海海峡方向逐渐减小的趋势，最高值出现在调查海区北部的 BY03 站位，最低值出现在渤海海峡的 B40 站位。

夏季 6 月黄渤海 DMS 的浓度为 6.85（1.60 ～ 12.36）nmol/L，在黄海 DMS 浓度的水平分布与 Chl-*a* 并不一致，DMS 的浓度自近岸向远海逐渐增加，高值区出现在黄海中央的黄海冷水团水域，最高值出现在北黄海中央海域的 B18 站位，低值区集中出现在苏北近岸，但是其最低值出现在高度层化的 H27 站位。渤海 DMS 浓度的高值区出现在近岸水域，低值区位于黄河口附近水域及渤海海峡。DMSPd 和 DMSPp 的浓度分别为 7.25（2.28 ～ 19.05）nmol/L 和 61.87（6.28 ～ 224.01）nmol/L。如图 3-4 所示，DMSPd 浓度的高值区集中出现在近岸水域，最高值出现在山东半岛南岸的 H01 站位。与 DMS 的浓度分布相同，DMSPd 浓度低值区出现在苏北沿岸地区。夏季黄渤海调查期间出现两个 DMSPp 浓度高值区，一个出现在山东半岛北岸，另一个出现在渤海的西北部。DMSPp 浓度的最高值出现在山东半岛北岸的 B28 站位，低值区出现在苏北沿岸及黄河口附近海域，最低值出现在 H21 站位。

夏季 6 月调查中北黄海西部（如 B27、B28 和 B30 站位）和渤海西北部（如 B49、B52、B62 和 BY03 站位）出现了两个 Chl-*a* 浓度极高值区，这表明上述海域可能暴发藻华，因此出现 DMS 和 DMSP 浓度在此处的高值区。南黄海 DMS、DMSPd 和 DMSPp 浓度的高值区依旧出现在南黄海冷水团水域，但较低的 Chl-*a* 浓度也出现在该水域。较低的 Chl-*a* 浓度及较高的 DMS 和 DMSP 浓度表明，在南黄海冷水团水域浮游植物种群中 DMSPp 的高产藻种所占的比例可能在夏季得到提升，这一结果可能与该水域夏季营养盐浓度的变化有关。营养元素 N、P、Si 比例的改变对浮游植物种群结构有着重要的影响，这是因为不同浮游植物对营养盐的需求存在差异（Hodgkiss and Lu，2004）。南黄海春季藻华期间，水体上层营养盐被大量消耗，随着夏季黄海冷水团进入强盛期，温盐跃层阻碍了上下层水体的物质交换，下层的营养盐无法对上层水体进行补充，导致表层营养盐浓度较低。同航次营养盐调查显示，PO_4-P 和 SiO_3-Si 浓度均在南黄海冷水团水域出现低值（图 3-5），并且在该海域营养盐氮磷比（N/P）也显著高于雷德菲尔德（Redfield）比值。之前的研究表明 P 是黄海浮游植物生长的营养盐限制因子（Fu et al.，2009；Liu et al.，

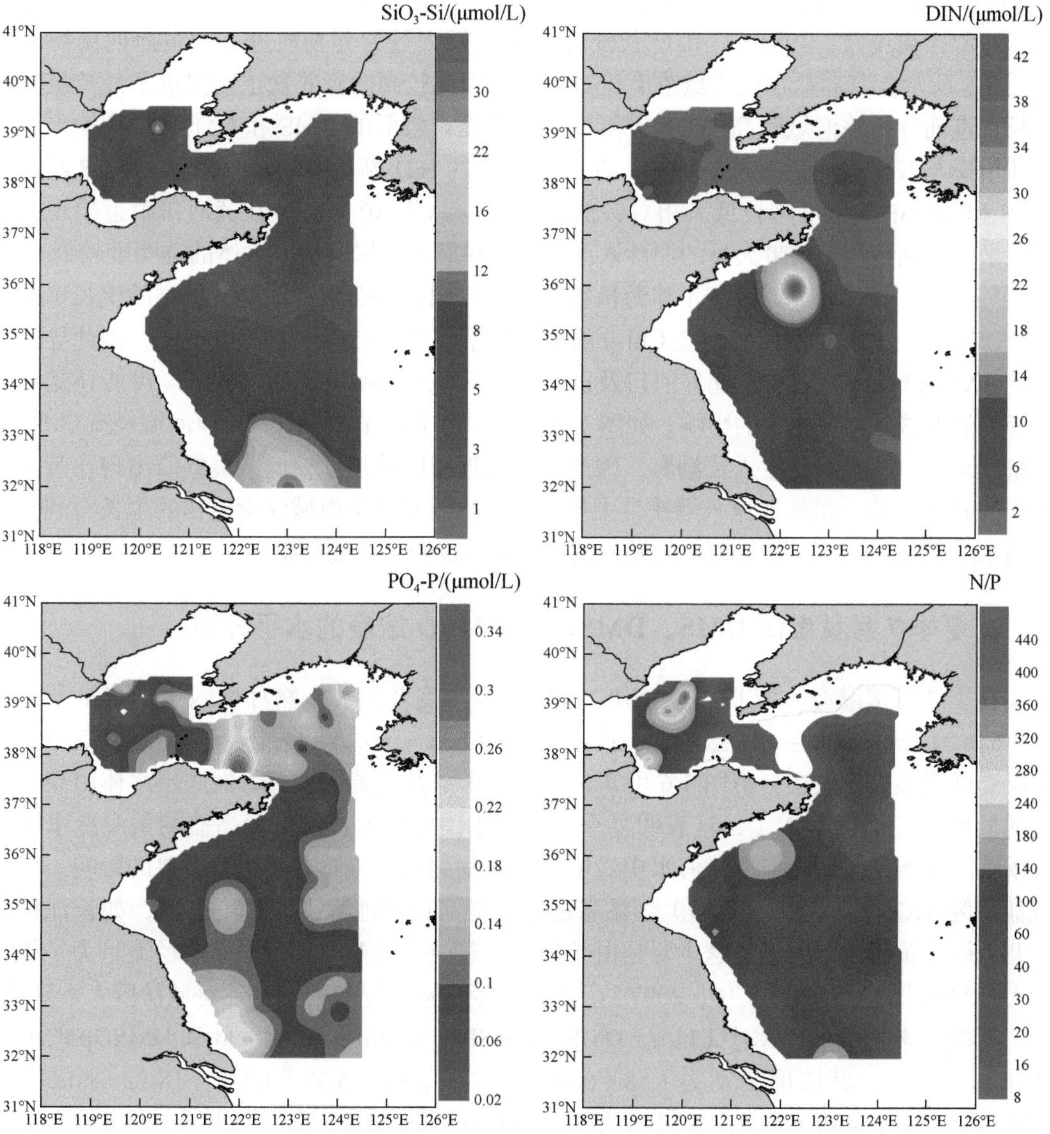

图 3-5　夏季黄渤海 SiO_3-Si、DIN、PO_4-P 浓度和 N/P 的水平分布图

2003；Wang et al.，2003）。董婧等（2002）通过研究发现，当 P 缺乏而 N 充足时，水体浮游植物的优势藻种易从硅藻变为甲藻。Fu 等（2012）的研究发现，由于 P 的限制，春季南黄海 3 ～ 5 月硅藻在浮游植物丰度中所占的比例由 99.72% 减少到 50.89%，因此表明硅藻的生长显著受 P 的影响。李京（2008）的研究发现，较低的 N/P 和较高的 PO_4-P 浓度有利于硅藻的生长，而较高的 N/P 和充足的 DIN 将有利于甲藻的生长。因此南黄海冷水团的 DMS 和 DMSP 浓度的高值区可能是由于该海域甲藻的增加。田伟（2011）在对南黄海冷水团区进行调查后发现，在 6 月南黄海冷水团水域硅藻藻华已进入末期，甲藻的比例显著上升。

在南黄海南部海域出现一个 Chl-*a* 浓度较高的区域（123.5°E，33°N），并伴随一个 DMS 和 DMSP 浓度的高值区。由于夏季长江冲淡水在西南季风的作用下向北转向（陈义中，2007；崔茂常，1984），因此长江冲淡水挟带大量营养物质进入南黄海西南海域。如图 3-5 所示，营养盐在该海域浓度相对较高，因此较高的营养盐浓度促进了浮游植物的生长，进而导致该海域较高的 DMS 和 DMSP 浓度。较低的 DMS 和 DMSP 浓度均出现在苏北沿岸与长江口附近海域。例如，在苏北沿岸的 H21 站位及长江口附近的 H38 站位，DMS 和 DMSP 的浓度均较低。相对较低的 DMS 和 DMSP 浓度也在黄河口附近出现，这可能是由于陆地径流挟带大量的泥沙入海，因此在靠近近岸的地方水体的透明度较低（Shi and Wang，2012），光照限制了浮游植物的光合作用，进而限制了浮游植物的生长（胡好国等，2004），H21 和 H38 站位 Chl-*a* 的浓度分别仅为 0.53μg/L 和 0.38μg/L，因此导致较低的 DMS 和 DMSP 浓度。此外河口及近岸地区较低的 DMS 和 DMSP 浓度可能还受到陆地径流的冲淡水稀释作用的影响。如图 3-4 所示，由于长江、黄河等陆地河流径流量变大，大量淡水通过这些河流注入黄渤海，因此河口及近岸区域盐度较低，最低值出现在黄河口附近的 B65 站位，虽然河流入海挟带大量的营养物质对整个海域浮游植物的生长有利，但是淡水的稀释作用使得靠近河口的站位的 DMS 和 DMSP 浓度较低。

2. 夏季 7 月黄渤海 DMS、DMSP 及 DMSO 浓度的水平分布

夏季 7 月黄渤海海域 DMS、DMSP、DMSO 浓度及相关生物环境因子的水平分布如图 3-6 所示。该海域表层、底层温度分别为 26.46（17.33 ～ 30.21）℃、15.96（5.61 ～ 27.53）℃，表层温度明显高于底层。由图 3-6 可知，南黄海东部及北黄海中部海域底层水体出现了温度的低值区（小于 10℃），这表明夏季黄海冷水团已经形成。低温高盐的黄海冷水团是夏季黄海重要的水文特征，对海水中二甲基硫化物的浓度分布有着至关重要的影响。该海域盐度为 31.20（24.76 ～ 33.09），在靠近近岸与河口的地区出现盐度低值，如长江口及苏北沿岸、黄河口等附近，这主要是由于长江、黄河等陆源河流在夏季的径流量为一年中最大（刘晓彤，2011；陈义中，2007），大量的淡水输入导致河口附近海域盐度大大降低。

夏季黄渤海表层海水中 Chl-*a*、DMS、DMSPd、DMSPp、DMSOd 和 DMSOp 的浓度变化幅度较大，其浓度分别为 1.58（0.10 ～ 4.74）μg/L、5.37（1.31 ～ 18.12）nmol/L、7.69（1.26 ～ 22.43）nmol/L、36.87（4.99 ～ 98.31）nmol/L、12.49（3.38 ～ 64.34）nmol/L 和 10.63（1.07 ～ 35.36）nmol/L。如图所示，Chl-*a* 浓度整体上呈现从近岸向远海逐渐降

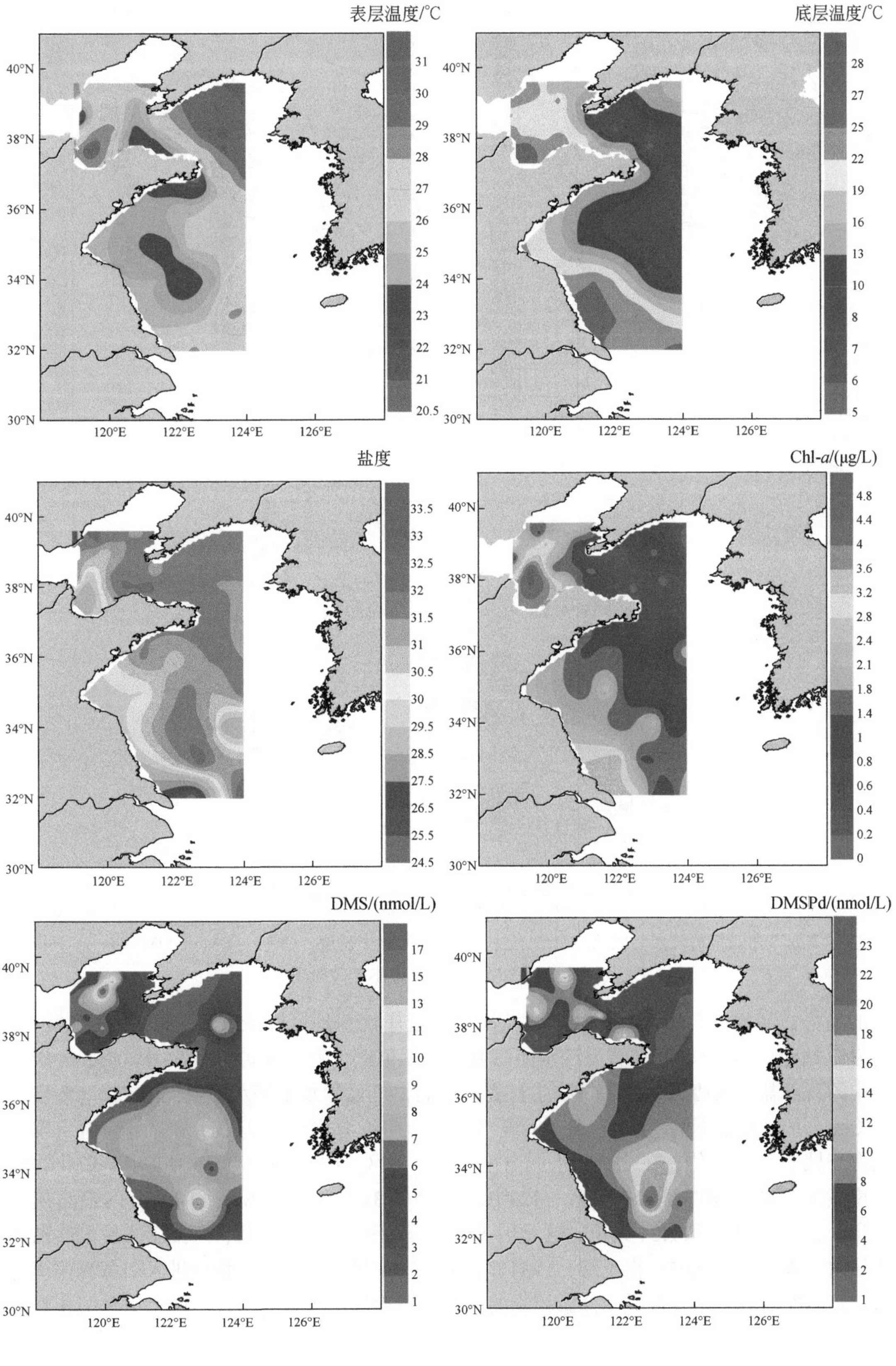
表层温度/℃
31
30
29
28
27
26
25
24
23
22
21
20.5
40°N
38°N
36°N
34°N
32°N
30°N
120°E
122°E
124°E
126°E
底层温度/℃
28
27
25
22
19
16
13
10
8
7
6
5
盐度
33.5
33
32.5
32
31.5
31
30.5
30
29.5
28.5
27.5
26.5
25.5
24.5
Chl-a/(μg/L)
4.8
4.4
4
3.6
3.2
2.8
2.4
2.1
1.8
1.4
1
0.8
0.6
0.4
0.2
0
DMS/(nmol/L)
17
15
13
11
10
9
8
7
6
5
4
3
2
1
DMSPd/(nmol/L)
23
22
20
18
16
14
12
10
8
6
4
2
1

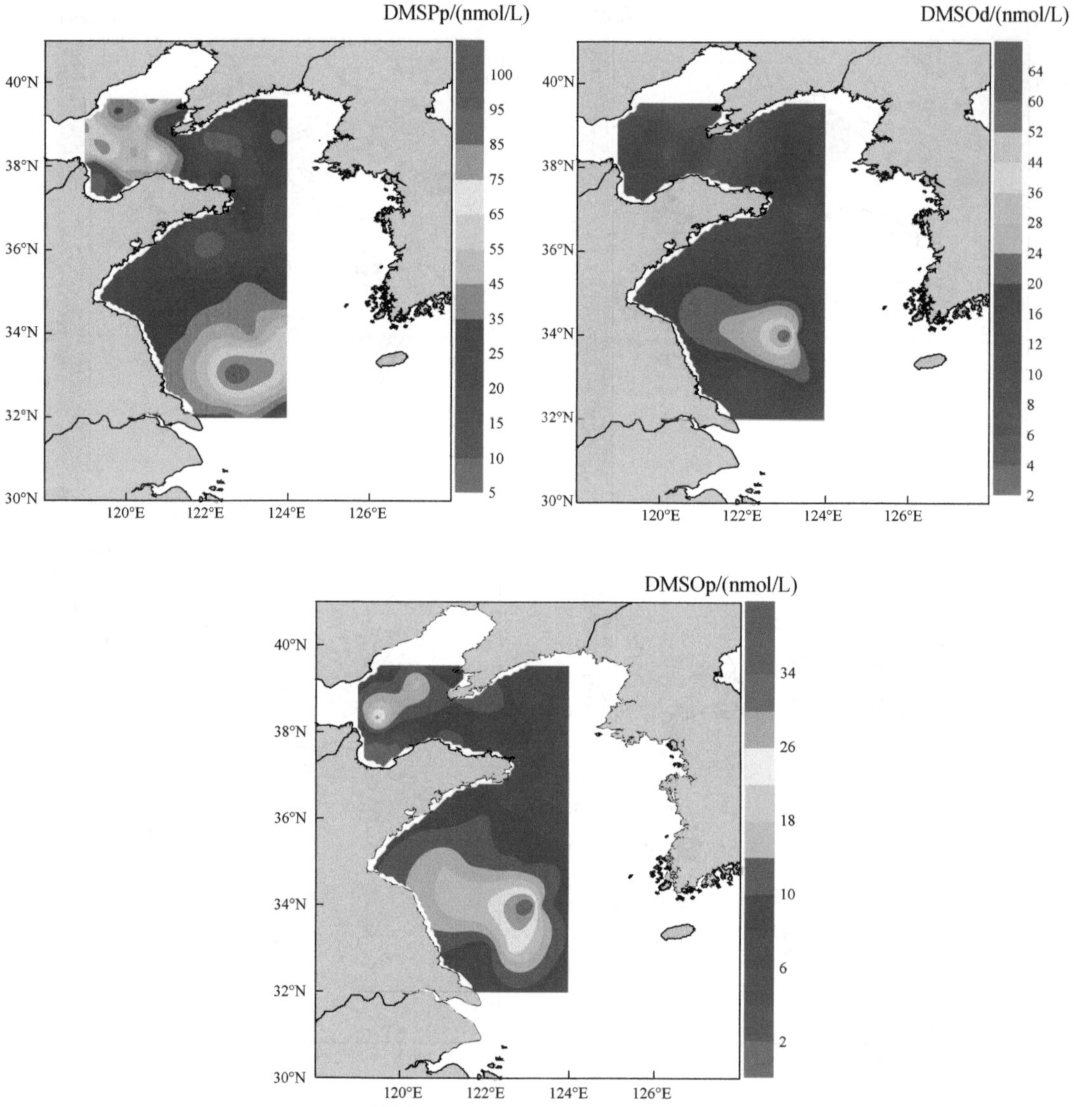

图 3-6　夏季 7 月黄渤海表层、底层海水中的温度及表层海水中盐度，Chl-*a*、DMS、DMSPd、DMSPp、DMSOd 和 DMSOp 浓度的水平分布图

低的趋势，高值主要出现在长江口、黄河口等近岸河口地区，最大值出现在靠近黄河口的 B43 站位。Chl-*a* 浓度在黄海冷水团海域出现低值区，夏季受黄海冷水团影响，表层海水中的营养盐较为匮乏，浮游植物生长受到限制，进而导致了海水中较低的 Chl-*a* 浓度。与 Chl-*a* 浓度分布不同，DMS 浓度呈现出从近岸向远海逐渐增加的趋势，最高值出现在渤海海域的 B60 站位，在冷水团水域出现了其高值区。Chl-*a* 浓度与三种二甲基硫化物均在南黄海南部出现明显的高值区（123°E，33°N ～ 34°N），DMSP 和 DMSO 的最高值分别出现在 H30 站位和 H24 站位，这是因为夏季在西南季风的作用下，长江冲淡水逐渐向北转向（陈义中，2007；崔茂常，1984），水体中挟带的大量营养物质进入南黄海西南海域，较高的营养盐浓度促进了浮游植物的生长，进而促成了该海域较高的二甲基硫化物浓

度。相对较低的 DMS、DMSP 和 DMSO 浓度出现在长江口及黄河口附近海域，但较高的 Chl-*a* 浓度也出现在该水域，这说明虽然河流入海挟带的大量营养物质促进了整个海域浮游植物的生长，提高了附近海域 Chl-*a* 的浓度，但是夏季黄河及长江等陆地河流径流量变大，淡水的稀释作用使得靠近河口站位的二甲基硫化物的浓度较低。

3.1.3　秋季黄渤海 DMS 和 DMSP 浓度的水平分布特征

秋季 9 月黄渤海表层海水温度变化范围为 19.87 ～ 27.99℃，平均值为 24.31℃。表层海水温度明显高于底层海水。由图 3-7 可知，秋季 9 月黄渤海表层海水温度分布没有明显特征，但同航次调查发现南北黄海中部底层海水温度仍然存在低值（小于 10℃），这表明此时黄海冷水团依旧存在，但是其范围与夏季相比缩小很多，冷水团依旧为该月黄

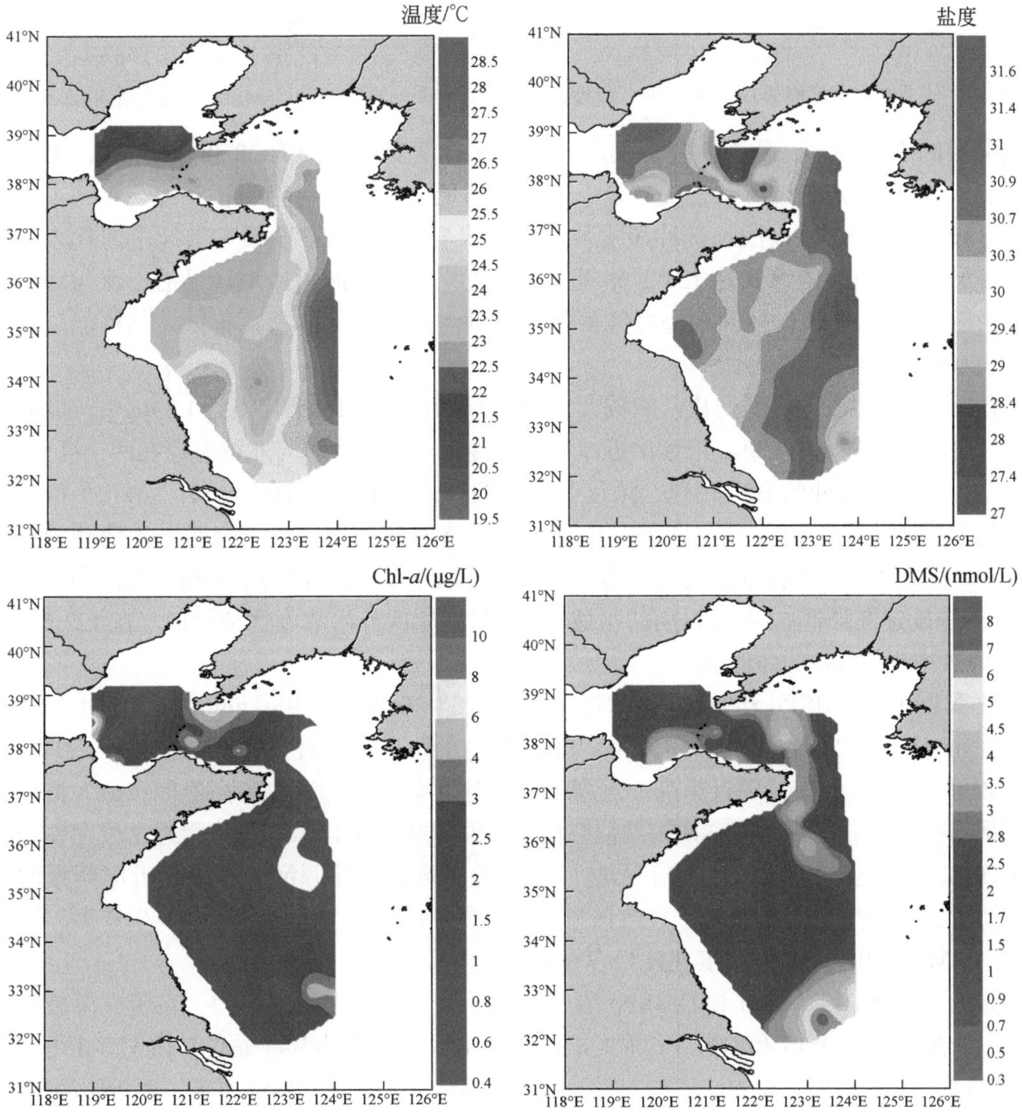

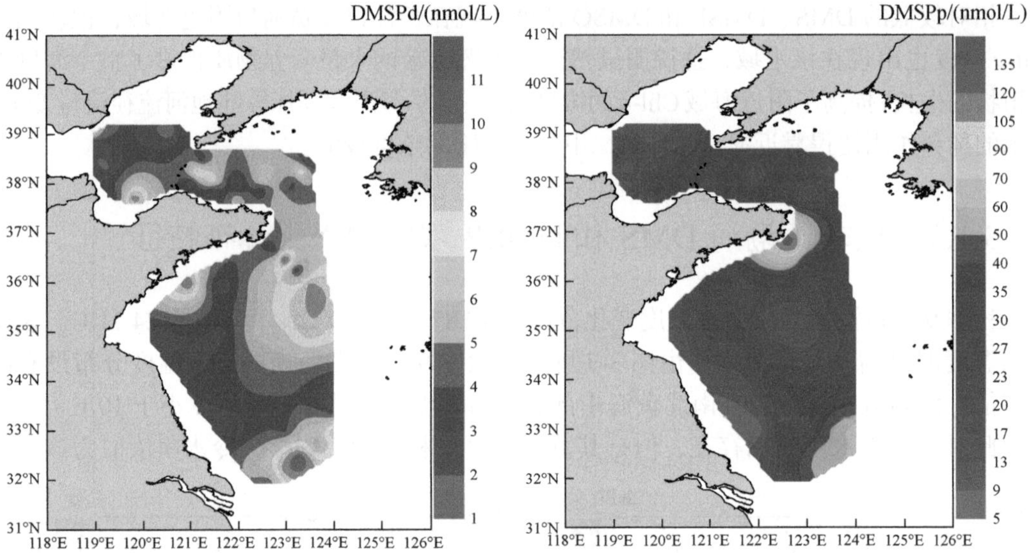

图 3-7 秋季 9 月黄渤海表层海水温度，盐度，Chl-*a*、DMS、DMSPd 和 DMSPp 浓度的水平分布图

海最典型的水文现象。秋季 9 月黄渤海表层海水盐度变化范围为 20.38 ～ 31.55，平均值为 30.21。秋季 9 月表层海水盐度较夏季进一步降低。由于此时仍为长江冲淡水的丰水期（5 ～ 10 月），10 m 以浅长江冲淡水从长江口出发达到 122.5°E 后左转北上，代表其盐度特征的 31 等值线能够到达 124°E 附近。苏北近岸及北黄海沿岸地区受沿岸流与陆源输入的影响，盐度均小于 31。渤海海区莱州湾及渤海海峡中部的盐度很低，其可能是受到黄河淡水输入的影响。

秋季 Chl-*a* 的浓度范围变化依然较大，为 0.29 ～ 10.15μg/L，平均值为 1.83μg/L，如图 3-7 所示，渤海、北黄海的 Chl-*a* 浓度由近岸向外海逐渐降低。渤海与北黄海存在两个高值区，第一个位于渤海湾处的 B27 站位，浓度为本次调查最高值，达 10.15μg/L。第二个位于辽东半岛南岸近岸的 B10 站位，两处都位于人类经济发达的地区，这表明人为活动的影响对 Chl-*a* 和初级生产力有重要贡献。南黄海北部（34°N 以北）自山东半岛近岸向中央海区 Chl-*a* 的浓度逐渐降低。34°N 以南的水域 Chl-*a* 自近岸向外海浓度逐渐增加。在 123.5°E、33°N 附近出现 Chl-*a* 的高值区。

秋季 DMS、DMSPd 和 DMSPp 浓度分别为 2.64（0.78 ～ 7.95）nmol/L、4.89（1.42 ～ 11.30）nmol/L 和 26.41（6.24 ～ 137.87）nmol/L。由图 3-7 可知，秋季渤海 DMS、DMSPd 和 DMSPp 的浓度分布呈现近岸高、远海低的趋势。莱州湾海域出现高值区，最大值出现在莱州湾沿岸的 B33、B32 和 B31 站位。同航次营养盐分布显示莱州湾附近站位存在 DIN 和 SiO_3-Si 的浓度高值区（图 3-8），这可能与近岸黄河等陆源河流输入及近岸频繁的人类活动有关。较高的营养盐浓度导致该海域较高的 Chl-*a* 浓度和较高的初级生产力，因此 DMS、DMSPd 和 DMSPp 浓度在此处存在高值。

北黄海 DMS、DMSPd 和 DMSPp 浓度的水平分布整体上比较均匀，在研究海域中部存在一个高值区，DMS 和 DMSPp 浓度的最高值出现在中部的 B44 站位。由图 3-8 可知北黄海 B44 站位附近营养盐的浓度相对较高。因此表层 DMS 和 DMSP 浓度的高值区可能是

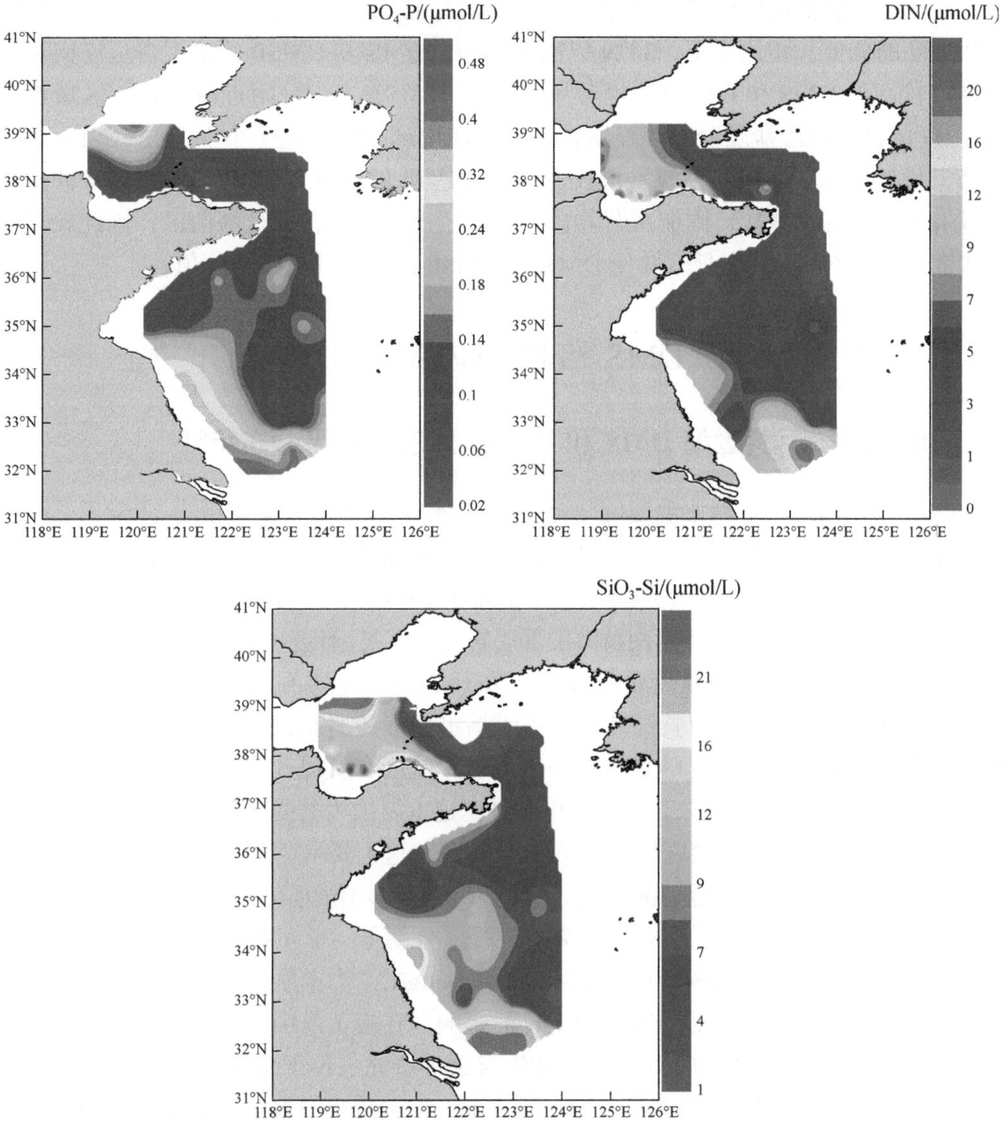

图 3-8　秋季黄渤海 PO_4-P、DIN 和 SiO_3-Si 浓度的水平分布图

秋季黄海冷水团范围收缩，研究海域中部温跃层消失，表层海水的营养盐得到底层水体补充，促进了 Chl-*a* 的生长，导致较高的 DMS 和 DMSP 浓度。

如图 3-7 所示，南黄海 DMS、DMSPd 和 DMSPp 浓度的整体水平分布为南北高、中央低，最高值分别出现在 H40、H40 和 B04 站位。在 34°N 以北的海域，DMS 和 DMSP 浓度的分布与 Chl-*a* 浓度的分布趋势相似，自山东半岛南岸向中央海域逐渐降低。山东半岛近岸经济发达、人口密度大，同时该地区还覆盖多条海上交通线，人类活动促进了该海域 Chl-*a* 浓度的提高和较高的初级生产力，因此 DMS 和 DMSP 浓度在此处存在高值区。而中央海域由于此时黄海冷水团依旧存在，海水层化导致下层营养盐为温跃层所阻。表层营养盐经过夏季的消耗，在南黄海中央海域出现低值区（图 3-8）（王保栋，2000），较低的营养盐浓度限制了浮游植物的生长，并最终导致中央海域 DMS 和 DMSP 浓度的低值。相比之下，34°N 以南的海域，DMS 和 DMSP 的浓度自近岸向远海逐渐升高。较高的 DMS 和 DMSP 浓度集中出现在 123.5°E、33°N 附近海域，该区域也存在 Chl-*a* 浓度的高值区。盐度分布图显示在调查海域南部盐度较低（小于 31），由于调查期间仍处于长江丰水期，长江冲淡水自长江口出发达到 122.5°E 后左转北上。长江冲淡水为该海域带来大量的营养盐，同航次营养盐分布显示此处存在营养盐高值区，因此较高的营养盐浓度促进了 Chl-*a* 的生长，并使 DMS 和 DMSP 浓度在此处出现高值。

3.1.4　冬季黄渤海 DMS 和 DMSP 浓度的水平分布特征

1. 2009 年 12 月黄渤海 DMS 和 DMSP 浓度的水平分布特征

2009 年冬季黄海表层海水温度变化范围为 0.24 ～ 19.74℃，平均值为 11.68℃。由表层海水温度分布图可知（图 3-9），表层温度分布为南高北低。此时由于水体的垂直混合作用增强，黄海冷水团已消失。其最典型的水文现象为黄海暖流所形成的高温、高盐水舌首先自济州岛以西向西北方向伸展，到达南黄海中部后转向北扩展，有进入北黄海的趋势（王保栋等，1999）。冬季黄海表层海水盐度变化范围为 27.76 ～ 32.96，平均值为 31.77。与夏、秋季相比，盐度有所提高，这是由于此时长江冲淡水进入枯水期（11 月至次年 4 月），且在偏北风的作用下其流向转向南方，因此随着淡水输入的减少盐度有所提升。苏北近岸及北黄海鸭绿江口附近海域出现盐度低值区，盐度均小于 31，这主要因为其受陆源输入和沿岸流的共同影响。南黄海东部外海出现盐度高值区（大于 32），这主要是黄海暖流入侵的结果。

冬季黄海 Chl-*a* 的浓度范围为 0.36 ～ 4.00μg/L，平均值为 0.79μg/L。如图 3-9 所示，冬季黄海的 Chl-*a* 浓度的水平分布趋势为近岸高、外海低，北黄海存在一个高值区，位于北黄海北部鸭绿江口 Y-3 附近海域，浓度高达 4.00μg/L，为本航次最高浓度。该现象反映了近岸人为活动和陆源输入对浮游植物生长的影响。在南黄海山东半岛南部近岸及海州湾内的 Chl-*a* 浓度较高。海州湾内的 3500-2 站位与 3500-3 站位位于海州湾渔场内（Wei et al., 2003），冬季较高的 Chl-*a* 浓度是春夏季鱼类在此产卵的首要因素（Fu et al., 2009）。

本航次 DMS、DMSPd 和 DMSPp 的浓度分别为 0.95（0.07 ～ 3.30）nmol/L、1.18（0.22 ～ 3.54）nmol/L 和 5.01（1.63 ～ 12.33）nmol/L。由图 3-9 可知，DMS 和 DMSP 浓度分布趋势相似，近岸浓度相对较高。DMS 浓度的最高值出现在山东半岛近岸的 3600-2 站位，DMSPd 和 DMSPp 浓度的最高值出现在位于海州湾渔场的 3500-2 站位，该分布趋势与 Chl-*a* 浓度的分布趋势一致，反映了浮游植物对 DMS 和 DMSP 浓度分布的影响。南黄海中部冷水团水域 DMS 和 DMSP 的浓度相对较高，这可能是受黄海暖流的影响，高温高盐的黄海暖流侵入黄海中部，使得此处温度高于近岸，同时冬季水体的混合作用增强，底层营养盐向上层输送使得该海域冬季营养盐浓度明显高于秋季（韦钦胜等，2010），因此浮游植物具有相对较高的生产力，进而此处 DMS 和 DMSP 浓度较高。此外，同一调查航次浮游动物数据显示，该海域存在大型浮游动物丰度的高值区和最高值，同时该海域也是本次调查优势种中华哲水蚤的高值区，其丰度最高值（52.68 ind/m^3）出现在 3500-

10 站位附近（王亮，2011）。以往研究表明，桡足类浮游动物摄食藻类对水体中 DMS 和 DMSP 的产生有显著影响（张瑜，2012；Dacey and Wakeham，1986），因此该调查海域 DMS 和 DMSP 浓度的高值也可能是由于其受到较为频繁的浮游动物摄食的影响。南黄海和北黄海南部均出现 DMS、DMSPd 和 DMSPp 浓度的低值区，其最低值分别出现在南黄海南部的 3400-3 站位、CJ-7 站位和 3300-1 站位。以往研究表明，由于水体冬季强烈的垂直混合及台湾暖流自东海的入侵，上述区域冬季均为营养盐浓度的高值区（辛明，2011；王保栋等，1999）。因此营养盐并不是 Chl-*a* 浓度的限制因素，物理因素应该是其主要原因。黄海的水体垂直混合具有明显的季节性特点，冬季是一年中整个黄海的垂直涡动扩散系数最强的季节，达到 10^{-1} m^2/s 量级（胡好国等，2004）。因此冬季强烈的垂直涡动扩散成为维持浮游植物密度的不利因素，从而在上述区域出现 Chl-*a* 浓度的低值区，进而出现 DMS 和 DMSP 浓度的低值区。

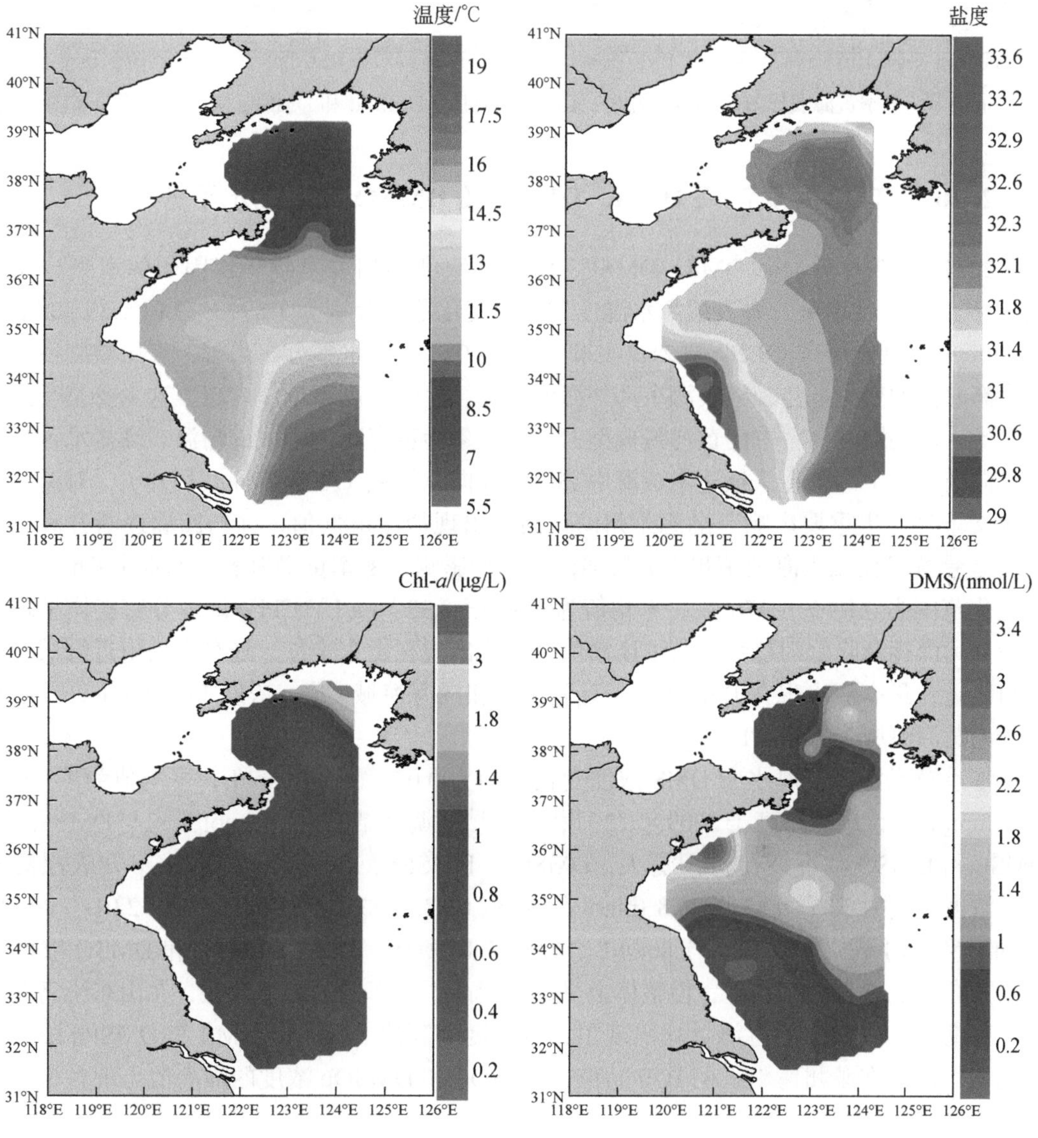

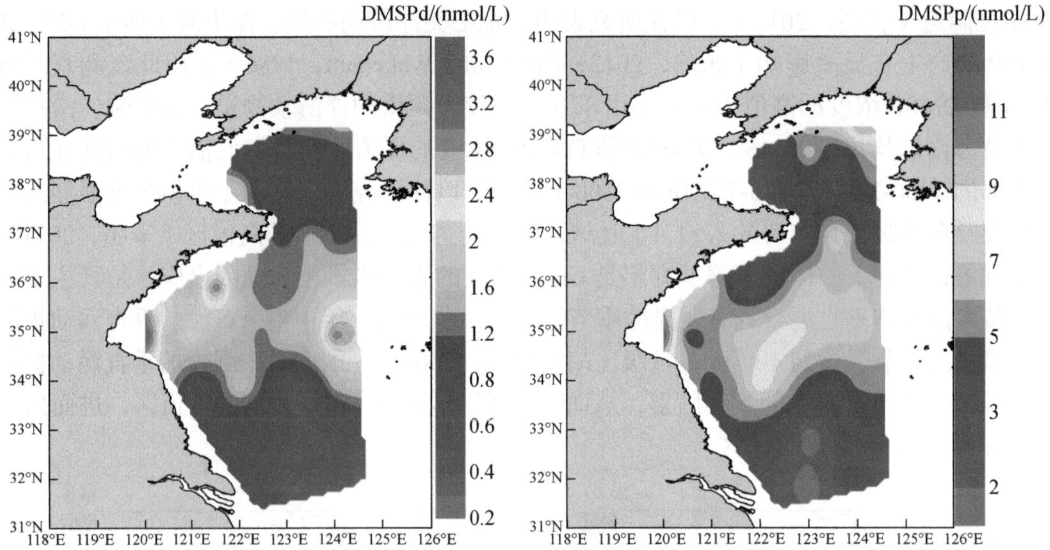

图 3-9　冬季黄海表层海水温度，盐度，Chl-*a*、DMS、DMSPd 和 DMSPp 浓度的水平分布图

2. 2017 年 12 月黄渤海 DMS、DMSP 及 DMSO 浓度的水平分布

2017 年 12 月黄渤海 DMS、DMSP、DMSO 浓度和相关生物环境因子的水平分布如图 3-10 所示。冬季黄渤海表层海水温度和盐度变化范围分别为 1.89 ～ 13.91℃和 30.02 ～ 33.51，平均值分别为（8.28±3.21）℃和 32.32±0.39。从水平分布来看，表层温度整体呈现南高北低的变化趋势，南黄海东部外海温度、盐度明显高于近岸海域，这主要是受到黄海暖流入侵的影响。冬季南黄海最典型的水文现象为黄海暖流形成的高温、高盐水舌自东南部向南黄海中部入侵，抵达南黄海中部后继续向北扩展（王保栋等，1999），对南黄海的水文条件产生重要影响。渤海莱州湾口附近出现盐度最低值，并向四周逐渐升高，这主要是受黄河径流入海及莱州湾周边河流输入的影响。冬季黄渤海表层海水中 Chl-*a* 的浓度变化范围为 0.10 ～ 1.77μg/L，平均值为（0.53±0.32）μg/L。Chl-*a* 浓度分布整体呈现由近岸到远海逐渐降低的趋势，其浓度高值区主要出现在山东半岛、辽东半岛附近海域及黄河口附近，最高值出现在 B70 站位，且北黄海和渤海海域 Chl-*a* 浓度（0.60μg/L）要明显高于南黄海海域（0.43μg/L）。

冬季黄渤海表层海水中 DMS 浓度变化范围为 0.07 ～ 6.30nmol/L，平均值为（1.40±1.21）nmol/L，该结果略高于 2009 年 12 月相同海域的调查结果（0.95nmol/L）。与 DMS 相比，DMSP 和 DMSO 浓度变化范围更大，DMSPd、DMSPp、DMSOd 和 DMSOp 在表层海水中的浓度分别为 2.87（0.63 ～ 9.58）nmol/L、5.59（0.37 ～ 23.82）nmol/L、7.39（2.01 ～ 20.96）nmol/L 和 6.01（2.12 ～ 12.57）nmol/L。如图 3-10 所示，DMS、DMSP 和 DMSO 浓度在水平分布上虽然有一定差异，但整体上呈现近岸高、外海低的分布特征，在山东半岛北部和东部海域、黄河口附近海域均出现了三者浓度的高值。Chl-*a*、DMS 和 DMSPd 浓度的最高值均出现在莱州湾附近的 B70 站位，DMSOd 和 DMSOp 浓度的最高值出现在南黄海

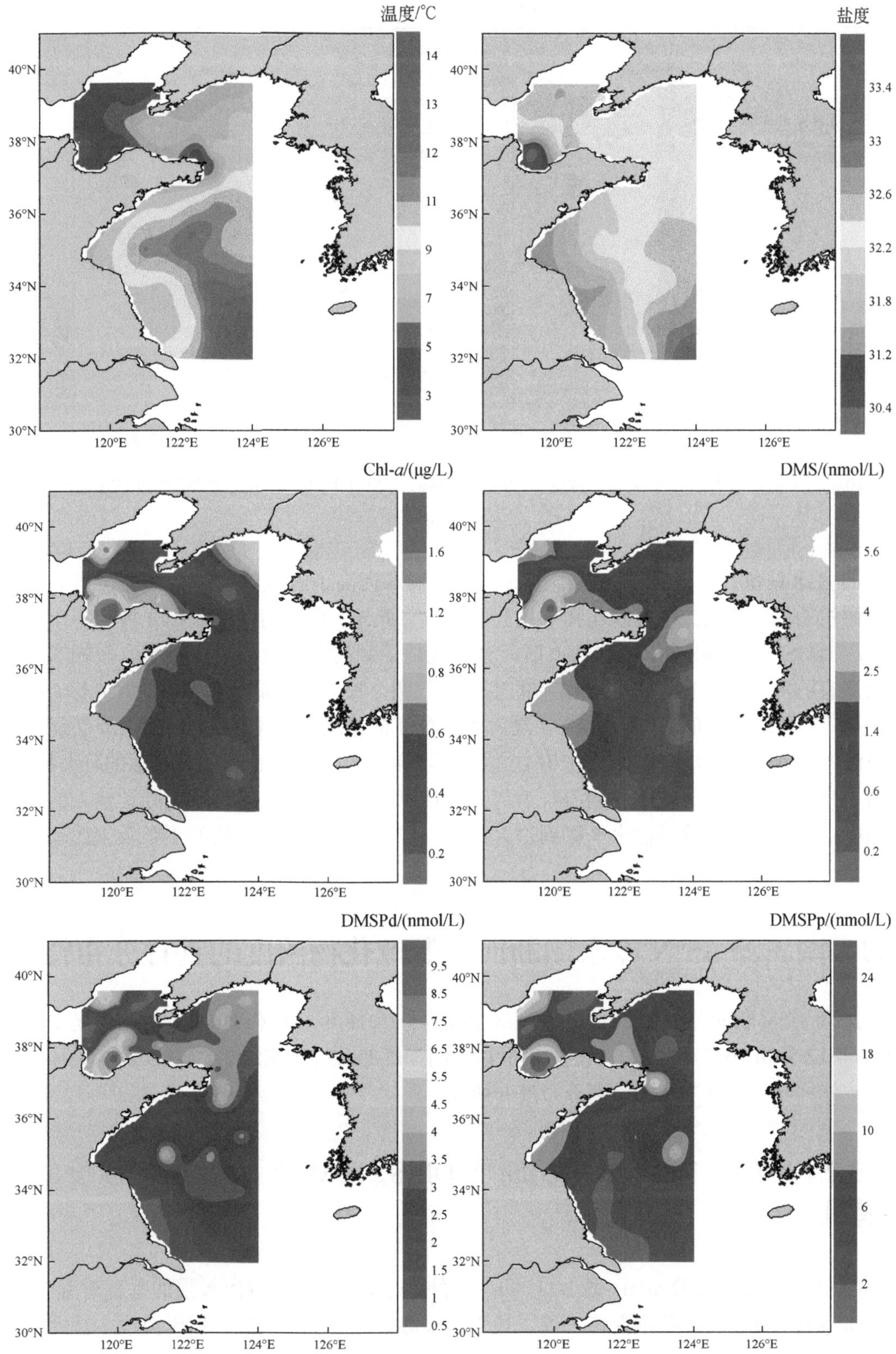
温度/°C
14
13
12
11
9
7
5
3
盐度
33.4
33
32.6
32.2
31.8
31.2
30.4
Chl-a/(μg/L)
1.6
1.2
0.8
0.6
0.4
0.2
DMS/(nmol/L)
5.6
4
2.5
1.4
0.6
0.2
DMSPd/(nmol/L)
9.5
8.5
7.5
6.5
5.5
4.5
4
3.5
3
2.5
2
1.5
1
0.5
DMSPp/(nmol/L)
24
18
10
6
2
40°N
38°N
36°N
34°N
32°N
30°N
120°E
122°E
124°E
126°E

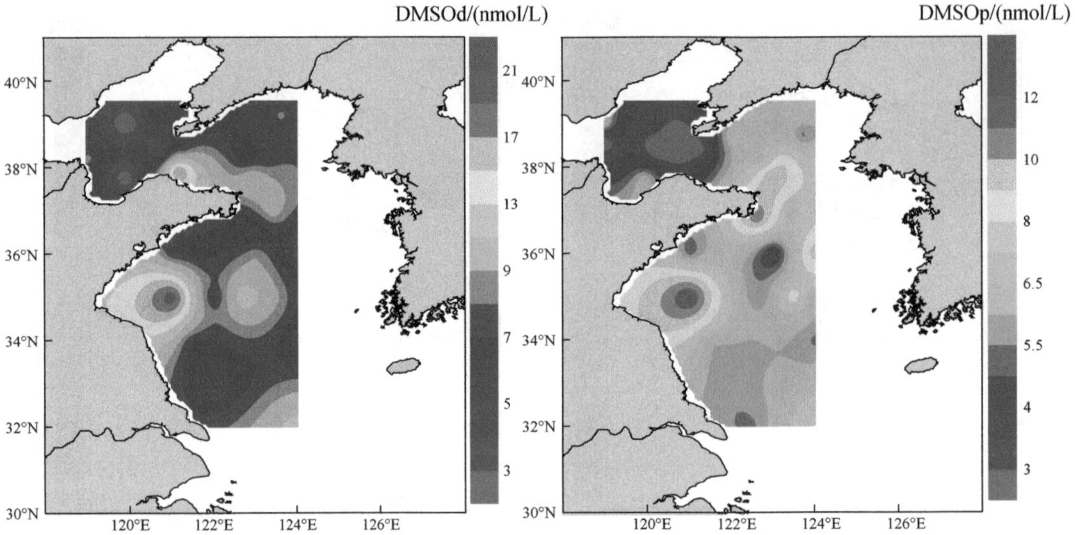

图 3-10 冬季黄渤海表层海水温度，盐度，Chl-*a*、DMS、DMSPd、DMSPp、DMSOd 和 DMSOp 浓度的水平分布图

近岸的 H18 站位，说明近岸海域丰富的营养盐输入提高了海域的初级生产力，进而促进了浮游植物的生长及二甲基硫化物的生产和释放。此外，南黄海 122°E 以东海域也出现了 Chl-*a*、DMSP 及 DMSO 浓度的高值区，这可能是受到高温高盐的黄海暖流入侵的影响，较为适宜的海水温度促进了浮游植物的生长及代谢，提升了海域内 DMSP 和 DMSO 的浓度水平。与 Chl-*a* 分布相似，DMS 在渤海和北黄海的平均浓度（1.82nmol/L）要明显高于南黄海（0.76nmol/L），宋以柱（2014）在秋季黄海、渤海海域也观察到类似的分布特征。相对于南黄海来说，北黄海和渤海较为封闭，且河流众多，受人类活动及陆源输入的影响更为明显，因此海区营养盐水平得到很大提升，进而促进了浮游植物的生长及生源硫化物的生产（Zhang，1996）。

3.2 南黄海 35°N 冷水团断面生源硫化物浓度的垂直分布特征

选取 35°N 断面分别于 2018 年 3 月（春季）、2011 年 6 月和 2018 年 7 月（夏季）及 2009 年 12 月和 2017 年 12 月（冬季）采集不同深度 DMS、DMSP、DMSO 及相关环境因子的水体样品，对其浓度的垂直分布展开研究。

3.2.1 春季 35°N 冷水团断面 DMS、DMSP 和 DMSO 浓度的分布特征

由 35°N 断面温盐分布图（图 3-11）可知，春季近岸海域仍表现出较强的垂直对流作用，上下水体的温度、盐度基本保持一致，且受低温低盐的沿岸流影响，近岸温度、盐度整体

较低。受春季黄海暖流残留水的影响，在断面东侧的 H12 站位附近较宽阔的海域出现高温高盐区。南黄海中央海域上层水体温度明显高于下层，这主要是由于上层水体的增温作用及垂直混合作用的减弱。H12 站位底层存在一个弱暖中心（大于 7.5℃），推测可能是黄海暖流变性水的残迹（韦钦胜等，2010）。

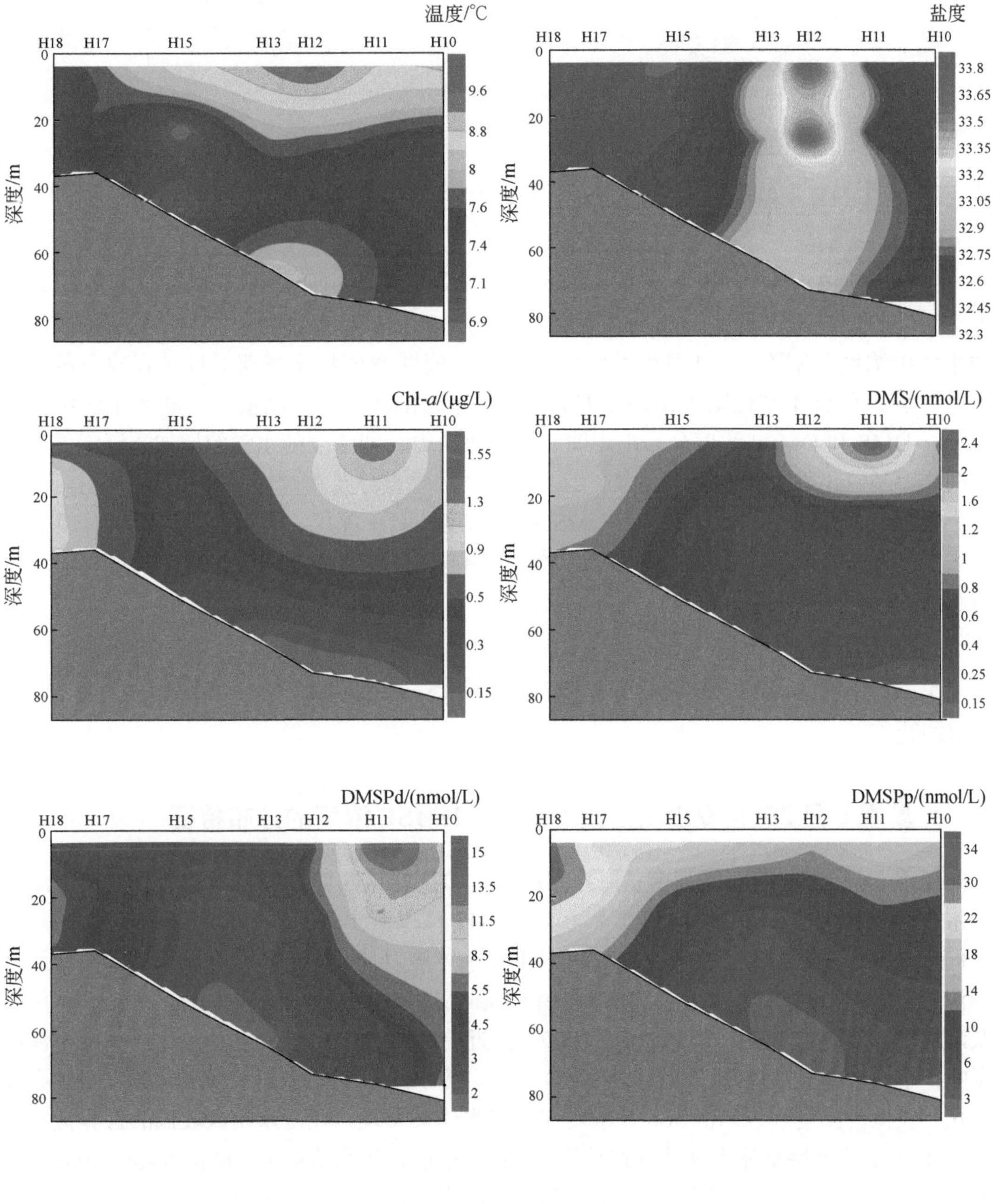

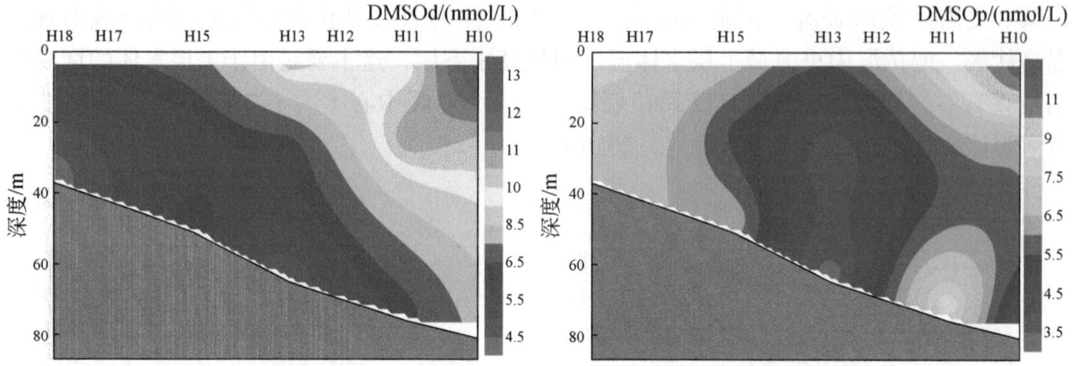

图 3-11　春季 35°N 断面温度，盐度，Chl-*a*、DMS、DMSPd、DMSPp、DMSOd 和 DMSOp 浓度的垂直分布图

35°N 断面 DMS、DMSP 和 DMSO 浓度分布与 Chl-*a* 相似，近岸站位受陆源输入和人类活动的影响比较明显，Chl-*a* 及生源硫化物浓度较高且垂直混合均匀，其在不同深度的水体中浓度差别不大。4 月南黄海中央海域正值浮游植物藻华期，且受到残余黄海暖流的影响，在 H11 站位附近出现了 Chl-*a* 及生源硫化物浓度的高值区。断面东侧深水区 Chl-*a*、DMS 和 DMSP 浓度分布出现明显的层化现象，即浓度随水深的增加逐渐降低，这表明二甲基硫化物主要在上层水体产生。DMSO 的垂直分布相对特殊，其在表层与深层水体中的浓度差异较小，表层水体中 DMSOd 的浓度略高于深层，其最大值出现在 H10 站位的表层水中。在 Chl-*a* 浓度较低的深层水体中出现了 DMSOp 高值，这可能与底层海水中沉积物的再释放有关。

3.2.2　夏季 35°N 冷水团断面 DMS、DMSP 和 DMSO 浓度的分布特征

1. 夏季 6 月 35°N 冷水团断面 DMS 和 DMSP 浓度的分布特征

夏季 6 月 35°N 断面横穿南黄海冷水团，本节选择该断面进行全断面分析，用以研究冷水团对水体 DMS 和 DMSP 的影响。从图 3-12 可以看出，夏季冷水团水体层化明显，较低的温度和较高的营养盐浓度在 20m 以下的水体被发现，20 m 左右存在明显的温跃层。潮汐峰将 35°N 断面分为近岸区（H19 站位）和高度层化的冷水团区（H11 ～ H15 站位）及潮汐峰区的 H17 站位（Liu et al.，2009）。近岸区的 H19 站位受到陆源输入和沿岸流的影响，未出现明显的层化，水体上下混合均匀。冷水团水域（H11 ～ H15 站位）水体高度层化，较低的温度和较高的营养盐浓度在底层水体被发现。在冷水团区较低的营养盐浓度在 20m 以上的上层水体出现并导致较低的 Chl-*a* 浓度；较高浓度的 Chl-*a* 出现在 20m 左右的温跃层底层，这可能是充足的营养盐和合适的光照使得此处出现浮游植物高密度区，继而导致较高的 Chl-*a* 浓度。而在近岸的 H19 站位，由于水体充分混合，营养盐和 Chl-*a* 浓度在整个水体分布均匀。

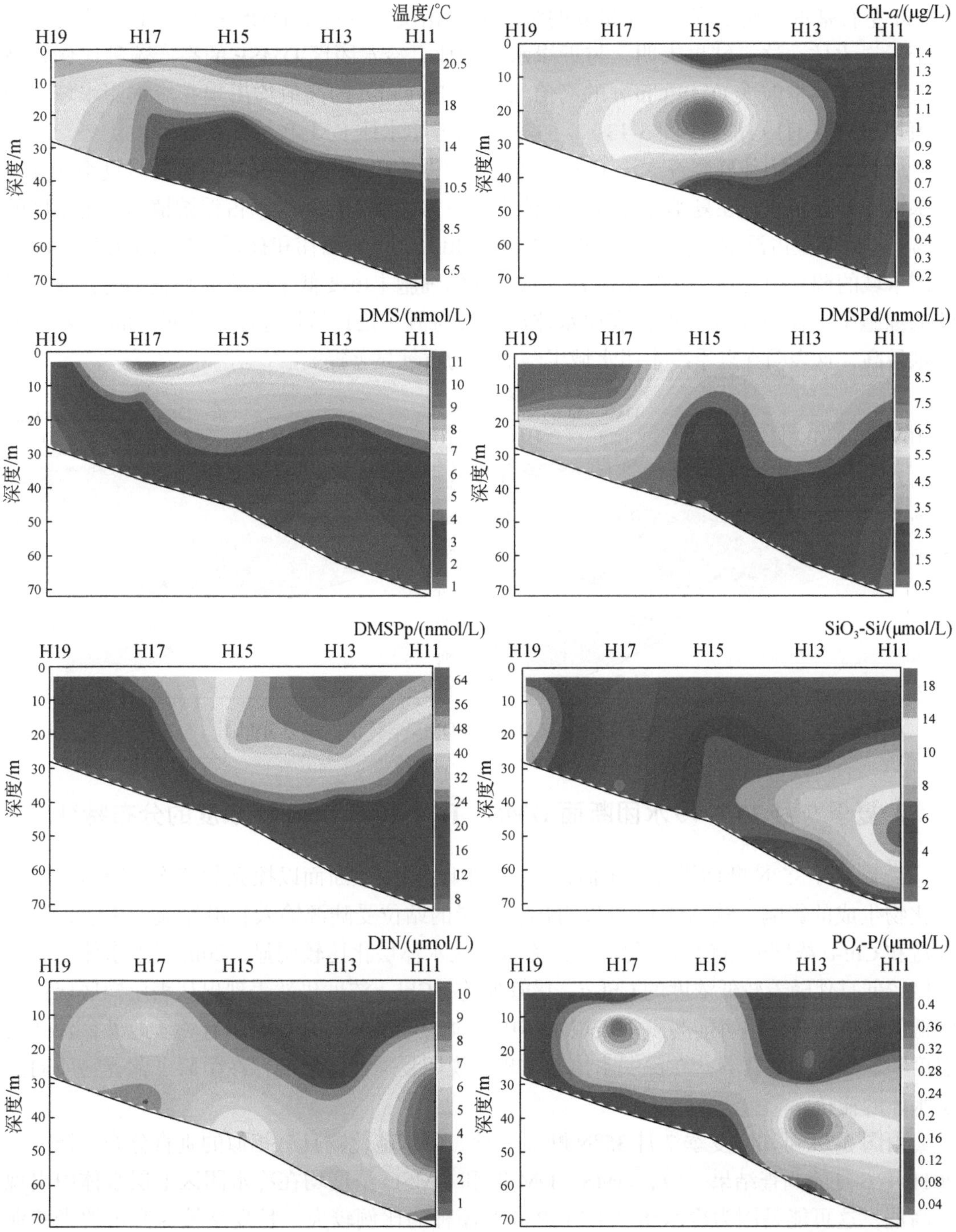

图 3-12　夏季 6 月 35°N 断面温度，Chl-*a*、DMS、DMSPd、DMSPp 和营养盐浓度的垂直分布图

如图 3-12 所示，DMS 和 DMSP 浓度的高值区出现在表层和上混合层且随着深度的增加而显著降低。这表明 DMS 和 DMSP 主要在上层水体产生。Shenoy 等（2006）通过研究发现，DMS 和 DMSP 浓度的高值通常限制在上层水体，在 40m 左右其浓度迅速降低，至

120 m 左右基本检测不到。与 Chl-*a* 的浓度分布相反，冷水团 DMS 和 DMSP 的浓度显著高于近岸水体。这一结果表明，与近岸水体相比，冷水团区 DMSP 的高产藻种比例要高于近岸水体。本航次 DMS/Chl-*a* 的高值与 DMSPp/Chl-*a* 的高值均出现在冷水团水域，而低值均出现在 H19 站位（图 3-13）。这表明在近岸水体 DMSP 的低产藻种占优势，以往该海域的浮游植物种群调查支持了这一论点。梅肖乐和方南娟（2013）通过对夏季江苏近岸水域的调查发现，在夏季江苏近岸水体中硅藻为绝对优势藻类，占浮游植物细胞丰度的 93%，而甲藻仅占浮游植物细胞丰度的 1.8%。相比之下，田伟和孙军（2011）在对黄海冷水团水域的调查中发现，在整个调查区域硅藻的细胞丰度要低于甲藻的细胞丰度，并且甲藻的细胞丰度在 10m 左右的次表层水体出现最高值，尤其是具齿原甲藻对 10m 处水层的贡献最高，这表明在夏季冷水团水域甲藻的生物贡献显著提高。

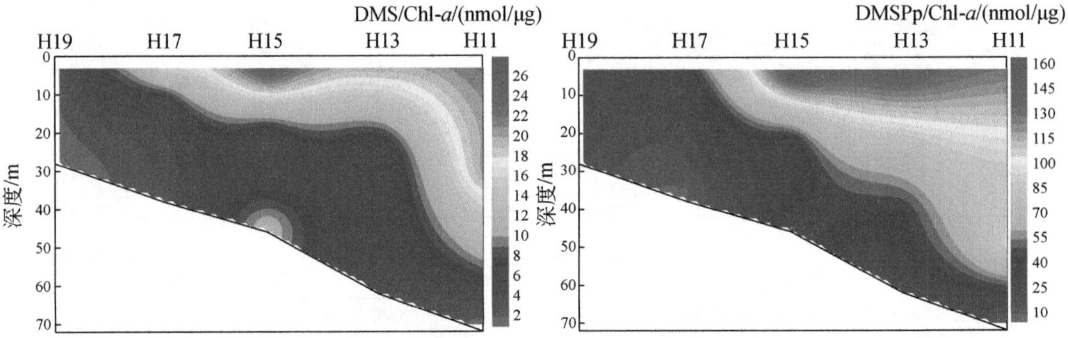

图 3-13　夏季 Chl-*a* 与 DMS 和 DMSPp 比值的垂直分布图

2. 夏季 7 月 35°N 冷水团断面 DMS、DMSP 和 DMSO 浓度的分布特征

夏季 7 月 35°N 断面横穿南黄海冷水团，因此选取该断面以探究黄海冷水团对二甲基硫化物生成的影响。从图 3-14 可以看出，近岸的站位受陆源输入和沿岸流的影响，其营养盐和 Chl-*a* 浓度分布较为均匀。中央冷水团区水体层化比较明显，20m 以上水体营养盐浓度较低且伴随着较低浓度的 Chl-*a*，尽管如此，Chl-*a* 浓度仍然表现出从表层向底层逐渐降低的分布趋势，这可能与夏季表层水体中较强的浮游植物光合作用有关。此外，较低的温度和较高浓度的营养盐在深层水体被发现，说明夏季温跃层的存在阻碍了营养物质向上层水体的输送。

由图 3-14 可知，夏季 7 月 35°N 断面三种二甲基硫化物具有相似的垂直分布特征。与 2011 年 6 月的调查结果一致，DMS、DMSP 和 DMSO 浓度均在冷水团区上层水体中出现了高值，这可能是因为冷水团区 DMSP 高产藻种的比例较大，且夏季较为充足的光照促进了表层水体中浮游植物的生长及二甲基硫化物的释放。此外，DMS、DMSP 和 DMSO 浓度在该断面的分布基本也与 2011 年 6 月的调查结果一致，垂直层化较明显，其高值区主要出现在水体上层并随着水深的增加逐渐降低，这主要是深水区光照受到限制而不利于浮游植物的生长，进而影响了二甲基硫化物的生产。

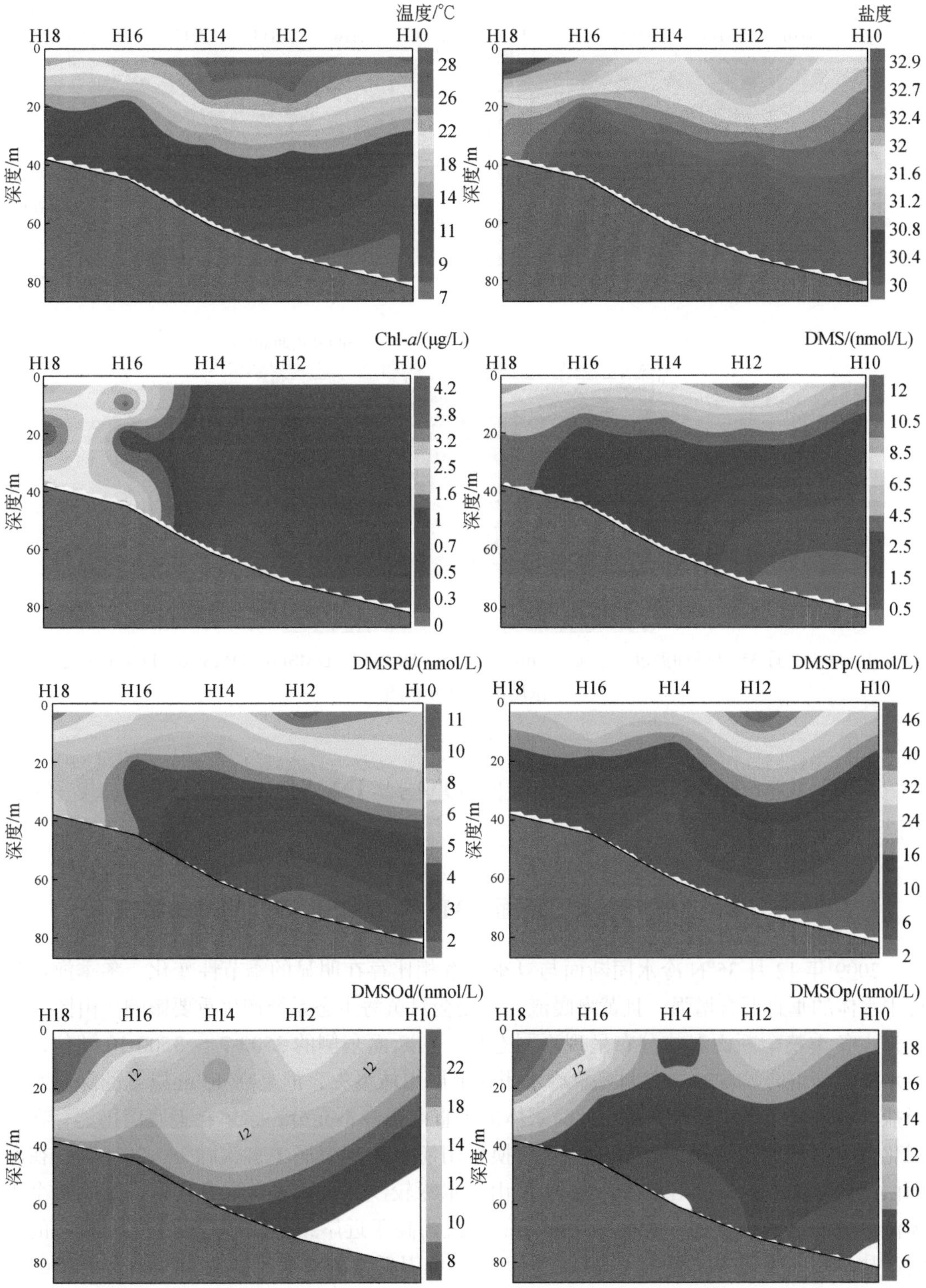
温度/°C
H18 H16 H14 H12 H10
深度/m
0 20 40 60 80
28 26 22 18 14 11 9 7
盐度
H18 H16 H14 H12 H10
深度/m
0 20 40 60 80
32.9 32.7 32.4 32 31.6 31.2 30.8 30.4 30
Chl-a/(μg/L)
H18 H16 H14 H12 H10
深度/m
0 20 40 60 80
4.2 3.8 3.2 2.5 1.6 1 0.7 0.5 0.3 0
DMS/(nmol/L)
H18 H16 H14 H12 H10
深度/m
0 20 40 60 80
12 10.5 8.5 6.5 4.5 2.5 1.5 0.5
DMSPd/(nmol/L)
H18 H16 H14 H12 H10
深度/m
0 20 40 60 80
11 10 8 6 5 4 3 2
DMSPp/(nmol/L)
H18 H16 H14 H12 H10
深度/m
0 20 40 60 80
46 40 32 24 16 10 6 2
DMSOd/(nmol/L)
H18 H16 H14 H12 H10
深度/m
0 20 40 60 80
12 12 12
22 18 14 12 10 8
DMSOp/(nmol/L)
H18 H16 H14 H12 H10
深度/m
0 20 40 60 80
12
18 16 14 12 10 8 6

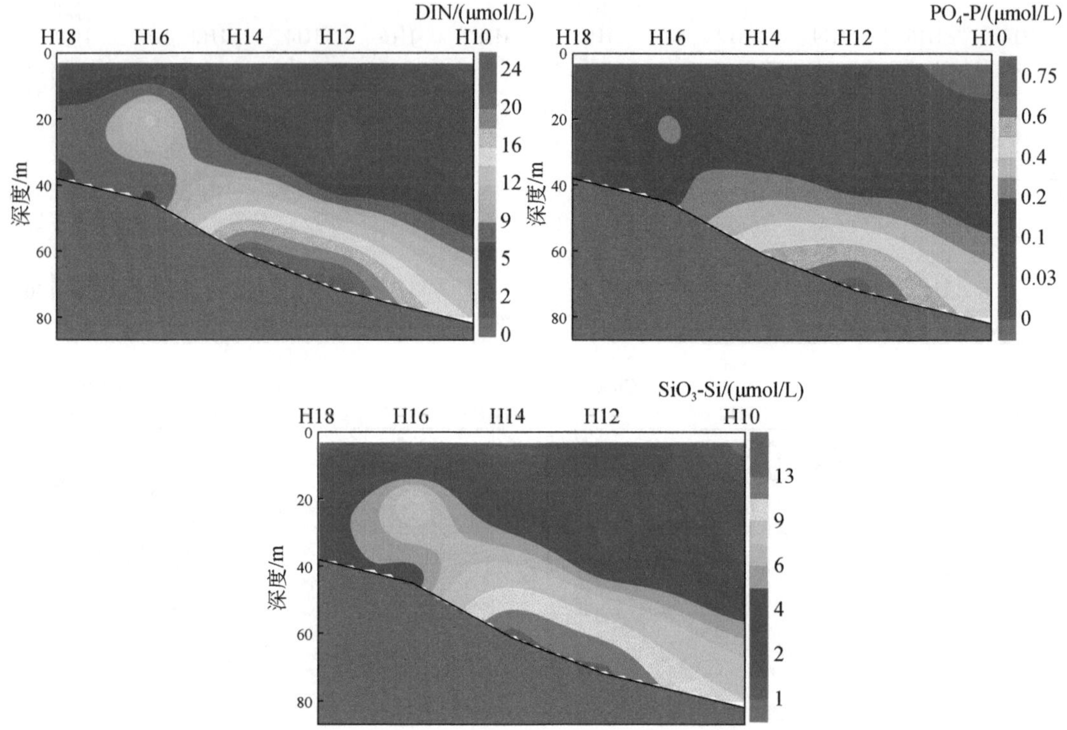

图 3-14　夏季 7 月 35°N 断面温度，盐度，Chl-*a*、DMS、DMSPd、DMSPp、DMSOd、DMSOp 及营养盐浓度的垂直分布图

3.2.3　冬季 35°N 冷水团断面 DMS、DMSP 和 DMSO 浓度的分布特征

1. 2009 年 12 月 35°N 冷水团断面 DMS 和 DMSP 浓度的分布特征

2009 年 12 月 35°N 冷水团断面与夏季调查相比存在明显的季节性变化，冬季海洋环境中水体的垂直混合增强，且黄海暖流的入侵会对黄海生态系统产生重要影响。由图 3-15 可知，冬季整个断面温盐分布呈现不同态势。在断面东侧的 3500-7 ～ 3500-10 站位，上层水体温盐混合均匀，这表明夏季冷水团在上层水体消失，但是在 40 m 以下的深层水体温盐仍呈现一定层化分布，说明此时水体的垂直混合尚不充分，水体在近底层仍然存在弱层化现象，同时也说明深水区的垂直交换作用还未达到海底（韦钦胜等，2010）。在断面西侧的 3500-2、3500-3 和 3500-5 站位由于水深较浅，水体垂直混合均匀，因此整个水体温盐分布一致。此外，黄海中央水域的温盐均高于近岸站位，这是由于黄海暖流的高温高盐水在冬季侵入黄海中央水域，而近岸受低温低盐的沿岸流影响（Chen and Sætre，2001）。

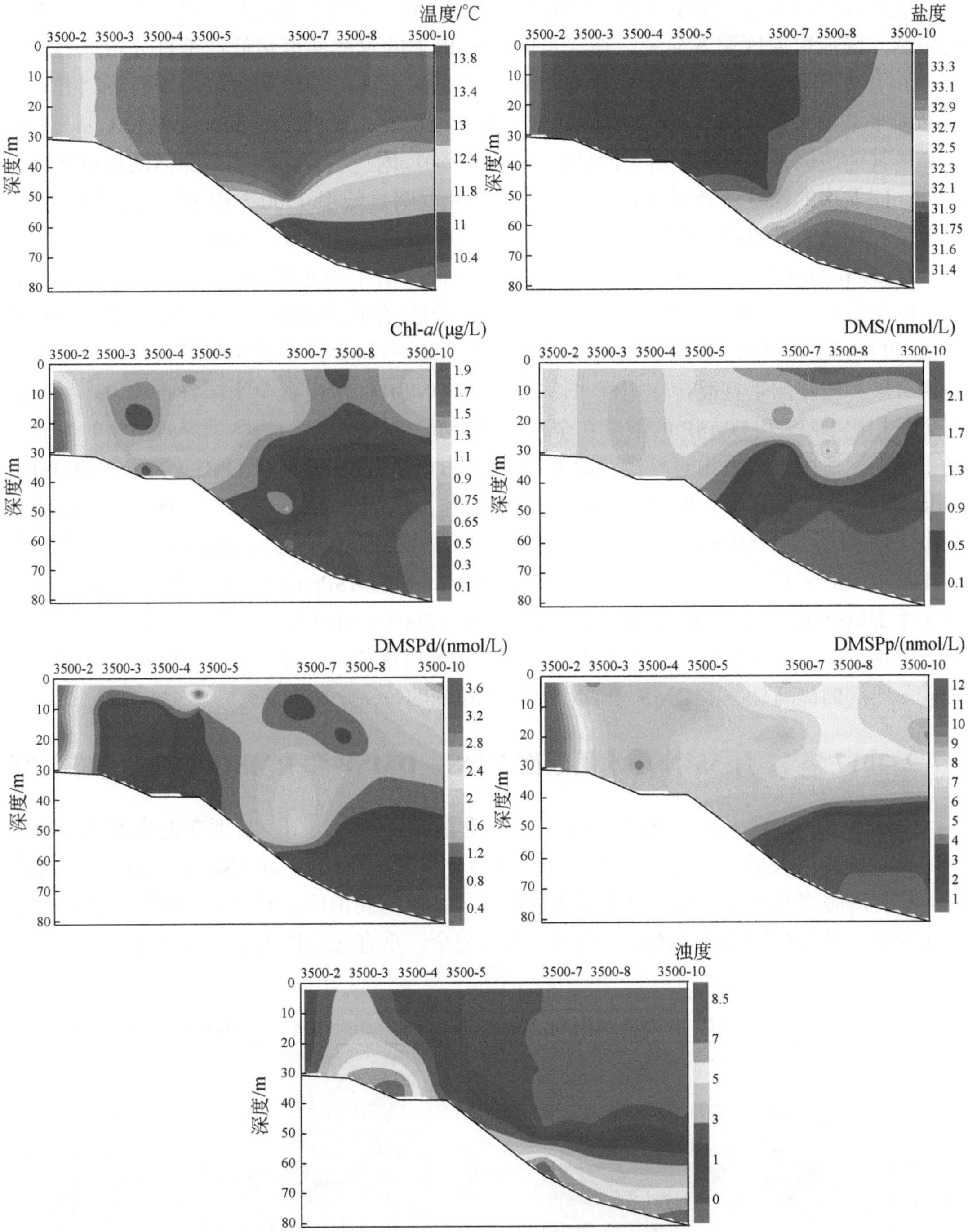

图 3-15 2009 年 12 月 35°N 断面温度，盐度，Chl-*a*、DMS、DMSPd 和 DMSPp 浓度及浊度的垂直分布图

如图 3-15 所示，冬季 Chl-*a* 浓度的垂直分布与夏季相比也存在较大的季节性变化，由于该水域的温跃层消失，20 m 附近水体的 Chl-*a* 浓度高值消失，在 50 m 以上的水体 Chl-*a*

的浓度垂直分布均匀。而在深水区 50m 以下出现 Chl-*a* 浓度的低值区，这可能是由于光照的限制，同航次浊度调查显示，在深水区 50m 以上的水体浊度很低且垂直分布均匀，而在 50m 以下水体浊度显著增加，因此光照可能是深水区浮游植物生长的主要限制因素。从断面水平分布来看，Chl-*a* 浓度的整体分布较为均匀，在近岸的 3500-2 站位 Chl-*a* 浓度略高于其他站位，这可能是由于此处位于海州湾渔场附近，浮游植物生命活动相对活跃。此外，同航次的浊度调查显示，3500-2 站位的浊度明显低于 3500-3 和 3500-4 站位，较低的浊度和较高的光照也是此处 Chl-*a* 浓度略高的原因（韦钦胜等，2010）。

DMS 和 DMSP 浓度的垂直分布与 Chl-*a* 相似。由于冷水团的消失，在深水区 50 m 以上的上层水体 DMS 和 DMSP 的浓度分布较均匀且存在高值区，而在 50 m 以下的水体 DMS 和 DMSP 的浓度均较低，这可能与深水区浮游植物生长受到光照限制有关。而在近岸混合区，较强的垂直混合作用使水体 DMS 和 DMSP 的浓度在全水层分布均匀。另外，与夏季相比 DMS 和 DMSP 的浓度在全水层均较低，这可能是因为冬季浮游植物的生命活动不活跃，海区生产力相对较低。此外，分析发现冬季断面各水层 DMS/Chl-*a* 和 DMSPp/Chl-*a* 的值分别为 1.65（0.27 ～ 3.89）mmol/g 和 10.91（3.82 ～ 30.77）mmol/g；而夏季 6 月该断面各层 DMS/Chl-*a* 的值为 9.46（3.43 ～ 22.29）mmol/g，DMSPp/Chl-*a* 的值为 67.44（10.00 ～ 174.83）mmol/g。冬季 DMS/Chl-*a* 和 DMSPp/Chl-*a* 明显低于夏季，这表明冬季 DMSP 低产藻种所占的比例较高。王俊（2003）通过对黄海冬季浮游植物种群的调查发现，硅藻在冬季黄海浮游植物组成上占有绝对优势。因此，冬季浮游植物种群结构中硅藻比例的提高是冬季 DMS 和 DMSP 浓度较低的另一个原因。

2. 2017 年 12 月 35°N 冷水团断面 DMS、DMSP 和 DMSO 浓度的分布特征

由图 3-16 可知，温度在整个断面水体中垂直混合较为均匀，盐度在近岸海域分布较为一致且盐度值较低，这可能是受到陆源冲淡水的影响（Chen and Sætre，2001）。受高温高盐黄海暖流的影响，南黄海中部水体出现了盐度的高值区，且其在近底层水体出现了层化现象，说明在该区域水体的垂直混合尚不完全，垂直交换作用未达到海底。

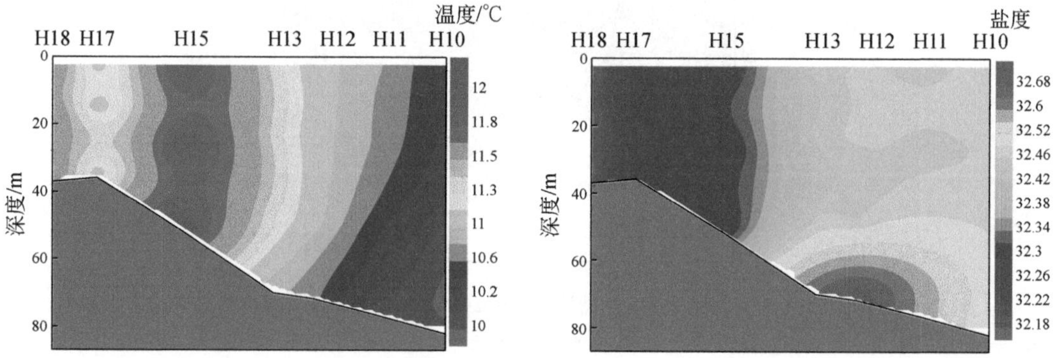

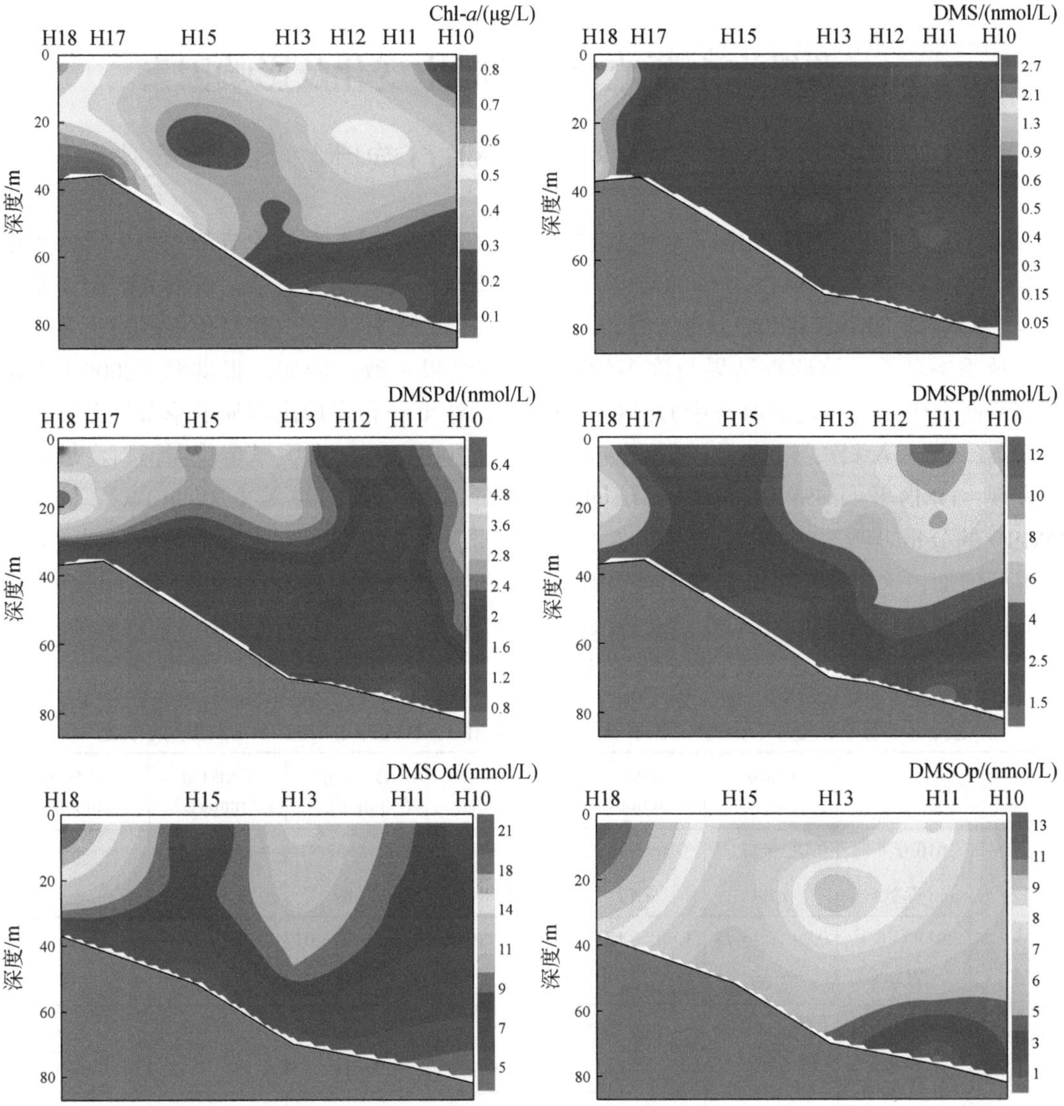

图 3-16　2017 年 12 月 35°N 断面温度，盐度，Chl-*a*、DMS、DMSPd、DMSPp、DMSOd 和 DMSOp 浓度的垂直分布图

如图 3-16 所示，近岸的站位水深较浅且水体垂直混合作用较强，Chl-*a* 和三种二甲基硫化物的浓度在全水层分布较为均匀。Chl-*a*、DMS、DMSPd 及 DMSO 的浓度均在近岸的 H18 站位出现了最大值，并在该站位底层发现了 Chl-*a* 的浓度高值，这可能是因为此处位于海州湾渔场附近，营养盐长期积累，促成了近岸较高的生产力并极大地影响了二甲基硫化物的生产。黄海中部水域的上层水体中 Chl-*a* 及二甲基硫化物的浓度分布较为均匀且存在高值区，这主要是受到黄海暖流的影响。40m 以下水体中的 Chl-*a* 浓度随水深增加逐渐下降，深水区二甲基硫化物的浓度也明显低于上层水体，这可能是因为深水区光照受到限制而不利于浮游植物的生长，从而影响了二甲基硫化物的生产。

3.3 黄渤海生源硫化物的时空变化及影响因素

3.3.1 黄渤海 DMS、DMSP 及 DMSO 浓度的季节性变化

表 3-1 列出了 2009 ～ 2011 年和 2017 ～ 2018 年两次调查不同季节黄渤海表层海水中 Chl-*a*、DMS、DMSP 和 DMSO 的浓度范围及平均值。调查结果显示，黄渤海表层海水中 Chl-*a*、DMS、DMSP 和 DMSO 的浓度呈现出明显的季节性变化，其变化规律均为夏季＞春、秋季＞冬季，该调查结果与许多学者的研究结果一致。例如，张洪海（2009）在黄东海的研究中发现，表层海水中 DMS 和 DMSP 的浓度分布表现出明显的季节性差异，夏季最高，春、秋季次之，冬季最低；Michaud 等（2007）在加拿大圣劳伦斯河口海域的研究发现，DMS 及 DMSP 浓度的最高值同样出现在夏季；del Valle 等（2009a）对不同季节 DMSO 的分析表明，DMSOd 浓度在冬季较低，于春季藻华期间迅速得到提升，到了夏季仍继续增加，这主要是夏季海水温度升高，光照充足，促进了浮游植物的生长，进而大大提升了海水中 Chl-*a* 及二甲基硫化物的浓度。此外，夏季浮游动物及微生物活动也较为旺盛，促进了 DMSP 的释放及其向 DMS 的转化。

表 3-1 春季、夏季、秋季和冬季表层海水中 Chl-*a*、DMS、DMSP 和 DMSO 的浓度

调查时间		Chl-*a* /（μg/L）	DMS /（nmol/L）	DMSPd /（nmol/L）	DMSPp /（nmol/L）	DMSOd /（nmol/L）	DMSOp /（nmol/L）
2009 ～ 2011 年	2010 年 4 月	0.18 ～ 11.73	0.48 ～ 4.92	0.68 ～ 11.32	2.82 ～ 52.33	—	—
	（春季）	1.88	1.77	3.98	17.89	—	—
	2011 年 6 月	0.09 ～ 15.78	1.60 ～ 12.36	2.28 ～ 19.05	6.28 ～ 224.01	—	—
	（夏季）	2.16	6.85	7.25	61.87	—	—
	2010 年 9 月	0.29 ～ 10.15	0.78 ～ 7.95	1.42 ～ 11.30	6.24 ～ 137.87	—	—
	（秋季）	1.83	2.64	4.89	26.41	—	—
	2009 年 12 月	0.36 ～ 4.00	0.07 ～ 3.30	0.22 ～ 3.54	1.63 ～ 12.33	—	—
	（冬季）	0.79	0.95	1.18	5.01	—	—
2017 ～ 2018 年	2018 年 3 月	0.17 ～ 4.45	0.41 ～ 7.74	0.94 ～ 15.47	4.06 ～ 48.8	3.72 ～ 14.68	4.25 ～ 14.42
	（春季）	1.22	1.72	5.65	22.56	8.1	7.64
	2018 年 7 月	0.10 ～ 4.74	1.31 ～ 18.12	1.26 ～ 22.43	4.99 ～ 98.31	3.38 ～ 64.34	1.07 ～ 35.36
	（夏季）	1.58	5.37	7.69	36.87	12.49	10.63
	2017 年 12 月	0.10 ～ 1.77	0.07 ～ 6.30	0.63 ～ 9.58	0.37 ～ 23.82	2.01 ～ 20.96	2.12 ～ 12.57
	（冬季）	0.53	1.4	2.87	5.59	7.39	6.01

两次调查不同季节 Chl-*a*、DMS、DMSP 和 DMSO 浓度的变化趋势基本一致，均在夏季出现最大值。此外，三种二甲基硫化物在浓度大小方面存在较为明显的差异，冬季表现为 DMSO ＞ DMSP ＞ DMS，春季和夏季均表现为 DMSPp ＞ DMSO ＞ DMSPd ＞ DMS，

这主要与它们的来源及产生过程有关。冬季较低的海水温度使得海区内浮游植物的生长受到一定限制，进而海水中二甲基硫化物的浓度大幅度减小。海水中的 DMSO 较 DMS 和 DMSP 来说有着更为复杂的来源，除来自 DMS 的氧化过程及浮游植物的直接产生外，工业废水和城市污水中都含有较高浓度的 DMSOd，因此受到人类活动的影响，冬季海水中 DMSO 的浓度要相对高于 DMS 和 DMSP。DMSPp 直接来自浮游植物的产生且大量存在于藻细胞中，DMSPd 则主要来源于藻细胞内 DMSPp 的释放，海水中少量的 DMSPd 在细菌等的作用下可以裂解为 DMS，因此海水中 DMSPp 的浓度要相对较高，而 DMS 的浓度则在三种二甲基硫化物中最低。

从各季节的水平分布来看，虽然不同季节受到各种水团及河流汛期等因素的影响，DMS、DMSP 和 DMSO 的分布存在略微的差异，但它们具有大致相似的分布规律，即从近岸向外海浓度逐渐减小，高值区主要集中在靠近近岸及河口的站位，如山东半岛及辽东半岛周边，渤海莱州湾及长江口附近海域等，说明河流的输入及陆地人为活动大大提升了研究海域的营养盐水平，海域初级生产力较高，对二甲基硫化物的浓度分布产生了重要的影响。此外，由 Chl-*a* 及三种二甲基硫化物浓度的水平分布可以看出，DMS、DMSP 及 DMSO 浓度与 Chl-*a* 的浓度分布规律较为一致，Chl-*a* 浓度的高值也主要集中在近岸及河口地区，说明生源硫化物在黄海、渤海海域的分布与浮游植物密切相关。

虽然春季藻华期存在 DMS 和 DMSP 浓度高值区，但是 DMS 和 DMSP 浓度的最高值出现在夏季，这主要是由于不同季节随着温度、盐度、营养盐等海域环境因素的变化，浮游植物的种群结构发生变化。由于不同浮游植物种群叶绿素含量不同，同时 DMS 和 DMSP 的含量也不同，因此通常用 DMS 和 Chl-*a* 的比值来衡量浮游植物种群 DMS 的生产能力，用 DMSPp 和 Chl-*a* 的比值来估计 DMSP 生产者在浮游植物种群中所占的比例（Turner et al.，1995）。一般来说，比值高的海域浮游植物种群中 DMSP 的高产藻种比例较高。在 2009 ～ 2011 年的调查中春、夏、秋、冬四个季节 DMS/Chl-*a* 的值分别为 1.83mmol/g、11.03mmol/g、2.74mmol/g、1.48mmol/g，DMSPp/Chl-*a* 的值分别为 20.55mmol/g、81.81mmol/g、23.87mmol/g、7.63mmol/g。在 2017 ～ 2018 年的调查中春、夏、冬三个季节 DMS/Chl-*a* 的值分别为 2.25mmol/g、7.19mmol/g、2.94mmol/g，DMSPp/Chl-*a* 的值分别为 27.56mmol/g、67.66mmol/g、11.51mmol/g。有研究指出高 DMS/Chl-*a* 和 DMSPp/Chl-*a* 值（58 ～ 78mmol/g）出现在甲藻或金藻为优势种的海区，而低 DMS/Chl-*a* 和 DMSPp/Chl-*a* 值（2 ～ 12mmol/g）出现在硅藻为优势种的海区（DiTullio and Smith，1995）。这表明两次调查期间夏季 DMSP 的高产藻种和 DMS 的生产能力为全年最高且夏季明显高于其他季节。林金美和林加涵（1997）的调查发现，南黄海夏季（6 ～ 7 月）甲藻的生物量为一年中最高，而春季（3 ～ 4 月）甲藻的生物量为一年中最低。田伟（2011）通过对南黄海藻华区藻华发生前后的调查发现，在春季藻华期间硅藻和甲藻所占细胞的丰度比例分别为 77.92% 和 22.07%，而在藻华后期其比例分别为 61.2% 和 36.8%，甲藻的生物数量显著增加。徐宗军（2007）通过调查发现，南黄海藻华期间（3 ～ 4 月）硅藻比例高达 99% 以上，而甲藻比例低于 0.5%，而在藻华末期（5 月）硅藻比例仅为 50.89%，甲藻比例上升到 49.11%。在 2018 年春季和夏季分别对部分站位的浮游植物种类与丰度进行了调查，分析发现夏季甲藻的平均丰度为

8747cells/L，显著高于春季（2570cells/L）。因此，虽然夏季海水中Chl-*a*浓度与春季相比没有显著提高，但由于浮游植物组成中DMSP高产种（如甲藻）生物丰度较大，则对DMS/DMSP总量的贡献也就较大，从而使夏季有超越其他季节的DMS和DMSP浓度水平。

3.3.2 不同海域Chl-*a*、DMS、DMSP及DMSO浓度分布

表3-2列出两次调查不同季节南黄海表层Chl-*a*、DMS、DMSPd、DMSPp、DMSOd和DMSOp的浓度平均值的调查结果。由表3-2的数据可知，南黄海Chl-*a*、DMS、DMSPd、DMSPp和DMSO存在明显的季节性变化。两次调查中冬季Chl-*a*的浓度明显低于其他季节，春季、夏季和秋季Chl-*a*的浓度平均值基本相当。

表3-2 南黄海不同季节Chl-*a*、DMS、DMSPd、DMSPp、DMSOd和DMSOp的浓度平均值

调查时间	Chl-*a* /（μg/L）	DMS /（nmol/L）	DMSPd /（nmol/L）	DMSPp /（nmol/L）	DMSOd /（nmol/L）	DMSOp /（nmol/L）
2010年4月（春季）	1.41	1.69	3.18	15.81	—	—
2011年6月（夏季）	1.07	6.33	6.28	46.14	—	—
2010年9月（秋季）	1.26	2.80	5.45	30.63	—	—
2009年12月（冬季）	0.60	1.02	1.27	5.01	—	—
2018年3月（春季）	1.06	1.73	4.63	19.10	8.39	7.44
2018年7月（夏季）	1.41	6.24	8.94	59.57	15.48	11.69
2017年12月（冬季）	0.43	0.98	2.51	4.61	8.26	6.98
年平均值	1.03	2.97	4.61	25.84	10.71	8.70

两次调查发现春季南黄海中央海域藻华于3月底4月初发生，较高的表层海水温度，充足的光照，较深的透明度及冬季遗留下的丰富的营养盐，都对浮游植物的生长有利。此外，垂直混合作用减弱，上层水体形成的浮游植物密度较易维持，从而导致浮游植物较高的密度。夏季由于冷水团的存在，水体上层的温跃层阻碍了底层营养盐向表层输送，表层水体较低的营养盐浓度限制了浮游植物的生长，因此Chl-*a*的浓度与春季相比没有明显变化。秋季9月南黄海中部冷水团依旧存在，但表层水体的营养盐浓度经夏季消耗进一步降低，因此在南黄海中部出现Chl-*a*的浓度低值区，秋季南黄海南部较高的Chl-*a*浓度主要是由于长江径流对该区域的影响。该区域较高的营养盐浓度及适合浮游植物生长的光照与温度使浮游植物大量繁殖，导致较高的Chl-*a*浓度。秋季Chl-*a*浓度小于春季的原因可能是秋季水体垂直混合作用加强，部分浮游植物被强制带到深水层。而冬季水温过低及水体强烈的垂直混合作用使表层难以形成较高的浮游植物密度，导致冬季出现最低的Chl-*a*浓度。

表3-3是两次调查不同季节北黄海表层Chl-*a*、DMS、DMSPd、DMSPp、DMSOd和DMSOp的浓度平均值的调查结果。由表3-3的数据可知，北黄海Chl-*a*的浓度季节性变化分布趋势为春秋季最高，夏季次之，冬季最低。

表 3-3　北黄海不同季节 Chl-*a*、DMS、DMSPd、DMSPp、DMSOd 和 DMSOp 的浓度平均值

调查时间	Chl-*a* /（μg/L）	DMS /（nmol/L）	DMSPd /（nmol/L）	DMSPp /（nmol/L）	DMSOd /（nmol/L）	DMSOp /（nmol/L）
2010 年 4 月（春季）	1.55	1.96	5.12	21.44	—	—
2011 年 6 月（夏季）	1.58	8.38	8.82	78.59	—	—
2010 年 9 月（秋季）	2.31	2.75	4.59	23.99	—	—
2009 年 12 月（冬季）	1.20	0.79	1.01	5.01	—	—
2018 年 3 月（春季）	1.73	2.50	7.34	30.35	8.76	8.56
2018 年 7 月（夏季）	0.64	2.69	4.92	41.25	11.10	8.68
2017 年 12 月（冬季）	0.61	1.52	3.67	6.25	9.20	6.52
年平均值	1.37	2.94	5.07	29.55	9.69	7.92

高爽等（2009）认为北黄海秋季出现 Chl-*a* 浓度最大值是由于秋季为北黄海光照条件最好的季节。黄海北部年平均雾日为 78d；雾日多从 3 月开始逐渐增多，但主要集中在 5～7 月，尤以 7 月为最多（平均 24d），8 月中、下旬随着副热带高气压的南退，雾季结束，一年中其他月份雾日较少（赵绪孔等，1990），因此光照为秋季 Chl-*a* 浓度较高的重要因素。此外，秋季黄海冷水团消退使得表层营养盐浓度增大也是一个重要因素。虽然冬季北黄海营养盐的浓度明显高于其他季节（臧璐，2009），但较低的温度（7.37℃）及强烈的垂直混合使冬季出现 Chl-*a* 浓度最低值。

对于渤海 Chl-*a* 浓度的季节性变化，不同学者的观点并不一致，邹亚荣（2004）通过卫星遥感对渤海进行不同季节的调查，发现渤海 Chl-*a* 浓度变化规律为秋、冬季较高，春季次之，夏季浓度最低。而费尊乐等（1988）通过调查发现，Chl-*a* 浓度变化规律为春季＞秋季＞夏季＞冬季。本研究两次调查发现渤海 Chl-*a* 浓度变化规律为夏季＞春季＞秋季＞冬季（表 3-4）。不同研究者所得结论不同可能是由于调查的时间和调查的海域不一致。此外，环渤海区域人类活动频繁，同时入海河流众多，因此人为活动影响也是调查结果不一致的重要原因。两次调查在春季与夏季均发现藻华现象，春季 4 月和夏季 6 月的调查中 Chl-*a* 的最高浓度均高于 10μg/L，因此其浓度高于秋冬季。

表 3-4　渤海不同季节 Chl-*a*、DMS、DMSPd、DMSPp、DMSOd 和 DMSOp 的浓度平均值

调查时间	Chl-*a* /（μg/L）	DMS /（nmol/L）	DMSPd /（nmol/L）	DMSPp /（nmol/L）	DMSOd /（nmol/L）	DMSOp /（nmol/L）
2010 年 4 月（春季）	3.37	1.72	4.40	18.22	—	—
2011 年 6 月（夏季）	4.42	6.23	7.32	70.98	—	—
2010 年 9 月（秋季）	2.46	2.18	4.06	20.43	—	—
2018 年 3 月（春季）	1.13	1.07	5.51	22.83	7.04	7.09
2018 年 7 月（夏季）	2.66	6.42	8.04	90.86	9.08	10.47
2017 年 12 月（冬季）	0.66	1.91	2.67	6.24	4.26	3.79
年平均值	2.45	3.26	5.33	38.26	6.79	7.12

注：由于天气原因，未对渤海 2009 年 12 月（冬季）进行调查。

表 3-2 ～表 3-4 列出不同季节黄渤海表层海水 DMS、DMSPd、DMSPp、DMSOd 和 DMSOp 的浓度平均值。由表中数据可知，DMS 浓度的年平均值表现为渤海最高，南黄海、北黄海相差不大。DMSP 浓度的年平均值表现为渤海最高，北黄海次之，南黄海最低。DMSO 的年平均值与 DMSP 正好相反，表现为南黄海最高，渤海最低，渤海与北黄海相差不大，但南黄海与渤海 DMS、DMSPd 和 DMSPp 浓度的年平均值有明显地域差异。分析表明渤海 DMS、DMSPd 和 DMSPp 浓度的年平均值分别为南黄海的 1.10 倍、1.16 倍和 1.48 倍，这主要是由于渤海、北黄海相对封闭，与外海交换不够充分，受人为活动影响较大、生产力水平较高（张洪海，2009）。与 Chl-*a* 浓度的季节性变化规律不同，黄渤海 DMS 和 DMSPp 浓度的季节性变化趋势比较一致，均为夏季明显高于其他季节，春秋季次之，秋季略高于春季，冬季最低。Shenoy 和 Patil（2003）通过对祖阿里河口水域 14 个月的调查发现，DMS 和 DMSP 浓度存在明显的季节性变化，其变化规律为夏季最高，春季次之，冬季最低，研究指出不同季节 DMS 和 DMSP 的浓度差异可能与不同季节浮游植物的生命活动的变化有关。一些学者的研究结果与本研究结论相同，张洪海（2009）通过对北黄海 DMS 和 DMSP 浓度的水平分布进行研究发现，不同季节存在相同的变化规律。此外，分析发现，在不同季节渤海 DMS/Chl-*a* 和 DMSPp/Chl-*a* 的值均明显低于黄海，这表明渤海不同季节硅藻所占的比例都高于黄海。王俊（2003）通过对渤海春、夏、秋季浮游植物进行调查发现，不同季节硅藻的生物量占浮游植物总量的 97.3%，而甲藻仅占 2.7%。因此渤海 DMSPp 低产藻种在不同季节均占有绝对优势，相同季节渤海 DMS/Chl-*a* 和 DMSPp/Chl-*a* 的值均明显低于黄海。

3.3.3　DMS 和 DMSP 浓度的日变化

作者课题组于 2011 年夏季 6 月对黄渤海 B65 站位的 DMS、DMSP 和 Chl-*a* 浓度进行调查发现，Chl-*a*、DMS 和 DMSP 浓度的日变化规律为白天高、夜晚低。如图 3-17 所示，DMS、DMSP 和 Chl-*a* 的浓度高值均出现在 16:00 ～ 19:00。DMS 浓度的最低值出现在凌晨 1:00，Chl-*a* 的浓度最低值也出现在该时间。DMSPp 的浓度最低值出现在凌晨 4:00。一些学者的研究结果与本研究结论一致。Yang 等（2006）的研究发现，黄海 DMS 的日变化最高值出现在 14:00 ～ 17:00。Kumar 等（2009）在对多纳保拉（Dona Paula）湾河口的调查中发现，DMSP 浓度的日变化最高值出现在 17:00。

日光照射是 DMS 和 DMSP 生产的一个关键因素。Simó 等（2002）的研究发现，浮游植物的 DMSP 生产在中午达到极大值，他们认为 DMSP 的生物合成与光合作用密切相关。DMS 浓度在中午出现低值，这是因为在该时段 DMS 的光氧化移除达到最大。在下午时段由于适宜的光照，浮游植物的光合作用生产高于其他时段，因此浮游植物的生命活动与其他时段相比更加旺盛。同航次的营养盐调查显示，SiO_3-Si 和 PO_4-P 浓度的低值均出现在 16:00 ～ 19:00，而在凌晨 1:00 出现营养盐高浓度，SiO_3-Si 和 DIN 浓度均在此时出现最高值。这说明在 16:00 ～ 19:00，微生物生命活动旺盛，消耗大量的营养盐，因此 Chl-*a*、DMS 和 DMSP 的高浓度值出现在 16:00 ～ 19:00。此外，DMS 和 DMSP 在白天

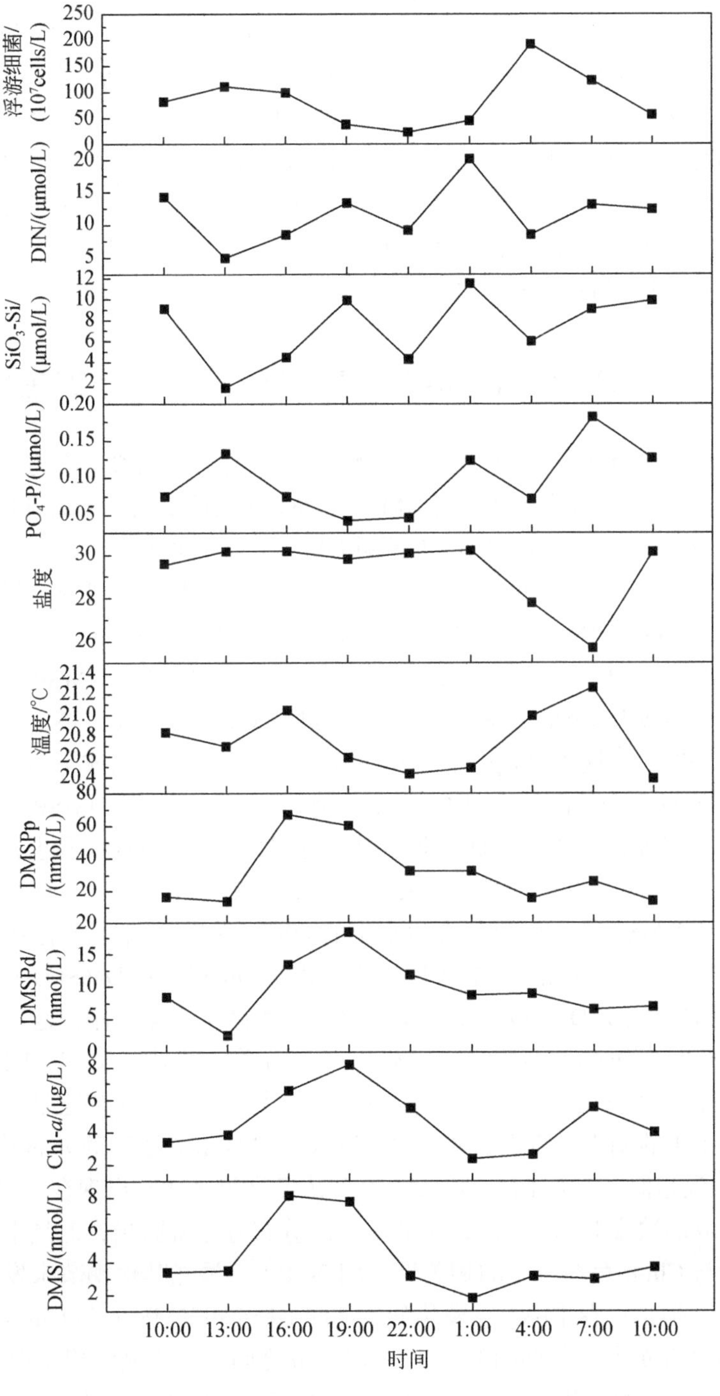

图 3-17　夏季 B65 站位 DMS、DMSPd、DMSPp 及相关参数的日变化

较高的浓度可能是由于较强光照对 DMS 和 DMSP 的生物消耗起到抑制作用。研究发现海水表层 DMS 和 DMSP 的细菌消耗能够被太阳辐射显著降低（Slezak et al.，2001）。在本次调查中浮游细菌显示出白天低、夜晚高的日变化规律，该规律与 DMS 和 DMSP 浓度的日变化规律相反,这表明在本次调查期间细菌的生命活动在白天受到日光辐射的显著抑制，导致 DMS 和 DMSP 浓度在白天的积累，DMS 和 DMSP 的抗氧化功能可能是其在白天出现较高浓度的原因之一，这是因为随着白天藻类氧化胁迫的增加，藻类产生更多的 DMSP 和 DMS。研究表明藻类细胞内的 DMSP 及其产物 DMS 能够有效清除藻类细胞光合作用过程中由于日光辐射压力产生的有害的羟基自由基（Sunda et al.，2002）。因此，日光照射的强度能够显著影响水体中 DMS 和 DMSP 的浓度。

3.3.4 黄渤海 DMS、DMSP 和 DMSO 浓度分布的主要影响因素

研究表明 DMS 和 DMSP 来源于浮游植物，其含量与海区初级生产力水平关系重大，因此，浮游植物的生物量和种类是控制 DMS 和 DMSP 的首要因素。通常用 Chl-*a* 来衡量浮游植物的生物量。由于 Chl-*a* 可以用来预测 DMS 和 DMSP 的浓度，因此很多学者在不同海域对 DMS/DMSP 和 Chl-*a* 的相关性进行了研究。不同学者的研究结果并不一致，一些学者的研究发现 DMS/DMSP 和 Chl-*a* 存在显著的相关性（Yang et al.，1999，2011；Zhang et al.，2008；Andreae，1990），而另一些研究发现 DMS/DMSP 和 Chl-*a* 之间没有显著的相关性（Vila-Costa et al.，2008；Besiktepe et al.，2004；Simó et al.，1997；Holligan et al.，1987），这主要是由于在不同海区浮游植物种类组成不尽相同，甚至存在很大差异，而不同种类的浮游植物对 Chl-*a* 的贡献不同且 DMS 和 DMSP 的生产能力也不同，可以相差 5 个数量级以上。因此，很难从全球尺度上建立 DMS 和生物量的相关性，但在区域尺度上还是可能的，特别是在某一海区某种藻类占优势时，有望得到二者的相关性。除 DMS 和 DMSP 外，研究发现海水中的 DMSO 都可以来源于浮游植物的生产。Yang 等（2014）在秋季的黄渤海海域中发现 DMS、DMSPp 和 DMSOp 均与 Chl-*a* 具有显著的相关性。研究表明 DMSO 与 Chl-*a* 的相关性也存在不确定性，这同样与浮游植物生产 DMS、DMSP 和 DMSO 的能力存在较大差异有关。此外，DMS、DMSP 及 DMSO 之间复杂的生产转化关系也决定了三者与 Chl-*a* 之间相互关系的不确定性。

2009 ～ 2011 年的调查中发现，不同季节 DMS 和 DMSP 浓度的分布趋势与 Chl-*a* 浓度的分布趋势大致相似，并且 DMS 和 DMSP 的浓度高值区多数出现在 Chl-*a* 的浓度高值区，这表明 Chl-*a* 的浓度对 DMS 和 DMSP 浓度的分布有显著影响，但是本次调查仅在春季发现 DMSPp 与 Chl-*a* 存在一定的相关性（图 3-18）。虽然其他季节未发现二者之间存在明显的相关性，但是在春季南黄海藻华暴发期间 DMS 和 DMSPp 与 Chl-*a* 存在明显的相关性，夏季渤海和北黄海藻华期间 DMSPp 与 Chl-*a* 之间存在明显的相关性（图 3-19 和图 3-20）。一些学者的研究指出，只有当研究海域 DMSP 高产藻种比例较高或某一特定藻类成为研究海域优势藻类时，DMS 和 DMSPp 与 Chl-*a* 之间才会存在明显的相关性（Besiktepe et al.，2004；Dacey et al.，1998；Groene，1995）。研究表明春季南黄海藻华为硅藻藻华（田

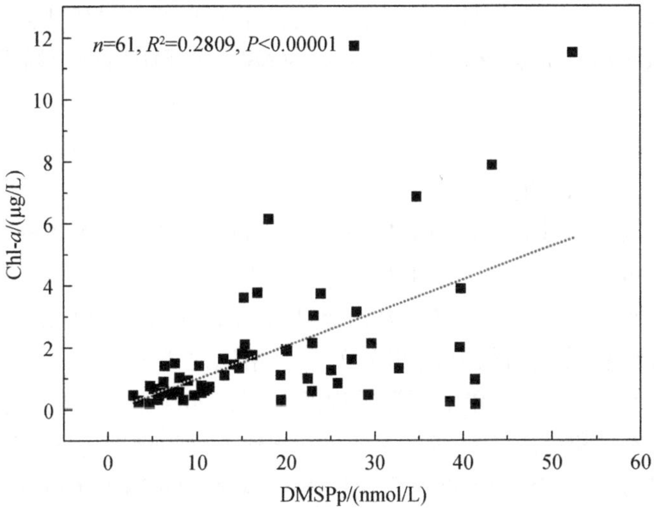

图 3-18　春季 4 月黄渤海 DMSPp 与 Chl-a 的相关性

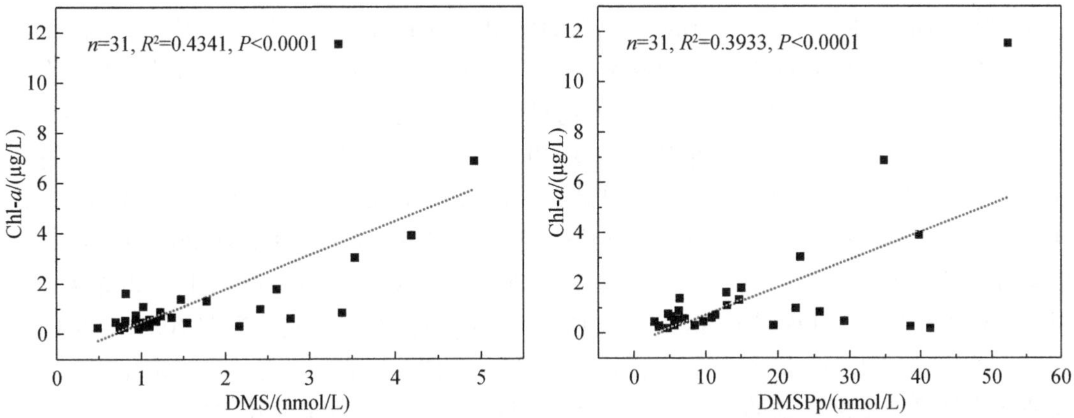

图 3-19　春季 4 月南黄海藻华期间 DMS、DMSPp 与 Chl-a 的相关性

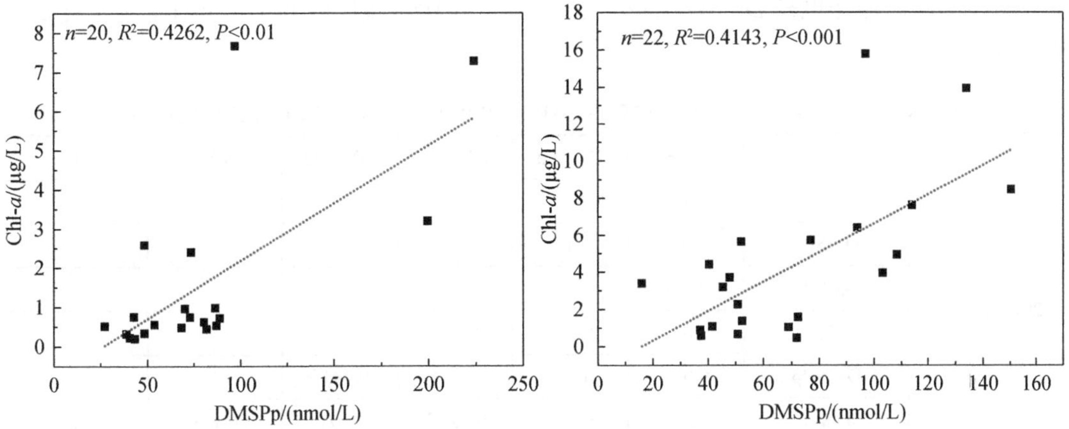

(a)2011年6月北黄海　　(b)2011年6月渤海

图 3-20　夏季北黄海和渤海 DMSPp 与 Chl-a 的相关性

伟，2011；徐宗军，2007），因此硅藻为南黄海藻华期间的绝对优势藻种。夏季同航次浮游植物的调查显示渤海、北黄海硅藻占藻种数的 66% 和浮游植物生物量的 75.27%，是该季节绝对的优势藻类（鹿琳，2012）。Zhang 等（2008）在对春季藻华期的黄海进行调查时也发现 DMS 和 DMSPp 与 Chl-*a* 存在明显相关性。因此，黄渤海 DMS/DMSPp 与 Chl-*a* 的相关性受到藻类种群结构的显著影响。

此外，在夏季渤海和北黄海的调查中发现，与 DMS 相比，DMSPp 与 Chl-*a* 之间存在更好的相关性。这可能与 DMS 和 DMSPp 二者不同的生产及消耗途径有关。DMSPp 直接来源于浮游植物，而且海水中大量的 DMSPp 大多存在于浮游植物细胞内，因此 DMSPp 与 Chl-*a* 二者之间较容易获得较好的相关关系。相比之下 DMS 的生产与消耗途径都比 DMSPp 复杂，它受到更多物理和生理学过程的影响，如浮游动物的摄食、微生物活动、藻类的裂解、病毒入侵和浮游植物细胞衰老等。此外，一些物理化学过程，如海－气扩散、光化学氧化等都对海水 DMS 的浓度有重要影响。因此，DMS 与 Chl-*a* 二者之间的相关性较 DMSPp 更难获得。

表 3-5 列出了 2017 ～ 2018 年黄渤海三个季节表层海水中 DMS、DMSP、DMSO 及 Chl-*a* 之间的相关性。在三个季节的调查中，DMSPp 与 Chl-*a* 均存在明显的相关关系，此外，冬季黄渤海表层海水中 DMS 和 Chl-*a* 呈现出显著的正相关性，春季 DMSOp 与 Chl-*a* 存在明显的相关性，这说明黄渤海海域浮游植物对二甲基硫化物的产生具有重要影响。对比分析发现，相对于 DMS 及 DMSOp 来说，DMSPp 与 Chl-*a* 之间的相关关系更为显著，这与 2009 ～ 2011 年的调查结果一致，这主要是由于 DMSPp 直接来源于海洋浮游植物的生产，并且海水中的 DMSP 主要以 DMSPp 的形式存在于藻细胞内，因此 DMSPp 与 Chl-*a* 之间更容易获得较好的相关性。此外，三个季节中 DMS 与 DMSPd 之间均具有明显的相关性，说明 DMSPd 的降解过程对 DMS 的生成具有重要影响，这一研究结果在 2009 ～ 2011 年的调查中并未发现。两次季节调查的结果并不完全一致，这表明生源二甲基硫化物的生产与消耗途径受到更多复杂的物理、生物及化学因素的影响，如海水中 DMSO 的来源较为复杂，除了浮游植物的直接产生，DMSO 也来源于海水中 DMS 的各种氧化过程，大量工业废水等的陆源输送也是 DMSO 的一个重要来源，因此它们与 Chl-*a* 之间并非一定存在简单的线性相关关系。

表 3-5　2017 冬季及 2018 春季和夏季 DMS、DMSP、DMSO 与 Chl-*a* 之间的相关性

项目		DMS	DMSPd	DMSPp	DMSOd	DMSOp	Chl-*a*
2017 年冬季	DMS	1					
	DMSPd	0.413**	1				
	DMSPp	0.251	0.336*	1			
	DMSOd	0.074	0.088	0.200	1		
	DMSOp	0.097	0.046	0.077	0.434**	1	
	Chl-*a*	0.576**	0.310	0.529**	0.022	0.128	1

续表

项目		DMS	DMSPd	DMSPp	DMSOd	DMSOp	Chl-*a*
2018 年春季	DMS	1					
	DMSPd	0.373*	1				
	DMSPp	0.339	0.365*	1			
	DMSOd	0.232	0.169	0.109	1		
	DMSOp	0.089	0.320	0.330	0.357*	1	
	Chl-*a*	0.221	0.264	0.528**	0.276	0.546**	1
2018 年夏季	DMS	1					
	DMSPd	0.521**	1				
	DMSPp	0.115	0.353*	1			
	DMSOd	0.183	0.351*	0.117	1		
	DMSOp	0.305	0.340*	0.319	0.347*	1	
	Chl-*a*	0.260	0.295	0.517**	0.127	0.186	1

* 相关性在 0.05 水平上显著（双尾）。
** 相关性在 0.01 水平上显著（双尾）。下同。

作为浮游植物生命活动的基本要素，海水中的营养盐能够影响藻类的生长和繁殖，进而改变浮游植物的种群结构（Fu et al.，2012），并最终影响海水中 DMS 和 DMSP 的浓度。在南黄海中央冷水团海域，春季出现藻华并引起该区域较高的 DMS 和 DMSP 浓度，冬季底层营养盐向表层的补充是春季藻华发生的一个重要原因。夏季南黄海中央水域营养盐因春季的消耗及跃层对水体物质交换的阻碍浓度较低，使得 Chl-*a* 浓度在夏季中央海域出现低值区，但是两次调查表明夏季该海域 DMS 和 DMSP 浓度均出现高值，较低的 Chl-*a* 浓度和较高的 DMS/DMSP 浓度表明该海域浮游植物种群中 DMSP 的高产藻种的数量较春季显著提高。浮游植物种群结构的变化则是由于营养盐浓度的变化及不同营养盐元素比值的变化。夏季营养盐的 N/P 值显著高于 Redfield 比值，因此 P 是黄海夏季浮游植物生长的限制元素，该结果与以往研究结果一致（Fu et al.，2009；Liu et al.，2003；Wang，2003；董婧等，2002）。一些学者指出海水中较低的 P 浓度和较高的 N 浓度有利于甲藻的生长（李京，2008；董婧等，2002）。因此，夏季南黄海中央海域较高的 DMS 和 DMSP 浓度可能是浮游植物种群中甲藻比例增加引起的。南黄海南部 DMS 和 DMSP 浓度的水平分布也受到营养盐浓度的显著影响。由 DMS 和 DMSP 浓度的水平分布图可知，夏季（6 月和 7 月）和秋季（9 月）其浓度在南黄海南部海域出现高值区，而在春季（3 月和 4 月）和冬季（12 月）出现低值区，这种分布规律可能是长江冲淡水对该海域的影响引起的。研究表明每年 5 ～ 9 月是长江冲淡水的丰水期，此时在偏南季风的影响下长江冲淡水向北侵入南黄海南部，其挟带的大量营养盐使该海域出现营养盐高值区，促进了该海域浮游植物的生长，并使该海域出现 DMS 和 DMSP 浓度高值区。而在 10 月至次年 4 月长江进入枯水期，此时在偏北季风的影响下，长江冲淡水转向南方侵入东海，南黄海南部出现营养盐低值区，并导致较低的 Chl-*a* 浓度，最终导致南黄海南部在春季和冬季出现 DMS 与 DMSP 浓度低值区。此外，北黄海和渤海的季节调查显示，DMS 和 DMSP 浓度高值区主要集中出现在近岸和河口附近区域，这主要是由于近岸和河口附近区域受陆源输入和人类工业排放的影响，营养盐浓度较高继而促进浮游植物生长产生较高的初级生产力。

另外，一些环境因素，如水体透明度、水体的稳定性和河流冲淡水等，也能够影响浮游植物的生命活动，并间接影响 DMS 和 DMSP 的浓度。调查中发现在苏北沿岸海域四个季节均出现 DMS 和 DMSP 浓度低值区，同时 Chl-*a* 浓度也在该水域出现低值区。相同情况也出现在夏季与秋季黄河口外水域。有学者指出陆源输入使大量泥沙进入沿岸水体并引起近岸水体较低的透明度（Shi and Wang，2012）。胡好国等（2004）的研究发现，苏北近岸较低的透明度限制了浮游植物的生长，导致较低的 Chl-*a* 浓度，进而导致较低的 DMS 和 DMSP 浓度。此外，在丰水期长江口和黄河口外站位出现 DMS 和 DMSP 浓度低值区。虽然陆源输入带来的大量的营养盐对浮游植物的生长有利，但是冲淡水的稀释作用导致 DMS 和 DMSP 在黄河口外出现浓度低值。各季节水体稳定性的差异也是影响 DMS 和 DMSP 浓度的一个重要因素，尤其在冬季水体较差的稳定性成为影响 DMS 和 DMSP 浓度的首要因素（胡好国等，2004）。由于黄海暖流的入侵，两次调查均发现冬季黄海水体温度高于春季航次，同时水体跃层的消失也为黄海提供了充足的营养盐。有学者的调查发现，冬季黄海营养盐浓度为一年中最高（Fu et al.，2009；臧璐，2009），但是 DMS 和 DMSP 的浓度却显著低于其他季节。冬季较低的水体稳定性是其主要原因，这是由于水体稳定性较差，浮游植物很难在表层维持较高密度，因此表层 DMS 和 DMSP 浓度较低。

3.4　黄渤海 DMS 的生物生产与消费速率及 DMSPd 的降解速率研究

3.4.1　黄渤海 DMS 的生物生产与消费速率研究

1. 春季黄渤海 DMS 的生物生产与消费速率

春季（3 月）DMS 的生物生产和消费速率的变化范围分别为 3.48 ～ 16.76 nmol/（L•d）和 2.51 ～ 10.95 nmol/（L•d），平均值分别为（8.97±3.56） nmol/（L•d）和（5.20±2.44） nmol/（L•d）（表 3-6）。春季黄渤海 DMS 的生物生产与消费速率分别为冬季的 2.17 倍和 2.41 倍，主要是因为春季海水温度升高，太阳辐射增强，浮游植物的大量繁殖促进了该海域 DMS 的生产过程，此外，浮游动物及微生物活动的增强也在一定程度上促进了 DMS 的生产与消耗。春季 DMS 的生物生产和消费速率的分布与 Chl-*a* 浓度的分布相似，高值主要出现在近岸海域及南黄海藻华区。DMS 的生物生产与消费速率的最高值均出现在北黄海中部海域的 B14 站位，此站位 Chl-*a* 和 DMSPd 的浓度分别高达 4.37μg/L 和 13.43nmol/L，说明较高的浮游植物生物量加快了海水中 DMSP 的生产，而较高的 DMSP 浓度进一步促进了其向 DMS 的转化过程。

表 3-6　春季（3 月）黄渤海表层海水中 DMS 的生物生产和消费速率及 DMSPd 的降解速率

站位	DMS 生产速率 /[nmol/（L・d）]	DMS 消费速率 /[nmol/（L・d）]	DMSPd 降解速率 /[nmol/（L・d）]	DMS /（nmol/L）	DMSPd /（nmol/L）
H07	7.77	3.97	8.32	2.85	7.41
H11	13.06	7.58	13.84	1.55	14.8
H18	10.47	7.05	9.59	1.20	4.65
H28	6.78	2.97	8.25	1.67	3.92
B14	16.76	10.95	17.25	4.48	13.43
B25	8.25	4.07	8.57	2.79	6.69
B30	5.75	3.98	6.39	0.57	2.88
B47	8.56	4.37	7.98	0.49	8.13
B60	3.48	2.51	4.82	0.62	2.42
B72	8.86	4.57	10.00	0.98	5.03
平均值	8.97	5.20	9.50	1.72	6.94

2. 夏季黄渤海 DMS 的生物生产与消费速率

夏季（6 月）DMS 的生物生产和消费速率的变化范围分别为 2.90 ～ 35.86nmol/（L・d）和 1.92 ～ 23.21nmol/（L・d）（表 3-7）。总体来看，渤海和北黄海的 DMS 的生物生产与消费速率高于南黄海，其生物生产与消费速率的最高值均出现在渤海。由于渤海和北黄海均为半封闭海区，周围被人类活动频繁的工业区包围，因此该海域较高的生物生产和消费速率可能与人类活动的影响有关。在南黄海高生物生产与消费速率仍然出现在南黄海中央海域，这可能与该海域夏季 DMSP 高产藻种比例的提高有关。

表 3-7　夏季（6 月）黄渤海表层海水中 DMS 的生物生产和消费速率及浮游细菌丰度

站位	DMS 生产速率 /[nmol/（L・d）]	DMS 消费速率 /[nmol/（L・d）]	浮游细菌丰度 /（10^7cells/L）	DMS /（nmol/L）	DMSPd /（nmol/L）
H09	23.69	10.06	31.25	11.36	7.69
H17	20.86	16.94	107.67	10.61	8.58
H19	7.78	2.28	132.1	2.22	8.03
H21	2.90	1.94	241.19	2.13	3.69
H30	22.44	12.48	76.99	5.51	5.65
H35	3.22	1.92	205.11	6.52	6.03
H41	17.40	7.13	97.73	4.99	5.87

续表

站位	DMS 生产速率 /[nmol/（L • d）]	DMS 消费速率 /[nmol/（L • d）]	浮游细菌丰度 /（10^7cells/L）	DMS /（nmol/L）	DMSPd /（nmol/L）
B01	9.91	2.35	19.60	7.27	6.98
B19	32.45	14.52	33.33	9.03	15.89
B24	29.38	14.76	156.53	8.46	12.34
B32	17.21	6.91	46.02	6.61	7.24
B38	14.13	6.62	18.18	6.47	8.23
B42	29.86	23.21	369.6	5.99	6.00
B54	35.86	22.34	111.65	5.24	8.78
B59	30.60	21.07	181.53	7.04	8.41
B65	33.24	15.41	81.25	3.36	8.29
B66	22.27	14.16	70.74	2.85	4.50
平均值	20.78	11.42	116.50	6.22	7.78

夏季（7 月）DMS 的生物生产和消费速率的变化范围分别为 5.82 ～ 22.18 nmol/（L • d）和 3.70 ～ 12.57 nmol/（L • d），平均值分别为（13.86 ± 5.41）nmol/（L • d）和（8.24±3.17）nmol/（L • d），略低于 2011 年 6 月的调查结果（表 3-8）。本次调查 DMS 的生物生产和消费速率的变化范围较大，在研究海域整体水平较高。对比分析发现两个航次 DMS 的生物生产与消费速率分布大致相同。夏季（7 月）DMS 生物生产速率的最高值出现在南黄海冷水团水域的 H12 站位，而在 2011 年 6 月的调查中，该区域的 H09 站位也存在 DMS 生物生产速率的高值，这可能与该区域 DMSP 高产藻种比例的提高有关，相对较高的 DMSP 浓度使得海水中更多的 DMSP 以裂解方式转化为 DMS。两次调查中 DMS 消费速率的最高值分别出现在莱州湾附近的 B42 站位和 B70 站位。夏季（7 月）DMS 的生物生产与消费速率的另一高值出现在南黄海南部的 H30 站位，2011 年 6 月在南黄海南部的 H30 站位也出现了高值，这可能是受到夏季向北转向的长江冲淡水的影响，长江冲淡水挟带大量营养盐进入南黄海西南海域，促进了该海域 DMS 的生产与消耗过程。

表 3-8　夏季（7 月）黄渤海表层海水中 DMS 的生物生产和消费速率

站位	DMS 生产速率 /[nmol/（L • d）]	DMS 消费速率 /[nmol/（L • d）]	DMS /（nmol/L）	DMSPd /（nmol/L）
H07	10.28	6.34	8.16	8.13
H12	22.18	12.37	11.7	10.75
H26	5.82	3.70	8.39	10.92
H30	19.85	10.36	15.51	22.43
B05	8.23	5.13	2.55	1.56

续表

站位	DMS 生产速率 /[nmol/（L・d）]	DMS 消费速率 /[nmol/（L・d）]	DMS /（nmol/L）	DMSPd /（nmol/L）
B12	11.24	6.32	1.73	1.26
B21	8.74	4.67	2.09	2.98
B43	18.25	10.37	5.31	15.56
B52	15.27	10.56	3.64	11.16
B70	18.78	12.57	7.39	2.71
平均值	13.86	8.24	6.65	8.75

3. 秋季（9 月）黄渤海 DMS 的生物生产与消费速率

秋季 DMS 的生物生产和消费速率的变化范围分别为 0.55 ～ 28.63 nmol/（L・d）和 0.10 ～ 16.46 nmol/（L・d）（表 3-9）。DMS 的生物生产与消费速率的最高值均出现在南黄海南部的 H30 站位。9 月由于长江冲淡水继续北向入侵南黄海南部，大量的营养盐输入南黄海，同时水温与光照合适，进而导致较高的 Chl-*a* 浓度和初级生产力。因此该海域出现 DMS 的生物生产与消费速率高值区。此外，在渤海莱州湾近岸的 B33 站位也出现 DMS 的生物生产与消费速率的高值区，这可能是人为活动的影响所致。

表 3-9　秋季（9 月）黄渤海表层海水中 DMS 的生物生产和消费速率及浮游细菌丰度

站位	DMS 生产速率 /[nmol/（L・d）]	DMS 消费速率 /[nmol/（L・d）]	浮游细菌丰度 /（10^7 cells/L）	DMS /（nmol/L）	DMSPd /（nmol/L）
H13	5.62	2.98	2.61	2.08	6.16
H15	12.77	6.46	1.66	1.33	2.73
H19	0.55	0.10	1.74	1.60	2.35
H29	11.71	2.93	2.51	2.62	2.82
H30	28.63	16.46	3.43	2.89	2.19
H33	2.81	1.15	6.43	3.28	3.74
H36	6.65	4.63	1.38	1.43	2.79
B01	10.56	5.04	9.47	2.38	2.67
B04	13.42	7.27	42.88	2.87	3.98
B09	6.53	3.55	7.94	1.69	2.16
B20	1.80	1.20	1.89	0.81	2.72
B33	15.34	13.85	40.83	4.83	6.64
B34	6.05	5.02	16.38	2.23	8.41
B43	7.01	0.96	11.98	1.55	2.30
平均值	9.25	5.11	10.80	2.26	3.69

4. 冬季（12 月）黄渤海 DMS 的生物生产与消费速率

冬季黄渤海表层海水中 DMS 的生物生产与消费速率如表 3-10 所示。冬季 DMS 的生物生产和消费速率的变化范围分别为 2.25 ～ 7.64 nmol/（L·d）和 1.27 ～ 3.80 nmol/（L·d），平均值分别为（4.14±1.53）nmol/（L·d）和（2.16±0.75）nmol/（L·d）。冬季 DMS 的生物生产与消费速率总体变化不大，且两者变化规律相似，其高值主要出现在近岸及河口地区。总体来看，渤海的 DMS 生物生产与消费速率高于黄海，在莱州湾口的 B70 站位出现了 DMS 生物生产速率与消费速率的最高值。相比较黄海来说，渤海三面环陆，受人类活动和工业输入的影响更大，陆源输入挟带的大量营养盐促进了近岸浮游植物的生长，也使得浮游动物活动性增强，进而加快了 DMS 的生产与微生物消耗。南黄海外海的 H26 站位则出现了 DMS 生物生产与消费速率的最低值。

表 3-10　冬季（12 月）黄渤海表层海水中 DMS 的生物生产和消费速率及 DMSPd 降解速率

站位	DMS 生产速率 /[nmol/（L·d）]	DMS 消费速率 /[nmol/（L·d）]	DMSPd 降解速率 /[nmol/（L·d）]	DMS /（nmol/L）	DMSPd /（nmol/L）
H05	3.87	2.03	4.16	1.57	2.28
H19	4.21	2.28	5.02	1.69	1.06
H26	2.25	1.27	2.90	0.22	2.17
H37	3.38	1.81	5.85	0.21	2.76
BS05	5.91	3.02	7.23	1.08	3.26
B14	2.47	1.36	4.38	1.46	3.73
B28	3.75	1.82	4.25	1.26	3.37
B45	3.42	1.77	4.96	0.85	0.76
B56	4.48	2.43	4.52	1.08	0.77
B70	7.64	3.80	9.51	6.30	9.58
平均值	4.14	2.16	5.28	1.57	2.97

总的来看，DMS 的生物生产与消费速率的季节性变化规律为夏季最高，春、秋季次之，冬季最低，这一变化规律说明浮游植物夏季的生命活动最为旺盛。此外高值区多出现在藻华等 Chl-*a* 浓度较高的海区和受人为活动影响显著的近岸海区，表明 DMS 的生物生产和消费速率与浮游植物的生物活动密切相关，同时受近岸人为活动的显著影响。

3.4.2　黄渤海 DMS 生产与消费的主要影响因素

从以上的研究中可以看出，DMS 的生物生产速率和消费速率存在明显的季节性差异。作为一种海洋生源活性气体，DMS 的生产与消费受到各种海洋物理、化学与生物因素的影响，如海水温度、盐度、DMS 浓度、DMSP 浓度等。本章分别就各种因素对 DMS 生物生产速率和消费速率的影响进行了探讨。

1. 温盐对 DMS 生物生产与消费速率的影响

DMS 作为一种海洋生源气体，其生物生产与消费受到多种海洋物理、化学和生物因素的直接或间接影响（厉丞烜，2010）。温度是影响 DMS 生物生产与消费的最重要的物理因素之一。由于 DMS 主要来自浮游植物的直接释放和细菌对 DMSP 的裂解，不同的温度下浮游植物和细菌生理状态的变化对 DMS 的生物生产与消费有直接影响。温度的变化会改变酶的活性使得藻类和细菌的生理状态发生变化，从而影响 DMS 生物生产速率与消费速率。Scarratt 等（2000）的研究表明，温度范围为 16 ～ 20℃时，DMS 的生物生产随着海水温度的提高而提高。两次调查中，春季、夏季和秋季均未发现温度与 DMS 生物生产和消费存在相关性，仅在冬季发现 DMS 的生物生产速率和消费速率与温度呈现出较好的负相关性（图 3-21），随着温度的升高，DMS 的生物生产速率和消费速率反而逐渐降低。之前的研究指出只有当温度过高或过低时，它才会成为浮游植物的限制因素；而当温度适宜时，其不会对生物生长造成显著影响（厉丞烜，2010）。由于本次调查中春季、夏季和秋季均处在适合浮游植物生长的温度范围内，未发现温度与 DMS 生物生产和消费的相关性。Kiene 和 Service（1991）的研究发现，DMS 的生物生产速率在 16 ～ 30℃明显高于 4℃和 49℃，4℃和 49℃下 DMS 很低的生物生产速率主要是由于生物的活性受到了抑制。此外，海水温度对 DMS 的消费速率也有重要影响。海洋中的浮游细菌是 DMS 的主要生物消费者。一些学者发现温度对海洋中异养细菌的生长有很大的影响（Shiah et al.，2003；Shiah and Ducklow，1995）。赵三军（2007）通过对春季、秋季东黄海异养细菌的研究发现，两个季节海水温度都与异养细菌生物量之间存在相关性。因此海水温度可通过对异养细菌生物量的调节进而间接影响 DMS 的消费速率，但是本次调查并未发现细菌生物量与温度之间存在相关性，这可能是浮游细菌还受到海水中其他生物、物理和化学条件的影响。因此，海水温度对 DMS 消费速率的影响还需要进一步研究。

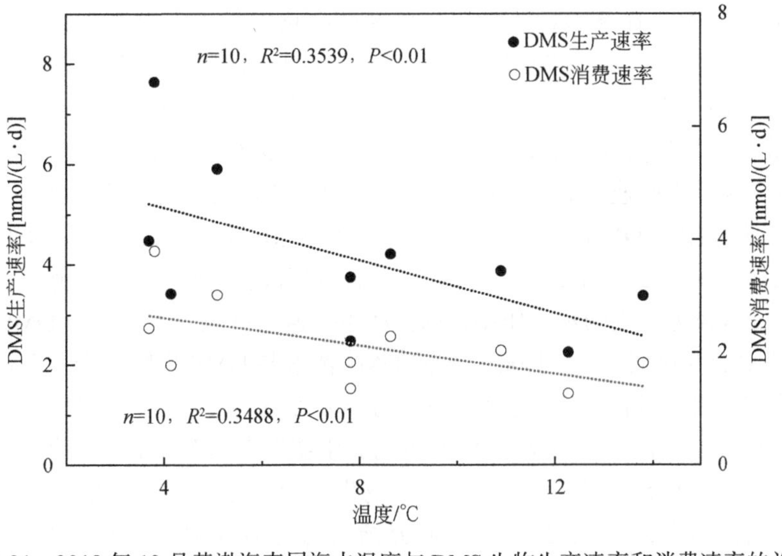

图 3-21　2018 年 12 月黄渤海表层海水温度与 DMS 生物生产速率和消费速率的关系

盐度也是海洋生物生长的重要影响因素之一。海洋生物都有适合自身生长的盐度范围。因此，海水盐度变化可能会对 DMS 的生物生产和消费速率产生影响。首先，盐度的变化会影响浮游植物、浮游细菌等生物的生长状态和生物量，进而影响 DMS 的生产与消费。其次，DMSP 作为细胞渗透压的调节物质，其浓度会随着环境盐度的变化而显著变化，从而影响 DMS 的生产（Dickson and Kirst，1987）。Gröne 和 Kirst （1992）的研究表明，细胞内 DMSP 的浓度随盐度的增加而增加，DMSP 裂解酶活性随之升高，必然会有更多的 DMS 产生并释放到海水中。黄海 4 月的调查显示，DMS 的生物生产速率与盐度存在很好的相关性（孙娟，2007）。厉丞烜（2010）对北黄海冬季的调查发现，DMS 的生物生产和消费速率与盐度呈明显负相关，但在春季和秋季未发现相关性。本研究对黄渤海的调查也未发现 DMS 的生物生产与消费速率同盐度呈明显相关性，这说明在本研究中海水的盐度并不是 DMS 生物生产与消费速率的主要限制因素，DMS 的生产与消耗过程受到海水中复杂的化学、物理和生物等因素的影响。

2. DMS 和 DMSPd 浓度对 DMS 生物生产与消费速率的影响

DMS 主要通过微生物的生命活动产生，同时海水中的 DMS 通过微生物消耗、光化学降解和海－气扩散过程被去除。由于微生物降解 DMS 主要遵循一级动力学（del Valle et al.，2009b），因此其消费速率与 DMS 浓度密切相关。DMS 作为微生物活动的产物，较高的 DMS 生物生产速率必然会提高海水中 DMS 的浓度，因此 DMS 的浓度与 DMS 的生物生产和消费有密切关系。DMSPd 作为 DMS 的前体物质，是 DMS 的主要来源，因此 DMSPd 的浓度与 DMS 的生物生产速率有密切关系。Scarratt 等（2000）的研究发现，不同浓度的 DMSPd 对 DMS 的生物生产有显著影响，二者之间存在相关性。一些学者在对不同海区 DMS 的生物生产进行调查之后均发现 DMS 的生物生产速率与 DMSPd 浓度存在相关性（厉丞烜，2010；Yang et al.，2005）。

调查发现，冬季、春季 DMS 浓度与 DMS 的生物生产速率和消费速率均存在良好的正相关关系（图 3-22）。春季出现较好的相关性可能是由于春季为海藻藻华期，此时藻类结构比较单一。由于不同藻类生理特性不一致，其产生 DMS 的能力也不一致。当某几种特定的藻类成为海域优势藻类时，整个调查海域藻类 DMS 的生产能力会比较一致，更加容易获得 DMS 和其生产速率的相关性。因此春季 DMS 现场浓度与其生物生产速率存在显著的相关性。不同季节 DMS 浓度与其生物生产速率和消费速率之间相关性的差异可能是因为海水中 DMS 的浓度同时受到生物生产与消耗过程的影响，二者作用之后的净生产速率对 DMS 浓度有较为直接的累积作用，而该净生产速率可能并不仅仅与 DMS 的生物生产速率或消费速率的变化相一致。因此，虽然 DMS 浓度与 DMS 生物生产及消耗过程有着密切的联系，但是它们之间并不一定存在确定的相关关系。另外，海水中 DMS 的去除途径较为复杂，其他去除途径也会影响 DMS 浓度与其生物生产速率和消费速率之间的相关性。

在春季和冬季 DMSPd 浓度与 DMS 的生物生产速率也存在显著相关性，而在夏季和秋季二者相关性不明显（图 3-22），本研究结果与之前的调查研究结果一致（Zhang et al.，2008；Yang et al.，2005）。DMS 主要通过 DMSPd 的细菌降解产生。细菌对 DMSPd

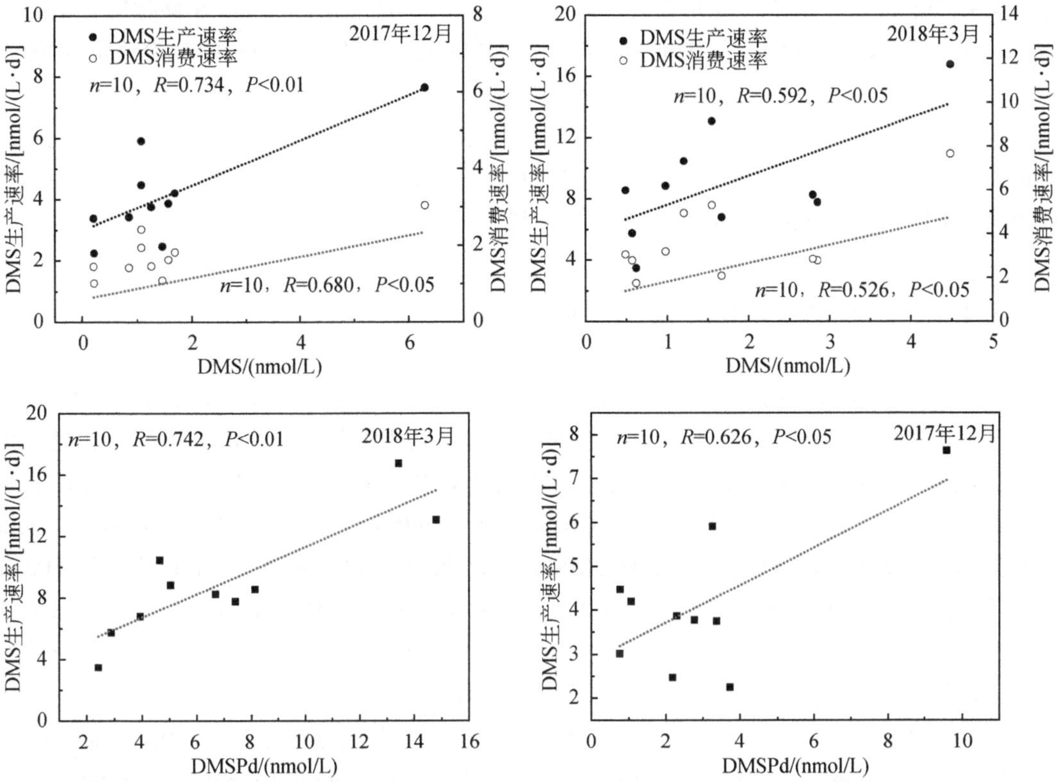

图 3-22　表层海水中 DMS 及 DMSPd 浓度与 DMS 生物生产速率和消费速率的关系

的降解存在两种不同的途径：一种是通过浮游细菌和藻类中的 DMSP 裂解酶将 DMSP 裂解为 DMS；另一种是通过去甲基化生成 MeSH（Kiene，1996）。研究证明 DMSP 的去甲基化途径为 DMSP 降解的主要途径。而只有当 DMSPd 足够高，在满足硫需求的情况下，降解生成 DMS 的比例才会提高（Kiene et al.，2000）。因此 DMSPd 的浓度对 DMS 的生物生产速率有显著影响，但是一些学者的研究证明在不同海区和不同季节，DMSP 降解生成 DMS 的比例及 DMSP 可得性的阈值并不相同，不同季节 DMSPd 与 DMS 生物生产速率的相关性并不一致。

3. 细菌丰度对黄渤海 DMS 生物生产和消费速率的影响

海水中的浮游细菌是 DMS 生物生产与消费的主要影响因素。在夏季（6 月）和秋季（9 月）的调查中，较高的细菌生物量通常伴随较高的生物生产与消费速率；但是一些较高的细菌生物量却出现在 DMS 生物生产与消费速率较低的站位，这表明细菌的生物量与 DMS 的生物生产和消费密切相关。然而，调查中均未发现细菌生物量与 DMS 的生物生产和消费存在明显相关性，这可能是因为：一方面，细菌对 DMSP 的裂解是 DMS 的主要生物生产过程，多种细菌中都存在 DMSP 裂解酶（Taylor，1993），并且随着细菌生物量的提高其裂解 DMSP 的速率提高（Schultes et al.，2000）；另一方面，细菌的微生物消耗也是 DMS 移除的主要途径。研究表明，细菌的生物消耗是上层海洋 DMS 移除的主要途径（Kiene and Bates，1990）。海洋中的浮游细菌在 DMS 的生物生产与消费中均扮演重要角色，因此其很难单一地与 DMS 的生产速率或消费速率产生相关性。

综上所述，DMS 的生物生产与消费是一个复杂的过程，受多种物理、生物和化学因素的共同作用，如温度、盐度、DMS、DMSPd 和细菌等。不同海域和季节其控制因素对 DMS 生物生产与消费的影响程度存在明显差异。

3.4.3 黄渤海表层海水中 DMSPd 的降解速率

DMSP 是海洋微生物食物网中碳和硫通量的重要组成部分（Kiene et al.，2000），研究发现，海水中的 DMSPd 较不稳定，它的微生物周转周期仅为几小时，可以很快地被海洋细菌消耗和利用。DMSPd 较迅速的微生物周转对海洋微生物的新陈代谢及硫循环过程有着重要的影响（Zubkov et al.，2002；Coale et al.，1996）。本章采用 GBT 抑制法（Kiene and Gerard，1995）对黄渤海海水中 DMSPd 的降解速率进行探究。GBT 是一种 DMSP 结构类似物，将 GBT 添加至海水样品中，能够抑制海水本体中 DMSPd 的降解以测定 DMSPd 的微生物降解速率。由于添加的 GBT 的抑制效果在加入样品后 6 ～ 10h 会逐步减弱，因此该过程需要在 6h 之内完成，以保证实验结果的准确性。

由表 3-10、表 3-6 可知，冬季、春季 DMSPd 降解速率的范围分别为 2.90 ～ 9.51nmol/（L • d）和 4.82 ～ 17.25nmol/（L • d），平均值分别为（5.28±3.59）nmol/（L • d）和（9.50±1.13）nmol/（L • d）。冬季 DMSPd 的降解速率明显低于春季，且本调查结果要低于宋以柱（2014）在夏季相同海域测得的 DMSPd 降解速率的平均值［（14.71±4.47）nmol/（L • d）］，可能是夏季太阳辐射增强使得海水表面升温，浮游植物在适宜的温度下迅速生长，海水中 DMSP 的产量大大提升，同时夏季浮游动物及微生物的新陈代谢活动增强，DMSPd 的降解速率得以迅速提高。冬季 DMSPd 降解速率的最高值出现在莱州湾附近的 B70 站位，最低值则出现在南黄海外海的 H26 站位，说明近岸丰富的营养盐及较高的细菌丰度促进了 DMSPd 的降解。春季 DMSPd 降解速率的最高值则出现在北黄海的 B14 站位，该站位 DMSPd 和 DMS 浓度均存在高值，说明海水中较高的 DMSPd 浓度大大促进了 DMSP 的降解过程，进而提升了海区内的 DMS 浓度水平。冬季、春季表层海水中 DMSPd 降解速率的平均值与 DMS 生物生产速率的平均值具有较高的一致性，且两者具有相似的分布规律，高值区主要出现在近岸及河口地区，远海地区则出现其低值，这说明 DMSP 的裂解过程是海水中 DMS 的主要来源。

3.5 黄渤海 DMS 的海气通量

3.5.1 黄渤海 DMS 海气通量的季节性变化特征

在全球硫循环中，测定 DMS 在表层水体中的浓度的重要用途就是计算各海区 DMS 海－

气通量，以及评价各海区对全球硫循环的贡献。DMS 海－气通量通常用滞膜模型进行计算，其中 DMS 的传输速率（*K*）通常用 LM86 公式（Liss and Merlivat，1986）和 W92 公式（Wanninkhof，1992）进行计算，因为这两种计算方法分别代表气体交换速率中较低和较高的估算结果。研究表明，最可信的气体传输速率（*K*）应该落在 LM86 公式和 W92 公式所计算的值之间（Huebert et al.，2004；Nightingale et al.，2000），因此目前常采用一种新的 N2000 公式对 *K* 进行计算，其值基本都落在 LM86 公式和 W92 公式所计算的值之间。本章采用 N2000 公式对 DMS 海－气通量进行了计算。

表 3-11 和表 3-12 分别列出 2009 ～ 2011 年和 2017 ～ 2018 年春、夏、秋、冬四个季节黄渤海 DMS 海－气通量的变化范围和平均结果。各季节 DMS 海－气通量具有很大差异，其中夏季数值明显高于其他季节，春季和秋季数值较接近，冬季则明显低于其他季节。根据同航次风速调查，夏季的风速是四个季节中最低的，2009 ～ 2011 年和 2017 ～ 2018 年分别仅为 4.7m/s 和 3.6m/s，因此夏季较高的 DMS 海－气通量是夏季较高的 DMS 浓度所致。而冬季虽然拥有四个季节最高的风速（2009 ～ 2011 年和 2017 ～ 2018 年分别为 7.0m/s 和 6.62m/s），但是由于其明显低于其他季节的 DMS 浓度，DMS 海－气通量是四个季节最低的。

表 3-11　2009 ～ 2011 年春季、夏季、秋季和冬季黄渤海 DMS 的海－气通量

调查时间	DMS 浓度 /（nmol/L）	风速 /（m/s）	DMS 海－气通量 /[μmol/（m^2 • d）]
2010 年 4 月（春季）	1.77（0.48 ～ 4.92）	6.7（0.9 ～ 15.2）	3.87（0.17 ～ 19.92）
2011 年 6 月（夏季）	6.85（1.60 ～ 12.36）	4.7（0.2 ～ 15.9）	11.07（0.14 ～ 92.04）
2010 年 9 月（秋季）	2.64（0.78 ～ 7.95）	5.1（0.3 ～ 13.0）	5.24（0.05 ～ 24.53）
2009 年 12 月（冬季）	0.95（0.07 ～ 3.30）	7.0（1.8 ～ 12.3）	2.16（0.09 ～ 8.32）

表 3-12　2017 ～ 2018 年春季、夏季和冬季黄渤海 DMS 的海－气通量

调查时间	DMS 浓度 /（nmol/L）	风速 /（m/s）	DMS 海－气通量 /[μmol/（m^2 • d）]
2018 年 3 月（春季）	1.72（0.41 ～ 7.74）	6.24（0.40 ～ 12.80）	3.02（0.06 ～ 25.40）
2018 年 7 月（夏季）	5.37（1.31 ～ 18.12）	3.6（0.40 ～ 8.10）	6.16（0.10 ～ 25.44）
2017年12 月（冬季）	1.4（0.07 ～ 6.30）	6.62（0.80 ～ 14.50）	2.74（0.04 ～ 17.49）

在同一季节不同站位的 DMS 海－气通量也存在显著差异，以夏季为例，2009 ～ 2011 年和 2017 ～ 2018 年 DMS 海－气通量最高值分别为 92.04μmol/（m^2•d）和 25.44μmol/（m^2•d），而最低值分别仅为 0.14μmol/（m^2 • d）和 0.10μmol/（m^2 • d）。两者之间相差两个数量级。根据 DMS 海－气通量的计算公式，DMS 海－气通量受到 DMS 浓度和风速的共同控制，当一个变量变化不大时，DMS 海－气通量则主要受到另一个变量的影响。例如，夏季 6 月航次其最高值出现在 B62 站位，伴随着高 DMS 浓度和风速。相比之下，最低值出现在风速最低的 H07 站位。春季 3 月在 HS4 站位出现了 DMS 海－气通量的最高值，该站位风

速（9.6 m/s）和DMS浓度（7.02nmol/L）都相对较高，其最小值出现在风速最低（0.40m/s）的H01站位。夏季7月DMS海－气通量最高值出现在H14站位，同样在该站位发现了较高的风速值（6.9m/s）和DMS浓度（8.38nmol/L）。此外，分析发现两次调查中夏季DMS海－气通量相差很大，6月的调查结果明显高于7月，这也是由于6月航次DMS的浓度和风速均高于7月。由此可以看出，这种显著的差异是风速与DMS浓度共同作用的结果。

3.5.2　黄渤海DMS释放的区域性贡献

本节基于两次调查的结果估算出黄渤海DMS海－气通量的平均值分别为5.59μmol/（m^2·d）和3.97μmol/（m^2·d），结合黄渤海海域面积（$4.57\times10^5km^2$）初步估算出黄渤海海域DMS的释放量分别为0.030 Tg S/a和0.021 Tg S/a。根据以上研究结果，可以估算黄渤海对全球海洋释放DMS的区域性贡献。根据初步估计，虽然黄渤海只占全球海洋面积的0.13%，两次调查中该区域DMS的释放量分别占全球释放量（15～33 Tg S/a）的0.09%～0.2%和0.06%～0.14%（Kettle and Andreae，2000）。由于人为因素影响，黄渤海是世界重要的高生产力陆架海区之一。结果表明，虽然这种高生产力的陆架海区仅占世界总海洋面积很小的一部分，但海区的DMS释放对全球海洋DMS的释放有重要影响。

3.6　结　　论

通过对黄渤海进行大面积调查，得到黄渤海DMS、DMSP和DMSO浓度的季节性分布特征及其影响因素、DMS的生物生产与消费速率、DMSPd的降解速率、黄渤海DMS海－气通量等方面的研究结果。其主要结论如下。

DMS和DMSP浓度的年平均值均表现为渤海最高。其中，渤海DMS、DMSPd和DMSPp浓度的年平均值分别为南黄海的1.10倍、1.16倍和1.48倍，这主要是由于渤海、北黄海相对封闭，受人为活动影响较大、生产力水平较高。黄渤海DMS、DMSPd、DMSPp和DMSO浓度的季节性变化均为夏季最高，春秋季次之，冬季最低。总的来说，渤海与北黄海的季节性分布比较一致，均呈现由近岸向中央海域逐渐降低的趋势，体现了人类工业排放及近岸陆源输入的显著影响。南黄海的空间分布显著受到黄海冷水团、黄海暖流和长江冲淡水的影响，其分布每个季节都有一定的特点。春季南黄海冷水团区硅藻藻华使得该海域DMS、DMSP和DMSO的浓度高于近岸水域。夏季6月冷水团区出现DMS和DMSP的浓度高值区，这可能是因为甲藻在浮游植物种群中所占的比例上升。秋季表层营养盐经过夏季的进一步消耗成为浮游植物生长的首要限制因素，导致DMS和DMSP浓度在该海域出现低值。34°N以南的海域则主要受到长江冲淡水的影响。每年5～9月长江进入丰水期，其挟带的大量营养盐促进了浮游植物的生长，导致6月和9月该海域出现DMS、DMSP和DMSO的较高浓度。而在春季和冬季长江进入枯水期，34°N以南的南黄海南部出现营养盐的浓度低值区，限制了浮游植物的生长，使该海域出现DMS和DMSP

的浓度低值。冬季南黄海 122°E 以东海域出现了 Chl-*a*、DMSP 及 DMSO 的浓度高值区，这主要是受黄海暖流的影响。在冬季 DMS、DMSP 和 DMSO 的浓度均为全年最低，这主要是冬季海水较强的垂直混合使浮游植物不宜在表层富集，从而导致较低的表层浮游植物丰度，进而导致几种生源硫化物出现较低的浓度。在小尺度的日变化研究中发现 DMS 和 DMSP 的浓度在一天中存在显著变化，其高值均出现在 16:00 ～ 19:00，而低值则出现在凌晨，这表明日光照射也是影响 DMS 和 DMSP 浓度分布的一个重要因素。

在黄渤海对横跨冷水团的 35°N 断面进行了春、夏、冬三个季节的垂直断面研究。结果表明，DMS、DMSP 及 DMSO 的浓度分布与 Chl-*a* 相似，近岸站位受陆源输入和人为活动的影响比较明显，三者浓度较高且垂直混合均匀。远海海域 DMS、DMSP 和 DMSO 浓度的高值区主要出现在上层水体并随着水深的增加逐渐降低，这可能是深水区光照受到限制不利于浮游植物的生长，从而影响了二甲基硫化物的生产。春季该断面深层水体中出现了 DMSOp 浓度高值，这可能与底层海水中沉积物的再释放有关。研究发现，DMS、DMSP 和 DMSO 浓度在三个季节整个断面的垂直分布存在明显差异。在春季和夏季三种二甲基硫化物的浓度高值区集中出现在表层和上混合层，并且随着深度的增加而显著降低，这表明 DMS、DMSP 和 DMSO 主要在上层水体产生。在冬季 DMS、DMSP 和 DMSO 的浓度在 50m 以下的水体分布均匀，体现了冬季海水较强的垂直混合。在冷水团区夏季上层水体 DMS 和 DMSP 的浓度显著高于近岸，而在冬季情况则正好相反，这主要是夏季上层水体甲藻的比例增加，而在冬季硅藻则成为该水域的优势藻类，因此夏季冷水团上层水体 DMS 和 DMSP 的浓度较高而冬季较低。

在 2009 ～ 2011 年的调查中发现，仅在发生藻华的局部海域发现 DMS 或 DMSPp 与 Chl-*a* 存在显著的相关性，这表明浮游植物与 DMS 和 DMSP 的浓度有密切关系，并且只有当某几种藻类成为某海域优势藻种时，DMS 和 DMSPp 与 Chl-*a* 的相关性才有望被发现。在 2017 ～ 2018 年的调查中发现，冬季、春季、夏季黄渤海表层海水中，DMSPp 与 Chl-*a* 均存在明显相关性，冬季 DMS 和 Chl-*a* 呈现出显著的正相关性，春季 DMSOp 与 Chl-*a* 存在明显相关性。两次调查的差异说明浮游植物对二甲基硫化物的产生具有重要影响，但同时其他的因素，如温盐、光照、营养盐组成及水体透明度和稳定性等，也会对二甲基硫化物的产生造成影响。此外，通过调查发现 DMSPp 与 Chl-*a* 的相关性均优于 DMS 与 Chl-*a* 的相关性，这主要是由于与 DMSP 相比，DMS 的产生与去除途径及其影响因素更加复杂。

黄渤海海域 DMS 生物生产与消费速率的分布受到多种因素的影响，包括人类活动、河流输入、浮游植物的生物量和微生物活动等。研究海域 DMS 的生物生产与消费速率存在明显的季节性变化，夏季最高，春季和秋季次之，冬季最低。整体来看，DMS 生物生产与消费速率的高值主要出现在近岸及河口地区，人类活动及挟带大量营养盐的河水的输入大大促进了近岸浮游植物的生长，也使得浮游动物的活动性增强，进而加快了 DMS 的生产与微生物消耗。DMS 的生物生产与消耗过程受到各种海洋物理、化学与生物因素的影响，但其影响程度存在明显的季节性差异。表层海水的温度和盐度等性质会影响 DMS 的生物周转。调查发现，冬季 DMS 的生物生产和消费速率与温度呈现出良好的负相关性，而在其他季节并未发现两者之间的相关关系。本研究发现海水中 DMSPd 浓度是 DMS 生物生产速率的主要影响因素之一。在冬季和春季，DMS 生物生产速率与海水中 DMSPd 浓度呈现良好的正相关性。此外，在冬季和春季的调查中发现，DMS 的微生物生产速率、消费速率与海水中 DMS 浓度也存在较好的正相关关系，这表明 DMS 的生物生产速率对 DMS 的现场浓度有显著影响，同时 DMS 的现场浓度也会对 DMS 消费速率产生影响。

黄渤海表层海水中 DMSPd 降解速率的平均值与 DMS 生物生产速率的平均值具有较高的一致性，且两者具有相似的分布规律，高值区主要出现在近岸及河口地区，说明 DMSP 的裂解过程是海水中 DMS 的主要来源。冬季 DMSPd 的降解速率明显低于春季，其可能是春季较为适宜的海水温度和营养盐水平促进了浮游植物的生长及二甲基硫化物的生产，并且海域内浮游动物及微生物的活动增强，DMSP 的降解速率得以提高。

DMS 海 - 气通量的调查显示，黄渤海 DMS 海 - 气通量呈现明显的季节性变化，夏季明显高于其他季节，这主要是其较高的 DMS 浓度引起的。两次调查初步估算的黄渤海 DMS 的释放量分别为 0.030Tg S/a 和 0.021Tg S/a。根据以上研究结果，虽然黄渤海占全球海洋面积的 0.13%，该区域两次调查中 DMS 的释放量分别占其全球释放量的 0.09% ～ 0.2% 和 0.06% ～ 0.14%，这表明虽然黄渤海这种高生产力的陆架海区仅占世界总海洋面积很小的一部分，但其 DMS 释放对全球海洋 DMS 的释放有重要影响。

参考文献

鲍献文，李娜，姚志刚，等 . 2009. 北黄海温盐分布季节变化特征分析 . 中国海洋大学学报，39（4）：553-562.
陈义中 . 2007. 黄海东海环流和长江冲淡水季节连续变化的数值模拟 . 上海：华东师范大学 .
崔茂常 . 1984. 长江冲淡水转向研究 . 海洋与湖沼，15（3）：222-229.
董婧，刘海映，毕远溥，等 . 2002. 黄海北部近岸的浮游甲藻生态 . 海洋水产研究，23（4）：46-50.
费尊乐，毛兴华，朱明远，等 . 1988. 渤海生产力研究——Ⅰ. 叶绿素 *a* 的分布特征与季节变化 . 海洋学报，10（1）：99-106.
高爽 . 2009. 北黄海叶绿素和初级生产力的时空变化特征及其影响因素 . 青岛：中国海洋大学 .
胡好国，万振文，袁业立 . 2004. 南黄海浮游植物季节性变化的数值模拟与影响因子分析 . 海洋学报，26：74-88.
李京 . 2008. 东海赤潮高发区营养盐结构及对浮游植物优势种演替的作用研究 . 青岛：中国海洋大学 .
厉丞烜 . 2010. 海水中 DMS 和 DMSP 的生物生产与消费的研究 . 青岛：中国海洋大学 .
林金美，林加涵 . 1997. 南黄海浮游甲藻的生态研究 . 生态学报，17（3）：252-257.
刘晓彤 . 2011. 夏、秋季黄河口及其邻近海域浮游植物群落结构和粒级结构的研究 . 青岛：中国海洋大学 .
鹿琳 . 2012. 黄渤海浮游植物种多样性及部分种分子鉴定 . 青岛：中国海洋大学 .
梅肖乐，方南娟 . 2013. 江苏近岸海域夏季浮游植物的分布特征及多样性 . 现代农业科技，4：229-232.
宋以柱 . 2014. 中国黄海、渤海 DMS 和 DMSP 的浓度分布及影响因素研究 . 青岛：中国海洋大学 .
孙娟 . 2007. 海水中 DMS 生物生产与消费速率研究 . 青岛：中国海洋大学 .
田伟 . 2011. 黄海中部春季浮游植物水华群落结构及演替 . 青岛：中国海洋大学 .
田伟，孙军 . 2011. 2009 年晚春黄海南部浮游植物群落 . 海洋科学，35：19-24.
王保栋，王桂云，郑昌洙，等 . 1999. 南黄海冬季生源要素的分布特征 . 黄渤海海洋，17：40-45.
王保栋 . 2000. 黄海冷水域生源要素的变化特征及相互关系 . 海洋学报，22：47-54.
王俊 . 2003. 黄海秋、冬季浮游植物的调查研究 . 海洋水产研究，24：15-23.

王亮 . 2011. 冬季南黄海浮游动物群落结构及指示种研究 . 青岛：中国科学院海洋研究所 .
韦钦胜，傅明珠，葛人峰，等 . 2010. 南黄海冷水域 35°N 断面化学水文学特征及营养盐的季节变化 . 环境科学，31：2063-2074.
辛明 . 2011. 黄海生源要素的分布特征及南、北黄海冷水团性质比较 . 青岛：国家海洋局第一海洋研究所 .
徐宗军 . 2007. 大气沉降对黄海和南海春季浮游植物群落和海洋初级生产力的影响 . 青岛：中国海洋大学 .
于志刚，米铁柱，谢宝东，等 . 2000. 二十年来渤海生态环境参数的演化和相互关系 . 海洋环境科学，19(1)：15-19.
臧璐 . 2009. 北黄海生源要素的季节特征及冷水团对其影响的研究 . 青岛：中国海洋大学 .
张洪海 . 2009. 中国东海、黄海 DMS 和 DMSP 的生物地球化学研究 . 青岛：中国海洋大学 .
张瑜 . 2012. 浮游动物摄食对二甲基硫产生和转移的影响 . 青岛：中国海洋大学 .
赵三军 . 2007. 黄、东海海洋浮游细菌的生态学研究 . 青岛：中国科学院海洋研究所 .
赵绪孔，泮惠周，张玉俊 . 1990. ENSO 与黄海北部海雾 . 黄渤海海洋，8（3）：16-20.
邹娥梅，郭炳火，汤毓祥，等 . 2000. 1996 年春季南黄海水文特征和水团分析 . 海洋学报，22（1）：17-26.
邹亚荣 . 2004. 渤海叶绿素 *a* 时空分布特征分析 . 遥感信息，3：30-31.
Andreae M O. 1990. Ocean-atmosphere interactions in the global biogeochemical sulfur cycle. Marine Chemistry，30：1-29.
Besiktepe S，Tang K W，Vila M，et al. 2004. Dimethylated sulfur compounds in seawater，seston and mesozooplankton in the seas around Turkey. Deep Sea Research Part Ⅰ：Oceanographic Research Papers，51：1179-1197.
Chen J F，Sætre R. 2001. Hydrographic condition and variability in the Yellow Sea and East China Sea during winter. Marine Fisheries Research，22（4）：21-28.
Coale K H，Johnson K S，Fitzwater S E，et al. 1996. A massive phytoplankton bloom induced by an ecosystem-scale iron fertilization experiment in the equatorial Pacific Ocean. Nature，383（6600）：495-501.
Dacey J W H，Howse F A，Michaels A F，et al. 1998. Temporal variability of dimethylsulfide and dimethylsulfoniopropionate in the Sargasso Sea. Deep Sea Research Part Ⅰ：Oceanographic Research Papers，45：2085-2104.
Dacey J W H，Wakeham S G. 1986. Oceanic dimethylsulfide：production during zooplankton grazing on phytoplankton. Science，233：1314-1316.
del Valle D A，Kieber D J，Toole D A，et al. 2009a. Dissolved DMSO production via biological and photochemical oxidation of dissolved DMS in the Ross Sea，Antarctica. Deep Sea Research Part Ⅰ：Oceanographic Research Papers，56（2）：166-177.
del Valle D A，Kieber D J，Toole D A，et al. 2009b. Biological consumption of dimethylsulfide（DMS）and its importance in DMS dynamics in the Ross Sea，Antarctica. Limnology and Oceanography，54：785-798.
Diao H X，Shen Z L. 1985. The vertical distribution of the chemical factors in the Yellow Sea Cold Water. Studia Marina Sinica，25：41-51.
Dickson D M J，Kirst G O. 1987. Osmotic adjustment in marine eucaryotic algae：the role of inorganic ions，quarternary ammonium，tertiary sulphonium and carbohydrate solutes：Ⅰ. Diatoms and a Rhodophyte. New Phytologist，106：645-655.
DiTullio G R，Smith W O. 1995. Relationship between dimethylsulfide and phytoplankton pigment concentrations in the Ross Sea，Antarctica. Deep Sea Research Part Ⅰ：Oceanographic Research Papers，42（6）：873-892.

Fu M Z, Wang Z L, Li Y, et al. 2009. Phytoplankton biomass size structure and its regulation in the Southern Yellow Sea (China): seasonal variability. Continental Shelf Research, 29: 2178-2194.

Fu M Z, Wang Z L, Pu X M, et al. 2012. Changes of nutrient concentrations and N : P : Si ratios and their possible impacts on the Huanghai Sea ecosystem. Acta Oceanologica Sinica, 31 (4): 101-112.

Groene T. 1995. Biogenic production and consumption of dimethylsulfide (DMS) and dimethylsulfoniopropionate (DMSP) in the marine epipelagic zone: a review. Journal of Marine Systems, 6: 191-209.

Gröne T, Kirst G O. 1992. The effect of nitrogen deficiency, methionine and inhibitors of methionine metabolism on the DMSP contents of *Tetraselmis subcordiformis* (Stein). Marine Biology, 112: 497-503.

Hashihama F, Hirawake T, Kudoh S, et al. 2008. Size fraction and class composition of phytoplankton in the Antarctic marginal zone along the 140°E meridian during February-March 2003. Polar Science, 2: 109-120.

Hodgkiss I J, Lu S H. 2004. The effects of nutrients and their ratios on phytoplankton abundance in Junk Bay, Hong Kong. Hydrobiologia, 512: 215-229.

Holligan P M, Turner S M, Liss P S. 1987. Measurements of dimethyl sulphide in frontal regions. Continental Shelf Research, 7: 213-224.

Huebert B J, Blomquist B W, Hare J E, et al. 2004. Measurement of the sea-air DMS flux and transfer velocity using eddy correlation. Geophysical Research Letters, 31 (23): 345-357.

Kettle A J, Andreae M O. 2000. Flux of dimethylsulfide from the oceans: a comparison of updated data sets and flux models. Journal of Geophysical Research: Atmospheres, 105: 26793-26808.

Kiene R P, Bates T S. 1990. Biological removal of dimethyl sulphide from seawater. Nature, 345: 702-705.

Kiene R P, Gerard G. 1995. Evaluation of glycine betaine as an inhibitor of dissolved dimethylsulfoniopropionate degradation in coastal waters. Marine Ecology Progress Series, 128 (1): 121-131.

Kiene R P, Linn L J, Bruton J A. 2000. New and important roles for DMSP in marine microbial communities. Journal of Sea Research, 43: 209-224.

Kiene R P, Service S K. 1991. Decomposition of dissolved DMSP and DMS in estuarine waters: dependence on temperature and substrate concentration. Marine Ecology Progress Series, 76: 1-11.

Kiene R P. 1996. Production of methanethiol from dimethylsulfoniopropionate in marine surface waters. Marine Chemistry, 54: 69-83.

Kumar S S, Chinchkar U, Nair S, et al. 2009. Seasonal dimethylsulfoniopropionate (DMSP) variability in Dona Paula bay. Estuarine, Coastal and Shelf Science, 81: 301-310.

Liss P S, Merlivat L. 1986. Air-sea gas exchange rates: introduction and synthesis//Buat-Ménard P. The Role of Air-Sea Exchange in Geochemical Cycling. New York: Springer: 113-127.

Liu H, Yin B. 2010. Numerical investigation of nutrient limitations in the Bohai Sea. Marine Environmental Research, 70: 308-317.

Liu S M, Zhang J, Chen S Z, et al. 2003. Inventory of nutrient compounds in the Yellow Sea. Continental Shelf Research, 23: 1161-1174.

Liu Z L, Wei H, Lozovatsky I D, et al. 2009. Late summer stratification, internal waves, and turbulence in the Yellow Sea. Journal of Marine Systems, 77 (4): 459-472.

Michaud S, Levasseur M, Cantin G. 2007. Seasonal variations in dimethylsulfoniopropionate and dimethylsulfide concentrations in relation to the plankton community in the St. Lawrence Estuary. Estuarine, Coastal and Shelf Science, 71 (3-4): 741-750.

Nightingale P D, Malin G, Law C S, et al. 2000. In situ evaluation of air-sea gas exchange parameterizations using novel conservative and volatile tracers. Global Biogeochemical Cycles, 14: 373-387.

Ning X R, Lin C L, Su J, et al. 2010. Long-term environmental changes and the responses of the ecosystems in the Bohai Sea during 1960-1996. Deep Sea Research Part Ⅱ: Topical Studies in Oceanography, 57(11): 1079-1091.

Pu X M, Sun S, Yang B, et al. 2004. The combined effects of temperature and food supply on *Calanus sinicus* in the southern Yellow Sea in summer. Journal of Plankton Research, 26 (9): 1049-1057.

Scarratt M G, Levasseur M, Schultes S, et al. 2000. Production and consumption of dimethylsulfide (DMS) in North Atlantic waters. Marine Ecology Progress, 204: 13-26.

Schultes S, Levasseur M, Michaud S, et al. 2000. Dynamics of dimethylsulfide production from dissolved dimethylsulfoniopropionate in the Labrador Sea. Marine Ecology Progress Series, 202: 27-40.

Shenoy D M, Patil J S. 2003. Temporal variations in dimethylsulphoniopropionate and dimethyl sulphide in the Zuari estuary, Goa (India). Marine Environmental Research, 56: 387-402.

Shenoy D M, Paul J T, Gauns M, et al. 2006. Spatial variations of DMS, DMSP and phytoplankton in the Bay of Bengal during the summer monsoon 2001. Marine Environmental Research, 62: 83-97.

Shi W, Wang M H. 2012. Satellite views of the Bohai Sea, Yellow Sea, and East China Sea. Progress in Oceanography, 104: 30-45.

Shiah F K, Ducklow H W. 1995. Regulation of bacterial abundance and production by substrate supply and bacterivory: a mesocosm study. Aquatic Microbial Ecology, 30: 239-255.

Shiah F K, Gong G C, Chen C C. 2003. Seasonal and spatial variation of bacteria production in the continental shelf of the East China Sea: possible controlling mechanisms and potential roles in carbon cycling. Deep Sea Research Part Ⅱ: Topical Studies in Oceanography, 50: 1295-1309.

Simó R, Archer S D, Pedrós-Alió C, et al. 2002. Coupled dynamics of dimethylsulfoniopropionate and dimethylsulfide cycling and the microbial food web in surface waters of the North Atlantic. Limnology and Oceanography, 47: 53-61.

Simó R, Grimalt J O, Albaigles J. 1997. Dissolved dimethylsulphide, dimethylsulphoniopropionate and dimethylsulfoxide in western Mediterranean waters. Deep Sea Research Part Ⅱ: Topical Studies in Oceanography, 44: 929-950.

Slezak D, Brugger A, Herndl G J. 2001. Impact of solar radiation on the biological removal of dimethylsulfoniopropionate and dimethylsulfide in marine surface waters. Aquatic Microbial Ecology, 25: 87-97.

Sunda W, Kieber D J, Kiene R P, et al. 2002. An antioxidant function for DMSP and DMS in marine algae. Nature, 418: 317-320.

Taylor B F. 1993. Bacterial transformation of organic sulfur compounds in marine environments//Oremland R S. The Biogeochemistry of Global Change: Radiatively Active Trace Gases. New York: Chapman and Hall: 745-781.

Turner S M, Nightingale P D, Broadgate W, et al. 1995. The distribution of dimethyl sulphide and dimethylsulphoniopropionate in Antarctic waters and sea ice. Deep Sea Research Part Ⅱ: Topical Studies in Oceanography, 42: 1059-1080.

Vila-Costa M, Kiene R P, Simó R. 2008. Seasonal variability of the dynamics of dimethylated sulfur compounds in a coastal northwest Mediterranean site. Limnology and Oceanography, 53: 198-211.

Wang B D, Wang X L, Zhan R. 2003. Nutrient conditions in the Yellow Sea and the East China Sea. Estuarine Coastal and Shelf Science, 58 (1): 127-136.

Wanninkhof R. 1992. Relationship between wind speed and gas exchange over the ocean. Journal of Geophysical

Research：Oceans，97：7373-7382.

Wei H，Sun J，Wan R J，et al. 2003. Tidal front and the convergence of anchovy（*Engraulis japonicus*）eggs in the Yellow Sea. Fisheries Oceanography，12（4-5）：434-442.

Yang G P，Jing W W，Li L，et al. 2006. Distribution of dimethylsulfide and dimethylsulfoniopropionate in the surface microlayer and subsurface water of the Yellow Sea，China during spring. Journal of Marine Systems，62：22-34.

Yang G P，Liu X T，Li L，et al. 1999. Biogeochemistry of dimethylsulfide in the South China Sea. Journal of Marine Research，57（1）：189-211.

Yang G P，Song Y Z，Zhang H H，et al. 2014. Seasonal variation and biogeochemical cycling of dimethylsulfide（DMS）and dimethylsulfoniopropionate（DMSP）in the Yellow Sea and Bohai Sea. Journal of Geophysical Research：Oceans，119（12）：8897-8915.

Yang G P，Tsunogai S，Watanabe S. 2005. Biogenic sulfur distribution and cycling in the surface microlayer and subsurface water of Funka Bay and its adjacent area. Continental Shelf Research，25：557-570.

Yang G P，Zhang H H，Zhou L M，et al. 2011. Temporal and spatial variations of dimethylsulfide（DMS）and dimethylsulfoniopropionate（DMSP）in the East China Sea and the Yellow Sea. Continental Shelf Research，31：1325-1335.

Yuan D，Zhu J，Li C，et al. 2008. Cross-shelf circulation in the Yellow and East China Seas indicated by MODIS satellite observations. Journal of Marine Systems，70（1-2）：134-149.

Zhang H H，Yang G P，Zhu T. 2008. Distribution and cycling of dimethylsulfide（DMS）and dimethylsulfoniopropionate（DMSP）in the sea-surface microlayer of the Yellow Sea，China in spring. Continental Shelf Research，28：2417-2427.

Zhang J. 1996. Nutrient elements in large Chinese estuaries. Continental Shelf Research，16（8）：1023-1045.

Zhang S W，Xia C S，Yuan Y L，et al. 2002. The physical-ecological coupling numerical models in the Yellow Sea Cold Water. Progress in Natural Science，12（3）：315-319.

Zubkov M V，Fuchs B M，Archer S D，et al. 2002. Rapid turnover of dissolved DMS and DMSP by defined bacterioplankton communities in the stratified euphotic zone of the North Sea. Deep Sea Research Part Ⅱ：Topical Studies in Oceanography，49（15）：3017-3038.

第4章
中国黄东海生源硫化物的生物地球化学过程

黄东海是西北太平洋的边缘海，面积约为 $1.17\times10^6km^2$，其中大陆架面积约占海区总面积的 70% 以上，是亚欧大陆与太平洋之间物质交换的重要通道，是世界上最具有代表性的大陆架海区之一。整个海区位于 23°00′N ～ 39°02′N、117°05′E ～ 131°03′E。黄东海海域是人类活动、经济开发最为集中的地带，也是陆地、海洋和大气各种过程相互作用较为激烈的地带。作为西北太平洋的西边界流，其具有独特的水文特征，该海域终年受强大海流黑潮（具有高温、高盐、低营养盐的特征）的影响。黑潮及其分支台湾暖流（Liu et al.，2006；Lee and Chao，2003；Beardsley et al.，1985）对黄东海的环流结构、水文状况、局部气候及生态环境产生了重要影响。同时，长江冲淡水至上海附近注入东海，与黑潮水在东海交汇，加之西部水下地形不平坦，因而形成以上升流为主要特征的水文状况。长江冲淡水（Jing et al.，2007；Naimie et al.，2001）的性质与黑潮性质相反，具有低温、低盐、高营养盐的特点。此外，北上的黄海暖流、南下的沿岸流、季节性的黄海冷水团也导致该海域生态环境复杂多样（图 4-1）。随着季节的交替，输入东海的长江冲淡水与黑潮的影响强度都呈现季节性变化，使浮游植物生长与藻类类别都随季节而变化，进而使 DMS、DMSP 和 DMSO 的生产与释放受到一定的影响。目前，对黄东海海域 DMS 的分

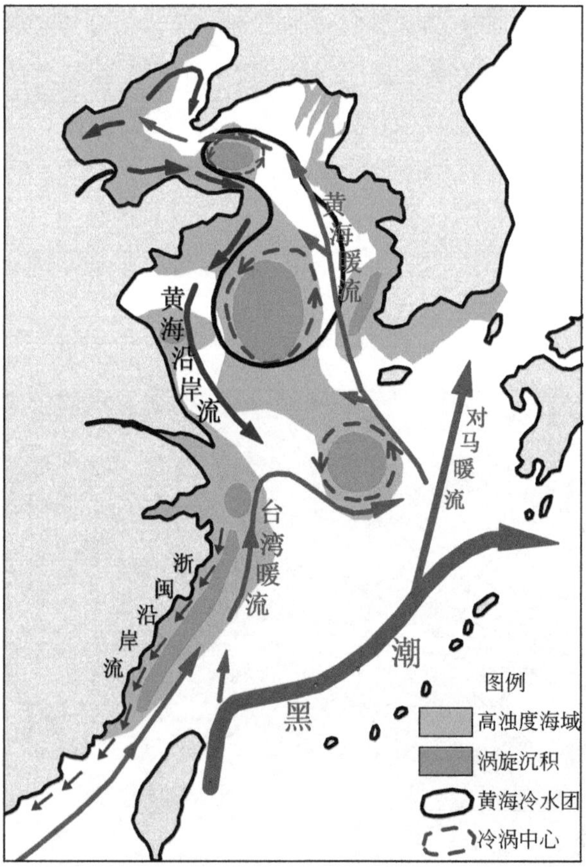

图 4-1　黄东海环流基本系统

布已有一定的研究（贾腾等，2017；孙婧等，2016；李江萍等，2015；高楠等，2014；宋以柱等，2014；王鑫等，2014；杨桂朋等，2014；Zhang et al.，2014；Yang et al.，2000，2011；Yang and Yang，2011）。然而，之前的研究大部分是针对其分布进行的初步调查，对环境各因素的影响及 DMS 的迁移转化过程没有进行系统的讨论。本章以中国黄东海海域为调查对象，总结本实验室近 5 年来关于 DMS、DMSP 和 DMSO 的研究成果（于海潮，2019；翟星，2019；鉴珊，2017），进一步分析了这三种生源硫化物的分布特征、季节性变化和环境控制因素，评估了 DMS 的三种去除途径（微生物消耗、光降解和海气交换）的贡献率，建立了表层海水中生源硫化物的迁移转化模型，更深入地认识了 DMS 的生物地球化学循环。

4.1　黄东海生源硫化物的浓度分布及时空变化

本研究主要依托国家自然科学基金项目及国家重点研发计划项目对中国黄东海海域进行了 9 个航次的现场调查，分别于 2015 年 10 ～ 11 月（秋季）、2016 年 5 ～ 6 月（春季）、2016 年 9 ～ 10 月（秋季）、2017 年 5 月（春季）、2019 年 5 月（春季）、2019 年 9 月（秋季）搭载“科学 3 号”“向阳红 18 号”调查船（依托国家自然科学基金项目），2017 年 3 ～ 4 月（春季）、2018 年 6 ～ 7 月（夏季）、2019 年 12 月（冬季）搭载“东方红 2 号”“东方红 3 号”调查船（依托国家重点研发计划项目）对中国黄东海海域进行了系统的调查研究。站位采水通过 Niskin 采水器进行采集，现场的温度、盐度、深度等环境参数由 CTD（SeaBird 911 Plus）获取，气温、风速等气象信息由船载气象观测仪测定。航次采集的表层海水主要用于 DMS、DMSP、DMSO、Chl-*a* 和细菌丰度的测定，探讨生源硫化物的水平分布、季节性变化特征及环境因素对其分布的影响，并选取部分断面对 DMS、DMSP 和 DMSO 进行垂直变化规律研究。此外，本节还对沉积物间隙水中生源硫化物的浓度及表层海水中 DMSP 和 DMSO 的粒径分级进行了分析。

4.1.1　黄东海表层海水中生源硫化物的水平分布特征

1. 春季黄东海表层海水中生源硫化物的水平分布

（1）2016 年春季东海航次调查站位如图 4-2 所示。调查海域表层海水的温度和盐度范围分别为 20.91 ～ 26.76℃和 24.13 ～ 34.65，平均值分别为 24.12℃和 31.37。春季温－盐（*T-S*）图（图 4-3）说明春季东海受各水团的影响相对剧烈，由图 4-3 中温度和盐度的水平分布可以看出该海域西北方向的长江口沿岸海水温度与盐度较低，这是因为春季长江径流量增大，影响范围变广，低温低盐的长江冲淡水导致东海的西北海区温度和盐度明显较低。外海则出现了以高温高盐为特点的边界流，这主要是黑潮表层水及台湾暖流引起的（Gong et al.，1996；Chen et al.，1995）。总体上，表层海水温度和盐度由该海域西北方向向东南方向呈现出明显的梯度上升的变化。

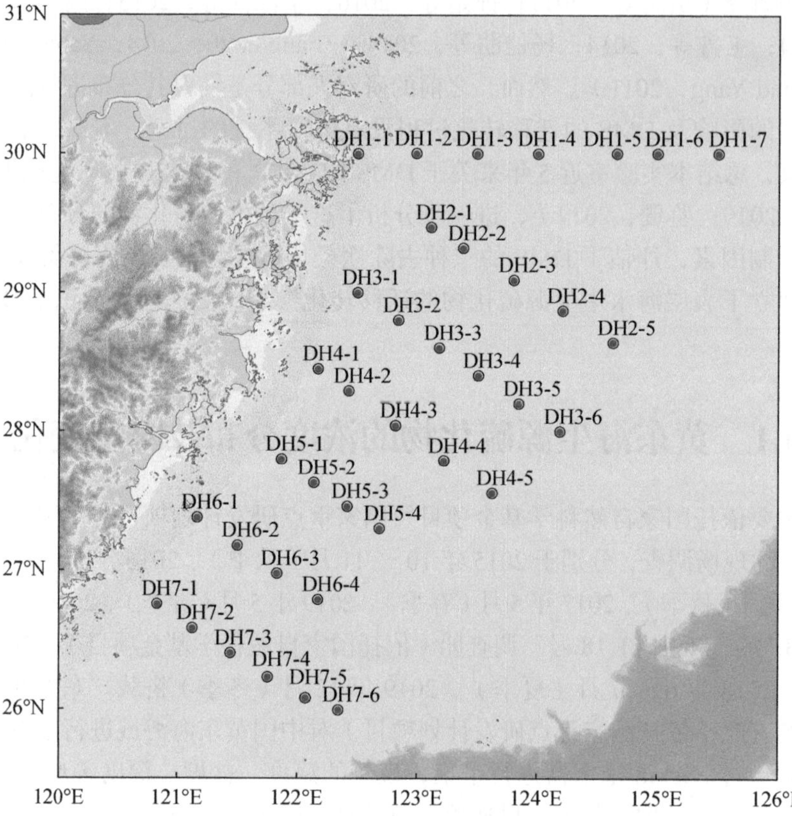

图 4-2　2016 年春季东海调查站位图

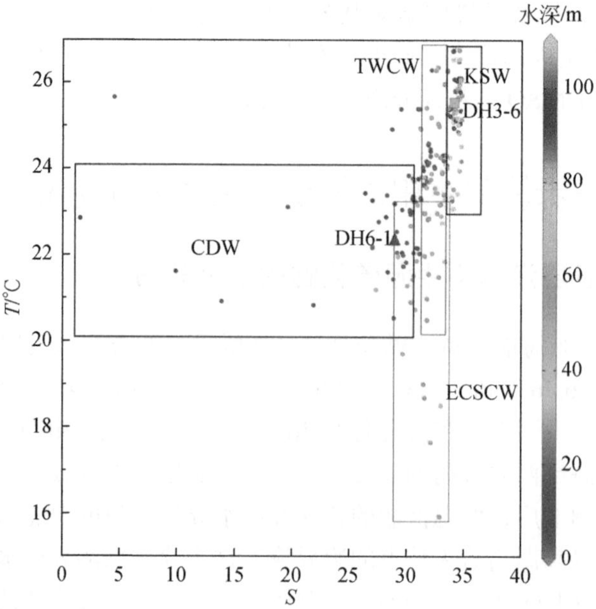

图 4-3　2016 年东海春季航次的温－盐（*T-S*）图

主要的水团用矩形标识；CDW：长江冲淡水；ECSCW：东海沿岸流；KSW：黑潮表层水；TWCW：台湾暖流

根据春季调查结果，春季东海表层海水中 DMS、DMSPd、DMSPp、DMSOd、DMSOp 和 Chl-*a* 浓度变化范围较大，分别为 0.47 ～ 16.57nmol/L、0.56 ～ 12.10nmol/L、0.33 ～ 77.49nmol/L、5.86 ～ 43.69nmol/L、8.14 ～ 32.92nmol/L 和 0.24 ～ 7.32μg/L，平均值分别为（6.17±4.84）nmol/L、（6.31±2.83）nmol/L、（22.60±17.37）nmol/L、（18.41±9.42）nmol/L、（16.95±5.38）nmol/L 和（1.58±1.44）μg/L（Jian et al.，2017）。表层海水中的浮游植物生物量（以 Chl-*a* 为指示物质）与之前 Zhang 等（2018）报道相同月份东海的研究结果（0.06 ～ 8.13μg/L）非常接近，明显高于秋季。DMS、DMSPd、DMSPp、DMSOd、DMSOp 和 Chl-*a* 浓度的水平分布图（图 4-4）显示，Chl-*a* 的浓度最大值出现在近岸的 DH6-1 站位，最小值在离陆地较远的 DH3-6站位，这可能是长江冲淡水（图 4-3）及人类活动的影响使近岸营养盐水平提高，从而促进了近岸浮游植物的生长。DMS、DMSPp、DMSOp 和 Chl-*a* 浓度的分布规律较为相似，近岸具有较高的初级生产力，因而 DMS、DMSPp 和 DMSOp 浓度的高值区也出现在近岸的 DH4-2 和 DH6-2 站位，而在寡营养盐的 DH2-5、DH4-5 和 DH5-4 远海站位 DMS、DMSPp 和 DMSOp 的浓度相对较低。DMSPd 的浓度最大值出现在 DH4-2 站位，与 DMSPp 相对应。然而，DMSOd 则在 DH5-1 站位浓度最大，此站位的 DMSPp 和 DMSOp 浓度都比较低，但是 DMS 的浓度明显比平均值高，这表明 DMS 与 DMSO 之间的相互转化过程是海水中 DMSOd 的一个重要来源之一。

（2）作者团队于 2017 年 3 ～ 4 月搭载“东方红 2 号”调查船，对中国北黄海、南黄海和东海海域开展了系统的现场调查，调查站位如图 4-5 所示。春季黄东海表层海水中 Chl-*a*、DMS、DMSPd、DMSPp、DMSOd 和 DMSOp 浓度的水平分布如图 4-6 所示。Chl-*a* 的浓度范围为 0.02 ～ 8.80μg/L，平均值为 1.12μg/L。DMS、DMSPd、DMSPp、DMSOd 和 DMSOp 的浓度范围分别为 0.77 ～ 41.21nmol/L、1.55 ～ 32.26nmol/L、0.28 ～ 281.08nmol/L、1.94 ～ 18.36nmol/L 和 0.39 ～ 29.38nmol/L，平均值分别为 8.04nmol/L、6.78nmol/L、38.34nmol/L、6.85nmol/L 和 5.39nmol/L。总体来说，Chl-*a* 和 DMSPp 的浓度较大，这主要是春季浮游植物的生长旺盛所致。其中，DMSPd、DMSOd、DMS 的浓度基本相等，而 DMSPp 的浓度约是 DMS 浓度的 4.8 倍。

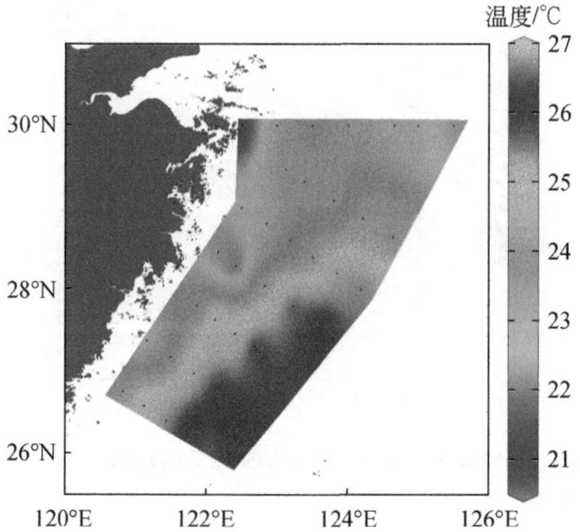

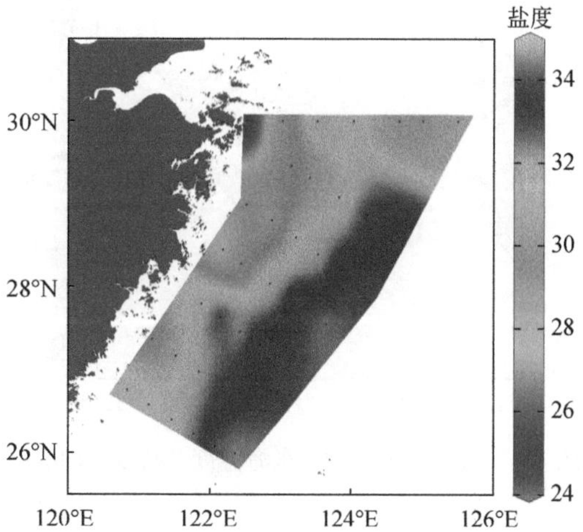

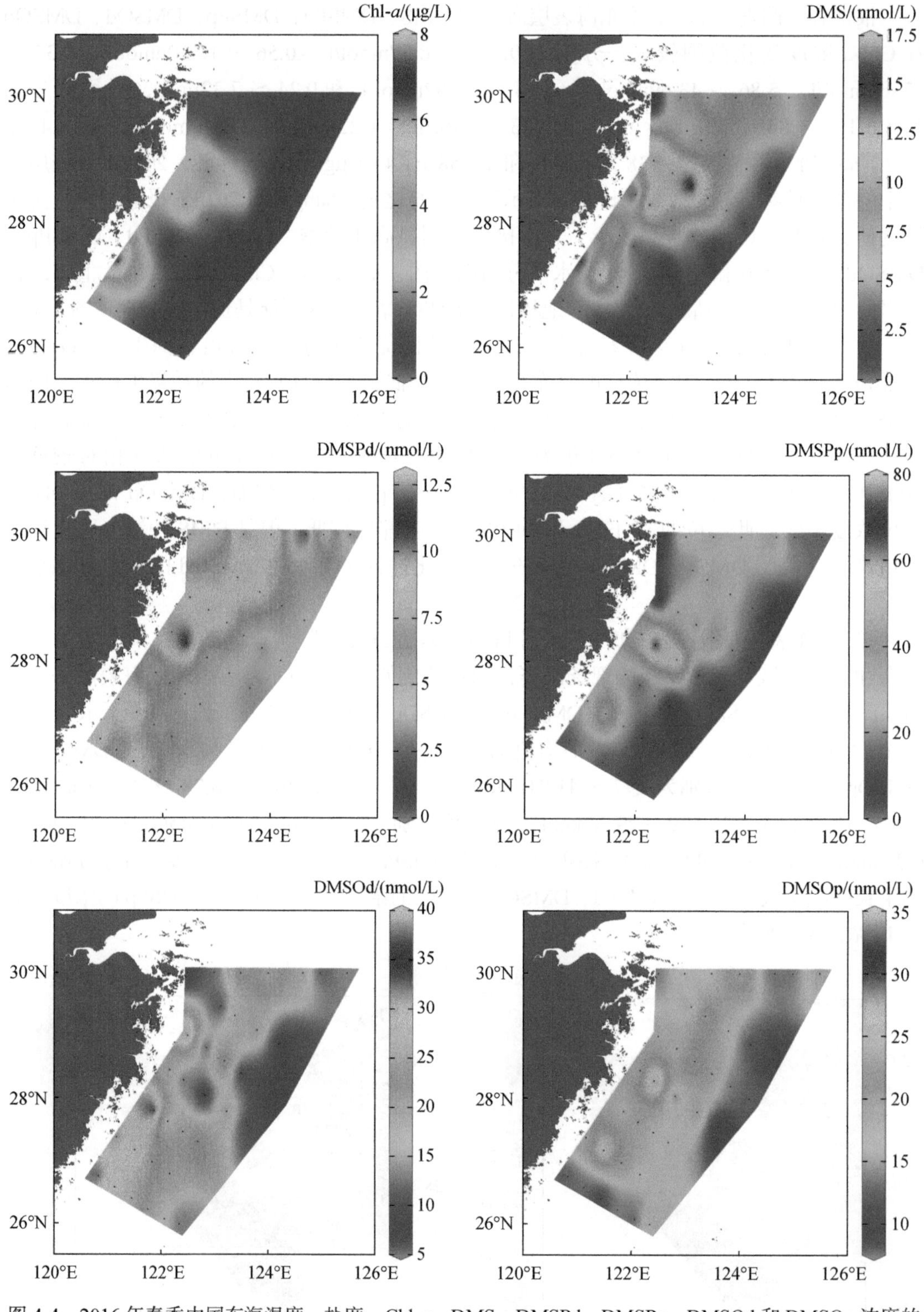

图 4-4　2016 年春季中国东海温度，盐度，Chl-*a*、DMS、DMSPd、DMSPp、DMSOd 和 DMSOp 浓度的水平分布图

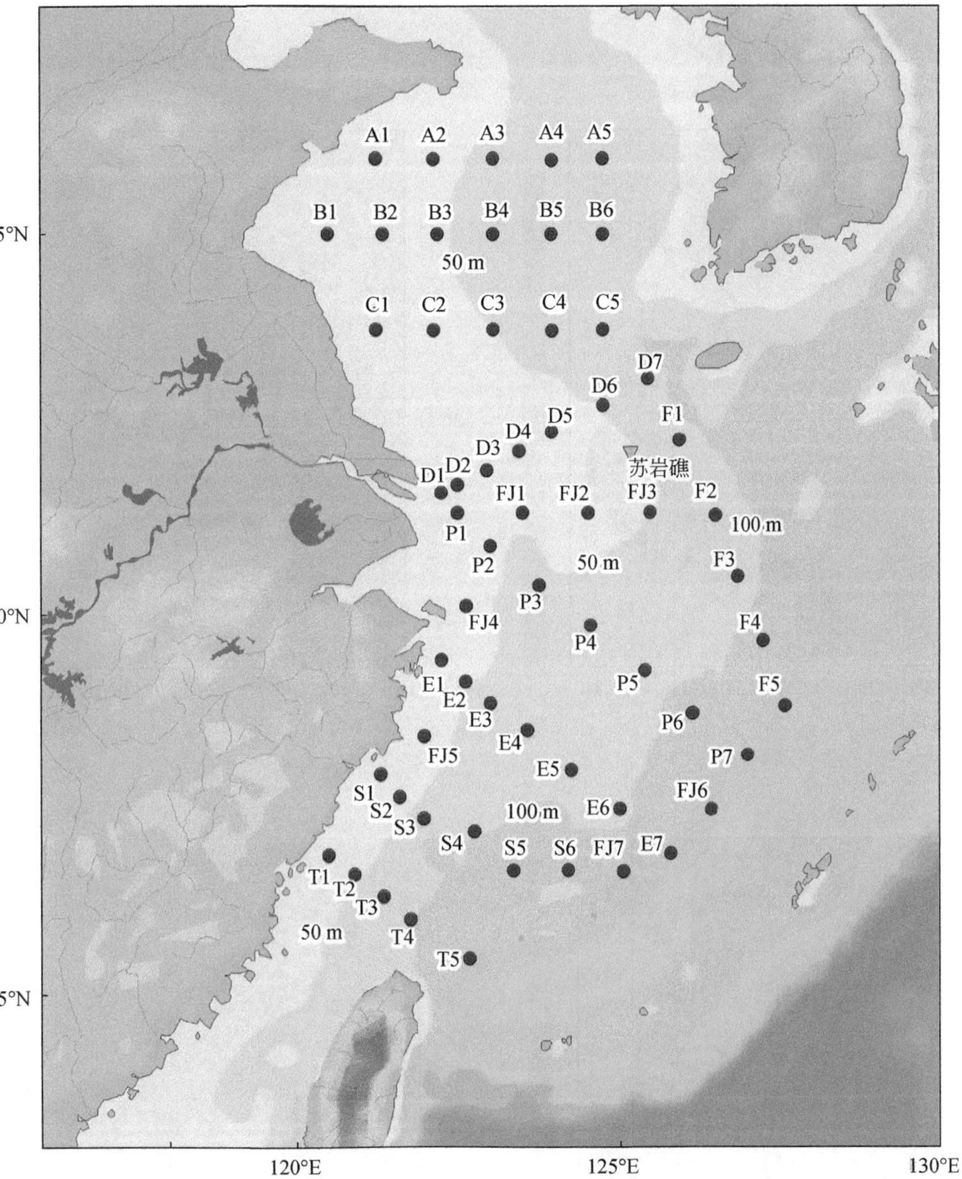

图 4-5　2017 年春季黄东海调查站位图

从图 4-6 可以看出，DMS、DMSPd 和 DMSPp 浓度的水平分布总体上表现出近岸高、远海低的趋势，并且它们在东海中的浓度要明显高于南黄海。二甲基硫化物的高值区出现在山东半岛的南部海域，而 Chl-*a* 也在此区域出现了高值，说明了浮游植物是 DMS 和 DMSP 的主要生产者。另外，在杭州湾的外围海域出现了 Chl-*a* 和 DMSPp 浓度的高值区，这可能是长江冲淡水带来的丰富的营养盐促进了浮游植物的生长。虽然 DMSP 是 DMS 的前体物质，但 DMS 和 DMSPd 及 DMSPp浓度的水平分布却有一定的差异，说明 DMSPp 的产生、DMSPp 向 DMSPd 的转化、DMSPd向 DMS 的转化及 DMS 的氧化等是一个复杂的生物地球化学过程。

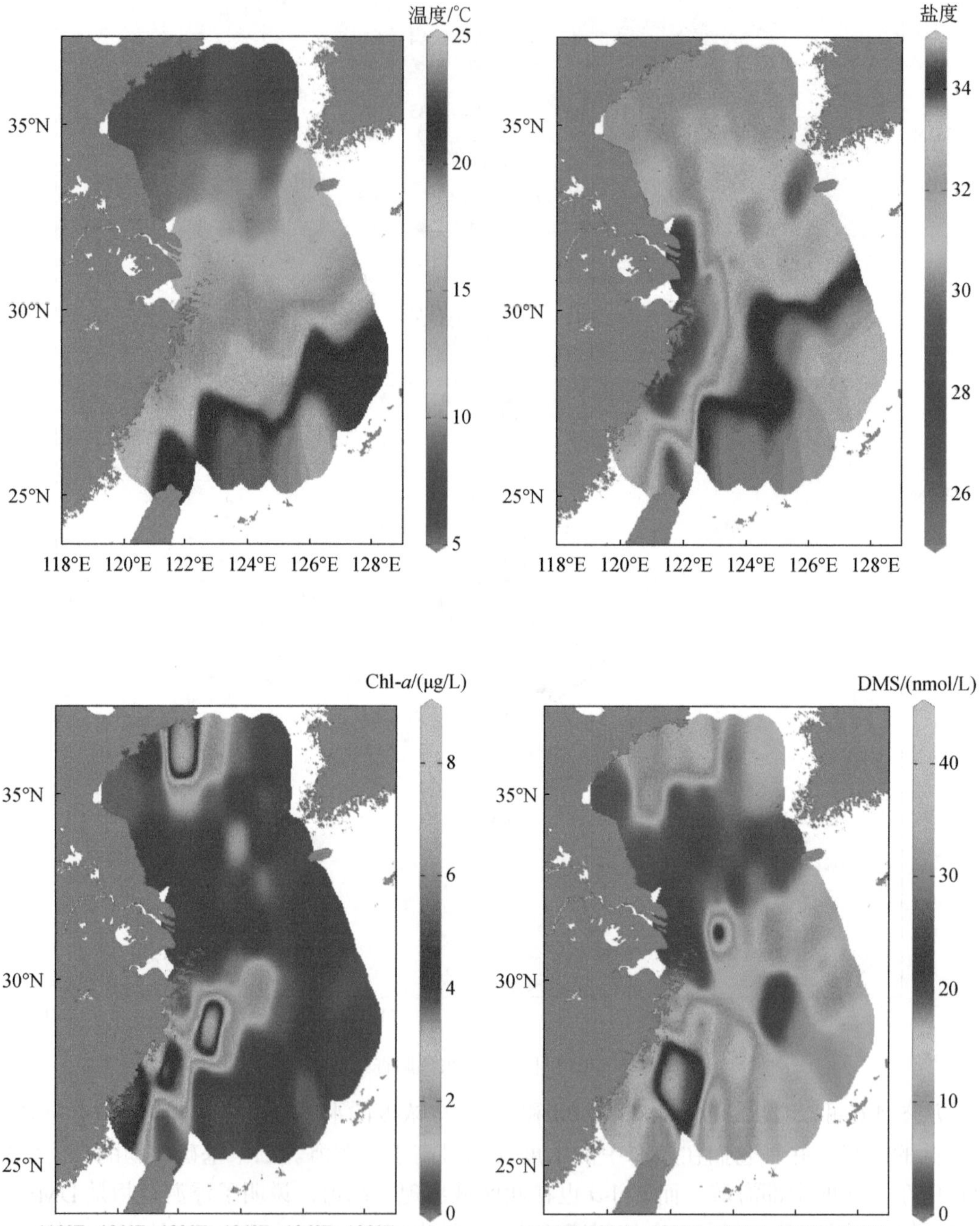

温度/℃
25
20
15
10
5
盐度
34
32
30
28
26
Chl-a/(μg/L)
8
6
4
2
0
DMS/(nmol/L)
40
30
20
10
0
35°N
30°N
25°N
118°E
120°E
122°E
124°E
126°E
128°E

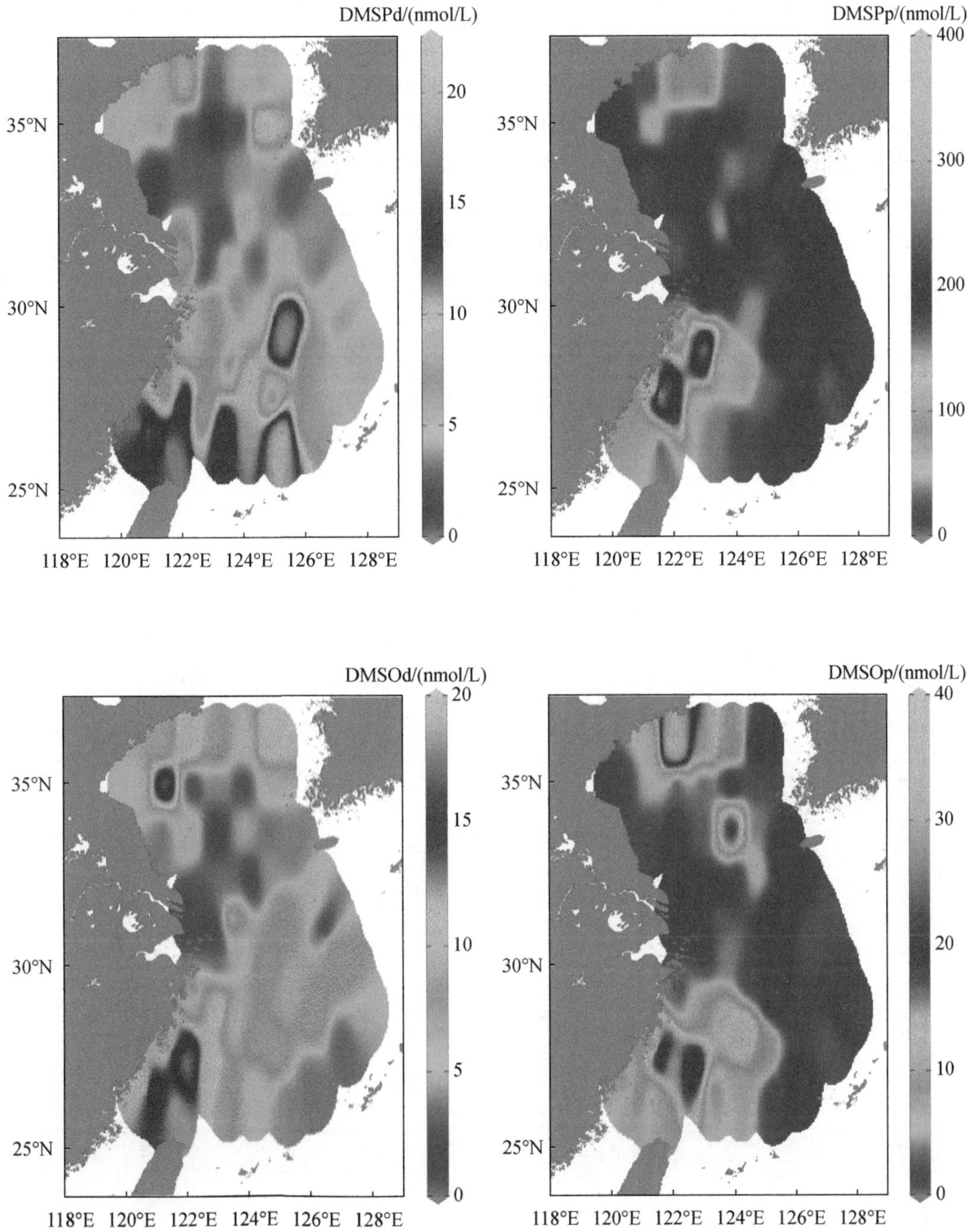

图 4-6　2017 年春季黄东海表层温度，盐度，Chl-*a*、DMS、DMSPd、DMSPp、DMSOd 和 DMSOp 浓度的水平分布图

（3）2017 年 5 月春季东海调查站位如图 4-7 所示，表层海水温度为 20.03 ～ 26.47℃，平均温度为 22.25℃，平均盐度为 31.96（28.67 ～ 34.53）。表层海水 PO_4-P、DIN 和 SiO_3-Si 的平均浓度分别为（0.16±0.18）μmol/L、（5.99±4.54）μmol/L 和（7.72±6.02）μmol/L，如图 4-8 所示。整体而言春季东海表层海水受磷的限制显著。Chl-*a* 平均浓度为（0.50±0.39）μg/L，浓度范围为 0.02 ～ 1.85μg/L。Chl-*a* 浓度整体来看表现出近岸高、远海低的趋势，但在研究海域的北部趋势不明显。Chl-*a* 浓度在研究海域的中部和南部出现较低值，与 DIN 和 PO_4-P 的分布相似，但与温度和盐度的分布趋势相反，表明 Chl-*a* 浓度受冲淡水影响明显。中部低浓度 Chl-*a* 可能受高温、高盐和低营养盐水平的台湾暖流的影响。本研究中，硅藻和甲藻占所有浮游植物总量的 90% 以上，这与先前 Jiang 等（2015）的研究结果一致。硅藻数量为（1.29 ～ 110.74）$\times 10^3$cells/L，甲藻

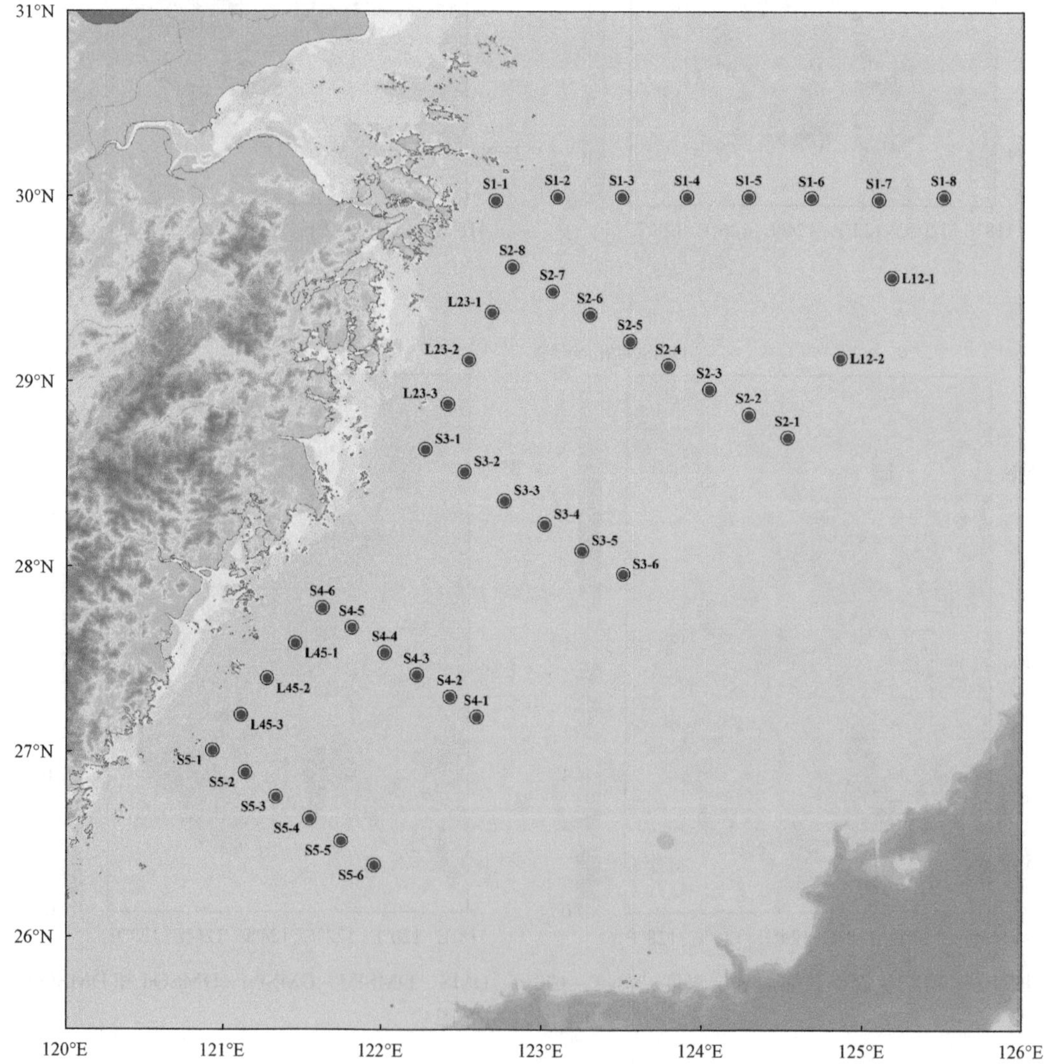

图 4-7　2017 年 5 月春季东海调查站位图

数量为（5.00 ～ 88.83）$\times 10^3$cells/L。所有硅藻中，最丰富的藻种为海链藻（*Thalassiosira* sp.）；甲藻中，最丰富的藻种为裸甲藻（*Gymnodinium* sp.）。

春季东海表层 42 个站位 DMS 的浓度范围为 2.29 ～ 35.09nmol/L，平均值为（8.84±6.55）nmol/L（图 4-8）。表层海水中 DMSPd 和 DMSPp 浓度范围分别为 1.89 ～ 22.74nmol/L 和 3.74 ～ 31.44nmol/L，平均浓度分别为（7.31±5.40）nmol/L 和（19.72±18.38）nmol/L。DMSOd 的平均浓度为（14.28±7.38）nmol/L，其浓度范围为 3.74 ～ 31.44nmol/L（Zhai et al.，2019）。整体来看，表层 DMSP 的浓度分布与 Chl-*a* 极为相似，其浓度高值出现在调查海域北部，中部和南部出现较低值。而 DMS 和 DMSOd 的浓度分布却与 Chl-*a* 稍有不同，其浓度最大值出现在调查海域的南部。在调查海域北部（28°N ～ 31°N），DMS/P/O（指 DMS、DMSP 和 DMSO）浓度最大值出现在沿海地区，最小值出现在研究区域东北部和中部。然而，在调查海域中部，受高温、高盐的台湾暖流的影响，营养物质含量较低，DMS/P/O 的浓度也出现低值。在调查区域南部（25°N ～ 28°N）随着调查位置与岸的距离的增加，DMS/P/O 的浓度均呈现减少的趋势。

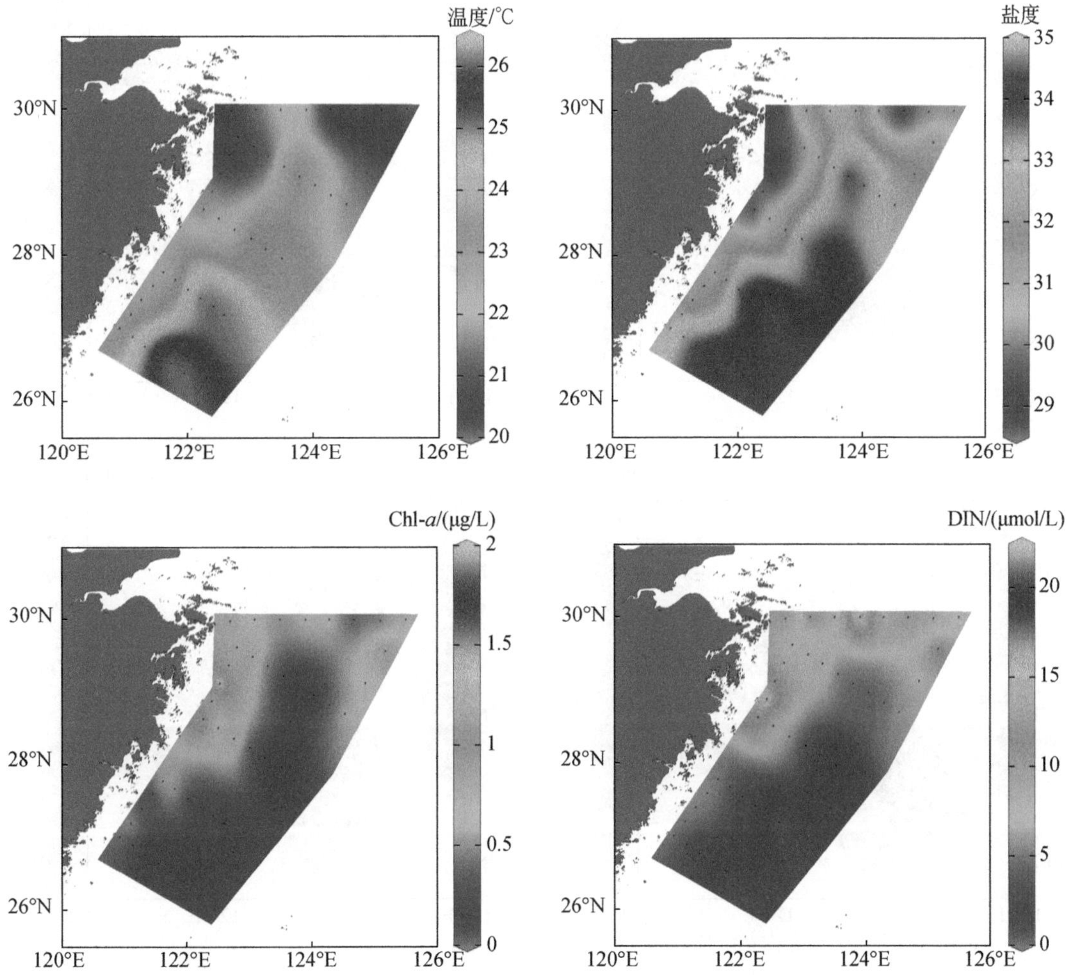

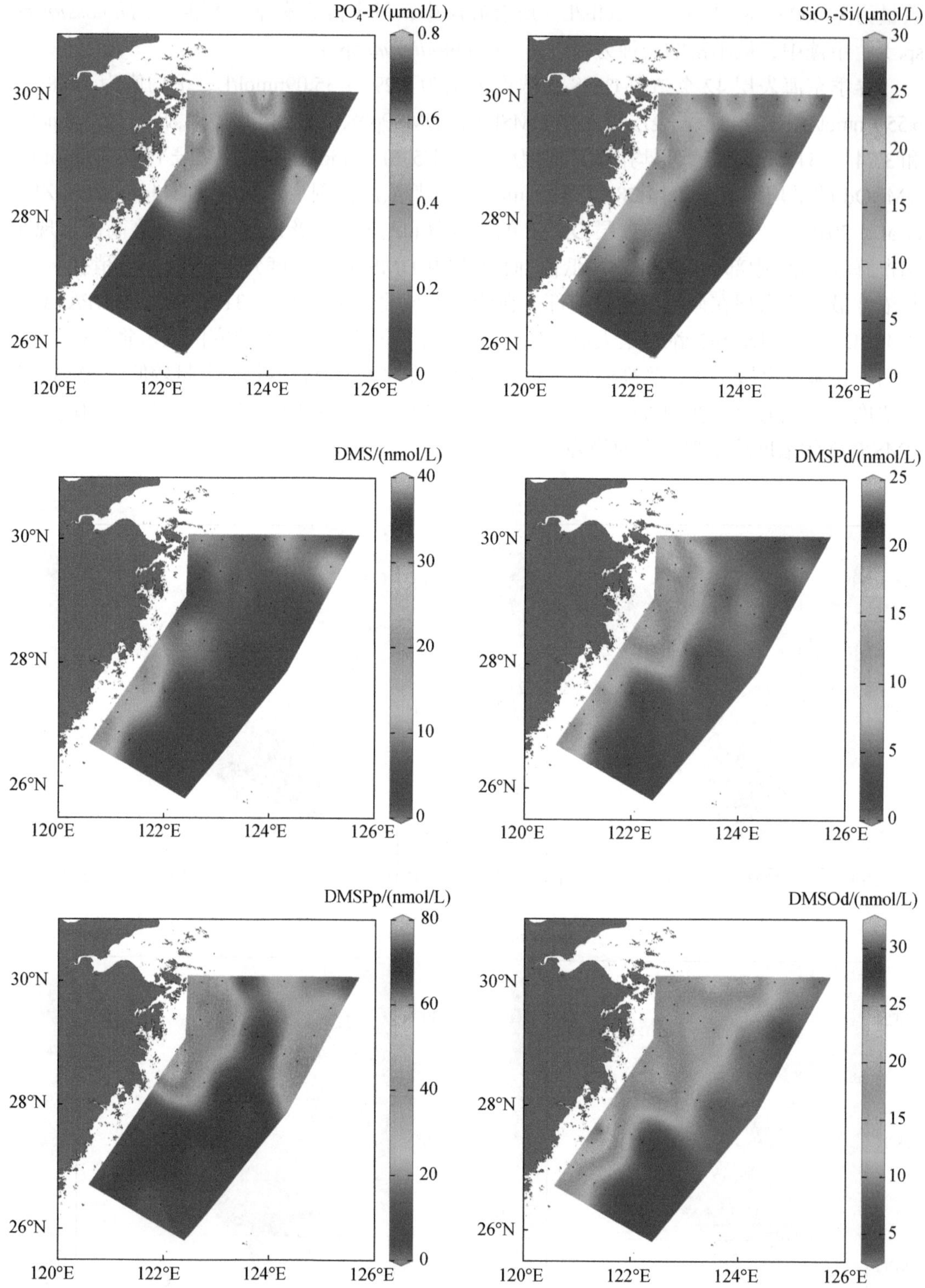
PO4-P/(μmol/L)
SiO3-Si/(μmol/L)
DMS/(nmol/L)
DMSPd/(nmol/L)
DMSPp/(nmol/L)
DMSOd/(nmol/L)
30°N
28°N
26°N
120°E
122°E
124°E
126°E

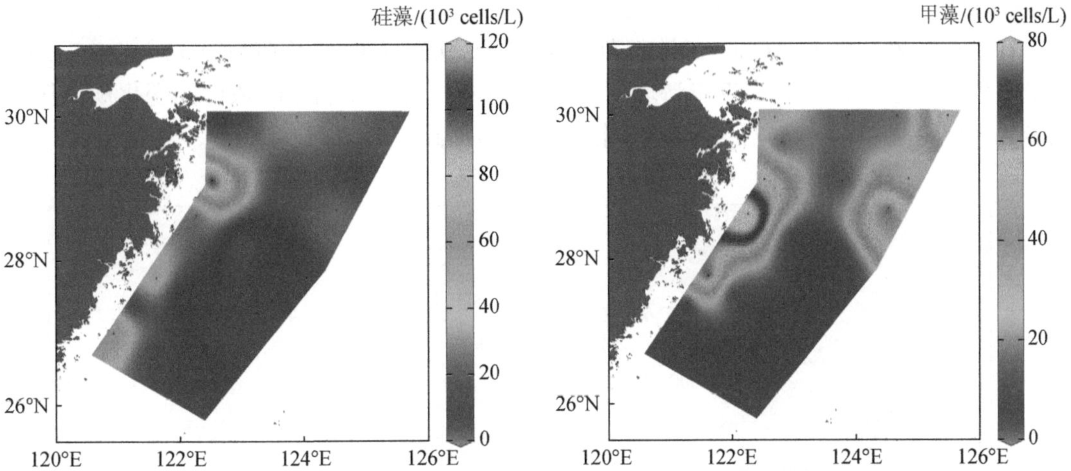

图 4-8　2017 年春季东海表层海水温度，盐度，Chl-*a*、营养盐、DMS、DMSPd、DMSPp 和 DMSOd 的浓度及硅藻、甲藻的丰度分布图

DMSP 的浓度高值出现在沿海断面 L23 上，Chl-*a*、营养盐、硅藻和甲藻丰度的最大值也出现在 L23 断面上。从表层海水的温盐分布可以看出，长江冲淡水向东扩展，几乎影响了 S1 断面和 L23 断面，说明 L23 断面环境因子和 DMSP 的浓度高值极可能受到长江冲淡水的影响。此外，在 S1-2 站位和 S1-3 站位附近的 29.8°N ～ 31°N 和 122.5°E ～ 123.5°E 海域范围经常有上升流出现（Jing et al.，2007），上升流能够将深层水中再矿化的丰富营养物质带到表层。此外，沿海地区营养物质浓度相对较高（如 S3-1 站位 PO_4-P、DIN 和 SiO_3-Si 浓度分别为 0.47μmol/L、12.76μmol/L 和 14.02μmol/L），同样 Chl-*a* 浓度高值也出现在沿海站位（1.48μg/L），远远超过整个调查海域的平均水平。因此，河流输入和上升流可能导致这些站位表层海水高浓度营养物质与丰富的浮游植物，进而促进 DMSP 的生产。

长江沿岸和上升流区的 DMS 和 DMSOd 浓度也相对较高。DMS 和 DMSOd 浓度的最大值出现在南部的 L45 断面，但 Chl-*a* 和 DMSPp 浓度在该区域没有出现极大值，这一结果可能归因于 DMSO 比 DMSP 的来源更加广泛（Bouillon et al.，2002；Griebler and Slezak，2001）。L45 断面的表层海水具有较高的温度和较低的盐度，这表明该区域可能受东海沿岸流的影响，其导致 DMS 和 DMSOd 浓度高值的出现。

（4）2019 年春季东海调查站位如图 4-9 所示，表层海水中温度，盐度，Chl-*a*、DMS、DMSPd、DMSPp、DMSOd 和 DMSOp 浓度的水平分布见图 4-10。春季东海表层海水的温度变化范围为 17.46 ～ 25.45℃，平均值为 21.27℃；盐度变化范围为 28.70 ～ 34.57，平均值为 32.29。由图 4-10 可以看出，温度在水平分布上呈南部高北部低的变化规律，盐度变化主要由来自河流的淡水冲击导致，在河口处出现明显低值，并向外海方向逐渐增大，整体表现为近岸低远海高、南部高北部低的变化规律。受黑潮表层水的影响，东海外海区域形成了一条高温高盐的边界流。在东海南部海域明显存在一个较为稳定的高温高盐（温度＞ 25℃，盐度＞ 34）区域，说明春季东海此时仍受到台湾暖流向北入侵带来的影响

（Gong et al., 1996; Chen et al., 1995）。

春季东海表层海水中Chl-*a*的浓度范围为0.01～9.24μg/L，平均值为（1.43±1.63）μg/L，其最高值出现于浙江偏北部近岸海域的S01-1站位，与该海域DMS浓度的变化规律保持同步，可证明此处浮游植物的新陈代谢较快，进而提高了DMS的释放量。

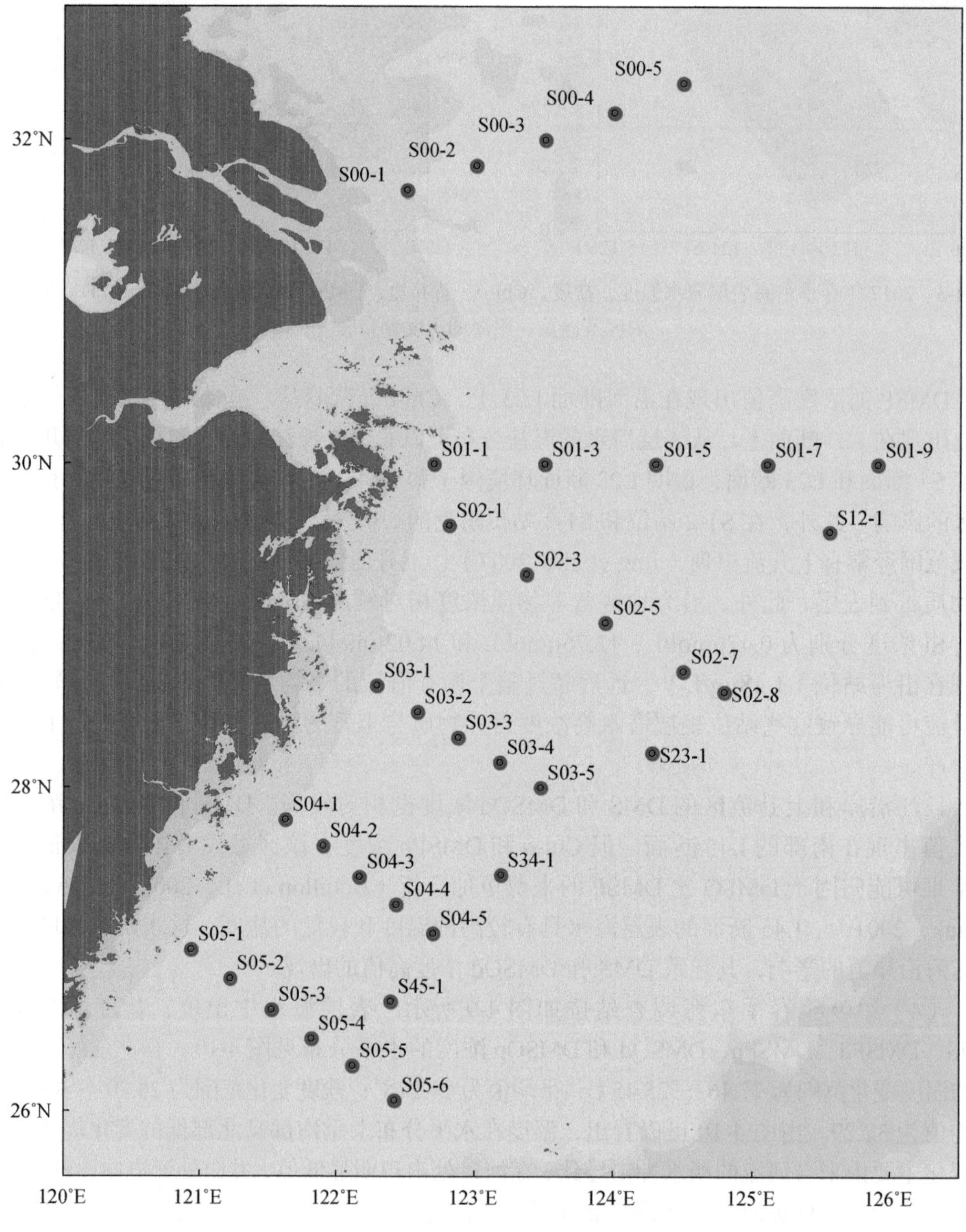

图 4-9　2019年春季东海调查站位图

春季中国东海海域表层海水的 DMS 浓度为 3.88（0.42 ～ 17.73）nmol/L。在水平分布上，DMSP、DMSO 浓度较 DMS 变化幅度更大，DMSPd、DMSPp、DMSOd 和 DMSOp 在表层海水中的浓度分别为 7.62（1.02 ～ 24.52）nmol/L、24.28（4.74 ～ 72.43）nmol/L、16.56（5.88 ～ 49.63）nmol/L 和 16.91（0.19 ～ 60.81）nmol/L。DMS、DMSPd、DMSPp 浓度的最高值分别位于 S05-1 站位、S05-1 站位和 S01-9 站位，同时，DMSPp 在福建东北部的 S05-1 站位也表现出 68.92nmol/L 的高值，Chl-*a*、DMSOd 及 DMSOp 在 S05-1 站位的浓度也分别高达 6.42μg/L、35.54nmol/L 和 18.97nmol/L。

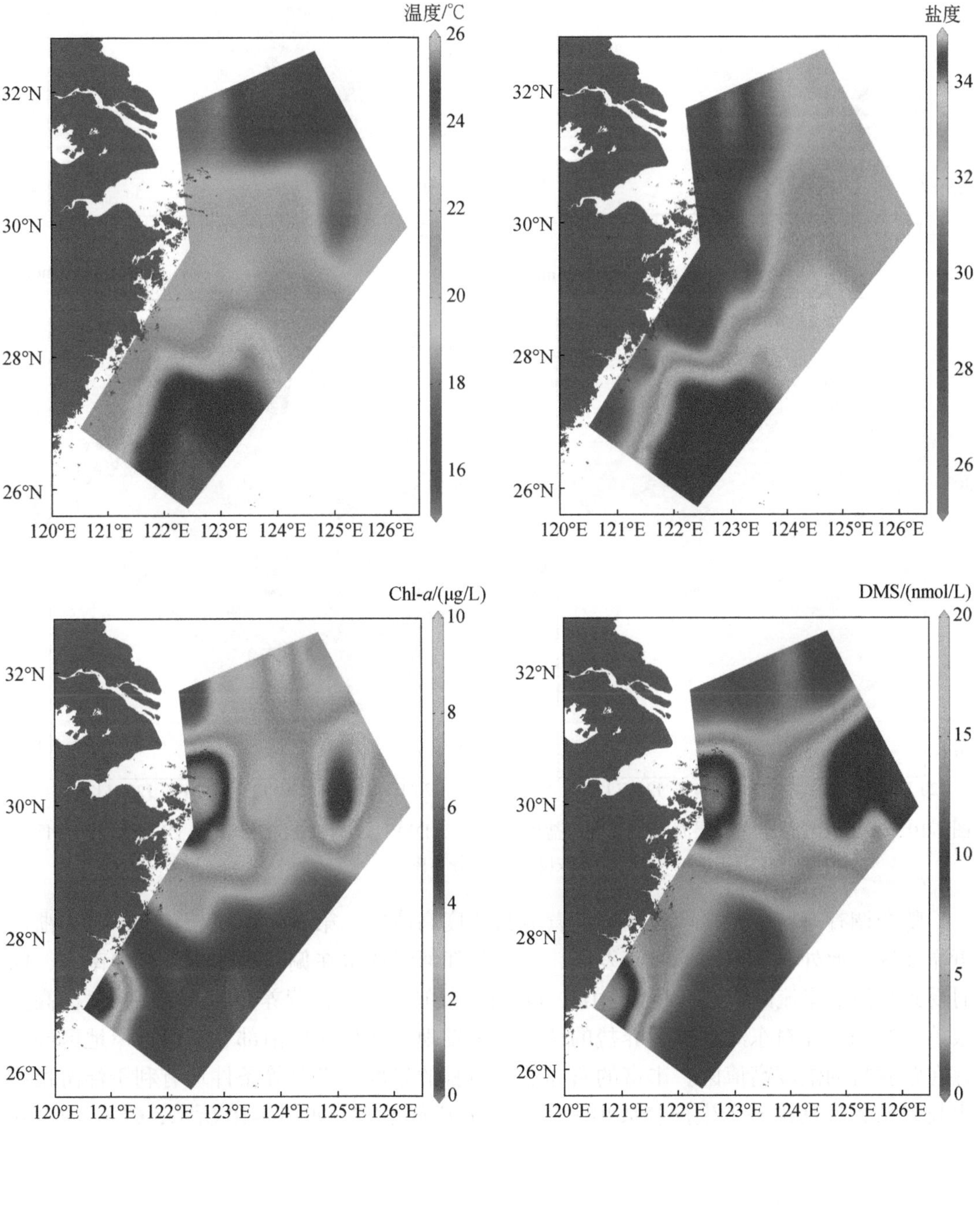

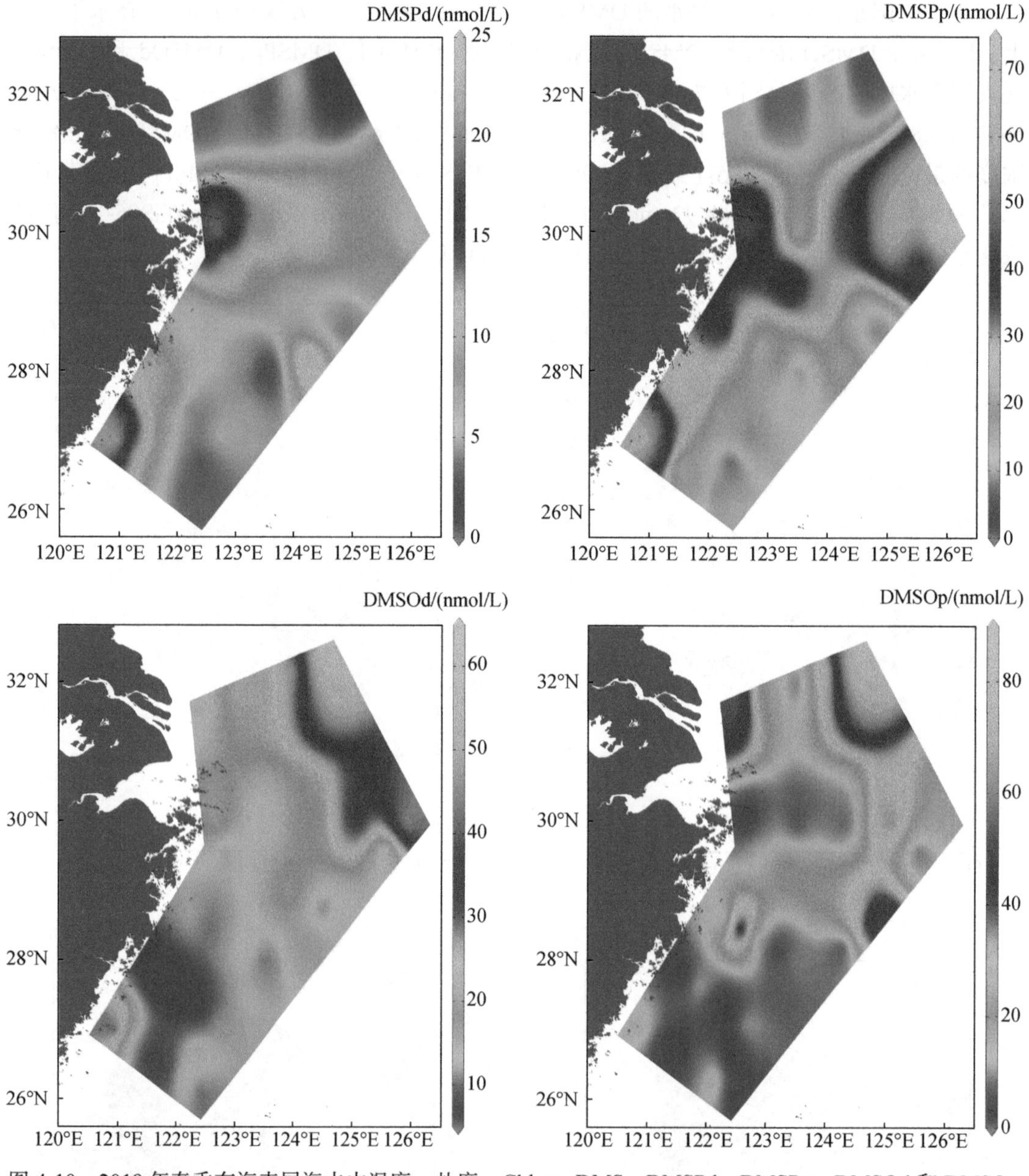

图 4-10　2019 年春季东海表层海水中温度，盐度，Chl-*a*、DMS、DMSPd、DMSPp、DMSOd 和 DMSOp 浓度的水平分布图

整个调查海域中存在两处明显的营养盐浓度高值区。第一处位于长江口南部、浙江近岸地区。此处属于东海赤潮高发区，春季长江河流淡水在偏北风作用下流向南方，同时受到东海沿岸流的影响，存在 DIN、PO_4-P 和 SiO_3-Si 三种营养盐的浓度高值区。高生泉等（2004）在对东海春季营养盐的调查中也发现，在长江口南部、浙江近岸地区确实存在营养盐的浓度高值区。丰富的营养盐及适宜的温度、光照等条件均有利于浮游植物生长繁殖，使其进一步生产释放出大量的二甲基硫化物。如图 4-10 所示，Chl-*a* 浓度在

该处表现出明显高值，并在 S01-1 站位达到最大值（9.24μg/L）。第二处位于调查海域东部、济州岛南部地区（30°N、125°E 附近）。此处受黑潮的影响，具有较高的温盐条件，Chl-*a* 也表现出较高的浓度水平。二甲基硫化物均存在浓度高值，这可能是高温高盐条件促使浮游植物加快新陈代谢，使其产生了更多的二甲基硫化物。

2. 夏季黄东海表层海水中生源硫化物的水平分布

作者团队于 2018 年 6 月 26 日至 7 月 17 日搭载“东方红 2 号”调查船，对中国北黄海、南黄海和东海海域开展了系统的现场调查，调查站位如图 4-11 所示。调查期间海域的温度、盐度如图 4-12 所示，调查海区的水文特征呈现出较为显著的差异，东海海域出现了明显的黑潮水入侵、长江冲淡水入海现象。2018 年夏季黄东海表层海水 DMSPd 和 DMSPp 的浓度范围分别为 2.40 ～ 37.43nmol/L 和 1.74 ～ 339.77nmol/L，平均值分别为 7.67nmol/L 和 67.54nmol/L。DMSP 浓度的分布整体呈现出黄海高于东海、近岸高于远海的趋势，DMSPp 浓度的最高值出现在黄海的沿岸附近，其最低值出现在东海的远海区域。

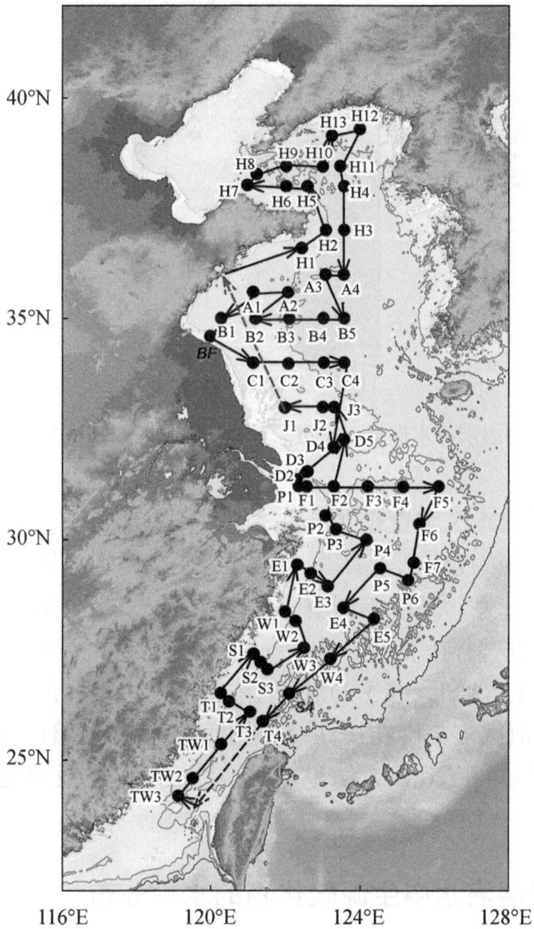

图 4-11　2018 年夏季黄东海调查站位图

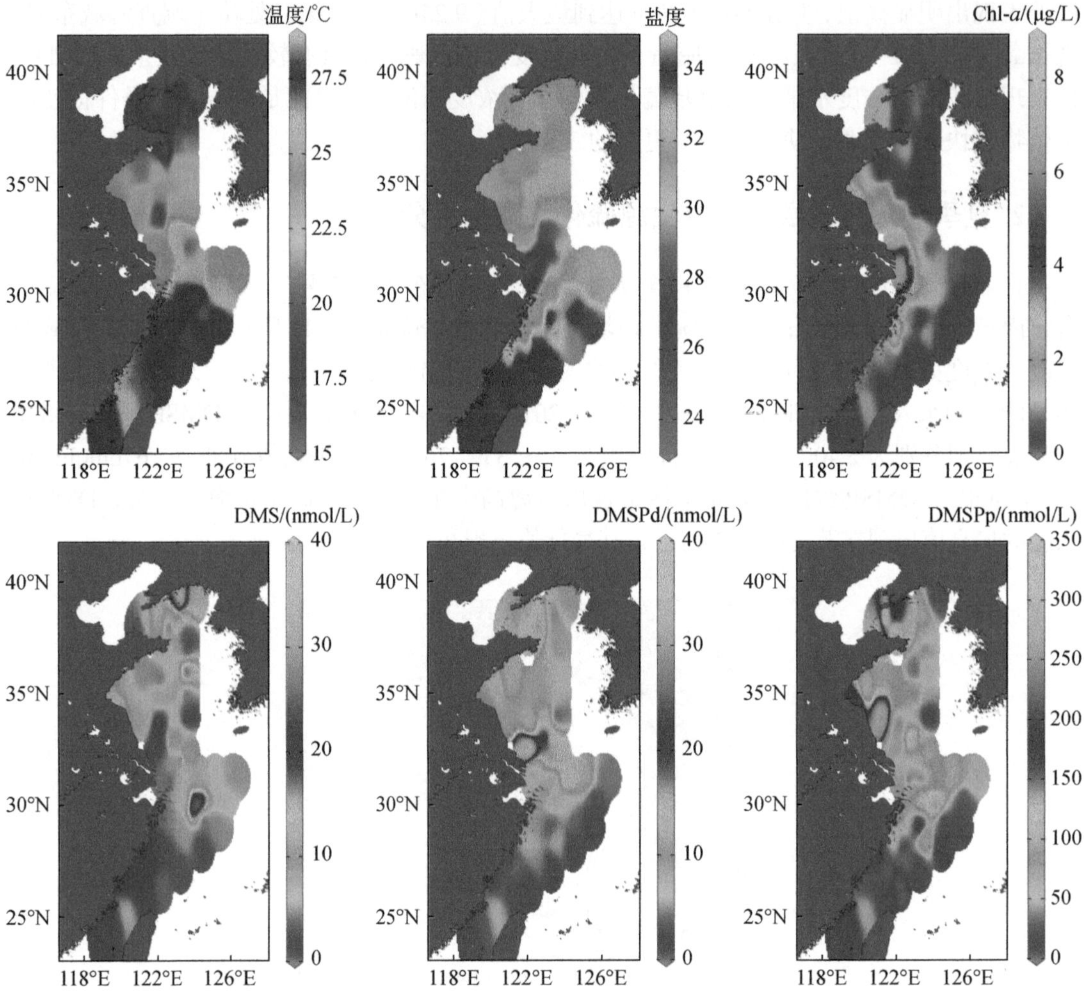

图 4-12　2018 年夏季黄东海表层海水温度，盐度，Chl-*a*、DMS、DMSPd 和 DMSPp 浓度的水平分布图

2018 年夏季黄东海 DMS 浓度范围为 1.14 ～ 36.83nmol/L，平均值为 6.11nmol/L。夏季调查期间 DMS 的平均浓度略低于春季，但是与往年调查结果相近，可能与春季调查期间东海海域的春季藻华有关。另外，不同季节的 DMS 浓度的空间分布也表现出较大的差异，春季北黄海的 DMS 浓度整体上低于东海，而夏季则相反，黄海的 DMS 浓度整体上高于东海。由图 4-6 和图 4-12 可知，春季 DMS 的浓度高值集中在浙闽沿岸和山东半岛附近，而夏季 DMS 的浓度高值区多集中在长江口外侧海域和江苏及辽宁沿岸海域。本航次还对台湾海峡内的三个站位进行了观测，结果表明台湾海峡包括其以北海区的 DMS 浓度呈现出较低水平。

3. 秋季黄东海表层海水中生源硫化物的水平分布

（1）2015 年秋季东海调查站位如图 4-13 所示，调查结果表明该海域表层海水温度和盐度范围分别为 21.17 ～ 25.01℃和 26.00 ～ 34.52，平均值分别为 23.63℃和 33.39。温 - 盐（*T-S*）图（图 4-14）显示，秋季东海受到黑潮表层水、台湾暖流、长江冲淡水和东海沿岸流的影响。从温度和盐度的水平分布图（图 4-15）可以看出，温度和盐度都呈现出由西北海域向东南海域逐渐递增的趋势。台湾北部海域由于受黑潮及其支流——台湾暖流的入侵，温度和盐度较高，较大的温盐差对海域浮游植物的分布和群落结构差异都可能造成一定的影响，进而影响二甲基硫化物的生产释放。

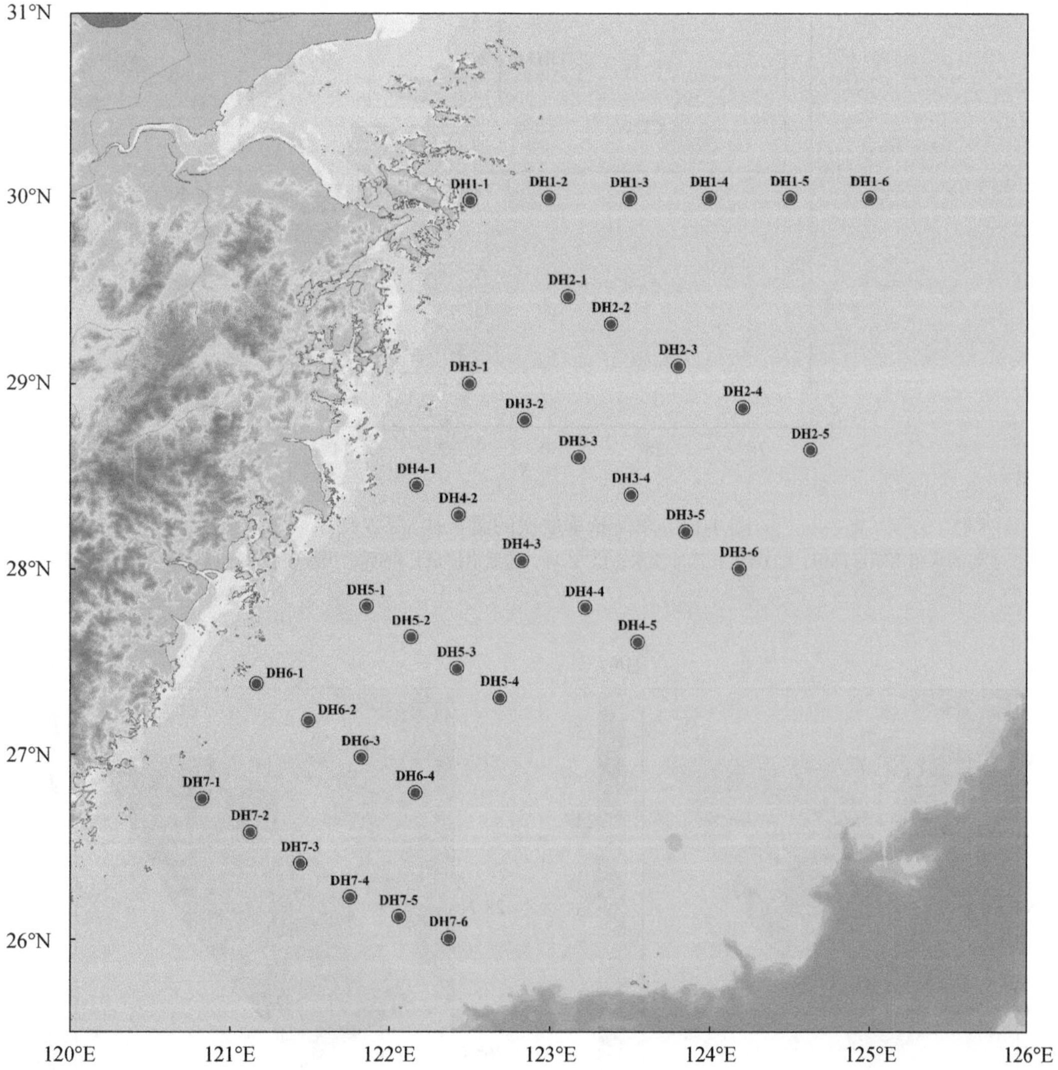

图 4-13　2015 年秋季东海调查站位图

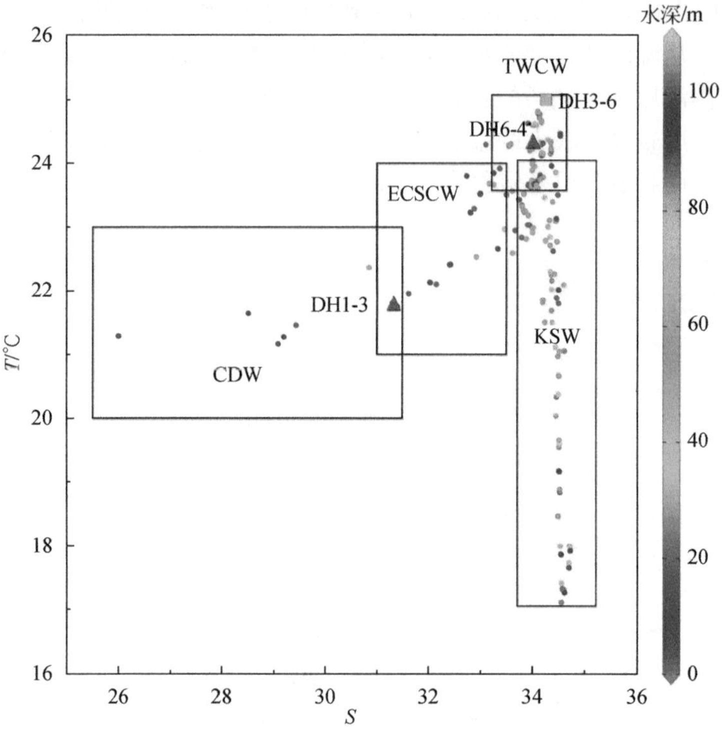

图 4-14　东海秋季航次的温－盐（*T-S*）图

主要的水团用矩形标识；CDW：长江冲淡水；ECSCW：东海沿岸流；KSW：黑潮表层水；TWCW：台湾暖流

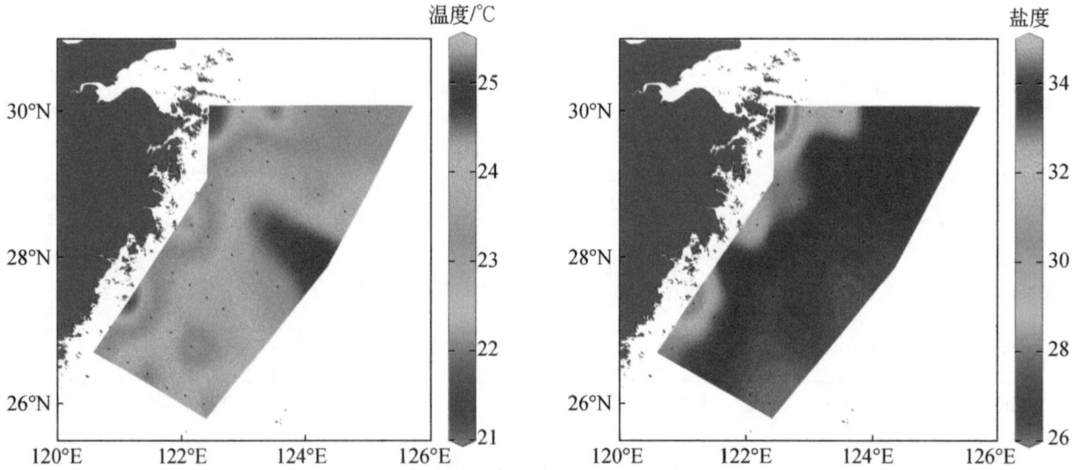

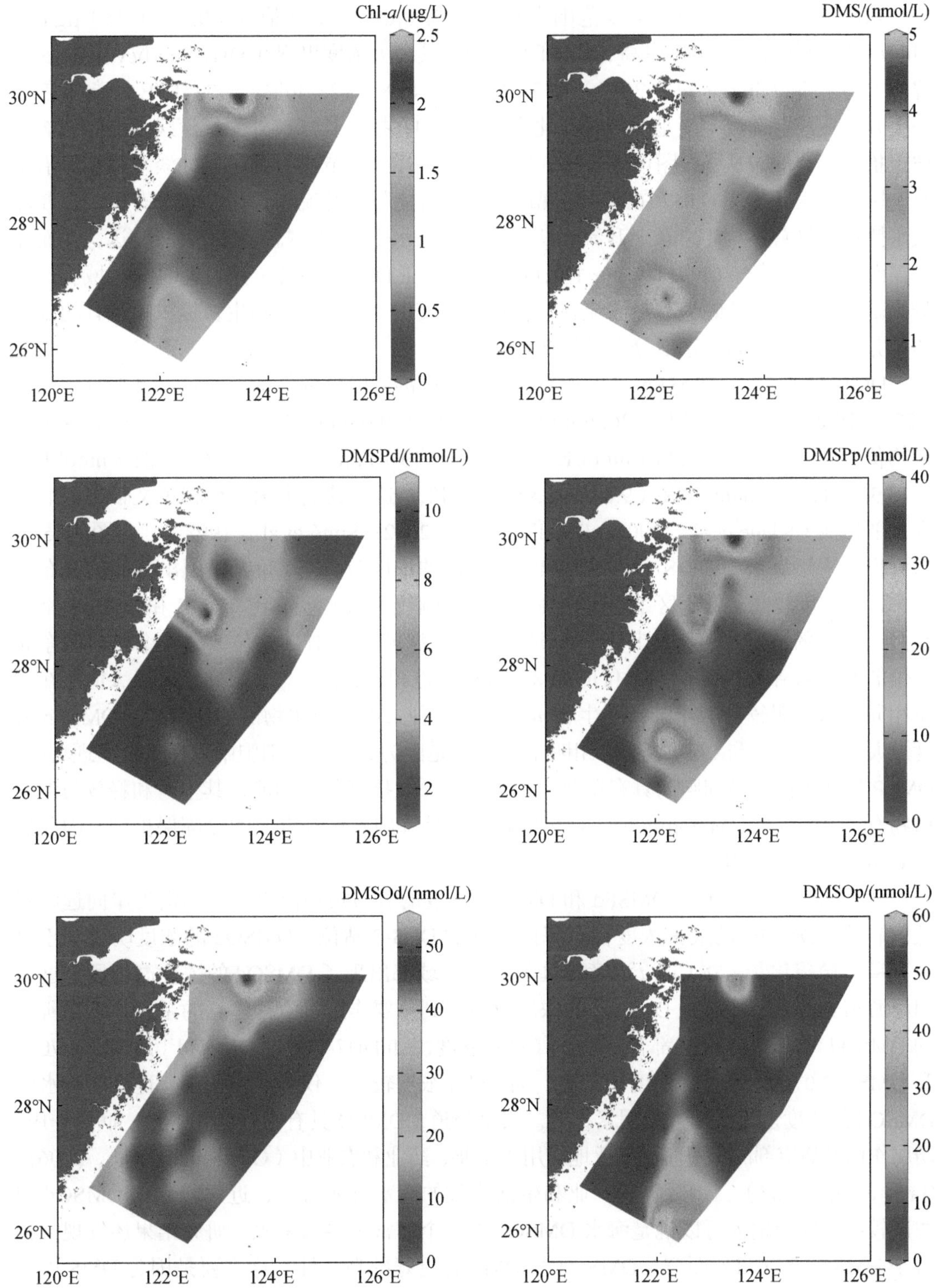

图 4-15　2015 年秋季东海表层海水温度，盐度，Chl-*a*、DMS、DMSPd、DMSPp、DMSOd 和 DMSOp 浓度的水平分布图

东海表层海水中 Chl-*a* 浓度范围为 0.15 ～ 2.40μg/L，平均值为（0.60±0.45）μg/L。Chl-*a* 浓度的分布表现出近岸高、远海低的趋势，其最大浓度出现在 DH1-3 站位（图 4-15）。曾有文献报道（Jing et al.，2007）在 31°N ～ 29°45′N、122°30′E ～ 123°15′E 处常年存在一上升流，该上升流主要是台湾暖流北进的过程中在接近长江口外受等深线发散的影响而被迫抬升形成的。从 *T-S* 图可以看出，DH1-3 站位在该季节还受到长江冲淡水和东海沿岸流的影响，因此推测 Chl-*a* 在此处出现最大浓度可能与上升流和长江冲淡水有关，长江冲淡水挟带大量营养盐，以及上升流不断地将底层海水中的营养盐向海水表层输送，从而促进浮游植物的生长。Chl-*a* 的另一个浓度高值出现在 DH6-4 站位，这可能是该区域受台湾暖流影响较大，台湾暖流与沿岸流在该区域附近交汇，为浮游植物生长提供了适宜的温盐和营养盐条件，提高了这部分海域的初级生产力。

DMS、DMSPd、DMSPp、DMSOd 和 DMSOp 的浓度范围分别为 0.83 ～ 4.53nmol/L、1.22 ～ 10.87nmol/L、0.14 ～ 36.76nmol/L、1.29 ～ 50.65nmol/L 和 1.02 ～ 58.52nmol/L，平均值分别为（2.43±0.90）nmol/L、（3.30±2.13）nmol/L、（11.06±9.21）nmol/L、（13.32±11.27）nmol/L 和（9.64±12.98）nmol/L，这与其他中国近海相关文献报道的浓度水平相似（Kiene et al.，2007；Bouillon et al.，2002；Simó et al.，1998）。由图 4-15 可以看出，表层海水中 DMS、DMSPp 和 DMSOp 的浓度分布与 Chl-*a* 呈现出相似的分布规律，近岸浓度较高，低值区主要集中在受黑潮影响较大的远海海域。DMS 和 DMSPp 都存在两个明显的浓度高值区，其中一个是东海西北海域的 DH1-3 站位，另一个是台湾东北方位的 DH6-4 站位，这两个站位的 DMSOp 浓度也相对较高，与 Chl-*a* 浓度最大值所在站位相同，这表明较高的浮游植物生物量提高了三种二甲基硫化物的生产释放。DMSPp 浓度最大值所在站位与 Chl-*a* 之所以相吻合，主要是因为其在藻类细胞中发挥重要生理功能，DMSP 被认为在藻类细胞内具有调节渗透压、防寒及抗氧化的功能，其生产和释放与浮游植物有密切关系。DMSOp 也是一种生源物质，是细胞内一种重要的冷冻保护剂，因此也与 Chl-*a* 具有较好的同步性。

秋季东海表层海水中 DMSPd 和 DMSOd 浓度的分布表现出更明显的由近岸向远海降低的趋势，DMSPd 的最大浓度在东海西北部的 DH3-2 站位。DMSOd 的浓度明显高于以上几种生源硫化物，在 Chl-*a* 浓度较高的近岸海域都出现了 DMSOd 的浓度高值区，这表明浮游植物的分布状况对 DMSOd 的浓度分布起到重要作用。值得注意的是，并不是所有的 DMSOd 浓度高值站位都伴随着高 Chl-*a* 浓度，如 DH7-1 站位 DMSOd（29.97nmol/L）和 DMS（3.07nmol/L）的浓度均较高，而 Chl-*a* 浓度较低，仅为 0.37μg/L，这说明海水中 DMSOd 的浓度还可能受人为因素控制。文献报道，DMSO 具有很好的相容性、润滑作用、防腐作用及稳定剂的作用而被广泛地应用于工业、药业和农业中（Glindemann et al.，2006；Bates et al.，1987），然后随着工业和生活排放的废水进入海洋，近岸海水中 DMSOd 的浓度较高，陆源输入可以说是海水 DMSOd 的一个非常重要的来源。研究结果还发现，相对于 DMSOd 与 Chl-*a* 而言，DMSOd 与 DMS 有更好的吻合性，这主要是因为 DMS 可以通过光氧化和细菌氧化生成 DMSO（Zindler-Schlundt et al.，2015；Hatton et al.，2004），而 DMSO 又可以通过细菌还原形成 DMS，DMSOd 的浓度分布与此过程密切相关。

（2）2016 年秋季东海调查站位如图 4-16 所示，表层海水温度，盐度，Chl-*a*、DMS、DMSP 浓度的水平分布情况如图 4-17 所示。秋季东海海域表层海水温度为 26.36（24.21 ～ 27.83）℃，最高温度出现在 DH2-4 站位和 DH2-5 站位，最低温度出现在 DH3-1 站位，温度整体呈由近海向远海递增的变化趋势，变化范围不大。在长江入海口位置温度有明显的降低，浙江舟山附近出现最低温度，可能是由于长江径流输入了低温、低盐的冲淡水，其在入海口与海水混合。表层海水盐度为 32.99（22.87 ～ 34.31），盐度与温度的分布趋势类似，近岸盐度较低。秋季长江冲淡水对调查海域的影响范围不大，向东并没有超过 123°E。秋季东海海域表层海水 Chl-*a* 的浓度为 0.76（0.14 ～ 3.17）μg/L，整体表现出由近岸向远海递减的趋势，其浓度最高值出现在调查海域西南的 DH7-1 站位，靠近福建福州。Chl-*a* 浓度变化范围较大，体现出人类活动对海洋生产力水平的重要影响，对近岸海域初级生产力有很大贡献。Chl-*a* 浓度高值区出现在福建中北部海域，可能是此处临近人类活动密集区，人为因素导致陆源输入对浮游植物生长程度有较大的贡献，同时该海域受到上升流的影响，上升流将深层营养盐带入表层海水中，促进表层浮游生物的生长，进而导致较高的 Chl-*a* 浓度。

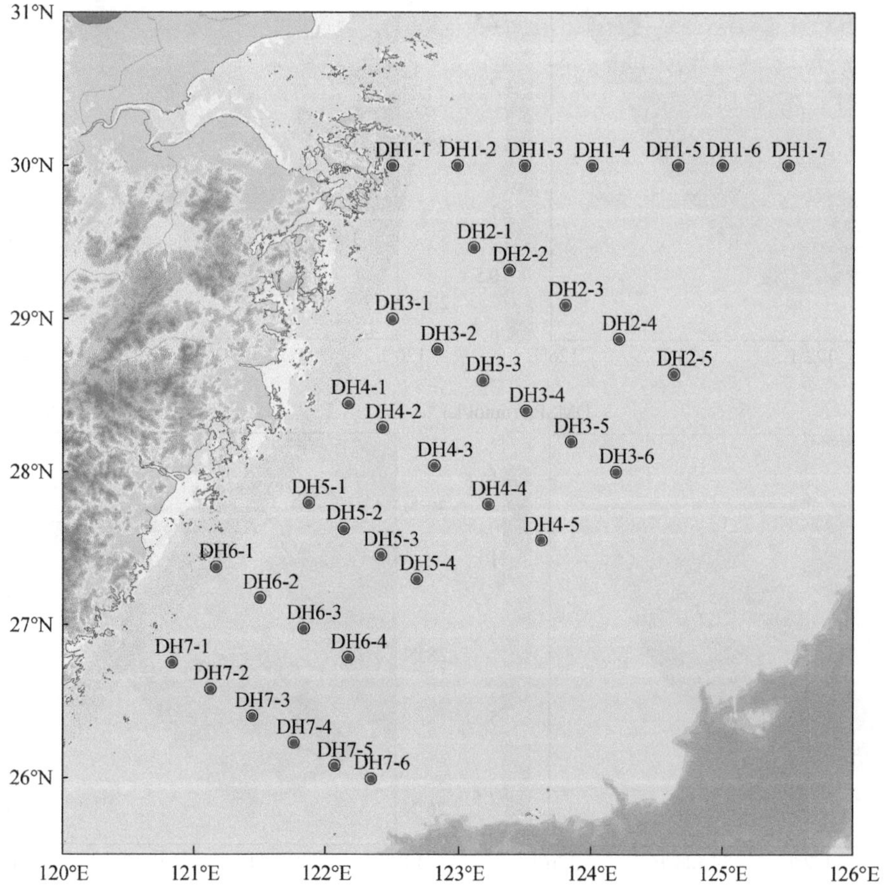

图 4-16　2016 年秋季东海调查站位图

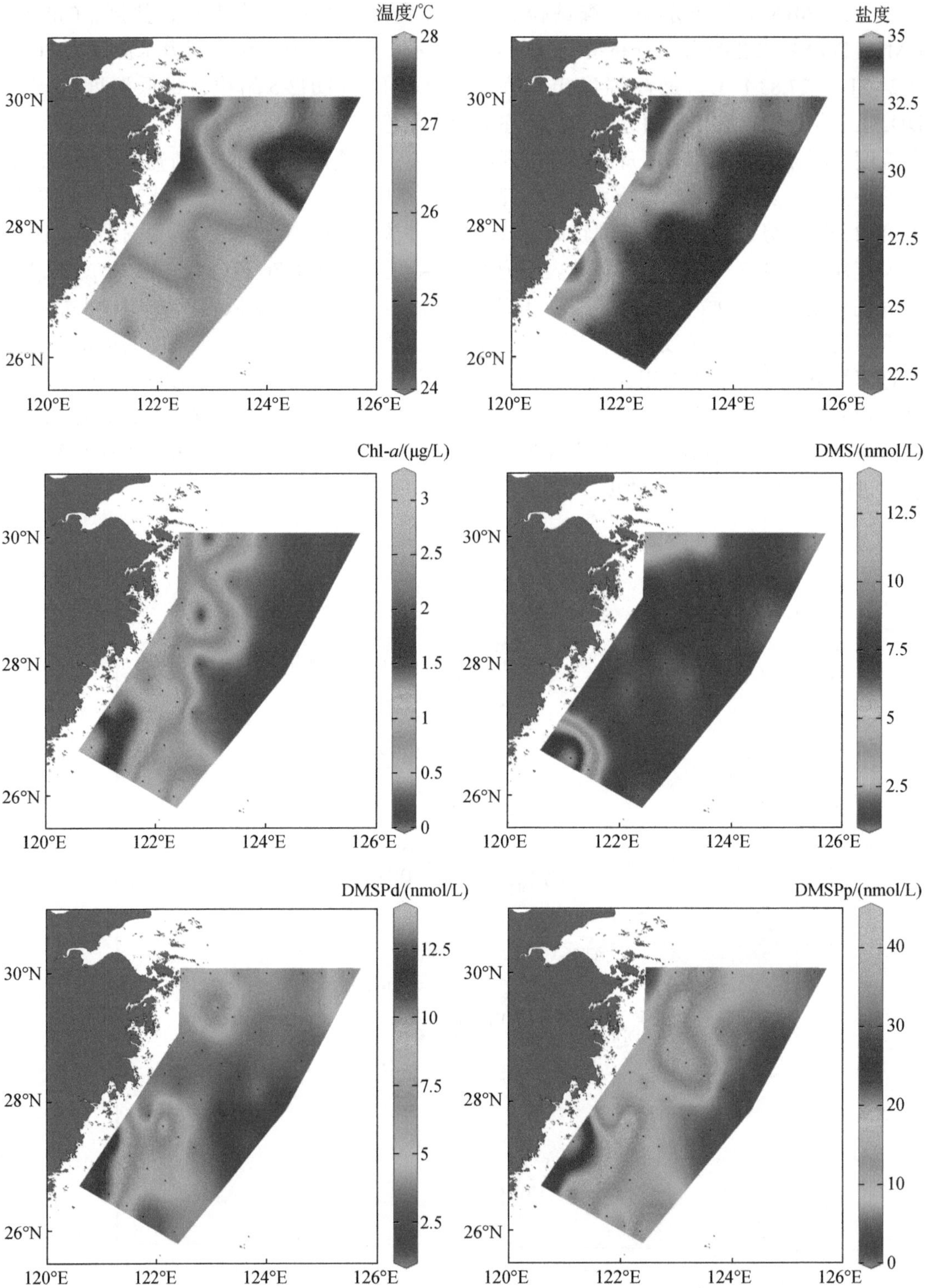

图 4-17　2016 年秋季东海表层海水温度，盐度，Chl-*a*、DMS、DMSP 浓度的水平分布图

秋季东海表层海水 DMS 的浓度范围为 1.00 ～ 13.34nmol/L，平均值为 2.19nmol/L，与同季节、同海域 Zhang 等（2017）的结果（平均 DMS 浓度为 3.63nmol/L）相近，并介于先前夏季和冬季的调查结果之间（Yang et al.，2011）。其中，DMS 浓度最高值出现在 DH7-2 站位，其最低值出现在 DH2-5 站位，受陆源输入和浮游植物藻华（Chl-*a* 浓度为 3.17μg/L）的影响明显。DMSPd 和 DMSPp 浓度分别为 4.87（1.13 ～ 13.16）nmol/L 和 11.01（2.40 ～ 40.41）nmol/L，DMSPd 浓度与 Zhang 等（2017）的结果一致，而 DMSPp 浓度却低于他们的调查结果（24.51nmol/L），这可能是因为他们的调查站位多分布于长江口流域，受营养盐输入的影响，浮游植物大量繁殖，进而产生更多的 DMSPp。DMSPd 和 DMSPp 浓度最高值均出现在 DH6-1 站位，其最低值分别出现在 DH4-5 和 DH2-5 站位。本次调查中，DMSP 的浓度显著高于 DMS，但两者水平分布的变化趋势大体相同，整体上表现为从近海向外海递减的趋势。两者的高值区同样出现在福建中北部海域，与 Chl-*a* 的浓度分布特征相吻合，这可能是由于高浓度水平的 Chl-*a* 对 DMS 和 DMSP 生产的贡献。

（3）2019 年秋季中国东海调查站位如图 4-18 所示，表层海水温度，盐度，Chl-*a*、DMS、DMSPd、DMSPp、DMSOd 和 DMSOp 浓度的水平分布见图 4-19。秋季东海表层海水的温度变化范围为 24.40 ～ 29.14℃，平均值为 27.66℃；盐度变化范围为 28.63 ～ 34.15，平均值为 32.93。由图 4-19 可以看出，温度在水平分布上表现为南高北低的变化规律，整体变化不大。受秋季低温低盐的沿岸流及长江冲淡水的影响，盐度在长江河口处以南，浙江、福建近岸区域出现明显低值，并向外海方向逐渐增大，整体趋势同春季相同。同春季一样，东海的东南部区域仍然以高温高盐为主，并且在进入秋季后，来自台湾东部的黑潮水对东部陆架的入侵更加明显，与春季相比，对东海的影响范围更加广泛。

秋季中国东海表层海水中 Chl-*a* 浓度变化范围为 0.05 ～ 6.19μg/L，平均值为（0.70±1.31）μg/L，其最高值出现在浙江中南部近海海域的 S03-1 站位，其变化规律与 DMS 高度一致。此处温度和盐度无明显变化，但营养盐较为丰富，说明丰富的营养盐的存在促进了该处浮游植物生长繁殖，进而产生了大量二甲基硫化物。

秋季中国东海的表层海水中 DMS 浓度为 2.39（1.32 ～ 5.34）nmol/L，较春季变化较小。DMSPd、DMSPp、DMSOd 和 DMSOp 在表层海水中的浓度分别为 3.49（1.32 ～ 12.25）nmol/L、21.94（4.69 ～ 120.91）nmol/L、12.15（4.14 ～ 26.48）nmol/L 和 23.07（0.26 ～ 180.08）nmol/L。DMS、DMSPd、DMSPp 浓度的最高值分别位于 S03-1 站位、S03-1 站位、S02-5 站位，同时 DMSPp 在浙江中南部的 S03-1 站位也表现出 65.96nmol/L 的次高值。DMS、DMSP 浓度分布虽然有一定差异，但整体上分布特征相同，均在浙江、福建沿海区域呈现高值，可能是由于人类活动对近岸海域产生了重要影响，近岸营养盐较为丰富（Zhang，1996），生产力也随之提高。

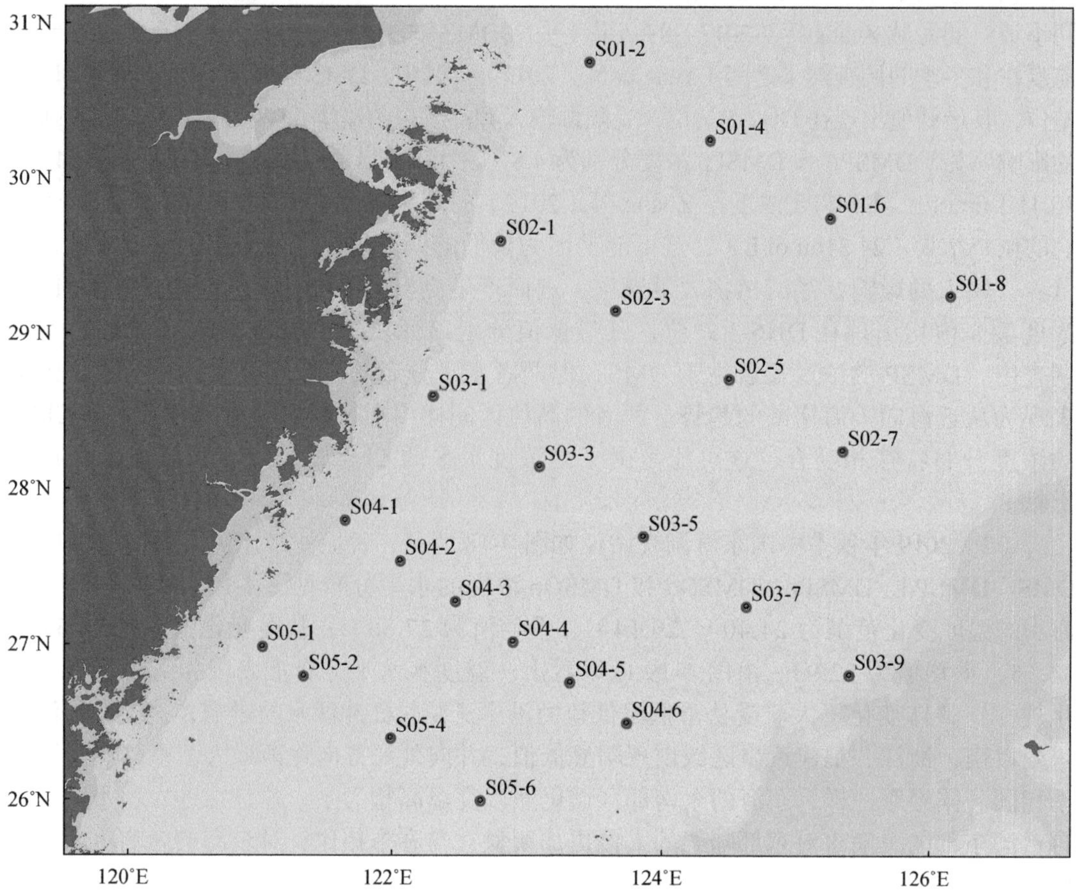

图 4-18　2019 年秋季东海调查站位图

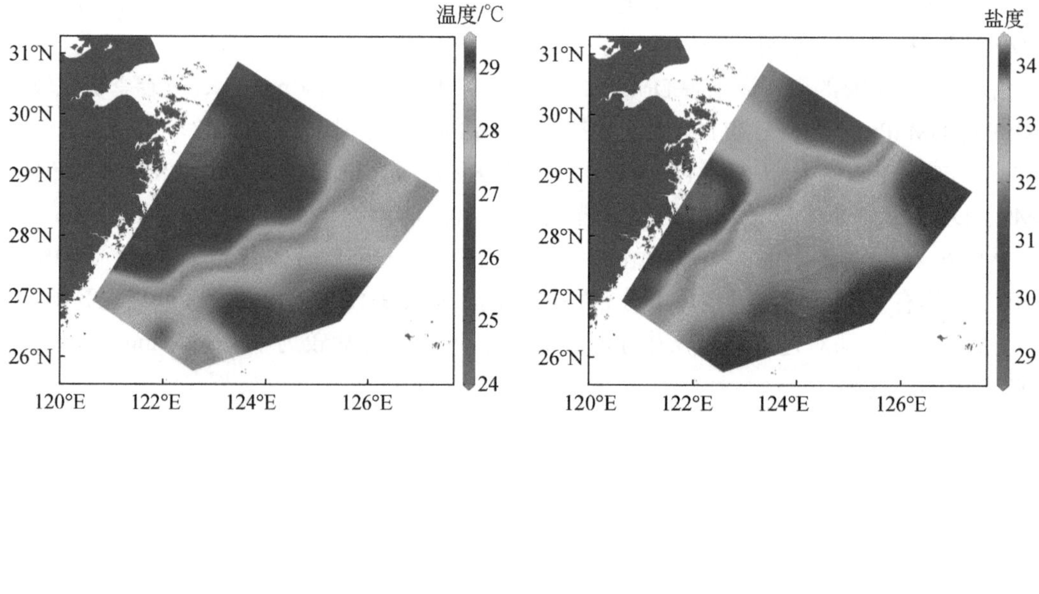

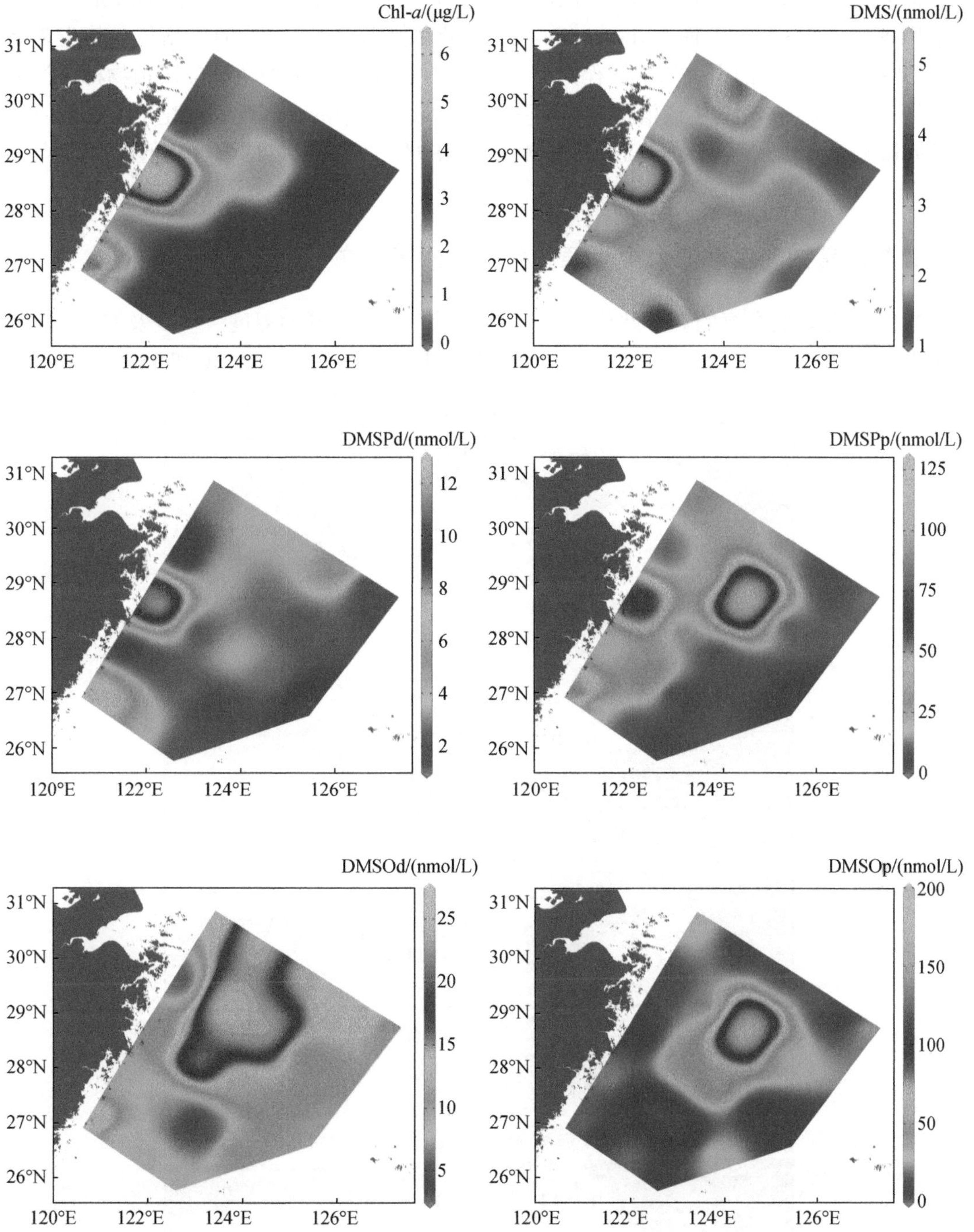

图 4-19　秋季东海表层海水温度，盐度，Chl-*a*、DMS、DMSPd、DMSPp、DMSOd 和 DMSOp 浓度的水平分布图

整个调查海域中 DMS 与 DMSP 浓度的分布规律并不完全一致。例如，DMSP 浓度最高值出现于 S02-5 站位，而 DMS 与 Chl-*a* 浓度最高值同时出现于 S03-1 站位，其主要是因为 DMS 和 DMSP 的产生消费过程并不同步，DMSP 浓度主要取决于浮游植物种群类别及生物数量，而 DMS 的生产消费过程则受整个海域环境中的众多生物、化学、物理因素的共同影响。秋季东海海域中 Chl-*a*、DMS、DMSP存在一处明显的浓度高值区，即长江口以南、浙江近岸地区。

4. 冬季黄东海表层海水中生源硫化物的水平分布

2019 年冬季黄东海的调查站位如图 4-20 所示，调查海域的温度、盐度及 Chl-*a* 浓度的水平分布如图 4-21 所示。观测站位的平均温度和盐度分别为 15.03℃和 33.03，呈现出

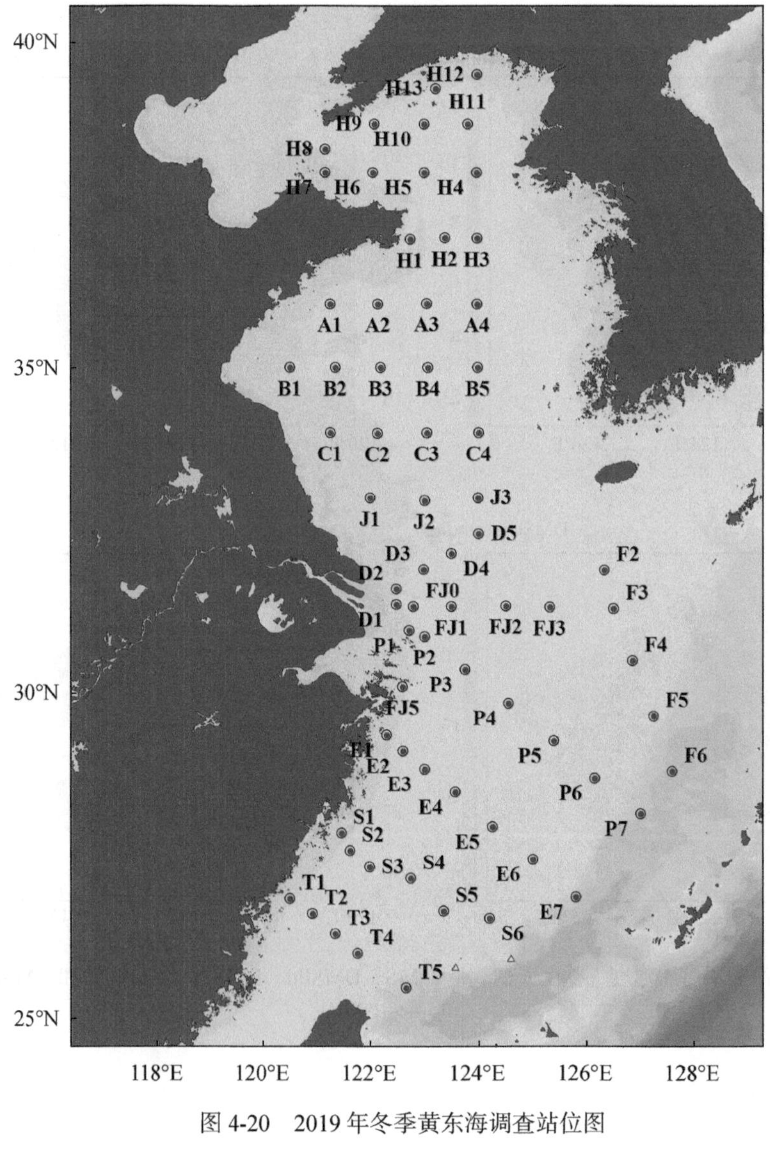

图 4-20　2019 年冬季黄东海调查站位图

由近岸向远海、从北向南逐渐增高的趋势。长江口附近受长江冲淡水影响，盐度较低，冬季是长江的枯水季节，因此长江冲淡水的延伸区域相比其他季节明显缩小，表明东海在冬季较少受到长江径流的影响。黄海调查海域的温度和盐度分布相对均匀。Chl-*a* 在调查海域的浓度范围为 0.121 ～ 1.500μg/L，平均浓度为（0.426±0.267）μg/L，整体来看，冬季 Chl-*a* 在调查海域的浓度低于其他季节，其浓度在东海的分布相对均匀，其浓度高值区出现在黄海中部和北部，可能与陆源营养物质输入促进了该处浮游植物的生长有关。

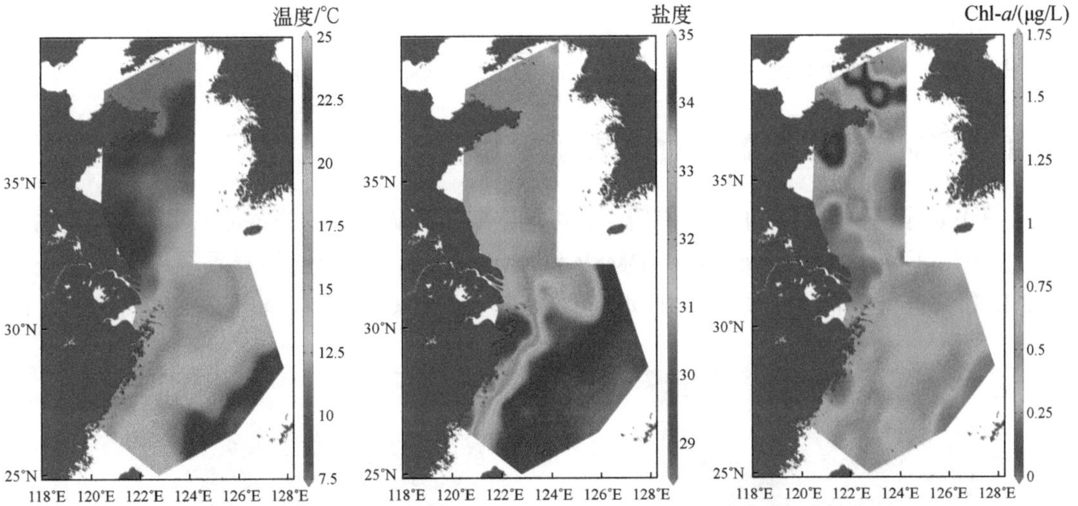

图 4-21　冬季黄东海温度、盐度及 Chl-*a* 浓度的水平分布图

调查海域表层海水 DMS、DMSPp 和 DMSPd 的平均浓度（浓度范围）分别为（1.03±0.79）nmol/L（0.33 ～ 4.83nmol/L）、（3.14±2.04）nmol/L（0.23 ～ 9.97nmol/L）和（4.43±3.67）nmol/L（0.39 ～ 19.2nmol/L）（图 4-22）。冬季东海和黄海的 DMS 浓度分布较为均匀，多数站位的 DMS 浓度小于 1.0nmol/L，冬季 DMS 的浓度高值区出现在东海南部靠近台湾岛的区域。冬季在黄海和东海没有发现 DMS 和 Chl-*a* 的相关性，可能原因是冬季浮

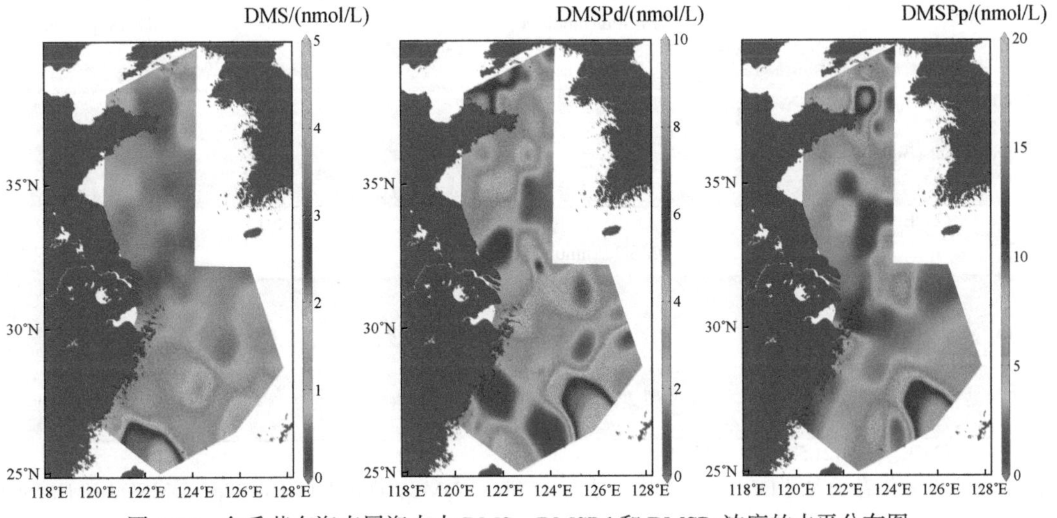

图 4-22　冬季黄东海表层海水中 DMS、DMSPd 和 DMSPp浓度的水平分布图

游植物及微生物的生物量和生产代谢水平较低，其产生的 DMS 较少。冬季黄海和东海表层海水中 DMSPp 和 DMSPd 的浓度也相对较低，其高值均出现在 E7 站位附近。本次调查中，DMS 和 DMSP 的浓度高值区并不相同，虽然 DMS 在海水中的主要来源是 DMSP 的降解，但冬季浮游植物和海水中微生物的生物量较低，DMS 的生物生产过程受到低温抑制，同时海水中 DMS 的浓度也受到光化学过程和海气交换的影响，从而导致 DMS 和 DMSP 的浓度分布出现差异。

4.1.2　黄东海生源硫化物的垂直分布特征

1. 春季黄东海生源硫化物的垂直分布

（1）黄东海海域受各水团的作用，有可能会对生源硫化物的分布带来明显影响，为了进一步了解不同水团对东海 DMS、DMSP 和 DMSO 的影响，2016 年春季东海航次调查选择 DH7 断面进行垂直分布研究。由 DMS、DMSP 和 DMSO 及 Chl-*a* 浓度的垂直分布图（图

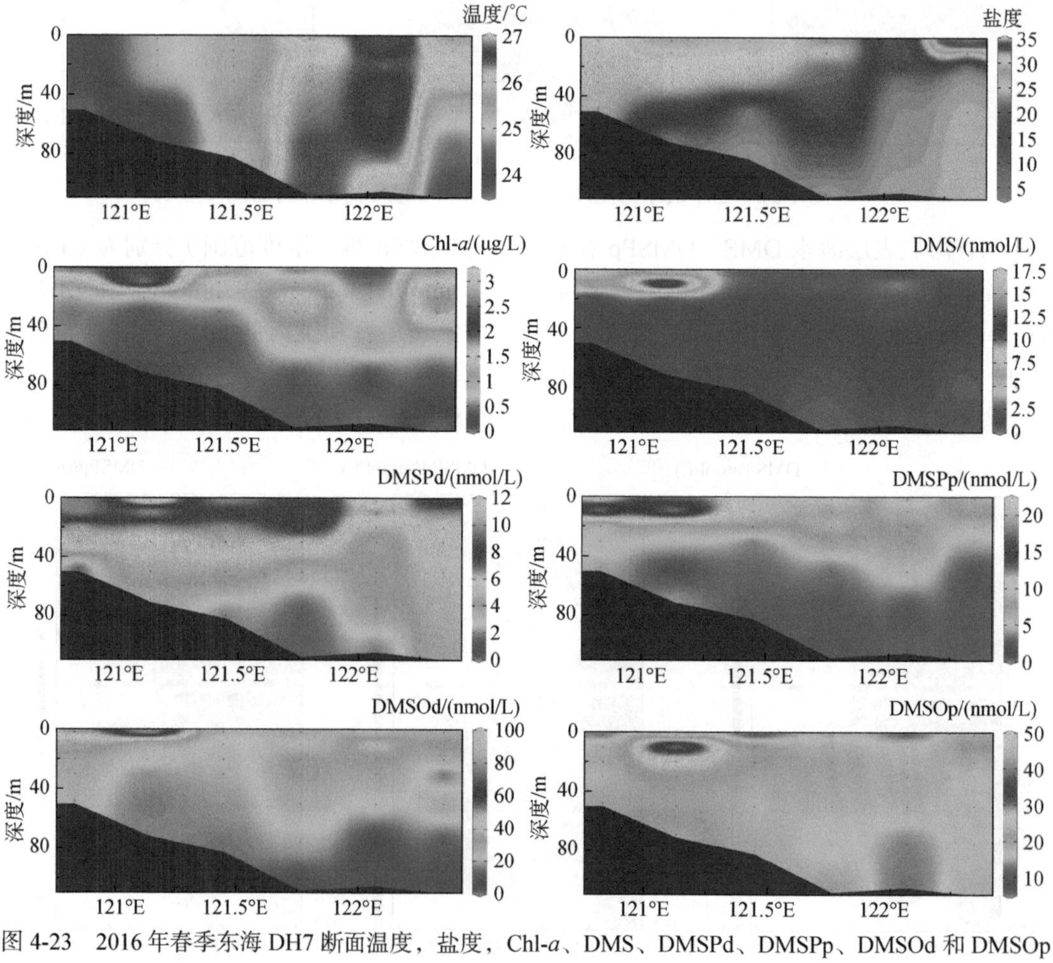

图 4-23　2016 年春季东海 DH7 断面温度，盐度，Chl-*a*、DMS、DMSPd、DMSPp、DMSOd 和 DMSOp 浓度的垂直分布图

4-23）可以看出，该断面春季水体垂直混合不均匀，呈现出一定的分层现象。垂直方向上 DMS、DMSPd、DMSPp、DMSOd 和 DMSOp 主要集中在 30m 以上的真光层，真光层以下其浓度迅速降低，这应该是因为 DMS、DMSP 和 DMSO 主要来源于浮游植物，真光层内浮游植物的数量较大，其最大值出现在 DH7-2 站位 10m 处水层，这几种生源硫化物的浓度也对应出现最大值。水平方向上，表层海水中 DMS、DMSPp、DMSPd、DMSOd 和 DMSOp 浓度在 DH7-1 ～ DH7-6 站位具有明显变化，由近岸向远海逐渐降低，其中 DMSPd 浓度变化相对较小。

（2）2017 年春季黄东海航次选择 P 断面作为研究区域，以探究长江冲淡水和黑潮水对浮游植物生长与二甲基硫化物释放的影响。春季长江口外的 P 断面未出现明显的层化现象（图 4-24）。在 P4 站位 10m 深度附近 DMS、DMSP、DMSO 与 Chl-*a* 均出现浓度高值区，可能是因为长江输入带来大量的营养物质，且水体有适宜的温度光照条件，浮游植物大量繁殖。而 P1 站位附近受长江淡水输入带来的大量泥沙的影响，水体浊度非常大，浮游植物在该处的生长受到光照条件的限制，因此并未出现高值区。P 断面外部 DMS、DMSP 和 DMSO 均表现出较低浓度，可能是受到营养盐浓度较低的黑潮水北进的影响。DMS、

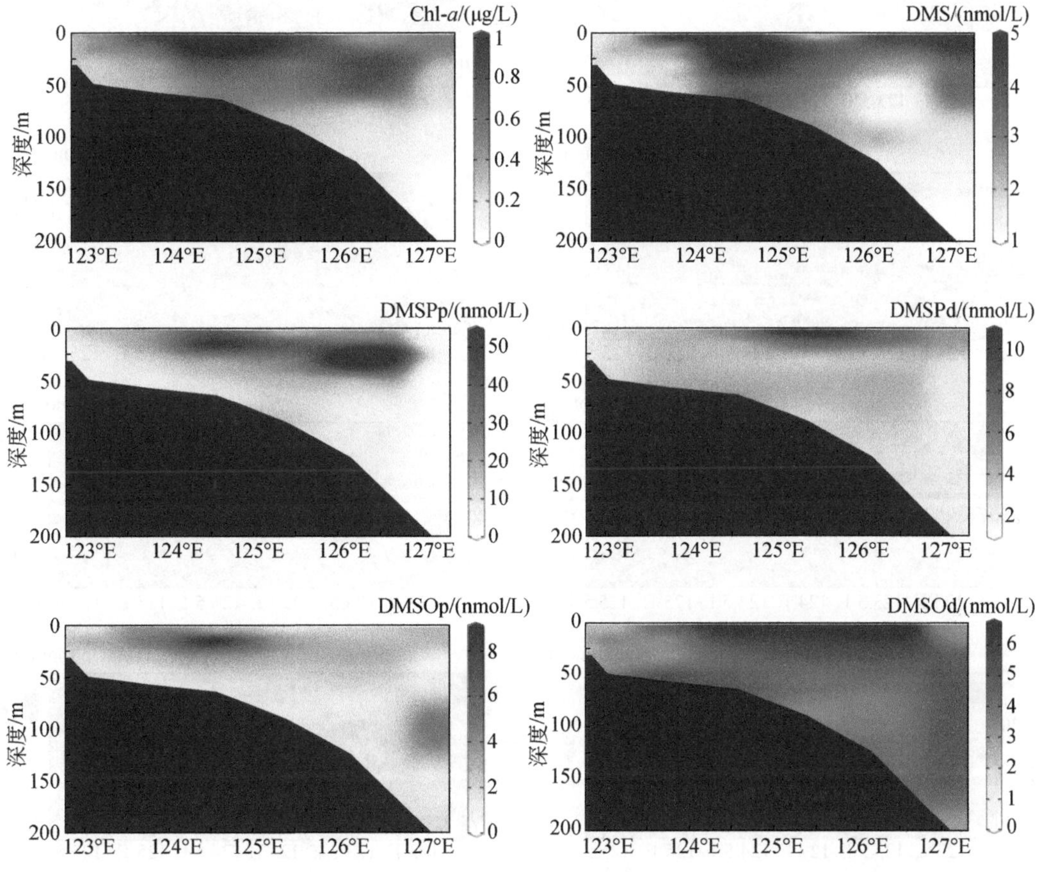

图 4-24　2017 年春季黄东海航次 P 断面 Chl-*a*、DMS、DMSPp、DMSPd、DMSOp 和 DMSOd 浓度的垂直分布图

DMSPp、DMSOp 与 Chl-*a* 浓度表现出相类似的垂直分布规律，浓度高值出现在 10 ～ 20m 的水层，这可能是由于该层聚集较多的浮游生物。

（3）2017 年春季东海航次选取 S1 断面进行了垂直剖面的采样，该断面与 30°N 断面基本重合。由图 4-25 可以看出，长江冲淡水几乎影响整个断面，且 123.5°E 附近有上升流出现，而 124°E 以东出现明显的海水层化现象。Chl-*a*、DMS、DMSP、DMSO 在表层和次表层海水中的浓度高于底层水。S1-1 站位次表层海水中 Chl-*a* 浓度较高（> 5μg/L）。DMSPp 和 DMSPd 浓度的最大值与 Chl-*a* 同步，也出现在这个位置，说明此处可能发生了藻华，导致 DMSP 大量聚积，这可能是由长江冲淡水的营养物质输入引起的。DMS 与 DMSP 浓度的最大值出现在次表层水中，而 DMSOd 在表层水中的浓度较高。DMSOd 在表层的浓度高值可能归因于 DMS 的光化学氧化。在 124.5°E 以东观察到 DMS、DMSP、DMSO 浓度的明显层化，与温度和盐度曲线相似，但由于上升流的作用（Jing et al.，2007），DMS、DMSP、DMSO 在 123°E ～ 124°E 也出现了较为均匀的垂直分布，这可能是上升流导致的强烈的垂直对流造

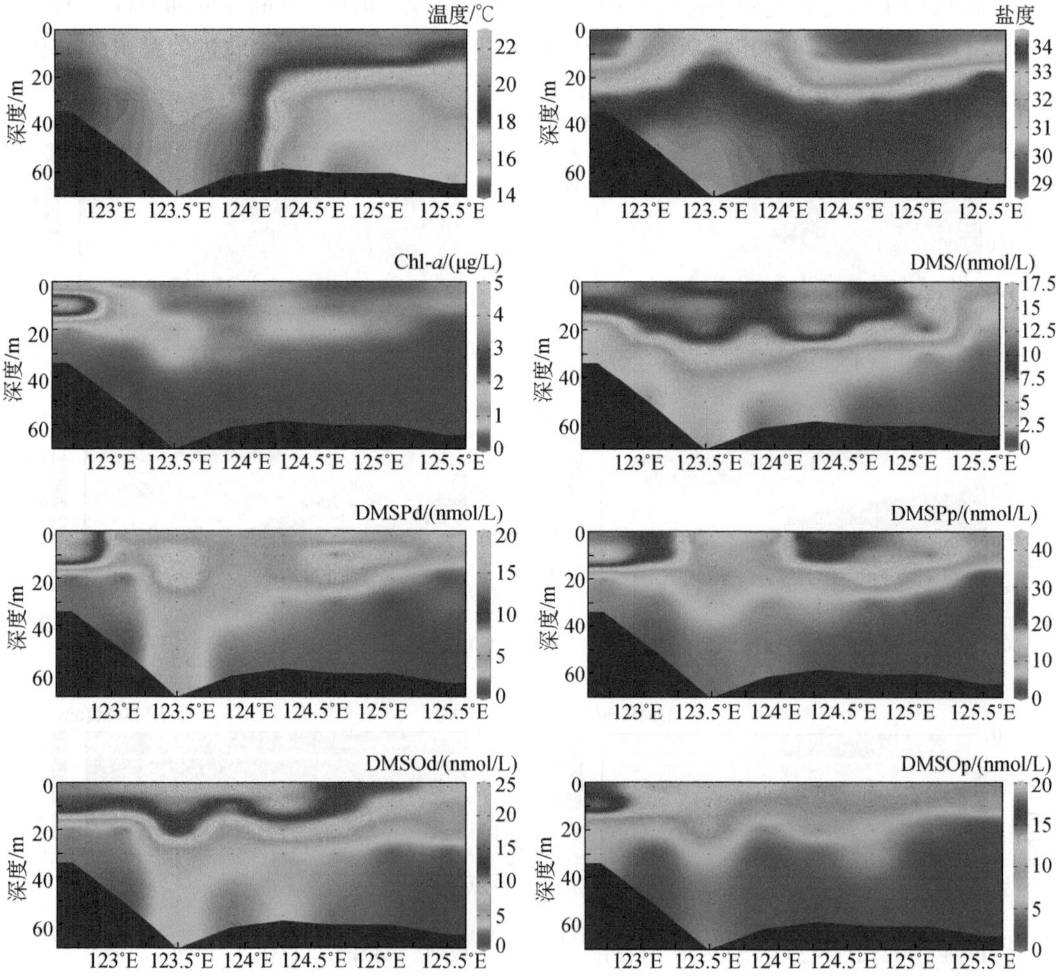

图 4-25　2017 年春季东海 S1 断面温度，盐度，Chl-*a*、DMS、DMSPd、DMSPp、DMSOd 和 DMSOp 浓度的垂直分布图

成的。此外，由其水平分布（详见 4.1.1 节）可知，123°E ～ 124°E 的表层海水明显受到高温和高盐的台湾暖流的影响，因此，长江冲淡水、上升流和台湾暖流可能同时在这一区域混合，使得 DMS、DMSP、DMSO 的浓度分布受到多种水团的共同影响。

（4）为了更好地了解东海的水文循环对二甲基硫化物浓度分布的影响，2019 年春季东海航次选取了一个接近长江口的断面 S01 断面进行 Chl-*a*、DMS、DMSP、DMSO 浓度及温度、盐度等环境因素的垂直分布研究。2019 年春季东海 S01 断面温度，盐度，Chl-*a*、DMS、DMSPd、DMSPp、DMSOd 和 DMSOp 浓度的垂直分布如图 4-26 所示，在近岸海域海水温度垂直分布具有明显的一致性，说明仍存在较强的垂直对流作用，而且受到低温低盐的近岸流的影响，近岸区域的海水温度和盐度均表现出较低值。盐度和温度均在调查海域最东侧的 S01-9 站位达到最大值，说明东侧海域仍然受到黑潮的明显影响。从温度分布图可以看出，春季长江冲淡水对东海近岸海域的影响可达到 S01-5 站位，据此可以将春季东海海域划分为长江冲淡水区（S01-1 ～ S01-5 站位）、陆架混合水区（S01-5 ～ S01-9 站位）。

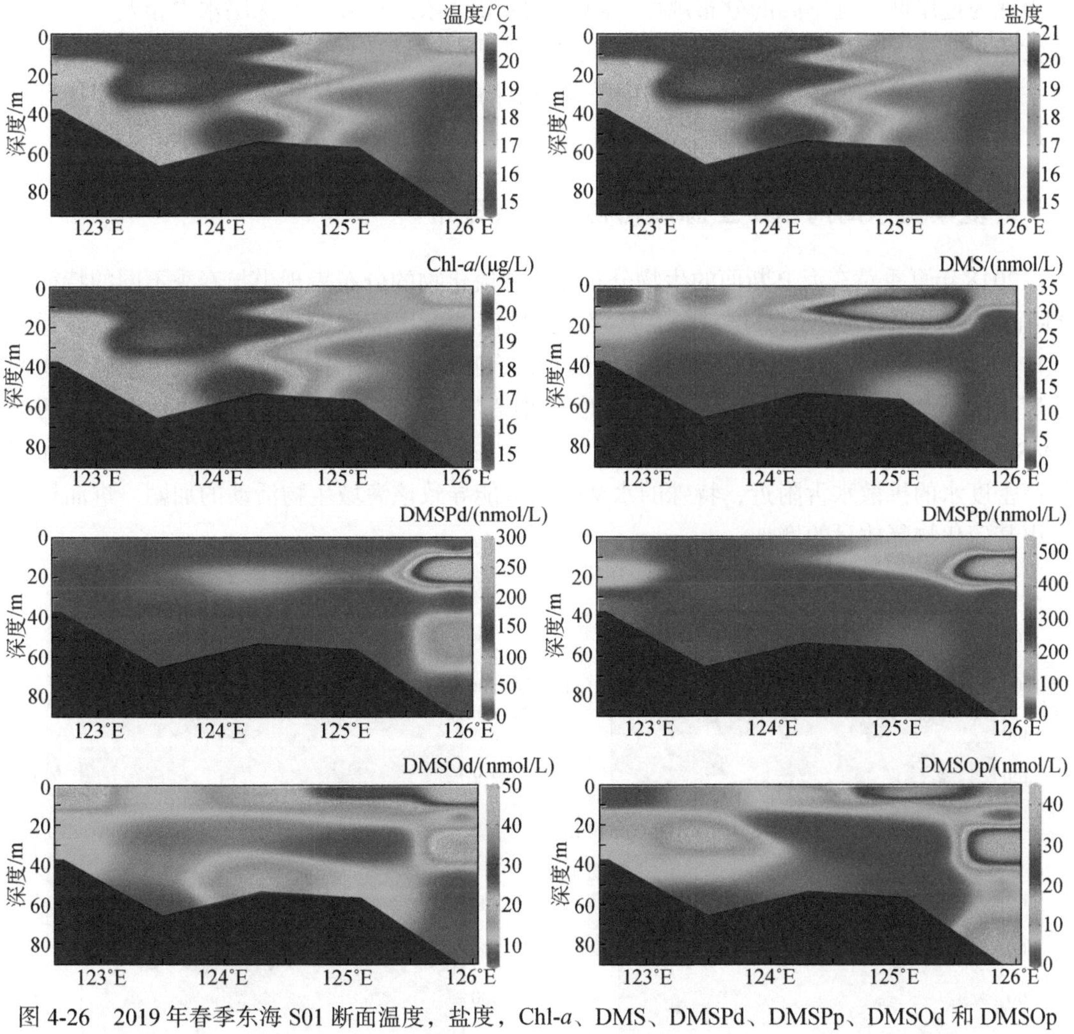

图 4-26　2019 年春季东海 S01 断面温度，盐度，Chl-*a*、DMS、DMSPd、DMSPp、DMSOd 和 DMSOp 浓度的垂直分布图

春季东海 S01 断面 Chl-*a* 与 DMS 浓度分布规律高度一致。受长江冲淡水输入的影响，S01-1 站位营养盐丰富，Chl-*a* 浓度存在明显高值，这说明高温高营养盐有利于浮游植物的繁殖，DMS、DMSP 浓度也在此处有明显高值，并向远海逐渐递减。另外，在 S01-7 站位 DMS、DMSP 与 Chl-*a* 浓度均出现明显高值，甚至在 Chl-*a* 浓度低于近岸 S01-1 站位的情况下，DMS 浓度表现出更大值。以上现象是由于近岸与远海浮游植物种类存在差异，其释放 DMS 的水平也不同，也可能是由于近岸海水透光度更差，虽存在大量的浮游植物，但光照受到限制，产生释放 DMS 的过程也因此受到一定的影响。与此同时，Chl-*a* 与二甲基硫化物的浓度高值均分布于整个调查海域的 30m 以上的上层水体，30m 以下 DMS 浓度迅速减小，其原因是上层水体光照充足，浮游植物生长更为旺盛，而深水区受到光照限制，也可能是因为 DMS 和 DMSP 的主要来源是 30m 以上的上层水体中的浮游植物。

S01 断面 DMSO 浓度的垂直分布规律与 DMS、DMSP 并不相同，在近岸的 S01-1 站位处并未表现出高值，在远海处的 S01-7 站位和 S01-9 站位反而表现为明显高值，因此整体表现为近岸低、远岸高的分布规律。同时，DMSO 浓度在表层和深层水中相差较大，其最大值出现于 S01-7 站位的表层水中。在 S01-5 站位的底层区 DMSOd 和 DMSOp 均出现了一个小的浓度高值区，而 Chl-*a* 浓度并无明显高值，其原因是底层海水中的沉积物再释放产生了一定量的 DMSO。

2. 夏季黄东海海水中生源硫化物的垂直分布

2018 年夏季黄东海 P 断面的生物分布和生源硫化物的分布表现出与春季不同的特征。P 断面呈现出明显的水团分层现象，从表层到底层温度逐渐降低，盐度逐渐升高。靠近长江口的 P1 站位可以明显地观测到长江冲淡水入海现象。由图 4-27 可知，二甲基硫化物的浓度最大值均出现在次表层附近，其浓度最小值出现在底层。值得注意的是，春夏两季 DMSP 和 DMS 的浓度最大值均出现在 P 断面的 124°E 附近，该海域位于台湾暖流水和东海高密度水的扩散水舌附近，特殊的水文性质可能导致该海域生物活动的加剧，进而导致二甲基硫化物释放量的增加。

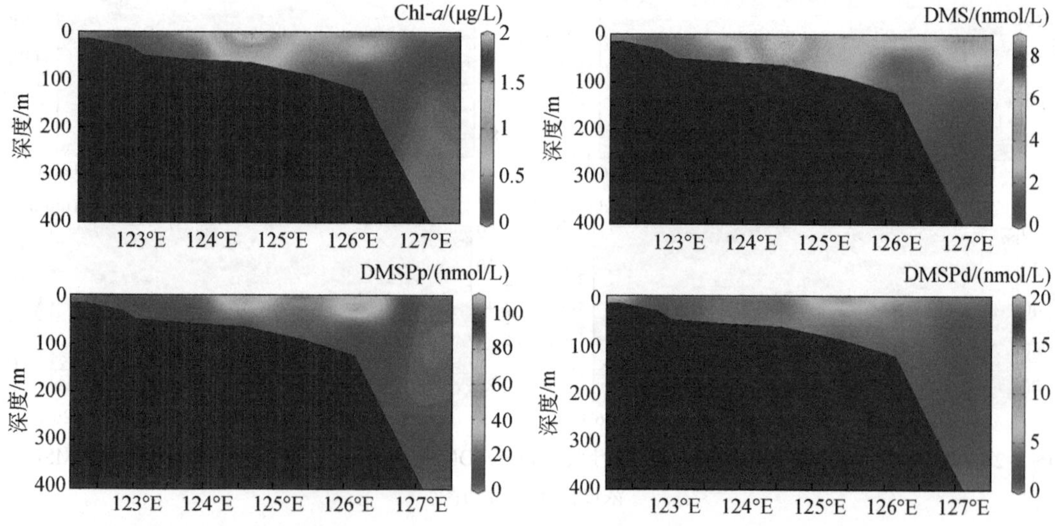

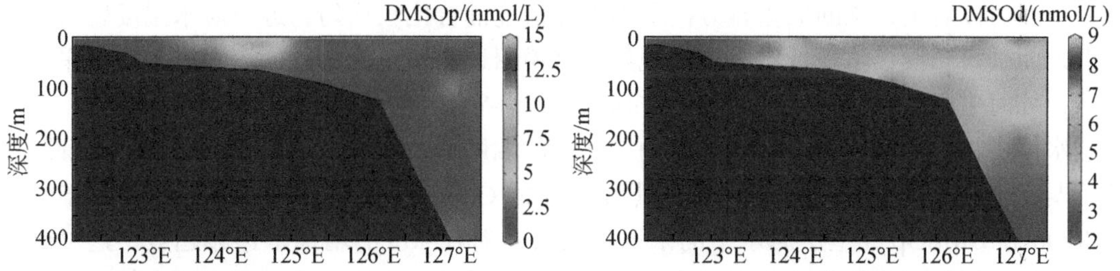

图 4-27　2018 年夏季黄东海 P 断面 Chl-*a*、DMS、DMSPp、DMSPd、DMSOp、DMSOd 浓度的垂直分布图

3. 秋季黄东海海水中生源硫化物的垂直分布

（1）2015 年秋季东海航次选取受黑潮及其支流——台湾暖流影响比较严重的 DH7 断面进行了垂直分布研究。DMS、DMSP、DMSO 浓度及几个参数的垂直分布如图 4-28 所

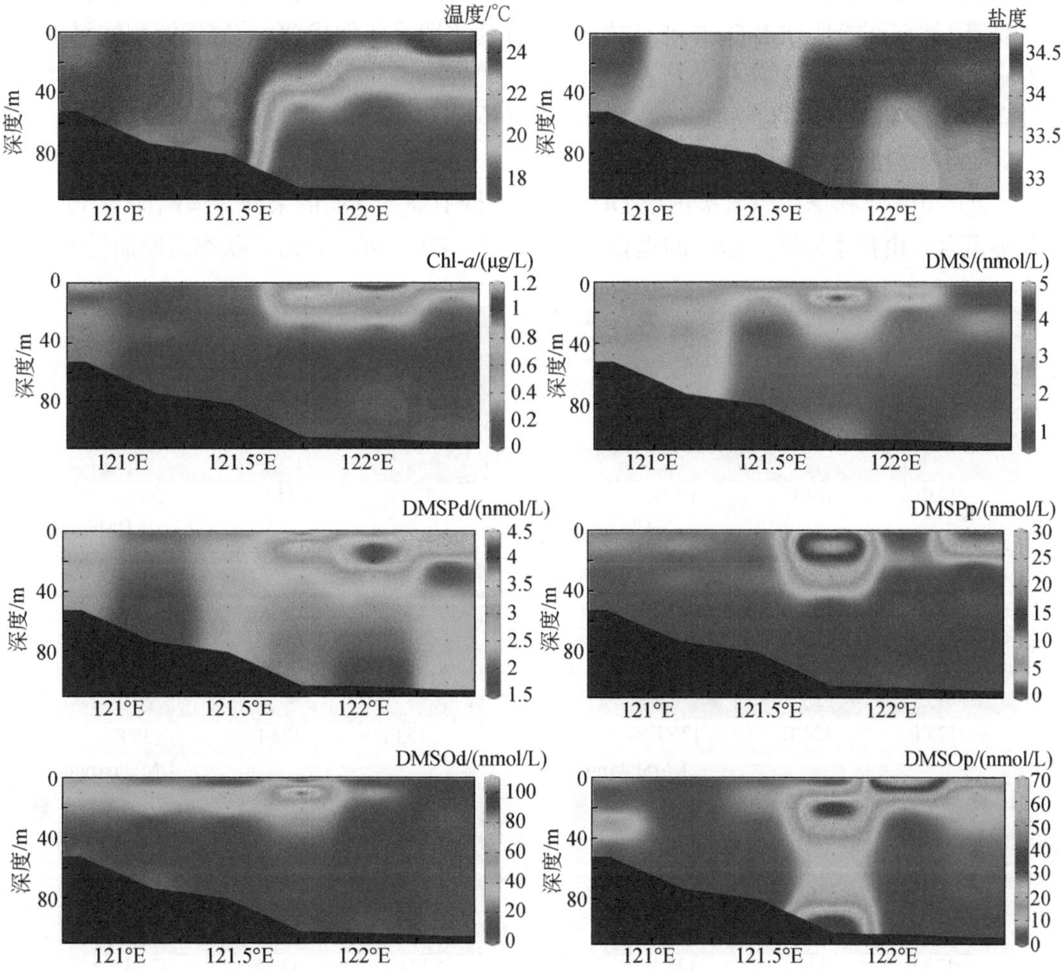

图 4-28　2015 年秋季东海 DH7 断面温度，盐度，Chl-*a*、DMS、DMSPd、DMSPp、DMSOd 和 DMSOp 浓度的垂直分布图

示，由图可以看出，该断面垂直方向上温度和盐度混合比较均匀，近岸海水温度较高盐度较低，而外海相反，呈现低温高盐的现象，这说明近岸主要受长江冲淡水和东海沿岸流的影响，外海主要受台湾暖流的影响。Chl-*a* 的浓度高值出现在 DH7-4 站位和 DH7-5 站位的上层水体中，这主要是受水团影响，这两个站位的温度和盐度适中，并且有充足的阳光照射，从而导致浮游植物生长旺盛，因而具有较高的 Chl-*a* 浓度。DMS、DMSPd、DMSPp、DMSOd 和 DMSOp 在上层海水中的浓度比较大，随着深度的增加呈递减趋势，这可能是因为三种二甲基硫化物都主要来源于浮游植物，浮游植物主要集中在真光层水体中，其在底层水中的丰度较小，因而生产的 DMS、DMSP 和 DMSO 的浓度也随之降低。尤其是在受台湾暖流影响的外海底层水中，三种二甲基硫化物和 Chl-*a* 的浓度比其他水层明显降低，这说明低温高盐寡营养盐不利于此区域的藻类生长，从而降低生源硫化物的生产释放。然而，调查结果还发现 DMSOp 在 DH7-4 站位底层出现较高的浓度，这与之前 Simó 等（1998）的调查结果相似，其可能是因为水体垂直混合将表层 DMSOp 带入底层，也可能是底层水体中沉积物的释放所致，海水中直径大于 5μm 的颗粒物（如浮游生物组织碎屑及浮游动物粪粒等）都有可能是 DMSOp 的来源之一，水体受水团等条件扰动，使底层沉积物再悬浮，使 DMSOp 再释放，因而产生浓度高值（杨洁，2011）。此外 DMS 和 DMSOd 近岸浓度也较高，这与 Chl-*a* 的浓度分布不太相符，主要是因为 DMSOd 的陆源输入及光照对 DMS 和 DMSOd 生产的影响。

（2）2016 年秋季东海航次选取 DH1 断面进行了垂直剖面的采样，该断面与 30°N 断面基本重合。由秋季温度、盐度的垂直剖面图（图 4-29）可以看出，秋季该断面受冲淡水

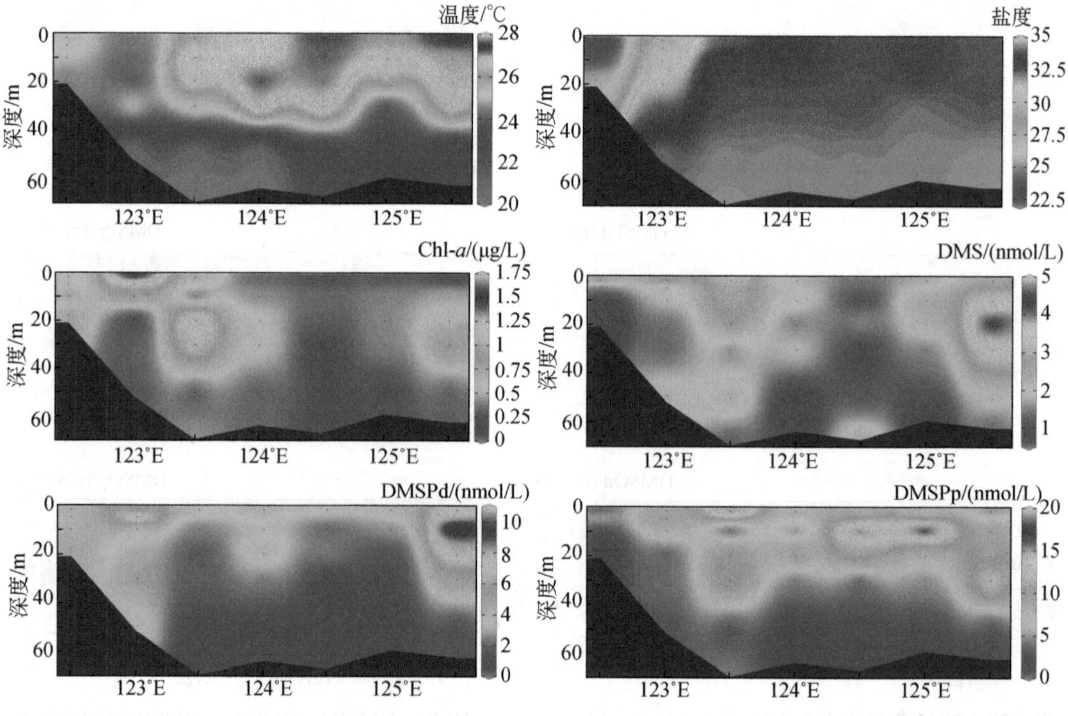

图 4-29　2016 年秋季东海 DH1 断面温度，盐度，Chl-*a*、DMS、DMSPd 和 DMSPp 浓度的垂直分布图

的影响并不显著，仅沿岸的 1 ～ 2 个站位受到影响，DH1-6 站位可能出现上升流。Chl-*a* 浓度的垂直剖面图表明，Chl-*a* 的浓度高值出现在表层和次表层，在 DH1-2 站位表层达到最大值，这可能是长江冲淡水挟带大量营养物质，在此处与海水混合，使浮游植物大量繁殖；而长江同时挟带了大量泥沙，影响了海水浊度和透光度，使表层出现最大值。同时 DMSPd 和 DMSPp 浓度也在该站位表层有高值。整体看来，DMS 的浓度分布比较均匀，没有明显的层化，在 DH1-1 站位底层出现低值，在 DH1-7 站位次表层出现最大值。DMS 与 DMSPd 的浓度分布情况类似，均在 DH1-7 站位次表层出现最大值，说明该处 DMSPd 可能是 DMS 的重要来源。而 Chl-*a* 浓度在该站位中层仅出现次高值，说明该处高浓度的 DMSPd 可能并不完全与浮游植物生物量有关。在 DH1-1 站位底层，DMS 和 DMSPp 浓度均较低，这种现象可能是 DMSP 和 DMS 均主要由海洋盐生生物产生，但此站位受长江径流影响明显，因此出现低值。

（3）2019 年秋季东海航次选取了一个接近长江口的断面 S01 断面进行 Chl-*a*、DMS、DMSP、DMSO 浓度，温度及盐度等环境因素的垂直分布研究。2019 年秋季东海 S01 断面温度，盐度，Chl-*a*、DMS、DMSPd、DMSPp、DMSOd 和 DMSOp 浓度的垂直分布如图 4-30 所示。秋季东海的温度和盐度分布较为均匀，与春季相比近岸海域无明显的垂直对流作用，近岸流作用不明显，但温度变化范围更大（20.40 ～ 28.12℃），整体表现为从表层到深层

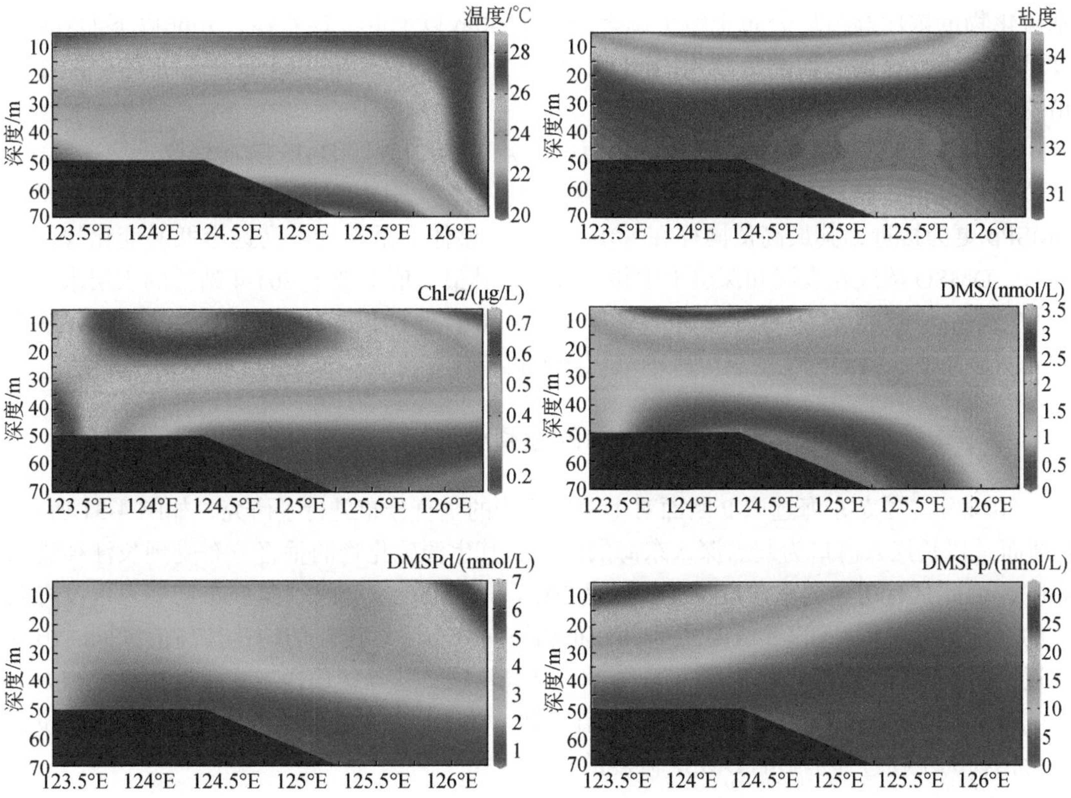

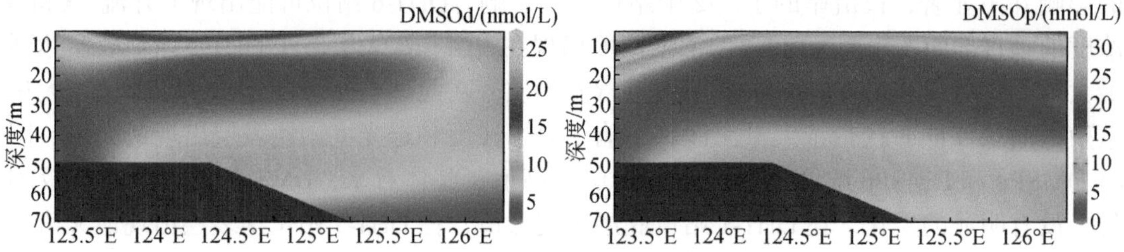

图 4-30　2019 年秋季东海 S01 断面温度，盐度，Chl-*a*、DMS、DMSPd、DMSPp、DMSOd 和 DMSOp 浓度的垂直分布图

依次递减。盐度整体变化幅度较春季更小（30.99 ～ 34.44）。在 S01 断面温度和盐度的分布在近岸与远海较为平均，相差不大。

秋季东海 S01 断面 Chl-*a* 与 DMS 浓度的垂直分布规律大致相同，均在 S01-4 站位出现高值区，这表明 DMS 的产生与浮游植物的种群数量存在着紧密的联系。S01-2 站位虽更靠近近岸，但 Chl-*a* 与 DMS 浓度并不高，可能是由于近岸海水可见度较低，光照强度一定程度上限制了浮游植物的生长繁殖。DMSPp 浓度在 S01 断面的垂直分布无明显特点，其分布与 Chl-*a*、DMS 基本相同，均于 S01-4 站位出现高值区。DMSPp 浓度最高值出现于 S01-2 站位，整体上呈由近岸向远海逐渐减小的变化趋势。与春季相同，Chl-*a* 与二甲基硫化物的浓度高值均分布于整个调查海域的 30m 以上的上层水体，30m 以下 DMS 浓度迅速减小，这进一步说明 DMS 和 DMSP 的主要来源是 30m 以上的上层水体中的浮游植物。

秋季 S01 断面中 DMSOd 浓度的垂直分布规律与 Chl-*a*、DMS 基本一致，均在 S01-4 站位出现高值，整体呈从表层向深层递减的变化趋势。DMSOp 浓度的垂直分布规律和 DMSPp 更为接近，其最高值同样在 S01-2 站位，整体上呈现近岸高远岸低的变化规律。同时，DMSO 浓度在表层和深层水中相差较大，其最大值出现于 S01-4 站位的表层水中。在 S01-4 站位的底层区 DMSOd 和 DMSOp 均出现了一个小的浓度高值区，但 Chl-*a* 浓度并无明显高值，其原因是底层海水中沉积物的再释放产生了一定量的 DMSO。

4. 冬季黄东海海水中生源硫化物的垂直分布

2019 年冬季黄东海选取 P 断面对生源硫化物的垂直分布进行了研究，如图 4-31 所示。P 断面是以长江入海口为起点深入东海的断面，其生源硫化物的垂直分布受到长江径流的影响，因此具有明显的垂向特征。P 断面 DMS 和 DMSP 浓度的垂向分布均一，也没有明显的横向浓度梯度。Chl-*a* 浓度的垂直分布和横向分布同样比较均匀，其高值区同时出现在近岸的 P2 站位和远岸的 P6 站位，冬季长江径流弱，营养盐输送减少，对初级生产力的影响较弱。DMSPp 和 DMSPd 的浓度高值区和 Chl-*a* 的浓度高值区同时出现在 P6 站位，浮游植物的生物过程是影响 DMSP 浓度的重要因素。

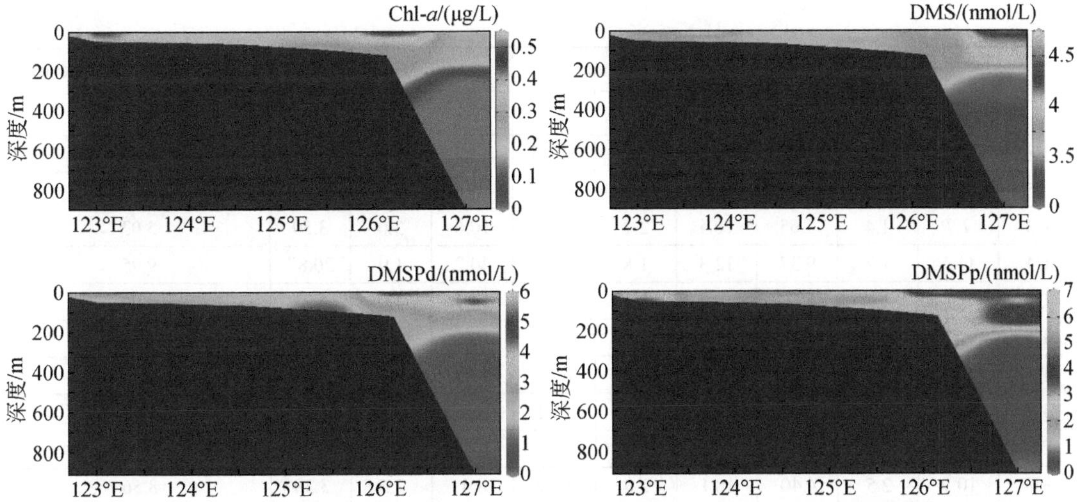

图 4-31　2019 年冬季黄东海 P 断面 Chl-*a*、DMS、DMSPd 和 DMSPp 浓度的垂直分布图

4.1.3　黄东海沉积物间隙水中生源硫化物的分布特征

沉积物间隙水是海底或河底沉积物空隙中不受土粒吸附能移动的水分子。相比于开放的大洋，高浓度的 DMSP 和 DMSO 通常在沉积物间隙水中检测到（Visscher et al., 1991）。因此，为了了解黄东海沉积物间隙水中 DMSP 和 DMSO 的浓度分布，在 2017 年春季黄东海调查过程中，对航次中的 17 个站位进行了间隙水的采集，并且同步测定了 DMS、DMSPd 和 DMSOd 浓度。结果表明，在间隙水中生源硫化物的浓度均远高于其在上覆水中的浓度。DMS、DMSPd 和 DMSOd 在间隙水中的平均富集系数分别为 5.80、6.39 和 5.89（表 4-1），这表明沉积物间隙水相较于上覆水存在着更为显著的生源硫化物的生产和转化过程。目前国外的一些研究资料也表明，在沉积物环境中，细菌扮演着 DMSP 的一个重要的生产者，其可以通过加甲基化途径将甲硫氨酸转化成 DMSP。另外，通过非克定律估算了沉积物 - 上覆水界面的 DMS 释放通量。在 2017 年春季 DMS 的平均沉积物 - 上覆水通量为 13.90nmol/（m^2 • d），其数值仅相当于海气通量的 1/1000。这表明，虽然沉积物中存在较上覆水更多的 DMS，但其释放到海水中的过程较为困难。由于 DMS 在海洋中的周转时间较短，在无上升流存在的情况下，这一部分 DMS 很难转移到上层水体中作为表层 DMS 的源。

表 4-1　2017 年黄东海海域各个站位沉积物间隙水和上覆水中 DMS、DMSPd 和 DMSOd 的浓度、富集系数及 DMS 的沉积物 - 上覆水通量

站位	DMS/（nmol/L）			DMSPd/（nmol/L）			DMSOd/（nmol/L）			DMS 沉积物 - 上覆水通量 /［nmol/（m^2 • d）］
	CS	CO	CF	CS	CO	CF	CS	CO	CF	
A2	12.5	3.1	4.02	22.7	4.8	4.76	10.5	3.0	3.52	6.66
A4	7.9	1.9	4.07	8.1	1.2	6.69	14.9	5.2	2.85	4.97

续表

站位	DMS/（nmol/L）			DMSPd/（nmol/L）			DMSOd/（nmol/L）			DMS 沉积物－上覆水通量 /［nmol/（m^2 • d）］
	CS	CO	CF	CS	CO	CF	CS	CO	CF	
B3	10.2	2.4	4.22	11.7	0.9	13.35	12.3	3.5	3.49	6.20
B5	12.8	1.6	8.05	10.8	1.1	10.19	21.6	3.3	6.62	9.19
C3	7.7	1.4	5.65	10.4	2.1	4.87	10.6	3.0	3.50	5.03
C4	11.6	1.2	9.37	12.3	1.8	6.70	40.2	1.9	20.87	9.95
C5	6.7	1.1	6.08	11.4	2.3	5.02	14.7	3.0	4.91	5.06
E1	6.7	1.4	4.78	11.1	2.0	5.62	10.5	3.0	3.44	7.19
E3	27.5	2.7	10.23	38.74	4.8	8.15	29.5	2.9	10.29	32.57
F2	6.9	1.1	6.32	10.4	2.0	5.22	16.5	3.6	4.54	3.65
FJ2	13.0	2.8	4.67	13.4	5.1	2.64	17.5	6.3	2.77	11.16
FJ3	10.9	2.5	4.40	18.1	2.0	8.99	8.4	2.5	3.39	8.56
FJ5	6.9	1.0	6.94	15.0	1.6	9.59	14.2	2.6	5.45	8.58
P1	9.7	1.7	5.90	10.2	2.1	4.75	20.7	2.2	9.53	12.59
S2	23.2	5.2	4.44	16.9	3.5	4.79	16.2	3.3	4.91	22.19
S3	80.8	17.9	4.52	30.8	7.8	3.98	39.7	5.6	7.14	74.13
T2	9.6	2.0	4.88	34.4	10.1	3.39	10.5	3.5	2.98	8.56
平均值	15.6	3.0	5.80	16.8	3.2	6.39	18.1	3.4	5.89	13.90

注：CS 表示沉积物间隙水浓度；CO 表示沉积物上覆水浓度；CF 表示富集系数。

4.1.4　黄东海表层海水 DMSP、DMSO 的粒径分级

浮游植物是黄东海海水中 DMSPp 和 DMSOp 的主要贡献者，然而，不同粒径的浮游植物其贡献比例是不同的，为了找出主要贡献者，于 2016 年春季东海航次选取了 11 个站位进行分级研究，站位分布整个东海海域，具有一定的代表性，能够反映出整个海区的 DMSPp、DMSOp 和 Chl-*a* 的粒径分布。浮游植物根据粒径大小可分为微微型浮游植物（0.2 ～ 2μm）、较小的微型浮游植物（2 ～ 5μm）、较大的微型浮游植物（5 ～ 20μm）和小型浮游植物（＞ 20μm）（Scarratt et al.，2007；Andreae et al.，2003），因此，本研究使用 20μm、5μm、2μm 和 0.2μm 四种孔径的玻璃纤维膜（Millipore，美国）进行过滤分级，得到 DMSPp、DMSOp 和 Chl-*a* 的分级样品。研究发现，春季东海表层海水中微微型浮游植物对 DMSPp 和 DMSOp 的贡献比例最小（图 4-32），在 DH5-4 站位的贡献比例甚至可以忽略。较大的微型浮游植物和小型浮游植物是 DMSPp、DMSOp 和 Chl-*a* 的主要贡献者。在离陆地较近的 DH1-1 站位、DH5-1 站位和 DH7-1 站位，较大的微型浮游植物对 DMSPp、DMSOp 的贡献比例较高，可高达 60% 以上，而在外海站位（如 DH1-7 站位、DH4-5 站位和 DH6-4 站位），小型浮游植物的贡献比例增大，成为 DMSPp、DMSOp 的主要贡献者。以 DH1-7 站位为例，较大的微型浮游植物和小型浮游植物占浮游植物总量的比例分别为 57.9% 和 23.8%，而对 DMSPp 的贡献比例分别为 24.5% 和 32.3%，对 DMSOp 的贡献比例分别为 29.8% 和 46.1%。小型浮游植物对 DMSPp、DMSOp 的贡献

比例明显高于对 Chl-*a* 的贡献比例，这表明远海海区小型浮游植物是 DMSPp 和 DMSOp 的高产藻种（Zhang et al.，2017）。这种由近岸向远海优势藻种发生变化的情况有可能是营养盐水平和盐度的变化引起的（Arin et al.，2005；Wang et al.，2003；Iverson et al.，1989）。

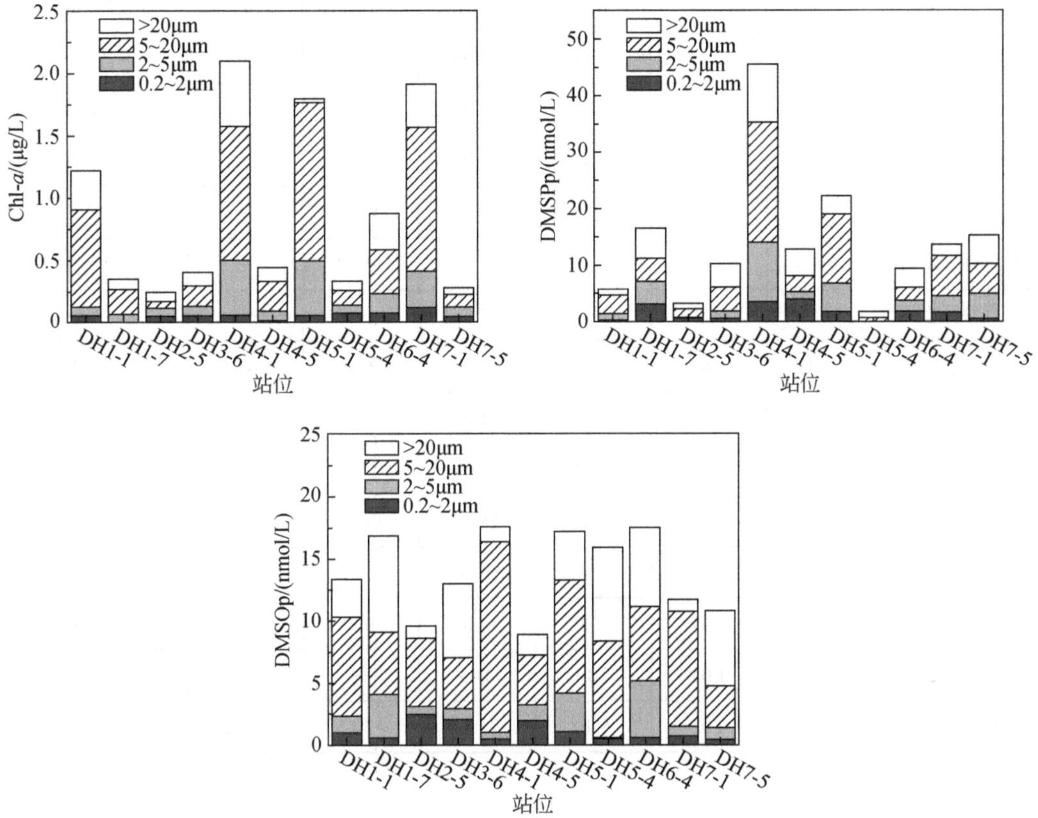

图 4-32　春季东海表层海水中 Chl-*a*、DMSPp 和 DMSOp 的粒径分布

4.1.5　黄东海生源硫化物的季节性变化及年际变化

由于海洋浮游植物和微生物等的季节性循环及水温、光照等环境因素的季节性变化，DMS、DMSP 和 DMSO 浓度的水平分布都存在明显的季节性变化。温带海域通常受季节影响较大，Bates 和 Cline（1985）及 Simó 等（1997）通过对温带不同海域的调查研究发现，DMS、DMSP 与 DMSO 浓度在冬季出现最低值，这可能是因为冬季光照弱、水温低，抑制了浮游植物生长和微生物活动，从而影响了 DMSP 及 DMS 的生产和释放，也限制了 DMS 的细菌氧化和光化学氧化，进而对 DMSO 的浓度造成影响。春季来临后，这三种硫化物的浓度都显著升高，直到夏季达到最高值。夏季 DMS 的平均浓度能够达到冬季的 3 ～ 5 倍。本节通过 9 个航次的调查研究进一步探讨了生源硫化物的季节性变化及年际变化。综合所有航次的结果（表 4-2），表明春季、夏季黄东海 DMS、DMSP、DMSO 浓度较高，秋季较低，

冬季达到最低，与 Chl-*a* 浓度的变化规律一致。此外，生源硫化物并没有表现出明显的年际变化。

表 4-2　调查航次黄东海表层海水中 Chl-*a*、DMS、DMSP 和 DMSO 的平均浓度

调查时间	Chl-*a* /(μg/L)	DMS /(nmol/L)	DMSPd /(nmol/L)	DMSPp /(nmol/L)	DMSOd /(nmol/L)	DMSOp /(nmol/L)	海－气通量 /[μmol/(m²·d)]
2015 年秋季东海	0.60	2.43	3.30	11.06	13.32	9.64	9.17
2016 年春季东海	1.58	6.17	6.31	22.60	18.41	16.95	18.60
2016 年秋季东海	0.76	2.19	4.87	11.01	5.29	—	4.10
2017 年春季黄东海	1.12	8.04	6.78	38.34	6.85	5.39	—
2017 年春季东海	0.50	8.84	7.31	19.72	14.28	—	11.47
2018 年夏季黄东海	1.14	6.11	7.67	67.54	—	—	—
2019 年春季东海	1.43	3.88	7.27	24.27	16.56	16.91	4.01
2019 年秋季东海	0.70	2.39	3.49	21.94	12.15	23.07	3.86
2019 年冬季黄东海	0.43	1.03	3.14	4.43	—	—	1.79
春季平均值	1.16	6.73	6.92	26.23	14.03	13.08	11.36
夏季平均值	1.14	6.11	7.67	67.54	—	—	—
秋季平均值	0.69	2.34	3.89	14.67	10.25	16.35	5.71
冬季平均值	0.43	1.03	3.14	4.43	—	—	1.79
总平均值	0.85	4.05	5.40	28.22	12.14	14.72	6.29

注：— 代表数据缺失。

2015 年秋季及 2016 年春季东海海域中 DMS、DMSP 和 DMSO 呈现明显的季节性变化，春季东海表层海水中 DMS、DMSPd、DMSPp、DMSOd 和 DMSOp 的浓度分别是秋季浓度的 2.54 倍、1.91 倍、2.04 倍、1.38 倍和 1.76 倍。2016 年秋季和 2017 年春季对比来看，虽然春季东海表层海水生源硫化物浓度均高于秋季，但 Chl-*a* 的平均浓度却是秋季略高于春季，这种现象可能是由浮游植物群落结构差异性导致的。东海浮游植物群落主要以硅藻和甲藻为主，而硅藻和甲藻生产释放 DMSP 的能力具有显著差异，最高可相差 20 倍以上（Keller and Korjeff-Bellows，1996；Liss et al.，1993）。通过对比秋季和春季同一断面的垂直剖面图可以看出，该断面在不同季节受到不同水团及各水团不同程度的影响。秋季 Chl-*a* 和生源硫化物的垂直分布均未表现出明显规律，没有明显的分布特征；而在春季由于长江冲淡水的影响强烈，生源硫化物的垂直分布与 Chl-*a* 一致表现出次表层较高、底层低的较明显的规律性。2019 年春季与秋季东海表层海水中 Chl-*a*、DMS 和 DMSP 变化趋势基本一致，均表现为春季略大于秋季，DMSO 在春季与秋季之间无明显的季节性变化规律。同时，生源硫化物之间的相对浓度大小关系也较为一致，均表现为 DMSPp >

DMSPd ＞ DMS，这主要与生源硫化物生成过程有关，浮游植物首先产生的是 DMSPp，浮游植物细胞将 DMSPp 释放到海水中进一步产生了 DMSPd，然后其经微生物作用，只有很少一部分 DMSPd 能最终生成 DMS。不同的是，2019 年春季东海海域生源硫化物浓度表现为 DMSPp ＞ DMSOp ＞ DMSOd ＞ DMSPd ＞ DMS，而在秋季表现为 DMSOp ＞ DMSPp ＞ DMSOd ＞ DMSPd ＞ DMS，这主要是由于 DMSO 相对于 DMS 和 DMSP 来说有着更复杂的来源，受到更多环境因素作用，除浮游植物的产生和自然环境中的氧化过程外，还有部分工业废水及城市污水等人为活动可能直接向海水中输入 DMSOd。因此秋季海水中 DMSP 的浓度受温度、光照、营养盐等多种因素限制时，DMSO 的浓度高于 DMSP 的浓度。2017 年春季、2018 年夏季和 2019 年冬季三个黄东海航次中，春季、夏季 DMS 和 DMSP 的浓度明显高于冬季，与 Chl-*a* 的浓度变化一致。较高的温度提高了初级生产力，导致浮游植物释放了更多的 DMS 和 DMSP，春季航次 Chl-*a*、DMS、DMSPd 和 DMSPp 的浓度分别是冬季的 2.60 倍、7.81 倍、2.16 倍和 8.65 倍，夏季航次 Chl-*a*、DMS、DMSPd 和 DMSPp 的浓度分别是冬季的 2.65 倍、5.93 倍、2.44 倍和 15.25 倍。夏季调查期间 DMS 的平均浓度略低于春季，可能与春季调查期间东海海域的春季藻华有关。此外，2018 年夏季黄东海 P 断面生源硫化物的分布表现出与春季、冬季不同的特征。

4.2　黄东海生源硫化物的影响因素研究

影响海水中 DMS 浓度的因素有很多，简单来说，其主要受生物和环境两方面因素的影响。生物因素主要指浮游植物的生物量及种类，此外还包括海洋浮游动物、浮游细菌、DMSP 裂解酶等的丰度与活性；环境因素包括温度、光照强度、盐度、营养盐浓度和 pH 等。环境因素通常是通过影响生物因素来影响 DMS 浓度的。这些因素通过对 DMS 不同的来源与去除过程产生不同程度的影响，进而影响 DMS 在海水中的浓度。由于 DMS 主要来源于 DMSP 的裂解，而 DMSP 主要由浮游植物产生，DMSO 也可以由浮游植物释放产生，因此，在这些因素中浮游植物生物量是目前已知的控制海水 DMS 浓度的最主要和最直接的影响因素之一。

4.2.1　生物因素对生源硫化物的影响

1. Chl-*a* 与生源硫化物的相关性分析

海洋中浮游植物可以合成和释放生源硫化物，因而 DMS、DMSP 和 DMSO 的浓度分布与浮游植物的生产水平密切相关。由于 Chl-*a* 的时空变化与海洋初级生产力有着密不可分的联系，其浓度常被用作衡量海洋浮游植物生物量的一个重要指标。因此，考察 DMS、DMSP、DMSO 与 Chl-*a* 之间的相关性是非常有意义的。因为不同的海域中浮游植物群落结构和生物量不同，生产和释放的 DMS、DMSP 和 DMSO 的量也就存在较大的差异，所以不同海区 DMS、DMSP、DMSO 与 Chl-*a* 之间的关系也不尽相同。本节通过对 9 个航次调查结果的分析主要研究了生源硫化物与 Chl-*a* 之间的关系，以便更好地认识东海浮游植物对生源硫化物的影响。

（1）2015 年秋季东海调查了 DMS、DMSPp、DMSOp 和 Chl-*a* 之间的相关性，相关性矩阵表格列于表 4-3。由表 4-3 可以看出，DMS 和 Chl-*a*、DMSPp 和 Chl-*a*、DMSOp 和 Chl-*a*、DMSOd 和 Chl-*a*、DMS 和 DMSPp、DMS 和 DMSOd、DMSPd 和 DMSPp、DMSPp 和 DMSOd 之间都存在很好的正相关性。DMSPp 和 DMSOp 与 Chl-*a* 存在较好的相关性，可能是因为在东海海域，浮游植物群落结构比较简单，硅藻和甲藻为主要藻种，占到总浮游植物的 60% ～ 90%（Boopathi et al.，2015；Vila-Costa et al.，2008），硅藻和甲藻是 DMSPp 和 DMSOp 的主要生产者，又因为 DMSPp 是 DMS 的前体物质，所以 DMS 与 DMSPp 相关性较好，进而与 Chl-*a* 的关系也较为密切。另外，DMS 与 DMSOd 也存在一定的相关性。

表 4-3　2015 年秋季东海表层海水中 DMS、DMSPp、DMSPd、DMSOp 和 DMSOd 与各环境因子之间的相关性

变量	DMS	DMSPd	DMSPp	DMSOd	DMSOp	Chl-*a*
DMS	1					
DMSPd	0.143	1				
DMSPp	0.628**	0.486**	1			
DMSOd	0.615**	0.199	0.453**	1		
DMSOp	0.160	−0.087	0.211	0.151	1	
Chl-*a*	0.505**	0.200	0.667**	0.621**	0.528**	1
细菌丰度	−0.183	0.117	−0.278	0.011	0.121	−0.067
T	−0.531**	−0.156	−0.407**	−0.619**	−0.219	−0.425**
S	−0.288	−0.278	−0.111	−0.429*	−0.010	−0.160
pH	0.029	0.179	0.151	0.161	−0.104	−0.023
Si	0.260	0.093	0.031	0.167	0.012	0.041
TP	0.288	−0.161	0.048	0.220	0.161	0.114
TN	0.351*	0.060	0.051	0.393*	0.141	0.151
DO	0.238	0.188	0.470**	0.462**	0.229	0.567**

* 相关性在 0.05 水平上显著（双尾）。

** 相关性在 0.01 水平上显著（双尾）。下同。

（2）2016 年春季东海表层海水中 DMS、DMSP、DMSO 与 Chl-*a* 及其他环境因子之间的相关性见表 4-4。由表可以看出，DMSPp 和 DMSOp 之间存在相关性，并且都与 Chl-*a* 存在很好的正相关性，而 DMS 与 Chl-*a* 之间的相关性较弱，这是与 2015 年秋季结果的不同之处，其原因可能有三方面：①随着季节条件的变化，海区内的浮游植物种类和数量会发生一定变化，海区浮游植物群落生产 DMS 的能力有所差异；②受复杂海洋环境的影响，DMSP 转化为 DMS 的过程发生了变化；③ DMS 与 DMSO 之间的相互转化受到光照条件和细菌数量的影响。

表 4-4　2016 年春季东海表层海水中 DMS、DMSPp、DMSPd、DMSOp、DMSOd 与各环境因子之间的相关性

变量	DMS	DMSPd	DMSPp	DMSOd	DMSOp	Chl-*a*
DMS	1					
DMSPd	0.338*	1				
DMSPp	0.576**	0.279	1			
DMSOd	0.609**	0.403*	0.195	1		
DMSOp	0.590**	0.405*	0.546**	0.441**	1	
Chl-*a*	0.392*	0.392*	0.430**	0.369*	0.445**	1
细菌丰度	0.739**	0.259	0.397*	0.602**	0.615*	0.362*
T	−0.399**	−0.313	−0.374*	−0.141	−0.355*	−0.469**
S	−0.244	−0.306	−0.319	−0.136	−0.214	−0.496**
pH	0.073	0.300	−0.307	0.258	0.248	0.096
Si	−0.217	0.025	−0.354	−0.215	−0.167	−0.123
TP	−0.132	0.010	−0.407	0.046	0.009	0.091
TN	−0.278	−0.129	−0.314	−0.200	−0.160	0.094
DO	0.28	0.016	0.418*	−0.144	0.143	0.154
溶解有机碳（DOC）	−0.117	−0.123	−0.175	−0.123	−0.216	−0.116

（3）对 2016 年秋季东海航次 DMS、DMSP、DMSO 和 Chl-*a* 之间的关系进行相关性分析。调查数据显示，表层海水 DMS 与 DMSP 的分布和 Chl-*a* 具有相关性（图 4-33），尤其是 DMSPp 与 Chl-*a* 表现出较强的相关性（R=0.7746，n=34，$P < 0.0001$），而 DMSO 的分布却没有和 Chl-*a* 表现出统计学范围内显著的相关关系，其原因可能是秋季东海表层海水 DMS 和 DMSP 主要是由浮游植物产生，而 DMSO 除了生物来源，陆源输入可能是其另一个重要来源。秋季东海海域范围内的优势藻种通常以硅藻为主（Guo et al.，2014），硅藻比例相对稳定且具有明显的优势。虽然硅藻不是产生 DMS 的高产藻类，在其占据海区浮游植物数量优势地位时，由于数量优势，硅藻可以超越其他藻种成为海水中 DMS 生产的主要控制因素。本航次中，相关性结果证明了浮游植物生物量对 DMS 的浓度有着重要的影响，其中秋季东海硅藻可能是表层海水中 DMS 的主要来源。浮游植物作为 DMS 和 DMSP 的主要来源，其种类、生物量及生长状态均对 DMS 的浓度分布产生重要影响，Chl-*a* 浓度可以直接反映海区浮游植物的生物量。因此，DMS、DMSP 与 Chl-*a* 的相关性说明浮游植物生物量在控制秋季东海 DMS 和 DMSP 的生产与分布中发挥着相对重要的作用。

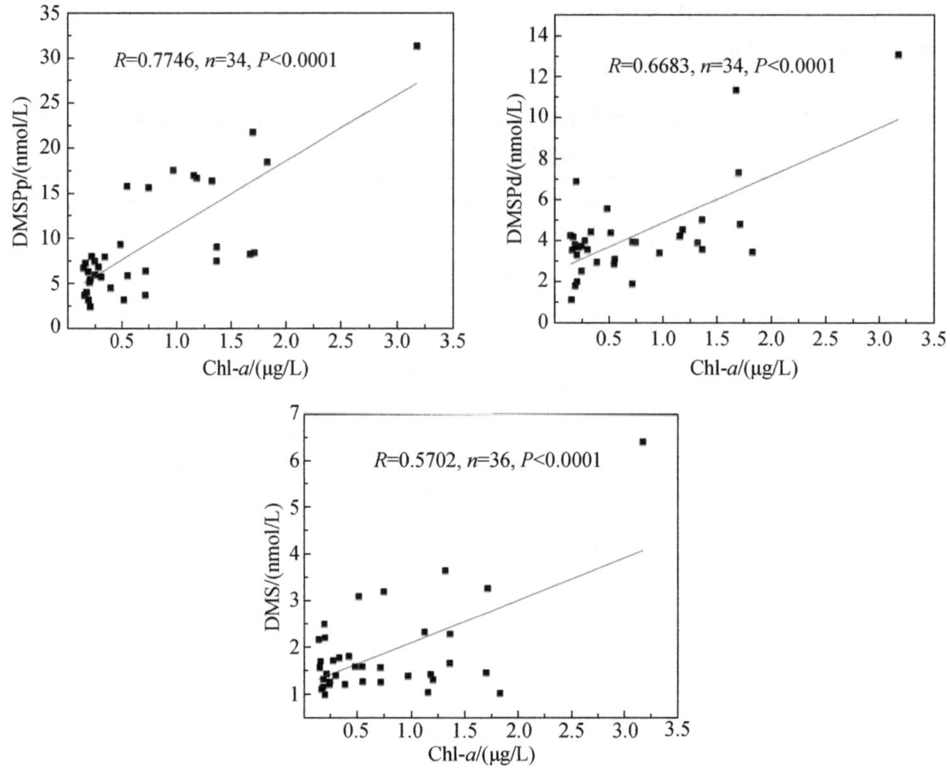

图 4-33　2016 年秋季东海表层海水中 DMSPp、DMSPd、DMS 与 Chl-*a* 的相关关系

（4）如表 4-5 所示，2017 年春季黄东海海水中 DMS、DMSPp 和 DMSOp 分别与 Chl-*a* 的浓度表现出一定的正相关性，这表明该季节浮游植物生物量在 DMS、DMSP 和 DMSO 的生产与分布方面发挥着重要作用。然而，在 2018 年夏季的调查中，Chl-*a* 与 DMS、DMSPp 和 DMSPd 均未表现出相关性（表 4-6）。通常在中低纬度海域表层海水中，夏季呈现出 DMS 全年最高浓度水平，但是 Chl-*a* 浓度却呈现较低水平。夏季较强的光照环境会诱导浮游植物体内 S/N 的提高，并且抑制微生物 DMS 的消耗。另外，夏季较强的光照环境增加海洋中的氧化压力，其会诱导浮游群落向 DMSP 的高生产者方向演替。而浮游植物大量死亡使得颗粒态 DMSP 释放到水中，增加了海水中 DMS 浓度。

表 4-5　2017 年春季黄东海二甲基硫化物与其他环境因子的相关性分析

变量	DMS	DMSPd	DMSPp	DMSOd	DMSOp	Chl-*a*
DMS	1					
DMSPd	−0.231	1				
DMSPp	0.688**	−0.124	1			
DMSOd	0.760**	0.310*	0.658**	1		
DMSOp	0.580**	−0.146	0.650**	0.511**	−1	
Chl-*a*	0.455**	−0.129	0.760**	0.443**	0.556**	−1
细菌丰度	−0.244	−0.025	−0.152	0.279*	−0.215	−0.108

续表

变量	DMS	DMSPd	DMSPp	DMSOd	DMSOp	Chl-a
NH_4^+	0.533**	0.406**	−0.248	0.573**	−0.245	0.337*
PO_4^{3-}	−0.507**	−0.21	−0.349**	−0.577**	−0.414**	−0.273*
NO_3^-	−0.294*	−0.09	−0.132	−0.387**	−0.272	−0.18
NO_2^-	−0.022	−0.064	−0.254	−0.087	−0.097	0.341**
SiO_3^{2-}	−0.335*	−0.118	−0.115	−0.475**	−0.29	−0.188
pH	0.690**	−0.242	0.724**	0.715**	0.591**	0.532**
DO	0.401**	−0.056	0.640**	0.376**	0.501**	0.643**
T	−0.254	0.327*	−0.125	−0.226	−0.132	−0.017
S	−0.035	−0.044	−0.269*	0.000	−0.045	−0.283*

注：n=58。

表 4-6　2018 年夏季黄东海二甲基硫化物与其他环境因子的相关性分析

变量	DMS	DMSPd	DMSPp	Chl-a
DMS	1.000			
DMSPd	0.205	1.000		
DMSPp	0.383**	0.365**	1.000	
Chl-a	−0.047	0.142	0.200	1.000
S	0.267*	−0.356**	−0.211	−0.626**
T	−0.297*	−0.331*	−0.415**	−0.014
风速	−0.212	−0.077	−0.127	−0.022
NH_4^+	−0.122	−0.019	−0.121	0.591**
PO_4^{3-}	−0.165	−0.018	−0.091	0.380**
NO_3^-	−0.107	0.140	0.002	0.868**
NO_2^-	−0.166	0.380**	−0.027	0.688**
SiO_3^{2-}	−0.128	0.124	−0.011	0.796**
密度	0.107	−0.121	0.029	−0.628**
pH	0.081	0.120	0.000	−0.057
溶解无机碳（DIC）	0.136	0.166	0.407**	0.055
总碱度（TA）	0.242	0.164	0.573**	−0.263*
DO	0.327**	0.027	0.404**	−0.239
DOC	0.228	0.424**	0.420**	−0.008

注：n=66。

（5）2019 年春季和秋季 Chl-a、DMS、DMSP 和 DMSO 之间的相关性分析结果如

表 4-7 所示。在春季和秋季的调查中，DMS 与 Chl-*a* 均表现出明显的相关性，这说明东海海域春季和秋季中浮游植物生物量对 DMS 的浓度均有重要的影响。同时，春季和秋季的东海海域中，DMSP 与 Chl-*a* 有着一定的相关关系，而 DMSO 与 Chl-*a* 相关程度较低。另外，春季和秋季的 DMSPd 均与 DMS 表现出明显相关性，春季 DMSPp 与 DMS 也表现为明显相关性，而秋季 DMSPp 与 DMS 相关程度却很低，这主要是因为 DMS 大部分由海水 DMSPd 直接产生，而 DMSPp 大部分位于植物细胞内，与 DMS 之间的转化关系受更多更复杂的因素影响，因此 DMSPd 与 DMS 更容易表现出更明显的相关关系。

表 4-7　2019 年春季和秋季 Chl-*a*、DMS、DMSP 和 DMSO 之间的相关性

变量		Chl-*a*	DMS	DMSPd	DMSPp	DMSOd	DMSOp
春季	Chl-*a*	1					
	DMS	0.835**	1				
	DMSPd	0.688**	0.830**	1			
	DMSPp	0.644**	0.873**	0.689**	1		
	DMSOd	0.378*	0.403*	0.154	0.341*	1	
	DMSOp	0.076	-0.021	-0.249	-0.068	0.522**	1
秋季	Chl-*a*	1					
	DMS	0.708**	1				
	DMSPd	0.810**	0.720**	1			
	DMSPp	0.588**	0.278	0.357	1		
	DMSOd	0.175	-0.126	0.068	0.415*	1	
	DMSOp	0.058	-0.219	-0.086	0.706**	0.476*	1

注：n=66。

相比于 DMS、DMSP 来说，DMSO 与 Chl-*a* 和其他二甲基硫化物的相关关系更不明确，这主要是由于海水中的 DMSO 来源更为复杂多变，可以由浮游植物直接产生，也可以由海水中的氧化物质氧化DMS得到，还可以通过陆源输入的工业废水、城市污水进入海水中，其生产转化过程也会受复杂的生物、物理、化学因素的影响，因此 DMSO 与 Chl-*a* 之间的相关关系并不能归纳为简单的线性相关关系。

2019 年冬季黄东海航次相关性分析结果表明，表层海水中 DMS 与 DMSPp、DMSPd 和 Chl-*a* 无显著相关性（表 4-8），也未发现与 NO_3^-、PO_4^{3-} 等营养盐浓度及温度、盐度、风速等物理参数之间的相关关系，表明冬季黄东海 DMS 的生物地球化学过程受到多种因素的共同作用。与相同海域其他季节的研究相比，Chl-*a* 与 DMS 不相关，这主要是由于该季节浮游植物生物量较少（Chl-*a* 的浓度较低），较低的海水温度也抑制了浮游植物的生理活动，同时冬季黄东海风速较高，海－气交换和光化学过程对 DMS 浓度的影响较大。而 DMSPp 与 DMSPd、Chl-*a* 具有较好的相关性，表明初级生产力会影响 DMSPp 在海水中的浓度及 DMSPp 和 DMSPd 在浮游植物作用下的相互转换。

表 4-8　2019 年冬季黄东海 DMS、DMSPp、DMSPd 和 Chl-*a* 的相关性分析

变量	DMS	DMSPp	DMSPd	Chl-*a*
DMS	1			
DMSPp	0.144	1		
DMSPd	0.182	0.644**	1	
Chl-*a*	0.004	0.324**	0.075	1

2. 细菌与生源硫化物的相关性分析

2016 年春季航次测得东海表层水中细菌的分布，细菌丰度范围为 1.30×10^7 ～ 6.07×10^8cells/L，平均值为 1.69×10^8cells/L，此变化范围与 Jiao 等（2005）、Zhang 和 Jiao（2007）及 Zhao 等（2010）测定的范围相符。研究发现 DMS 浓度高值与细菌丰度较大值比较一致。例如，在 DH3-3 站位、DH6-2 站位、DH3-1 站位和 DH4-2 站位的细菌丰度高于其他站位，而 DMS 在这些站位的浓度也相对较高。由表 4-4 可以看出，DMS、DMSOd 均与细菌丰度有较好的相关性关系，并且通过 DMS、DMSOd 浓度与细菌丰度的线性拟合可以得出 DMS（R=0.738，n=37，P < 0.001）、DMSOd（R=0.576，n=37，P < 0.001）与细菌丰度的线性关系曲线（图 4-34），这表明 DMSP 的细菌降解过程和 DMS 的细菌氧化过程在春季是非常显著的，其成为 DMSOd 的一个主要来源。

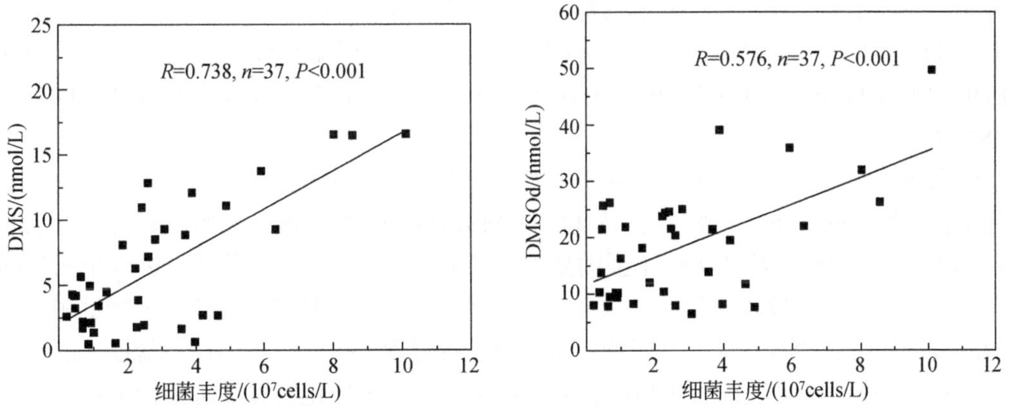

图 4-34　春季航次调查中细菌丰度与 DMS 和 DMSOd 之间的相关关系

4.2.2　环境因素对生源硫化物的影响

海水中生源硫化物浓度变化是一个复杂的过程，海水的温度、盐度、光照及营养盐水平等环境因素都会明显影响其分布情况，以上环境因素作用于海洋中浮游植物的种群类别、数量和生存状态等生物条件，进而影响海水中生源硫化物的产生和消耗过程。DMS、

DMSP 浓度的垂直分布更是会受到如浮游植物种类和数量、光照强度及细菌的氧化等因素的共同制约。

海水的盐度和温度能直接影响藻类的生长状况，从而对 DMSP 和 DMSO 的生物合成与 DMS 的生产释放造成影响。通常情况下，水温升高会使浮游植物的初级生产力提高，从而使其合成更多的 DMSP 和 DMSO，进而产生更多的 DMS。有研究表明，DMSP 与 DMSO 都可以作为藻类细胞内的渗透压调节剂和冷冻保护剂，盐度和温度的改变会引起 DMSP 与 DMSO 的合成数量的变化。Vairavamurthy 等（1985）进行的培养试验发现，当盐度升高时，DMSP 与 DMS 的生产速率都会增加。Lee 等（2001）认为 DMSO 的分子结构与季铵化合物——氧化三甲胺（TMAO）相似，两者都有渗透压调节的功能，浮游植物在缺乏氮的条件下可能会合成 DMSO 来代替 TMAO，用作含硫的渗透压调节剂。Sheets 和 Rhodes（1996）的研究发现，温度能影响极地藻类生产 DMSP，他们发现随着温度的降低，藻类产生的 DMSP 的浓度增加。此外，盐度和温度能对浮游植物的种群结构造成影响。

藻类在进行光合作用时会产生大量羟基自由基，而 DMSP 与 DMSO 都能够清除浮游植物细胞内的羟基自由基，起到抗氧化的作用。在藻类细胞中，同化硫酸盐还原与光照联系密切，延长光照时间和提高光照强度都能促进 DMSP 的合成。因此，光照会对藻类细胞内的 DMSP 与 DMSO 的合成造成间接影响，从而改变 DMS 的浓度分布。DMS 的光化学氧化是其在海水中重要的迁移转化途径，也是海水中 DMSO 的主要来源之一，而光照强度和光谱组成能够决定 DMS 的光化学反应的氧化产物种类与氧化效率。海水中营养盐的浓度和比例能对浮游植物的生长造成直接影响，从而影响 DMSP、DMSO 与 DMS 的浓度分布。一般来说，高浓度的营养盐能显著促进浮游植物的生长，从而合成更多的 DMSP 与 DMSO。不同比例的 N、P 和 Si 的营养盐浓度会影响浮游植物的群落结构，不同种类浮游植物生成 DMSP 与 DMSO 的能力存在显著差异，从而影响该海域水体中的 DMSP 与 DMSO 浓度。

两次黄东海的调查中，Chl-*a* 与环境因素均表现出了较好的相关性。在 Chl-*a* 与生源硫化物相关性强的春季，环境因素同样也与 DMS、DMSP 和 DMSO 表现出较强的相关关系。而在 Chl-*a* 与生源硫化物相关性不强的夏季，环境因素与生源硫化物均未展现出明显的相关性。环境因素对生源硫化物的影响主要体现在两方面：一是与浮游植物生物量相关性较强的因素，如营养盐水平；二是影响浮游生物生理过程的因素，如温度、盐度、溶解氧及海水 pH 等。这两者对生源硫化物的影响贡献主要与生源硫化物和浮游植物生物量的相关性强弱有关。当浮游植物生物量与生源硫化物相关性较强时，前者通过影响浮游植物的生物量发挥主要作用；当浮游植物生物量与生源硫化物相关性不强时，后者可以通过影响藻类和细菌的生理过程来控制生源硫化物的生产。

4.2.3　生源硫化物的主控因素分析

为了找出影响黄东海表层海水生源硫化物时空分布的主控因素，参考国际上采用的主成分分析（PCA）法对尽可能多的变量进行了综合分析（Lizotte et al.，2012；Kumar et al.，2009；Michaud et al.，2007）。本节采用 SPSS（SPSS Inc.，IBM，美国）对 DMS、DMSP、DMSO、Chl-*a* 等 15 种变量进行主成分分析。

如图 4-35 所示，2015 年秋季 TN、TP、硅酸盐、细菌丰度、pH、温度及盐度都与主成分 1（PC1）有显著相关性，这说明影响 PC1 的主要因素是环境因素和细菌丰度。与主成分 2（PC2）有相关性的是 DMS、DMSP、DMSO、Chl-*a* 和 DO，因此，影响 PC2 的主要因素是浮游植物生物量和 DO。由于海水中 DO 的含量很大程度受浮游植物生命活动情况的影响，因此影响 PC2的主要因素是浮游植物。通过表 4-3 和图 4-35 可以看出，DMS、DMSPp、DMSOd 和 DMSOp 都与 Chl-*a* 存在很好的相关性（R=0.505，$P < 0.01$；R=0.667，$P < 0.01$；R=0.621，$P < 0.01$；R=0.528，$P < 0.01$），这说明秋季东海浮游植物生物量是影响生源硫化物浓度的主控因素。此外，海洋中的细菌也是一个重要影响因素，这是因为 DMSP 可以为细菌的生长繁殖提供可用的碳源和硫源，细菌将 DMSP 降解为 DMS 是 DMS 的一个重要来源，而 DMS 又可通过细菌氧化为 DMSO，这也是海洋中 DMS 的一个重要去除途径。Simó（2001）报道通过细菌除去的 DMS 大约占海洋中 DMS 去除总量的 64%，因此细菌在 DMS、DMSP 和 DMSO 的分布及其相互迁移转化的过程中发挥非常重要的作用。为了更好地理解细菌与生源硫化物之间的关系，本航次调查了秋季东海海域的细菌丰度，其范围为 3.71×10^5 ～ 2.59×10^8cells/L，平均值为 4.39×10^7cells/L，高值区与三种硫化物相似，主要出现在近岸站位，然而通过相关性分析并没有发现其与 DMS、DMSP 和 DMSO 存在相关关系，这有可能是因为在复杂的海洋环境中细菌在表层海水中不仅参与生源硫化物之间的转化过程，还参与其他物质之间的生产消费等过程，从而与 DMS、DMSP 和 DMSO 之间的关系表现得不明显。

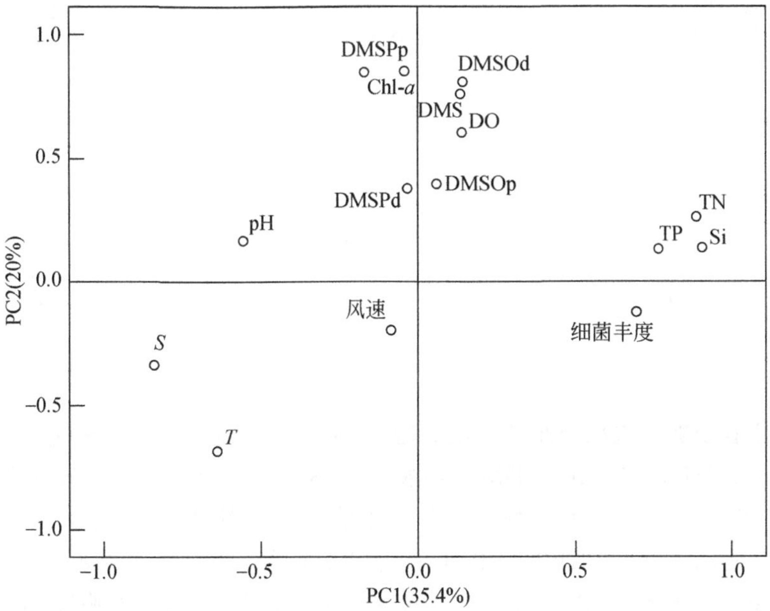

图 4-35　2015 年秋季东海海域表层海水中 15 种变量的主成分分析

Si 表示硅酸盐，下同

通过主成分分析（图 4-36）可以看出，2016 年春季东海与 PC1 有显著相关性的主要有 TN、TP、硅酸盐、温度、盐度、光强和 PAR，表明 PC1 是受物理化学影响的环境因素；与 PC2 有显著相关性的主要有 DMS、DMSPp、DMSOp、DMSOd、Chl-*a* 和细菌丰度，表明 PC2 是受浮游植物和细菌影响比较明显的生物因素。本章结果也表明，DMS、DMSPp、DMSOp 与 Chl-*a* 之间及 DMS、DMSOd 与细菌丰度之间都存在明显的相关性关系，由此可以推断，春季东海表层海水中生源硫化物的浓度分布主要受浮游植物生物量和细菌丰度的控制。此外，海水的 pH 也是 PC2 的重要组成部分，但是本研究并没有发现 pH 和三种硫化合物有明显的相关性。之前的研究表明，海水 pH 会影响各种生物过程和细胞生理，进而影响 DMS 的产生（Six et al.，2013；Hopkins et al.，2010；Finkel et al.，2010）。Six 等（2013）的研究表明，海洋酸化有可能减少 DMS 通量，并进一步加剧人为变暖。围隔试验研究也表明，低 pH 条件下 DMS 的浓度明显下降（Hopkins et al.，2010）。pH 也可能是影响生物生成的二甲基硫化物分布的一个因素，但本研究没有发现两者之间的关系，可能是因为 pH 对硫化物的生物生成的影响不明显，也可能是因为复杂的环境条件模糊了 DMS、DMSP、DMSO 和 pH 之间的关系，这个问题将在未来进一步研究。

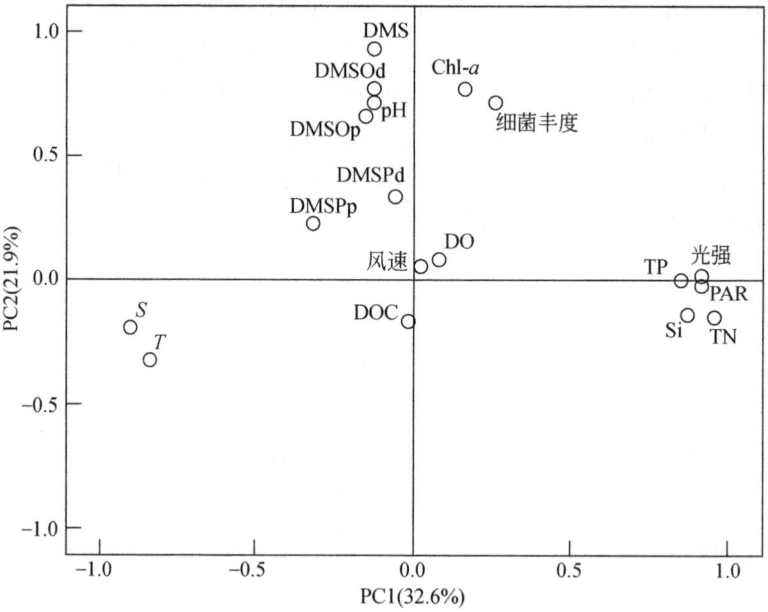

图 4-36　2016 年春季东海海域表层海水中 18 种变量的主成分分析

对 2017 年春季航次表层海水的温度、盐度、Chl-*a*、PO_4^{3-}、DIN、SiO_3^{2-}、硅藻、甲藻、甲烷和 DMS、DMSPp、DMSPd、DMSOd 浓度共 13 个变量进行了主成分分析。总体而言，PC1 在 52.4% 的程度上解释了所有变量的分布情况，PC2 解释了 17.2% 的总体的分布情况，如图 4-37 所示。温度和盐度与 PC1 呈负相关关系，且受 PC2 影响较小，而 Chl-*a*、PO_4^{3-}、DIN、SiO_3^{2-}、甲烷与 PC1 有正相关关系，并且同样受 PC2 影响较小。硅藻和甲藻的丰度主要受 PC2 影响，分别表现出与 PC2 的正相关和负相关关系。因此推测，PC1 可能与水团联系密切，由于和温盐的负相关性，PC1 可能一定程度上代表低温低盐的冲淡水的作用，PC2 可能是浮游植物群落结构的反映，对营养盐浓度、Chl-*a* 和甲烷影响不大。DMS、DMSPd 和 DMSOd 同时受到 PC1 和 PC2 的影响，说明无论是水团作用还是浮游植物的群落结构，都对其有重要影响。

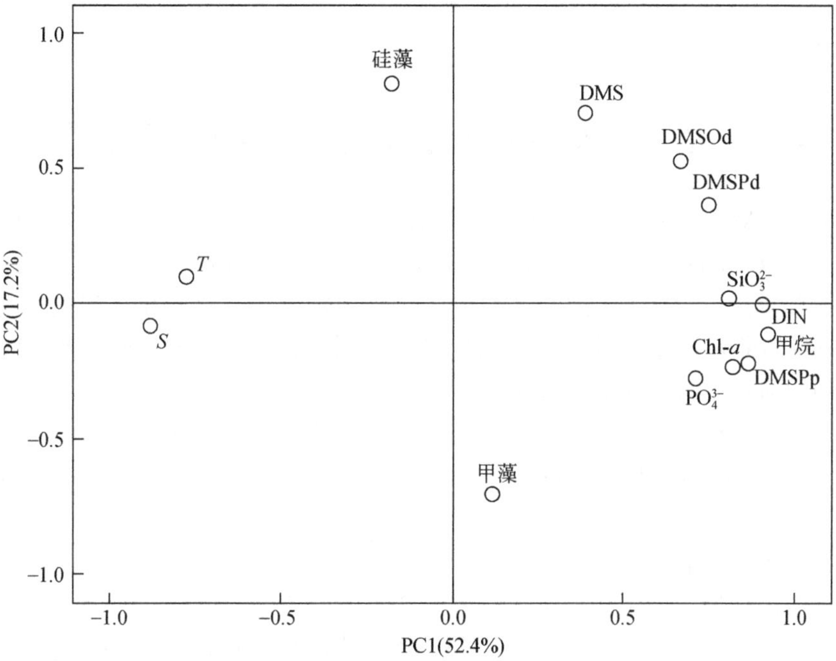

图 4-37　2017 年春季东海海域表层海水 13 种变量的主成分分析

2017 年春季和 2018 年夏季黄东海在不同季节和水文环境中，控制生源硫化物的主要因素不尽相同。冬季较低的水温阻碍了浮游植物的生长和微生物的活动，因此生源硫化物在冬季维持着很低的水平，而春季适宜的水文条件促进了浮游植物的生长，同时也伴随着大量生源硫化物的释放。因此在春季生源硫化物的主控因素是浮游植物的生物量。春季生源硫化物与浮游生物量和水温展现出明显的聚类［图 4-38（a）］。而在夏季，

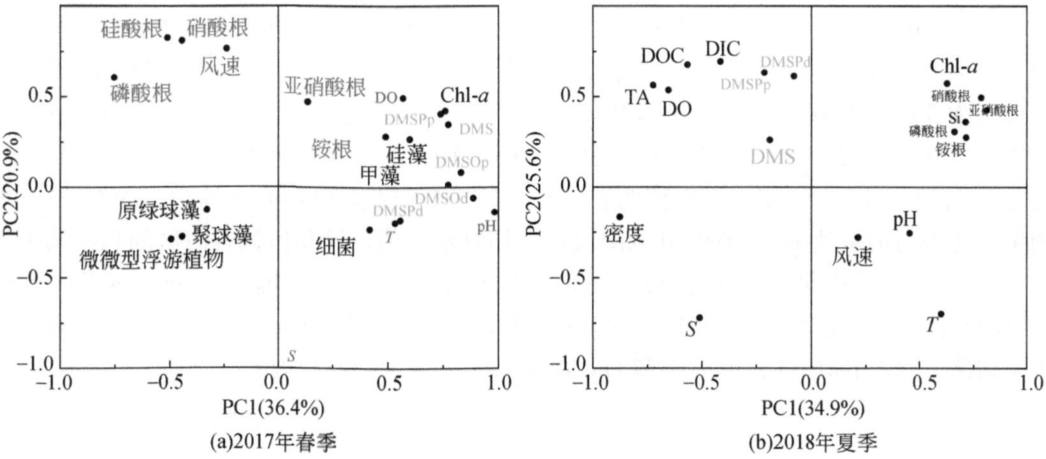

图 4-38　黄东海海域 2017 年春季和 2018 年夏季二甲基硫化物与其他环境因子的主成分分析

较强的光照环境提高了海水中的氧化压力，使得浮游植物生长被抑制。同时，生源硫化物因其抗氧化性的特征而被大量生产。浮游植物群落演替向着高 DMSP 生产的方向进行。此时，浮游植物生物量与生源硫化物的正相关关系被削弱。因此，在此季节控制生源硫化物浓度的主要因素是一些影响浮游植物生理过程的环境因素，如 DO、DOC 等［图 4-38（b）］。

4.3　黄东海表层海水中生源硫化物的迁移转化

混合层中 DMS 的浓度是多个过程协同作用的复杂结果（Toole and Siegel，2004），这些过程包括 DMS 的来源（浮游植物和细菌的生产）和 DMS 的汇（细菌消耗、光氧化、海－气扩散和垂直混合）。相比于 DMS 的来源，DMS 的迁移转化过程更为复杂。DMS 在海水中的周转非常迅速，但不同海域的 DMS 周转时间有所不同，通常来说海水中 DMS 的周转时间约为几小时到几天（Zubkov et al.，2002；Simó et al.，2000）。目前已知的海水中 DMS 三种最主要的去除方式为微生物消费（Kiene and Bates，1990）、光化学氧化（Brimblecombe and Shooter，1986），以及海－气扩散（Erickson et al.，1990）。其中，通过海－气扩散途径去除的 DMS 直接进入大气，影响着全球气候变化。然而，海－气扩散仅仅只能去除海水中很小一部分 DMS，绝大部分的 DMS 继续在海洋内部作为海洋硫循环的一部分被消耗掉。微生物消费是海水中 DMS 重要的汇，而光化学氧化则是海水真光层中 DMS 的重要去除途径之一。由于 DMS 的不同去除途径具有非常大的时间及空间差异，因此在调查 DMS 的浓度分布时，同步测定不同途径的 DMS 迁移转化速率对研究海水中硫循环过程是很有必要的。

4.3.1　黄东海表层海水中 DMSPd 降解、DMS 的生产和微生物消费

1. 春季黄东海表层海水中 DMSPd 降解、DMS 的生产和微生物消费

（1）2016 年春季东海表层海水中 DMS 的微生物生产与消费速率及 DMSPd 的降解速率的研究结果如表 4-9 所示，春季 DMS 的生产速率和消费速率及 DMSPd 的降解速率分别为 5.81（2.50 ～ 12.56）nmol/（L • d）、5.14（2.08 ～ 12.55）nmol/（L • d）和 18.33（8.34 ～ 29.22）nmol/（L • d）。DMSPd 向 DMS 的转化率为 31.7%。周转时间（τ_{bio}）变化范围为 0.31 ～ 1.32d，平均值为 0.60d。在 DH3-3 站位和 DH6-4 站位，DMS 的微生物生产速率与消费速率及 DMSPd 的降解速率均有较大值，这与所调查海区的总细菌丰度的高值区是对应的（DH3-3 站位：60.69cells/L；DH6-4 站位：25.18cells/L）。Schultes 等（2000）提出较高的细菌丰度会加快 DMSP 裂解转化为 DMS 的速率，由此可以推出，春季东海海水中细菌丰度是 DMS 生产与消耗和 DMSP 降解过程的主要影响因素。

表 4-9　2016 年春季东海表层海水中 DMS 的微生物生产与消费速率及 DMSPd 的降解速率

站位	DMS 生产速率 /［（nmol/（L•d）］	DMS 消费速率 /［（nmol/（L•d）］	DMSPd 降解速率 /［（nmol/（L•d）］	DMS 周转时间 /d
DH1-1	2.50	2.08	8.34	0.31
DH1-6	7.46	6.07	29.22	0.81
DH3-3	12.56	12.55	20.91	1.32
DH4-1	3.23	2.64	20.00	0.17
DH4-5	2.87	2.58	13.46	0.66
DH6-1	4.81	4.14	18.67	0.13
DH6-4	7.58	6.74	26.05	0.40
DH7-2	5.46	4.32	9.99	0.97
平均值	5.81	5.14	18.33	0.60

（2）2017 年春季东海选取 5 个站位对表层海水 DMS 的生物消费进行了研究。DMS 的总生物消费速率为 3.09 ～ 5.57nmol/（L•d），表现出从近海站位到远海站位下降的趋势。S3-1 站位和 S5-1 站位的 DMS 生物消费速率较高（表 4-10），这与 DMS 浓度高值一致，同时也与这些地区甲藻的高生物量一致。在 DMSOd 浓度较高的站位（S1-1 站位和 S3-1 站位）也出现了较高的 DMS 生物消费速率。在本研究中，DMS 的总平均消费速率［4.87nmol/（L•d）］约为 DMS 总平均生物生产速率的 65%［7.53nmol/（L•d）］，表明 DMS 的生物消费是将 DMS 从研究海水中清除的主要途径。本航次 DMS 消费速率与 Yang 等（2001）在日本 Funka 海湾的结果［1.1 ～ 5.0nmol/（L•d）］和 Vila-Costa 等（2008）在地中海西北部的结果［0.1 ～ 7.7nmol/（L•d）］相近。春季东海表层海水 DMSPd 的降解速率为 11.57 ～ 25.97nmol/（L•d），平均值为（17.00±5.72）nmol/（L•d），DMS 的总生物生产速率为 5.05 ～ 10.47nmol/（L•d），平均值为（7.53±2.16）nmol/（L•d）。近海地区 DMSPd 的降解速率高于远海地区，这与 DMS 的生物生产速率的变化趋势是一致的，这一结果可以解释 DMSPd 的降解是 DMS 在海水中的重要来源。此外，DMSPd 的平均总生物降解速率［17.00nmol/（L•d）］远高于 DMS 的平均总生物生产速率［7.53nmol/（L•d）］，表明 DMS 仅仅是 DMSPd 降解的产物之一，仍有大部分（超过 50%）DMSPd 通过非 DMS 途径被降解。

表 4-10　2017 年春季东海表层海水中 DMS 的生物生产与消费速率及 DMSPd 的降解速率

站位	DMS 生产速率 /［（nmol/（L•d）］	DMS 消费速率 /［（nmol/（L•d）］	DMSPd 降解速率 /［（nmol/（L•d）］	DMS 周转时间 /d
S1-1	7.67	4.95	16.17	2.65
S1-8	5.05	3.09	11.57	1.46
S3-1	10.47	5.34	25.97	1.55
S4-1	5.87	5.57	12.75	0.76
S5-1	8.57	5.42	18.55	6.47
平均值	7.53	4.87	17.00	2.58

（3）2019 年春季东海表层海水中 DMS 的生物生产与消费速率及 DMSPd 降解速率如表 4-11 所示。DMS 生物生产速率和消费速率的变化范围分别为 4.16 ～ 17.95nmol/（L • d）和 2.49 ～ 11.53nmol/（L • d），平均值分别为（9.08±5.35）nmol/（L • d）和（5.66±3.81）nmol/（L • d）。春季东海的 DMS 生物生产速率和消费速率变化规律相似，高值主要出现于近岸或河口海域。S01-9 站位（125.90°E、30.00°N）虽位于远海，但仍表现为高值，且此站位的温度、盐度及二甲基硫化物浓度等各项数据均高于附近海域，这可能是因为该站位受到黑潮的影响，暖流带来的高温高盐有利于浮游植物的生长繁殖，也促进了浮游动物的取食。春季东海表层海水中 DMSPd 的降解速率变化范围为 6.22 ～ 18.67nmol/（L • d），平均值为 11.13nmol/（L • d）。2019 年春季 DMSPd 降解速率的最高值出现于 S01-9 站位，与 DMS、Chl-*a* 和 DMS 生物生产速率和消费速率的分布相一致，说明此处具有丰富的营养盐和浮游植物，其有利于 DMSPd 的降解，进而产生了大量的 DMS。

表 4-11　2019 年春季东海表层海水中 DMS 的生物生产与消费速率及 DMSPd 的降解速率

站位	DMS 生产速率 /［nmol/（L • d）］	DMS 消费速率 /［nmol/（L • d）］	DMSPd 降解速率 /［nmol/（L • d）］
S00-3	7.09	2.65	7.53
S01-9	17.95	11.53	18.67
S05-6	4.16	2.49	6.22
S03-3	6.42	4.34	10.14
S02-1	9.76	7.28	13.09
平均值	9.08	5.66	11.13

2. 秋季黄东海表层海水中 DMSPd 降解、DMS 的生产和微生物消费

（1）2015 年秋季东海调查航次选取 8 个站位（DH1-1 站位、DH1-6 站位、DH3-3 站位、DH4-1 站位、DH4-5 站位、DH6-1 站位、DH6-4 站位和 DH7-2 站位）进行微生物培养实验，表层海水中 DMS 的生物生产与消费速率及 DMSPd 的降解速率如表 4-12 所示，DMS 的生物生产速率的范围为 2.00 ～ 4.88nmol/（L • d），平均值为 3.17nmol/（L • d）；DMS 的消费速率的范围为 1.86 ～ 4.55nmol/（L • d），平均值为 2.80nmol/（L • d）。周转时间（τ_{bio}）的范围为 0.54 ～ 1.22d，平均值为 0.96d。DMS 的生物生产速率与消费速率的最大值出现在 DH6-4 站位，这说明该站位的生物活性大于其他站位。研究发现，DMS 的生物生产速率与消费速率受 DMS 的浓度、温度和盐度等条件的影响。del Valle 等（2009）发现 DMS 的微生物消费过程基本属于一级动力学反应过程，因此其反应速率（即消费速率）和底物 DMS 的浓度是密切相关的；李清雪等（2005）的研究表明温度可以通过影响细菌酶的活性来影响其新陈代谢过程，而细菌在 DMS 的生物消费中发挥重要作用，因此海水的温度变化会对 DMS 的生物消费速率产生较大的影响。此外，盐度是影响海洋生物生长的重要因素，而 DMSP 是 DMS 的一种前体物质，在胞内发挥调节渗透压的作用，随着盐度的变化，胞内会产生或释放 DMSP，海水中 DMSP 的浓度变化会影响 DMS 的生物生产速率。

在 DH6-4 站位，虽然细菌丰度不是很高，但是 DMS 浓度却出现最大值（4.44nmol/L），而且此处受到台湾暖流影响，也可能为生物生长提供了适宜的温度条件。

表 4-12　2015 年秋季东海表层海水中 DMS 的生物生产与消费速率及 DMSPd 的降解速率

站位	DMS 生产速率 /[（nmol/（L·d）]	DMS 消费速率 /[（nmol/（L·d）]	DMSPd 降解速率 /[（nmol/（L·d）]	DMS 周转时间 /d
DH1-1	2.15	2.15	24.15	1.22
DH1-6	2.40	2.06	8.55	1.18
DH3-3	4.77	3.10	21.80	0.54
DH4-1	2.00	1.86	6.61	0.87
DH4-5	2.81	2.58	12.02	0.75
DH6-1	3.14	2.99	10.15	1.09
DH6-4	4.88	4.55	17.39	0.97
DH7-2	3.22	3.07	17.20	1.02
平均值	3.17	2.80	14.73	0.96

DMS 主要来源于 DMSP 的裂解过程，DMS 的生物生产与消费在一定程度上受 DMSP 浓度的影响和制约，而 DMSP 向 DMS 的转化过程有可能受其他多种因素的影响，因此为了考察 DMSP 向 DMS 的转化率，本章还计算了 DMSPd 的降解速率，由表 4-12 可以看出，DMSPd 的降解速率介于 6.61 ～ 24.15nmol/（L·d），平均值为 14.73nmol/（L·d），其最高值出现在细菌丰度最大（16.23×10^{7}cells/L）且 DMSPd 浓度相对较高（6.72nmol/L）的 DH1-1 站位。然而，并没有发现 DMS 的生物生产速率和 DMSPd 浓度存在相关性，说明 DMSP 向 DMS 的转化受到其他因素影响，仅部分 DMSP 转化为 DMS。根据表 4-12 数据，估算出 DMSP 向 DMS 的转化率大约为 21.5%。

该研究结果与宋以柱（2014）调查的黄渤海的变化规律不同，该海域内 DMS 的生物生产速率与消费速率及 DMSPd 的降解速率没有呈现明显的近岸高、远海低的变化趋势，这可能是不同的海区受人为活动及水团影响的程度不同，海区营养盐水平和温盐条件有较大差异，从而导致不同海区生物的新陈代谢过程不同，进而使海区之间的 DMS 的生物生产与消费过程不同。

（2）2016 年秋季东海 6 个站位表层海水 DMS 的平均生物消费速率为（5.96±1.69）nmol/（L·d）（表 4-13），该结果与 Zubkov 等（2002）在北海的研究结果相近。DMS 生物消费速率的最高值出现在 DH6-1 站位，最低值在 DH7-6 站位。DMS 生物消费速率整体表现出近岸高、远海低的趋势，与 DMS 浓度分布规律一致。DH1-7 站位虽然距陆地较远，Chl-*a*、DMS 和 DMSP 浓度均较低，但 DMSOd 浓度出现高值，这可能是该站位较高的 DMS 生物消费速率所致，表明 DMSO 是 DMS 生物消费的重要产物，这与 Green 等（2011）的研究结果一致。Hatton 等（2012）通过实验室培养也发现在细菌消耗的 DMS 中，有 98% ～ 100% 转化为 DMSO，表明 DMSO 是微生物消费 DMS 的主要产物。秋季东海表层海水 DMSPd 的平均降解速率为（20.42±8.23）nmol/（L·d），而相应的 DMS 平均生产速率为（7.85±2.68）nmol/（L • d），仅占 DMSPd 平均降解速率的 38.4%。DMSPd 降解速率的最大值出现在 DH4-1 站位，与 DMSPd 浓度的高值相对应，但该站位 DMS 生产速率仅占 DMSP 降解速率的 41.11%，结果表明海水中 DMSPd 的周转仅有一小部分与 DMS 生产有关，绝大多数 DMSPd 分解生成除 DMS 外的化合物。

表 4-13　2016 年秋季东海表层海水中 DMS 的微生物生产与消费速率及 DMSPd 的降解速率

站位	DMS 生产速率 /［（nmol/（L • d）］	DMS 消费速率 /［（nmol/（L • d）］	DMSPd 降解速率 /［（nmol/（L • d）］	DMS 周转时间 /d
DH1-1	9.07	6.84	20.96	0.45
DH1-7	7.33	6.09	9.57	0.41
DH4-1	12.94	7.46	31.48	0.48
DH4-5	4.75	4.35	20.95	0.36
DH6-1	7.52	7.88	28.87	0.17
DH7-6	5.48	3.15	10.68	0.33
平均值	7.85	5.96	20.42	0.37

（3）2019 年秋季东海表层海水中 DMS 生物生产与消费速率及 DMSPd 降解速率如表 4-14 所示。DMS 生物生产速率和消费速率的变化范围分别为 2.76 ～ 10.95nmol/（L • d）和 1.74 ～ 6.23nmol/（L • d），平均值分别为（6.39±3.20）nmol/（L • d）和（4.00±1.77）nmol/（L • d）。2019 年秋季东海 DMS 生物生产速率与消费速率同样呈现由近岸向远海递减的分布规律，最高值出现于浙江中部近海的 S03-1 站位，该处位于近海，受沿岸经济发展和工业污染的影响，更多的营养盐输入提高了浮游植物生物量，最终加速 DMS 生物生产和消费过程。春季、秋季东海的 DMS 生物生产速率和消费速率分布规律基本一致，不同的是，秋季没有表现出受黑潮明显影响的站位，而春季 S01-9 站位表现出明显的高值，这可能是由于季节不同时洋流的流向和强度不同，也可能是由于 S01-9 站位位于更深处的远海，秋季航次并未涉及该处。2019 年春季东海 DMS 的生物生产速率与消费速率均为秋季的 1.42 倍，主要是因为春季的温度略高于秋季，太阳辐射增强，浮游植物加速生长，进而促进了 DMS 生物生产和消费过程。DMSPd 的降解速率的变化范围为 4.22 ～ 14.67nmol/（L • d），平均值为 8.13nmol/（L • d）。2019 年秋季东海表层海水中 DMSPd 降解速率最高值在 S03-1 站位，同时其最低值出现于 S04-6 站位。比较表 4-11 和表 4-14，春、秋两季东海海域 DMSPd 降解速率与 DMS 生物生产速率的平均值都具有明显的一致性，且两者分布规律相似，变化趋势相同，都呈近岸及河口地区高、远海地区较低的变化趋势。虽然多项研究已表明海水中只有 5% ～ 10% 的 DMSPd 会降解为 DMS，但由于 DMSPd 降解较快，其依然是海洋活性气体 DMS 的主要来源（Ledyard and Dacey，1996）。本研究的结果也说明 DMSP 的降解过程为东海海域 DMS 的主要来源。

表 4-14　2019 年秋季东海表层海水中 DMS 的生物生产与消费速率及 DMSPd 的降解速率

站位	DMS 生产速率 / [nmol/（L • d）]	DMS 消费速率 / [nmol/（L • d）]	DMSPd 降解速率 /[nmol/（L • d）]
S03-1	10.95	6.23	14.67
S05-2	7.74	4.49	9.09
S04-6	2.76	1.74	4.22
S01-2	6.42	4.78	7.14
S01-6	4.09	2.76	5.53
平均值	6.39	4.00	8.13

3. 冬季黄东海表层海水中 DMSPd 降解、DMS 的生产和微生物消费

2019 年冬季黄东海航次 DMS 生产速率、DMS消费速率和 DMSP 降解速率在表层海水中的平均值（范围）分别为（1.54±0.59）nmol/（L • d）［0.44 ～ 2.52nmol/（L • d）］、（0.94±0.41）nmol/（L • d）［0.21 ～ 1.53nmol/（L • d）］和（3.91±1.91）nmol/（L • d）［1.22 ～ 9.27nmol/（L • d）］（表 4-15）。DMS 生产速率的高值和消费速率的最高值出现在 H11 站位，相关性分析表明 DMS 的生产速率和消费速率显著相关，表明 DMS 的生物生产和微生物消费是一个紧密相关的生物循环过程。DMSP 的降解速率的高值出现在 F2 站位，这可能是该处 DMSPd 的浓度较高的原因。

表 4-15　2019 年冬季黄东海部分站位 DMS 生产与消费速率及 DMSP 的降解速率

站位	DMS 生产速率 /[（nmol/（L•d）]	DMS 消费速率 /[（nmol/（L•d）]	DMSP 降解速率 /[（nmol/（L•d）]
A2	1.97	1.36	4.28
B5	1.49	1.32	4.16
D1	2.04	1.41	3.51
D3	0.44	0.21	2.37
E2	0.97	0.58	4.92
F2	1.52	1.07	5.62
F4	2.52	0.74	4.99
F6	1.55	0.80	3.72
FJ5	0.65	0.24	9.27
H10	0.95	0.61	1.22
H11	2.41	1.53	4.59
H2	1.75	1.51	1.83
H7	2.04	1.01	3.59
J2	1.74	0.98	2.84
P5	1.17	0.74	2.54
T3	1.45	0.87	3.12
平均值	1.54	0.94	3.91

4.3.2　黄东海表层海水中 DMS 的光化学氧化

2016 年春季东海航次对 DH2-2 站位、DH6-1 站位和 DH7-3 站位 DMS 的光氧化速率进行了测定，春季东海表层海水 DMS 在不同光波段照射条件下的光氧化速率常数及对全光照下 DMS 光氧化的贡献率列于表 4-16，各条件下的光氧化速率常数分别表示为 $K_{全光照}$、K_{UVB}（UVB 为紫外光 B［段］）、K_{UVA}（UVA 为紫外光 A［段］）和 $K_{可见光}$。结果表明 DMS 的光氧化反应符合准一级反应，因此 DMS 的光氧化速率根据 Bouillon 和 Miller（2005）提出的一级反应方程式进行计算：

$$-\ln([DMS]_t/[DMS]_0)/t=K_{photo}$$

式中，$[DMS]_t$ 和 $[DMS]_0$ 分别为 DMS 在 t 时刻的浓度和初始浓度；K_{photo} 为光氧化速率常数，可以通过 DMS 浓度对数的变化量与时间的线性拟合计算得到。

多次重复实验表明 DMS 在黑暗条件下的光氧化速率近似为 0，现场海水条件下 DMS 在全自然光、UVB、UVA 和可见光时的光氧化速率常数的变化范围分别为 3.10 ～ 6.03d^{-1}、1.45 ～ 3.13d^{-1}、1.43 ～ 3.25d^{-1} 和 0.22 ～ 0.45d^{-1}，平均值分别为 5.03d^{-1}、2.32d^{-1}、2.35d^{-1} 和 0.35d^{-1}。全自然光下 DMS 的光氧化速率比其他各波段下的降解速率都快，这是因为自然光包括了丰富的太阳辐照度和高能量的短波长，更有利于能量的吸收，从而促进光降解过程。由表 4-16 可以得出，UVA 波段和 UVB 波段下 DMS 的光氧化速率对全自然光下 DMS 的光氧化的贡献率较大，平均分别为 46.62%、46.34%。可见光波段下的贡献率非常小，仅为 7.04%，这与文献报道的其他海域的结果相似（Kieber et al.，2007；Deal et al.，2005），表明 DMS 的光氧化主要发生在紫外光（UV）波段，这可能是由于光敏剂（如 CDOM）对 UV 辐射光有明显的吸收作用，从而使 UV 波段下 DMS 的光氧化速率大于可见光波段下的光氧化速率（Yang et al.，1996；Kirk，1994；Helz et al.，1994）。因此，DMS 的光氧化过程表现出很强的波长依赖性。依据本研究结果可推知，如果未来海洋表面接收的 UV 强度逐渐增强，将会改变 DMS 及相关硫化物的光化学循环过程，进而有可能反过来影响全球环境和气候。

表 4-16　2016 年春季东海航次不同光照和酸化条件下 DMS 的光氧化速率常数和周转时间

站位	$K_{全光照}/d^{-1}$	τ_{photo}/d	K_{UVB}/d^{-1}	UVB 贡献 /%	K_{UVA}/d^{-1}	UVA 贡献 /%	$K_{可见光}/d^{-1}$	可见光的贡献 /%
DH2-2	3.10	1.61	1.45	46.77	1.43	46.13	0.22	7.10
DH6-1	6.03	0.83	2.39	39.64	3.25	53.90	0.39	6.47
DH7-3	5.95	0.84	3.13	52.61	2.37	39.83	0.45	7.56
平均值	5.03	1.01	2.32	46.34	2.35	46.62	0.35	7.04

2016 年秋季和 2017 年春季分别选取了东海 6 个站位和 5 个站位进行甲板培养，对表层海水 DMS 的光氧化过程进行研究，各个站位 DMS 的光氧化速率（R_{photo}）见表 4-17。

表 4-17　2016 年秋季和 2017 年春季东海表层海水 DMS 的光氧化速率

2016 年秋季东海		2017 年春季东海	
站位	R_{photo}/［nmol/（L · d）］	站位	R_{photo}/［nmol/（L · d）］
DH1-1	4.87	S1-1	4.67
DH1-7	3.29	S1-8	3.09
DH4-1	5.89	S3-1	4.92
DH4-5	2.95	S4-1	1.89
DH6-1	6.49	S5-1	7.88
DH7-6	2.19		
平均值	4.28±1.58	平均值	4.49±2.02

2016 年秋季东海表层海水 DMS 的光氧化速率为 2.19 ～ 6.49nmol/（L · d），其平均值为（4.28±1.58）nmol/（L · d）。DMS 的光氧化速率表现出近岸高、远海低的趋势，这可能与近海海水中丰富的有机质有关。DMS 的光氧化过程符合准一级反应，因此光敏剂和氧化剂含量对其速率有直接影响（Bouillon and Miller，2005）。由于陆源输入，近海海水中 CDOM 的含量相应增大，致使 DMS 的光氧化速率增高。

2017 年春季东海的 DMS 光氧化速率［（4.49±2.02）nmol/（L · d）］与秋季相近，高值出现在近岸的 S5-1 站位和 S3-1 站位，表明陆源输入对 DMS 光氧化速率的影响较大。Brugger 等（1998）在受人类活动影响较大的半封闭海湾亚德里亚海的调查中发现，全波段下 DMS 的平均光氧化速率为 14.4nmol/（L · d）。硝酸盐可以作为 DMS 氧化过程的光敏剂（Toole and Siegel，2004），S3-1 站位和 S5-1 站位较高的硝酸盐含量（5.07μmol/L 和 11.74μmol/L）很可能是这两个站位 DMS 光氧化速率高值出现的原因。

4.3.3　黄东海 DMS 海 - 气通量

DMS 对环境及气候效应发挥着重要的作用，若要正确评价 DMS 在全球硫循环过程中的作用就必须准确计算 DMS 的海 - 气通量。为了探究东海海面上 DMS 的排放通量及其对全球海洋 DMS 海 - 气通量的贡献，本节通过 9 个航次的调查数据，采用 Nightingale 等（2000）提出的传质速率（k）的计算公式，对整个黄东海海域的 DMS 海 - 气通量进行了初步估算。

1. 春季东海 DMS 海 - 气通量

（1）2016 年春季东海中 DMS 海 - 气通量随表层海水 DMS 浓度和风速的变化规律如图 4-39 所示，春季东海 DMS 海 - 气通量介于 0.41 ～ 38.88μmol/（m^2 · d），其平均值为 11.47μmol/（m^2 · d），这与文献（Beardsley et al.，1985）中的估算结果一致。同时，根据 DMS 海 - 气通量和 DMS 浓度计算了 DMS 海 - 气交换周转时间（$\tau_{sea\text{-}to\text{-}air}$），平均约为 1.34d，其范围为 0.34 ～ 4.16d。由图 4-39 可以看出，DMS 海 - 气通量最大值出现在 DH3-1 站位，其最小值出现在 DH6-1 站位，这主要是因为在 DH3-1 站位 DMS 浓度（13.75nmol/L）

和风速（7.0m/s）都相对较高，而在 DH6-1 站位 DMS 浓度（0.55nmol/L）非常低且风速（3.3m/s）也很小。由于三种去除机制（微生物消耗、光降解和海气扩散）的原因，DMS 的循环过程比较快，为了评价 DMS 三种迁移转化途径对 DMS 去除的贡献率，选择春季东海 DH6-1 站位，根据计算出的相应 DMS 的微生物消耗周转时间（τ_{bio}）、光氧化周转时间（τ_{photo}）和海－气交换周转时间（$\tau_{sea\text{-}to\text{-}air}$）对三种去除途径的贡献率进行了计算。该站位 τ_{bio}、τ_{photo} 和 $\tau_{sea\text{-}to\text{-}air}$ 分别为 0.13d、1.09d 和 2.67d，可以计算出微生物消耗、光降解和海气扩散对 DMS 去除的贡献分别为 86%、10% 和 4%，这表明春季东海 DH6-1 站位 DMS 的微生物消耗是 DMS 去除的主要途径。尽管这种估算结果可能会与实际略有偏差，但是该结果的初步估算为以后的进一步研究提供了一定的参考价值。

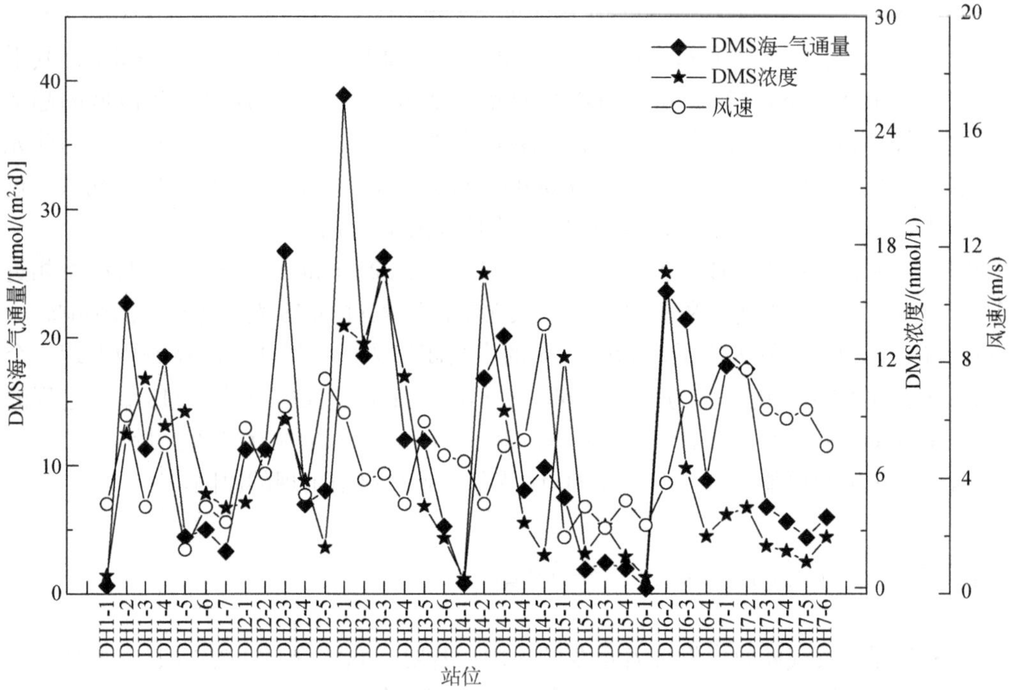

图 4-39　2016 年春季东海 DMS 海－气通量、DMS 浓度及风速的变化

（2）2017 年春季东海航次的调查中，利用大气 DMS 混合比、表层海水 DMS 浓度和风速对 DMS 海－气通量进行估算。对于未测定大气 DMS 混合比的站位，采用本次调查大气 DMS 混合比（119ppt）进行估算。春季东海 DMS 海－气通量的平均值为（18.6±14.9）μmol/（m^2 • d）（表 4-18）。本研究中通过估算得到的 DMS 海－气通量与之前对河口、海岸和陆架区域报告的 DMS 海－气通量相近，如 Zhang 等（2014）报道的东海 DMS 平均海－气通量为 16.73μmol/（m^2 • d）。但与全球数据相比，本研究结果远高于开阔大洋，如南太平洋的 DMS 海－气通量的高值为 4.5μmol/（m^2 • d）（Lee et al.，2010），这是由于开阔大洋通常具有较低的 DMS 浓度。2017 年春季东海 DMS 海－气通量的最大值出现在 S5-1 站位，由于该站位表层海水 DMS 浓度具有最高值（35.09nmol/L）。然而，该站位的大气 DMS

混合比（190ppt）并不是最高的，这可能是因为该站位在沿海海域，其上方大气受陆源影响显著，具有更高的 DMS 氧化速率。在 S1-8 站位同时观测到最小的 DMS 海 - 气通量［2.28μmol/（m^2 • d）］、最低风速（2.7m/s）、相对较低的表层海水 DMS 浓度（4.50nmol/L）和较低的大气 DMS 混合比（62ppt），表明大气 DMS 混合比同时受以上多种因素影响。

表 4-18　2017 年春季东海表层海水 DMS 的浓度、大气 DMS 混合比、DMS 海 - 气通量和风速

站位	水深 /m	风速 /（m/s）	大气 DMS 混合比 /ppt	海水 DMS 浓度 /（nmol/L）	DMS 海 - 气通量 /［（μmol/（m^2 • d）］
S1-1	34	3.3	41	13.10	9.31
S1-2	51	5.0	—	10.30	15.6
S1-3	71	3.9	—	7.40	7.38
S1-4	61	3.5	93	6.42	5.31
S1-5	58	4.9	—	14.90	20.9
S1-6	60	3.7	—	8.32	7.18
S1-7	60	3.9	—	5.40	5.15
S1-8	64	2.7	62	4.50	2.28
L12-1	86	6.8	271	19.00	48.7
L12-2	101	6.6	—	5.46	13.5
S2-1	91	6.0	115	4.84	10.1
S2-2	78	8.5	—	5.89	23.5
S2-3	80	7.3	—	6.14	18.8
S2-4	80	7.8	191	5.59	19.8
S2-5	76	9.5	—	9.24	46.5
S2-6	71	6.4	—	5.68	13.1
S2-7	63	5.8	—	11.39	22.0
S2-8	53	6.5	133	8.19	19.5
L23-1	52	5.0	—	3.54	5.19
L23-2	51	7.2	95	4.00	11.4
L23-3	50	5.3	—	5.14	8.67
S3-1	45	9.1	183	8.27	37.1
S3-2	64	6.4	—	14.28	34.1
S3-3	77	5.2	—	10.30	16.8
S3-4	81	7.4	174	7.88	25.4
S3-5	82	6.3	—	5.34	12.7
S3-6	88	7.3	123	4.46	14.0

续表

站位	水深 /m	风速 / (m/s)	大气 DMS 混合比 /ppt	海水 DMS 浓度 / (nmol/L)	DMS 海 - 气通量 / [(μmol/ (m² • d)]
S4-1	100	3.2	45	4.21	3.18
S4-2	92	5.5	—	4.12	8.00
S4-3	97	6.5	—	4.23	11.2
S4-4	80	6.7	79	5.13	14.1
S4-5	58	4.3	—	16.90	19.9
S4-6	37	5.4	120	25.87	45.3
L45-1	39	6.3	—	12.00	27.9
L45-2	40	5.6	—	17.00	31.9
L45-3	41	7.4	—	11.41	35.7
S5-1	42	5.9	190	35.09	72.2
S5-2	58	5.4	—	9.60	17.6
S5-3	71	5.5	—	2.71	5.27
S5-4	78	4.9	42	2.29	3.73
S5-5	90	5.2	—	2.63	4.73
S5-6	101	6.7	70	2.93	8.28
平均值	68	5.9	119	8.84	18.6

2019 年春季东海 DMS 海 - 气通量如表 4-19 所示。2019 年春季航次 DMS 海 - 气通量为 0.07 ～ 24.82μmol/（m^2 • d），横跨 3 个数量级，其最高值在 S01-9 站位，其现场风速（9.8m/s）和 DMS 浓度（12.17nmol/L）均表现出较大值，虽不是最大值，但在两者共同作用下表现出 DMS 海 - 气通量的最大值。以上结果说明 DMS 海 - 气通量受表层海水的 DMS 浓度和现场风速两个因素的共同作用，当两个变量之一变化不大时，另一个变量即为 DMS 海 - 气通量的决定性因素。

表 4-19　2019 年春季和秋季东海 DMS 的海 - 气通量

调查时间	DMS 浓度 / (nmol/L)	风速 / (m/s)	DMS 海 - 气通量 / [μmol/ (m² • d)]
2019 年 5 月（春季）	0.42 ～ 17.73	1.90 ～ 14.20	0.07 ～ 24.82
	3.88	6.58	4.01
2019 年 9 月（秋季）	1.32 ～ 5.34	4.90 ～ 11.00	1.77 ～ 7.81
	2.39	7.86	3.86
年平均值	3.14	7.22	3.94

2. 秋季东海 DMS 海 - 气通量

（1）2015 年秋季东海的海 - 气通量介于 2.31 ～ 20.46μmol/（m^2 • d），其平均值为 9.17μmol/（m^2 • d）。如图 4-40 所示，秋季东海不同的站位之间 DMS 海 - 气通量有所差异，DMS 海 - 气通量的最大值出现在 DH3-2 站位，这主要是因为该站位的风速（11.2m/s）和海水表层 DMS 的浓度（2.94nmol/L）都较大。其最小值出现在 DH2-5 站位，这是因为 DMS 的浓度极低，仅为 0.93nmol/L，而风速也非常小（6.4m/s），二者共同作用导致这一结果。当风速变化不大时，DMS 海 - 气通量与 DMS 浓度变化趋势基本保持同步，而当 DMS 浓度变化不大时，DMS 海 - 气通量会随风速的波动而同步剧增或剧减，因此 DMS 海 - 气通量是由表层 DMS 浓度和风速的共同作用决定的。根据 DMS 海 - 气通量和 DMS 的初始浓度计算出 DMS 海 - 气交换周转时间（$\tau_{sea\text{-}to\text{-}air}$，d），其范围为 0.18 ～ 1.42d，平均值为 0.60d。

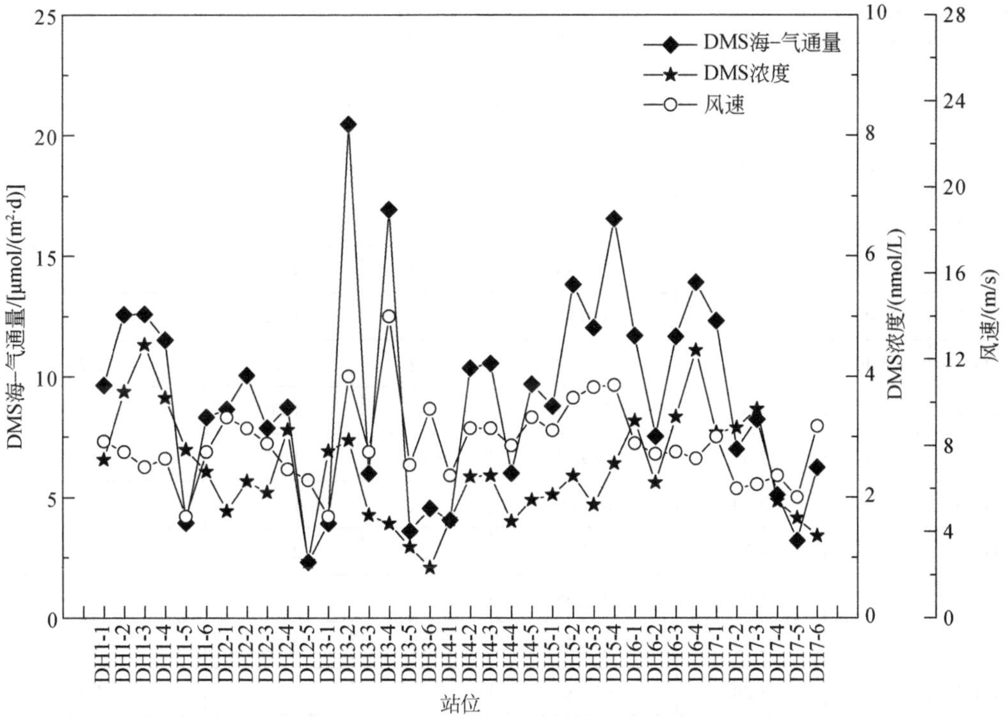

图 4-40　2015 年秋季东海 DMS 海 - 气通量、DMS 浓度及风速的变化

（2）如表 4-20 所示，2016 年秋季东海 DMS 海 - 气通量范围为 0.24 ～ 49.4μmol/（m^2 • d），平均值为（4.10±8.18）μmol/（m^2 • d）。通过与往年调查对比发现，相比于 Zhang 等（2017）的研究结果［12.97μmol/（m^2 • d）］，本书以相同的方法得到的东海 DMS 海 - 气通量较低。本书的结果也低于 Yang 等（2012）的调查结果［13.7μmol/（m^2 • d）］，这是由于本航次调查中风速与他们的结果相比要低得多。但本航次调查中的 DMS 平均浓度却略高于往年。这种情况的出现可能是由于近年来东海沿岸地区经济迅速发展，人为活动对海洋环境

影响加剧，使得东海近年富营养化严重，东海多次发生赤潮现象，其促进海水中 DMS 的生产与释放。

表 4-20　2016 年秋季东海航次表层水温、风速和 DMS 海－气通量

站位	水温 /℃	风速 /（m/s）	施密特数（*Sc*）	*k*/（cm/h）	DMS 浓度 /（nmol/L）	DMS 海－气通量 /［μmol/（m^2·d）］
DH1-1	25.33	6.00	720.56	9.47	3.11	7.07
DH1-2	24.39	3.70	750.98	3.97	3.28	3.12
DH1-3	26.23	5.00	692.68	6.98	3.21	5.38
DH1-4	26.68	6.30	679.36	10.66	1.79	4.58
DH1-5	27.30	4.70	661.53	6.40	1.44	2.21
DH1-6	27.01	1.10	669.75	0.62	1.73	0.26
DH1-7	27.43	5.40	657.62	8.21	2.51	4.95
DH2-1	26.43	5.10	686.86	7.26	1.82	3.17
DH2-2	27.45	5.00	657.22	7.17	1.22	2.10
DH2-3	27.40	5.00	658.50	7.16	1.41	2.42
DH2-4	27.83	4.60	646.28	6.24	1.16	1.74
DH2-5	27.83	4.90	646.35	6.97	1.00	1.67
DH3-1	24.21	6.20	756.84	9.81	1.27	2.99
DH3-2	25.00	5.30	730.88	7.53	1.03	1.86
DH3-3	25.40	5.50	718.28	8.12	1.40	2.73
DH3-4	25.53	6.00	714.21	9.52	1.60	3.65
DH3-5	26.34	3.30	689.41	3.41	1.12	0.92
DH3-6	26.07	2.50	697.60	2.14	1.33	0.68
DH4-1	24.93	4.30	733.17	5.21	2.30	2.87
DH4-2	25.74	2.90	707.68	2.71	1.28	0.83
DH4-3	26.81	2.90	675.59	2.77	2.18	1.45
DH4-4	26.73	3.20	677.83	3.26	2.22	1.74
DH4-5	27.05	3.10	668.54	3.12	1.58	1.18
DH5-1	25.43	3.40	717.45	3.52	1.58	1.33
DH5-2	25.81	2.70	705.60	2.41	2.34	1.36
DH5-3	25.76	1.10	707.01	0.61	1.67	0.24
DH5-4	26.51	2.00	684.54	1.51	1.71	0.62
DH6-1	26.17	3.50	694.76	3.75	1.32	1.19
DH6-2	26.95	5.30	671.50	7.86	1.47	2.77

续表

站位	水温 /℃	风速 /（m/s）	施密特数（*Sc*）	*k*/（cm/h）	DMS 浓度 /（nmol/L）	DMS 海 – 气通量 /［μmol/（m^2 • d）］
DH6-3	27.02	6.60	669.34	11.68	1.43	4.01
DH6-4	27.11	6.10	666.85	10.15	1.60	3.90
DH7-1	26.94	5.90	671.95	9.52	6.42	14.6
DH7-2	26.90	7.70	673.02	15.43	13.34	49.4
DH7-3	26.07	6.80	697.60	12.08	3.66	10.6
DH7-4	26.87	2.80	673.93	2.62	1.27	0.80
DH7-5	27.00	2.30	669.97	1.91	1.22	0.56
DH7-6	25.75	2.80	707.43	2.56	1.05	0.64
平均值	26.36	4.40	—	—	2.19	4.10

由表 4-20 数据可以看出，DMS 海 – 气通量在空间分布上具有较大的差异性，这主要是由于不同空间位置上表层海水 DMS 浓度的不同和瞬时风速的差异。DH7-2 站位风速最大，DMS 浓度表现为最大值（13.34nmol/L），该站位的海 – 气通量也相应地表现为最大值；DH5-3 站位和 DH1-6 站位风速最小，DMS 浓度也较小，该站位的海 – 气通量也表现为较小值。由此可以看出，DMS 海 – 气通量是受海水中 DMS 浓度和风速共同影响的。

（3）2019 年秋季东海 DMS 海 – 气通量如表 4-19 所示。秋季与春季的 DMS 海 – 气通量相差不大，整体上秋季的 DMS 海 – 气通量略低于春季。由现场观测的风速比较可知，春季风速（6.58m/s）略小于秋季（7.86m/s），较大的 DMS 海 – 气通量是由于春季东海表层海水中含有更高的 DMS 浓度（3.88nmol/L），当风速相差较小的时候，DMS 海 – 气通量的相对大小关系便由表层 DMS 浓度决定。

秋季东海 DMS 海 – 气通量介于 1.77 ～ 7.81μmol/（m^2 • d），最大值出现于 S03-5 站位，其风速（11.00m/s）为最大值，表层海水中 DMS 浓度（2.50nmol/L）虽略大于平均值，但在两者共同作用下整体仍表现为最高值；最低值位于 S02-3 站位，该站位的现场风速（6.60m/s）及 DMS 浓度（1.52nmol/L）均为较小值，因此在二者共同作用下整体表现为最低值。以上结果说明 DMS 海 – 气通量受表层海水的 DMS 浓度和现场风速两个因素的共同作用，当两个变量之一变化不大时，另一个变量即为 DMS 海 – 气通量的决定性因素。

3. 冬季东海 DMS 海 – 气通量

2019 年冬季黄东海的 DMS 海 – 气通量如图 4-41 所示。本航次调查的 DMS 海 – 气通量使用 N2000 公式计算，调查海域风速和 DMS 海 – 气通量的平均值（范围）分别为（6.03±2.47）m/s（0.68 ～ 12.00m/s）和（1.79±1.48）μmol/（m^2 • d）［0.03 ～ 9.62μmol/（m^2 • d）］。DMS 海 – 气通量最高值出现在 T5 站位，此处表层海水的 DMS 浓度较高（4.83nmol/L），较高的风速（9.4m/s）促进了该站位表层海水中的 DMS 向大气扩散。

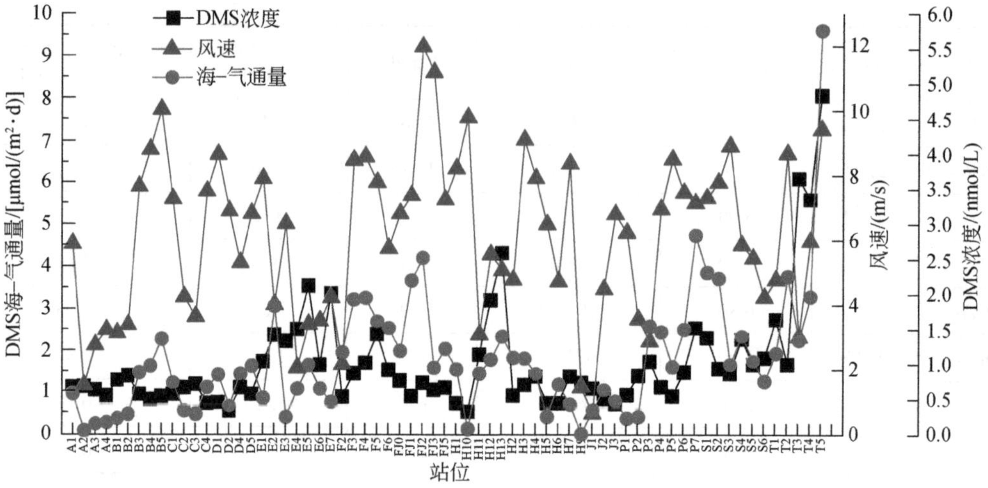

图 4-41　冬季黄东海 DMS 海－气通量随 DMS 浓度和风速的变化

4. 东海 DMS 海－气通量的季节性变化及区域性贡献

总的来说，DMS 海－气通量呈现明显的季节变化，春季东海 DMS 海－气通量明显高于秋季及冬季航次。春季、秋季和冬季 DMS 海－气通量的平均值分别为 11.36μmol/(m^2•d)、5.71μmol/ (m^2 • d) 和 1.79μmol/ (m^2 • d)。春季东海中 DMS 海－气通量分别是秋季、冬季的 1.99、6.35 倍，这主要是因为春季东海表层海水中 DMS 浓度较高。2017 年东海 DMS 浓度在春、秋两季具有一定的差异，其平均海－气通量也有明显的不同。Yang 等（2011）对夏季东海 DMS 海－气通量的估算结果为 16.83μmol/ (m^2 • d)。对比本节估算的春季、秋季和冬季的结果，东海 DMS 海－气通量随季节的变化规律为：夏季最大，春秋次之，冬季最小。研究海域面积约为 1.17×10^6km^2，综合所有航次 DMS 海－气通量的平均值[8.93μmol/(m^2•d)]进行估算，东海海面向大气释放 DMS 的年释放量为 0.1225Tg S。研究表明全球海洋每年向大气中排放的 DMS 约为 28Tg S（Kettle et al.，1999），由此估算结果可以看出，占全球海洋 0.30% 面积的中国东海对全球海洋向大气排放 DMS 总量的贡献率约为 0.44%，这表明东海作为受人类活动影响较大的陆架海区，对全球 DMS 释放的贡献是不可忽视的。

4.3.4　黄东海表层海水中生源硫化物的迁移转化模型

作者团队于 2017 年 3 月和 2018 年 6 月对黄东海进行了现场调查。本调查聚焦于三个最主要的海洋界面，即海－气界面、海水－生物界面和海水－沉积物界面，通过研究生源二甲基硫化物在这三个界面的循环和迁移转化行为，更深入地揭示中国东部近海生源二甲基硫化物的循环和迁移转化机制，建立生源二甲基硫化物的生物地球化学循环模型。

实验表明，微生物消费约占 DMSP 总降解量的 50%，并且大约有 38% 的 DMSP 转换成 DMS。在表层海水中微生物消耗是 DMS 去除的最主要途径，2017 年春季表层海水中 DMS 的微生物消耗、光降解及海气扩散分别占 DMS 去除过程的 56%、34% 和 10%，2018 年夏季分别为 49%、44% 和 7%（图 4-42）。DMS 的光降解过程具有波长选择性，UVA 和 UVB 是 DMS 光降解的主要贡献者，春季航次中 UVA 和 UVB 及可见光对 DMS 光降解过程的贡献分别为 50%、42% 和 8%，夏季这一比例变为 47%、39% 和 14%。另外，通过计算得知春季和夏季黄东海表层海水 DMS 海 - 气通量分别占全球硫排放总量的 1.4%

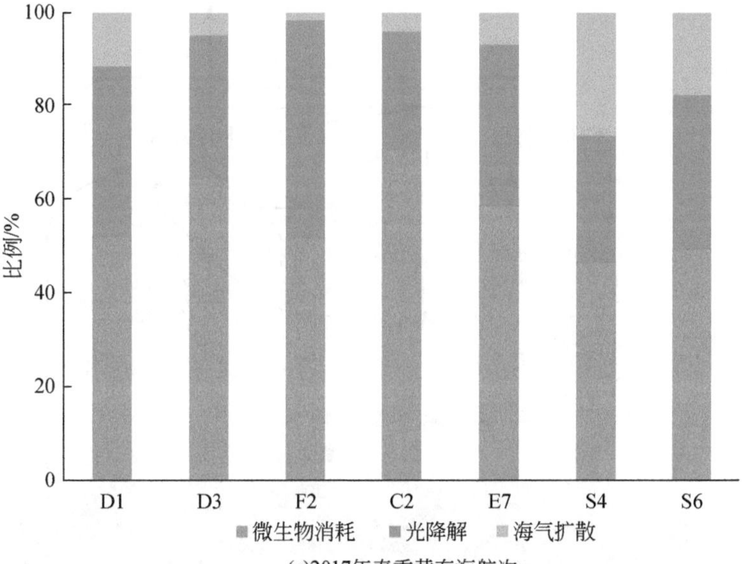

(a)2017年春季黄东海航次

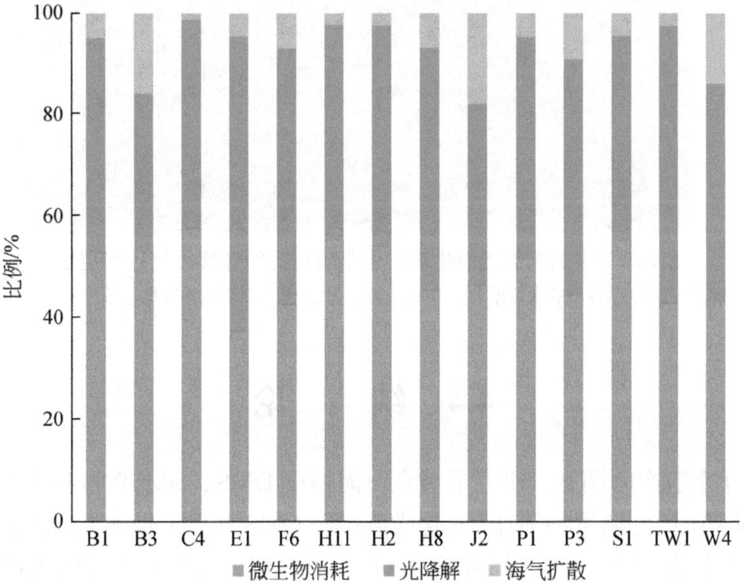

(b)2018年夏季黄东海航次

图 4-42　微生物消耗、光降解及海气扩散在表层 DMS 去除过程中的比例

和 0.58%，可以看出中国东部陆架海域是全球 DMS 释放的“热点”区域。首次通过菲克定律估算了该海域的 DMS 沉积物–上覆水通量，结果表明，相较于海洋中 DMS 的其他来源，沉积物向海水输送的 DMS 仅占 DMS 来源的很小一部分。综合各个实验结果，建立了中国东部近海生源二甲基硫化物的迁移转化过程模型（图 4-43），更为系统、清楚地解释了二甲基硫化物特别是 DMS 在海洋主要界面的迁移行为，为更好地理解 DMS 在全球海洋中的循环过程及其对全球变化的影响提供了有力的参考。

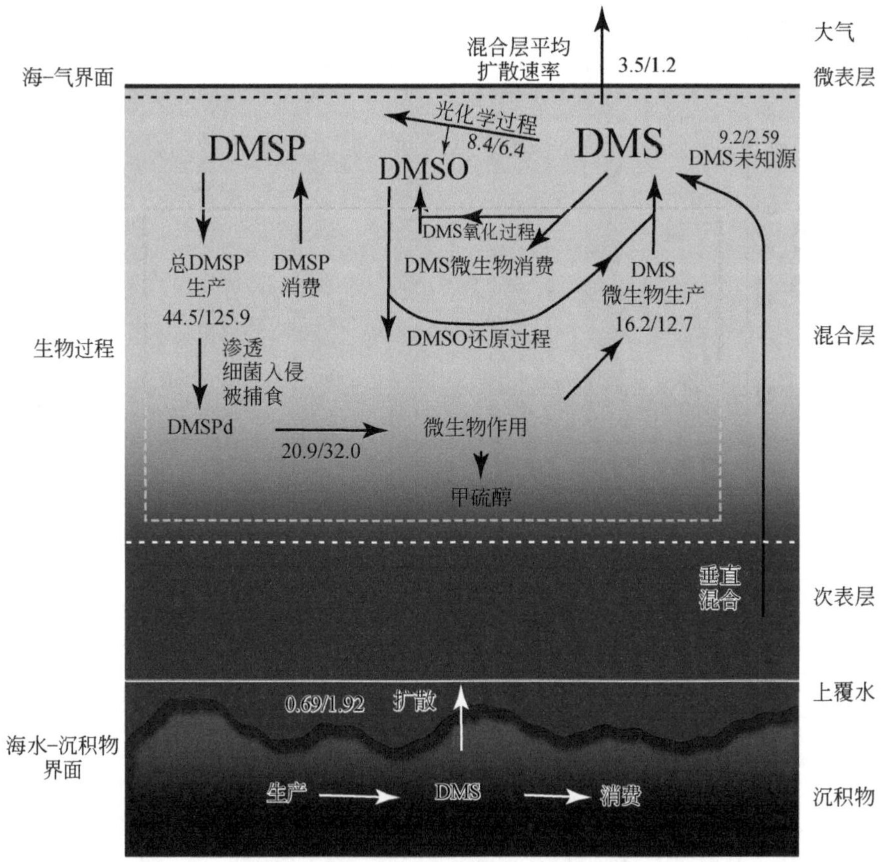

图 4-43　中国东部近海生源二甲基硫化物的迁移转化过程模型

图中“/”左边数字为 2017 年春季航次数据，“/”右边数字为 2018 年夏季航次数据，数字单位为 nmol/（L • d）

4.4　结　　论

本章通过 9 个航次的调查，研究了黄东海海域中 DMS、DMSP 和 DMSO 的浓度分布、季节性变化、主控因素、微生物消耗、光化学降解及 DMS 海–气通量等，对浮游植物、细菌、温度、盐度、营养盐、DO、光照影响等因素进行了探讨，分析了生源硫化物与不同物理、化学和生物因素之间的相互关系，探究了不同粒径的浮游植物对 DMSP 和 DMSO 的贡献。本章还评估了黄东海海区 DMS 海–气通量对全球硫循环的贡献。此外，还初步建立了生源二甲基硫化物的生物地球化学循环模型，揭示了中国东部近海生源二甲基硫化物的迁移转化过程和机制。主要研究结果如下。

（1）黄东海海域受长江冲淡水、黑潮、台湾暖流、黄海冷水团及多个沿岸流的影响，复杂的水文条件及人类活动对海域浮游植物的分布和群落结构差异造成一定的影响，进而使得表层海水中 DMS、DMSP 和 DMSO 的浓度表现出明显的时空变化，浓度从近岸向外海逐渐降低，高值区都出现在上升流影响较大的站位。黄东海表层海水中几种硫化物的浓度大小顺序依次为 DMSPp ＞ DMSOp ＞ DMSOd ＞ DMSPd ＞ DMS，表明 DMSOd 是海水中浓度最高的溶解态的生源有机硫化物。DMS 和 DMSP 的季节性变化明显，春季、夏季黄东海 DMS、DMSP 和 DMSO 浓度较高，秋季较低，冬季达到最低。春季、夏季丰富的营养盐、适宜的温度和光照提高了初级生产力，进而促进了 DMS 和 DMSP 的生产释放。总体来说，DMS、DMSPp、DMSOp 和 Chl-*a* 的浓度在水平分布上均呈现出基本一致的趋势，表明浮游植物是影响二甲基硫化物分布的重要影响因素。此外，DMSOd 在 Chl-*a* 浓度较低的近岸站位也存在较大的浓度，说明 DMSOd 的分布除受生物因素的影响外，还受陆源输入的影响。虽然 DMSP 是 DMS 的前体物质，但 DMS、DMSPd 及 DMSPp 浓度的水平分布却有一定的差异，说明 DMSPp 的产生、DMSPp 向 DMSPd 的转化、DMSPd 向 DMS 的转化及 DMS 的氧化等是一个复杂的生物地球化学过程。

（2）在垂直分布上，DMS、DMSPp、DMSPd、DMSOp 和 DMSOd 浓度的分布受浮游植物释放的影响，其浓度高值区主要出现在真光层以内，随着深度的增加而逐渐减小。DMS、DMSPp 和 DMSOp 浓度的垂直分布与 Chl-*a* 浓度相关，而 DMSOp 在一些站位的底层也出现浓度高值，可能是沉积物的再悬浮作用导致其再生产。三种硫化物的垂直分布也存在明显的季节性变化，春季、夏季研究的垂直断面的结果呈现一定的分层现象，DMS、DMSPd、DMSPp、DMSOd 和 DMSOp 主要集中在 30m 以上的真光层，真光层以下其浓度迅速降低。秋季、冬季垂直混合比较均匀，三种硫化物没有明显的分层现象，但其最高值也主要出现在真光层内。

（3）春季黄东海航次进行了间隙水的采集，并同步测定了 DMS、DMSPd 和 DMSOd 的浓度，发现间隙水中生源硫化物的浓度均远高于其上覆水中的浓度。DMS、DMSPd 和 DMSOd 的间隙水平均富集系数分别为 5.80、6.39 和 5.89，这表明沉积物间隙水相较于上覆水存在着更为显著的生源硫化物的生产和转化过程。沉积物－上覆水界面 DMS 的平均释放通量仅为 DMS 海－气通量的 1/1000，表明虽然沉积物中存在较上覆水更多的 DMS，但这一部分 DMS 很难转移到上层水体中作为表层 DMS 的源。

（4）通过主成分分析研究了春季、夏季和秋季东海表层海水 DMS、DMSPp、DMSPd、DMSOp 和 DMSOd 与生物变量（Chl-*a* 和细菌丰度）及环境因子（pH、盐度、温度、风速、硅酸盐、总氮、总磷和溶解氧）之间的相关关系，发现春秋季 DMS、DMSPp 和 DMSOp 都与 Chl-*a* 具有较好的相关性，但夏季 DMS 和 DMSP 与 Chl-*a* 并未表现出相关性。春季东海 DMS 和 DMSOd 与细菌丰度也存在明显的相关性。总体来讲，海水中二甲基硫化物的浓度是多种因素综合作用的结果，浮游植物的生物量、细菌丰度、水团的作用及海水的 pH 均会影响其浓度和分布，但不同季节影响二甲基硫化物的主控因素也有所不同。在春季浮游植物和细菌都是主要的影响因素；在秋季浮游植物是最主要的控制因素，细菌的影响表现得并不明显；而在夏季海洋环境因素是影响生源硫化物浓度的主控因素。

（5）通过对春季东海 DMSPp、DMSOp 和 Chl-*a* 的分级测定发现，较大的微型浮游植物和小型浮游植物是 DMSPp、DMSOp 和 Chl-*a* 的主要贡献者。在近岸站位，较大的微型浮游植物对 DMSPp、DMSOp 的贡献比例高达 60% 以上；而在远海站位，小型浮游植物的贡献比例逐渐增大，成为 DMSPp、DMSOp 的主要贡献者。小型浮游植物对 DMSPp、DMSOp 的贡献比例明显高于对 Chl-*a* 的贡献比例，这表明远海海区小型浮游植物是 DMSPp 和 DMSOp 的高产藻种。

（6）不同季节 DMS 生物生产速率和消费速率差异很大，整体表现为春季、夏季＞秋季、冬季，海水的温度变化、浮游植物的生物量及细菌的丰度对 DMS 的生物消费速率产生较大的影响。不同海域 DMSPd 降解速率有较大差异，DMSPd 降解速率是对应 DMS 生物生产速率的 2 倍以上，表明 DMS 仅仅是 DMSPd 降解的产物之一，仍有大部分（超过 50%）DMSPd 通过非 DMS 途径被降解。春季东海海水中细菌丰度是 DMS 生产与消耗和 DMSP 降解过程的主要影响因素。DMS 的光氧化速率表现出近岸高、远海低的趋势，近岸陆架海区由于光敏剂丰富，DMS 的光氧化速率较高。春季与秋季 DMS 的光氧化速率差别不大。

（7）DMS 海－气通量呈现明显的季节性变化，春季东海 DMS 海－气通量明显高于秋季及冬季航次。春季、秋季和冬季 DMS 海－气通量的平均值分别为 11.36μmol/（m^2 • d）、5.71μmol/（m^2 • d）和 1.79μmol/（m^2 • d）。春季东海中 DMS 海－气通量分别是秋季、冬季的 1.99 倍、6.35 倍，这归因于春季东海表层海水高的 DMS 浓度。应用所有航次 DMS 海－气通量的平均值［8.93μmol/（m^2 • d）］，估算了黄东海表层海水 DMS 的海－气通量占全球硫排放总量的比例。结果表明，占全球海洋 0.30% 面积的中国东海对全球海洋向大气排放 DMS 总量的贡献约为 0.44%，说明黄东海生源硫排放在全球硫循环过程中的作用是不容忽视的。

（8）估算了微生物消耗、光降解和海气扩散三种途径对 DMS 迁移转化的量及其相对贡献率。春季东海 DMS 的微生物消耗周转时间、光氧化周转时间和海－气交换周转时间分别为 0.13d、1.09d 和 2.67d，微生物消耗、光降解和海气扩散对 DMS 去除的贡献率分别为 86%、10% 和 4%，表明春季东海 DMS 的微生物消耗是 DMS 去除的主要途径。

（9）聚焦于海－气界面、海水－生物界面和海水－沉积物界面，通过研究二甲基硫化物在这三大界面的循环和迁移转化，深入揭示了中国东部近海生源硫化物的迁移转化过程和机制，初步建立了中国东部近海生源二甲基硫化物的迁移转化过程模型，为系统、清楚地解释二甲基硫化物特别是 DMS 在海洋主要界面的迁移转化，更好地厘清 DMS 在全球海洋中的硫循环过程及其对全球变化的影响提供了参考依据。

参考文献

高楠，张洪海，杨桂朋 . 2014. 秋季东海二甲基亚砜的分布与影响因素研究 . 海洋学报，36（4）：110-117.
高生泉，林以安，金明明，等 . 2004. 春、秋季东、黄海营养盐的分布变化特征及营养结构 . 东海海洋，

22（4）：38-50.
贾腾，张洪海，张升辉，等 . 2017. 秋季东海二甲基有机硫化物的浓度分布与影响因素 . 海洋环境科学，36（1）：21-28.
鉴珊 . 2017. 中国东海二甲基硫化物的时空变化及酸化对其生物生产的影响 . 青岛：中国海洋大学 .
李江萍，张洪海，杨桂朋 . 2015. 夏季中国东海生源有机硫化物的分布及其影响因素研究 . 环境科学，36（1）：49-55.
李清雪，赵海萍，陶建华 . 2005. 渤海湾海域浮游细菌的生态研究 . 海洋技术，24（4）：50-56.
宋以柱 . 2014. 中国黄海、渤海 DMS 和 DMSP 的浓度分布及影响因素研究 . 青岛：中国海洋大学 .
宋以柱，张洪海，杨桂朋 . 2014. 冬季东海、南黄海中 DMS 和 DMSP 浓度分布及影响因素研究 . 环境科学，35（6）：2067-2074.
孙婧，张洪海，张升辉，等 . 2016. 夏季东海生源硫的分布、通量及其对非海盐硫酸盐的贡献 . 中国环境科学，36（11）：3456-3464.
王鑫，张洪海，杨桂朋 . 2014. 东海和黄海冬季海水中二甲亚砜的分布及影响因素 . 环境科学研究，27（10）：1119-1125.
杨桂朋，刘龙，张洪海 . 2014. 秋季东海二甲基硫和二甲巯基丙酸内盐浓度分布及降解速率研究 . 中国海洋大学学报（自然科学版），44（10）：86-91.
杨洁 . 2011. 中国海域中二甲基亚砜的生物地球化学研究 . 青岛：中国海洋大学 .
于海潮 . 2019. 中国东海二甲基硫化物的时空分布及藻类生产研究 . 青岛：中国海洋大学 .
翟星 . 2019. 海水中生源硫化合物的时空分布与同位素示踪降解研究 . 青岛：中国海洋大学 .
Andreae M O，Andreae T W，Meyerdierks D，et al. 2003. Marine sulfur cycling and the atmospheric aerosol over the springtime North Atlantic. Chemosphere，52（8）：1321-1343.
Andreae M O，Barnard W R. 1984. The marine chemistry of dimethylsulfide. Marine Chemistry，14：267-279.
Arin L，Estrada M，Salat J，et al. 2005. Spatio-temporal variability of size fractionated phytoplankton on the shelf adjacent to the Ebro River（NW Mediterranean）. Continental Shelf Research，25（9）：1081-1095.
Bates T S，Cline J D. 1985. The role of the ocean in a regional sulfur cycle. Journal of Geophysical Research：Oceans，90（C5）：9168-9172.
Bates T S，Cline J D，Gammon R H，et al. 1987. Regional and seasonal variations in the flux of oceanic dimethylsulfide to the atmosphere. Journal of Geophysical Research：Oceans，92（C3）：2930-2938.
Beardsley R C，Limeburner R，Yu H，et al. 1985. Discharge of the Changjiang（Yangtze River）into the East China Sea. Continental Shelf Research，4（1-2）：57-76.
Boopathi T，Lee J B，Youn S H，et al. 2015. Temporal and spatial dynamics of phytoplankton diversity in the East China Sea near Jeju Island（Korea）：a pyrosequencing-based study. Biochemical Systematics and Ecology，63：143-152.
Bouillon R C，Lee P A，de Mora S J，et al. 2002. Vernal distribution of dimethylsulphide，dimethylsulphoniopropionate，and dimethylsulphoxide in the North Water in 1998. Deep Sea Research Part Ⅱ：Topical Studies in Oceanography，49（22）：5171-5189.
Bouillon R C，Miller W L. 2005. Photodegradation of dimethyl sulfide（DMS）in natural waters：laboratory assessment of the nitrate-photolysis-induced DMS oxidation. Environmental Science & Technology，39（24）：9471-9477.
Brimblecombe P，Shooter D. 1986. Photo-oxidation of dimethylsulphide in aqueous solution. Marine Chemistry，19（4）：343-353.
Brugger A，Slezak D，Obernosterer I，et al. 1998. Photolysis of dimethylsulfide in the northern Adriatic Sea：

dependence on substrate concentration, irradiance and DOC concentration. Marine Chemistry, 59 (3-4): 321-331.

Chen C T A, Ruo R, Paid S C, et al. 1995. Exchange of water masses between the East China Sea and the Kuroshio off northeastern Taiwan. Continental Shelf Research, 15 (1): 19-39.

Deal C J, Kieber D J, Toole D A, et al. 2005. Dimethylsulfide photolysis rates and apparent quantum yields in Bering Sea seawater. Continental Shelf Research, 25 (15): 1825-1835.

del Valle D A, Kieber D J, Toole D A, et al. 2009. Biological consumption of dimethylsulfide (DMS) and its importance in DMS dynamics in the Ross Sea, Antarctica. Limnology and Oceanography, 54 (3): 785-798.

Erickson D J, Ghan S J, Penner J E. 1990. Global ocean-to-atmosphere dimethyl sulfide flux. Journal of Geophysical Research: Atmospheres, 95 (D6): 7543-7552.

Finkel Z V, Beardall J, Flynn K J, et al. 2010. Phytoplankton in a changing world: cell size and elemental stoichiometry. Journal of Plankton Research, 32: 119-137.

Glindemann D, Novak J, Witherspoon J. 2006. Dimethyl sulfoxide (DMSO) waste residues and municipal waste water odor by dimethyl sulfide (DMS): the north-east WPCP plant of Philadelphia. Environmental Science & Technology, 40: 202-207.

Gong G C, Chen Y L L, Liu K K. 1996. Chemical hydrography and chlorophyll a distribution in the East China Sea in summer: implications in nutrient dynamics. Continental Shelf Research, 16 (12): 1561-1590.

Green D H, Shenoy D M, Hart M C, et al. 2011. Coupling of dimethylsulfide oxidation to biomass production by a marine flavobacterium. Applied and Environmental Microbiology, 77 (9): 3137-3140.

Griebler C, Slezak D. 2001. Microbial activity in aquatic environments measured by dimethyl sulfoxide reduction and intercomparison with commonly used methods. Applied and Environmental Microbiology, 67 (1): 100-109.

Guo S, Feng Y, Wang L, et al. 2014. Seasonal variation in the phytoplankton community of a continental-shelf sea: the East China Sea. Marine Ecology Progress Series, 516: 103-126.

Hatton A D, Darroch L, Malin G. 2004. The role of dimethylsulphoxide in the marine biogeochemical cycle of dimethylsulphide. Oceanography and Marine Biology, 42: 29-55.

Hatton A D, Shenoy D M, Hart M C, et al. 2012. Metabolism of DMSP, DMS and DMSO by the cultivable bacterial community associated with the DMSP-producing dinoflagellate *Scrippsiella trochoidea*. Biogeochemistry, 110 (1-3): 131-146.

Hatton A D, Wilson S T. 2007. Particulate dimethylsulphoxide and dimethylsulphoniopropionate in phytoplankton cultures and Scottish coastal waters. Aquatic Science, 69 (3): 330-340.

Helz G R, Zepp R G, Grosby D G. 1994. Aquatic and Surface Photochemistry. London: Lewis Publishers.

Hopkins F E, Turner S M, Nightinale P D, et al. 2010. Ocean acidification and marine trace gas emissions. Proceedings of the National Academy of Sciences of the United States of America, 107 (2): 760-765.

Iverson R L, Nearhoof F L, Andreae M O. 1989. Production of dimethylsulfonium propionate and dimethylsulfide by phytoplankton in estuarine and coastal waters. Limnology and Oceanography, 34 (1): 53-67.

Jian S, Zhang H H, Zhang J, et al. 2018. Spatiotemporal distribution characteristics and environmental control factors of biogenic dimethylated sulfur compounds in the East China Sea during spring and autumn. Limnology and Oceanography, 63: 280-298.

Jiang Z, Chen J, Zhou F, et al. 2015. Controlling factors of summer phytoplankton community in the

Changjiang（Yangtze River）Estuary and adjacent East China Sea shelf. Continental Shelf Research，101：71-84.

Jiao N，Yang Y，Hong N，et al. 2005. Dynamics of autotrophic picoplankton and heterotrophic bacteria in the East China Sea. Continental Shelf Research，25（10）：1265-1279.

Jing Z Y，Hua Z L，Qi Y Q，et al. 2007. Numerical study on the coastal upwelling and its seasonal variation in the East China Sea. Journal of Coastal Research，23（1）：555-563.

Keller M D，Korjeff-Bellows W. 1996. Physiological aspects of the production of dimeyhtlsulfoniopropionate（DMSP）by marine phytoplankton// Kiene R P，Visscher P T，Keller M D，et al. Biological and Environmental Chemistry of DMSP and Related Sulfonium Compounds. New York：Plenum Press.

Kettle A J，Andreae M O，Amouroux D，et al. 1999. A global database of sea surface dimethylsulfide（DMS）measurements and a procedure to predict sea surface DMS as a function of latitude，longitude，and month. Global Biogeochemical Cycles，13（2）：399-444.

Kieber D J，Toole D A，Jankowski J J，et al. 2007. Chemical "light meters" for photochemical and photobiological studies. Aquatic Sciences，69（3）：360-376.

Kiene R P，Bates T S. 1990. Biological removal of dimethyl sulphide from sea water. Nature，345（6277）：702-705.

Kiene R P，Kieber D J，Slezak D，et al. 2007. Distribution and cycling of dimethylsulfide，dimethylsulfoniopropionate，and dimethylsulfoxide during spring and early summer in the Southern Ocean south of New Zealand. Aquatic Sciences，69（3）：305-319.

Kirk J T O，1994. Optics of UV-B radiation in natural waters. Ergebnisse der Limnologie，43：1-16.

Kumar S S，Chinchkar U，Nair S，et al. 2009. Seasonal dimethylsulfoniopropionate（DMSP）variability in Dona Paula bay. Estuarine，Coastal and Shelf Science，81（3）：301-310.

Ledyard K M，Dacey J W H. 1996. Microbial cycling of DMSP and DMS in coastal and oligotrophic seawater. Limnology and Oceanography，41（1）：33-40.

Lee G，Park J，Jang Y，et al. 2010. Vertical variability of seawater DMS in the South Pacific Ocean and its implication for atmospheric and surface seawater DMS. Chemosphere，78（8）：1063-1070.

Lee H J，Chao S Y. 2003. A climatological description of circulation in and around the East China Sea. Deep Sea Research Part Ⅱ：Topical Studies in Oceanography，50：1065-1084.

Lee P A，de Mora S J，Gosselin M，et al. 2001. Particulate dimethylsulfoxide in Arctic sea-ice algal communities：the cryoprotectant hypothesis revisited. Journal of Phycology，37（4）：488-499.

Liss P S，Malin G，Turner S M. 1993. Production of DMS by Marine Phytoplankton. London：Kluwer Academic Publications.

Liu J P，Li A C，Xu K H，et al. 2006. Sedimentary features of the Yangtze River-derived along-shelf clinoform deposit in the East China Sea. Continental Shelf Research，26（17-18）：2141-2156.

Lizotte M，Levasseur M，Michaud S，et al. 2012. Macroscale patterns of the biological cycling of dimethylsulfoniopropionate（DMSP）and dimethylsulfide（DMS）in the Northwest Atlantic. Biogeochemistry，110（1）：183-200.

Michaud S，Levasseur M，Cantin G. 2007. Seasonal variations in dimethylsulfoniopropionate and dimethylsulfide concentrations in relation to the plankton community in the St. Lawrence Estuary. Estuarine，Coastal and Shelf Science，71（3-4）：741-750.

Naimie C E，Blain C A，Lynch D R. 2001. Seasonal mean circulation in the Yellow Sea-a model-generated climatology. Continental Shelf Research，21：667-695.

Nightingale P D, Malin G, Law C S, et al. 2000. In situ evaluation of air-sea gas exchange parameterizations using novel conservative and volatile tracers. Global Biogeochemical Cycles, 14（1）: 373-387.

Scarratt M G, Levasseur M, Michaud S, et al. 2007. DMSP and DMS in the Northwest Atlantic: late-summer distributions, production rates and sea-air fluxes. Aquatic Sciences, 69（3）: 292-304.

Schultes S, Levasseur M, Michaud S, et al. 2000. Dynamics of dimethylsulfide production from dissolved dimethylsulfoniopropionate in the Labrador Sea. Marine Ecology Process Series, 202（3）: 27-40.

Sheets E B, Rhodes D. 1996. Determination of DMSP and other onium compounds in *Tetraselmis subcordiformis* by plasma desorption mass spectrometry//Kiene R P, Visscher P T, Keller M D, et al. Biological and Environmental Chemistry of DMSP and Related Sulfonium Compounds. New York: Plenum Press.

Simó R. 2001. Production of atmospheric sulfur by oceanic plankton: biogeochemical, ecological and evolutionary links. Trends in Ecology and Evolution, 16（6）: 287-294.

Simó R, Grimalt J O, Albaiges J. 1997. Dissolved dimethylsulphide, dimethylsulphoniopropionate and dimethylsulphoxide in the western Mediterranean waters. Deep Sea Research Part Ⅱ: Topical Studies in Oceanography, 44（3-4）: 929-950.

Simó R, Hatton A D, Malin G, et al. 1998. Particulate dimethyl sulphoxide in seawater: production by microplankton. Marine Ecology Progress Series, 167（8）: 291-296.

Simó R, Pedrós-Alió C, Malin G, et al. 2000. Biological turnover of DMS, DMSP and DMSO in contrasting open-sea waters. Marine Ecology Progress Series, 203: 1-11.

Six K D, Kloster S, Ilyina T, et al. 2013. Global warming amplified by reduced sulphur fluxes as a result of ocean acidification. Nature Climate Change, 3: 975-978.

Stefels J. 2000. Physiological aspects of the production and conversion of DMSP in marine algae and higher plants. Journal of Sea Research, 43（3）: 183-197.

Thume K, Gebser B, Chen L, et al. 2018. The metabolite dimethylsulfoxonium propionate extends the marine organosulfur cycle. Nature, 563（7731）: 412-415.

Toole D A, Siegel D A. 2004. Light-driven cycling of dimethylsulfide（DMS）in the Sargasso Sea: closing the loop. Geophysical Research Letters, 31: L09308.

Vairavamurthy A, Andreae M O, Iverson R L. 1985. Biosynthesis of dimethylsulfide and dimethylpropiothetin by *Hymenomonas carterae* in relation to sulfur source and salinity variations. Limnology and Oceanography, 30（1）: 59-70.

Vila-Costa M, Kiene R P, Simó R. 2008. Seasonal variability of the dynamics of dimethylated sulfur compounds in a coastal northwest Mediterranean site. Limnology and Oceanography, 53（1）: 198-211.

Visscher P T, Beukema J, van Gemerden H. 1991. In situ characterization of sediments: measurements of oxygen and sulfide profiles with a novel combined needle electrode. Limnology and Oceanography, 36（7）: 1476-1480.

Wang B D, Wang X L, Zhan R. 2003. Nutrient conditions in the Yellow Sea and the East China Sea. Estuarine, Coastal and Shelf Science, 58（1）: 127-136.

Yang G P, Watanabe S, Tsunogai S. 2001. Distribution and cycling of dimethylsulfide in surface microlayer and subsurface seawater. Marine Chemistry, 76（3）: 137-153.

Yang G P, Zhang H H, Zhou L M, et al. 2011. Temporal and spatial variations of dimethylsulfide（DMS）and dimethylsulfoniopropionate（DMSP）in the East China Sea and the Yellow Sea. Continental Shelf Research, 31（13）: 1325-1335.

Yang G P, Zhang J W, Li L, et al. 2000. Dimethylsulfide in the surface water of the East China Sea.

Continental Shelf Research, 20（1）：69-82.

Yang G P, Zhang Z B, Liu L S, et al. 1996. Study on the analysis and distribution of dimethyl sulfide in the East China Sea. Chinese Journal of Oceanology and Limnology, 14（2）：141-147.

Yang G P, Zhuang G C, Zhang H H, et al. 2012. Distribution of dimethylsulfide and dimethylsulfoniopropionate in the Yellow Sea and the East China Sea during spring: spatio-temporal variability and controlling factors. Marine Chemistry, 138: 21-31.

Yang J, Yang G P. 2011. Distribution of dissolved and particulate dimethylsulfoxide in the East China Sea in winter. Marine Chemistry, 127（1）：199-209.

Zhai X, Li J L, Zhang H H, et al. 2019. Spatial distribution and biogeochemical cycling of dimethylated sulfur compounds and methane in the East China Sea during spring. Journal of Geophysical Research: Oceans, 124: 1074-1090.

Zhang J. 1996. Nutrient elements in large Chinese estuaries. Continental Shelf Research, 16: 1023-1045.

Zhang S H, Sun J, Liu J L, et al. 2017. Spatial distributions of dimethyl sulfur compounds, DMSP-lyase activity, and phytoplankton community in the East China Sea during fall. Biogeochemistry, 133（1）：59-72.

Zhang S H, Yang G P, Zhang H H, et al. 2014. Spatial variation of biogenic sulfur in the south Yellow Sea and the East China Sea during summer and its contribution to atmospheric sulfate aerosol. Science of the Total Environment, 488: 157-167.

Zhang Y, Jiao N. 2007. Dynamics of aerobic anoxygenic phototrophic bacteria in the East China Sea. FEMS Microbiology Ecology, 61（3）：459-469.

Zhao S, Xiao T, Lu R, et al. 2010. Spatial variability in biomass and production of heterotrophic bacteria in the East China Sea and the Yellow Sea. Deep Sea Research Part Ⅱ: Topical Studies in Oceanography, 57（11）：1071-1078.

Zindler C, Bracher A, Marandino C A, et al. 2013. Sulphur compounds, methane, and phytoplankton: interactions along a north-south transit in the western Pacific Ocean. Biogeosciences, 10（5）：3297-3311.

Zindler-Schlundt C, Lutterbeck H, Endres S, et al. 2015. Environmental control of dimethylsulfoxide（DMSO）cycling under ocean acidification. Environmental Chemistry, 13: 330-339.

Zubkov M V, Fuchs B M, Archer S D, et al. 2002. Rapid turnover of dissolved DMS and DMSP by defined bacterioplankton communities in the stratified euphotic zone of the North Sea. Deep Sea Research Part Ⅱ: Topical Studies in Oceanography, 49（15）：3017-3038.

第5章 中国南海生源硫化物的生物地球化学

中国南海是西太平洋最大的边缘海，主要位于热带和亚热带，面积约 $3.5\times10^6km^2$，平均水深约 1200m（Chen et al.，2001），周围主要有菲律宾群岛、台湾岛、亚洲大陆、中南半岛、加里曼丹岛和巴拉望岛等。南海的西部、北部、西南部为大陆架区，水深小于 150m，南海中央为深海海盆，水深约为 4000m。由于其具有开阔大洋和边缘海的特征，该海域是适于用来对近岸和大洋进行比较的研究区域（戴民汉等，2001）。南海的气候变化主要受东亚季风环流控制，终年季风盛行（韩舞鹰，1998）。夏季盛行西南季风，而在秋季盛行东北季风。因此，在冬季，南海表层海水总环流呈气旋式，与外界水体交换的总格局为北进（经台湾海峡和吕宋海峡）南出（经爪哇海）；夏季与冬季相反，总环流呈反气旋式，与外界水体交换的总格局为南进（经爪哇海）北出（经台湾海峡和吕宋海峡）（李立等，2000）。

南海由于处于低纬度区域，终年温度较高，南海北部沿岸海域冬季表层水温约 21℃，夏季则高于 28℃，海域温度随离岸距离增加而增高。在冬季，南海北部陆架部分近岸水体全水柱均匀混合，混合层厚度可达 75m 左右（王东晓等，2002）。南海北部海域一般指吕宋岛以西、台湾岛西南、珠江口以东、18°N 以北的南海海域。南海东北部海域受到珠江冲淡水的影响，尤其是珠江口附近，充足的营养盐有利于浮游植物生长，从而具有较高的生物量；珠江冲淡水低盐水舌夏季由偏南向逐渐转东，秋季、冬季则由偏东向渐次转南和西南（Su，1998）。由于陆架区受水体层化和常年跃层的影响，真光层营养盐得不到补充，具有寡营养的特色，致使表层硝酸盐和磷酸盐浓度经常在检测限附近，浮游植物的生长受到限制（彭欣等，2006），相对硝酸盐而言，磷酸盐含量较丰富，因而不构成浮游植物生长的限制因子。

南海中央海盆是一个典型的热带海盆，平均深度超过 4000m，与周围海域水流交换不充分，是一个相对孤立的海域。西太平洋深层冷水团经吕宋海峡进入南海中央海盆，使该海域具有开阔大洋的特征。此外，在夏季由于季风的作用，由反气旋导致的南海暖池现象经常在中央海盆出现（Wong et al.，2007）。该海域垂直层化现象严重，这主要是由太阳辐射较强、表层海水过热、上下层海水交换不充分导致的。南海中南部具有低营养条件和低初级生产力的特点，特别是在中央海盆海域，贫营养现象更加突出。该海域日照充足、真光层深度较深，约 110m（Shang et al.，2011），并且有足够的光穿透力来驱动光合作用，但中央海盆浮游植物的生物量和初级生产力仍然非常低，与热带太平洋海域相似。真光层内的低生产力是由该海域的长期层化现象导致的，层化使上下对流减少，深层水中的营养盐、微量元素等营养物质无法输送到表层。Ning 等（2004）的研究发现，南海中央海盆真光层中 NO_3^-、PO_4^{3-} 等营养盐浓度极低，甚至常常低于检测限（两者检测限分别为 0.05μmol/L、0.03μmol/L）。

5.1　南海生源硫化物的浓度分布特征及影响因素

5.1.1　南海陆架区生源硫化物浓度分布特征及影响因素

1. 夏季分布特征

作者团队于 2015 年 6～7 月搭载南海海洋研究所“实验 3 号”考察船对夏季南海北部海域进行科学考察，调查海区及站位如图 5-1 所示。

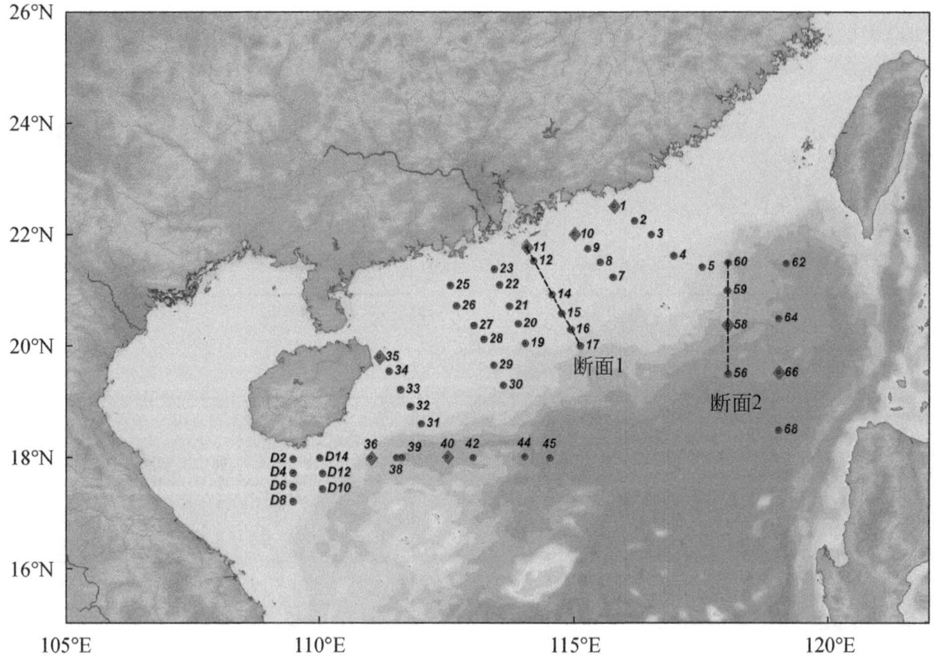

图 5-1　夏季南海北部海域调查站位图

◆表示培养站位；----- 表示垂直断面

本研究海面温度变化范围为 26.0 ～ 31.2℃，盐度变化范围为 30.82 ～ 34.17。东部沿海地区出现低盐度和高温（图 5-2），这一结果归因于陆地输入。总水深小于 100m 的站点称为近岸站位，包括 1 站位、2 站位、3 站位、9 站位、10 站位、11 站位、12 站位、14 站位、20 站位、21 站位、22 站位、23 站位、25 站位、26 站位、27 站位、34 站位、35 站位、D2 站位、D4 站位和 D14 站位。其他站位的水深从 107m 到 4157m 不等，被称为远海站位。表层海水样品中的 Chl-*a* 浓度范围为 0.042 ～ 1.7μg/L，出现藻华的站位除外。Chl-*a* 的平均浓度在近岸站位为（1.58±4.41）μg/L，在远海站位为（0.34±0.36）μg/L。珠江口 11 站位附近出现了夏季藻华，Chl-*a* 浓度为 20.17μg/L。表层水中的 Chl-*a* 浓度从近岸到远海逐渐降低，低值出现在南海中央海盆，其特点是全年营养贫乏（Ning et al.，2004）。

从 53 个站位采集的表层海水中的 DMS 浓度范围为 1.1 ～ 9.5nmol/L。近岸站位和远海站位的 DMS 平均浓度分别为（3.5±1.8）nmol/L 和（2.4±0.8）nmol/L，与在同一纬度（17°N ～ 21°N）海洋中获得的夏季的 DMS 平均浓度相近（2.3 ～ 2.4nmol/L，全球表层海水 DMS 数据库：http://saga.pmel.noaa.gov/dms）。南海 DMS 的浓度一般为 1.1 ～ 3.5nmol/L，除了在海南东部和珠江口附近的浮游植物藻华区有两个高达 9.5nmol/L 的小峰（图 5-2），该研究结果与许多以前的研究结果一致（Zhai et al.，2019；Zhang et al.，2017），其中高 DMS 浓度水平多出现在河口，并且与高浮游植物生物量有关。总体而言，河口和沿海地区的 DMS 浓度较高，而中部远海流域的 DMS 浓度较低。

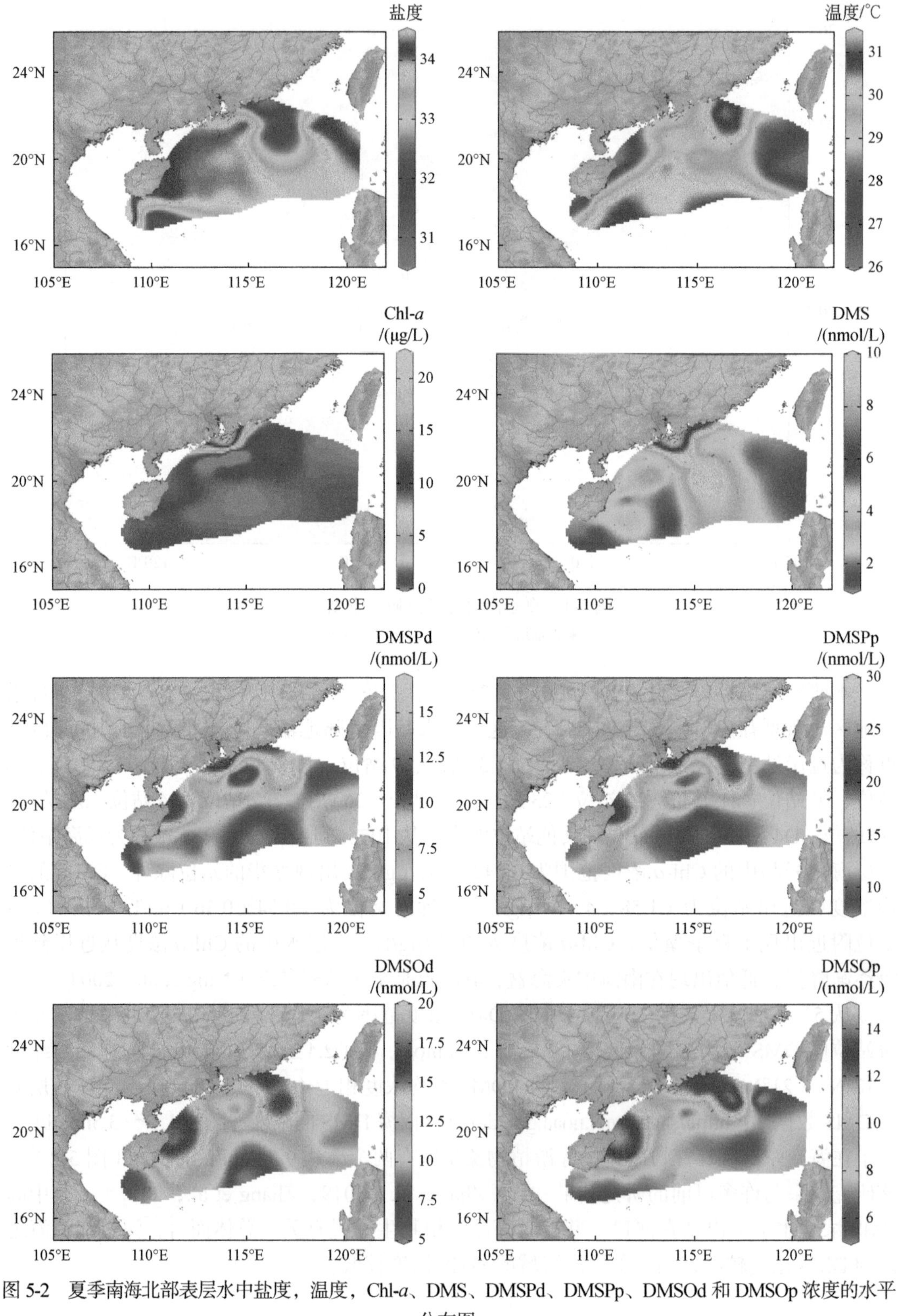

图 5-2　夏季南海北部表层水中盐度，温度，Chl-*a*、DMS、DMSPd、DMSPp、DMSOd 和 DMSOp 浓度的水平分布图

DMSP 和 DMSO 的分布模式与 Chl-*a* 的分布模式相似。如图 5-2 所示，表层水中 DMSPd 在近岸站位的浓度介于 5.8 ～ 16.2nmol/L，在远海站位的浓度介于 4.1 ～ 10.0nmol/L，平均浓度分别为 7.8nmol/L 和 6.2nmol/L。近岸站位表层水 DMSPp 平均浓度为 15.5nmol/L，浓度范围为 9.9 ～ 30.0nmol/L，远海站位表层水 DMSPp 平均浓度为 13.1nmol/L，浓度范围为 8.8 ～ 20.1nmol/L，与之前研究的数据进行比较后发现，此次巡航中的 DMSP 浓度明显高于南海中央海盆的 DMSP 数据［（3.2±2.2）nmol/L］（Zhai et al.，2018），该海盆比本研究区域更远离陆地。Zhai 等（2018）的研究中的低 DMSP 浓度主要归因于低 Chl-*a* 浓度（平均值为 0.077μg/L）。近岸站位表层水中 DMSOd 和 DMSOp 的平均浓度分别为 12.7nmol/L 和 10.6nmol/L，浓度范围分别为 8.2 ～ 18.3nmol/L 和 6.3 ～ 14.6nmol/L；在远海站位其平均浓度分别为 11.9nmol/L 和 8.5nmol/L，浓度范围分别为 5.1 ～ 16.3nmol/L 和 5.2 ～ 14.0nmol/L。这些数值在过去对南极沿海水域（DMSOd：2.5 ～ 24.3nmol/L）（Gibson et al.，1990）和太平洋赤道地区（8°S ～ 14°S）（DMSOp：3 ～ 22nmol/L）（Ridgeway et al.，1992）的研究报告的数值范围内。二甲基硫化物的浓度在近岸站位通常比在远海站位高，这表明陆地输入对二甲基硫化物在南海的分布有显著影响。

选取两个断面研究夏季南海北部二甲基硫化物的垂直分布特征。断面 1 覆盖了受珠江影响的整个区域。表层海水的 DMS 浓度明显高于底层海水，并随着深度的增加而逐渐降低。如图 5-3 所示，DMS 浓度显示出与 Chl-*a* 浓度相似的模式。此外，DMS 和其他二甲基硫化物的浓度分布模式也有相似之处。总的来说，高浓度的二甲基硫化物出现在整个断面的表层或次表层海水中，这很可能是由于珠江输入了丰富的营养物质，其刺激了浮游植物的生产。断面 2 位于开放海域，由于营养物的限制，其 DMS 的浓度通常低于河口附近 DMS 的浓度。DMS、DMSP 和 DMSO 的浓度在 50 ～ 75m 深度最高，这与 Chl-*a* 浓度出现最高值的深度一致（图 5-4），表明二甲基硫化物浓度与浮游植物丰度有密切联系。然而，在珠江口的断面上没有观察到这种情况，由于珠江口的低浊度，远海的透光层深度总是比河口周围更深。除 DMS 外，几种二甲基硫化物浓度的垂直分布与 Chl-*a* 相似，DMS 在 21°N 附近的海水中浓度较低，同时测量到 Chl-*a* 浓度高值。虽然以前的研究表明海水中的二甲基硫化物浓度与浮游植物的存在密切相关，但其他环境因素也驱动着 DMS 浓度的垂直分布，如 DMS 的光氧化。

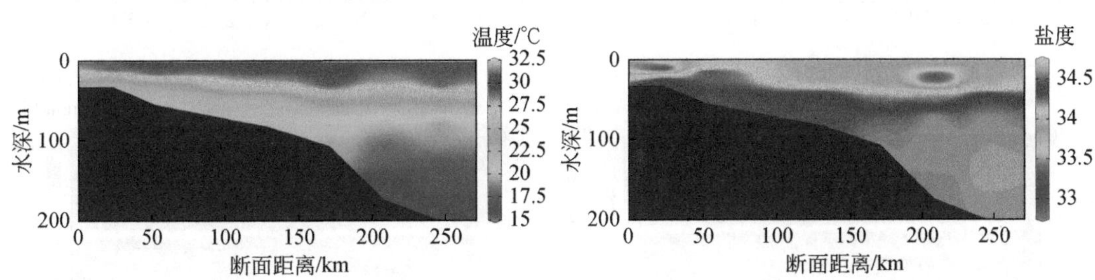

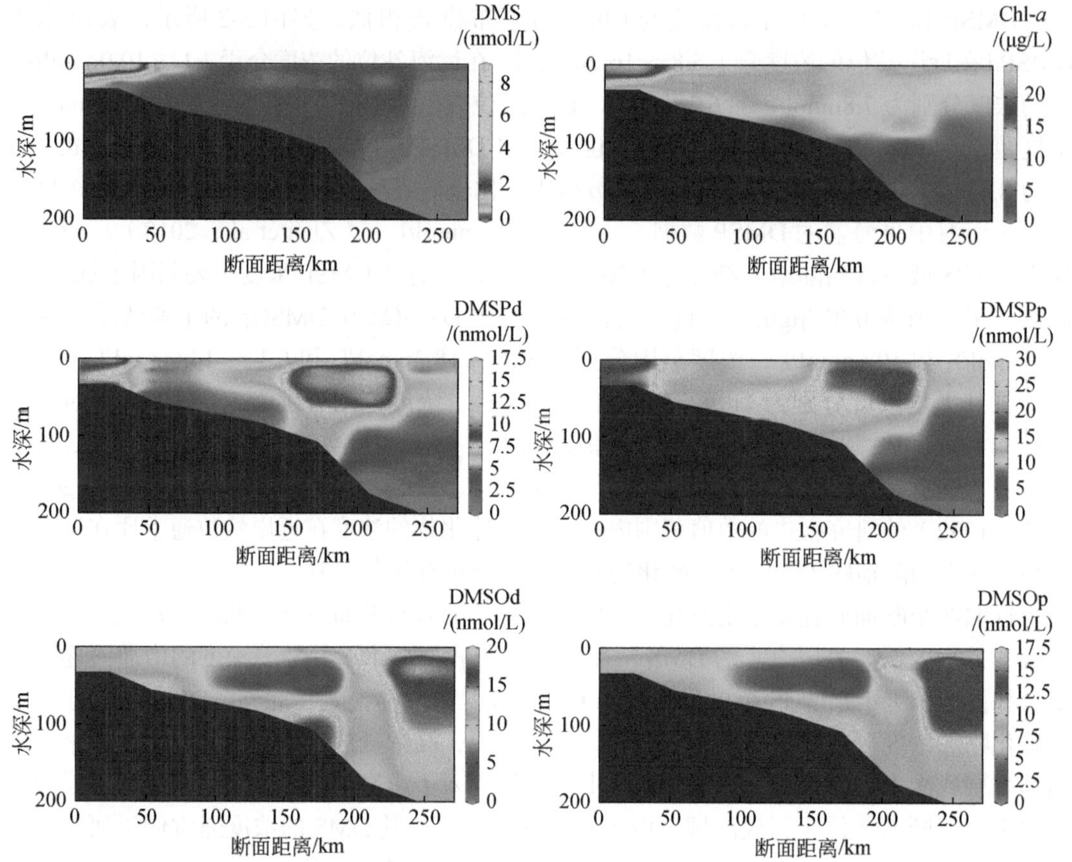

图 5-3　南海北部断面 1（11 ～ 16 站位）温度，盐度，Chl-*a* 和二甲基硫化物浓度的垂直剖面图

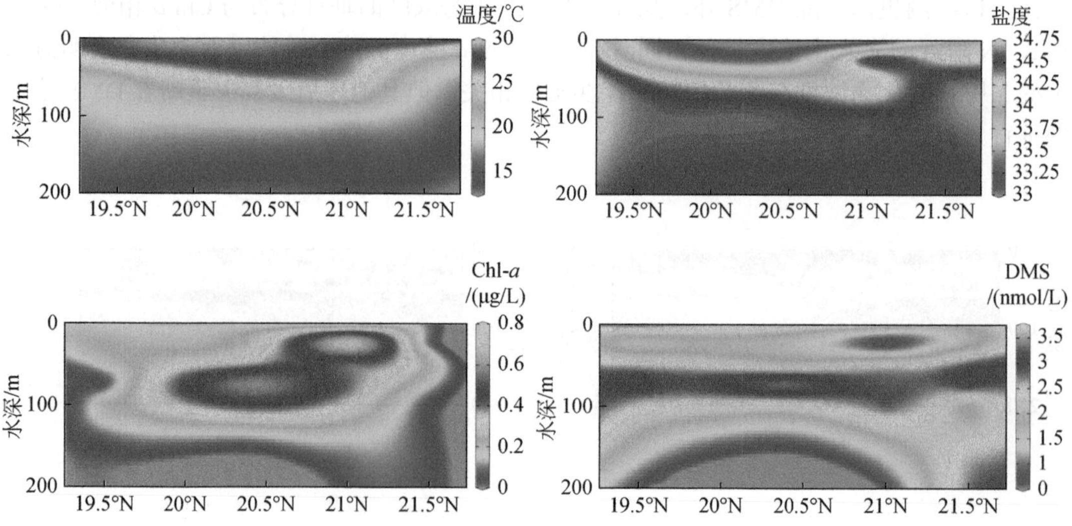

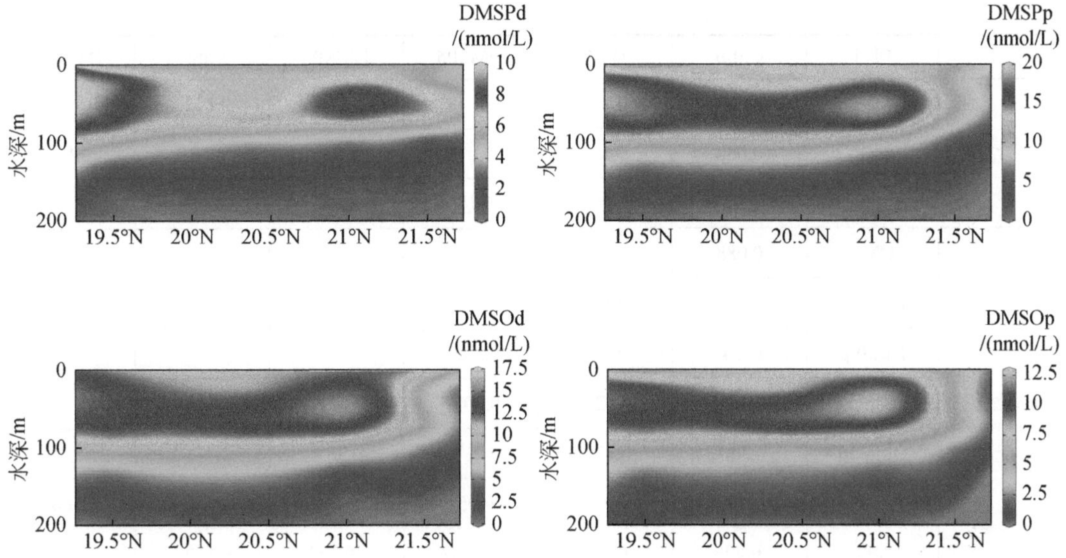

图 5-4　南海北部断面 2（56 ～ 60 站位）温度，盐度，Chl-*a* 和二甲基硫化物浓度的垂直剖面图

鉴于许多研究中生物来源的证据（Lovelock et al.，1972），海水中 DMS 浓度与生物变量的关联是可以预期的。基于含硫化合物浓度和浮游植物活动之间的密切联系，已经进行了大量的研究来确定含硫化合物和 Chl-*a* 之间在大的空间或时间尺度上的可能关系（Lana et al.，2011；Yang and Tsunogai，2005）。该研究中，在近岸站位和远海站位，表层水 DMSPd、DMSPp、DMSOd 和 DMSOp 的浓度都与 Chl-*a* 呈正相关（表 5-1）。这些结果表明二甲基硫化物的产生与浮游植物的活动有关，这与以前的研究结果一致（Zhai et al.，2018；Stefels et al.，2007）。此外，二甲基硫化物与浮游植物丰度之间的相关性在沿海地区比在开放海域更强，这可能是由于浮游植物群落结构的差异。相对于浮游植物生物量，DMSP 的产生更依赖于浮游植物藻种（如甲藻）（Matrai and Keller，1994）。然而，在该研究中，DMS 浓度没有显示出与 Chl-*a* 浓度的相关性，这意味着 DMS 在海水中的分布不能仅仅归因于浮游植物的生物量。在 DMS 浓度和 DMSP 浓度之间没有观察到强相关，DMS 在海水中的快速周转是影响这一结果的另一个重要因素。DMS 生成 DMSO 的反应是影响 DMS 和 DMSO 在表层水中浓度的重要途径，特别是在开放海域中（表 5-1）。如图 5-5 所示，DMSOd 浓度和 DMSOp 浓度之间呈正相关（R=0.716，n=54，$P < 0.01$），表明细胞内的 DMSO 和溶解的 DMSO 之间存在平衡。

表 5-1　南海近岸站位和远海站位表层水中 DMS、DMSP 和 DMSO 的斯皮尔曼（Spearman）相关矩阵

位置	项目	Chl-*a*	DMS	DMSPd	DMSPp	DMSOd	DMSOp
近岸站位	DMS	0.083					
	DMSPd	0.694**	0.110				
	DMSPp	0.693**	0.169	0.856**			
	DMSOd	0.502*	0.089	0.693**	0.829**		

续表

位置	项目	Chl-*a*	DMS	DMSPd	DMSPp	DMSOd	DMSOp
近岸站位	DMSOp	0.592**	0.195	0.608**	0.677**	0.812**	
	温度	0.068	0.225	0.071	0.010	0.035	0.160
	盐度	−0.167	0.087	0.148	0.142	0.189	0.105
远海站位	DMS	0.088					
	DMSPd	0.377*	0.108				
	DMSPp	0.534**	0.147	0.552**			
	DMSOd	0.417*	0.425*	0.503**	0.572**		
	DMSOp	0.340*	0.428*	0.457**	0.367*	0.713**	
	温度	0.079	0.325	0.052	0.116	0.313	0.560**
	盐度	−0.426*	0.037	−0.207	−0.229	−0.026	0.049

注：近岸站位 n=20，远海站位 n=34。

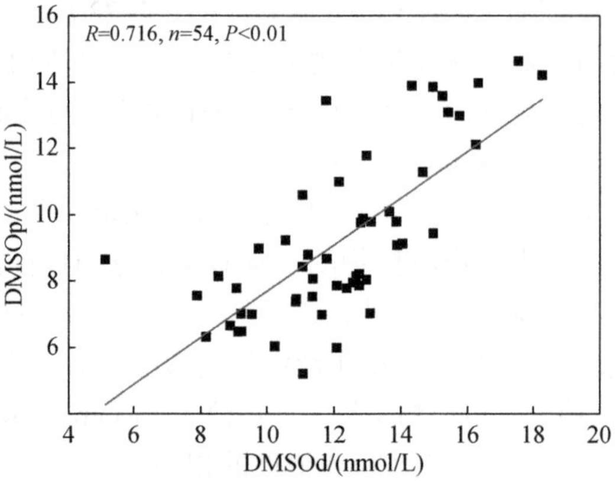

图 5-5　南海北部 DMSOd 浓度和 DMSOp 浓度的相关性

夏季南海北部表层海水中生源硫化物浓度大小顺序依次为 DMSPp ＞ DMSOd ＞ DMSOp ＞ DMSPd ＞ DMS，Chl-*a* 与 DMSP 存在一定的相关性，说明浮游植物对 DMSP 的产生起着非常重要的作用。DMS 浓度与 DMSPd 浓度和 DMSPp 浓度均存在良好的相关性，表明 DMSPp 和 DMSPd 的降解对 DMS 的产生都具有重要的贡献，南海北部海域 DMSOd 与 DMS 线性关系较好，可见调查海域 DMSO 可能来源于 DMS 光氧化。

夏季南海北部海域生源硫化物水平浓度分布与浮游植物种类、数量，沿岸上升流，南海暖流，珠江口陆源输入有机物等因素有紧密的关系，表现为珠江口附近及沿岸区域生源硫化物的浓度较高，而在暖流区域浓度较低，南海远海海域生源硫化物浓度低于南海近岸海域。对珠江口断面和南海暖流断面海域水体垂直调查发现，珠江口断面 Chl-*a*、DMS、DMSP 和 DMSO 浓度的最大值集中在上层水体（＜ 30m），而南海暖流断面其浓度最大值出现在 50 ～ 75m 水体处，而表层海水和深层海水浓度较低，可能与生物活动有关。

2. 冬季 DMSO 分布特征

作者团队于 2010 年 1 ～ 2 月随“东方红 2 号”调查船对南海北部进行了调查，考察由近岸向大洋过渡过程中海水中的 DMSO 分布和变化情况，航次共设 8 个断面、59 个站位，站位覆盖珠江口近岸、南海和吕宋海峡附近海域（图 5-6）。

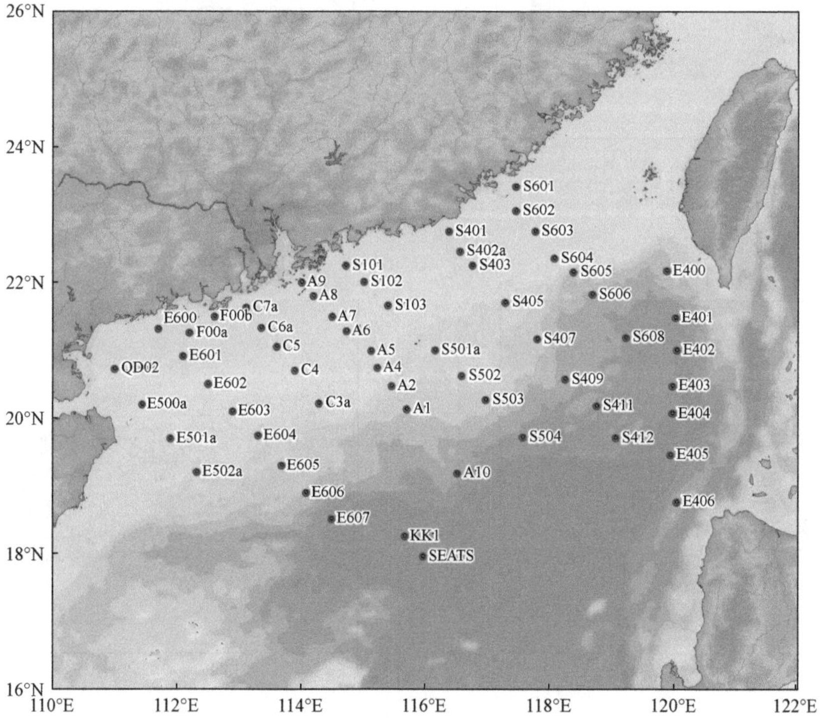

图 5-6　南海北部调查站位图

2010 年冬季 2 月表层海水的温度范围介于 16.8 ～ 25.8℃，平均值为（22.2±0.64）℃。盐度范围介于 31.34 ～ 34.68，平均值为 33.81±0.18。如图 5-7 所示，海域温度随离岸距离增加而升高。南海的表层水团可分为沿岸水、陆架表层水（混合水）及外海水。沿岸水包括珠江、韩江入海的冲淡水团和粤东沿岸水，珠江冲淡水低盐水舌冬季则由偏东向渐次转南和西南。南海北部陆架表层水与外海水都来源于太平洋表层水团（Su，1998）。

2010 年冬季 2 月表层海水的 Chl-*a* 浓度介于 0.08 ～ 3.57μg/L，平均值为（0.55±0.13）μg/L。Chl-*a* 浓度最高值出现在 A9 站位，位于珠江入海口处，最低值出现在 E605 站位和 KK1 站位，两个站位均位于远海，其浓度平面分布如图 5-7 所示，整体分布呈现近岸高、远海低的趋势。

DMSOp 在表层海水中的浓度介于 2.60 ～ 56.76nmol/L，平均值为（11.08±2.20）nmol/L，该值同样介于文献报道的范围内。其浓度平面分布如图 5-7 所示，整体上表现出近岸高、远海低的趋势，最高值为 56.76nmol/L，出现在 E600 站位，该站位的 Chl-*a* 浓度相对较高，

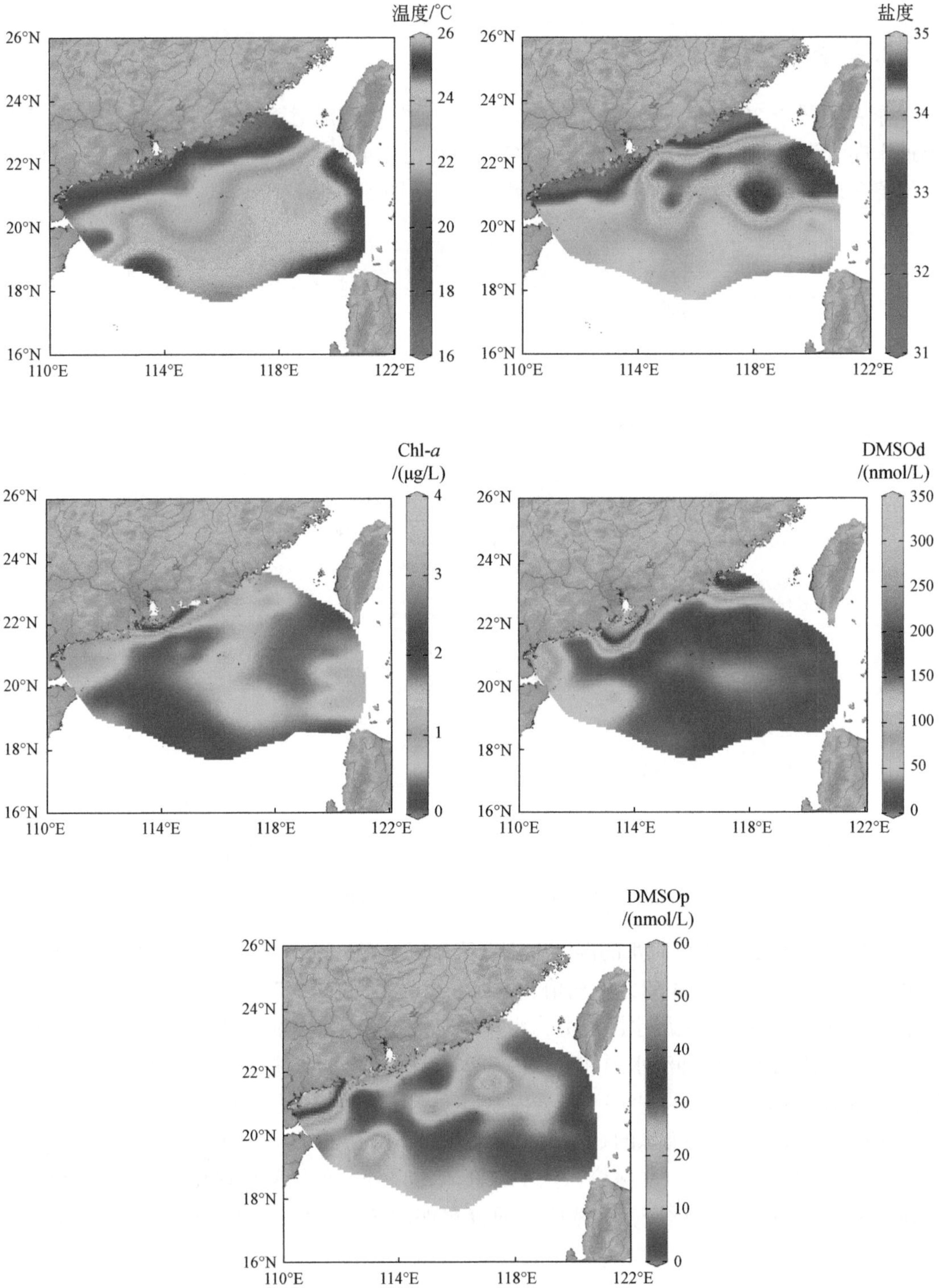

图 5-7　南海北部表层水中温度，盐度，Chl-*a*、DMSOd 和 DMSOp 浓度的水平分布图

为 0.88μg/L。DMSOp 的第二浓度高值为 31.17nmol/L，同样出现在近岸 QD02 站位。文献研究结果表明（孙军等，2007；乐凤凤等，2006）该区域甲藻和金藻（颗石藻）占有一定的比例。甲藻和颗石藻是 DMSP 的高产藻种，在藻的实验室培养试验中发现生产 DMSO 的能力顺序类似于 DMSP 的生产，也就是盛产 DMSP 的藻种也同样盛产 DMSO。根据该观点，推测甲藻和颗石藻也都是 DMSO 的盛产者。这两种藻的存在可能是该区域具有较高的 DMSOp 浓度的原因。对于颗石藻和甲藻 DMSO 的生产还有待于实验室的研究证实。除此之外，DMSOp 主要来源于浮游植物细胞内，Simó 等（1998）通过对 DMSOp 的尺寸分析得出，DMSOp 的尺寸绝大多数大于 5μm，这种分布表明 DMSO 存在于真核生物体内而非自由细菌，但这也不能排除碎屑上或沉积物颗粒中的 DMSO，并且已有研究证明沉积物颗粒中的 DMSP 能首先降解为 DMS，DMS 在无氧及有氧的环境下被细菌氧化为 DMSO。E600 站位和 QD02 站位水深分别为 29.4m 和 35.0m，在冬季南海陆架部分近岸全水柱均匀混合，混合层厚度可达到 75m 左右。由此可见，近岸站位中沉积物颗粒的再悬浮也可能是近岸站位 DMSOp 浓度较高的原因之一。

DMSOd 浓度的平面分布如图 5-7 所示，整个调查海域浓度变化范围较大，介于 11.84 ～ 335.10nmol/L，平均值为（49.97±16.47）nmol/L，最大值超过了文献中的报道值（138.3nmol/L）（Lee et al.，1999）。其整体分布呈现出明显的近岸高、远海低的趋势。在本航次的调查中，有三个站位的浓度值超过 200nmol/L，最高值（335.10nmol/L）出现在 A9 站位，该站位于珠江中最大的河口伶仃洋湾口处，第二浓度高值（229.48nmol/L）出现在 C7a 站位，该站位于珠江的崖门入海口附近。第三浓度高值（212.35nmol/L）出现在 S601 站位，该站位于东山岛东南近岸站位。

DMSOd 的浓度比 DMS 的浓度高出 2 ～ 3 个数量级，比 DMSPd 的浓度高出 1 ～ 2 个数量级，其是冬季南海北部海域中主要的溶解态有机硫化物。与东海长江口附近类似，珠江口附近表层海水 DMSOd 的浓度比 DMS 高出约 3 个数量级，鉴于 DMS 非常低的浓度，DMS 不可能是近岸海水中 DMSOd 主要的来源。此外，在这三个站位中，DMSOp 的浓度为 14.10 ～ 16.76nmol/L，与其他站位的值相当，表明细胞内 DMSO 的释放也不可能是 DMSOd 一个重要的来源。这些数据充分表明在珠江口附近 DMSOd 还可能存在其他重要的来源，即人为输入。东海的夏季、秋季和冬季中 DMSOd 均在长江口附近出现了浓度高值，推测这可能是人为输入引起的。珠江融汇了广东 64% 的工业废水和 74% 的生活污水，人口的快速增长及经济的快速发展使得珠江被严重污染，由此同样可推测人为输入可能是近岸海水中 DMSOd 浓度非常高的主要原因之一。

2010 年冬季南海 DMSOp/Chl-*a* 的范围介于 2.68 ～ 182.65mmol/g，其平均值为（30.29±9.55）mmol/g（图 5-8），与文献中的报道值相比较，平均值介于 Besiktepe 等（2004）在土耳其海域中研究的结果（22.86 ～ 45.10mmol/g）。其最低值（2.68mmol/g）介于 Bouillon 等（2002）在巴芬湾北部（0.03 ～ 6.86mmol/g），Simó 等（1998）在北海的外海（1.0 ～ 2.9mmol/g），以及 Riseman 和 DiTullio（2004）在秘鲁上升流区域测得的结果（0.3 ～ 7.9mmol/g）；但是其最高值（182.65mmol/g）高于 Simó 等（2000）在地中海测得的值（133.3mmol/g），在该站位的藻种主要包括鞭毛虫类、棕囊藻、颗石藻及双鞭甲藻。

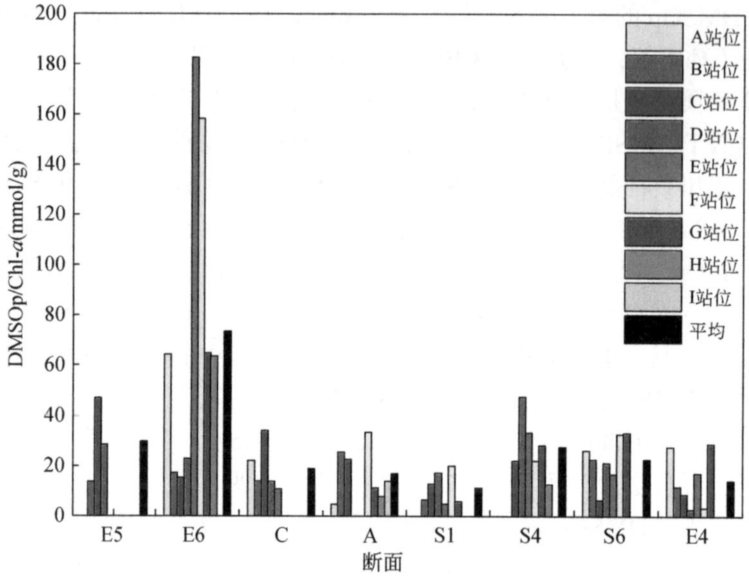

(a)DMSOp/Chl-*a*

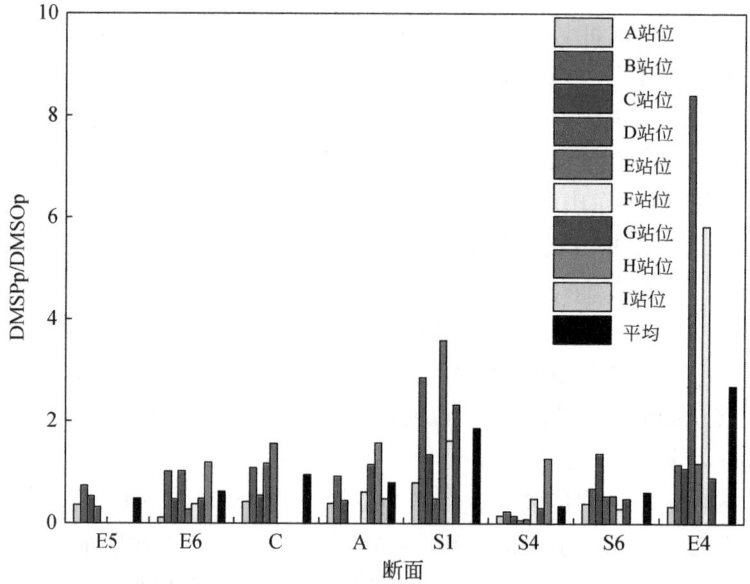

(b)DMSPp/DMSOp

图 5-8　南海北部各断面上 DMSOp/Chl-*a* 和 DMSPp/DMSOp 的变化

A ～ I 站位表示各断面站位离我国近岸的远近

DMSOp/Chl-*a* 的大小主要受控于藻种组成，不同的藻种合成 DMSO 的能力存在很大的差异。前三个该比值高值出现在远海 E604 站位、E605 站位及 KK1 站位，分别为 182.65mmol/g、158.22mmol/g 及 128.03mmol/g。以往的结果（孙军等，2007；乐凤凤等，2006）也表明该区域浮游植物的组成主要是甲藻和金藻（颗石藻）。另外，Chl-*a* 浓度并不代表初级生产力，小的藻种贡献出较小的 Chl-*a* 浓度。在南海 Pico 级（微微型，＜ 2μm）的浮游植物占生物量的 53%，占初级生产力的 42%（Ning et al.，2004）。乐凤凤等（2008）

的研究结果表明，从沿岸带到陆坡开阔海，Pico 级对水柱平均总 Chl-*a* 浓度的贡献率呈逐渐增大的趋势（由 23% 增加到 47%），而 Net 级（小型，＞ 20μm）和 Nano 级（微型，2 ～ 20μm）则相反，它们与 Chl-*a* 分布趋势一致。这两个因素的共同影响可能导致远海站位较高的 DMSOp/Chl-*a*。相反，在近岸 A9 站位，Chl-*a* 浓度最大值（3.57μg/L）出现在该站位，由于高的营养盐水平，Net 级和 Nano 级占生物量的比例较大，并且该站位的浮游植物种类以硅藻为主，从而导致了较低的 DMSOp/Chl-*a*（4.70mmol/g）。在南海的东部（S1-E4 断面），近几年浮游植物种类的资料相对匮乏。1998 年冬季的研究结果（朱根海等，2003）表明，整个南海都是硅藻处于优势地位，其占 95.8%，双鞭甲藻占 1.9%，蓝细菌占 2.3%，这可能是在该区域 DMSOp/Chl-*a* 较低的原因。

该航次的调查中，DMSPp/DMSOp 介于 0.07 ～ 8.40，平均值为 1.02±0.35。DMSPp/DMSOp 的差异性可能是特定的环境或特定的藻种引起的。

营养盐可能对 DMSPp/DMSOp 有影响，Simó 等（1998）在培养试验中发现 DMSPp/DMSOp 在稳定期仅为指数生长期的 20%，从而 Simó 和 Vila-Costa（2006）推测 DMSPp/DMSOp 的大小可以用来表征营养盐的耗尽，即较低的营养盐浓度会导致较低的 DMSPp/DMSOp。南海表层海水具有寡营养的特色，表层硝酸盐和磷酸盐的浓度经常在检测限上下，硝酸盐与亚硝酸盐的浓度和低于 0.4μmol/L，溶解态磷的浓度低于 0.1μmol/L，浮游植物的生长受到限制（Chen et al.，2004）。在珠江的入海口处表层海水硝酸盐与亚硝酸盐的浓度和达到 9μmol/L，溶解态磷的浓度达到 0.2μmol/L（袁梁英，2005），并且营养盐的浓度从近岸向外海迅速降低。总体来说，在海南岛的东北部具有较高的营养盐浓度，然而在珠江口附近 DMSPp/DMSOp 却相对较低。另外，南海的 N/P 远远低于雷德菲尔德化学计量比（Redfield 比例）16，表明南海处于 N 缺乏的状态，文献研究结果（Andreae，1990）表明在营养缺乏、生产力水平较低的马尾藻海区，海水中 DMSP 含量很高，这是由于该环境缺乏硝酸盐，藻细胞无法合成含 N 的有机调节剂（如脯氨酸、甜菜碱），因而将大量合成 DMSP 作为渗透压调节剂，这可以部分解释在近岸海域相对较低的 DMSPp/DMSOp。然而，一些较低的比值也同样出现在远海站位，如 SEATS 站位，其比值仅为 0.27。在该站位硝酸盐与亚硝酸盐的浓度和大约为 0.07μmol/L，磷的浓度仅为 0.02μmol/L（袁梁英，2005），这可能是 DMSO 同样也具有渗透压调节的功能，在 N 缺乏的条件下浮游植物优先合成何种生源甲基硫化物尚不清楚，所以单纯通过营养盐水平不能解释 DMSPp/DMSOp 的大小。

此外，温度也可能影响 DMSPp/DMSOp，Simó 和 Vila-Costa（2006）综合众多海域发现，DMSPp/DMSOp和温度之间存在显著的负相关性，推测是由于在温度较高的水域中，一般浮游植物是以 Nano 级和 Pico 级为主，而这些粒径的浮游植物可能生成的 DMSO 比 DMSP 要多。如前所述，在南海，Pico 级所占的比例从近岸到远海有增大的趋势，然而本书并没有发现两者之间存在负相关性。

综上所述，DMSPp/DMSOp是众多因素作用的结果，浮游植物种类、浮游植物生理状态，以及环境因素温度、盐度和营养盐等都可能影响该比值，具体原因还有待进一步的研究。

南海北部表层海水中 DMSOd 浓度的平面分布呈现出近岸高、远海低的趋势，在珠江入海口附近出现异常最高值，可能是人为输入的影响。DMSOp 浓度的平面分布也呈现出近岸高、远海低的趋势，除受浮游植物种类的影响外，浮游植物数量也发挥着一定的作用，部分近岸站位沉积物的再悬浮也可能是 DMSOp 较高的原因。

表层海水中 DMSOp/Chl-*a* 变化范围较大，最大值超过文献报道值，可能是由多方面原因引起的，藻的种类及粒径都可能对该比值有一定的影响。DMSPp/DMSOp 介于文献报道值范围内，与温度不存在任何相关性，营养盐水平也不能完全解释 DMSPp/DMSOp 的大小，具体原因有待进一步的探讨。

3. 影响南海生源硫化物分布的因素

浮游植物是 DMS 和 DMSP 的主要来源，因此浮游植物的种类和生物量可能与 DMS 浓度、DMSP 浓度密切相关，海水中的 DMS 主要来源丁细菌等微生物对 DMSPd 的裂解作用，DMSPd 来源于浮游植物细胞中 DMSPp 的释放，而 Chl-*a* 的浓度能反映浮游植物的生物量，因此与 DMS 浓度、DMSP 浓度之间存在着必然的关系。研究结果表明，南海北部表层海水 Chl-*a* 浓度与 DMSPd 和 DMSPp 的浓度具有一定的相关性（图 5-9），且 DMS 浓度与 DMSPd 浓度和 DMSPp 浓度均具有显著相关性（图 5-10），可见 Chl-*a*、DMS 和 DMSP 三者之间密切相关。

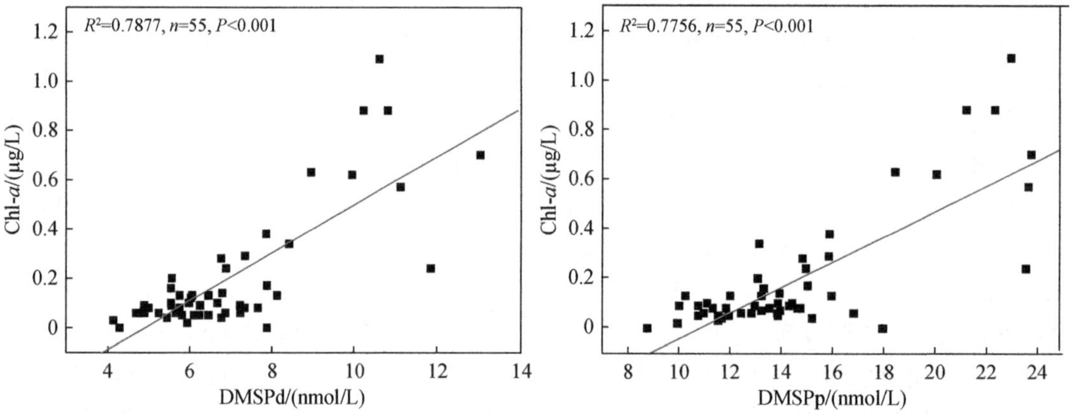

图 5-9　夏季南海北部海域 DMSPd 浓度、DMSPp 浓度与 Chl-*a* 浓度之间的关系

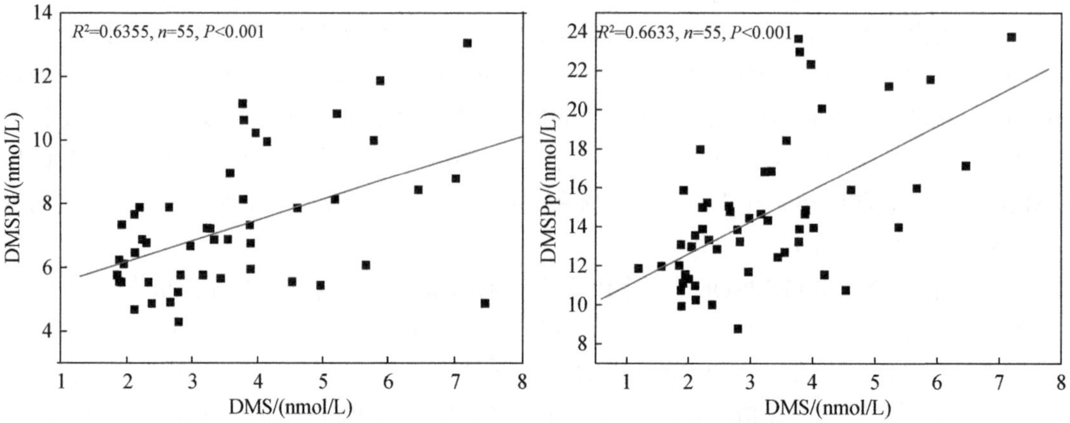

图 5-10　夏季南海北部海域 DMS 浓度与 DMSP 浓度之间的关系

除了细菌氧化，先前的研究已经证明太阳辐射是 DMS 动力学的一个重要推动力（Repeta，2015）。研究表明 DMS 光降解和海洋藻类的 DMSOp 释放是表层海水 DMSOd 的重要来源，一些研究者对马尾藻海域进行调查，发现表层海水中 DMSOd 主要来源于 DMS 光化学氧化（约占 50%），其次是 DMSOp 释放（占 33% ～ 37%）（Galí and Simó，2010）。将南海北部海域表层海水 DMSOd 浓度分别与 DMSOp 浓度和 DMS 浓度进行线性拟合，发现 DMSOd 浓度与 DMSOp 浓度相关性较差，而与 DMS 浓度存在明显的相关性（图 5-11），此结果表明调查海域内表层海水中 DMSOd 的主要来源不是藻类释放的颗粒态 DMSOp，而可能是 DMS 的光化学氧化。

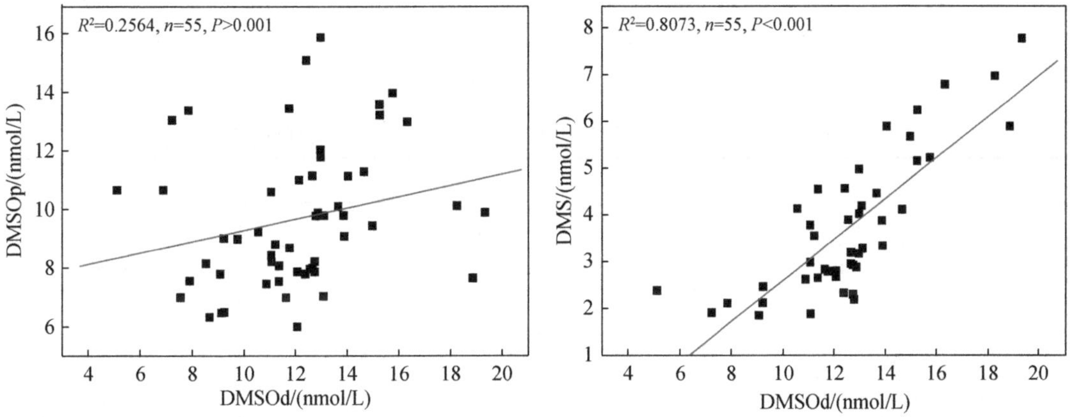

图 5-11　夏季南海北部海域 DMSOd 浓度与 DMSOp、DMS 浓度之间的关系

在 2010 年冬季南海航次中，本研究分析了 DMSO 和环境因素之间的相关关系。在表层海水中，DMS 充当了 DMSO 一个重要的源，可通过细菌氧化和微生物消耗来生成，在罗斯海中 DMS 在 DMSO 的来源中占了 68.6%（del Valle et al.，2009）。另外，DMSOd 也可以被细菌还原为 DMS，一些细菌，如硫杆菌（*Thiobacillus*）（Hatton et al.，1994）等可以消耗 DMSO，在消耗 DMSO 的过程中，首先将 DMSO 还原为 DMS，并且最新的文献结果表明 DMSO 可以被浮游植物还原为 DMS（Lápez and Duarte，2004），从而有望得到 DMSOd 浓度和 DMS 浓度的相关性。然而在本航次的研究中发现两者之间不存在任何相关性。关于 DMSOd 浓度和 DMS 浓度的相关性，不同的研究者在不同海域或同一海域不同时间得出的结论也不尽相同。如前所述，Hatton 等（1999）认为在阿拉伯海发现两者弱的相关性主要是因为采样期间处于季风气候，天空多云非常阴暗，从而使得相关性较差（R^2=0.49），而在北海天空晴朗、阳光充足的条件下发现 DMSOd 浓度与 DMS 浓度有很好的相关性（R^2=0.905）。

从文献数据来看，Kiene 等（2007）在新西兰的南部海域中发现 DMSOd 浓度和 DMS 浓度之间均具有显著的相关性，除了 2004 年，这可能主要是由于 DMSOd 的浓度相比其他年份要高出很多，其浓度为 6 ～ 39nmol/L，然而 DMS 的浓度却非常低，小于 3.2nmol/L。在本航次中 DMSOd 的浓度高出 DMS 的浓度 1 ～ 2 个数量级，甚至在近岸高出 3 个数量级，从而导致 DMSOd 浓度和 DMS 浓度之间不具备相关性，同时也说明了 DMS 可能不是

DMSOd 主要的来源，可能还存在其他的来源，如细胞内 DMSO 的渗透，为此，本研究考察了 DMSOd 和 DMSOp 的相关性。

DMSOp 在 DMSOd 的来源中占有重要的比例，在罗斯海中能占到 31.4%。在现场测定中，Hatton 和 Wilson（2007）没有发现两者之间具有显著的相关性，然而在藻类培养试验中，却发现两者之间存在显著的相关性。本研究再次探讨了两者之间的相关关系，为了排除近岸人为输入的影响，去掉了水深 50m 以内的所有近岸站位，结果发现两者之间存在显著的相关性，此结果表明 DMSOp 可能是 DMSOd 主要的源。

南海冬季表层海水中 DMSOd 和温度之间存在明显的负相关性（表 5-2），主要可能是由于表层海水的温度可以间接反映太阳光照射的强度，温度越高，表明受太阳光照射强度越强，DMSOd 能与海水中 • OH 进行反应生成甲基亚磺酸和甲磺酸。• OH 是光化学反应的重要产物，这可能是温度越高 DMSO 浓度越低的原因。

表 5-2　DMSOp 和 DMSOd 与其他有机硫化物及环境因素之间的相关关系

类别	R	n	P
DMSOp-Chl-*a*	0.1413	53	0.3129
DMSOp-DMSPp	−0.0953	57	0.4806
DMSOp- 温度	−0.2859	56	0.0327
DMSOp- 盐度	−0.3271	56	0.0139
DMSOp/Chl-*a*- 温度	0.2053	52	0.1443
DMSOp/Chl-*a*- 盐度	−0.0054	52	0.9697
DMSOd- 温度	−0.5759	53	＜ 0.0001
DMSOd- 盐度	−0.5070	53	0.0001
DMSOd-DMS	−0.1660	53	0.2349
DMSOd-DMSOp	0.1889	52	0.1798
DMSOd-DMSOp（远海）	0.5435	37	0.0005

南海冬季表层海水中 DMSOd 和盐度之间也存在明显的负相关性（表 5-2），主要可能是由于 DMSO 在细胞内发挥着调节渗透压的作用，在盐度较低的海水中，细胞内过量的 DMSO 可能会被释放到体外。另外，由前述可知 DMSOd 可能来源于人为输入，因此在盐度较低的海水中 DMSOd 的浓度较高。

在对东海和黄海、渤海的 DMSOp 和 Chl-*a* 之间的线性相关性分析中，发现在黄海、渤海硅藻占有绝对优势时，两者具有显著的相关性，而在冬季和夏季东海两者之间不具备任何相关性。关于两者之间的相关关系，不同的研究者得到的结论不尽相同。根据文献（孙军等，2007；乐凤凤等，2006）中相同季节（冬季）的浮游植物种类研究结果，不同的站位藻种组成和比例都不相同。由表 5-2 中数据可知，两者之间不存在线性相关性，该研究结果也进一步证实了 DMSOp 的生产与藻的种类是有关的。不同的藻种产生 DMSO 的能力有很大差别。

表层海水中 DMSOd 和 DMS 之间不存在任何相关性，表明 DMS 不是 DMSOd 主要的来源。在远海站位，DMSOd 和 DMSOp 之间具有显著的相关性，表明 DMSOp 可能是 DMSOd 重要的来源。在冬季南海没有发现 DMSOp 和 Chl-*a* 及 DMSOp 和 DMSPp 之间存在相关性。

5.1.2　南海海盆区生源硫化物浓度分布特征及影响因素

1. 夏季分布特征

作者团队于 2014 年 5 月 20 日至 7 月 17 日搭载国家自然基金委员会南海共享航次随“东方红 2 号”调查船，对南海中央海盆的 19 个站位进行了现场调查。2014 年 7 月南海海盆区采样站位图如图 5-12 所示，详细信息见表 5-3。表层海水样品在约 5m 处采集。在 J2 站位、J4 站位、H4 站位、G5 站位采集了垂直样品，分别在 5m、25m、50m、75m、100m、150m、200m、300m、500m、800m、1000m、1500m、2000m、2500m、3000m、3500m 和 4000m 的深度采样。水深、温度及盐度通过 Sea-bird 911 Plus CTD 仪获得，现场的气温、气压、风速等海洋气象参数由船载的气相观测仪测得。

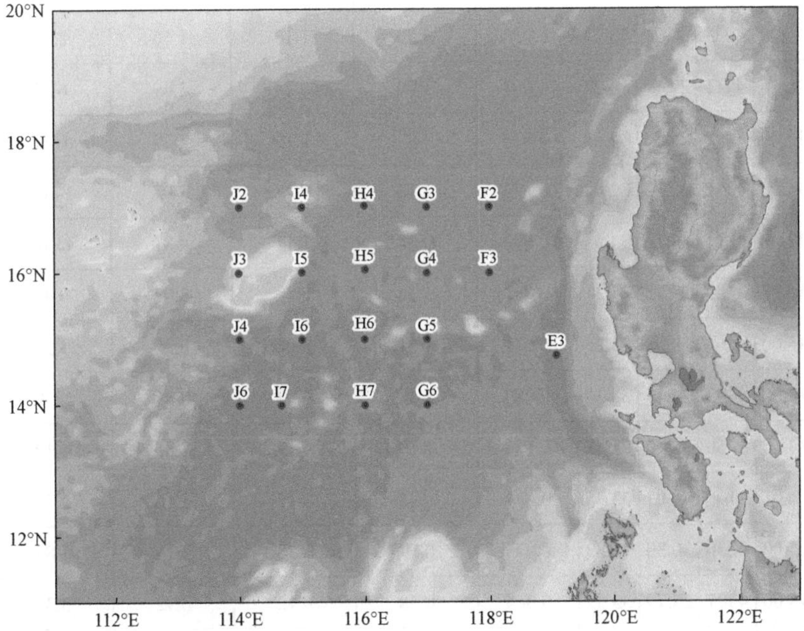

图 5-12　2014 年 7 月南海海盆区采样站位图

表层海水的温度、盐度、Chl-*a* 浓度和生源硫化物浓度如表 5-3 所示。本航次中海水表层温度（SST）的变化范围为 29.25 ～ 30.66℃，其平均值为（30.02±0.38）℃，盐度范围为 32.42 ～ 33.48，平均值为 33.20±0.26。表层海水 Chl-*a* 浓度的平均值为（0.077±0.038）μg/L，其变化范围为 0.033 ～ 0.186μg/L，表明调查区域的浮游植物生物量较低。表层海水中 NO_3^-、NO_2^- 和 PO_4^{3-} 均低于检测限（0.06μmol/L、0.04μmol/L 和 0.08μmol/L），SiO_3^{2-} 平均

浓度为（1.30±0.13）μmol/L。

表层海水 DMS 浓度的范围为 0.19 ～ 4.30nmol/L，其平均值为（1.76±1.35）nmol/L（表 5-3）。总体而言，DMS 浓度远低于其他中国边缘海沿海地区（Zhang et al.，2014；Zhang et al，2008），但与夏季同纬度（14°N ～ 17°N）海域的全球 DMS 平均浓度［（1.46±1.20）nmol/L］相当（全球表层海水 DMS 浓度数据库：http://saga.pmel.noaa.gov/dms）。表层海水中 DMSPd 和 DMSPp 的平均浓度分别为（0.86±0.74）nmol/L 和（3.24±2.16）nmol/L。表层海水 DMSOd 与 DMSOp 的平均浓度分别为（7.33±3.95）nmol/L 和（2.72±1.82）nmol/L。DMSPd 和 DMSPp 的浓度分布规律大致与 DMS 一致，在 G 站位和 H 站位的值较高；而 SST 的分布则与 DMS 相反，在研究海域东部的温度较低。

表 5-3 南海航次站位基本信息与表层海水生源硫化物的浓度

站位	经度 /°E	纬度 /°N	水深 /m	SST /℃	盐度	Chl-*a* /（μg/L）	DMS /（nmol/L）	DMSPd /（nmol/L）	DMSPp /（nmol/L）	DMSOd /（nmol/L）	DMSOp /（nmol/L）
E3	119.08	14.75	5112	30.14	33.10	0.051	2.18	1.08	0.13	4.96	3.70
F2	118.00	17.00	3967	30.19	33.35	0.065	1.47	0.76	1.03	7.15	3.32
F3	118.00	16.00	4040	30.18	33.15	0.033	2.11	1.01	5.89	10.85	1.15
G3	117.00	17.00	4033	30.27	33.15	0.058	4.30	1.15	1.56	8.76	3.13
G4	117.00	16.00	4111	29.79	33.22	0.061	1.99	0.24	5.49	6.35	1.43
G5	117.00	15.00	4272	29.56	32.69	0.077	3.99	0.19	3.79	6.77	2.80
G6	117.00	14.00	4230	29.25	32.42	0.173	2.18	0.28	3.98	14.67	2.41
H4	116.00	17.02	4021	30.10	33.05	0.062	0.38	1.11	4.81	11.00	3.95
H5	116.01	16.05	4189	29.73	33.11	0.082	3.78	0.99	5.92	9.41	4.31
H6	116.00	15.00	4165	29.98	33.25	0.071	1.21	0.98	0.90	3.28	6.02
H7	116.00	14.00	4093	29.45	33.39	0.084	2.48	0.98	6.89	12.49	0.07
I4	115.00	17.00	2756	30.39	33.48	0.186	1.19	0.12	3.85	4.12	0.38
I5	115.00	16.01	3100	30.03	33.35	0.064	0.22	0.17	1.16	2.44	4.45
I6	115.00	15.00	3220	30.30	33.33	0.075	0.19	0.38	3.19	1.84	0.81
I7	114.67	14.00	4307	29.79	33.37	0.064	0.58	0.12	0.92	3.35	0.49
J2	114.00	17.00	2909	30.66	33.37	0.058	0.28	1.22	5.93	7.67	3.67
J3	113.99	16.00	1020	30.64	33.35	0.062	3.45	3.30	1.06	14.5	0.95
J4	114.00	15.00	4250	30.21	33.32	0.074	1.21	1.49	3.45	5.00	2.54
J5	114.00	14.00	4301	29.81	33.37	0.066	0.24	0.81	1.52	4.65	6.03
平均值	—	—	—	30.02	33.20	0.077	1.76	0.86	3.24	7.33	2.72

为了探究整个水体中生源硫化物浓度的垂直分布情况，对 J2 站位和 J4 站位 2000m 以浅的水层，以及 H4 站位和 G5 站位的全水深进行了调查。所有站位温度和盐度随水深的变化趋势基本一致（图 5-13），出现明显的温盐跃层和水体分层的现象。这 4 个站位 Chl-*a* 浓度的垂直分布也非常相似（图 5-14），Chl-*a* 浓度从海水表层到 Chl-*a* 最大值所在海水层逐渐增加，并在真光层以下迅速下降。在 J2 站位、J4 站位、H4 站位和 G5 站位，Chl-*a* 的最大值所在海水层深度分别为 100m、75m、50m 和 50m。

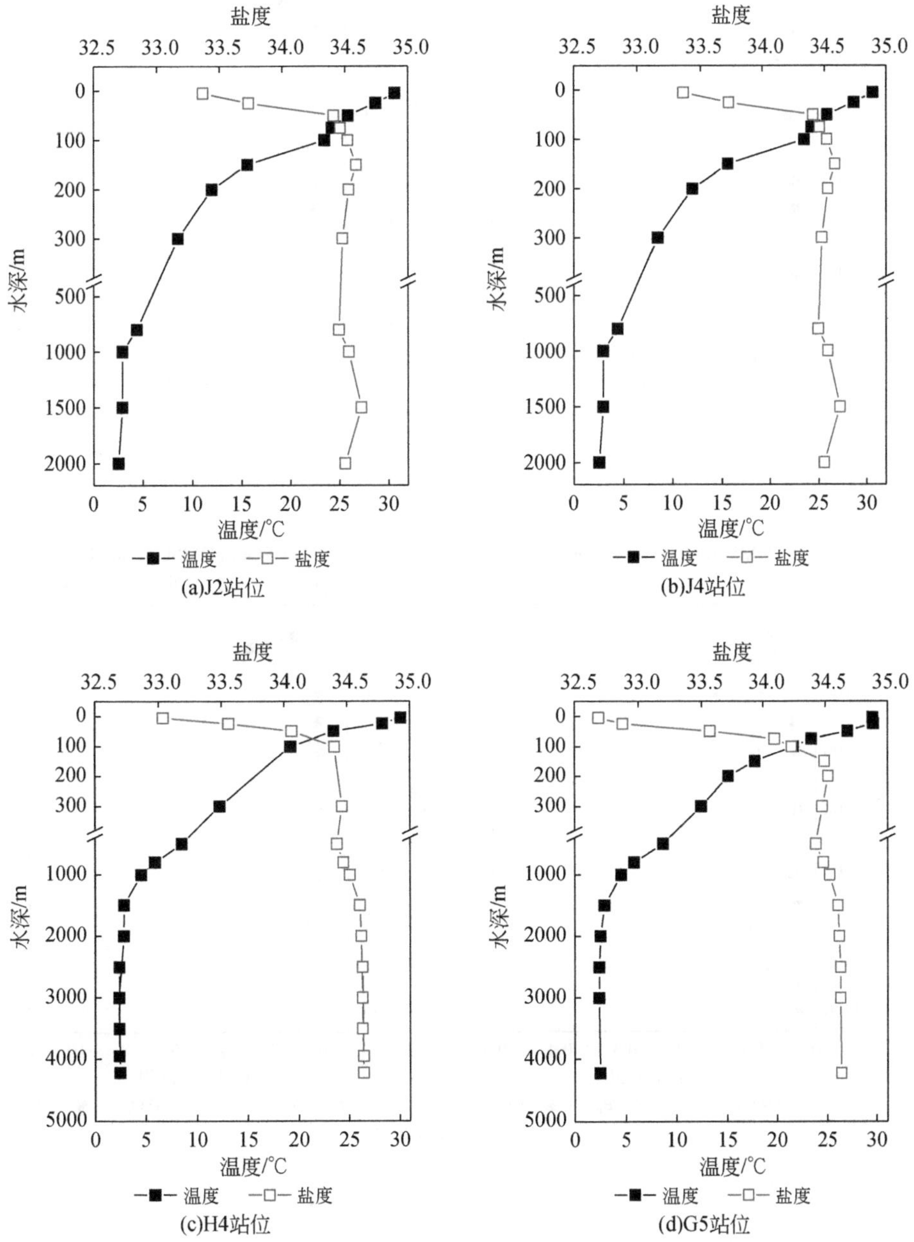

图 5-13　夏季南海 J2 站位、J4 站位、H4 站位和 G5 站位温度与盐度的垂直分布

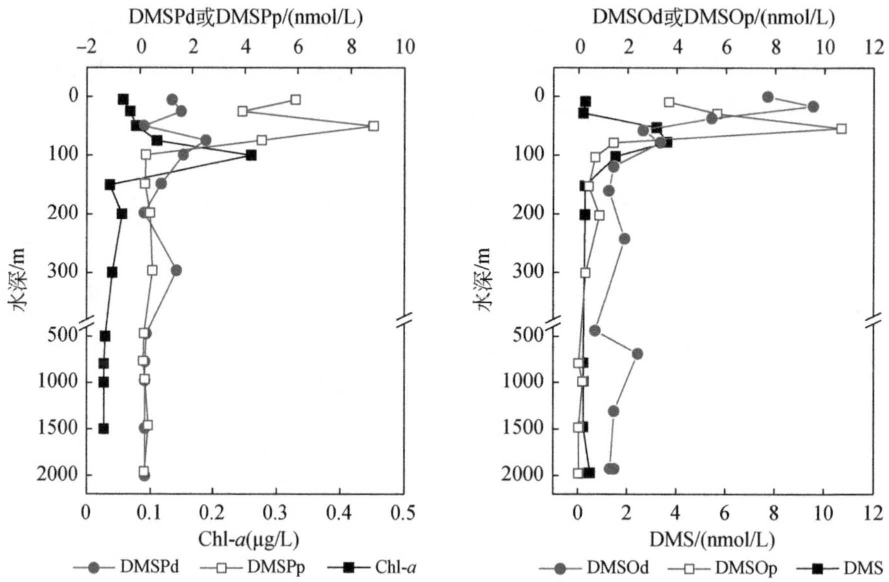
DMSPd或DMSPp/(nmol/L)
-2 0 2 4 6 8 10
水深/m
0 100 200 300 500 1000 1500 2000
0 0.1 0.2 0.3 0.4 0.5
Chl-a(μg/L)
DMSPd DMSPp Chl-a
DMSOd或DMSOp/(nmol/L)
0 2 4 6 8 10 12
DMS/(nmol/L)
DMSOd DMSOp DMS

(a)J2站位

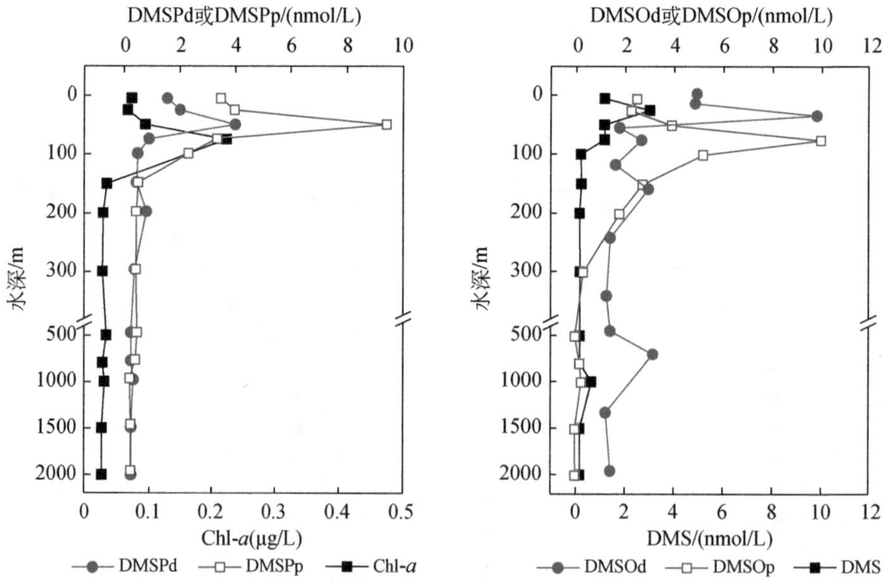
DMSPd或DMSPp/(nmol/L)
0 2 4 6 8 10
水深/m
0 100 200 300 500 1000 1500 2000
0 0.1 0.2 0.3 0.4 0.5
Chl-a(μg/L)
DMSPd DMSPp Chl-a
DMSOd或DMSOp/(nmol/L)
0 2 4 6 8 10 12
DMS/(nmol/L)
DMSOd DMSOp DMS

(b)J4站位

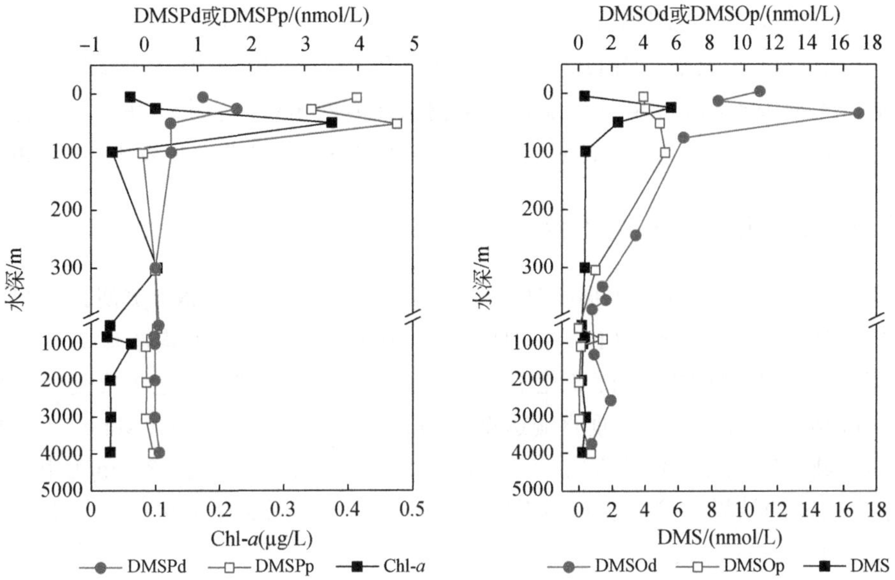

(c)H4站位

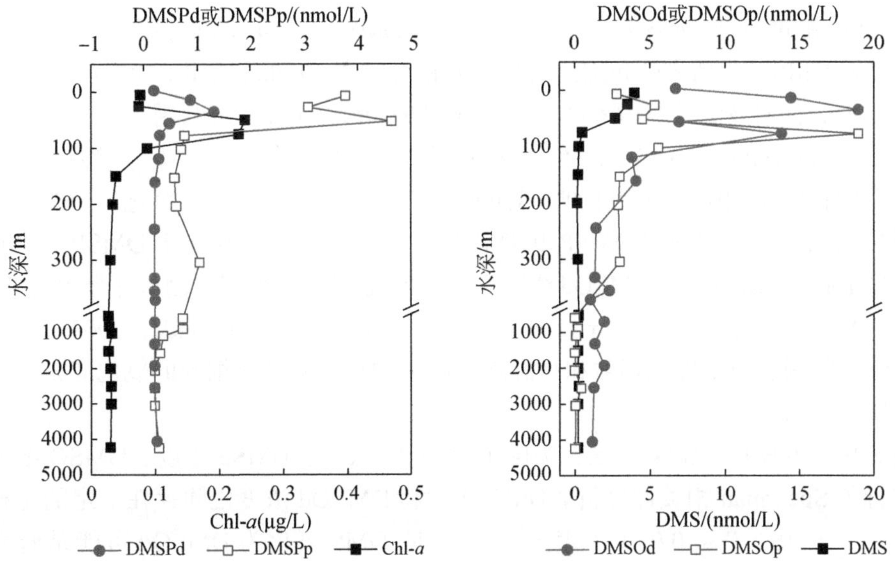

(d)G5站位

图 5-14　夏季南海 J2 站位、J4 站位、H4 站位和 G5 站位 DMS、DMSP、DMSO 和 Chl-*a* 浓度的垂直分布

4 个站位的 DMSPp 浓度均在 50m 深处出现最大值。在 H4 站位和 G5 站位，DMSPp 浓度最大值与 Chl-*a* 浓度最大值层一致；而在 J2 站位和 J4 站位，DMSPp 浓度最大值出现在 Chl-*a* 浓度最大值层上方。DMS 浓度的垂直分布与 DMSP 相似，但最大值层略浅于 DMSPp。值得注意的是，当水深大于 150 ~ 200m 时，DMS、DMSP 及 DMSOp 的浓度降至检测限（0.3nmol/L）以下，而 DMSOd 的浓度始终在 1nmol/L 左右。在排除了空白误差的可能性后，本研究推测 DMSOd 可能在微生物消耗方面相对更稳定，并且具有更长的周转时间。Hatton 等（1999）和 Bouillon 等（2002）在阿拉伯海和北海也发现了类似的结果。

2. 影响生源硫化物分布的因素

作者在 2014 年 7 月对南海中央海盆的研究结果与 Yang 等（2008）类似，他们测得表层 DMS 浓度为 1.00 ~ 2.50nmol/L，平均值为 1.74nmol/L，Chl-*a* 平均浓度为 0.08μg/L，表明了南海中央海盆这些物质年际变化不大，处于相对稳定的状态，这主要是由于中央海盆海域远离陆地和河流，平流及垂直输送都相当有限。南海北部海域（Ma et al.，2005）和南沙群岛海域（Yang，2000）的表层 Chl-*a* 浓度和 DMS 浓度（分别为 3.8nmol/L 和 2.6nmol/L）均高于本研究的结果，这可能归因于中央海盆是一个相对封闭的区域，与南海北部和南部相比，中央海盆区域缺少水质交换。

南海海盆区 SST 有可能与海水的分层情况有关，从而有可能影响 DMSP 浓度分布。此外，研究区域内的硅藻含量与温度有关（Ma et al.，2013），而硅藻是 DMSP 的低产藻种，因此温度可能通过影响浮游植物群落结构而影响 DMSP 的浓度分布。在大多数站位，DMSPd 的浓度低于 DMS 的浓度。DMSP 与 DMS 的浓度比值可用于评估水体产生 DMSP 和周转 DMS（包括光解和细菌消耗）的相对速率（Baker et al.，2000）。在本研究中，表层海水的普遍高温及贫营养状态，可能促进 DMSPd 被细菌利用，而使其迅速降解为 DMS。表层 DMSPp 和 DMSOd 的浓度相对较高，可能是由氧化环境造成的。DMSP 和 DMSO 是浮游植物细胞中的抗氧化剂（Sunda et al.，2002），在急性氧化应激条件下，如暴露于紫外光辐射下，细胞内 DMSP 和 DMSO 的浓度增加，而相比于 DMSP，DMSO 可以自由穿过细胞膜，从而导致 DMSOd 浓度也相应增高。此外，营养限制可能导致代谢失衡，从而导致氧化应激水平升高并诱导 DMSPp 积累（Bucciarelli and Sunda，2003）。在本次调查中，营养限制、强紫外光辐射和高温均可能会增加浮游植物细胞的氧化应激，从而影响这些含硫化合物的浓度。

使用 SPSS 16 软件（SPSS Inc.，美国）对 DMS 浓度、DMSP 浓度、DMSO 浓度之间的关系进行了 Spearman 相关性分析。DMS 浓度和 DMSOd 浓度之间存在一定的正相关关系（R=0.522，n=19，$P < 0.05$）（表 5-4），表明 DMS 氧化为 DMSOd 可能是研究海域 DMS 的一个重要的去除途径。除了细菌氧化，先前的研究也提供了越来越多的证据证明太阳辐射是表层海水 DMS 迁移周转的重要驱动因素（Vallina and Simo，2007）。DMS 的光氧化是表层海水（0 ~ 5m）DMSOd 的一个重要来源。DMSPd 浓度和 DMSOd 浓度之间存在弱相关性（R=0.500，n=19，$P < 0.05$），但 DMSPd 向 DMSOd 的直接转换尚未报道。这种相关性表明，DMS 和 DMSOp 作为 DMSPd 向 DMSOd 转化的中间产物，其转化时间

可能非常短，在高温强辐射的海水中可能迅速被氧化。

表 5-4　表层海水 DMS、DMSP、DMSO 浓度之间的相关性系数矩阵

	DMS	DMSPd	DMSPp	DMSOd	DMSOp
DMS	1				
DMSPd	0.301	1			
DMSPp	0.109	−0.011	1		
DMSOd	0.522*	0.500*	0.420	1	
DMSOp	−0.152	0.017	−0.319	−0.232	1

注：*n*=19。

5.1.3　南海微表层中生源硫化物的分布与富集

1. 微表层中生源硫化物的分布

作者团队于 2005 年 5 月随“东方红 2 号”调查船对我国南海进行了调查，取样站位如图 5-15 所示。调查区域为南海的北部区域，包括大面站 22 个，24 小时连续站 1 个。取样站位以 S10 为中心，在 115°E ～ 118°E、16°N ～ 21°N 矩形区范围布设站点。其中，S14、S17 ～ S23 这 7 个站位位于大陆架 - 大陆坡 - 深海海盆断面上。

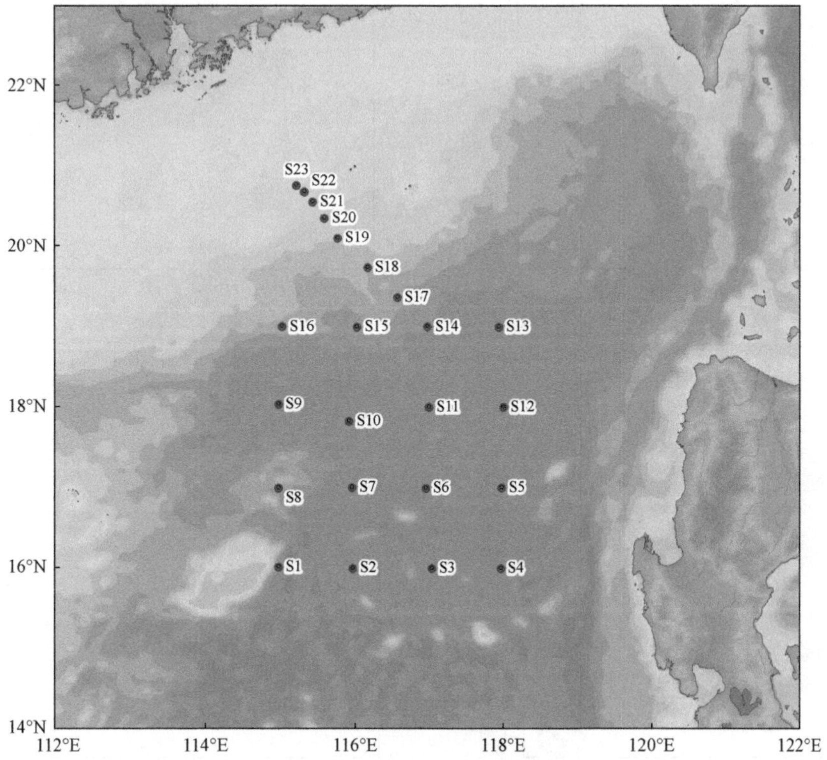

图 5-15　南海北部调查站位图

南海海水跃层的存在使营养盐依靠动力因素来补充上层的量很少，营养盐浓度不足，加上过度光照强度的抑制，形成了“热带开阔海洋中的沙漠”，使该处 Chl-*a* 很少，初级生产力很低（韩舞鹰，1998）。本航次的调查结果表明，Chl-*a* 在次表层中的浓度范围为 0.047 ～ 0.115μg/L，平均浓度为 0.080μg/L。相比于如此低的生物现存量，DMS 的浓度却相对较高，DMS 浓度最大值为 2.50nmol/L，出现在陆架 S23 站位，最小值为 1.00nmol/L，出现在大洋 S3 站位，其平均浓度为 1.74nmol/L。Yang（2000）报道南海表层水中 DMS 浓度为 61 ～ 148ng S/L，其平均值为 82ng S/L（120°17′E ～ 122°32′E）。沿着大陆架－大陆坡－深海海盆断层，即从 S23 站位至 S17 站位，DMS 浓度在近岸站位比较高，这是由于陆源输入的营养盐和有机物质比较丰富，其有利于浮游植物的生长和 DMS 的生产；随着离岸距离的增加，DMS 浓度逐渐下降（图 5-16）。对海洋中 DMS 浓度分布的研究表明，DMS 在表层海水中的浓度变化与纬度相关，高纬度地区 DMS 的浓度比较高，低纬度地区如赤道附近则比较低。在本航次的调查结果中，DMS 浓度变化显示出由北向南逐渐下降的趋势，最低浓度为 1.00nmol/L，出现在最南端的 S3 站位。夏季南海环流的西部强化比较明显，沿巽他陆架外缘的一支西向流与爪哇海的越赤道流在中南半岛东南汇合，形成沿

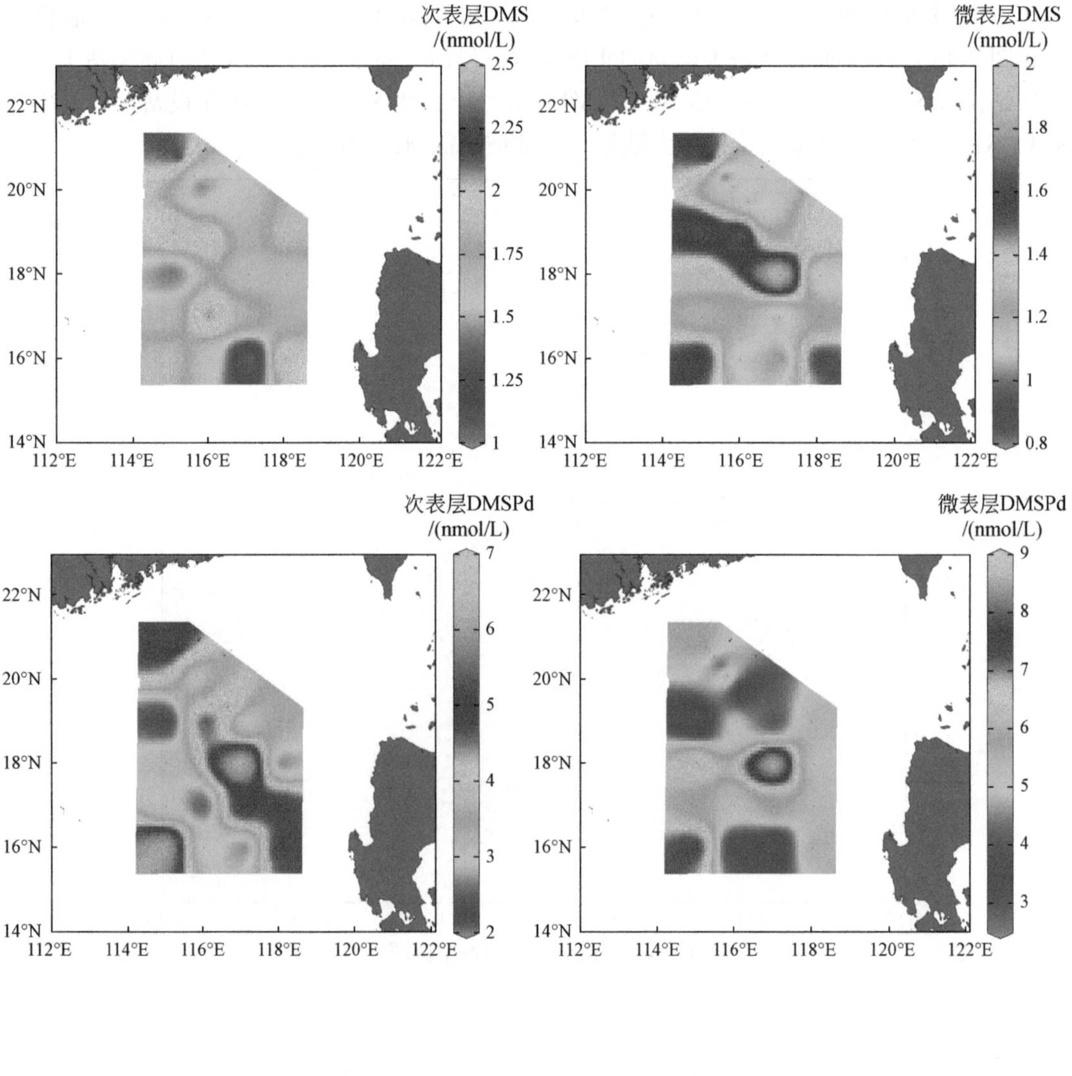

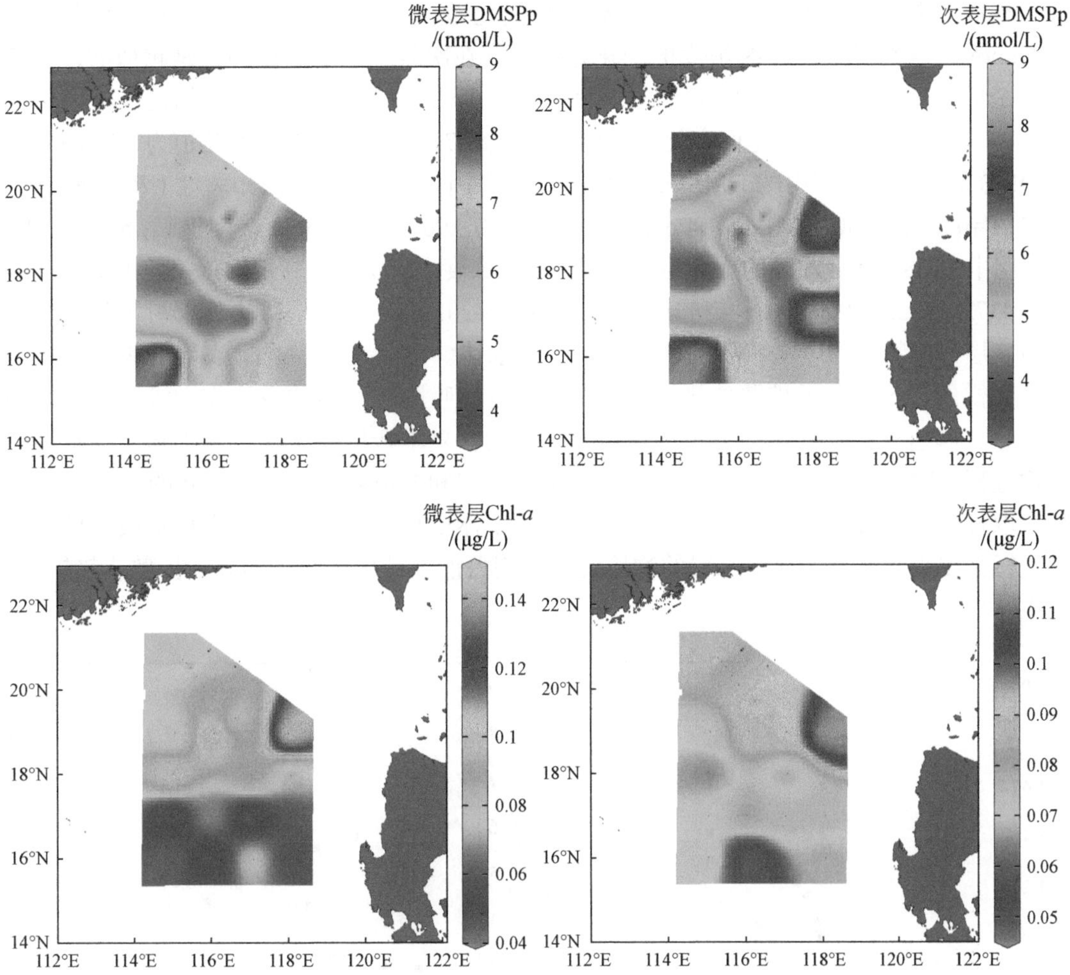

图 5-16　微表层和次表层 DMS、DMSPd、DMSPp 和 Chl-*a* 的浓度分布图

中南半岛北上的急流，这支海流分支后在台湾海峡南部重新汇合，南支有一部分经吕宋海峡汇入黑潮。整体而言，夏季南海与外界水体交换的格局为南进（经爪哇海）北出（经吕宋海峡和台湾海峡）。海流由南向北运动造成的“堆积”效应也可能是影响 DMS 浓度分布格局的原因之一（李立等，2000）。对 DMS 和 Chl-*a* 的浓度进行回归分析的结果表明二者之间不存在明显的相关性。

DMSPd 的浓度分布趋势与 DMS 不尽相同。DMSPd 浓度的最大值没有出现在陆架的 S23 站位，而出现在大洋的 S11 站位，其最低值也出现在大洋的 S16 站位。DMSPd 的平均浓度为 3.92nmol/L，高于 DMS。DMSPp 浓度最大值为 8.68nmol/L，出现在 S22 站位，最小值为 3.40nmol/L，出现在 S19 站位，平均值为 6.06nmol/L。DMSPp 和 DMSPd 的浓度分布方式不同于 DMS 和 Chl-*a*，如陆架的 S22 站位和大洋的 S17 站位的 Chl-*a* 浓度相近，但是 S22 站位的 DMSPp 和 DMSPd 的浓度比 S17 站位高得多。S1 站位与 S8 站位位置相近，但是 DMSPp 和 DMSPd 的浓度相差很大。

与次表层相比，DMS 浓度在微表层的变化范围为 0.81 ～ 1.95nmol/L，平均值为 1.25nmol/L。微表层中 DMS 浓度的变化趋势与其在次表层中的变化趋势是相似的，二者有一定的相关性（R^2=0.4003，n=22，P=0.0016）（图 5-17）。与次表层相比，微表层中 DMSPd 浓度显示出更大的空间变化性，变化范围为 2.70 ～ 8.95nmol/L，平均值为 5.18nmol/L。与 DMS 类似，微表层中的 DMSPd 浓度和次表层中同样具有一定的相关性（R^2=0.4048，n=22，P=0.0015）。微表层中 DMSPp 浓度变化范围为 3.90 ～ 8.80nmol/L，平均值为 6.10nmol/L。微表层中 DMSPp 和 Chl-*a* 的浓度与次表层中相应浓度也分别具有一定的相关性（DMSPp：R^2=0.4373，n=22，P=0.0008；Chl-*a*：R^2=0.5147，n=20，P=0.0004）。以上这些相关关系表明微表层中的物质的一个重要的来源就是下层水体。下层水体进入微表层的物理过程是多种多样的，包括分子扩散、热扩散、紊流混合、吸附、气泡的鼓泡作用等，这些作用与水温、风速和海水的热动力条件是紧密相关的。夏季跃层的存在不利于物质在水体的传输过程；南海水体很深，也阻碍了风的驱动下气泡和波浪对物质输运所起的作用。另外，整个取样过程海况较好，风力偏小，使得上下水体依靠垂直混合作用进行物质交换的过程进行得更加缓慢。因此，水层的物质交换作用可能以其他过程（如分子扩散或热扩散）为主。

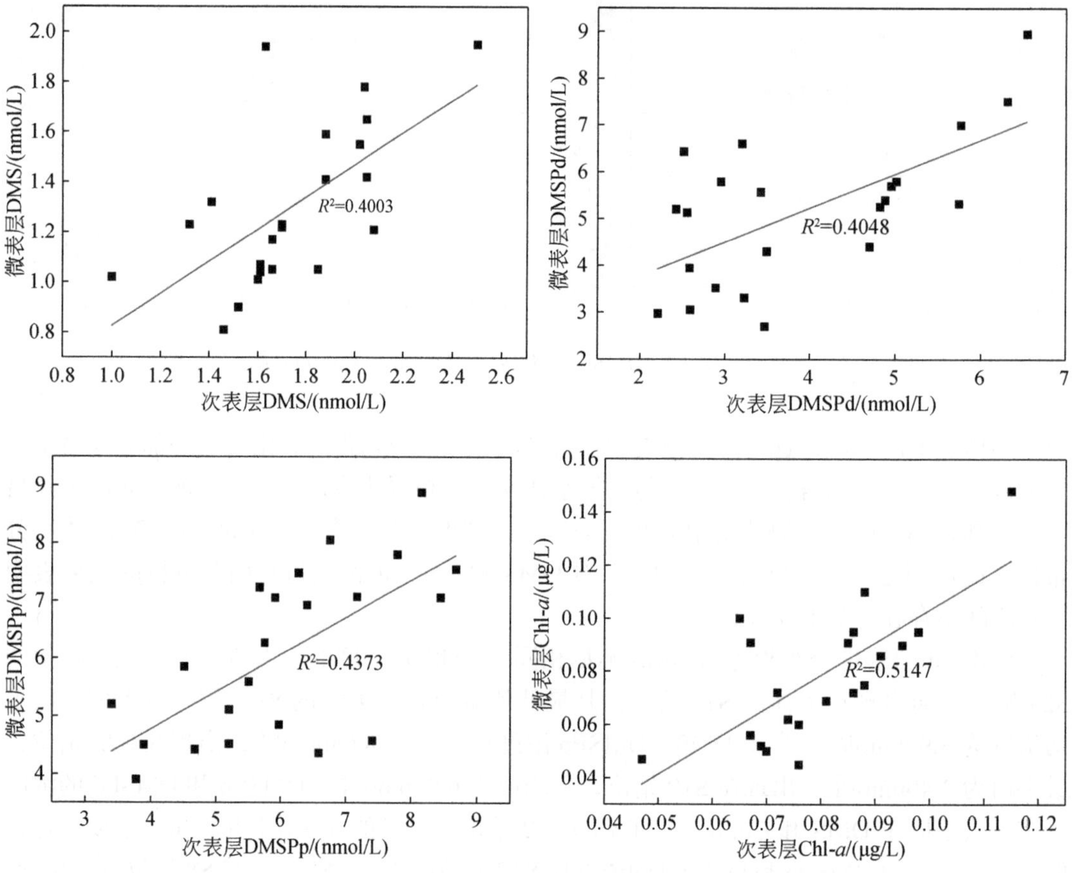

图 5-17　微表层与次表层中 DMS 浓度、DMSPd 浓度、DMSPp 浓度和 Chl-*a* 浓度的相关性

2. 生源硫化物分布的影响因素

2005 年对南海海盆区北部调查研究发现 DMS/Chl-*a* 的分布与 DMS 浓度分布不同步。在次表层中，DMS/Chl-*a* 最大值出现在 S2 站位，这是由于该站位 Chl-*a* 浓度是最小的；最低值出现在 S19 站位，这与该站位相对较高的生物量有关。微表层中，DMS/Chl-*a* 最大值出现在 S4 站位，而最小值出现在 S3 站位。微表层中 DMS/Chl-*a* 比相应的次表层略低，这是由于微表层中 DMS 的浓度略低于次表层。次表层和微表层中 DMS/Chl-*a* 的平均值分别为 22.90mmol/g 和 17.80mmol/g。贫营养水体中由于 Chl-*a* 浓度很低，因此 DMS/Chl-*a* 比较高。

次表层中，DMSPp/Chl-*a* 最大值（127.23mmol/g）出现在 S2 站位，这是由于 Chl-*a* 的浓度在该站位达到最低，最小值（40mmol/g）出现在 S19 站位；在微表层中，DMSPp/Chl-*a* 最大值（143.23mmol/g）出现在 S1 站位，最小值（45mmol/g）出现在 S9 站位。次表层和微表层中 DMSPp/Chl-*a* 的平均值分别为 77.90mmol/g 和 83.52mmol/g。Besiktepe 等（2004）测得贫营养的地中海表层水中 DMSPp/Chl-*a* 为 190mmol/g。Iverson 等（1989）报道在切萨皮克海湾（Chespeake Bay）和特拉华海湾（Delaware Bay）的大洋站位所测结果分别为 117.80mmol/g 和 127.90mmol/g。一般认为，贫营养的大洋海域 DMSPp/Chl-*a* 的量级在 100mmol/g 或更高一点（Besiktepe et al.，2004），本研究结果在上述范围之内。

按照站位所处的位置，将所有站位划分为 5 个断面，分别是 T1（包括 S17 ～ S23 站位）、T2（包括 S13 ～ S16 站位）、T3（包括 S9 站位、S11 站位、S12 站位）、T4（包括 S5 ～ S8 站位）和 T5（包括 S1 ～ S4 站位）。各个站位的 DMS/Chl-*a* 和 DMSPp/Chl-*a* 及各个断面的 DMS/Chl-*a* 和 DMSPp/Chl-*a* 的平均值如图 5-18 所示，从图中可以看出，在次表层中，沿着从北向南的方向，各个断面的 DMS/Chl-*a* 和 DMSPp/Chl-*a* 的平均值逐渐增大，在微表层中也显示出同样的趋势，这反映了该海区浮游植物组成上的变化。文献报道（朱根海等，2003），南海海域浮游植物以热带暖水性类群和广布性类群为优势种，表现为热带、亚热带区系性质，优势种为浮游硅藻类。硅藻类在冬季出现频率大而丰度高，甲藻类主要出现在夏季。夏季浮游植物以硅藻为优势种（占 75.8%），甲藻和蓝藻各占 10.8% 和 13.4%。除了季节对浮游植物组成的影响，SST 和盐度对浮游植物的组成也有着一定的影响。在本研究中，SST 的变化比较大，低至 24.83℃，高达 30.41℃。最高 SST 出现在大洋的 S3 站位，为本研究海区的最南端，最低温度出现在本研究海区北部陆架的 S23 站位，SST 总体变化趋势是由北向南逐渐升高。随着 SST 升高，占优势的广布性硅藻类逐渐减少，暖水性的甲藻和蓝藻渐占优势。与温度相比，南海表层盐度分布均匀，变化很小，整个调查区盐度较高，均在 30 以上。较高的盐度不利于近岸低盐种的生长、繁殖，近海浮游硅藻的种类和数量减少，而对耐高盐、大洋暖水性的浮游植物（甲藻和蓝藻类）的生长有利（朱根海等，2003；Simó et al.，2002；沈国英和施并章，1996）。Ma 等（2005）也指出，尽管陆架水系的浮游植物的组成以咸水藻种为主，但是在南海的陆架水系中，DMSP 的高产物种，如双鞭甲藻的生物量所占比例有所上升，这从浮游植物物种组成变化的角度对 DMS/Chl-*a* 或 DMSP/Chl-*a* 从 T1 ～ T5 断面逐渐升高的原因进行了解释。

DMS、DMSP 对浮游植物物种的依赖性被认为是 DMS/Chl-*a* 或 DMSP/Chl-*a* 依海域的水文特性和营养化程度不同而变化的重要原因。

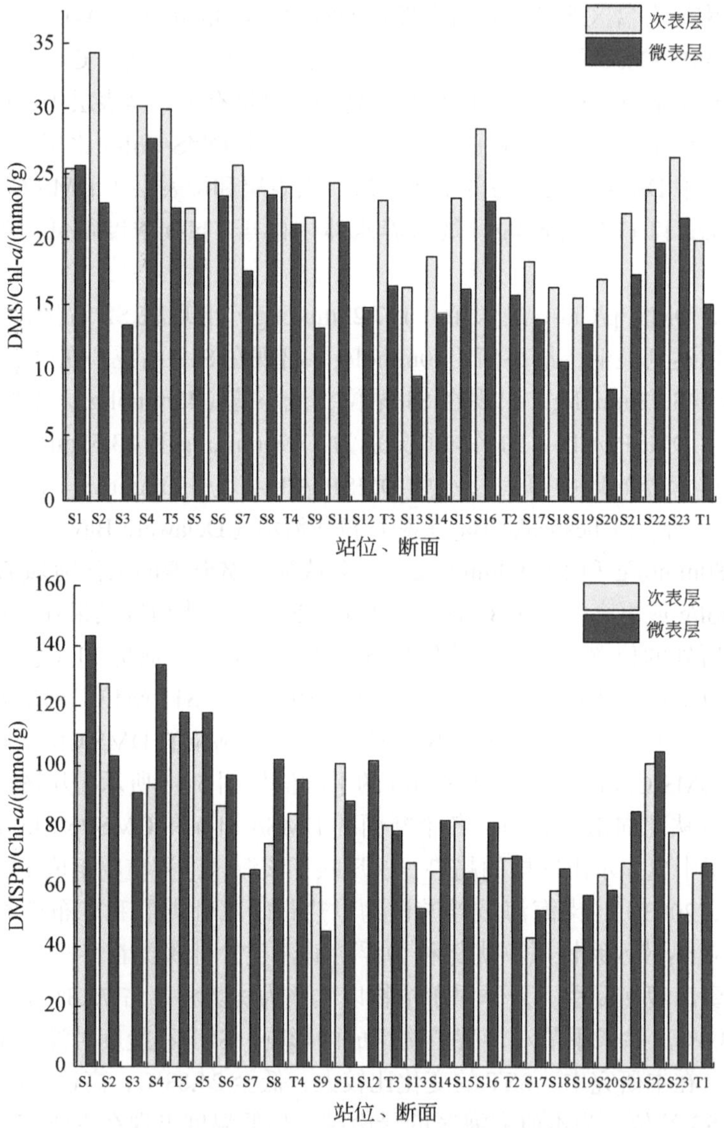

图 5-18　DMS/Chl-*a* 和 DMSPp/Chl-*a* 在次表层和微表层中的变化

浮游植物是海洋有机物的初级生产者，其生长繁殖必须从水体中吸取无机营养元素。因此，海域水体中营养盐浓度的高低是浮游植物生长繁殖的主要决定因子。南海水域是典型的乏营养海水，由于春季浮游植物的旺盛生长，营养盐被大量消耗。夏季水体的层化导致底层营养盐难以补充到上层，因而夏季上层水体的营养盐浓度非常低，这必然使浮游植物的生长受到限制。从表 5-5 中的数据可以看出，南海海水营养盐浓度相当低，处于限制水平。营养盐的缺乏也可以使硅藻减少，促使藻种从硅藻向甲藻和蓝细菌种群演化（朱根海等，2003）。

表 5-5　微表层与次表层中营养盐的浓度

站位	NO_2-N			NO_3-N			DIN			DIP			DISi		
	C_S/（μmol/L）	C_M/（μmol/L）	富集系数	C_S/（μmol/L）	C_M/（μmol/L）	富集系数	C_S/（μmol/L）	C_M/（μmol/L）	富集系数	C_S/（μmol/L）	C_M/（μmol/L）	富集系数	C_S/（μmol/L）	C_M/（μmol/L）	富集系数
S1	0.32	0.22	0.70	1.86	1.41	0.76	2.18	1.63	0.75	0.18	0.14	0.81	7.71	4.54	0.81
S2	0.32	0.22	0.71	1.15			1.47			0.11	0.14	1.23	5.13	8.81	1.23
S3	0.34	0.36	1.06	1.30	0.94	0.72	1.65	1.30	0.79	0.12	0.18	1.50	5.17	8.58	1.50
S4	0.27	0.33	1.22	1.62	1.73	1.07	1.89	2.06	1.09	0.21	0.17	0.82	4.91	11.49	0.82
S5	0.65	0.66	1.01	0.53	1.18	2.23	1.18	1.84	1.56	0.10	0.22	2.23	5.16	10.60	2.23
S6	0.38	0.56	1.47								0.11		5.84	11.00	
S7	0.23	0.32	1.40	0.58	1.08	1.86	0.81	1.40	1.73	0.08	0.11	1.30	3.89	6.20	1.30
S8	0.23			1.92			2.15			0.08	0.11	1.33	5.50	10.58	1.33
S9	0.28	0.18	0.64	1.28	1.02	0.80	1.56	1.20	0.77	0.06	0.08	1.35	5.77	9.47	1.35
S11	0.33	0.29	0.87	1.40	0.83	0.59	1.73	1.12	0.65	0.07	0.07	0.93	5.16	10.01	0.93
S12	0.74	0.39	0.52	1.77	0.60	0.34	2.51	0.99	0.39	0.18	0.15	0.83	5.19	11.93	0.83
S13	0.22	0.30	1.37	0.67	1.21	1.81	0.89	1.51	1.70	0.06	0.18	2.83	4.09	10.91	2.83
S14	0.28	0.30	1.06	1.78	1.32	0.74	2.06	1.62	0.79	0.06	0.10	1.86	4.70	10.21	1.86
S15	0.56	0.55	0.99	0.60	0.16	0.27	1.16	0.71	0.62	0.09	0.06	0.70	9.75	4.45	0.70
S16										0.05	0.06	1.06	7.95	4.81	1.06
S17	0.67	0.70	1.05							0.05	0.08	1.44	5.24	7.88	1.44
S18	0.30	0.48	1.62	1.12	2.37	2.12	1.42	2.86	2.01	0.05	0.16	3.26	4.96	9.62	3.26
S19	0.73	0.65	0.89	0.84	0.51	0.61	1.57	1.16	0.74	0.04	0.25	5.66	4.60	11.86	5.66
S20	0.28	0.26	0.93	0.67	1.60	2.39	0.96	1.87	1.95	0.04	0.12	2.75	4.45	11.37	2.75
S21	0.28	0.53	1.91	0.69	1.28	1.86	0.97	1.81	1.87	0.07	0.42	6.12	6.65	9.58	6.12
S22	0.56	0.33	0.59	1.52	0.41	0.27	2.08	0.74	0.36	0.15	0.29	1.87	4.03	3.07	1.87
S23	0.27	0.59	2.16	0.48	1.65	3.44	0.75	2.24	2.98	0.13			7.18		
平均值	0.39	0.41	1.11	1.15	1.14	1.29	1.53	1.53	1.22	0.09	0.15	1.99	5.59	8.90	1.99

注：C_S 为次表层浓度；C_M 为微表层浓度；DIN 为溶解无机氮；DIP 为溶解无机磷；DISi 为溶解无机硅。下同。

南海海域异养细菌在次表层和微表层中的数量分别为 1.55×10^8cells/L 和 4.35×10^8cells/L（平均值）（表 5-6）。从空间分布上看，在次表层沿着大陆架 - 大陆坡 - 深海海盆断面细菌数量有逐渐减少的趋势，表明黄海海域陆源输入的有机质比较丰富，但是这一趋势在微表层体现得并不明显。富集系数显示细菌在微表层得到了明显的富集。

表 5-6　细菌计数结果及富集系数

站位	次表层 / (10^8cells/L)	微表层 / (10^8cells/L)	富集系数
S1	1.95	2.15	1.10
S2	1.76	1.41	0.80
S3	0.91	2.01	2.21
S4	1.99	10.2	5.13
S5	0.92	9.19	9.99
S6	0.92	1.95	2.12
S7	1.70	1.69	0.99
S8	0.79	4.06	5.14
S9	1.63	2.00	1.23
S11	1.39	2.61	1.88
S12	2.68	6.84	2.55
S13	1.40	9.77	6.98
S14			
S15	1.53	2.09	1.37
S16	0.75	2.87	3.83
S17	1.97	2.82	1.43
S18	1.29	9.34	7.24
S19	0.94	4.34	4.62
S20			
S21	1.11	1.26	1.14
S22	2.58	5.55	2.15
S23	2.88	4.76	1.65
平均值	1.55	4.35	3.18

次表层中南海细菌数量与 DMS 浓度、DMSP 浓度之间的相关关系比较好（图 5-19 和图 5-20）。DMSP 是海洋中细菌、浮游植物所需还原态硫的主要来源，其生物生产与降解过程与真光层中基本的食物链有密切关系。DMSP 也是有机硫在食物链中传递的主要的携

带者。南海中细菌数量与 DMS 浓度、DMSP 浓度之间的相关性关系表明异养细菌是很活跃的，体现了南海作为一个低生产力、寡营养的海域，以微食物环为主的生态系统的特点。

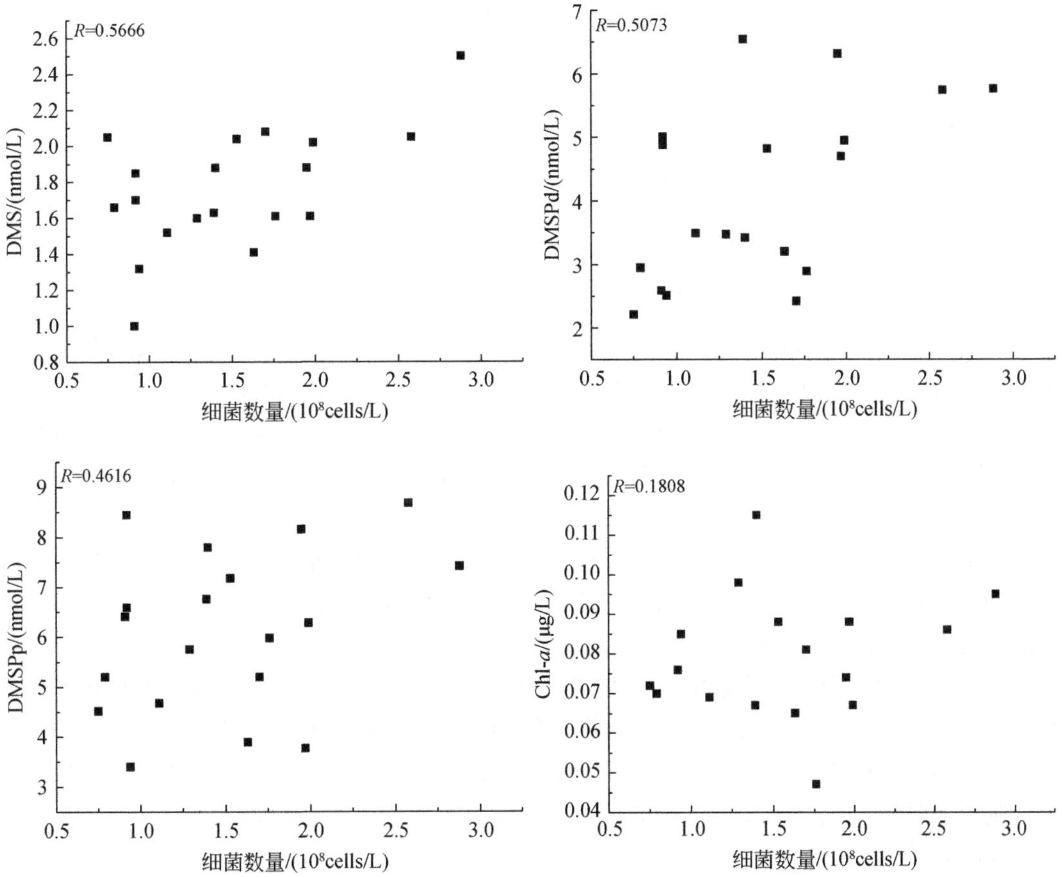

图 5-19　细菌数量与 DMS、DMSP 和 Chl-*a* 浓度在次表层中的相关性

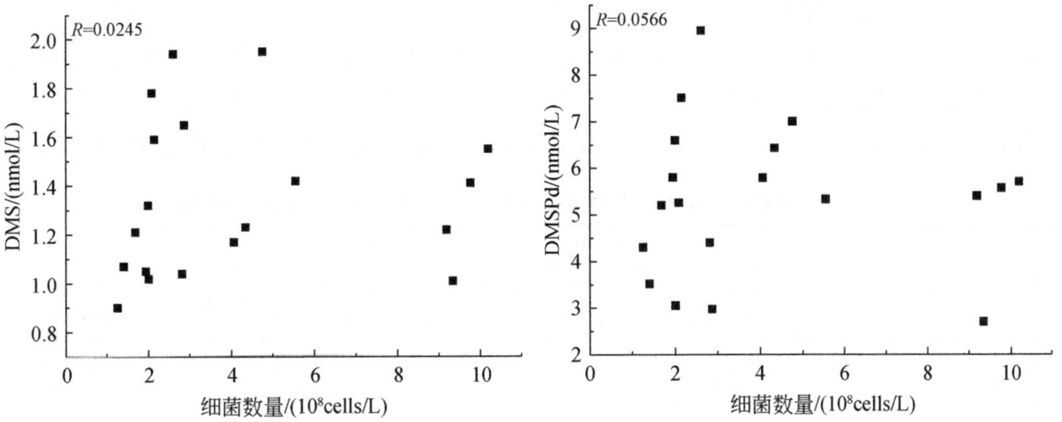

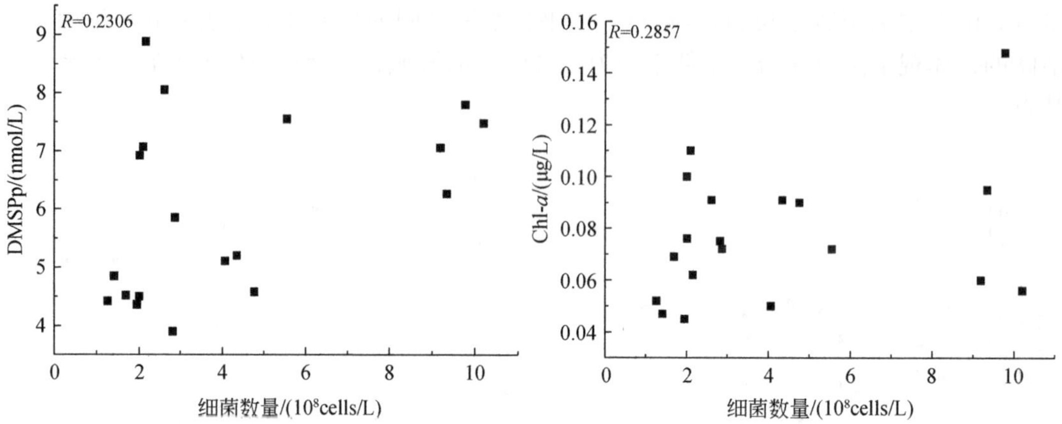

图 5-20　细菌数量与 DMS、DMSP 和 Chl-*a* 浓度在微表层中的相关性

总体上细菌数量与DMS浓度、DMSP浓度之间的相关性都不是很显著。Kiene等（2000）对细菌作用的研究发现海水中 DMS 的产量与 DMSP 浓度和细菌对硫的需求都有关系。当海水中 DMSP 浓度较低，细菌对硫的需求量较高时，DMSP 发生去甲基化的比例高，DMS 产量低；反之，当 DMSP 浓度高时，DMSP 转化为 DMS 的比例增加，只有少部分 DMSP 被同化吸收，大部分转化为 DMS。对于不同种群的细菌（将 DMSP 分解生成 DMS 只是由某些菌种完成的），其对硫的需求是细菌活性和生物量的函数，而细菌活性又与生长期和生长速率有关。因此，在以上工作的基础上，应该进行菌种的分离工作，考察细菌的活性与 DMS 浓度、DMSP 浓度之间的关系，以便进一步得到研究结果。

细菌与浮游植物的生长繁殖也有着密切关系。一方面，细菌能够吸收浮游植物产生的有机物质，促进自身的生长，同时为浮游植物的生长提供必要的有机营养和生长因子，并调节浮游植物的微生长环境。另一方面，细菌可以通过参与生物竞争、分泌特殊物质等途径抑制浮游植物的细胞生长，甚至裂解其细胞。然而，没有得到南海细菌数量与 Chl-*a* 浓度之间的相关性。

3. 微表层中各物质的富集情况

表 5-7 同时给出 DMS、DMSP 和 Chl-*a* 在微表层中的富集系数。从表 5-7 中的数据可知，DMS 的富集系数为 0.55 ～ 1.19，除 S11 站位显示出 DMS 得到富集外，其他站位均显示出 DMS 已被消耗，说明 DMS 未在微表层中富集，主要原因是无法避免风带来的扩散损失。另外，DMS 是一种易挥发物质，南海海水 5 月表层的高温加剧了微表层中 DMS 的逸散损失。

表 5-7　微表层与次表层中 DMS、DMSPd、DMSPp 和 Chl-*a* 的浓度

站位	DMS			DMSPd			DMSPp			Chl-*a*		
	C_S/（nmol/L）	C_M/（nmol/L）	富集系数	C_S/（nmol/L）	C_M/（nmol/L）	富集系数	C_S/（nmol/L）	C_M/（nmol/L）	富集系数	C_S/（μg/L）	C_M/（μg/L）	富集系数
S1	1.88	1.59	0.85	6.31	7.51	1.19	8.16	8.88	1.09	0.074	0.062	0.84
S2	1.61	1.07	0.66	2.89	3.52	1.22	5.98	4.85	0.81	0.047	0.047	1.00

续表

站位	DMS			DMSPd			DMSPp			Chl-*a*		
	C_S/（nmol/L）	C_M/（nmol/L）	富集系数	C_S/（nmol/L）	C_M/（nmol/L）	富集系数	C_S/（nmol/L）	C_M/（nmol/L）	富集系数	C_S/（μg/L）	C_M/（μg/L）	富集系数
S3	1.00	1.02	1.02	2.59	3.05	1.18	6.41	6.92	1.08		0.076	
S4	2.02	1.55	0.77	4.95	5.70	1.15	6.28	7.48	1.19	0.067	0.056	0.84
S5	1.70	1.22	0.72	4.88	5.40	1.11	8.45	7.06	0.84	0.076	0.060	0.79
S6	1.85	1.05	0.57	5.01	5.80	1.16	6.59	4.36	0.66	0.076	0.045	0.59
S7	2.08	1.21	0.58	2.42	5.20	2.15	5.20	4.52	0.87	0.081	0.069	0.85
S8	1.66	1.17	0.70	2.95	5.79	1.96	5.20	5.11	0.98	0.070	0.050	0.71
S9	1.41	1.32	0.94	3.20	6.60	2.06	3.89	4.50	1.16	0.065	0.100	1.54
S11	1.63	1.94	1.19	6.54	8.95	1.37	6.76	8.05	1.19	0.067	0.091	1.36
S12	1.66	1.05	0.63	2.55	5.13	2.01	5.67	7.23	1.28		0.071	
S13	1.88	1.41	0.75	3.42	5.57	1.63	7.80	7.80	1.00	0.115	0.148	1.29
S14	1.70	1.23	0.72	2.58	3.94	1.53	5.92	7.05	1.19	0.091	0.086	0.95
S15	2.04	1.78	0.87	4.82	5.26	1.09	7.18	7.07	0.98	0.088	0.110	1.25
S16	2.05	1.65	0.80	2.21	2.97	1.34	4.52	5.85	1.29	0.072	0.072	1.00
S17	1.61	1.04	0.65	4.70	4.40	0.94	3.77	3.90	1.03	0.088	0.075	0.85
S18	1.60	1.01	0.63	3.47	2.70	0.78	5.75	6.27	1.09	0.098	0.095	0.97
S19	1.32	1.23	0.93	2.51	6.43	2.56	3.40	5.20	1.53	0.085	0.091	1.07
S20	1.46	0.81	0.55	3.23	3.31	1.02	5.50	5.59	1.02	0.086	0.095	1.10
S21	1.52	0.90	0.59	3.49	4.30	1.23	4.68	4.42	0.94	0.069	0.052	0.75
S22	2.05	1.42	0.69	5.74	5.33	0.93	8.68	7.55	0.87	0.086	0.072	0.84
S23	2.50	1.95	0.78	5.76	7.00	1.21	7.42	4.58	0.62	0.095	0.090	0.95
平均值	1.74	1.30	0.75	3.92	5.18	1.40	6.06	6.10	1.03	0.080	0.078	0.98

微表层中 DMSPd 的富集系数为 0.78 ～ 2.56，平均值为 1.40，表明 DMSPd 在微表层中得到了一定程度的富集。DMSPd 在微表层中的富集现象可归结为吉布斯（Gibbs）表面吸附现象，但是与黄海的结果相比，DMSPd 在南海的富集系数是比较小的，即陆架海区微表层的作用比大洋海区更加显著，这显然与水体本身的状况和性质有关。Carlson（1982）的研究指出，水体微表层根据其状态可分为四类：①具有明显的薄层；②受膜层影响，但没有明显的界面；③混合的表面薄层，即水体表面部分具有①和②的特征，部分是干净的

表面；④干净的表面，没有膜层，看不见碎屑的堆积，并且表面气泡很少。这四种状态的微表层即使是对于同一种物质，其富集系数也是不一样的。黄海与南海的水体性质不同，其水质富含无机物、有机物、营养盐及海洋天然物和人类污染物等多种物质，这些物质具有一定的表面活性，而海水表面活性的增加使得其微表层必然处于与南海不同的状态，有利于 DMSPd 通过吸附作用在微表层富集。

与 DMSPd 的富集情况相比，DMSPp 的平均富集系数为 1.03，表明 DMSPp 没有得到富集。由于表面张力的作用，颗粒态物质能够稳定地存在于海 - 气界面，因此颗粒态物质一般是能够在微表层中富集的物质，但是本研究的结果并非如此。

在海洋天然物中，海洋浮游植物的排泄物是一种表面活性物质，可使海水动态表面张力增加，但是南海海域的初级生产力和生物现存量都比较低，因而具有表面活性的物质比较少。另外，由于远离陆地，陆源输入的有机物和排放物都比较少，因此南海海水成为一种相对比较“清洁”的水体，因而海水动态表面张力比较小（Liss and Duce，1997）。较小的表面张力可能不足以使颗粒物在海 - 气界面上稳定存在而发生沉降过程，颗粒物在重力作用下自微表层向下层水体的沉降过程就会导致微表层中的颗粒物 DMSPp 的富集作用减小。Chl-*a* 的富集系数为 0.59 ～ 1.54，平均值为 0.98，其也没有在微表层中显示出富集效应，与 DMSPp 的富集效果相对应。

总之，除了物理因素对富集程度的影响，微表层作为一个具有独特生物性质的环境，生物因素必然影响微表层的富集作用。Chl-*a* 浓度和初级生产力可能是影响 DMSP 在微表层富集作用的重要的生物因素，DMSP 在南海微表层中较低的富集程度可能与其很低的 Chl-*a* 浓度和初级生产力有关。

营养盐中，NO_2-N、NO_3-N 及 DIN 的富集系数分别是 1.11、1.29 及 1.22，DIP、DISi 的富集系数均为 1.99，表明磷酸盐和硅酸盐得到了明显的富集。关于磷酸盐的富集，可能的过程（刘效兰和丁海兵，1999；张正斌等，1997）有：①海水中存在能与 PO_4^{3-} 发生键合作用的有机表面活性分子，PO_4^{3-} 的离子势（单位表面积上的电荷）高，对此键合过程有利，可作为表面活性分子胶束上的平衡离子被选择吸附。在海水中气泡的鼓泡作用促使有机物向微表层转移富集的过程中，PO_4^{3-} 也被带到微表层而富集。②微表层中的固体粒子（悬浮物）对 PO_4^{3-} 存在吸附机制，微表层富集了源于大气沉降的陆源物质、黏土、氧化物等，各种形态的磷酸根可直接被吸附或通过形成三元表面络合物的形式结合在微表层中富集存在的颗粒物上，使 PO_4^{3-} 富集在微表层中。也有人认为磷酸盐的富集与海洋生物的代谢及底质释放过程有关（郁建栓等，1994）。

5.1.4　南海有机硫化物的空间分布与季节性分布变化

南海二甲基硫化物相关研究数据如表 5-8 所示。在水平分布上，海盆区的二甲基硫化物浓度明显低于南海北部陆架区和南部南沙群岛附近海域。北部陆架区的 DMS 浓度略微高于南沙群岛附近海域，表明人类活动对二甲基硫化物在南海的分布有显著影响。此外，南海北部陆架区冬季的 DMSOd 浓度明显高于夏季，具体原因还需进一步研究。

表 5-8　南海二甲基硫化物的时空分布情况　　（单位：nmol/L）

海区	采样时间	DMS	DMSPd	DMSPp	DMSOd	DMSOp	参考文献
南沙群岛附近海域	1993 年 11 ～ 12 月	2.37	—	—	—	—	Yang et al.，1999
南沙群岛附近海域	1994 年 9 ～ 10 月	2.56	—	—	—	—	Yang，2000
南沙群岛附近海域	1997 年 11 月	2.56	—	—	—	—	Yang et al.，2000
南海海盆区北部	2005 年 5 月	1.74	3.92	6.06	—	—	本研究
南海北部陆架区	2010 年 1 ～ 2 月	—	—	—	49.97	11.08	本研究
南海海盆区中部	2014 年 7 月	1.76	0.86	3.24	7.33	2.72	本研究
南海北部陆架区	2015 年 6 ～ 7 月	2.84	6.79	13.96	12.20	9.24	本研究

5.2　DMS 的生物地球化学循环

5.2.1　表层海水中 DMS 的产生及迁移转化

2015 年在南海北部陆架区航次调查研究中对调查海域 DMS 的生产及其三种主要降解方式进行了详细测定。透光层中 DMS 的变化取决于源和汇的组合，包括浮游植物的排放、微生物的产生和消耗、光氧化及海 - 气交换。生物生产速率（P_{bio}）和消费速率（C_{bio}）是控制 DMS 在海水中分布的两个最重要的因素。本研究中 DMS 的生物生产速率和消费速率如表 5-9 所示。DMS 的生物生产速率和消费速率分别为 2.85 ～ 12.47nmol/（L • d）和 1.89 ～ 6.17nmol/（L • d），平均值分别为（5.93±3.07）nmol/（L • d）和（3.80±1.81）nmol/（L • d）。总体而言，在近岸站位附近观察到高 DMS 生物生产速率和消费速率。相比之下，在东部开放大洋处发现了明显低值区。这些结果可以用沿海地区的浮游植物生物量高于公海来合理解释。该研究结果低于之前黄海的值［P_{bio}=7.31nmol/（L • d）和 C_{bio}=5.56nmol/（L • d）］（Zhang et al.，2008），这在于黄海春季浮游植物藻华时 Chl-*a* 浓度明显较高（平均值为 1.2μg/L）。此外，该研究还发现 DMS 的生物生产速率与 DMS 的消费速率显著相关（R=0.733，n=8，P < 0.001）。这一结果表明，微生物消耗是 DMS 高产海区海水中 DMS 的一个重要汇，这一发现与以前的报告一致（Green et al.，2011）。此外，夏季 DMS 的生物生产速率与 DMSPd 的浓度显著相关（R=0.886，n=8，P < 0.001），但 DMS 的浓度与 DMSP 的浓度没有任何相关性（表 5-1）。在本研究中，假设 DMS 的产生取决于 DMSPd 的浓度，而不是 DMSPp 的浓度，但是 DMS 的去除在控制 DMS 的浓度方面也起着重要作用。以往的研究报道，较高的 SST 促进了微生物的生长，增强了细菌的活性，因此 DMS 的生产和消费与温度有关（Galí and Simó，2010）。本研究获得了类似的结果。在这次培养实验中，发现 SST 与 P_{bio}（R=0.828，n=8，P < 0.001）和 C_{bio}（R=0.598，n=8，P < 0.005）之间存在相关性。

表 5-9 DMS 生物生产与消费速率，DMS 在自然光下的光氧化速率（*K*），DMS 的海 - 气通量，三种途径的周转时间，以及各 DMS 去除途径在夏季南海代表性站位的贡献率

站位		P_{bio}/[nmol/(L·d)]	C_{bio}/[nmol/(L·d)]	K/[nmol/(L·d)]	海 - 气通量	τ_{bio}/d	τ_{photo}/d	$\tau_{sea\text{-}to\text{-}air}$/d	贡献率/%		
									生物消耗	光氧化	海 - 气交换
近岸站位	1	7.67	6.17	3.05	50.3	0.85	1.7	0.31	23.70	11.70	64.60
	10	6.44	5.57	3.02	19.0	0.54	1.0	0.48	37.40	20.30	42.30
	11	12.47	5.97	3.56	47.5	1.60	2.7	0.60	23.50	14.00	62.50
	35	3.87	2.75	1.99	16.5	0.80	1.1	0.40	26.90	19.50	53.60
	平均值	7.61	5.12	2.91	33.3	0.95	1.63	0.45	27.90	16.40	55.70
	标准差	3.60	1.60	0.66	18.1	0.45	0.77	0.12	6.60	4.20	10.20
远海站位	36	5.64	2.16	1.57	1.6	1.00	1.4	4.9	51.80	37.60	10.60
	40	4.57	3.55	2.66	5.4	0.75	1.0	1.5	44.40	33.20	22.40
	58	2.85	2.36	2.51	18.3	0.99	0.93	0.38	21.50	22.80	55.70
	66	3.91	1.89	2.78	7.4	1.00	1.2	0.78	32.00	26.60	41.40
	平均值	4.24	2.49	2.38	8.2	0.94	1.1	1.9	37.40	30.10	32.50
	标准差	1.17	0.73	0.55	7.2	0.13	0.21	2.1	13.40	6.60	20.00
总计	平均值	5.93	3.80	2.64	20.8	0.94	1.4	1.2	32.70	23.20	44.10
	标准差	3.07	1.81	0.63	11.6	0.31	0.58	1.6	11.00	8.90	19.20

光化学是影响表层海水中 DMS 周转的另一个重要因素。在夏季典型的高辐射条件下，光氧化可能是表层海水中 DMS 的主要去除机制（Galí and Simó，2010）。表 5-10 显示了夏季南海表层海水中不同波长下 DMS 的光氧化速率。DMS 浓度在所有波长下均下降。夏季海洋中 DMS 的光氧化速率在沿海地区高于开阔水域。对于陆架站位（如 1 站位、10 站位和 11 站位），全波段平均光氧化速率为（3.21±0.343）nmol/（L • d），而对于位于开阔水域的站位（如 40 站位、58 站位和 66 站位），全波段 DMS 光氧化平均速率为（2.65±0.471）nmol/（L • d）。这一结果可能是由于陆源输入导致沿海水域溶解有机物浓度高。DMS 被海水 CDOM 和硝酸盐中的光学活性物质吸收光后产生的活性物质光氧化（Mopper and Kieber，2002）。CDOM 浓度是总吸收量的一个很好的代表，对海水中 DMS 的光氧化速率有显著影响（Toole et al.，2003）。如表 5-10 所示，UVB、UVA 和可见光对 DMS 光氧化的平均贡献率分别为（43.02±1.82）%、（36.98±2.44）% 和（20.00±2.39）%。因此，UV 是 DMS 光氧化的主要原因。值得注意的是，超过 75% 的 DMS 光氧化发生在紫外光波段，而只有 15% ～ 23% 的光氧化发生在可见光波段，本研究的结果与 Harada 等（2004）和 Kniveton 等（2003）观察到的结果一致，他们的研究表明 UV 是驱动 DMS 光氧化过程的主要因素。Deal 等（2005）还发现，DMS 在 UV 波段的光氧化速率大于可见光波段，因为光敏剂很容易从 UV 波段吸收太阳辐射。DMS 在所有波段的光氧化速率与 DMSOd 和 DMSOp 的浓度及 DMS 的消费速率均没有任何相关性，表明这两个过程都有助于从 DMS 到 DMSO 的氧化。

本研究还进行了 DMS 海 - 气通量计算，具体见 5.3 节。

表 5-10　夏季南海典型站不同波段光照下 DMS 光氧化速率及其贡献率

站位		K_{UVB} /［nmol/（L • d）］	K_{UVA} /［nmol/（L • d）］	$K_{可见光}$ /［nmol/（L • d）］	$K_{全光照}$ /［nmol/（L • d）］	贡献率 /%		
						K_{UVB}	K_{UVA}	$K_{可见光}$
近岸站位	1	1.27	1.09	0.69	3.05	41.64	35.74	22.62
	10	1.29	1.08	0.65	3.02	42.72	35.76	21.52
	11	1.57	1.25	0.74	3.56	44.10	35.11	20.79
	35	0.81	0.81	0.37	1.99	40.70	40.70	18.59
	平均值	1.24	1.06	0.61	2.91	42.61	36.43	20.96
	标准差	0.31	0.18	0.17	0.66	1.46	2.60	1.70
远海站位	36	0.64	0.64	0.29	1.57	40.76	40.76	18.47
	40	1.13	0.95	0.58	2.66	42.48	35.71	21.80
	58	1.14	0.91	0.46	2.51	45.42	36.25	18.33
	66	1.25	1.10	0.43	2.78	44.96	39.57	15.47
	平均值	1.04	0.90	0.44	2.38	43.70	37.82	18.49
	标准差	0.27	0.19	0.12	0.55	2.18	2.47	2.59
总计	平均值	1.14	0.98	0.53	2.65	43.02	36.98	20.00
	标准差	0.29	0.19	0.16	0.63	1.82	2.44	2.39

通过测定不同途径 DMS 去除率和海水中 DMS 的初始浓度，计算了表层海水中 DMS 的周转时间（τ）。夏季生物周转时间（τ_{bio}）为 0.54 ～ 1.6d，平均值为（0.94±0.31）d。DMS 光氧化周转时间（τ_{photo}）表示在全光谱自然光下去除 DMS 所需的时间，全光谱自然光下表层海水的 τ_{photo} 为 0.93 ～ 2.7d，平均值为（1.4±0.58）d。DMS 海－气交换周转时间（$\tau_{sea\text{-}to\text{-}air}$）是根据海－气通量、初始 DMS 浓度和表层海水采样深度（3m）计算的。夏季表层海水中的 $\tau_{sea\text{-}to\text{-}air}$ 为 0.31 ～ 4.9d，平均值为（1.2±1.6）d。

混合层中的 DMS 浓度是由其复杂的生产及消耗过程决定的，该过程包括源（浮游植物和细菌的原位产生）和汇（细菌消耗、光氧化、海－气交换和垂直混合）。该研究中 DMS 的产生率低于三种途径 DMS 去除率的总和，因此有一个缺失源，可能是垂直运输。此外，基于 τ_{photo}、τ_{bio} 和 $\tau_{sea\text{-}to\text{-}air}$，本研究计算了 DMS 去除的生物消耗、光氧化和海－气交换的贡献率；数值分别为（32.70±11.00）%、（23.20±8.90）% 和（44.10±19.20）%（表 5-9）。结果表明，本研究中海－气交换是最重要的去除途径，其次是生物消耗和光氧化。在近岸站位，DMS 向大气的扩散更为显著，由于这些站位的风速较高，占总清除量的 55.7%。这三个主要过程对远海站位 DMS 消耗的贡献几乎相等。虽然近岸站位的生物消耗和光氧化速率高于远海站位，但由于近岸站位风速较大，这两种途径贡献较小。DMS 循环中涉及的过程表现出可变性，这与各种环境因素的可变性有关，如太阳辐射、风速、温度等。虽然这三个主要过程的相对重要性因站位而异，但总的来说，海－气交换比其他两个过程贡献更大，这一结果与 Simó 和 Pedrós-Alió（1999）报告的结果相似。

5.2.2　微表层中 DMS 的产生及迁移转化

通对南海北部部分站位（站位图同图 5-15）进行取样培养发现，DMS 的生物生产速率在次表层为 1.44 ～ 12.67nmol/（L • d），在微表层为 1.58 ～ 13.10nmol/（L • d），平均生产速率分别为 6.70nmol/（L • d）和 7.94nmol/（L • d）。这一结果与 Yang 和 Tsunogai（2005）在西北太平洋［1.8 ～ 12.3nmol/（L • d）］、Simó 等（2000）在地中海［2.4 ～ 9.5nmol/（L • d）］和北大西洋［6.7 ～ 19nmol/（L • d）］的研究结果基本一致，但是远远高于 Wolfe 等（1999）在拉夫拉多尔海得到的 0.3 ～ 3.8nmol/（L • d）。除 S23 站位外，微表层 DMS 生物生产速率均比次表层高，而且微表层中最高的生物生产速率出现在 S15 站位［13.10nmol/（L • d）］，与此对应的次表层的生物生产速率为 12.67nmol/（L • d），其为次表层最高；最低的生物生产速率同时出现在 S9 站位，在微表层和次表层分别为 1.58nmol/（L • d）和 1.44nmol/（L • d）。本节通过将所有数据进行线性回归分析发现，DMS 的生物生产速率在微表层和次表层有较好的相关性（R^2=0.7521，n=12，P=0.00013），如图 5-21 所示。

如表 5-11 所示，DMS 的生物消费速率在微表层为 1.31 ～ 9.22nmol/（L • d），在次表层为 0.43 ～ 8.62nmol/（L • d），平均消费速率分别为 5.82nmol/（L • d）和 4.84nmol/（L • d）。微表层中最高的生物消费速率为 9.22nmol/（L • d），出现在 S15 站位，次表层中最高的生物消费速率为 8.62nmol/（L • d）；微表层中最低的生物消费速率为 1.31nmol/（L • d），

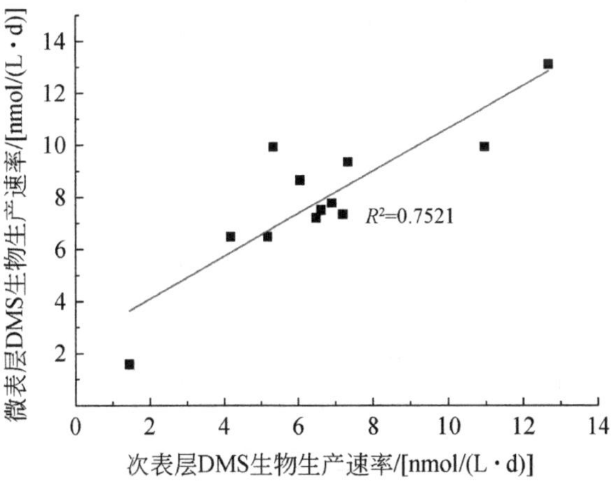

图 5-21　微表层与次表层中 DMS 的生物生产速率的相关性

出现在 S9 站位，次表层中最低的生物消费速率为 0.43nmol/（L·d），同样出现在 S9 站位。微表层中 DMS 生物消费速率一般比次表层高，但是 S10-4 站位、S10-10 站位 DMS 生物消费速率表现为微表层低于次表层，尤其是 S10-10 站位次表层 DMS 生物消费速率达到 7.92nmol/（L·d），而微表层只有 6.91nmol/（L·d）。本研究的数据线性回归分析结果较好（R^2=0.7515，n=12，P=0.00012），如图 5-22 所示。

DMS 主要由浮游植物产生，Chl-*a* 浓度是浮游植物生物量的主要参数，所以有关 DMS 浓度与 Chl-*a* 浓度的相关性早已成为人们关心的热点，到目前为止已经展开了大量的研究（Yang et al.，1996，2001；Yang，1999a，1999b；Simó et al.，1997；Andreae，1990；Andreae，1985；Andreae and Barnard，1984），但是关于二者的相关性仍没有统一的结论，主要是不同海区浮游植物种类的差异和季节性变化，以及 DMS 在海水中的快速转化使得二者的相关性研究比较困难。

南海是一个典型的大洋海区，营养盐含量低，浮游植物种类复杂繁多。夏季较高的海水温度会限制浮游植物的生长，另外，其表层以上受热带性高温强辐射的影响，更主要的是营养盐水平低，不能满足浮游植物生长的需要，引起浮游植物下沉。整个调查海区海水盐度为 34.13 ～ 34.61，较高的盐度不利于近岸低盐种藻类的生长和繁殖，而使藻种大大减少，而对于耐高盐的大洋暖水性浮游植物（甲藻和蓝藻）的生长和繁殖比较有利。夏季太平洋的高温、高盐水团通过巴士海峡流入东沙群岛的东部海区，还有黑潮的影响在大约 16°N 以北海区相当重要，同样使得该海区近海性浮游硅藻种类和数量大大减少，而大洋暖水性浮游植物甲藻和蓝藻显著增加。各种海洋环境条件决定南海夏季硅藻出现很少，主要是暖水性的甲藻和蓝藻占优势。

Chl-*a* 浓度在微表层为 0.021 ～ 0.132μg/L，次表层为 0.025 ～ 0.136μg/L，但是 DMS 的生物生产速率与 Chl-*a* 浓度存在一定的相关性（微表层：R^2=0.8224，n=12，P=0.0001；次表层：R^2=0.6117，n=12，P=0.0026），如图 5-23 所示，这可能是优势藻种占主导地位的原因。

表 5-11　南海微表层和次表层中 DMS 的生物生产与消费速率以及生物周转时间和海 - 气交换时间

站位	次表层			微表层			风速 /（m/s）	Sc	K_{DMS} /（cm/h）	海 - 气通量 /[μmol/（m^2·d）]	$\tau_{sea\text{-}to\text{-}air}$ /min
	DMS 消费速率 /[nmol/（L·d）]	τ_{bio}/d	DMS 生产速率 /[nmol/（L·d）]	DMS 消费速率 /[nmol/（L·d）]	τ_{bio}/d	DMS 生产速率 /[nmol/（L·d）]					
S23	7.05	0.35	10.96	7.33	0.27	9.94	6.2	736.48	7.18	4.31	0.54
S19	4.32	0.37	5.33	7.21	0.17	9.94	7.2	682.51	10.13	3.21	0.46
S13	3.89	0.59	6.05	5.49	0.26	8.66	3	635.77	0.49	0.22	7.69
S4	6.19	0.29	7.2	6.77	0.22	7.34	2.9	597.50	0.49	0.24	7.5
S1	2.31	0.81	4.18	2.74	0.58	6.48	6.2	621.13	7.84	3.54	0.54
S11	5.62	0.29	7.34	6.48	0.3	9.36	2	605.66	0.34	0.13	17.91
S10-4	3.74	0.39	6.48	3.31	0.25	7.21	9	608.66	15.82	5.58	0.18
S10-7	5.02	0.3	5.18	7.34	0.2	6.48	11.7	624.58	23.11	8.38	0.21
S10-10	7.92	0.2	6.91	6.91	0.12	7.78	7.8	620.51	12.31	4.70	0.21
S10-14	3.02	0.52	6.62	5.77	0.04	7.51	4.3	621.32	2.55	0.96	0.28
S9	0.43	3.27	1.44	1.31	1	1.58	9.9	629.72	18.03	6.10	0.26
S15	8.62	0.24	12.67	9.22	0.19	13.11	8.3	641.56	13.47	6.60	0.32
平均值	4.84	0.64	6.70	5.82	0.30	7.95	6.54	635.45	9.31	3.66	3.01

注：Sc 表示 DMS 的施密特数。τ_{bio} 表示生物周转时间，利用表层水中 DMS 浓度与 DMS 生物消费速率求得。$\tau_{sea\text{-}to\text{-}air}$ 表示海 - 气交换周转时间，利用微表层海水中 DMS 浓度及微表层厚度（200mm）计算出 DMS 在微表层中的浓度，进一步通过 DMS 海 - 气通量求得 $\tau_{sea\text{-}to\text{-}air}$。

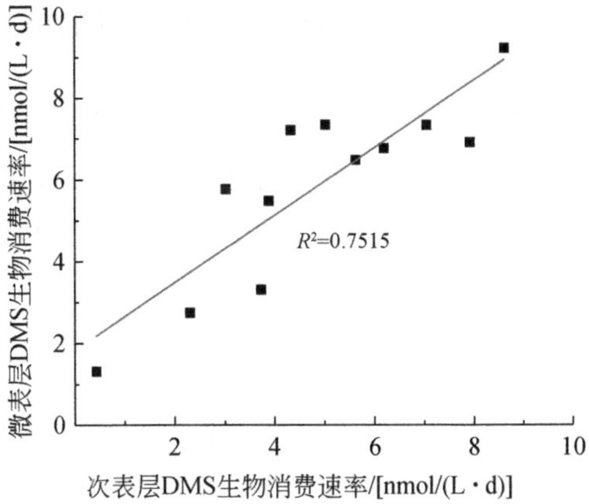

图 5-22　微表层和次表层中 DMS 生物消费速率的相关性

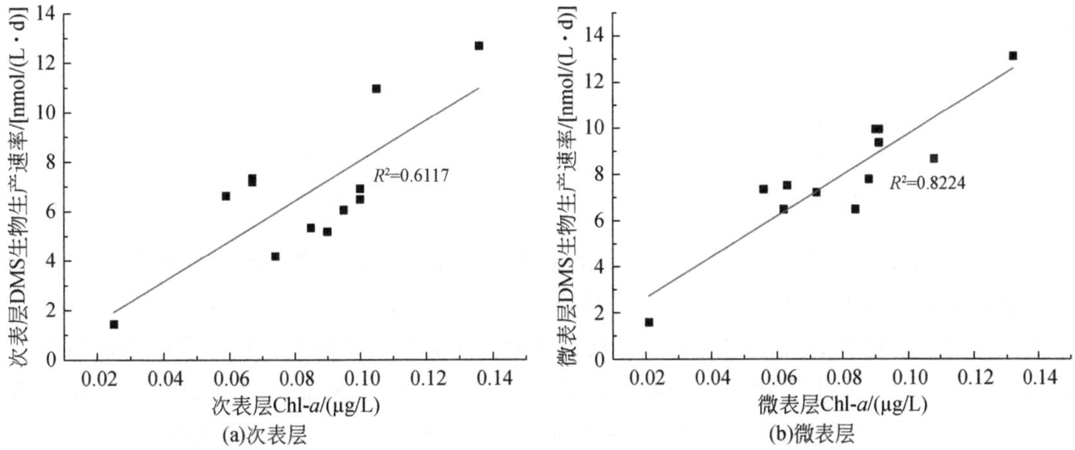

图 5-23　次表层和微表层中 DMS 生物生产速率与 Chl-*a* 浓度的相关性

由于海域不同、季节的变化，DMSPd 转化为 DMS 的比例也有很大的不同（van Duyl et al，1998；Ledyard and Dacey，1996）。此外，细菌种群结构（González et al.，1999）、藻的种类差异、细菌活性、现场温度、盐度等也会影响 DMSPd 的降解途径。研究表明，在低纬度海区，海水的垂直混合作用对 DMSPd 的转化途径有着很大的影响。垂直混合使得海水中大量微生物不同程度地暴露在强烈的 UV 辐射下，而与浮游植物相比，细菌对 UV 更加敏感。强辐射会抑制厌氧细菌的生长和活性，降低细菌对硫的需求，从而减少细菌同化作用消费 DMSPd，使大量的 DMSPd 可通过酶分解转化为 DMS。UV 在 310nm 以下可以直接损坏细胞外壁，使得 DMS 释放速度加快，另外，UV 光子的光化作用使海水产生更多的 OH^-，OH^- 氧化作用加速海水中 DMSP 的溶解和细胞表面 DMSP 的分解（杨和福，1998）。

生物消耗、海－气交换和光化学氧化对 DMS 的消费会影响海水中 DMS 的净生物生产速率。浮游植物直接释放（Vairavamurthy et al.，1985）、裂解酶活性（Stefels and Dijkhuizen，1996）、浮游动物捕食、病毒侵蚀过程（Malin et al.，1998；Wolfe and Steinke，1996；

Dacey and Wakeham，1986）也都会影响 DMS 的净生物生产速率。诸多的因素影响 DMSPd 的降解与 DMS 的生产的相关性。

5 月南海微表层中 DMSPd 浓度为 1.7 ～ 10.53nmol/L，次表层中为 1.42 ～ 8.93nmol/L，平均值分别为 6.14nmol/L 和 4.69nmol/L。DMSPd 浓度与 DMS 生物生产速率的相关情况如图 5-24 所示（微表层：R^2=0.3906，n=12，P=0.0224；次表层：R^2=0.3987，n=12，P=0.0206）。

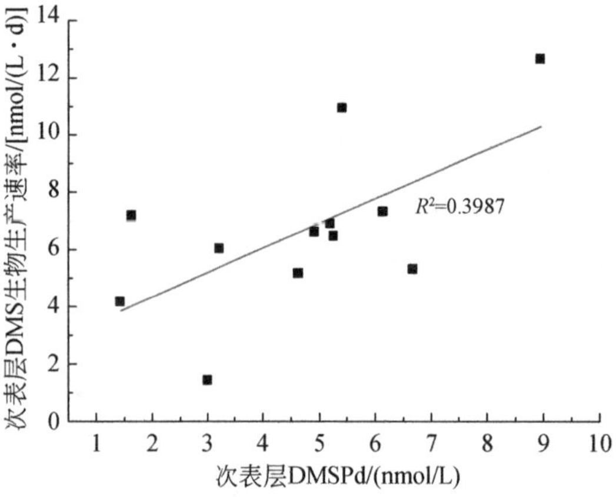

(a)次表层　(b)微表层

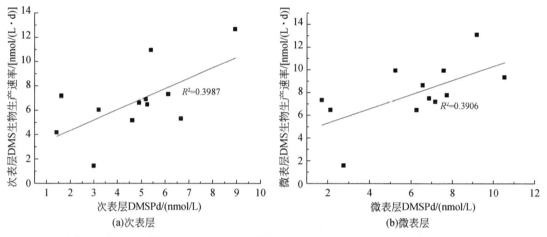

图 5-24　次表层和微表层中 DMS 的生物生产速率与 DMSPd 浓度的相关性

DMS 的生物生产与消费是一个复杂的生物学、生态学和生物地球化学过程。温度作为一个重要的海洋环境因素在整个海洋体系中发挥非常重要的作用。DMS 主要来源于浮游植物，而浮游植物和细菌的酶系都有其合适的催化温度，水温变化作用于酶系使得藻类和细菌的生理状态发生变化，从而影响 DMS 生物生产速率。Scarratt 等（2000）的研究表明 16 ～ 20℃时 DMS 快速的生物生产对应较高的海水温度。Kiene 和 Service（1991）的研究发现，DMS 的生物生产速率在 16 ～ 30℃明显高于 4℃和 49℃，而且在 4℃和 49℃条件下 DMS 的生物生产速率很低，主要是由于生物的活性受到温度的抑制，在 16 ～ 30℃时 DMS 的生物生产速率随温度的升高而升高。水温变化也可以直接影响微生物的活性，从而影响 DMS 的生物生产速率。另外，水温变化可以引起海区浮游植物和细菌种群的演化，从而影响 DMS 的生物生产速率。

本研究没有发现温度与 DMS 生物生产速率的相关性，但是温度对它的影响是无法否认的，出现这种结论可能是因为在整个调查过程中南海的温差变化很小，海水温度为 28 ～ 29℃，温度的微弱变化可能没有对 DMS 的生物生产速率产生明显的影响。

温度不仅影响 DMS 的生物生产速率，还影响海洋环境中的微生物消费速率。Kiene 和 Service（1991）通过利用氯仿作为抑制剂测定河口水中的 DMS 生物消费速率与温度变化的关系发现，在 4℃和 49℃的海水中 DMS 的微生物消费速率很低，而在 16 ～ 30℃的水温条件下，DMS 的微生物消费速率与温度呈现一定的正相关性。Wolfe 等（1999）的研究发现，海水温度在 4 ～ 5℃变化时其与 DMS 的微生物消费速率没有相关性。本研究没有发现其明显的相关性，可能是温度的微弱变化对微生物消费过程没有产生明显的影响。

细菌是海洋生态系统的一个重要组成部分。随着学者对海洋科学领域的不断探索和研究，尤其是对海洋异养细菌在微食物环及微生物二次生产等方面的不断研究，海洋异养细菌在海洋生态系统物质、能量循环及维持海洋生态系统多样性和稳定性方面被人们广泛认可并深入研究。细菌与浮游植物有密切的关系：一方面，它们可分解浮游植物产生的有机质，为浮游植物的生长提供必要的有机养分和生长因子，调节浮游植物的生长环境（曾活水等，1993）；另一方面，细菌也可以抑制藻细胞的生长，甚至裂解藻细胞（李福东等，1996）。细菌在 DMS 的生物循环过程中发挥举足轻重的作用，细菌不仅参与 DMS 的生产，更是 DMS 的主要消费者。细菌的生长受浮游动物捕食过程，以及无机营养盐特别是磷限制的影响。Stefels 和 van Boekel（1995）在北海的研究发现，在优势藻种定鞭金藻存在的情况下，DMSPd 在藻华早期就转化为 DMS。细菌可能是 DMSPd 的主要新陈代谢者，海水中细菌数量之多和多数细菌能够代谢 DMSPd，使得即使 DMSPd 处于半饱和状态时，细菌对 DMSPd 的代谢仍然十分高效。

微表层中细菌数量为 1.30×10^8 ～ 5.08×10^8cells/L，次表层中细菌数量为 6.2×10^7 ～ 2.88×10^8cells/L，平均值分别为 2.91×10^8cells/L 和 1.64×10^8cells/L，微表层的细菌数量明显高于次表层，其富集系数为 1.8（1.2 ～ 4.6）。高细菌数量导致微表层 DMS 生物生产速率和消费速率明显高于次表层。线性回归分析表明，细菌数量与 DMS 生物生产速率有较好的相关性（微表层：R^2=0.6926，n=12，P=0.0319；次表层：R^2=0.5917，n=12，P=0.00084），如图 5-25 所示。可能是南海强的紫外光辐射抑制细菌的生长和活性，使得细菌的同化作用减少，而南海合适的海水温度使得 DMSP 裂解酶的活性很高，这样 DMSPd 在裂解酶作用下分解产生 DMS 成为 DMSPd 的主要去除途径。Ledyard 和 Dacey（1996）的研究发现，强的光照条件可以抑制细菌的 DMS 消费，同时有利于 DMSPd 转化为 DMS。

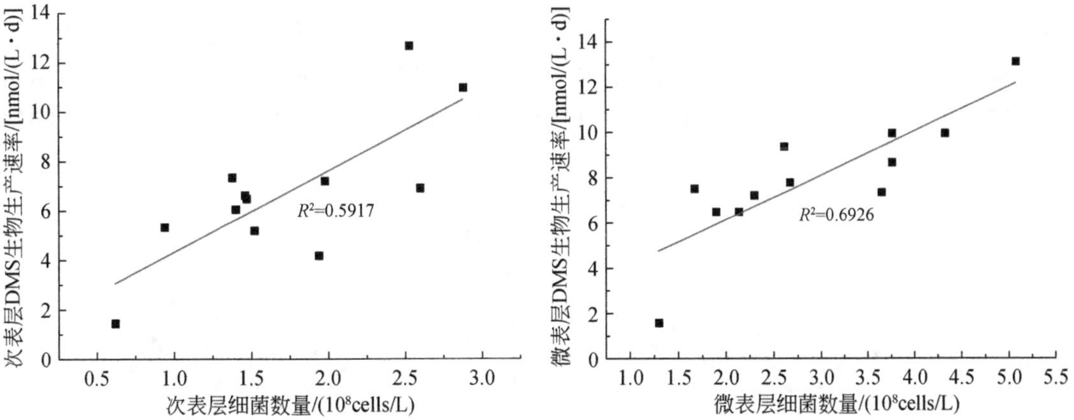

(a)次表层　(b)微表层

图 5-25　次表层和微表层中细菌数量与 DMS 生物生产速率的相关性

无论在缺氧条件还是富氧条件下，DMS 均可以被细菌氧化和代谢（Kiene and Service，1991）。Wakeham 等（1984）和 Andreae（1985）认为在缺氧的海盆中与间隙水中会发生 DMS 被细菌消费的过程。Kiene（1988）在沉积物中进行的 DMS 厌氧分解的研究中发现，SO_4^{2-} 还原菌及甲烷生成菌可以分解沉积物中的 DMS 和 DMSP。Zeyer 等（1987）发现，DMS 可被细菌氧化成 DMSO，但在海洋生物的缺氧呼吸过程中 DMSO 又可以被还原成 DMS。Taylor（1993）的研究发现，在富氧环境中 DMS 可被以甲基化合物为营养的生丝微菌属和自养的硫杆菌属氧化，在缺氧环境中 DMS 会被细菌氧化成 CO_2，并且可被甲烷生成菌代谢。由于微表层的特殊环境，大量细菌活动使得微表层生物消费速率高于次表层。线性回归分析发现二者的相关性（微表层：R^2=0.4837，n=12，P=0.0425；次表层：R^2=0.6255，n=12，P=0.0225），如图 5-26 所示。

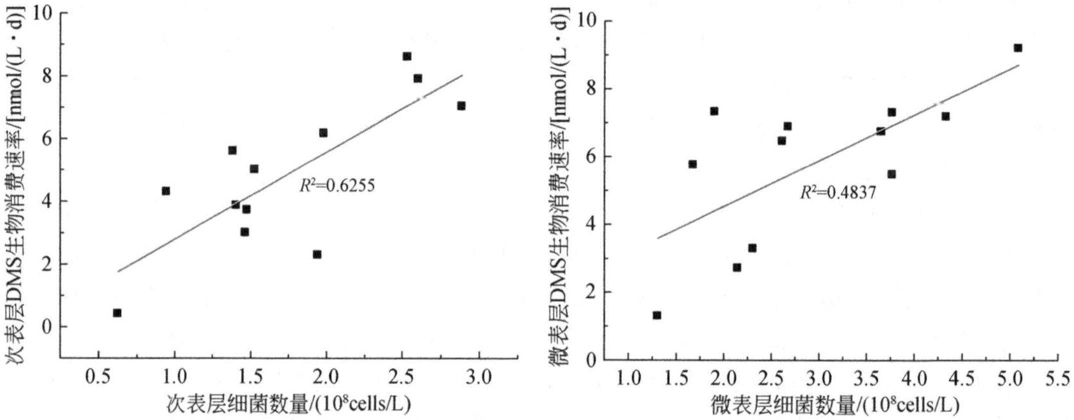

(a)次表层　　(b)微表层

图 5-26　次表层和微表层中 DMS 的生物消费速率与细菌数量的相关性

如表 5-11 所示，在微表层和次表层中 DMS 生物生产速率一般高于消费速率。以前的研究也发现这样的结果（Simó and Pedrós-Alió，1999；Bates et al.，1994），其结果导致 DMS 的净生产。在次表层中 DMS 生物生产速率高出消费速率约 38%，而在微表层中高出约 37%。DMS 生物生产速率高于消费速率，而且二者存在很好的相关性（微表层：R^2=0.6675，n=12，P=0.0007；次表层：R^2=0.7196，n=12，P=0.0002），如图 5-27 所示。之所以能够得到二者之间好的相关性，可能是因为 DMS 的生产与消费是一个紧密的生

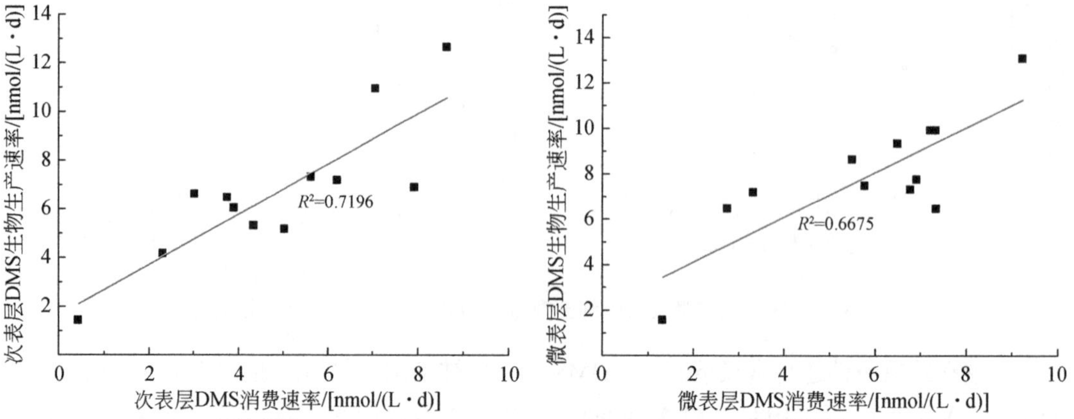

(a)次表层　　(b)微表层

图 5-27　次表层和微表层中 DMS 消费速率与生产速率的相关性

物循环过程。然而，在 S10-10 站位发现次表层中 DMS 生物生产速率略低于消费速率，Wolfe 等（1999）在拉布拉多海（Labrador Sea）也发现这样的结果，其具体原因需要进一步去探讨。

DMS 的主要去除途径有生物消费、光化学氧化、海－气扩散。DMS 的生物周转时间通过 DMS 浓度除以 DMS 生物消费速率得到，见表 5-11，微表层中 DMS 的生物周转时间为 0.04 ～ 1.00d，在次表层中为 0.20 ～ 3.27d，这一结果与以前的结果基本一致（Wolfe et al.，1999；Kieber et al.，1996）。生物消费曾被认为是海水中 DMS 去除的最主要途径，在大多数情况下远远超过其他两种途径（Brimblecombe and Shooter，1986）。

海－气通量利用 Liss 和 Merlivat（1986）的计算公式得到，其变化范围为 0.13 ～ 8.38μmol/（m^2・d），平均通量为 3.66μmol/（m^2・d），低于 Erickson 等（1990）在北大西洋的研究结果［7.11μmol/（m^2・d）］。表 5-11 列出的 DMS 在微表层中的海－气交换周转时间为 0.21 ～ 17.91min，平均值为 3.01min。海－气周转快慢由海水中 DMS 浓度、微表层海水温度、海面风速等因素决定。通过分析各因素同海－气交换周转时间的相关性发现，风速与海－气交换周转时间呈负相关性（R^2=0.5371，n=12，P=0.0043），如图 5-28 所示，这说明风速是影响海－气周转的主要因素。

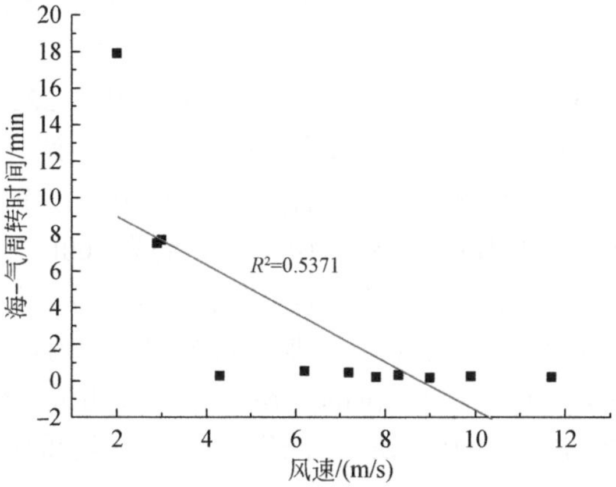

图 5-28　微表层中 DMS 海－气交换周转时间与风速的相关性

根据以上结论，海－气扩散是微表层中 DMS 的主要去除途径，而生物消费相对次要。

5.2.3　围隔培养实验中生源硫化物的动态变化

海洋围隔生态实验产生于 20 世纪 60 年代初期（Strickland and Terhune，1961）。我国于 20 世纪 80 年代初期开始围隔生态实验研究，随后在厦门海域和青岛近海及黄海、渤海开展了氮、磷富营养化和石油烃污染对海洋生态环境影响的较为系统的研究（李宝华等，2001；Shi et al.，2001；庄栋法等，1995，1997；魏玉银等，1992）。海洋围隔生态实验是现代海洋生态系统现场研究的重要手段，可以通过有目的地控制生态系统来了解富营养化等各种环境变化对生态系统结构和功能的影响，及其对环境功能的反作用。海洋围隔生态实验用于海洋学研究的优点较多，其主要有以下几点：第一，保持部分海洋生态系统特征，并可在相当长时间内从围隔生态实验装置内反复取样，这对于浮游生物研究至关重要，因为在自然环境中浮游生物不连续变化而难以进行连续测定，所以围隔生态实验比自然生态系统简单，比室内实验复杂；第二，可以有目的地控制生态系统，并了解生态系统的功能，生物群落等对各种环境变化和化学污染物等的响应，以及营养盐和化学污染物等对生态系统的影响及其影响过程和机制等；第三，它具有生态系统水平实验的一些特征，而室内实验通常只能进行单种群或几个种群的研究，而且获得的信息大不一样，围隔生态实验可以提供生态系统尺度的信息，而室内实验一般获得种群尺度的信息；第四，围隔生态实验一般在现场进行，环境条件和自然状况相似，这是室内实验难以达到的，所以其结果能较好地反映自然生态系统的真实状况，而缺点是实验条件的可控制性、准确性不高。

随着海洋围隔生态实验的发展，它不仅解决了一些海洋生态问题，近年来很多的海洋化学及相关的生物地球化学问题也可以通过这一手段得以解决。围隔生态体系中所发生的化学过程较生物过程更接近于自然环境（Santschi，1985），利用其研究各种化学物质（如营养盐、重金属和烃类污染物）在海洋环境（如水 - 沉积物、水 - 生物界面）中的迁移过程，以及相关生物、化学过程的速率测定（如初级生产力和相关有机物的释放、营养盐吸收和释放、浮游动物摄食、沉降等）较实验室研究和现场观测更具优势（Brockmann et al.，1990）。

作者团队于 2005 年 5 月 2 ～ 11 日在南海海域（34.6°N、122.3°E）取表层海水（盐度为 33.1）进行了现场围隔生态实验。围隔设在“东方红 2 号”调查船后甲板，为顶部开放式船基围隔，外部为钢质支架与帆布袋组成的循环水槽，内部为钢骨架支撑的透明聚乙烯材料塑料袋，该塑料袋直径为 1m、深度为 1m、体积约为 800L，实验期间利用水泵将现场海水抽入帆布袋内作为循环水，以保持围隔袋内水温与现场海水一致。

将现场海水加入一大型容器内，再分别加入每个围隔袋内以保持围隔袋中海水的平行性。围隔生态实验共设六个围隔袋，围隔袋 M1 为对照，围隔袋 M2、M3、M4、M5 和 M6 添加不同量和不同结构的营养盐与铁。围隔袋中实际营养盐的初始浓度如表 5-12 所示。

表 5-12　围隔袋中实际营养盐的初始浓度　（单位：μmol/L）

营养元素	围隔袋编号					
	M1	M2	M3	M4	M5	M6
NO_3-N	0.65	24.89	48.78	12.65	12.41	25.19
NO_2-N	0.13	0.17	0.2	0.15	0.14	0.15
NH_4-N	0.85	0.95	0.95	12.20	1.42	1.23
PO_4-P	0.11	1.65	1.60	1.59	1.60	1.62
SiO_3-Si	4.89	23.9	24.2	23.6	25.87	24.01
$CO(NH_2)_2$					5.29	
Fe-EDTA						10^{-6}

由于时间关系，DMS 和 DMSP 的取样调整为每天一次，时间为 8:00。DMS 是一种易挥发的有机硫化物，其他取样过程会影响 DMS 的生产与消费过程及其分布，所以 DMS 取样先于其他取样过程。所有水样采集后马上进行现场 DMS 测定，DMSPd 水样现场处理以后，进行实验室测定。

其他理化因子的测定：实验开始后于每天 8:00 和 18:00 在各围隔袋中取样（取样前均用塑料板往返混合后在表层取样）。样品均在几小时内完成现场测定或预处理。

营养盐（PO_4-P、NO_3-N、NO_2-N、NH_4-N、SiO_3-Si）在现场用 GF/F 玻璃纤维滤膜（使用前 450℃灼烧 5h）过滤后用聚乙烯瓶储存，−20℃冷冻保存，带回陆地实验室用营养盐自动分析仪测定。

1. 理化因子的变化

实验期间（2005 年 5 月 2 ～ 11 日），温度在 30.5 ～ 33.0℃变化，平均温度为 31.7℃。如图 5-29 所示，围隔生态实验期间，除对照组 M1 外，其余围隔袋中 pH 均有升高的趋势，并且 pH 发生明显的日变化，其原因是围隔水体中 pH 主要是由浮游植物的生物量决定的，白天浮游植物光合作用强烈，pH 急剧升高；晚上光合作用微弱，水体内生物呼吸产生 CO_2，同时大气 CO_2 溶解在水体中使 pH 下降，到第二天早晨 pH 基本恢复到原来的水平。由于大气 CO_2 库巨大，pH 只能在相对比较窄的范围内变化。溶解氧的变化呈现出和 pH 相同的变化规律，这也是由于溶解氧是浮游生物的光合作用和呼吸作用共同决定的。

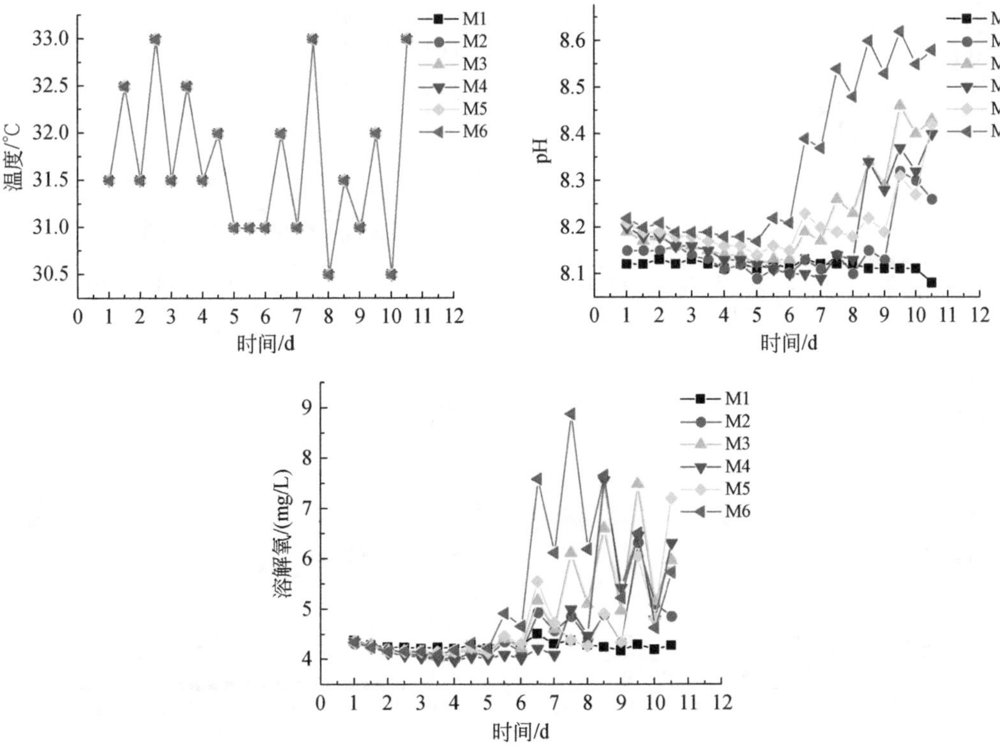

图 5-29　围隔袋中温度、pH 和溶解氧的变化

2. 溶解态营养盐的变化

营养盐与浮游植物密切相关，其对海洋浮游植物的数量、生长速率及种群结构均有不同程度的影响。各围隔袋中营养盐的变化如下。

（1）NO_3-N。对照围隔袋M1中，NO_3-N的初始浓度为0.65μmol/L，随着浮游植物的增长，NO_3-N进一步降低，在实验结束时浓度降为0.28μmol/L。在围隔袋M2中，NO_3-N的初始浓度为24.88μmol/L，随着浮游植物的增长，在围隔袋M2中的NO_3-N一直在降低，在第5.5d出现明显的下降，原因是浮游植物到了快速增长期需要大量的营养盐，到第10d实验的后期由于浮游植物的大量增殖，NO_3-N的浓度快速下降，实验结束时NO_3-N的浓度为0.87μmol/L。在围隔袋M4中，NO_3-N的初始浓度为12.65μmol/L，直到第8d才出现下降趋势，原因可能是浮游植物首先吸收NH_4-N，接着吸收NO_3-N，实验结束NO_3-N浓度降为0.87μmol/L。在围隔袋M3中，NO_3-N的初始浓度为48.78μmol/L，在实验结束时NO_3-N的浓度为13.17μmol/L。在围隔袋M5中，NO_3-N的初始浓度为12.42μmol/L，直到第6d才出现缓慢下降趋势，原因可能是浮游植物首先吸收尿素，将其作为氮源，第9d快速下降，实验结束时NO_3-N的浓度为1.44μmol/L。在围隔袋M6中，NO_3-N初始浓度为25.19μmol/L，第6d快速下降，与浮游植物的变化趋势相对应，实验结束时NO_3-N的浓度为0.74μmol/L，6个围隔袋中NO_3-N的变化趋势如图5-30所示。

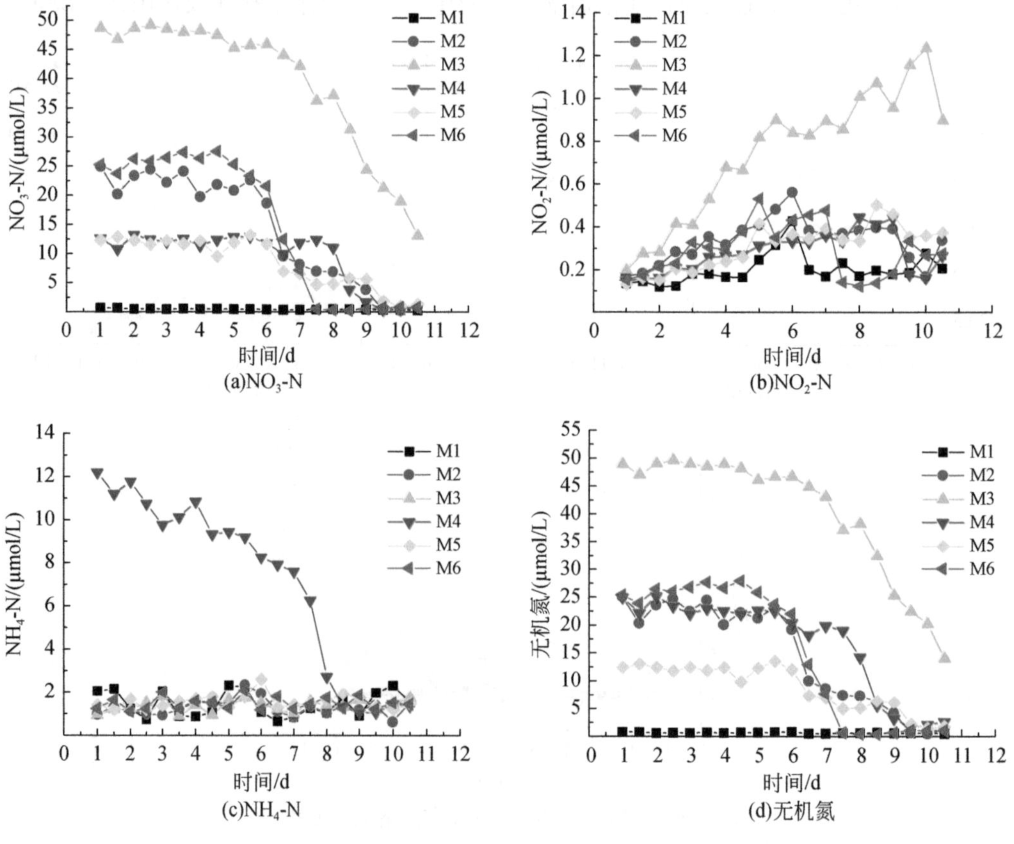

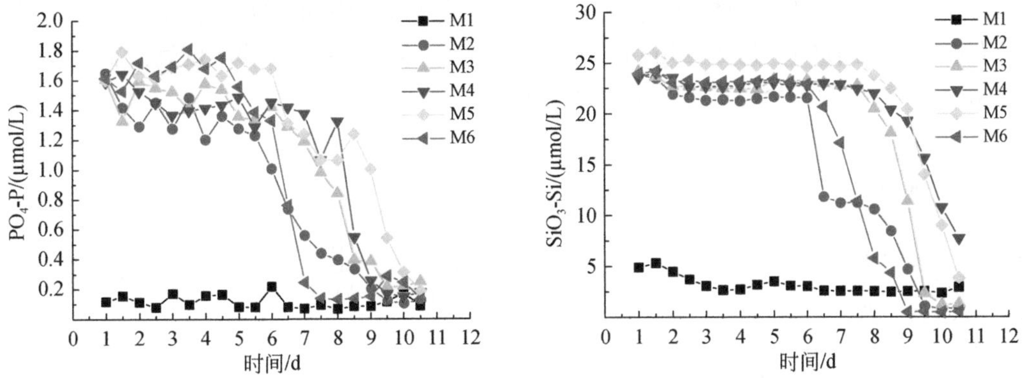

(e)PO$_4$-P　(f)SiO$_3$-Si

图 5-30　围隔袋中营养盐变化

（2）NO_2-N。对照围隔袋 M1 中，NO_2-N 的初始浓度为 0.13μmol/L，其余各围隔袋中的 NO_2-N 浓度略高于对照袋，并且 NO_3-N 浓度越高，NO_2-N 浓度也越高，说明 NO_3-N 和 NO_2-N 之间存在平衡转化关系，6 个围隔袋中 NO_2-N 的变化趋势如图 5-30 所示。

（3）PO_4-P。对照围隔袋 M1 中，PO_4-P 浓度一直维持在 0.12μmol/L，其余围隔袋中 PO_4-P 初始浓度维持在 1.6μmol/L，第 6d 开始下降，实验结束时，PO_4-P 浓度大约为 0.2μmol/L，6 个围隔袋中 PO_4-P 的变化趋势如图 5-30 所示。

（4）SiO_3-Si。对照围隔袋 M1 中，SiO_3-Si 初始浓度为 4.89μmol/L，实验结束时，SiO_3-Si 浓度为 2.93μmol/L。除 M1 外的围隔袋中 Chl-*a* 的数值相差不大，但是添加无机氮的围隔袋 M2、M3 和 M6 中在实验结束时 SiO_3-Si 浓度约为 1.0μmol/L，而添加氨氮的围隔袋 M4 和添加尿素的围隔袋 M5 中实验结束时 SiO_3-Si 浓度分别为 7.79μmol/L 和 3.87μmol/L，原因可能是 NO_3-N 对硅藻具有较大的促进作用，而氨氮和尿素对硅藻的促进作用不大。6 个围隔袋中 SiO_3-Si 的变化趋势如图 5-30 所示。

3. 浮游植物 Chl-*a* 的变化

海洋环境中浮游植物的生长受多种因素的制约，包括水温、光照、营养盐和食物链结构等，其中有关营养盐对浮游植物生长的限制研究（包括氮、磷和铁等的限制）最为广泛和深入。传统上如果 N/P 小于 16，则认为是氮限制浮游植物的生长，否则为磷的限制。

Chl-*a* 作为浮游植物生物量的指标，其浓度可代表浮游植物种群的大小。Chl-*a* 浓度随时间的变化如图 5-31 所示。添加营养盐的围隔袋中 Chl-*a* 的浓度明显高于对照袋 M1。对照围隔袋 M1 中 Chl-*a* 浓度的最大值出现在第 6d，为 1.75μg/L；围隔袋 M2 中 Chl-*a* 浓度的最大值出现在第 9d，为 16.14μg/L，是对照围隔袋 M1 中的 9.2 倍；围隔袋 M3 中 Chl-*a* 浓度的最大值出现在第 10d，为 27.98μg/L，是对照围隔袋 M1 中的 15.99 倍；添加氨氮的围隔袋 M4 中 Chl-*a* 浓度的最大值出现在第 10d，为 17.40μg/L，是对照围隔袋 M1 中的 9.94 倍；添加尿素的围隔袋 M5 中 Chl-*a* 浓度的最大值分别出现在第 6d 和第 10d，均为

11.09μg/L，是对照围隔袋 M1 中的 6.34 倍；围隔袋 M6 中添加了铁和硝酸盐，Chl-*a* 浓度的最大值出现在第 8d，为 27.23μg/L。围隔袋 M2 ～ M6 中 Chl-*a* 的浓度远远高于对照围隔袋 M1，显然是营养盐促进了浮游植物的生长。

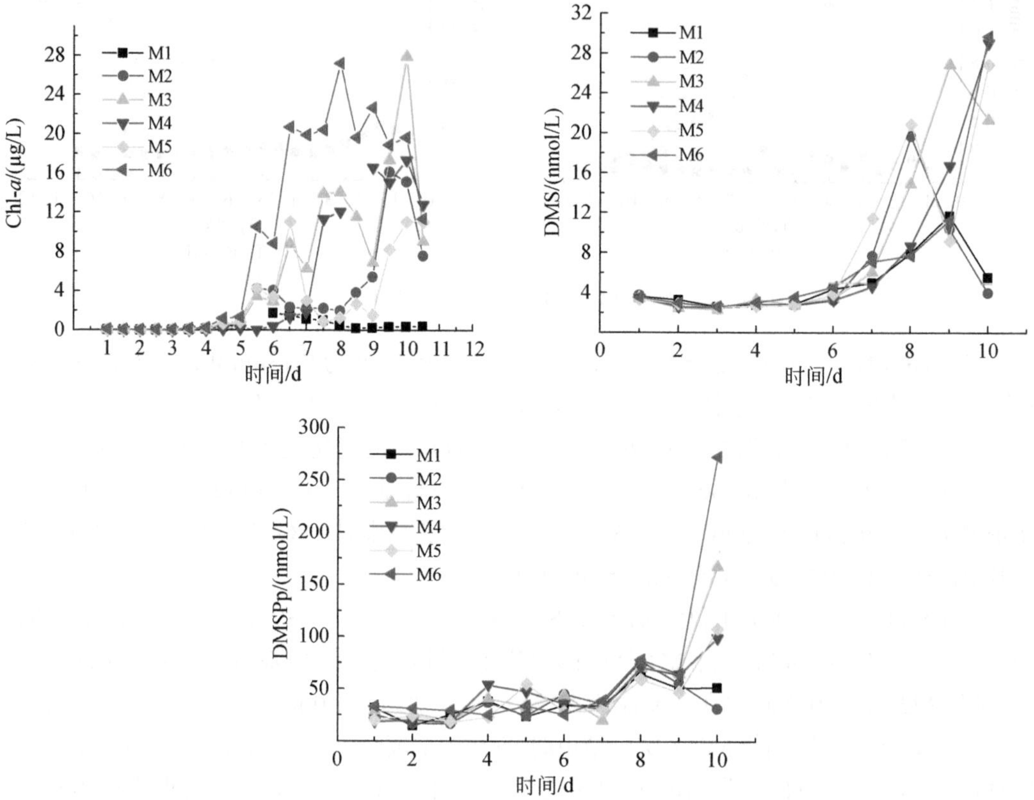

图 5-31　围隔袋中 Chl-*a*、DMS 和 DMSPp 的浓度变化

藻类种群的生长变化一般呈“S”形曲线，包括缓慢生长期、指数生长期、稳定生长期和衰亡期。南海属于寡营养海区，浮游植物生物量较低，即使加一定量的营养盐，各围隔袋中均出现较长的缓慢生长期，但随后由于营养盐结构的不同，各生长阶段 Chl-*a* 浓度明显不同。

由图 5-31 还可以看出，围隔袋 M2、M3 中 Chl-*a* 浓度的变化有明显的差别，主要是不同的初始 NO_3-N 浓度，使得浮游植物的数量及种群结构发生变化。围隔袋 M2、M5 中 Chl-*a* 浓度的变化不同，主要是由于围隔袋 M5 中加了部分有机氮（尿素），在浮游植物生长初期，其首先吸收有机氮，可是有机氮对浮游植物生长的促进作用不如无机氮强，使得 Chl-*a* 浓度在第 8d 之前一直很低。围隔袋 M4 中 Chl-*a* 浓度出现两次最大值，但是没有超过其他围隔袋中的最大值，主要可能是浮游植物首先吸收氨氮，当氨氮浓度降低到一定程度才开始吸收 NO_3-N。围隔袋 M6 中加了一定量的 Fe，Chl-*a* 浓度在第 6d 以后就一直比较高，由于可溶性铁可以促进某些硅藻（尤其是中肋骨条藻）的大量增殖，从而改变浮游植物的群落结构（林昱，2001）。陈慈美等（1990）在实验室内进行的藻类培养实验也证明可溶性铁或锰对藻类的增殖起促进作用。可见，营养盐结构的不同对浮游植物种群结构及生物量有很大的影响。

有关营养盐对藻类生长的促进作用有两种解释：第一种，营养盐含量的增加普遍地增加了浮游植物的数量；第二种，营养盐将会有选择性地促进某些浮游植物的生长。对不同营养物质浓度水平的浮游植物进行的室内实验和围隔生态实验结果证明，营养物质对大多数浮游植物的生长有明显的促进作用。

4. DMS 浓度变化以及营养盐、Chl-*a* 的影响

DMS 浓度变化曲线如图 5-31 所示，DMS 的浓度在围隔生态实验一开始呈下降趋势，5d 以后又回升，到第 9d（结束）基本达到最大值。对照围隔袋 M1 中 DMS 的最大浓度出现在第 9d，仅为 10.43nmol/L；围隔袋 M2、M3 中 DMS 浓度的最大值分别出现在第 8d（18.90nmol/L）、第 9d（26.64nmol/L）；围隔袋 M4、M5、M6 中 DMS 浓度的最大值均出现在围隔的第 10d，分别为 28.86nmol/L、26.60nmol/L、29.55nmol/L。总体来说，DMS 浓度的变化趋势与 Chl-*a* 基本一样，开始均出现下降，而后回升，这估计与各围隔袋中浮游植物的生理状况有关，指数生长期 DMS 的浓度较低，进入稳定生长期后，藻细胞的生物量达到最大值，微藻的 DMSP 裂解酶相应增加，而此时水体中 DMSPd 的浓度也较高，所以 DMS 的含量较指数生长期有所增加。当浮游植物进入衰亡期时，衰老的细胞大量破裂，释放大量的 DMSPd，其在 DMSP 裂解酶的作用下降解为 DMS，所以 DMS 的浓度大大提高。

围隔生态实验结果表明围隔袋 M3、M4、M5 中 DMS 浓度和 Chl-*a* 浓度存在明显的相关性，如图 5-32 所示，围隔袋 M3、M4、M5 中其相关性结果分别为 $R^2=0.5245$，$n=10$，$P=0.0178$；$R^2=0.8217$，$n=10$，$P=0.0003$；$R^2=0.5971$，$n=10$，$P=0.0088$，而其他围隔袋中其相关性不好。一般 Chl-*a* 浓度较高，相应 DMS 的浓度也会比较高。不过 DMS 与浮游植物种群结构也具有一定的关系，不同的浮游植物 DMS 的生产能力是不同的，一般甲藻纲的原甲藻属和前沟藻属的 DMS 浓度最高；定鞭金藻纲的棕囊藻和颗石藻是 DMS 的高产种，其他藻种 DMS 产量相对较低。

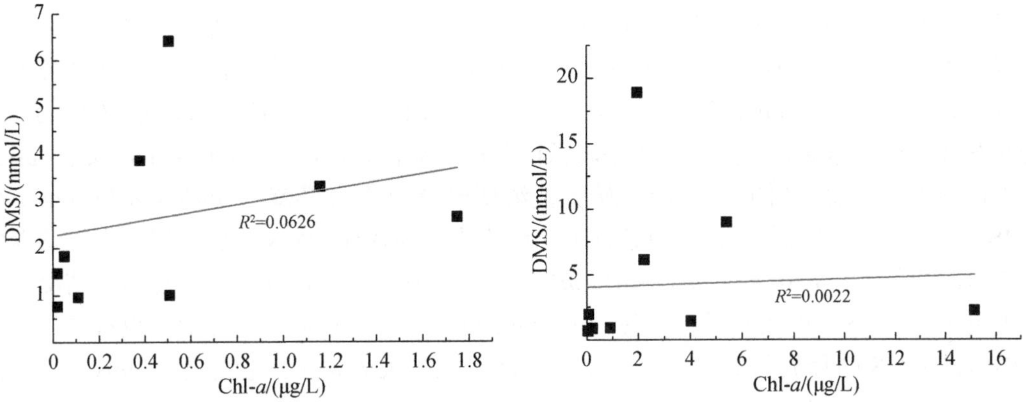

(a)对照围隔袋M1　(b)围隔袋M2

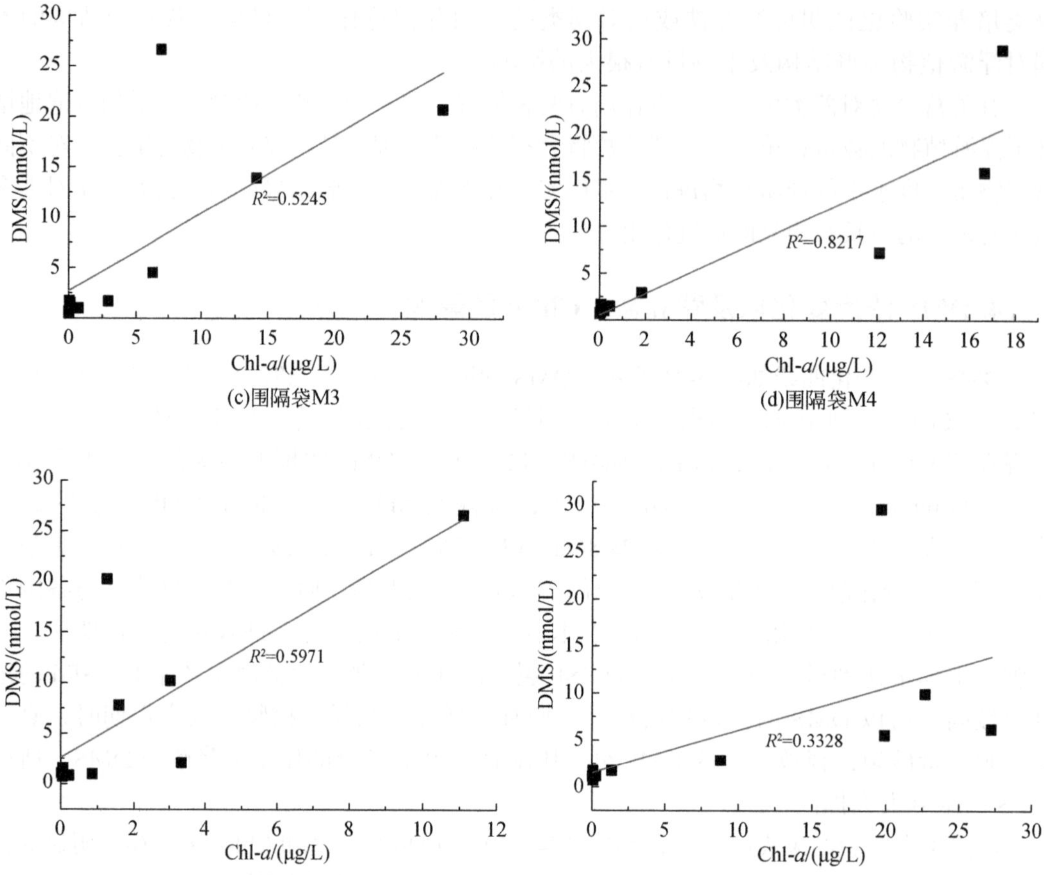

(c)围隔袋M3　(d)围隔袋M4

(e)围隔袋M5　(f)围隔袋M6

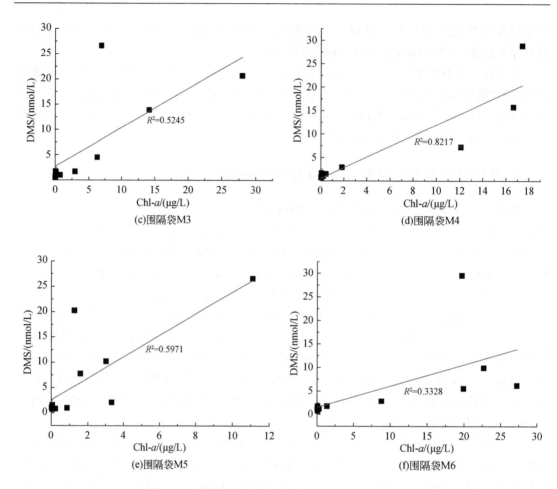

图 5-32　围隔袋中 DMS 浓度与 Chl-*a* 浓度的相关性

营养盐水平的高低决定浮游植物生物量的大小，也可以间接地影响海水中 DMS 的浓度。在营养盐因素中，对 DMS 释放有特殊作用的是氮盐。对比围隔袋 M2、M3 可以发现，围隔袋 M3 中硝酸盐初始浓度是围隔袋 M2 的 2 倍，DMS 浓度的最大值也高于围隔袋 M2 且最大值出现的时间比围隔袋 M2 晚，这可能是高浓度的硝酸盐不利于 DMS 的释放。围隔袋 M2 与 M6 相比，除围隔袋 M6 中加了一定量的 Fe 外，二者其他营养盐浓度基本相同，可是围隔袋 M6 中 DMS 浓度从实验开始一直高于围隔袋 M2 且最大值出现较晚，这可能是 Fe 有利于 DMS 的释放，且有利于硫的循环。Andreae（1990）的研究发现，在营养缺乏、生产力水平较低的马尾藻海区，DMS 的释放速率加快。Turner 等（1988）在实验室研究了不同初始氮盐浓度时赫氏艾密里藻（*Emiliania huxleyi*）中 DMS 的释放，发现在高氮盐供应条件下，细胞生长加快而 DMS 释放减慢。人工培养的亚心形四片藻（*Tetraselmis subcordiformis*）和一些海洋浮游植物在营养耗尽的情况下会产生更多的 DMS，也证明了这一观点（Gröne and Kirst，1992）。然而，也有结果表明自然海区 DMS 的释放与氮盐的关系是一种两段式相关关系（焦念志等，1999）。目前二者关系还没有得到一致认可。

5. DMSPp 浓度变化以及营养盐、Chl-*a* 的影响

不同营养盐条件下 DMSPp 浓度变化曲线如图 5-31 所示，围隔袋 M1 ～ M6 中，DMSPp 的初始浓度分别为 31.63nmol/L、24.52nmol/L、28.91nmol/L、18.67nmol/L、19.93nmol/L、33.07nmol/L。随着围隔生态实验的进行，围隔袋中 DMSPp 浓度均出现先增后减再增的变化趋势。各围隔袋中 DMSPp 最低值均出现在第 2 ～ 3d；最高值出现在围隔的最后几天至结束，DMSPp 在围隔袋中的最大值为 272.58nmol/L（围隔袋 M6），其次是 168.35nmol/L（围隔袋 M3），107.92nmol/L（围隔袋 M5），再次是 98.71nmol/L（围隔袋 M4）、76.46nmol/L（围隔袋 M2）和 61.59nmol/L（围隔袋 M1）。

对比各围隔袋中 DMSPp 和 Chl-*a* 的浓度变化曲线（图 5-31）可以看出，各围隔袋中 DMSPp 浓度的最大值较滞后于 Chl-*a* 浓度的最大值，这可能与藻细胞体内 DMSPp 的合成途径有关，海藻细胞首先摄取海洋环境中的硫合成可溶性半胱氨酸，然后经胱氨酸、高胱氨酸合成蛋氨酸，蛋氨酸再经脱氨和甲基化作用，最终才生成 DMSPp（Andreae，1990）。另外，与藻的生理状态有关，当浮游植物处于指数生长期和稳定生长期时，藻细胞生长旺盛，细胞最健康而不易破裂，DMSPp 在藻细胞内发挥调节渗透压的作用，不易以两性离子的形式排出体外，因此释放到细胞外的 DMSPp 较少；当藻类处于稳定生长期后期时，藻细胞繁殖、新老更替减慢，部分藻细胞开始破裂，释放出大量 DMSPp；当藻类进入衰亡期后，新的细胞不再生成，DMSPp 的总量也不再增加。因此，DMSPp 浓度最大值一般出现在藻类稳定生长期的后期，一段时间以后开始下降。围隔袋 M2 中 DMSPp 浓度的最大值出现在第 8d，为 76.46nmol/L，而 Chl-*a* 浓度的最大值出现在第 9d，这可能与其中的浮游植物种群演变有关，前 8d 占优势地位的浮游植物极有可能是一种 DMSPp 的高产种，而之后出现的并非 DMSPp 的优势种。不同浮游植物 DMSPp 的产量差别很大，Keller（1989）发现，同属甲藻纲的简单裸甲藻（*Gyrodinium aureolum*）和塔玛亚历山大藻细胞中的 DMSPp 浓度可相差 300 倍以上。李炜和焦念志（1999）研究了同属于绿藻门绿藻纲团藻目的扁藻（*Platymonas* spp.）、杜氏藻（*Dunaliella* spp.）和硅藻门的牟氏角刺藻（*Chaetoceros muelleri*），发现扁藻细胞的 DMSPp 含量高出杜氏藻近 100 倍，而杜氏藻的 DMSPp 含量又比硅藻门的牟氏角刺藻高出 10 倍左右。王艳等（2003）研究球形棕囊藻（*P. globosa*）、香港株（HK strain）和汕头株（ST strain）细胞中的 DMSPp 产量时发现，藻类的 DMSPp 产量差异很大。遗憾的是，本研究没有得到具体种群的变化情况。

分析 DMSPp 浓度与 Chl-*a* 浓度的相关性，从图 5-33 可以看出，围隔袋 M3、M4、M5 中其相关性较好（分别为 R^2=0.881，n=10，P=0.0001；R^2=0.716，n=10，P=0.0020；R^2=0.692，n=10，P=0.0029），其他围隔袋则不是很好。氮盐形态的不同对浮游植物的种群结构有所影响。浮游植物对有机氮和无机氮吸收效率的差异，以及氮盐对不同浮游植物生长促进作用的差别，使得各围隔袋中 DMSPp 浓度与 Chl-*a* 浓度的相关性存在一定的差别。

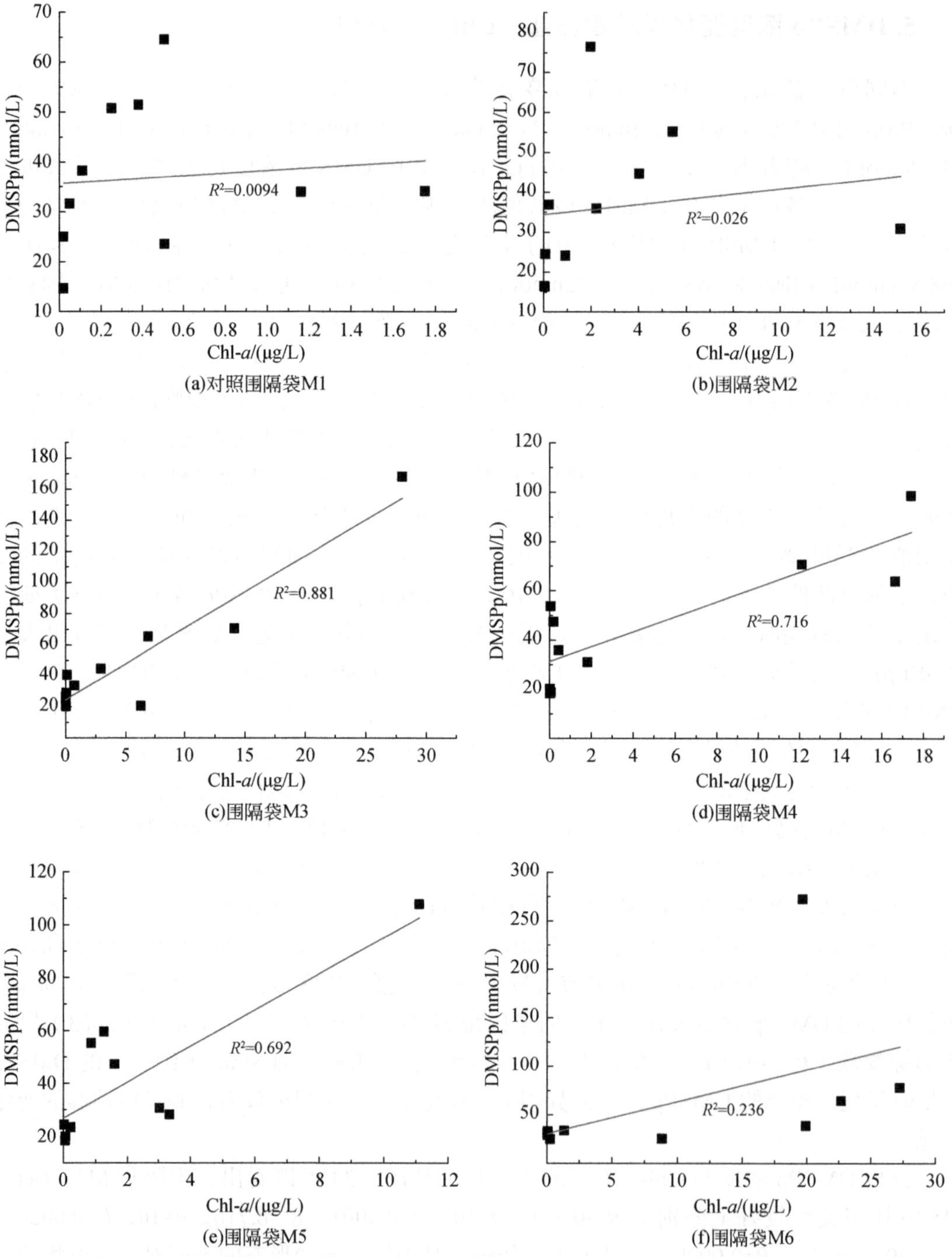

图 5-33　围隔袋中 DMSPp 浓度与 Chl-*a* 浓度的相关性

DMSPp 在各围隔袋中的最低值、最高值差别比较明显，这与各围隔袋中不同的营养盐结构有关。在围隔袋 M2、M4、M6 中 DIN 的初始含量基本相近，分别为 25.05μmol/L、24.99μmol/L、25.34μmol/L，但是围隔袋 M2、M6 中主要以 NO_3-N 为主，而围隔袋 M4

中 NO_3-N 和 NH_4-N 各占一半，围隔袋 M6 中还添加了一定量的 Fe，使得这 3 个围隔袋中 DMSPp 浓度及其变化存在很大的差别，最大值排序为 M6 ＞ M4 ＞ M2，这可能是由于南海浮游植物的生长受 Fe 的限制，Fe 的添加有利于浮游植物的生长和硫的循环，另外，NH_4-N 可能有利于浮游植物对氮的吸收，促进浮游植物的生长。围隔袋 M5 中总氮浓度与围隔袋 M2、M4、M6 基本相同，但是里面含有部分有机氮［$CO(NH_2)_2$］，Chl-*a* 浓度出现两次最大值（11.09μg/L），这两次最大值出现时 DMSPp 的浓度分别为 30.67nmol/L 和 107.92nmol/L，这可能是由于有机氮更有利于浮游植物的吸收，而有机氮对浮游植物生长的促进作用没有无机氮强，另外，可能 $CO(NH_2)_2$ 不利于 DMSPp 的释放。总之营养盐结构的不同使得浮游植物种群结构变化，DMSPp 的生产能力出现明显的差别。

6. DMS 浓度和 DMSPp 浓度之间的相关性

DMS 主要是从其前体 DMSP 裂解而来的，而 DMSP 主要来自海洋浮游植物。海水中海藻细胞的死亡、浮游动物的摄食、浮游细菌和病毒的作用使得 DMSP 从藻细胞中释放出来。而藻细胞中，DMSP 直接分解成 DMS 的速率较慢，但在外部条件下，如盐度变化、物理扰动或 DMSP 暴露在大气中，其分解速率大大加快。

从图 5-34 可以看出，围隔生态实验中 DMSPp 浓度与 DMS 浓度的相关性都比较好，围隔袋 M1 ～ M6 中相关性结果分别为 R^2=0.531，n=10，P=0.0168；R^2=0.789，n=10，P=0.0006；R^2=0.517，n=10，P=0.0190；R^2=0.707，n=10，P=0.0023；R^2=0.729，n=10，P=0.0017；R^2=0.959，n=10，P=0.0001。通过实验发现，加了微量 Fe 的围隔袋 M6 中二者的相关性最好，可能是 Fe 的存在促进硫的生物地球化学循环；加尿素的围隔袋 M5 中二者相关性比较好，可能是 $CO(NH_2)_2$ 有利于硫的循环；只加硝酸盐的围隔袋 M2 中二者的相关性也很好，这说明硝酸盐与硫的循环密切相关。Matthew 和 Grant（2001）的研究发现，在围隔生态实验过程中无机氮营养盐与硫的循环过程密切相关，但在海洋现场二者的相关性到底如何还没有定论。

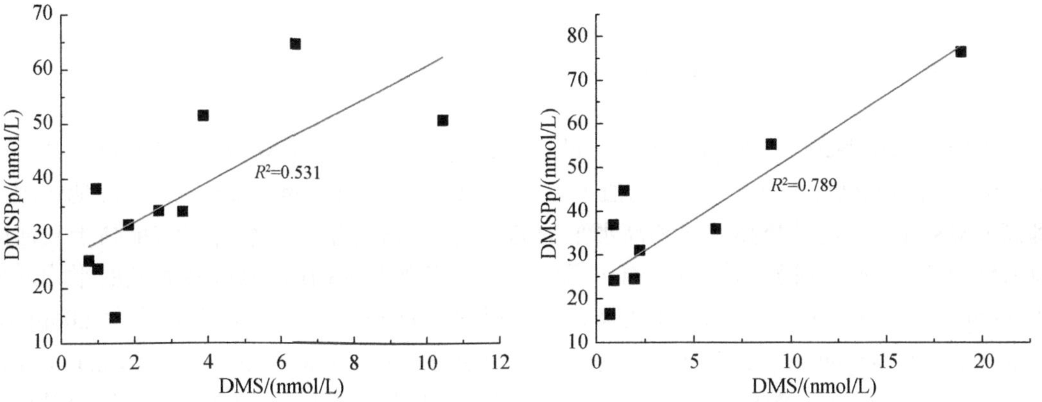

(a)对照围隔袋M1　(b)围隔袋M2

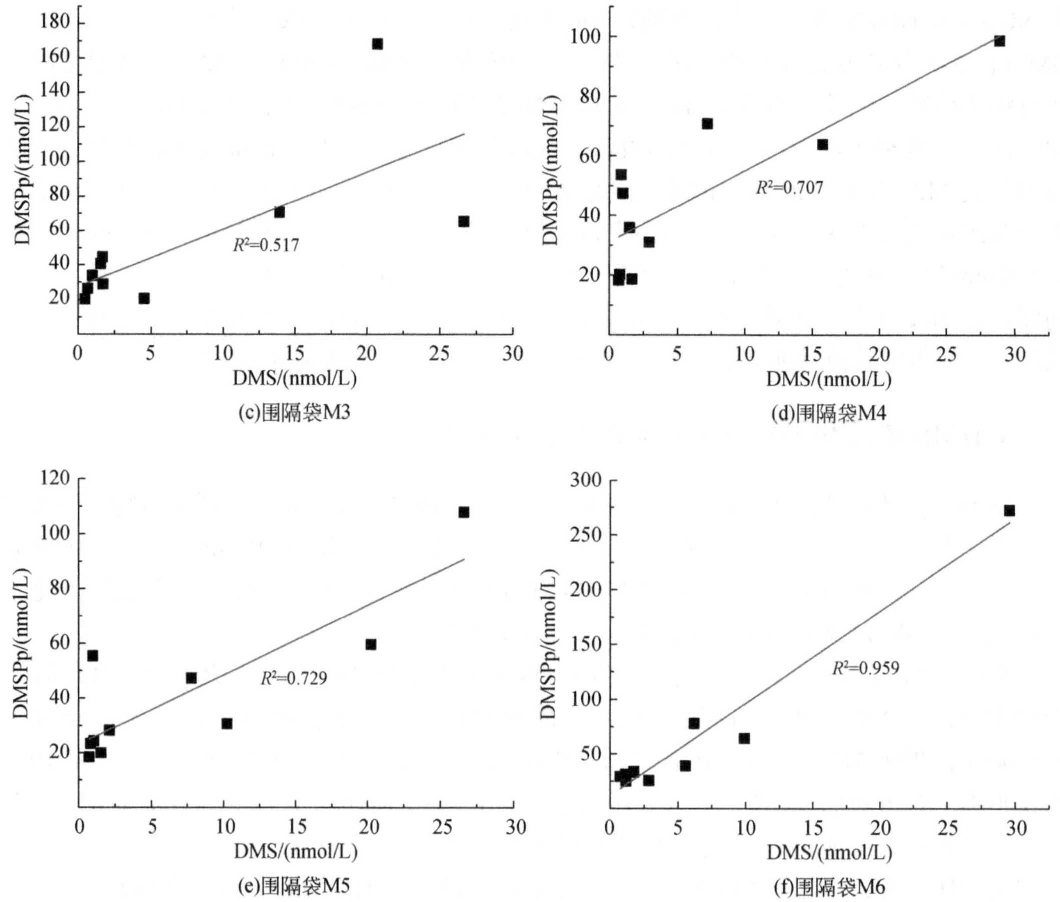

图 5-34　围隔袋中 DMS 浓度与 DMSPp 浓度的相关性

5.3　南海 DMS 海 - 气通量及区域性贡献

5.3.1　南海陆架区 DMS 海 - 气通量

本研究采用 N2000（Naghtingale et al.，2000）公式估算了 DMS 海 - 气通量，其范围为 1.6 ～ 50.3μmol/（m^2 • d），平均值为（15.6±11.6）μmol/（m^2 • d）。在沿海地区观测到高 DMS 海 - 气通量与高风速和高水平的 DMS 浓度密切相关。本研究结果高于其他南海 DMS 海 - 气通量研究的结果。Yang 等（1999）发现 DMS 在南海南沙海域的平均通量为 7.06μmol/（m^2 • d）。于南海中央海盆估算得到的 DMS 海 - 气通量在春季为 2.06μmol/（m^2 • d）（Yang et al.，2008），在夏季为（4.36±3.94）μmol/（m^2 • d）（Zhai et al.，2018）。由于较高的 DMS 浓度和风速，在南海北部中央海盆报告的 DMS 海 - 气通量高于之前报告的结果。对于其他海域，夏季东海海面 DMS 海 - 气通量平均为 17.73μmol/（m^2 • d）（Zhang et al.，2014），南太平洋海面 DMS 海 - 气通量平均为 4.5μmol/（m^2 • d）（Lee et al.，2010）。显然，在沿海水域，DMS 海－气通量明显较高，这与之前的报道一致。

5.3.2　南海海盆区 DMS 海－气通量

2005 年对南海海盆区北部航次的调查研究利用 Liss 和 Merlivat（1986）建立的滞膜模型计算了南海表层水和大气之间 DMS 海－气通量，结果见表 5-13。所获得的 DMS 海－气通量变化范围为 0.02 ～ 6.60μmol/（m^2•d），平均值为 2.77μmol/（m^2•d）。Yang 等（1999）估算的南沙海区的 DMS 海－气通量为 7.6μmol/（m^2•d），高于本调查的结果，主要在于其取样时的风速比较大，DMS 在海水表层的挥发作用增强，因而向大气扩散的量增加。这个结果显然与南海海域比较低的初级生产力和 DMS 浓度直接相关。本调查结果与 Simó 等（1997）在贫营养的西地中海所得到的结果［2.7μmol/（m^2•d）］非常相近。

表 5-13　DMS 海－气通量

站位	风速①/（m/s）	*Sc*	K_{DMS}/（cm/h）	DMS 海－气通量 /［μmol/（m^2•d）］	$\tau_{sea\text{-}to\text{-}air}$/min
S1	6.2	621	7.84	3.54	0.13
S2	4.6	603	3.44	1.33	0.23
S3	1.2	577	0.21	0.05	5.88
S4	2.9	598	0.49	0.24	1.87
S5	0.3	611	0.05	0.02	17.19
S6	4.7	604	3.72	1.65	0.18
S7	6.4	607	8.50	4.24	0.08
S8	1.4	614	0.23	0.09	3.63
S9	9.9	630	18.03	6.10	0.06
S11	2.0	606	0.34	0.13	4.25
S12	2.5	604	0.42	0.17	1.80
S13	3.0	636	0.49	0.22	1.84
S14	6.7	652	9.01	3.68	0.10
S15	8.3	642	13.47	6.60	0.08
S16	7.1	642	10.17	5.01	0.10
S17	5.7	645	6.32	2.44	0.12
S18	5.9	665	6.76	2.60	0.11
S19	7.2	682	10.13	3.21	0.11
S20	8.2	682	12.79	4.48	0.05

续表

站位	风速①/（m/s）	*Sc*	K_{DMS}/（cm/h）	DMS 海 - 气通量 / [μmol/（m^2 • d）]	$\tau_{sea\text{-}to\text{-}air}$/min
S21	8.7	688	14.05	5.12	0.05
S22	7.8	722	11.39	5.60	0.07
S23	6.2	736	7.18	4.31	0.13
平均值	5.3	639	6.59	2.77	1.73

① 10m 高处所测数据。

2014 年南海海盆区中部航次的调查研究利用采样时的瞬时风速和表层海水 DMS 浓度对南海海盆区 DMS 海 - 气通量进行了估算（利用 N2000 公式）。如图 5-35 所示，调查期间，风速范围为 2.78 ～ 10.0m/s，平均风速为（6.35±2.04）m/s。DMS 海 - 气通量为 0.93 ～ 13.2μmol/（m^2 • d），平均值（4.36±3.94）μmol/（m^2 • d）。本调查中所获得的 DMS 海 - 气通量低于之前在河口、沿海和陆架海域报道的通量值 [Zhang 等（2014）报道夏季东海的 DMS 海 - 气通量平均值为 16.73μmol/（m^2 • d）；Zhang 等（2008）报道黄海的 DMS 海 - 气通量平均值为 6.41μmol/（m^2 • d）]，这是由于南海中央海盆海域具有开阔大洋的性质，表层海水具有较低的 DMS 浓度，从而导致较低的 DMS 海 - 气通量。与全球数据相比，本调查估算的 DMS 海 - 气通量与其他开阔大洋海域的 DMS 海 - 气通量相当，如南太平洋为 2.8 ～ 4.5μmol/（m^2 • d）（Lee et al.，2010）和南大洋为（2.9±2.1）μmol/（m^2 • d）（Yang et al.，2011）。

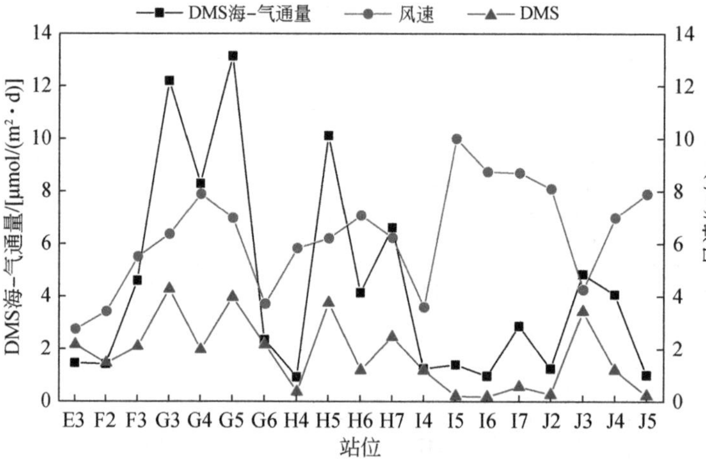

图 5-35　风速、表层海水 DMS 浓度和 DMS 海 - 气通量

5.3.3　南海 DMS 释放的区域性贡献

南海总面积约为 3.5×10^6km²，其中海盆面积约为 2.5×10^6km²（冯文科和鲍才旺，1982）。作者根据 2014 年对南海海盆区中部航次调查和 2015 年对南海北部陆架区航次调

查研究获得的 DMS 海 - 气通量分别估算南海海域陆架区及海盆区 DMS 释放的区域性贡献并对其进行加和，计算得到南海 DMS 释放通量约为 0.310Tg S/a，并由此估算出南海对全球 DMS 的贡献率。研究结果表明，尽管南海海域面积仅占全球海洋面积的 0.84%，但对 DMS 释放量（约 28.1Tg S/a）（Lana et al.，2011）的贡献率为 1.10%。

5.4 结　论

（1）南海北部陆架区海域夏季 Chl-*a*、DMS、DMSP 和 DMSO 的浓度分布都基本一致，表现为近岸高、远岸低的趋势。南海暖流断面 Chl-*a*、DMS、DMSO、DMSP 均出现明显的层化现象，浓度最大值出现在 50 ～ 75m 水深处，表层海水和深层海水其浓度较低；而珠江口断面分层现象不明显，DMS、DMSO、DMSP 浓度最大值出现在 30m 以浅的上层水体。冬季南海北部陆架区表层海水中 DMSOd 浓度的平面分布呈现出近岸高、远海低的趋势，在珠江入海口附近出现异常高值，这表明入海径流对 DMSOd 浓度分布的影响。DMSOp 浓度的平面分布也呈现出近岸高、远海低的趋势，除受浮游植物种类的影响外，浮游植物数量也发挥一定的作用，部分近岸站位沉积物的再悬浮也可能是 DMSOp 浓度较高的原因。

（2）夏季南海海盆区 DMS 浓度水平远低于其他中国边缘海沿海地区，且年际变化不大，处于相对稳定的状态，DMSPd 和 DMSPp 的浓度分布大致与 DMS 一致。南海海盆区远离陆地，常年处于贫营养状态，浮游植物生长受到限制，释放的 DMS、DMSP、DMSO 有限。海盆区温度和盐度随深度的变化趋势基本一致，出现明显的温盐跃层和水体的分层现象。Chl-*a* 浓度从海水表层到 Chl-*a* 浓度最大值所在水层逐渐增加，并在真光层以下迅速下降，DMSPp 浓度最大值出现在 Chl-*a* 浓度最大值所在水层上方或与 Chl-*a* 浓度最大值同时出现，DMS 浓度的垂直分布与 DMSP 相似，但其最大值所在水层略浅于 DMSPp。值得注意的是，当水深大于 150 ～ 200m 时，DMS、DMSP 及 DMSOp 的浓度降至检测限（0.3nmol/L）以下，而 DMSOd 的浓度始终在 1nmol/L 左右，推测 DMSOd 可能在微生物消耗方面相对更稳定，并且具有更长的周转时间。

（3）南海海盆区微表层中 DMS、DMSPp 和 Chl-*a* 未显示出富集效应，而 DMSPd 在微表层中得到了富集，其较低的富集程度与南海海水比较“清洁”的水质及较小的表面张力有关。

（4）海水中 DMS 和 DMSP 的浓度是由其生产与消费的各个过程来决定的，每个过程生产与消费速率的变化必然会影响其浓度。DMS 和 DMSP 的浓度与海水温度、营养盐的供应情况、水体层化造成浮游植物种类变化、光化学反应过程及细菌的活动等因素有关，这些因素的变化主要是由季节的变化造成的，季节是最主要的推动力。因此，DMS、DMSP 的浓度乃至 DMS 海 - 气通量呈现出明显的季节性变化规律。此外，这也反映出硫循环对气候变化的响应。

（5）在沿海水域，DMS 海 - 气通量明显增高。南海中央海盆海域具有开阔大洋的性质，表层海洋具有较低的 DMS 浓度，从而导致较低的 DMS 海 - 气通量，DMS 海 - 气通量低于在河口、沿海和陆架海域报道的通量值。南海 DMS 释放通量约为 0.310Tg S/a，尽管南海海域面积仅占全球海洋面积的 0.84%，但对 DMS 释放量的贡献率为 1.10%，高于全球平均水平。

参考文献

陈慈美，包建军，吴瑜瑞 . 1990. 纳污海域营养物质形态及含量水平与浮游植物增殖竞争关系——Ⅰ. 磷的效应 . 海洋环境科学，9（1）：6-12.
戴民汉，魏俊峰，翟惟东 . 2001. 南海碳的生物地球化学研究进展 . 厦门大学学报，40（2）：545-551.
冯文科，鲍才旺 . 1982. 南海地形地貌特征 . 海洋地质研究，2（4）：80-93.
韩舞鹰 . 1998. 南海海洋化学 . 北京：科学出版社 .
焦念志，柳承璋，陈念红 . 1999. 东海二甲基硫丙酸的分布及其制约因素的初步研究 . 海洋与湖沼，30（5）：525-531.
乐凤凤，宁修仁，刘诚刚，等 . 2008. 2006 年冬季南海北部浮游植物生物量和初级生产力及其环境调控 . 生态学报，28（11）：5775-5784.
乐凤凤，孙军，宁修仁，等 . 2006. 2004 年夏季中国南海北部的浮游植物 . 海洋与湖沼，37（3）：238-248.
李宝华，陈尚，朱明远 . 2001. 围隔生态系富磷及油污染对叶绿素 *a* 变化的影响 . 黄渤海海洋，19（4）：30-36.
李福东，张诚，邹景忠 . 1996. 细菌在浮游植物生长过程中的作用 . 海洋科学，6：30-33.
李立，吴日升，郭小钢 . 2000. 南海的季节环流 -TOPEX/POSEIDON 卫星测高应用研究 . 海洋学报，22（6）：13-26.
李炜，焦念志 . 1999. 环境因子对三种常见微藻细胞中二甲基硫丙酸含量影响的初步研究 . 海洋与湖沼，6：635-639.
林昱 . 2001. 甲藻赤潮与水体中营养盐的关系初探 . 台湾海峡，20（1）：77-79.
刘效兰，丁海兵 . 1999. 海洋微表层磷酸盐富集及富集机理研究进展 . 化工时刊，13（3）：13-16.
彭欣，宁修仁，孙军，等 . 2006. 南海北部浮游植物生长对营养盐的响应 . 生态学报，12：3959-3968.
沈国英，施并章 . 1996. 海洋生态学（修订版）. 厦门：厦门大学出版社 .
孙军，宋书群，乐凤凤，等 . 2007. 2004 年冬季南海北部浮游植物 . 海洋学报，29（5）：132-145.
王东晓，杜岩，施平 . 2002. 南海上层物理海洋学气候图集 . 北京：气象出版社 .
王艳，齐雨藻，沈萍萍，等 . 2003. 温度和盐度对球形棕囊藻细胞 DMSP 产量的影响 . 水生生物学报，4：367-371.
魏玉银，关春江，孙弟 . 1992. 石油对海湾扇贝影响的海上围隔实验 . 海洋环境科学，11（3）：28-32.
杨和福 . 1998. 紫外辐射对南极棕囊藻细胞 DMSP 合成和 DMS 释放率的影响 . 海洋学报，5：101-108.
郁建栓，陈甫华，戴树桂 . 1994. 天然淡水表面微层中某些重金属富集现象研究 . 中国环境科学，1：1-5.
袁梁英 . 2005. 南海北部营养盐结构特征 . 厦门：厦门大学 .
曾活水，林燕顺，姚瑞梅 . 1993. 厦门西海域赤潮成因与细菌量相关性的研究 . 海洋学报，6：105-110.
张正斌，杨桂朋，刘莲生 . 1997. 物质海 - 气通量计算的新建议 . 科学通报，9：943-947.
朱根海，宁修仁，蔡昱明，等 . 2003. 南海浮游植物种类组成和丰度分布的研究 . 海洋学报，S2：8-23.
庄栋法，蔡子平，陈孝麟，等 . 1995. 柴油在底层泥中的行为及其对底栖生物群落的影响 . 海洋学报，4：107-111.
庄栋法，吴省三，林昱，等 . 1997. 化学分散原油在海洋围隔生态系中迁移过程的研究 . 海洋学报，19（1）：43-49.
Andreae M O. 1984. Microbial Mats：Astromatolistes. New York：Alan R. Liss.

Andreae M O. 1985. Dimethylsulfide in the water column and the sediment porewaters of the Peru upwelling area. Limnology and Oceanography, 30 (6): 1208-1218.

Andreae M O. 1990. Ocean-atmosphere interaction in the global biogeochemical sulfur cycle. Marine Chemistry, 30: 1-29.

Andreae M O, Barnard W R. 1984. The marine chemistry of dimethylsulfide. Marine Chemistry, 14 (3): 267-279.

Antia N J, Berland B R, Bonin D J, et al. 1975. Comparative evaluation of certain organic and inorganic sources of nitrogen for phototrophic growth of marine microalgae. Journal of the Marine Biological Association of the UK, 55 (3): 519-539.

Baker A R, Turner S M, Broadgate W J, et al. 2000. Distribution and sea-air fluxes of biogenic trace gases in the eastern Atlantic Ocean. Global Biogeochemical Cycles, 14 (3): 871-886.

Bates T S, Kiene R P, Wolfe G V, et al. 1994. The cycling of sulfur in surface seawater of the Northeast Pacific. Journal of Geophysical Research: Oceans, 99 (C4): 7835-7843.

Besiktepe S, Tang K W, Vila M, et al. 2004. Dimethylated sulfur compounds in seawater, seston and mesozooplankton in the seas around Turkey. Deep Sea Research Part Ⅰ: Oceanographic Research Papers, 51 (9): 1179-1197.

Bouillon R C, Lee P A, de Mora S J, et al. 2002. Vernal distribution of dimethylsulphide, dimethylsulphoniopropionate, and dimethylsulphoxide in the North Water in 1998. Deep Sea Research Part Ⅱ: Topical Studies in Oceanography, 49 (22-23): 5171-5189.

Brimblecombe P, Shooter D. 1986. Photo-oxidation of dimethylsulfide in aqueous solution. Marine Chemistry, 19 (4): 343-353.

Brockmann U H, Laane R W P M, Postma H. 1990. Cycling of nutrient elements in the North Sea. Netherlands Journal of Sea Research, 26 (2-4): 239-264.

Bucciarelli E, Sunda W G. 2003. Influence of CO_2, nitrate, phosphate, and silicate limitation on intracellular dimethylsulfoniopropionate in batch cultures of the coastal diatom *Thalassiosira pseudonana*. Limnology and Oceanography, 48 (6): 2256-2265.

Carlson D J. 1982. Surface microlayer phenolic enrichments indicate sea surface slicks. Nature, 296 (5856): 426-429.

Chen C T A, Wang S L, Wang B J, et al. 2001. Nutrient budgets for the South China Sea basin. Marine Chemistry, 75 (4): 281-300.

Chen Y L L, Chen H Y, Karl D M, et al. 2004. Nitrogen modulates phytoplankton growth in spring in the South China Sea. Continental Shelf Research, 24 (4): 527-541.

Dacey J W H, Wakeham S G. 1986. Oceanic dimethylsulfide: production during zooplankton grazing on phytoplankton. Science, 233 (4770): 1314-1316.

Deal C J, Kieber D J, Toole D A, et al. 2005. Dimethylsulfide photolysis rates and apparent quantum yields in Bering Sea seawater. Continental Shelf Research, 25 (15): 1825-1835.

del Valle D A, Kieber D J, Toole D A, et al. 2009. Dissolved DMSO production via biological and photochemical oxidation of dissolved DMS in the Ross Sea, Antarctica. Deep Sea Research Part Ⅰ: Oceanographic Research Paper, 56 (2): 166-177.

Erickson Ⅲ D J, Ghan S J, Penner J E. 1990. Global ocean-to-atmosphere dimethylsulfide flux. Journal of Geophysical Research: Atmospheres, 95 (D6): 7543-7552.

Galí M, Simó R. 2010. Occurrence and cycling of dimethylated sulfur compounds in the Arctic during summer receding of the ice edge. Marine Chemistry，122（1-4）：105-117.

Gibson J A E，Garrick R C，Burton H R，et al. 1990. Dimethylsulfide and the alga *Phaeocystis pouchetii* in Antarctic coastal waters. Marine Biology，104（2）：339-346.

González J M，Kinen R P，Moran M A. 1999. Transformation of sulfur compounds by an abundant lineage of marine bacteria in the α-subclass of the class *Proteobacteria*. Applied and Environmental Microbiology，65（9）：3810-3819.

Green D H，Shenoy D M，Hart M C，et al. 2011. Coupling of dimethylsulfide oxidation to biomass production by a marine flavobacterium. Applied and Environmental Microbiology，77（9）：3137-3140.

Gröne T，Kirst G O. 1992. The effect of nitrogen deficiency，methionine and inhibitor of methionine metabolism on the DMSP contents of *Tetraselmis subcordiformis*（Stein）. Marine Biology，112（3）：497-503.

Harada H，Rouse M A，Sunda W，et al. 2004. Latitudinal and vertical distributions of particle-associated dimethylsulfoniopropionate（DMSP）lyase activity in the western North Atlantic Ocean. Canadian Journal of Fisheries and Aquatic Sciences，61（5）：700-711.

Hatton A D，Malin G，Liss P S. 1999. Distribution of biogenic sulfur compounds during and just after the southwest monsoon in the Arabian Sea. Deep Sea Research Part Ⅱ：Topical Studies in Oceanography，46（3）：617-632.

Hatton A D，Malin G，McEwan A G. 1994. Identification of a periplasmic dimethylsulphoxide reductase in *Hyphomicrobium* EG grown under chemolithoheterotrophic conditions with dimethylsulphoxide as carbon source. Archives of Microbiology，162（1）：148-150.

Hatton A D，Wilson S T. 2007. Particulate dimethylsulphoxide and dimethylsulphoniopropionate in phytoplankton cultures and Scottish coastal waters. Aquatic Science，69（3）：330-340.

Iverson R L，Neaehoof F L，Andreae M O. 1989. Production of dimethylsulfonium propionate and dimethyl sulphide by phytoplankton in estuarine and coastal waters. Limnology and Oceanography，34（1）：53-67.

Keller M D. 1989. Dimethyl sulfide production and marine phytoplankton：the importance of species composition and cell size. Biological Oceanography，6（5-6）：375-382.

Kieber D J，Jiao J，Kiene R P，et al. 1996. Impact of dimethylsulfide photochemistry on methyl sulfur cycling in the equatorial Pacific Ocean. Journal of Geophysical Research：Oceans，101（C2）：3715-3722.

Kiene R P. 1988. Dimethyl sulfide metabolism in salt marsh sediments. FEMS Microbiology Ecology，53（2）：71-78.

Kiene R P，Bates T S. 1990. Biological removal of dimethyl sulphide from seawater. Nature，345：702-705.

Kiene R P，Kieber D J，Slezak D，et al. 2007. Distribution and cycling of dimethylsulfide，dimethylsulfoniopropionate and dimethylsulfoxide during spring and early summer in the Southern Ocean south of New Zealand. Aquatic Sciences，69（3）：305-319.

Kiene R P，Linn L J，Bruton J A. 2000. New and important roles for DMSP in marine microbial communities. Journal of Sea Reseach，43：209-224.

Kiene R P，Service S K. 1991. Decomposition of dissolved DMSP and DMS in estuarine water：dependence on temperature and substrate concentration. Marine Ecology Progress Series，76（1）：1-11.

Kniveton D R，Todd M C，Sciare J，et al. 2003. Variability of atmospheric dimethylsulphide over the southern Indian Ocean due to changes in ultraviolet radiation. Global Biogeochemical Cycles，17（4）：1096.

Lana A，Bell T G，Simó R，et al. 2011. An updated climatology of surface dimethylsulfide concentrations and emission fluxes in the global ocean. Global Biogeochemical Cycles，25（1）：GB1004.

Lápez N I, Duarte C M. 2004. Dimethyl sulfoxide（DMSO）reduction potential in Mediterranean seagrass（*Posidonia oceanica*）sediments. Journal of Sea Research, 51（1）: 11-20.

Ledyard K M, Dacey J W H. 1996. Microbial cycling of DMSP and DMS in coastal and oligotrophic seawater. Limnology and Oceanography, 41（1）: 33-40.

Lee G, Park J, Jang Y, et al. 2010. Vertical variability of seawater DMS in the South Pacific Ocean and its implication for atmospheric and surface seawater DMS. Chemosphere, 78（8）: 1063-1070.

Lee P A, Haase R, de Mora S J, et al. 1999. Dimethylsulfoxide（DMSO）and related sulfur compounds in the Saguenay Fjord, Quebec. Canadian Journal of Fisheries and Aquatic Sciences, 56（9）: 1631-1638.

Liss P S, Duce R A. 1997. The Sea Surface and Global Change. Cambridge: Cambridge University Press.

Liss P S, Merlivat L G. 1986. The Role of Air-Sea Exchange in Geochemical Cyclings. New York: Academic Press.

Liss P S, Slater P G. 1986. Flux of gases across the air-sea interface. Nature, 247: 181-184.

Lovelock J E, Maggs R J, Rasmussen R A. 1972. Atmospheric dimethyl sulphide and the natural sulphur cycle. Nature, 237（5356）: 452-453.

Ma Q, Hu M, Zhu T, et al. 2005. Seawater, atmospheric dimethylsulfide and aerosol ions in the Pearl River Estuary and the adjacent northern South China Sea. Journal of Sea Research, 53（3）: 131-145.

Ma W, Chai F, Xiu P, et al. 2013. Modeling the long-term variability of phytoplankton functional groups and primary productivity in the South China Sea. Journal of Oceanography, 69（5）: 527-544.

Malin G, Wilson W H, Bratbak G, et al. 1998. Elevated production of dimethylsulfide resulting from viral infection of cultures of *Phaeocystis pouchetii*. Limnology and Oceanography, 43（6）: 1389-1393.

Matrai P A, Keller M D. 1994. Total organic sulfur and dimethylsulfoniopropionate in marine phytoplankton: intracellular variations. Marine Biology, 119（1）: 61-68.

Matthew W, Grant B. 2001. Modelling the nitrogen cycle and DMS production in Lagrangian experiments in the North Atlantic. Deep Sea Research Part Ⅱ: Topical Studies in Oceanography, 48（4）: 1019-1042.

Mopper K, Kieber D J. 2002. Biogeochemistry of Marine Dissolved Organic Matter. San Diego: Academic Press.

Naghtingale P D, Malin G, Law C S. 2000. In situ evaluation of air-sea gas exchange parameterizations using novel conservative and volatile tracers. Global Biogeochemical Cycles, 14（1）: 373-387.

Ning X, Chai F, Xue H, et al. 2004. Physical-biological oceanographic coupling influencing phytoplankton and primary production in the South China Sea. Journal of Geophysical Research: Oceans, 109（10）: C10005.

Repeta D J. 2015. Chemical characterization and cycling of dissolved organic matter. Journal of Sea Research, 88（74）: 21-33.

Ridgeway R G, Thornton D C, Bandy A R. 1992. Determination of trace aqueous dimethylsulfoxide concentrations by isotope dilution gas chromatography/mass spectrometry: application to rain and sea water. Journal of Atmospheric Chemistry, 14（1-4）: 53-60.

Riseman S F, DiTullio G R. 2004. Particulate dimethylsulfoniopropionate and dimethylsulfoxide in relation to iron availability and algal community structure in the Peru Upwelling System. Canadian Journal of Fisheries and Aquatic Sciences, 61（5）: 721-735.

Santschi P H. 1985. The merl mesocosm approach for studying sediment-water interactions and ecotoxicology. Environmental Technology, 6（1-11）: 335-350.

Scarratt M G, Levasseur S M, Schultes S, et al. 2000. Production and consumption of dimethylsulfide（DMS） in North Atlantic waters. Marine Ecology Progress Series, 204: 13-26.

Shang S, Lee Z, Wei G. 2011. Characterization of MODIS-derived euphotic zone depth: results for the China Sea. Remote Sensing of Environment, 115 (1): 180-186.

Shi X Y, Wang X L, Han X R, et al. 2001. Relationship between petroleum hydrocarbon and plankton in a mesocosm experiment. Acta Oceanologica Sinica, 20 (2): 231-240.

Simó R, Archer S D, Pedrós-Alió C, et al. 2002. Coupled dynamics of dimethylsulfoniopropionate and dimethylsulfide cycling and the microbial food web in surface waters of the North Atlantic. Limnology and Oceanography, 47 (1): 53-61.

Simó R, Grimalt J O, Albaigeés J. 1997. Dissolved dimethylsulphide, dimethylsulphonio propionate and dimethylsulphoxide in western Mediterranean waters. Deep Sea Research Part Ⅱ: Topical Studies in Oceanography, 44 (3-4): 929-950.

Simó R, Hatton A D, Malin G, et al. 1998. Particulate dimethyl sulphoxide in sea water: production by microplankton. Marine Ecology Progress Series, 167: 291-295.

Simó R, Pedrós-Alió C, Malin G, et al. 2000. Biological turnover of DMS, DMSP and DMSO in contrasting open-sea waters. Marine Ecology Progress Series, 203: 1-11.

Simó R, Pedrós-Alió C. 1999. Short-term variability in the open ocean cycle of dimethylsulfide. Global Biogeochemical Cycles, 13 (4): 1173-1181.

Simó R, Vila-Costa M. 2006. Ubiquity of algal dimethylsulfoxide in the surface ocean: geographic and temporal distribution patterns. Marine Chemistry, 100: 136-146.

Stefels J, Dijkhuizen L. 1996. Characteristics of DMSP-lyase in *Phaeocystis* sp. (Prymnesiophyceae). Marine Ecology Progress Series, 131: 307-313.

Stefels J, Steinke M, Turner S, et al. 2007. Environmental constraints on the production and removal of the climatically active gas dimethylsulphide (DMS) and implications for ecosystem modelling. Biogeochemistry, 83 (1-3): 245-275.

Stefels J, van Boekel W H M. 1995. Production of DMS from dissolved DMSP in axenic cultures of the marine phytoplankton species *Phaeocystis* sp. Marine Ecology Progress Series, 97: 11-18.

Strickland J D H, Terhune L D B. 1961. The study of in situ marine photosynthesis using a large plastic bag. Limnology and Oceanography, 6 (1): 93-96.

Su J L. 1998. Circulation dynamics of the China seas north of 18°N. The Sea, 11: 483-505.

Sunda W, Kieber D J, Kiene R P, et al. 2002. An antioxidant function for DMSP and DMS in marine algae. Nature, 418 (6895): 317-320.

Taylor B F. 1993. Biogeochemistry of Global Change: Radiatively Active Trace Gases. New York: Chapman & Hall.

Toole D A, Kieber D J, Kiene R P, et al. 2003. Photolysis and the dimethylsulfide (DMS) summer paradox in the Sargasso Sea. Limnology and Oceanography, 48 (3): 1088-1100.

Turner S M, Malin G, Liss P S, et al. 1988. The seasonal variation of dimethyl sulfide and dimethylsulfoniopropionate concentrations in near shore waters. Limnology and Oceangraphy, 33 (3): 364-375.

Vairavamurthy A, Andreae M O, Iverson R L. 1985. Biosynthesis of dimethylsulfide and dimethylpropiothetin by *Hymenomonas carterae* in relation to sulfur source and salinity variations. Limnology and Oceanography, 30 (1): 59-70.

Vallina S M, Simó R. 2007. Strong relationship between DMS and the solar radiation dose over the global surface ocean. Science, 315 (5811): 506-508.

van Duyl F C, Gieskes W W C, Kop A J, et al. 1998. Biological control of short-term variations in the concentration of DMSP and DMS during a *Phaeocystis* spring bloom. Journal of Sea Research, 40 (3-4): 221-231.

Wakeham S G, Howes B L, Dacey J W H. 1984. Dimethylsulfide in a coastal stratified salt pond. Nature, 310: 770-772.

Wolfe G V, Levasseur M, Cantin G, et al. 1999. Microbial consumption and production of dimethyl sulfide in the Labrador Sea. Aquatic Microbial Ecology, 18 (2): 197-205.

Wolfe G V, Steinke M. 1996. Grazing-activated production of dimethyl sulfide by tow clones of *Emiliania huxleyi*. Limnology and Oceanography, 41 (6): 1151-1160.

Wong G T F, Ku T L, Mulholland M, et al. 2007. The SouthEast Asian Time-series Study (SEATS) and the biogeochemistry of the South China Sea—An overview. Deep Sea Research Part Ⅱ: Topical Studies in Oceanography, 54 (14-15): 1434-1447.

Yang G P. 1999a. Spatial distributions of dimethylsulfide in the South China Sea. Deep Sea Research Part Ⅰ: Oceanographic Research Papers, 47 (2): 177-192.

Yang G P. 1999b. Dimethylsulfide enrichment in the surface microlayer of the South China Sea. Marine Chemistry, 66 (3-4): 215-224.

Yang G P. 2000. Spatial distributions of dimethylsulfide in the South China Sea. Deep Sea Research Part Ⅰ: Oceanographic Research Papers, 47 (2): 177-192.

Yang G P, Cong X D, Zhang Z B, et al. 2000. Dimethylsulfide in the South China Sea. Chinese Journal of Oceanology and Limnology, 18 (2): 162-168.

Yang G P, Jing W W, Kang Z Q, et al. 2008. Spatial variations of dimethylsulfide and dimethylsulfoniopropionate in the surface microlayer and in the subsurface waters of the South China Sea during springtime. Marine Environmental Research, 65 (1): 85-97.

Yang G P, Liu X T, Li L, et al. 1999. Biogeochemistry of dimethylsulfide in the South China Sea. Journal of Marine Research, 57 (1): 189-211.

Yang G P, Tsunogai S. 2005. Biogeochemistry of dimethylsulfide (DMS) and dimethylsulfoniopropionate (DMSP) in the surface microlayer of the western North Pacific. Deep Sea Research Part Ⅰ: Oceanographic Research Papers, 52 (4): 553-567.

Yang G P, Tsunogai S, Watanabe S. 2005. Biogenic sulfur distribution and cycling in the surface microlayer and subsurface water of Funka Bay and its adjacent area. Continental Shelf Research, 25 (4): 557-570.

Yang G P, Watanabe S, Tsunogai S. 2001. Distribution and cycling of dimethyl sulfide in surface microlayer and subsurface seawater. Marine Chemistry, 76 (3): 137-153.

Yang G P, Zhang Z B, Liu L S, et al. 1996. Study on the analysis and distribution of dimethylsulfide in the East China Sea. Chinese Journal of Oceanology and Limnology, 14 (2): 141-147.

Yang M, Blomquist B W, Fairall C W, et al. 2011. Air-sea exchange of dimethylsulfide in the Southern Ocean: measurements from SO GasEx compared to temperate and tropical regions. Journal of Geophysical Research: Oceans, 116 (8): C00F05.

Zeyer J, Eicher P, Wakeham S G, et al. 1987. Oxidation of dimethyl sufide to dimethyl sulfoxide by phototrophic purple bacteria. Applied and Environmental Microbiology, 53 (9): 2026-2032.

Zhai X, Li J L, Zhang H H, et al. 2019. Spatial distribution and biogeochemical cycling of dimethylated sulfur compounds and methane in the East China Sea during spring. Journal of Geophysical Research: Oceans, 124 (2): 1074-1090.

Zhai X，Song Y C，Li J L，et al. 2020. Distribution characteristics of dimethylated sulfur compounds and turnover of dimethylsulfide in the Northern South China Sea during summer. Journal of Geophysical Research：Biogeosciences，125（2）：e2019JG005363.

Zhai X，Zhang H H，Yang G P，et al. 2018. Distribution and sea-air fluxes of biogenic gases and relationships with phytoplankton and nutrients in the central basin of the South China Sea during summer. Marine Chemistry，200（12）：33-44.

Zhang H H，Yang G P，Zhu T. 2008. Distribution and cycling of dimethylsulfide（DMS）and dimethylsulfoniopropionate（DMSP）in the sea-surface microlayer of the Yellow Sea，China，in spring. Continental Shelf Research，28（17）：2417-2427.

Zhang S H，Sun J，Liu J L，et al. 2017. Spatial distributions of dimethyl sulfur compounds，DMSP-lyase activity，and phytoplankton community in the East China Sea during fall. Biogeochemistry，133（1）：59-72.

Zhang S H，Yang G P，Zhang H H，et al. 2014. Spatial variation of biogenic sulfur in the south Yellow Sea and the East China Sea during summer and its contribution to atmospheric sulfate aerosol. Science of the Total Environment，488-489：157-167.

第 6 章

不同营养盐浓度和酸化条件下海洋微藻生产二甲基硫化物的实验研究

海洋中的有机硫化物主要包括 DMS、DMSO、甲硫醇（CH_3SH）、二硫化碳（CS_2）、羰基硫（COS）、二甲基二硫（DMDS）、苯并噻吩（BT）及二苯并噻吩（DBT）等。海洋中硫的释放量（1.1×10^{12} ～ 1.8×10^{12}mol/a）占全球天然硫收支量（1.2×10^{12} ～ 2.8×10^{12}mol/a）的 50% 以上，其中，DMS 是海洋中最丰富的挥发性有机硫化物，海洋中产生的 DMS 大概为 17 ～ 34Tg S/a，占生源性硫的 90%（Lana et al.，2011）。因此，DMS 是全球硫循环中连接大气和海洋的“缺失的一环”（Lomans et al.，2002）。从海洋释放到大气中的 DMS 量之大，会直接影响硫的全球平衡和整个大气环境。

在 Shaw（1983）研究的基础上，Charlson 等（1987）提出著名的 CLAW 假说：DMS 进入大气发生氧化反应而生成 SO_2 和 MSA，再通过同相或异相反应生成非海盐硫酸盐，形成气溶胶。所生成的非海盐硫酸盐和甲磺酸气溶胶具有吸湿特性，能增加云凝结核（CCN）数量或使原有的结核颗粒增大，而 CCN 的增加会影响云形成和太阳辐射的漫散射系数，提高云层对太阳光的反射率，使全球热量收入减少，对 CO_2 等气体引起的温室效应有一定的减缓、抵消作用，进而影响地球的表面温度，这样就形成了 DMS 对气候的负反馈效应，从而稳定了全球气候。Andreae（1990）认为，如果 DMS 的通量变化一倍，全球的平均温度将会变化几摄氏度。DMS 不仅是海洋释放量最大的生源活性气体，对全球硫收支平衡有重要贡献，更重要的在于 DMS 排放与全球气候变化之间可能存在负反馈过程。但是目前 CLAW 假说受到质疑，质疑者认为 DMS 对 CCN 的贡献被夸大（Quinn and Bates，2011）。此外，由海洋进入大气的 DMS 与 · OH、 · NO_3、IO · 等自由基反应生成 SO_2 和 MSA，之后形成非海盐硫酸盐，这些是硫酸盐气溶胶的主要来源，它们都具有较强的酸性，对天然沉降物的酸度产生重要影响，能使雨水的 pH 下降，是酸雨的重要贡献者。

海洋中的 DMS 来源于海洋浮游植物，是由其前体物质 DMSP 分解产生的。DMSP 具有调节渗透压的作用，广泛存在于许多微型浮游植物、大型海藻和盐生植物体内。藻类细胞吸收硫酸盐后，通过同化还原作用，经过一系列的生化反应转化为有机硫化物（如蛋氨酸），其继续被还原，生成 DMSP。然后 DMSP 被浮游植物细胞释放到海水中，在细菌或 DMSP 裂解酶的作用下裂解生成 DMS。在藻类细胞内，DMSP 也可以通过直接分解产生 DMS 释放到海水中。

海洋藻类释放的 DMSP 并非全都转化为 DMS，通常只有 5% ～ 10% 的 DMSP 降解转化为 DMS（Kiene and Linn，2000；Ledyard and Dacey，1996），因此 DMS 被视为浮游植物生产和降解 DMSP 的副产品。假如海洋中所有的 DMSP 都转化为 DMS，那么 DMS 的总浓度将会比现在高 2 ～ 20 倍。研究资料表明，海水中 DMSP 的主要去向是通过去甲基化途径生成活性更高的 CH_3SH，从而作为微生物的碳源和硫源（Kiene and Linn，2000），这是因为它可以向生物体提供活性甲基基团（用于产生能量或作为生物体的碳源），又可被同化吸收成为含硫蛋白或以自养、异养方式被氧化的还原态硫。

海洋浮游植物是海水中 DMS 的主要贡献者，DMS 主要是由浮游植物细胞内广泛存在的 DMSP 裂解生成的，DMS 产生后会继续被氧化为 DMSO，而 DMSO 在一定的条件下又能被一些细菌和真核生物还原为 DMS。通常情况下，海水中 DMSO 的浓度比 DMS 的浓度要高，所以 DMSO 可以通过被还原来作为 DMS 的源。由于 DMSO 是一种极易溶于水且不挥发的物质，它不能像 DMS 那样直接影响全球气候的变化，但是它能通过与 DMS 之间的反应，对气候的变化造成间接影响。

海洋环境中的微型浮游植物、大型藻类和盐生植物都是 DMSP 的丰富来源，但不同种群或物种的藻细胞 DMSP 含量的差异很大。通常来说，甲藻纲中原甲藻属和前沟藻属的 DMSP 含量最高，定鞭金藻纲中棕囊藻和颗石藻也是 DMSP 的高产种，大多数硅藻细胞中的 DMSP 含量较低，但是也有例外（Keller，1989）。此外，海洋环境的物理因素（光照、温度、盐度）和化学因素（营养盐水平、Fe 的浓度、pH）都是海洋微藻中 DMSP、DMS 生产的影响因素。

6.1 实验方法

6.1.1 微藻的培养

实验中所用藻种均来自中国海洋大学海洋污染生态化学实验室或海洋界面化学实验室，实验环境控制在单藻种及无菌条件。微藻进行活化、扩繁并培养至指数生长期以备用。所有实验用玻璃仪器在 10%（体积比）盐酸中浸泡 24h，然后用高纯水冲洗干净待用。培养用海水取自中国东海，经 0.45μm 醋酸纤维膜过滤后装入 2000mL 锥形瓶中，并在 120℃ 的温度下高压灭菌 20min，待冷却至室温后充分摇动以恢复体系内的溶解气体的含量。按 f/2 配方（Guillard，1975）加入营养物质，配制成相应的培养液（表 6-1）。实验藻种于光照培养箱中培养，光暗周期均为 12h，温度为（20±0.5）℃，光照强度为 4000lx，光源为白色冷荧光灯管。在微藻培养过程中，每两天采用荧光显微镜对细菌污染情况进行检测，确保无菌培养条件。除酸化的影响部分外，其他实验均采用连续培养方式。

表 6-1　f/2 培养液配方（每 950mL 过滤海水）

化合物	原液浓度 /（g/L）	最终浓度 /（mol/L）
$NaNO_3$（1mL）	75（dH_2O）	8.83×10^{-4}
$NaH_2PO_4\cdot H_2O$（1mL）	5（dH_2O）	3.63×10^{-5}
$Na_2SiO_3\cdot 9H_2O$（1mL）	30（dH_2O）	1.07×10^{-4}
f/2 痕量元素溶液（1mL）	如下所示	—
f/2 维生素溶液（0.5mL）	如下所示	—
f/2 痕量元素溶液配方（每 950mL Milli-Q 水）		
$FeCl_3\cdot 6H_2O$（3.15g）	—	1×10^{-5}
$Na_2EDTA\cdot 2H_2O$（4.36g）	—	1×10^{-5}

续表

化合物	原液浓度 / (g/L)	最终浓度 / (mol/L)
$CuSO_4 \cdot 5H_2O$（1mL）	9.8（dH_2O）	4×10^{-8}
$Na_2MoO_4 \cdot 2H_2O$（1mL）	6.3（dH_2O）	3×10^{-8}
$ZnSO_4 \cdot 7H_2O$（1mL）	22.0（dH_2O）	8×10^{-8}
$CoCl_2 \cdot 6H_2O$（1mL）	10.0（dH_2O）	5×10^{-8}
$MnCl_2 \cdot 4H_2O$（1mL）	180.0（dH_2O）	9×10^{-7}
f/2 维生素溶液配方（每 950mL Milli-Q 水）		
维生素 B12（1mL）	1.0（dH_2O）	1×10^{-10}
生物素（10mL）	0.1（dH_2O）	2×10^{-9}
盐酸硫胺素（200mg）	—	3×10^{-7}

6.1.2 样品的采集和保存

（1）DMS 样品。用无菌注射器从培养瓶中取 2mL 藻液，在较小的压力下采用内置 Whatman GF/F 玻璃纤维滤膜（Φ=25mm）的 Gelman 过滤器进行过滤，滤液立即用来进行 DMS 分析。

（2）DMSP 样品。DMSP 分为 DMSPd 和 DMSPp。藻液经 Whatman GF/F 玻璃纤维滤膜（Φ=25mm，0.7μm）的 Gelman 过滤器（压力小于 5kPa）过滤，滤膜上的物质为 DMSPp，滤液为 DMSPd。分别将滤膜和滤液置于 42mL 的棕色瓶，并向加入滤膜的瓶内加入 2mL 10mol/L 的 NaOH 溶液，然后加蒸馏水至无顶空，样品瓶立即用内衬聚四氟乙烯垫片的塑料盖密封，并置于黑暗条件下保存 24h 以上，DMSP 完全碱解成 DMS，根据测定 DMS 的方法间接测定藻液中的 DMSPp。对于 DMSPd 浓度的测定，将滤液加入 42mL 的棕色瓶，向瓶内加入 167μL 50% 的浓硫酸并在黑暗条件下保存 24h，以除去藻液中的 DMS，然后加入 2mL 10mol/L 的 NaOH 溶液，按照 DMSPp 浓度的测定方法测定 DMSPd 浓度。在藻液过滤的时候，施加了一定的压力，有可能会造成藻细胞破裂，使得 DMSPd 浓度被高估，而 DMSPp 浓度被低估（Kiene and Slezak，2006）。

（3）DMSO 样品。用无菌注射器从培养液中取 1mL 藻液，在较小的压力下（小于 5kPa）采用内置 Whatman GF/F 玻璃纤维滤膜的 Gelman 过滤器进行过滤。滤液迅速加入已添加 2mL 10mol/L NaOH 的样品瓶中，加蒸馏水至满，样品瓶用内衬聚四氟乙烯垫片的塑料盖密封，以保证无顶空。同时，滤膜放入添加 2mL 10mol/L NaOH 的 42mL 样品瓶中，加蒸馏水至满，密封，样品避光冷藏保存 24h，将 DMSP 按 1 ∶ 1 的比例完全碱解为 DMS，然后取出样品吹扫 30min，去除样品里固有的 DMS 及由 DMSP 碱化生成的 DMS。

6.2　海洋微藻产生二甲基硫化物的实验室研究

为研究海洋微藻释放二甲基硫化物的大致规律，实验室选择了不同门类海洋微藻进行实验室培养，探究了不同类群海洋微藻及其不同生长阶段二甲基硫化物的释放规律；同时添加不同组分，探究了营养盐、微量元素铁和 CO_2 对海洋微藻产生二甲基硫化物的影响。初步从化学角度来研究海洋浮游植物的生长和消亡对海水表层二甲基硫化物生产的影响规律，尝试解释不同浮游植物种群对二甲基硫化物浓度变化的影响程度，进而对现场海域二甲基硫化物浓度水平分布规律探究提供一定的参考价值。

6.2.1　不同微藻在不同生长阶段释放 DMS/DMSP 的规律

本节以三角褐指藻（*Phaeodactylum tricornutum*）、海洋原甲藻（*Prorocentrum micans*）和球等鞭金藻（8701 品系，*Isochrysis galbana*）为研究对象，研究其生长周期内 DMS 和 DMSP 的生产情况，初步从化学角度来研究海洋浮游植物的生长和消亡对海水表层 DMS 和 DMSP 生产的影响规律。

三角褐指藻是硅藻门的典型藻，其细胞壁结构是由独立的硅片组成的，比较容易破碎。三角褐指藻属于赤潮藻的一种，在分类学上属硅藻门羽纹纲褐指藻目褐指藻属。它具有卵形、梭形和三出放射形三种不同的形态，这三种形态在不同环境条件下可以互相转变。例如，在正常液体培养的条件下，多是三出放射形细胞和少量的梭形细胞，这两种形态都没有硅质的细胞壁。三出放射形细胞长度为 10 ～ 18μm（两臂间垂直距离），细胞中心部分有一个细胞核。梭形细胞长 20μm，两臂末端较钝。卵形细胞长 8μm、宽 3μm，有一个硅质壳面，缺少另一个壳面，也没有壳环带。

海洋原甲藻是中国东南沿海的一种重要的、较为普遍的赤潮生物。藻体外形主要由两块壳板、顶刺、鞭毛孔和两条鞭毛等组成。细胞形状多变，壳面呈卵形、亚梨形或几乎圆形，体长为 42 ～ 70μm，宽度为 22 ～ 50μm，顶刺长 6 ～ 8μm（齐雨藻和钱锋，1994）。本种是世界性种，广泛分布于沿海、河口和大洋海域。它是南海北部近岸水域常见种，是形成赤潮的主要种类。

球等鞭金藻隶属金藻门金藻纲金囊藻目（金鞭藻目）等鞭金藻科。暖温性海洋金藻类，最初从山东日照海区的海水中分离出来。藻体为裸露的运动单细胞。细胞呈椭圆形（幼细胞略扁平），有背腹之分，侧面为长椭圆形，具有两根等长的鞭毛。它是贻贝、扇贝、刺参、对虾等海洋生物的重要饵料，对物质在海洋食物链中的传递和循环起到重要作用。

在通常的培养条件下，海洋微藻生长呈现以下四个阶段：缓慢生长期、指数生长期、稳定生长期和衰亡期，海洋微藻生长曲线呈现“S”形。三种海洋微藻的种群密度随时间的动态变化见图 6-1，在 f/2 培养液中，三角褐指藻、海洋原甲藻和球等鞭金藻 8701 生长状态良好，三者的生长周期分别为 47d、32d、26d，其生物量分别在接种后的第 22d、第 20d、第 16d 达到最大值。球等鞭金藻 8701 的生长最为迅速，其个体最高相对生长率（μ）为

$0.54d^{-1}$，指数生长期的相对生长率的平均值达到 $0.35d^{-1}$；三角褐指藻的相对生长率最高值达到 $0.46d^{-1}$，指数生长期的相对生长率的平均值达到 $0.32d^{-1}$；海洋原甲藻的生长相对较慢，最高相对生长率只有 $0.26d^{-1}$，指数生长期的相对生长率的平均值为 $0.20d^{-1}$。这主要是由于球等鞭金藻 8701 和三角褐指藻的细胞体积较小，相对生长率明显高于细胞体积较大的海洋原甲藻。三角褐指藻、海洋原甲藻和球等鞭金藻 8701 的 Chl-*a* 浓度增长率最高值分别达到 284.9μg/（L • d）、29.2μg/（L • d）和 666.8μg/（L • d），整个生长周期内这三种微藻的 Chl-*a* 浓度较为稳定，分别为（0.22±0.11）pg/cell、（0.17±0.08）pg/cell 和（0.33±0.10）pg/cell，即表现为球等鞭金藻 8701 ＞三角褐指藻＞海洋原甲藻。

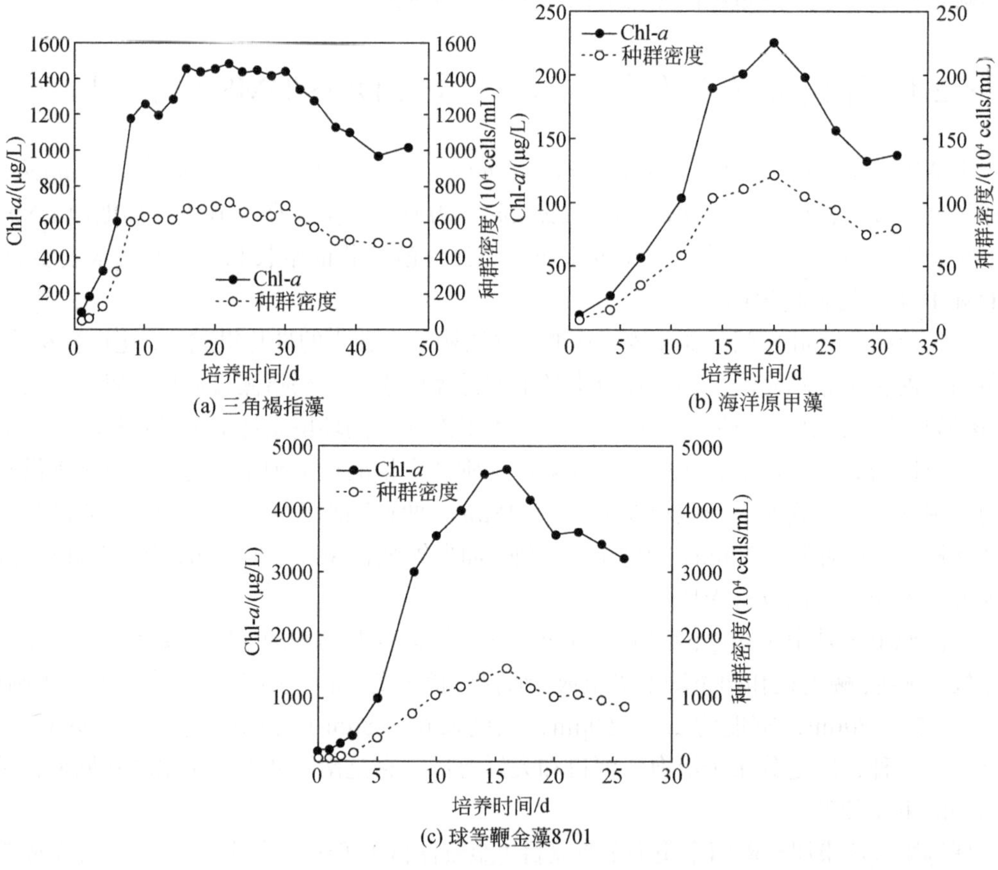

图 6-1　不同生长时期内三种海洋微藻的种群增长变化

三种微藻都不同程度地含有 DMSP，并释放出一定量的 DMS（图 6-2）。三角褐指藻藻液中，在缓慢生长期随其生物量增长，DMSPp 浓度增长率只有 0.098μmol/（L • d），之后在第 16 ～ 20d 明显提高，其平均值达到 0.74μmol/（L • d），而 DMSPd 浓度在第 20 ～ 22d 明显提升，藻液中 DMSPp 和 DMSPd 的浓度最高值分别为 5.86μmol/L 和 4.26μmol/L。海洋原甲藻藻液中的 DMSPd 和 DMSPp 的浓度也随微藻生物量的增加而逐渐提升，在稳定生长期其增长率分别达到 15.53μmol/（L • d）和 80.82μmol/（L • d），分别出现在稳定生长期的初期和末期，其浓度可分别达到 164.83μmol/L 和 523.94μmol/L。球等鞭金藻 8701 藻液中 DMSPd 和 DMSPp 的浓度在微藻生长初期的平均增长率分别只有 0.51μmol/（L・d）和 1.58μmol/（L・d），但 DMSPp 浓度在指数生长期末期（第 8d）增长率达到 12.84μmol/（L・d），而 DMSPd 浓度则在稳定生长期后期（第 16d）出现增长率的峰值［4.27μmol/（L・d）］，藻液中 DMSPd 和 DMSPp 的浓度分别在第 18d、第 16d 达到最高值，分别为 41.68μmol/L 和 106.34μmol/L。

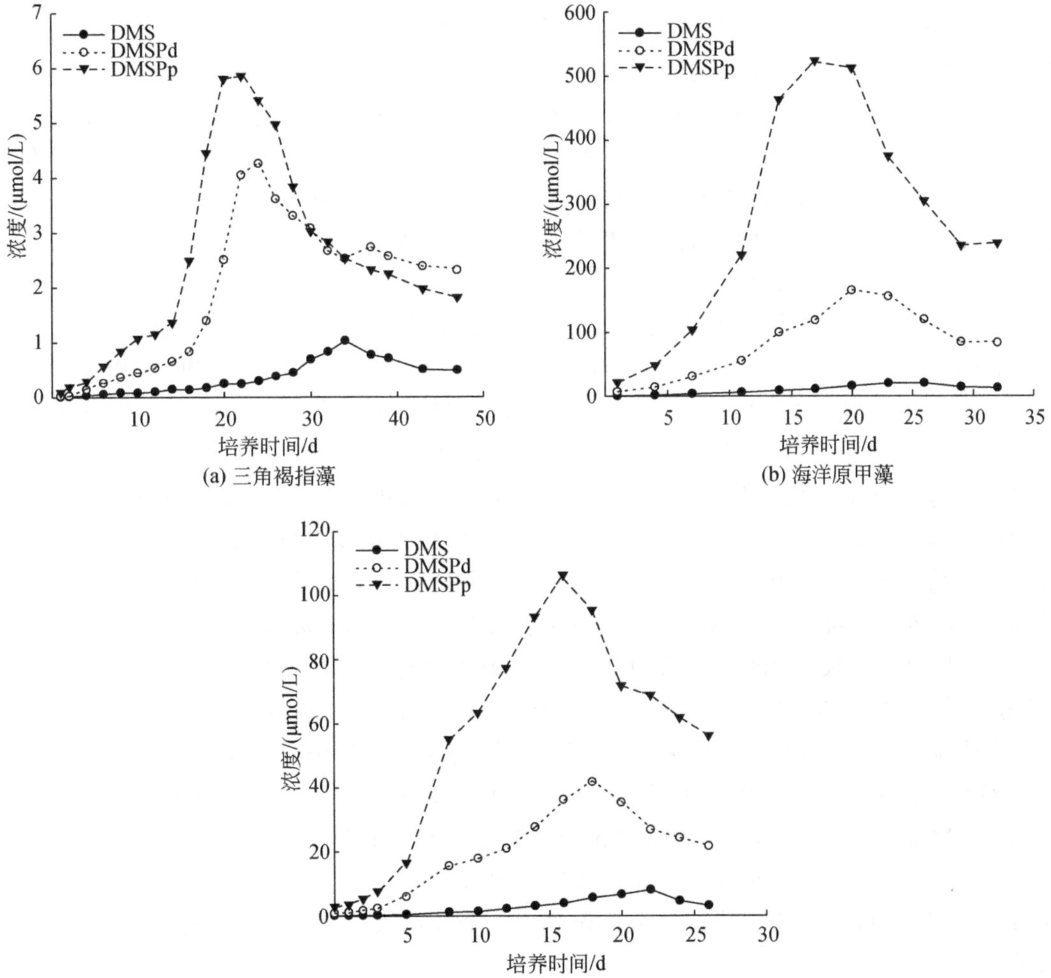

(a) 三角褐指藻　(b) 海洋原甲藻　(c) 球等鞭金藻8701

图 6-2　三种海洋微藻培养液中 DMS 浓度和 DMSP 浓度的变化

指数生长期和稳定生长期前段（前 20d），三角褐指藻藻液中 DMS 浓度平均增长率只有 0.012μmol/（L・d），之后在稳定生长期后段至衰亡期（在第 30 ~ 34d）时，DMS 浓度平均增长率提高 9 倍，达到 0.12μmol/（L・d），DMS 浓度平均增长率达到最高值［1.03μmol/（L・d）］之后，DMS 浓度以平均 0.043μmol/（L・d）的速率迅速降低。球等鞭金藻 8701 在前 10d 的指数生长期 DMS 浓度平均增长率为 0.09μmol/（L・d），后逐步升高，在第 18 ~ 22d 的衰亡期时 DMS 浓度平均增长率为 0.70μmol/（L・d），在第 22d 达到 8.02μmol/L。海洋原甲藻在前 11d 内 DMS 浓度以 0.53μmol/（L·d）的速率增长，之后在衰亡期早期 DMS 浓度增长率可达 1.66μmol/（L·d），最高的 DMS 浓度为 20.11μmol/L。本研究发现三角褐指藻、球等鞭金藻 8701 和海洋原甲藻这三种微藻在生长期后期 DMS 浓度增长速率较初期均有提高，分别提高到原来的 10 倍、9.7 倍、3.1 倍。Nguyend 等（1988）发现，中肋骨条藻（*Skeletonema costatum*）衰亡期的 DMS 产量比生长期多 7 倍，与本研究结论基本一致。在对三毛金藻和中肋骨条藻的研究中也发现，衰亡期时 DMS 浓度平均约为指数生长期的 7 倍和 5 倍（孙娟，2007）。由此看来，DMS 浓度在指数生长期和稳定生长期内变化不大，在衰老期后期则迅速增加，这是因为 DMS 主要是在 DMSP 裂解酶作用下分解生产的，而 DMSP 裂解酶广泛存在于海水细菌和真菌中，也存在于藻细胞中（Taylor，1993）。当藻类进入衰亡期，藻细胞大量破裂，释放出大量的 DMSP 和 DMSP 裂解酶，致使 DMSP 大量降解，使 DMS 浓度增高。图 6-2 可表明，DMS 浓度的迅速提高出现在 DMSP 快速减少的阶段，表明此时大量的 DMSP 转化成 DMS。

三角褐指藻藻液中 DMSPd 最高浓度只有海洋原甲藻中的 2.6%，而海洋原甲藻 DMSPp 浓度则高出三角褐指藻近 90 倍，球等鞭金藻 8701 的 DMSPd 和 DMSPp 的浓度与三角褐指藻中相应浓度的比值分别为 9.78 和 18.15；整体看来，藻液中 DMSPd 浓度和 DMSPp 浓度的差异皆为海洋原甲藻＞球等鞭金藻 8701 ＞三角褐指藻。本研究说明了海洋微藻细胞的 DMSP 浓度都具有较大的种间差异性。Keller 等（1989）发现同属甲藻纲的简单裸甲藻（*Gyrodinium aureolum*）和塔玛亚历山大藻细胞中 DMSP 浓度可相差 300 倍以上。李炜和焦念志（1999）对同属绿藻门绿藻纲团藻目的扁藻（*Platymonas* spp.）、杜氏藻（*Dunaliella* spp.）和硅藻门的牟氏角刺藻（*Chaetoceros muelleri*）的研究发现扁藻的 DMSP 浓度高出杜氏藻 100 倍，而杜氏藻的 DMSP 浓度又是牟氏角刺藻的 10 倍。王艳等（2003）发现藻类 DMSP 产量不仅有种间差异性，还具有明显的株间差异，与藻类生长环境及生态适应性有关。本研究还发现，在整个生长周期内，三角褐指藻、海洋原甲藻和球等鞭金藻 8701 单位生物量 DMSPd 平均浓度分别为 0.0015mol/g、0.62mol/g 和 0.0065mol/g；而单位生物量 DMSPp 平均浓度分别为 0.002mol/g、2.038mol/g 和 0.019mol/g（图 6-3）。单位生物量内，海洋原甲藻 DMSPd 浓度比三角褐指藻和球等鞭金藻 8701 均高出 2 个数量级；而海洋原甲藻 DMSPp 浓度比三角褐指藻高出 3 个数量级，比球等鞭金藻 8701 高出 2 个数量级。

三种微藻 DMSPd 在指数生长期和稳定生长期前期均没有大量增加。水体中的 DMS 由 DMSP 分解产生，因此培养液中 DMS 浓度与培养液中 DMSP 浓度密切相关。在指数生长期和稳定生长期前期，藻细胞生长旺盛，细胞健康、不易破裂。DMSP 在微藻中发挥调节渗透压的作用，在温度、盐度等外界条件稳定的情况下，DMSP 不易以两性离子的形式释放到培养液中，因此释放到培养液中的 DMSP 浓度即 DMSPd 浓度变化不大。相应地，此期间培养液中 DMS 浓度也较低，浓度变化不大。稳定生长期后期，由于营养物质的消耗，生物量增长缓慢，大量藻细胞死亡，水体中 DMSP 浓度增大，在裂解酶作用下分解为 DMS，使 DMS 浓度迅速增加。

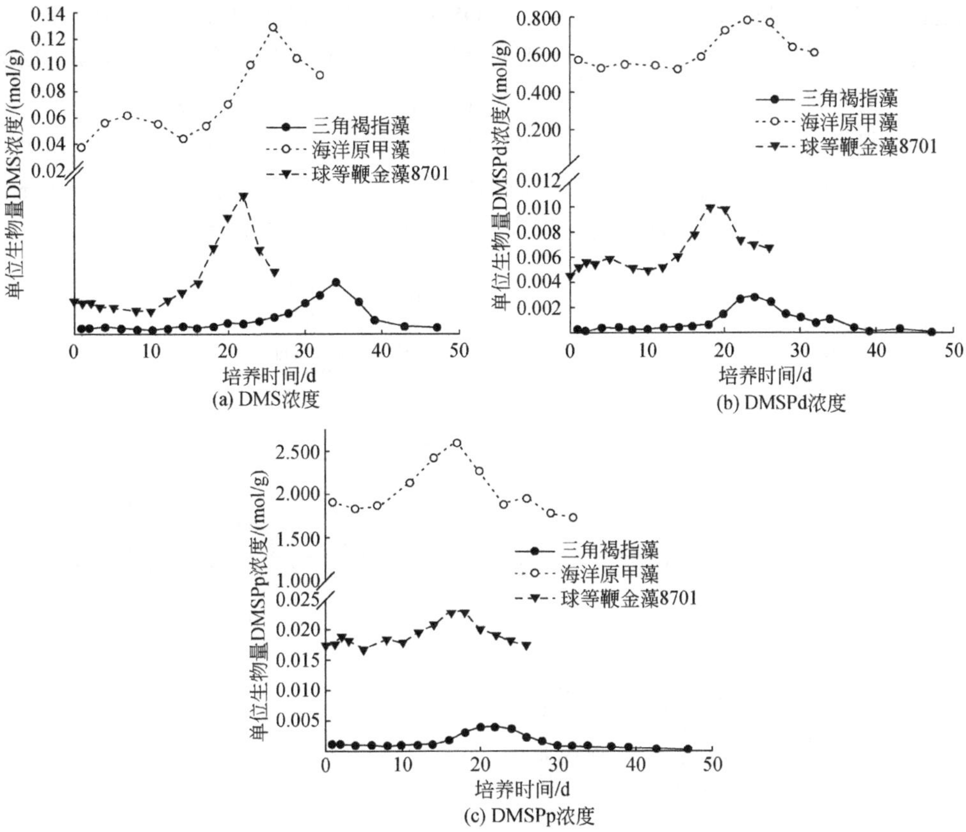

图 6-3　三种海洋微藻培养液中单位生物量（以 Chl-*a* 浓度表征）DMS 浓度和 DMSP 浓度的变化

6.2.2　不同微藻在不同生长阶段释放 DMSO 的规律

本节以强壮前沟藻（*Amphidinium carterae*）、旋链角毛藻（*Chaetoceros curvisetus*）和舞三毛金藻（*Prymnesium saltans*）为研究对象，研究其在生长周期内 DMS、DMSP 和 DMSO 的生产情况。三种海洋微藻在不同的生长阶段生产 DMS、DMSP 和 DMSO 的浓度不同（图 6-4）。在三种藻液的培养中，强壮前沟藻在整个生长周期内 DMSPp 和 DMSPd 的浓度平均值（浓度范围）分别为 3.32（0.57 ～ 9.68）μmol/L 和 6.41（0.96 ～ 18.32）μmol/L。生长初期 DMSPp 和 DMSPd 的浓度随着生物量的增长而缓慢增加，之后在第 9 ～ 13d 其浓度显著增长，藻液中 DMSPp 和 DMSPd 的浓度最大值分别出现在接种后的第 13d 和第 11d。旋链角毛藻藻液中 DMSPp 和 DMSPd 的浓度平均值（浓度范围）分别为 0.47（0.17 ～ 1.25）μmol/L 和 1.13（0.49 ～ 3.23）μmol/L，其生长速度也随着生物量的增长而缓慢增加，在稳定生长期其最大浓度值出现在接种之后的第 9d，分别为 1.25μmol/L 和 3.23μmol/L。舞三毛金藻藻液中 DMSPp 和 DMSPd 的浓度平均值（浓度范围）分别为 2.72（0.56 ～ 7.62）μmol/L 和 5.27（1.02 ～ 14.25）μmol/L，其生长过程表现为在生长初期缓慢增长，在稳定生长期阶段最大值分别出现在第 9d 和第 13d，其最大浓度分别为 7.62μmol/L

和 14.25μmol/L。三种微藻在达到最大值后，DMSPp 和 DMSPd 的浓度均迅速下降。总体上来看，三种海洋微藻产生的 DMSP 的浓度高值均出现在稳定生长期，这说明 DMSP 主要来源于细胞的自身合成。另外，DMSPd 的浓度最大值与细胞丰度的最大值并不一致，这说明藻细胞释放 DMSPd 需要一定的时间。Stefels（2000）在藻的培养实验中发现藻细胞首先通过摄取周围环境的硫化物合成半胱氨酸和高胱氨酸，然后合成的半胱氨酸和高胱氨酸组成蛋氨酸，最后通过甲基化进一步合成 DMSP 以调节细胞内的渗透压。

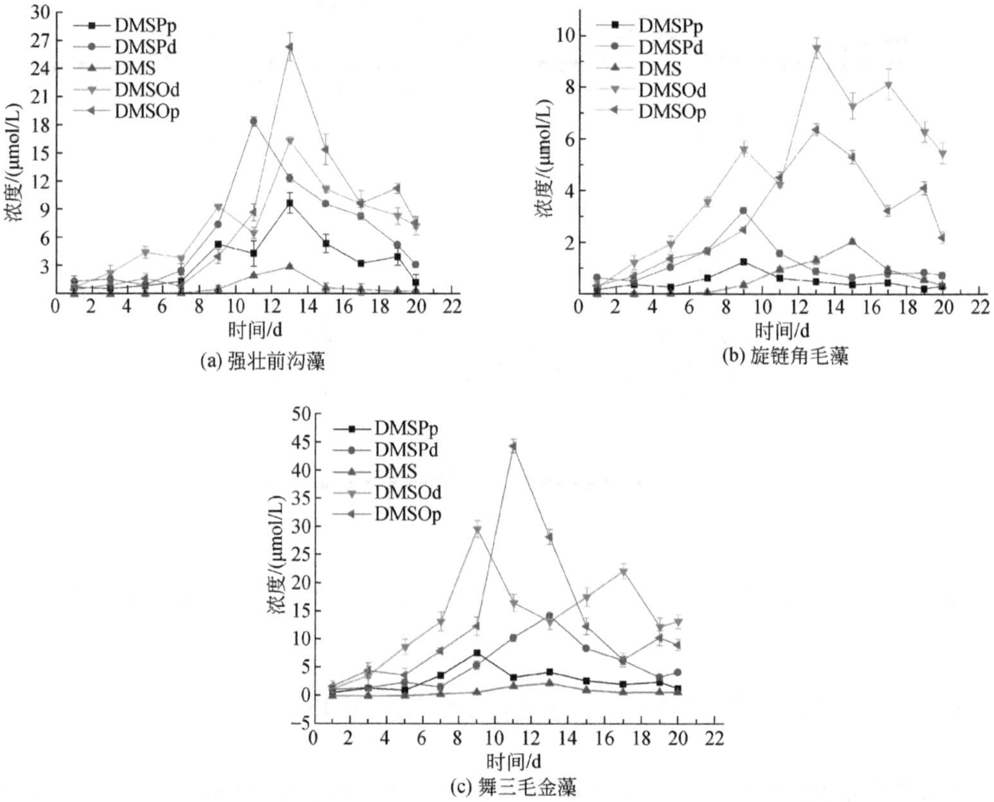

图 6-4　三种海洋微藻培养液中 DMS、DMSP 和 DMSO 在生长周期内的浓度变化

强壮前沟藻、旋链角毛藻和舞三毛金藻的藻液中 DMSPp 的平均浓度分别为 3.32μmol/L、0.47μmol/L 和 2.72μmol/L，由图 6-4 可以很明显地看出藻液中 DMSP 的浓度差异为强壮前沟藻＞舞三毛金藻＞旋链角毛藻，该结果说明海洋微藻细胞中 DMSP 的浓度具有较大的种间差异性。另外，本研究还发现强壮前沟藻和舞三毛金藻生产 DMSPd 与 DMSPp 的能力远远高于旋链角毛藻。Keller 等（1989）的研究发现甲藻和定鞭金藻是 DMSP 的高产种，而硅藻则是 DMSP 的低产种。本研究中，强壮前沟藻、旋链角毛藻和舞三毛金藻生产的 DMSPp 分别为 46.6nmol/cell、4.85nmol/cell 和 65.2nmol/cell。单位生物量内，强壮前沟藻和舞三毛金藻 DMSPp 均高于旋链角毛藻。

三种海洋微藻在不同的生长阶段生产 DMS 的浓度不同。在三种藻液的培养中，强壮前沟藻、旋链角毛藻和舞三毛金藻在整个生长周期内 DMS 的浓度平均值（浓度范围）分别为 0.80（0.01 ～ 2.89）μmol/L、0.60（0.005 ～ 2.03）μmol/L 和 0.73（0.008 ～ 1.76）μmol/L。

培养液中的 DMS 是由 DMSP 分解产生的，因此其浓度与培养液中 DMSP 的浓度有紧密关系。DMSP 在藻细胞中发挥调节渗透压的作用，藻细胞在指数生长期生长旺盛，不易破裂，因此培养液中 DMSPd 的浓度变化不大，与此同时，DMS 的浓度变化也不明显。由图 6-4 可以看出，DMS 与 DMSPd 的峰值会有滞后现象，在稳定生长期后期，生物量由于营养物质的耗尽而增长缓慢，到细胞衰亡期随着藻细胞的死亡，在 DMSP 裂解酶的作用下，DMS 的浓度反而迅速增加。Nguyen 等（1988）在对骨条藻的研究中也发现衰亡期的藻细胞生产 DMS 的浓度比生长期高 7 倍多。

强壮前沟藻、旋链角毛藻和舞三毛金藻在整个生长周期内 DMSOd（DMSOp）的平均浓度分别为 7.28（7.89）μmol/L、4.89（2.93）μmol/L 和 13.80（12.78）μmol/L。为了考察单位细胞生产 DMSOp 的能力，本研究计算了强壮前沟藻、旋链角毛藻和舞三毛金藻三种藻单位细胞生产的 DMSOp 分别为 99.91nmol/cell、30.28nmol/cell 和 275.45nmol/cell，可以明显地看出强壮前沟藻和舞三毛金藻生产 DMSOp 的能力高于旋链角毛藻。Turner 等（1988）和 Andreae（1990）认为相对于浮游植物的生物量来说，浮游植物的种类更能控制海水中 DMS 浓度的分布。在本研究中，DMSOd 是主要的二甲基硫化物，在整个生长周期内，其变化趋势和 DMSOp 一致。强壮前沟藻和舞三毛金藻 DMSOp 单细胞释放量高于旋链角毛藻。在三种藻培养液中 DMSOd 与 DMSOp 均呈现显著相关，这说明藻培养液中 DMSOd 主要来源于 DMSOp 的释放而不是 DMS 的转化。

6.3 营养盐对海洋微藻产生二甲基硫化物的影响

6.3.1 硝酸盐的影响

三角褐指藻、海洋原甲藻和球等鞭金藻 8701 在 f/2 培养液中培养到指数生长期后，分别接种到 0.221mmol/L、0.442mmol/L 和 1.77mmol/L 三个不同硝酸钠浓度的培养液中培养，其种群密度（以 Chl-*a* 浓度表示）变化情况如图 6-5 所示，同一藻类在不同硝酸钠浓度下的生长速率及最大生物量皆出现一定差异。

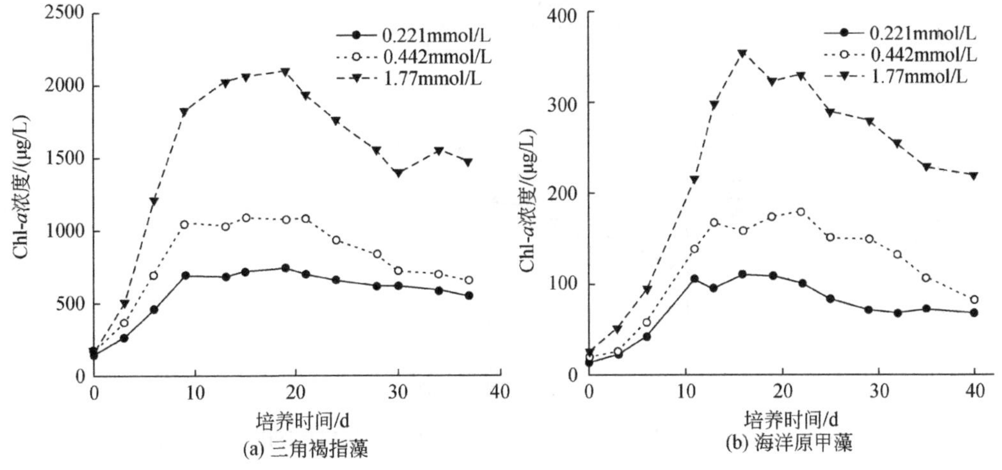

(a) 三角褐指藻　　(b) 海洋原甲藻

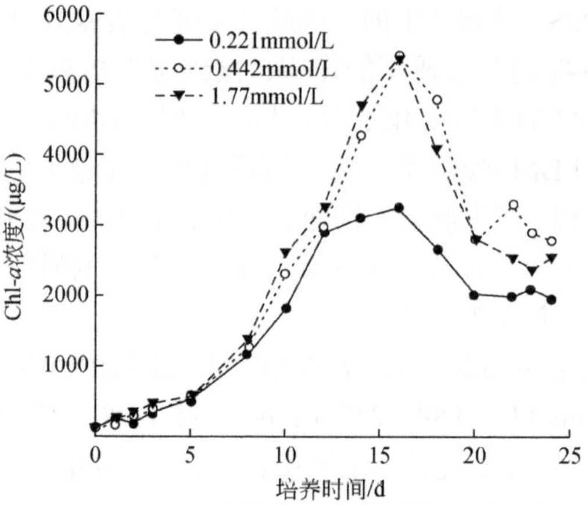

(c) 球等鞭金藻8701

图 6-5　在不同硝酸钠浓度条件下三种微藻的种群密度变化

三种海洋微藻在不同硝酸钠浓度条件下 DMSP 浓度变化见图 6-6 和图 6-7。三种微藻 DMSPd 浓度和 DMSPp 浓度均随硝酸钠浓度变化有不同程度的变化。对于三角褐指藻，

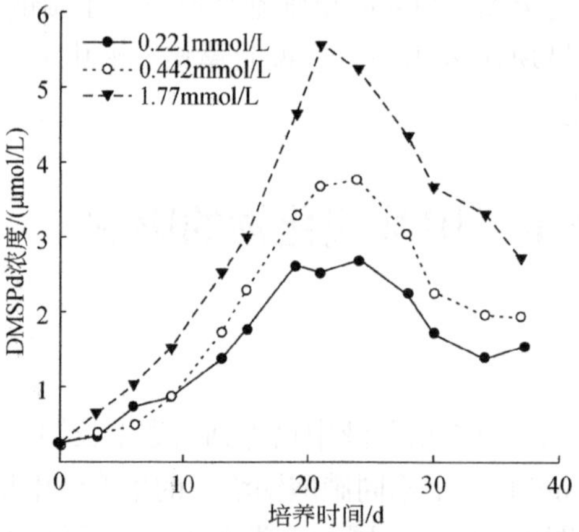

(a) 三角褐指藻

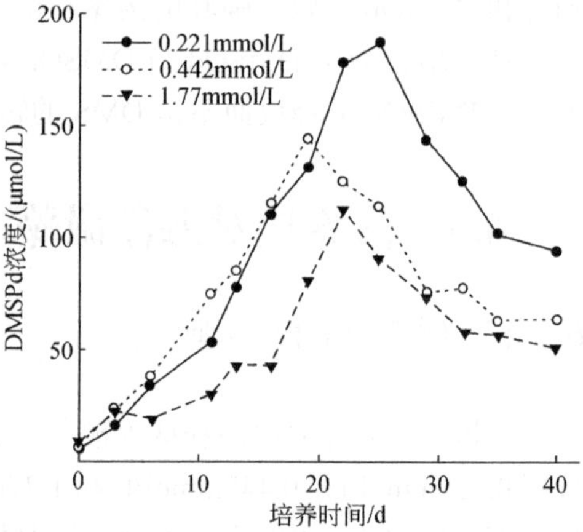

(b) 海洋原甲藻

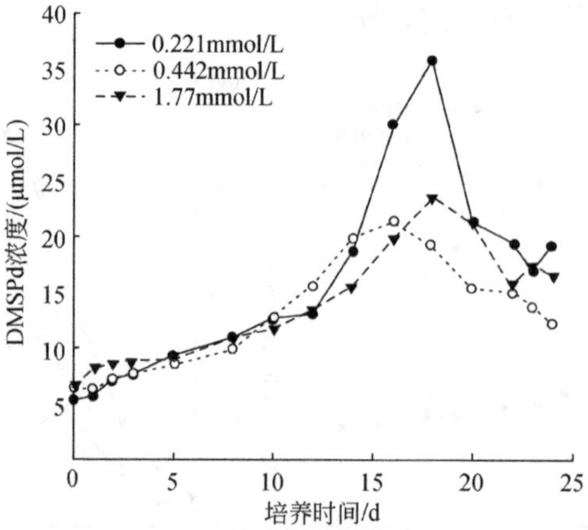

(c) 球等鞭金藻8701

图 6-6　在不同硝酸钠浓度条件下三种微藻培养液中 DMSPd 浓度变化

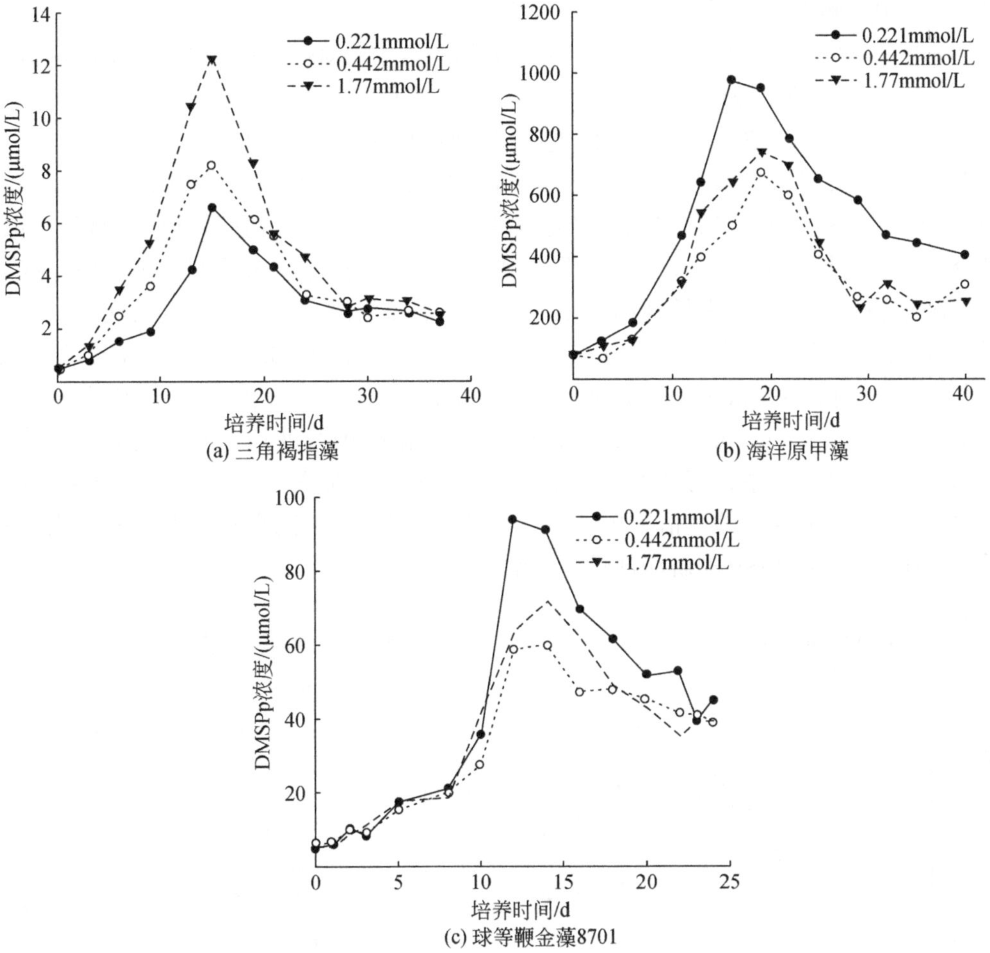

图 6-7　在不同硝酸钠浓度条件下三种微藻培养液中 DMSPp 浓度变化

高硝酸钠浓度组的 DMSPd 浓度和 DMSPp 浓度升高最明显，分别在生长周期的第 21d、第 15d 达到最大值，为 5.58μmol/L、12.35μmol/L。而海洋原甲藻和球等鞭金藻 8701 则不同，其培养液中 DMSPd 浓度和 DMSPp 浓度峰值皆出现在低硝酸钠浓度（0.221mmol/L）条件下的稳定生长期后期。培养液中的 DMSPd 主要是细胞内 DMSP 通过藻细胞的自然渗出或藻细胞的分解衰老而释放的，这样 DMSPd 浓度变化主要依赖于藻细胞内 DMSP 的生产能力。鉴于种群密度受硝酸钠浓度影响较大，将 DMSPp 数据用微藻生物量标准化，对不同硝酸钠浓度培养液中单位生物量的 DMSPp 产量进行评估。在由低到高的硝酸钠浓度条件下，三角褐指藻培养液中单位生物量的 DMSPp 产量分别为 4.8×10^{-3}mol/g、4.3×10^{-3}mol/g、3.0×10^{-3}mol/g；海洋原甲藻的相应值分别为 6.69mol/g、2.81mol/g、1.69mol/g；球等鞭金藻 8701 的相应值分别为 0.028mol/g、0.021mol/g、0.020mol/g。由此可见，高硝酸钠浓度抑制海洋原甲藻细胞内 DMSP 的产生，随着介质中硝酸钠浓度的降低，单个细胞的 DMSP 释放量有升高的趋势；对于球等鞭金藻 8701，细胞内 DMSP 的产生对硝酸钠浓度变化无明显响应；而对于三角褐指藻，中低硝酸钠浓度对细胞内 DMSP 浓度影响不大，但在 1.77mmol/L 的高硝酸钠浓度下其浓度明显降低。

图 6-8 是不同硝酸钠浓度条件下三种微藻培养液中 DMS 浓度变化。在不同硝酸钠浓度条件下，三种微藻培养液中 DMS 浓度都在稳定生长期后期和衰亡期时达到峰值。三角褐指藻培养液中 DMS 浓度随硝酸钠浓度的提高而增大；但海洋原甲藻和球等鞭金藻 8701 的情况恰恰相反，其高 DMS 浓度水平出现在低硝酸钠浓度条件下。如图 6-9 所示，对于单位生物量 DMS 产量，三角褐指藻和球等鞭金藻 8701 在生长初期释放率较高，指数生长期降低，稳定期后大量释放；而海洋原甲藻则主要在稳定生长后期出现峰值，这可能与较大的细胞粒径有关。由低到高的硝酸钠浓度条件下，三角褐指藻生长周期内单位生物量 DMS 平均释放量分别为 6.1×10^{-4}mol/g、5.4×10^{-4}mol/g、3.81×10^{-4}mol/g；海洋原甲藻的相应值分别为 0.21mol/g、0.10mol/g、0.03mol/g；球等鞭金藻 8701 的相应值分别为 1.4×10^{-3}mol/g、8.8×10^{-4}mol/g、7.2×10^{-4}mol/g。高硝酸钠浓度均不同程度地抑制单位生物量 DMS 的生产。其中，海洋原甲藻受硝酸钠影响最为显著，在低硝酸钠浓度下 DMS/Chl-*a* 是高硝酸钠浓度下的 7 倍。单位生物量 DMS 浓度在不同生长时期内的变化趋势主要受 DMSP 浓度和 DMSP 裂解酶活性的影响。

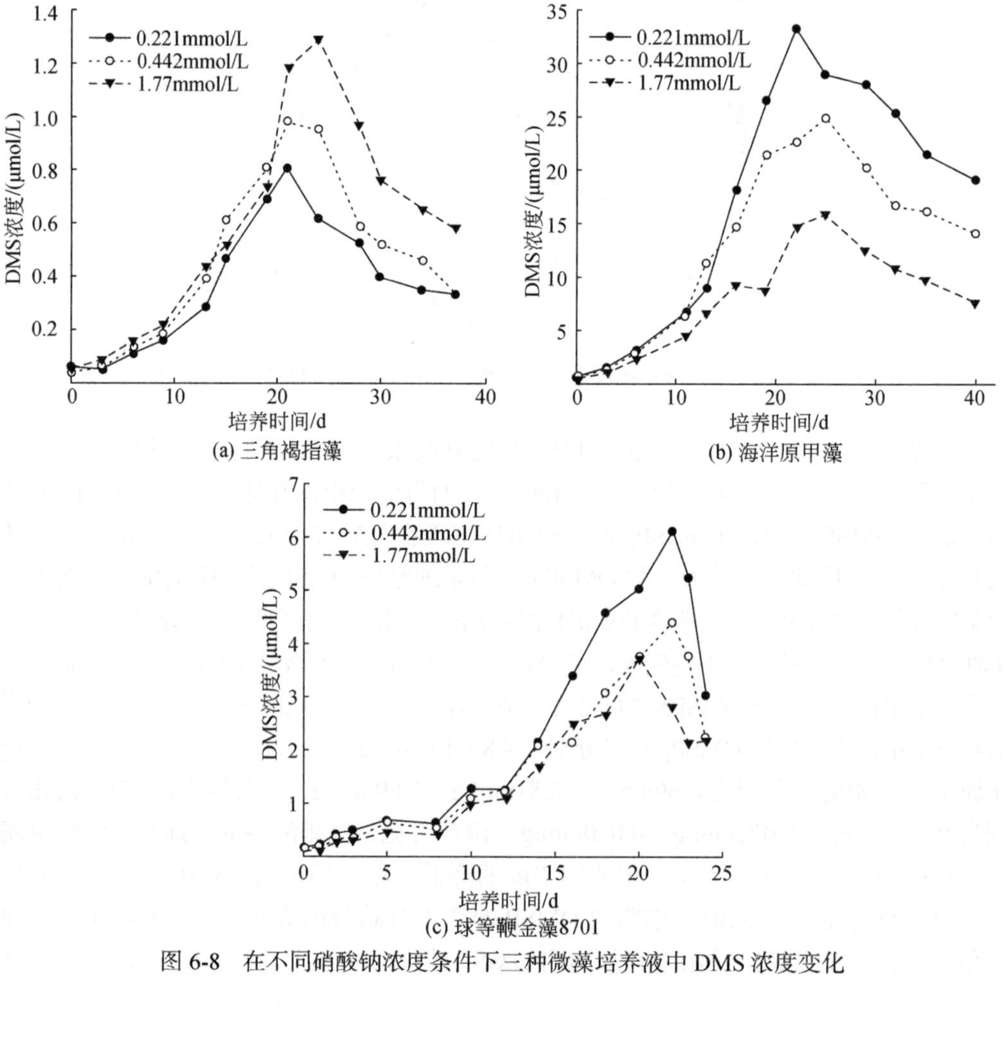

(a) 三角褐指藻　(b) 海洋原甲藻　(c) 球等鞭金藻8701

图 6-8　在不同硝酸钠浓度条件下三种微藻培养液中 DMS 浓度变化

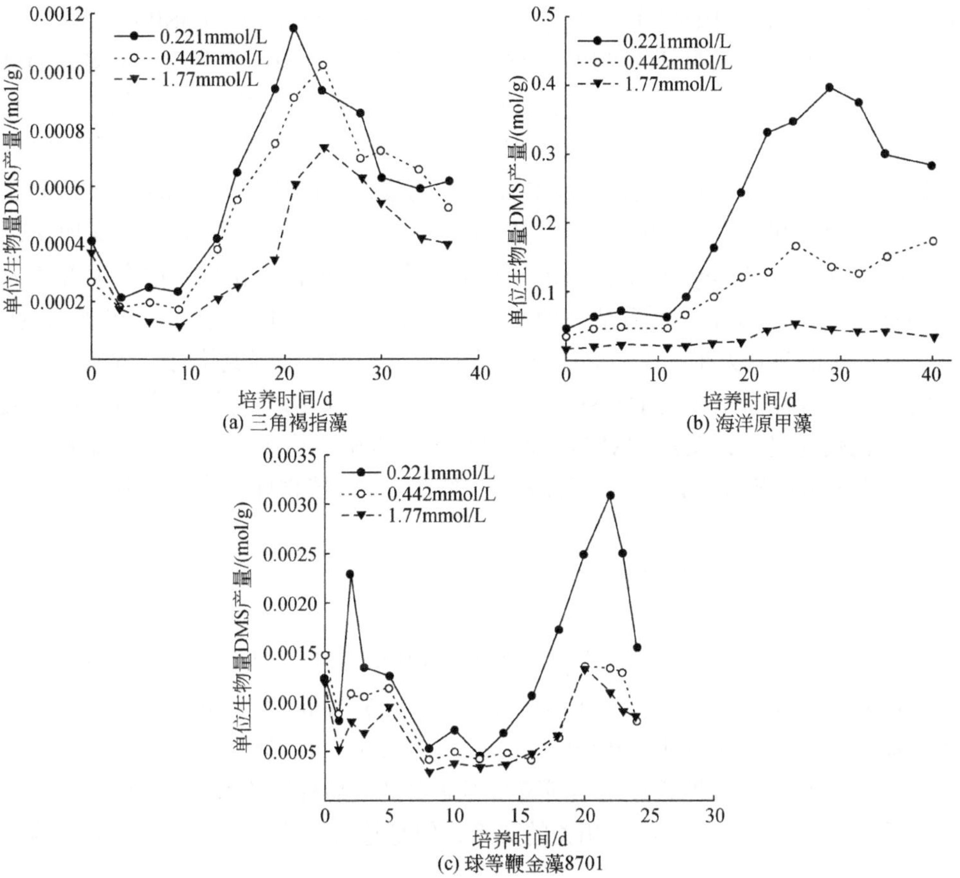

图 6-9　在不同硝酸钠浓度条件下三种微藻培养液中单位生物量 DMS 产量变化

充足的营养盐有利于浮游植物生长，从而有利于 DMSP 的生产。营养盐因素中，氮对 DMSP 具有特殊作用。考虑到硝酸盐是培养液中唯一的氮来源，所以本研究通过培养液中硝酸钠浓度变化来探究氮浓度对三种微藻 DMSP 和 DMS 生产的影响。本研究结果发现，低氮浓度都不同程度地促进了三种微藻细胞内 DMSP 的积累，而高氮浓度却对其具有抑制作用。目前，一些研究也表明浮游植物的 DMSP 生产与环境中氮浓度间的反向关系。Turner 等（1988）发现，在 *Emiliania huxleyi* 培养中，15mg/L 硝酸钠浓度培养液中单细胞 DMSP 浓度却低于低硝酸钠浓度培养液中的水平。相似地，Gröne 和 Kirst（1992）也观察到 *Tetraselmis subcordiformis* 在受到氮限制时 DMSP 浓度水平会高出 75%。

Sunda 等（2007）的研究表明，氮浓度限制能够增加细胞内的氧化压力，其主要靠降低光合成效率（Berges and Falkowski，1998）、降低抗氧化酶的合成（Logan et al.，1999）、限制修复细胞内氧化损害的酶系统（Litchman et al.，2002）实现。这样，氮浓度降低同样也是一种氧化压力源，可以增加细胞内 DMSP 浓度和增加 DMSP 向 DMS 的转化。此外，在低氮浓度下，细胞内降低对含氮渗透压剂（如脯氨酸、甘氨酸甜菜碱、葫芦巴碱、龙虾肌碱）的利用，细胞内 DMSP 取代其地位，进而使 DMSP 浓度增加。以上这两种机制可能同时影响低氮浓度下三种微藻 DMSP 和 DMS 的生产。

Wilson 等（1998）用围隔实验研究了磷限制和氮限制对藻类 DMSP 产量的作用，发现磷限制对 DMSP 生产无明显的影响，而在氮限制条件下，藻细胞会产生更多的 DMSP。Andreae 等（1990）的研究发现，在营养缺乏、生产力水平较低的马尾藻海区，海水中 DMSP 浓度却很高，他们认为这是由于该环境缺乏硝酸盐，藻细胞无法合成含氮的有机调节剂（如脯氨酸、甜菜碱），大量合成 DMSP 作为渗透压调节剂。Keller 等（1999）也以实验证实，高氮盐供应会使赫氏艾密里藻（*Emiliania huxleyi*）细胞生长速度加快，体内 DMSP 浓度下降，但对 *Amphidinium carterae* 的研究结果却正好相反。也有学者认为自然海区内 DMSP 浓度与氮盐的关系是一种两段式的相关关系（焦念志等，1999），在氮盐浓度低于某一阈值时其为正相关，高于此阈值时为负相关。限制氮盐时，氮盐可通过控制浮游植物生物量控制海水中的 DMSP 浓度，表现为 DMSP 浓度与氮盐之间的正相关；当环境中氮盐比较充足时，藻细胞对 DMSP 作为渗透压调节物质的需求随氮盐浓度升高而下降，二者表现为负相关。该阈值会随海区、季节及浮游植物种类等条件不同而变化。

6.3.2　不同 N/P 的影响

球形棕囊藻、尖刺拟菱形藻、小新月菱形藻和塔玛亚历山大藻四种藻在 f/2 培养液特定条件下培养到指数生长期后，分别接种到贫磷（0.3612μmol/L）和富磷（36.12μmol/L）两个磷酸盐浓度培养液及四种 N/P（0 ∶ 1、5 ∶ 1、20 ∶ 1、50 ∶ 1）培养液中培养。生长曲线如图 6-10 所示。各种微藻在不同磷营养盐水平下都有最佳 N/P，各种微藻在到达最佳 N/P 之前，生长速率与 N/P 有正相关的关系，但是超过最佳 N/P 后，并不能同等地增强

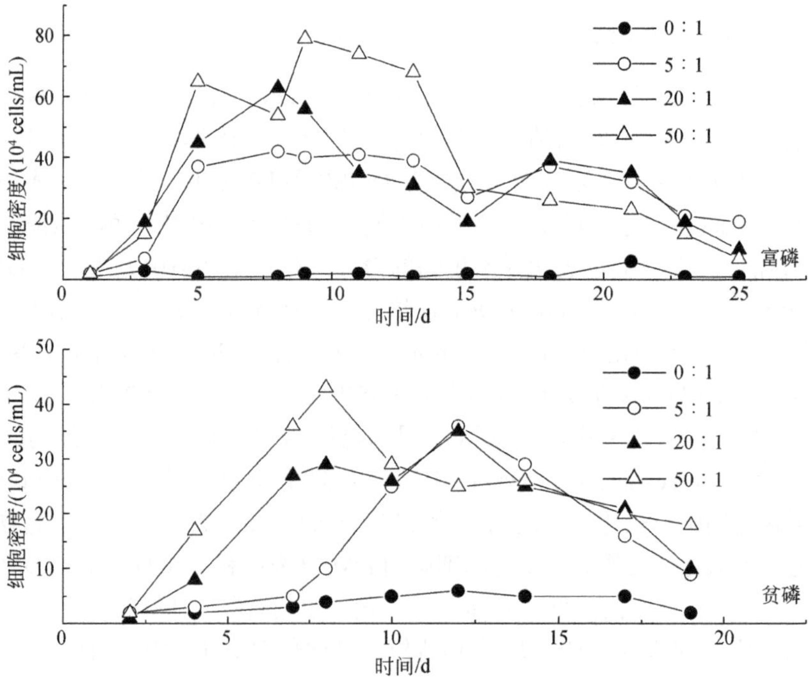

(a) 球形棕囊藻

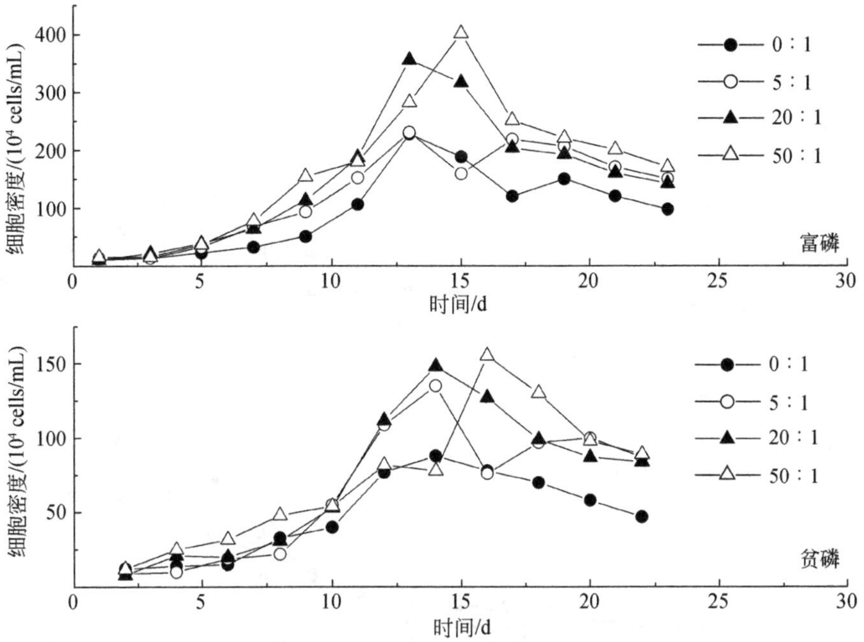

(b) 尖刺拟菱形藻

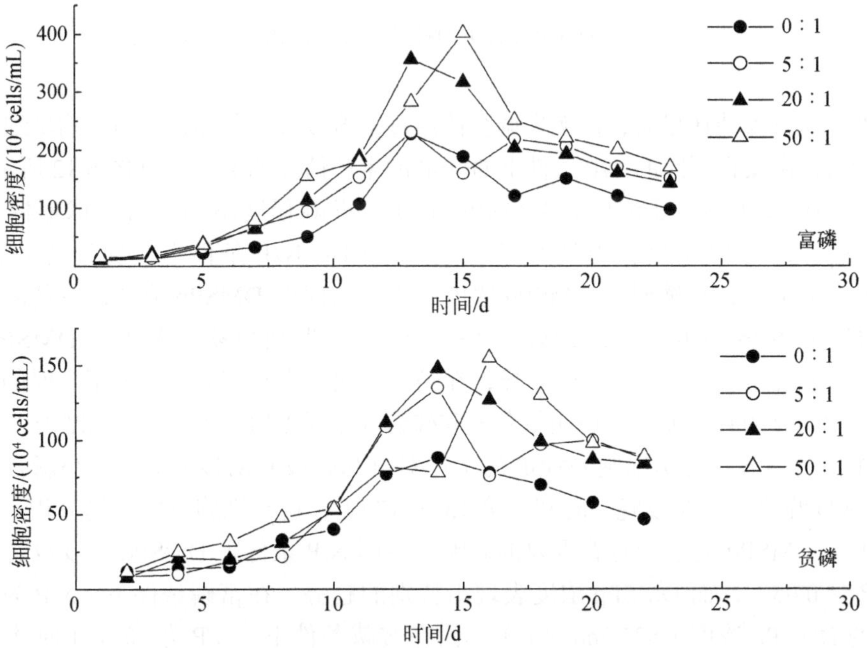

(c)小新月菱形藻

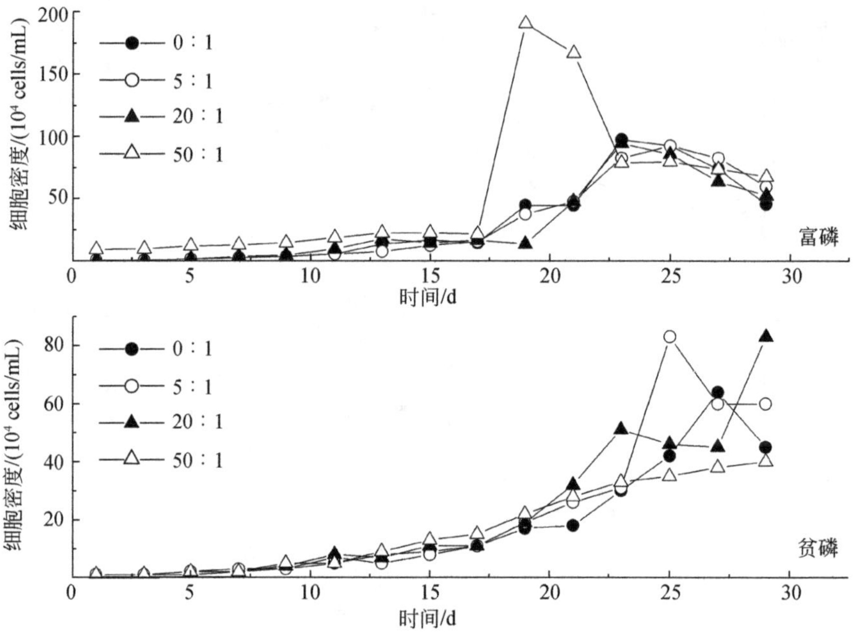

(d) 塔玛亚历山大藻

图 6-10 在不同 N/P 条件下四种微藻培养液中细胞密度的变化

细胞密度，磷营养消耗尽后，比例失调会使藻过量地吸收氮营养，反而影响藻细胞生长。

四种海洋微藻在不同的 N/P 条件下 DMSP 的生产情况如图 6-11 和图 6-12 所示。N/P 的变化对四种微藻 DMSPd 浓度和 DMSPp 浓度的影响程度不同。对于球形棕囊藻，贫磷和富磷对 DMSPd 浓度没有明显的影响，不同的 N/P 条件下实验组之间没有明显差异（$P > 0.05$）；富磷时的 DMSPp 浓度高于贫磷时的 DMSPp 浓度，在贫磷时 N/P 为 50 ∶ 1 的 DMSPp 的生产效果最好（$P < 0.05$）。尖刺拟菱形藻生产 DMSPd 在不同 N/P 和磷水平条件下没有很明显的差异，在经历了快速生长期后，进入了长时间的稳定生长期和不太明显的衰亡期，这说明氮营养和磷营养不是 DMSPd 浓度的限制因子，DMSPp 表现出相似的趋势，说明细胞 DMSP 的生产对氮和磷没有明显的响应。小新月菱形藻的 DMSPd 浓度峰值出现在较晚的时间（第 15 ～ 17d），这与细胞密度的趋势相一致，说明种群密度对 DMSPd 的生产有着重要的影响，不同 N/P 条件下 DMSPd 浓度没有明显的差异性（$P > 0.05$）；而 DMSPp 浓度表现出特别的趋势，在富磷条件下，N/P 为 0 ∶ 1 时有最大的 DMSPp 浓度（525.7nmol/L），而在贫磷条件下，N/P 为 50 ∶ 1 时才会出现最大 DMSPp 浓度（815.63nmol/L），可以看出营养盐磷充足，就算是 N/P 较小，只要其达到临界比例，就可以产生较高浓度的 DMSPp。塔玛亚历山大藻的 DMSP 浓度在经历了很长时间的缓慢生长期后，在稳定生长后期才有峰值，这可能与其有较大的细胞粒径关系密切。该微藻富磷条件下，DMSPp 浓度在 N/P 为 50 ： 1 时有最大的峰值（13625nmol/L），但是之后下降很明显，贫磷条件下，N/P 为 0 ： 1 的 DMSPp 浓度明显最大，这说明在营养水平不高但比例合适时也会有高的 DMSPp 浓度，还有一种可能，海水中氮缺乏导致藻细胞中 DMSP 浓度提高。

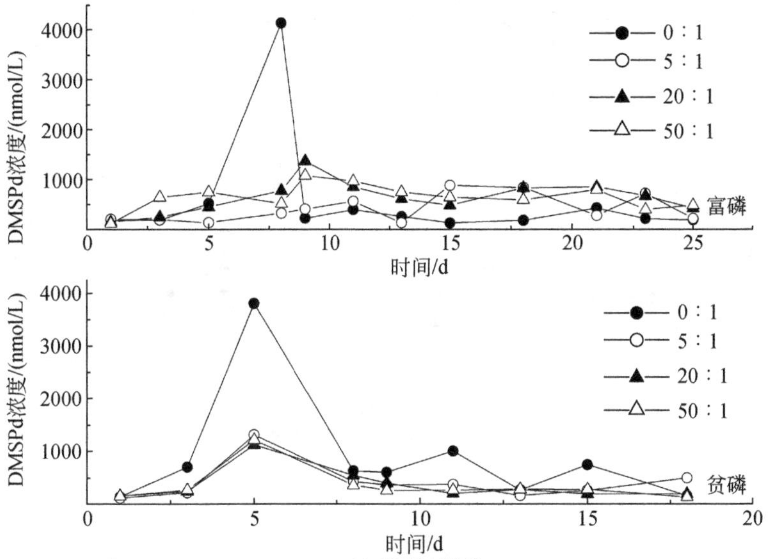

(a) 球形棕囊藻

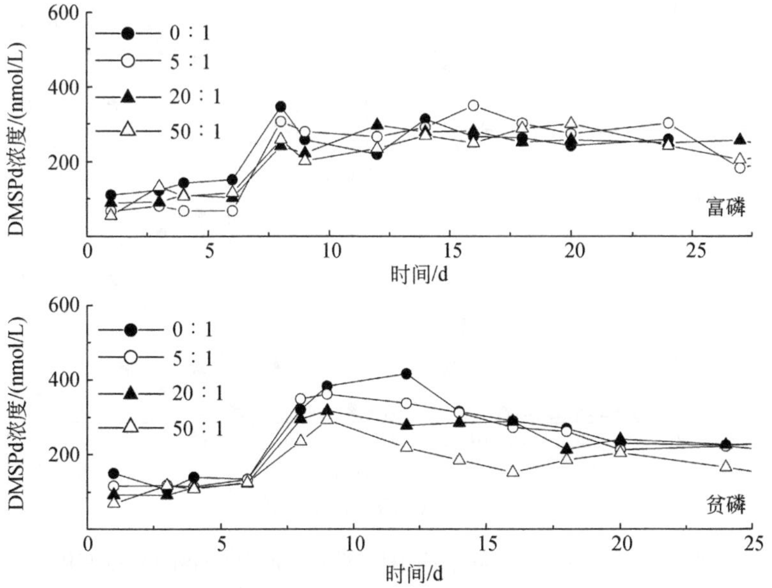

(b) 尖刺拟菱形藻

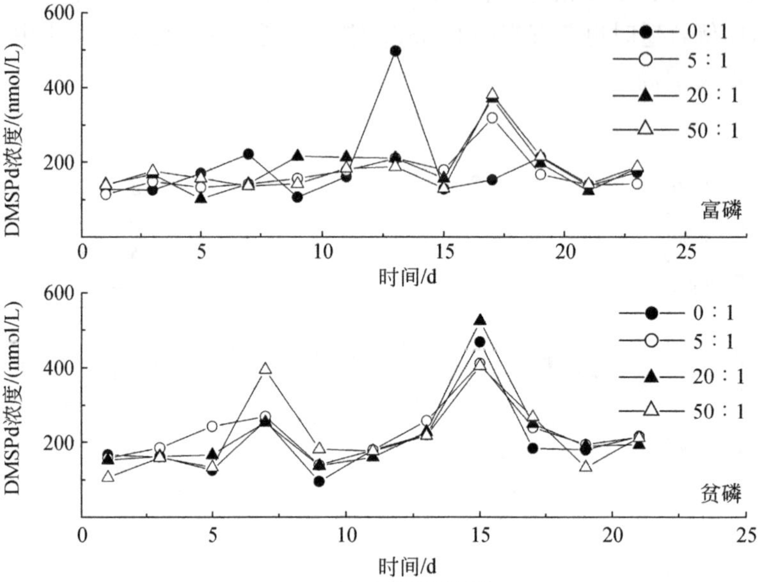

(c) 小新月菱形藻

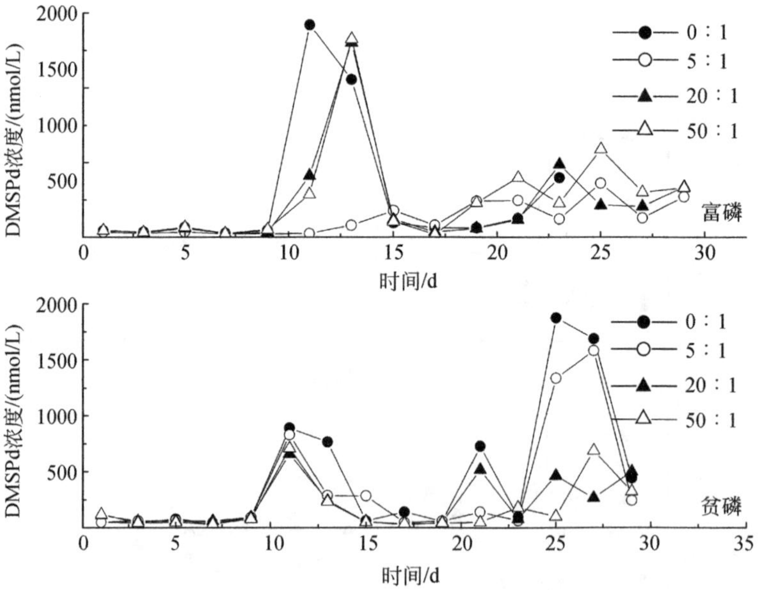

(d) 塔玛亚历山大藻

图 6-11 在不同 N/P 条件下四种微藻培养液中 DMSPd 浓度变化

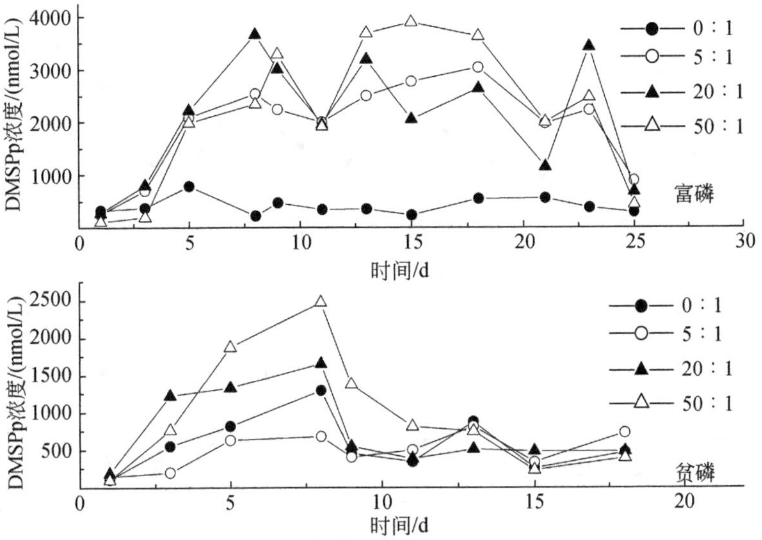

(a) 球形棕囊藻

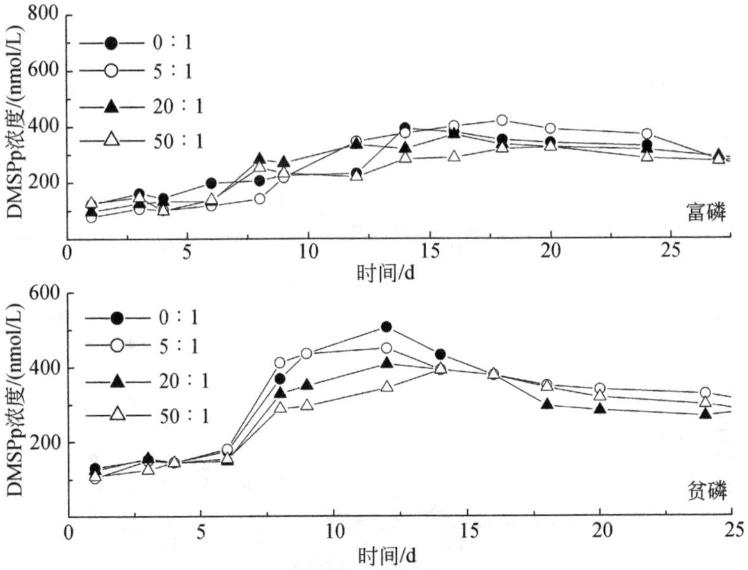

(b) 尖刺拟菱形藻

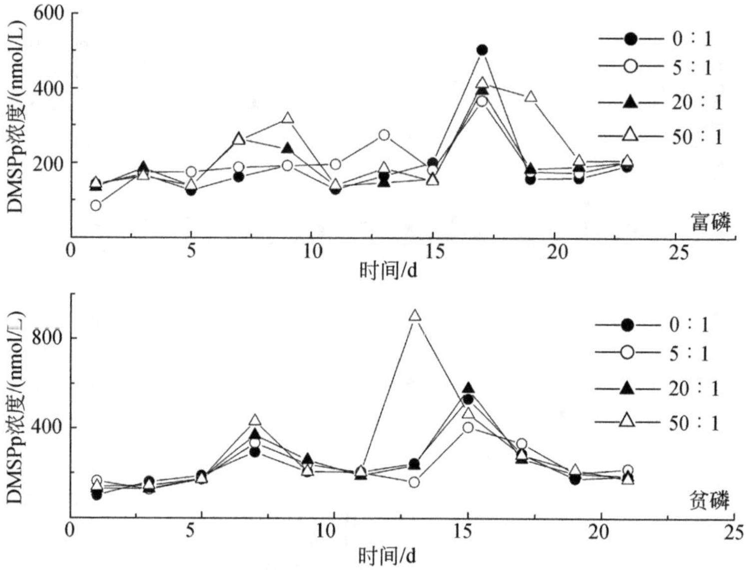

(c) 小新月菱形藻

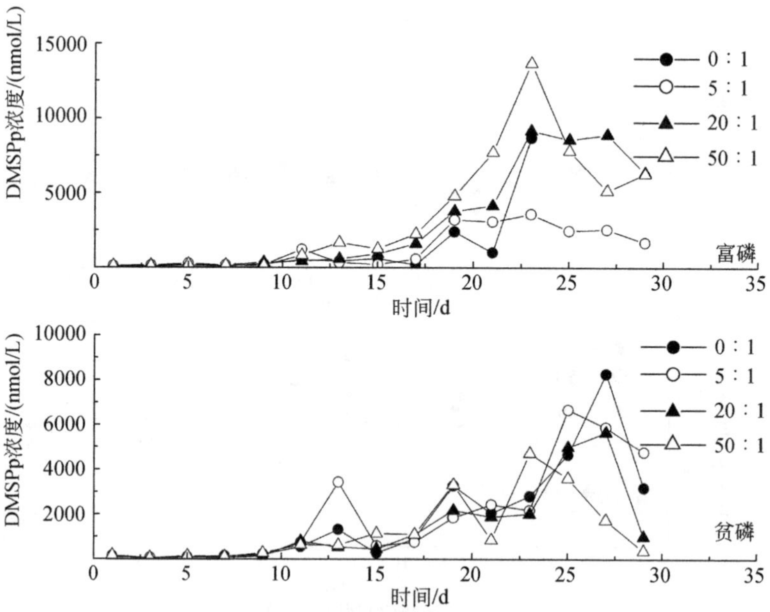

(d) 塔玛亚历山大藻

图 6-12　在不同 N/P 条件下四种微藻培养液中 DMSPp 浓度变化

DMSP 的产生虽然和 N/P 相关，但更重要的是水体中的氮营养和磷营养是否达到一个临界值，在临界水平下，就算是在最佳 N/P 条件下，DMSP 的生产依然较低；相反地，在营养盐比较充足，即使远离了最佳 N/P，其他条件都很优越的时候，藻释放 DMSP 的浓度也会较高。如果通过比例来观察限制因素对微藻生产 DMSP 情况的影响，只能表明这种营养物质首先得以消耗，但是不能确定此营养物质浓度低就是限制微藻生长的临界，也可能是其浓度虽然很低，但还是高于临界值，能保证浮游植物的正常生长，所以通过 N/P 不能确定富养水体的赤潮暴发，这个时候的氮磷水平超过了藻类可以吸收的最大值（Paerl et al.，2001）。由此可知，浮游植物产生 DMSP 首先取决于对营养的整体需要，其次是营养比例。

微藻在不同的 N/P 条件下的 DMS 浓度变化如图 6-13 所示。球形棕囊藻的 DMS 浓度随着 N/P 的升高而增加，在富磷条件下，DMS 浓度在 N/P 为 50 ∶ 1 时明显最高（$P < 0.05$），峰值为 635.78nmol/L；贫磷时的 DMS 浓度比富磷时的 DMS 浓度整体要小一些，该微藻在 N/P 为 50 ∶ 1 的培养液中 DMS 浓度最大，峰值是 189.67nmol/L。其他三种微藻的情况有些不同。尖刺拟菱形藻的磷浓度对 DMS 的生产没有限制，富磷条件下，在 N/P 为 0 ∶ 1、5 ∶ 1 和 20 ∶ 1 时 DMS 浓度没有明显的差异（$P > 0.05$），但是均高于 N/P 为 50 ∶ 1 时的情况；贫磷条件下，N/P 为 50 ∶ 1 时的 DMS 浓度明显最小，最大值仅有 38.48nmol/L，其他 3 个不同 N/P 条件下的 DMS 浓度之间没有明显的差别，说明在低 N/P 时就有较多的 DMS 产生。小新月菱形藻明显的差别是贫磷比富磷时更早达到 DMS 浓度峰值，峰值也较小，说明磷限制会对藻释放 DMS 产生很大影响，富磷条件下 N/P 为 5 ∶ 1 时明显最大，贫磷条件下 N/P 为 0 ∶ 1 时明显最大（$P < 0.05$），这与前人的研究有相似处，对于 *Emiliania huxleyi* 来说，高硝酸盐培养液中的 DMS 浓度低于低硝酸盐培养液，DMS 与氮浓度有反向的关系（Turner et al.，1988）。塔玛亚历山大藻的 DMS 浓度变化比

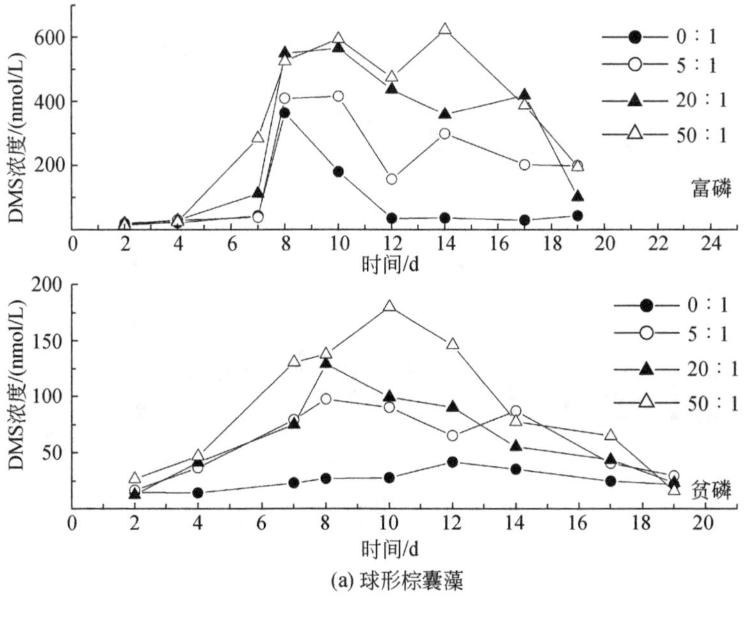

(a) 球形棕囊藻

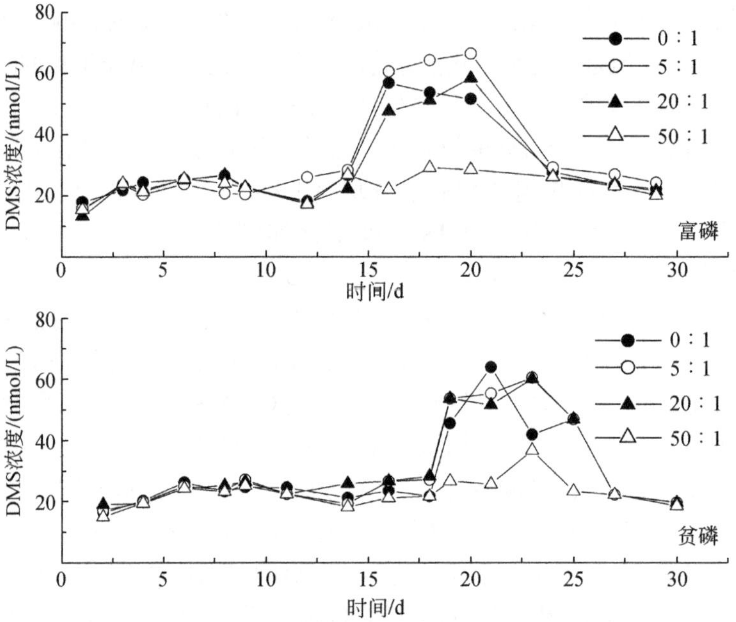

(b) 尖刺拟菱形藻

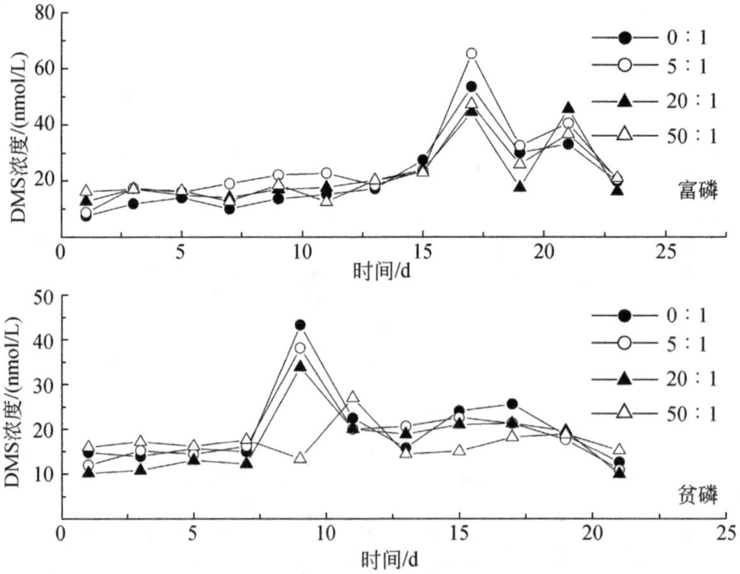

(c) 小新月菱形藻

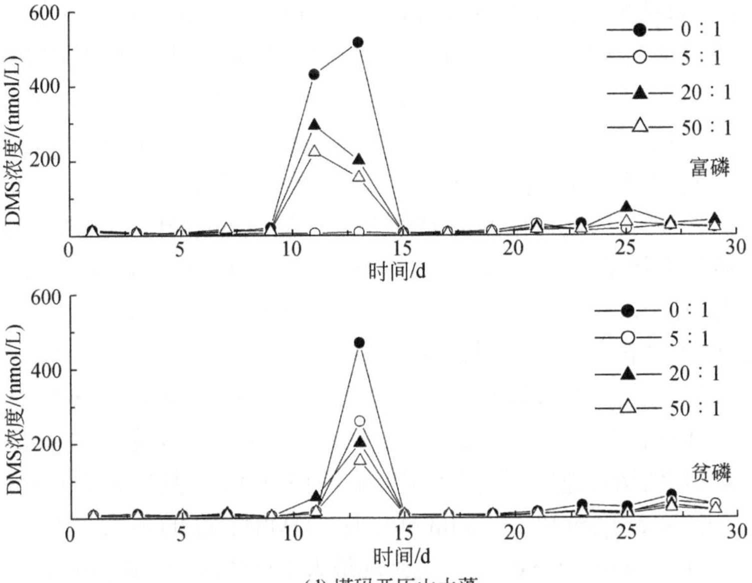

(d) 塔玛亚历山大藻

图 6-13　在不同 N/P 条件下四种微藻培养液中 DMS 浓度变化

较特别，其开始生长速率特别小，并且有很长的缓慢生长期，在第 12 ～ 14d 达到峰值后，迅速减小，第 15d 又恢复到很慢的生长情况。无论是富磷还是贫磷，都是在 N/P 为 0 ： 1 时有较高的 DMS 浓度，富磷时其峰值出现在第 13d，为 525.76nmol/L；贫磷时峰值出现在第 13d，为 487.92nmol/L。生物生产 DMS 在不同生长阶段的变化主要与 DMSP 的浓度和 DMSP 裂解酶的活性有关。

6.3.3　硅酸盐的影响

硅是硅藻生长繁殖的必需元素，在地壳中的含量仅次于氧。硅以二氧化硅胶的形态存在于硅藻和某些硅化金藻的细胞壁中，缺硅或低硅会对硅藻的生长发育产生明显的抑制作用（宫海军等，2004）。三角褐指藻在 f/2 培养液中培养到指数生长期后，分别接种到 53.5μmol/L、214μmol/L、428μmol/L 三个不同 SiO_3^{2-} 浓度培养液中培养。

在不同 SiO_3^{2-} 浓度培养条件下，三角褐指藻藻液中 DMSPd 浓度和 DMSPp 浓度均受到不同程度的影响（图 6-14）。在生长初期（即指数生长期），DMSPd 浓度迅速增加，其增长趋势在三个 SiO_3^{2-} 浓度梯度培养条件下并未出现明显差异；随后，DMSPd 浓度峰值出现在稳定生长期后期，不同 SiO_3^{2-} 浓度对三角褐指藻的生长状态具有一定影响，这样在由低到高的 SiO_3^{2-} 浓度培养液中，分别在第 21d、第 24d、第 30d 出现 DMSPd 浓度最大值，分别为 2.95μmol/L、3.30μmol/L、3.93μmol/L；在整个生长周期内，由低到高的 SiO_3^{2-} 浓度培养条件下，DMSPd 浓度平均值比值为 1 ： 1.37 ： 1.89。而细胞内 DMSPp 在不同 SiO_3^{2-} 浓度培养条件下，从指数生长期开始浓度逐步升高，随着生物量的增加，在稳定生长期达到最高值。三角褐指藻在 SiO_3^{2-} 浓度为 53.5μmol/L、214μmol/L、428μmol/L 培养液中达到 DMSPp 浓度峰值的时间分别为第 19d、第 24d、第 24d，DMSPp 浓度峰值依次为 3.97μmol/L、5.15μmol/L、5.75μmol/L；而在整个生长周期内，相应的 DMSPp 浓度平均值比值为 1 ∶ 1.5 ∶ 1.7。由此可以看出，DMSPp 浓度同生物量变化相似，在低 SiO_3^{2-} 浓度下 DMSPp 浓度最高值最早出现，而且随培养液中初始 SiO_3^{2-} 浓度升高，DMSPp 浓度也相应提高。考虑到三角褐指藻在不同 SiO_3^{2-} 浓度条件下生物量的差异性，在此用单位生物量 DMSPp 浓度衡量 SiO_3^{2-} 浓度对细胞内 DMSP 生产能力的影响。在由低至高的 SiO_3^{2-} 浓度的培养液中，单位生物量 DMSPp 浓度平均值分别为 3.1×10^{-3}mol/g、2.4×10^{-3}mol/g、2.3×10^{-3}mol/g，表明低 SiO_3^{2-} 浓度有利于三角褐指藻细胞内 DMSP 的合成。

不同 SiO_3^{2-} 浓度条件下三角褐指藻培养液中 DMS 生产变化情况［图 6-14（b）］。各培养液中，DMS 浓度都在生长初期以相近的生产速率［约为 0.01μmol/（L • d）］增长，然后在稳定生长期后期和衰亡期时达到浓度峰值。在初始 SiO_3^{2-} 浓度为 53.5μmol/L 时，DMS 浓度在稳定生长期后期的增长速率可达到 0.079μmol/（L • d），其最大浓度为 0.85μmol/L；而在初始 SiO_3^{2-} 浓度为 214μmol/L、428μmol/L 时，DMS 浓度的最大增长速率分别达到 0.17μmol/（L • d）、0.18μmol/（L • d），可达到的最大浓度依次为 1.03μmol/L、1.19μmol/L。

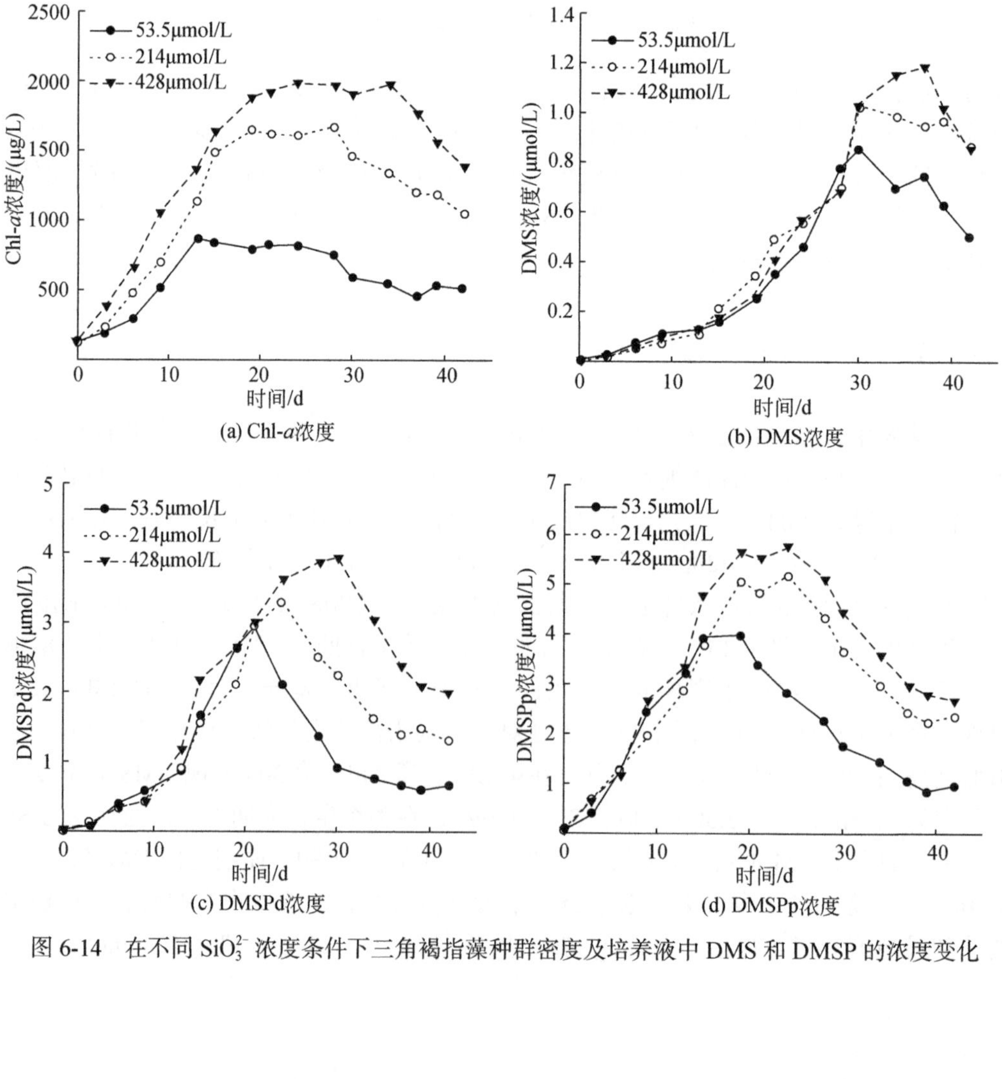

图 6-14　在不同 SiO_3^{2-} 浓度条件下三角褐指藻种群密度及培养液中 DMS 和 DMSP 的浓度变化

然而，由低到高的 SiO_3^{2-} 浓度条件下，三角褐指藻生长周期内单位生物量 DMS 平均释放量分别为 6.5×10^{-4}mol/g、3.8×10^{-4}mol/g、3×10^{-4}mol/g。结果表明，高 SiO_3^{2-} 浓度促使高生物量培养液中 DMS 浓度明显提升，但实际上单位生物量的 DMS 生产能力在低 SiO_3^{2-} 浓度培养液中得到加强，在高于 214μmol/L 硅酸盐浓度条件下单位生物量 DMS 产量较低且变化不大。

6.4　盐度对海洋微藻产生二甲基硫化物的影响

根据中国边缘海及赤潮暴发区域内的盐度变化范围，选择 20、26、30 三个盐度梯度进行三角褐指藻、海洋原甲藻和球等鞭金藻 8701 微藻培养，探究盐度对二甲基硫化物的影响规律。生物量（以 Chl-*a* 浓度表示）变化如图 6-15 所示。

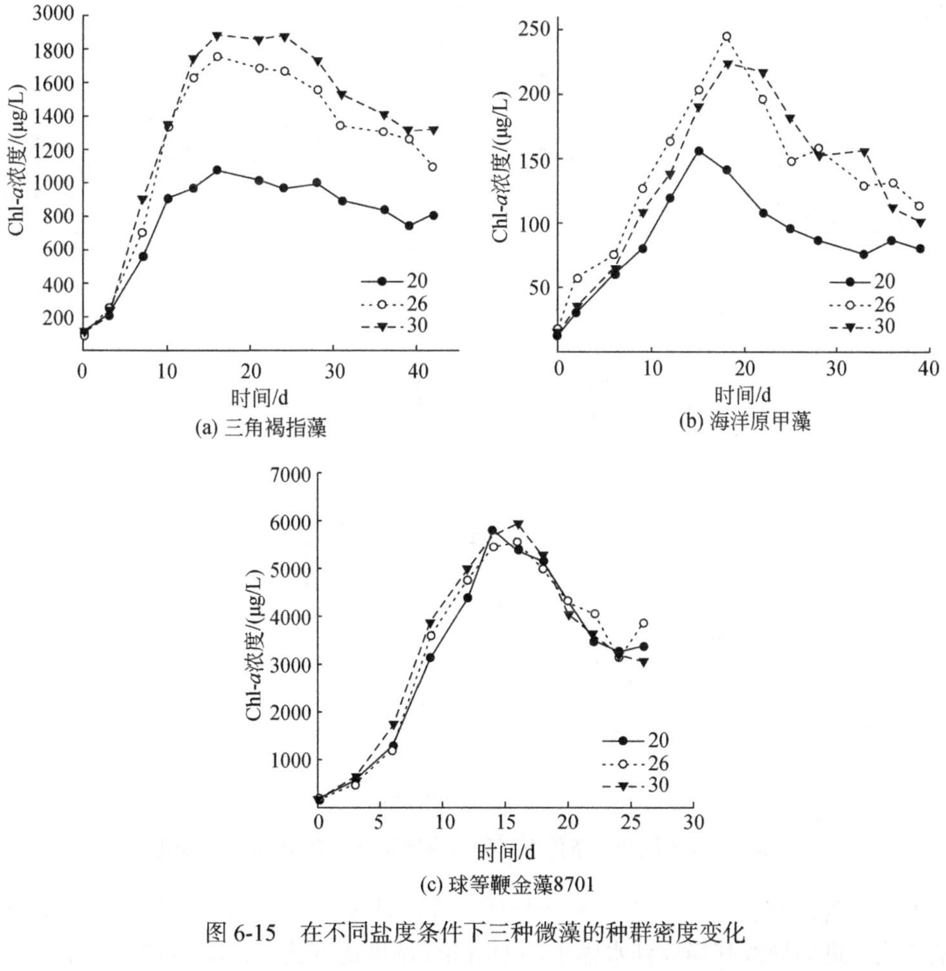

图 6-15　在不同盐度条件下三种微藻的种群密度变化

盐度对三种海洋微藻培养液中 DMSPd 浓度和 DMSPp 浓度的影响程度具有一定差异性（图 6-16 和图 6-17）。三角褐指藻和海洋原甲藻培养液中 DMSPd 浓度对盐度的响应更为敏感。三角褐指藻培养液中 DMSPd 浓度随盐度的升高而增加，在盐度为 30 的培养液中最大 DMSPd 浓度（9.22μmol/L）分别高出盐度为 20 和 26 培养液中 DMSPd 浓度峰值（分别为 3.16μmol/L 和 6.44μmol/L）1.92 倍和 0.43 倍。对于海洋原甲藻，DMSPd 浓度最大值在盐度为 26 的培养液中为 257.85μmol/L，在盐度为 30 的培养液中为 184.47μmol/L，而在盐度为 20 的培养液中 DMSPd 浓度最大值仅为 83.2μmol/L，只有盐度为 26 的培养液中的 32%，表明低盐度不利于其 DMSPd 的生产。对于球等鞭金藻 8701，DMSPd 浓度峰值在盐度为 20、26、30 的培养液中于 33 ～ 37μmol/L 变化，说明盐度对其 DMSPd 生产无影响。

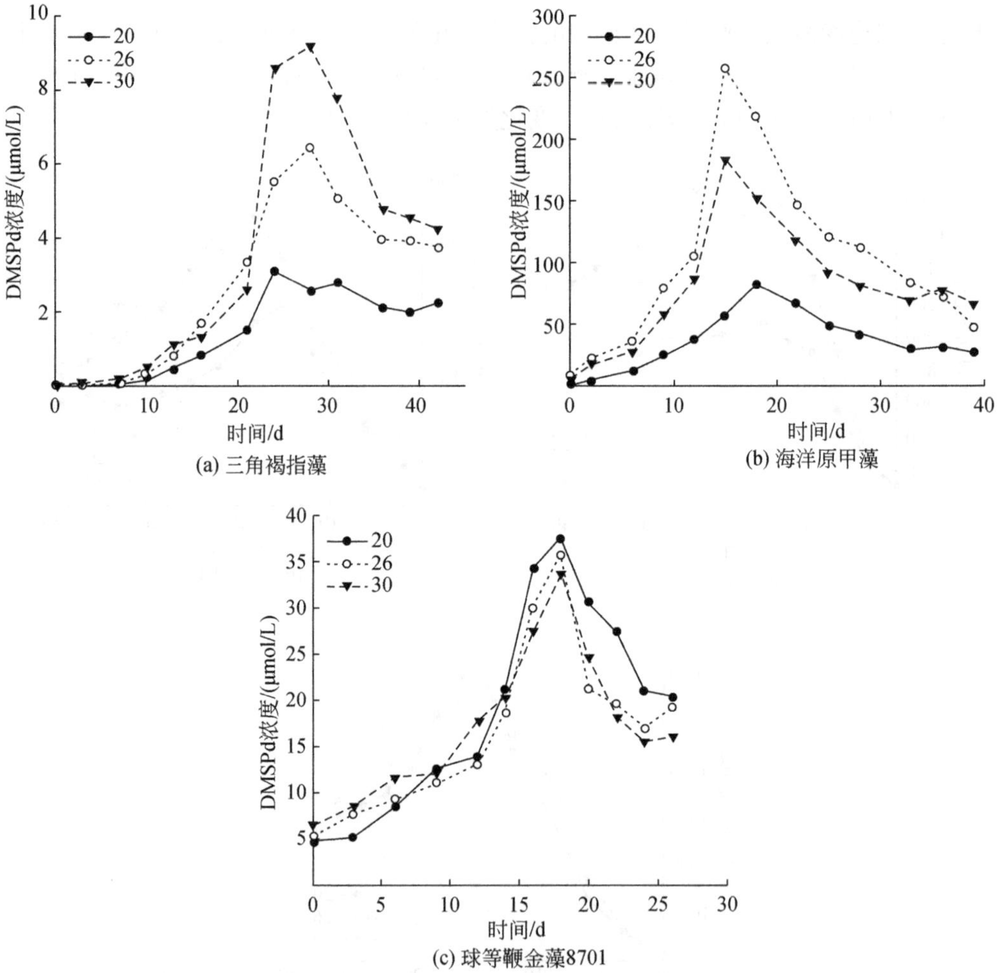

图 6-16　在不同盐度条件下三种微藻培养液中 DMSPd 浓度变化

DMSP 作为藻细胞内的渗透压调节物质，环境盐度改变必然会引起细胞内 DMSP 合成产量变化，进而导致其释放到水体中的 DMSPd 浓度的变化。由图 6-17 可知，三角褐指藻和海洋原甲藻细胞内 DMSPp 浓度随盐度水平的提高而显著增加。三角褐指藻在盐度为 30 的培养液中 DMSPp 平均浓度（3.82μmol/L）与盐度为 20 的培养液中 DMSPp 平均浓度（1.50μmol/L）之比为 2.55 ：1，在由低到高的三个盐度梯度中单位生物量 DMSPp 浓

度平均值分别为 1.59×10^{-3}mol/g、1.77×10^{-3}mol/g、2.25×10^{-3}mol/g；而海洋原甲藻，在盐度为 30 的培养液中 DMSPp 平均浓度（394.79μmol/L）是盐度为 20 的培养液中相应值（132.68μmol/L）的 2.98 倍，并且单位生物量 DMSPp 浓度在盐度为 30 和 20 的培养条件下的比值为 1.96 ： 1。以上结果表明，高盐环境能够促进三角褐指藻和海洋原甲藻细胞内 DMSP 的生产。球等鞭金藻 8701 在三个盐度梯度培养液中 DMSPp 平均浓度变化范围较小（44 ～ 47μmol/L），而且其单位生物量 DMSPp 浓度的平均值约为 0.013mol/g，表明盐度改变对球等鞭金藻 8701 细胞内 DMSP 的合成无明显影响。

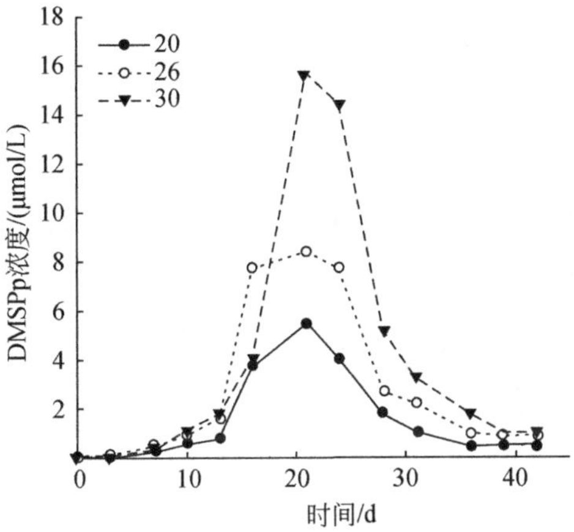

(a) 三角褐指藻

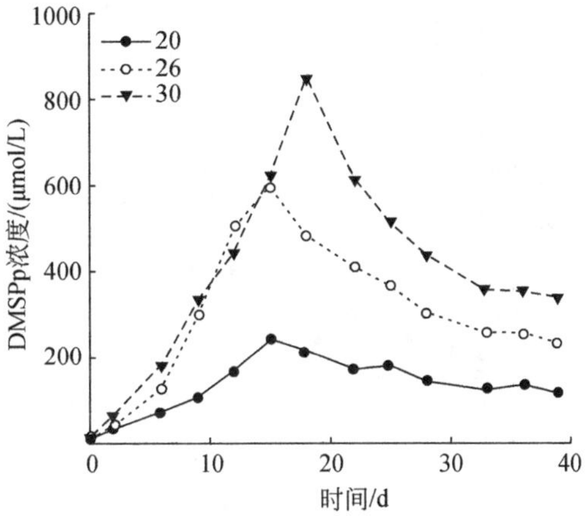

(b) 海洋原甲藻

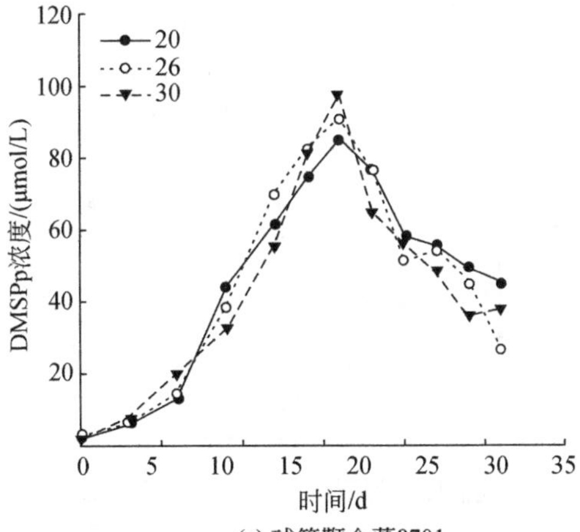

(c) 球等鞭金藻8701

图 6-17　在不同盐度条件下三种微藻培养液中 DMSPp 浓度变化

不同盐度条件下 DMS 的浓度呈现出与 DMSP 相似的生产规律（图 6-18）。三角褐指藻在盐度为 20、26、30 的条件下，生长周期内培养液中 DMS 平均浓度比值为 1 ： 1.67 ： 2.58；在盐度为 20 的培养条件下，三角褐指藻单位生物量 DMS 产量最低，平均值仅为 2.2×10^{-4}mol/g，而盐度为 30 培养液中，其单位生物量 DMS 产量则是前者的 1.5 倍，达到 3.4×10^{-4}mol/g。海洋原甲藻在由低到高的三个盐度梯度培养液中 DMS 平均浓度分别为 4.60μmol/L、10.24μmol/L、15.98μmol/L，相应的单位生物量 DMS 产量平均值分别为

0.0507mol/g、0.0723mol/g、0.115mol/g。同 DMSP 浓度变化相似，球等鞭金藻 8701 培养液中 DMS 浓度和单位生物量 DMS 产量对盐度的响应不显著，随盐度改变都几乎未变化，二者的变化范围分别为 3 ～ 3.5μmol/L 和 8.5×10^{-4} ～ 9.6×10^{-4}mol/g。由以上结果可知，盐度明显影响三角褐指藻和海洋原甲藻的 DMS 产量，高盐度显著促进培养液中 DMS 生产，相反，低盐度则明显降低这两种微藻的 DMS 生产能力。不同的是，球等鞭金藻 8701 的 DMS 生产未受到盐度改变的干扰。

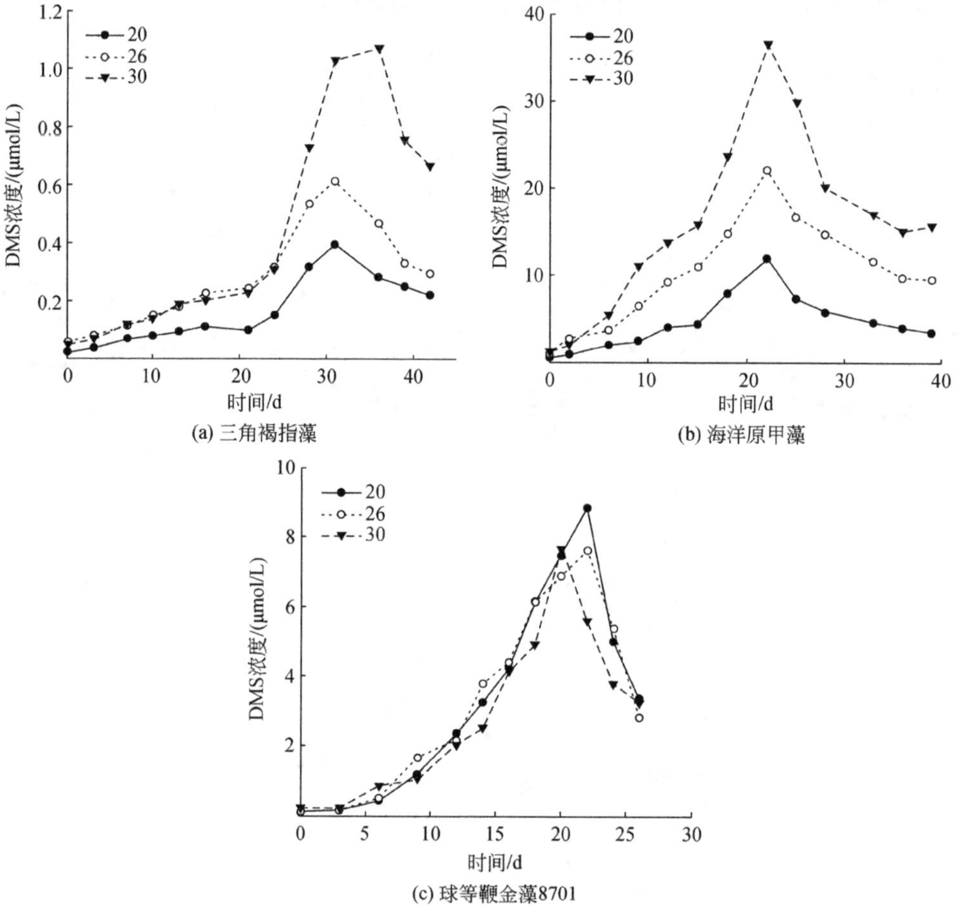

(a) 三角褐指藻　(b) 海洋原甲藻

(c) 球等鞭金藻8701

图 6-18　在不同盐度条件下三种微藻培养液中 DMS 浓度变化

随盐度升高，三角褐指藻和海洋原甲藻细胞内 DMSP 的产量明显增加，释放到培养液中的 DMS 浓度也随之增加，表明盐度升高有助于提高藻细胞合成和积累 DMSP 的能力。此外，在现场调查中也发现浮游植物在高盐度环境中（如沿岸石滩、高盐度湖泊或海冰孔隙水）能够积累相对高浓度的 DMSP。在长期培养实验中，微藻和大型藻类细胞中的 DMSP 浓度随环境盐度的升高而提升（Stefels et al.，2007；Karsten et al.，1992；Dickson and Kirst，1987）。Iverson 等（1989）对北美特拉华（Delaware）海湾和奥克洛科尼（Ochlockonee）海湾的研究表明 DMS 浓度和 DMSPp 浓度与盐度有显著的正相关关系。Cerqueira 和 Pio（1999）在葡萄牙的米拉运河（Canal de Mira）河口湾区域研究中发现冬季 DMS 浓度与海水盐度显著正相关，但夏季在盐度较低区域也出现了较高的 DMS 浓度。de Sonza 等（1996）证明，棕囊藻细胞内含有 DMSP 裂解酶，该酶的活性随内源 DMSP 浓度的升高而增加，但是在衰老细胞中及 DMSP 耗尽时，其活性下降。因此随着环境盐度的增加，藻体内产生的 DMSP 量上升，DMSP 裂解酶活性随之升高，必然会有更多的 DMSP 从藻细胞释放到海水中，导致 DMS 的含量上升。

DMSP 是藻体内的一种渗透压调节剂，其主要作用是调节细胞渗透压。大多数单胞藻没有细胞壁，或者其细胞壁弹性系数较小，它们在细胞内不可能产生高膨胀压。当单细胞微藻外部压力条件改变时，细胞需通过细胞内溶液浓度改变来调节渗透压。细胞处于生长状态时，离子成分、代谢库、pH 等必须保持在一个相对严格的范围，因此细胞为了恢复原有最佳状态，必须借助不直接与植物生长相关的具有渗透活性的化合物来调节渗透压以达到这一目的，细胞由此必然会合成并积累这些化合物。这些化合物的溶液是一种与新陈代谢相协调的“相容性”溶液，对新陈代谢功能影响很小或没有妨碍作用，但可在高离子强度下保护蛋白质，稳定细胞膜。这些化合物中直接来自光合作用的化合物有糖类（如蔗糖和葡萄糖）、多元醇（如甘油、甘露醇、山梨醇），非直接来自光合作用的化合物有季铵化合物（甜菜碱）、脯氨酸等。DMSP 是一种叔代四价硫化物，结构上类似季铵化合物，因此被认为具有类似“相容性”溶液的功能，尤其是在高盐和氮不足的情况下，更容易取代含氮的渗透压调节剂（如甜菜碱、甘氨酸等）（王艳等，2003），可以起到保护生物渗透压的作用。DMSP 在藻细胞中的浓度与盐度有很大关系。对一些藻类的研究表明，细胞内 DMSP 浓度随培养基盐度增加而增加（Variamuthy et al.，1985），而在盐度下降时，DMSP 会被释放到体外（Stefels and van Leeuwe，1998）。一些海洋真核单细胞藻中，不同盐度条件下，DMSP 浓度变化约为 2 个数量级（杨桂朋和戚佳琳，2000）。DMSP 是一种细胞内低分子有机溶质，通过在细胞内的积累和降解对细胞渗透压的调节做出一定贡献（Bisson and Kirst，1995），即表现为 DMSP 浓度随着盐度的增加而增加，但在另外一些情况下，如对于本研究的球等鞭金藻 8701，藻细胞内 DMSP 浓度不随盐度改变而发生一定的变化。在这些情况下，DMSP 在藻细胞中主要作为一种构成性的相容性溶质，而不是严格意义上的用于平衡渗透压的调节剂（Reed，1984）。高渗冲击环境内，初期 DMSP 可以作为缓冲剂，但直接的细胞体积变化会同时导致细胞内溶质浓度变化，这发生在溶质不进行主动生产或降解的条件下。在不同的盐度调节情况下，DMSP 作为 DMS 的主要前体物质，细胞内外 DMSP 的变化必然导致培养液中 DMS 浓度的变化（Kirst，1996；Bauman et al.，1994）。

6.5　铁对海洋微藻产生二甲基硫化物的影响

铁是海水中重要的痕量元素，也是海洋浮游植物生长必需的微量元素，它在某种程度上可限制海洋初级生产力，也可诱发海域赤潮。在海洋环境中，痕量元素铁成为继 N、P、Si 三大生源要素后又一限制浮游植物初级生产力的重要元素。野外实验表明，铁可能是海洋微藻生长的主要限制因子（Boyd et al.，2000；Martin et al.，1994）。但通过室内培养研究铁对微藻生长及 DMS 和 DMSP 生产的影响鲜有报道。本研究中，三种海洋微藻在

f/2 培养液中培养到指数生长期后，分别接种到铁离子（Fe^{3+}）浓度为 10μmol/L、20μmol/L、30μmol/L 的培养液中培养，种群密度（以 Chl-*a* 浓度表示）变化如图 6-19 所示。

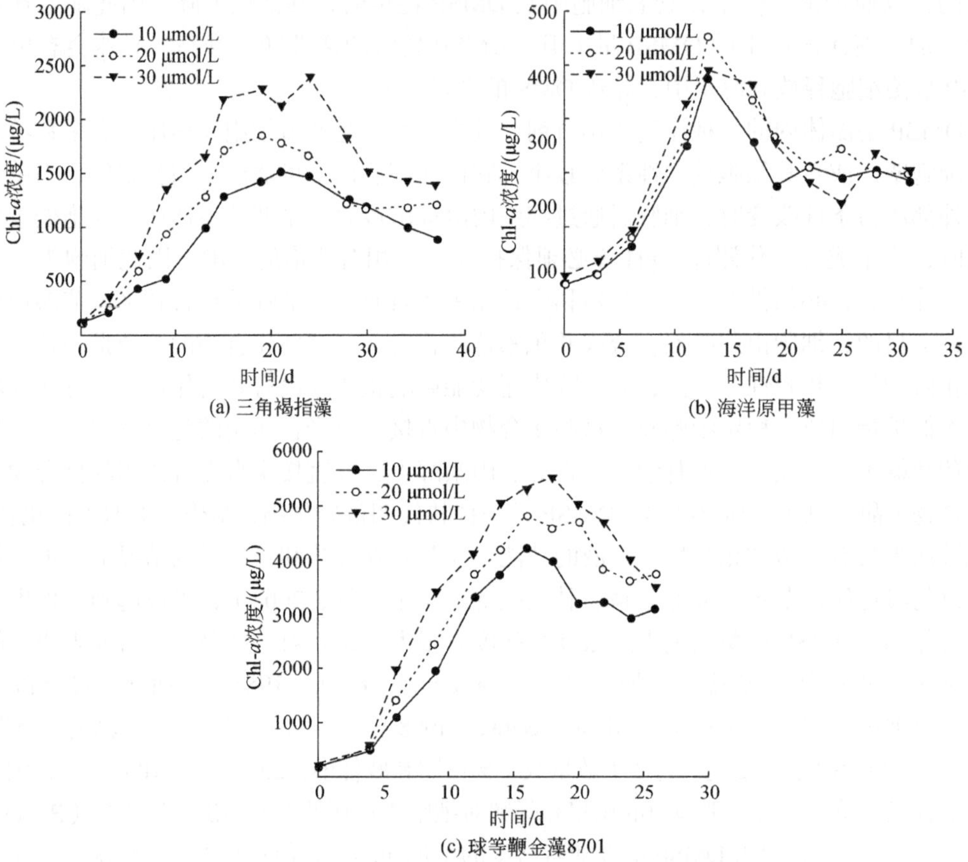

图 6-19　在不同 Fe^{3+} 浓度条件下三种微藻的种群密度变化

如图 6-20 和图 6-21 所示，Fe^{3+} 对三种海洋微藻培养液中 DMSPd 和 DMSPp 浓度变化有不同程度的影响。对于三角褐指藻，在 Fe^{3+} 浓度为 10μmol/L、20μmol/L、30μmol/L 的培养液中，整个周期内 DMSPd 的平均浓度分别为 1.7μmol/L、1.9μmol/L、2.5μmol/L，Fe^{3+} 浓度为 30μmol/L 的培养液中的 DMSPd 浓度最大值（4.87μmol/L）是 Fe^{3+} 浓度为 10μmol/L 的培养液中 DMSPd 浓度最大值（3.27μmol/L）的 1.5 倍。对于海洋原甲藻，在 Fe^{3+} 浓度为 10μmol/L、20μmol/L、30μmol/L 培养条件下，生长周期内 DMSPd 浓度平均值之比为 1 ∶ 1.6 ∶ 3.4。而对于球等鞭金藻 8701，在 Fe^{3+} 浓度为 30μmol/L 的培养液中 DMSPd 浓度最大值达到 23.5μmol/L，生长周期内的平均值为 11.86μmol/L；Fe^{3+} 浓度为 10μmol/L 的培养液中 DMSPd 浓度最大值（41.40μmol/L）超出前者约 17μmol/L，而其平均值（20.80μmol/L）则为前者的 1.75 倍。以上结果表明，高 Fe^{3+} 浓度有助于三角褐指藻和海洋原甲藻藻液中 DMSPd 的形成，DMSPd 浓度随 Fe^{3+} 浓度的升高而升高。而球等鞭金藻 8701 培养液中高 Fe^{3+} 浓度反而会抑制 DMSP 从藻体中释放。

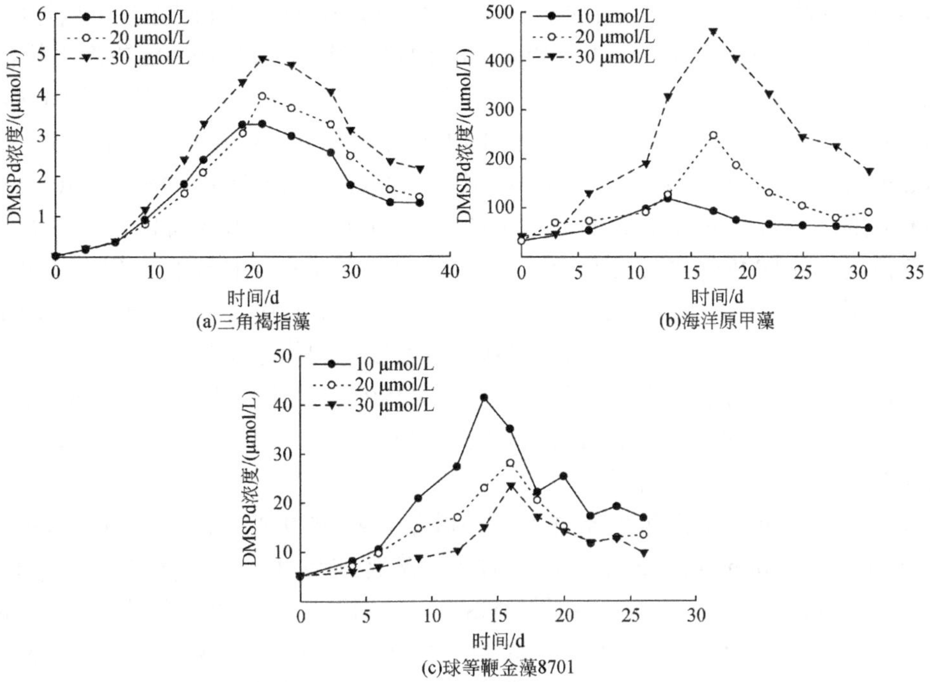

图 6-20　在不同 Fe^{3+} 浓度条件下三种微藻培养液中 DMSPd 浓度变化

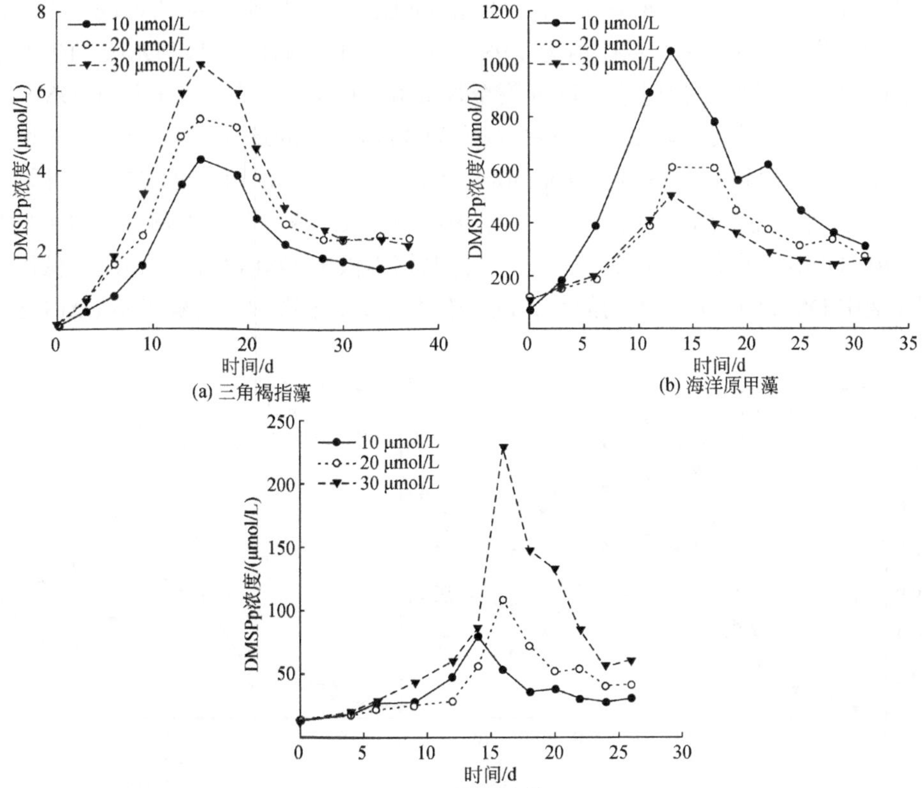

图 6-21　在不同 Fe^{3+} 浓度条件下三种微藻培养液中 DMSPp 浓度变化

图6-21（a）表明，对于三角褐指藻，藻液中DMSPp浓度明显随Fe^{3+}浓度的增加而增加。在Fe^{3+}浓度为10μmol/L、20μmol/L、30μmol/L的培养液中，其DMSPp浓度平均值分别为2.03μmol/L、2.74μmol/L、3.19μmol/L，而其单位生物量DMSPp浓度平均值皆为0.002mol/g，说明Fe^{3+}浓度并未影响三角褐指藻藻体内DMSP合成产量。而对于海洋原甲藻，Fe^{3+}浓度为10μmol/L的培养液中DMSPp的平均浓度（514.6μmol/L）是Fe^{3+}浓度为30μmol/L培养液中相应值（290.2μmol/L）的1.77倍［图6-21（b）］，在由低到高的Fe^{3+}浓度的培养液中单位生物量DMSPp浓度分别为2.13mol/g、1.37mol/g、1.17mol/g。以上结果表明，高Fe^{3+}浓度对海洋原甲藻细胞内DMSP的生产起到一定抑制作用。球等鞭金藻8701在由低到高的三个Fe^{3+}浓度梯度的培养液中DMSPp浓度平均值之比为1 ∶ 1.2 ∶ 2.2，而且Fe^{3+}浓度为30μmol/L的培养液中的单位生物量DMSPp浓度平均值达到0.026mol/g，此值约为Fe^{3+}浓度为10μmol/L条件下的1.3倍［图6-21（c）］，表明高Fe^{3+}浓度能促进球等鞭金藻8701细胞内DMSP的合成。

图6-22显示了不同Fe^{3+}浓度条件下三种微藻DMS的生产情况。三角褐指藻在Fe^{3+}浓度为10μmol/L、20μmol/L、30μmol/L条件下，藻液DMS平均浓度分别为0.43μmol/L、0.51μmol/L、0.73μmol/L，相应单位生物量DMS产量差别较小，平均值分别为3.8×10^{-4}mol/g、3.9×10^{-4}mol/g、4.2×10^{-4}mol/g，即在不同Fe^{3+}浓度条件下，三角褐指藻生产DMS无明显差异。对于海洋原甲藻，生长周期内培养液中DMS浓度平均值明显从低Fe^{3+}浓度的22.1μmol/L降低到高Fe^{3+}浓度条件下的11.7μmol/L；在由低到高的三个Fe^{3+}浓度梯度培养液中，单位生物量DMS产量比值为1.98 ∶ 1.67 ∶ 1，海洋原甲藻DMS的生产能力随Fe^{3+}浓度的提高而降低。相似地，球等鞭金藻8701在高Fe^{3+}浓度培养液中DMS浓度及单位生物量DMS产量反而降低。在Fe^{3+}浓度为30μmol/L的培养液中，DMS浓度平均值（1.92μmol/L）只达到Fe^{3+}浓度为10μmol/L条件下（2.55μmol/L）的75%，而单位生物量DMS产量二者比值为1 ∶ 1.6。由以上结果可知，Fe^{3+}浓度明显影响海洋原甲藻和球等鞭金藻8701 DMS的产量，高Fe^{3+}浓度显著抑制培养液中DMS生产，相反，低浓度则明显提高藻液中DMS的产量。不同的是，Fe^{3+}浓度的改变未影响三角褐指藻DMS生产。

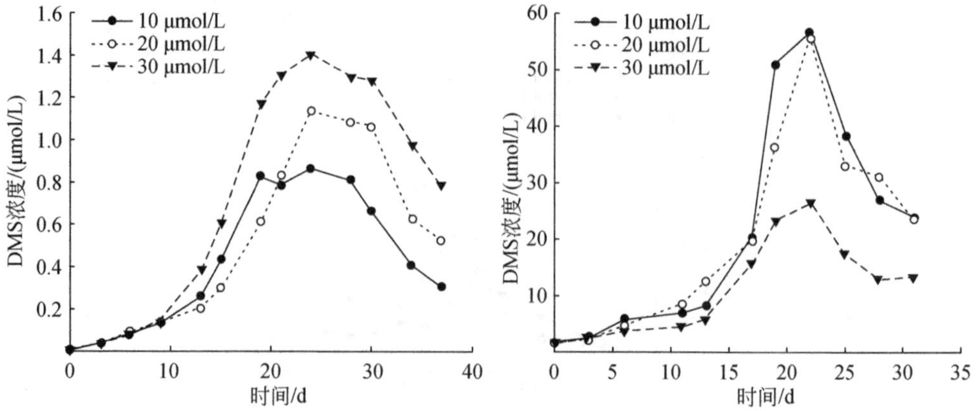

(a) 三角褐指藻　　(b) 海洋原甲藻

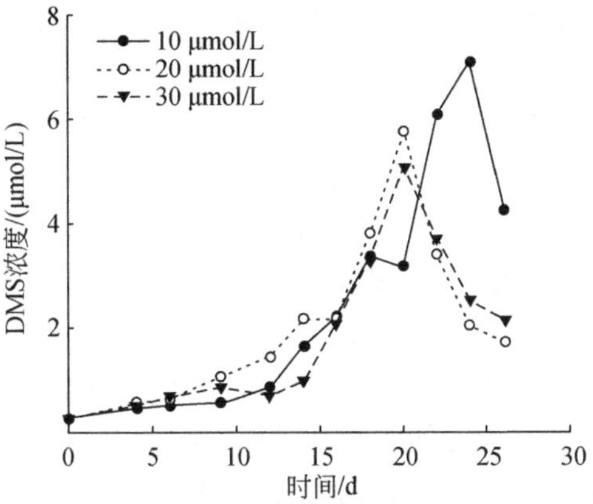

(c) 球等鞭金藻8701

图 6-22　在不同 Fe^{3+} 浓度条件下三种微藻培养液中 DMS 浓度变化

Turner 等（1996）在加拉帕戈斯群岛附近海域进行铁施肥试验，发现海水中 DMS 浓度提高了 3.5 倍。Stefels 和 van Leeuwe（1998）对南极 *Phaeocystis* 的研究表明，铁会不同程度地影响碳和硝酸盐的同化，这主要依赖于光照强度和能量供给，铁也可影响细胞内的生化成分。在不同的光照强度和 Fe^{3+} 浓度下，还原能力的竞争将是最主要的。硝酸盐同化、二氧化碳固定和硫酸盐还原这些能量消耗过程将受到影响。这样，Fe^{3+} 浓度的改变会影响还原剂的供给，使细胞内碳固定、氮合并、氨基酸的合成均受到影响。DMSP 作为藻细胞内重要的碳源（Simó，2001），培养液中不同初始 Fe^{3+} 浓度会影响细胞内 DMSP 的合成和 DMS 的释放。Fe^{3+} 浓度对二甲基硫化物生产的影响程度具有种间差异性，这需要进一步探讨不同微藻细胞内铁在 DMSP 的合成过程中的作用。

6.6　酸度对海洋微藻产生二甲基硫化物的影响

自工业革命以来，化石燃料的大量使用，森林植被的不断减少，以及城市工业化的迅速发展，导致了大气中 CO_2 浓度的不断升高，大气中 CO_2 浓度由工业革命前的 280ppm 上升到现在的 395ppm，并以每年约 0.5% 的速度继续增加，政府间气候变化专门委员会估算，到 21 世纪末还会增长到 700 ～ 1000ppm。海洋占地球表面积的 2/3 以上，在海洋碳循环中发挥重要的作用，吸收了人类活动产生的大约 1/3 的 CO_2（Sabine et al.，2004），这在一定程度上缓解了大气中 CO_2 浓度的积累，但是海洋中吸收过多的 CO_2 使得海水中 H^+、CO_2 和 HCO_3^- 的浓度增加，CO_3^{2-} 浓度降低。相对于工业革命以前，海水的 pH 已经下降了 0.1，在维持现有能源结构不变的情况下，预计到 21 世纪末海水中的 pH 还会继续降低 0.3 ～ 0.5，H^+ 浓度也会相应地增加 100% ～ 150%，CO_3^{2-} 浓度减少 50%（Hönisch et al.，2012；Orr et al.，2005）。2003 年，"海洋酸化"首次出现在 *Nature* 杂志中，并由此开展了关于海洋酸化的一系列研究。海洋酸化是一个新的研究领域，在该领域的大部分研究结果都是在近十几年才发表出来的。因此，在这个领域有部分结果是确定的，但是还有部分结果是不确定的，也有很多需要解决的问题。海洋酸化是个多学科交叉的领域，其研究内容包括化学、古生物学、生物学、生态学、生物地球化学等。此外，海洋酸化的一些研究领域，如碳酸盐系统化学，是错综复杂的。海洋酸化的危险来自目前大气 CO_2 浓度升高的速率和引起的海洋酸化的变化速率，以及保持目前的 CO_2 排放速率所导致的大气 CO_2 浓度的变化量。目前大气 CO_2 浓度的变化率每年大约升高 2ppm。从工业革命开始到现在大气 CO_2 的浓度已经升高了 100ppm。而在上个冰期末期和目前这个暖期的过渡时期的 1 万年中大气 CO_2 浓度仅升高了 80ppm，所以现在大气 CO_2 浓度升高的速率和引起的海洋酸化的速率比地质历史时期的最快速率还高 100 倍。

二氧化碳分压（p_{CO_2}）升高对海水中 DMSP 和 DMS 释放的影响比较复杂，既与海洋微藻的种类、生理特性有关，又与浮游生物活动的影响有关，还可能受到光照、温度、紫外光辐射的协同影响。目前关于海洋酸化对海洋中 DMSP 和 DMS 释放影响的研究结果并不一致。不同微藻对海洋酸化的响应具有种间或株间差异性。现场围隔实验研究发现，不同海区之间，同一海区的不同研究者的结果也不一致，这可能与当时海区海洋浮游植物的种群结构、浮游动物的捕食和病毒细菌的影响有关。

6.6.1　实验方法

实验采用中国东海的海水（盐度约为 32）用于海洋微藻的培养，海水经 0.2μm 醋酸纤维滤膜过滤除去颗粒物和部分细菌，装入经过高温灭菌处理的 5L 定制三口瓶内。过滤后测一下海水的 pH 和 DIC，然后，在高压灭菌锅（LDZX-50FBS，上海申安医疗器械厂）内 121℃条件下灭菌 20min（0.15MPa），自然冷却后按照 f/20 培养液配方添加营养成分。实验分为对照组（对照）和高碳组（HC），分别表示现有的 CO_2 浓度水平和 21 世纪末预计达到的 CO_2 浓度水平。HC 组一般设定 pH 比对照组低 0.3 ～ 0.4，p_{CO_2} 在 700 ～ 1000μatm，表示 21 世纪末可能达到的 p_{CO_2} 水平，但是不同实验所用的海水取样地点不同，使得对照组的 CO_2 浓度水平不完全一致，从而导致 HC 组的 p_{CO_2} 水平也有所差异，但结果基本符合政府间气候变化专门委员会预测的 p_{CO_2} 水平。

实验选取如下藻种进行实验室模拟培养，其中包括金藻门中 2 种海洋微藻：小普林藻、球等鞭金藻；定鞭金藻门 1 种：球形棕囊藻；甲藻门中 4 种：微型原甲藻、具齿原甲藻、具刺膝沟藻和米氏凯伦藻；硅藻门中 6 种：中肋骨条藻、三角褐指藻、旋链角毛藻、孟氏小环藻、日本星杆藻和小新月菱形藻；隐藻门中隐藻。这些藻种来自中国海洋大学海洋污染生态化学实验室。

小普林藻隶属于金藻门定鞭金藻属，单细胞，呈圆形、纺锤形；细胞顶端具有 3 条鞭毛。载色体有 2 个，片状，呈金黄色。

球等鞭金藻隶属于金藻门等鞭金藻属，单细胞运动个体，形态多变，呈椭圆形，无细胞壁，具两条等长鞭毛。细胞内有两个大而侧生的色素体。细胞核一个，位于细胞近中央。

球形棕囊藻隶属于定鞭金藻门棕囊藻属，是一类具游泳单细胞和群体胶质囊两种生活形态的浮游藻类，可引发赤潮，从而影响海洋生态系统及社会经济发展，在全球碳、硫循环，海洋食物链结构及气候调节方面也发挥着重要的作用。

微型原甲藻隶属于甲藻门原甲藻属，藻体壳面观呈心形或卵形。体长为 15 ～ 23μm，宽度为 13 ～ 17μm，顶刺长约 1μm。顶刺短小，叉状，顶生，副刺短。两壳板表面布满突起的小刺，壳板表面稀疏分布刺丝胞孔。微型原甲藻是全球范围温带和亚热带的主要赤潮诱因生物之一，在渤海、东海、南海等水域十分常见。

具齿原甲藻隶属于甲藻门原甲藻属，细胞长 15 ～ 17μm，宽 9 ～ 11μm；细胞表面的壳板上分布有许多短刺，是长江口和浙江海域大面积赤潮的主要原因种（吕颂辉等，2003）。

具刺膝沟藻隶属于甲藻门膝沟藻属，其分布广泛，在热带和温带海域都有分布（孙爱梅等，2006）。

米氏凯伦藻隶属于甲藻门凯伦藻属，是一种分布较广、危害严重的典型鱼毒性赤潮生物。藻体单细胞，细胞长 15.6 ～ 31.2μm，宽 13.2 ～ 24μm。细胞背腹面观呈近圆形，但背腹略扁平，运动时呈左右摇摆状，静止时在光学显微镜下往往只能看到背腹面，难以看到侧面或顶底面（姚炜民等，2007）。

中肋骨条藻隶属于硅藻门骨条藻属，是广温广盐藻类。藻细胞为透镜形或圆柱形，细胞周围有一圈刺与相邻细胞的刺连接组成长链。中肋骨条藻是一种分布广泛的赤潮藻。

三角褐指藻隶属于硅藻门。藻细胞具有 3 种不同的形态——卵形、梭形和三出放射形，其细胞壁由独立的硅片组成，易破碎。三角褐指藻具有较高的营养价值，常作为水产养殖动物的饵料，同时其富含甘油三酯，是研究微藻产油的一种藻。三角褐指藻本身没有毒，也属于赤潮藻，在我国黄渤海有广泛的分布。

旋链角毛藻隶属于硅藻门角毛藻属。是广温性藻类。藻细胞的角毛交叉形成螺旋状。旋链角毛藻是一种赤潮藻，在我国东海、黄海、渤海分布广泛，是胶州湾夏季主要的优势藻。

孟氏小环藻隶属于硅藻门小环藻属，细胞为圆盘形，壳面呈圆形，边缘部有辐射状排列的线纹和孔纹，中央平滑或具颗粒。带面平滑没有间生带。载色体多个，小盘状。以细胞分裂进行繁殖，每个细胞产生一个复大孢子。

日本星杆藻隶属于硅藻门星杆藻属，细胞群体生活，常以一端连成星形螺旋状的链。细胞长 75 ～ 120μm。壳环面近端呈三角形，宽 16 ～ 20μm，另一端细长，末端截平。壳面较狭，宽 10μm，呈长椭圆形，一端大，另一端细长。色素体一般有两片，分布于细胞核附近。近岸广温性种类，分布广，数量大。我国沿海均有分布，暖季多于冷季。

小新月菱形藻隶属于硅藻门菱形藻属，单细胞，细胞中央部分膨大，呈纺锤形，两端渐尖，笔直或朝同一个方向弯曲，似月牙形。细胞长 12 ～ 23μm，宽 2 ～ 3μm。细胞中央有一个细胞核。载色体为黄褐色、两片，位于中央细胞核两侧。我国各海区均有出现。

隐藻隶属于隐藻门隐藻属，单细胞，细胞大小为 10 ～ 50μm，形状扁平，有两条稍微不等长的鞭毛。

1. CO_2 调控

对照组和 HC 组海水分别装入经过高温灭菌处理的 5L 定制三口瓶内，三口瓶中间口插入一根底端带有鼓泡装置的长玻璃管，另外两个支口分别连接一段带有三通的聚四氟乙烯管。对照组海水经过灭菌处理后部分 CO_2 的溢出使得海水的 pH 略有上升，DIC 稍有下降。因此，需要通过插入瓶底的长玻璃管通入一定浓度的 CO_2 以保持原有的 pH 和 DIC 水平。HC 组海水通过通入 1000μatm 的混合了空气和 CO_2 气体的混合气体获得，由于 CO_2 的溶解解离平衡需要一定的时间，因此，在通入气体的时候尽量保证气体流速不要太大，以防通入 CO_2 气体过多导致体系 pH 下降太多。通入 CO_2 混合气体 20min 后，让溶液平衡一段时间，根据测得的 pH 和 DIC 决定继续通入或停止通入 CO_2 混合气体，直到达到预定的 pH 水平，然后通过三通密封海水，使得三口瓶内与外界完全隔离。整个过程需要 3 ～ 5d。在微藻培养的过程中经常测定三口瓶中溶液的 pH，如果偏离预定的数值继续通入 CO_2 气体以达到预定 CO_2 水平。微藻培养体系中碳酸盐系统参数如表 6-2 所示。

表 6-2　海洋微藻藻液中碳酸盐系统参数（平均值 ±S.D.）

微藻	分组	TA/（mol/kg SW）	DIC/（mol/kg SW）	pH（NBS）	p_{CO_2}/μatm
小普林藻	对照	2104±97	1908±88	8.00±0.02	419±35
	HC	2100±36	2035±36	7.64±0.04	1070±57
球等鞭金藻	对照	2197±61	1974±62	7.65±0.03	409±56
	HC	2252±55	2169±49	8.02±0.06	1055±55
球形棕囊藻	对照	2258±110	2007±96	8.08±0.04	365±38
	HC	2239±106	2113±96	7.80±0.05	762±97
微型原甲藻	对照	2514±41	2202±32	8.14±0.04	337±24
	HC	2445±46	2311±48	7.79±0.04	839±36
具齿原甲藻	对照	2038±78	2036±87	8.14±0.07	438±45
	HC	2168±39	2221±81	7.84±0.06	934±62
具刺膝沟藻	对照	2485±86	2210±75	8.08±0.02	395±34
	HC	2432±58	2306±63	7.70±0.02	878±46
米氏凯伦藻	对照	2094±65	2104±78	8.05±0.03	557±42
	HC	2146±69	2212±89	7.78±0.03	1073±59
中肋骨条藻	对照	2492±38	2216±36	8.08±0.04	396±20
	HC	2464±32	2216±36	7.82±0.04	783±23
三角褐指藻	对照	22425±62	2296±75	8.09±0.04	364±42
	HC	2373±56	2347±58	7.77±0.06	786±56
旋链角毛藻	对照	2251±82	2010±65	8.05±0.04	385±32
	HC	2294±73	2202±59	7.69±0.04	1013±54
孟氏小环藻	对照	2238±75	2046±86	7.95±0.04	504±52
	HC	2227±84	2159±98	7.62±0.03	1171±72
日本星杆藻	对照	2534±63	2213±59	8.15±0.03	332±41
	HC	2469±66	2334±54	7.79±0.04	847±53

续表

微藻	分组	TA/（mol/kg SW）	DIC/（mol/kg SW）	pH（NBS）	p_{CO_2}/μatm
小新月菱形藻	对照	2395±81	2195±82	7.96±0.10	540±131
	HC	2424±65	2313±59	7.70±0.13	956±285
隐藻	对照	2383±84	2252±78	8.10±0.03	348±49
	HC	2328±72	2313±66	7.73±0.02	849±65

注：TA 表示总碱度，DIC 表示总无机碳浓度；NBS 表示 pH 标度。

2. 微藻的培养

分别将对照组和 HC 组调节好 pH 的海水装入两个 600mL 的玻璃瓶内，用移液枪移入处于指数生长期的海洋微藻，使得初始藻密度为 100cells/mL，继续加溶液直至无顶空，瓶口用带有聚四氟乙烯内衬的橡胶塞密封，与外界完全隔绝。接种的当天即为第 0d，根据微藻的生长情况，一般密封 4 ～ 7d 后，溶液中微藻生长使得体系的 pH 开始升高，DIC 降低，然后用经过灭菌消毒的带有长不锈钢针管的注射器开始取样测定。

3. 取样顺序和方法

取样顺序为先取 DMS 样品 2mL，迅速密封在 10mL 玻璃瓶内，然后取 30mL 藻液用于测定 pH，DMS 和 pH 的样品在取样后马上测定。然后取 50mL 藻液用于 DIC 测定，DIC 样品用玻璃纤维滤膜（GF/F，孔径 0.7μm，Whatman）过滤，滤液中加入一滴饱和氯化汞溶液，用派拉膜密封后放入 0 ～ 4℃冰箱内保存，一个月内用 AS-C2 型溶解无机碳分析仪测定完毕。上述三个参数取样结束后将培养瓶晃动均匀，用 10mL 无菌注射器取 10mL 藻液，通过连接在注射器的过滤头进行过滤，过滤头内装有玻璃纤维滤膜（GF/F，0.7μm，Whatman），过滤时轻轻推拉注射器，使得滤液一滴一滴缓慢落下来，以防压力过大使藻细胞破裂造成 DMSPd 浓度过高。滤膜和滤液分别用来测定 DMSPp 和 DMSPd 的浓度。Chl-*a* 取样是取 50mL 藻液，用滤膜（GF/F，孔径 0.7μm，Whatman）在小于 15kPa 的压力下进行抽滤；过滤完成后将滤膜对折，用灭菌锡纸包好放在冰箱避光冷冻保存（−20℃）。

6.6.2　p_{CO_2} 升高对海洋微藻生长的影响

海水 p_{CO_2} 升高对海洋微藻生长的影响比较复杂，本研究中 14 种不同门类的海洋微藻对海水 p_{CO_2} 升高的响应不一致。在整个培养周期内，海水 p_{CO_2} 升高对海洋微藻生长起促进作用的有微型原甲藻、具刺膝沟藻、三角褐指藻、日本星杆藻和旋链角毛藻，海水 p_{CO_2} 升高对海洋微藻生长起抑制作用的有中肋骨条藻，海水 p_{CO_2} 升高对海洋微藻生长无影响的有小普林藻、球形棕囊藻、小新月菱形藻和隐藻。在实验后期海水 p_{CO_2} 升高对微藻的生长起促进作用的有具刺膝沟藻；在实验后期海水 p_{CO_2} 升高对微藻的生长起抑制作用的有球等鞭金藻、具齿原甲藻和米氏凯伦藻；对于孟氏小环藻，在实验前期海水 p_{CO_2} 升高抑制了该微藻的生长，而后期则促进了该微藻的生长。

将 14 种海洋微藻的生长对 p_{CO_2} 升高的响应进行总结，并与前人的研究做了比较（表 6-3），发现 p_{CO_2} 升高对海洋微藻生长的影响结果不一，同一种海洋微藻对海水酸化的响应也不一致，这可能与实验中所采用的光强、温度、培养时间、培养介质和实验方法的不同有关。

表 6-3　海水 p_{CO_2} 升高对海洋微藻生长的影响

海洋微藻	p_{CO_2} 升高对生长的影响	参考文献
小普林藻	无影响	本研究
球等鞭金藻	前期无影响，后期抑制	本研究
	促进	Sun and Wang，2009
球形棕囊藻	无影响	本研究
	促进	Wang et al.，2010
	促进	Chen and Gao，2011
	促进	Hoogstraten et al.，2012
微型原甲藻	促进	本研究
	无影响	Fu et al.，2008
具齿原甲藻	前期无影响，后期抑制	本研究
具刺膝沟藻	促进	本研究
米氏凯伦藻	前期无影响，后期抑制	本研究
	p_{CO_2} 为 1000μatm 时无影响，为 2000μatm 促进	Hu et al.，2017
中肋骨条藻	抑制	本研究
	抑制	Chen and Gao，2004
	高光抑制，低光促进	Gao et al.，2012
	无影响	Hyun et al.，2014
三角褐指藻	促进	本研究
	促进	Wu et al.，2010
	促进	Gao et al.，2012
	促进	毛雪微等，2016
旋链角毛藻	促进	本研究
	促进	毛雪微等，2016
孟氏小环藻	前期抑制，后期促进	本研究
日本星杆藻	促进	本研究
小新月菱形藻	无影响	本研究
隐藻	无影响	本研究

大气中浓度持续升高的 CO_2 溶入海水可以改变海水中碳酸盐系统参数，海水中碳酸盐系统参数的改变会从不同水平上影响海洋浮游植物。这种改变在生物有机体水平上可以提高部分海洋浮游植物的光合固碳作用，在营养盐受限的藻华期间能够促进溶解态糖类的释放；在生态学水平上海水 p_{CO_2} 升高可以改变海洋浮游植物的种群结构和种群演

变；在生物地球化学角度上海水 p_{CO_2} 升高可以改变海洋中的碳循环和其他生源要素的循环（Riebesell，2004）。

海洋浮游植物在光合作用的暗反应过程中利用核酮糖 -1, 5- 二磷酸羧化酶 / 加氧酶（rubisco）固定唯一底物 CO_2。不同海洋微藻 rubisco 羧化反应的 CO_2 的半饱和浓度不同，一般在 20 ～ 70μmol/kg（Badger et al.，1998），而海洋中的 CO_2 浓度多在 10 ～ 25μmol/kg，而且 CO_2 在海水中的扩散速度比空气中慢 10000 倍，因此不足以保证 rubisco 羧化反应全速进行。为了克服羧化酶对 CO_2 较低的亲和作用，多数海洋微藻具有提高羧化位点附近 CO_2 浓度的机制，即 CO_2 浓缩机制。研究表明不同的海洋微藻对 CO_2 的需求不同，对于大多数硅藻和球形棕囊藻现有的 CO_2 浓度已经满足或接近其半饱和浓度（Rost et al.，2003；Burkhardt et al.，1999，2001），而对于颗石藻（*E.huxleyi* 和 *Gephyrocapsa oceanica*）而言现有的 CO_2 浓度则远远低于其半饱和浓度（Rost et al.，2003；Riebesell et al.，2000）。因此从理论上来说，CO_2 浓度升高可能对不同的微藻产生不同的影响，大多数硅藻和球形棕囊藻的生长不会受到 CO_2 浓度升高的影响，而对颗石藻而言，CO_2 浓度升高可能会发挥“肥料”的作用，能够促进颗石藻的生长，但是海洋酸化分为两个过程，即碳化和酸化，碳化是指由海水中 CO_2 和 HCO_3^- 的浓度升高引起的变化，而将 H^+ 浓度增加或 pH 下降引起的变化称为酸化（Kottmeier et al.，2016）。酸性的增加可能会导致藻类生理调节机制的变化，如营养代谢、细胞膜氧化还原与膜蛋白对离子的透过性（Sobrino et al.，2008）、电子传递等，引起负面效应（高坤山，2011）。

此外，多数海洋微藻运行的 CO_2 浓缩机制在海水 p_{CO_2} 升高的情况下会被下调或关闭，而 CO_2 浓缩机制的运行需要能量，海水 p_{CO_2} 升高使得 CO_2 浓缩机制下调，则节省了维持其运行的能量，这样用来进行光合作用和生长的能量相对增多了，在光能不足的情况下藻类细胞有更多的能量进行光合作用，因此会促进藻类的生长（Chen and Gao，2011；Wu et al.，2010；Gao et al.，1991）。而在光能充足或过剩的情况下，由于 CO_2 浓缩机制下调，节约的能量可能会增加光能过剩引起的光抑制，从而对微藻生长起到抑制作用（Chen and Gao，2011；Wu et al.，2010；吴晓娟，2009）。因此，研究海水 p_{CO_2} 升高对海洋微藻光合作用的影响还要考虑光强和耦合效应，低光强下光合生物的生长可能会因海水 p_{CO_2} 升高而受益，而高光强后光能过剩则会对微藻的生长起到抑制作用。因此海水 p_{CO_2} 升高对海洋微藻的光合固碳作用促进还是抑制取决于海洋酸化对海洋微藻的正负效应的平衡（Wu et al，2008）。

6.6.3　p_{CO_2} 升高对海洋微藻产生二甲基硫化物的影响

1. 金藻和定鞭金藻

对小普林藻、球形棕囊藻和球等鞭金藻三种微藻在 p_{CO_2} 升高条件下生产释放 DMSPp 和 DMSPd 的浓度及其单细胞释放量进行总结（表 6-4），发现三种微藻培养液中释放的 DMSPp 和 DMSPd 的浓度有所不同，本研究用单细胞释放量来表示海洋微藻释放 DMSPp 和 DMSPd 的能力，结果表明 DMSPp 和 DMSPd 的单细胞释放量大致表现为小普林藻＞球形棕囊藻＞球等鞭金藻。三种微藻培养液中 DMSP 的释放及其单细胞释放量都没有受到 p_{CO_2}

升高的影响。

表 6-4　3 种微藻在对照组和 HC 组释放 DMSPp 和 DMSPd 的浓度及其单细胞释放量

	分组	小普林藻	球等鞭金藻	球形棕囊藻
DMSPp 浓度	对照 /（nmol/L）	18.98（2.63 ～ 33.01）	3.38（1.42 ～ 6.67）	11.01（7.06 ～ 17.10）
	HC/（nmol/L）	19.01（2.51 ～ 31.75）	3.94（2.11 ～ 7.01）	10.82（7.30 ～ 19.56）
	变化 /%	=	=	=
DMSPp 单细胞释放量	对照 /10^{-15}mol	7.50（0.45 ～ 18.64）	0.73（0.03 ～ 3.40）	1.37（0.30 ～ 4.13）
	HC/10^{-15}mol	6.64（1.59 ～ 10.89）	1.01（0.08 ～ 3.19）	1.48（0.31 ～ 3.92）
	变化 /%	=	=	=
DMSPd 浓度	对照 /（nmol/L）	13.93（2.44 ～ 27.59）	3.21（2.00 ～ 5.32）	6.18（4.09 ～ 10.22）
	HC/（nmol/L）	12.13（2.26 ～ 23.17）	3.43（2.36 ～ 6.24）	5.96（3.75 ～ 9.30）
	变化 /%	=	=	=
DMSPd 单细胞释放量	对照 /10^{-15}mol	4.78（0.84 ～ 9.75）	0.87（0.03 ～ 5.11）	0.92（0.18 ～ 3.80）
	HC/10^{-15}mol	4.24（1.81 ～ 7.94）	0.74（0.07 ～ 1.97）	0.88（0.17 ～ 2.78）
	变化 /%	=	=	=

注：= 表示没有变化，下同。

三种微藻在两种 CO_2 浓度条件下释放 DMS 的浓度及其单细胞释放量见表 6-5，三种微藻单位细胞释放 DMS 的浓度是不同的，小普林藻 DMS 的单位细胞释放量最高，球等鞭金藻和球形棕囊藻在对照组和 HC 组结果不同，对照组 DMS 的单位细胞释放量表现为球形棕囊藻＞球等鞭金藻，而 HC 组则表现为球等鞭金藻＞球形棕囊藻。与对照组相比，HC 组球形棕囊藻培养液中 DMS 的浓度和单位细胞释放量分别降低了 55% 和 48%，HC 组球等鞭金藻释放的 DMS 浓度提高了 10%，单细胞释放量没有受到 CO_2 浓度升高的影响。小普林藻释放的 DMS 和单细胞释放量都没有受到 CO_2 浓度改变的影响。

表 6-5　3 种微藻在对照组和 HC 组释放 DMS 的浓度及其单细胞释放量

	分组	小普林藻	球等鞭金藻	球形棕囊藻
DMS 浓度	对照 /（nmol/L）	12.03（2.30 ～ 29.81）	4.03（2.75 ～ 5.45）	18.98（11.50 ～ 31.39）
	HC/（nmol/L）	10.54（2.55 ～ 29.14）	4.43（3.05 ～ 5.83）	8.62（6.34 ～ 15.73）
	变化 /%	=	+10	−55
DMS 单细胞释放量	对照 /10^{-15}mol	3.77（0.52 ～ 9.51）	1.68（0.03 ～ 12.24）	2.11（0.54 ～ 5.47）
	HC/10^{-15}mol	4.48（0.76 ～ 9.99）	1.20（0.08 ～ 4.21）	1.10（0.28 ～ 2.94）
	变化 /%	=	=	−48

注：+ 表示 HC 组比对照组升高，− 表示 HC 组比对照组降低。下同。

2. 甲藻

微型原甲藻在培养周期内释放的 DMSPp 在对照组和 HC 组的平均浓度（浓度范围）分别为 1.93（0.64 ～ 2.65）nmol /L 和 1.68（0.64 ～ 2.64）nmol /L，DMSPp 单细胞释放量分别为 5×10^{-18}（2×10^{-18} ～ 1.6×10^{-17}）mol 和 4×10^{-18}（2×10^{-18} ～ 2.6×10^{-17}）mol，

CO_2 浓度的升高没有影响到微型原甲藻 DMSPp 的释放。DMSPd 在对照组和 HC 组的平均浓度（浓度范围）分别为 1.82（0.50 ～ 2.54）nmol/L 和 2.30（0.55 ～ 3.38）nmol/L，HC 组 DMSPd 的平均浓度比对照组升高了 26%（t 检验，$P < 0.05$）。对照组和 HC 组 DMSPd 的单细胞释放量的平均值（范围）分别为 4×10^{-18}（3×10^{-18} ～ 1.4×10^{-17}）和 4×10^{-18}（10^{-18} ～ 2.2×10^{-17}）mol，单细胞释放量并没有受到 p_{CO_2} 升高的影响。

具齿原甲藻在培养周期内释放的 DMSPp 在对照组和 HC 组的平均浓度（浓度范围）分别为 3.43（0.89 ～ 7.29）nmol/L 和 2.90（0.67 ～ 4.61）nmol/L，两种 CO_2 浓度条件下 DMSPp 的浓度没有显著性差异（t 检验，$P > 0.05$）。DMSPp 单细胞释放量分别为 7.3×10^{-16}（1.1×10^{-16} ～ 8.5×10^{-16}）mol 和 8.2×10^{-16}（9×10^{-17} ～ 1.47×10^{-15}）mol，p_{CO_2} 升高没有影响具齿原甲藻释放 DMSPp 的能力。DMSPd 和 DMSPd 的单细胞释放量在对照组与 HC 组的平均值（范围）分别为 3.73（0.62 ～ 7.38）nmol/L、2.33（0.62 ～ 4.33）nmol/L 和 7.4×10^{-16}（3.7×10^{-16} ～ 1.61×10^{-15}）mol、6.2×10^{-16}（1.4×10^{-16} ～ 1.30×10^{-15}）mol，尽管对照组 DMSPd 和 DMSPd 的单细胞释放量比 HC 组的平均值高，但是并不表明 p_{CO_2} 升高抑制了 DMSPd 的释放。

具刺膝沟藻在整个培养周期内对照组和 HC 组释放的 DMSPp 的平均浓度（浓度范围）分别为 48.22（4.32 ～ 120.53）nmol/L 和 56.63（4.99 ～ 168.87）nmol/L，DMSPp 单细胞释放量分别为 1.6×10^{-16}（4×10^{-17} ～ 2.3×10^{-16}）mol 和 1.5×10^{-16}（3×10^{-17} ～ 2.5×10^{-16}）mol，DMSPd 在对照组和 HC 组的平均浓度（浓度范围）分别为 52.15（4.88 ～ 140.99）nmol/L 和 68.91（6.07 ～ 240.99）nmol/L，DMSPd 单细胞释放量分别为 1.8×10^{-16}（4×10^{-17} ～ 2.6×10^{-16}）mol 和 1.9×10^{-16}（3×10^{-17} ～ 3.4×10^{-16}）mol。HC 组 DMSPp 和 DMSPd 的浓度大体上高于对照组，但是由于样本数量比较少，统计分析结果显示两组条件的浓度并无显著差异（t 检验，$P > 0.05$）。而 DMSPp 和 DMSPd 的平均单细胞释放量在两种 CO_2 浓度条件下几乎相同，因此可以认为 p_{CO_2} 升高没有影响具刺膝沟藻释放 DMSPp 和 DMSPd 的能力。

米氏凯伦藻对照组和 HC 组在整个培养周期内释放的 DMSPp 的平均浓度（浓度范围）分别为 5.68（1.71 ～ 14.73）nmol/L 和 6.02（2.10 ～ 14.39）nmol/L，在培养周期内变化趋势基本吻合，没有表现出 CO_2 浓度升高对其的影响。DMSPp 单细胞释放量在对照组和 HC 组分别为 3.34×10^{-15}（6.8×10^{-16} ～ 1.178×10^{-14}）mol 和 8.18×10^{-15}（1.25×10^{-15} ～ 3.454×10^{-14}）mol，虽然 HC 组的 DMSPp 单细胞释放量远远高于对照组，但是结合变化趋势和数据统计分析的结果来看，两组也没有显著差异。对照组和 HC 组释放的 DMSPd 的平均浓度（浓度范围）分别为 11.17（2.38 ～ 26.92）nmol/L 和 12.59（3.64 ～ 24.61）nmol/L，DMSPd 单细胞释放量分别为 6.08×10^{-15}（5.7×10^{-16} ～ 1.042×10^{-14}）mol 和 1.473×10^{-14}（1.25×10^{-15} ～ 3.337×10^{-14}）mol。与 DMSPp 相似，CO_2 浓度升高没有影响米氏凯伦藻释放 DMSPd 的能力。

4 种甲藻释放 DMSP 的能力顺序为米氏凯伦藻＞具齿原甲藻＞具刺膝沟藻＞微型原甲藻。除微型原甲藻 DMSPd 的浓度在 HC 组比对照组提高了 26% 外，实验中 4 种甲藻释放 DMSP 的能力几乎没有受到 p_{CO_2} 升高的影响（表 6-6）。

表 6-6 4 种甲藻在对照组和 HC 组释放 DMSPp 和 DMSPd 的浓度及其单细胞释放量

	分组	微型原甲藻	具齿原甲藻	具刺膝沟藻	米氏凯伦藻
DMSPp 浓度	对照 /（nmol/L）	1.93（0.64 ～ 2.65）	3.43（0.89 ～ 7.29）	48.22(4.32 ～ 120.53)	5.68（1.71 ～ 14.73）
	HC/（nmol/L）	1.68（0.64 ～ 2.64）	2.90（0.67 ～ 4.61）	56.63(4.99 ～ 168.87)	6.02（2.10 ～ 14.39）
	变化 /%	=	=	=	=
DMSPp 单细胞释放量	对照 /10^{-15}mol	0.005(0.002 ～ 0.016)	0.73（0.11 ～ 0.85）	0.16（0.04 ～ 0.23）	3.34（0.68 ～ 11.78）
	HC/10^{-15}mol	0.004(0.002 ～ 0.026)	0.82（0.09 ～ 1.47）	0.15（0.03 ～ 0.25）	8.18（1.25 ～ 34.54）
	变化 /%	=	=	=	=
DMSPd 浓度	对照 /（nmol/L）	1.82（0.50 ～ 2.54）	3.73（0.62 ～ 7.38）	52.15(4.88 ～ 140.99)	11.17（2.38 ～ 26.92）
	HC/（nmol/L）	2.30（0.55 ～ 3.38）	2.33（0.62 ～ 4.33）	68.91(6.07 ～ 240.99)	12.59（3.64 ～ 24.61）
	变化 /%	+26	−	=	=
DMSPd 单细胞释放量	对照 /10^{-15}mol	0.004(0.003 ～ 0.014)	0.74（0.37 ～ 1.61）	0.18（0.04 ～ 0.26）	6.08（0.57 ～ 10.42）
	HC/10^{-15}mol	0.004(0.001 ～ 0.022)	0.62（0.14 ～ 1.30）	0.19（0.03 ～ 0.34）	14.73（1.25 ～ 33.37）
	变化 /%	=	=	=	=

4 种甲藻释放 DMS 的能力顺序为米氏凯伦藻＞具齿原甲藻＞具刺膝沟藻＞微型原甲藻。微型原甲藻和具刺膝沟藻 HC 组条件下释放的 DMS 浓度比对照组均降低了 19%。p_{CO_2} 升高抑制了具刺膝沟藻释放 DMS 的能力，其单细胞释放量在 HC 组降低了 40%。p_{CO_2} 升高在实验后期明显促进了具齿原甲藻和米氏凯伦藻的单细胞释放量（表 6-7）。

表 6-7 4 种甲藻在对照组和 HC 组释放 DMS 的浓度及其单细胞释放量

	分组	微型原甲藻	具齿原甲藻	具刺膝沟藻	米氏凯伦藻
DMS 浓度	对照 /（nmol/L）	1.04（0.46 ～ 1.75）	2.28（0.75 ～ 4.57）	29.18(3.11 ～ 55.41)	14.73（1.25 ～ 33.37）
	HC/（nmol/L）	0.84（0.41 ～ 1.56）	2.04（0.68 ～ 3.59）	23.62(2.08 ～ 52.99)	5.26（2.63 ～ 10.29）
	变化 /%	−19	−11	−19	=
DMS 单细胞释放量	对照 /10^{-15}mol	0.008(0.002 ～ 0.05)	0.60（0.11 ～ 1.51）	0.10（0.02 ～ 0.19）	5.43（3.18 ～ 11.19）
	HC/10^{-15}mol	0.008(0.002 ～ 0.08)	0.59（0.15 ～ 1.23）	0.06（0.02 ～ 0.14）	2.54（0.96 ～ 3.98）
	变化 /%	=	=	−40	=（后期促进）

3. 硅藻

如表 6-8 所示，对照组和 HC 组中肋骨条藻在培养周期内释放的 DMSPp 的平均浓度（浓度范围）分别为 38.85（8.88 ～ 56.92）nmol/L 和 43.17（9.59 ～ 62.77）nmol/L，两组浓度之间没有显著性差异（t 检验，$P > 0.05$）。对应的 DMSPp 单细胞释放量分别为 1.03×10^{-15}（3.1×10^{-16} ～ 2.20×10^{-15}）mol 和 2.04×10^{-15}（9.3×10^{-16} ～ 5.84×10^{-15}）mol，HC 组较对照组升高了 98%（t 检验，$P < 0.05$）。DMSPd 在对照组和 HC 组的平均浓度（浓度范围）分别为 41.00（21.68 ～ 56.17）nmol/L 和 39.35（24.35 ～ 47.98）nmol/L，没有受到 p_{CO_2} 升高的影响。DMSPd 单细胞释放量在两种 CO_2 浓度下分别为 1.02×10^{-15}（2.6×10^{-16} ～ 2.42×10^{-15}）mol 和 2.07×10^{-15}（8.0×10^{-16} ～ 5.06×10^{-15}）mol，HC 组的平均值较对照组升高了 103%（t 检验，$P < 0.05$）。

表 6-8　6 种硅藻在对照组和 HC 组释放 DMSPp 和 DMSPd 的浓度以及它们的单细胞释放量

	分组	中肋骨条藻	三角褐指藻	旋链角毛藻	孟氏小环藻	日本星杆藻	小新月菱形藻
DMSPp 浓度	对照 /（nmol/L）	38.85（8.88 ~ 56.92）	3.87（2.84 ~ 5.18）	3.35（1.76 ~ 6.54）	3.17（2.73 ~ 3.92）	0.88（0.75 ~ 1.24）	6.25（3.32 ~ 9.66）
	HC/（nmol/L）	43.17（9.59 ~ 62.77）	5.54（3.18 ~ 10.73）	3.71（2.29 ~ 64.14）	4.03（2.94 ~ 5.69）	0.78（0.65 ~ 1.16）	6.00（4.73 ~ 9.33）
	变化 /%	=	=	=	+27	=	=
DMSPp 单细胞释放量	对照 /10^{-15}mol	1.03（0.31 ~ 2.20）	0.76（0.16 ~ 1.29）	0.33（0.05 ~ 0.83）	0.12（0.04 ~ 0.36）	0.011（0.004 ~ 0.019）	0.24（0.03 ~ 0.60）
	HC/10^{-15}mol	2.04（0.93 ~ 5.84）	0.25（0.03 ~ 0.71）	0.45（0.05 ~ 2.34）	0.30（0.04 ~ 0.99）	0.018（0.004 ~ 0.060）	0.18（0.03 ~ 0.52）
	变化 /%	+98	−67	+36	+150	+64	=
DMSPd 浓度	对照 /（nmol/L）	41.00（21.68 ~ 56.17）	2.86（2.31 ~ 3.54）	3.65（2.13 ~ 7.46）	2.67（1.61 ~ 3.96）	1.23（0.45 ~ 1.85）	5.04（3.28 ~ 8.31）
	HC/（nmol/L）	39.35（24.35 ~ 47.98）	2.90（1.75 ~ 3.98）	2.93（1.59 ~ 4.74）	3.17（2.21 ~ 4.96）	1.05（0.36 ~ 1.47）	5.86（4.12 ~ 9.92）
	变化 /%	=	=	−20	=	−15	=
DMSPd 单细胞释放量	对照 /10^{-15}mol	1.02（0.26 ~ 2.42）	0.57（0.14 ~ 1.21）	0.42（0.07 ~ 1.06）	0.11（0.02 ~ 0.28）	0.014（0.007 ~ 0.026）	0.23（0.01 ~ 0.83）
	HC/10^{-15}mol	2.07（0.80 ~ 5.06）	0.15（0.02 ~ 0.53）	0.34（0.05 ~ 1.23）	0.22（0.03 ~ 0.77）	0.021（0.008 ~ 0.032）	0.24（0.03 ~ 0.60）
	变化 /%	+103	−74	=	+100	+50	=

注：+ 表示 HC 组比对照组升高，− 表示 HC 组比对照组降低，= 表示没有变化。下同。

三角褐指藻对照组和HC组在培养周期内释放的DMSPp的平均浓度（浓度范围）分别为3.87（2.84～5.18）nmol/L和5.54（3.18～10.73）nmol/L，DMSPd的浓度分别为2.86（2.31～3.54）nmol/L和2.90（1.75～3.98）nmol/L，DMSPp和DMSPd的浓度都没有受到p_{CO_2}升高的影响。DMSPp单细胞释放量在对照组和HC组分别为7.6×10^{-16}（1.6×10^{-16}～1.29×10^{-15}）mol和2.5×10^{-16}（3×10^{-17}～7.1×10^{-16}）mol，DMSPd单细胞释放量分别为5.7×10^{-16}（1.4×10^{-16}～1.21×10^{-15}）mol和1.5×10^{-16}（2×10^{-17}～5.3×10^{-16}）mol，HC组DMSPp单细胞释放量和DMSPd单细胞释放量与对照组相比，分别降低了67%和74%（t检验，$P<0.05$），表明p_{CO_2}升高明显抑制了三角褐指藻释放DMSPp和DMSPd的能力。

旋链角毛藻对照组和HC组在培养周期内释放的DMSPp的平均浓度（浓度范围）分别为3.35（1.76～6.54）nmol/L和3.71（2.29～64.14）nmol/L，没有受到p_{CO_2}升高的影响（t检验，$P>0.05$），DMSPp单细胞释放量分别为3.3×10^{-16}（5×10^{-17}～8.3×10^{-16}）mol和4.5×10^{-16}（5×10^{-17}～2.34×10^{-15}）mol，并且随着培养时间增长而降低，最后逐渐接近，两组浓度之间没有显著性差异。DMSPd的平均浓度（浓度范围）分别为3.65（2.13～7.46）nmol/L和2.93（1.59～4.74）nmol/L，HC组DMSPd的浓度比对照组降低了20%（t检验，$P<0.05$）。DMSPd单细胞释放量分别为4.2×10^{-16}（7×10^{-17}～1.06×10^{-15}）mol和3.4×10^{-16}（5×10^{-17}～1.23×10^{-15}）mol，变化趋势与DMSPp类似且没有受到p_{CO_2}升高的影响（t检验，$P>0.05$）。

孟氏小环藻对照组和HC组在培养周期内释放的DMSPp的平均浓度（浓度范围）分别为3.17（2.73～3.92）nmol/L和4.03（2.94～5.69）nmol/L，HC组DMSPp的平均浓度与对照组相比升高了27%（t检验，$P<0.05$）。DMSPp单细胞释放量分别为1.2×10^{-16}（4×10^{-17}～3.6×10^{-16}）mol和3×10^{-16}（4×10^{-17}～9.9×10^{-16}）mol，HC组比对照组提高了150%（t检验，$P>0.05$）。DMSPd的平均浓度（浓度范围）分别为2.67（1.61～3.96）nmol/L和3.17（2.21～4.96）nmol/L，没有表现出CO_2浓度升高的影响（t检验，$P>0.05$），DMSPd单细胞释放量在对照组和HC组分别为1.1×10^{-16}（2×10^{-17}～2.8×10^{-16}）mol和2.2×10^{-16}（3×10^{-17}～7.7×10^{-16}）mol，HC组比对照组提高了100%（t检验，$P>0.05$）。从整个培养周期来看，DMSPp单细胞释放量和DMSPd单细胞释放量均受到CO_2浓度升高的影响（促进作用）。

日本星杆藻在对照组和HC组条件下释放的DMSPp的平均浓度（浓度范围）分别为0.88（0.75～1.24）nmol/L和0.78（0.65～1.16）nmol/L，两组浓度之间没有显著性差异。DMSPp单细胞释放量分别为1.1×10^{-17}（4×10^{-18}～1.9×10^{-17}）mol和1.8×10^{-17}（4×10^{-18}～6.0×10^{-17}）mol，HC组比对照组升高了64%（t检验，$P<0.05$）。DMSPd的浓度在对照组和HC组分别为1.23（0.45～1.85）nmol/L和1.05（0.36～1.47）nmol/L，HC组比对照组降低了15%（t检验，$P<0.05$）。DMSPd单细胞释放量在对照组和HC组分别为1.4×10^{-17}（7×10^{-18}～2.6×10^{-17}）mol和2.1×10^{-17}（8×10^{-18}～3.2×10^{-17}）mol，HC组比对照组升高了50%（t检验，$P<0.05$）。

小新月菱形藻在对照组和HC组条件下释放的DMSPp的平均浓度（浓度范围）分别

为 6.25（3.32 ～ 9.66）nmol/L 和 6.00（4.73 ～ 9.33）nmol/L，两组浓度没有表现出明显差异，DMSPp 单细胞释放量分别为 2.4×10^{-16}（3×10^{-17} ～ 6.0×10^{-16}）mol 和 1.8×10^{-16}（3×10^{-17} ～ 5.2×10^{-16}）mol，尽管 HC 组 DMSPp 的平均浓度比对照组低，但是实验后期两组浓度逐渐接近，因此从整个实验周期来说，没有表现出显著性差异（t 检验，$P > 0.05$）。DMSPd 的平均浓度（浓度范围）在对照组和 HC 组分别为 5.04（3.28 ～ 8.31）nmol/L 和 5.86（4.12 ～ 9.92）nmol/L，对应的 DMSPd 单细胞释放量分别为 2.3×10^{-16}（1×10^{-17} ～ 8.3×10^{-16}）mol 和 2.4×10^{-16}（3×10^{-17} ～ 6.0×10^{-16}）mol，没有受到 p_{CO_2} 升高的影响。实验中所选取的 6 种硅藻释放的 DMSP 对 p_{CO_2} 升高的响应比较复杂，表明了不同海洋微藻释放 DMSP 对 p_{CO_2} 升高的反映不同，具有种间差异性。

6 种硅藻释放 DMS 的能力顺序为中肋骨条藻＞旋链角毛藻、三角褐指藻、孟氏小环藻＞小新月菱形藻＞日本星杆藻。培养体系中 DMS 的浓度均没有受到 p_{CO_2} 升高的影响，但是对于 DMS 单细胞释放量，中肋骨条藻和日本星杆藻 HC 组比对照组分别升高了 77% 和 67%，而三角褐指藻则降低了 58%，旋链角毛藻、小新月菱形藻及孟氏小环藻的单细胞释放量没有受到 p_{CO_2} 升高的影响（表 6-9）。

表 6-9　6 种硅藻在对照组和 HC 组释放 DMS 的浓度及其单细胞释放量

	分组	中肋骨条藻	三角褐指藻	旋链角毛藻	孟氏小环藻	日本星杆藻	小新月菱形藻
DMS 浓度	对照 /（nmol/L）	37.74（10.72～54.99）	4.69（3.04～8.39）	4.12（2.83～5.51）	6.05（3.41～12.66）	0.46（0.24～0.60）	7.44（5.84～12.01）
	HC /（nmol/L）	39.24（14.41～55.98）	5.64（3.95～10.37）	4.88（2.65～8.02）	6.68（4.28～10.76）	0.45（0.28～0.65）	7.50（4.70～11.49）
	变化 /%	=	=	=	=	=	=
DMS 单细胞释放量	对照 /10^{-15}mol	0.98（0.39～1.80）	0.98（0.13～2.01）	0.48（0.06～1.25）	0.30（0.07～1.38）	0.006（0.002～0.012）	0.30（0.02～0.82）
	HC /10^{-15}mol	1.73（0.89～3.53）	0.41（0.03～1.91）	0.66（0.06～2.59）	0.61（0.08～2.87）	0.010（0.004～0.032）	0.19（0.03～0.60）
	变化 /%	+77	−58	=	=	+67	=

4. 隐藻

对照组和 HC 组隐藻释放的 DMSPp 和 DMSPd 的浓度变化趋势基本吻合，DMSPp 平均浓度（浓度范围）分别为 3.55（1.63 ～ 10.81）nmol/L 和 3.88（1.86 ～ 9.00）nmol/L，DMSPd 的平均浓度（浓度范围）分别为 6.97（2.18 ～ 23.73）nmol/L 和 6.59（1.95 ～ 21.56）nmol/L，DMSPp 和 DMSPd 都没有表现出受到 p_{CO_2} 升高的影响。DMSPp 的单细胞释放量在对照组和 HC 组分别为 6.0×10^{-16}（1.8×10^{-16} ～ 2.16×10^{-15}）mol 和 7.7×10^{-16}（2.9×10^{-16} ～ 3.07×10^{-15}）mol，对于 DMSPd，分别为 9.5×10^{-16}（3.0×10^{-16} ～ 3.16×10^{-15}）mol 和 1.03×10^{-15}（2.3×10^{-16} ～ 2.83×10^{-15}）mol，CO_2 浓度的升高没有影响隐藻 DMSPp 和 DMSPd 的单细胞释放量（图 6-23）。

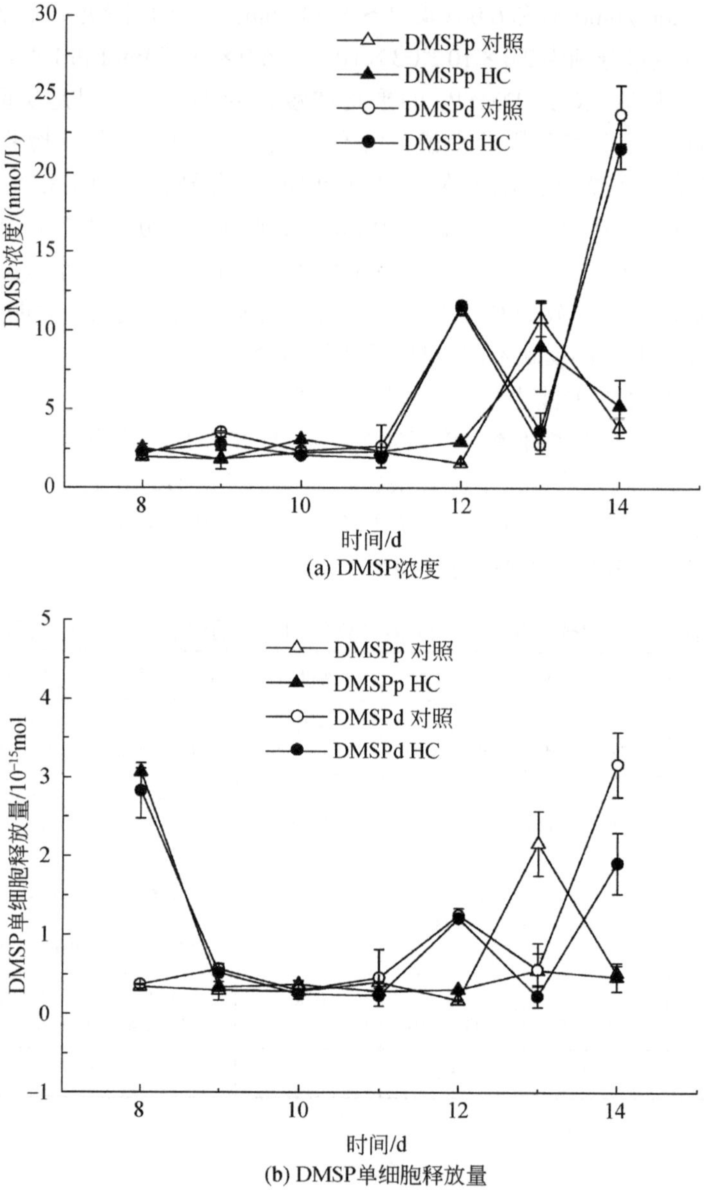

图 6-23　p_{CO_2} 升高对隐藻释放 DMSP 的影响

隐藻释放的 DMS 在对照组和 HC 组的变化趋势比较相似，平均浓度（浓度范围）分别为 5.21（2.19 ~ 10.48）nmol/L 和 4.96（2.49 ~ 11.60）nmol/L，两组浓度没有显著性差异（图 6-24）。DMS 单细胞释放量的变化趋势也大致相似（除第 8d 外），分别为 8.1×10^{-16}（2.7×10^{-16} ~ 1.62×10^{-15}）mol 和 1.81×10^{-15}（1.8×10^{-16} ~ 9.81×10^{-15}）mol，尽管其差别较大，但是整体而言其没有受到 p_{CO_2} 升高的影响。

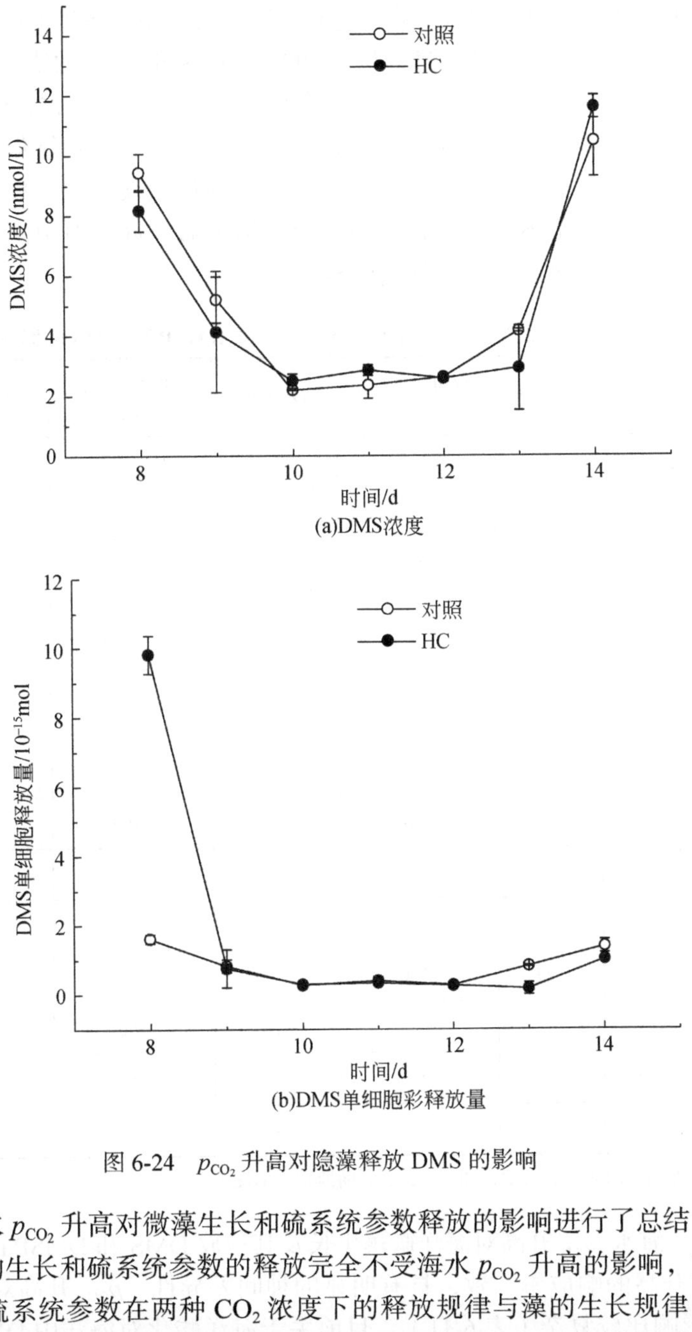

(a)DMS浓度

(b)DMS单细胞彩释放量

图 6-24　p_{CO_2} 升高对隐藻释放 DMS 的影响

本研究将海水 p_{CO_2} 升高对微藻生长和硫系统参数释放的影响进行了总结（表 6-10），发现有部分微藻的生长和硫系统参数的释放完全不受海水 p_{CO_2} 升高的影响，如小普林藻和隐藻。部分微藻硫系统参数在两种 CO_2 浓度下的释放规律与藻的生长规律比较吻合，如球等鞭金藻的生长表现为前期无影响而后期促进，除 HC 组 DMS 的浓度升高外，其他参数都不受 p_{CO_2} 升高的影响。具齿原甲藻的生长表现为前期无影响而后期抑制，培养体系中 DMS、溶解态丙烯酸（AAd）和单位细胞的溶解态丙烯酸（AAd/cell）都有不同程度的抑制。HC 组中肋骨条藻的生长受到抑制，但是 DMSP、DMS 和 AAd 的单细胞释放量与对照组相比有了不同程度的提高，推测这种提高主要是由藻密度的改变引起的。具刺膝沟藻的生长明显受到p_{CO_2}升高的促进，尽管HC组DMS和AAd的浓度与对照组相比也有一定程度的提高，但是DMS和AAd的单细胞释放量表现并不一致，HC组DMS单细胞释放量明显受到抑制而AAd单细胞释放量无任何影响。还有部分海洋微藻硫系统参数的释放与海洋微藻的生长情况完全不一致，不能单纯用微藻的生长规律来解释硫系统参数的释放规律。因此，海水p_{CO_2}升高对硫系统参数的影响和其对微藻生长的影响并不完全一致，不同的海洋微藻具有不同的响应机制。

表 6-10　海水p_{CO_2}升高对海洋微藻的生长及其释放的 DMSP 和 DMS 的影响　（单位：%）

微藻	生长	DMSPp	DMSPp 单细胞释放量	DMSPd	DMSPd 单细胞释放量	DMS	DMS 单细胞释放量
小普林藻	=	=	=	=	=	=	=
球等鞭金藻	=/+	=	=	=	=	+10	=
球形棕囊藻	=	=	=	=	=	−55	−48
微型原甲藻	+	=	=	+26	=	−19	=
具齿原甲藻	=/−	=	=	=	=	−11	=
具刺膝沟藻	+	=	=	=	=	−19	−40
米氏凯伦藻	=/−	=	=	=	=	=	=/+
中肋骨条藻	−	=	+98	=	+103	=	+77
三角褐指藻	+	=	−67	=	−74	=	−58
旋链角毛藻	+	=	+36	−20	=	=	=
孟氏小环藻	−/+	+27	+150	=	+100	=	=
日本星杆藻	+	=	+64	−15	+50	=	+67
小新月菱形藻	=	=	=	=	=	=	=
隐藻	=	=	=	=	=	=	=

注：/ 表示培养周期内前期和后期，如 −/+ 表示前期抑制后期促进。

总体而言，海水p_{CO_2}升高对海洋微藻生长及其释放DMS和DMSP的影响比较复杂，其对海水p_{CO_2}升高的响应不一致，具有明显的种间差异性。p_{CO_2}升高对海水中DMSP和DMS释放的影响比较复杂（表6-11），目前关于海洋酸化对海洋中DMSP和DMS释放影响的研究结果并不一致。不同微藻对海水酸化的响应具有种间或株间差异性。现场围隔实验研究发现，不同海区之间、同一海区的不同研究者的结果也不一致，这可能与当时海区海洋浮游植物的种群结构、浮游动物的捕食和病毒细菌的影响有关。

表 6-11　海水 p_{CO_2} 升高对 DMSP 和 DMS 释放的影响

方法	地点或物种	体积	p_{CO_2}/μatm	变化 /%		参考文献
				DMS	DMSP	
一次性培养	天然水体	4.5L	370 vs.760	−38	−29	Avgoustidi，2006
一次性培养	*E.huxleyi*（CCMP 1516）	5L	370 vs.760	−90	−60	Avgoustidi et al.，2012
半连续培养	*T.pseudonana*（CCMP 1335）	0.5L	对照 vs.790		−	Spielmeyer and Pohnert，2012
半连续培养	*P.tricormutum*（CCMP2561）	0.5L	对照 vs.790		−	
半连续培养	*E.huxleyi*（RCC 1242）	0.5L	对照 vs.790		+	
半连续培养	*E.huxleyi*（RCC 1731）	0.5L	对照 vs.790		=	
pH 恒定	*Ulva lactuca*	0.8L	432 ~ 1514	−66 ~ −28	=	Kerrison et al.，2012
pH 恒定	*Ulva clathrata*	0.6L	461 vs.881	−19 ~ −10	=	
pH 恒定	*E.huxleyi*（CCMP 373）	1L	385 vs.1000	−50	+30	Arnold et al.，2013
半连续培养	*E.huxleyi*（RCC1229）	1L	395 vs.900	=	−12	Webb et al.，2016
围隔	劳厄斯峡湾，挪威	$25m^3$	350，700，1050	=	=	Vogt et al.，2008
围隔	劳厄斯峡湾，挪威	$11m^3$	300 vs.750	−57	−24	Hopkins et al.，2010
围隔	长木，韩国	$2.4m^3$	400 vs.900	+80	+DMSP：POC	Kim et al.，2010
围隔	劳厄斯峡湾，挪威	$20m^3$	370 vs.700	−40	−40	Avgoustidi et al.，2012
围隔	劳厄斯峡湾，挪威	4L	375，760，1150	+26（760） +18（1150）		Wingenter et al.，2007
围隔	孔斯峡湾，斯瓦尔巴群岛	$50m^3$	185 ~ 700	−35	+30	Archer et al.，2013
围隔	劳厄斯峡湾，挪威	20L	380，550，750，1000	+110（550） +153（750） +225（1000）	−28（550） −44（750） −52（1000）	Hopkins and Archer，2014
围隔	劳厄斯峡湾，挪威	$50m^3$	280 ~ 3000	−60	−32	Webb et al.，2016
围隔	长木，韩国	2400L	160 ~ 830	−82	−71	Park et al.，2014
围隔	芬兰	5400L	350 ~ 1333	−34		Webb et al.，2016

Wingenter 等（2007）的围隔实验表明在 p_{CO_2} 为 760μatm 的条件下 DMS 的释放量比在 p_{CO_2} 为 375μatm 的条件下增加了 26%（±10%），而在 p_{CO_2} 为 1150μatm 的条件下，DMS 比在现有 p_{CO_2} 条件下增加了 18%（±10%）。Kim 等（2010）同时研究了二氧化碳浓度（p_{CO_2} 为 900μatm）和温度对 DMS 产生的影响，结果表明在 p_{CO_2} 为 900μatm 的条件下，DMS 的浓度比在现有 p_{CO_2} 条件下增加了 80%，同时研究在酸化（p_{CO_2} 900μatm）和温度升高 3℃的协同作用下，DMS 的浓度比现有 p_{CO_2} 条件下增加了 60%，并将这一现象归因于浮游动物的捕食作用。Hopkins 和 Archer（2014）对挪威海域进行的围隔实验表明从 550μatm 到 1000μatm，海水中 DMS 的浓度与现有大气水平相比均有明显提高，分别升高了 110%（550μatm）、153%（750μatm）和 225%（1000μatm），而 DMSP 浓度在这三种条件下分别下降了 28%（550μatm）、44%（750μatm）和 52%（1000μatm）。也有研究者认为海洋酸化可以降低 DMS 的释放。Hopkins 等（2010）的研究结果显示，当 p_{CO_2} 由 380μatm 上升为 750μatm 时，海水中的 DMS 浓度降低了 63%，而 DMSP 的浓度降低了 0.8%。Avgoustidi 等（2012）的围隔实验结果表明在 p_{CO_2} 为 700μatm 时，DMS 和 DMSP 的浓度较 370μatm 时明显下降。Archer 等（2013）对南极海域进行围隔实验，发现 p_{CO_2} 为 750μatm 时，海水中 DMS 的浓度较对照下降了 35%，而 DMSP 的浓度则上升了 30%。Park 等（2014）的研究发现 p_{CO_2} 从 160μatm 升高到 830μatm，DMS 浓度降低了 82%，同时发现，随着 p_{CO_2} 升高，DMSPp/POC 和 DMSP 裂解酶活性（DLA）显著降低，并认为这一现象是 p_{CO_2} 升高促进研究体系中硅藻的生长，而抑制了 DMSP 高产藻的生长，使得异养沟鞭藻类的捕食行为降低，从而导致 DMSP 浓度和 DMS 浓度的下降。Webb 等（2016）的研究发现 p_{CO_2} 从 280μatm 到 3000μatm，DMSP 浓度和 DMS 浓度分别降低了 32% 和 60%，他们认为 p_{CO_2} 升高抑制了 DMSP 含量高的纳米浮游植物生长，而促进细菌对 DMSP 和 DMS 的消耗。Vogt 等（2008）在挪威围隔实验中设了三个 p_{CO_2} 水平，即 350μatm、700μatm 和 1050μatm，进行了为期 22d 的实验，实验结果表明，在前 10d 里，DMSPt、DMSPp 和 DMSPd 及 DLA 浓度在这三个 p_{CO_2} 水平下没有显著性差异，在低 p_{CO_2} 水平下 DMS 产量明显高于高 p_{CO_2} 水平，但在整个实验周期内，不同 p_{CO_2} 条件下的 DMS 浓度并没有显著性差异。

目前关于实验室模拟研究酸化对 DMSP 和 DMS 的影响的文献相对较少，大部分实验结果表明酸化能够降低海洋微藻释放的 DMS 的浓度。Avgoustidi 等（2012）以 *E.huxleyi*（CCMP 1516）为研究对象，发现在 p_{CO_2} 从 370μatm 升高为 760μatm 时，DMSP 和 DMS 的浓度显著下降。Kerrison 等（2012）对两种大型海藻——石莼（*Ulva lactuca*）和条浒苔（*U.clathrata*）进行研究，发现 p_{CO_2} 从 432μatm 升高为 1514μatm 时，两种海藻中 DMSP 的浓度没有明显变化，*Ulva lactuca* 中 DMS 浓度随 p_{CO_2} 升高而降低，而 *U.clathrata* 中 DMS 浓度则不受 p_{CO_2} 影响。Spielmeyer 和 Pohnert（2012）对两种硅藻——伪矮海链藻（*Thalassiosira pseudonana*）（CCMP 1335）和三角褐指藻（CCMP2561）及颗石藻——*E.huxleyi*（RCC1242，RCC1731）在实验室受控条件下进行研究，结果表明，对两种硅藻来说，当温度升高 6℃，p_{CO_2} 上升为 790μatm 时，DMSP 浓度下降，而 *E.huxleyi* 在海洋酸化和温度升高的协同作用下 DMSP 的浓度呈现出相反的趋势。Arnold 等（2013）研究了海洋酸化和温室效应的协同作用对 *E.huxleyi*（CCMP 373）释放 DMS 的影响，研究结果表明，当 p_{CO_2} 从 385μatm 上升为 1000μatm 时，DMS 的释放量降低了 50%，温度升高能够弥补 pH 下降对 DMS 产生的影响，在温室效应和海洋酸化的协同作用下，DMS 的释放量高于对照，细胞内 DMSP 的浓度不论是在海洋酸化条件下还是在海洋酸化和温度升高的协同作用下都明显升高。Webb 等（2015）的研究发现 *E.huxleyi*（RCC 1229）在 p_{CO_2} 为 900μatm 时，DMS 浓度没有变化，而 DMSP 浓度下降了 12%。Webb 等（2016）在波罗的海进行的围隔实验表明 DMS 的释放量在高 p_{CO_2}（1075 ～ 1333μatm）比 350μatm 时降低了 34%。

6.6.4　p_{CO_2} 和温度升高协同作用对强壮前沟藻的影响

为研究 p_{CO_2} 和温度升高的协同作用对强壮前沟藻的影响，实验中 CO_2 浓度分为对照组（对照）和高碳组（HC），温度设两个温度梯度，即 20℃和 23℃，分别表示现有的 CO_2 和温度水平，以及 21 世纪末预计达到的 CO_2 和温度水平。因此在实验设计上分为对照、对照 +T、HC 和 HC+T 四组。

强壮前沟藻在四种实验条件下释放的 DMSPp 和 DMSPd 的平均浓度和浓度范围及其单细胞释放量如表 6-12 所示。DMSPp 在对照、对照 +T、HC 和 HC+T 组的平均浓度（浓度范围）分别为 30.83（26.59 ～ 43.41）nmol/L、32.52（24.93 ～ 43.18）nmol/L、33.59（26.67 ～ 40.92）nmol/L 和 33.32（27.68 ～ 46.26）nmol/L，整个培养周期内四组浓度之间没有显著性差异，表明在培养周期内 CO_2 浓度和温度对 DMSPp 的释放没有产生影响。DMSPp 单细胞释放量在对照、对照 +T、HC 和 HC+T 组分别为 2.65×10^{-15}（1.14×10^{-15} ～ 6.04×10^{-15}）mol、3.19×10^{-15}（1.45×10^{-15} ～ 6.65×10^{-15}）mol、2.52×10^{-15}（1.08×10^{-15} ～ 3.51×10^{-15}）mol 和 2.40×10^{-15}（8.6×10^{-16} ～ 4.68×10^{-15}）mol，对照 +T 组的平均浓度高于其他三组的平均浓度。

表 6-12　p_{CO_2} 和温度升高的协同作用下强壮前沟藻释放 DMSP、DMS 的浓度及其单细胞释放量

	对照	对照 +T	HC	HC+T
DMSPp/（nmol/L）	30.83（26.59 ～ 43.41）	32.52（24.93 ～ 43.18）	33.59（26.67 ～ 40.92）	33.32（27.68 ～ 46.26）
DMSPp 单细胞释放量 /10^{-15}mol	2.65（1.14 ～ 6.04）	3.19（1.45 ～ 6.65）	2.52（1.08 ～ 3.51）	2.40（0.86 ～ 4.68）
DMSPd/（nmol/L）	32.02（17.38 ～ 36.42）	32.59（11.86 ～ 41.72）	33.50（26.15 ～ 40.39）	30.32（20.73 ～ 37.36）
DMSPd 单细胞释放量 /10^{-15}mol	2.40（1.45 ～ 3.79）	2.88（1.36 ～ 4.50）	2.55（1.11 ～ 3.77）	2.14（1.09 ～ 5.07）
DMS/（nmol/L）	25.47（19.66 ～ 30.27）	26.95（14.65 ～ 37.03）	24.82（18.43 ～ 32.45）	25.23（16.23 ～ 30.89）
DMS 单细胞释放量 /10^{-15}mol	2.29（1.04 ～ 6.61）	3.09（0.77 ～ 9.87）	1.85（0.86 ～ 2.78）	1.75（0.75 ～ 3.37）

DMSPd 在对照、对照 +T、HC 和 HC+T 组的平均浓度（浓度范围）分别为 32.02（17.38 ～ 36.42）nmol/L、32.59（11.86 ～ 41.72）nmol/L、33.50（26.15 ～ 40.39）nmol/L 和 30.32（20.73 ～ 37.36）nmol/L，四种条件下 DMSPd 的浓度没有表现出显著性差异。DMSPd 单细胞

释放量在对照、对照 +T、HC 和 HC+T 组依次为 2.40×10^{-15}（$1.45\times10^{-15}\sim3.79\times10^{-15}$）mol、$2.88\times10^{-15}$（$1.36\times10^{-15}\sim4.50\times10^{-15}$）mol、$2.55\times10^{-15}$（$1.11\times10^{-15}\sim3.77\times10^{-15}$）mol 和 2.14×10^{-15}（$1.09\times10^{-15}\sim5.07\times10^{-15}$）mol，与 DMSPp 单细胞释放量的变化趋势类似，实验初期，温度促进了单细胞 DMSPd 的释放，而实验后期，CO_2 浓度升高带来的抑制作用占主导地位。整个实验过程中，四组浓度之间没有显著性差异。

强壮前沟藻释放的 DMS 在对照、对照 +T、HC 和 HC+T 组的平均浓度（浓度范围）分别为 25.47（19.66 ～ 30.27）nmol/L、26.95（14.65 ～ 37.03）nmol/L、24.82（18.43 ～ 32.45）nmol/L 和 25.23（16.23 ～ 30.89）nmol/L，没有表现出受到 CO_2 浓度和温度变化的影响。DMS 单细胞释放量在对照、对照 +T、HC 和 HC+T 组依次为 2.29×10^{-15}（$1.04\times10^{-15}\sim6.61\times10^{-15}$）mol、$3.09\times10^{-15}$（$7.7\times10^{-16}\sim9.87\times10^{-15}$）mol、$1.85\times10^{-15}$（$8.6\times10^{-16}\sim2.78\times10^{-15}$）mol 和 1.75×10^{-15}（$7.5\times10^{-16}\sim3.37\times10^{-15}$）mol。实验初期，其几乎没有受到 CO_2 浓度和温度变化的影响，实验后期，CO_2 浓度升高明显抑制了 DMS 的释放。总体而言，p_{CO_2} 和温度升高的协同作用没有对强壮前沟藻的生长产生影响，藻液中释放的 DMSP 和 DMS 的浓度也没有显著性差异。DMSP 和 DMS 的单细胞释放量在实验初期受到温度升高的促进作用，而在实验后期 CO_2 浓度升高引起的抑制作用占主导地位。Lee 等（2009）研究了北极春季藻华期间在温度（12℃和 16℃）和 CO_2 浓度（390μatm 和 690μatm）的双重作用下海水中 DMSP 释放，结果发现温度和 CO_2 浓度的升高使得海水中 DMSPp 浓度升高，并认为温度的影响要大于 CO_2 浓度的升高带来的影响，CO_2 浓度的升高能够改变浮游植物种群结构，有利于 DMSP 高产的颗石藻和金藻类的生长，从而使得海水中 DMSPp 浓度升高。DMSPd 的浓度与 DMSPp 相反，这可能与浮游动物的摄食有关。Spielmeyer 和 Pohnert（2012）对两种硅藻（伪矮海链藻和三角褐指藻）及颗石藻进行了温度（14.5℃和 20.5℃）与 CO_2 浓度（390μatm 和 790μatm）的双重影响下 DMSP 浓度变化的研究，两种硅藻的 DMSP 单细胞释放量随着温度和 CO_2 浓度的升高而降低。钙化颗石藻和非钙化颗石藻对温度和 CO_2 浓度升高的响应不同。非钙化颗石藻在温度升高时 DMSP 单位细胞释放量升高，对于钙化类颗石藻，单独温度和 CO_2 浓度的升高没有影响其 DMSP 单细胞释放量，钙化颗石藻和非钙化颗石藻在温度和 CO_2 浓度升高的协同作用下 DMSP 单细胞释放量显著提高。结合本研究的结果，作者团队认为不同海洋微藻对温度和 CO_2 浓度升高的响应不同，并且要考虑两种环境因子变化的协同效应。

本研究中微藻培养时间较短，不超过 1 个月，而现实中的海洋酸化过程是一个非常缓慢的过程，海水碳酸盐系统参数的改变也是非常缓慢的，不可能像实验中在几天时间内碳酸盐系统参数发生巨变。海洋微藻作为一种单细胞生物，细胞分裂繁殖速度比较快，因此具有一定的环境适应性。目前关于海水酸化对海洋微藻影响的相关研究主要是短期研究，长期研究的报道相对较少。Crawfurd 等（2011）的长期研究（3 个月，100 代左右）结果表明伪矮海链藻的藻细胞大小和藻细胞表面积等生理参数没有显著性变化，他们推测海水酸化可能不会对假微型海链藻产生明显的影响，但是没有证据表明假微型海链藻对海水酸化的明显适应性。Collins 和 Bell（2004）的研究也表明生长了约 1000 代后的衣藻在光合固碳方面没有任何由海水酸化引起的进化证据，同样的结果也适用于天然藻类种群

（Collins and Bell，2006）。Müller 等（2010）对两种颗石藻在海水酸化条件下进行的短期和长期实验中也没有发现由 p_{CO_2} 改变而引起的不同。但是有研究表明颗石藻能够通过提高生长速率和钙化作用来适应 p_{CO_2} 的升高（Lohbeck et al.，2012）。Leonardos（2008）也发现颗石藻对环境的适应发生在 3 ～ 4 代，而球形棕囊藻能够在 1 ～ 19 代通过提高其光生理学功能来适应海水 p_{CO_2} 的升高。因此，能否将短期研究的结果推广到长期影响不能一概而论，今后的研究应将短期研究和长期研究的结果相结合，更加深入地研究海水酸化对海洋微藻的影响。

6.7 结　　论

（1）不同藻类生产释放二甲基硫化物的能力不同，具有明显的种间差异性。一般说来，定鞭金藻和甲藻的 DMS 的生物生产相对较高，而硅藻对 DMS 的贡献率较低，种间差异的影响甚至超过生物量的影响。

（2）藻的生理状态影响二甲基硫化物的浓度，健康的藻细胞几乎不会向水体中释放 DMSP，藻细胞衰老死亡时，细胞破裂，DMSP 被释放到水体中，与 DMSP 裂解酶作用或被细菌分解产生大量的 DMS，导致 DMS 浓度大幅度上升。

（3）在不同硝酸盐浓度培养条件下，藻液中 DMSP 和 DMS 的浓度均随硝酸盐浓度的变化而发生不同程度的变化。高硝酸盐浓度会抑制海洋原甲藻和三角褐指藻细胞内 DMSP 的产生；但初始硝酸盐浓度对球等鞭金藻 8701 细胞内 DMSP 的产生无明显影响。高硝酸盐浓度均不同程度地抑制单位生物量 DMS 的生产。其中，海洋原甲藻受硝酸盐浓度影响最为显著，低硝酸盐浓度条件下的 DMS/Chl-*a* 是高硝酸盐浓度条件下的 7 倍。

（4）氮限制和磷限制对微藻（球形棕囊藻、尖刺拟菱形藻、小新月菱形藻和塔玛亚历山大藻）生长影响大，高 N/P 促进生长影响程度具有种间差异。在不同磷浓度和不同 N/P 条件下，四种微藻 DMSP 和 DMS 的浓度有不同程度的变化。氮和磷不是 DMSPd 生产释放的限制因子，低 N/P 促进了四种微藻细胞内 DMSP 的积累，高 N/P 却有抑制作用。高 N/P 均不同程度地抑制单位生物量 DMS 的生产，其中，塔玛亚历山大藻受 N/P 影响最明显，低 N/P 条件下的 DMS/Chl-*a* 是高 N/P 条件下的 5 倍。

（5）培养液中硅酸盐浓度越高，三角褐指藻的生长速率越快，藻类种群数量越大，达到最大生物量所需的时间相对变长。低硅酸盐浓度条件下单位生物量 DMSPp 浓度高于中高水平硅酸盐浓度下的相应浓度，表明低浓度有利于三角褐指藻细胞内 DMSP 的生成。高硅酸盐促使高生物量培养液中 DMS 浓度明显提升，但实际上单位生物量的 DMS 生产能力在低硅酸盐浓度培养液中得到加强，在高于 214μmol/L 硅酸盐浓度条件下单细胞 DMS 产量较低且变化不大。

（6）培养液中 Fe^{3+} 浓度水平的提高明显促进三角褐指藻和球等鞭金藻 8701 藻细胞的增长；而海洋原甲藻的生长未受到 Fe^{3+} 浓度的影响。高 Fe^{3+} 有助于三角褐指藻和海洋原甲藻藻液中 DMSPd 的形成，而球等鞭金藻 8701 培养液中高 Fe^{3+} 反而抑制 DMSP 从藻体中释放。高 Fe^{3+} 浓度能够促进球等鞭金藻 8701 细胞内 DMSP 的合成，却抑制海洋原甲藻细胞内 DMSP 的生产。高 Fe^{3+} 浓度显著抑制海洋原甲藻和球等鞭金藻 8701 培养液中 DMS 生产，而低 Fe^{3+} 浓度明显提高藻液中 DMS 的产量；Fe^{3+} 浓度的变化未影响三角褐指藻的 DMS 和 DMSPp 生产。

（7）海水 p_{CO_2} 升高对海洋微藻生长及二甲基硫化物释放的影响比较复杂，不同门类的海洋微藻对海水 p_{CO_2} 升高的响应不一致，HC 组大多数海洋微藻藻液中 DMSP 和 DMS 的浓度没有受到影响，少数藻类 DMSP 和 DMS 的浓度受到不同程度的促进或抑制作用。同时，培养体系中 DMSP 浓度和 DMS 浓度的改变与单细胞释放量的改变有时并不同步。

总体而言，营养盐（硝酸盐、硅酸盐和磷酸盐）浓度、N/P、盐度、铁和酸度均能影响藻类生长及其产生 DMSP 和 DMS 的能力，但是不同的藻类对上述参数改变的响应不同，具有明显的种间 / 株间差异性。此外，天然水体中多因子协同作用对藻类产生二甲基硫化物的影响更为复杂，然而目前这类研究相对较少，需要在以后的研究中开展多因子协同作用对藻类生长及其生产二甲基硫化物影响的相关研究。

参 考 文 献

高坤山 . 2011. 海洋酸化正负效应：藻类的生理学响应 . 厦门大学学报（自然科学版），50（2）：411-417.

宫海军，陈坤明，王琐民，等 . 2004. 植物硅营养的研究进展 . 西北植物学报，24（12）：2385-2392.

焦念志，柳承璋，陈念红 . 1999. 东海二甲基硫丙酸的分布及其制约因素的初步研究 . 海洋与湖沼，30：525-531.

李炜，焦念志 . 1999. 环境因子对三种常见微藻细胞中二甲基硫丙酸含量影响的初步研究 . 海洋与湖沼，30：635-639.

吕颂辉，张玉宇，陈菊芳 . 2003. 东海具齿原甲藻的扫描电子显微结构 . 应用生态学报，14（7）：1070-1072.

毛雪微，刘光兴，王为民，等 . 2016. CO_2 浓度升高对三角褐指藻和旋链角毛藻种群生长的影响 . 中国海洋大学学报，46（3）：60-66.

齐雨藻，钱锋 . 1994. 大鹏湾几种赤潮甲藻的分类学研究 . 海洋与湖沼，25（2）：206-210.

孙爱梅，李超，蓝东兆，等 . 2006. 罗源湾口柱状沉积物中的甲藻孢囊 . 台湾海峡，25（1）：10-18.

孙娟 . 2007. 海水中 DMS 生物生产与消费速率研究 . 青岛：中国海洋大学 .

王艳，齐雨藻，沈萍萍，等 . 2003. 温度和盐度对球形棕囊藻细胞 DMSP 产量的影响 . 水生生物学报，27（4）：367-371.

吴晓娟 . 2009. 阳光紫外辐射和 CO_2 加富对硅藻小新月菱形藻的影响 . 汕头：汕头大学 .

杨桂朋，戚佳琳 . 2000. 影响海水中二甲基硫分布的生物因素 . 海洋科学，24（3）：37-40.

姚炜民，潘晓东，华丹丹 . 2007. 浙江海域米氏凯伦藻赤潮成因的初步研究 . 水利渔业，27（6）：57-58.

Andreae M O. 1990. Ocean-atmosphere interactions in the global biogeochemical sulfur cycle. Marine Chemistry，30：1-29.

Archer S D，Kimmance S A，Stephens J A，et al. 2013. Contrasting responses of DMS and DMSP to ocean acidification in Arctic waters. Biogeosciences，10：1893-1908.

Arnold H，Kerrison P，Steinke M. 2013. Interacting effects of ocean acidification and warming on growth and DMS-production in the haptophyte coccolithophore *Emiliania huxleyi*. Global Change Biology，19：1007-1016.

Avgoustidi V. 2006. Dimethyl sulphide production in a high CO_2 world. Norwich：University of East Anglia.

Avgoustidi V, Nightingale P D, Joint I, et al. 2012. Decreased marine dimethyl sulfide production under elevated CO_2 levels in mesocosm and in vitro studies. Environmental Chemistry, 9: 399-404.

Badger M R, Andrews T J, Whitney S M, et al. 1998. The diversity and co-evolution of Rubisco, plastids, pyrenoids, and chloroplast-based CO_2-concentrating mechanisms in algae. Canadian Journal of Botany, 76: 1052-1071.

Bauman M E M, Brandini F P, Staubes R. 1994. The influence of light and temperature on carbon-special DMS release by cultures of *Phaeocystis antarctica* and three antarctic diatoms. Marine Chemistry, 45: 129-136.

Belviso S, Kim S K, Rassoulzadegan F, et al. 1990. Production of dimethylsulfonium propionate (DMSP) and dimethylsulfide (DMS) by a microbial food web. Limnology and Oceanography, 35: 1810-1821.

Berges J A, Falkowski P G. 1998. Physiological stress and cell death in marine phytoplankton: induction of proteases in response to nitrogen or light limitation. Limnology and Oceanography, 43: 129-135.

Bisson M A, Kirst G O. 1995. Osmotic acclimation and turgor pressure regulation in algae. The Science of Nature, 82: 461-471.

Boyd P W, Watson A J, Law C S, et al. 2000. A mesoscale phytoplankton boom in the polar southern ocean stimulated by iron fertilization. Nature, 407: 695-702.

Brimblecombe P, Shooter D. 1986. Photo-oxidation of dimethylsulphide in aqueous solution. Marine Chemistry, 19: 343-353.

Burkhardt S, Amoroso G, Riebesell U, et al. 2001. CO_2 and HCO_3^- uptake in marine diatoms acclimated to different CO_2 concentrations. Limnology and Oceanography, 46: 1378-1391.

Burkhardt S, Zondervan I, Riebesell U. 1999. Effect of CO_2 concentration on C : N : P ratio in marine phytoplankton: a species comparison. Limnology and Oceanography, 44: 683-690.

Cantin G, Levasseur M, Gosselin M, et al. 1996. Role of zooplankton in the mesoscale distribution of surface dimethylsulfide concentrations in the Gulf of St. Lawrence, Canada. Marine Ecology Progress Series, 141: 103-117.

Cerqueira M A, Pio C A. 1999. Production and release of dimethylsulphide from an estuary in Portugal. Atmospheric Environment, 33: 3355-3366.

Charlson R J, Lovelock J E, Andreae M O, et al. 1987. Oceanic phytoplankton, atmospheric sulfur, cloud albedo and climate. Nature, 326: 655-661.

Chen S W, Gao K S. 2011. Solar ultraviolet radiation and CO_2-induced ocean acidification interacts to influence the photosynthetic performance of the red tide alga *Phaeocystis globosa* (Prymnesiophyceae). Hydrobiologia, 675: 105-117.

Chen X, Gao K. 2004. Characterization of diurnal photosynthetic rhythms in the marine diatom *Skeletonema costatum* grown in synchronous culture under ambient and elevated CO_2. Functional Plant Biology, 31: 399-404.

Christaki U, Belviso S, Dolan J R, et al. 1996. Assessment of the role of copepods and ciliates in the release to solution of particulate DMSP. Marine Ecology Progress Series, 141: 119-127.

Collins S, Bell G. 2004. Phenotypic consequences of 1000 generations of selection at elevated CO_2 in a green alga. Nature, 431: 566-569.

Collins S, Bell G. 2006. Evolution of natural algal populations at elevated CO_2. Ecology Letters, 9: 129-135.

Crawfurd K J, Raven J A, Wheeler G L, et al. 2011. The response of *Thalassiosira pseudonana* to long-term exposure to increased CO_2 and decreased pH. PLoS One, 6 (10): e26695.

Dacey J W H, Wakeham S G. 1986. Oceanic dimethylsulfide: production during zooplankton grazing on phytoplankton. Science，233：1314-1316.

Datta K，Babbar P，Srivastava T，et al. 2002. *p53* dependent apoptosis in glioma cell lines in response to hydrogen peroxide induced oxidative stress. The International Journal of Biochemistry & Cell Biology，34（2）：148-157.

de sonza M P，Chen Y P，Yoch D C. 1996. Dimethylsulfoniopropionate lyase from the marine macroalga *Ulva curvata*：purification and characterization of the enzyme. Planta，199：433-438.

Dickson D M J，Kirst G O. 1987. Osmotic adjustment in marine eukaryotic algae：the role of inorganic ions，quaternary ammonium，tertiary sulphonium and carbohydrate solutes. I. Diatoms and a Rhodophyte. New Phytologist，106：645-655.

Fogg G E. 1965. Algal Cultures and Phytoplankton Ecology. Madison：University of Wisconsin Press.

Fu F X，Zhang Y H，Warner M E，et al. 2008. A comparison of future increased CO_2 and temperature effects on sympatric *Heterosigma akashiwo* and *Prorocentrum minimum*. Harmful Algae，7（1）：76-90.

Gao K，Aruga Y，Asada K，et al. 1991. Enhanced growth of the red alga *Porphyra yezoensis* Udea in high CO_2 concentrations. Journal of Applied Phycology，3：356-362.

Gao K，Xu J，Gao G，et al. 2012. Rising CO_2 and increased light exposure synergistically reduce marine primary productivity. Nature Climate Change，2：519-523.

Gröne T，Kirst G O. 1992. The effect of nitrogen deficiency，methionine and inhibitors of methionine metabolism on the DMSP contents of *Tetraselmis subcordiformis*（Stein）. Marine Biology，112：497-503.

Guillard R R L. 1975. Culture of phytoplankton for feeding marine invertebrates//Smith W L，Chanley M H. Culture of Marine Animals. New York：Plenum Press.

Hatton A，Malin G，Turner S，et al. 1996. DMSO：a significant compound in the biogeochemical cycle of DMS//Kiene R P，Visscher P T，Keller M D，et al. Biological and Environmental Chemistry of DMSP and Related Sulfonium Compounds. New York：Plenum.

Hönisch B，Ridgwell A，Schmidt D N，et al. 2012. The geological record of ocean acidification. Science，335：1058-1063.

Hoogstraten A，Peters M，Timmermans K R，et al. 2012. Combined effects of inorganic carbon and light on *Phaeocystis globosa* Scherffel（Prymnesiophyceae）. Biogeosciences，9：1885-1896.

Hopkins F E，Archer S D. 2014. Consistent increase in dimethyl sulphide（DMS）in response to high CO_2 in five shipboard bioassays from contrasting NW European waters. Biogeosciences，11：4925-4940.

Hopkins F E，Turner S M，Nightingale P D，et al. 2010. Ocean acidification and marine trace gas emissions. Proceedings of the National Academy of Sciences of the United States of America，2：760-765.

Hu S，Zhou B，Wang Y，et al. 2017. Effect of CO_2-induced seawater acidification on growth，photosynthesis and inorganic carbon acquisition of the harmful bloom-forming marine microalga，*Karenia mikimotoi*. PLoS One，12（8）：e0183289.

Hyun B，Choi K H，Jang P G，et al. 2014. Effects of increased CO_2 and temperature on the growth of four diatom species（*Chaetoceros debilis*，*Chaetoceros didymus*，*Skeletonema costatum* and *Thalassiosira nordenskioeldii*）in laboratory experiments. Journal of Environmental Science International，23（6）：1003-1012.

Iida H. 1988. Studies on the accumulation of dimethyl-β-propiothetin and the formation of dimethyl sulfide in aquatic organisms. Bulletin of Tokai Regional Fishery Research Laboratory，124：35-111.

Iverson R L，Nearhoof F L，Andreae M O. 1989. Production of dimethylsulfonium propionate and dimethyl sulphide by phytoplankton in estuarine and coastal waters. Limnology and Oceanography，34：53-67.

Karsten U，Wiencke C，Kirst G O. 1992. β-dimethylphoniopropionate（DMSP）accumulation in green macroalgae from polar to temperate regions：interactive effects of light versus salinity and light versus temperature. Polar Biology，12：603-607.

Keller M D. 1989. Dimethyl sulfide production and marine phytoplankton：the importance of species composition and cell size. Biological Oceanography，6（5-6）：375-382.

Keller M D，Bellows W K，Guillard R R. 1989. Dimethyl sulfide production in marine phytoplankton//Saltzmann E S，Cooper W J. Biogenic Sulfur in the Environment. Washington DC：American Chemical Society.

Keller M D，Kiene R P，Matrai P A，et al. 1999. Production of glycine betaine and dimethylsulfoniopropionate in marine phytoplankton. Ⅱ. N-limited chemostat cultures. Marine Biology，135：249-257.

Kerrison P，Suggett D J，Hepburn L J，et al. 2012. Effect of elevated p_{CO_2} on the production of dimethylsulphoniopropionate（DMSP）and dimethylsulphide（DMS）in two species of *Ulva*（*Chlorophyceae*）. Biogeochemistry，110：5-16.

Kiene R P，Linn L J. 2000. Distribution and turnover of dissolved DMSP and its relationship with bacterial production and dimethylsulfide in the Gulf of Mexico. Limnology and Oceanography，45：849-861.

Kiene R P，Slezak D. 2006. Low dissolved DMSP concentrations in seawater revealed by small-volume gravity filtration and dialysis sampling. Limnology and Oceanography：Methods，4：80-95.

Kim J M，Lee K，Yang E J，et al. 2010. Enhanced production of oceanic dimethylsulfide resulting from CO_2-induced grazing activity in a high CO_2 world. Environmental Science & Technology，44：8140-8143.

Kinene R P. 1996. Production of methanethiol from dimethylsulfoniopropionate in marine surface waters. Marine Chemistry，54：69-83.

Kirst G O. 1996. Osmotic adjustment in phytoplankton and macroalgae：the use of dimethylsulfoniopropionate（DMSP）//Kiene R P，Visscher P T，Keller M D，et al. Biological and Environmental Chemistry of DMSP and Related Sulfonium Compounds. New York：Plenum Press.

Kocsis M G，Nolte K D，Rhodes D，et al. 1998. Dimethylsulfoniopropionate biosynthesis in *Spartina alterniflora*：evidence that S-methylmethionine and dimethylsulfoniopropylamine are intermediates. Plant Physiology，117：273-281.

Kottmeier D M，Rokitta S D，Rost B. 2016. Acidification，not carbonation，is the major regulator of carbon fluxes in the coccolithophore *Emiliania huxleyi*. New Phytologist，211：126-137.

Lana A，Bell T G，Simó R，et al. 2011. An updated climatology of surface dimethylsulfide concentrations and emission fluxes in the global ocean. Global Biogeochemical Cycles，25：GB1004.

Ledyard K M，Dacey J W H，1996. Microbial cycling of DMSP and DMS in coastal and oligotrophic seawater. Limnology and Oceanography，41：33-40.

Lee P A，de Mora S J. 1999. Intracellular dimethylsulfoxide（DMSO）in unicellular marine algae：speculations on its origin and possible biological role. Journal of Phycology，35：8-18.

Lee P A，Rudisill J R，Neeley A R，et al. 2009. Effects of increased p_{CO_2} and temperature on the North Atlantic spring bloom. Ⅲ. Dimethylsulfoniopropionate. Marine Ecology Progress Series，388：41-49.

Leonardos N，2008. Physiological steady state of phytoplankton in the field? An example based on pigment profile of *Emiliania huxleyi*（Haptophyta）during a light shift. Limnology and Oceanography，53：306-311.

Litchman E，Neale P J，Banaszak A T. 2002. Increased sensitivity to ultraviolet radiation in nitrogen-limited dinoflagellates：photoprotection and repair. Limnology and Oceanography，47：86-94.

Logan B A，Demmig-Adams B，Rosenstiel T N，et al. 1999. Effect of nitrogen limitation on foliar antioxidants in relationship to other metabolic characteristics. Planta，209：213-220.

Lohbeck K T，Riebesell U，Reusch T B H. 2012. Adaptive evolution of a key phytoplankton species to ocean acidification. Nature Geoscience，5：346-351.

Lomans B P，van der Drift C，Pol A，et al. 2002. Microbial cycling of volatile organic sulfur compounds. Cellular and Molecular Life Science，59：575-588.

Malin G，Liss P S，Turner S M. 1994. Dimethylsulfide：production and atmospheric consequences//Green J C，Leadbeater B S C. The Haptophyte Algae. Oxford：Clarendon Press.

Malin G，Turner S M，Liss P S. 1992. Sulfur：the plankton/climate connection. Journal of Phycology，28：590-597.

Martin J H，Coale K H，Johnson K S，et al. 1994. Testing the iron hypothesis in ecosystems of the equatorial Pacific Ocean. Nature，371：123-129.

Matrai PA，Keller M D. 1994. Total organic sulfur and dimethylsulfoniopropionate（DMSP）in marine phytoplankton：intracellular variations. Marine Biology，119：61-68.

Müller M N，Schulz K G，Riebesell U. 2010. Effects of long-term high CO_2 exposure on two species of coccolithophores. Biogeosciences，7：1109-1116.

Nguyen B C. Belviso S，Mihalopoulos N，et al. 1988. Dimethyl sulfide production during natural phytoplanktonic blooms. Marine Chemistry，24：133-141.

Orr J C，Fabry V J，Aumont O，et al. 2005. Anthropogenic ocean acidification over the twenty-first century and its impact on calcifying organisms. Nature，437：681-686.

Paerl H W，Fulton R S，Moisander P H，et a1. 2001. Harmful freshwater algal blooms，with an emphasis on cyanobacteria. The Scientific World Journal，1：76-113.

Park K T，Lee K，Shin K，et al. 2014. Direct linkage between dimethylsulfide production and microzooplankton grazing，resulting from prey composition change under high partial pressure of carbon dioxide conditions. Environmental Science & Technology，48：4750-4756.

Quinn P K，Bates T S. 2011. The case against climate regulation via oceanic phytoplankton sulphur emissions. Nature，480：51-56.

Reed R H. 1984. Use and abuse of osmo-terminology. Plant Cell and Environment，7：165-170.

Riebesell U. 2004. Effects of CO_2 enrichment on marine phytoplankton. Journal of Oceanography，60：719-729.

Riebesell U，Revill A T，Holdsworth D G，et al. 2000. The effects of varying CO_2 concentration on lipid composition and carbon isotope fractionation in *Emiliania huxleyi*. Geochimica et Cosmochimica Acta，64（24）：4179-4192.

Rost B，Riebesell U，Burkhardt S，et al. 2003. Carbon acquisition of bloom-forming marine phytoplankton. Limnology and Oceanography，48（1）：55-67.

Sabine C L，Feely R A，Gruber N，et al. 2004. The oceanic sink for anthropogenic CO_2. Science，305（5682）：367-371.

Shaw G E. 1983. Bio-controlled thermostasis involving the sulfur cycle. Climatic Change，5：297-303.

Simó R. 1998. Trace chromatographic analysis of dimethyl sulfoxide and related methylated sulfur compounds in natural waters. Journal of Chromatography A，807：151-164.

Simó R. 2001. Production of atmospheric sulfur by oceanic plankton：biogeochemical，ecological and evolutionary links. Trends in Ecology and Evolution，16（6）：287-294.

Sobrino C，Ward M L，Neale P J. 2008. Acclimation to elevated carbon dioxide and ultraviolet radiation in the diatom *Thalassiosira pseudonana*: effects on growth, photosynthesis, and spectral sensitivity of photoinhibition. Limnology and Oceanography, 53 (2): 494-505.

Spielmeyer A, Pohnert G. 2012. Influence of temperature and elevated carbon dioxide on the production of dimethylsulfoniopropionate and glycine betaine by marine phytoplankton. Marine Environmental Research, 73: 62-69.

Stefels J, Steinke M, Turner S, et al. 2007. Environmental constraints on the production and removal of the climatically active gas dimethylsulphide (DMS) and implications for ecosystem modelling. Biogeochemistry, 83: 245-275.

Stefels J, van Leeuwe M A. 1998. Effects of iron and light stress on the biochemical compound of Antarctic *Phaeocystis* sp. (Prymnesiophyceae): I. Intracellular DMSP concentrations. Journal of Phycology, 34: 486-495.

Stefels J. 2000. Physiological aspects of the production and conversion of DMSP in marine algae and higher plants. Journal of Sea Research, 43: 183-197.

Sun Y, Wang C. 2009. The optimal growth conditions for the biomass production of *Isochrysis galbana*, and the effects that phosphorus, Zn^{2+}, CO_2, and light intensity have on the biochemical composition of *Isochrysis galbana*, and the activity of extracellular CA. Biotechnology and Bioprocess Engineering, 14 (2): 225-231.

Sunda W, Kieber D J, Kiene R P, et al. 2002. An antioxidant function for DMSP and DMS in marine algae. Nature, 418 (6895): 317-320.

Sunda W G, Hardison R, Kiene R P, et al. 2007. The effect of nitrogen limitation on cellular DMSP and DMS release in marine phytoplankton: climate feedback implications. Aquatic Sciences, 69: 341-351.

Tang K W, Simo R. 2003. Trophic uptake and transfer of DMSP in simple planktonic food chains. Aquatic Microbial Ecology, 31: 193-202.

Taylor B F, Gilchrist D C. 1991. New routes for aerobic biodegradation of dimethylsulfoniopropionate. Applied and Environmental Microbiology, 57 (12): 3581-3584.

Taylor B F. 1993. Bacterial transformations of organic sulfur compounds in marine environments//Oremland R. Biogeochemistry of Global Change: Radiatively Active Trace Gases. New York: Chapman & Hall.

Taylor B F, Visscher P T. 1996. Metabolic pathways involved in DMSP degradation//Kiene R P, Visscher P T, Keller M D, et al. Biological and Environmental Chemistry of DMSP and Related Sulfonium Compounds. New York: Plenum.

Turner S M, Malin G, Liss P S, et al. 1988. The seasonal variation of dimethyl sulfide and dimethylsulfoniopropionate concentrations in nearshore waters. Limnology and Oceanography, 33: 364-375.

Turner S M, Nightingale P D, Spokes L J, et al. 1996. Increased dimethylsulfide concentrations in sea water from in situ iron enrichment. Nature, 383: 513-517.

Vairavamurthy A, Andreae M O, Iverson R L. 1985. Biosynthesis of dimethylsulfide and dimthylopropiothetin by *Hymenomonas carterae* in relation to sulfur source and salinity variations. Limnology and Oceanography, 30 (1): 59-70.

Vogt M, Steinke M, Turner S, et al. 2008. Dynamics of dimethylsulphoniopropionate and dimethylsulphide under different CO_2 concentrations during a mesocosm experiment. Biogeosciences, 5: 407-419.

Wang Y, Smith Jr W O, Wang X, et al. 2010. Subtle biological responses to increased CO_2 concentrations by *Phaeocystis globose* Scherffel, a harmful algal bloom species. Geophysical Research Letters, 37: L09604.

Webb A L, Leedham-Elvidge E, Hughes C, et al. 2016. Effect of ocean acidification and elevated f_{CO_2} on trace gas production by a Baltic Sea summer phytoplankton community. Biogeosciences, 13: 4595-4613.

Webb A L, Malin G, Hopkins F E, et al. 2015. Ocean acidification has different effects on the production of dimethylsulfide and dimethylsulfoniopropionate measured in cultures of *Emiliania huxleyi* and a mesocosm study: a comparison of laboratory monocultures and community interactions. Environmental Chemistry, 13: 314-329.

Wilhelm C, Bida J, Domin A, et al. 1997. Interaction between global climate change and the physiological responses of algae. Photosynthetica, 33: 491-503.

Wilson W H, Turner S, Mann N H. 1998. Population dynamics of phytoplankton and viruses in a phosphate-limited mesocosm and their effect on DMSP and DMSp reduction. Estuarine, Coastal and Shelf Science, 46: 49-59.

Wingenter O W, Haase K B, Zeigler M, et al. 2007. Unexpected consequences of increasing CO_2 and ocean acidity on marine production of DMS and CH_2ClI: potential climate impacts. Geophysical Research Letters, 34: L05710.

Wu H Y, Zou D H, Gao K. 2008. Impacts of increased atmospheric CO_2 concentration on photo-synthesis and growth of micro- and macro-algae. Science in China Series C: Life Science, 51: 1144-1150.

Wu Y, Gao K, Riebesell U. 2010. CO_2-induced seawater acidification affects physiological performance of the marine diatom *Phaeodactylum tricornutum*. Biogeosciences, 7: 2915-2923.

Zeyer J, Eicher P, Wakeham S G, et al. 1987. Oxidation of dimethyl sulfide to dimethyl sulfoxide by phototrophic purple bacteria. Applied and Environmental Microbiology, 53 (9): 2026-2032.

Zinder S H, Brock T D. 1978. Production of methane and carbon dioxide from methane thiol and dimethyl sulphide by anaerobic lake sediments. Nature, 273: 226-228.

第 7 章

环境变化对生源硫化物生产释放的影响

近些年来随着中国经济的迅猛发展，海洋经济日益成为转变经济发展方式的新引擎，也成为沿海经济圈新的经济增长点，与此同时，伴随着社会经济的长足发展，人口急剧增长，河口和海岸带等工业发达地区的大量生活污水与工业废水未经处理排入海洋，大大增加了海洋中氮和磷等营养物质含量，加快了海洋富营养化进程。富营养化虽然可以促进海洋藻类迅速生长，但越来越多的藻类繁殖、死亡和腐败会引起海洋水体中氧气大量减少，造成海水水质恶化，导致鱼和虾等水生生物死亡。另外，人类对化石燃料的大量使用，使大气 CO_2 从工业革命前的 280ppm 左右增加到现在的 405ppm 左右。一方面，大气 CO_2 增加会通过温室效应导致全球变暖；另一方面，海洋大量吸收人类排放的 CO_2，已导致上层海洋 H^+ 浓度增加了 30%，pH 下降了 0.1，从而引起海洋酸化。谭红建等（2018）基于政府间气候专门变化委员会第五次耦合模式比较计划（CMIP5），指出在未来温室气体持续排放情景下整个中国近海区域的海温将很可能持续升高、DO 含量减少和海水 pH 降低。模型显示，在近期（2020～2030 年），中国东海和南海的 SST 将可能分别增加 0.82℃和 0.58℃，到 21 世纪中期（2050～2060 年）中国东海的升温幅度将达到 1.5℃。在温室气体持续排放的背景下，中国近海在未来百年将很可能持续变暖，并且中国近海的升温速率要大于全球平均水平。刘晓辉等（2017）通过对长江口、杭州湾、三门湾和椒江口等海域调查资料的分析，发现长江口海域和杭州湾海域的 pH 下降幅度较大，酸化趋势较为明显。另外，中国东海较高的水温将加剧海洋上混合层的层化作用，抑制底层营养盐的向上补充，从而导致初级生产力的降低并可能加剧水体的酸化。因此，从全球气候变化的趋势来看，未来中国近海的酸化还将进一步加剧。基于 CMIP5 中 IPSL-CM5A-MR 地球系统模式的模拟结果，中国东海和南海海水的 pH 在 21 世纪中期下降幅度（相对于 1980～2005 年）将超过 0.1，相当于过去百年的酸化程度。到 21 世纪末（2090～2099 年），中国东海和南海海水的 pH 下降幅度将会超过 0.3。因此，在中国近海海洋环境持续变化的背景下，深入开展富营养化和海洋酸化等对 DMS/DMSP 生产释放的影响及其气候效应的研究工作是十分必要与迫切的。

7.1 富营养化及沙尘沉降对生源硫化物生产释放的影响

营养盐是海洋浮游植物通过光合作用合成有机物所必需的，随着陆源硝酸盐和磷酸盐大规模增加，海岸带营养盐通量发生了重要变化，中国近海水体富营养化加重，N/Si 和 P/Si 也在不断升高。另外，源于世界四大沙尘排放区之一的亚洲沙尘可通过长距离传输，对中国近海产生影响。沙尘沉降能够为海洋提供生物可利用营养盐（如氮、磷、硅），以及痕量金属（如铁、锰等），而营养盐浓度的提高必将对浮游植物丰度、种群、生理和生态及整个海洋生态系统的结构和功能产生一系列的影响，并最终影响水体中的生源硫的迁移转化过程。本章内容基于中国近海典型微藻的实验室培养、2017 年春季、2018 年夏季和 2011 年秋季在中国近海进行的亚洲沙尘及不同营养盐加富的船基围隔培养实验，探讨了富营养化及沙尘沉降对中国近海生源硫生产释放的影响。

7.1.1　富营养化对中国近海典型微藻生产释放 DMS 和 DMSP 的影响

球形棕囊藻、尖刺拟菱形藻、小新月菱形藻及塔玛亚历山大藻是中国近海的优势藻种。球形棕囊藻是分布极广的一类单细胞真核的浮游植物，无论高、低纬度海域，它的生长繁殖很快，达到的细胞密度也较高，容易引发赤潮。尖刺拟菱形藻属于羽纹硅藻纲的拟菱形藻属，也是近岸海区分布很广的优势有毒硅藻。这个藻种能够产生毒素（软骨藻酸，domoic acid）（Luiz et al.，2009），形成记忆丧失性贝毒，人们食用有毒的贝类，可能会产生眩晕、昏迷和记忆缺失。小新月菱形藻个体较小，脂肪含量高，富含二十碳五烯酸，有较高的营养价值。塔玛亚历山大藻常在气温和光照都适宜的亚热带地区形成广布性的有毒赤潮。研究不同营养条件下以上四种典型微藻 DMS 和 DMSP 的生产能力，有助于进一步了解中国近海富营养化对 DMS 释放的影响。

球形棕囊藻、尖刺拟菱形藻、小新月菱形藻及塔玛亚历山大藻均来自中国海洋大学海洋污染生态化学实验室。上述微藻均进行活化和扩繁并培养至指数生长期以备用。实验用玻璃仪器均在 10% 的盐酸中浸泡 24h，然后用高纯水冲洗净待用。培养用海水取自中国东海，经 0.45μm 醋酸纤维膜过滤后装入 2000mL 锥形瓶中，并在 120℃的温度下高压灭菌 20min，待冷却至室温后充分摇动。采用改良的 f/2 培养液条件（表 6-1），考虑到中国近岸海水的营养盐浓度及铁浓度的范围，以及赤潮发生时期营养盐中 N/P 大小，设置了贫磷和富磷两种磷浓度（0.3612μmol/L 和 36.12 μmol/L），四种 N/P（0 ∶ 1、5 ∶ 1、20 ∶ 1、50 ∶ 1），以及三种 Fe^{3+} 浓度（10nmol/L、100nmol/L 和 1000nmol/L）。整个实验培养条件（包括储存条件）保持在（20±2）℃，光暗周期均为 12h，光照强度为 4500 lux。

1. 四种海洋微藻在不同生长周期内细胞密度的动态变化

四种海洋微藻在 f/2 培养液、pH 约 8.0 及盐度约 29 的实验条件下生长周期内细胞密度和 Chl-*a* 浓度的动态变化如图 7-1 所示。所有微藻呈现出“S”形的生长曲线模型，出现缓慢生长期、指数生长期、稳定生长期和衰亡期。实验室培养的营养盐条件与实际海洋环境相比较为丰富，所以微藻生长得很快，缓慢生长期时间变短。微藻单藻种培养过程中，细胞密度表现出与 Chl-*a* 浓度基本相似的趋势。

四种海洋微藻（球形棕囊藻、尖刺拟菱形藻、小新月菱形藻和塔玛亚历山大藻）的平均生长速率分别为 $0.70d^{-1}$、$0.46d^{-1}$、$0.89d^{-1}$ 和 $0.35d^{-1}$。尖刺拟菱形藻和塔玛亚历山大藻的单一培养释放速率相对比较缓慢且稳定，而球形棕囊藻和小新月菱形藻显示出较高的生长速率，不同的生长速率可能是四种海洋微藻不同的粒径所致。Fogg （1965）报道过，小粒径的物种比大粒径的物种生长得更快，这是因为小粒径的微藻有较大的比表面积，其促进营养盐的吸收，使其维持较快的生长速率。以前的研究表明，微藻的生长周期依赖

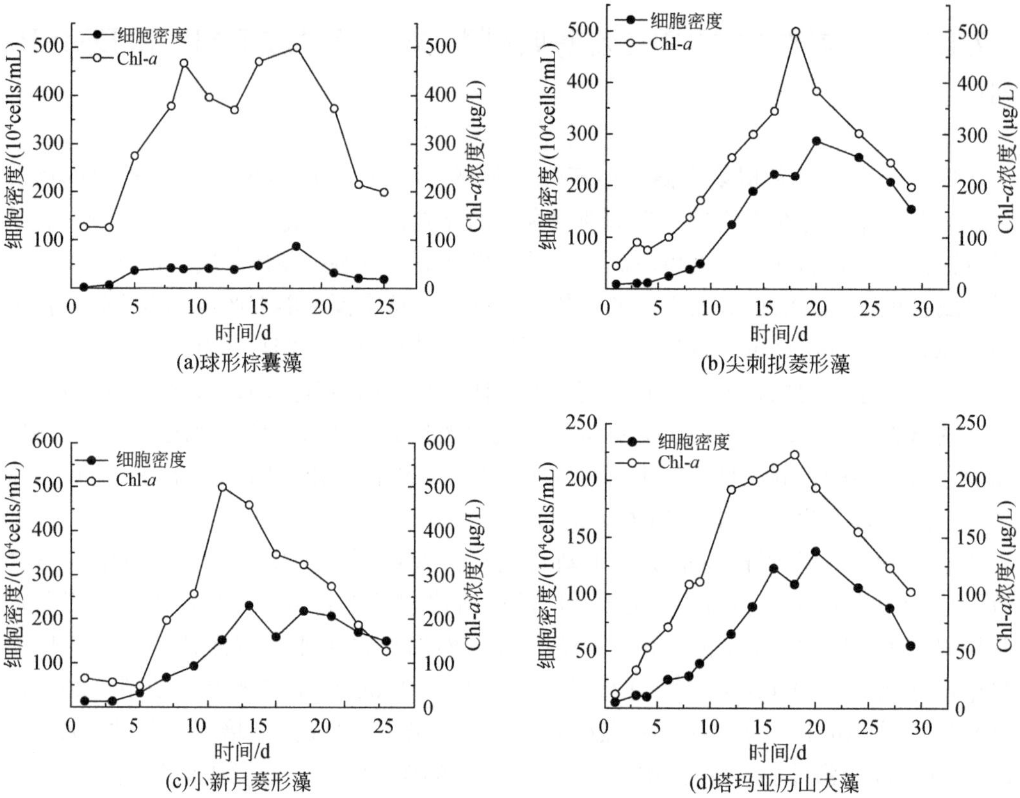

图 7-1 不同生长时期内四种海洋微藻细胞密度和 Chl-*a* 浓度的变化

于营养盐的供给，浮游植物的生长速率受控于最缺乏的一种营养盐（Sunda et al.，2002；Stefels and Dijkhuizen，1996；Keller et al.，1989）。这说明在水体中若是一种必需营养盐受限制，就会对微藻的生长产生影响。

2. 四种海洋微藻在生长周期内生产的 DMSP 和 DMS 的浓度变化情况

如图 7-2 和表 7-1 所示，培养实验的指数生长期四种海洋微藻生产 DMSPd 的浓度与藻细胞密度呈现同步变化的趋势，但是在稳定生长期阶段，尖刺拟菱形藻和小新月菱形藻缓慢地达到峰值，分别为 347.87nmol/L（第 18d）和 319.65nmol/L（第 18d），而球形棕囊藻和塔玛亚历山大藻在生长过程中突然很快达到 DMSPd 的峰值，分别在第 18d 和第 27d 达到（分别为 1034.38nmol/L 和 483.56nmol/L），达到峰值后，四种海洋微藻的 DMSPd 浓度迅速下降，先前的研究结果表明小新月菱形藻种群数量动态与藻体细胞 DMSP 含量也呈现类似的结果（Zhang et al.，1999）。此次四种海洋微藻的培养结果显示，四种海洋微藻在稳定生长期 DMSP 出现比较高的浓度，这说明细胞的自我分解可能是 DMSP 生产的主要原因。活细胞生长过程中的新陈代谢可能是产生 DMSPd 的另一机制。

另外，最大细胞密度与 DMSPd 浓度最大值在时间上不一致，这可能是因为 DMSPd 的释放需要一定时间。Stefels（2000）发现藻细胞从周围环境中摄取硫化物，然后合成溶解态的半胱氨酸，接着由半胱氨酸和高胱氨酸组成了蛋氨酸，最后由甲基化的蛋氨酸合成了 DMSP。

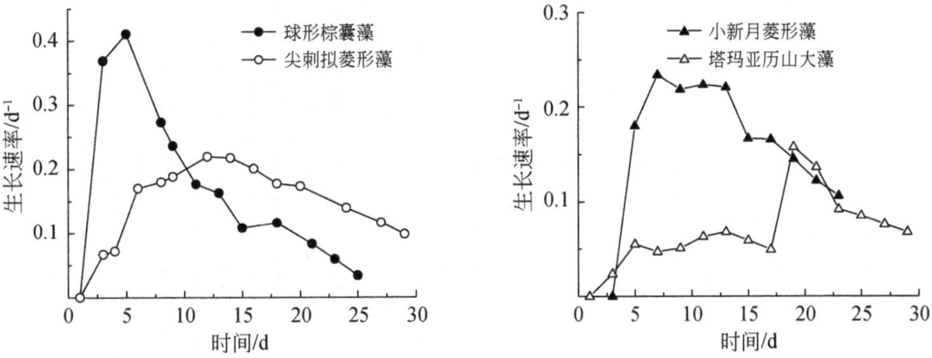

图 7-2　不同生长时期内四种海洋微藻生长速率变化

另外，球形棕囊藻的 DMSPd 浓度增长相对较快，整个实验周期内的平均值为 485.42nmol/L。相反，尖刺拟菱形藻、小新月菱形藻和塔玛亚历山大藻在同一时期的 DMSPd 浓度相对低，分别为 216.04nmol/L、169.28nmol/L 和 157.10nmol/L。球形棕囊藻的 DMSPd 产量是其他三种微藻的 2 ～ 3 倍。球形棕囊藻、尖刺拟菱形藻、小新月菱形藻和塔玛亚历山大藻的 DMSPp 浓度平均值分别为 1935.56nmol/L、254.70nmol/L、221.87nmol/L 和 1266.13nmol/L。DMSPd 和 DMSPp 产量的差异很大可能是由于四种藻具有不同的细胞尺寸。

球形棕囊藻和塔玛亚历山大藻在培养过程中的 DMSPp 的浓度范围分别为 250.74 ～ 3037.82nmol/L 和 90.99 ～ 3545.57nmol/L，均大于尖刺拟菱形藻和小新月菱形藻的 77.29 ～ 418.40nmol/L 和 126.18 ～ 459.41nmol/L。在指数生长期，球形棕囊藻、尖刺拟菱形藻、小新月菱形藻及塔玛亚历山大藻分别在第 18d、第 21d、第 13d 和第 25d 达到最大值，然后在稳定生长期和衰亡期快速下降。这种结果可以说明，在健康的藻细胞生长过程的稳定生长期和衰亡期细胞通过自我分解，将细胞内的 DMSPp 释放进入媒介，这与以前对球形棕囊藻的报道一致（Matrai and Keller，1994；Laroche et al.，1999）。

表 7-1　四种海洋微藻不同生长时期细胞密度及 DMSPd、DMSPp 和 DMS 浓度的变化

时间 /d	细胞密度 /（10^4cells/dm^3）				DMSPd/（nmol/L）				DMSPp/（nmol/L）				DMS/（nmol/L）			
	A	B	C	D	A	B	C	D	A	B	C	D	A	B	C	D
1	2	6	13	9	53.83	66.07	114.42	49.88	250.74	77.29	126.18	90.99	13.61	15.90	8.62	29.40
3	7	7	13	10	192.71	79.64	147.97	40.76	707.63	106.47	173.72	129.44	28.10	23.62	14.25	45.90
5	37	9	32	12	137.17	66.76	132.65	50.81	2087.35	101.38	174.53	239.85	37.54	20.45	15.84	64.63
8	42	11	67	13	323.88	66.77	142.14	36.20	2541.23	116.90	240.84	139.48	408.70	23.80	14.84	92.88
9	40	15	93	15	407.72	305.71	156.70	35.57	2237.21	140.86	236.75	155.84	415.48	20.79	15.99	95.69
11	41	15	152	19	558.93	278.38	177.66	37.88	1998.50	217.11	149.46	1193.31	156.02	20.54	20.57	94.70
13	39	3	230	23	629.19	265.04	210.49	112.02	2503.66	343.88	459.41	321.37	297.94	26.08	18.28	97.74
15	27	42	159	23	878.51	289.50	179.54	240.24	2773.27	374.51	181.54	191.84	201.32	28.43	23.59	104.70
18	37	55	218	22	1034.38	347.87	319.65	111.14	3037.82	399.60	367.01	564.56	196.79	60.67	59.28	127.74
21	32	64	206	191	674.96	299.86	167.55	325.69	1974.75	418.40	176.66	3164.78	126.62	64.30	23.45	110.50
23	21	57	170	167	718.50	272.63	139.83	333.09	2224.54	388.64	173.50	3044.22	156.05	66.50	37.51	328.55
25	19	62	150	79	215.30	300.74	142.79	167.56	890.00	367.23	202.85	3545.57	114.96	29.22	20.41	310.64
27	—	45	—	80	—	180.76	—	483.56	—	278.12	—	2432.13	—	26.98	—	315.40
29	—	41	—	74	—	204.84	—	174.98	—	235.40	—	2512.50	—	24.25	—	224.94
平均值	28.67	30.86	125.25	52.64	485.42	216.04	169.28	157.10	1935.56	254.70	221.87	1266.13	179.43	32.25	22.72	145.96

注：A 代表球形棕囊藻；B 代表尖刺拟菱形藻；C 代表小新月菱形藻；D 代表塔玛亚历山大藻。下同。

与 DMSPd 浓度相比较，DMSPp 浓度与细胞密度有很高的相关性（图 7-3），说明 DMSPp 产量与周期内的种群密度成一定比例。考虑到细胞密度的影响，如表 7-2 所示，作者团队用细胞密度标准化 DMSP 浓度计算了单位细胞密度下球形棕囊藻的 DMSP 的生产。球形棕囊藻、尖刺拟菱形藻、小新月菱形藻和塔玛亚历山大藻单位细胞密度的 DMSPp 产量相差大（$P < 0.05$），平均单位细胞密度 DMSPp 产量分别为 75.96nmol/10^4cells、382.88nmol/10^4cells、221.51nmol/10^4cells 和 1407.80nmol/10^4cells，这与 Keller 等（1989）的报道［*P.minimum* 单位细胞密度的 DMSP 产量基本保持不变，且均值为 1.58nmol/10^4cells］不一致，这可能是培养液配方不同，或者是新鲜的媒介导致了生产速率增加和生产机制的不同。

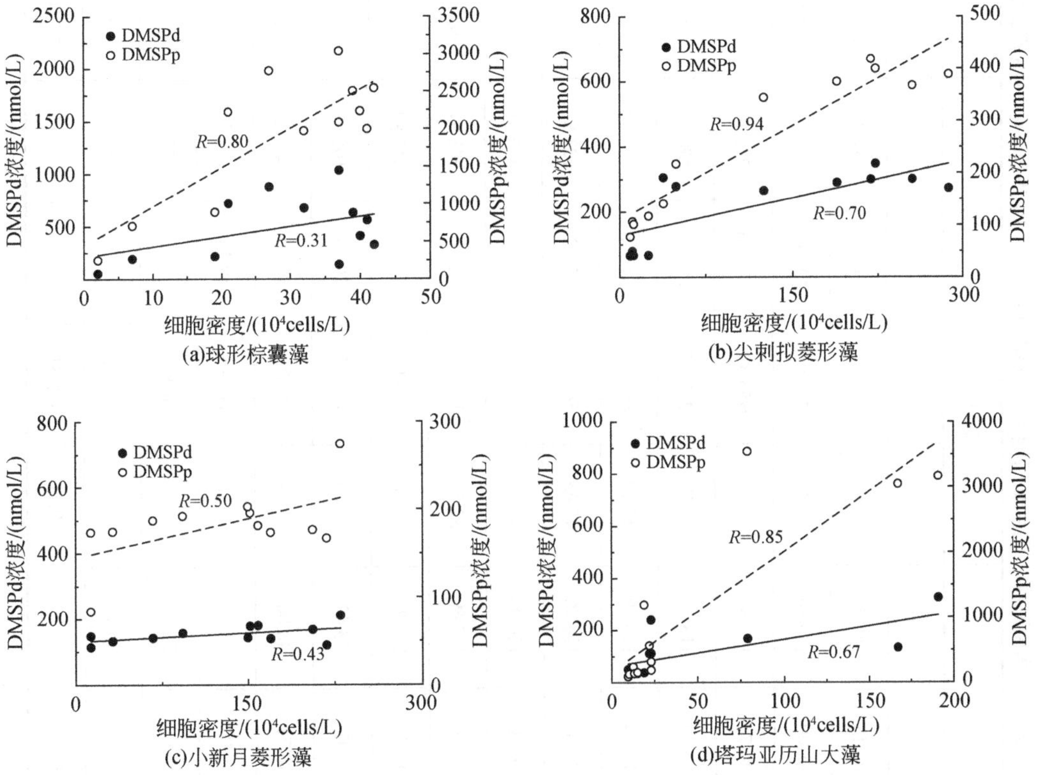

图 7-3　四种海洋微藻不同生长周期内藻液中 DMSPd、DMSPp 的浓度与细胞密度的关系

由表 7-1 和表 7-2 可以看出，同一微藻细胞密度与 DMSPd 浓度和 DMSPp 浓度的曲线模型相似，这说明 DMSPd 浓度和 DMSPp 浓度都与藻细胞密度有密切关系。在此探讨的 DMSPd、DMSPp 和微藻生物量的统计学关系可以用线性回归来分析（图 7-3），以评估海洋微藻生产对海水 DMS 浓度的贡献。结果可知，四种海洋微藻在指数生长期和稳定生长期前期的生物量与 DMSPp 浓度有明显的相关关系，再次暗示了 DMSPp 浓度与种群密度有直接关系，DMSP 是在浮游植物体内合成的重要的生理要素（Kiene et al.，2000）。

表 7-2 四种海洋微藻在不同生长时期单位细胞 DMSPd、DMSPp 和 DMS 产量的变化

时间/d	DMS/（nmol/10^4cells）				DMSPd/（nmol/10^4cells）				DMSPp/（nmol/10^4cells）			
	A	B	C	D	A	B	C	D	A	B	C	D
1	6.81	176.72	41.18	161.47	26.91	734.08	546.85	326.19	125.37	858.77	603.05	595.08
3	4.01	214.75	68.09	135.96	27.53	724.02	707.17	248.25	101.09	967.91	830.26	788.42
5	1.01	170.42	30.75	122.99	3.71	556.30	257.56	252.55	56.41	844.81	338.85	1192.15
8	9.73	95.20	13.76	113.54	7.71	267.07	131.81	170.41	60.51	467.60	223.33	656.51
9	10.39	54.72	10.68	123.59	10.19	804.50	104.68	147.34	55.93	370.69	158.16	645.48
11	3.81	41.93	8.41	115.36	13.63	568.11	72.62	123.87	48.74	443.09	61.09	3902.13
13	7.64	20.87	4.94	120.90	16.13	212.03	56.86	302.61	64.20	275.11	124.10	868.11
15	7.46	15.04	9.22	112.69	32.54	153.17	70.16	648.97	102.71	198.15	70.94	518.21
18	5.32	27.21	16.90	121.85	27.96	156.00	34.10	313.88	82.10	179.19	47.60	1594.37
21	3.96	29.36	7.07	53.42	21.09	136.92	50.53	105.94	61.71	191.05	53.28	1029.46
23	7.43	23.09	13.71	48.06	34.21	94.66	51.10	49.52	105.93	134.95	63.41	1132.56
25	6.05	11.41	8.45	38.37	11.33	117.48	59.14	131.78	46.84	143.45	84.02	2788.43
27	—	12.97	—	21.96	—	86.90	—	375.55	—	133.71	—	1888.85
29	—	15.65	—	15.94	—	132.15	—	333.57	—	151.87	—	2109.48
平均值	6.14	64.95	19.43	93.29	19.41	338.81	178.55	252.17	75.96	382.88	221.51	1407.80

表 7-1 显示了 DMS 浓度的实验结果，四种海洋微藻 DMS 产量与细胞密度同等程度增长，直到稳定生长期后期达到 DMS 生产效率最高值。尖刺拟菱形藻、小新月菱形藻和塔玛亚历山大藻在缓慢生长期和指数生长期前期 DMS 浓度保持相对稳定，但是在稳定生长期后期迅速达到峰值，分别为 66.50nmol/L（第 23d）、59.28nmol/L（第 18d）和 328.55nmol/L（第 23d）。在不同生理周期 DMS 释放量有明显不同，在缓慢生长期 DMS 的产生主要来自藻细胞的渗漏和细胞破裂，而 DMS 浓度最高值出现在衰亡期。大多数浮游植物健康细胞内 DMSP 产生的 DMS 相对有限（Keller et al.，1989）。自然衰老刺激了细胞内 DMSP 的释放，并使其分解成 DMS，这是因为细胞的生理学作用容易导致细胞溶解（Sunda et al.，2002）。比较后发现 DMS 和 DMSPd 的浓度峰值会有 1 ～ 2d 的滞后现象，四种海洋微藻在指数生长期和稳定生长期前期 DMS 和 DMSPp 的浓度没有显著相关性（$P > 0.05$）。时间滞后可能是由于健康的细胞中只有一小部分 DMSP 分解成 DMS，通过细胞溶解释放的 DMSPd 是 DMS 的主要来源，它在 DMSP 裂解酶作用下经过酶促反应转化成 DMS。棕囊藻的 DMSP 裂解酶位于细胞膜结合处的细胞外部，因此在指数生长期一直有小部分 DMS 释放出来，这说明细胞外的 DMSP 裂解酶在 DMSP 的分裂和转移中发挥重要作用，同时表明 DMSP 的转化是通过细胞膜完成的。Niki 等（2000）发现在锥状斯氏藻（*S.trochoidea*）中高 DMSP 裂解酶活性能够更大程度地使 DMSPd 转化成 DMS。相反，在指数生长期球形棕囊藻释放的 DMS 浓度与细胞密度同步变化，在稳定生长期保持相对高的浓度。

四种海洋微藻的 DMS 生长曲线有很大差别。在接种后的第 1d，尖刺拟菱形藻、小新月菱形藻和塔玛亚历山大藻的单位细胞密度 DMS 处于较高浓度，这种结果可能是因为在新鲜培养基中细胞活跃的新陈代谢提高了 DMSP 向 DMS 转化的速率。除了高的初始值，在整个生长周期内单位细胞密度 DMS 浓度都处于较稳定的状态，没有出现明显的衰亡期。球形棕囊藻和塔玛亚历山大藻的 DMS浓度的平均值较大，分别为 179.43nmol/L 和 145.96nmol/L，相反，尖刺拟菱形藻和小新月菱形藻的 DMS 浓度都处于较低水平，分别为 32.25nmol/L 和 22.72nmol/L，这说明 DMS 产量与藻细胞大小有关。另外，有报道说在藻类细胞大小相同的条件下，定鞭金藻门藻的 DMS 产量高于绿藻门藻的 DMS 产量。从表 7-2 可以看出，塔玛亚历山大藻的单位细胞密度 DMS 产量最大，球形棕囊藻的单位细胞密度 DMS 产量最小。这说明细胞大小不是影响 DMS 产生的唯一因素，种间和株间差异可能对 DMS 释放影响更大。另外，在实验周期内细胞 DMSPd 浓度与 DMS 浓度趋势一致（图 7-4），但 DMS 浓度峰值与 DMSPd 浓度峰值相比会有 1 ～ 2d 滞后。四种海洋微藻在指数生长期和稳定生长期前期 DMS 和 DMSPp 的浓度没有明显相关关系（图 7-4），暗示了海水中的 DMSPd 的转化对 DMS 的产生贡献更大。因此，海水中 DMS 主要来源于浮游植物细胞中 DMSP 释放到水中的部分，即主要是海洋中的 DMSPd 在 DMSP 裂解酶作用下经酶促反应分解成 DMS（Stefels and van Boekel，1993；Andreae，1986）。

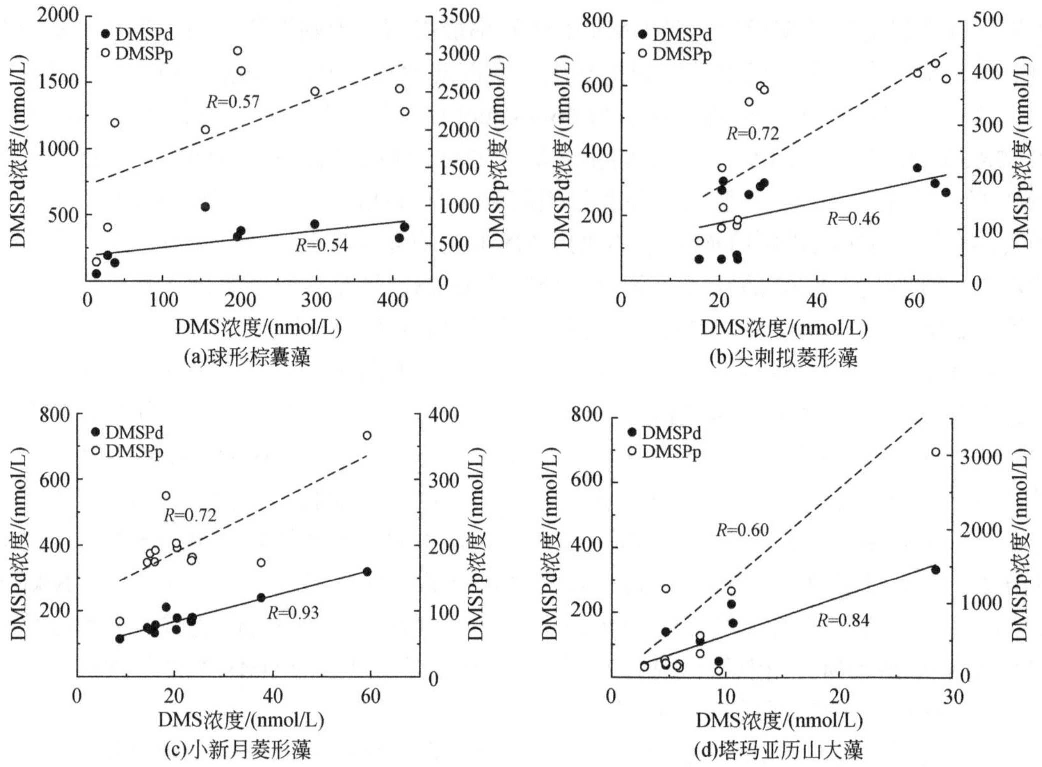

图 7-4　四种海洋微藻不同生长周期内藻液中 DMSPd、DMSPp 的浓度与 DMS 浓度的关系

3. 四种海洋微藻在不同 N/P 条件下的细胞密度变化

四种海洋微藻在 f/2 培养液特定条件下培养到指数生长期后，分别接种到贫磷（0.3612 μmol/L）和富磷（36.12 μmol/L）两个磷酸盐浓度培养液以及四种 N/P（0 ∶ 1、5 ∶ 1、20 ∶ 1、50 ∶ 1）培养液中培养，其余条件都同上，设立两组对照。基于标准 f/2 培养液中 NO_3^- 和 $H_2PO_4^-$ 的浓度，设置四个 N/P 梯度（0 ∶ 1、5 ∶ 1、20 ∶ 1 和 50 ∶ 1）。实验结果如图 7-5 所示，球形棕囊藻在这四种不同的 N/P 情况下，贫磷和富磷条件的细胞密度呈现出逐渐增大趋势，在富磷且 N/P 为 50 ∶ 1 的条件下，第 13 d 才进入稳定生长期后期，最高细胞密度为 7.8×10^5cells/mL。贫磷时发现微藻较早到达最大细胞密度，峰值也降低，这可能是由于磷缺乏，生长速率减小，种群数量降低，达到最大细胞密度的时间就缩短。贫磷和富磷时对照组（N/P 为 0 ∶ 1）的细胞密度都是明显小于其他的 N/P 情况（$P < 0.05$），说明不加入氮会对浮游植物的生长产生很大影响。尖刺拟菱形藻在富磷时，N/P 为 5 ∶ 1、20 ∶ 1 和 50 ∶ 1 条件下细胞密度没有很明显的差别，在 N/P 为 5 ∶ 1 时就有较高的细胞密度了；在贫磷情况下，四种 N/P 条件下的结果之间有明显差异（$P < 0.05$），N/P 为 50 ∶ 1 时细胞密度明显最大（$P < 0.05$），并且同样的 N/P 在富磷时的细胞密度要比

在贫磷时大一些。另一种硅藻类的小新月菱形藻表现与其不同，在富磷时四种 N/P 条件下，细胞密度没有明显差异（$P > 0.05$），而贫磷时细胞密度明显要小，说明这种藻对磷有较高的要求，还能看出同样都属于硅藻类，生长情况也会有一些种间差异性。塔玛亚历山大藻在生长初期生长速率很小，到达细胞密度峰值的时间较长，在富磷条件下，在第 20d N/P 为 50 ∶ 1 的实验组最早进入指数生长期，最大细胞密度（1.8687×10^6cells/mL）明显大于其余三组 N/P 实验组；贫磷时，总体细胞密度小于富磷条件下的细胞密度，并且 N/P 为 5 ∶ 1 时的细胞密度明显最大（$P < 0.05$）。以上探究可知，并不是 N/P 越大细胞密度会相应变大，各种微藻在达到最适宜的 N/P 之前，生长速率与 N/P 有正相关关系，但是超过最适宜的 N/P 后，并不能同等地增大细胞密度，磷营养消耗殆尽后，比例失调会使藻过量地吸收氮营养，这样对细胞生长没有好处。

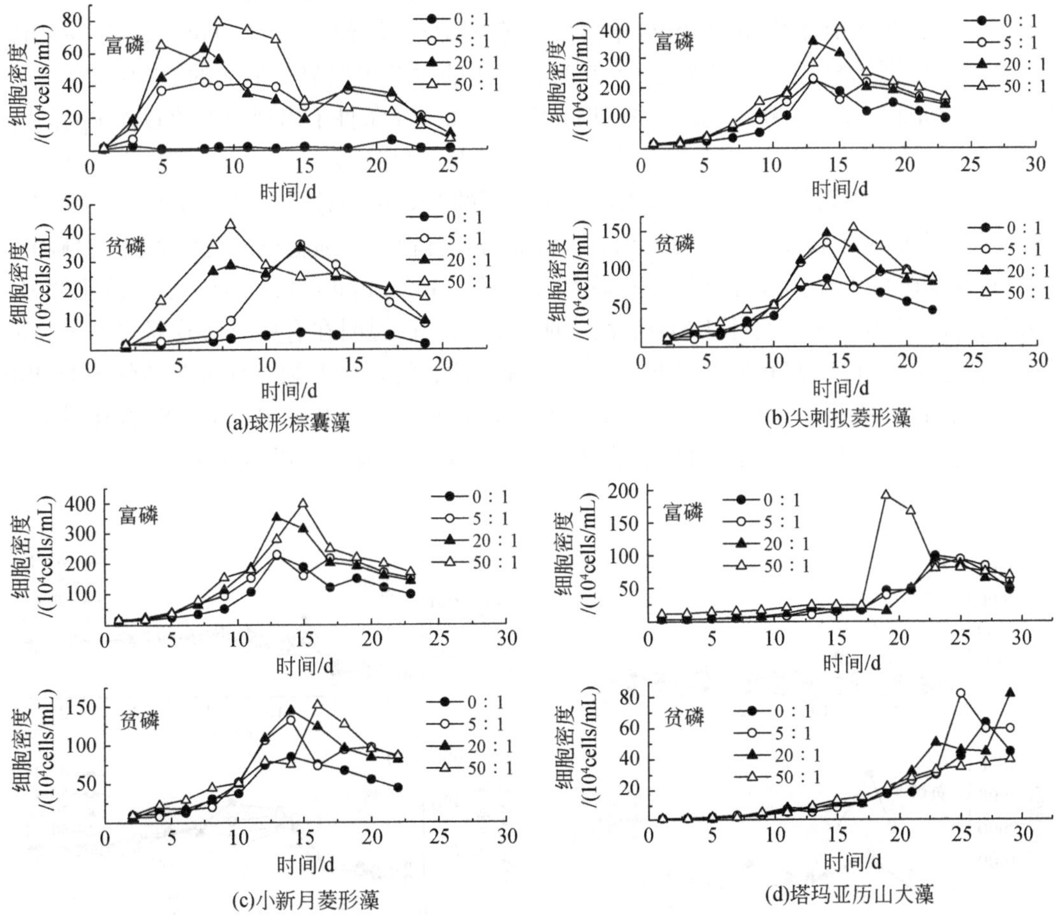

图 7-5　在不同 N/P 条件下四种海洋微藻培养液中细胞密度的变化

4. 四种海洋微藻在不同 N/P 条件下 DMSP 和 DMS 的浓度变化

四种海洋微藻在不同的 N/P 条件下 DMSP 浓度的变化情况如图 7-6 和图 7-7 所示。N/P 的变化对四种海洋微藻 DMSPd 浓度和 DMSPp 浓度的影响程度不同。对于球形棕囊藻，贫磷和富磷对藻的 DMSPd 浓度没有明显的影响，各 N/P 实验组之间没有明显差异（$P > 0.05$）；富磷时的 DMSPp 浓度高于贫磷时的 DMSPp 浓度，在贫磷时 N/P 为 50 ： 1 条件下 DMSPp 的生产效果最好（$P < 0.05$）。尖刺拟菱形藻生产 DMSPd 在不同 N/P 和磷水平条件下没有很明显的差异，在经历了指数生长期后，进入长时间的稳定生长期和不太明显的衰亡期，这说明氮营养和磷营养不是 DMSPd 浓度的限制因子，还有另外的原因会导致 DMSPd 的变化；同样，DMSPp 表现出了相似的趋势。说明细胞 DMSP 的生产对氮和磷没有明显的响应。小新月菱形藻的 DMSPd 浓度峰值出现在较晚的时间（第 15 ～ 17d），这与细胞密度的趋势相一致，由此可看出，种群密度对 DMSPd 的生产有着重要的影响，各 N/P 条件下 DMSPd 浓度间没有明显的差异性（$P > 0.05$）；而 DMSPp 浓度表现出特别的趋势，在富磷时，N/P 为 0 ： 1 的对照组明显有最大的 DMSPp 浓度，其为 525.7nmol/L（$P < 0.05$），而在贫磷时，N/P 为 50 ： 1 条件下出现最大的 DMSPp 浓度，其为 815.63nmol/L，可以看出营养盐磷充足，就算是 N/P 比较小，只要达到临界的比例，就可以产生较高浓度的 DMSPp。塔玛亚历山大藻的 DMSP 浓度在经历了很长时间的缓慢生长期后，在稳定生长期后期才有峰值，这可能与其有较大的细胞粒径关系密切。富磷时，DMSPp 浓度在 N/P 为 50 ： 1 条件下有最大的峰值（13625nmol/L），但是之后下降很明显，贫磷时，N/P 为 0 ： 1 条件下 DMSPp 浓度明显最大，这说明在有些时候营养水平不高但是比例合适也会有高的 DMSPp 浓度。还有一种可能，海水中氮缺乏导致藻细胞中 DMSP 浓度提高，这可能是由于前体蛋氨酸经过转氨基和还原作用生成 MTHB，*S*- 腺苷甲硫氨酸转甲基化分解出来的甲基同 MTHB 合成产物经过氧化和脱羧生成 DMSP。

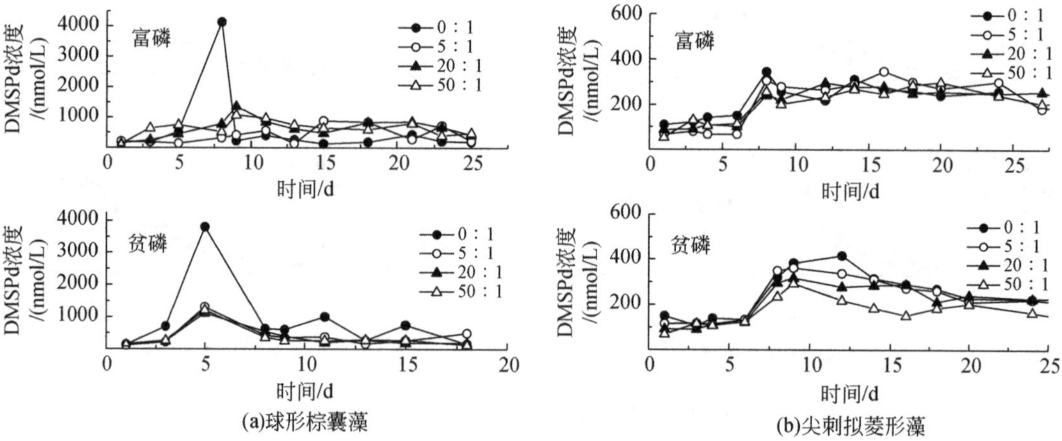

(a)球形棕囊藻　　(b)尖刺拟菱形藻

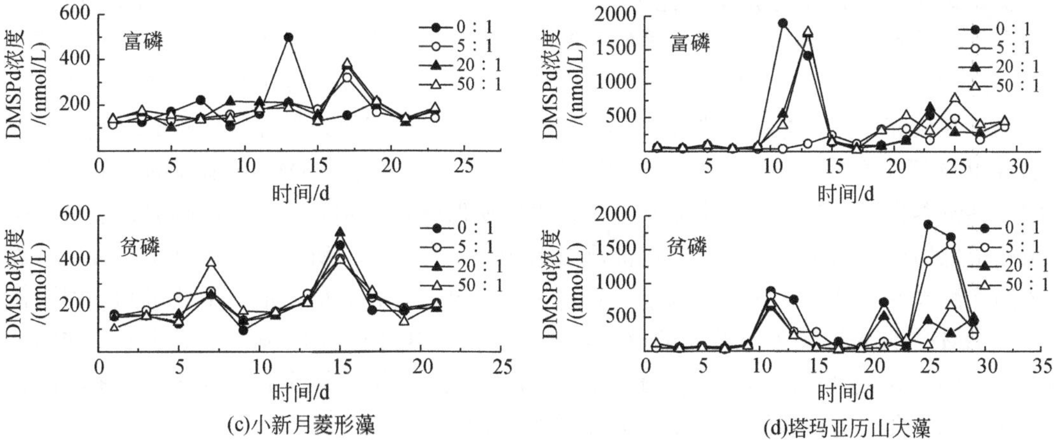

图 7-6　不同 N/P 条件下四种海洋微藻培养液中 DMSPd 浓度的变化

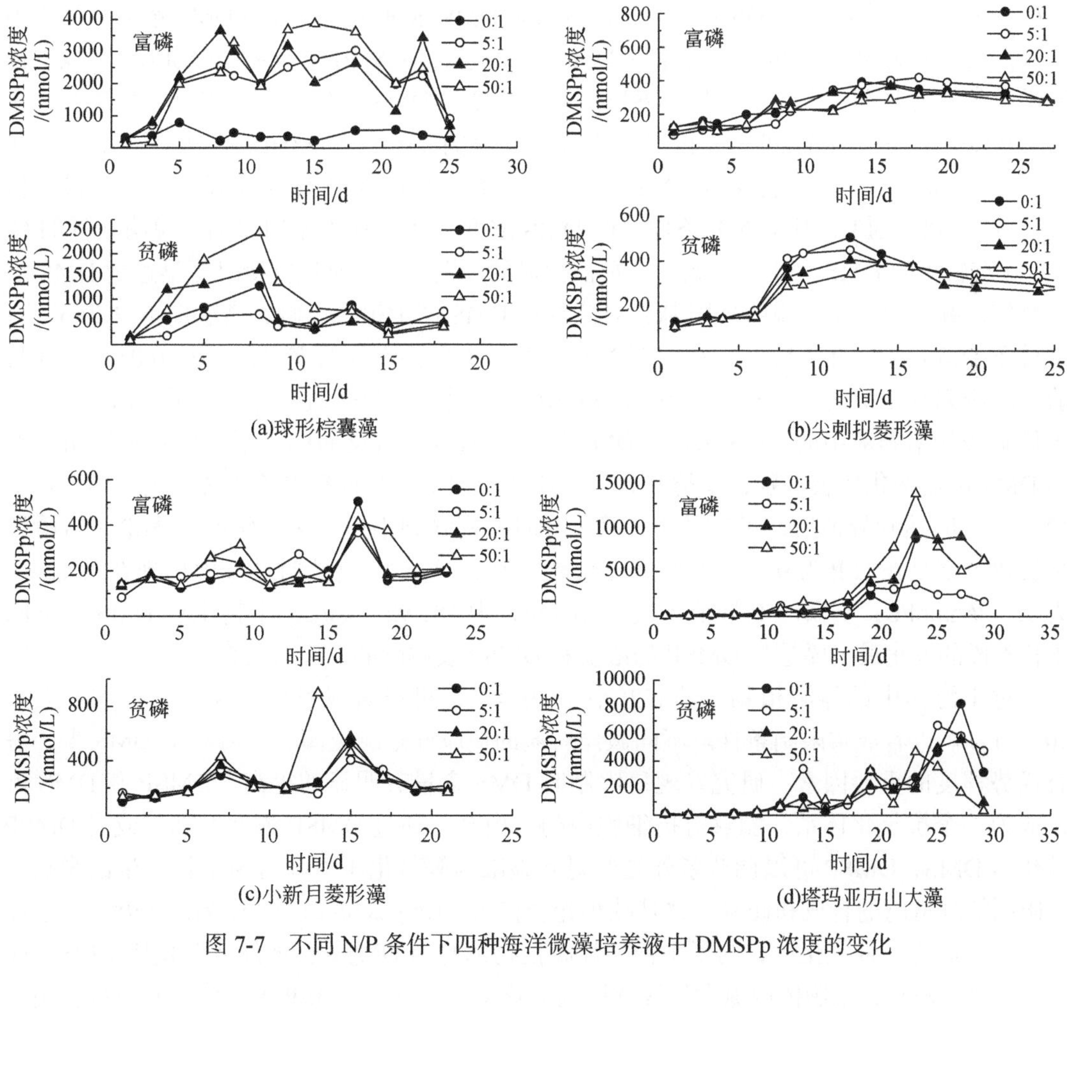

图 7-7　不同 N/P 条件下四种海洋微藻培养液中 DMSPp 浓度的变化

实验结果证明，在营养盐较充足时，N/P 在 0 ：1 ～ 50 ：1 改变对四种海洋微藻的影响有时候并不大，DMSP 的产生虽然和 N/P 相关，但更重要的是水体中的氮营养和磷营养是否达到一个临界值，在临界水平下，就算是最适宜的 N/P，DMSP 的生产依然较低；相反地，在营养盐比较充足，即使远离了最适宜的 N/P，其他条件都很优越的时候，藻释放 DMSP 浓度也会较高。通过比例来观察限制因素对微藻生产 DMSP 情况的影响，只能表明这种营养物质先被消耗，不能确定此营养物质低就是限制微藻生长的临界，也可能是其虽然很低但还是高于临界值，能保证浮游植物的正常生长，所以其实 N/P 不能确定富养水体的赤潮暴发，这个时候的氮磷水平超过了藻类可以吸收的最大值。由此可知，浮游植物产生 DMSP 首先取决于对营养的整体需求，其次取决于营养比例。在藻缺少铁和锰等物质时，即使在最合适的盐度、光照、pH 和最基本的营养盐条件下，也不会有密集的种群密度，也不会产生较多的 DMSP（陈慈美等，1996）。

图 7-8 是四种海洋微藻在不同的 N/P 条件下的 DMS 浓度变化。球形棕囊藻的 DMS 浓度随着 N/P 的升高而增加，在富磷时，DMS 浓度在 N/P 为 50 ：1 的条件下明显最高（$P < 0.05$），其峰值为 635.78nmol/L；贫磷时 DMS 浓度比富磷时的 DMS 浓度整体要小一些，在 N/P 为 50 ：1 的培养液中的 DMS 浓度最大，其峰值是 189.67nmol/L。其他三种海洋微藻的情况有些不同，尖刺拟菱形藻的磷浓度对 DMS 的生产没有限制，富磷时，在 N/P 为 0 ：1、5 ：1 和 20 ：1 的条件下没有明显的差异（$P > 0.05$），但是均高于 N/P 为 50 ：1 条件下的值；贫磷时，N/P 为 50 ：1 条件下的 DMS 浓度明显最小，其最大值仅仅有 38.48nmol/L，其他 N/P 条件下的 DMS 浓度之间没有明显的差别，说明在低的 N/P 时就有较多的 DMS 产生。小新月菱形藻明显的差别是贫磷时比富磷时更早达到 DMS 浓度峰值，峰值也较小，说明磷限制会对藻释放 DMS 产生很大影响，富磷时 N/P 为 5 ：1 条件下 DMS 浓度明显最大，贫磷时 N/P 为 0 ：1 条件下明显最大（$P < 0.05$），这与前人的研究有相似之处，对于 *Emiliania huxleyi* 来说，高硝酸盐培养液中的 DMS 浓度低于低硝酸盐培养液中的 DMS 浓度，DMS 浓度与氮浓度有反向的关系。塔玛亚历山大藻的 DMS 浓度变化比较特别，藻类开始生长速率特别小，并且有很长的缓慢生长期，在第 12 ～ 14d 时达到峰值后，迅速减小，第 15d 时又恢复到很慢的生长情况。无论是富磷还是贫磷，都是在 N/P 为 0 ：1 条件下有较高的 DMS 浓度，富磷时其峰值出现在第 13d，为 525.76nmol/L；贫磷时其峰值出现在第 13d，为 487.92nmol/L。生物生产 DMS 在不同生长阶段的变化最主要是与 DMSP 的浓度和 DMSP 裂解酶的活性有关系。

对于海洋中的浮游植物，若 N/P 小于 10 ：1，可以看成氮限制条件，而 N/P 大于 20 ：1，可以看成磷限制条件。不同微藻对氮的适应性是决定藻类在海洋中 DMS 生产占有优势程度的重要因素。研究发现氮限制时 DMS 含量有明显的提高，DMSP 和 DMS 可以成为一个抗氧化体系，能够对抗细胞内的自由基。通过 DMSP 浓度增加，或者 DMSP 转化为 DMS，DMSP 可以调节紫外光照射和碳限制等氧化压力源对藻生长产生的影响。氮限制能降低酶的合成和修复，并且减小光合作用（Berges and Falkowski，1998），这样氮减小，成为一种氧化源，为了平衡，浮游植物细胞内 DMSP 会增加或转化成 DMS。此外，氮浓度较小，细胞体内氮类的渗透压剂会减少，这时候 DMSP 可以代替其发挥作用，从而促进 DMS 释放（Andreae，1986）。

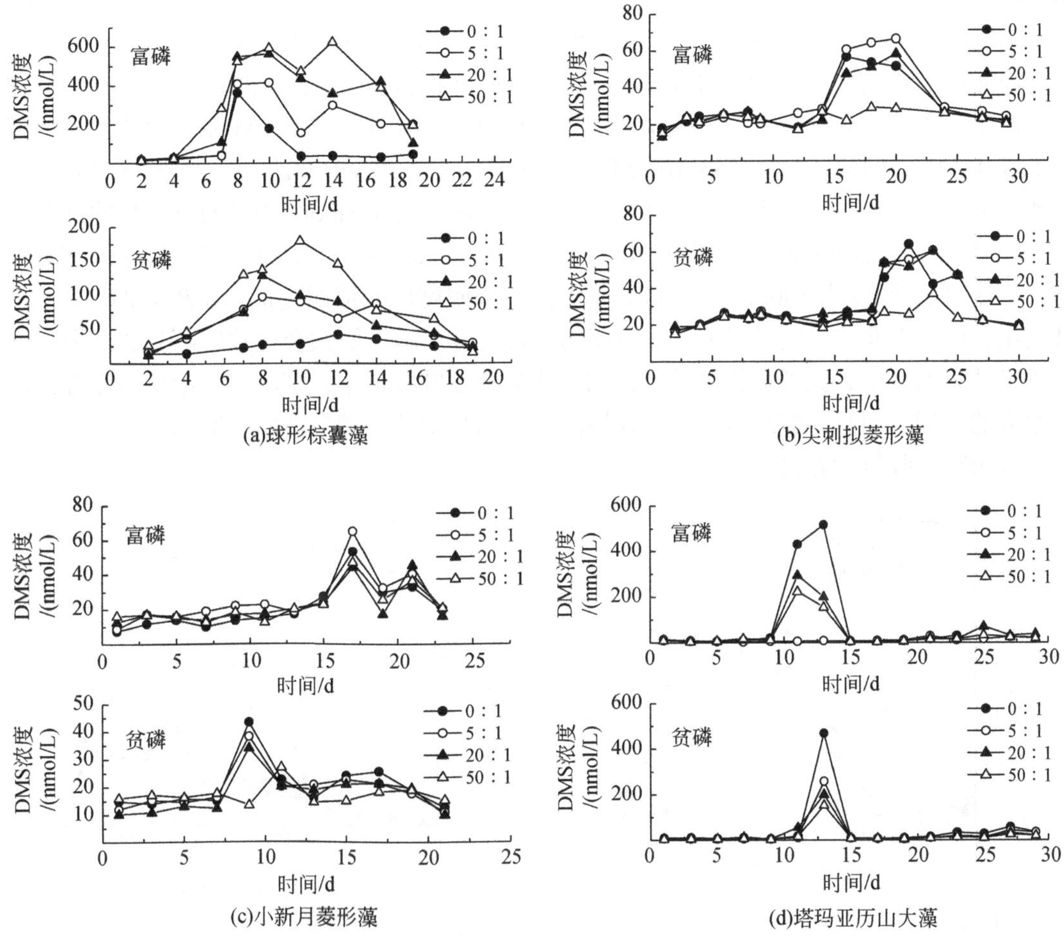

图 7-8　不同 N/P 条件下四种海洋微藻培养液中 DMS 浓度的变化

5. 四种海洋微藻在不同 Fe^{3+} 浓度条件下的细胞密度、DMSP 浓度和 DMS 浓度的变化

铁不仅是海水中非常重要的痕量元素，同时其可以成为帮助构成细胞的特殊成分，能够调节生理活动，像是酶的活性剂、pH 稳定剂和渗透压剂，它虽然并不是必需元素，但是会影响某些物质的合成。在海水体系中，铁作为另外一种重要的浮游植物生长的限制因素，对微藻生产 DMSP 和释放 DMS 的影响研究较少，所以本研究参考近海海水中 Fe^{3+} 浓度范围，设置三种外加 Fe^{3+} 浓度（10nmol/L、100nmol/L 和 1000nmol/L），虽然本体海水中会存在残余铁，但是考虑到实验研究的是变化趋势，这样同等程度的影响并不会对实验结果产生过多改变。四种海洋微藻在不同的 Fe^{3+} 浓度下，细胞密度的动态变化如图 7-9 所示。在 Fe^{3+} 浓度为 10nmol/L、100nmol/L 和 1000nmol/L 的培养液中，球形棕囊藻分别于

第 17d、第 23d 和第 23d 达到细胞密度的峰值，其分别为 1.827×10^5cells/mL、2.467×10^5cells/mL 和 1.909×10^5cells/mL。尖刺拟菱形藻的细胞密度则均在第 17d 达到峰值，其分别为 7.798×10^5cells/mL、9.347×10^5cells/mL 和 2.3675×10^6cells/mL，Fe^{3+} 浓度为 1000nmol/L 培养液中的细胞密度明显高于 Fe^{3+} 浓度为 10nmol/L 和 100nmol/L 的培养液中的细胞密度（$P<0.05$）。小新月菱形藻的相应细胞密度分别于第 12d、第 10d 和第 10d 达到峰值（2.5514×10^6cells/mL、3.0576×10^6cells/mL 和 3.8769×10^6cells/mL），三个 Fe^{3+} 浓度下的细胞密度都有明显的差异（$P<0.05$）。在 Fe^{3+} 浓度为 10nmol/L 和 100nmol/L 的培养液中，塔玛亚历山大藻的细胞密度均第 13d 达到峰值（2.4817×10^6cells/mL 和 2.4057×10^6cells/mL），在 Fe^{3+} 浓度为 1000nmol/L 培养液中，细胞密度的峰值明显最高（$P<0.05$）。由此看出，Fe^{3+} 浓度的变化对四种海洋微藻的生长皆有影响，缺铁会导致细胞分裂减慢。铁是不可缺乏的元素，大部分铁以铁蛋白的形式储存在叶绿体中，其不仅对微藻的光合作用有很大的作用，而且还能组成硝酸盐还原酶，能增强微藻对硝酸盐的还原和转移，从而影响浮游植物吸收氮营养盐。

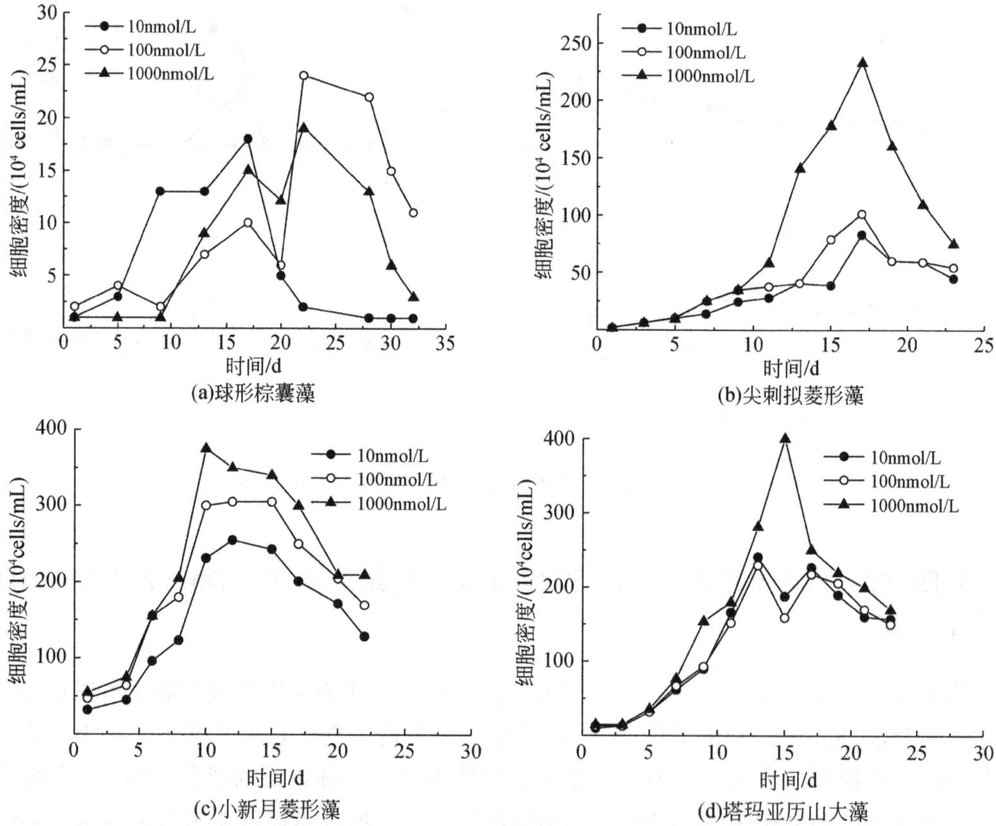

图 7-9　在不同 Fe^{3+} 浓度条件下四种海洋微藻培养液中细胞密度的变化

由球形棕囊藻的生长曲线可知，在一定范围内 Fe^{3+} 浓度能够引发细胞的增殖和分裂，其若超过一定的临界浓度，则会有毒性，阻碍生物的生长。100～1000nmol/L 是铁限制情况，球形棕囊藻在这个区间应该有临界最适宜 Fe^{3+} 浓度。水中铁的生物可利用具有明显的种间差异，各浮游植物的临界最适宜 Fe^{3+} 浓度会有很大不同。尖刺拟菱形藻和塔玛亚历山大藻的细胞密度在 Fe^{3+} 浓度为 1000nmol/L 条件下明显增加，可利用 Fe^{3+} 临界浓度也许为 1000nmol/L。天然海水中的 Fe^{3+} 浓度应该很难满足大多数微藻的需要，表现出铁限制状态（Glover，1977），外加的铁元素能够帮助微藻的生长（Lewin and Chen，1971）。铁通过合成还原酶和促进光合作用（李东侠等，2003）间接影响微藻的生长、Chl-*a* 的合成、同化作用（Rueler and Ades，1987）以及对碳氮的固定（Flynn and Hipkin，1999）。图 7-10 和图 7-11 显示了 Fe^{3+} 浓度变化对四种海洋微藻培养液中 DMSPd 和 DMSPp 的生产的影响。球形棕囊藻在 Fe^{3+} 浓度为 10nmol/L 的培养液中的 DMSPd 浓度明显高于其他两组 Fe^{3+} 浓度培养液中的 DMSPd 浓度（$P < 0.05$），其峰值（625.12nmol/L）是 Fe^{3+} 浓度为 100nmol/L 的培养液中 DMSPd 浓度峰值（373.27nmol/L）的 1.7 倍。尖刺拟菱形藻在 Fe^{3+} 浓度为 1000nmol/L 的培养液中的 DMSPd 浓度明显最高（$P > 0.05$），其峰值达到了 1136.78nmol/L，而其他两组实验组之间并没有明显差别（$P > 0.05$）。而小新月菱形藻在 Fe^{3+} 浓度为 1000nmol/L 培养液中的 DMSPd 浓度峰值仅为 220.68nmol/L，其平均值为 101.93nmol/L；在 Fe^{3+} 浓度为 100nmol/L 的培养液中的 DMSPd 浓度峰值（289.17nmol/L）超出前者，但是通过差异性分析发现其差别不明显。在塔玛亚历山大藻中 DMSPd 浓度峰值出现得较晚，这与细胞密度趋势相关；三组 Fe^{3+} 浓度培养液中的 DMSPd 浓度并

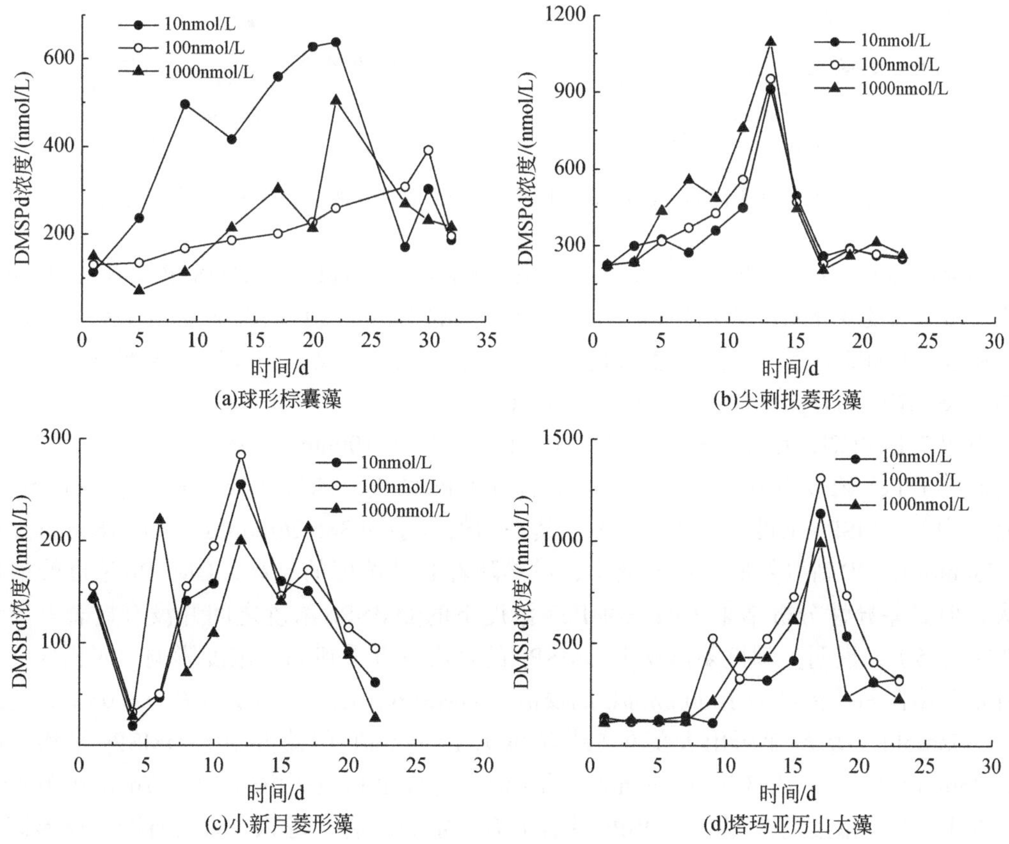

图 7-10　在不同 Fe^{3+} 浓度条件下四种海洋微藻培养液中 DMSPd 浓度的变化

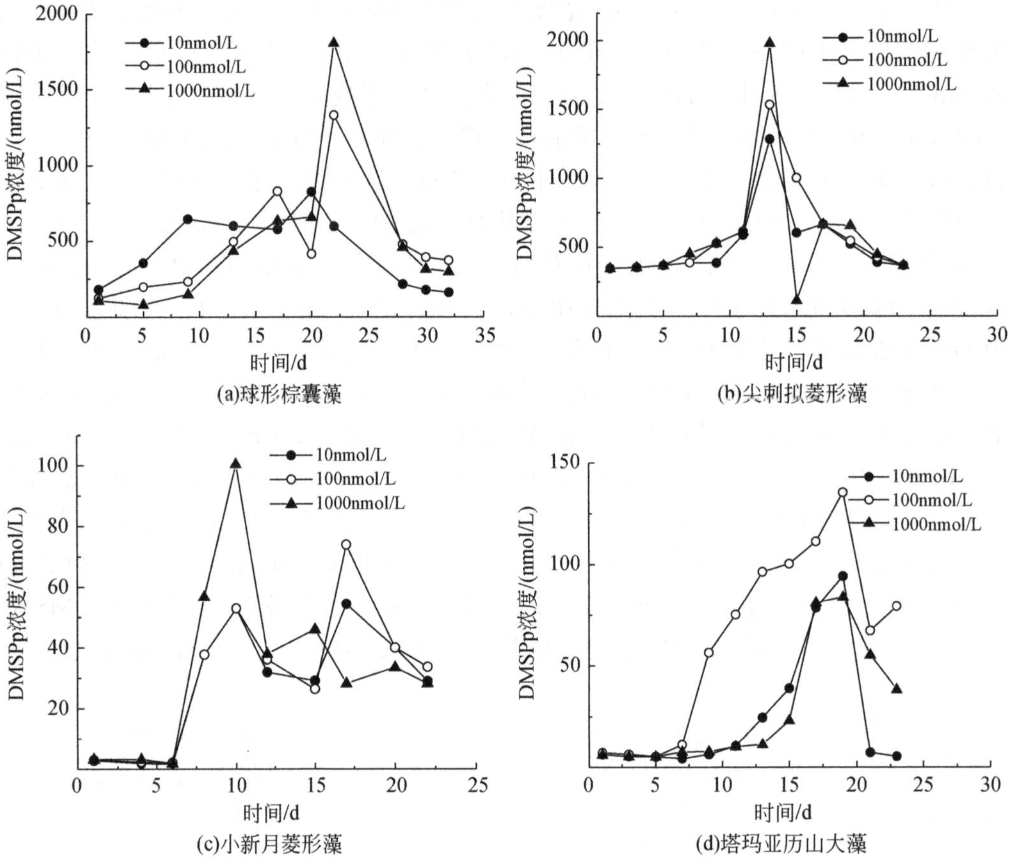

图 7-11　在不同 Fe^{3+} 浓度条件下四种海洋微藻培养液中 DMSPp 浓度的变化

没有明显的差异（$P > 0.05$），这说明 Fe^{3+} 浓度的改变对微藻生产 DMSPd 没有大的影响。总之，Fe^{3+} 浓度变化对浮游植物释放 DMSPd 的影响不相同。较高的 Fe^{3+} 浓度对尖刺拟菱形藻释放 DMSPd 有帮助，这可能与其属于硅藻纲有关；相反，在球形棕囊藻整个实验周期内，Fe^{3+} 浓度的升高反而阻碍微藻产生 DMSPd。

由图 7-11 可知，在球形棕囊藻藻液中，Fe^{3+} 浓度为 100nmol/L 的藻液中的 DMSPp 浓度明显高于 Fe^{3+} 浓度为 10nmol/L 的藻液中的 DMSPp 浓度，却低于 Fe^{3+} 浓度为 1000nmol/L 的藻液中的 DMSPp 浓度（$P < 0.05$），其平均值分别为 386.26nmol/L、643.18nmol/L 和 846.55nmol/L。尖刺拟菱形藻培养液中，虽然随着 Fe^{3+} 浓度的升高，DMSPp 浓度峰值也变大，但是差异性分析结果表明三种 Fe^{3+} 浓度下的 DMSPp 浓度之间并没有显著差异性（$P > 0.05$），说明尖刺拟菱形藻中 DMSPp 的合成没有受到 Fe^{3+} 浓度影响。而相反，小新月菱形藻在 Fe^{3+} 浓度为 1000nmol/L 的藻液中 DMSPp 浓度明显最大（$P > 0.05$），达到了 95.46nmol/L。塔玛亚历山大藻在 Fe^{3+} 浓度为 100nmol/L 的藻液中的 DMSPp 平均浓度（87.32nmol/L）是 Fe^{3+} 浓度为 1000nmol/L 的藻液中的 DMSPp 平均浓度（65.57nmol/L）的 1.3 倍。综上，Fe^{3+} 浓度的改变对 DMSPp 的合成有一定的影响。高 Fe^{3+} 浓度有助于球形棕囊藻和小新月菱形藻合成 DMSPp，而过高的 Fe^{3+} 浓度却对塔玛亚历山大藻 DMSPp 的产生有抑制作用。另外，尖刺拟菱形藻中 DMSPp 的合成与 Fe^{3+} 浓度关系不大。

不同 Fe^{3+} 浓度下的四种海洋微藻释放 DMS 的浓度变化趋势如图 7-12 所示。球形棕囊藻在 Fe^{3+} 浓度为 10nmol/L、100nmol/L 和 1000nmol/L 的藻液中，DMS 浓度的平均值分别为 23.4nmol/L、61.74nmol/L 和 95.59nmol/L，DMS 与 Chl-*a* 在 Fe^{3+} 浓度为 100nmol/L 和 1000nmol/L 条件下的比值为 1 ∶ 1.9，高的 Fe^{3+} 浓度促进 DMS 形成。尖刺拟菱形藻的峰形很规则，三组实验都在第 17d 达到峰值，从低到高的 Fe^{3+} 浓度条件下，DMS 释放量的比值为 1 ∶ 1.3 ∶ 1.6，Fe^{3+} 浓度升高，藻的 DMS 生产能力也提升。相反地，小新月菱形藻在 Fe^{3+} 浓度为 10nmol/L 时 DMS 浓度明显远远大于其他两组实验组（$P < 0.01$），有明显的峰值（169.57nmol/L）。塔玛亚历山大藻的 DMS 浓度的动态变化曲线呈现规则状，三组实验都在第 17d 达到峰值。

较高的 Fe^{3+} 浓度有助于球形棕囊藻、尖刺拟菱形藻和塔玛亚历山大藻对 DMS 的释放，这是因为在细胞内氧自由基的清除由超氧化物歧化酶（SOD）和过氧化氢酶完成。在缺铁的细胞中，SOD 和过氧化氢酶浓度降低，这样缺铁的细胞更易受到氧自由基的破坏，不利于 DMS 和 DMSP 的产生。由于硝酸盐的还原酶中含有铁原子，铁的浓度会影响硝酸盐的吸收，也会改变 DMSP 的产量和 DMS 的释放量。在不同的光照和 Fe^{3+} 浓度下，还原能

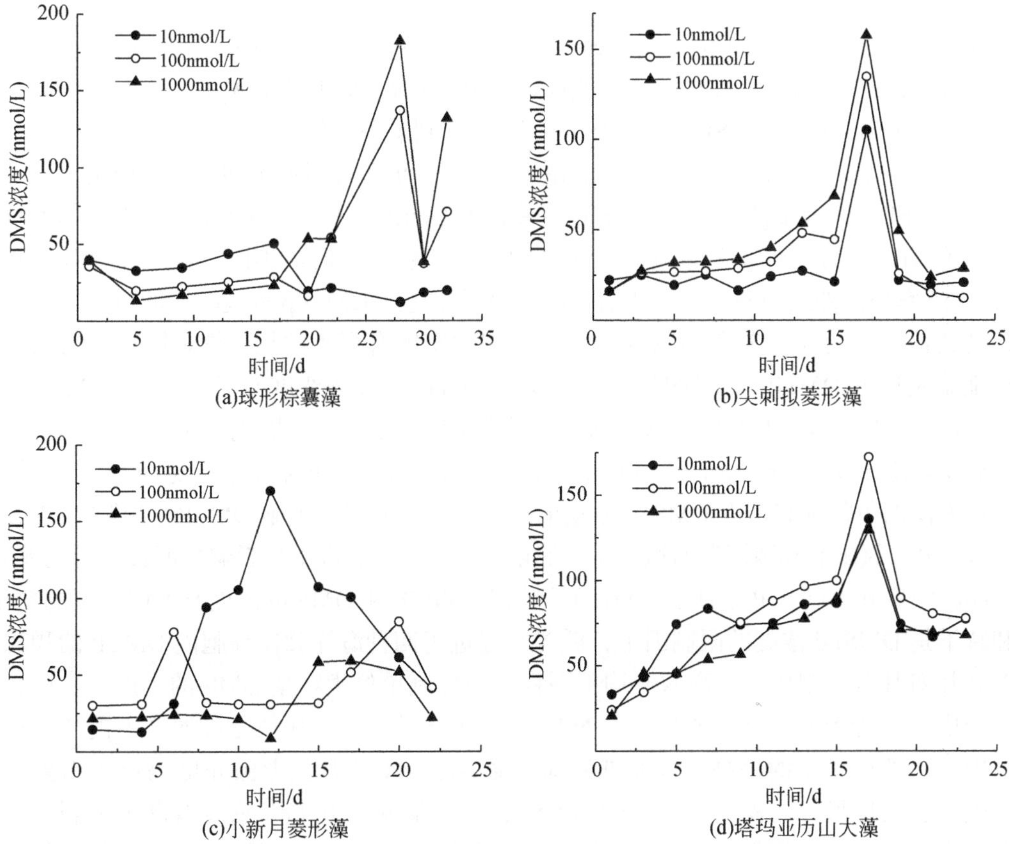

图 7-12　在不同 Fe^{3+} 浓度条件下四种海洋微藻培养液中 DMS 浓度的变化

力的竞争将是最主要的，所以铁浓度的改变会影响还原剂的供给，细胞内碳固定、氮合并和氨基酸的合成均受到影响。DMSP 作为藻细胞内重要碳源，培养液中不同初始 Fe^{3+} 浓度会影响细胞内 DMSP 的合成和 DMS 的释放。Fe^{3+} 浓度对 DMSP 生产的影响程度具有种间差异性，这需要进一步探讨不同微藻细胞内铁在 DMSP 合成过程中的作用。

6. 四种海洋微藻在不同条件下藻种群密度、DMSP 浓度和 DMS 浓度之间的相关关系

前面的探究中发现了一些球形棕囊藻、尖刺拟菱形藻、小新月菱形藻和塔玛亚历山大藻在不同的生理因子的影响下，生长过程中的细胞密度、DMSP 浓度和 DMS 浓度的动态变化，并且总结出一些规律，从而可以系统地探讨这些参数的相关关系，可以为探究浮游植物释放 DMSP 和 DMS 的规律做一些贡献。表 7-3 清楚地列出了经过线性回归分析得到的各环境中的细胞密度、DMSPd 浓度、DMSPp 浓度和 DMS 浓度之间的相关性。相比于 DMSPd 浓度，DMSPp 浓度与微藻细胞的生理因子（细胞密度）有着更为紧密的联系，DMSPp 即为细胞内的 DMSP，这个结论亦佐证了生物合成是 DMSP 的重要来源。对于 DMSPd，单细胞的裂解是产生它的主要因素，在稳定生长期后段微藻细胞变得脆弱，易裂解和渗透，甚至死亡，这样使得 DMSPd 浓度增加，而赤潮期后期水体中的 DMSPd 浓度很高也许就是这个原因（Rellinger et al.，2009）。对四种海洋微藻来说，在整个生长周期内 DMS 浓度、DMSPd 浓度和 DMSPp 浓度都保持着良好的相关关系，线性回归高，这再次证明了 DMSPd 和 DMSPp 对 DMS 的释放都起到了关键作用。

不同营养条件下，球形棕囊藻、尖刺拟菱形藻、小新月菱形藻和塔玛亚历山大藻的生长及其 DMSP、DMS 的生产释放情况的结果表明不同藻种和不同生长阶段 DMS 与 DMSP 的生产有明显差异。球形棕囊藻和小新月菱形藻显示出较高的生长率。球形棕囊藻的 DMSPd 产率是另外三种藻的 2 ～ 3 倍。球形棕囊藻达到 DMSPp 浓度峰值的时间晚且峰值大，是其他两种的 6 ～ 7 倍，DMSPp 浓度与细胞密度有很高的相关性。塔玛亚历山大藻单位细胞密度的 DMSPp 产量明显最大。DMS 和 DMSPd 的浓度峰值会有 1 ～ 2d 的滞后现象，比较 DMS 的浓度发现，球形棕囊藻≈塔玛亚历山大藻＞尖刺拟菱形藻≈小新月菱形藻。球形棕囊藻 DMS 释放量的平均值最大，尖刺拟菱形藻的单位细胞密度 DMS 产量最大，球形棕囊藻的单位细胞密度 DMS 释放量最小。在实验周期内细胞 DMSPd 浓度与 DMS 浓度趋势一致；氮限制和磷限制对微藻生长影响大，高 N/P 促进生长影响程度具有种间差异。在不同磷浓度和不同 N/P 条件下，四种海洋微藻 DMSP 和 DMS 的浓度有不同程度的变化。氮和磷不是 DMSPd 浓度的限制因子，低 N/P 促进了四种海洋微藻细胞内 DMSP 的积累，高 N/P 却对其有抑制作用。高 N/P 均不同程度地抑制单位生物量 DMS 的生产，其中，塔玛亚历山大藻受 N/P 影响最明显，低 N/P 下的 DMS 和 Chl-*a* 比值是高 N/P 下的 5 倍；培养液中 Fe^{3+} 浓度水平的提高明显促进尖刺拟菱形藻、小新月菱形藻和塔玛亚历山大藻细胞的生长；而球形棕囊藻的生长未受到 Fe^{3+} 浓度的影响。高 Fe^{3+} 浓度有助于尖刺拟菱形藻藻液中 DMSPd 的形成，而球形棕囊藻培养液中高 Fe^{3+} 浓度会抑制 DMSP 从藻体中释

表 7-3　不同 N/P 条件下的球形棕囊藻、尖刺拟菱形藻、小新月菱形藻和塔玛亚历山大藻的指数生长期及稳定生长期培养液中的细胞密度与 DMSP 浓度、DMS 浓度的关系，以及 DMSP 浓度与 DMS 浓度的线性相关关系

微藻	磷水平	项目	N/P											
			1 ∶ 0			5 ∶ 1			20 ∶ 1			50 ∶ 1		
			DMSPd	DMSPp	DMS	DMSPd	DMSPp	DMS	DMSPd	DMSPp	DMS	DMSPd	DMSPp	DMS
球形棕囊藻	富磷	细胞密度	$R=0.84$	$R=0.90$	$R=0.85$	$R=0.89$	$R=0.94$	$R=0.89$	$R=0.89$	$R=0.97$	$R=0.90$	$R=0.91$	$R=0.98$	$R=0.90$
			$n=10$	$n=10$	$n=10$	$n=9$	$n=9$	$n=9$	$n=10$	$n=10$	$n=10$	$n=10$	$n=10$	$n=10$
			$P<0.03$	$P<0.03$	$P<0.03$	$P<0.03$	$P<0.01$	$P<0.03$	$P=0.03$	$P<0.001$	$P=0.01$	$P=0.01$	$P=0.001$	$P<0.03$
		DMSPd		$R=0.90$	$R=0.99$		$R=0.90$	$R=0.97$		$R=0.90$	$R=0.98$		$R=0.93$	$R=0.99$
				$n=10$	$n=10$		$n=9$	$n=9$		$n=10$	$n=10$		$n=10$	$n=10$
				$P<0.03$	$P<0.001$		$P<0.03$	$P<0.001$		$P<0.03$	$P<0.001$		$P=0.001$	$P=0.0001$
		DMSPp			$R=0.85$			$R=0.84$			$R=0.93$			$R=0.97$
					$n=10$			$n=9$			$n=10$			$n=10$
					$P<0.01$			$P<0.03$			$P<0.01$			$P<0.001$
	贫磷	细胞密度	$R=0.86$	$R=0.99$	$R=0.95$	$R=0.82$	$R=0.98$	$R=0.98$	$R=0.99$	$R=0.997$	$R=0.95$	$R=0.93$	$R=0.93$	$R=0.99$
			$n=7$	$n=7$	$n=7$	$n=7$	$n=7$	$n=7$	$n=7$	$n=7$	$n=7$	$n=7$	$n=7$	$n=7$
			$P=0.01$	$P<0.0001$	$P=0.01$	$P=0.02$	$P<0.0001$	$P<0.0001$	$P=0.0001$	$P<0.0001$	$P=0.001$	$P=0.002$	$P=0.002$	$P<0.0001$
		DMSPd		$R=0.91$	$R=0.96$		$R=0.90$	$R=0.92$		$R=0.91$	$R=0.98$		$R=0.90$	$R=0.92$
				$n=7$	$n=7$		$n=7$	$n=7$		$n=7$	$n=7$		$n=7$	$n=7$
				$P=0.005$	$P=0.0007$		$P=0.005$	$P=0.007$		$P<0.05$	$P=0.0002$		$P=0.005$	$P=0.004$
		DMSPp			$R=0.97$			$R=0.93$			$R=0.93$			$R=0.91$
					$n=7$			$n=7$			$n=7$			$n=7$
					$P=0.0002$			$P=0.02$			$P=0.009$			$P=0.005$

续表

微藻	磷水平	项目	N/P											
			1 ∶ 0			5 ∶ 1			20 ∶ 1			50 ∶ 1		
			DMSPd	DMSPp	DMS	DMSPd	DMSPp	DMS	DMSPd	DMSPp	DMS	DMSPd	DMSPp	DMS
尖刺拟菱形藻	富磷	细胞密度	R=0.98	R=0.98	R=0.92	R=0.85	R=0.99	R=0.98	R=0.86	R=0.99	R=0.95	R=0.91	R=0.95	R=0.90
			n=6	n=6	n=6	n=6	n=6	n=6	n=6	n=6	n=6	n=6	n=6	n=6
			P=0.0001	P=0.0002	P=0.003	P=0.07	$P < 0.002$	$P < 0.003$	P=0.01	$P < 0.0001$	P=0.001	P=0.004	P=0.001	P=0.006
		DMSPd		R=0.95	R=0.96		R=0.91	R=0.92		R=0.91	R=0.96		R=0.98	R=0.995
				n=6	n=6		n=6	n=6		n=6	n=6		n=6	n=6
				P=0.001	P=0.0006		P=0.03	P=0.03		$P < 0.005$	P=0.0007		$P < 0.0001$	P=0.001
		DMSPp			R=0.82			R=0.96			R=0.97			R=0.98
					n=6			n=6			n=6			n=6
					P=0.02			P=0.01			P=0.0002			P=0.0002
	贫磷	细胞密度	R=0.93	R=0.97	R=0.93	R=0.995	R=0.90	R=0.98	R=0.97	R=0.96	R=0.97	R=0.85	R=0.99	R=0.98
			n=6	n=6	n=6	n=6	n=6	n=6	n=6	n=6	n=6	n=6	n=6	n=6
			P=0.0002	$P < 0.0001$	P=0.0003	P=0.0001	$P < 0.0004$	$P < 0.0001$	$P < 0.0001$	$P < 0.0001$	$P < 0.0001$	P=0.07	P=0.002	P=0.003
		DMSPd		R=0.87	R=0.98		R=0.93	R=0.99		R=0.89	R=0.98		R=0.98	R=0.995
				n=6	n=6		n=6	n=6		n=6	n=6		n=6	n=6
				P=0.002	$P < 0.0001$		P=0.0001	$P < 0.0001$		$P < 0.0005$	$P < 0.0001$		$P < 0.0001$	$P < 0.0001$
		DMSPp			R=0.88			R=0.91			R=0.89			R=0.98
					n=6			n=6			n=6			n=6
					P=0.002			P=0.0003			P=0.0006			P=0.0002

续表

微藻	磷水平	项目	N/P											
			1 ： 0			5 ： 1			20 ： 1			50 ： 1		
			DMSPd	DMSPp	DMS	DMSPd	DMSPp	DMS	DMSPd	DMSPp	DMS	DMSPd	DMSPp	DMS
小新月菱形藻	富磷	细胞密度	$R=0.93$	$R=0.99$	$R=0.93$	$R=0.95$	$R=0.99$	$R=0.98$	$R=0.92$	$R=0.99$	$R=0.89$	$R=0.94$	$R=0.99$	$R=0.85$
			$n=10$	$n=10$	$n=10$	$n=10$	$n=10$	$n=10$	$n=10$	$n=10$	$n=10$	$n=10$	$n=10$	$n=10$
			$P=0.002$	$P < 0.0001$	$P=0.003$	$P=0.001$	$P < 0.0001$	$P < 0.0001$	$P=0.001$	$P < 0.0001$	$P=0.003$	$P=0.0002$	$P < 0.0001$	$P=0.004$
		DMSPd		$R=0.90$	$R=0.92$		$R=0.93$	$R=0.99$		$R=0.94$	$R=0.99$		$R=0.95$	$R=0.93$
				$n=10$	$n=10$		$n=10$	$n=10$		$n=10$	$n=10$		$n=10$	$n=10$
				$P=0.005$	$P=0.004$		$P=0.003$	$P < 0.0001$		$P=0.0003$	$P < 0.0001$		$P=0.004$	$P=0.008$
		DMSPp			$R=0.91$			$R=0.91$			$R=0.92$			$R=0.85$
					$n=10$			$n=10$			$n=10$			$n=10$
					$P=0.005$			$P=0.004$			$P=0.001$			$P=0.003$
	贫磷	细胞密度	$R=0.98$	$R=0.99$	$R=0.92$	$R=0.98$	$R=0.98$	$R=0.92$	$R=0.96$	$R=0.97$	$R=0.89$	$R=0.96$	$R=0.99$	$R=0.86$
			$n=10$	$n=10$	$n=10$	$n=10$	$n=10$	$n=10$	$n=10$	$n=10$	$n=10$	$n=10$	$n=10$	$n=10$
			$P=0.002$	$P=0.0005$	$P=0.03$	$P < 0.0001$	$P=0.0002$	$P=0.004$	$P=0.0005$	$P=0.0002$	$P=0.007$	$P=0.0007$	$P < 0.0001$	$P=0.01$
		DMSPd		$R=0.99$	$R=0.92$		$R=0.95$	$R=0.96$		$R=0.92$	$R=0.97$		$R=0.93$	$R=0.96$
				$n=10$	$n=10$		$n=10$	$n=10$		$n=10$	$n=10$		$n=10$	$n=10$
				$P=0.0008$	$P=0.03$		$P=0.001$	$P=0.0006$		$P=0.003$	$P=0.003$		$P=0.003$	$P=0.0006$
		DMSPp			$R=0.96$			$R=0.82$			$R=0.81$			$R=0.78$
					$n=10$			$n=10$			$n=10$			$n=10$
					$P=0.01$			$P=0.02$			$P=0.03$			$P=0.03$

续表

微藻	磷水平	项目	N/P											
			1 ：0			5 ：1			20 ：1			50 ：1		
			DMSPd	DMSPp	DMS	DMSPd	DMSPp	DMS	DMSPd	DMSPp	DMS	DMSPd	DMSPp	DMS
塔玛亚历山大藻	富磷	细胞密度	$R=0.85$	$R=0.99$	$R=0.98$	$R=0.82$	$R=0.98$	$R=0.95$	$R=0.91$	$R=0.95$	$R=0.90$	$R=0.91$	$R=0.90$	$R=0.84$
			$n=5$	$n=5$	$n=5$	$n=5$	$n=5$	$n=5$	$n=5$	$n=5$	$n=5$	$n=5$	$n=5$	$n=5$
			$P=0.07$	$P=0.002$	$P=0.03$	$P=0.07$	$P < 0.0001$	$P=0.001$	$P=0.004$	$P=0.001$	$P=0.006$	$P=0.01$	$P=0.01$	$P=0.04$
		DMSPd		$R=0.91$	$R=0.83$		$R=0.88$	$R=0.94$		$R=0.98$	$R=0.995$		$R=0.99$	$R=0.97$
				$n=5$	$n=5$		$n=5$	$n=5$		$n=5$	$n=5$		$n=5$	$n=5$
				$P=0.03$	$P=0.08$		$P=0.009$	$P=0.002$		$P < 0.0001$	$P=0.001$		$P=0.0001$	$P=0.001$
		DMSPp			$R=0.96$			$R=0.97$			$R=0.98$			$R=0.98$
					$n=5$			$n=5$			$n=5$			$n=5$
					$P=0.01$			$P=0.0003$			$P=0.0002$			$P=0.0004$
	贫磷	细胞密度	$R=0.85$	$R=0.99$	$R=0.98$	$R=0.84$	$R=0.90$	$R=0.83$	$R=0.81$	$R=0.97$	$R=0.99$	$R=0.92$	$R=0.99$	$R=0.89$
			$n=5$	$n=5$	$n=5$	$n=5$	$n=5$	$n=5$	$n=5$	$n=5$	$n=5$	$n=5$	$n=5$	$n=5$
			$P=0.07$	$P=0.002$	$P=0.03$	$P=0.02$	$P=0.006$	$P=0.02$	$P=0.03$	$P=0.0004$	$P < 0.0001$	$P=0.001$	$P < 0.0001$	$P=0.003$
		DMSPd		$R=0.91$	$R=0.83$		$R=0.79$	$R=0.99$		$R=0.91$	$R=0.85$		$R=0.94$	$R=0.99$
				$n=5$	$n=5$		$n=5$	$n=5$		$n=5$	$n=5$		$n=5$	$n=5$
				$P=0.03$	$P=0.08$		$P=0.03$	$P < 0.0001$		$P=0.004$	$P=0.02$		$P=0.0005$	$P < 0.0001$
		DMSPp			$R=0.96$			$R=0.83$			$R=0.98$			$R=0.92$
					$n=5$			$n=5$			$n=5$			$n=5$
					$P=0.01$			$P=0.02$			$P < 0.0001$			$P=0.001$

放。高 Fe^{3+} 浓度能够促进球形棕囊藻和小新月菱形藻细胞内 DMSP 的合成，却抑制了塔玛亚历山大藻细胞内 DMSP 的生产。高 Fe^{3+} 浓度能抑制塔玛亚历山大藻培养液中 DMS 生产，但明显提高了尖刺拟菱形藻中 DMS 的产量。DMS 浓度和 DMSPp 浓度之间没有明显的相关性，说明 DMS 主要来源于海水中藻的 DMSP 释放，即 DMSP 由酶促反应分解成 DMS 是海水中 DMS 浓度的主要控制因素。总体来说，海洋微藻在 DMSP 和 DMS 的生产以及 DMSP 转化成 DMS 过程中扮演着重要的角色，其在海洋硫循环和全球气候变化方面发挥重要作用。研究结果亦有助于评估我国近海赤潮发生时微藻生产 DMS 的情况，作者团队尝试将实验室模拟与海洋现场环境相联系，结合复杂的外部因素进行较深程度的研究。然而，除在 DMS 的生物生产和消费过程及机制研究中有了较多进展外，在海洋浮游植物 DMS 生产的许多方面还没有详细研究，期待进一步的调查。

7.1.2　春季营养盐及沙尘加富的船基围隔培养

2017 年黄、东海春季航次同步进行了现场围隔实验，共设置 7 个实验组和 1 个对照组，每组有 3 个平行。其中 M1、M2、M3 和 M4 组讨论营养盐变化的影响，M5 组讨论沙尘沉降的影响，M6 组为对照组，M7 和 M8 组为海水酸化处理组。初始物质添加浓度如表 7-4 所示。

表 7-4　2017 年春季围隔实验初始物质添加浓度

营养元素	M1	M2	M3	M4	M5	M6	M7	M8
$CO(NH_2)_2$-N/（μmol/L）	—	—	—	5.76	—	—	—	—
NO_3-N/（μmol/L）	11.52	5.76	23.04	—	—	—	—	—
PO_4-P/（μmol/L）	0.72	0.72	0.36	0.72	—	—	—	—
沙尘 /（mg/L）	—	—	—	—	2	—	—	—
pH	—	—	—	—	—	—	7.9	7.7

春季围隔站位浮游植物共有 2 门 19 属 30 余种，其中硅藻种类占绝大部分，共计 26 种，另外还包括少数甲藻等其他种类海洋微藻。在已采集鉴定的样品中，浮游植物的最高密度为 7.86×10^5cells/L，浮游植物最低密度为 9.8×10^3cells/L（图 7-13）。在培养期第 1d 样品中浮游植物密度普遍低于初始浮游植物密度。硅藻细胞密度一般在培养的第 7d 达到峰值，而 M2、M5、M7 和 M8 组甲藻细胞密度在培养的第 11d 达到峰值，其余 4 组在整个培养过程中甲藻细胞密度持续增加。结合 Chl-*a* 浓度变化和浮游植物密度变化来看，各组的培养过程中，浮游植物密度在第 0 ～ 7d 持续增加，在培养第 7d 达到峰值，在培养后期（第 7 ～ 13d）浮游植物密度逐渐减少并趋于稳定。这点与 Chl-*a* 浓度数据相一致。本研究中围隔培养实验的优势种为透明海链藻，其最低密度为 10^3cells/L，最高密度达 5.99×10^5cells/L。除培养第 0d 外，透明海链藻最高密度可占浮游植物群落的 76.16%。角毛藻的种类较多，且在培养中生长较好。甲藻中的优势种为微小亚历山大藻。

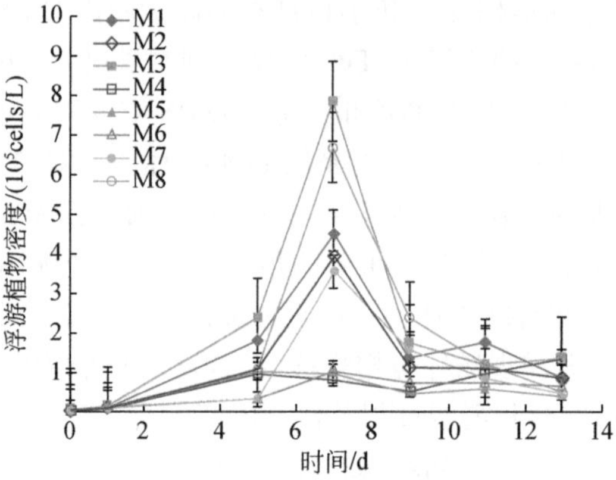

图 7-13　围隔实验浮游植物密度变化

总体来说，在培养过程中各组的 Chl-*a* 浓度均呈上升趋势（图 7-14），只是各组涨幅各不相同，有机氮添加组 M4 和沙尘添加组 M5 的涨幅相比其他各组涨幅较小，但略高于对照组 M6，Chl-*a* 浓度变化范围为 0.12 ～ 18.69μg/L，其中各组培养样品 Chl-*a* 浓度高值区主要出现在培养期第 6 ～ 8d，其中 M3 组第 7d 培养样品 Chl-*a* 浓度最高，为 18.69μg/L；Chl-*a* 浓度低值区主要出现在培养期的第 1 ～ 3d 和培养后期的第 11 ～ 13d，其中 M6 组第 1d 培养样品 Chl-*a* 浓度最低，仅为 0.12μg/L。

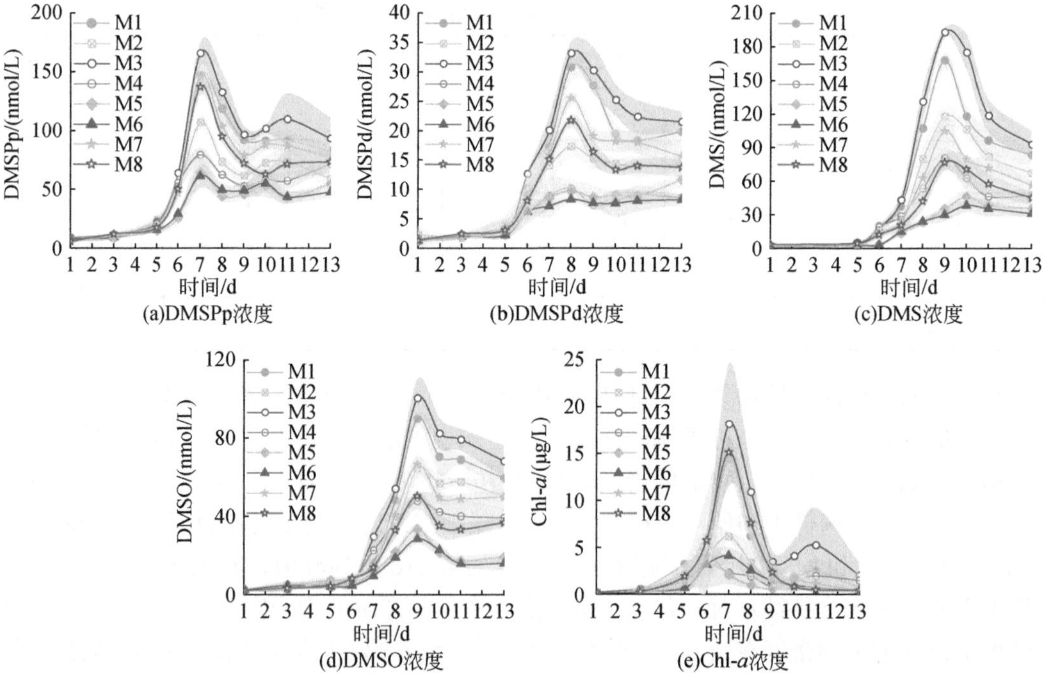

图 7-14　2017 年春季围隔实验中 DMSP、DMS、DMSO 和 Chl-*a* 浓度的动态变化

春季船基围隔实验结果表明，与对照组相比，含氮营养盐添加对浮游植物群落具有较大的影响，同时沙尘微量元素的输入也促进了浮游植物的生长，不同实验组浮游植物群落

优势种基本相同，在后期优势种存在由硅藻向甲藻的演替现象（图 7-15）。实验开始后各围隔袋中营养盐浓度迅速减少，浮游生物量迅速增大，第 7d 浮游生物量达到最大，随后锐减。DMSP 浓度与浮游植物生物量表现出一定的相关性，DMS 浓度和 DMSO 浓度均表现出 2d 的滞后性，这与 DMSP 是细胞中重要的代谢产物，而 DMS 多发生在细胞衰老破裂期相符。本研究表明，较高的营养盐水平会促进浮游植物的生长，有利于浮游植物释放二甲基硫化物，但是不同的营养盐浓度对其促进程度不同，对比 M1 和 M4 组可知，相比于有机氮，浮游植物更容易吸收利用无机氮。对比 M1、M2 和 M3 组可知，较高的无机氮水平更容易促进浮游生物的生长，但是 M3 较高的无机氮水平对浮游生物生源硫化物释放的促进作用却不如 M1 组明显，这也说明浮游生物生源硫化物的释放是一个复杂的、多种因素共同影响的过程。而沙尘添加实验表明，沙尘沉降尽管对浮游生物生长的促进作用非常有限，但会使浮游生物暴发的时间节点提前，并显著促进 DMS和 DMSO 的释放，这可能是由于沙尘沉降可能会影响藻细胞的衰老破裂过程。

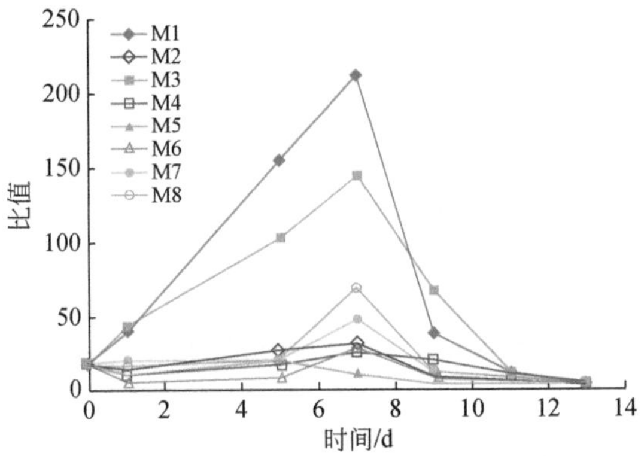

图 7-15　围隔实验硅藻细胞密度与甲藻细胞密度的比值变化

7.1.3　夏季营养盐及沙尘加富的船基围隔培养

2018 年夏季黄、东海航次进行了现场船基围隔实验，共设置 5 个实验组和 1 个对照组，每组有 3 个平行。其中，M1 和 M2 组讨论营养盐变化的影响，M3 组讨论沙尘沉降的影响，M4 组为对照组，M5 和 M6 组为海水酸化处理组。初始物质添加浓度如表 7-5 所示。与春季航次的培养实验不同，本航次采用了生物培养袋作为容器，分别于 A4 站位和 P6 站位进行了两次短期围隔实验。本节分别以围隔实验 A 和围隔实验 B 代表在 A4 站位和 P6 站位进行的围隔实验。

围隔实验 A 的结果表明，氮磷营养盐添加组 M1 的 Chl-*a* 浓度整体呈上升趋势，其余几组在培养期间略有下降，但趋于平稳。初始 Chl-*a* 浓度为 0.296μg/L，Chl-*a* 浓度变化范围为 0.061 ～ 1.846μg/L（图 7-16）。围隔实验 B 的结果表明，氮磷营养盐添加组 M1 的 Chl-*a* 浓度整体先上升，于培养期第 3 ～ 5d 达到高值，后下降，其余几组在培养期间先下降后略有上升，涨幅趋于平稳。初始 Chl-*a* 浓度为 0.185μg/L，Chl-*a* 浓度变化范围为 0.025 ～ 2.370μg/L（图 7-16）。

表 7-5　2018 年夏季围隔实验初始物质添加浓度

环境因素	M1	M2	M3	M4	M5	M6
NO_3-N/（μmol/L）	6	—	—	—	—	—
PO_4-P/（μmol/L）	0.375	0.375	—	—	—	—
沙尘 /（mg/L）	—	—	2	—	—	—
pH	—	—	—	—	7.9	7.7

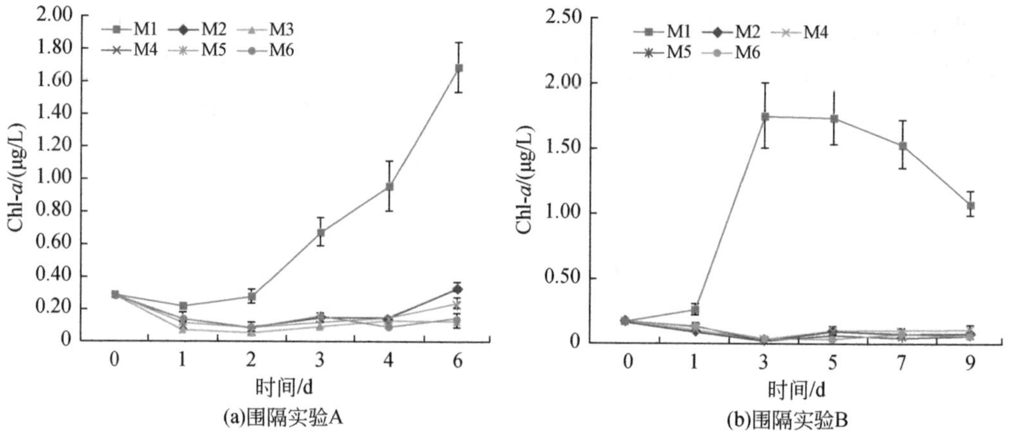

图 7-16　2018 年夏季航次甲板培养过程中 Chl-*a* 变化

围隔实验 B 浮游植物群落的分析结果表明，共鉴定到浮游植物 3 门 45 种，其中蓝藻 2 种，甲藻门 11 种，硅藻 31 种，硅藻占据优势地位。浮游植物最高密度为 2.6×10^5cells/L（M1 组，第 5d），比初始密度（2×10^3cells/L）高出两个量级，而其他各组后期浮游植物密度均低于初始密度。第二批围隔培养中 M1 组浮游植物优势种为小新月菱形藻，其最低密度为 50cells/L，最高密度为 2.58×10^5cells/L。其他各组浮游植物细胞密度均较低，不存在明显的优势种。

总体上来看，营养盐富集组的 DMS 浓度普遍高于对照组，沙尘添加未对 DMS 释放产生明显的影响（图 7-17）。为了更好地解释环境因素改变对 DMS 释放改变产生的影响，本研究还通过抑制剂法进行了 DMS 生产速率和消费速率的研究。从图 7-17 可以看出，环境因素的改变会显著影响 DMS 的生物生产过程。M1 富营养化组和 M2 氮限制组的 DMS 生物生产速率明显大于 M4 对照组。M1 组中 DMSPp、DMSPd、DMS、DMSO 和 Chl-*a* 的浓度比对照组高出 79%、98%、70%、100% 和 478%，但 M2 组中 DMSPp、DMSPd、DMS 和 DMSO 的浓度却与对照组无显著区别。这些结果表明，与磷酸盐相比，硝酸盐在影响生物二甲基硫化合物浓度和浮游植物生物量方面发挥了更重要的作用。

另外，本研究发现氮磷添加均会促进 *dsyB* 基因的积累，但促进作用因生活方式的不同而有所差异，对于附着生活的细菌来说，添加氮促进作用高于磷，但对于自由生活的细

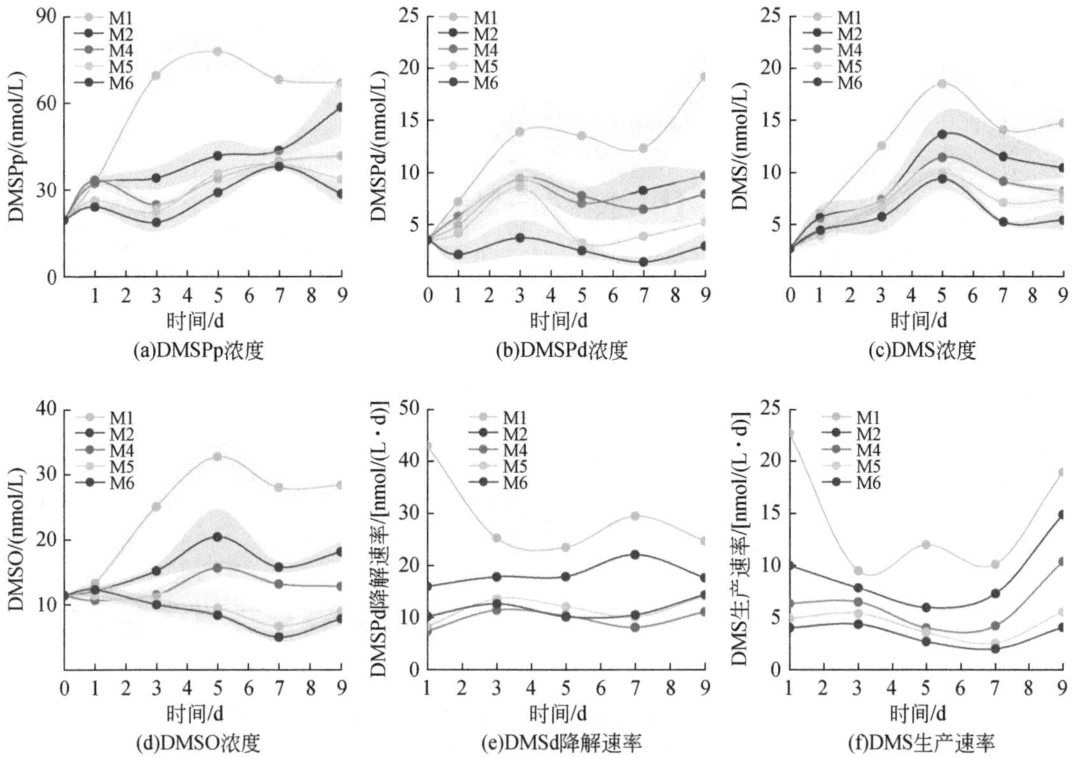

图 7-17　2018 年夏季围隔实验中 DMS、DMSP 和 DMSO 浓度，DMSPd 降解速率以及 DMS 生物生产速率的变化

菌来说，二者促进作用没有明显差异，如图 7-18（a）和（b）所示。同样地，对细菌的 DMSP 相关基因 *dddP* 及 *dmdA* 进行分析，并结合玫瑰杆菌类群和 SAR11 类群的丰度，发现随着培养时间的增加，*dddP* 的丰度逐渐降低，如图 7-18（c）和（d）所示；相比于实验组，添加氮有利于玫瑰杆菌类群的积累富集，对应 *dddP* 基因的增加，但氮的添加不利于 SAR11 类群（附着）的生存，而且 SAR11 绝大部分自由生活［图 7-18（e）和（f）］，这也从生物角度印证了富营养化会促进二甲基硫化物的生产释放。

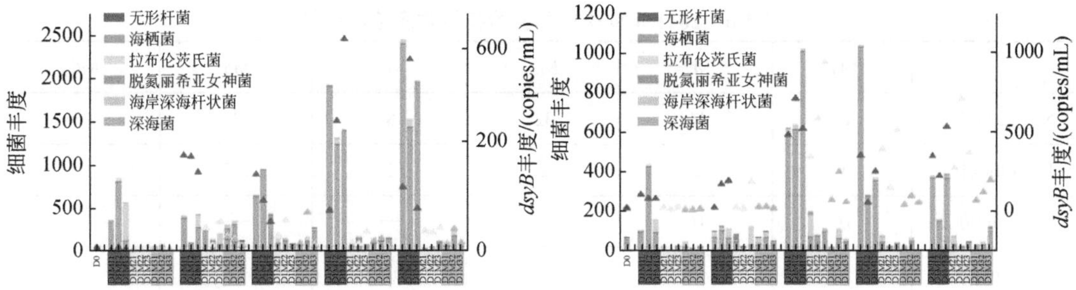

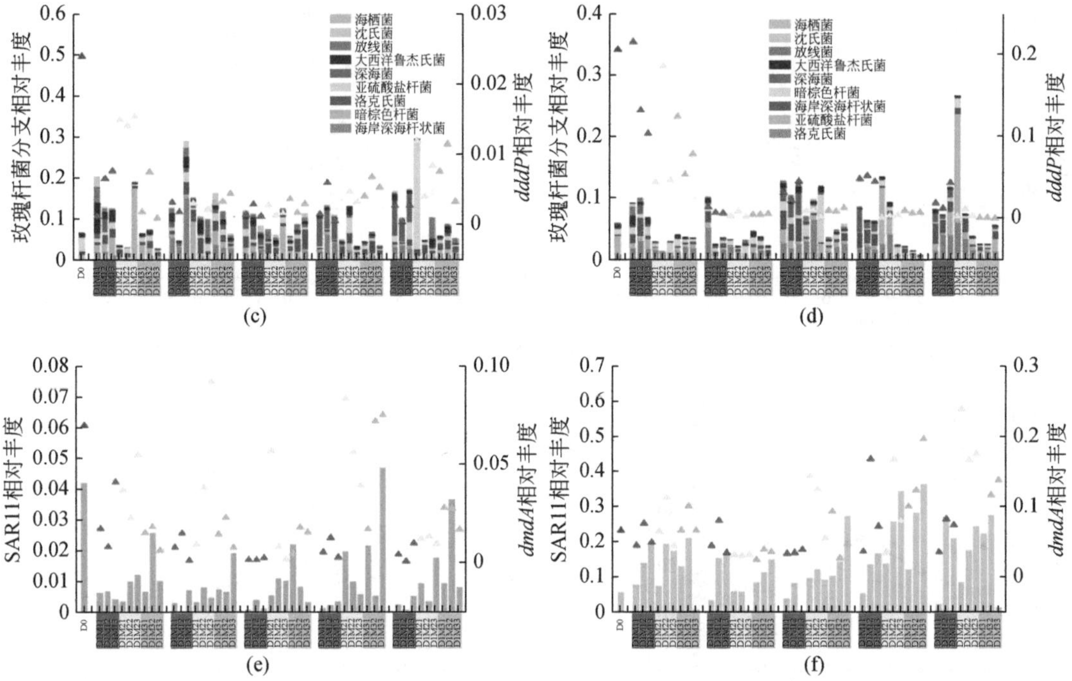

图 7-18　氮磷添加实验 *dsyB*、*dddP*、*dmdA* 及其相关物种的丰度图

（a）和（b）：附着生活和自由生活的细菌 *dsyB* 基因丰度及含有 *dsyB* 基因的物种丰度。（c）和（d）：附着生活和自由生活的细菌 *dddP* 基因丰度及玫瑰杆菌类群的丰度。（e）和（f）：附着生活和自由生活的细菌 *dmdA* 基因丰度及 SAR11 类群丰度

7.1.4　秋季营养盐及沙尘加富的船基围隔培养

秋季围隔现场实验设置 6个围隔桶，分别记为 M1、M2、M3、M4、M5 和 M6，其中，M6 为对照组，没有另外加入任何营养物质。把桶浸入用水泵抽上来的每个站位的循环水，尽量保持实验在接近现场情况下进行。实验开始在黄海海域，用泵抽取该站位现场海水分别装于 6 个围隔桶中，每个桶中按照表 7-6 所述添加不同含量的营养盐，以探究营养盐因素对二甲基硫化物含量的影响。于每天早上 9:00 对 6 个围隔桶内的海水样品中的 DMS、DMSP、DMSO 和 Chl-*a* 进行取样分析。

表 7-6　2011 年秋季围隔实验初始物质浓度添加

	M1	M2	M3	M4	M5	M6
N/（μmol/L）	16	16	32	8	8	—
P/（μmol/L）	1	2	2	1	0.5	—
Si/（μmol/L）	16	16	—	—	—	—
Fe/（μmol/L）	—	—	—	0.1	—	—

围隔系统中浮游植物种群密度可以用 Chl-*a* 浓度来表征，6 个围隔桶的 Chl-*a* 的浓度变化曲线图如图 7-19 所示。对照组 M6 的 Chl-*a* 浓度在整个实验周期都保持在较低的水平（0.58μg/L），其他实验组都是在第 10d 左右达到浓度的峰值，这可以说明这时浮游植物生物量达到最大值。类似 Redfield 比例的 M1 组的 Chl-*a* 浓度最高值（5.47μg/L）在第 11d 出现，大约为 M6 组的 9 倍；同样类似 Redfield 比例但绝对营养浓度更高的 M3 组在第 10d 出现峰值（5.38μg/L）；氮限制的 M2 组在第 10d 出现峰值（2.51μg/L），这说明氮限制对围隔环境水体的浮游植物生长起到阻碍效果；添加了铁的 M4 在第 10d 出现峰值（3.18μg/L），其接近 M6 组的 6 倍，但是却比 M1 组小；在未添加硅营养的 M5 组在第 12d 时到达峰值，峰值处有可能是出现了某种微藻的藻华现象，研究发现在不同时间和气候下不同的围隔实验中藻的交替相一致。前人也有发现，围隔实验同水产区域和半封闭海区水质相差不大且稳定，浮游植物的动态变化规律相类似。前人研究出主要的藻类藻华有菱形藻和角毛藻为优势的硅藻藻华，以及海洋原甲藻和裸甲藻为优势的甲藻水华。

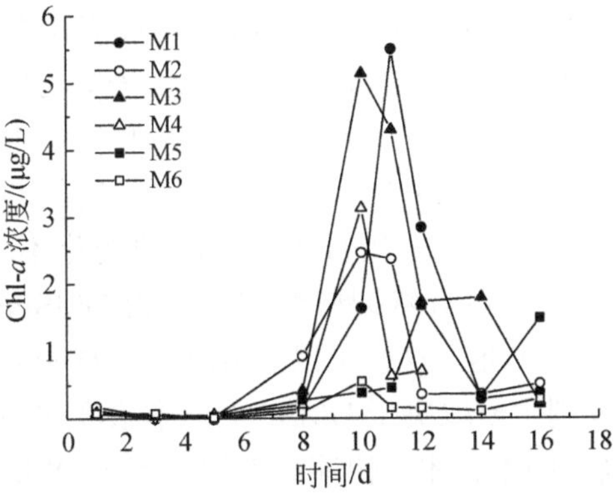

图 7-19　围隔实验中 Chl-*a* 浓度随时间变化曲线

围隔实验中的 DMSPd 和 DMSPp 的浓度动态变化如图 7-20 所示。除 M3 和 M4 组外，其他围隔桶内的 DMSPd 浓度都保持在比较低的数值。加入 Fe^{3+} 的 M4 组的 DMSPd 浓度迅速达到最大值，然后快速下降，其他桶内的 DMSPd 浓度变化趋势不明显，维持在不高的浓度水平。通过比较 Chl-*a*、DMSPd 和 DMSPp 的浓度动态变化曲线发现，其趋势不相一致，这可能是由于微藻释放 DMSP 有种间差异，有些藻能产生大量的 DMSP，如金藻和甲藻，这些藻的细胞粒径较大，可能生长会较缓慢，导致 Chl-*a* 浓度不高。DMSPp 浓度的动态变化与 DMSPd 浓度和 Chl-*a* 浓度的变化都不相同。符合 Redfield 比例并且绝对浓度也较高的 M3 组和未添加硅盐的 M5 组的 DMSPp 的浓度较高，但是由差异性分析得出，除对照组 M6 外，其他 5 组实验组的 DMSPp 浓度并没有明显的差异（$P > 0.05$）。另外，可以明显地看出 DMSPp 的浓度峰值滞后于 DMSPd 和 Chl-*a* 的浓度峰值，造成这个现象可能有两个原因：①微藻合成细胞内 DMSP 到其释放到细胞外的水体中需要一些时间；②与藻的生长有关。

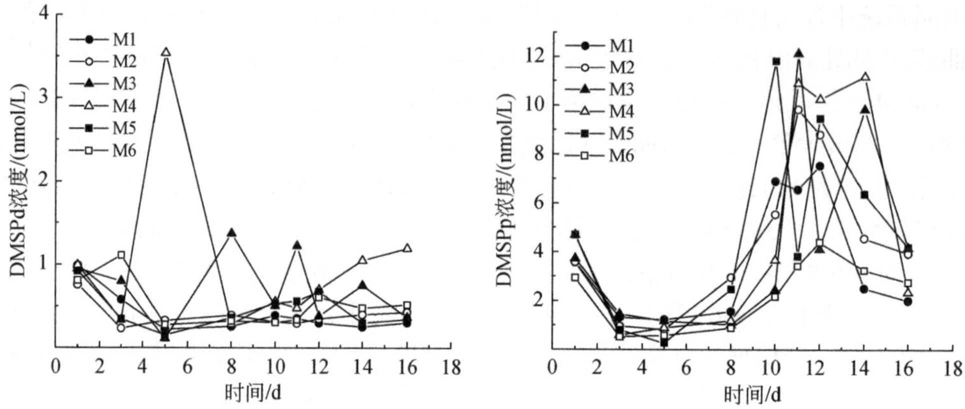

(a)DMSPd浓度　　(b)DMSPp浓度

图 7-20　围隔实验中 DMSPd 浓度和 DMSPp 浓度随时间变化曲线

图 7-21 为 DMS 的浓度动态变化曲线，DMS 浓度峰值在生长期的后期出现。在整个实验过程中，对照组 M6 没有出现下降趋势，说明添加营养盐可能会加快微藻 DMS 的释放；在 M2 和 M4 组培养液中的 DMS 浓度明显高于其他三组培养液中的 DMS 浓度（$P < 0.05$），其峰值分别为 9.23nmol/L 和 7.85nmol/L，其他三组实验组的 DMS 浓度之间没有明显的差别（$P > 0.05$）。DMS 浓度的变化和 DMSP 浓度的变化不太一样，这是因为 DMSP 转化成 DMS 的过程为，DMSP 在自然裂解情况下使得 DMSPp 释放到水中，DMSPd 和 DMSPd 在裂解酶促进下生成 DMS。这样可以知道海水中 DMSP 的浓度主要取决于浮游植物的生长，而 DMS 的浓度则主要取决于 DMSP 的原本浓度和裂解酶活性，只有在水体中的 DMSP 裂解酶活性较高，DMSP 才能快速高效地分解成 DMS。而在水体中的细菌等微生物和微藻内含有裂解酶，但裂解酶的活性会有很大差别，甲藻细胞内的裂解酶活性要高于一部分硅藻体内的裂解酶活性。DMSP 和 DMS 的浓度差别有可能是因为围隔水体内的不同藻种间的差别。

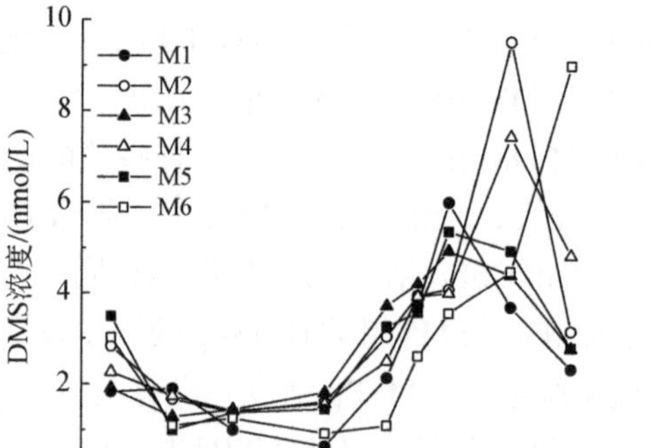

图 7-21　围隔实验中 DMS 浓度随时间变化曲线

7.2　海洋酸化对生源硫化物生产释放的影响

近年来，海洋酸化对生源硫化物释放的影响已在全球范围内引起广泛关注。国内外学者通过微生态系统实验，包括室内微小培养、室外中尺度培养及原位船载甲板培养，在全球不同海区进行模拟研究，已在 *Nature Climate Change*、*PNAS*、*Global Change Biology*、*Geophysical Research Letters*、*Environmental Science & Technology* 等权威期刊上先后发表了多篇关于海洋酸化对二甲基硫化物释放的影响的前瞻性论文。目前的研究表明，海洋酸化对 DMS 释放影响的结论不尽相同，其不仅表现出明显的种属特异性，还可能与藻类生长阶段密切相关（表 7-7）。尽管大部分研究表明海洋酸化对 DMS 释放具有负面影响，如 Hopkins 等（2010）和 Avgoustidi 等（2012）在挪威卑尔根大学的中尺度围隔培养实验及 Arnold 等（2013）和 Webb 等（2016）的室内培养实验均表明海洋酸化不利于以颗石藻为主的浮游植物群落的 DMS 释放；Six 等（2013）将海水 pH 和 DMS 浓度的变化应用到气候模拟系统中，并指出受海洋酸化影响，到 2100 年由海洋扩散进入大气的 DMS 浓度将降低（18±3）%，这将会导致辐射增加 0.4W/m^2，温度额外增加 0.23 ～ 0.48 K。但也有研究发现，海洋酸化对 DMS 浓度的影响完全不同，如 Vogt 等（2008）在挪威卑尔根大学的中尺度围隔培养中发现，虽然低 CO_2 组的 DMS 浓度在培养实验开始的前 10d 高于酸化组，但随着培养周期的加长，对照组的 DMS 浓度反而低于酸化组；Kim 等（2010）在韩国近海的中尺度围隔实验与 Hopkins 和 Archer（2014）在英国近海的现场甲板培养结果显示海水 CO_2 浓度上升会促进以甲藻为主的浮游植物群落的初级生产力和浮游动物摄食，进而促进 DMS 的释放；Mélançon 等（2016）在加拿大近海的甲板培养实验则表明海洋酸化不会对以绿藻和鞭毛藻为主的浮游植物群落的 DMS 的释放产生明显影响。总体来看，目前国际上有关海水酸化对二甲基硫化物的影响的研究并无定论。近年来，我国在海洋酸化对二甲基硫化物释放方面也做了大量的调查研究工作。

表 7-7　不同微生态系统实验中海洋酸化对 DMS 和 DMSP 的产生与释放的影响

参考文献	DMS	DMSP
Hopkins et al.，2010	↓	↓
Kim et al.，2010	↑	↑
Kerrison et al.，2012	↓	↔
Avgoustidi et al.，2012	↓	↓
Hopkins and Archer，2014	↑	↓
Webb et al.，2016	↓	↓
Mélançon et al.，2016	↔	↔

注：↓表示降低；↑表示升高；↔表示无明显变化。

7.2.1 海水酸化对中国近海两种海洋微藻生产二甲基硫化物的影响

为了探讨海水酸化对我国近海典型海洋微藻生产释放二甲基硫化物的影响，选择链状亚历山大藻（*Alexandrium catenella*）和威氏海链藻（*Thalassiosira weissflogii*）为研究对象。于 2016 年 4 月 21 日至 5 月 19 日和 2016 年 6 月 9 日至 7 月 2 日，分别在实验室内进行了链状亚历山大藻和威氏海链藻的单藻培养实验。链状亚历山大藻是甲藻门的典型藻，在我国东海形成大规模赤潮（Zhou and Zhu，2006），能产生麻痹性贝毒。威氏海链藻是硅藻中分布广泛的代表性物种，硅质化程度高，具有较强的生存能力（郭玉洁和钱树本，2003）。本节采用添加饱和 CO_2 海水的方法调控海水碳酸盐体系，通过实验室微藻培养实验模拟海水酸化状态，研究海水酸化对两种海洋微藻生产释放二甲基硫化物的影响。本研究共设置 2 个酸化实验组（pH=7.9 和 pH=7.7）和一个对照组（pH=8.1），每组共设有 2 个平行样，通过添加饱和 CO_2 海水的方法来控制海水 pH。实验所用的链状亚历山大藻和威氏海链藻均由中国海洋大学海洋污染生态化学实验室提供。培养所用海水取自黄渤海，经 0.45μm 醋酸纤维膜过滤后用高压灭菌锅灭菌 30min，放置冷却后按 f/2 培养液配方加入营养物质，配成所需的培养液待用。培养器皿为 500 mL 玻璃瓶，预先用 10% 的 HCl 溶液浸泡 24 h 以上，之后分别用蒸馏水和 Milli-Q 水洗涤，再经培养所用的过滤海水润洗 3 次，最后在高压灭菌锅内灭菌 30min。两种微藻在 f/2 培养液中培养至指数生长期，并按照 500cells/mL 的藻密度接种于培养瓶中，置于光照培养箱中静置培养。培养条件：明暗周期均为 12h，光照方式为日光灯，光照强度为 120μmol photons/（m^2 • s）；培养箱温度为（20±0.5）℃。本实验共设定三个 pH 水平，一个对照组为 pH=8.1（M1、M2），两个酸化实验组分别为 pH=7.9（M3、M4）及 pH=7.7（M5、M6），每组共设两个平行样。通过向不同实验组添加饱和 CO_2 海水的方法来达到不同实验组设定的 pH，实验采用半连续培养的方式。为了保证采样的统一性，每隔一天在 9:00 ~ 11:30 进行培养实验样品的采集。每组实验 2 个平行样。依次采集 DMS、pH、DMSPt、DMSOt、DLA 及 Chl-*a* 样品，按照实验方法（第 2 章）分别对以上样品进行保存及测定。样品采集结束后，向 6 个培养瓶中分别加入等量对应 pH 条件的培养液（未接种）稀释藻液，以维持培养过程中培养瓶内稳定的 pH 环境。

1. 不同微藻培养体系中 pH 的动态变化

培养过程中，链状亚历山大藻和威氏海链藻的 pH 动态变化分别如图 7-22 和图 7-23 所示。链状亚历山大藻在培养体系的前 20d 内，对照组和两个酸化实验组的 pH 分别控制在 8.13±0.04、7.93±0.03 和 7.74±0.04，随着藻的生长，培养体系内 pH 不断增加。威氏海链藻在培养体系的前 15d 内，对照组和两个酸化实验组的 pH 分别控制在 8.15±0.06、7.94±0.08 和 7.75±0.07，之后 pH 呈现出明显的增加趋势。

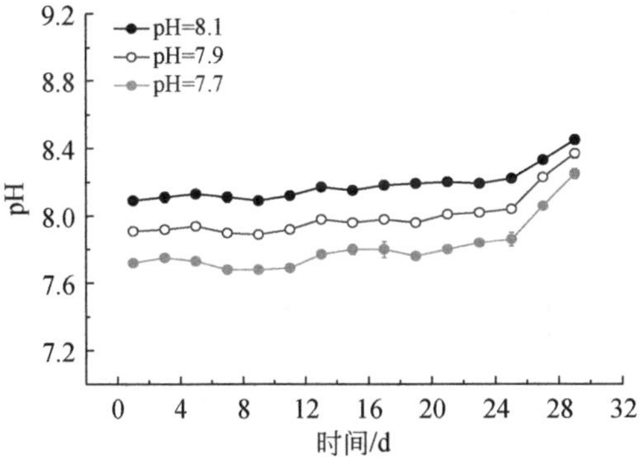

图 7-22　链状亚历山大藻培养体系中 pH 的动态变化

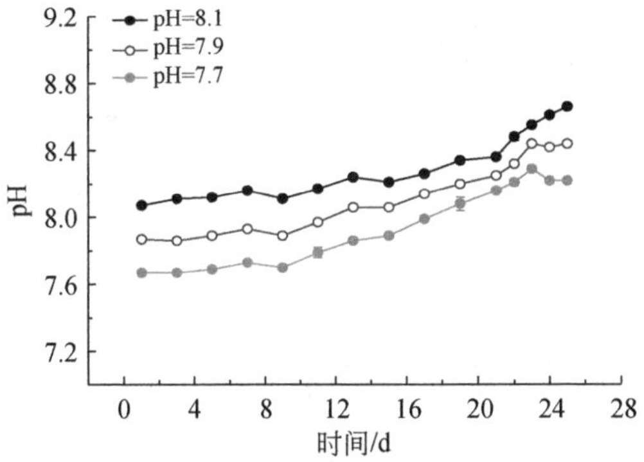

图 7-23　威氏海链藻培养体系中 pH 的动态变化

2. 三种 pH 条件下链状亚历山大藻 Chl-*a* 浓度的动态变化

链状亚历山大藻在三种 pH 条件下的生长趋势基本类似（图 7-24）。实验初期，由于初始接种密度比较低，三种 pH 条件下链状亚历山大藻的 Chl-*a* 浓度均低于 5μg/L，随后呈现持续增加的趋势。pH=8.1、pH=7.9 和 pH=7.7 条件下 Chl-*a* 的平均浓度分别为（24.48±1.86）μg/L、（26.56±0.55）μg/L 和（24.20±1.79）μg/L。整体上链状亚历山大藻的 Chl-*a* 浓度在三种 pH 条件下无显著差异（$P > 0.05$），表明海水酸化对链状亚历山大藻的生长没有明显的影响。

3. 三种 pH 条件下威氏海链藻 Chl-*a* 浓度的动态变化

威氏海链藻培养体系中，Chl-*a* 浓度在三种 pH 条件下也呈现出一致的变化规律（图 7-25）。pH=8.1、pH=7.9 和 pH=7.7 条件下 Chl-*a* 的平均浓度分别为（22.80±1.09）μg/L、（23.59 ± 2.15）μg/L 和（21.86±0.68）μg/L，整体上威氏海链藻在三种 pH 条件下的 Chl-*a* 浓度两两之间并无显著性差异（$P > 0.05$），表明海水酸化对威氏海链藻的生长并无显著影响。

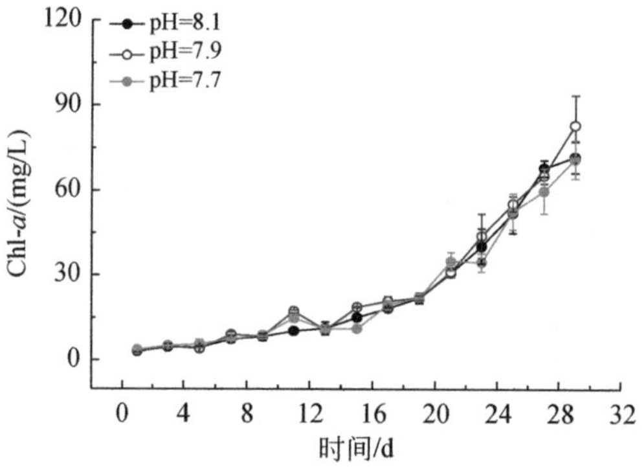

图 7-24　三种 pH 条件下链状亚历山大藻的 Chl-*a* 浓度变化

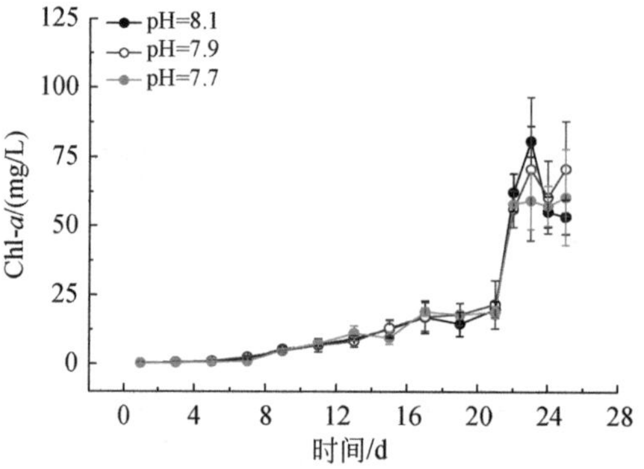

图 7-25　三种 pH 条件下威氏海链藻的 Chl-*a* 浓度变化

综上所述，链状亚历山大藻和威氏海链藻的 Chl-*a* 浓度在培养周期内均未受到 pH 降低的影响，表明海水酸化对链状亚历山大藻和威氏海链藻的生长并无影响。Kerrison 等（2012）的研究表明，p_{CO_2} 的升高对石莼和浒苔的生长没有影响，在不同的微藻培养实验中也发现，两种非钙化藻如掌形藻（*Palmaria palmata*）和糖海带（*Saccharina latissima*）的生长均未受到 p_{CO_2} 升高的影响，然而也有研究表明海水酸化会对浮游植物的生长产生影响（Webb et al.，2016；Avgoustidi et al.，2012；Gao et al.，2012a，2012b；Hopkins et al.，2010），这种结果差异可能与浮游植物种类有关。

4. 三种 pH 条件下链状亚历山大藻 DMS 浓度的动态变化

链状亚历山大藻培养体系中，酸化实验组和对照组 DMS 浓度呈现不同的变化趋势（图 7-26）。在培养实验的前 13d，三种 pH 条件下链状亚历山大藻的 DMS 浓度均低于 10nmol/L，并且增加速度非常缓慢，无显著性差异（$P > 0.05$）。第 13d 后 DMS 浓度明显增加，分别在第 21d、第 21d、第 23d 达到峰值（pH=8.1，11.94nmol/L；pH=7.9，19.97nmol/L；pH=7.7，18.78nmol/L），随后 DMS 浓度均有所下降。链状亚历山大藻的 DMS 浓度在三种 pH（8.1、7.9 和 7.7）条件下呈现出较为明显的差别，其平均值分别为（7.27±0.04）nmol/L、（9.60±0.57）nmol/L 和（9.87±1.39）nmol/L。pH=7.9 和 pH=7.7 条件下 DMS

的浓度较 pH=8.1 条件分别增加了 32%（t=3.334，df=14，P=0.005）和 36%（t=3.545，df=14，P=0.003）。表明海水酸化对链状亚历山大藻释放 DMS 有明显的促进作用，但这种促进作用在两种酸化条件下无明显差异（$P > 0.05$）。

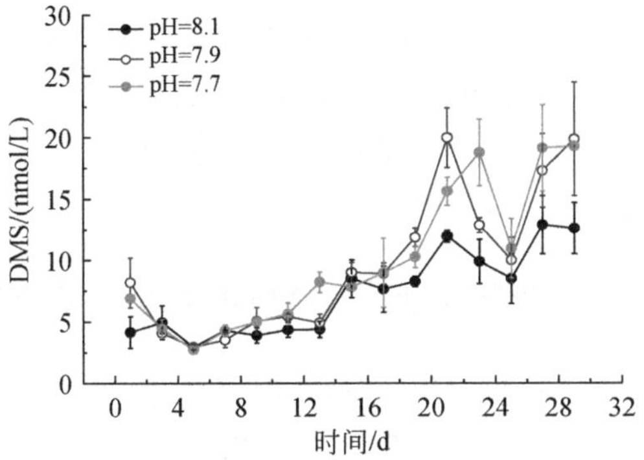

图 7-26　三种 pH 条件下链状亚历山大藻 DMS 浓度的变化

5. 三种 pH 条件下威氏海链藻 DMS 浓度的动态变化

威氏海链藻培养实验的前 13d，三种 pH 条件下 DMS 浓度并无显著性差异（$P > 0.05$），并且增加速度非常缓慢（图 7-27）。第 13d 以后，DMS 浓度在三种 pH 条件下均明显增加，并且在第 19d 达到第一个峰值（pH=8.1，52.51nmol/L；pH=7.9，24.45nmol/L；pH=7.7，18.33nmol/L）。随后，三种 pH 条件的 DMS 浓度均在第 23d 达到第二个峰值（pH=8.1，79.30nmol/L；pH=7.9，32.68nmol/L；pH=7.7，29.46nmol/L）。威氏海链藻的 DMS 浓度在三种 pH（8.1、7.9 和 7.7）条件下具有明显差别，其平均值分别为（23.76±0.83）nmol/L、（14.98±0.79）nmol/L 和（14.68±0.35）nmol/L，相对于 pH=8.1，DMS 浓度在 pH=7.9 和 pH=7.7 条件下分别降低了 37%（t=2.442，df=14，P=0.028）和 38%（t=2.234，df=14，P=0.042），表明海水酸化对威氏海链藻释放 DMS 有明显的抑制作用，但这种抑制作用在两种酸化条件下无明显差异（$P > 0.05$）。

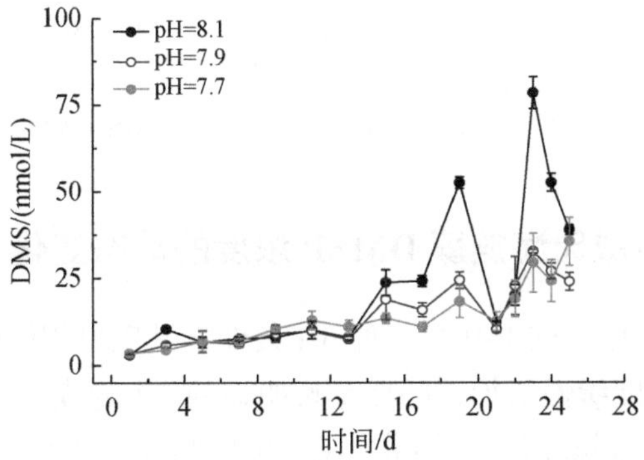

图 7-27　三种 pH 条件下威氏海链藻 DMS 浓度的变化

综上所述，海水酸化对链状亚历山大藻和威氏海链藻生产释放 DMS 具有不同的影响。海水酸化对链状亚历山大藻和威氏海链藻释放 DMS 分别具有促进和抑制的作用，并且在 pH=7.9 和 pH=7.7 之间无明显差异。Hopkins 和 Archer（2014）在中尺度围隔实验中发现，DMS 在高浓度的 CO_2 条件下（550μatm、750μatm 和 1000 μatm）均明显高于正常 CO_2 水平条件。研究表明 DMS 浓度在 760 μatm 和 1150 μatm 条件下分别增加了 26% 和 18%，然而 Hopkins 等（2010）在中尺度围隔实验及 Avgoustidi 等（2012）在颗石藻的培养实验（无菌条件）中均发现海水酸化明显降低了培养体系中的 DMS 浓度。因此，海水酸化对海洋微藻生产释放 DMS 的影响具有明显的种间差异。

6. 三种 pH 条件下链状亚历山大藻 DMSP 浓度的动态变化

在链状亚历山大藻培养实验的初期，三种 pH 条件下 DMSP 浓度均较低，经过 29d 的培养，DMSP 浓度增加了 10 倍（图 7-28）。pH=8.1、pH=7.9 和 pH=7.7 条件下 DMSP 浓度具有相同的变化趋势，实验初期均是缓慢增加，第 15d 后，DMSP 浓度迅速上升，并在第 21d 达到第一个峰值，pH=7.9 条件下的 DMSP 浓度略高于其他 pH 条件，但在第 23d 以后 pH=7.9 的 DMSP 浓度却明显高于 pH=8.1 和 pH=7.7。总体来说，pH=8.1、pH=7.9 和 pH=7.7 的 DMSP 的平均浓度分别为（18.70±1.91）$\times10^2$nmol/L、（24.56±0.91）$\times10^2$nmol/L 和（20.59 ± 1.91）$\times10^2$nmol/L。相对于 pH=8.1，DMSP 浓度在 pH=7.9 的条件下明显增加了 31%（t=2.363，df=14，P=0.033），表明 pH=7.9 条件下的海水酸化对链状亚历山大藻产生 DMSP 有较为明显的促进作用。

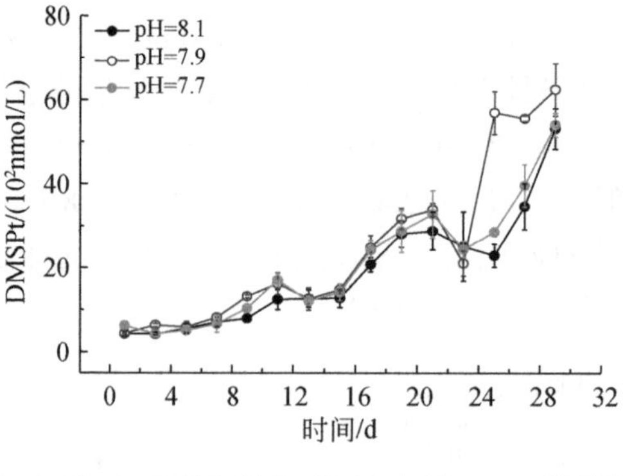

图 7-28　三种 pH 条件下链状亚历山大藻 DMSP 浓度的变化

7. 三种 pH 条件下威氏海链藻 DMSP 浓度的动态变化

威氏海链藻培养体系中，DMSP 在三种 pH 条件下呈现出相同的变化趋势（图 7-29）。实验的前 13d，DMSP 浓度缓慢增加，随后呈现明显的增长趋势，三种 pH 条件下的 DMSP 浓度均在培养的第 23d 达到峰值，与培养体系中的 Chl-a 变化趋势保持一致。整体来看，pH=8.1、pH=7.9 和 pH=7.7 条件下 DMSP 平均浓度分别为（40.59 ± 1.32）$\times10^2$nmol/L、（40.03 ± 1.12）$\times10^2$nmol/L 和（41.86 ± 2.64）$\times10^2$nmol/L。三种 pH 条件下 DMSP 的浓度两两之间均无显著性差异（$P > 0.05$），表明海水酸化对威氏海链藻生产 DMSP 并无明显影响。综上实验结果可以看出，海水酸化对威氏海链藻生产 DMSP 没有影响，而 pH=7.9 的酸化条件能够增加链状亚历山大藻的 DMSP 浓度，表明一定程度的酸化可能会促进链状亚历山大藻产生 DMSP。此结果与 Archer 等（2013）、Spielmeyer 和 Pohnert（2012）的研究一致，结果表明在 790μatm 和 700μatm 的 CO_2 条件下 DMSP 浓度有所增加，然而 Avgoustidi 等（2012）却得出相反的结论，海水酸化使得 DMSP 浓度降低。因此，海水酸化对海洋微藻释放 DMSP 的影响可能因藻种差异而不同。

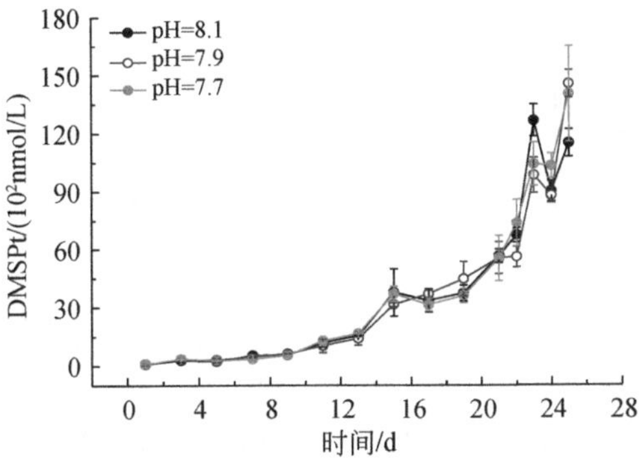

图 7-29　三种 pH 条件下威氏海链藻 DMSP 浓度的变化

8. 三种 pH 条件下链状亚历山大藻 DMSO 浓度的动态变化

三种 pH 条件下链状亚历山大藻 DMSO 浓度随时间的变化如图 7-30 所示，实验初期 DMSO 浓度均低于 5nmol/L，并且在前 13d 内一直维持较慢的增长速率，这可能与培养前期 Chl-*a* 浓度较低有关。各实验组中 DMSO 浓度从第 17d 开始有较为明显的增加，在第 27d 达到峰值，滞后于 DMS，这可能与实验后期藻细胞进入衰亡期时细胞破裂释放出大量 DMSO 以及 DMS 的光化学氧化生成 DMSO 有关。总体来看，三种 pH（8.1、7.9 和 7.7）条件下链状亚历山大藻 DMSO 的平均浓度依次为（13.64±1.78）nmol/L、（12.77±0.53）nmol/L 和（13.13±2.15）nmol/L。三种 pH 条件下 DMSO 的浓度两两之间并无明显差异（$P > 0.05$），表明海水酸化对链状亚历山大藻释放 DMSO 无明显影响。

9. 三种 pH 条件下威氏海链藻 DMSO 浓度的动态变化

如图 7-31 所示，在威氏海链藻培养的初期，三种 pH 条件下 DMSO 的浓度变化较小，第 13d 后显著增加，pH=8.1 和 pH=7.9 实验组均在第 15d 达到第一个峰值，而 pH=7.7 实验组则在第 21d 达到第一个峰值，此时 DMSO 的浓度明显高于 pH=8.1。总体上，pH=8.1、pH=7.9 和 pH=7.7 条件下 DMSO 的平均浓度分别为（20.46±1.43）nmol/L、（21.47±2.56）nmol/L 和（24.56 ± 2.57）nmol/L，pH=7.7 条件下 DMSO 的浓度较 pH=8.1 和 pH=7.9 分别增加 20%（$P > 0.05$）和 14%（$P > 0.05$），虽然 DMSO 在 pH=7.7 条件下略高于其他两个条件，但两两之间却不存在统计学差异。因此，海水酸化可能对威氏海链藻释放

DMSO 并无明显影响。综合两种藻类培养过程中 DMSO 的变化结果，可以看出海水酸化对链状亚历山大藻和威氏海链藻生产 DMSO 均没有明显影响。但是 Zindler-Schlundt 等（2015）的研究表明海水 pH 的降低会抑制海洋微藻释放 DMSO，这可能与藻种差异有关，该实验藻种主要包括聚球藻和伸长斜片藻等。因此不同种类的海洋微藻对海水酸化的响应可能存在一定的差异。

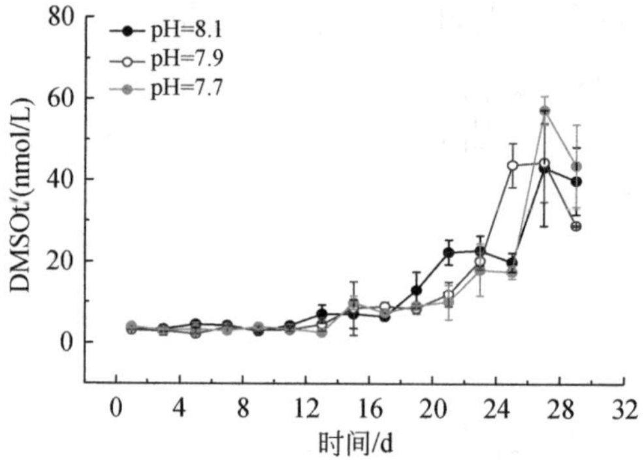

图 7-30　三种 pH 条件下链状亚历山大藻 DMSO 浓度的变化

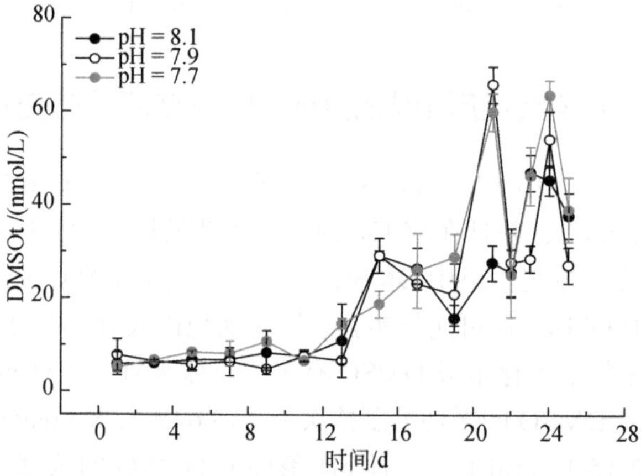

图 7-31　三种 pH 条件下威氏海链藻 DMSO 浓度的变化

10. 三种 pH 条件下链状亚历山大藻 DLA 的动态变化

三种 pH 条件下链状亚历山大藻 DLA 随时间的变化如图 7-32 所示，在实验的前 11d DLA 呈现一致的变化规律，与 Chl-*a* 一样维持在较低的水平。随后 pH=7.9 和 pH=7.7 的 DLA 逐渐高于 pH=8.1 条件下的 DLA，在第 19d 达到峰值［pH=7.9，18.40nmol DMS/（L • h）；pH=7.7，27.13nmol DMS/（L • h）］，并且显著高于 pH=8.1条件下的 12.17nmol DMS/（L • h），之后 DLA 逐渐降低并在第 25d 达到极小值，与 DMS 的变化趋势一致。总体上，三种 pH（8.1、7.9 和 7.7）条件下链状亚历山大藻的 DLA 的平均值依次为（10.17±0.30）nmol DMS/（L•h）、（12.27±1.13）nmol DMS/（L•h）和（14.43±1.74）

nmol DMS/（L·h）。pH=7.9 和 pH=7.7 的 DLA 较 pH=8.1 分别升高了 21%（t=2.321，df=14，P=0.036）和 42%（t=2.903，df=14，P=0.012），并且两个酸化实验组无显著差异（P > 0.05）。因此海水酸化能够增加链状亚历山大藻的 DLA。

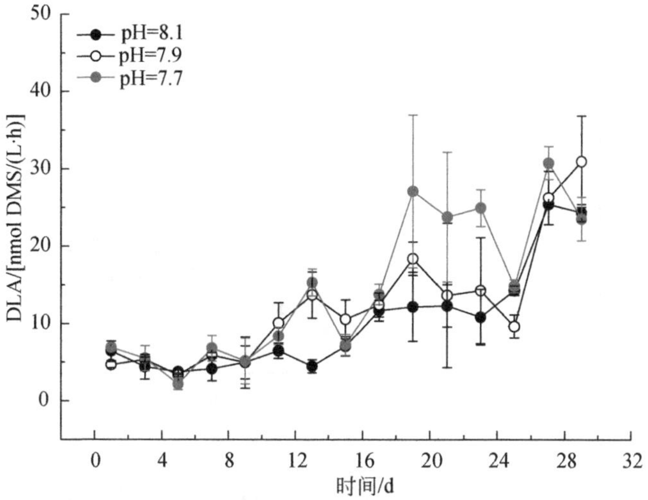

图 7-32　三种 pH 条件下链状亚历山大藻 DLA 的变化

11. 三种 pH 条件下威氏海链藻 DLA的动态变化

威氏海链藻的 DLA 在实验的前期均保持在低水平状态，随 Chl-a 浓度的不断增加，DLA 也呈现逐渐上升的趋势，并且 pH=8.1 的 DLA 略高于另外两个酸化实验组（图 7-33）。实验后期 DLA 均显著升高。总体而言，三种 pH（8.1、7.9 和 7.7）条件下的 DLA 平均浓度分别为（13.84±2.32）nmol DMS/（L·h）、（10.36±2.12）nmol DMS/（L·h）和（10.84±2.02）nmol DMS/（L·h），pH=7.9 和 pH=7.7 的 DLA 较 pH=8.1 分别降低了 25%（t=2.442，df=14，P=0.028）和 22%（t=2.234，df=14，P=0.042），表明海水酸化能够降低威氏海链藻的 DLA，并且在 pH=7.9 和 pH=7.7 之间无明显差异（P > 0.05）。总体来看，海水酸化能够提高链状亚历山大藻的 DLA，却降低了威氏海链藻的 DLA。海洋环境中的 DMSP 裂解酶广泛存在于海洋生物当中，主要包括浮游植物（Niki et al.，2000；Stefels and van Boekel，1993）、细菌（De Souza and Yoch，1995）及真菌（Bacic and Yoch，1998）等。Steinke 等（1998）研究了不同株系的颗石藻在不同 pH 条件下的 DLA 的变化情况，结果表明在 pH=2 ～ 8 条件下 *E.huxleyi* 370 的 DLA 随 pH 升高而升高，而 *E.huxleyi* 374/1516 和 *E.huxleyi* 373/379 的 DLA 分别在 pH=5 和 pH=6 时达到最高。然而 Vogt 等（2008）的中尺度围隔实验结果表明，海水 CO_2 浓度增加对 DLA 没有明显影响，该实验采用未过滤的原位海水，浮游植物种群较为复杂，主要包括硅藻、定鞭金藻、甲藻及颗石藻等，与本研究的单种培养有差别。因此海水酸化对 DLA 的影响也因藻种不同而具有差异。

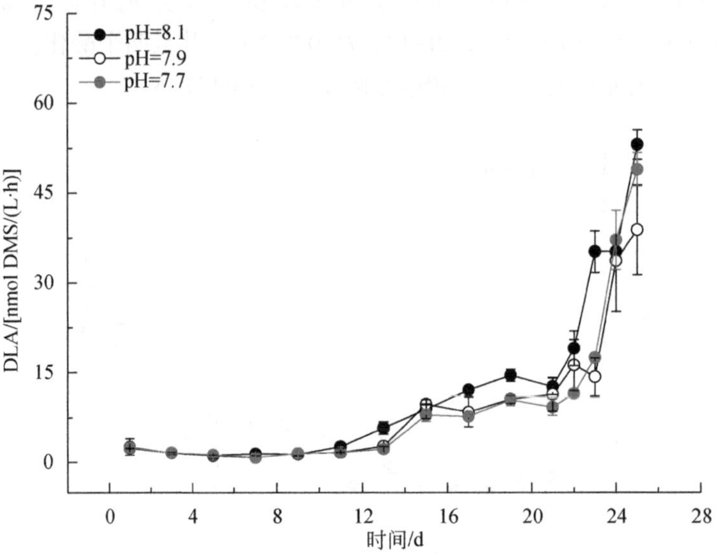

图 7-33　三种 pH 条件下威氏海链藻 DLA 的变化

12. 三种 pH 条件下二甲基硫化物浓度、DLA 与 Chl-*a* 浓度的相关性分析

利用 SPSS16 软件分别对链状亚历山大藻和威氏海链藻培养体系中的 DMS 浓度、DMSP 浓度、DMSO 浓度、DLA 及 Chl-*a* 浓度进行相关性分析（表 7-8）。在链状亚历山大藻和威氏海链藻培养体系中，DMS 浓度、DMSP 浓度、DMSO 浓度及 DLA 在三种 pH 条件下均与 Chl-*a* 浓度显著相关，在藻类培养实验中，由于培养环境较为单一，因此水体中 DMSP 裂解酶可能主要来源于藻类的释放。两种微藻的 DMS 浓度与 DLA 之间均存在密切的相关性，并且 DMS 浓度与 DLA 对海水酸化的响应较为一致，因此 DLA 在 DMSP 降解产生 DMS 的过程中发挥着重要作用。威氏海链藻培养体系中，DMS 浓度与 DLA 的相关性在 pH=8.1（R=0.757，$P < 0.01$）和 pH=7.9（R=0.738，$P < 0.01$）条件下弱于 pH=7.7（R=0.874，$P < 0.01$），海水 pH 的降低可能会使威氏海链藻的 DMS 浓度与 DLA 的相关关系更加密切。此外，链状亚历山大藻和威氏海链藻培养体系中，DMS 浓度与 DMSP 浓度和 DMS 浓度与 DMSO 浓度之间也存在相关性，且 DMSO 浓度与 DMS 浓度在 pH=7.9 和 pH=7.7 条件下的相关性均弱于 pH=8.1，pH 降低可能会影响二甲基硫化物的生产消费过程及降解过程，进而削弱 DMS 浓度与 DMSO 浓度的相关关系。Hatton 等（2004）的研究发现，DMS 浓度与 DMSO 浓度之间存在显著的正相关关系，这可能与 DMS 和 DMSO 之间复杂的转化途径有关。此外，由于 DMSP 与 DMSO 在浮游植物细胞内具有相似的生理功能，因此 DMSP 浓度与 DMSO 浓度也存在一定的相关性。

表 7-8　链状亚历山大藻和威氏海链藻培养体系中三种二甲基硫化物浓度、DLA 及 Chl-*a* 浓度之间的相关性分析

项目	链状亚历山大藻				威氏海链藻			
	DMS	DMSP	DMSO	DLA	DMS	DMSP	DMSO	DLA
DMS（pH=8.1）	1.000	0.892**	0.898**	0.883**	1.000	0.825**	0.803**	0.757**
DMS（pH=7.9）	1.000	0.787**	0.633*	0.808**	1.000	0.821**	0.529*	0.738**
DMS（pH=7.7）	1.000	0.878**	0.810**	0.900**	1.000	0.952**	0.684**	0.874**
DMSP（pH=8.1）	0.892**	1.000	0.900**	0.917**	0.825**	1.000	0.941**	0.947**
DMSP（pH=7.9）	0.787**	1.000	0.912**	0.806**	0.821**	1.000	0.617*	0.928**
DMSP（pH=7.7）	0.808**	1.000	0.811**	0.833**	0.952**	1.000	0.795**	0.921**
DMSO（pH=8.1）	0.898**	0.900**	1.000	0.948**	0.803**	0.941**	1.000	0.865**
DMSO（pH=7.9）	0.633*	0.912**	1.000	0.635*	0.529*	0.617*	1.000	0.634*
DMSO（pH=7.7）	0.810**	0.811**	1.000	0.703**	0.684**	0.795**	1.000	0.698**
DLA（pH=8.1）	0.883**	0.917**	0.948**	1.000	0.757**	0.947**	0.865**	1.000
DLA（pH=7.9）	0.808**	0.806**	0.635*	1.000	0.738**	0.928**	0.634*	1.000
DLA（pH=7.7）	0.900**	0.833**	0.703**	1.000	0.874**	0.921**	0.698**	1.000
Chl-*a*（pH=8.1）	0.875**	0.904**	0.966**	0.948**	0.781**	0.872**	0.872**	0.855**
Chl-*a*（pH=7.9）	0.807**	0.940**	0.891**	0.848**	0.873**	0.570*	0.570*	0.870**
Chl-*a*（pH=7.7）	0.870**	0.938**	0.880**	0.761**	0.907**	0.731**	0.731**	0.821**

* 相关性在 0.05 水平上显著（双尾）。
** 相关性在 0.01 水平上显著（双尾）。

7.2.2　五缘湾中尺度围隔实验

近年来，作者团队依托厦门大学近海海洋环境科学国家重点实验室在厦门五缘湾（24.52°N、117.18°E）搭建的“厦门大学海洋酸化生态响应实验室”（图 7-34）开展了一系列的相关实验研究，并取得了初步成果。该平台尺寸为 35m × 7m，有每个容量为 4t 的培养水体框架。

1. 海洋酸化对典型海洋微藻生源硫化物生产释放的影响

在围隔实验过程中，不同 CO_2 浓度由 CO_2 加富器（武汉瑞华）提供，实验酸化状态通过 CO_2 加富过程逐渐诱导。培养基体为经过美的中央反渗透净水器（MU801-4T）（孔径为 0.01 ～ 0.1μm）过滤后的五缘湾原位海水。实验分为实验组和对照组，共设有 6 个围隔袋，材质为热塑性聚氨酯（TPU），在可见光（波长 380 ～ 780nm）的透光率为

图 7-34　海洋酸化装置图

100%。选取中国近海 3 种典型海洋微藻三角褐指藻、威氏海链藻和赫氏艾密里藻为研究对象，藻种均取自于厦门大学近海海洋环境科学国家重点实验室海洋环境生理实验室。通过对以上 3 种典型海洋微藻不同 pH 条件下的培养发现，实验组（400 μatm）和对照组（1000 μatm）的 pH 在实验初期略微下降，而随着藻的不断生长繁殖，光合作用消耗的 CO_2 大于外界补充的 CO_2，导致实验组和对照组的 pH 不断增加，而到围隔实验的平台期实验组和对照组的 pH 已经无显著性差异；从总体上看，三角褐指藻是整个围隔实验过程中的优势藻种，其最大浓度达到 1.5×10^6cells/mL，尤其是进入平台期后其生物量可以占到浮游植物总量的 99%；其次为威氏海链藻，其最大浓度达到 8120cells/mL；而赫氏艾密里藻仅在指数生长期内被观察到，并且其最大浓度仅为 310cells/mL。DMS 浓度在指数生长期内一直维持在较低的浓度范围［图 7-35（a）］，实验组和对照组的 DMS 浓度平均值分别为 0.74nmol/L 和 1.03nmol/L。与对照组相比，实验组 DMS 浓度降低了 28%，这表明在指数期内，海洋酸化不利于这 3 种典型海洋微藻 DMS 的生产释放。进入平台期后，DMS 浓度开始迅速增加，对照组和实验组的 DMS 分别于第 25d（112.1nmol/L）和第 29d 达到峰值（101.9nmol/L），与对照组相比，实验组 DMS 浓度变化出现了一定的滞后效应。与 DMS 浓度相比，实验组与对照组的 DMSP 浓度随着 Chl-*a* 浓度和藻细胞数的增加快速升高，到平台期内达到最高值［图 7-35（b）］，在整个围隔实验过程中，实验组和对照组的 DMSP 浓度均与微藻细胞浓度呈现显著正相关（三角褐指藻，实验组 R=0.961，$P < 0.01$，威氏海链藻，实验组 R=0.617，$P < 0.01$；三角褐指藻，对照组 R=0.954，$P < 0.01$，威氏海链藻，对照组 R=0.743，$P < 0.01$），并且实验组和对照组 DMSP 浓度并无显著性差异，表明海洋酸化不会对这 3 种典型海洋微藻 DMSP 的生产释放产生影响。通过对 DMSP 降解菌丰度的分析发现，其变化趋势与 DMS 浓度类似。在指数生长期，DMSP 降解菌丰度也维持在较低浓度，实验组和对照组的 DMSP 降解菌丰度平均值分别为 4×10^5cells/mL 和 5.7×10^5cells/mL，与对照组相比，实验组 DMSP 降解菌丰度大约降低了 29.8%，这与指数生长期内实验组和对照组的 DMS 浓度差异相吻合。另外，与实验组相比，对照组 DMSP 降解菌也出现一定的滞后效应［图 7-35（c）］，这也与 DMS 的变化趋势相吻合，并且 DMS 浓度与 DMSP 降解菌丰度之间存在显著正相关［R=0.643，$P < 0.01$（实验组）；R=0.544，$P < 0.01$（对照组）］。综合以上结果，可以看出，海洋酸化虽然不

会对这 3 种典型海洋微藻 DMSP 的生产释放产生影响，但会影响其共附生的 DMSP 降解菌的生长繁殖，进而影响 DMS 的生产释放。

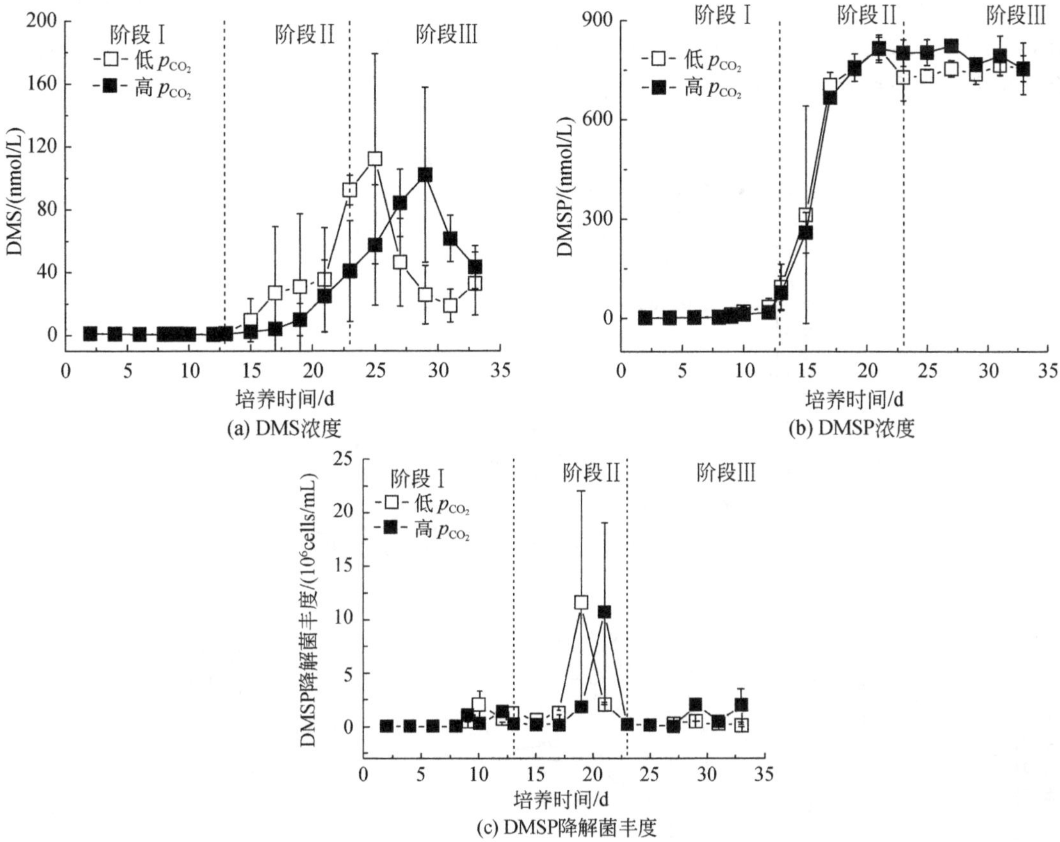

图 7-35　典型海洋微藻围隔实验过程中 DMS 和 DMSP 的浓度动态变化

2. 海洋酸化对中国近海天然海水生源硫化物生产释放的影响

通过对五缘湾天然海水的酸化模拟发现，各实验组 DMS 浓度在不同的 CO_2 条件下呈现了不一样的变化趋势，如图 7-36 所示，在不同的酸化条件下浮游植物的 DMS 释放量与正常条件下（p_{CO_2}=450μatm）具有一定的差别，在实验的第一阶段，初期第 0 ～ 10d 6 组不同 CO_2 条件下的实验组 DMS 释放量均呈现较低水平，且没有明显增加趋势。第 10d 开始，正常 CO_2 条件下的实验组（p_{CO_2}=450μatm）（1#、6# 和 8#）DMS 浓度开始增大，而 CO_2 水平高于正常状态的其他五个实验组中，DMS 浓度的变化有一定滞后现象，暂时无明显增加。第 11d 时，其他五个实验组（2#、3#、4#、5# 和 7#）DMS 均开始上升，且增加速率明显高于正常 CO_2 水平的实验组。之后所有实验组中 DMS浓度基本呈现持续增加趋势，六个不同 CO_2 条件下浮游植物释放 DMS 的速率逐渐显示出较为明显的差别。在第一阶段，4#（p_{CO_2}=1750μatm）和 3#（p_{CO_2}=1450μatm）两个实验组浮游植物生产 DMS 的能力明显占据优势地位，其他实验组 DMS 的释放速率没有明显的差别，2#（p_{CO_2}=2000μatm）和 5#

（p_{CO_2}=1150μatm）最初 DMS 的释放速率略高于正常 CO_2 水平的实验组，但在培养第 16d 后开始低于正常 CO_2 水平的实验组，而 7#（p_{CO_2}=850.μatm）实验组在第 14d 后出现了下降的趋势，其 DMS 浓度明显低于其他实验组。至第二阶段结束（第 20d），4# 实验组中 DMS 的浓度最高；2#、5# 和正常 CO_2 水平的实验组浓度基本接近，7# 实验组最低。各实验组的培养基质稀释后，DMS 浓度均出现了不同程度的降低。

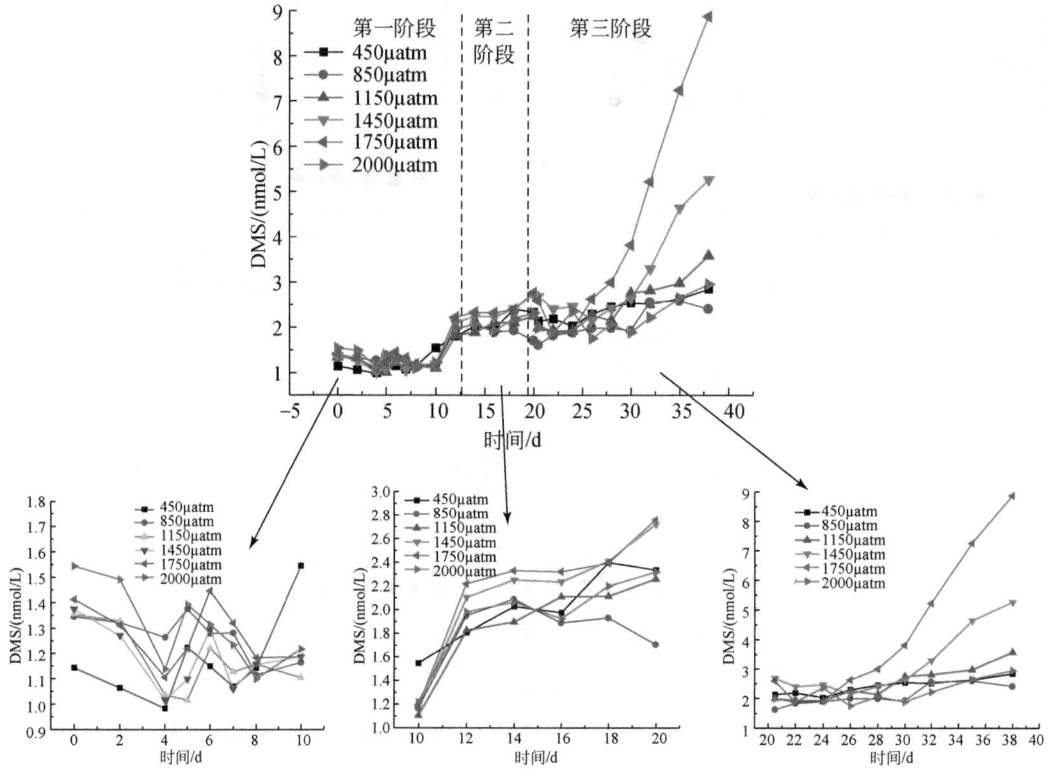

图 7-36　天然海水围隔实验 6 个实验组中 DMS 浓度的动态变化

在中尺度围隔实验进行的第二阶段，最初几天各实验组中 DMS 浓度均无明显变化，实验进行到第 26d 时，4# 实验组中 DMS 开始显著增加，至实验结束，该实验组 DMS 最终浓度已明显高于其他实验组。DMS 的第二浓度高值出现在 3# 实验组。在第一阶段 DMS 释放量维持在较低范围内的 5# 实验组在第二阶段的释放速率有所增加，至实验结束时其浓度水平仅次于 3# 实验组和 4# 实验组，而其他三个实验组 DMS 浓度基本接近。

对于 DMS 释放量最大的 4# 实验组，DMS 的浓度变化范围为 1.41 ～ 2.76nmol/L（第一阶段和第二阶段）和 2.59 ～ 8.87nmol/L（第三阶段）；正常 CO_2 水平的实验组内 DMS 浓度变化水平为 1.14 ～ 2.33nmol/L（第一阶段和第二阶段）和 2.14 ～ 2.84nmol/L（第三阶段）。当 CO_2 浓度增加到一定水平时，海洋酸化对围隔实验中 DMS 的生产释放有一定的促进作用，但海水酸化程度的不同，对 DMS 的生产释放影响是不同的，过高或过低程度的酸化海水对围隔实验中 DMS 的产生影响不显著。此外，在此次的围隔实验中，海水

pH 的调控是通过向海水中持续通入 CO_2 气体的方法实施的，通气造成的水体持续鼓泡作用可以带走水体中溶解的大量 DMS，而且本次实验选取藻种均为 DMS 低产藻种，多方面因素造成了整个实验过程中 DMS 浓度极度偏低，在海水酸化对海洋微藻释放 DMS 的影响方面无法找到固定的规律，仍需要进一步改进实验方法，尤其需要加强 pH 调控技术的更新，避免实验过程中 DMS 逸出造成的损失。

如图 7-37 所示，在实验进行的前期（第 0 ～ 10d）DMSP 的浓度变化规律基本与 Chl-*a* 的浓度变化规律一致，所有实验组 DMSP 浓度均从第 5d 开始增加。第 10d 以后，所有实验组浮游生物量开始降低时，DMSP 的浓度仍呈现增长的趋势，一直到实验第 20d，稀释培养基质之前，6 个实验组的 DMSP 都表现出了显著的降低，可能与培养基中营养盐逐渐耗尽有关，围隔袋中浮游植物逐渐进入衰亡期，浮游植物合成 DMSP 的过程主要是通过藻细胞利用培养环境中的硫，通过自身的同化作用合成半胱氨酸和高胱氨酸，其进一步生成的甲硫氨酸在去甲基化的作用下可最终生成 DMSP，到藻类生长的最后时期，其合成 DMSP 的能力也已经下降，但海水中的 DMSP 在裂解酶的作用下，可以大量转化成 DMS。因此源的减少和汇的增加，可能是第 20d DMSP 浓度水平都出现显著下降的主要原因。

在实验进行的第二阶段，稀释后全部实验组中 DMSP 浓度略有减少，第 22d 以后 4# 实验组的 DMSP 浓度出现了显著的增加趋势，而其他实验组则在第 24d 后开始增加，增加

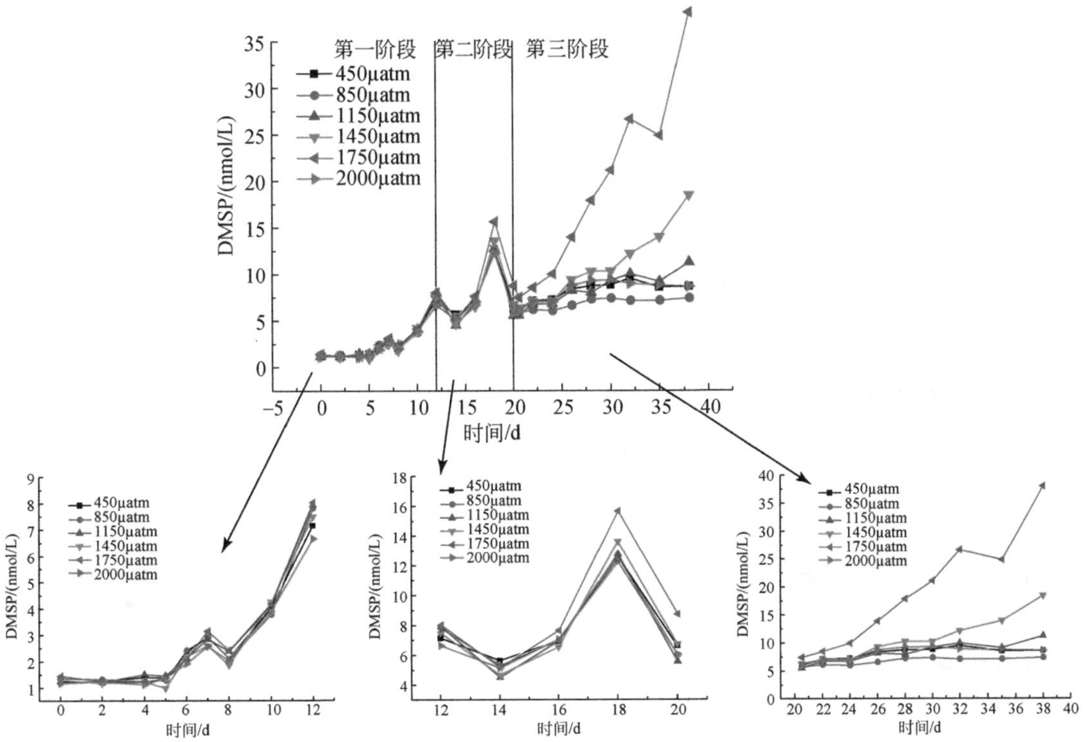

图 7-37　围隔实验 6 个实验组中 DMSP 浓度的动态变化

速率明显低于 4# 实验组，而在实验第一阶段 DMSP 浓度增加不明显的 5# 实验组中 DMSP 增加速率开始上升，明显高于除 4# 实验组外的其他所有实验组。整个实验进行到最后时期，4# 实验组中 DMSP 的浓度变化趋势与 DMS 相一致，达到了所有实验组的最高值，其次为 3# 实验组。因此，海水的酸化对围隔实验中藻类生产释放 DMSP 的影响与 DMS 类似，过高或过低的海水 pH 可能对 DMSP 的生物生产影响不显著，但是一定浓度的 CO_2 水平可能会促进藻类 DMSP 的生产。

围隔实验中 DMSO 的变化趋势线如图 7-38 所示，6 个实验组中 DMSO 浓度均呈现不断增加的趋势，且增长速率明显高于 DMS 和 DMSP。在实验进行的第一阶段，DMSO 浓度的增长趋势与 DMSP 有一定的相似性，各实验组中 DMSO 总量第 5d 开始明显增长，在 Chl-*a* 浓度达到极值后，DMSO 由于滞后性在第 12d 达到第一个峰值，此时所有实验组中 DMSO 浓度变化基本一致。之后由于藻类进入衰亡期细胞破裂释放大量的 DMSO 进入海

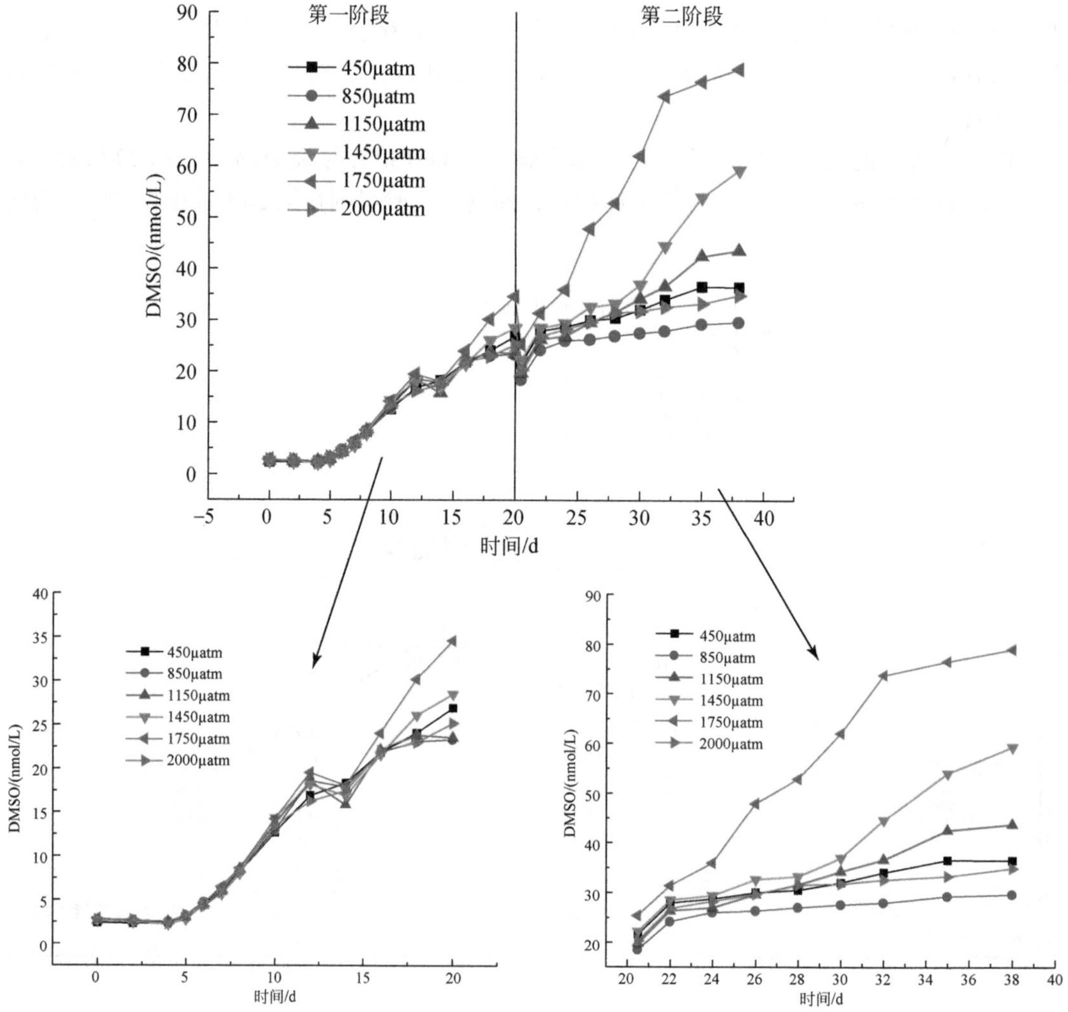

图 7-38　围隔实验 6 个实验组中 DMSO 浓度的动态变化

水，以及 DMS 的化学转化，所有实验组中 DMSO 浓度的增长速率显著提升，其中 4# 实验组和 3# 实验组的 DMSO 浓度水平超过了正常 CO_2 条件下的实验组，而其他三组则低于正常 CO_2 条件下的实验组。在实验的第二阶段，可以观察到 4# 实验组中 DMSO 浓度显著增加，3# 实验组和 5# 实验组次之，另外两组实验组中 DMSO 浓度增加趋势不明显，且释放速率略低于正常 CO_2 条件下的实验组。

在不同 CO_2 条件下各实验组中 3 种二甲基硫化物的单位生物释放量有着明显的区别。总体上来讲，海水的酸化状态会促进围隔实验中二甲基硫化物的生物生产，且 3 种物质单位生物释放量的变化趋势有着显著的一致性（图 7-39）。在培养的前 5d 内，在藻类缓慢生长期整个围隔实验系统中 Chl-*a* 浓度在不断增加，但 DMS、DMSP 和 DMSO 的浓度都没有明显变化，因此 3 种二甲基硫化物的单位生物释放量都呈现了略微降低的趋势。在培养的第 5 ～ 10d，虽然藻类进入了指数生长期，但藻细胞在该时段生长旺盛，不易破裂，因此 3 种二甲基硫化物的单位生物释放量都处于较低水平，无明显变化。第 15d 后，由于系统中营养物质的消耗，围隔内浮游植物已经进入衰亡期，CO_2 浓度得到加富的 5 个实验组（2#、3#、4#、5# 和 7#）3 种二甲基硫化物的单位生物释放量开始明显升高，其中 4# 实验组和 7# 实验组 3 种二甲基硫化物的单位生物释放量增长最为显著，其他 3 个实验组（2#、3# 和 5#）则有一定滞后，单位生物释放量在培养进行的第二阶段才观察到较为显著的提升，而 4# 实验组 3 种二甲基硫化物的单位生物释放量则开始降低，主要原因可能是该实验组中浮游植物生物量在培养后期显著增加，而 DMS、DMSP 和 DMSO 的浓度增加速率相对 Chl-*a* 较慢，从而贡献了低的单位生物释放量。在整个培养实验中，正常 CO_2 条件下的 3 种二甲基硫化物的单位生物释放量变化曲线较为平稳，基本无明显增加，海水的酸化状态可以较大程度地促进围隔实验中 3 种二甲基硫化物的单位生物释放，因此海水酸化可能提高围隔实验中浮游植物生产释放 DMS、DMSP 和 DMSO 的能力，但是在不同浓度的 CO_2 条件下，海水 pH 对海洋微藻生产 DMS、DMSP 和 DMSO 的影响机理仍欠缺系统的研究，无法得出这种差异性的具体原因。

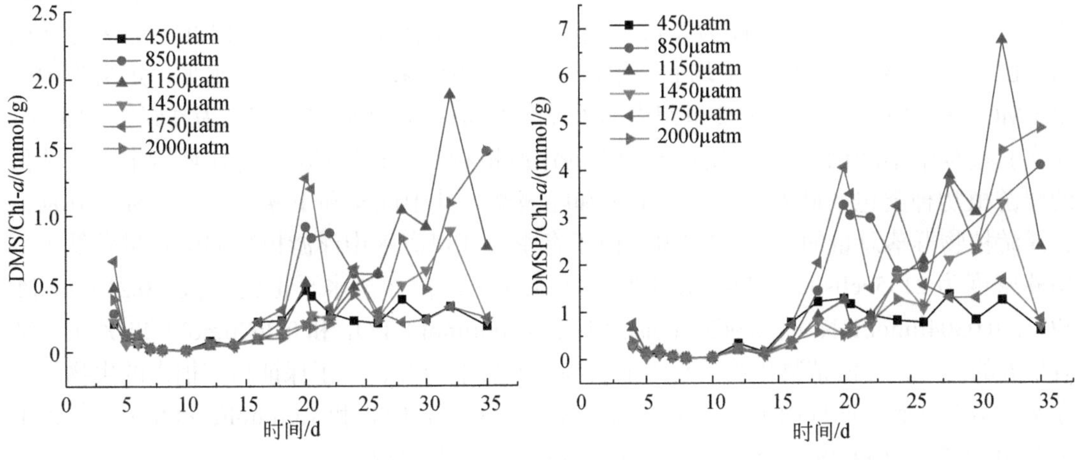

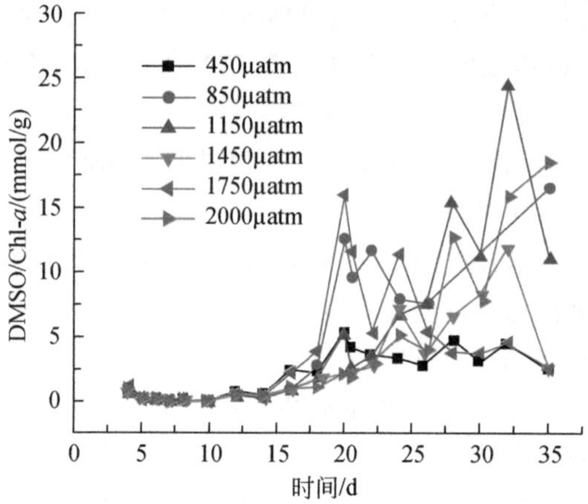

图 7-39 围隔实验中 DMS、DMSP 和 DMSO 单位生物释放量的动态变化

7.2.3 甲板培养实验

调查航次现场的甲板培养实验可以更好地反映海洋酸化对外海表层海水 DMS 释放的影响，本研究于 2016 年 3 月 7 ～ 23 日搭载“润江 1 号”对长江口及其邻近海域表层海水进行了甲板培养实验，由于航次时间较短，为了保证培养时间，返回实验室后继续培养了 5d，整个培养期共 22d。培养所用表层海水是采用装有 CTD 的采水器取至 A6-9 站位（123.50°E、30.56°N）。海水的环境参数由 CTD 得到，初始温度和盐度分别为 12.33°C 和 33.79。培养实验首先采集 200L 表层海水，将其中 180L 表层海水均匀地分装在 9 个 20L 培养桶中，培养桶的材质为聚碳酸酯材料，具有较好的透光性，能够保证浮游植物正常生长所需要的光照，9 个培养桶分别标记为 M1、M2、M3、M4、M5、M6、M7、M8 和 M9。将剩余的 20L 表层海水用 0.2μm 聚醚砜滤膜过滤除菌，然后连续通入无菌 CO_2 气体直至饱和，用该 CO_2 饱和海水调节 9 个培养桶内海水的 pH，经过一天的调节稳定使不同的培养桶海水达到期望的 pH。实验条件共设置 3 个 pH，每个 pH 有 3 个平行组：① M1 ～ M3 海水的平均 pH 为 8.1，该 pH 水平与目前海洋平均 pH 相近，定义为低碳组（LC）；② M4 ～ M6 的平均 pH 为 7.9，为 21 世纪末预计海水 pH 水平，定义为中碳组（MC）；③ M7 ～ M9 为 22 世纪中期预计海水 pH，平均为 7.7，定义为高碳组（HC）。在实验过程中不断调节 pH，使培养桶内的浮游植物处于稳定的海水 pH 环境中。该站位的浮游植物种类包括硅藻、甲藻、金藻和隐藻类，其中硅藻和甲藻为主要藻种，分别占到浮游植物群落总量的 67% 和 32%。由于春季长江口海水中浮游植物的生物量较低（平均藻密度为 2135cells/L，Chl-*a* 浓度为 0.460μg/L），营养盐水平也比较低（0.216μmol/L NO_3^-、0.0304μmol/L NO_2^-、0.963μmol/L NH_4^+、0.706μmol/L PO_4^{3-} 和 0.767μmol/L SiO_3^{2-}），随着培养的进行，浮游植物生物量有可能会降低而影响研究，为了保证培养桶内的生物量，在实验培养开始前向桶内加入等量的营养盐（17μmol/L NO_3^- 和 1.0μmol/L PO_4^{3-}）。每天上午 9:00 或隔天对 DMS、DMSP、DMSO 及相关参数进行取样。

1. 酸化培养实验中 pH 与生物量的动态变化

在酸化培养实验的初级阶段，将各培养桶内的 pH 调节到设定值，初始碳酸盐参数见表 7-9。实验初期各培养桶内 pH 相对较稳定，pH 基本可以控制在比较稳定的范围内。但是在实验的第 9 ～ 12d 及第 18 ～ 20d，LC 组、MC 组和 HC 组的 pH 出现波动，均有明显升高的趋势，调节比较困难，实际 pH 与设定值有一定的偏差，这可能是由于培养桶内生物量迅速增加，藻类暴发，Chl-*a* 浓度明显升高，其光合作用明显强于呼吸作用，消耗大量的 CO_2，改变了培养桶内海水的碳酸盐体系，导致水体内的 H^+ 逐渐降低，pH 升高。随着后期实验的进行，pH 又稍有下降（图 7-40）。

表 7-9　LC 组、MC 组和 HC 组中碳酸盐参数的初始浓度

	pH	DIC/（μmol/kg）	p_{CO_2}/μatm	HCO_3^-/（μmol/kg）	CO_3^{2-}/（μmol/kg）
LC 组	8.1	2271	389.2	2087.2	168.0
MC 组	7.9	2263	635.9	2130.0	107.1
HC 组	7.7	2274	1040.7	2164.0	67.5

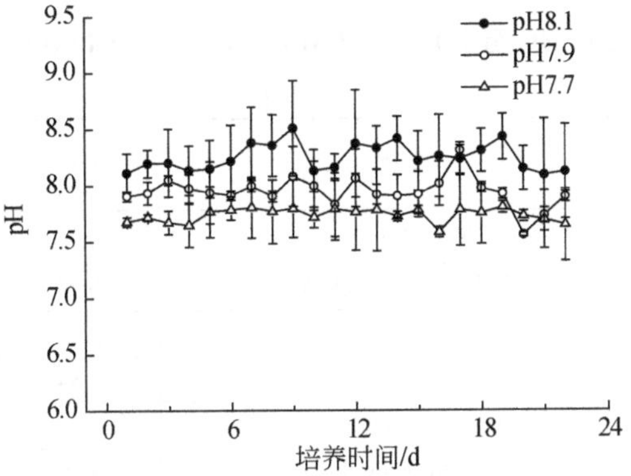

图 7-40　酸化培养实验中 pH 的动态变化

在实验过程中培养桶内的浮游植物的生物量及种类都发生了变化，在培养末期，三组培养中的浮游植物的生物量及种类存在较大差别，随着实验的进行 HC 组中的金藻纲（颗石藻）和隐藻纲（隐藻属和红胞藻属）都逐渐消失，后期 HC 组中的生物量和种类均低于 LC 组。随着浮游植物种类的减少，在第 18d 时，硅藻逐渐成为优势藻种，而且在 MC 组中有最大生物量（平均为 4360cells/L），高于 LC 组（2710cells/L）和 HC 组（980cells/L），而甲藻则是在 HC 组中最大（2210cells/L）。以上结果表明海洋酸化会对长江口海域的浮游植物群落结构造成一定的影响。在一定的范围内，适当地降低 pH 有可能会促进硅藻生长，而 pH 过低则不利于硅藻生长。

Chl-*a* 是浮游植物生物量的一个重要指标，本研究使用色素值（Chl-*a* 浓度）指示浮游植物的生长状况，实验所测 Chl-*a* 浓度及硫化物等参数的平均值列于表 7-10。三组实验的 9 个培养桶中 Chl-*a* 浓度及其平均值的动态变化如图 7-41 所示。在不同酸化条件下的平行实验组中 Chl-*a* 浓度的变化曲线相似，这说明平行实验组中浮游植物具有相似的生长变化趋势，都表现出明显的指数生长期、稳定生长期和衰亡期。当营养盐加入后，所有培养组中浮游植物的生物量（以 Chl-*a* 浓度表示）急剧增长，并同时在实验的第 7 ～ 8d 达到相对较高的浓度。对比峰值可知，LC 组中 M3 桶内的 Chl-*a* 浓度最大，为 12.6μg/L，最小值是在 LC 组的 M9 中，浓度为 4.27μg/L。在峰值之后，其浓度又迅速降低，在实验末期，浓度已降到较低的浓度。由表 7-10 可知，LC 组、MC 组和 HC 组中 Chl-*a* 的平均浓度分别为（3.14±3.22）μg/L、（2.60±2.31）μg/L 和（2.14±1.72）μg/L，LC 组中 Chl-*a* 的平均浓度最高，MC 组和 HC 组的 Chl-*a* 浓度相对 LC 组明显降低了 17% 和 32%，这可能是因为较低的 pH 条件影响了浮游植物细胞的膜电化学势、酶活性及二氧化碳浓缩机制，从而影响了该站位浮游植物的生长，尤其对颗石藻、隐藻属和红胞藻属产生负面影响。为了确定不同实验组浓度之间是否具有显著性差异，还对其进行了统计学分析，分析结果表明，对整个实验过程来讲，MC 组和 HC 组中 Chl-*a* 浓度的平均值与 LC 组并没有显著性差异（MC 组：t=0.53，df=28，P=0.600；HC 组：t=1.055，df=28，P=0.300），而在实验的第 8 ～ 13d，LC 组和 HC 组中 Chl-*a* 的平均浓度明显不同，经 t 检验法检验发现，二者确实存在显著性差异（t=2.393，df=8，P=0.044），这表明海洋酸化在不同的阶段对浮游植物的影响不同，海水 pH 对浮游植物生长的影响主要体现在其生长的第 8 ～ 13d。

表 7-10　LC 组、MC 组和 HC 组中 DMS、DMSP、DMSO、Chl-*a* 的浓度及细菌丰度在整个实验过程的平均值

分组（pH±s.d.）	参数	浓度		
		最小值	最大值	平均值
LC 组（pH=8.110±0.017）	Chl-*a*/（μg/L）	0.06	12.63	3.14±3.22
	细菌丰度 /（10^8cells/L）	0.29	5.06	2.09±1.78
	DMS/（nmol/L）	3.03	55.76	16.50±2.38
	DMSPd/（nmol/L）	3.54	71.19	20.22±2.47
	DMSPp/（nmol/L）	17.87	131.72	69.50±1.90
	DMSOd/（nmol/L）	26.87	85.77	44.85±1.67
	DMSOp/（nmol/L）	6.99	64.94	32.26±2.79
MC 组（pH=7.900±0.022）	Chl-*a*/（μg/L）	0.08	11.05	2.60±2.31
	细菌丰度 /（10^8cells/L）	0.23	6.07	2.78±2.12
	DMS/（nmol/L）	1.79	45.52	13.42±2.02
	DMSPd/（nmol/L）	2.88	56.50	18.88±1.81
	DMSPp/（nmol/L）	12.91	147.63	57.53±7.34
	DMSOd/（nmol/L）	18.30	75.79	37.88±6.64
	DMSOp/（nmol/L）	8.24	64.02	31.42±1.64
HC 组（pH=7.720±0.029）	Chl-*a*/（μg/L）	0.03	10.00	2.14±1.72
	细菌丰度 /（10^8cells/L）	0.44	9.60	3.74±3.35
	DMS/（nmol/L）	1.98	30.59	10.65±7.25
	DMSPd/（nmol/L）	2.93	83.21	19.00±2.40
	DMSPp/（nmol/L）	14.41	89.34	54.61±1.65
	DMSOd/（nmol/L）	18.51	71.71	37.87±0.65
	DMSOp/（nmol/L）	7.67	64.15	29.44±1.95

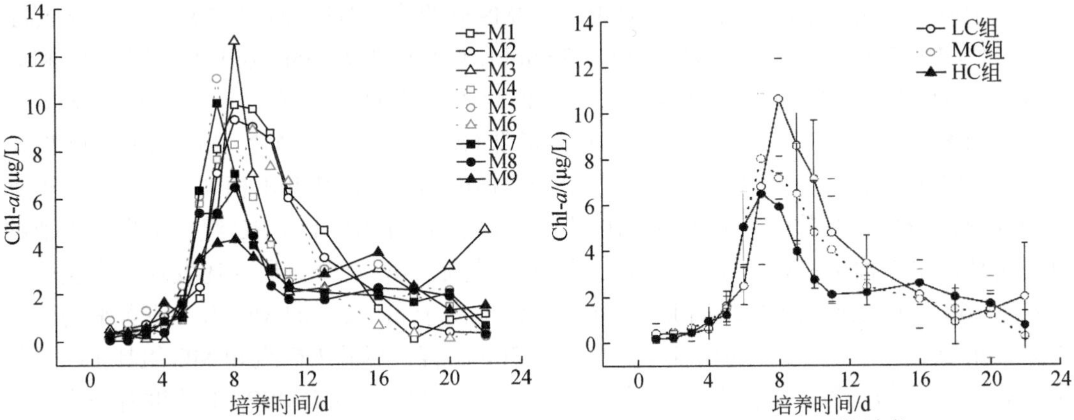

(a) Chl-*a*浓度　(b) Chl-*a*平均浓度

图 7-41　酸化培养实验各个培养组中 Chl-*a* 浓度及其平均值的动态变化

2. 酸化培养实验中 DMS、DMSP 和 DMSO 的浓度动态变化

各实验组中 DMS 浓度在不同的 pH 条件下变化趋势如图 7-42 所示。DMS 的浓度变化规律和 Chl-*a* 很相似。当 Chl-*a* 的浓度达到最大值时，LC 组和 MC 组中 DMS 的浓度也出现最高值，分别为 55.76nmol/L 和 44.86nmol/L，而 HC 组中的 DMS 浓度出现最大值（30.58nmol/L）的时间相对于 LC 组和 MC 组滞后 2d。由于不同 pH 条件的影响，浮游植物生产释放 DMS 的量不同，LC 组中 DMS 浓度的增长速度明显高于 MC 组和 HC 组。通过对比，MC 组（13.42nmol/L）和 HC 组（10.65nmol/L）的 DMS 平均浓度相对 LC 组（16.50nmol/L）分别降低了 19%、35%。该结果与 Avgoustidi 等（2012）在 2006 年的培养实验所提到的高 CO_2 条件下 DMS 降低的结果大致相同。同样，为了判断三者之间的差异是否显著，对其不同阶段的 DMS 平均浓度进行了比较分析，结果表明，在第 6 ～ 11d LC 组和 HC 组的 DMS 浓度之间的差异是比较显著的（t=2.492，df=8，P=0.037），这说明 pH 主要在培养前期对生物生产 DMS 的过程产生较大的影响，而在后期其影响逐渐减小。

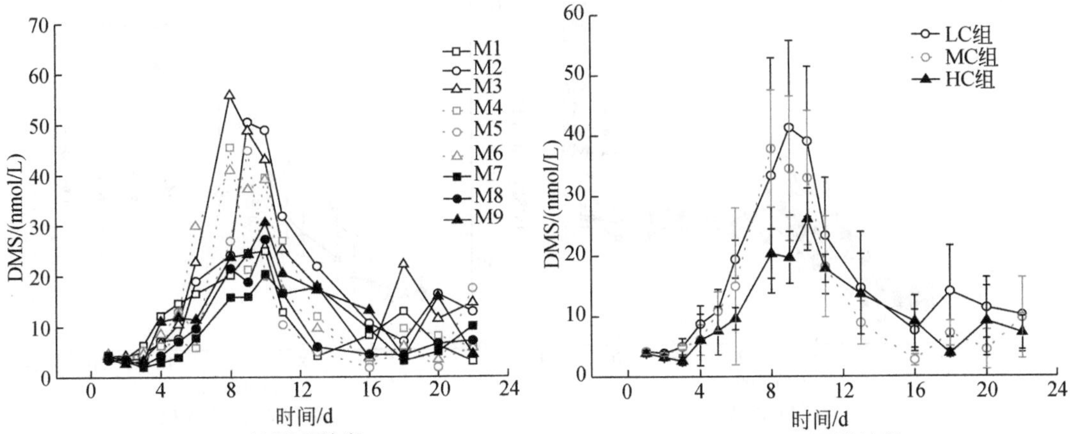

(a) DMS浓度　(b) DMS平均浓度

图 7-42　酸化培养实验各个培养组中 DMS 浓度及其平均值的动态变化

对于所有的实验组进行统计，DMSPd 和 DMSPp 的浓度范围分别为 2.88 ～ 83.21nmol/L（平均为 19.37nmol/L）和 12.91 ～ 147.63nmol/L（平均为 60.55nmol/L）（图 7-43 和表 7-10）。实验初期，M1、M3、M4、M8 和 M9 培养桶中 DMSPd 的浓度呈逐渐上升的趋势，在第 8d 达到稳定生长期，随后又继续降低直到实验结束。M2、M5、M6 和 M7 培养桶中 DMSPd 的浓度变化趋势与上述 5 个培养桶内的变化趋势并不相同，这四个培养桶中 DMSP 的浓度在实验的最后阶段均出现第二个峰值，其中 M7（HC 组）出现最大值的时间比其他培养桶中 DMSP 浓度峰值出现的时间滞后 3d。此外，研究还发现，在实验的第 6 ～ 16d，pH 较低的 HC 组的 DMSPd 平均浓度高于 pH 较高的 MC 组，前者平均浓度为 27.7nmol/L，后者为 23.7nmol/L。对于 DMSPp 而言，尽管 HC 组和 MC 组比 LC 组分别降低了 21% 和 17%。整体上看，不同酸化条件下 DMSPd 和 DMSPp 的浓度有一定的变化，但是该差别并没有统计学意义，这可能是，尽管 LC 组中总的藻密度大于 HC 组，但是 HC 组中甲藻的比例相对 LC 组较高，而甲藻是 DMSP 的高产藻种，使得不同酸化条件下 DMSPd 或 DMSPp 的产量差别并不是很大。海洋酸化对 DMSP 浓度的影响没有对 DMS 浓度的影响大，这说明酸化更多的是通过影响 DMSP 与 DMS 之间的转化过程进而间接影

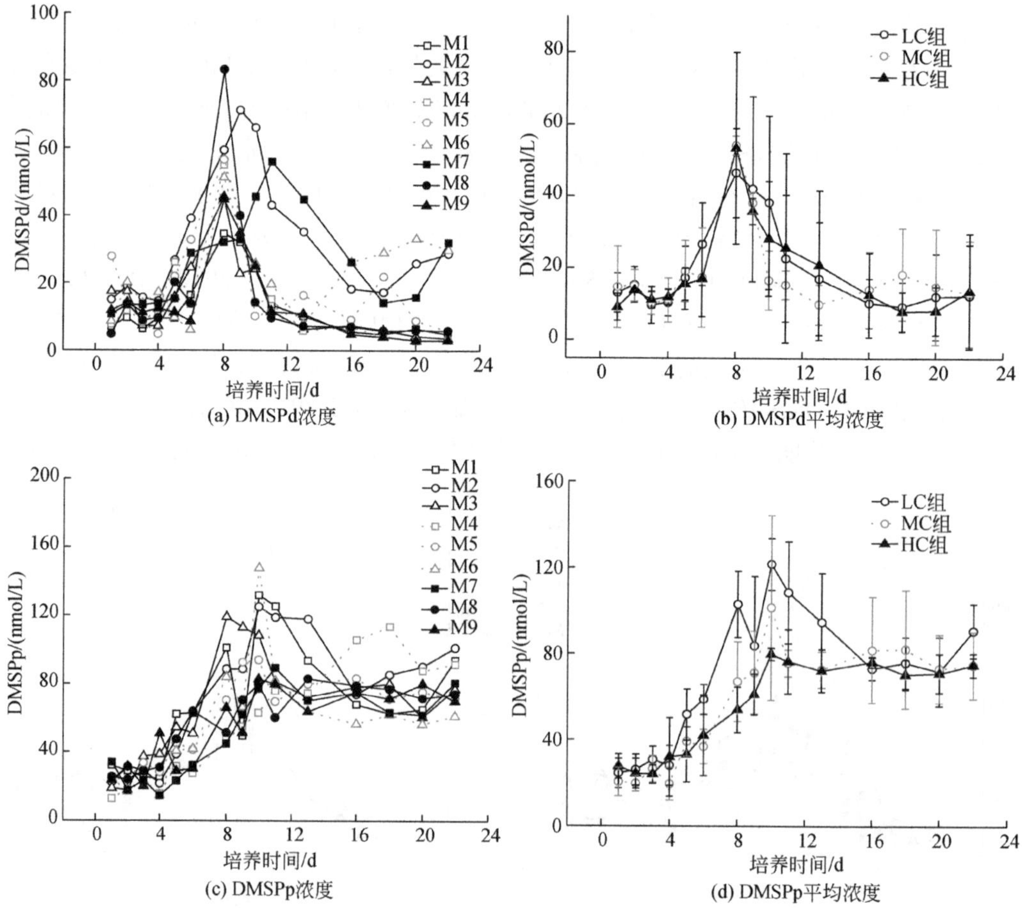

图 7-43　酸化培养实验各个培养组中 DMSPd 和 DMSPp 浓度及其平均值的动态变化

响 DMS 的浓度。DMSP 与 DMS 之间的转化过程主要包括浮游植物和细菌的生产与吸收、病毒感染及浮游动物的摄食过程，pH 降低有可能影响这些过程中的一个或多个过程，所以随着 pH 的降低 DMS 的浓度具有较大的变化。

图 7-44（a）～（d）是 DMSOd 和 DMSOp 浓度在培养过程中的动态变化。DMSOd 和 DMSOp 的浓度范围分别为 18.30 ～ 85.77nmol/L 和 6.99 ～ 64.94nmol/L（表 7-10）。与 DMS 和 DMSP 不同，3 组不同 pH 条件下 DMSOd 的浓度变化趋势明显不同。在 LC 组中，DMSOd 的浓度在第 8 ～ 9d 和第 18d 有两个峰值［图 7-44（a）和（b）］。而 MC 组和 HC 组却不同，其 DMSOd 浓度只呈现缓慢上升趋势，并没有出现明显的峰值，尤其是 M5、M6、M8 和 M9 实验组，这与 Chl-*a* 和 DMS 的变化规律不一致。由图 7-44（d）可以看出，所有实验组中的 DMSOp 的浓度都随着培养时间的增加而呈现逐渐上升的趋势。在初始阶段，DMSOp 的浓度上升速度较快，在第 10 ～ 11d 达到最大值，12d 之后趋于平缓。不同的 pH 条件并没有使 DMSOp 的浓度发生明显变化。

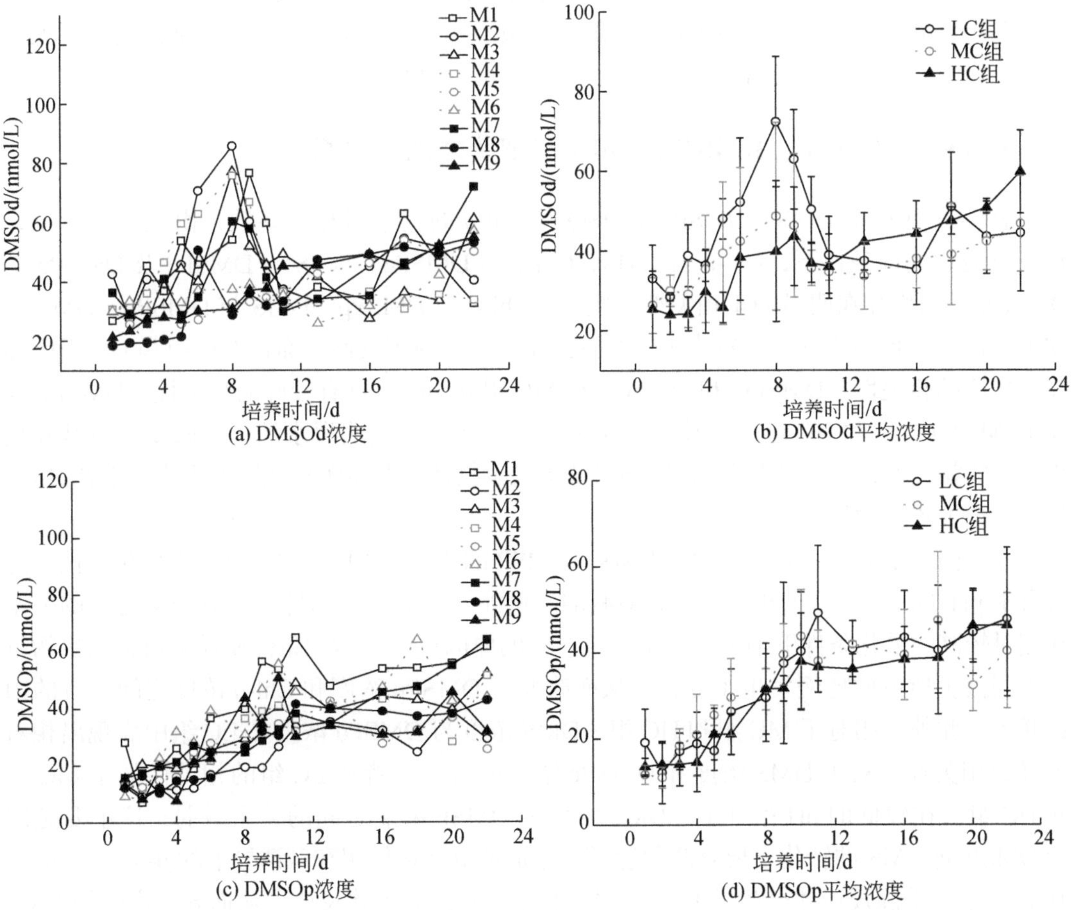

(a) DMSOd浓度　(b) DMSOd平均浓度

(c) DMSOp浓度　(d) DMSOp平均浓度

图 7-44　酸化培养实验各个培养组中 DMSOd 和 DMSOp 浓度及其平均值的动态变化

3. 酸化培养实验中细菌丰度的变化

细菌可以利用DMSP（作为生长基质）来产生DMS，而且通过细菌氧化还原作用DMS和DMSO之间可以相互转化，因此，细菌在海洋硫循环过程中发挥重要作用。Piontek等（2010）的研究表明细菌胞外酶的活性对海水pH的变化非常敏感。因此，海水pH环境变化对细菌生物量及其在二甲基硫化物转化中起到的作用会造成一定的影响。本研究探究了不同pH条件下细菌丰度的变化情况及细菌丰度与二甲基硫化物浓度之间的关系。在LC组、MC组和HC组中，细菌丰度分别为（2.09±1.78）cells/L、（2.78±2.12）cells/L和（3.74±3.35）cells/L。细菌的平均丰度随着海水pH的降低而逐渐增加，最大值出现在HC组（pH=7.7），这与Deppeler等（2018）的研究结果相符，他们认为当p_{CO_2}大于634μatm时，细菌丰度会随着p_{CO_2}的降低而增加，但是不同pH条件下的细菌丰度并没有统计学差异。一些学者认为海水pH对细菌丰度几乎没有影响，他们认为细菌似乎对海洋酸化具有一定的耐pH性。不同条件下细菌丰度的差异并不一定是由pH直接引起的，有可能是因为海洋酸化对浮游植物的影响间接影响细菌丰度。因此，在HC组中出现较高的细菌丰度有可能是因为在较低的pH条件下藻类死亡数量增加，从而为细菌提供了大量的有机物质，为细菌细胞结构的构建及存储葡萄糖的过程提供了能源和碳源。

4. DMS、DMSP、DMSO、Chl-*a*和细菌之间的关系

表7-11列举了DMS、DMSP、DMSO和Chl-*a*的皮尔逊相关系数，由表可以看出，在三组酸化处理条件下，Chl-*a*与DMS、Chl-*a*与DMSPd、DMS与DMSPd及DMSPp与DMSOp之间均存在明显的正相关性。此外，Chl-*a*与DMSPp、DMS与DMSPp、DMS与DMSOd及DMSPd与DMSOd在LC组中也存在较好的相关性，而在MC组和HC组中却没有较好的相关性。DMSOp和DMSOd在MC组和HC组具有较好的相关性，DMSPp与DMSOd在LC组和HC组呈现较好的相关性。以上结果表明海水酸化会改变二甲基硫化物之间的相关性，可能是海水pH影响了藻类的生物活性及生源硫化物的生产与消耗过程，从而影响了硫化物的分布与循环。

鉴于藻类是DMSP的生产者，DMS、DMSP的浓度与Chl-*a*浓度存在直接相关性。随着海水pH的降低，这种相关关系相对减弱。例如，DMSPp浓度和Chl-*a*浓度之间的关系在相对较高的酸化条件下消失，这个现象产生的原因可能是酸化条件使浮游植物总生物量及不同藻类所占的比例发生了变化，从而改变了DMSPp浓度和Chl-*a*浓度之间原有的内在联系。此外，相对于MC组和HC组，DMS浓度与DMSPd浓度在LC组中表现出相对更好的相关性。对于DMS浓度和DMSPp浓度而言，二者在LC组的相关性强于MC组和HC组。在较低的pH条件下，DMS浓度和DMSP浓度之间的关系减弱，这主要是因为DMSP向DMS的转化主要有两种途径，分别是甲基化作用和碱诱导下的β-消除反应，其中只有β-消除反应才会生成DMS，pH降低不利于β-消除反应，从而导致产生的DMS的量降低，使DMS浓度和DMSP浓度之间的相关关系减弱。从以上结果可以看出，DMS

和 DMSPd 的浓度峰值与 Chl-*a* 的浓度峰值非常吻合，并且它们出现最大浓度时，DMSPp 的浓度并不是很高。Nguyen 等（1988）的研究发现生产 DMSP 的藻类在生长的衰亡期会因细胞衰老破裂而释放大量的 DMS 和 DMSPp，从而使水体中 DMS 和 DMSPp 的浓度增加，而此处 DMSPp 的浓度较低，这说明浮游动物的摄食对 DMS 和 DMSPd 的浓度的影响比浮游植物衰老破裂过程的影响更显著。当浮游动物摄食生产 DMSP 的藻类时，会使藻类细胞破裂，DMSP 释放到海水中，使 DMSPd 的浓度增加，通过胞外裂解酶和细菌的作用生成的 DMS 也随之增加。

表 7-11　不同酸化处理条件下二甲基硫化物与 Chl-*a* 的皮尔逊相关系数及相关性水平

分组		Chl-*a*	DMS	DMSPd	DMSPp	DMSOd	DMSOp
LC 组	Chl-*a*	1					
	DMS	0.925**	1				
	DMSPd	0.946**	0.923**	1			
	DMSPp	0.724**	0.732**	0.570*	1		
	DMSOd	0.791*	0.778**	0.789**	0.522*	1	
	DMSOp	0.334	0.380	0.119	0.816**	0.200	1
MC 组	Chl-*a*	1					
	DMS	0.913**	1				
	DMSPd	0.769**	0.784**	1			
	DMSPp	0.409	0.445	0.198	1		
	DMSOd	0.541*	0.533*	0.626*	0.481	1	
	DMSOp	0.400	0.382	0.137	0.929**	0.545*	1
HC 组	Chl-*a*	1					
	DMS	0.657**	1				
	DMSPd	0.756**	0.806**	1			
	DMSPp	0.323	0.570*	0.218	1		
	DMSOd	0.308	0.238	0.080	0.807**	1	
	DMSOp	0.265	0.439	0.157	0.951**	0.896**	1

* 相关性在 0.05 水平上显著（双尾）。
** 相关性在 0.01 水平上显著（双尾）。

在 LC 组中，DMS 浓度与 DMSOd 浓度之间存在明显的相关性（表 7-11），这个结果和 Hatton 等（2004）、Zindler-Schlundt 等（2015）的结果一致，他们的研究结果表明，

DMS 经过细菌氧化可以直接生成 DMSO，使 DMSO 浓度与 DMS 浓度之间存在着较好的相关关系。这种现象在 MC 组和 HC 组中并没有观察到，有可能是因为 pH 降低改变了硫化物的生产、消耗及降解过程。此外，LC 组中 DMSPd 浓度与 DMSOd 浓度之间也表现出明显的相关性（表 7-11），这可能是含有 DMSP 裂解酶的特定细菌将 DMSPd 裂解为 DMS，然后 DMS 被细菌氧化为 DMSOd，因而使 DMSPd 浓度与 DMSOd 浓度之间呈现出较好的相关性。MC 组和 HC 组中没有较好的相关性，这主要是因为 pH 对 DMSPd 向 DMS 的转化过程产生了影响，DMSPd 浓度与 DMSOd 浓度间的关系减弱，这与上述得到的推断相吻合。

Wakeham 等（1987）也对 DMS 浓度和细菌丰度的关系进行了相关研究，其结果表明在一定条件下，细菌消耗 DMS 的过程速度足够快时可以与 DMS 的生产速度相抵消，使海水中的 DMS 浓度不发生改变，这说明 DMS 的细菌消耗是影响其循环分布的一个重要过程。在本研究中，三种酸化处理条件下，DMS 浓度和 DMSOd 浓度都与细菌丰度存在相关性，这说明 DMSP 的细菌降解是该培养实验中 DMS 的一个重要来源，并且 DMS 的细菌氧化也是 DMSOd 的重要来源。HC 组的细菌平均丰度最大（3.74×10^8cells/L），而 DMS 平均浓度最小（10.65nmol/L），并且与 DMS 浓度之间存在更好的相关性，这表明 HC 组中较多的细菌对 DMSP 的消耗量较大或对 DMS 的氧化作用更强，因而 DMS 浓度较低。

5. DMS、DMSPt、DMSOt 的浓度和 Chl-*a* 浓度的比值

由于不同种类的浮游植物细胞中 Chl-*a* 的量各不相同，并且生产二甲基硫化物的能力差异也很大。因此，用 DMS/Chl-*a*、DMSPt/Chl-*a* 和 DMSOt/Chl-*a* 等来衡量单位浮游植物群落生产 DMS、DMSP 和 DMSO 的能力。图 7-45 为 LC 组、MC 组和 HC 组中 DMS/Chl-*a*、DMSPt/Chl-*a* 和 DMSOt/Chl-*a* 随培养时间的变化趋势图，反映了培养过程中不同阶段生物生产 DMS、DMSP 和 DMSO 的能力及 pH 波动引起的浮游植物群落变化。由图 7-45 可以看出，这些比值在第一周迅速降低，具有较明显的变化，后期又逐渐升高，这说明 pH 降低对浮游植物前期生产二甲基硫化物的能力影响较大。在三种不同的酸化条件下，DMS/Chl-*a* 的平均值差异相对较小，MC 组中 DMS/Chl-*a* 的平均值仅比 LC 组降低了 8%。而 DMSPt/Chl-*a* 和 DMSOt/Chl-*a* 的平均值随 pH 的变化规律相反，MC 组和 HC 组的比值比 LC 组分别升高了 22% 和 15%。在培养的最后一天，三个比值都是在 MC 组中最大。DMS/Chl-*a*、DMSPt/Chl-*a* 和 DMSOt/Chl-*a* 在三种酸化条件下的变化规律相似，数值上虽有一定的差别，但并没有显著性差异，该结果表明对整个浮游植物群落来说，其生产二甲基硫化物的能力并没有发生明显变化，这可能是因为该站位浮游植物主要以硅藻为主，虽然硅藻是二甲基硫化物的低产藻种，但由于其所占比例较大，其仍然是生源硫化物的重要贡献者。随着培养时间的增加，优势藻种还是以硅藻为主，因而其总体生产能力并没有显著性差异。

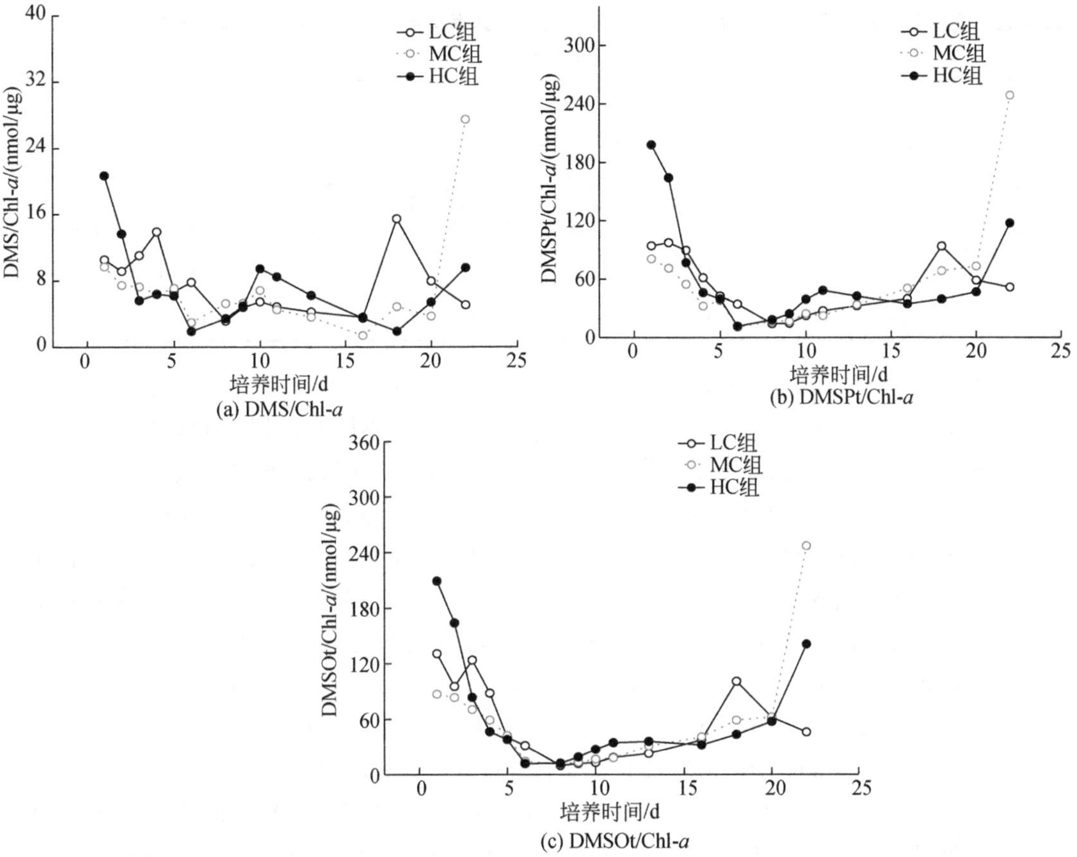

图 7-45　LC 组、MC 组和 HC 组中 DMS/Chl-*a*、DMSPt/Chl-*a*、DMSOt/Chl-*a* 的变化

6. 海洋酸化和光辐射及温度对二甲基硫化物迁移转化的相互作用

通过对长江口 DH6-9 站位 DMS 的光降解培养测定，研究 DMS 在不同光波段照射条件下的光氧化速率及其对全光照下 DMS 光氧化的贡献率，结果列于表 7-12。该实验部分的结果和 2016 年春季东海航次光降解甲板培养实验的结果有类似的规律，DMS 的光氧化反应符合准一级反应，同样地，该部分的光氧化速率常数也根据 Bouillon 和 Miller（2005）提出的一级反应方程式进行计算。不同培养条件下 DMS 的光氧化速率常数列于表 7-12，$K_{全光照}$、K_{UVB}、K_{UVA} 和 $K_{可见光}$变化范围分别为 4.02 ～ 6.32d^{-1}、1.13 ～ 4.73d^{-1}、1.35 ～ 2.37d^{-1} 和 0.24 ～ 0.52d^{-1}，平均值分别为 5.18d^{-1}、3.02d^{-1}、1.75d^{-1} 和 0.41d^{-1}。不同条件下的变化规律与 2016 年春季东海 DH2-2 站位、DH6-1 站位和 DH7-3 站位的培养结果相似，也是在全自然光光照下其光氧化速率最快。此外，由表 7-12 可以得出，在 pH 为 8.1 时 UVA 波段下的光氧化速率比 UVB 波段和可见光下的光氧化速率大，是 DMS 光氧化的最大贡献者（58.96%），UVB 波段下的光氧化贡献率相对较小，可见光下光氧化的贡献率最小。

表 7-12　海洋酸化与光照交叉实验条件下 DMS 的光氧化速率常数、周转时间及贡献率（每组条件下三个平行样）

pH	$K_{全光照}$ /d^{-1}	τ_{photo}/d	K_{UVB} /d^{-1}	UVB 贡献率 /%	K_{UVA} /d^{-1}	UVA 贡献率 /%	$K_{可见光}$ /d^{-1}	可见光贡献率 /%
8.1	4.02	1.19	1.13	28.11	2.37	58.96	0.52	12.93
7.9	5.19	0.92	3.20	61.66	1.53	29.48	0.46	8.86
7.7	6.32	0.76	4.73	74.84	1.35	21.36	0.24	3.80
平均值	5.18	0.96	3.02	55	1.75	37	0.41	9

另外，为了研究海水 pH 对 DMS 光氧化速率的影响，靳娜等（2016）测定了不同海水 pH 下各波段下的光氧化速率。在不同的 pH 条件下，不同光波段下 DMS 的光氧化速率变化规律不同。随着海水 pH 的降低，UVA 波段和可见光波段下的光氧化速率逐渐减少，贡献率分别从 58.96% 降到 21.36% 及从 12.93% 降到 3.80%；在 UVB 波段下，光氧化速率随着海水 pH 的降低而逐渐增加，贡献率具有较大的变化幅度，从 28.11% 上升到 74.84%，这说明海洋酸化对 UVB 波段下的光氧化速率具有促进作用，UVB 波段下的光氧化过程随海水 pH 的变化更加敏感。通过计算全自然光下的光氧化速率可知，DMS 的光氧化周转时间为 1.19d，并且随着 pH 的降低而逐渐缩短。海洋酸化和温度的交叉实验共设置三个 pH（pH=8.1、pH=7.9 和 pH=7.7）条件和两个温度［12℃（现场平均温度）、18℃］，实验共培养 8 h。图 7-46（a）为六个培养条件下（12℃ + pH 8.1、12℃ + pH 7.9、12℃ + pH 7.7、18℃ + pH 8.1、18℃ + pH 7.9 和 18℃ + pH 7.7）DMS 的浓度变化。DMS 的平均浓度变化范围介于（3.9±0.1）nmol/L（12℃ + pH 7.7）和（6.8±0.2）nmol/L（18℃ + pH 7.9）之间。在 12℃条件下，DMS 在 pH=7.7 的海水中的平均浓度最低［（3.9±0.1）nmol/L］，相对 pH=8.1 条件下的浓度［（6.0±0.7）nmol/L］降低了 35%。通过统计学分析发现，低碳组（pH=8.1）和中碳组（pH=7.9）DMS 的浓度没有显著性差异（$P = 0.328$），而低碳组和高碳组 DMS 的浓度存在显著性差异（$P=0.005$）。

从图 7-46（b）可以看出，在相同 pH 下，DMSPp 的平均浓度随温度的升高而升高，这说明温度促进 DMSPp 的生产释放。例如，在 12℃ + pH 8.1 条件下 DMSPp 浓度为（24.3±1.3）nmol/L，而在 18℃下的浓度分别为（27±1.0）nmol/L（pH=8.1）、（31.6±1.2）nmol/L（pH=7.9）和（36±0.4）nmol/L（pH=7.7），均大于 12℃下的 DMSPp 浓度，温度对藻类生产释放 DMSPp 产生了较大的影响（$P < 0.001$），其影响超过了 pH 降低所带来的影响。DMS 和 DMSPp 的浓度最大值分别出现在 18°C + pH 7.9 和 18°C + pH 7.7 条件下，二者最大值均出现在 18°C 条件下，这有可能是 18°C 条件更有利于浮游植物生长，从而促进 DMSPp 和 DMS 的生产释放。对于 DMSPp 来说，在 18°C 条件下各实验组之间均存在显著性差异（$P \leqslant 0.01$），而在 12°C 条件下各实验组之间无显著性差异。双因素方差分析结果显示温度和 pH 对 DMSPp 的生产释放具有交互作用（$P=0.001$），这表明海洋酸化和全球变暖都会对未来海洋中的二甲基硫化物的生物生产过程产生重要的影响。

通过甲板培养实验调查了海洋酸化对浮游植物群落及其生产释放 DMS、DMSP 和

DMSO 的影响，整个实验过程包括浮游植物的指数生长期、稳定生长期和衰亡期，实验中连续测定藻类释放的二甲基硫化物的浓度。通过对比不同 pH 条件下的浓度发现，MC 组中的 Chl-*a*、DMS、DMSPp 和 DMSOd 的平均浓度比 LC 组分别降低了 17%、19%、17% 和 16%，HC 组中的 Chl-*a*、DMS、DMSPp 和 DMSOd 的平均浓度比 LC 组分别降低了 32%、35%、21% 和 16%。而三种酸化条件下的 DMSPd 和 DMSOp 的浓度变化非常小。此外，DMSPt 和 DMSOt 与 Chl-*a* 的比值在最低的 pH 条件下不但没有降低反而比 LC 组分别升高了 22% 和 15%，这表明适当地降低 pH 有可能会增加单位浮游植物生物释放二甲基硫化物的量。细菌丰度随海洋酸化程度的不同也发生变化，进而对 DMS、DMSP 和 DMSO 的循环造成影响。海洋酸化和温度或光辐射的交叉实验表明，温度和酸化对藻类释放二甲基硫化物过程具有耦合效应，而且酸化明显影响了 DMS 的光氧化速率。

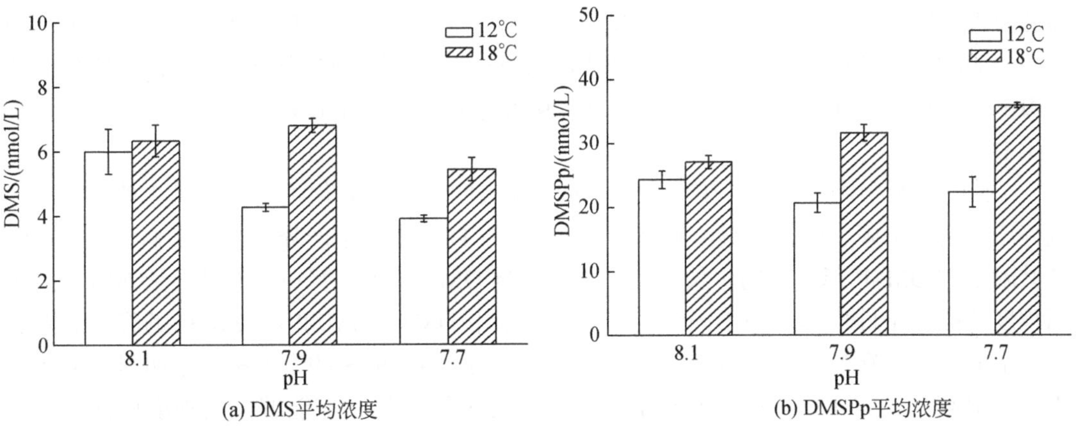

图 7-46　海洋酸化与温度交叉实验条件下 DMS 和 DMSPp 的平均浓度（每组条件下三个平行样）

7.3　结　　论

通过实验室、近海中尺度围隔及船基甲板三种不同环境下的富营养化培养及不同酸化程度的模拟发现，富营养化会明显促进典型微藻及原位海水二甲基硫化物的生产释放，而沙尘沉降和海洋酸化对二甲基硫化物的生产释放则存在一定的不确定性，具体结论如下。

（1）氮限制和磷限制对球形棕囊藻生长影响很大，最适宜生长条件为富磷时 N/P 为 50 ∶ 1。尖刺拟菱形藻在富磷且 N/P 为 5 ∶ 1 时有较高的细胞密度；在贫磷情况下，N/P 为 50 ∶ 1 时细胞密度明显最大。小新月菱形藻贫磷时细胞密度明显减小，说明这种藻对磷有较高的需求。塔玛亚历山大藻在富磷条件下，N/P 为 50 ∶ 1 时最早进入指数生长期，并且有最大的细胞密度。球形棕囊藻的各实验组之间 DMSPd 浓度没有明显差别，富磷条件下的 DMSPp 浓度高于贫磷时 DMSPp 浓度；氮和磷没有成为尖刺拟菱形藻生产 DMSP 的限制因子，但盐度和温度等可能会导致 DMSP 浓度的变化；小新月菱形藻在贫磷且 N/P 为 50 ∶ 1 时有较大的 DMSPp 浓度；塔玛亚历山大藻受 N/P 的影响最显著，低 N/P 条件下的 DMS 浓度是高 N/P 条件下的 2.5 倍。

（2）Fe^{3+} 浓度的提高可以显著促进尖刺拟菱形藻、小新月菱形藻和塔玛亚历山大藻细胞的生长；而球形棕囊藻的生长则未受 Fe^{3+} 浓度的影响。高 Fe^{3+} 浓度有助于尖刺拟菱形藻藻液中 DMSPd 的形成，而球形棕囊藻培养液中高 Fe^{3+} 浓度反而会抑制 DMSP 从藻体中释放。高 Fe^{3+} 浓度能够促进球形棕囊藻和小新月菱形藻细胞内 DMSP 的合成，却抑制塔玛亚历山大藻细胞内 DMSP 的生产。高 Fe^{3+} 浓度能抑制塔玛亚历山大藻培养液中 DMS 生产，但明显提高尖刺拟菱形藻中 DMS 的产量。

（3）春季沙尘沉降尽管对浮游生物生长的促进作用非常有限，但会使浮游生物暴发时间节点提前，加速微藻细胞的衰老破裂过程，显著促进 DMS 和 DMSO 的释放，而在夏季，沙尘沉降过程并未显著影响 DMS 的生产消费过程及 DMS 的释放。

（4）实验室内模拟海水酸化的微藻培养实验中发现，海水 pH 降低对链状亚历山大藻和威氏海链藻的 Chl-*a* 浓度和 DMSO 浓度没有明显影响。海水酸化能够增加链状亚历山大藻的 DLA 及 DMS 浓度，却降低了威氏海链藻的 DLA 和 DMS 浓度。海水 pH 降低对威氏海链藻生产 DMSP 无明显影响，而 pH=7.9 条件下的酸化环境能够促进链状亚历山大藻产生 DMSP。

（5）五缘湾中尺度围隔典型微藻培养实验表明，海洋酸化虽然不会对 3 种典型海洋微藻（三角褐指藻、威氏海链藻和赫氏艾密里藻）DMSP 的生产释放产生影响，但会影响其共附生的 DMSP 降解菌的生长繁殖，进而影响 DMS 的生产释放。而针对天然海水的不同程度的酸化条件模拟表明不同酸化程度对海水中 DMS、DMSP 和 DMSO 的释放影响有着一定的差别，在海水 p_{CO_2} 较低时，酸化状态对海水中 DMS 的生产影响不明显；但当海水 p_{CO_2} 提高到一定水平（p_{CO_2}=1750μatm）时，海水的酸化状态能够极大程度地促进硅藻对 DMS 的释放；若对海水中加富的 CO_2 浓度进一步提高，过度的海水酸化可能不会促进硅藻生产释放 DMS。海水的酸化能够明显提高围隔实验中三种二甲基硫化物的单位生物释放量，促进海水中海洋微藻生产释放 DMS、DMSP 和 DMSO 的能力，但不同的 p_{CO_2} 条件对其单位生物释放量的影响程度不尽相同。

随着社会经济的发展，海洋受到了来自各方面不同程度的污染和破坏，日益严重的近海污染给海洋带来了一系列的环境问题，如富营养化、亚洲沙尘、海洋酸化、海洋低氧和持久性有机物污染等问题。目前，国内针对富营养化、沙尘沉降和海洋酸化三方面对二甲基硫化物释放的影响进行了系统的研究，并取得了大量成果，这为预测全球海洋环境变化背景下二甲基硫化物的生产释放及其对气候的反馈作用提供了重要的数据支撑，也为未来国家制定相关政策提供了理论支撑，但是目前的研究主要集中在二甲基硫化物的宏观释放方面，缺乏对生源硫微观迁移转化机制的研究，因此，在后续的研究工作中需要开展多学科交叉研究，将海洋化学技术、海洋生物技术和同位素示踪技术相结合，系统地探讨海洋环境变化对生源硫化物迁移转化过程的调控机制。

参考文献

陈慈美，周慈由，郑爱榕，等 . 1996. 中肋骨条藻增殖的环境制约作用——Fe（Ⅲ）与 N、Mn、光、温交互作用对藻生化组成的效应 . 海洋通报，15（2）：37-42.
郭玉洁，钱树本 . 2003. 中国海藻志 . 北京：科学出版社 .
靳娜，刘欣伟，宋雨辰，等 . 2016. 不同波段下黄海中二甲基硫光氧化动力学研究 . 中国环境科学，36（1）：167-174.
李东侠，丛威，蔡昭铃，等 . 2003. 赤潮异弯藻在铁限制条件下的光谱特性 . 应用生态学报，14（7）：1181-1184.
刘晓辉，孙丹青，黄备，等. 2017. 东海沿岸海域表层海水酸化趋势及影响因素研究 . 海洋与湖沼，48（2）：398-405.
谭红建，蔡榕硕，颜秀花 . 2018. 基于 CMIP5 预估 21 世纪中国近海海洋环境变化 . 应用海洋学学报，37（2）：151-160.
Andreae M O. 1986. The ocean as a source of atmospheric sulfur compounds//Buat-Menard P. The Role of Air-sea Exchange in Geochemical Cycling. Dordrecht Holland：Reidel Publishing Company.
Archer S D，Kimmance S A，Stephens J A，et al. 2013. Contrasting responses of DMS and DMSP to ocean acidification in Arctic waters. Biogeosciences，10：1893-1908.
Arnold H E，Kerrison P，Steinke M. 2013. Interacting effects of ocean acidification and warming on growth and DMS-production in the haptophyte coccolithophore *Emiliania huxleyi*. Global Change Biology，19：1007-1016.
Avgoustidi V，Nightingale P D，Joint I，et al. 2012. Decreased marine dimethyl sulfide production under elevated CO_2 levels in mesocosm and in vitro studies. Environmental Chemistry，9：399-404.
Bacic M K，Yoch D C. 1998. In vivo characterization of dimethylsulfoniopropionate lyase in the fungus *Fusarium lateritium*. Applied and Environmental Microbiology，64：106-111.
Berges J A，Falkowski P G. 1998. Physiological stress and cell death in marine phytoplankton：induction of proteases in response to nitrogen or light limitation. Limnology and Oceanography，43：129-135.
Bouillon R C，Miller W L. 2005. Photodegradation of dimethyl sulfide（DMS）in natural waters：laboratory assessment of the nitrate-photolysis-induced DMS oxidation. Environmental Science & Technology，39：9471-9477.
De Souza M P，Yoch D C. 1995. Purification and characterization of dimethylsulfoniopropionate lyase from an alcaligenes-like dimethyl sulfide-producing marine isolate. Applied and Environmental Microbiology，61：21-26.
Deppeler S，Petrou K，Schulz K G，et al. 2018. Ocean acidification of a coastal Antarctic marine microbial community reveals a critical threshold for CO_2 tolerance in phytoplankton productivity. Biogeosciences，15：209-231.
Flynn K J，Hipkin C R. 1999. Interactions between iron，light，ammonium，and nitrate：insights from the construction of a dynamic model of algal physiology. Journal of Phycology，35：1171-1190.
Fogg G E. 1965. Algal Cultures and Phytoplankton Ecology. Madison：the University of Wisconsin Press.
Gao K，Walter Helbling E，Häder D P，et al. 2012a. Responses of marine primary producers to interactions between ocean acidification，solar radiation，and warming. Marine Ecology Progress Series，470：167-189.
Gao K，Xu J，Gao G，et al. 2012b. Rising CO_2 and increased light exposure synergistically reduce marine primary productivity. Nature Climate Change，2：519-523.
Glover H. 1977. Effects of iron deficiency on *Isochrysis galbana*（Chrysophyceae）and *Phaeodactylum tricornutum*（Bacillariophyceae）. Journal of Phycology，13：208-212.

Hatton A D，Darroch L，Malin G. 2004. The role of dimethylsulphoxide in the marine biogeochemical cycle of dimethylsulphide. Oceanography and Marine Biology，42：29-55.

Hopkins F E，Archer S D. 2014. Consistent increase in dimethyl sulfide（DMS）in response to high CO_2 in five shipboard bioassays from contrasting NW European waters. Biogeosciences，11：4925-4940.

Hopkins F E，Turner S M，Nightingale P D，et al. 2010. Ocean acidification and marine trace gas emissions. Proceedings of the National Academy of Sciences of the United States of America，107：760-765.

Keller M，Bellows W K，Guillard R. 1989. Dimethyl sulfide production in marine phytoplankton//Saltzman E S，Cooper W J. Biogenic Sulfur in the Environment. Washington D C：American Chemical Society.

Kerrison P，Suggett D J，Hephurn L J，et al. 2012. Effect of elevated p_{CO_2} on the production of dimethylsulphoniopropionate（DMSP）and dimethylsulphide（DMS）in two species of *Ulva*（Chlorophyceae）. Biogeochemistry，110：5-16.

Kiene R P，Linn L J，Bruton J A. 2000. New and important roles for DMSP in marine microbial communities. Journal of Sea Research，43：209-224.

Kim J M，Lee K，Yang E J，et al. 2010. Enhanced production of oceanic dimethylsulfide resulting from CO_2-induced grazing activity in a high CO_2 world. Environmental Science & Technology，44：8140-8143.

Laroche D，Vezina A F，Levasseur M，et al. 1999. DMSP synthesis and exudation in phytoplankton：a modeling approach. Marine Ecology Progress Series，180：37-49.

Lewin J，Chen C H. 1971. Available iron：a limiting factor for marine phytoplankton. Limnology and Oceanography，16：670-675.

Luiz L，Mafra Jr，Bricelj V M，et al. 2009. Mechanisms contributing to low domoic acid uptake by oysters feeding on *Pseudo-nitzschia* cells. I. Filtration and pseudofeces production. Aquatic Biology，6：201-212.

Matrai P A，Keller M D. 1994. Total organic sulfur and dimethylsulfoniopropionate in marine phytoplankton：intracellular variations. Marine Biology，119：61-68.

Mélançon J，Levasseur M，Lizotte M，et al. 2016. Impact of ocean acidification on phytoplankton assemblage，growth，and DMS production following Fe-dust additions in the NE Pacific high-nutrient，low-chlorophyll waters. Biogeosciences，13：1677-1692.

Nguyen B C，Belviso S，Mihalopoulos N，et al. 1988. Dimethyl sulfide production during natural phytoplanktonic blooms. Marine Chemistry，24：133-141.

Niki T，Kunugi M，Otsuki A. 2000. DMSP-lyase activity in five marine phytoplankton species：its potential importance in DMS production. Marine Biology，136：759-764.

Piontek J，Lunau M，Händel N，et al. 2010. Acidification increases microbial polysaccharide degradation in the ocean. Biogeosciences，7：1615-1624.

Rellinger A N，Kiene R P，del Valle D A，et al. 2009. Occurrence and turnover of DMSP and DMS in deep waters of the Ross Sea，Antarctica. Deep Sea Research Part I：Oceanographic Research Papers，56：686-702.

Rueler J G，Ades D R. 1987. The role of iron nutrition in photosynthesis and nitrogen assimilation in scenedesmus quadricauda（Chlorophyceae）. Journal of Phycology，23：452-457.

Six K D，Kloster S，Ilyina T，et al. 2013. Global warming amplified by reduced sulphur fluxes as a result of ocean acidification. Nature Climate Change，3：975-978.

Spielmeyer A，Pohnert G. 2012. Influence of temperature and elevated carbon dioxide on the production of dimethylsulfoniopropionate and glycine betaine by marine phytoplankton. Marine Environmental Research，73：62-69.

Stefels J. 2000. Physiological aspects of the production and conversion of DMSP in marine algae and higher plants. Journal of Sea Research，43：183-197.

Stefels J，Dijkhuizen L. 1996. Characteristics of DMSP-lyase in *Phaeocystis* sp.（Prymnesiophyceae）. Marine Ecology Progress Series，131：307-313.

Stefels J，van Boekel W H M. 1993. Production of DMS from dissolved DMSP in axenic cultures of the marine phytoplankton species *Phaeocystis* sp. Marine Ecology Progress Series，97：11-18.

Steinke M，Wolfe G V，Kirst G O. 1998. Partial characterisation of dimethylsulfoniopropionate（DMSP）lyase isozymes in 6 strains of *Emiliania huxleyi*. Marine Ecology Progress Series，175：215-225.

Sunda W，Kieber D J，Kiene R P，et al. 2002. An antioxidant function for DMSP and DMS in marine algae. Nature，418：317-320.

Vogt M，Steinke M，Turner S，et al. 2008. Dynamics of dimethylsulphoniopropionate and dimethylsulphide under different CO_2 concentrations during a mesocosm experiment. Biogeosciences，5：407-419.

Wakeham S G，Howes B L，Dacey J，et al. 1987. Biogeochemistry of dimethylsulfide in a seasonally stratified coastal salt pond. Geochimica et Cosmochimica Acta，51：1675-1684.

Webb A L，Leedham-Elvidge E，Hughes C，et al. 2016. Effect of ocean acidification and elevated fCO_2 on trace gas production by a Baltic Sea summer phytoplankton community. Biogeosciences，13：4595-4613.

Zhang M P，Cui Z，Cui W，et al. 1999. Study on the dimethylsulfide and dimethylsulfoni-opropionate in algae by laboratory batch cultures. Chinese Journal of Oceanography and Limnology，17：366-370.

Zhou M J，Zhu M Y. 2006. Progress of the project "Ecology and Oceanography of Harmful Algal Blooms in China". Advances in Earth Science，21（7）：673-679.

Zindler-Schlundt C，Lutterbeck H，Endres S，et al. 2015. Environmental control of dimethylsulfoxide（DMSO）cycling under ocean acidification. Environmental Chemistry，13：330-339.

第 8 章
海水中二甲基硫的光化学氧化过程与机制

海洋光化学是研究光与海水中物质发生相互作用所引起的永久性化学效应的一门化学分支学科。位于表层海域的真光层海水水体，由于接受太阳照射界面大，热能交换迅速且量大，因此是海洋光化学研究的主要对象。科学家们通过光与光感物质的光反应来研究它们之间的反应机制。海洋光化学降解被认为是海洋有机物分解的主要途径（Kiss and Virág，2009），而且光化学降解有着自身的优势，与海洋中有机物的生物分解或细菌消耗等途径相比，海洋光化学受到的限制相对更少、应用范围更广（Hu et al.，2009）。因此在海水水体中，物质的光化学在物质海洋通量和循环研究中，均发挥着关键性的重要作用，近些年已受到国际海洋界学者的广泛关注（杨桂朋，1996）。

DMS 是海洋中最重要的而且是含量最丰富的还原态挥发性生源硫化物（Andreae，1990；Bates et al.，1987；Andreae and Barnard，1984；Lovelock et al.，1972）。DMS 作为决定全球气候的重要因素之一，在全球气候调节方面发挥重要的作用。另外，DMS 在大气中的氧化产物（二氧化硫、甲磺酸、硫酸盐等）还是产生酸雨的原因之一（Charlson et al.，1987）。海水中的 DMS 在生成以后，要么被转化或被降解为海水中的其他物质，要么经扩散挥发进入大气中。目前已经确认的并被界内人士广泛接受和认可的 DMS 的迁移转化途径有以下三种：光化学氧化、微生物降解及海－气扩散（Andreae，1990）。其中，光化学氧化在去除近岸表层海水中的 DMS 方面占有一定的优势，并且关于海水中 DMS 的光化学氧化的研究已经引起了国内外学者的极大兴趣，是国际上的热门研究课题。

目前国际上对 DMS 的光化学氧化研究取得了一定的进展，Brimblecombe 和 Shooter（1986）分别测定了海水中 DMS 海－气通量的速率和 DMS 光氧化速率，对比发现这两者的速率基本上是相等的。Brugger 等（1998）的研究指出位于近岸表层海水中的 DMS 更容易通过光化学氧化的途径进行转化，而且占 DMS 整个迁移转化量的相当大一部分，因此他们认为光化学氧化是 DMS 发生迁移转化的重要途径。而 Kieber 等（1996）在对太平洋海域的研究侧重于 DMS 光化学氧化途径占 DMS 迁移转化总量的比例，他们得出的结论是，在海洋表面 0 ～ 60m 的混合层中，DMS 发生光化学氧化的量占 DMS 迁移转化总量的 7% ～ 40%。然而，国内虽有许多关于中国海域 DMS 浓度分布、海－气通量的研究报道，但是对其在海水中的光氧化速率及其影响因素方面的研究很少，只有 Yang 等（2007）模拟研究了高压汞灯条件下海水介质中的 DMS 光氧化速率，指出 DMS 光化学氧化遵循一级反应动力学，而且其速率会受到溶解氧、溶液介质、光敏剂、光照强度和重金属离子浓度的影响。目前对不同光照波段下 DMS 光化学氧化过程及其影响因素缺乏系统的研究和数据支持。因此，本研究采用实验室模拟和海洋现场调查相结合的方式，其中实验室模拟的方式是在模拟太阳光的条件下，研究不同波段光照（UVA、UVB 及可见光）对 DMS 光氧化速率的影响，并通过光照过程中 CDOM 的改变对 DMS 的光降解过程进行了描述，而海洋现场调查选择了我国东海作为研究海区，对海水中 DMS 的光化学氧化、海－气扩散、生产与消费均进行了一定的调查分析，研究了光化学氧化途径在 DMS 迁移转化过程中所占比例。本研究为以后海上现场进一步研究 DMS 的光化学氧化过程提供一定的理论参考，对于进一步认识海水中 DMS 的生物地球化学循环过程具有重要的意义，同时也为该领域与国际研究接轨做出贡献。

8.1 研究现状

8.1.1 海洋中 DMS 的去除过程

海水中 DMS 的生物生产和迁移转化是影响海水中的 DMS 最终浓度的两个相互关联的过程，具体的关联关系如图 8-1 所示。由于海水中 DMS 的生物生产和迁移转化时时刻刻都在进行并且受到多方面因素的影响，因此这一整个生产与消费的过程是一个非常复杂的动态过程。目前的研究成果表明，海水中存在的 DMS 主要有三种不同的消费过程：光化学氧化、微生物降解和海－气扩散（Andreae，1990）。

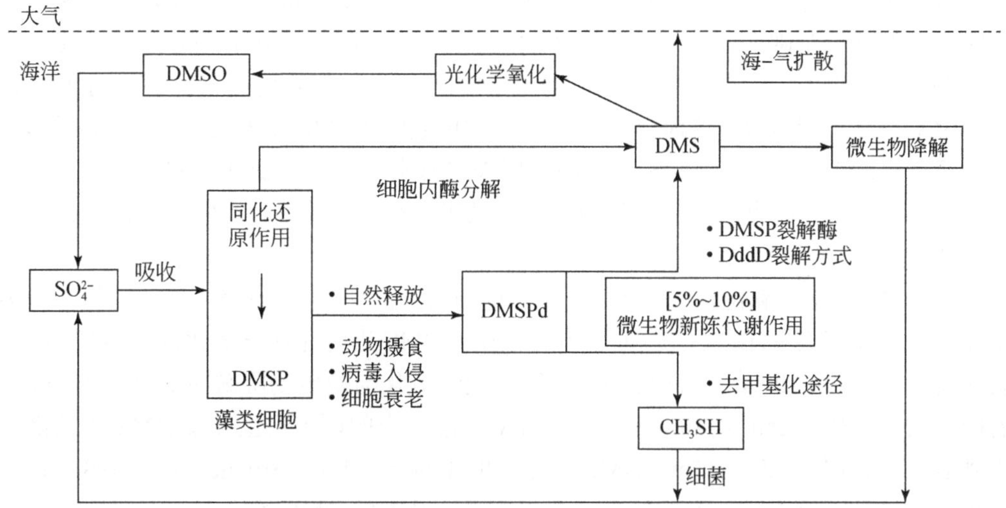

图 8-1　海洋 DMS 产生和去除过程示意图

人们最早认识的并且进行研究最多的 DMS 的消耗途径是 DMS 的微生物降解途径。与其他迁移转化途径相比，被微生物降解消耗的 DMS 占海水中被消耗的 DMS 总量的绝大比例。Kiene 和 Linn（2000）的研究发现，DMS 被细菌氧化或降解的过程对周围环境的要求是很低的，即无论是在富氧的环境还是缺氧的环境，这一过程均可以顺利进行。Green 等（2011）的研究表明，海水中细菌的种类和数量决定了 DMS 微生物的氧化速率还有氧化的最终产物。Wakeham 等（1987）对 DMS 在近岸盐塘中循环过程的研究发现，DMS 通过微生物降解消耗的量是经海－气扩散消耗的量的 8 倍。Kiene 和 Bates（1990）研究了热带太平洋中 DMS 的微生物降解和海－气扩散两个过程，经过对比发现，相对于海－气扩散这一过程，海水中微生物降解的 DMS 量是扩散到大气中量的 3 ～ 430 倍。因此以上众多的研究均表明，DMS 的微生物降解过程是控制海水中 DMS 迁移转化的主要途径。

海气间存在的 DMS 浓度梯度，使 DMS 以可观的通量排入大气，占全球天然硫排放量的 50% 左右。虽然海水中 DMS 的浓度比较低，但是数据显示海水中 DMS 的浓度要比大气中 DMS 的浓度高出将近 3 个数量级（Andreae，1990）。按照亨利定律可以推算出，能够与海洋表层海水中 DMS 平衡的大气中理想的 DMS 浓度要远远高于作者团队在大气中实际测到的 DMS 浓度，因此可以知道表层海水中的 DMS 基本上是一直处于高饱和状态的，这就说明从海洋到大气这个环节存在着一个 DMS 的净通量，这也就为 DMS 在海洋和大气之间的循环架起了桥梁。目前国际上通常都是通过定量计算 DMS 海 - 气通量来判断海域中生源硫的含量对全球整个硫循环过程的影响和贡献。Andreae（1986）通过对大量 DMS 生物生产、海 - 气交换通量和大气浓度的测量与计算，对全球 DMS 海 - 气通量进行了估算，这一估算结果约为（40±20）Tg S/a；而 Staubes 和 Georgii（1993）通过对大西洋的测定和数据处理得出的估算结果是 27Tg S/a。以上的估算过程中使用的 DMS 浓度都是夏季生产力相对较高的时候得到的，这样得出的结果有可能比实际偏高。Bates 等（1987）对此进行了相应的改进，他们在测定 DMS 浓度时将一年分为夏季、冬季这样两个时段，在这一基础上，他们还考虑了 DMS 浓度在空间上存在的差异，这样处理后，在测得 DMS 在北太平洋的浓度之后对全球海水中 DMS 的年均海 - 气通量进行了估算，结果为 16Tg S/a。目前对 DMS 海 - 气通量的计算主要涉及 DMS 在表层海水中的浓度及海 - 气传输速率这两个因素。而 DMS 在不同海域表层海水中的浓度受到多方面因素的影响和制约，海 - 气传输速率也同样受到鼓泡、海面风速、水温波动等因素的共同作用，这就导致对 DMS 海 - 气通量的估算变得非常复杂。

关于 DMS 光化学氧化这一重要归宿，国际上已有一些相关研究。Kieber 等（1996）的研究发现在赤道太平洋混合层（0 ～ 60m）中，DMS 进行光化学氧化的量占到 DMS 迁移转化总量的 7% ～ 40%，由此可知，可能光化学氧化与微生物降解对 DMS 的迁移转化有着同样的重要性。Galí 和 Simó（2010）在对格陵兰海的调查中也发现 DMS 的光化学氧化占到表面混合层（1.5 ～ 11m）DMS 去除率的 12% ～ 65%。Brugger 等（1998）通过研究得出的结论是，对于近岸海域的表层海水而言，其中的 DMS 绝大部分可以被光化学氧化这一途径消耗掉，因此光化学氧化可以说是 DMS 去除过程中的优势途径。另外，对布拉内斯（Blanes）海湾的调查研究结果表明 2003 年 2 ～ 7 月，光氧化去除 DMS 的途径占优势；而在后半年，微生物消耗则是主要的去除途径（Vila-Costa et al.，2008）。这些研究结果都充分说明光化学氧化是海水中 DMS 去除的主要途径之一，其在 DMS 的迁移转化过程中扮演着极为重要的作用。特别是 Vallina 和 Simó（2007）在 *Science* 期刊上指出全球海洋尺度上表层海水 DMS 浓度和太阳辐射强度存在明显的关系，因此 DMS 的光化学氧化研究越来越得到国内外学者的广大关注。

除上面说的光化学氧化外，化学氧化也是海水中 DMS 被消耗掉的可行途径，海水中存在的一些化学氧化剂，如 H_2O_2 等，可以将 DMS 进行化学氧化，虽然这些被氧化剂氧化的过程没有 DMS 进行光化学氧化的速率快，甚至可以说是比较慢，而且氧化掉的 DMS 的量也是微小的，但是由于海水中这一系列的氧化剂是很多的，因此 DMS 发生化学氧化的过程也是不容忽略的，这对海水中 DMS 的循环仍然会产生一定的影响（Yang et al.，2007）。对于这三种主要的迁移转化途径，在国际上都有了一定的研究与结论，但是有关这三种主要途径对 DMS 去除过程影响的程度和所占比例的情况，在不同海区的分析调查过程中得出的结论也因人而异（Vairavamurthy et al.，1985），除这些过程受到化学、生物、物理等因素综合作用的制约外，更重要的是这些途径在进行的过程中受到海域水团性质、太阳辐射、海面风速和生物类别及种群数量等多方面因素的影响，这些因素的影响对 DMS 的迁移转化是明显且重要的。

8.1.2 DMS 光化学降解机理

DMS 是一种无色、透明、易挥发、低沸点的无色液体，有难闻的气味，溶于乙醇，难溶于水，属于硫醚类有机物。DMS 本身是不吸收近紫外光（290 ～ 400nm）和可见光（400 ～ 700nm）的，但是却可以显著吸收 260 nm 以下的紫外光。对 DMS 进行光降解反应发现，不管是在实验室模拟的条件下还是在海上现场的甲板培养实验过程中，DMS 的浓度都会因为光降解过程而有明显的下降趋势，也就是光化学氧化对海水中 DMS 的浓度有明显的降低作用。Brimblecombe 和 Shooter（1986）首先发现海水中的 DMS 能够在太阳光的作用下发生光化学氧化反应，并且在微量天然光敏剂类似腐殖酸或亚甲蓝存在时，DMS 能够被氧化为 DMSO，因此在实验过程中可以通过光敏剂的使用来引发 DMS 光化学氧化的进行。在海洋环境中，紫外光的辐射能够促使一系列的颗粒态和溶解态的有机物形成光敏剂，这些光敏剂进而可以引发自身难以发生降解的物质进行光化学降解，因此光敏剂在 DMS 光化学氧化的过程中扮演着非常重要的角色。

在自然光照射的条件下，DMS 的光降解呈现出指数下降的趋势，比人工照射的条件下降解得要快。研究结果表明，无论是实验室模拟实验还是甲板培养实验，当 DMS 浓度小于 50nmol/L 时，DMS 光氧化是光强的一级动力学反应，但反应过程仍然遵循一级反应动力学公式。当水体中 DMS 的浓度大于 50nmol/L 时，DMS 的光降解过程便不再是一级动力学反应，而是零级动力学反应（Kieber et al.，1996），这主要是因为间接的光化学反应涉及热力学反应，DMS 的光降解依赖于温度的变化。由此可见，DMS 的光降解过程受到复杂的海洋环境中多重因素的影响，因此了解 DMS 的光化学降解过程中各个因素的影响对海水中 DMS 的循环与模型研究是十分有必要的。

8.1.3 DMS 光化学反应的影响因素

海水中 DMS 通过次级光化学途径来实现其光化学降解反应，此过程需要借助光活化 CDOM、游离自由基及活性氧自由基（Mopper and Kieber，2002）。表层海水中 DMS 的光降解过程是一个复杂的动态过程，其反应速率是涉及太阳光照、DMS 浓度、溶解有机物的性质和分布及水温等多因素的函数，其中主要的几个影响因素如下。

1. 光照

DMS 的光氧化反应和海水中绝大多数受环境影响的光化学反应是一样的，主要依赖于能穿透水体的太阳辐射的光强和光谱组成，具有明显的波长依赖性。但是在不同海域中，这种对波长的依赖性并不都是相同的，这主要是由于在不同海区中光敏剂的物质组成和含量是不相同的，进而 DMS 发生光化学反应的波长依赖性也会有所区别。

在强烈的紫外光照射条件下，DMS 一般都能被快速地氧化降解，但在可见光的波长范围内却没有发现这样的现象。McDiarmid（1974）在之前的研究中指出 DMS 不明显吸收大于 260nm 波长的光，但是如果存在腐殖酸这样的光敏剂，DMS 在可见光辐射条件下还是可以被光氧化的。由此可以看出，照射到海洋表层水表面的波长范围内的太阳光并不能被 DMS 直接利用来发生光化学氧化反应，实际上是需要借助间接的光化学降解途径来进行 DMS 的光化学氧化。DMS 发生光化学氧化时具有的波长依赖性首先是由 Kieber 等（1996）在对赤道太平洋海域海水的研究中确定的，他们将过滤好的海水样品进行培养实验，结果表明 DMS 进行光化学氧化的过程主要是发生在 UVB 和 PAR 的波长范围内，反应的峰值是在 PAR 波长范围内。Hatton（2002）发现海水中的 DMS 可以在 UVA/ 可见光波段（＞320nm）和 UVB（280 ～ 320nm）波段内进行光氧化，在 UVA/ 可见光的波长范围内，DMS 进行光化学降解以后大部分通过氧化反应生成 DMSO，然而在 UVB 波长范围内反应的过程并不是这样的，有可能有第二种 DMS 光化学氧化的途径存在，而且这第二种 DMS 发生光化学氧化的途径有可能是海水中 DMS 被永久性去除的一条有效途径，Hatton（2002）对此进行了测定分析，实验结果表明在 DOC 浓度为 0.9mg C/dm^3 的情况下，在 UVA 和可见光波段进行光化学转化的 DMS 中，有将近 99% 的 DMS 被氧化成 DMSO，这一比例非常大，然而在 UVB 波段，DMS 存在着另外一种光化学反应途径，这一光化学反应途径的最后产物却不是 DMSO。相关研究的结果表明，在 UVB 辐射的条件下进行的这一途径中有 37% 的 DMS 可以被降解掉。虽然 DMS 在 UV 波长范围内的辐射下可以有效地进行光化学氧化反应，但是由于海域的不同，DMS 在 UVA、UVB 这两个不同的紫外光波段内进行光化学氧化的比例也是不尽相同的。

DMS 在不同波长的照射光下发生光化学反应的速率有所区别，而且 DMS 进行光化学降解的途径也是不相同的，这就导致这一反应的最终产物也有所不同，因此 DMS 的波长依赖性对 DMS 发生光化学降解整个过程的影响都是显著的。总的来说，光照是 DMS 进行光化学反应的一个重要的影响因素，只是不同的波长范围有可能直接影响此过程的速率和产物。

2. CDOM 的含量及组成

DMS 的光化学过程实际上是 CDOM 介导的光化学过程，而在这个过程中，CDOM 扮演着一个非常重要的角色，因此太阳的辐射和 CDOM 之间的相互作用是活性分子相当重要的来源（Whitehead et al.，2000）。海水中溶解态及悬浮态颗粒有机物质和无机物质的含量与组成会影响海水 DMS 光化学氧化的速率，因而 DOC 的种类和含量会影响 DMS 的光化学降解效率，并且 DOC 浓度增加，DMS 光化学氧化的速率也会随之增加，而当 DOC 不存在时，DMS 不会发生光化学降解。在 DMS 的光化学降解过程中 CDOM 是一种主要的光敏剂（Mopper and Kieber，2002）。在天然水体中存在的 CDOM 作为一种光敏剂，经过光激发以后可以产生一系列的氧化剂，而这些氧化剂正是 DMS 进行光化学氧化过程所需要的，这些能够引发 DMS 进行光化学降解的氧化剂主要有以下几种存在形式：光活化的 CDOM、单线态氧、H_2O_2、羟基自由基。同时，这一系列的氧化剂也是 DMS 在光化学降解过程中的潜在反应物。为了更好地了解 DMS 发生光化学降解的过程，就要对天然海水中 CDOM 的光化学途径进行一定的了解和研究。

首先，光活化 CDOM 是一种有着重要作用的感光剂，这种感光剂有助于实现基态氧分子（$^3O_2$）到短寿命单线态氧的跃迁，然后单线态氧再选择性地与富电子中心进行反应（Zafiriou et al.，1984），而且 DMS 进行光氧化所需要的羟基自由基也是由海水中 CDOM 的光降解过程产生的（Mopper and Zhou，1990），光活化的 CDOM 与 DMS 结合可能催化了 DMS 光降解反应的发生。由于 CDOM 对光的吸收造成了一定程度上的光减弱，而这与 DMS 光化学相关的光减弱主要体现在波长范围在 300 ～ 350nm 的光（Toole et al.，2003）。综上所述，DMS 发生光化学反应过程所需要的活性物质或光化学氧化剂主要是天然海水中存在的 CDOM 进行光化学反应产生的，UV 波段的辐射能够明显促使 CDOM 产生光敏剂（Helz et al.，1994）。在 UV 光谱照射的条件下，CDOM 是决定天然海水中光扩散衰减的主要因素，因此光谱衰减因子与 CDOM 存在着直接的相关关系（Morris et al.，1995；Kirk，1994）。

CDOM 中含有大量双键结构（如 C═C、C═O 等），这些结构对太阳辐射具有吸收性质，因此其是 CDOM 能够发生光化学反应的基础。由于 CDOM 的吸收随着波长的减小而呈现出指数增加的趋势，因此发挥主要作用的辐射波段主要还是紫外光区的照射，尤其是 UVB（280 ～ 320nm）和 UVA（320 ～ 400nm）波段（Zepp et al.，1998）。CDOM 中的这些发色团在吸收光子能量后可以产生如下两类反应（Osburn and Morris，2003）：

（1）直接的光化学反应：即发生化学结构和组成的立即变化，如光解作用、异构化及键的破裂，导致大分子的 CDOM 分解成小分子有机物，其中一些小分子有机物，如 α-酮酸等，还可以在氧的参与下，进一步进行光化学脱羧反应生成游离的 CO_2。不少的金属有机络合物（如铁与 CDOM 的络合物）就能促进直接光化学反应的发生。

（2）间接的光化学反应：CDOM 中的腐殖质及 NO_3^-、NO_2^- 等无机离子还有一些过渡金属在吸收了光能量后转变成处于激发态的光敏剂，这些激发态的光敏剂中间产物寿命比较短，很容易通过能量和电荷的转移导致 CDOM 中的双键断裂或氧化，以及自由基的形成。与直接的光化学反应相比，这种间接的光化学反应更为容易、更为普遍，因此对 CDOM 的光化学降解过程起着更为重要的作用。

显而易见，由于海洋中 CDOM 的来源广泛，其化学组成又相当复杂，要想完全弄清其光化学降解过程中的动力学机理需要进一步坚持不懈地深入探索。

3. NO_3^- 的浓度

DMS 的光化学反应除受 CDOM的影响外，还受到其他离子的影响。例如，海水中存在的 NO_3^- 能促使水体中的 DMS 发生光化学降解，并且在这个过程中能够产生 Br_2^- 和 CO_3^{2-} 这些容易氧化 DMS 的氧化剂。研究表明，由硝酸盐诱发的 DMS 光降解反应在 Br_2^- 存在时会得到加强，而在 CO_3^{2-} 存在时加强的程度却较小（Bouillon and Miller，2005）。在天然水体中 NO_3^- 光降解的产物能够与 DMS 通过发生亲电性反应来控制富营养化的水体中 DMS 的光化学氧化，这一过程的实现需要借助具有富电子的硫原子。前人的研究发现在高 NO_3^- 浓度的南极海域中，35% 的 DMS 光降解与 NO_3^- 的光化学有关，而且随着 NO_3^- 浓度的增加，DMS 的光化学降解速率呈线性增长（Toole et al.，2004）。Bouillon 和 Miller（2004）在东北太平洋海域的调查研究中也验证了这种 NO_3^- 依赖性，这表明海水中的 NO_3^- 在海水中 DMS 的光降解反应中起着重要作用。

4. 水深

海水中不同水深位置的 DMS 含量及能接收到光照射的光谱强度也是不一样的，从而使海水的深度成为影响海水中 DMS 进行光降解的重要因素之一。通常情况下，DMS 发生光化学氧化的反应速率在表层海水中达到最大值，然后随着深度的增加而逐渐减小，Brugger 等（1998）的研究发现在表层海水 10m 之内的水体中，有将近 88% 的 DMS 能够发生光化学降解。相似的结论还有，Bouillon 等（2006）在太平洋亚北极地区的东北部海域的实验表明 90% 的 DMS 光化学氧化发生在海水表层 15m 的水体中。但这些研究结果在不同海域中有可能因为海水的光学性质不同和海域的海水环境不同而发生变化。例如，Kieber 等（1996）在赤道太平洋海域中的研究结果表明 DMS 光氧化可以发生在海水中 50m 的深度。不同海水深度中光谱扩散衰减因子的不同是位于不同水深的 DMS 进行光分解速率差别的主要原因。另外，不同深度的水体中的 DOC 浓度和悬浮颗粒有机物的丰度是影响不同深度水体的光强和光谱组成的主要因素（Kaiser and Herndl，1997）。

8.1.4 DMS 的氧化产物

DMSO 是海水中 DMS 光化学氧化最主要的产物，也是亚砜分子中最具有代表性的化合物，不像 DMS 一样具有挥发性。研究发现，DMSO 在自然水体中的含量普遍较低，但是它却广泛地存在于海水、淡水、河口、盐湖和雨水中（杨桂朋和杨洁，2011）。DMSO 被认为在 DMS 的生物地球化学循环过程中发挥着重要的作用。

关于 DMS 发生光化学反应的生成产物这一点首先是由 Brimblecombe 和 Shooter（1986）提出的，他们认为 DMSO 是 DMS 发生光化学氧化的唯一产物，在反应过程中 2mol 的 DMS 正好能被 1mol 的 O_2 氧化，而且这一反应机理遵循一级反应动力学，这与 DMSO 的元素组成是一致的，由此断定 DMS 的光化学产物一定是 DMSO，但是他们并没有对实验产物进行测定分析。目前，DMSO 是已确定的最主要的 DMS 光氧化产物，研究表明，14% ～ 45% 的 DMS 可以转化成 DMSO（Toole et al.，2004；Kieber et al.，1996）。

虽然在整个海域环境中 DMSO 浓度整体较低，但是 DMSO 在近岸海水中的浓度却高达 20nmol/L，对比近岸海水中 DMS 的浓度发现，DMS 的浓度要远远低于这一浓度水平。这么高浓度的 DMSO 并不仅仅都来自海水中生物的直接释放，还有相当一部分来自 DMS 的光化学氧化过程，而且 DMS 的光氧化速率越快，对海水中 DMSO 浓度的贡献就越大。

太阳光的辐射波长是影响 DMS 光化学氧化反应的主要因素之一，这一影响因子不仅可以决定 DMS 光化学氧化反应的发生速率，而且还会对光化学氧化反应进行的途径产生影响，最终导致光化学降解的生成产物也有所不同。Hatton（2002）发现在 UVA/ 可见光区发生光化学转化的 DMS 中，有高达 99% 的 DMS 氧化为 DMSO；而在 UVB 波段内可能存在着第二种 DMS 的光降解途径，因此生成的氧化产物也有待进一步研究。在 UVB 辐射下发生的 DMS 光降解可能是海水中 DMS 被永久性去除的途径之一，实验发现 37% 的 DMS 是通过这种途径去除的。

在化学性质上，DMSO 的性质要比 DMS 的性质稳定得多，但在一定的条件下，海水中的 DMSO 可以进一步发生氧化反应，被继续氧化为 $DMSO_2$，$DMSO_2$ 又被继续氧化成 SO_4^{2-}，最终生成的 SO_4^{2-} 被海洋中的浮游植物吸收利用，然后在海洋环境中通过一系列的生物化学还原反应又生成了有机硫，如此反反复复的过程就构成了 DMS 在海洋环境中的生物地球化学循环（杨桂朋和杨洁，2011）。因此，对于海水中 DMS 光氧化产物的深入研究有助于提升人们对 DMS 迁移转化过程的理解，进一步细致地建立海洋中生源硫化物的生物地球化学循环模型。

8.1.5　国内研究进展

目前，国内针对 DMS 的研究主要集中于其在中国海区中浓度的整体分布、水平分布、垂直分布、影响因素，DMS 的细菌氧化、DMS 的海 - 气通量等方面的研究，以上这些研究均取得了一定的学术成果。然而，国内关于海水中 DMS 光化学的研究甚少，杨桂朋和刘心同（1997）首先对 DMS 光化学氧化反应的动力学进行了研究，研究表明在照射光频率及强度一定的条件下，DMS 的光化学氧化属于动力学上的一级反应。接着，Yang 等（2007）又研究了高压汞灯照射下海水中 DMS 的光化学氧化速率及其影响因素，发现 Hg^{2+} 会明显加快 DMS 的光化学降解速率，但此研究也仅仅局限于高压汞灯照射模拟，与自然光条件相差较大，而且并未细致地讨论不同光照波段对 DMS 光降解过程的影响。因此，本章针对这些研究不足，在模拟太阳光照射（更接近真实太阳辐射）的条件下进行了实验室模拟实验，对比研究了不同光照波段对 DMS 光降解动力学速率的影响，以及不同波段下 DMS 光化学氧化为 DMSO 的转化率，这些研究有助于正确认识 DMS 的光化学降解过程及其影响因素，然后又针对中国东海海域进行了一定的现场调查，这为以后进行海上现场 DMS 的光化学氧化研究奠定一定的基础。

8.1.6　研究思路

纵观近年来有关 DMS 的文献综述及目前国内外针对 DMS 的研究现状不难看出，DMS 在海洋调查中越来越受到关注，因其对整个海洋生源硫的循环起着举足轻重的作用，DMS 相关研究已经成为海洋生源要素研究、全球气候变化及环境问题的热点所在。就国内目前的研究来说，虽然学者已经从不同的角度对 DMS 的来源转化、时空分布、影响因素进行了一系列的系统研究，但国内关于 DMS 光化学氧化部分的研究工作开展非常有限，不管是实验室模拟还是海上的现场调查数据都相当稀少，有许多空白需要研究填补。中国海岸线长达 1.8 万 km 以上，海域辽阔，陆－海之间的相互作用强烈。因此进一步加大中国近海海域中 DMS 的生物地球化学循环研究，尽快深入地了解 DMS 的光化学氧化机理及反应过程中的影响因素变得迫切和必要。

本研究主要先进行实验室模拟然后再在海上进行现场的甲板培养实验，这一创新填补了目前国内对 DMS 光化学氧化研究的空白。本研究首先通过实验室模拟探讨了 DMS 在 UVB（280nm、295nm 和 305nm）、UVA（320nm、345nm 和 395nm）和可见光（435nm 和 495nm）8 个不同波段下的光化学降解行为及影响因素。然后结合实验室模拟的结果，在中国东海开展相关的甲板培养实验，研究海上现场 DMS 光氧化的情况，进一步将 DMS 的三个移除途径（光化学氧化、微生物降解、海－气扩散）结合到一起，研究它们之间的相互联系。本研究进一步拓展了我国海域中 DMS 迁移转化方面的研究内容，对于清楚地认识生源硫的循环对气候变化及酸雨问题的影响具有重大的科学意义，同时也为 DMS 光化学与国际相关领域研究接轨做出了独特的贡献。

8.2　南黄海表层海水 DMS 光化学的实验室模拟

8.2.1　海水样品的采集与处理

1. 天然海水的采集

以 2012 年 11 月 6 日采集的南黄海的表层海水为实验对象，进行 DMS 光化学降解行为的研究。采水站位经纬度为 123°59.859′ E、33°59.523′ N，初始温度和盐度分别为 17.962°C 和 31.102。

2. 天然海水的预处理

将采集的南黄海天然海水依次用 0.45μm 和 0.2μm 聚醚砜滤膜过滤除去藻类、细菌等，避免实验过程中生物活动对样品中 DMS 浓度的影响。另外，实验前要用高纯氮气吹扫 1000mL 天然海水 30min，将原来海水中含有的 DMS 吹净，放入洁净、避光广口瓶备用。

3. DMS 标准曲线的绘制

将内含环己烷的 25mL 容量瓶放入电子天平上称重，随后取 10μL DMS 纯品注入容量瓶中，迅速称取重量，随后定容，充分摇匀，算出该溶液的准确浓度。随后吸取 100μL DMS 一级母液，注入内含无水乙醇的 10mL 容量瓶中，定容，充分摇匀，配置成 DMS 二级母液，随后分别取 30μL、50μL、80μL、100μL、150μL、200μL、250μL 的二级母液注入 250mL 的容量瓶中定容，配成一系列浓度的标准溶液，测定不同浓度标准溶液中 DMS 的浓度对应的峰面积（A），根据浓度与峰面积的对应关系得出标准曲线。

4. DMS 光氧化速率的测定

将处理过的海水样品加入一定量的 DMS 二级母液，使海水中 DMS 初始浓度达到 30nmol/L（此值比较接近天然海水中 DMS 的浓度），装入 115mL 石英管中密封，放入改进过的 SUNTEST CPS+ 太阳光模拟器进行光照，在装海水样品的石英试管正上方用不锈钢框架固定 8 个滤光片（波长分别为 280nm、295nm、305nm、320nm、345nm、395nm、435nm 和 495nm），各波段滤光片具体位置如图 8-2 所示，以获得不同波段的太阳光，并用水泵不断地提供循环的高纯水以维持一个 20°C 的水浴环境，以此来控制温度对光降解过程的影响，分别于 30min、60min、90min、120min、180min 和 240min 时取 2mL 样品，然后用 GC-FPD 进行测定，得到对应时间的 DMS 浓度，根据时间和 DMS 浓度的对应关系，求算 DMS 的光氧化速率。

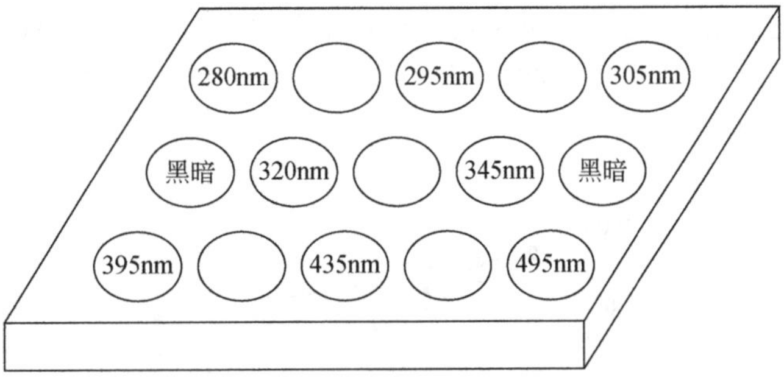

图 8-2　固定 8 个滤光片的不锈钢框架示意图

8.2.2　不同波段下 DMS 的光氧化速率

将不同波段下测得的 DMS 浓度和对应时间进行数据拟合，发现 DMS 的光降解反应均符合一级动力学反应行为［$\ln(C_t/C_0)=-Kt$］，其中 C_0（ng/L）为水体中 DMS 初始浓度，C_t（ng/L）为光照一定时间后 DMS 的浓度，t（min）为光照时间。将 $\ln(C_t/C_0)$ 对时间 t 作图可以得到一条直线，得到直线的斜率就是一级光反应速率常数 K。经研究发现，当 DMS 浓度小于 50nmol/L 时，DMS 光降解是光强的一级动力学反应，但是当 DMS 浓度大于 50nmol/L 时，DMS 的光降解反应成为零级动力学反应（Kieber et al.，1996）。

由表 8-1 可知，$\ln(C_t/C_0)$ 对 t 作图拟合得到曲线的 R^2 为 0.91918 ～ 0.99151，具有良好的线性关系，可以认为 DMS 的光氧化反应基本符合一级动力学反应，DMS 的光氧化速率与一级光反应速率常数成正比，而且 K 越大，反应速率越快。对于研究的 8 个光照波段，在 UVB 波段的 280nm 条件下 DMS 的一级光反应速率常数最大，达到 0.00447min^{-1}，其次为 295nm 波段下达到 0.00389min^{-1}。可以看出，UVB 波段下 DMS 光氧化速率是其他一些研究波段下 DMS 光氧化速率的几倍，说明在 UVB 波段下具有相对较快的光氧化速率。

表 8-1　不同波段下的 DMS 光降解一级反应速率常数及 R^2

光照波段 /nm	一级反应速率常数 K/min^{-1}	R^2
280	0.00447	0.97378
295	0.00389	0.91918
305	0.00142	0.99151
320	0.000968	0.98460
345	0.00146	0.97606
395	0.00379	0.97288
435	0.00182	0.98596
495	0.000614	0.97788

Brimblecombe 和 Shooter（1986）的研究表明，在强烈的 UV 辐射条件下，DMS 能被快速氧化降解，但在可见光波长范围内却没有发现相同的现象。本研究通过探讨 280nm、295nm、305nm、320nm、345nm、395nm、435nm 和 495nm 波段下 DMS 光氧化速率，得出 DMS 光化学降解的优势波段。DMS 在不同光照波段（UVA、UVB和可见光区）下的光化学降解过程分别见图 8-3 ～图 8-5。

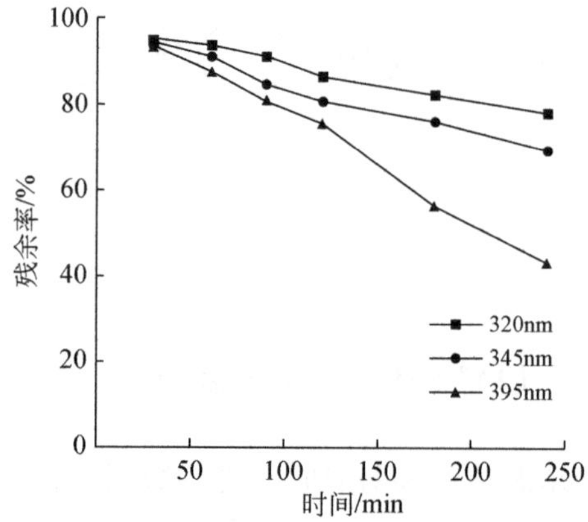

图 8-3　UVA 波段下 DMS 的光化学降解

从图 8-3 ～图 8-5 可以看出，UV 范围内的辐射可以有效地诱使 DMS 发生光降解，其中，UVA 波段内 395nm 条件下的 DMS 光氧化速率较快，UVB 波段内 280nm 条件下的 DMS 光氧化速率较快，而在可见光波段中 435nm 较 495nm 条件下的 DMS 光氧化速率较快。而在整体的光照环境下，UVB 波段 DMS 光氧化明显优于其他两个波段，并且在 280nm 处达到光降解的最大值。此结果说明 DMS 的光氧化速率受到光照波段的显著影响，在 UVB 波段光氧化速率最佳，UVA 波段次之，而在达到可见光波段时光氧化速率逐渐趋于平缓，光氧化速率明显减弱，这也进一步验证了 DMS 的光氧化反应具有波长依赖性。

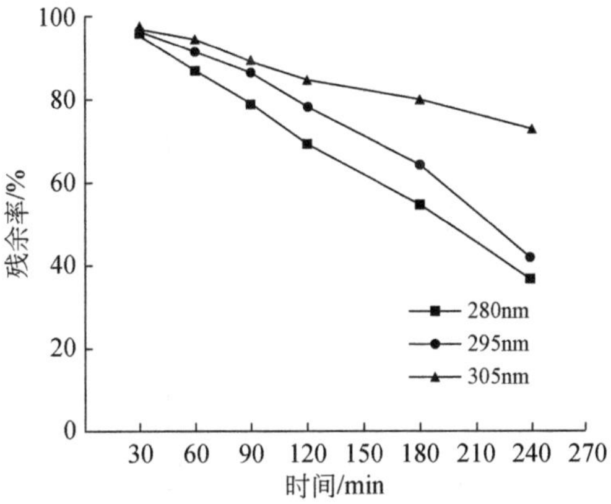

图 8-4　UVB 波段下 DMS 的光化学降解

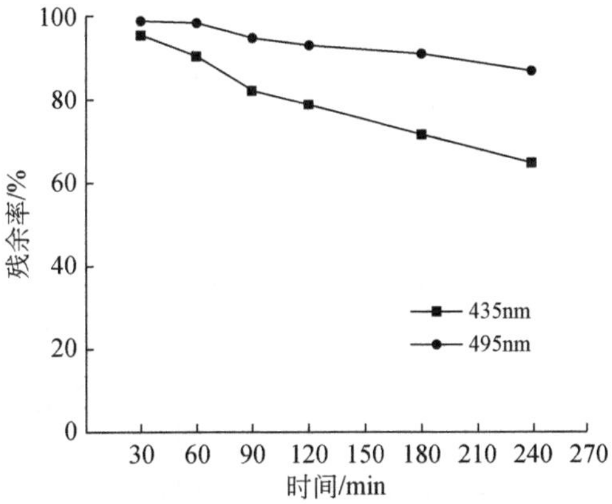

图 8-5　可见光波段下 DMS 的光化学降解

8.2.3　不同波段下 CDOM 的光谱吸收系数的测定

在海洋光化学反应中，CDOM 是主要的光吸收物质，在间接光化学反应中扮演着催化剂的重要角色，特别是 CDOM 中的腐殖质以及这些有机物结合的一些过渡金属等络合物均为天然的光敏剂。它们容易吸收光能，形成活跃的不稳定存在的激发态分子，并通过各种不同的方式向外界辐射能量。这些光敏剂中间产物寿命短，易通过电荷转移等方式将能量传递给分子氧等受体，从而导致 CDOM 分子中化学键的断裂或氧化，以及活性自由基的形成。在测定 DMS 光氧化速率的同时也于 30min、60min、90min、120min、180min 和 240min 时取海水样品用 UV-2550 紫外可见分光光度计测定不同波段下 CDOM 的光谱吸收系数，然后得到不同波段下 CDOM 的光谱吸收系数随光照时间的变化图，如图 8-6 所示。

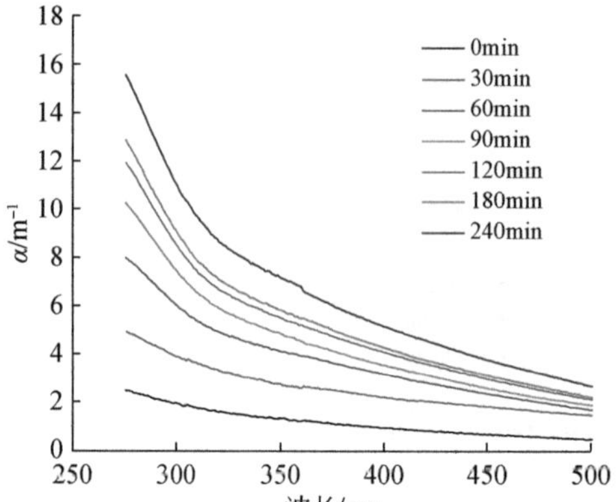

(a)280nm

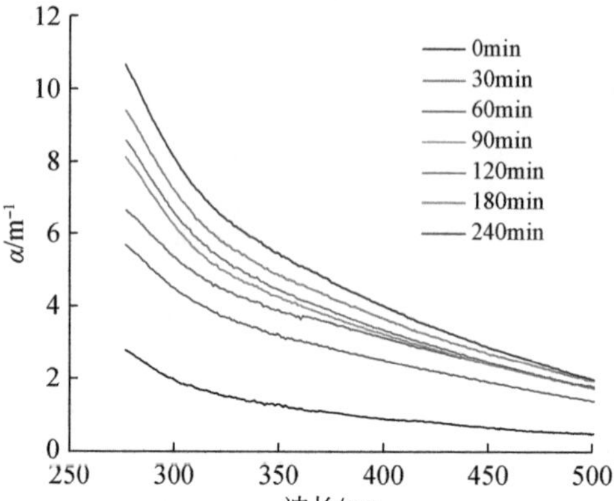

(b)295nm

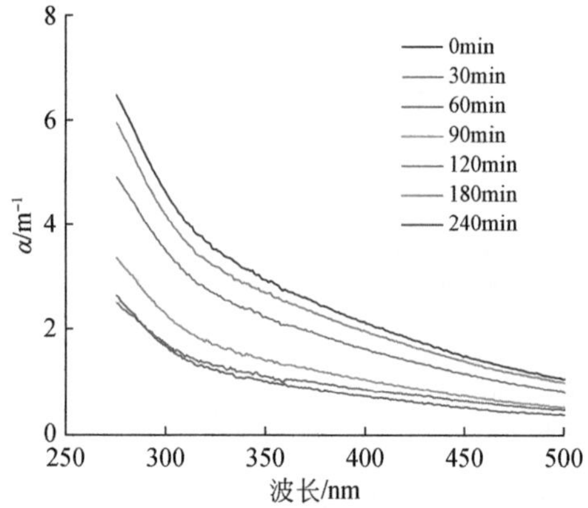

(c)305nm

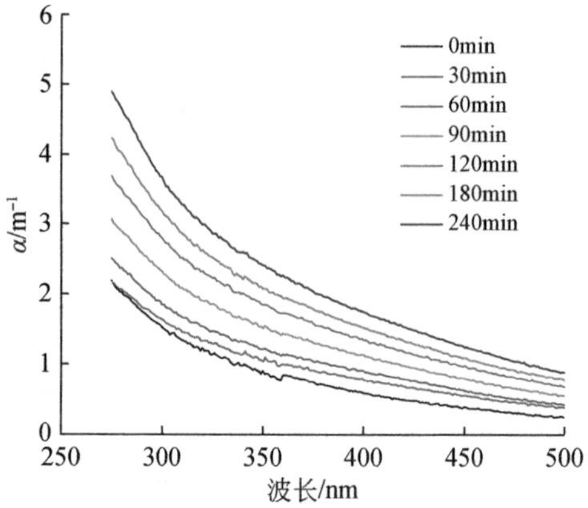

(d)320nm

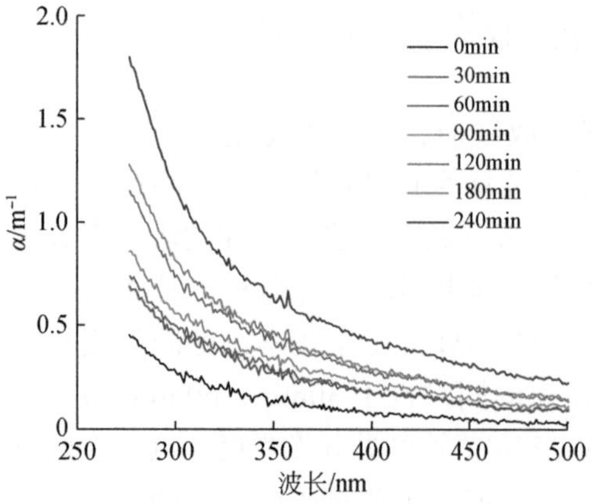

(e)345nm

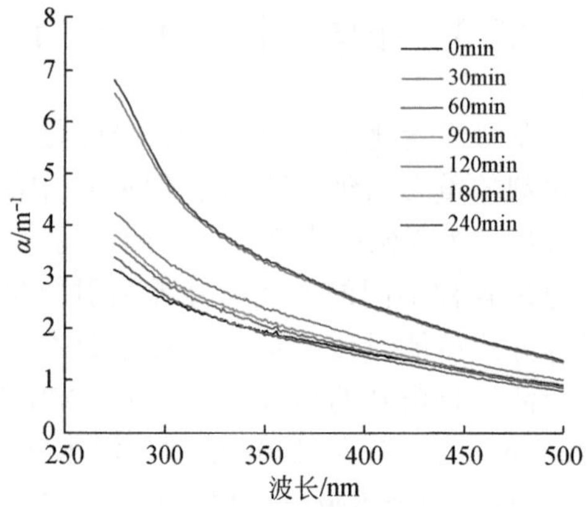

(f)395nm

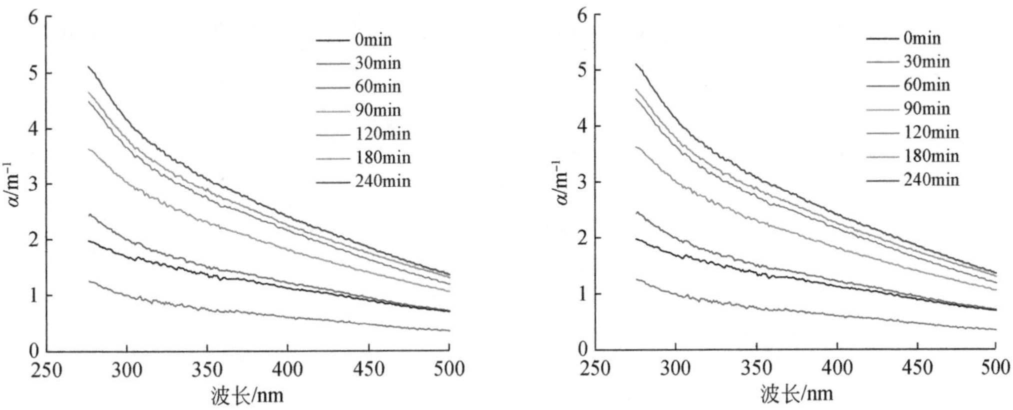

(g)435nm　(h)495nm

图 8-6　不同波段下 CDOM 的光谱吸收系数

从图 8-6 可以看出，不同波段下 CDOM 的光谱吸收系数随着光照时间的增加都明显增大，这是由于在 DMS 光氧化过程中，溶液中 CDOM 随着时间的增加从大分子物质逐渐转变为小分子物质，浓度逐渐升高，从而导致 CDOM 的光谱吸收系数增大。然而不同波段在相同的光照时间内，CDOM 光谱吸收系数增加速率存在差异，其中 280nm 波长下 CDOM 的光谱吸收系数最大，说明不同波段下的光照条件对样品中 CDOM 的浓度改变也具有一定的影响。在 DMS 光氧化反应过程中，CDOM 也在进行着一系列的化学反应，而且在不同的波段下 CDOM 反应速率也不尽相同，但总体上都是向着光谱吸光系数增大的趋势进行。

8.2.4　CDOM 和 DMS 随时间的变化曲线

海水 DMS 发生光化学氧化的质与量也会被海水中光化学性质影响，这主要取决于溶解态和悬浮态颗粒有机物质与无机物质的丰度组成。因为水体中 DMS 的光降解主要通过氧化剂光化学所引发的间接途径发生，CDOM 在 DMS 光化学氧化中扮演重要的角色，太阳辐射和 CDOM 之间的相互作用是活性分子的重要来源。通常选择某一特定波长处的光谱吸收系数来表征 CDOM 的浓度，本研究以 355nm 处的光谱吸收系数 $\alpha_{(355)}$ 来表征研究海水样品中 CDOM 的浓度，对比研究了不同光照波段下 CDOM 光谱吸光系数和 DMS 浓度随时间的变化曲线，如图 8-7 所示。

由图 8-7 可以看出，随着光照时间的增加，不同波段下海水样品中 DMS 浓度均逐渐降低，而 CDOM 由大分子物质分解成小分子物质，光谱吸收系数逐渐增大，也就是 CDOM浓度逐渐升高，并且二者随着时间的变化率都具有良好的线性。此结果也进一步说明 CDOM 参与了 DMS 光降解反应。

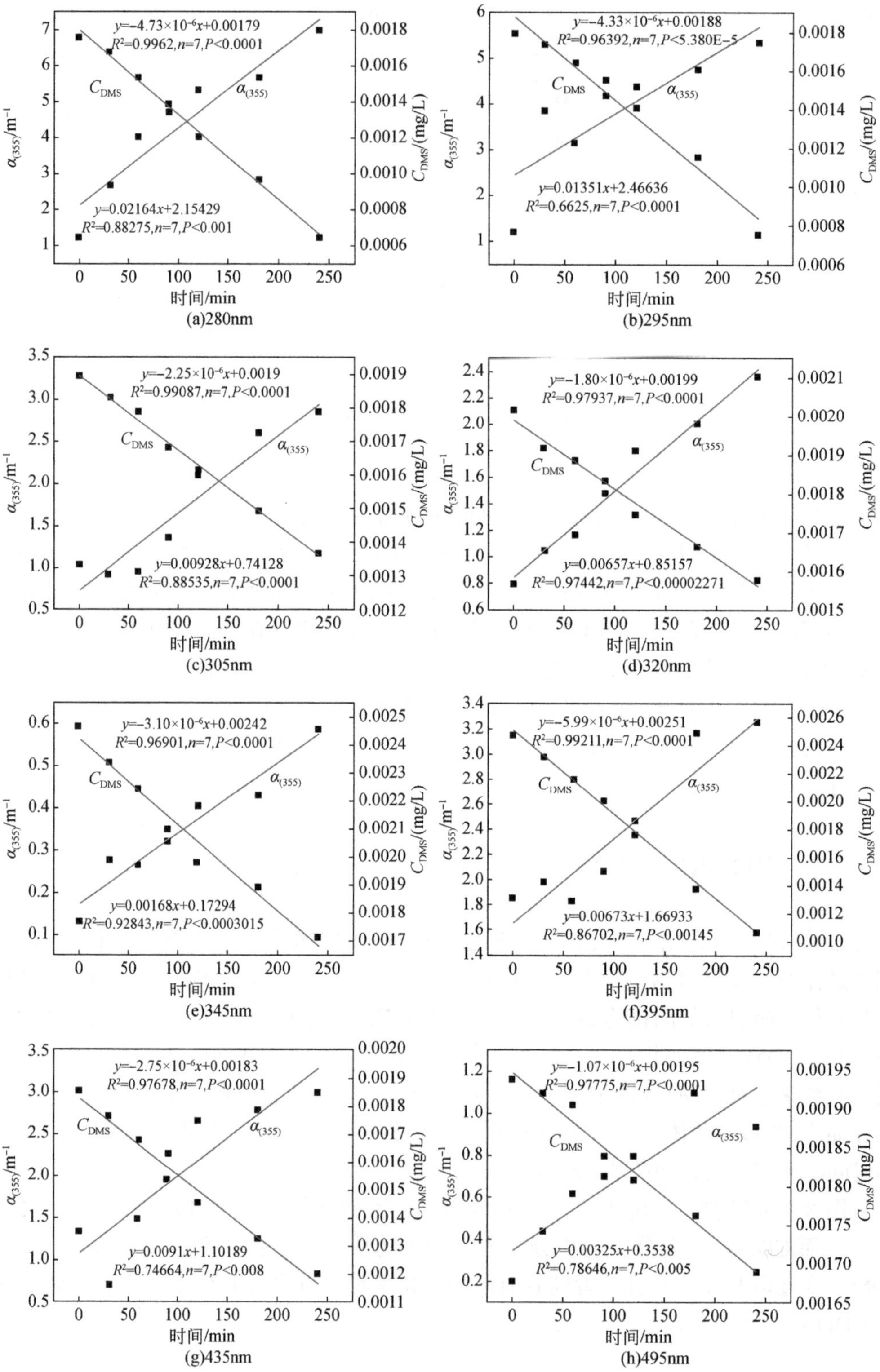

图 8-7 不同光照波段下 CDOM 吸光系数和 DMS 浓度随时间的变化曲线

8.2.5　$\alpha_{(355)}$ 与 DMS 浓度的关系

为了进一步证明 CDOM 在 DMS 光降解中发挥的关键作用，通常的研究都是用 $\alpha_{(355)}$ 来表征 CDOM 的浓度，因此本研究对不同光照波段下 $\alpha_{(355)}$ 与 DMS 浓度进行线性拟合，研究结果如图 8-8 所示。

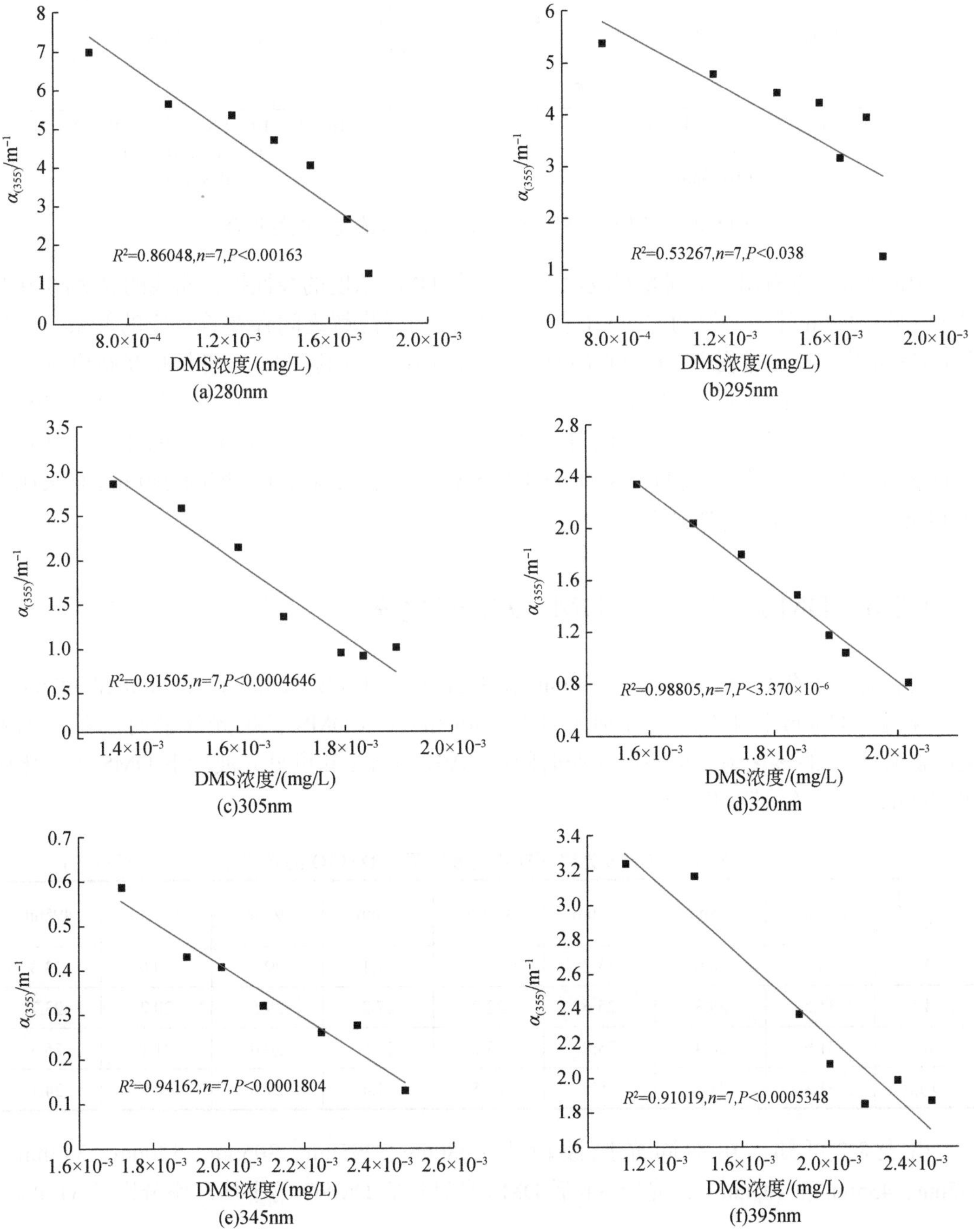

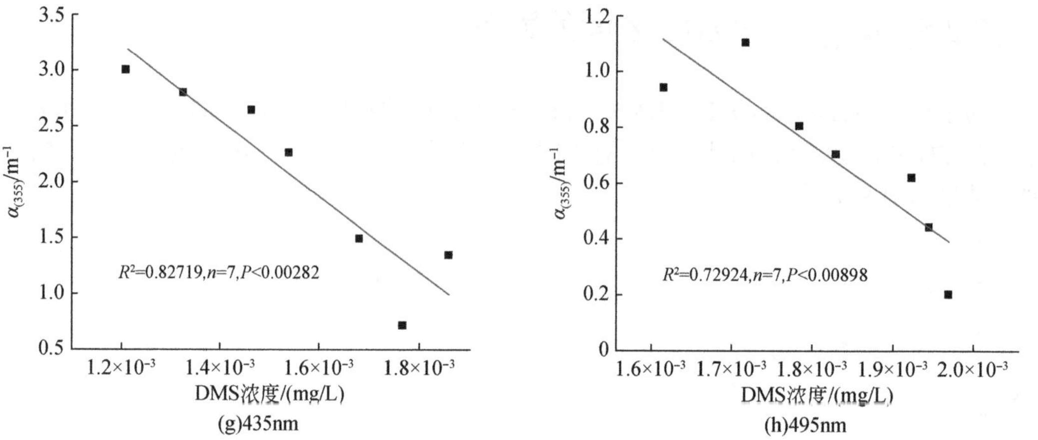

图 8-8　不同光照波段下 $\alpha_{(355)}$ 与 DMS 浓度的线性拟合

由图 8-8 可以看出，不同光照波段下 $\alpha_{(355)}$ 与 DMS 浓度的线性拟合曲线的 R^2 均在 0.72 以上（除 295nm 外），说明 CDOM 浓度与 DMS 的光降解之间存在着一定的关系，并且在 DMS 光化学反应过程中，CDOM 对反应历程具有一定的影响，二者是相互制约的。

综上所述，海水中 CDOM 光激发可以产生 DMS 光氧化所需的氧化剂，参与 DMS 光化学氧化过程，并且不同波段光照对 DMS 光降解中发挥作用的 CDOM 的性质也具有一定的影响。以上研究结果说明，在研究的 8 个光照波段中，UVB 光区的 280 nm 是水体中 DMS 光化学降解的最优势波段。

8.2.6　DMS 光氧化成 DMSO 的转化率

实验研究了在 UVA（320nm、345nm 和 395nm）、UVB（280nm、295nm 和 305nm）和可见光（435nm 和 495nm）分别照射 2h、4h 和 6h 后 DMS 发生光降解向主要的光氧化产物 DMSO 的转化率。将不同光照时间内 UVB、UVA 和可见光波段下 DMS 光氧化成 DMSO 的转化率分别列于表 8-2 中。

表 8-2　DMS 光降解在不同波段下向 DMSO 的转化率　　（单位：%）

照射时间 / h	280nm	295nm	305nm	320nm	345nm	395nm	435nm	495nm
2	30.6	28.0	25.2	22.2	27.1	29.3	20.0	23.3
4	31.5	28.3	25.6	22.2	27.2	29.5	20.2	23.7
6	31.9	28.4	25.8	23.2	27.8	30.0	21.1	25.3
平均值	31.3	28.2	25.5	22.5	27.4	29.6	20.4	24.1

由表 8-2 可知，在不同光照波段下（280nm、295nm、305nm、320nm、345nm、395nm、435nm 和 495nm），光照 6 h 后 DMS 光氧化成 DMSO 的平均产率分别是 31.3%、

28.2%、25.5%、22.5%、27.4%、29.6%、20.4% 和 24.1%，说明 DMS 光氧化成 DMSO 的转化率受到不同光照波段的影响。其中在 280 nm 波长照射条件下，DMS 向 DMSO 的转化率最大，是 DMS 光降解向 DMSO 转化的最优势波段。另外，由表 8-2 中数据可以看出，UVA 和可见光各自对应的波段内 DMS 向 DMSO 转化率随着光照波长的增大而增大，而 UVB 波段内 DMS 向 DMSO 的转化率随着光照波长的增大而减小。

8.2.7 小结

在实验室模拟太阳光条件下，研究了不同光照波段下 DMS 的光化学降解速率，并考查了不同波段下 CDOM 对 DMS 光降解的影响及 DMS 光化学氧化成 DMSO 的转化率。得到的主要研究结论如下。

（1）不同光照波段下 DMS 的光化学反应均符合一级动力学反应，但不同波长下 DMS 光降解速率存在明显差异。UVB 光照波段下 DMS 的光降解速率明显大于 UVA 和可见光波段下的降解速率，其中在 280nm 时最大。

（2）DMS 光化学降解过程中，水体中 CDOM 的浓度大小与光照时间成正比，但同时受到光照波段的影响。不同光照条件下，水体中 CDOM 光谱吸收系数和 DMS 浓度都具有良好的线性，说明 CDOM 在 DMS 光降解反应历程中发挥了重要作用。

（3）不同的光照波长下，DMS 光化学氧化成 DMSO 的转化率不同，其中在 280 nm 时具有最大的转化率。另外，UVA 和可见光各自对应的波段内 DMS 向 DMSO 的转化率随着光照波长的增大而增大，而 UVB 波段内 DMS 向 DMSO 的转化率随着光照波长的增大而减小。

综上所述，不同光照波段对水体中 DMS 光化学反应速率及降解产物均产生重要的影响，是 DMS 光化学研究中不可忽略的重要因素。

8.3 东海表层海水 DMS 光化学的现场测定

东海，中国三大边缘海之一，是中国岛屿最多的海域。主要是指中国东部长江口外的大片海域，南接台湾海峡，北临黄海（以长江口北侧与韩国济州岛的连线为界），东临太平洋，以琉球群岛为界。东海的面积是 70 余万 km^2，平均水深约为 370m，多为水深 200m 以内的大陆架。盐度为 31 ～ 32，海水平均温度为 9.2°C。整个海区介于 23°00′N ～ 33°10′N 和 117°11′E ～ 131°00′E（张永战，2010）。

东海海区水温条件比较复杂（Lee et al.，2000；Su，1998），其中，来自太平洋的高温高盐的黑潮水系从台湾以东海域流入东海后沿坡北上，入侵整个东海陆架，并与陆架水相互交换（Liu et al.，2003）。中国的主要河流，如长江等，挟带大量淡水、泥沙、营养物质及污染物等注入东海，对东海的营养物质来源和初级生产力有重要贡献（Zhang，1996）。研究表明，淡水河流中 DMS 浓度很低，但通过陆地径流输入的大量营养盐和有机物质却为 DMS 的生物生产提供了有利的条件，因此长江输入会对东海中 DMS 的光化学氧化提供有利条件，然而目前对该海区 DMS 的光化学研究还未见文献报道。本研究通过夏季的大面调查，获得了一定的 DMS 光化学氧化数据，通过本研究并结合历史资料，希望能够认识以下几方面的内容：①东海海域近海、中间陆架、远海站位中 DMS 的光氧化速率及 DMS 光氧化周转时间；② DMS 光化学氧化站位 DMS 的生产与消费速率及生物周转时间；③ DMS 光化学氧化站位的 DMS 海 - 气通量及 DMS 海 - 气交换周转时间。

8.3.1　光化学样品的采集与测定

作者团队于 2013 年 6 月 21 日～ 7 月 22 日（夏季），搭载国家自然科学基金项目随“科学 3 号”海洋调查船，对东海进行了调查，在东海陆架海域设置 7 条科学考察断面，核心工作区域经度范围为 120°47′E ～ 126°E，纬度范围为 25°31′N ～ 30°N，设置大面站位 49 个，调查站位如图 8-9 所示。在所设大面站位采集表层海水以研究 DMS 浓度的水平分布；在近海 DH8 站位、DH23 站位、DH37 站位，中间陆架 DH32 站位、DH41 站位，远海 DH29 站位、DH48 站位研究 DMS 的光化学氧化、DMS 的生产与消费、DMS 海 - 气通量及各自的周转时间。海水样品用 12L Niskin 采水器采集，现场海水温度、盐度、风速等参数数据由 CTD 采集海水时同步获得。

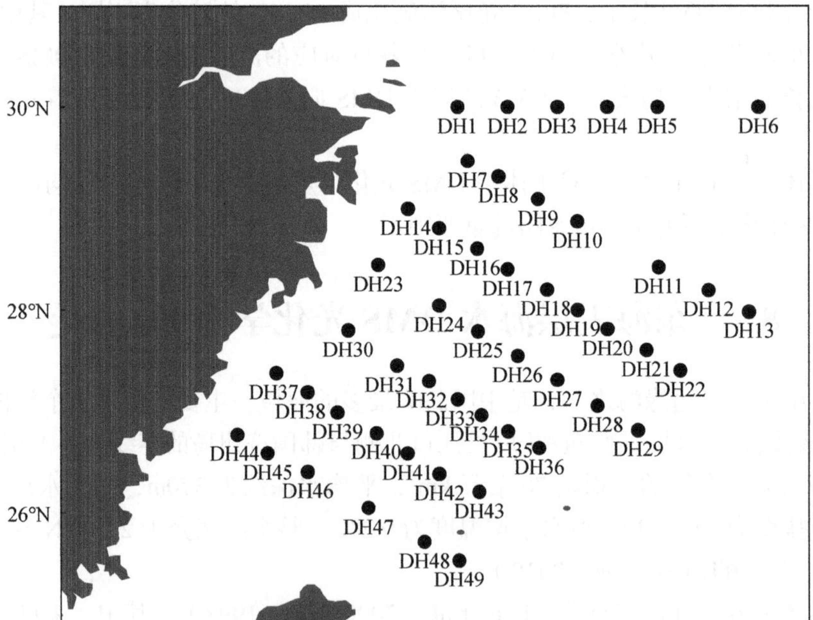

图 8-9　东海调查站位图

将在不同站位采集的表层海水依次用 0.45μm、0.2μm 聚醚砜滤膜过滤除去藻类、细菌等，避免实验过程中生物活动对样品中 DMS 浓度的影响（Hatton，2002）。然后将处理过的海水样品装入 115mL 石英光照管中密封，分别经过不包裹（全部光透过）、聚酯薄膜 Mylar-D（80% UVA、仅少量 UVB 透过）、树脂 UF3 Plexigas（仅可见光透过）、铝箔（黑暗）包裹处理装有海水样品的石英光照管（Deal et al.，2005），研究不同波段光辐射（全波段、UVB、UVA、可见光、黑暗条件）下 DMS 的光氧化速率。将处理好的石英光照管放入培养箱中，并连续输入表层循环海水，以保持培养箱中的水温与表层海水的水温一致。然后分别于 30min、60min、90min、120min、180min 和 240min 时取 2mL 样品，用 GC-FPD 进行分析测定，得到对应时间的 DMS 浓度，然后根据时间和浓度的对应关系，算得 DMS 的光氧化速率。

8.3.2　东海 DMS 的水平分布

测定结果显示，夏季东海表层海水中不同站位 DMS 的浓度变化比较明显，而且浓度变化范围也比较大，DMS 浓度变化范围为 1.16 ～ 11.61nmol/L，平均值为 4.78nmol/L。Yang 等（2011）在相同季节对中国东海表层海水样品的测定分析结果显示，DMS 浓度的变化范围为 1.79 ～ 12.24nmol/L，平均值为 5.64nmol/L，本航次的测定数据与这一分析结果相接近。

在此次的大面站位调查中，DMS 的浓度最高值出现在近岸的 DH30 站位，浓度超过平均值的站位多集中在东海海域的近岸区域（图 8-10），这可能是因为在此海域内常年存在一上升流，曹欣中（1986）和许建平（1986）等在对此海域的研究中均发现了这一上升

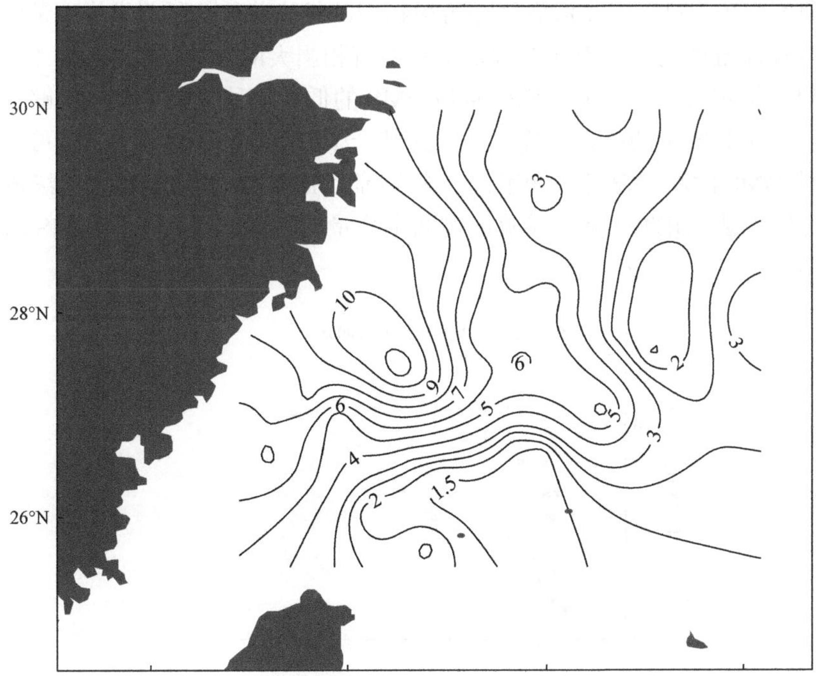

图 8-10　东海 DMS 浓度的水平分布

图上数字代表 DMS 浓度，单位为 nmol/L

流，这是在台湾暖流北进的过程中，台湾暖流接近长江口外时受到等深线发散的影响而被迫抬升产生的，产生的这一上升流能够不断给表层海水补充营养盐，而营养盐的不断补充又进一步促进了浮游植物的生长（鲁北纬等，1997），从而导致更多的DMS释放到海水中。而DMS浓度的最低值出现在远海DH36站位，这可能是因为远海海域寡营养盐的条件不利于浮游植物的生长。

在水平分布上，如图8-10所示，DMS的浓度分布总体呈现出近岸高、外海低的分布趋势，这主要是近岸受人为活动的影响比较严重，营养化水平比外海要高，导致了近岸海区的生产力水平较高，这样的浓度变化趋势显示出近岸的人为活动对DMS生物生产的影响。

8.3.3 东海DMS与Chl-*a*的相关性

由于海水中DMS主要的来源是海洋环境中的浮游植物，因此海区的初级生产力水平对DMS的浓度大小有至关重要的影响，Chl-*a*作为叶绿素中最主要的一种，通常作为代表海区浮游植物生物量的指标，一般情况下，Chl-*a*浓度的时空变化与海水中浮游植物的初级生产力保持一致，因此人们在研究DMS浓度分布的时候会考虑相应时空中Chl-*a*的浓度分布及变化，通过相关性分析就可以清楚地知道两者之间的关系。如图8-11所示，对两者的线性回归分析表明，东海表层海水中DMS浓度与Chl-*a*浓度之间具有较好的相关性，这一研究结果与Uzuka等（1996）对东海表层海水中DMS浓度和Chl-*a*浓度相关性的研究结论是一致的，实验结果表明二者之间存在着显著的相关性。对该海域环境中浮游植物的调查研究发现，硅藻是东海海区浮游植物中的优势藻种，所谓优势藻种就是相对于该环境中的其他浮游植物在种类还有数量上都具有相当大的优势。Keller等（1989）通过相关分析指出，虽然通常意义上来说硅藻是DMS的低产藻种，但是如果能够成为某海域的优势藻种，由于其数量的庞大和优势，因此其产生DMS的总量也是非常可观的，有可能会超越其他DMS的高产藻种，如甲藻、金藻等对DMS总量的贡献，最终成为该海区中DMS的重要来源。由此可见，浮游植物的生物量在控制东海海水中DMS浓度方面起着重要的作用。

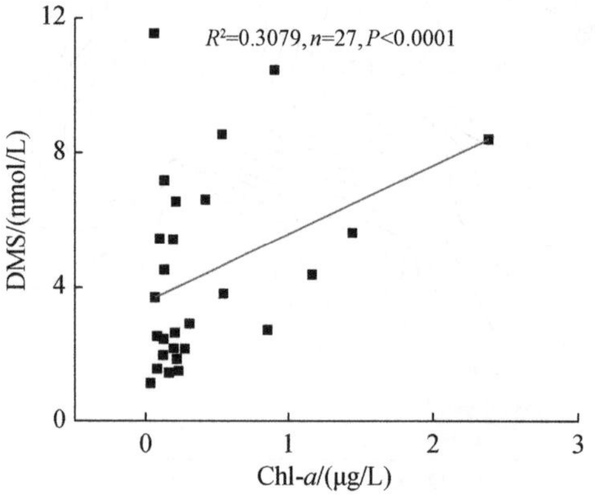

图8-11　东海表层海水中DMS与Chl-*a*之间的相关性

8.3.4　东海 DMS 光化学氧化的现场测定

DH8 站位、DH23 站位、DH37 站位均属于近海站位，其光降解过程如图 8-12 所示。从表 8-3 中 DMS 总的光氧化速率可以看出，近岸海水中 DMS 的光氧化速率较快，分别为 2.92nmol/（L • d）、3.24nmol/（L • d）、3.45nmol/（L • d）。经过 4 小时的甲板光照降解，DMS 在 UVB 波段的残余率最小，分别为 60.22%、52.05%、56.55%，在 UVA 波段的残余率分别为 71.35%、69.79%、62.34%，在可见光波段的残余率最大，分别为 78.03%、79.23%、77.38%。不论是从不同波段的光化学氧化速率还是从残余率都可以看出，在海上现场的测定过程中，DMS 的光氧化速率在 UVB 波段下达到最大。

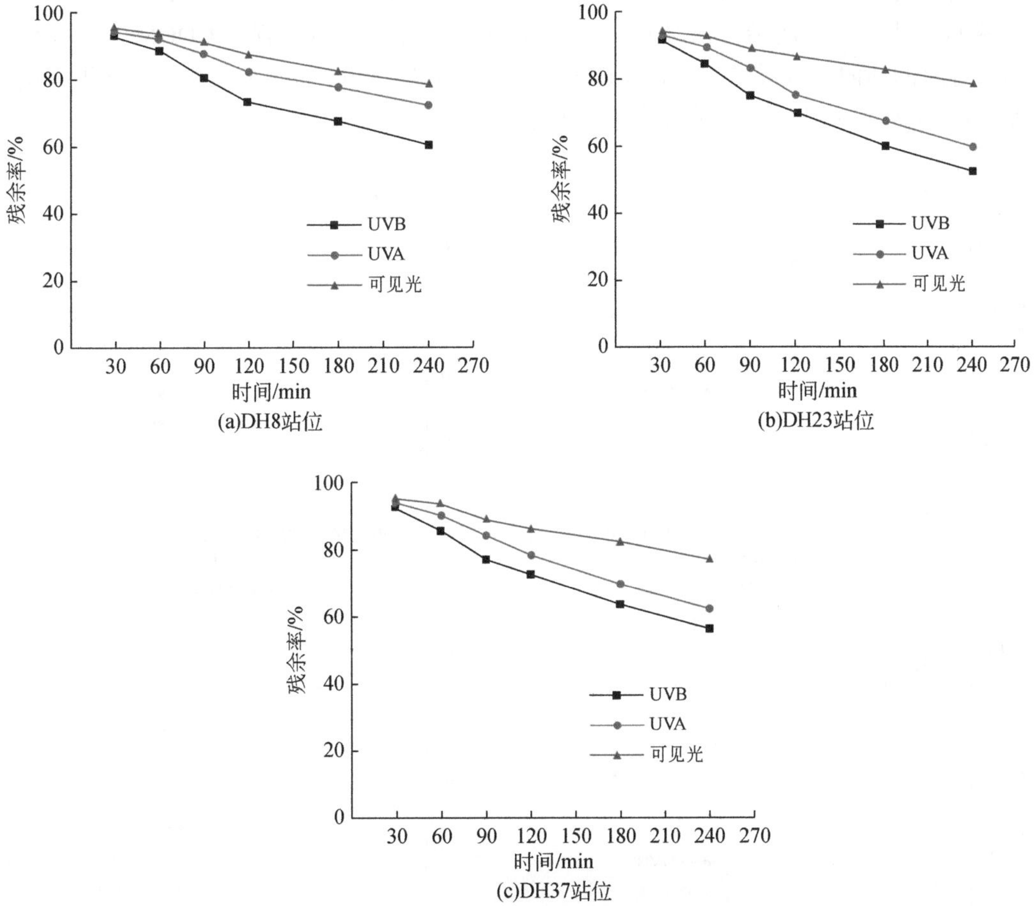

图 8-12　东海近岸站位中 DMS 的光化学降解

监测数据显示，长江挟带 CDOM 的输入量近 800 万 t/a（康建成等，2008），其在陆源物质向东海的输送过程中发挥着重要作用（王文亮等，2009）。孔德星等（2008）研究了长江径流输送物质对东海 CDOM 分布的影响，雷惠等（2009）获得了东海典型水体的黄色物质光谱吸收及分布特征。这些研究均发现，东海近岸 CDOM 的主要来源为长江径流，因此较高浓度的 CDOM 导致东海近岸站位的 DMS 光氧化速率较快。

从图 8-9 可以看出，DH32 站位、DH41 站位属于中间陆架站位，而 DH29 站位、DH48 属于远海站位，其 DMS 光化学降解过程如图 8-13 所示。与近海站位总的光氧化速率比较，中间陆架站位的 DMS 光氧化速率与近海站位的 DMS 光氧化速率相接近，分别为 2.91nmol/（L • d）、3.57nmol/（L • d），而远海站位 DMS 光氧化速率明显低于这一水平，DMS 光氧化速率分别是 2.59nmol/（L • d）、2.32nmol/（L • d）（表 8-3）。这四个站位在 UVB 波段的残余率分别为 59.39%、58.22%、63.11%、68.89%，UVA 波段的残余率分别为 65.65%、66.39%、70.38%、73.67%，在可见光波段的残余率分别为 82.10%、85.58%、88.06%、90.34%。但不管是近海站位还是远海站位，所有站位海水中的 DMS 均是在 UVB 波段下的光氧化速率最快，在可见光波段下最慢，这与作者团队在实验室模拟实验中的研究结果是一致的，在研究的波段范围内，DMS 在 UVB 的降解速率明显大于 UVA 和可见光区。前面结果已经发现，在 DMS 的光化学降解过程中 CDOM 是主要的光敏剂。近海的陆源输入导致近岸的 CDOM 浓度明显高于中间陆架及远海，因此近岸站位的 DMS 光氧化速率比较大，明显大于远海站位。

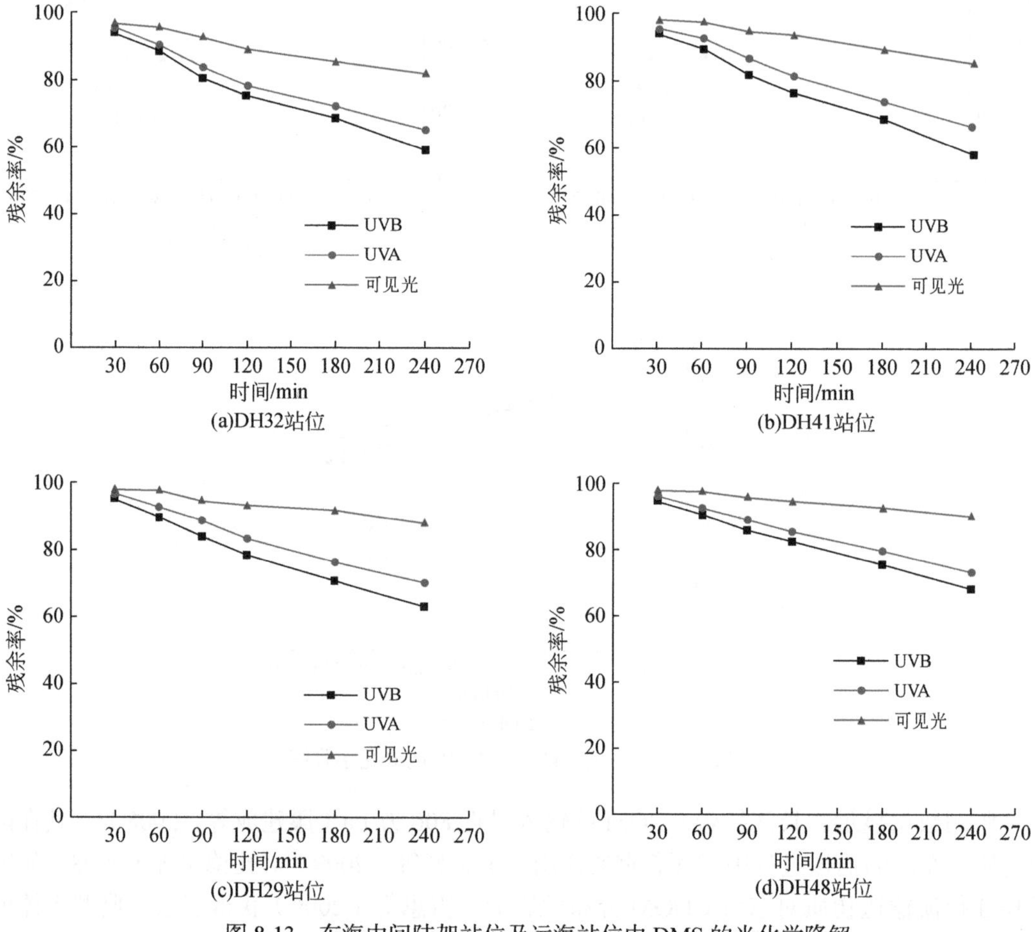

图 8-13　东海中间陆架站位及远海站位中 DMS 的光化学降解

表 8-3　DMS 总的光氧化速率及不同波段下的 DMS 光氧化速率

站位	DMS 浓度 /（nmol/L）	总的光氧化速率 /[nmol/（L·d）]	周转时间 /d	UVB 波段氧化速率 /[nmol/（L·d）]	UVA 波段氧化速率 /[nmol/（L·d）]	可见光波段氧化速率 /[nmol/（L·d）]
DH8	3.62	2.92	1.24	1.30	0.86	0.67
DH23	9.49	3.24	2.92	1.51	1.23	0.70
DH37	7.12	3.45	2.06	1.32	1.15	0.56
DH32	9.56	2.91	3.29	1.22	1.10	0.58
DH41	3.11	3.57	0.87	1.34	1.18	0.48
DH29	3.26	2.59	1.26	1.10	0.94	0.36
DH48	2.63	2.32	1.13	1.03	0.86	0.31
平均值	5.54	3.00	1.82	1.26	1.05	0.52

8.3.5　东海 DMS 各迁移转化过程的周转时间

目前，光化学氧化、微生物消耗和海－气扩散被认为是表层海水中 DMS 的主要迁移转化途径。然而有关这三个过程在 DMS 迁移转化过程中所占的相对比例，在不同海区的研究过程中，海域水深、海面风速、太阳辐射、海区内海洋生物的种类及生物量等的不同，导致得到的结论也不尽相同（Vallina and Simó，2007；Simó and Pedrós-Alió，1999）。为了弄清海水中 DMS 的迁移转化过程及各种因素对 DMS 去除的影响，作者团队对各种去除途径的周转时间进行了分析和比较。

为了弄清海水中 DMS 在迁移转化过程中，光化学途径对其的影响程度，作者团队根据测得的 DMS 浓度及总的光氧化速率，计算了表层海水中 DMS 进行光化学氧化的周转时间 τ_{photo}（DMS 在表层海水中的浓度 /DMS 总的光氧化速率）。表层海水中 DMS 的光氧化周转时间为 0.87 ～ 3.29d，平均值为 1.82d（表 8-3）。Hatton（2002）的研究结果表明海水中 DMS 的光氧化速率较快，周转时间一般比较短，为 1d 左右，本研究的结果与此接近。然而 Deal 等（2005）在白令海（Bering Sea）的研究中发现，在海洋上层 20cm 的水体中 DMS 的光氧化周转时间为 0.02 ～ 0.11d，这一周转时间明显比作者团队所测得的结果要短很多，这可能是海区不同导致的，DMS 光氧化这一过程受到 DMS 浓度、CDOM 含量、光照强度等各种因素的制约。

在此次调查中，作者团队利用生物抑制剂法现场测定了东海表层海水中 DMS 的生物生产与微生物消费速率，具体的测定结果列于表 8-4，由表中数据可知，表层海水中 DMS 生物生产速率变化范围为 3.07 ～ 11.03nmol/（L·d），平均值为 6.86nmol/（L·d）。作者团队根据测得的 DMS 浓度及其微生物消费速率，计算出表层海水中 DMS 微生物消耗的生物周转时间 τ_{bio}（=DMS 在表层海水中的浓度 /DMS 的微生物消费速率）。由表 8-4 的数据可知，东海表层海水中 DMS 的生物周转时间为 0.44 ～ 2.89d，平均值为 1.60d。对比前人的研究结果，可以得知作者团队的研究结果基本与他们相一致（田旭东等，2005；Yang et al.，2005；Wolfe et al.，1999），他们均认为在表层海水中 DMS 的生物周转时间在 1 天到几天之内。

表 8-4　DMS 生物周转时间与海－气交换周转时间

站位	DMS 浓度 /（nmol/L）	DMS 生物生产速率 /[nmol/(L•d)]	DMS 微生物消费速率 /[nmol/(L•d)]	DMS 生物周转时间（τ_{bio}）/d	DMS 海－气通量 /[μmol/(m^2•d)]	DMS 海－气交换周转时间（$\tau_{sea\text{-}to\text{-}air}$）/d
DH8	3.62	11.03	8.25	0.44	5.01	1.88
DH23	9.49	9.36	5.21	1.82	9.50	1.60
DH37	7.12	8.92	6.57	1.08	12.64	1.75
DH32	9.56	5.69	3.31	2.89	12.82	2.09
DH41	3.11	6.73	4.62	0.67	0.77	16.12
DH29	3.26	3.07	1.28	2.55	9.76	0.70
DH48	2.63	3.25	1.49	1.77	0.95	11.90
平均值	5.54	6.86	4.39	1.60	7.35	5.15

采用 N2000 方法（Nightingale et al.，2000），即用表层海水中 DMS 的浓度及海－气交换速率常数来计算 DMS 海－气通量。东海表层海水 DMS 海－气通量变化范围为 0.77 ～ 12.82μmol/（m^2•d），平均值为 7.35μmol/（m^2•d），不同站位的 DMS 海－气通量值之间存在较大差别，这主要是空间差异较大的海水 DMS 浓度和调查期间变化较大的风速造成的。例如，此次调查站位的 DMS 海－气通量的最大值［12.82μmol/（m^2•d）］出现在海水 DMS 浓度较高（9.56nmol/L）和具有较大的风速（4.3m/s）的 DH32 站位，而最小值［0.77μmol/（m^2•d）］出现在 DMS 浓度（3.11nmol/L）和现场风速（1.5m/s）都比较小的 DH41 站位。图 8-14 给出了所调查站位 DMS 海－气通量随海水中 DMS 浓度和现场风速的变化趋势。由图 8-14 可以看出，DMS 海－气通量在风速变化不大的情况下，与表层海水中 DMS 的浓度变化相一致；而风速比较大时，风速就成了影响 DMS 海－气通量的主要因素，从而引起 DMS 海－气通量较大幅度的变化。这与作者团队在胶州湾及青岛近海的调查分析中得出的结论是一致的（张洪海和杨桂朋，2010）。基于上述结果就可以计算出表层海水中 DMS 海－气交换周转时间 $\tau_{sea\text{-}to\text{-}air}$（DMS 在表层海水中的浓度 × 取样层厚度 /DMS 海－气通量）。计算结果见表 8-4，表层海水中 DMS 海－气交换周转时间为 0.70 ～ 16.12d，平均值为 5.15d。

根据以上对 DMS 光化学氧化、微生物消耗和海－气扩散三种迁移转化途径周转时间的计算与分析，可以看出在东海表层海水中，光化学氧化和微生物消耗这两种去除途径所需要的周转时间大约一致，都在 1d 左右，而海－气扩散这一途径的周转时间比较长，需要几天左右，因此这一研究结果表明，光化学氧化与微生物消耗在 DMS 迁

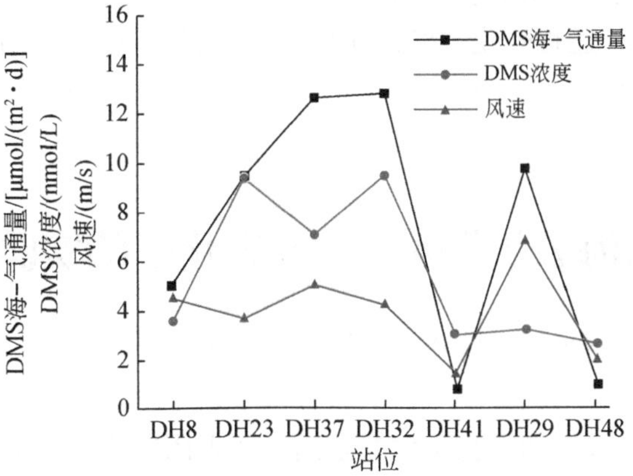

图 8-14　DMS 海－气通量随 DMS 浓度和风速的变化

移转化的过程中具有同样的重要性，这与 Kieber 等（1996）在研究赤道太平洋混合层（0 ～ 60m）中 DMS 的光化学氧化行为时得出的结论是一致的。这些研究结果都能够说明光化学氧化是海水中 DMS 去除的主要途径之一，在 DMS 的迁移转化过程中扮演着极为重要的作用。

8.3.6　小结

通过 2013 年 6 月 21 日～ 7 月 22 日（夏季）对中国东海进行的调查，获得了对中国东海 DMS 浓度的水平分布特征、DMS 浓度与 Chl-*a* 浓度的相关性、东海 DMS 现场的光化学氧化速率，以及在东海表层海水中 DMS各种迁移转化过程所需要的周转时间等多方面的认识，主要的研究结果如下。

夏季东海表层海水中 DMS 的浓度变化范围比较大，对于其水平分布来说，总体上呈现出近岸高、外海低的分布趋势，这主要是因为近岸海水受人为活动的影响比较严重，营养化水平相对于外海要高许多，因此近岸海区的总体生产力水平较高，这样的浓度变化趋势说明近岸的人为活动对 DMS 生物生产及其浓度分布有着深刻的影响。以外，夏季东海表层海水中 DMS 的浓度与 Chl-*a* 浓度之间具有良好的相关性，由此可见，在控制东海表层海水中 DMS 浓度方面，浮游植物的生物量发挥着重要的作用。

东海所有调查站位的海水中 DMS 光化学降解过程与实验室模拟结果是一致的，均是在 UVB 波段下 DMS 光氧化速率最快，在可见光波段下光氧化速率最慢。近海站位的 DMS 光氧化速率要明显高于中间陆架站位及远海站位，这主要是因为在 DMS的光化学降解过程中 CDOM 是主要的光敏剂，而近海站位陆源的输入导致 CDOM 浓度要显著高于中间陆架及远海。

在东海表层海水中，光化学氧化和微生物消耗这两种去除途径所需要的周转时间大约一致，都在 1d 左右，而海－气扩散这一途径的周转时间比较长，需要几天左右，光化学氧化与微生物消耗在DMS迁移转化的过程中具有同样的重要性，或者说在DMS的迁移转化过程中，DMS迁移转化更倾向于微生物消耗和光化学氧化这两个途径。因此光化学氧化是海水中DMS去除的主要途径之一，在DMS的迁移转化过程中扮演着极为重要的作用。

8.4　东海表层海水DMS光化学的实验室模拟

8.4.1　实验室模拟光化学样品的采集与测定

由于此次东海航次时间和实验条件的限制，作者团队未能对DMS光氧化的现场测定做更全面的研究，因此将DH8站位（29°19.1608′ N、123°24.1615′ E）的海水采集后经过0.45μm、0.2μm聚醚砜滤膜过滤处理好以后带回陆地实验室进行实验室模拟实验。

回到陆地实验室后，将处理过的海水样品加入一定量的DMS二级母液，使海水样品中DMS的初始浓度同样达到30nmol/L，然后装入115mL石英管中密封，放入SUNTEST CPS+太阳光模拟器进行光照，在装海水样品的石英管正上方用不锈钢框架固定8个cutoff滤光片（波长分别为280nm、295nm、305nm、320nm、345nm、395nm、435nm和495nm），以获得不同波段的太阳光，并用水泵不断地提供循环的高纯水以维持一个20°C的水浴环境，从而控制温度对光降解过程的影响，然后分别于30nm、60nm、90nm、120nm、180nm和240min时取2mL样品，用GC-FPD进行测定，得到对应时间的DMS浓度，然后根据时间和浓度的对应关系，求算出东海站位表层海水中DMS的光氧化速率。在测定DMS浓度的同时也于30min、60min、90min、120min、180min和240min时取海水样品用UV-2550紫外可见分光光度计测定不同波段下CDOM的光谱吸收系数，然后得到不同波段下CDOM的光谱吸收系数随光照时间的变化图。最后实验室模拟实验又研究了DMS在UVA（320nm、345nm和395nm）、UVB（280nm、295nm和305nm）和可见光（435nm和495nm）波段分别照射2h、4h和6h后向主要的光氧化产物DMSO的转化率。

8.4.2　不同波段下DMS的光氧化速率

DH8站位表层海水的光氧化速率的测定结果如图8-15所示，在280 nm波段下经过4 h的照射，有将近50%的DMS发生了光降解，UVB依然是DMS光氧化速率最快的波段，其他波段下DMS光氧化速率均有所减缓，但是总体来说，UVB波段确实是DMS发生光化学氧化的优势波段，Taalba等（2013）在对加拿大北极地区的表层海水进行实验室模拟DMS光降解的实验过程中发现，UVB波段对DMS光降解过程的贡献率达75%，UVA波段的贡献率为10%～20%，而可见光波段的贡献率仅有4%～15%，这一研究结果同样说明UVB波段是DMS光化学降解有效进行的主要波段。作者团队之前采集的黄海站位海水实验结果及东海的甲板现场培养结果，都可以说明在不同的海域中UVB波段都是DMS进行光化学降解的有效波段。

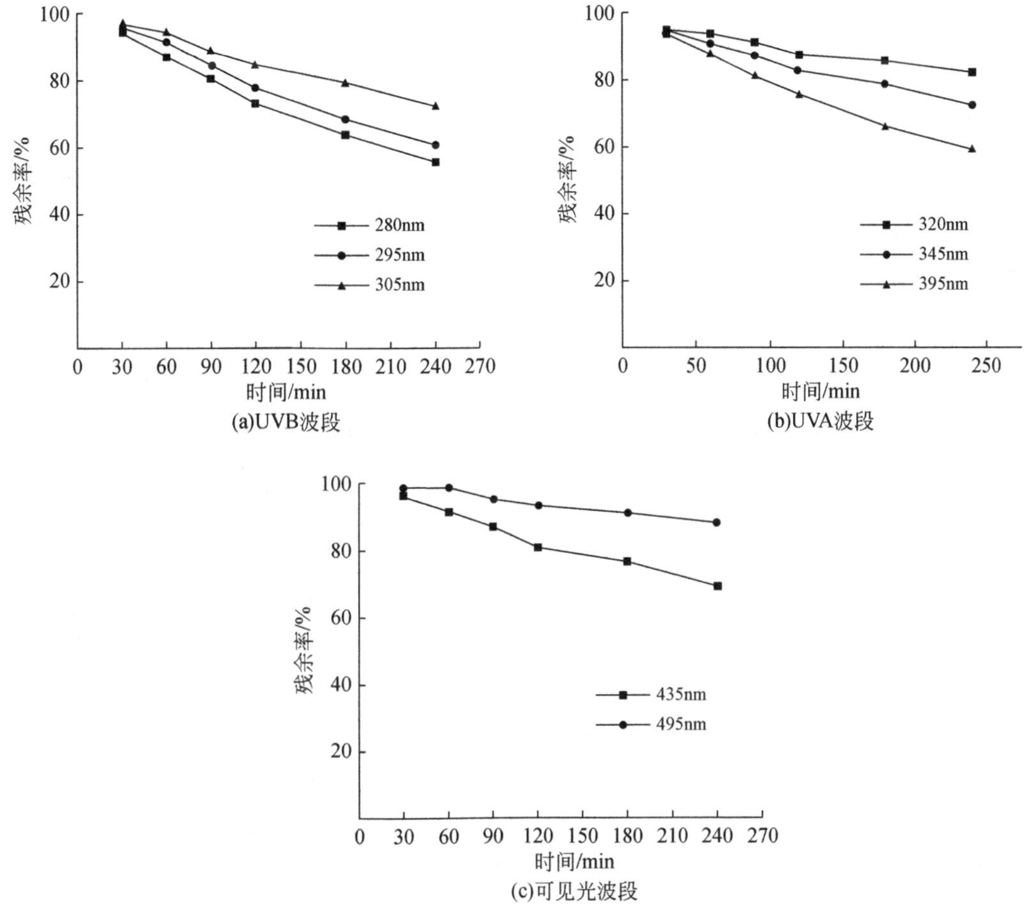

图 8-15　DH8 站位表层海水中 DMS 的光化学降解

将东海站位表层海水实验室模拟的结果与黄海站位实验室模拟的结果比较，东海站位表层海水中 DMS 的光降解曲线较黄海站位表层海水中 DMS 的光降解曲线要平缓，也就是说黄海站位中的 DMS 光氧化速率比东海站位快，这主要是由不同海区的海水中物质的结构和组成不同造成的。目前的研究表明 DMS 的光氧化速率常数变化较大，北大洋北部是 0.03 ～ $0.07h^{-1}$（Hatton，2002），亚得里亚海沿岸海域大约是 $0.12h^{-1}$（Brugger et al.，1998），太平洋海域是 $0.04h^{-1}$（Kieber et al.，1996），西大西洋是 0.026 ～ $0.086h^{-1}$（Toole et al.，2006），而南极海域是 0.16 ～ $0.23h^{-1}$（Toole et al.，2004）。Dacey 和 Wakeham（1986）指出，在全球范围内，表层海水中 DMS 的光氧化速率为 4.46×10^{-5} ～ $30.4\times10^{-5}\,s^{-1}$。由此可见，DMS 光氧化速率受到多种复杂的海洋环境因素的影响。

8.4.3　不同波段下 CDOM 的光谱吸收系数的测定

由于东海航次时间和条件的限制，作者团队没有对东海的 CDOM 进行测定，为了更加清楚地了解东海 CDOM 的情况以及在东海海域中 CDOM 对 DMS 光氧化的具体影响，

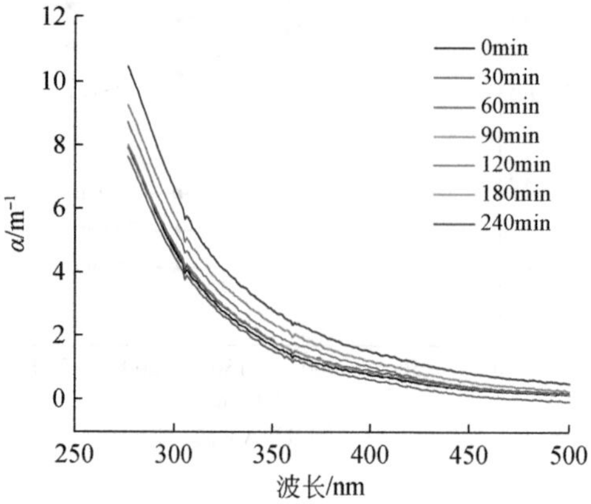

(a)280nm

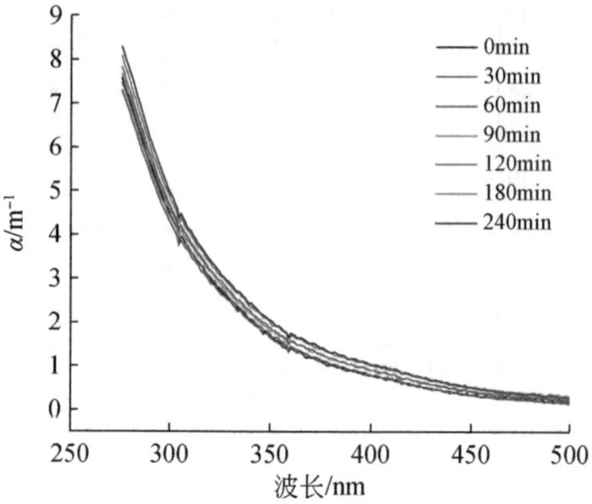

(b)295nm

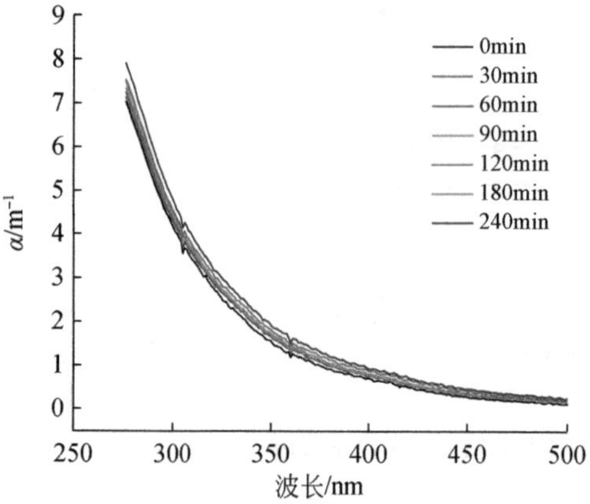

(c)305nm

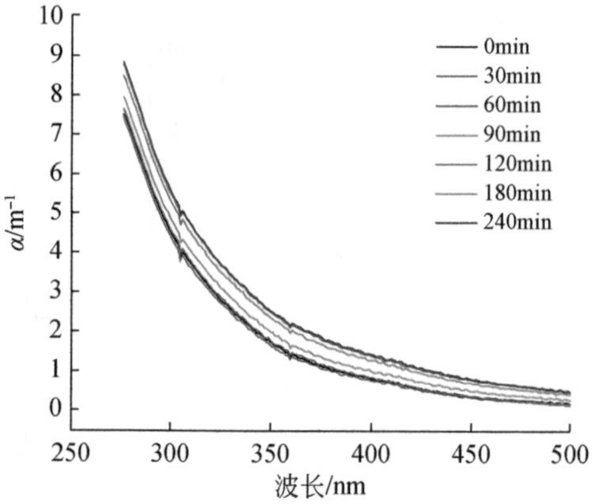

(d)320nm

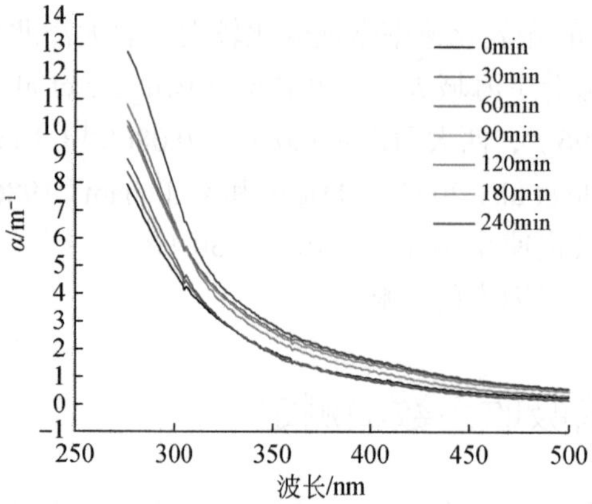

(e)345nm

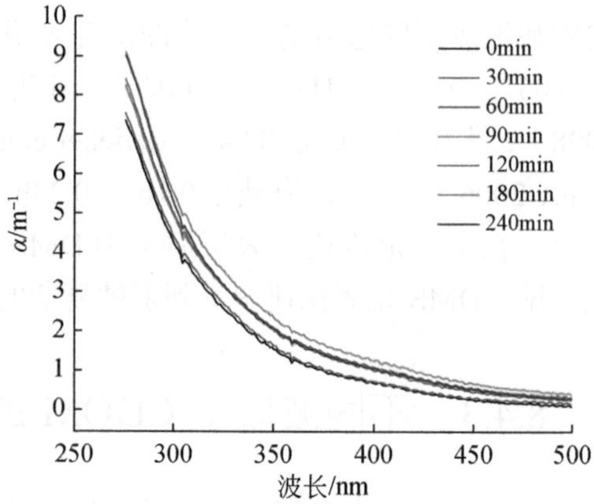

(f)395nm

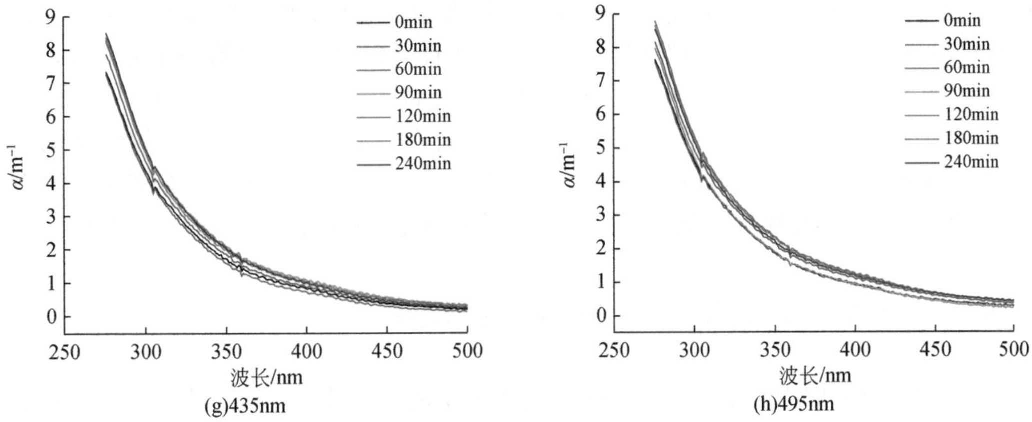

图 8-16 不同波段下 DH8 站位海水中 CDOM 的光谱吸收系数

作者团队在实验室模拟过程中对不同波段下 CDOM 的光谱吸收系数进行了测定，具体测定结果如图 8-16 所示。

研究发现，CDOM 在水体中的消耗主要是光化学降解，前人的研究表明有将近 50% 的 CDOM 是经光化学降解过程而消耗的（Nelson et al.，1998）。虽然 CDOM 在光照条件下都会发生降解，但是在不同的研究海域 CDOM 的降解速率是不一样的，这一结论在本章的研究过程中也有相应的体现，将图 8-6 对黄海表层海水中 CDOM 的降解测定和图 8-16 对东海表层海水中 CDOM 的降解测定进行比较，可以发现，随着光照时间的延长，CDOM 的光谱吸收系数逐渐增大，但是在相同的时间间隔内，CDOM 的光谱吸收系数增加的程度却是不同的，很显然，相对于东海 CDOM 的测定结果，黄海表层海水中 CDOM 的光谱吸收曲线的形状在相同时间内的间隔更大，也就是说在相同的时间内 CDOM 降解得更快些，这主要是海水中的 CDOM 主要来源于陆源输入和水生生态系统中生物的降解产物，CDOM 的来源具有多样性以及其具有相对易降解性，导致 CDOM 的物理组成及其光化学特性非常复杂,其主要表现为吸收光谱的形状和数值具有大的空间差异性(黄昌春等，2010），这使 CDOM 的吸收光谱在不同的海域受到一定的限制（陈晓玲等，2009）。

CDOM 作为一种具有多种较高活性的官能团的大分子化合物的聚合物，具有非常高的荧光效率，并且在吸收紫外光波后发射较强的荧光（Kalle，1966）。通常以其性质和结构的差异为依据，主要将 CDOM 分为类腐殖质荧光和类蛋白质荧光（Coble et al.，1990）。类蛋白质荧光组分是由具有芳香性的氨基酸如酪氨酸、色氨酸等产生的（Traganza，1969），而类腐殖质荧光组分主要是由分子结构较复杂的腐殖质类化合物产生的。这种性质和结构上的差异也是不同海域中 CDOM 光氧化速率不同的一个重要原因。

东海和黄海作为中国主要的、复杂的大陆架海区，受人类活动的影响比较显著，因此陆源输入的 CDOM 占很大的比例，忽略细菌对 CDOM 光化学产物的去除作用，在陆源输入的 CDOM 的移除中仅光化学作用就起到了决定性作用（Mopper and Kieber，2002）。在紫外光波段照射下，由于光化学作用，陆源输入的 CDOM 的吸收值和荧光强度迅速降低。当使用与太阳光相似的光源照射 CDOM 的样品几百至一千小时后，大于 50% 的 CDOM 被分解，一些现场数据分析也为此观点提供依据（Vodacek et al.，1997）。虽然由实验室研究和现场观测均能够说明光化学降解在去除陆源输入的 CDOM 的重要性，但是在河流入海口及近岸海域，光化学降解过程和速率随着 CDOM 组成的差别有一定的差异，这主要是因为在近岸海区 CDOM 浓度较高和水体较混浊都影响光化学降解反应（Vecchio and Blough，2002）。通常 CDOM 浓度越大，DMS 光化学反应速率也就越大。因此，黄海表层海水中 CDOM 浓度较高，而且水体较东海而言更加混浊，使得黄海水体中 CDOM 的降解要比东海快一些，从而导致黄海表层海水中 DMS 的光氧化速率也要比东海表层海水大一些。

8.4.4　DMS 光氧化成 DMSO 的转化率

除研究东海海区中 CDOM 对 DMS 光氧化速率的影响外，作者团队还进一步测定了这一过程的主要产物 DMSO，以此来了解 DMS 光氧化成 DMSO 的转化率。DH8 站位海水中 DMS 光降解在不同波段下向 DMSO 的转化率见表 8-5。

表 8-5　DH8 站位海水中 DMS 光降解在不同波段下向 DMSO 的转化率　（单位：%）

时间 /h	280nm	295nm	305nm	320nm	345nm	395nm	435nm	495nm
2	28.6	26.7	24.2	21.2	27.1	28.2	18.0	20.3
4	29.5	27.3	25.1	22.0	27.3	28.7	18.2	20.7
6	30.3	27.9	25.8	23.1	27.8	29.8	18.8	21.1
平均	29.5	27.3	25.0	22.1	27.4	28.9	18.3	20.7

对东海站位海水的研究测定发现，DMS 光降解在不同波段下向 DMSO 的平均转化率为 18.3% ～ 29.5%，而且在 280nm 波长下的转化率达到最大，最大值达 30.3%。对比之前对黄海站位海水的测定结果发现，黄海表层海水中 DMS 光降解在不同波段下向 DMSO 的平均转化率在 20.4% ～ 31.3%，由此可见，在黄海站位表层海水中 DMS 向 DMSO 的转化率比东海站位表层海水中 DMS 向 DMSO 的转化率要大。前人的研究也发现，在不同的海域通过 DMS 光化学氧化转化生成的 DMSO 的产率是不同的。Kieber 等（1996）的研究表明在太平洋赤道海区 DMSO 仅占 DMS 光降解产物的 14%，Toole 等（2004）在南大洋海域的调查显示，DMSO 占 DMS 光降解产物的 33% ～ 45%，而 Hatton（2002）指出在北海北部海域中 DMSO 占 DMS 光降解产物的 22% ～ 99%。由此可见辐射光的波长不仅决定光化学反应的发生，而且也影响 DMS 光化学产物的产率，同样地，CDOM 的浓度对 DMS 在光化学反应过程中向 DMSO 的转化率的影响也非常大。

8.4.5　小结

通过对东海 DH8 站位海水的实验室模拟实验，测定了 DMS 光化学氧化过程中 CDOM 的降解过程以及 DMS 光化学氧化的产物 DMSO，并将这一过程的研究结果与黄海站位海水的实验室模拟结果进行比较，初步认识了中国黄海、东海表层海水中 DMS 光化学氧化过程中 CDOM 对其氧化速率的影响以及 DMS 向 DMSO 的转化率，主要研究对比结果如下。

东海站位海水中 DMS 的光氧化速率比黄海站位海水中 DMS 的光氧化速率要慢，虽然在这两次实验室模拟的过程中，DMS 的初始浓度、光照波段及光照强度等因素都是相同的，但是在不同海区的海水中物质的结构和组成不同，进一步说明表层海水中 DMS 的光降解过程是一个复杂的动态过程，其反应速率受到光照波段、CDOM 的性质和分布及海区环境等多方面的影响。

随着光照时间的延长，CDOM 的光谱吸收系数逐渐增大，这主要是由于在光照的过程中 CDOM 由大分子的物质逐渐降解为小分子的物质，但是在相同的时间间隔内，CDOM 的光氧化速率是不同的，主要表现为东海表层海水中 CDOM 的光谱吸收曲线在相同时间内的间隔相对较小，也就是 CDOM 的光氧化速率相对较小。黄海近岸海水受人为活动影响较大，通常具有较高的营养化水平，导致海区生产力水平较高，从而使得黄海海区中具有较高的 CDOM 浓度。CDOM 的浓度越大，DMS 反应速率也就越大，进一步阐述了东海海水中 DMS 的光氧化速率比黄海海水中 DMS 的光氧化速率慢的原因，同时也说明 CDOM 是海水中 DMS 光化学氧化的一个至关重要的影响因素。

DMSO 作为 DMS 光化学氧化过程中的主要产物，对东海站位海水的测定结果显示，UVB 波段仍然是 DMS 发生光化学氧化的优势波段，但是东海站位海水中 DMS 在光化学氧化过程中向 DMSO 的转化率比黄海站位海水的测定结果小，因此辐射光的波长不仅决定光化学反应的发生，而且也影响 DMS 光化学产物的产率，同样地，CDOM 的浓度对 DMS 在光化学反应过程中向 DMSO 的转化率的影响也非常大。

8.5　DMS 光化学降解机制探究

8.5.1　长江口海域 DMS 光化学降解表观量子产率（AQY）的模拟

1. 不同波段下 DMS 光化学实验方法

作者团队于 2017 年 2 月（冬季）搭载“润江 1 号”调查船采集长江口及附近海域表层海水，在海上调查过程中对天然海水样品依次用 0.45μm 和 0.2μm 聚醚砜滤膜过滤并避光密封保存，以避免海水中微生物和藻类等生物的影响，并将采集到的水样带回实验室进行不同波段下 DMS 光化学氧化实验室模拟实验。具体站位信息及化学参数如表 8-6 所示。

表 8-6　站位信息及化学参数

站位	经度	纬度	水深 /m	硝酸盐 /（μmol/L）	Chl-*a* /（μg/L）	悬浮颗粒物 /（mg/L）	溶解氧 /（mg/L）
A6-3	122°22′E	30°53′N	13	26.71	0.30	115.76	10.19
A6-7	123°0′E	30°43′N	50	6.94	0.10	18.31	9.89
A6-11	123°59′E	32°24′N	48	4.56	0.31	21.47	9.06

实验室 DMS 光氧化模拟实验步骤为：取 2L 在海上经过处理的水样，重新用 0.2μm 聚醚砜滤膜过滤，用高纯 N_2 吹扫 30min 以除去原有的 DMS，装入 8 个经过处理（洗净、灭菌）的 150mL 石英管；往石英管中加入一定量的 DMS 二级母液，使初始浓度达到 5nmol/L（与调查海域 DMS 浓度范围一致），用 Para 膜密封石英管后摇晃石英管使之充分混匀；将处理好的 8 个石英管放入经过改造的太阳光辐射模拟器进行光照，每个石英管正上方都用不锈钢框架固定波长分别为 280nm、295nm、305nm、320nm、345nm、395nm、435nm 和 495nm 的 cutoff 滤光片，从而获得 8 个波段的太阳光，并通过循环水泵提供循环高纯水以维持实验中稳定的水浴环境。各波段滤光片的具体位置如图 8-2 所示。不同滤光片下光量子通量可以用 ILT-900R 辐射计测定，测定结果如图 8-17 所示。

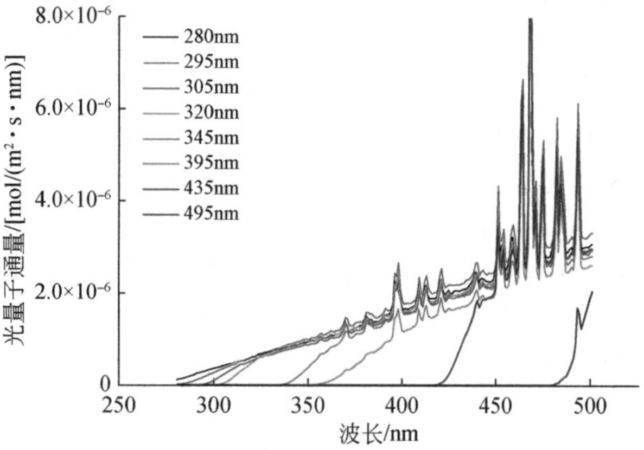

图 8-17　不同滤光片下光量子通量

2. 不同波段下 DMS 光氧化速率

将已经处理好的海水样品分别置于 8 个波长下进行光照处理，每隔 1 h 取 2mL 样品测定其 DMS 浓度，算出 DMS 光氧化速率。不同波长下的 DMS 光氧化一级反应速率常数（K）见表 8-7，2017 年 2 月冬季三个站位海水样品在 UVB（280nm、295nm 和 305nm）、UVA（320nm、345nm 和 395nm）和可见光（435nm、495nm）波段下 DMS 光氧化速率具有一致性。K 越大所对应的反应速率越快，同一站位下 $K_{UVB} > K_{UVA} > K_{可见光}$，并且 K_{280} 最大。UVB 波段的波长相比于 UVA 波段短，UVB 波段能量较大，光氧化作用较强，因此 DMS 光氧化速率较快。在 UVA 波段内 K_{395} 最大，在可见光波段内 K_{495} 大于 K_{435}，这说明长江口海域 DMS 光化学氧化反应对波长具有依赖性。通过三个站位 DMS 光氧化速率的对比可知，近海 A6-3 站位最高，A6-7 站位次之，A6-11 站位最低，这可能与陆源输送有关，近岸高营养盐和高浓度有机物有助于 DMS 光化学反应。

表 8-7　不同波长下的 DMS 光氧化一级反应速率常数

光照波长 /nm	一级反应速率常数 /s^{-1}		
	A6-3 站位	A6-7 站位	A6-11 站位
280	2.78×10^{-5}	2.48×10^{-5}	1.75×10^{-5}
295	2.59×10^{-5}	2.41×10^{-5}	1.64×10^{-5}
305	2.43×10^{-5}	2.29×10^{-5}	1.56×10^{-5}
320	1.80×10^{-5}	1.66×10^{-5}	1.19×10^{-5}
345	1.84×10^{-5}	1.69×10^{-5}	1.21×10^{-5}
395	1.90×10^{-5}	1.76×10^{-5}	1.25×10^{-5}
435	1.10×10^{-5}	1.02×10^{-5}	7.75×10^{-6}
495	1.38×10^{-5}	1.31×10^{-5}	7.99×10^{-6}

3. 不同站位 CDOM 的光谱吸收系数

作为能够诱发 DMS 光化学反应的光敏剂，海水中的 CDOM 在 DMS 光化学反应中发挥重要的作用。图 8-18 为 A6-3 站位、A6-7 站位和 A6-11 站位表层海水 CDOM 的光谱吸收系数随波长的变化趋势。从 CDOM 光谱吸收系数曲线可以看出，CDOM 光谱吸收系数呈现出近海最高，中海次之，远海最低的趋势，这可能是 CDOM 不同的来源决定了不同季节和不同海域 CDOM 的组成与光学性质的不同，从而使得光谱吸收系数和形状不同。

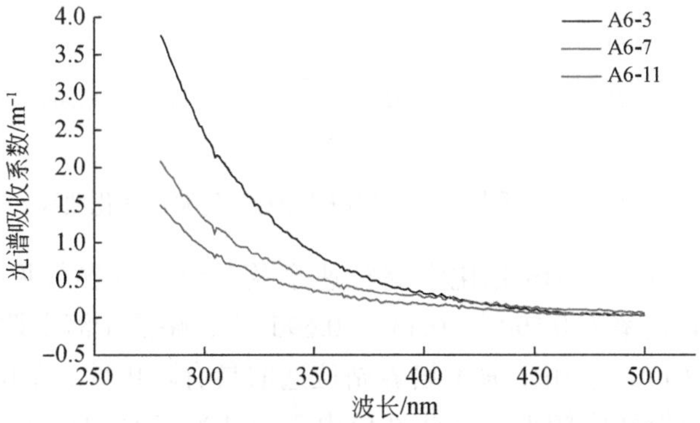

图 8-18　不同站位 CDOM 的光谱吸收系数

4. 冬季长江口表层海水 AQY 及周转速率

本研究对冬季 A6-3 站位、A6-7 站位和 A6-11 站位进行了 DMS 光化学培养实验，并计算了 AQY。光化学站位及 AQY 参数见表 8-8。

表 8-8　光化学站位及 AQY 参数

站位	$\Phi^*_{DMS,\ \lambda_{ref}}$ / [m^3/ (mol quanta)]	$S_{\Phi^*_{DMS}}$ /nm^{-1}	R^2	$\Phi^*_{DMS,\ 330}$ / [m^3/ (mol quanta)]
A6-3	0.6311	0.0048	0.8787	0.5209
A6-7	0.6577	0.0050	0.8840	0.5385
A6-11	0.7130	0.0047	0.8865	0.5861

注：$\Phi^*_{DMS,\ \lambda_{ref}}$ 为参考波长的光量子产率；$S_{\Phi^*_{DMS}}$ 为光谱斜率系数；$\Phi^*_{DMS,\ 330}$ 为 330mm 下的光量子产率。

冬季长江口表层海水 AQY 随波长变化曲线见图 8-19。DMS 光化学氧化 AQY 随着波长的增大逐渐减小，并且呈现出从近海到远海逐渐增大的趋势，这可能是因为近岸海域较高的 CDOM 丰度。在 330 nm 下，加拿大海盆的海水 AQY 为 0.63（Vecchio and Blough, 2002），巴芬湾的海水 AQY 为 0.68（Taalba et al., 2013），与我们的研究结果（0.55）相一致。

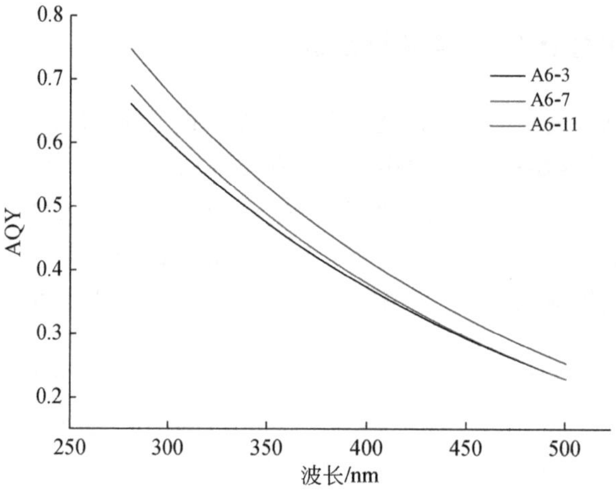

图 8-19　冬季长江口表层海水 AQY 随波长变化曲线

通过 Matlab 模拟出的 DMS 光化学周转速率及对应站位参数见表 8-9，冬季长江口 DMS 光化学平均周转速率为 0.59d^{-1}（0.43 ～ 0.69d^{-1}），略低于海上调查 DMS 光化学周转速率 0.97d^{-1}（0.59 ～ 2.17d^{-1}），由于海上培养站位选取具有随机性，基本为中海和远海站位，在长江口及长江口门处站位较少，这些站位由于长江冲淡水的冲淡稀释作用，透光度较差，所对应的光化学周转速率也相对较低，所以海上实际的光化学周转速率可能偏高。本研究与 Toole 等（2004）在罗斯海得到的 DMS 光化学周转速率范围（0.5 ～ 0.71d^{-1}）相当。

DMS 光化学培养实验所取站位较少，与实际海上调查存在差异，但计算出的 DMS 光化学周转速率与海上实测的 DMS 光化学周转速率具有较好的吻合性，说明该方程能够用来表征长江口表层海水 DMS 的 AQY，可以用来计算长江口表层海水 DMS 光化学周转速率。

表 8-9　DMS 光化学周转速率及对应站位参数

站位	$\alpha_{CDOM,\ 330}/m^{-1}$	$\alpha_{CDOM,\ 330}/\alpha_{t,\ 330}$	深度 /m	K_{DMS}/d^{-1}
A6-3	1.35	0.99	2.45	0.43
A6-7	0.75	0.98	2.86	0.69
A6-11	0.52	0.97	2.55	0.64

8.5.2　西北太平洋 DMS 光化学降解 AQY 的模拟

1. 实验室模拟 DMS 光氧化速率的测定

作者团队于 2017 年 9 ～ 12 月搭乘“东方红 2 号”科考船采集西北太平洋海域部分站位表层海水，为避免海水中微生物和藻类等生物对水体的性质产生影响，将天然海水样品依次用孔径为 0.45μm 和 0.2μm 的聚醚砜滤膜过滤并避光密封保存，并将采集到的水样带回实验室进行不同波段下 DMS 光化学降解实验室模拟实验。具体站位信息及其化学参数见表 8-10。

表 8-10　具体站位信息及其化学参数

站位	经度	纬度	硝酸盐 /（μmol/L）	亚硝酸盐 /（μmol/L）	悬浮颗粒物 /（mg/L）	溶解氧 /（mg/L）
ST0708	146°0′E	34°0′N	1.23	0.04	—	6.69
ST0727	143°0′E	15°0′N	0.02	0.07	—	6.29
ST0307	157°0′E	0°0′N	0.05	0.05	—	6.27

注：—表示未检出。

不同波长下 DMS 光化学降解实验室模拟实验具体步骤如下：将带回实验室的水样重新用 0.2μm 聚醚砜滤膜过滤，为了除去水体中原有的 DMS，用高纯氮气吹扫水体 30min；之后将海水分装入 8 个已提前高温灭菌的 150mL 的石英管中，往石英管中加入一定量的 DMS 标准液，使最终浓度为 3nmol/L（与调查海域的 DMS 浓度范围一致）。用 Para 膜将石英管口密封后，摇晃石英管使之充分混合；将处理好的 8 个石英管放入经过改造的太阳光辐射模拟器进行光照，每个石英管正上方都用不锈钢框架固定波长分别为 280nm、295nm、305nm、320nm、345nm、395nm、435nm 和 495nm 的 cutoff 滤光片，从而获得 8 个不同波长下的光照辐射，并通过循环水泵提供循环高纯水以维持实验中恒定的水浴环境。在光照期间，每隔 1h 各取 8 个波长下 2mL 海水测定其中的 DMS 浓度，光照共 8h，最后计算出各波长下 DMS 的光氧化速率。用 ILT-900R 辐射计测定不同滤光片下的光量子通量，结果如图 8-20 所示。

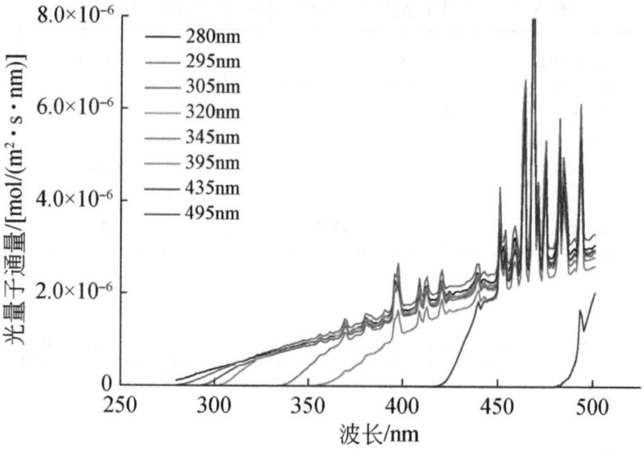

图 8-20　不同滤光片下光量子通量

2. CDOM 的光谱吸收系数

作为海水 DMS 光降解反应中主要的光敏剂，CDOM 与太阳辐射之间的光反应是海水活性分子的重要来源。图 8-21 为 ST0708 站位、ST0727 站位和 ST0307 站位表层海水中 CDOM 的光谱吸收系数随波长的变化趋势图。CDOM 的光谱吸收系数随着波长的增大逐渐减小。从不同站位的 CDOM 光谱吸收曲线可以看出，离岸较近的 ST0708 站位和 ST0307 站位的光谱吸收系数要高于 ST0727 站位，这可能与不同海域的 CDOM 的来源有关，近岸海域受人类活动影响更加显著，陆源输入提供了 CDOM 的一部分来源；而远海站位海水中的 CDOM 与水体中有机物的降解和海底土壤有着密切关系，因此 CDOM 在不同海域有着不同的组成和浓度（Rochelle-Newall and Fisher，2002；Nelson et al.，1998），从而有着不同的光学性质，使得光谱吸收曲线有所差异（黄昌春等，2010；陈晓玲等，2009；Vecchio and Blough，2002）。

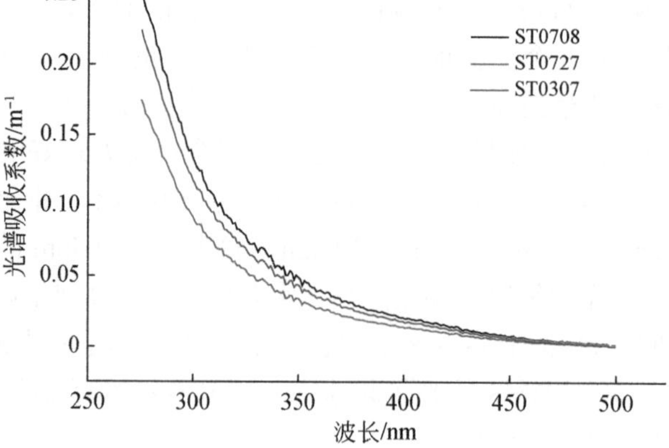

图 8-21　不同站位表层海水中 CDOM 的光谱吸收系数

3. 不同波长下 DMS 光化学降解速率

三个站位海水样品在 UVB（280nm、295nm 和 305nm）、UVA（320nm、345nm 和 395nm）和可见光（435nm、495nm）波段下 DMS 光化学降解速率具有相似的规律，表现为随着波长的减小，反应速率逐渐增大，整体上呈现 UVB ＞ UVA ＞可见光，UVB 波段下的光氧化速率大于 UVA 波段，可能是 UVB 波段的波长相比于 UVA 波段更短，因此其拥有的能量更大，有利于引起 DMS 的光降解。在同一光照波长下，离岸相对较近的 ST0708 站位表层海水的 DMS 光化学降解速率要高于其他两个站位，这是由于 ST0708 站位有着更高的 CDOM 浓度和 NO_3^- 浓度，其促进了光降解过程。

4. AQY 及 DMS 光化学降解速率的模拟

通过前两节对不同波长下 DMS 光化学降解速率及 CDOM 光谱吸收曲线的测定，采用 Matlab 软件模拟了 ST0708、ST0727 和 ST0307 三个站位表层海水在不同波长下的 CDOM 光致降解 DMS 的 AQY。AQY 随波长的变化趋势如图 8-22 所示。三个站位的 CDOM 光致降解 DMS 的 AQY 都随着波长的增大而逐渐减小，UV 波段下的 AQY 要明显高于可见光波段。该结果也在一定程度上验证了 DMS 的光化学降解主要发生在 UV 波段。Toole 等（2003）在马尾藻海（Sargasso Sea）的研究发现参与到 DMS 光降解过程中的活性氧自由基，如 $^1O_2$、$\cdot OH$ 和 $\cdot O_2^-$，它们光化学生产的 AQY 与 DMS 光降解类似，从短波段到长波段，AQY 呈指数型下降。CDOM 光致降解 DMS 和活性氧自由基光化学生产的 AQY 均在 UVB 波段下有最大值，这种现象也解释了在海水酸化和高 NO_3^- 浓度的条件下，UVB 波段下的 DMS 光氧化速率升高得更加明显。

在 330nm 波长下，ST0708 站位、ST0727 站位和 ST0307 站位海水 CDOM 的 AQY 分别为 1.40、2.93 和 1.86，该结果要明显大于加拿大海盆的海水 AQY（0.63）（Vecchio and Blough，2002）和巴芬湾的海水 AQY（0.68）（Taalba et al.，2013），这可能是因为不同海域的 CDOM 有不同的来源，Galí 等（2016）的调查指出河流输入的陆源 CDOM 在 330nm 波长下的 AQY 一般为 0.06 ～ 0.5，而开阔的大洋海水中 CDOM 的 AQY 可以达到 1 ～ 10，在南大洋的上升流区调查发现 AQY 甚至高达 34。通过 CDOM 光谱吸收系数和 AQY 在不同站位的值可以看出，近岸海水的 CDOM 光谱吸收系数高于远海，而开阔大洋海水的 CDOM 的 AQY 却大于近岸，二者之间呈现反比例的关系。通过 Matlab 模拟出的 ST0708 站位、ST0727 站位和 ST0307 站位的 DMS 光化学降解速率常数分别为 $1.21d^{-1}$、$0.89d^{-1}$ 和 $1.13d^{-1}$，海上现场调查 DMS 光化学降解速率分别为 $0.29d^{-1}$、$0.82d^{-1}$ 和 $0.98d^{-1}$。ST0727 站位和 ST0307 站位模拟出的 DMS 光化学降解速率常数与现场实际值有较好的吻合，只是略高于实测值。而 ST0708 站位的模拟值却明显大于实际值，这是因为在现场调查时受天气影响显著，在进行 ST0708 站位的现场光照实验时，多云天气太阳辐射明显较弱，导致现场的测量值较小，从而造成二者的差异。整体来看，该方程能够用来表征表层海水 CDOM 光致降解 DMS 的 AQY，可以用来计算表层海水 DMS 光化学降解速率。

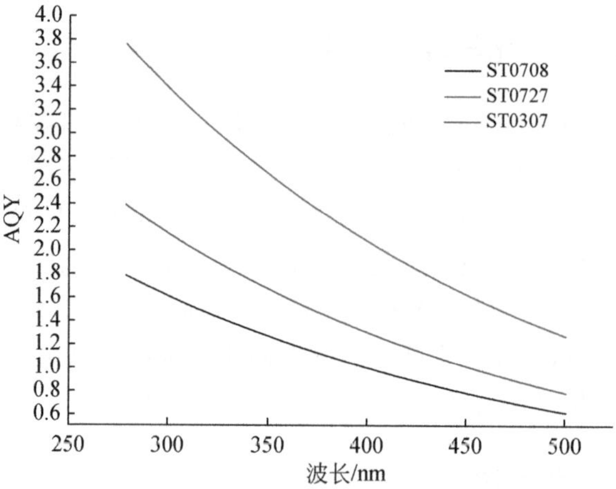

图 8-22　不同站位的 AQY 随波长变化曲线

8.6　结　　论

通过实验室模拟和东海现场调查两方面的研究，探讨了 DMS 在 UVB（280nm、295nm 和 305nm）、UVA（320nm、345nm 和 395nm）和可见光（435nm 和 495nm）8 个不同波段下的光化学降解行为及其影响因素，并测定了 DMS 向主要产物 DMSO 的转化率，在东海的甲板培养实验中，除了研究海上现场DMS光氧化的情况，进一步将DMS的三个移除途径（光化学氧化、微生物消耗、海－气扩散）结合到一起，研究它们之间的相互联系；此外，取海域表层海水带回实验室进行光照模拟实验，测定了不同波长下 DMS 的光氧化速率及 CDOM 的光谱吸收系数，通过 Matlab 软件模拟出调查站位的 DMS 光化学降解的 AQY 及降解速率。此研究填补了我国有关 DMS 光化学研究的空白，并拓展了我国海域中 DMS 迁移转化方面的研究内容。主要的研究结果如下。

（1）不同光照波段下 DMS 的光化学反应均符合一级动力学反应，但不同波长下 DMS 光氧化速率存在明显差异。其中 UVB 波段下 DMS 的光氧化速率明显大于 UVA 和可见光波段下的氧化速率，其中在 280 nm 时最大。DMS 光化学降解过程中，CDOM也逐渐被降解，因此水体中CDOM 光谱吸收系数随着时间的增加而增大，并且在不同光照条件下，水体中 CDOM 光谱吸收系数和 DMS 浓度都具有良好的相关性，说明 CDOM 在 DMS 光化学氧化过程中发挥着至关重要的作用。不同的光照波长下，DMS 光化学氧化成 DMSO 转化率不同，其中在 280 nm 时具有最大的转化率。

（2）东海夏季表层海水中 DMS 的浓度变化范围比较大，而且在水平分布上总体呈现出近岸高、外海低的分布趋势，这主要是近岸受人为活动的影响比较严重，营养化水平比外海要高，从而导致近岸海区的生产力水平较高。东海表层海水中 DMS 浓度与 Chl-*a* 浓度之间具有较好的相关性，由此可见，浮游植物的生物量在控制东海海水中 DMS 浓度分布方面发挥着重要的作用。对 DMS 的光化学氧化测定结果显示，东海近海站位的 DMS 光氧化速率要明显高于中间陆架站位及远海站位，这主要是在 DMS 的光化学降解过程中 CDOM 是主要的光敏剂，而近海站位陆源输入导致 CDOM 浓度要显著高于中间陆架及远海站位。

（3）在东海表层海水中，光化学氧化和微生物消耗这两种去除途径所需要的周转时间大约一致，都在 1d 左右，而海 - 气扩散这一途径的周转时间比较长，需要几天左右，光化学氧化与微生物消耗在 DMS 迁移转化的过程中具有同样的重要性，或者说 DMS 的迁移转化过程更倾向于微生物消耗和光化学氧化这两个途径。因此光化学氧化是海水中 DMS 去除的主要途径之一，在 DMS 的迁移转化过程中扮演着极为重要的作用。

（4）黄海近岸海水受人为活动影响较大，通常具有较高的营养化水平，导致海区生产力水平较高，从而使得黄海海区中具有较高的 CDOM 浓度。CDOM 浓度越大，DMS 光氧化速率越大，DMS 在光化学氧化过程中向 DMSO 的转化率也就越高，表层海水中的 DMSO 与 DMS 有着密切的联系，DMS 与 DMSO 之间的相互转化是控制 DMS 浓度的重要因素。因此，CDOM 是海水中 DMS 光化学氧化的一个至关重要的影响因素。

（5）实验室模拟光照实验发现 DMS 的光氧化速率有明显的波长依赖性，UVB 波段下的速率最大。同一波长下，近岸站位的光氧化速率要高于远海站位，这可能是由于近岸站位海水中具有更多陆源输入的 CDOM 和 NO_3^-，测定的 CDOM 光谱吸收曲线也验证了这个结论。CDOM 光致降解 DMS 的 AQY 随着波长的增大而逐渐减小，并且近岸站位的 AQY 要小于远海站位，这可能与近岸海域拥有较高的 CDOM 浓度有关。Matlab 模拟出的 DMS 光氧化速率要略高于海上现场调查的实测值，这可能与现场调查太阳辐射强度的不可控性有关。但是总体来说，二者有较好的吻合性。

参 考 文 献

曹欣中 . 1986. 浙江近海上升流季过程的初步研究 . 水产学报，10（1）：51-69.

陈晓玲，陈莉琼，于之锋，等 . 2009. 长江中游湖泊 CDOM 光学特性及其空间分布对比 . 湖泊科学，21（2）：248-254.

黄昌春，李云梅，王桥，等 . 2010. 基于三维荧光和平行因子分析法的太湖水体 CDOM 组分光学特征 . 湖泊科学，22（3）：375-382.

康建成，吴涛，闫国东，等 . 2008. 上海海域水污染源的变化趋势 . 中国人口资源与环境，18（3）：181-185.

孔德星，杨红，吴建辉 . 2008. 长江口海域黄色物质光吸收特性 . 海洋环境科学，27（6）：629-631.

雷惠，潘德炉，陶邦一，等 . 2009. 东海典型水体的黄色物质光谱吸收及分布特征 . 海洋学报，31（2）：57-62.

鲁北纬，王荣，王文琪 . 1997. 春季东海不同海域叶绿素 *a* 的分布特征 . 海洋科学，5：53-55.

田旭东，胡敏，马奇菊 . 2005. 青岛环境大气和海洋表层海水中挥发性硫化物的测定 . 环境科学学报，25（1）：30-33.

王文亮，陈建芳，金海燕，等 . 2009. 长江口夏季水体磷的形态分布特征及影响因素 . 海洋学研究，27（2）：32-41.

许建平 . 1986. 浙江近海上升流区冬季水文团结构的初步分析 . 东海海洋，4（3）：18-24.

杨桂朋 . 1996. 海洋光化学研究的最新进展 . 海洋科学，1：20-23.

杨桂朋，刘心同．1997. 二甲基硫光化学氧化反应的动力学研究．青岛海洋大学学报：自然科学版，27(2)：225-232.

杨桂朋，杨洁．2011. 海洋中二甲基亚砜的来源、分布及迁移转化．中国海洋大学学报：自然科学版，41(4)：81-89.

张洪海，杨桂朋．2010. 胶州湾及青岛近海微表层与次表层中二甲基硫（DMS）与二甲巯基丙酸（DMSP）的浓度分布．海洋与湖沼，41（5）：683-691.

张永战．2010. 透过海水看海底——中国海区及领域海底地势．中国国家地理，10：10-12.

Andreae M O. 1986. The ocean as a source of atmospheric sulfur compounds//Buat-Menard P. The Role of Air-Sea Exchange in Geochemical Cycling. Dordrecht Holland：Reidel Publishing Company.

Andreae M O. 1990. Ocean-atmosphere interactions in the global biogeochemical sulfur cycle. Marine Chemistry，30：1-29.

Andreae M O，Barnard W R. 1984. The marine chemistry of dimethylsulfide. Marine Chemistry，14：267-279.

Bates T S，Cline J D，Gammon R H，et al. 1987. Regional and seasonal variations in the flux of oceanic dimethylsulfide to the atmosphere. Journal of Geophysical Research：Oceans，92：2930-2938.

Bouillon R C，Miller W L. 2004. Determination of apparent quantum yield spectra of DMS photo-degradation in an in situ iron-induced Northeast Pacific Ocean bloom. Geophysical Research Letters，31：L06310.

Bouillon R C，Miller W L. 2005. Photodegradation of dimethyl sulfide (DMS) in natural waters：laboratory assessment of the nitrate-photolysis-induced DMS oxidation. Environmental Science & Technology，39：9471-9477.

Bouillon R C，Miller W L，Levasseur M，et al. 2006. The effect of mesoscale iron enrichment on the marine photochemistry of dimethylsulfide in the NE subarctic Pacific. Deep Sea Research Part Ⅱ：Topical Studies in Oceanography，53：2384-2397.

Brimblecombe P，Shooter D. 1986. Photo-oxidation of dimethylsulphide in aqueous solution. Marine Chemistry，19（4）：343-353.

Brugger A，Slezak D，Obernosterer I，et al. 1998. Photolysis of dimethylsulfide in the northern Adriatic Sea：dependence on substrate concentration，irradiance and DOC concentration. Marine Chemistry，59：321-331.

Charlson R J，Lovelock J E，Andreae M O，et al. 1987. Oceanic phytoplankton，atmospheric sulfur，cloud albedo and climate. Nature，326：655-661.

Coble P G，Green S A，Blough N V，et al. 1990. Characterization of dissolved organic matter in the Black Sea by fluorescence spectroscopy. Nature，348（6300）：432-435.

Dacey J W H，Wakeham S G. 1986. Oceanic dimethylsulfide：production during zooplankton grazing on phytoplankton. Science，233：1314-1316.

Deal C J，Kieber D J，Toole D A，et al. 2005. Dimethylsulfide photolysis rates and apparent quantum yields in Bering Sea seawater. Continental Shelf Research，25（15）：1825-1835.

Galí M，Kieber D J，Romera-Castillo C，et al. 2016. CDOM sources and photobleaching control quantum yields for oceanic DMS photolysis. Environmental Science & Technology，50：13361-13370.

Galí M，Simó R. 2010. Occurrence and cycling of dimethylated sulfur compounds in the Arctic during summer receding of the ice edge. Marine Chemistry，122：105-117.

Green D H，Shenoy D M，Hart M C，et al. 2011. Coupling of dimethylsulfide oxidation to biomass production by a marine flavobacterium. Applied and Environmental Microbiology，77（9）：3137-3140.

Hatton A D. 2002. Influence of photochemistry on the marine biogeochemical cycle of dimethylsulfide in the

northern North Sea. Deep Sea Research Part Ⅱ：Topical Studies in Oceanography，49（15）：3039-3052.
Helz G R，Zepp R G，Grosby D G. 1994. Aquatic and Surface Photochemistry. London：Lewis Publishers.
Hu J Y，Liu C，Zhang X，et al. 2009. Photodegradation of flumorph in aqueous solutions and natural water under abiotic conditions. Journal of Agricultural and Food Chemistry，57（20）：9629-9633.
Kaiser E，Herndl G J. 1997. Rapid recovery of marine bacterioplankton activity after inhibition by UV radiation in coastal waters. Applied and Environmental Microbiology，63：4026-4031.
Kalle K. 1966. The problem of the gelbstoff in the sea. Oceanography and Marine Biology: An Annual Review，4: 91-104.
Keller M D，Bellows W K，Guillard R R L. 1989. Dimethyl sulfide production in marine phytoplankton. Biogenic Sulfur in the Environment，393：167-182.
Kieber D J，Jiao J，Kiene R P，et al. 1996. Impact of dimethylsulfide photochemistry on methyl sulfur cycling in the equatorial Pacific Ocean. Journal of Geophysical Research：Oceans，101：3715-3722.
Kiene R P，Bates T S. 1990. Biological removal of dimethyl sulphide from sea water. Nature，345：702-705.
Kiene R P，Linn L J. 2000. Distribution and turnover of dissolved DMSP and its relationship with bacterial production and dimethylsulfide in the Gulf of Mexico. Limnology and Oceanography，45：849-861.
Kirk J T O. 1994. Optics of UV-B radiation in natural waters. Archiv fur Hydrobiologie Beihefte：Ergebnisse der limnologie，43：1-16.
Kiss A，Virág D. 2009. Photostability and photodegradation pathways of distinctive pesticides. Journal of Environmental Quality，38（1）：157-163.
Lee H J，Jung K T，Foreman M G G，et al. 2000. A three-dimensional mixed finite-difference Galerkin function model for the oceanic circulation in the Yellow Sea and the East China Sea. Continental Shelf Research，20（8）：863-895.
Liu K K，Peng T H，Shaw F K，et al. 2003. Circulation and biogeochemical processes in the East China Sea and the vicinity of Taiwan：an overview and a brief synthesis. Deep Sea Research Part Ⅱ：Topical Studies in Oceanography，50：1055-1064.
Lovelock J E，Maggs R J，Rasmussen R A. 1972. Atmospheric dimethyl sulphide and the natural sulphur cycle. Nature，237：452-453.
McDiarmid R. 1974. Assignment of Rydberg and valence transitions in the electronic spectrum of dimethyl sulfide. Journal of Chemical Physics，61：274-281.
Mopper K，Kieber D J. 2002. Photochemistry and the cycling of carbon，sulfur，nitrogen and phosphorus// Hansell D A，Carlson C A. Biogeochemistry of Marine Dissolved Organic Matter. San Diego：Academic Press：455-507.
Mopper K，Zhou X. 1990. Hydroxyl radical photoproduction in the sea and its potential impact on marine processes. Science，250：661-664.
Morris D P，Zagarese H，Williamson C E，et al. 1995. The attenuation of solar UV radiation in lakes and the role of dissolved organic carbon. Limnology and Oceanography，40：1381-1391.
Nelson N B，Siegel D A，Michaels A F. 1998. Seasonal dynamics of colored dissolved material in the Sargasso Sea. Deep Sea Research Part Ⅰ：Oceanographic Research Papers，45：931-957.
Nightingale P D，Malin G，Law C S，et al. 2000. In situ evaluation of air-sea gas exchange parameterizations using novel conservative and volatile tracers. Global Biogeochemical Cycles，14（1）：373-387.
Osburn C L，Morris D P. 2003. Photochemistry of chromophoric dissolved organic matter in natural waters// Helbling E W，Zagarese H. UV Effects in Aquatic Organisms and Ecosystems. Vol. 1. Cambridge：The

Royal Society of Chemistry：187-209.

Rochelle-Newall E J，Fisher T R. 2002. Chromophoric dissolved organic matter and dissolved organic carbon in Chesapeake Bay. Marine Chemistry，77：23-41.

Simó R，Pedrós-Alió C. 1999. Role of vertical mixing in controlling the oceanic production of dimethyl sulphide. Nature，402（25）：396-399.

Staubes R，Georgii H W. 1993. Measurement of atmospheric and seawater DMS concentrations in the Atlantic，the Arctic，and the Antarctic region//Restelli G，Angeletti G. Dimethylsulphide，Oceans，Atmosphere and Climate. Dordrecht：Kluwer Press：95-102.

Su J L. 1998. Circulation dynamics of the China seas north of 18°N//Robinson A R，Brink K H. The Sea. Vol. 11. New York：John Wiley & Sons Inc.

Taalba A，Xie H，Scarratt M G，et al. 2013. Photooxidation of dimethylsulfide（DMS） in the Canadian Arctic. Biogeosciences，10（11）：6793-6806.

Toole D A，Kieber D J，Kiene R P，et al. 2003. Photolysis and the dimethylsulfide（DMS） summer paradox in the Sargasso Sea. Limnology and Oceanography，48（3）：1088-1100.

Toole D A，Kieber D J，Kiene R P，et al. 2004. High dimethylsulfide photolysis rates in nitrate-rich Antarctic waters. Geophysical Research Letters，31（11）：L11307.

Toole D A，Slezak D，Kiene R P，et al. 2006. Effects of solar radiation on dimethylsulfide cycling in the western Atlantic Ocean. Deep Sea Research Part Ⅰ：Oceanographic Research Papers，53（1）：136-153.

Traganza E D. 1969. Fluorescence excitation and emission spectra of dissolved organic matter in sea water. Bulletin of Marine Science，19（4）：897-904.

Uzuka N，Watanabe S，Tsunogai S. 1996. Dimethylsulfide in coastal zone of the East China Sea. Journal of Oceanography，52：313-321.

Vairavamurthy A，Andreae M O，Iverson R L. 1985. Biosynthesis of dimethylsulfide and dimethylopropiothetin by *Hymenomonas carterae* in relation to sulfur source and salinity variations. Limnology and Oceanography，30（1）：59-70.

Vallina S M，Simó R. 2007. Strong relationship between DMS and the solar radiation dose over the global surface ocean. Science，315：506-508.

Vecchio R D，Blough N V. 2002. Photobleaching of chromophoric dissolved organic matter in natural waters：kinetics and modeling. Marine Chemistry，78（4）：231-253.

Vila-Costa M，Kiene R P，Simó R. 2008. Seasonal variability of the dynamics of dimethylated sulfur compounds in a coastal northwest Mediterranean site. Limnology and Oceanography，53：198-211.

Vodacek A，Blough N V，de Grandpre M D，et al. 1997. Seasonal variation of CDOM and DOC in the Middle Atlantic Bight：terrestrial inputs and photooxidation. Limnology and Oceanography，42（2）：674-686.

Wakeham S G，Howes B L，Dacey J W H，et al. 1987. Biogeochemistry of dimethylsulfide in a seasonally stratified coastal salt pond. Geochimica et Cosmochimica Acta，51：1675-1684.

Whitehead R F，de Mora S，Demers S. 2000. Enhanced UV radiation—a new problem for the marine environment//de Mora S，Demers S，Vernet M. The Effects of UV Radiation in the Marine Environment. Cambridge：Cambridge University Press：1-34.

Wolfe G V，Levasseur M，Cantin G，et al. 1999. Microbial consumption and production of dimethyl sulfide in the Labrador Sea. Aquatic Microbial Ecology，18：197-205.

Yang G P，Li C X，Qi J L，et al. 2007. Photochemical oxidation of dimethylsulfide in seawater. Acta Oceanologica Sinica，26（5）：34-42.

Yang G P，Tsunogai S，Watanabe S. 2005. Biogenic sulfur distribution and cycling in the surface microlayer and subsurface water of Funka Bay and its adjacent area. Continental Shelf Research，25：557-570.

Yang G P，Zhang H H，Zhou L M，et al. 2011. Temporal and spatial variations of dimethylsulfide（DMS）and dimethylsulfoniopropionate（DMSP） in the East China Sea and the Yellow Sea. Continental Shelf Research，31（13）：1325-1335.

Zafiriou O C，Joussot-Dubien J，Zepp R G，et al. 1984. Photochemistry of natural water. Environmental Science & Technology，18：358A-371A.

Zepp R G，Callaghan T V，Erickson D J. 1998. Effects of enhanced solar ultraviolet radiation on biogeochemical cycles. Journal of Photochemistry and Photobiology B：Biology，46：69-82.

Zhang J. 1996. Nutrient elements in large Chinese estuaries. Continental Shelf Research，16：1023-1045.

第 9 章

二甲基硫在大气中的迁移转化及其环境和气候效应

硫循环是全球重要的物质循环之一，对全球的气候变化有重要影响。针对 DMS 和 DMSP 对全球硫循环的重要性，20 世纪 80 年代后期，Charlson 等（1987）提出一个假说，即 DMS 作为一种生源活性气体，其在循环过程中对全球气候的生物调节起到一定的作用（图 9-1）。DMS 被释放到大气中后，DMS 能够被氧化成 SO_2 和 MSA。SO_2 进一步形成 nss-SO_4^{2-}，并最终能够形成硫酸盐气溶胶。该气溶胶能够增加大气中云凝结核（CCN）的数目，或者促进 CCN 的生长进而增加云层发射率，对全球 CO_2 排放增加而引起的温室效应起到缓解作用（Andreae et al.，2005）。同时，DMS 在大气中的氧化物浓度的增加会大大增强大气中的酸性，在降雨过程中以酸雨的形式影响全球环境，此即著名的"CLAW 假说"。

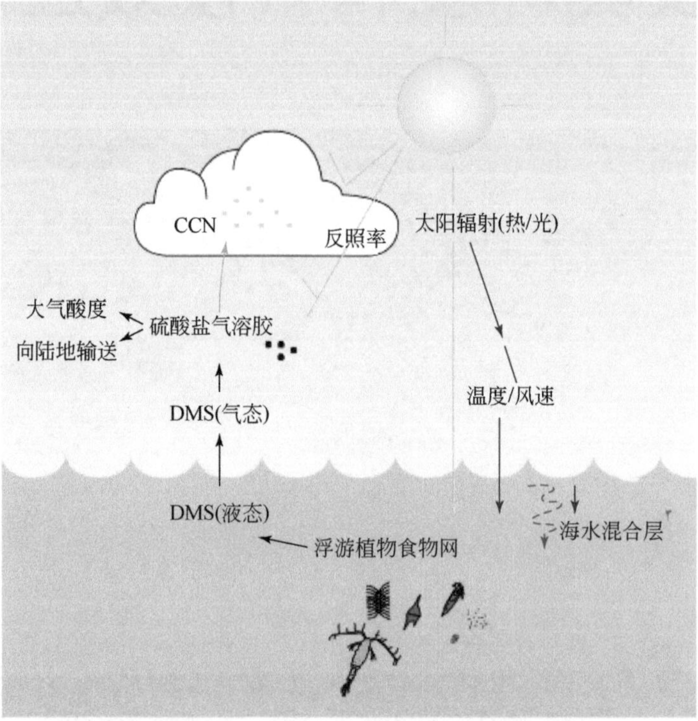

图 9-1　DMS 与气候之间的负反馈循环（Simó，2001）

有学者的研究表明，人为产生 SO_2 的量超过天然产生 SO_2 的量 3 个数量级（Bates et al.，1992b），但是人为释放的 SO_2 仅限于北半球工业发达的地区，而海洋覆盖了地球表面的 70%，其中绝大部分地区远离人为的大气污染区。东亚地区大气气溶胶对局部（尤其是西太平洋海域）乃至全球大气物理及化学过程的重要影响已引起人们的广泛重视，并已成为当今国际上的热点研究问题。许多国际性研究项目，如美国国家航空航天局（NASA）所组织的西太平洋的探索释放（Pacific Exploratory Emission in the Western Pacific Ocean，PEM-West A&B），美国国家海洋和大气管理局（NOAA）所进行的西北太平洋气溶胶特性实验（Aerosol Characterization Experiment-NW Pacific Ocean，ACE-Asia），以及对南亚地区进行的印度洋实验（The Indian Ocean Experiment，INDOEX），这些研究项目主要针对评估气溶胶中的硫酸盐及其他陆源气溶胶对大气辐射强迫的影响，研究陆源释放的硫酸盐和来自海洋生源硫化物之间的关系，研究远距离陆源输送对西北太平洋海域大气化学过程的影响，以及评估人为活动对海洋大气的影响程度。

本章将详细介绍 DMS 在大气中的迁移转化过程，结合近几年中国近海不同海域气溶胶的调查结果，探讨中国近海气溶胶中 MSA 和生源硫化物对 nss-SO_4^{2-} 贡献的季节性变化与区域性差异，以评价生源硫化物和人为释放的硫化物对大气中硫酸盐的影响状况，为我国海洋生源硫循环研究做出贡献。

9.1　DMS 在大气中的反应和气候效应

9.1.1　DMS 在大气中的反应机理

DMS 是海水中最丰富的挥发性硫化物，其海－气通量约为 $6\times10^{11}\sim1.6\times10^{12}$ mol/a，占海洋中硫释放量的 55% ～ 80%，占全球天然硫排放的 50% 以上（Malin and Erst，1997），在大气化学和全球生物地球化学循环中发挥了重要作用。DMS 通过海－气交换进入大气，在大气中的保留时间小于 1d，大约 95% 的 DMS 氧化发生在气相（Chen et al.，2000）。

大气中氧化物质的种类及浓度水平影响 DMS 的氧化过程。在白天，对流层中的 • OH 达到峰值，因此它成为白天 DMS 氧化反应最重要的氧化剂。DMS 被 • OH 氧化的反应存在两条不同的反应途径，如图 9-2 所示，包括 H 摘取和 • OH 加成，两种反应途径存在竞争，并且温度是影响反应途径的重要因素之一。Wallington 等（1993）通过实验发现在 298 K 时 80% 的 DMS 按 H 摘取途径被氧化，在 285 K 时两种途径对 DMS 的氧化贡献基本相当。H 摘取反应在温度高时成为 DMS 氧化的优势反应途径，其初级产物为 SO_2，然后 SO_2 进一步被氧化成 SO_4^{2-}。• OH 加成途径在温度低时较占优势，产物为 DMSO、$DMSO_2$、MSA 和 SO_2 等，反应速率随着温度的降低而升高（Saltzman et al.，1993；Hynes et al.，1986）。

DMS 在大气中的具体反应步骤如下。

（1）DMS 与 • OH 反应的机理（Yin et al.，1990a，1990b）。

• OH 的生成：

$$O_3+h\nu \longrightarrow O_2+O(^1D)$$

$$O(^1D)+H_2O \longrightarrow 2\cdot OH$$

H 摘取反应途径及氧化产物的生成机理：

$$\cdot OH+CH_3SCH_3 \longrightarrow H_2O+CH_3SCH_2$$

$$CH_3SCH_2+O_2 \longrightarrow CH_3SCH_2O_2$$

$$CH_3SCH_2O_2+NO \longrightarrow CH_3SCH_2O+NO_2$$

$$CH_3SCH_2O \longrightarrow CH_3S+CH_2O$$

$$CH_3S \longrightarrow (O_2,\ NO_2) \longrightarrow SO_2$$

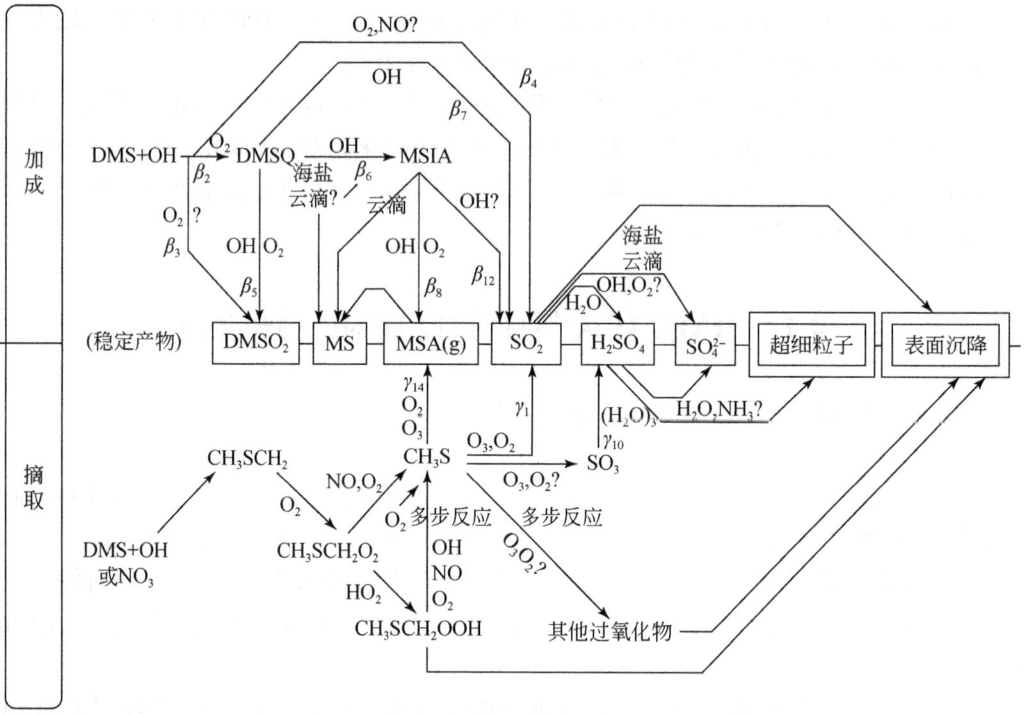

图 9-2　远海大气中 DMS 氧化示意图（Chen et al.，2000）

$$SO_2 + \cdot OH + M \longrightarrow HOSO_2 + M$$

$$HOSO_2 + O_2 \longrightarrow HO_2 + SO_3$$

$$SO_3 + H_2O \longrightarrow H_2SO_4$$

• OH 加成反应途径及氧化产物的生成机理：

$$\cdot OH + CH_3SCH_3 \longrightarrow CH_3S(OH)CH_3$$

$$CH_3S(OH)CH_3 + O_2 \longrightarrow CH_3SOH + CH_3O_2$$

$$CH_3SOH + O_2 \longrightarrow CH_3SO_3H\,(MSA)$$

$$CH_3S(OH)CH_3 + O_2 \longrightarrow CH_3SOCH_3\,(DMSO) + HO_2$$

$$CH_3SOCH_3 + NO_3 \longrightarrow CH_3SO_2CH_3\,(DMSO_2) + NO_2$$

$$CH_3SOCH_3 + \cdot OH + O_2 \longrightarrow CH_3SO_2CH_3 + HO_2$$

夜间 DMS 主要与 $\cdot NO_3$ 反应。首先 NO_2 与 O_3 反应生成 $\cdot NO_3$，白天 $\cdot NO_3$ 在波长小于 670 nm 的光线中被迅速光解，浓度几乎为 0，在夜晚其浓度可以达到 0.5 ppt 以上，在受污染严重的地区其大气浓度可以达到 10 ppt 以上（Yin et al.，1990b；Allan et al.，1999）。DMS 与 $\cdot NO_3$ 经过一个 H 摘取的途径，反应的最终产物也是 MSA、SO_4^{2-}。

（2）DMS 与 $\cdot NO_3$ 反应（Jensen et al.，1991）：

$$CH_3SCH_3 + \cdot NO_3 \longrightarrow CH_3S\dot{C}H_2 + HNO_3$$

$$CH_3SCH_3 + \cdot NO_3 \longrightarrow aSO_2 + (1-a)\,CH_3SO_3H + NO_2 + \text{其他产物}$$

大气 • NO_3 的浓度受污染程度影响，在污染严重的地区通常有更高浓度的 NO_2 输入，因此在工业较发达的北半球其消耗的 DMS 比例（8.7%）要高于南半球（6.5%）（Kloster et al.，2006）。在偏远的热带太平洋地区，DMS 的 • NO_3 氧化仅占其去除比例的很小一部分（Davis et al.，1999；Charlson et al.，1987）。冬季在高纬度地区由于光照时间有限，DMS 的 • NO_3 氧化变得更加重要。

O_3 和卤素自由基等也可以氧化 DMS。Boucher 等（2003）的研究发现由于在高海拔地区 O_3 有较高的混合速率，因此在对流层上部 O_3 对 DMS 的氧化不可忽略，氧化消耗 DMS 的比例大约为 5%。卤素自由基中最重要的是 BrO •，它能够催化氧化 DMS，主要与 DMS 发生 • OH 加成反应，生成相对稳定的 DMSO。由于在一些海域检测发现 BrO • 浓度很高，一些学者指出 DMS 的 BrO • 氧化去除可能非常重要。

9.1.2　DMS 的氧化产物

Davis 等（1999）在 1996 年东南太平洋第一次全面的测量包括 • OH 在内的相关化学物质，发现在一小团空气中，DMS 和 SO_2 的日变化曲线明显负相关，转化系数为 72%。在气相里 SO_2 在 • OH 的氧化下可以形成硫酸蒸气［$H_2SO_4(g)$］。在多数环境里 $H_2SO_4(g)$ 可以冷凝在气溶胶表面增加硫酸盐气溶胶的质量；在特定环境下，如湿度较高、气溶胶粒子表面积和温度较低时，$H_2SO_4(g)$ 可以通过由气态向颗粒态的转化形成新的纳米级粒子，使大气中的粒子数量增加（Boucher et al.，2003）。SO_2 在液相中的氧化速率比在气相中快，SO_2 与 $SO_2 \cdot H_2O$、HSO_3^- 和 SO_3^{2-} 之间存在一个平衡，在通常的大气 pH 下，HSO_3^- 为主要产物。在云层水中 H_2O_2 可以作为 SO_2 的氧化剂，在海盐气溶胶中 O_3 是氧化剂，SO_2 经氧化反应最终生成 SO_4^{2-}。在液相中两种途径哪一种更占优势目前尚没有定论。有人认为 SO_2 在海盐气溶胶中被 O_3 氧化是 SO_2 主要的汇，也是 SO_4^{2-} 的主要来源（Sievering et al.，2004），但是研究表明该反应途径对 pH 相当灵敏，通常伴随 pH 的升高其反应速率显著提高，实际在反应中随着 SO_2 的吸收和 SO_4^{2-} 的生成，海盐气溶胶的酸性将显著增强，这将不利于反应的继续进行。

DMS 在大气中的氧化产物之一是 DMSO，它在大气中是一种半稳定性的化合物（Yin et al.，1990a，1990b）。Berresheim 等（1993）对大气中 DMSO 浓度的日变化进行测定后发现，DMSO 浓度在白天最高，与 DMS 浓度日变化相同；Putaud 等（1999）在法国布列塔尼（Brittany）半岛大气中的测量结果为 0.25 ～ 65pmol/m^3（平均值为 19 pmol/m^3，即 1.52 ng/m^3），通过模型估算发现 DMSO 仅占 DMS 氧化产物的 1%。

9.1.3　大气中 MSA 的来源及影响因素

MSA 最早由 Saltzman 等（1983）在海洋气溶胶中检测发现。随后很多观测表明，MSA 普遍存在于海洋、陆地上空大气气溶胶中。经研究发现 MSA 的来源较为丰富，主要分为人为源、陆源及海洋源。研究表明，在赤道地区 DMSO 可以通过两步基本反应生成 MSA，DMSO 在气溶胶表面的异相吸收及氧化是 MSA 生成的决定步骤（Enami et al.，2016；Boucher et al.，2003；Kim et al.，2000）。在食品、药物、化妆品工业中，DMSO 被广泛用作溶剂或助溶剂，工业废水通常含 DMSO，因此，DMSO 可能是 MSA 的前体物质之一，污水、土壤、沙地、含 DMSO 的建筑排放废水有可能是 MSA 的人为源。陆源和海洋源中 MSA 来自 DMS 的氧化。在陆地生态系统中，已明确的 DMS 的释放源有土壤、湿地、植物、内陆水体、火山等（张保安和钱公望，2007）。海洋边界层的 MSA 被作为海洋释放 DMS 的示踪物，同时用作海洋－大气边界层中海洋生物活动的示踪物质。在高纬度地区 MSA 的含量能够反映海洋生物生产量（Legrand and Saigne，1991）。冰芯中 MSA 浓度波动可以作为初级生产力的记录，给历史气候的变化提供依据（Saltzman et al.，2006），因此海洋气溶胶中 MSA 浓度受到与初级生产力相关的多种因素的影响，如浮游植物种类的空间变化、DMS 的海－气交换速率及 DMS 不同的氧化途径等。除此之外，环境因素，如温度、降水、海冰条件、风和洋流等也会通过密切复杂的相互作用共同影响 MSA 浓度。

Gao 等（1996）通过对东海的研究发现，DMS 的氧化受到温度、太阳辐射、相对湿度及其他方面的影响。白天绝大多数 DMS 在气相中被 $\cdot OH$ 氧化，夜间 DMS 则主要被 $\cdot NO_3$ 氧化。实验室研究发现，烟雾箱中存在 NO_x 的情况下，SO_2 产率降低，MSA 产率升高，Jensen 等（1991）估计 DMS 与 $\cdot NO_3$ 反应生成的 SO_2 和 MSA 比例为 1 ∶ 3，因此在污染的大气中，夜间 $\cdot NO_3$ 的氧化对 MSA 的贡献不容忽略。

Mukai 等（1995）通过分析 9 年内日本海近岸的隐岐（Oki）岛大气 MSA 的浓度发现，MSA 浓度变化范围较大（0.003 ～ 0.095 $\mu g/m^3$）且存在显著的季节性变化。最高值出现在每年的 5 月和 6 月，最低值则主要出现在冬季。他们发现，MSA 的浓度主要受到表层海水的初级生产力的控制。冬季气温较冷时，来年春季的 MSA 浓度较高，这主要是冬季气温较冷导致表层海水的混合层较深，这有利于底层营养盐到达表层，从而有利于来年春季藻类藻华的出现，进而导致较高浓度的 DMS 释放到大气中，最终产生较高浓度的 MSA。

综上所述，海洋边界层气溶胶中 MSA 的浓度主要受到以下 3 个因素的控制：①表层海水的初级生产力。气溶胶中 MSA 的浓度受到其前体物质 DMS 的控制，而 DMS 作为一种生源硫化物，其生产则受到光照、温度、营养盐等因素影响，较高的营养盐输入、适宜的温度和光照将促进表层海水中浮游藻类的生长，进而释放较多的 DMS。②温度条件。DMS 在大气中的氧化机理显示，在较低的气温条件下 MSA 的产率较高。③大气中氧化基团的浓度水平。大气中的 $\cdot NO_3$ 对 DMS 的氧化起到十分重要的作用，在 NO_x 含量较高的污染大气中，MSA 相对于 SO_2 的产率较高。

9.1.4　MSA 与非海盐硫酸盐之间的关系

大气气溶胶中 nss-SO_4^{2-} 的来源可以分为三类：人为排放、海洋生物排放和火山爆发。海洋生物排放指的是海水中藻类活动所释放的 DMS 在大气中氧化并最终生成 nss-SO_4^{2-}。而 SO_2 作为 DMS 氧化的中间产物之一，在近岸更多来源于化石燃料，尤其是煤的燃烧释放，对气溶胶中 nss-SO_4^{2-} 起主要贡献作用。在大气中，SO_2 可与自由基通过均相氧化（homogeneous oxidation）或异相氧化（heterogeneous oxidation）生成硫酸或硫酸盐，作为二次气溶胶（secondary aerosols）的重要组分，nss-SO_4^{2-} 大部分集中在细粒子上，可经过长距离的传输到达开阔大洋甚至南北极上空。

在开阔大洋海区，大气气溶胶中 nss-SO_4^{2-} 和 MSA 的浓度通常具有较好的正相关性，并且两者之间的比值较为恒定（Prospero，2000），而在近岸海域，nss-SO_4^{2-} 除了来自生源 DMS 的氧化，还来源于人为释放的 SO_2 的氧化产物，并且后者往往占到相当大的比例，因此，根据在干净的海洋大气中 nss-SO_4^{2-} 和 MSA 的经验比值，就可以拆分近岸 nss-SO_4^{2-} 中来自海洋生物排放和人为排放部分（图 9-3）。首先，假定海洋气溶胶中的 Na^+ 主要来自本体海水，利用 Na^+ 为海水参比元素及海水中主要成分的恒比定律（Millero，2006）计算气溶胶中的海盐硫酸盐（ss-SO_4^{2-}）浓度，如下式所示：

$$C(\text{ss-}SO_4^{2-})=C(Na^+)\times 0.252$$

从而得到 nss-SO_4^{2-} 浓度为

$$C(\text{nss-}SO_4^{2-})=C(SO_4^{2-})-C(\text{ss-}SO_4^{2-})$$

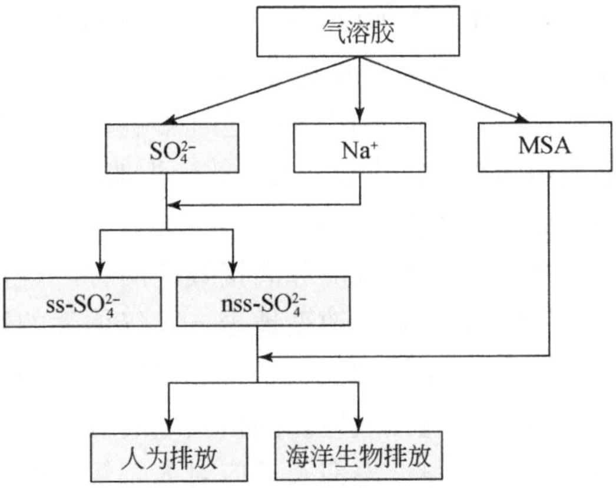

图 9-3　大气气溶胶中 SO_4^{2-} 的来源拆分

Savoie 等（1989）发现在受人为排放污染影响非常小的洁净大洋海区，在纬度为 30°S ～ 30°N 的海洋气溶胶中，nss-SO_4^{2-} 和 MSA 的比值相对稳定在 18 ～ 20，因此，MSA 作为 DMS 在大气中的稳定氧化产物之一，可以用来指示生源硫化物对 nss-SO_4^{2-} 的贡献率，同时这一比值被应用在东亚近岸海区以估算生源硫酸盐（Biogenic-SO_4^{2-}）的浓度（Arimoto et al.，1996；Legrand and Saigne，1991）：

$$C(\text{Biogenic-}SO_4^{2-})=C(\text{MSA})\times 19$$

由此可以计算东亚近岸生源硫酸盐对 nss-SO_4^{2-} 的贡献率：

$$\text{Biogenic contribution}=\frac{C(\text{Biogenic-}SO_4^{2-})}{C(\text{nss-}SO_4^{2-})}$$

9.1.5　MSA 及硫酸盐气溶胶的环境和气候效应

酸雨是我国重大的环境问题之一，青岛、上海、厦门、福建和广东等沿海城市的酸雨问题十分严重。据统计，1997 ～ 2001 年青岛降水 pH 平均值为 4.99，是山东唯一降水 pH 平均值低于酸雨临界值 5.60 的地级城市。临近南海的福建和广东沿海区域更属于 pH 平均值低于 4.5 的重酸雨区。雨水 pH 的降低是人为源酸性物质和自然源酸性物质共同作用的结果。

DMS 在大气中的氧化产物都具有一定的酸性和吸湿性，DMS 释放量的增多及其氧化产物的生成都会提高大气的酸性，对酸雨的形成起到一定的推动作用。特别是在遥远的大洋海域，由于远离人为活动的影响，其大气中的酸性物质主要来源于海洋释放的 DMS 及其在大气中的氧化产物，通过湿沉降过程对雨水天然酸性具有较大的贡献。Nguyen 等（1992）通过对阿姆斯特丹（Amsterdam）岛 4 年大气和海水中 DMS 及酸雨性质的研究发现，MSA 和 nss-SO_4^{2-} 对酸度的贡献率高达 40%，由此看出，MSA 对雨水酸性的贡献相当可观，能造成酸雨，尤其是海洋区域一个不可忽略的天然因素。

温室气体、气溶胶等能够导致气候变化的各种影响因子对气候变化的影响程度通常采用辐射强迫（radiative forcing，RF）来加以度量。辐射强迫通常定义为大气顶部单位面积的能量变化，单位为 W/m^2。当各种导致气候变化的影响因子在大气中的含量发生变化时，其会对地球 - 大气体系的能量收支平衡产生影响，这种影响就是用辐射强迫来加以表征的。如果一个影响因子的辐射强迫为正数，代表其总体效应为地球 - 大气体系的能量增加，起到增温效应，反之，如果为负数，则代表其起到降温效应。

气溶胶对辐射强迫的影响分为直接效应和间接效应两种。直接效应的机理为气溶胶颗粒通过吸收和散射长波辐射与短波辐射改变地球 - 大气体系的辐射收支平衡，其中硫酸盐、矿物燃料燃烧产生的有机碳化物和黑炭、生物质燃烧产物都具有显著的人为输入来源，同时对辐射强迫都有显著的直接效应。间接效应的机理为气溶胶通过改变云层的微观物理性质，从而改变云层的数量、寿命及其应对太阳辐射的性质，测定气溶胶颗粒间接效应的关键参数是其作为云凝结核的效率，这和气溶胶颗粒的粒径、化学组成及其周围环境密切相关。

Charlson 等（1987）于 1987 年提出了著名的 CLAW 假说，他们推测在海洋表层浮游藻类可以通过生产 DMS 对全球气候变化产生一定的影响。当表层海水中浮游藻类释放的 DMS 进入大气后，经过一系列氧化过程最终生成 nss-SO_4^{2-}，nss-SO_4^{2-} 粒径范围一般为 0.1 ～ 1.0 μm，而在这个粒径范围内的气溶胶粒子对太阳辐射具有十分高的反射率。同时，硫酸盐粒子具有较强的吸水性，能有效地促进 CCN 的生成，显著地增加大气中云层覆盖和云层反照率，进而减少到达地表的太阳辐射，最终对地表起到降温作用。而表层海水温度的降低又将导致表层海水中浮游藻类 DMS 释放量的降低，从而构成一个负反馈循环。

CLAW 假说一经提出便广受争议。Schwartz （1988）通过分析人为排放所释放的 SO_2，认为在 1988 年以前的 100 年间，大气中的 SO_2 浓度水平和 1988 年相当，人为释放的硫化物是生源释放的 2 倍左右，但是即便是这部分人为释放的 SO_2 所产生的 nss-SO_4^{2-} 都没有对全球范围内的降温起到显著的影响，因此他推断来自海洋藻类释放的 DMS 并不会对全球范围内的气候变化起到调节作用；而 Ayers 和 Gillett（2000）利用在塔斯马尼亚岛（Cape Grim）所观测到的数据，发现大气中 DMS、MSA、nss-SO_4^{2-} 和 CCN 有着极其相似的季节性变化规律，负反馈循环具有合理的物理基础，CCN 是由 DMS 的排放量决定的。由于大气中 nss-SO_4^{2-} 的来源分布不均匀，人为释放主要集中在北半球，而生源释放则主要集中在南半球，同时各种天气条件和太阳辐射的变化导致评价不同来源的 nss-SO_4^{2-} 的气候效应较为复杂（Savoie and Prospero，1989），因此，更需要对大气中生源硫化物的生物地球化学循环有更加深入的认识。

9.2　中国近海气溶胶中 MSA 的时空分布及生源硫化物对非海盐硫酸盐的贡献

2006～2012 年本研究依托国家自然科学基金项目、国家杰出青年科学基金、山东省科技攻关项目及国家“908 专项”等项目，在不同季节搭载调查船通过走航方式进行大气气溶胶采样工作，采样范围主要集中在黄渤海、山东半岛近海、黄东海和南海海域，采样季节覆盖春、夏、秋、冬四个季节。其中，黄渤海春季调查 4 次、夏季调查 3 次、秋季调查 4 次、冬季调查 3 次；山东半岛近海春季、夏季、秋季、冬季调查各一次；黄东海春季调查 2 次、夏季调查 3 次、秋季调查 4 次、冬季调查 2 次；南海冬季调查 1 次。样品通过走航方式采集，总悬浮颗粒物（TSP）中 MSA 和 SO_4^{2-} 采用离子色谱法进行分析，具体方法见第 2 章。本章详细介绍每个调查航次气溶胶中 MSA 的浓度分布及生源硫化物对 nss-SO_4^{2-} 的贡献，并对其区域和季节性差异进行探讨，以了解中国近海气溶胶中 MSA 的时空分布情况及生源硫化物的贡献。

9.2.1　黄渤海气溶胶中 MSA 浓度分布及生源硫化物对非海盐硫酸盐的贡献

作者团队分别于 2006 年夏季（7 月 20 日至 8 月 7 日）、2006 年冬季（2016 年 12 月 31 日至 2017 年 1 月 17 日）、2007 年春季（4 月 23 日至 5 月 5 日，简称 N908-S）、2007 年秋季（10 月 13～25 日，简称 N908-A）、2008 年夏季（8 月 3～9 日，简称 863-H-X）、2009 年春季（4 月 27 日至 5 月 3 日，简称 973-H-C）、2009 年冬季（12 月 4～23 日，简称 GX-H-D）、2010 年春季（4 月 21 日至 5 月 4 日，渤海、北黄海简称 BS-C，南黄海简称 SYS-C）、2010 年秋季（9 月 8～22 日，渤海、北黄海简称 BS-A，南黄海简称 SYS-A）、2011 年夏季（6 月 13～28 日，渤海、北黄海简称 BS-S，南黄海简称 SYS-S）、2011 年冬季（11 月 21 日至 12 月 6 日，渤海、北黄海简称 BS-W，南黄海简称 SYS-W）、2012 年春季（5 月 2～20 日，以下简称 HBS-5）和 2012 年秋季（11 月 2～19 日，简称 HBS-11）搭载“东方红 2 号”调查船和“科学一号”调查船（GX-H-D）对我国

黄渤海海域进行大气气溶胶样品的采集工作。样品通过走航方式采集，具体采样站位和走航图如图 9-4 所示。

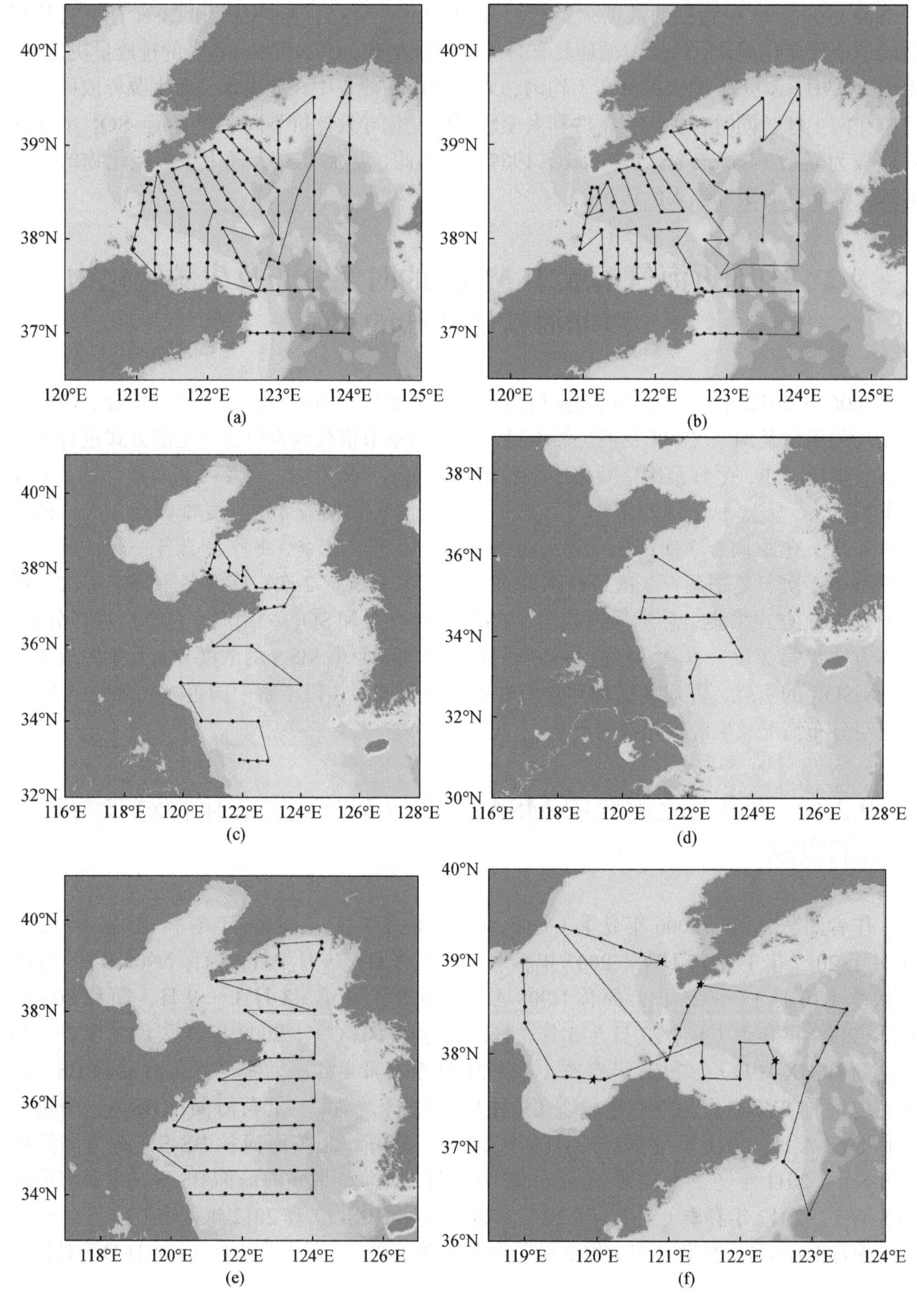

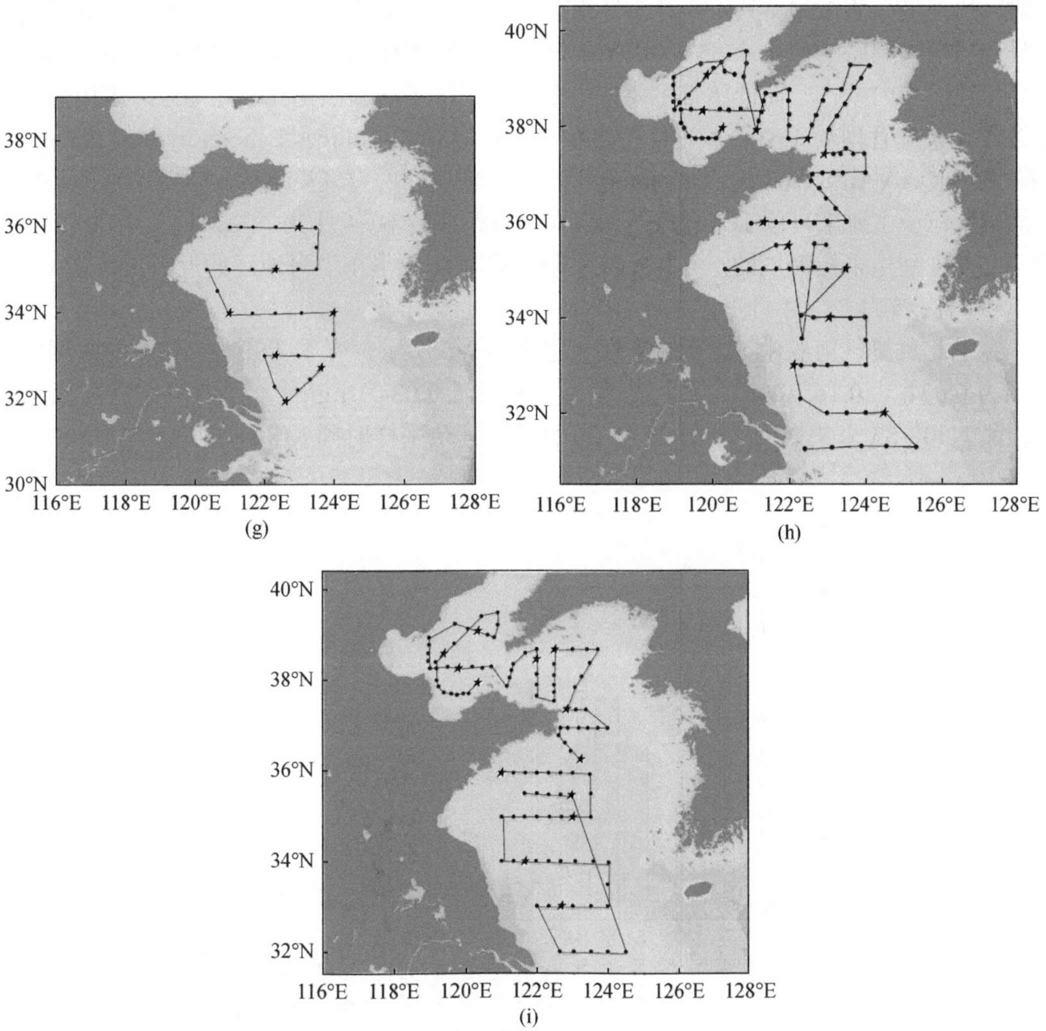

图 9-4　黄渤海海域具体采样站位和走航图

（a）2006 年夏季和冬季北黄海；（b）2007 年春季（N908-S）、秋季北黄海（N908-A）；（c）2009 年春季黄海（973-H-C）；（d）2008 年夏季黄海（863-H-X）；（e）2009 年冬季黄海（GX-H-D）；（f）2010 年春季（BS-C）、2011 年夏季（BS-S）、2010 年秋季（BS-A）和 2011 年冬季（BS-W）渤海、北黄海；（g）2010 年春季（SYS-C）、2011 年夏季（SYS-S）、2010 年秋季（SYS-A）和 2011 年冬季（SYS-W）南黄海；（h）2012 年春季黄渤海（HBS-5）；（i）2012 年秋季黄渤海（HBS-11）

1. 春季黄渤海 MSA 的浓度分布及生源硫化物对非海盐硫酸盐的贡献

1）2007 年春季北黄海

2007 年春季北黄海海域采样期间气温变化幅度较大，随着采样时间的推移，气温逐渐升高，气温变化范围为 7.7 ～ 22.0℃，平均值为（11.9±2.4）℃。春季航次风速变化较小，变化范围为 0.7 ～ 12.1 m/s，平均值为（6.0±2.2）m/s。春季航次相对湿度平均值为 0.76±0.14，4 月 24 ～ 25 日相对湿度较大，均在 0.80 ～ 0.90，之后迅速降低，4 月 26 ～ 29 日相对湿度较为稳定，在 0.60 ～ 0.70 变化，从 4 月 30 日开始又逐渐上升，到 5 月 4 日采样航次结束时，达到最高值 1.00。其中 5 月 3 日相对湿度变化幅度最大，为 0.32 ～ 0.90，同时气温也呈现出较大幅度的变化（2.5 ～ 8.3℃）。春季航次采样期间高压带主要位于中国西部青藏高原地区和内蒙古，而低压带主要位于东部的朝鲜半岛和黑龙江以北地区。采用美国国家海洋和大气管理局（NOAA）大气资源实验室（Air Resources Laboratory）的 HYSPLIT 4 模型（NOAA Air Resources Laboratory）推断采样期间的空气质点后向轨迹，到达采样海域的空气粒子主要来自位于采样点西北方向的远距离传输（4 月 24 ～ 28 日，5 月 1 ～ 2 日），除此之外，到达采样海域的空气粒子则主要来自东海及华东沿海地区的近距离传输（4 月 29 ～ 30 日，5 月 3 ～ 4 日）。

春季北黄海气溶胶中 MSA 的浓度变化如图 9-5 所示，春季 TSP 中 MSA 的浓度变化范围为 0.031 ～ 0.16 μg/m^3，平均浓度为（0.073±0.034）μg/m^3，其中浓度最高值出现在样品 N908-S3 采集期间（4 月 25 ～ 26 日），其余采样时间 MSA 浓度变化幅度较小。

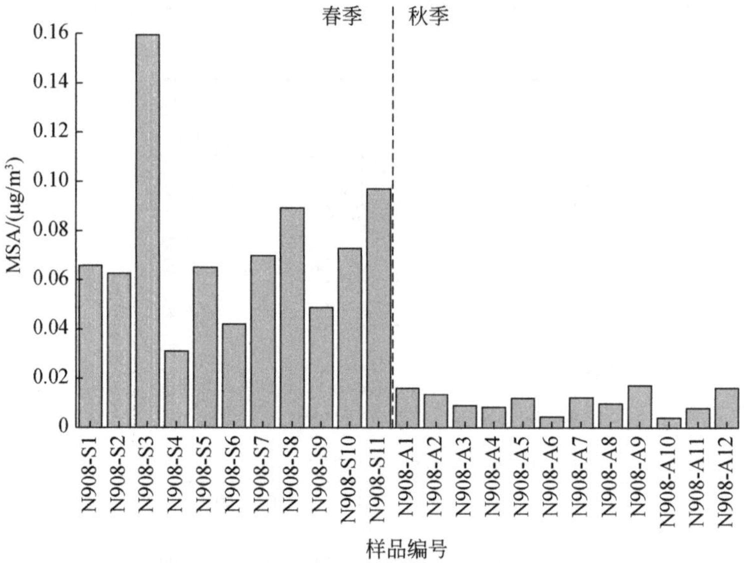

图 9-5　TSP 中 MSA 的浓度变化

2007 年春季和秋季北黄海

TSP 中 nss-SO_4^{2-} 的浓度变化范围为 4.3 ～ 28 μg/m^3，平均值为（16±8.0）μg/m^3。图 9-6 为 nss-SO_4^{2-} 浓度和 MSA 浓度对比的散点图，由图分析得知，本航次采样期间 N908-S 中 nss-SO_4^{2-} 浓度和 MSA 浓度的比值远远高于洁净海区两者之间的比值（19），这说明大气气溶胶中 nss-SO_4^{2-} 的组成受人为活动输入的影响非常大。春季航次生源硫酸盐对 nss-SO_4^{2-} 的贡献率如图 9-7 所示，2007 年春季北黄海调查航次中生源硫酸盐对 nss-SO_4^{2-} 的贡献率为 11.0%。

2）2009 年春季黄海

2009 年春季黄海海域调查期间平均气温为（12.8±1.8）℃，风速相对稳定且较小，仅为（0.36±0.11）m/s。由空气质点后向轨迹模型推断，春季黄海航次采样期间到达采样

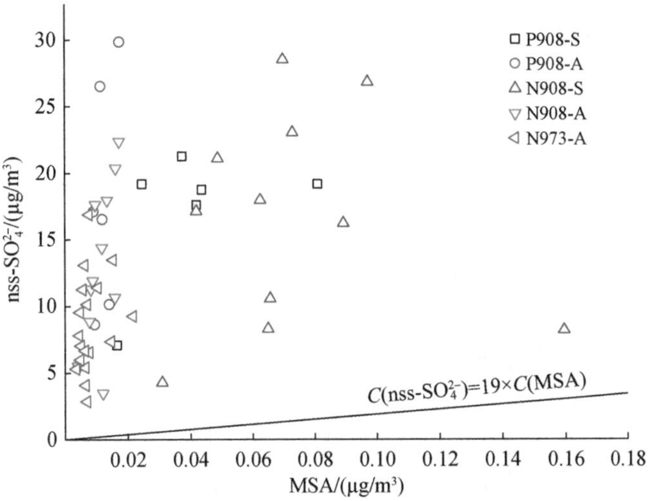

图 9-6　TSP 中的 MSA 浓度与 nss-SO_4^{2-} 浓度的关系

2007 年春季和秋季北黄海，2007 年春季和秋季山东近海，2007 年秋季东海

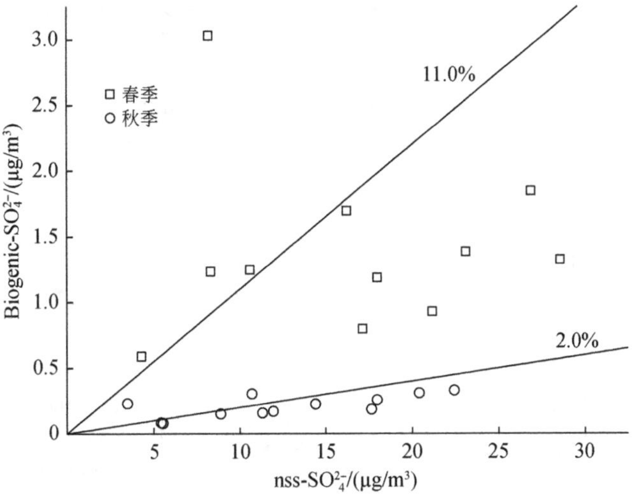

图 9-7　生源硫酸盐对 nss-SO_4^{2-} 的贡献率

2007 年春季和秋季北黄海

海域的空气离子主要来自采样位置的正北方（即我国东北地区），3#（973-H-C3）样品的空气离子来自日本方向，而 5#（973-H-C5）主要来自海洋，导致该样品中海盐离子浓度高，二次离子浓度较低。

图 9-8 为 TSP 样品中 MSA 浓度分布图，由图可知，在春季航次（973-H-C）中 MSA 的浓度变化范围是 0.065 ～ 0.094 μg/m³，其平均值仅为（0.078±0.011）μg/m³，该季节 MSA 的浓度主要在 0.075 μg/m³ 附近，最高值出现在 973-H-C5（2009 年 5 月 3 日）。

春季黄海航次 TSP 中 nss-SO_4^{2-} 的浓度变化范围是 3.0 ～ 13.0 μg/m³，其平均值为（7.89±4.7）μg/m³。将大气气溶胶样品中 nss-SO_4^{2-} 与 MSA 的浓度做散点图，如图 9-9 所示，

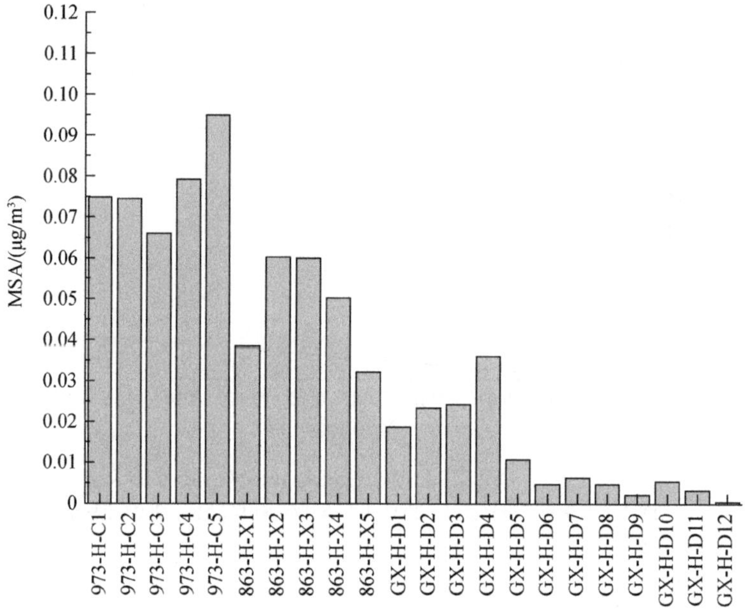

图 9-8　TSP 中 MSA 的浓度分布图

2009 年春季黄海、2008 年夏季黄海、2009 年冬季黄海

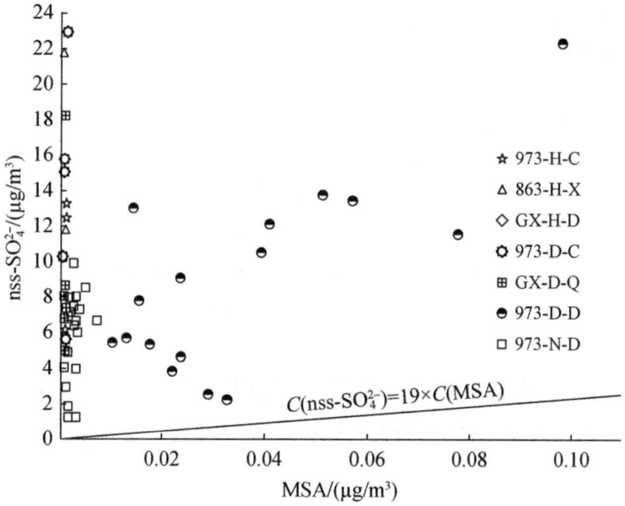

图 9-9　TSP 中的 MSA 浓度和 nss-SO$_4^{2-}$ 浓度的关系

2008 年夏季、2009 年春季和冬季黄海；2009 年春季、秋季和冬季东海；2010 年冬季南海

结果发现样品中 nss-SO_4^{2-} 浓度与 MSA 浓度的比值远远高于受人为活动污染影响小的外海海域比值（19），由此可以说明大气气溶胶中的 nss-SO_4^{2-} 的组成受人为活动影响比较大，即人为释放的硫化物在 nss-SO_4^{2-} 中所占比例较高。黄海春季航次生源硫酸盐对 nss-SO_4^{2-} 的贡献率如图 9-10 所示，其中春季航次生源硫酸盐对 nss-SO_4^{2-} 贡献率较高，为 16.76%。

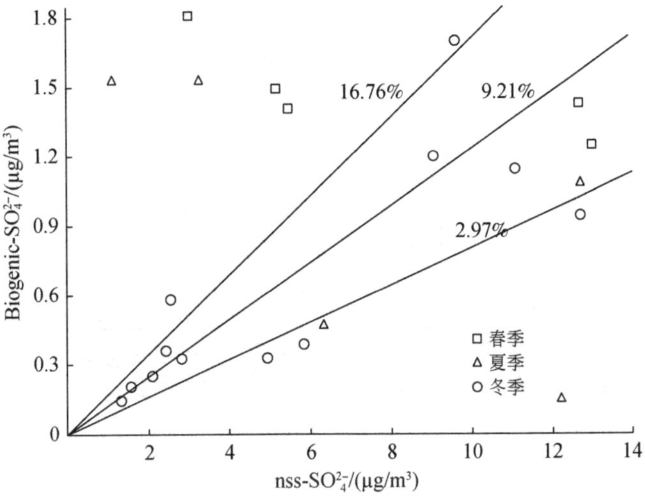

图 9-10　生源硫酸盐对 nss-SO_4^{2-} 的贡献率

2009 年春季黄海、2008 年夏季黄海、2009 年冬季黄海

3）2010 年春季黄渤海

2010 年春季渤海、北黄海调查航次（BS-C）海域气温变化范围为 7.6 ～ 18.8℃，平均气温为（10.6±2.7）℃，气温最大值出现在 5 月 2 日，最小值出现在 4 月 29 日，采样期间气温相对稳定。春季航次风速变化范围为 1.2 ～ 15.2 m/s，其平均值为（6.6±3.2）m/s。

春季南黄海调查航次（SYS-C）气温平均值为（10.5±2.2）℃，春季航次风速平均值为（5.97±3.0）m/s，平均湿度为 0.91±0.09。同样由采样海域 72 h 空气质点后向轨迹模型推断，南黄海气溶胶样品采集期间到达采样区域的气溶胶粒子主要有两个来源区，其中一个主要的来源区为中国东北部、内蒙古地区及蒙古国，另外一个重要来源区域为朝鲜半岛和日本周围海域。

2010 年春季渤海、北黄海海域气溶胶样品中 MSA 浓度分布如图 9-11（a）所示，春季航次中 TSP 中 MSA 浓度范围为 0.0198 ～ 0.0628 μg/m³，平均值为（0.0351±0.0190）μg/m³。由于春季气温、营养盐及光照等因素均有利于浮游植物的快速繁殖，释放到大气中的 DMS 量较高，进而影响到大气中 MSA 的浓度水平。TSP 中 nss-SO_4^{2-} 浓度的平均值为（12.9±5.02）μg/m³，生源硫化物对 nss-SO_4^{2-} 的贡献率为 9.7%。

2010 年春季南黄海航次 MSA 的浓度水平如图 9-11（b）所示，浓度水平变化较为剧烈，在 SYS-C1、SYS-C3、SYS-C4 和 SYS-C5 样品处均出现浓度高值，MSA 浓度范围为 0.0154 ～ 0.0943 μg/m³，平均值为（0.0556±0.0333）μg/m³。南黄海 TSP 样品中 nss-SO_4^{2-} 浓度最高，浓度变化范围为 2.41 ～ 6.15 μg/m³，平均值为（5.06±1.26）μg/m³，浓度水平

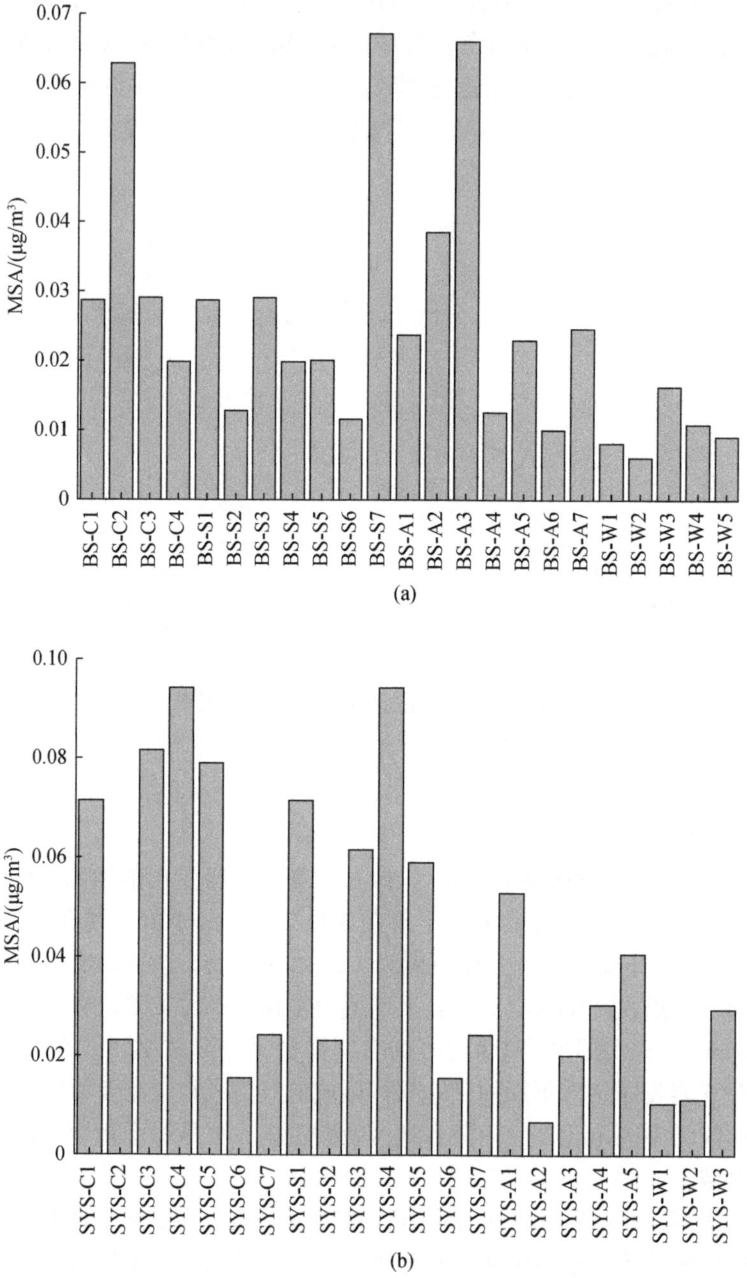

图 9-11 TSP 中 MSA 的浓度分布

（a）2010 年春季（BS-C）、2011 年夏季（BS-S）、2010 年秋季（BS-A）和 2011 年冬季（BS-W）渤海、北黄海；（b）2010 年春季（SYS-C）、2011 年夏季（SYS-S）、2010 年秋季（SYS-A）和 2011 年冬季（SYS-W）南黄海

较为稳定。南黄海生源硫化物对 nss-SO_4^{2-} 的贡献率达到 17.6%，这主要是该航次较高的 MSA 浓度和较低的 nss-SO_4^{2-} 浓度所致。

4）2012 年春季黄渤海

2012 年春季黄渤海调查期间，温度变化范围为 9.5 ～ 19.9℃，平均值为（15.3±2.1）℃；风速变化范围为 0.2 ～ 11.7 m/s，平均值为（4.8±2.2）m/s。2012 年 5 月 8 ～ 9 日、12 ～ 15 日，相对湿度均为 95.7% ～ 100.1% 且有降雨。黄渤海海域上空气团主要来自中国东北及华北地区的长距离输入，除此之外到达采样海域的空气粒子主要来自东海海域（5 月 13 日、20 日）及华东江苏、上海沿海地区的近距离传输（5 月 7 ～ 8 日）。

春季气溶胶中 MSA 浓度变化剧烈，浓度变化范围为 5.1 ～ 61.3 ng/m^3，平均值为（22.0±18.2）ng/m^3，在 HBS-5-03 和 HBS-5-07 样品中均出现浓度高值。春季 nss-SO_4^{2-} 浓度变化范围为 2.4 ～ 17.5 $\mu g/m^3$，平均值为（8.0±2.3）$\mu g/m^3$。将 nss-SO_4^{2-} 浓度与 MSA 浓度对比发现（图 9-12），春季 TSP（HB-5）中 nss-SO_4^{2-} 浓度和 MSA 浓度的比值远远高于洁净海区（19），这说明调查海域 TSP 中 nss-SO_4^{2-} 受人为活动影响程度非常大，其中生源硫化物对 nss-SO_4^{2-} 的平均贡献率为 5.5%。

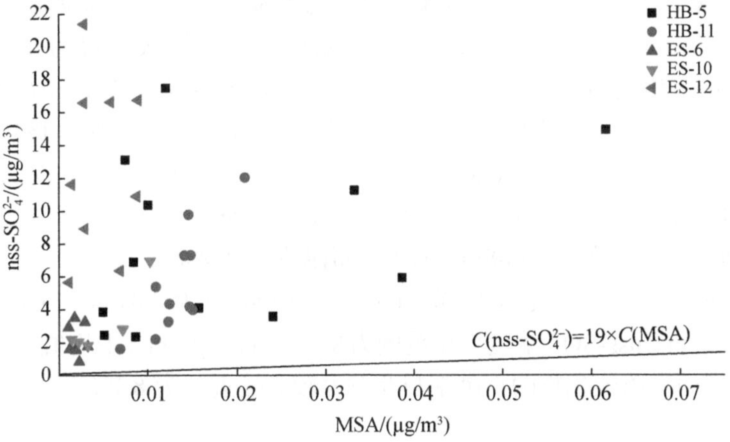

图 9-12　TSP 中的 MSA 浓度与 nss-SO_4^{2-} 浓度的关系

2012 年春季和秋季黄渤海，2011 年冬季、2012 年夏季和秋季东海

2. 夏季黄渤海 MSA 的浓度分布及生源硫化物对非海盐硫酸盐的贡献

1）2006 年夏季北黄海

2006 年夏季北黄海调查航次温度的变化范围为 20 ～ 25℃，大气压在 1010 hPa 左右，采样期间空气湿度较大，其中 7 月 28 ～ 29 日伴有降雨。

TSP 中 nss-SO_4^{2-} 的浓度变化范围为 3.38 ～ 8.72 $\mu g/m^3$，平均值为 6.08 $\mu g/m^3$。MSA 的浓度变化范围为 0.0122 ～ 0.0785 $\mu g/m^3$，平均值为 0.0384 $\mu g/m^3$，生源硫化物对 nss-SO_4^{2-} 的贡献率为 18.58%。

2）2008 年夏季黄海

2008 年夏季黄海调查航次平均气温为（27.1±0.8）℃，平均风速为（6.86±1.68）m/s。采样期间的空气粒子主要源于我国东北地区和日本，但本航次采集的 8#（863-H-X8）和 10#（863-H-X10）样品来源于海洋方向。

夏季 MSA 的浓度水平如图 9-8 所示（863-H-X），MSA 浓度变化范围为 0.038 ～ 0.059 μg/m^3，平均值为（0.048±0.012）μg/m^3。

大气气溶胶样品中 nss-SO_4^{2-} 的浓度变化范围为 4.9 ～ 14.1 μg/m^3，平均值为（9.6±4.1）μg/m^3。将 nss-SO_4^{2-} 与 MSA 的浓度做散点图，如图 9-9 所示，结果发现样品中 nss-SO_4^{2-} 浓度与 MSA 浓度的比值远远高于受人为活动污染影响小的外海海域（19），由此可以说明气溶胶中 nss-SO_4^{2-} 的组成受人为活动影响比较大，即人为释放的硫化物在 nss-SO_4^{2-} 中所占比例较高，生源硫化物对非海盐硫酸盐的平均贡献率为 9.21%，如图 9-10 所示。

3）2011 年夏季黄渤海

2011 年夏季北黄海调查航次气温变化范围为 15.6 ～ 24.9℃，平均气温为（23.1±2.6）℃，平均风速为（5.6±3.1）m/s，相对湿度为 0.92±0.06。南黄海气温平均值较高，达到（25.7±1.5）℃，夏季航次风速较低，平均值为（3.2±2.8）m/s，平均湿度为 0.96±0.05。采集期间到达采样区域的气溶胶粒子主要有两个来源区，其中一个主要来源区为中国东北部、内蒙古地区及蒙古国，另外一个重要来源区域为朝鲜半岛和日本周围海域。

黄渤海 MSA 的浓度分布见图 9-11。渤海、北黄海夏季航次测得的 MSA 浓度明显低于春季，其变化范围为 0.0116 ～ 0.0672 μg/m^3，平均值为（0.0271±0.0190）μg/m^3，BS-S7 样品出现最高值，且远高于该航次其他样品的 MSA 浓度水平。除去该异常值样品，其他样品中 MSA 浓度平均值为（0.0204±0.0075）μg/m^3。北黄海夏季航次二次气溶胶组分中 nss-SO_4^{2-} 浓度水平最高，其变化范围为 8.64 ～ 17.8 μg/m^3，平均值为（12.4±3.00）μg/m^3。渤海、北黄海生源硫化物对 nss-SO_4^{2-} 的平均贡献率为 8.9%。

南黄海夏季航次 MSA 浓度变化范围和平均值分别为 0.0124 ～ 0.0863 μg/m^3 和（0.0499±0.0266）μg/m^3。nss-SO_4^{2-} 浓度变化范围为 8.78 ～ 17.3 μg/m^3，平均值为（12.9±3.85）μg/m^3。夏季南黄海中生源硫化物的贡献率与北黄海较为接近，为 8.1%。

3. 秋季黄渤海 MSA 的浓度分布及生源硫化物对非海盐硫酸盐的贡献

1）2007 年秋季北黄海

2007 年秋季航次采样期间除 10 月 19 日气温较低外，其余时间气温变化幅度较小，变化范围为 10.8 ～ 19.8℃，其平均值为（16.4±2.1）℃，明显高于春季航次。秋季航次采样期间风速平均值为（6.3±2.9）m/s，变化范围为 0.6 ～ 13.3 m/s，相比而言，秋季航次采样期间风速变化幅度较春季大，但平均值和春季相近。秋季采样期间高压带位于蒙古国及中国内蒙古地区和日本的北海道附近海域，同时朝鲜半岛和山东半岛南部也处于高压带控制下，低压带主要位于黑龙江流域和西太平洋海域。到达采样区域的空气粒子以来自西北方向的远距离传输为主，其中 10 月 17 日和 21 日采样期间的空气粒子主要来自山东和江苏地区，而 24 日则主要来自朝鲜半岛地区，21 日和 24 日均属于近距离传输。

秋季 TSP 中 MSA 浓度明显低于 2007 年春季（图 9-5），其浓度变化范围为 0.0041 ～ 0.017 μg/m^3，平均值为（0.011±0.0044）μg/m^3，其中浓度最低值出现在样品 N908-A10 采集期间（10 月 22 ～ 23 日）。TSP 样品中 MSA 浓度的季节性差异较为显著，春季

MSA 浓度平均值明显高于秋季，前者是后者的 6 倍以上。

秋季航次 TSP 中二次气溶胶离子组分的组成与春季相近，nss-SO_4^{2-} 的浓度变化范围为 3.5 ～ 22 μg/m^3，平均值为（12±6.2）μg/m^3。TSP 中 nss-SO_4^{2-} 浓度和 MSA 浓度对比的散点图如图 9-6 所示，TSP（N908-A）中 nss-SO_4^{2-} 浓度和 MSA 浓度的比值远远高于洁净海区（19）。秋季航次生源硫化物对 nss-SO_4^{2-} 的贡献率如图 9-7 所示，平均贡献率为 2.0%。

2）2010 年秋季黄渤海

2010 年秋季北黄海调查航次气温变化范围为 17.5 ～ 26.2℃，平均值为（21.2±2.2）℃。风速变化范围为 0.9 ～ 13.0 m/s，平均值为（5.0±3.7）m/s。南黄海秋季气温平均值为（19.9±0.7）℃，平均风速为（5.2±2.9）m/s，相对湿度为 0.93±0.02。调查区域上空空气粒子主要来自西北方及北方地区的远距离输入。

2010 年秋季渤海、北黄海航次中 MSA 浓度变化见图 9-11。秋季 MSA 浓度水平高于 2011 年夏季航次且浓度变化较为剧烈，其范围为 0.0101 ～ 0.0661 μg/m^3，平均值为（0.0284±0.0175）μg/m^3。北黄海 TSP 中 nss-SO_4^{2-} 浓度水平最高，其范围为 2.96 ～ 33.6 μg/m^3，平均值为（15.4±9.7）μg/m^3，且采样期间 nss-SO_4^{2-} 浓度水平随采样时间的变化较为明显。由于人为活动输入剧烈，生源硫化物对 nss-SO_4^{2-} 的贡献率为 4.9%。

南黄海航次样品中 MSA 浓度水平明显降低，并且表现相对稳定，其变化范围为 0.0067 ～ 0.0529 μg/m^3，平均值为（0.0301±0.0179）μg/m^3。TSP 中 nss-SO_4^{2-} 浓度平均值为（7.09±8.57）μg/m^3。南黄海秋季航次中生源硫化物的贡献率与南黄海夏季较为接近，为 8.7%。

3）2012 年秋季黄渤海

2012 年秋季航次采样期间温度波动较春季略大，变化范围为 4.4 ～ 18.7 ℃，平均值为（11.2±3.9）℃。风速变化范围为 0.7 ～ 14.9 m/s，平均值为（7.2±3.8）m/s，且在 HBS-11-1、HBS-11-2、HBS-11-5、HBS-11-6、HBS-11-9、HBS-11-10 和 HBS-11-11 采样时，风速为 7.8 ～ 11.6 m/s，相对湿度较为稳定，平均值为 0.61。由空气质点后向轨迹模型推断，调查海域上空粒子主要来自西北和北方方向的远距离输送，其中 11 月 6 ～ 8 日和 16 日主要来自山东与江苏，11 月 3 日和 10 日主要来自朝鲜半岛西部的气团，而 14 日、15 日和 19 日主要来自辽宁。

秋季 MSA 浓度变化差异较小，浓度水平相对稳定，其范围为 1.9 ～ 18.4 ng/m^3，平均值为（11.4±9.6）ng/m^3。秋季 MSA 浓度水平小于同年春季的调查结果。DMS 是海洋浮游植物释放的最主要的生源硫化物，经海 - 气界面释放到大气，因此 MSA 的浓度水平受到 DMS 的影响，根源上受海洋初级生产力水平控制。春季 3 月、4 月沙尘天气最为频繁，这为调查海域带来丰富的营养元素，藻类生长旺盛，使得初级生产力水平比较高，进而导致海 - 气边界层中 MSA 浓度高。秋季 nss-SO_4^{2-} 浓度变化范围为 1.6 ～ 12.0 μg/m^3，平均值为（5.6±1.2）μg/m^3。将 nss-SO_4^{2-} 浓度与 MSA 浓度进行对比发现（图 9-12），TSP 中 nss-SO_4^{2-} 浓度和 MSA 浓度的比值远远高于洁净海区（19），这说明中国调查海域 TSP 中 nss-SO_4^{2-} 受人为活动影响程度非常大，生源硫化物对 nss-SO_4^{2-} 的平均贡献率为 5.6%。

4. 冬季黄渤海 MSA 的浓度分布及生源硫化物对非海盐硫酸盐的贡献

1）2006 年冬季北黄海

2006 年冬季北黄海调查期间气象记录较少，平均风速超过 5 m/s，以辽东半岛和山东半岛的西风、西北风居多。

调查区域内 MSA 的浓度变化范围为 0.00304 ～ 0.0291 μg/m^3，其平均值为 0.0139 μg/m^3。冬季气溶胶中 nss-SO_4^{2-} 的浓度变化范围为 4.02 ～ 11.7 μg/m^3，其平均值为 8.33 μg/m^3。DMS 对 nss-SO_4^{2-} 的贡献率为 0.441%，远小于同年夏季。

2）2009 年冬季黄海

2009 年黄海冬季 GX-H-D 航次的气温变化比较剧烈，平均气温为（4.9±4.3）℃，风速变化与气温变化呈反向趋势且其平均值达到（7.21±1.93）m/s。相对湿度平均值为 0.61±0.10，除了 12 月 8 ～ 12 日这几天相对湿度较大，为 0.70 ～ 0.80，其他采样时间的相对湿度都相对较低，基本上集中在 0.60 附近。

冬季航次 MSA 的浓度变化如图 9-8 所示，TSP 样品中 MSA 的浓度最小，变化范围为 0.00045 ～ 0.036 μg/m^3，平均值为（0.012±0.011）μg/m^3，主要分为两个梯度，前 5 个样品数据集中在 0.02 μg/m^3 附近，其他样品集中在 0.007 μg/m^3 附近。最小值仅为 0.00045 μg/m^3，该浓度出现在 GX-H-D12（12 月 23 日）样品中；最大值为 0.036 μg/m^3，该浓度出现在 GX-H-D4（12 月 11 日）中，最大值为最小值的 80 倍左右。

样品中 nss-SO_4^{2-} 的浓度变化范围是 1.7 ～ 16.3 μg/m^3，其平均值为（7.1±5.2）μg/m^3，nss-SO_4^{2-} 与 MSA 的浓度关系如图 9-9 所示，结果发现样品中 nss-SO_4^{2-} 浓度与 MSA 浓度的比值远远高于受人为活动污染影响小的外海海域（19），由此可以说明大气气溶胶中 nss-SO_4^{2-} 的组成受人为活动影响比较大，即人为释放的硫化物在 nss-SO_4^{2-} 中所占比例较高。生源硫化物对 nss-SO_4^{2-} 的贡献率见图 9-10，冬季贡献率低，仅为 2.97%。

3）2011 年冬季黄渤海

2011 年冬季北黄海航次调查期间气温变化范围为 3.6～12.2℃，平均值为（9.5±2.3）℃，冬季风速变化较为剧烈，平均风速为（5.4±3.3）m/s，相对湿度的平均值为 0.65±0.12。南黄海调查期间平均温度为（9.7±2.1）℃，平均风速为（6.5±2.1）m/s，相对湿度为 0.67±0.07。

冬季渤海、北黄海航次样品中 MSA 的浓度水平变化如图 9-11（a）所示，由于温度、光照和营养盐等因素均不利于藻类生长与繁殖，冬季 MSA 浓度最低且表现出非常稳定的状态，其浓度变化范围为 0.0061 ～ 0.0163 μg/m^3，平均值为（0.0101 ±0.0039）μg/m^3。nss-SO_4^{2-} 浓度的变化范围为 22.8 ～ 36.2 μg/m^3，平均值为（30.0±5.61）μg/m^3，采样最高值出现在离陆地最近的 1#（BS-W1）样品。渤海、北黄海中生源硫化物对 nss-SO_4^{2-} 的贡献率为 0.7%。

冬季南黄海调查航次 MSA 浓度均表现出低值，其变化范围为 0.0104 ～ 0.0294 μg/m^3，平均值为（0.0170±0.0107）μg/m^3。TSP 中 nss-SO_4^{2-} 浓度的变化范围为 12.5 ～ 32.6 μg/m^3，平均值为（19.8±11.2）μg/m^3。生源硫化物对 nss-SO_4^{2-} 的贡献率为 1.8%。

9.2.2　山东半岛气溶胶中 MSA 浓度分布及生源硫化物对非海盐硫酸盐的贡献

山东半岛海域的调查航次主要依托山东省海洋与渔业厅“近海海洋综合调查与评价专项”（山东省“908 专项”）开展，作者团队分别于 2006 年夏季（8 月 14 ～ 23 日）、冬季（2006 年 12 月 17 ～ 25 日），2007 年春季（4 月 8 ～ 18 日，简称 P908-S）和秋季（10 月 30 日至 11 月 7 日，简称 P908-A）搭载“中国渔政 37351”调查船进行大气气溶胶采集工作。采样范围覆盖山东半岛南部黄海领海基线以浅沿岸海域，南起日照近海（119.56°E、35.33°N），途经青岛近海（包括胶州湾）至威海乳山湾（121.5°E、36.67°N）。样品通过走航方式采集，山东半岛近海采样站位图如图 9-13 所示。

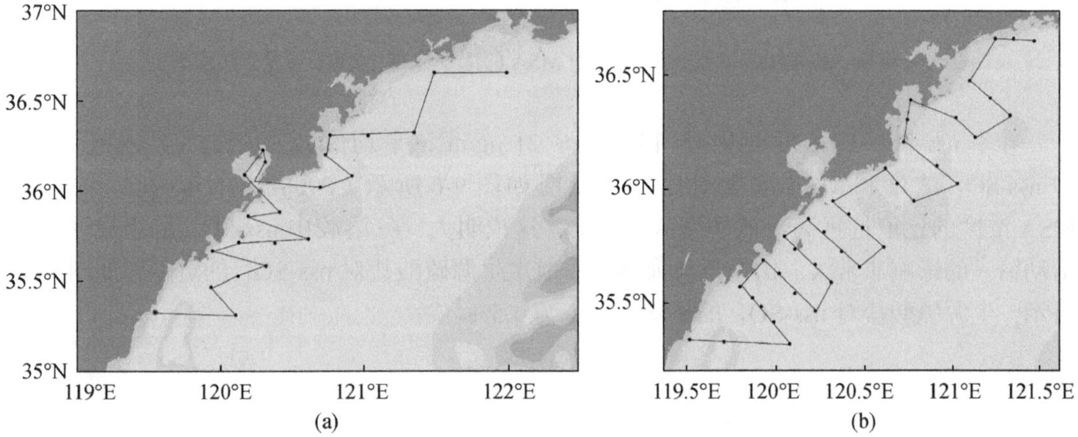

图 9-13　山东半岛近海采样站位图

（a）2006 年夏季和冬季北黄海航次；（b）2007 年春季和秋季北黄海航次

1. 2007 年春季

2007 年山东半岛南部近海调查期间，气温变化幅度较小，其中春季航次平均气温为（10.9±1.4）℃。采样海域主要受到位于中国华北地区的高压影响，低压区域主要位于日本和菲律宾以东的太平洋海域。采样区域主要以北风和西北风为主，春季采样期间到达采样区域的空气质点主要来自北方，其中样品 P908-S1 和样品 P908-S5 的传输距离较远，而样品 P908-S2、P908-S3、P908-S4、P908-S6 采样期间则主要受到近距离传输的影响。

如图 9-14 所示，山东半岛南部近海气溶胶样品中 MSA 浓度的季节性差异较为显著，春季 TSP 中 MSA 的浓度变化范围为 0.016 ～ 0.081 $\mu g/m^3$，平均值为（0.041±0.022）$\mu g/m^3$。春季除样品 P908-S5（采样日期为 4 月 17 日）外，其余样品 MSA 浓度均高于 0.02 $\mu g/m^3$，其最高值为样品 P908-S3（采样日期为 4 月 10 日）。

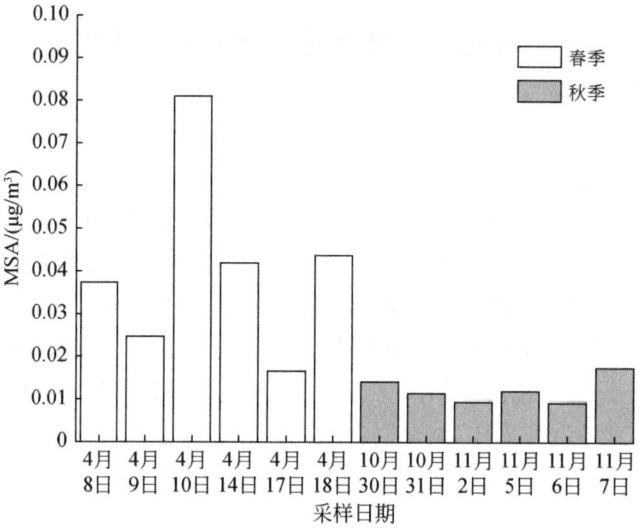

图 9-14　山东半岛南部近海 TSP 中 MSA 的浓度分布（2007 年春季和秋季）

春季 nss-SO_4^{2-} 的浓度变化范围为 7.1 ～ 21 μg/m^3，平均值为（17±5.1）μg/m^3。TSP 中 nss-SO_4^{2-} 浓度和 MSA 浓度对比的散点图如图 9-6 所示（P908-S），nss-SO_4^{2-} 浓度和 MSA 浓度的比值远远高于洁净海区（19），这说明大气气溶胶中 nss-SO_4^{2-} 的组成受人为活动输入的影响非常大。山东近海海域春季航次生源硫酸盐对 nss-SO_4^{2-} 的贡献率如图 9-15 所示，生源硫酸盐对 nss-SO_4^{2-} 的平均贡献率为 4.5%。

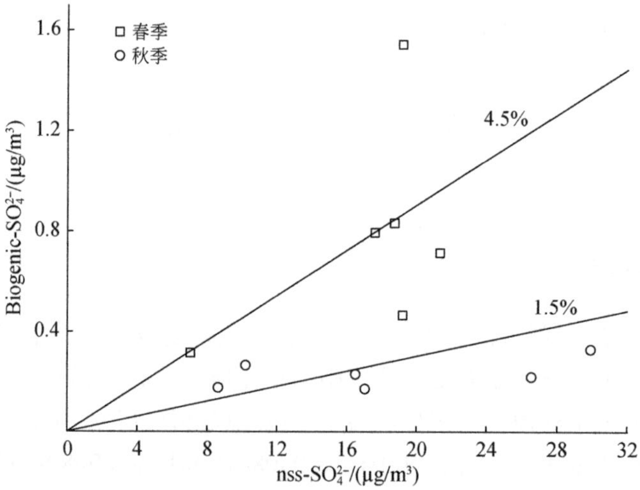

图 9-15　山东半岛南部近海生源硫酸盐对 nss-SO_4^{2-} 的贡献率（2007 年春季和秋季）

2. 2006 年夏季

2006 年夏季山东半岛调查期间，平均气温为 33℃。在采集的大气样品中 MSA 的浓度范围为 0.00334 ～ 0.0403 μg/m^3，平均值为 0.0387 μg/m^3。nss-SO_4^{2-} 的浓度范围为 3.29 ～ 7.70 μg/m^3，平均值为 5.12 μg/m^3。

3. 2007 年秋季

2007 年秋季调查航次平均气温较春季稍高，为（12.5±3.9）℃，采样海域主要受到华北地区高压的影响，此时高压强度要大于春季，并且覆盖范围扩大，从采样海域一直延伸到朝鲜半岛地区，而低压区域主要位于菲律宾附近的太平洋海域。高压带的增强使得采样期间风速大于春季航次。秋季采样期间，到达采样区域的空气质点主要来自北方（样品 P908-A1、P908-A2、P908-A4、P908-A5），样品 P908-A3 采样期间的空气质点主要来自西北方向，并且传输距离较远，而样品 P908-A6 采样期间主要受到来自山东半岛东部及其邻近海域的近距离传输的影响。

2007 年秋季气溶胶中 MSA 的浓度明显低于春季（图 9-14），其浓度变化范围为 0.0091 ～ 0.017 μg/m^3，平均值为（0.012±0.0031）μg/m^3。秋季航次 MSA 的浓度随采样时间的变化较小，都集中在 0.010 μg/m^3 附近。TSP 中 nss-SO_4^{2-} 浓度和 MSA 浓度对比的散点图如图 9-6 所示，秋季航次（P908-A）TSP 中 nss-SO_4^{2-} 浓度和 MSA 浓度的比值远远高于洁净海区（19），这说明大气气溶胶中 nss-SO_4^{2-} 的组成受人为活动输入的影响非常大。生源硫化物对 nss-SO_4^{2-} 的贡献率如图 9-15 所示，平均贡献率为 1.5%，春季是秋季的 3 倍。

4. 2006 年冬季

2006 年冬季调查航次期间，MSA 的浓度范围为 0.00849 ～ 0.0185 μg/m^3，平均值为 0.0141 μg/m^3。大气颗粒物中 nss-SO_4^{2-} 的浓度范围为 6.02 ～ 9.78 μg/m^3，平均值为 8.47 μg/m^3，由此计算得出生源硫化物对 nss-SO_4^{2-} 的平均贡献率为 0.479%。

9.2.3　黄东海气溶胶中 MSA 浓度分布及生源硫化物对非海盐硫酸盐的贡献

作者团队分别于 2007 年秋季（11 月 2 ～ 24 日，简称 N973-A）、2009 年春季（5 月 4 ～ 14 日，简称 973-D-C）、2009 年秋季（11 月 21 日至 12 月 30 日，简称 GX-D-Q）、2009 年冬季（2009 年 12 月 23 日至 2010 年 1 月 4 日，简称 973-D-D）、2010 年夏季（6 月 10 ～ 22 日，简称 ECS-S）、2010 年秋季（10 月 19 日至 11 月 12 日，简称 ECS-A）、2011 年春季（3 月 17 日至 4 月 7 日，简称 ECS-C）、2011 年夏季（7 月 5 ～ 26 日）、2011 年冬季（2011 年 11 月 20 日至 2012 年至 1 月 9 日，简称 ES-12）、2012 年夏季（6 月 24 日至 7 月 5 日，简称 ES-06）和 2012 年秋季（10 月 19 ～ 25 日，简称 ES-10）搭载“东方红 2 号”科学调查船、“科学一号”调查船（GX-D-Q）和“科学三号”调查船（ECS-S 和 ECS-A）对我国黄东海海域进行大气气溶胶样品的采集工作。样品通过走航方式采集，具体采样站位和走航图如图 9-16 所示。

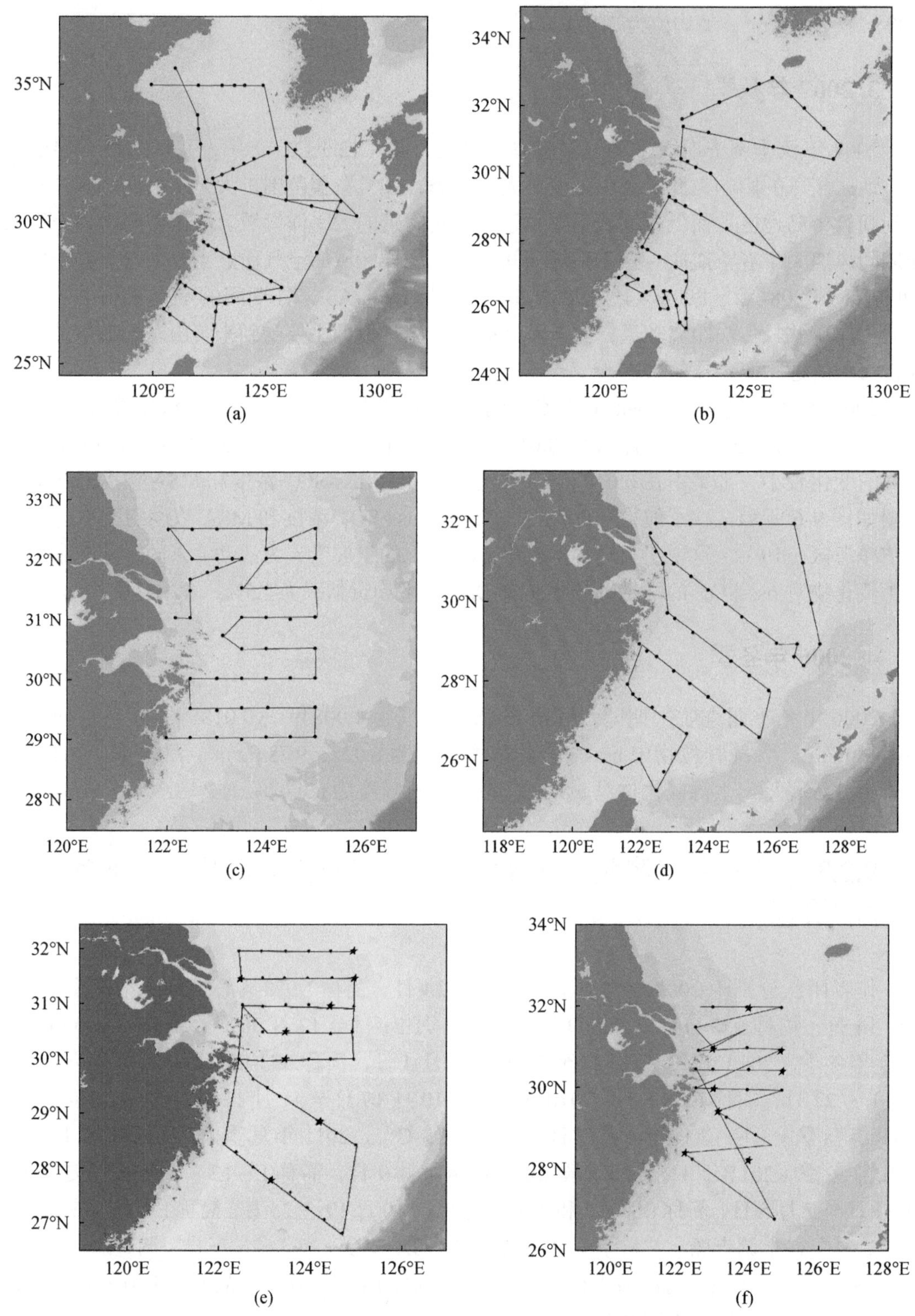
35°N
30°N
25°N
120°E
125°E
130°E
(a)
34°N
32°N
30°N
28°N
26°N
24°N
120°E
125°E
130°E
(b)
33°N
32°N
31°N
30°N
29°N
28°N
120°E
122°E
124°E
126°E
(c)
32°N
30°N
28°N
26°N
118°E
120°E
122°E
124°E
126°E
128°E
(d)
32°N
31°N
30°N
29°N
28°N
27°N
120°E
122°E
124°E
126°E
(e)
34°N
32°N
30°N
28°N
26°N
120°E
122°E
124°E
126°E
128°E
(f)

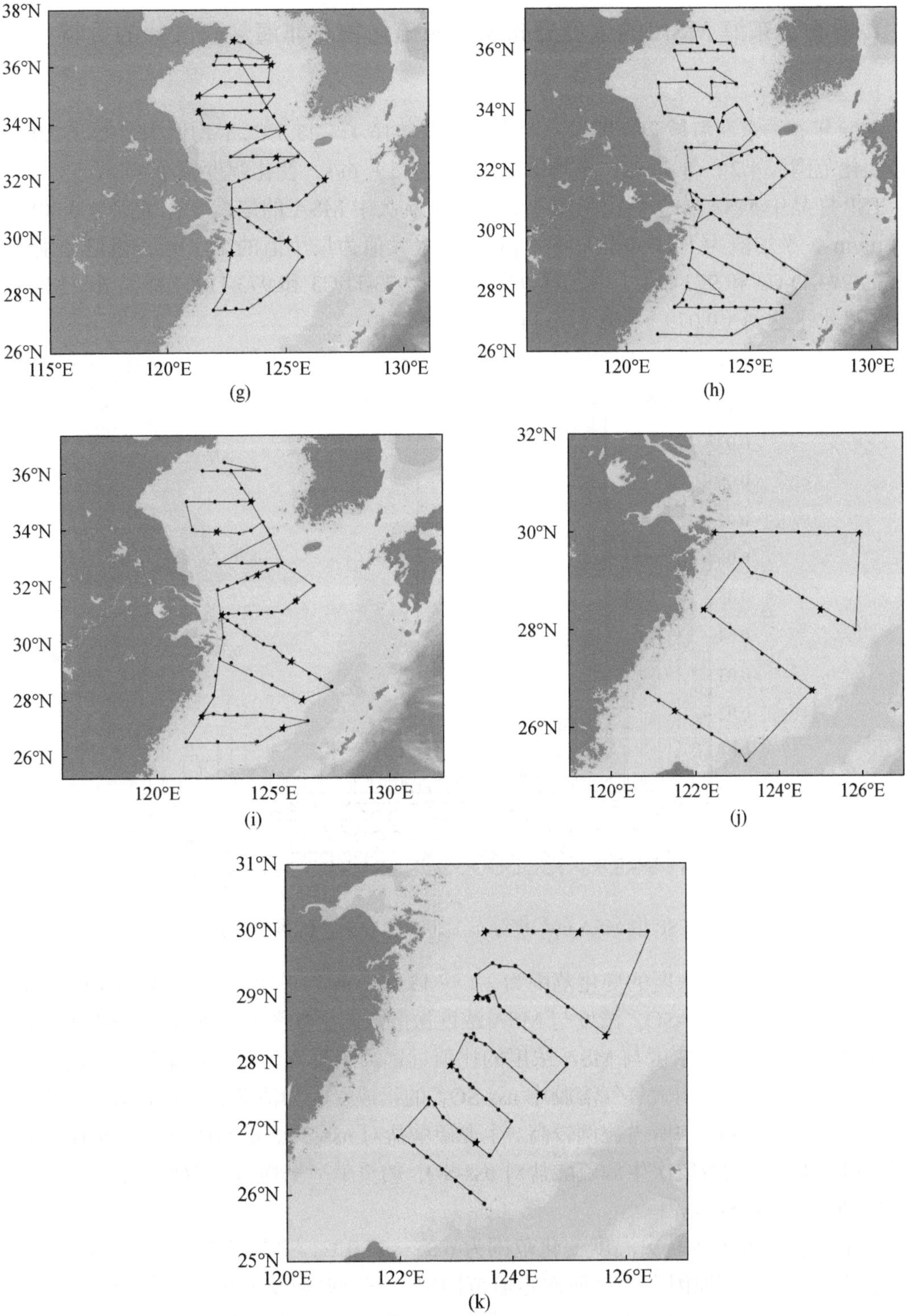

图 9-16　黄东海海域气溶胶样品具体采样站位和走航图

（a）2007 年秋季；（b）2009 年春季；（c）2009 年秋季；（d）2009 年冬季；（e）2010 年夏季；（f）2010 年秋季；（g）2011 年春季；（h）2011 年夏季；（i）2011 年冬季；（j）2012 年夏季；（k）2012 年秋季

1. 春季黄东海 MSA 的浓度分布及生源硫化物对非海盐硫酸盐的贡献

1）2009 年春季东海

2009年春季东海海域调查期间温度变化范围是16.4～23.5℃，平均值为（19.4±2.9）℃。风速变化范围为 4.2 ～ 8.5 m/s，平均值为（6.1±1.5）m/s，变化幅度较小。

TSP 样品中 MSA 浓度变化见图 9-17。春季航次中 MSA 的浓度变化范围是 0.0088 ～ 0.10 μg/m³，平均值为（0.060±0.031）μg/m³，最大值为最小值的 11.4 倍，极值分别出现在样品 973-D-C3 和 973-D-C7 中，除 973-D-C1、973-D-C3 和 973-D-C4 样品外，MSA 的平均浓度水平达到（0.079±0.017）μg/m³。

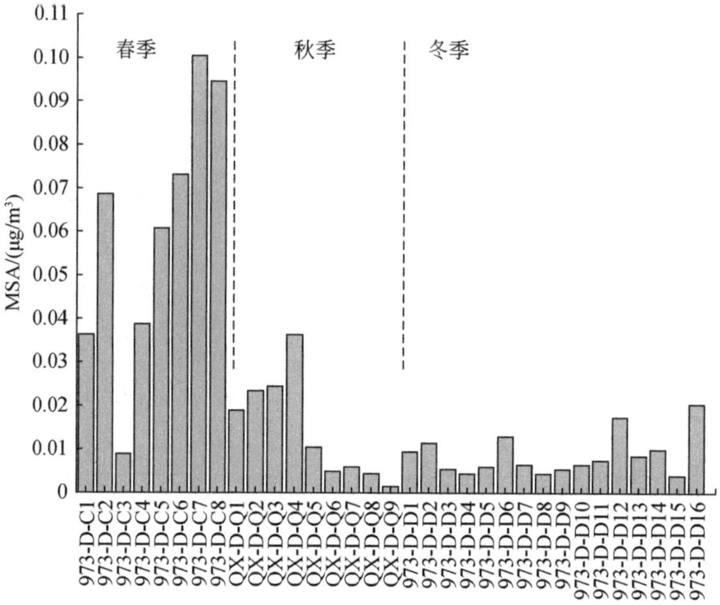

图 9-17　TSP 中 MSA 的浓度分布（2009 年春季、秋季和冬季东海）

本航次中 nss-SO_4^{2-} 浓度的变化范围为 2.4 ～ 13.8 μg/m³，平均值为（6.4±3.8）μg/m³。将大气气溶胶样品中 nss-SO_4^{2-} 浓度与 MSA 浓度做散点图，如图 9-9 所示（973-D-C），结果发现样品中 nss-SO_4^{2-} 浓度与 MSA 浓度的比值远远高于受人为活动污染影响小的外海海域（19），由此可以说明大气气溶胶中 nss-SO_4^{2-} 的组成受人为活动影响比较大，即人为释放的硫化物在 nss-SO_4^{2-} 中所占比例较高。生源硫酸盐对 nss-SO_4^{2-} 的贡献率如图 9-18 所示，由图可知春季东海调查航次生源硫酸盐对 nss-SO_4^{2-} 的贡献率平均值为 16%。

2）2011 年春季黄东海

2011 年春季黄东海航次温度变化范围为 6.3 ～ 17.0℃，平均值为（9.8±2.1）℃，气温变化较为明显，其原因在于该航次走航范围覆盖东海海域及南黄海大部分海域，纬度跨越较大（纬度跨度大约为 10°）。调查期间温度极大值出现在 3 月 19 日，调查船处于 32°N 左右，之后气温基本呈现不断降低的趋势，气温极小值出现在 4 月 18 日，调查船位

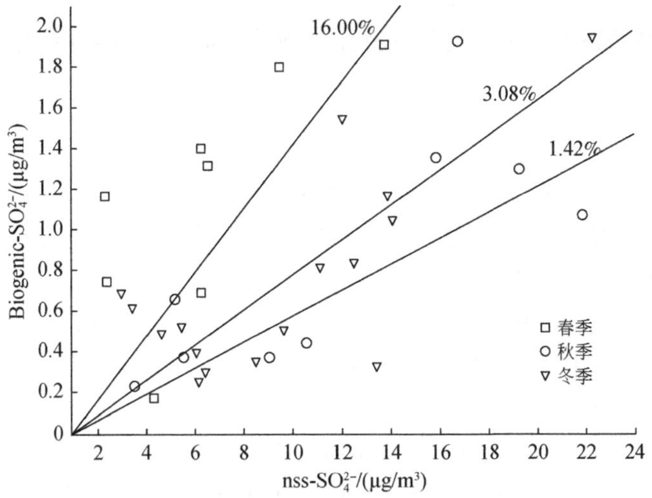

图 9-18　生源硫酸盐对 nss-SO_4^{2-} 的贡献率（2009 年春季、秋季、冬季东海）

位于 37°N 左右，到达北黄海海域。风速平均值为（5.9±4.2）m/s，变化范围为 1.1 ～ 13.5 m/s，最高值出现在 3 月 25 日，最低值出现在 3 月 31 日，风速相对较低且变化显著。

春季航次调查期间由于温度、营养盐等条件均最适合海洋中藻类的繁殖和生长，MSA 的浓度水平普遍较高（图 9-19 中的 ESC-C），MSA 浓度变化范围为 0.0256 ～ 0.1302 μg/m³，平均值为（0.066±0.027）μg/m³，浓度最高值出现在 ECS-C6，达到 0.1302 μg/m³，接近最小值的 5.5 倍。TSP 中 nss-SO_4^{2-} 的浓度最高，春季航次中其浓度变化范围为 3.62 ～ 26.6 μg/m³，平均值为（6.93±3.21）μg/m³。春季航次中生源硫化物对 nss-SO_4^{2-} 贡献率最高，达到 13.6%。

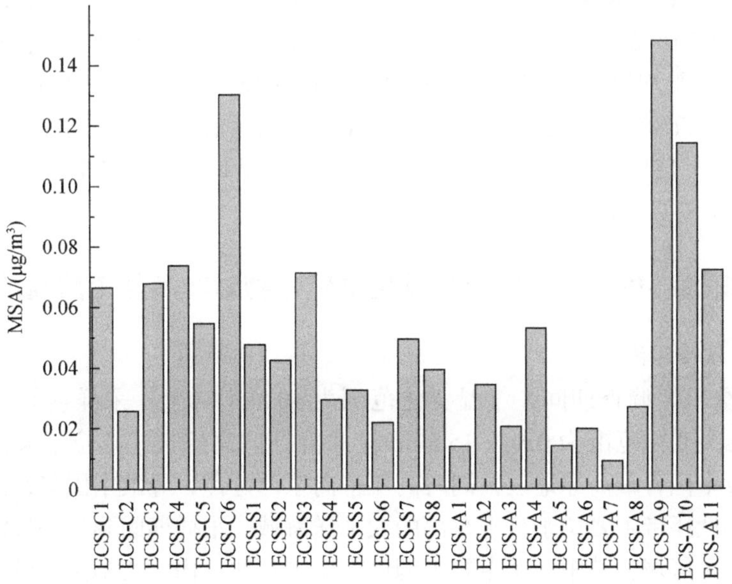

图 9-19　TSP 中 MSA 的浓度分布（2011 年春季、2010 年夏季和 2010 年秋季东海）

2. 夏季黄东海 MSA 的浓度分布及生源硫化物对非海盐硫酸盐的贡献

1）2010 年夏季东海

2010 年夏季航次气温变化范围为 20 ～ 26℃，平均值为（21.7±1.2）℃，气温变化幅度较小。风速略高，其变化范围为 3.9 ～ 11.7 m/s，平均值为（7.8±2.2）m/s。夏季航次 TSP 样品中 MSA 浓度变化如图 9-19 所示，可以看出夏季 MSA 浓度显著低于 2011 年春季航次，变化范围为 0.022 ～ 0.071 $\mu g/m^3$，平均值为（0.044±0.018）$\mu g/m^3$，MSA 浓度变化相对稳定。TSP 中 nss-SO_4^{2-} 的浓度依然最高，变化范围为 7.98 ～ 25.1 $\mu g/m^3$，平均值为（15.1±5.62）$\mu g/m^3$。夏季航次生源硫化物的平均贡献率为 5.3%。

2）2011 年夏季黄东海

2011 年夏季黄东海海域调查期间，MSA 的浓度范围为 0.010 ～ 0.131 $\mu g/m^3$，其平均值为 0.049 $\mu g/m^3$；nss-SO_4^{2-} 的浓度范围为 0.12 ～ 0.66 $\mu g/m^3$，其平均值为 0.31 $\mu g/m^3$。夏季南黄海和东海生源硫化物对 nss-SO_4^{2-} 的贡献率范围为 1.42% ～ 30.98%，平均值为 8.2%，其中最低值（1.42%）出现在长江口和杭州湾临近海域，而最高值（30.98%）出现在东海中部海域。由此可见，在受人为活动影响明显的近海，人为排放是大气中 nss-SO_4^{2-} 的主要来源，DMS 对 nss-SO_4^{2-} 的贡献很小，而在人为活动影响较小的外陆架海区和大洋，DMS 仍是大气气溶胶中 nss-SO_4^{2-} 的重要来源，其对 nss-SO_4^{2-} 的贡献不容忽略。

3）2012 年夏季东海

2012 年夏季东海航次采样期间温度相对稳定，其变化范围为 23.3 ～ 29.0℃，平均值为（27.0±1.4）℃。风速平均值为（8.6±4.2）m/s，变化范围为 1.4 ～ 18.9 m/s，风速最大值出现在 7 号膜采集时，即 2012 年 7 月 3 日。

夏季采集的 TSP 中 MSA 浓度最小值为 1.1 ng/m^3，最大值为 8.9 ng/m^3，分别出现在 ES-6-08 和 ES-6-07 样品中，平均值为（5.0±3.1）ng/m^3。夏季 nss-SO_4^{2-} 浓度变化范围为 0.87 ～ 3.54 $\mu g/m^3$，平均值为（2.17±0.59）$\mu g/m^3$。将 nss-SO_4^{2-} 浓度与 MSA 浓度对比发现（图 9-12 中的 ES-6），TSP 中 nss-SO_4^{2-} 浓度和 MSA 浓度的比值远远高于洁净海区（19），这说明采样期间海域 TSP 中 nss-SO_4^{2-} 受人为活动影响程度非常大，夏季航次生源硫化物对 nss-SO_4^{2-} 的贡献率为 2.2%。

3. 秋季黄东海 MSA 的浓度分布及生源硫化物对非海盐硫酸盐的贡献

1）2007 年秋季东海

2007 年秋季东海调查期间，气温变化范围为 10.8 ～ 20℃。采样期间风速平均值为（7.1±2.7）m/s，变化范围为 0.6 ～ 15.5 m/s。采样期间高压带主要位于蒙古国和俄罗斯西北部交界处及中国青藏高原地区，同时高压带向东部延伸，导致中国华东地区也处于高压带的控制下，低压带主要位于日本东部的太平洋海域。采样期间到达采样海域的气溶胶粒子主要来自两个区域，其中一个主要来源区是中国东北、内蒙古地区及蒙古国（11 月 2 日、11 月 10 日、11 月 12 ～ 13 日、11 月 19 ～ 23 日），另一个重要来源区为朝鲜半岛和日本附近海域（11 月 4 ～ 10 日、11 月 15 ～ 16 日）。

2007 年东海秋季航次 MSA 的浓度变化如图 9-20 所示，其浓度变化范围为 0.0035 ～ 0.022 μg/m^3，平均浓度为（0.0081±0.0047）μg/m^3。总体而言，本航次 MSA 的浓度水平较低，其中浓度高于 0.010 μg/m^3 的分别为 N973-A1、N973-A7、N973-A11 和 N973-A12 四个样品，最高值为样品 N973-A12（采样日期为 11 月 15 ～ 16 日）；其余样品 MSA 浓度变化范围（0.0035 ～ 0.0077 μg/m^3）较小，平均值为（0.0060±0.0013）μg/m^3。

调查中发现，nss-SO_4^{2-} 的浓度变化范围为 2.9 ～ 16.9μg/m^3，平均值为（8.6±3.6）μg/m^3。调查海域 TSP 中 nss-SO_4^{2-} 浓度和 MSA 浓度对比的散点图如图 9-6 所示，TSP 中 nss-SO_4^{2-} 浓度和 MSA 浓度的比值远远高于洁净海区（19），这说明大气气溶胶中 nss-SO_4^{2-} 的组成受人为活动输入的影响非常大，生源硫酸盐对 nss-SO_4^{2-} 的贡献率如图 9-21 所示，平均贡献率为 2.0%。

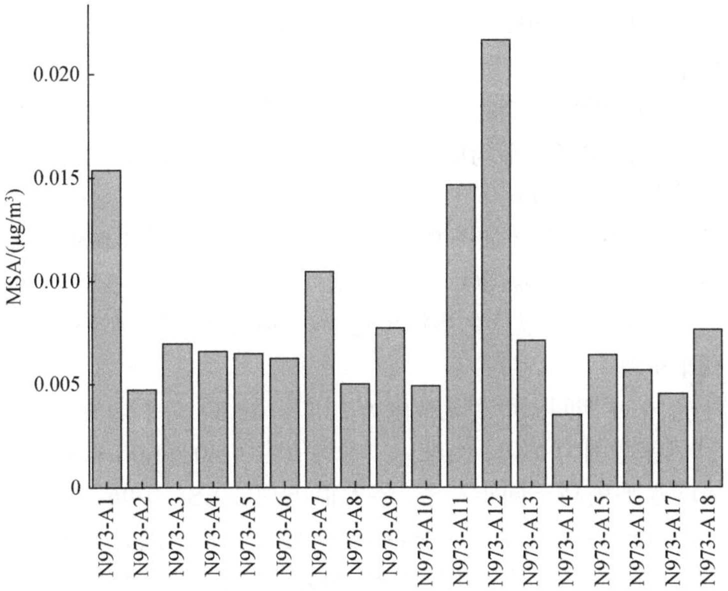

图 9-20　2007 年秋季东海航次 TSP 中 MSA 的浓度变化

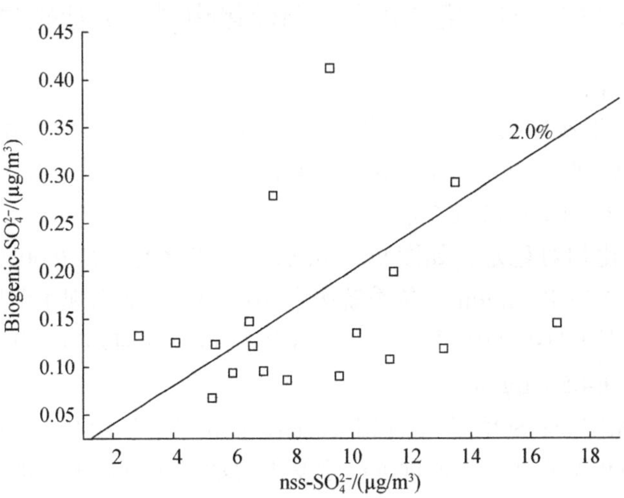

图 9-21　2007 年秋季东海航次生源硫酸盐对 nss-SO_4^{2-} 的贡献率

2）2009 年秋季东海

2009 年秋季航次调查期间气温变化范围为 10.9 ～ 19.1℃，平均值为（14.0±3.5）℃。秋季风速的平均值为（7.0±3.1）m/s，其变化范围为 3.5 ～ 12.9 m/s，相对湿度为 0.56 ～ 0.82，其平均值为 0.67。

秋季航次 TSP 中 MSA 的浓度变化如图 9-17 所示，MSA 浓度的变化范围为 0.0019 ～ 0.036 μg/m^3，其平均值为（0.015±0.012）μg/m^3。

秋季航次采集的样品中 nss-SO_4^{2-} 浓度变化范围是 3.3 ～ 16.3 μg/m^3，平均值为（8.6±5.2）μg/m^3。大气气溶胶样品中 nss-SO_4^{2-} 浓度与 MSA 浓度的散点图如图 9-9 所示，结果发现样品中 nss-SO_4^{2-} 浓度与 MSA 浓度的比值远远高于受人为活动污染影响小的外海海域（19），由此可以说明大气气溶胶中 nss-SO_4^{2-} 的组成受人为活动影响比较大，即人为释放的硫化物在 nss-SO_4^{2-} 中所占比例较高，其中生源硫化物对 nss-SO_4^{2-} 的平均贡献率为 3.08%。

3）2010 年秋季东海

2010 年秋季航次采样期间气温亦相对稳定，变化范围为 17.5 ～ 24.9℃，平均值为（20.7±1.6）℃。秋季航次风速平均值为（11.2±4.7）m/s，变化范围为 4.0 ～ 26.7 m/s。采样期间到达采样海域的气溶胶粒子主要来自蒙古国和中国内蒙古地区。

秋季航次中 MSA 的浓度分布如图 9-19 所示，其变化范围为 0.0091 ～ 0.148μg/m^3，平均值为（0.048±0.046）μg/m^3。nss-SO_4^{2-} 的浓度最高，变化范围为 3.25 ～ 19.2μg/m^3，平均值为（9.89±5.24）μg/m^3。秋季航次的生源硫化物对 nss-SO_4^{2-} 的贡献率为 1.5%。

4）2012 年秋季东海

2012 年秋季航次采样期间温度变化范围为 22.2 ～ 25.8℃，平均值为（24.5±0.76）℃，风速相对较低，其风速范围为 0.4 ～ 9.0 m/s，平均值为（5.0±1.9）m/s。

秋季 MSA 浓度水平稍高于同年夏季，最大值出现在 ES-10-06，变化范围为 1.4 ～ 10 ng/m^3，平均值为（5.8±1.5）ng/m^3。秋季 nss-SO_4^{2-} 浓度变化范围为 1.86 ～ 6.98 μg/m^3，平均值为（3.21±1.14）μg/m^3，生源硫化物对 nss-SO_4^{2-} 的贡献率为 2.8%。

4. 冬季黄东海 MSA 的浓度分布及生源硫化物对非海盐硫酸盐的贡献

1）2009 年冬季东海

2009 年冬季调查航次期间气温的变化范围是 5.8 ～ 17.6℃，其平均值为（13.7±3.7）℃；风速平均值为（5.7±2.8）m/s，最小值仅为 2.4 m/s，最高值也仅有 10.3 m/s，相对湿度变化范围是 0.58 ～ 0.87，平均值为 0.70。

MSA 的浓度变化相对稳定，如图 9-17 所示，其变化范围是 0.0040 ～ 0.021 μg/m^3，平均值为（0.0088±0.0048）μg/m^3。冬季航次中 nss-SO_4^{2-} 浓度出现了前所未有的最大值，为 23.4 μg/m^3（在样品 973-D-D16 中），最小值出在样品 973-D-D13 中，仅有 4.9 μg/m^3，平均值达到了（11.2±4.5）μg/m^3。

大气气溶胶样品中 nss-SO_4^{2-} 浓度与 MSA 浓度的散点图如图 9-9 所示，结果发现样品中 nss-SO_4^{2-} 浓度与 MSA 浓度的比值远远高于受人为活动污染影响小的外海海域（19），由此可以说明大气气溶胶中 nss-SO_4^{2-} 的组成受人为活动影响比较大，即人为释放的硫化物在 nss-SO_4^{2-} 中所占比例较高。经计算东海秋季航次生源硫化物对 nss-SO_4^{2-} 的贡献率为 3.08%。

2）2011 年冬季黄东海

冬季航次采样期间温度变化范围非常大，最小值为 1.0℃，出现在 2011 年 12 月 22 日 A01 站位，最大值为 18.1℃，平均值为（10.7±3.8）℃，原因在于 2012 年 12 月黄海和东海航次覆盖南黄海与东海海域，纬度跨度达 10°，此外，冬季南北方气温差距较大也是温度波动较大的原因之一。风速与夏季相当，变化范围为 2.9 ～ 14.5 m/s，平均值为（8.2±2.7）m/s。

冬季气溶胶中 MSA 浓度变化剧烈，浓度水平最低，平均值为（1.9±0.30）ng/m^3。nss-SO_4^{2-} 浓度变化范围为 5.67 ～ 21.4 $\mu g/m^3$，平均值为（12.8±5.37）$\mu g/m^3$。将 nss-SO_4^{2-} 浓度与 MSA 浓度对比发现（图 9-12），TSP 中 nss-SO_4^{2-} 浓度和 MSA 浓度的比值远远高于洁净海区（19），这说明中国东海海域 TSP 中 nss-SO_4^{2-} 受人为活动影响程度非常大。冬季航次中生源硫化物对 nss-SO_4^{2-} 的贡献率为 0.8%。

9.2.4　南海气溶胶中 MSA 浓度分布及生源硫化物对非海盐硫酸盐的贡献

作者团队于 2010 年 1 月 7 ～ 30 日（简称 973-N-D）搭载“东方红 2 号”科学调查船对南海海域进行气溶胶样品采集工作，采样范围覆盖大部分南海海域，样品主要通过走航方式采集，样品采集站位如图 9-22 所示。

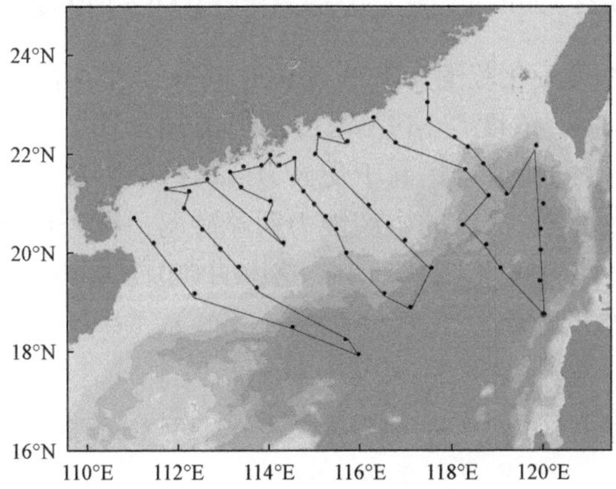

图 9-22　2010 年冬季南海航次样品采集站位图

2010 年冬季调查期间气温变化范围为 14.2 ～ 25.7℃，平均值为（22.4±3.4）℃，极值分别出现在 973-N-D1 和 973-N-D19；采样期间的风速变化较大，其变化范围为 4.8 ～ 14.5 m/s，平均值较高，为（10.3±2.3）m/s，最高值出现在 1 月 12 日，而最低值出现在 1 月 14 日，该航次与其他航次相比风速明显偏大，这将会导致海面的鼓泡作用增强，最终会使气溶胶样品中海盐离子的浓度增加；采样期间相对湿度的最低值出现在 1 月 14 日，之后逐渐增大，在 1 月 20 日出现一高值 0.95，总体湿度的变化范围为 0.71 ～ 0.98，平均值为 0.88，其变化趋势相对比较稳定。

2010 年南海冬季气溶胶中 MSA 的浓度分布如图 9-23 所示，其变化范围为 0.011 ～ 0.073μg/m^3，平均值为（0.026±0.0015）μg/m^3，总体而言，南海冬季航次 MSA 浓度较低，其中浓度高于 0.0035 μg/m^3 的样品分别为 973-N-D7、973-N-D11 和 973-N-D15、973-N-D20，最高值出现在样品 973-N-D7 采样期间（1 月 14 日～ 16 日）。

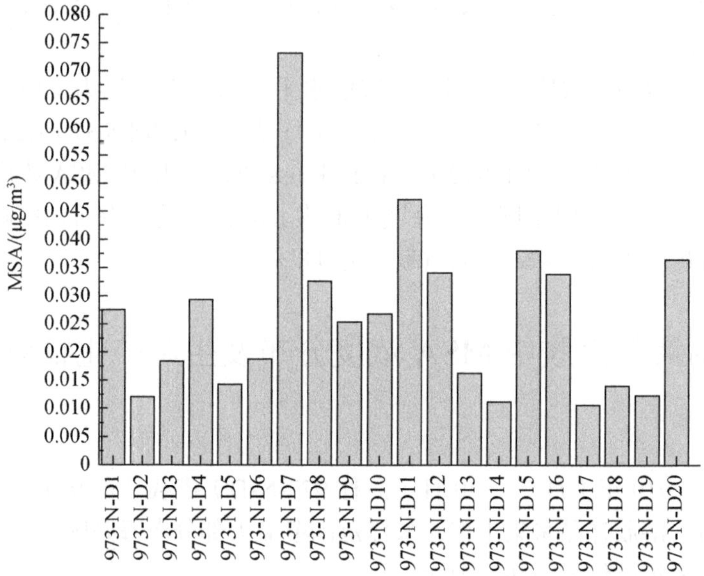

图 9-23　2010 年南海冬季航次气溶胶中 MSA 的浓度分布

调查期间 nss-SO_4^{2-} 浓度变化范围为 1.23 ～ 9.80 μg/m^3，平均值为（5.58±2.55）μg/m^3。大气气溶胶样品中 nss-SO_4^{2-} 浓度与 MSA 浓度的散点图如图 9-9 所示，结果发现样品中 nss-SO_4^{2-} 浓度与 MSA浓度的比值远远高于受人为活动污染影响小的外海海域。就南海而言，冬季风速相对较大，浮游植物的生产能力明显减弱，调查航次气溶胶中生源硫酸盐对 nss-SO_4^{2-} 的贡献率仅为 0.72%（图 9-24），这说明中国东部近海大气气溶胶的化学组成主要受陆源人为活动释放的影响。

9.2.5　中国近海气溶胶中 MSA 浓度的区域性变化

就整个中国近海海域而言，MSA 的浓度范围变化较大，从未检出（低于方法检出限）到 0.078 μg/m^3，平均值为 0.0289 μg/m^3。近海气溶胶中 MSA 浓度存在一定的区域性分布差异（图 9-25），其中，黄渤海 MSA 的年平均浓度最高，年平均浓度为 0.0315 μg/m^3，变化范围为 0.00045 ～ 0.078 μg/m^3；黄东海 MSA 浓度次之，变化范围为 0.0011 ～ 0.066μg/m^3，年平均浓度为 0.0287 μg/m^3；山东半岛近海的 MSA 浓度低于黄渤海，与东海年平均浓度相当，变化范围为 0.014 ～ 0.041 μg/m^3，其年平均浓度为 0.0265 μg/m^3；南海海域

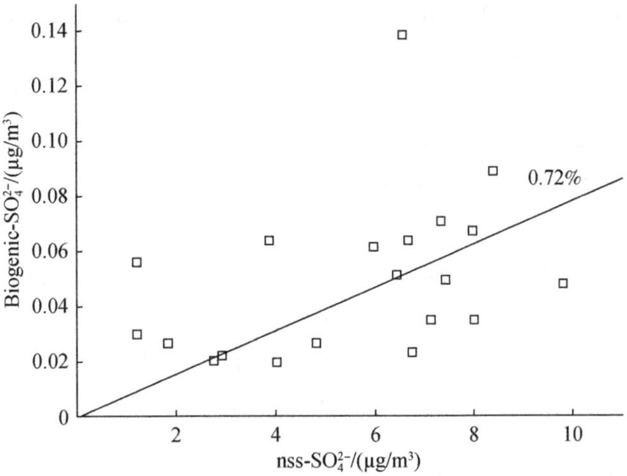

图 9-24　生源硫酸盐对 nss-SO_4^{2-} 的贡献率（2010 年冬季南海）

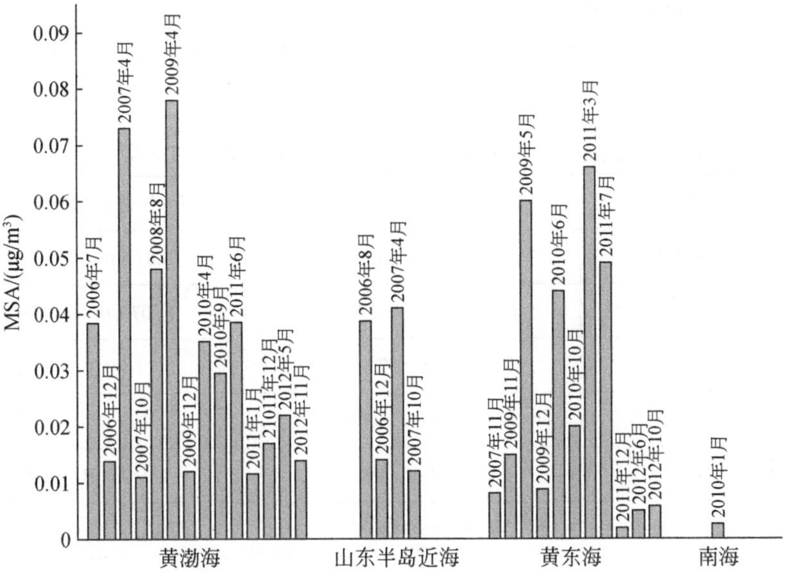

图 9-25　中国近海各海域气溶胶中 MSA 浓度的季节性和区域性分布图

MSA 年平均浓度为 0.0228 μg/m^3（Zhang et al.，2007）。各海域上空 MSA 的浓度比值为 1.4 ∶ 1.2 ∶ 1.2 ∶ 1，整体呈现由北向南递减的纬向分布。

就春季而言，黄渤海、山东半岛近海和黄东海大气中 MSA 的年平均浓度分别为 0.0527μg/m^3、0.041μg/m^3 和 0.063μg/m^3，黄东海浓度最高，黄渤海次之，山东半岛最低。夏季各海域浓度差别较小，黄渤海、山东半岛近海、黄东海和南海大气中 MSA 的区域性分布年平均浓度分别为 0.0408μg/m^3、0.0387μg/m^3、0.033μg/m^3 和 0.043 μg/m^3，南海略高。秋季黄渤海、山东半岛近海、黄东海大气中 MSA 的年平均浓度分别为 0.0193μg/m^3、0.012μg/m^3、0.0144 μg/m^3，与整体趋势相同。冬季黄渤海、山东半岛近海、黄东海、南海各海域 MSA 浓度相差最大，平均浓度依次为 0.013μg/m³、0.0141μg/m³、0.0091μg/m³、0.0026 μg/m³。

大气中 MSA 浓度的区域性差异主要是由 DMS 的浓度分布及天气状况引起的。海洋表层 DMS 经过海－气扩散进入大气，发生光化学氧化生成 MSA，海洋浮游生物产生的 DMS 是海洋上空气溶胶中 MSA 的唯一来源，因此 DMS 的区域变化与 MSA 存在密切联系。作者团队总结了 2009 ～ 2012 年黄渤海、黄东海和南海航次调查中海水表层 DMS 浓度及其海－气通量，如表 9-1 所示，其中黄渤海、黄东海和南海 DMS 平均浓度分别为 3.05nmol/L、2.19nmol/L 和 1.51nmol/L，DMS 海－气通量分别为 5.59μmol/(m²·d)、7.48μmol/(m²·d) 和 3.56μmol/(m²·d)。通过比较 DMS 浓度、DMS 海－气通量与 MSA 浓度发现，与 MSA 浓度随纬度变化一致，海洋表层 DMS 的年平均浓度分布也存在由北向南递减的趋势，因此各海域 DMS 的浓度差异是影响 MSA 浓度的区域性分布差异的主要因素。$\cdot NO_3$ 是 DMS 生成 MSA 的重要氧化剂，Nakamura 等（2005）对东海秋季采集的大气气溶胶进行分析发现，较高浓度的 $\cdot NO_3$ 对应着较高浓度的 MSA。相比较而言，黄渤海地区重工业发达，大气中较高的 $\cdot NO_3$ 浓度对黄渤海大气中 MSA 也有一定的贡献。此外，温度会影响 DMS 的氧化途径，较低的温度有助于 MSA 的生成，东海与南海地处亚热带、热带区域，气温高、台风频繁、常年雨量充沛，较高的气温和频繁的降雨冲刷也是大气中 MSA 浓度较低的原因之一。

表 9-1　中国近海调查航次中 DMS 浓度和 DMS 海－气通量

调查海域	调查时间	DMS 浓度 /（nmol/L）	DMS 海－气通量 /［μmol/（m²·d）］
黄渤海	2010 年春季[a]	1.77（0.48 ～ 4.92）	3.87（0.17 ～ 19.92）
	2011 年夏季[a]	6.85（1.60 ～ 12.36）	11.07（0.14 ～ 92.04）
	2010 年秋季[a]	2.64（0.78 ～ 7.95）	5.24（0.05 ～ 24.53）
	2009 年冬季[a]	0.95（0.07 ～ 3.30）	2.16（0.09 ～ 8.32）
东海	2011 年春季[a]	1.84（0.79 ～ 4.86）	4.69（0.01 ～ 19.69）
	2010 年夏季[a]	2.99（0.56 ～ 5.97）	10.73（1.08 ～ 25.42）
	2010 年秋季[a]	1.72（0.72 ～ 5.95）	6.19（0.04 ～ 26.37）
	2011 年冬季[b]	2.20（0.58 ～ 4.14）	8.30（0.61 ～ 25.52）
南海	2005 年春季[c]	1.25	2.76
	2014.7 夏季[d]	1.76	4.36

a：取自杨剑（2014）；b：取自张升辉（2015）；c：取自景伟文（2006）；d：取自翟星（2019）。

9.2.6　中国近海气溶胶中 MSA 浓度的季节性变化

整体来看，中国近海春季、夏季、秋季和冬季大气边界层中 MSA 年平均浓度分别为

0.0522μg/m^3、0.0389μg/m^3、0.0152μg/m^3 和 0.0097μg/m^3，春季最高，夏季次之，冬季最低，春季是秋季的 3.4 倍，是冬季的 5.4 倍，存在明显的季节性差异。各海域的季节性差异也较为显著，以黄渤海为例，春季、夏季、秋季和冬季 MSA 的年均浓度分别为 0.0527μg/m^3、0.0408μg/m^3、0.0193μg/m^3 和 0.013 μg/m^3，浓度比值为 4.1 ∶ 3.1 ∶ 1.5 ∶ 1。黄东海春季、夏季、秋季、冬季 MSA 的年均浓度分别为 0.063μg/m^3、0.033μg/m^3、0.0144μg/m^3、0.0091μg/m^3，浓度比值为 6.9 ∶ 3.6 ∶ 1.6 ∶ 1。

海水初级生产力、大气中的氧化基团及气温这三个因素是导致 MSA 浓度呈现明显季节性差异的主要原因。春季随着表层温度的升高，充足的光照、较深的透明度及冬季遗留下的丰富的营养盐，都对浮游植物的生长有利。此外，水体垂直混合作用减弱，上层水体形成的浮游植物密度较易维持，从而导致浮游植物较高的密度，进而影响 DMS 和 MSA 的浓度。Mukai 等（1995）在日本海域的 Oki 岛通过 9 年时间的调查发现 MSA 浓度变化范围为 0.003 ～ 0.095 μg/m^3，存在显著的季节性变化，最高值出现在 5 ～ 6 月，与海水发生春季藻华的时期相对应。夏季高强度的太阳辐射产生充足的自由基，有利于 DMS 向 MSA 转化。此外，温度也是影响 MSA 浓度的一个重要因素，较低的温度有助于 MSA 的生成，因此，虽然夏季 DMS 的浓度最高，并且浮游植物生命活动旺盛，但是较高的温度不利于 MSA 的生成，导致夏季 MSA 浓度低于春季。另外，夏季相对频繁的降雨对大气中的悬浮颗粒物具有一定的“冲刷净化”作用，从而降低大气气溶胶中 MSA 浓度。秋季 MSA 浓度的减少与太阳辐射的季节性周期一致。DMS 转化为 MSA 是一个光化学反应过程，大气光化学反应效率与大气中的羟基自由基及紫外光辐射强度有很强的相关性，逐渐降低的太阳辐射强度降低了 DMS 转化为 MSA 的强度。而冬季初级生产力水平最低，最低的叶绿素浓度和 DMS 浓度共同导致冬季出现 MSA 浓度低值。

在赤道地区的研究表明，在 4°N ～ 22°S 采样区域中，MSA 浓度的季节性差异不明显，并且距离赤道越近，季节间的浓度差异越不明显，而从 22°S 开始，MSA 的浓度又呈现出明显的季节性差异。赤道附近海域终年水温较为恒定并且较高，导致跃层强度较大，从而阻碍表层海水和下层海水交换，使得营养盐的季节性变化不大，这最终导致表层海水初级生产力的季节性变化较小，此时气温对 MSA 产率的影响呈现出来。例如，位于太平洋的芬宁岛（Fanning）（4°N、159°W，夏季 MSA 浓度为 0.040 μg/m^3、冬季为 0.049 μg/m^3）和东萨摩亚（American Samoa）（14°S、170°W，夏季为 0.023 μg/m^3、冬季为 0.028 μg/m^3）岛屿 MSA 的浓度都是冬季稍微高于夏季（Saltzman et al.，1986）。相反地，对于中纬度区域，由于营养盐的季节性变化较大，表层海水初级生产力的季节性变化也较大，从而使得这些区域 MSA 的浓度呈现显著的季节性差异。同时值得注意的是，位于近岸受人为活动影响较大的采样区域 MSA 都呈现出较高的浓度。一个较为明显的对比是位于相近纬度的 Oki（36.3°N、133.3°E）和 Cape Grim（41°S、144°E）这两个岛屿，前者位于日本海海域，后者位于澳大利亚沿海，Oki 岛受东亚地区人为活动输入的影响较大（包括较高的营养盐输送及来自陆源的大气干湿沉降输送），相比较而言，Cape Grim 岛受周围人为活动输送的影响远远小于前者，这导致 Oki 地区的 MSA 浓度（0.005 ～ 0.130 μg/m^3）高于 Cape Grim（0.002 ～ 0.046 μg/m^3）（Ayers et al.，1991）。

9.2.7　生源硫化物对气溶胶中非海盐硫酸盐贡献的区域特征

中国近海生源硫化物对气溶胶中非海盐硫酸盐的贡献如表 9-2 所示。调查显示，黄渤海、山东半岛近海、黄东海生源硫化物对 nss-SO_4^{2-} 的年均贡献率分别 6.99%、3.00%、6.10%。黄渤海生源硫化物的贡献最高，黄东海次之，但相差不大。黄渤海约为山东半岛近海海域的两倍，南海冬季调查航次中生源硫化物对 nss-SO_4^{2-} 的贡献率仅为 0.72%，是所有调查航次中最低的。

表 9-2　中国近海生源硫化物对气溶胶中非海盐硫酸盐的贡献　　（单位：%）

	春季	夏季	秋季	冬季	年平均贡献率
黄渤海	12.1	8.74	5.30	1.82	6.99
山东半岛近海	4.5	—	1.5	—	3.00
黄东海	14.8	3.75	4.84	1.01	6.10
南海	—	—	—	0.72	—

对四个海域不同季节综合分析可以发现，由北向南同一季节海域生源硫化物的贡献率大致呈现出逐渐减小的趋势，主要是气溶胶中 MSA 的浓度变化所致。黄东海春季生源硫化物的贡献最高，这与黄东海较高的初级生产力和 MSA 浓度密不可分。而山东半岛近海紧邻内陆城市，较低的生源硫化物的贡献率说明该气溶胶中人为输入的硫酸盐浓度比例最高。在亚洲其他研究区域，Kato（中国香港地区）、中国台湾地区垦丁、冲绳岛及济州岛西侧，生源硫化物的贡献率分别为 4.8%、4.7%、9.5% 及 10.9%。在对亚洲和北太平区域的调查研究中，生源硫酸盐的贡献率最高值出现在中途岛（Midway，位于太平洋中部）和瓦胡岛（Oahu，位于夏威夷），分别为 70% 和 55%，这主要是由于这两个采样区域均位于大洋海区，受人为排放的影响非常小，此时 DMS 的氧化成为大气气溶胶中 nss-SO_4^{2-} 的主要来源（Arimoto et al.，1996）。Gondwe 等（2003）分别估算了南北两半球海洋排放的 DMS 对 nss-SO_4^{2-} 的贡献情况，南半球 DMS 平均每年贡献 43% 的 nss-SO_4^{2-}，而北半球仅贡献 9%，这表明北半球人为活动产生的硫源占据主导地位。

9.2.8　生源硫化物对气溶胶中非海盐硫酸盐贡献的季节性变化

调查数据显示，生源硫化物对 nss-SO_4^{2-} 的贡献存在明显的季节性变化。就整个中国近海而言，春、夏、秋、冬四个季节生源硫化物的平均贡献率分别为 10.47%、6.25%、3.88%、1.18%，表现为春季＞夏季＞秋季＞冬季，而人为活动对 nss-SO_4^{2-} 的贡献表现为春季＜夏季＜秋季＜冬季。对黄渤海海域而言，春季贡献率最高、冬季最低，四个季节贡献率的比值为 6.6 ∶ 4.8 ∶ 2.9 ∶ 1.0。黄东海四个季节中春季贡献率最高，达到 14.8%，大于黄渤海春季，说明在生产力较高的春季，来自生源物质产生 nss-SO_4^{2-} 的贡献也不容忽视。根据 2011 年 7 月对黄东海的调查数据，DMS 对大气中 nss-SO_4^{2-} 的贡献率最低值（1.42%）出现在长江口和杭州湾附近的临近海域，而最高值（30.98%）出现在东海中部海域，这与 Nakamura 等（2005）在东海的研究结果非常接近。Nakamura 等（2005）利用 Bates 等（1992a）的研究结果估算，发现秋季东海 DMS 对大气中 nss-SO_4^{2-} 的贡献率范围为 0% ～ 38%，平均值为 7.9%。中国近海冬季生源硫化物对大气中 nss-SO_4^{2-} 的贡献率仅为 1.18%，这主要与冬季海域低的生产力水平和冬季陆地人为取暖活动时煤等矿物燃料的大量燃烧排放有关。

9.3 结　　论

（1）DMS 是海水中最丰富的挥发性硫化物，经海－气扩散进入大气后，可以被 •OH、•NO_3、O_3 和卤素自由基氧化，生成 SO_2、DMSO、MSA 及 SO_4^{2-} 等产物。白天 •OH 是 DMS 氧化反应的最重要的氧化剂，可通过 H 摘取和 •OH 加成两种反应途径进行反应，温度是影响反应途径的重要因素之一，温度高时 H 摘取反应途径成为 DMS 氧化的优势反应途径；温度低时 •OH 加成反应途径较占优势。夜间 DMS 主要与 •NO_3 反应，反应的最终产物也是 MSA、SO_4^{2-}。

（2）海洋－大气边界层中的 MSA 被用作海洋释放 DMS 的示踪物，因此气溶胶中 MSA 浓度主要受表层海水初级生产力的影响。较高的营养盐输入、适宜的温度和光照将促进表层海水中浮游藻类的生长，其释放较多的 DMS，进而产生较高浓度的 MSA。此外，大气温度及氧化基团的浓度水平也会通过影响 DMS 的氧化过程而影响 MSA 浓度的时空分布。

（3）生源硫化物中 DMS 的氧化和人为活动排放是大气气溶胶中 nss-SO_4^{2-} 的重要来源。在开阔大洋海区，大气气溶胶中 nss-SO_4^{2-} 和 MSA 的浓度通常具有较好的正相关性，并且两者之间的比值较为恒定。而在近岸海域，nss-SO_4^{2-} 除了来自生源硫化物 DMS 的氧化，还来源于人为释放的 SO_2 的氧化，并且后者往往占到相当大的比例。因此，根据在干净的海洋大气中 nss-SO_4^{2-} 浓度和 MSA 浓度的经验比值，可以拆分近岸 nss-SO_4^{2-} 中来自海洋生物排放和人为排放部分，进而估算生源硫化物 DMS 对 nss-SO_4^{2-} 的贡献。

（4）DMS 对全球硫收支平衡起着至关重要的作用，并且其氧化产物对全球环境和气候变化也有着重要的意义。MSA 和 nss-SO_4^{2-} 均具有一定的酸性，DMS 释放量的增多及其氧化产物的生成都会提高大气的酸性，对酸雨的形成起到一定的推动作用。特别是在遥远的大洋海域，由于其远离人为活动的影响，其大气中的酸性物质主要来源于海洋释放的 DMS 及其在大气中的氧化产物，通过湿沉降过程对雨水天然酸性具有较大的贡献。作为二次气溶胶的重要组分，MSA 和 nss-SO_4^{2-} 具有较强的吸水性，能有效地促进 CCN 的生成，显著地增加大气中云层覆盖和云层反照率，减少到达地表的太阳辐射，最终对地表起到降温作用。而表层海水温度的降低又将导致表层海水中浮游藻类 DMS 释放量的降低，体现了 DMS 对全球气候调节的负反馈作用。

（5）在对中国近海多年的现场调查显示，近海气溶胶中 MSA 浓度整体呈现出北高南低的纬向分布特点。受初级生产力、温度、氧化自由基浓度等因素的影响，MSA 浓度的季节性差异非常明显，其春季浓度明显高于秋季和冬季。春季海水温度、营养盐及水体稳定性等都最适合海洋藻类的生长和繁殖，进而影响 DMS 的生产和 MSA 的浓度，导致春季 MSA 浓度水平出现最高值。除春季表层海水中 DMS 影响外，不同季节的气象条件也是 MSA 浓度呈现显著季节性差异的因素之一。

（6）生源硫化物对气溶胶中 nss-SO_4^{2-} 贡献存在较为明显的区域性和季节性特征，总的来说，黄渤海＞黄东海＞山东半岛近海，春季＞夏季＞秋季＞冬季。中国近海海域大气受到来自陆源的污染非常明显，人为活动产生的 SO_4^{2-} 输入是气溶胶中 nss-SO_4^{2-} 最重要的来源。DMS 对 nss-SO_4^{2-} 的贡献比例虽不大，但在初级生产力高的季节和海域仍不可忽略。而在人为活动影响较小的外陆架海区和大洋，DMS 仍是大气气溶胶中 nss-SO_4^{2-} 的重要来源。

参考文献

张保安，钱公望. 2007. 大气中甲磺酸粒子的来源及其对环境的影响. 环境保护科学，33（3）：1-4.

Allan B J，Carslaw N，Coe H，et al. 1999. Observations of the nitrate radical in the marine boundary layer. Journal of Atmospheric Chemistry，33（2）：129-154.

Andreae M O，Jones C D，Cox P M. 2005. Strong present-day aerosol cooling implies a hot future. Nature，435：1187-1190.

Arimoto R，Duce R A，Savoie D L，et al. 1996. Relationships among aerosol constituents from Asia and the North Pacific during PEM-West A. Journal of Geophysical Research：Atmospheres，101（D1）：2011-2023.

Ayers G P，Gillett R W. 2000. DMS and its oxidation products in the remote marine atmosphere：implications for climate and atmospheric chemistry. Journal of Sea Research，43：275-286.

Ayers G P，Ivey J P，Gillett R W. 1991. Coherence between seasonal cycles of dimethyl sulphide，methanesulphonate and sulphate in marine air. Nature，349：404-406.

Bates T S，Calhoun J A，Quinn P K. 1992a. Variations in the methanesulfonate to sulfate molar ratio in submicrometer marine aerosol particles over the South Pacific Ocean. Journal of Geophysical Research：Atmospheres，97：9859-9865.

Bates T S，Lamb B K，Guenther A，et al. 1992b. Sulfur emissions to the atmosphere from natural sources. Journal of Atmospheric Chemistry，14（1）：315-337.

Berresheim H，Eisele F L，Tanner D J，et al. 1993. Atmospheric sulfur chemistry and cloud condensation nuclei（CCN）concentrations over the Northeastern Pacific coast. Journal of Geophysical Research：Atmospheres，98：12701-12711.

Boucher O，Moulin C，Belviso S，et al. 2003. DMS atmospheric concentrations and sulphate aerosol indirect radiative forcing：a sensitive study to the DMS source representation and oxidation. Atmospheric Chemistry and Physics，3：49-65.

Charlson R J，Lovelock J E，Andreae M O，et al. 1987. Oceanic phytoplankton，atmospheric sulfur，cloud albedo and climate. Nature，326：655-661.

Chen G，Davis D D，Kasibhatla P，et al. 2000. A study of DMS oxidation in the tropics：comparison of Christmas Island field observations of DMS，SO_2，and DMSO with model simulations. Journal of Atmospheric Chemistry，37（2）：137-160.

Davis D，Chen G，Bandy A，et al. 1999. Dimethylsulfide oxidation in the equatorial Pacific：comparison of model simulations with field observations for DMS，SO_2，H_2SO_4（g），MSA（g），MS，and NSS.

Journal of Geophysical Research：Atmospheres，104（D5）：5765-5784.

Enami S，Sakamoto Y，Hara K，et al. 2016. "Sizing" heterogeneous chemistry in the conversion of gaseous dimethyl sulfide to atmospheric particles. Environmental Science & Technology，50（4）：1834-1843.

Gao Y，Arimoto R，Duce R A，et al. 1996. Atmospheric non-sea-salt sulfate，nitrate and methanesulfonate over the China Sea. Journal of Geophysical Research：Atmospheres，101（D7）：12601-12611.

Gondwe M，Krol M，Gieskes W，et al. 2003. The contribution of ocean-leaving DMS to the global atmosphere burdens of DMS，MSA，SO_2 and nss-SO_4^{2-}. Global Biogeochemical Cycles，17：1056.

Hynes A J，Wine P H，Semmes D H. 1986. Kinetics and mechanism of hydroxyl reactions with organic sulfides. The Journal of Physical Chemistry，90（17）：4148-4156.

Jensen N R，Hjorth J，Lohse C，et al. 1991. Products and mechanism of the reaction between NO_3 and dimethylsulphide in air. Atmospheric Environment.Part A.General Topics，25（9）：1897-1904.

Kim K H，Lee G，Kim Y P. 2000. Dimethylsulfide and its oxidation products in coastal atmospheres of Cheju Island. Environmental Pollution，110（1）：147-155.

Kloster S，Feichter J，Maier-Reimer E，et al. 2006. DMS cycle in the marine ocean-atmosphere system – a global model study. Biogeosciences，3：29-51.

Legrand M，Saigne C F. 1991. Methanesulfonic acid in south polar snow layers：a record of strong El Nino? Geophysical Research Letters，18：187-190.

Malin G，Erst G. 1997. Algal production of dimethyl sulfide and its atmospheric role. Journal of Phycology，33：889-896.

Millero F J. 2006. Chemical Oceanography. 3rd. New York：CRC Press.

Mukai H，Yokouchi Y，Suzuki M. 1995. Seasonal variation of methanesulfonic acid in the atmosphere over the Oki Islands in the Sea of Japan. Atmospheric Environment，29（14）：1637-1648.

Nakamura T，Matsumoto K，Uematsu M. 2005. Chemical characteristics of aerosols transported from Asia to the East China：an evaluation of anthropogenic combined nitrogen deposition in autumn. Atmospheric Environment，39：1749-1758.

Nguyen B C，Mihalopoulos N，Putaud J P，et al. 1992. Covariations in oceanic dimethyl sulfide，its oxidation products and rain acidity at Amsterdam Island in the Southern Indian Ocean. Journal of Atmospheric Chemistry，15（1）：39-53.

Prospero J M. 2002. The chemical and physical properties of marine aerosols：an introduction//Gianguzza A，Pellizzetti E，Sammarano S. Chemistry of Marine Water and Sediments. Heidelberg：Springer-Verlag Berlin.

Putaud J P，Davison B M，Watts S F，et al. 1999. Dimethylsulfide and its oxidation products at two sites in Brittany（France）. Atmospheric Environment，33：647-659.

Saltzman E S，Dioumaeva L，Finley B D. 2006. Glacial/interglacial variations in methanesulfonate（MSA）in the Siple Dome ice core，West Antarctica. Geophysical Research Letters，33（11）：L11811.

Saltzman E S，King D B，Holmen K，et al. 1993. Experimental determination of the diffusion coefficient of dimethylsulfide in water. Journal of Geophysical Research：Oceans，98（C9）：16481-16486.

Saltzman E S，Savoie D L，Prospero J M，et al. 1986. Methanesulfonic acid and non-sea-salt sulfate in Pacific air：regional and seasonal variations. Journal of Atmospheric Chemistry，4：227-240.

Saltzman E S，Savoie D L，Zik R G，et al. 1983. Methane sulfonic acid in the marine atmosphere. Journal of Geophysical Research：Oceans，88：10897-10902.

Savoie D L，Prospero J M，Saltzman E S. 1989. Nitrate，non-seasalt sulfate and methanesulfonate over the

Pacific Ocean//Riley J P，Chester R，Duce R A. Chemical Oceanography. Vol. X. London：Academic Press.

Savoie D L，Prospero J M. 1989. Comparison of oceanic and continental sources of non-sea-salt sulphate over the Pacific Ocean. Nature，339：685-687.

Schwartz S E. 1988. Are global cloud albedo and climate controlled by marine phytoplankton? Nature，336：441-445.

Sievering H，Cainey J，Harvey M，et al. 2004. Aerosol non-sea-salt sulfate in the remote marine boundary layer under clear-sky and normal cloudiness conditions：ocean-derived biogenic alkalinity enhances sea-salt sulfate production by ozone oxidation. Journal of Geophysical Research：Atmospheres，109（D19）：D19317.

Simó R. 2001. Production of atmospheric sulfur by oceanic plankton：biogeochemical，ecological and evolutionary links. Trends in Ecology & Evolution，16（6）：287-294.

Wallington T J，Ellermann T，Nielsen O J. 1993. Atmospheric chemistry of dimethylsulfide：UV spectra and self-reaction kinetics of CH_3SCH_2 and $CH_3SCH_2O_2$ radicals and kinetics of the reactions $CH_3SCH_2+O_2 \longrightarrow CH_3SCH_2O_2$ and $CH_3SCH_2O_2+NO \longrightarrow CH_3SCH_2O+NO_2$. The Journal of Physical Chemistry，97：8442-8449.

Yin F，Grosjean D，Flagan R C，et al. 1990a. Photooxidation of dimethyl sulfide and dimethyl disulfide Ⅱ：mechanism evaluation. Journal of Atmospheric Chemistry，11（4）：365-399.

Yin F，Grosjean D，Seinfeld J H. 1990b. Photooxidation of dimethyl sulfide and dimethyl disulfide Ⅰ：mechanism development. Journal of Atmospheric Chemistry，11（4）：309-364.

Zhang X，Zhuang G，Guo J，et al. 2007. Characterization of aerosol over the Northern South China Sea during two cruises in 2003. Atmospheric Environment，41（36）：7821-7836.